数字信号处理教程

（第五版）

程佩青　编著

清華大学出版社
北　京

内 容 简 介

本书系统地讨论了数字信号处理的基础理论、基本概念、基本分析方法、算法和设计。全书共 9 章，包括 4 个部分。第 1 部分介绍离散时间信号(序列)与系统的时域、频域的分析，包括第 1 章和第 2 章的内容；第 2 部分介绍离散傅里叶变换及其快速算法，包括第 3 章和第 4 章的内容；第 3 部分介绍 IIR 及 FIR 数字滤波器的理论、结构与设计，包括第 5～7 章的内容；第 4 部分介绍多抽样数字信号处理的基础理论以及数字滤波器实现中的有限字长效应，包括第 8 章和第 9 章的内容。

本书以条目式方法论述，条理清晰，叙述流畅，内容充实，讨论全面，深入浅出，配有大量例题和习题，便于教学，便于自学。

本书可作为大学本专科院校电子信息类、自动化类、电气类等专业的教材，也可供相关专业的科学研究者和工程技术人员参考。

本书附有“数字信号处理多媒体 CAI 教程”软件，适用于 Windows 7 或以上版本操作系统。

图书在版编目(CIP)数据

数字信号处理教程/程佩青编著. —5 版. —北京：清华大学出版社，2017 (2024.7重印)
ISBN 978-7-302-46913-1

Ⅰ. ①数… Ⅱ. ①程… Ⅲ. ①数字信号处理－教材 Ⅳ. ①TN911.72

中国版本图书馆 CIP 数据核字(2017)第 067696 号

责任编辑：文 怡
封面设计：台禹微
责任校对：白 蕾
责任印制：曹婉颖

出版发行：清华大学出版社
网　　址：https://www.tup.com.cn，https://www.wqxuetang.com
地　　址：北京清华大学学研大厦 A 座　　**邮　　编**：100084
社 总 机：010-83470000　　**邮　　购**：010-62786544
投稿与读者服务：010-62776969，c-service@tup.tsinghua.edu.cn
质量反馈：010-62772015，zhiliang@tup.tsinghua.edu.cn
课件下载：https://www.tup.com.cn，010-83470236
印 装 者：北京同文印刷有限责任公司
经　　销：全国新华书店
开　　本：185mm×260mm　　**印　张**：35　　**插　页**：1　　**字　　数**：857 千字
版　　次：1995 年 8 月第 1 版　2017 年 10 月第 5 版　　**印　　次**：2024 年 7 月第 20 次印刷
印　　数：94001～100500
定　　价：79.00 元

产品编号：071998-02

前　　言

数字信号处理已成为国内外高校电类专业普遍开设的一门专业基础课。据了解，国内许多高校的电子信息类、自动化类、电气类、生物医学、航天航空，甚至机械工程等专业都开设了这一课程。作者编著的《数字信号处理教程》从第一版到第四版已发行了22年，受到读者认可，被许多高校选用，使作者感到莫大荣幸。从本教程内容上看，经过多次增删、修改、充实、完善，作者认为第四版教材的选材内容已能满足高校本、专科生教学计划中对这一专业基础课的要求。本教程既包含了课程的基本要求部分（第1～7章）；又含有适当扩充部分（第8章和第9章）；既有基本概念、基本分析方法的深入分析讨论（前4章），又有实际工程技术应用中较深入的分析与设计方案（第5～7章）。

基于以上分析，这次改版将不对第四版做重大的修改、补充。编写新版的想法是：首先，使基本概念、理论、计算、设计方法等的描述和讨论更加流畅，可读性更强，更便于教学，尤其是自学和阅读。为此，对第2章和第3章做了较多的修改、补充、重组，对第7章做了小部分的补充、修改，其他各章只做极少的补充或修改。其次，对发现的部分错误进行了订正。第三，增加了一些提高读者分析计算能力的习题。第四，将原第四版所附光盘从Windows XP操作系统中迁移到Windows 7及以上版本操作系统中，同时将原光盘中的"概念浏览子系统"全部按第五版教程的主要内容重写，以适应教材内容的变动。第五，制作了配套的教学课件，以辅助课堂教学。

基于以上讨论，第五版仍包括9章内容，分成4个部分，仍围绕一个基础（第1、2章）、两个支柱（一个是第3、4章，另一个是第5～7章）展开，并包括第8、9章供选择的内容。对这4部分内容的讨论与第四版的经典版前言中对4部分的论述完全一样，这里不再赘述。

第五版仍保持条目式方法的论述，对重要概念及重要描述采用黑体，对重要公式则以阴影形式加以标注，以期达到重点突出、便于理解和应用的目的。

第五版中，增加了28道习题，这些题有助于训练提高分析计算能力。配合习题，另有《数字信号处理教程习题分析与解答（第五版）》也将出版，可作为读者解题时的提示和校对工具。

考虑到不少院校在学习本课之前已经学过MATLAB，因而本书没有包括相关内容，更适于这些院校使用。

期望本版教材对有关读者有较大的帮助，并能受到广大读者的欢迎。

北京信息科技大学许淑芳老师为本书制作了配套的教学课件，在此表示感谢。

本书参考或引用了一些文献中的思路、例题和习题，在此向有关作者表示感谢。

本书仍建议学时为54或64两种，书中有＊号的章节视各院校情况可选学或不学。作者一直认为,教学大纲要求的内容并不是全要讲授的,有的内容应该由学生自学来掌握。

感谢清华大学出版社一直以来对本书出版的支持,尤其是李幼哲编审、文怡编辑对本书出版的帮助。

限于作者水平,书中可能存在不妥之处,欢迎广大读者批评指正。

作　者

2017 年 6 月

课件+软件下载

目　录

目录

绪　论

随着信息学科以及大规模集成电路、超大规模集成电路和软件开发引起的计算机学科的飞速发展，自 1965 年快速傅里叶变换算法提出后，数字信号处理(digital signal processing，DSP)迅速发展成为一门新兴的独立的学科体系，这一学科已经应用于几乎所有工程、科学、技术领域，并渗透到人们日常生活和工作的方方面面。

简言之，数字信号处理是把信号用数字或符号表示的序列，通过计算机或通用(专用)信号处理设备，用数字的数值计算方法对信号作各种所需的处理，以达到提取有用信息、便于应用的目的。

一、信号、系统和信号处理

1. 信号

信号是信息的物理表现形式，或说是携载信息的函数，而信息则是信号的具体内容。例如，交通红绿灯是信号，它传递的信息是：红——停止，绿——通行。根据载体的不同，信号可以是电的、磁的、声的、光的、机械的、热的、生物医学的等各种信号。

同一种信号，例如电信号，又可以从不同角度进行分类。

(1) 一维信号、二维信号、矢量信号：信号的变量可以是时间，也可以是频率、空间或其他物理量。若信号是一个变量(例如时间或频率)的函数，则称为一维信号；若信号是两个变量(例如空间坐标 x,y)的函数，则称为二维信号，例如图像信号；推而广之，若信号是多个(例如 M 个，$M\geqslant 2$)变量的函数，则称为多维(M 维)信号，例如流媒体电视信号，x,y 坐标及时间 t。若信号表示成 M 维矢量

$$\boldsymbol{x}=[x_1(n),x_2(n),\cdots,x_M(n)]^{\mathrm{T}}$$

(式中 T 为转置，n 为时间变量)，则称 $\boldsymbol{x}$ 是一个 M 维矢量信号。

本书只讨论一维信号。

(2) 周期信号和非周期信号：若信号满足 $x(t)=x(t+kT)$，k 为整数；或 $x(n)=x(n+kN)$，N 为正整数，k，$n+kN$ 为任意整数，则 $x(t)$ 和 $x(n)$ 都是周期信号，周期分别为 T 和 N。否则就是非周期信号。

(3) 确定信号和随机信号：若信号在任意时刻的取值能精确确定，则称为确定信号；若信号在任意时刻的取值不能精确确定，或说取值是随机的，则称为随机信号。本书只讨论确定信号，在最后一章会涉及随机信号。

(4) 能量信号和功率信号：若信号能量 E 有限，则称为能量信号；若信号功率 P 有限，则称为功率信号。信号能量 E 可表示为

$$E=\int_{-\infty}^{\infty}|x(t)|^2\mathrm{d}t$$

$$E=\sum_{n=-\infty}^{\infty}|x(n)|^2$$

信号功率 P 可表示为

$$P=\lim_{T\to\infty}\frac{1}{T}\int_0^T|x(t)|^2\mathrm{d}t$$

$$P=\lim_{N\to\infty}\frac{1}{N}\sum_{n=0}^{N-1}|x(n)|^2$$

周期信号及随机信号一定是功率信号，而非周期的绝对可积（和）信号一定是能量信号。

(5) 连续时间信号、离散时间信号和数字信号：变量的取值方式有连续与离散两种。若变量（一般都看成时间）是连续的，则称为连续时间信号；若变量是离散数值，则称为离散时间信号。信号幅值的取值方式又分为连续与离散两种方式（幅值的离散称之为量化），因此，组合起来应该有以下四种情况：

① 连续时间信号：时间是连续的，幅值可以是连续的也可以是离散（量化）的。

② 模拟信号：时间是连续的，幅值是连续的，这是最常见的一种连续时间信号。

③ 离散时间信号（或称序列）：时间是离散的，幅值是连续的信号，又称序列或抽样信号。

④ 数字信号：时间离散、幅度也离散（称为量化）的信号，其幅度是按二进制编码量化，可以看成是对离散时间信号的幅度量化后的信号。即数字信号的幅度可用有限位（例如 b 位，一般 $b=6,8,10,12,16$ 等）二进制编码表示，若 $b=10$，则有 $2^{10}=1024$ 个量化层，层间间隔为 2^{-10}，若信号峰值电压为 $-1\sim1\text{V}$，则量化层的间隔为 $\frac{2}{2^{10}}\approx1.95\times10^{-3}\text{V}$，信号量化后只能取各量化层上的值，幅度就“离散”化了。$1.95\times10^{-3}\text{V}$ 是一个很小的数值，可以看出 b 越大，量化层间的间距越小，量化后误差就很小。

本书的大部分章节是讨论离散时间信号——序列的分析和处理，而幅值量化则集中在第 9 章“数字滤波器实现中的有限字长效应”中进行讨论。

2. 系统

系统定义为处理（或变换）信号的物理设备。实际上，因为系统是完成某种运算（操作）的，因而我们还可把软件编程也看成一种系统的实现方法。当然，系统有大小之分，一个大系统中又可细分为若干个小系统。

按所处理的信号种类的不同，可将系统分为四类：

(1) 模拟系统：处理模拟信号，系统输入、输出均为连续时间、连续幅度的模拟信号。

(2) 连续时间系统：处理连续时间信号，系统输入、输出均为连续时间信号。

(3) 离散时间系统：处理离散时间信号——序列，系统输入、输出均为离散时间信号。

(4) 数字系统：处理数字信号，系统输入、输出均为数字信号。

本书只讨论(3)、(4)两种系统，主要讨论第(3)种系统。

系统可以是线性的或非线性的、时(移)不变或时(移)变的。

本书主要讨论线性移不变系统，只在第 8 章中讨论线性移变系统。

3. 信号处理、数字信号处理

信号处理(包括数字信号处理)是研究用系统对含有信息的信号进行处理(变换)，以获得人们所希望的信号，从而达到提取信息、便于利用的一门学科。信号处理的内容包括滤波、变换、检测、谱分析、估计、压缩、扩展、增强、复原、分析、综合、识别等一系列的加工处理，以达到提取有用信息、便于应用的目的。

因为过去多数科学和工程中遇到的是模拟信号，所以以前都是研究模拟信号处理的理论和实现。但是模拟信号处理难以做到高精度，受环境影响较大，可靠性差，且不灵活。随着大规模集成电路以及数字计算机的飞速发展，加之 20 世纪 60 年代末以来数字信号处理理论和技术的成熟和完善，利用计算机或通用或专用数字信号处理设备，采用数字方法来处理信号，即数字信号处理，已逐渐取代模拟信号处理。随着信息时代、数字世界的到来，数字信号处理已成为一门极其重要的学科和技术领域。

数字信号处理应理解为对信号进行数字处理，而不应理解为只对数字信号进行处理，而它既能对数字信号进行处理，又能对模拟信号进行处理，当然要将模拟信号转换成数字信号后再去处理。

二、数字信号处理的基本组成

图 0.1 是一个典型的以数字信号处理器为核心部件的数字信号处理系统框图，此系统既可处理数字信号，也可处理模拟信号。

当用此系统处理数字信号时，可直接将输入数字信号 $x(n)$ 送入数字信号处理器，由它按人们需要进行处理后，直接从它的输出端得到输出的数字信号 $y(n)$，如图 0.1 所示。这时，并不需要图上的其他部件。

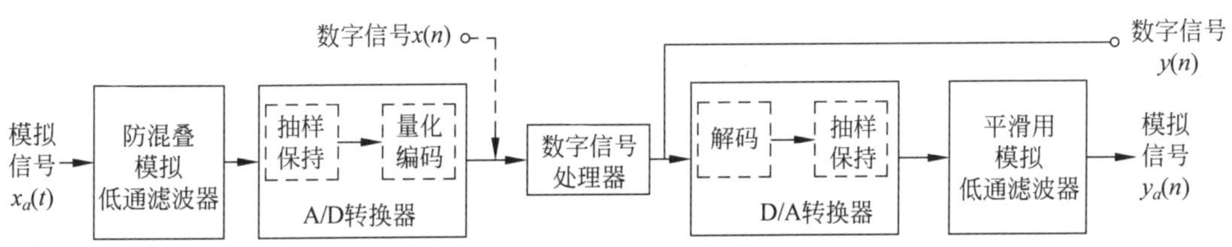

图 0.1 数字信号处理系统框图

当用此系统处理模拟信号时，需采用图 0.1 中的所有部件。模拟信号 $x_a(t)$ 先要通过一个防混叠的模拟低通滤波器，将会造成混叠失真的高频分量加以滤除(见第 1 章的讨论)。然后，进入模拟-数字转换器(A/D 转换器)将模拟信号转换成数字信号，A/D 转换器包括抽样保持及量化编码两部分。由于量化编码不能瞬时完成，所以抽样保持既要对模拟信号进行抽样（时间离散化）又要将抽样的幅度保持以便完成量化编码，量化编码将送入的抽样保持信号的幅度加以量化并形成二进制编码信号（数字信号）。随后送入数字信号处理这一核心部件处理，得到数字信号。若所需为数字信号，则可直接送出；若需要送出模拟信号，则如图 0.1 所示，需后接一个数字-模拟转换器（D/A 转换器），它包括解码及抽样保持两部分内容，它的输出为阶梯形的连续时间信号（当用零阶保持电路时），需要再送入平滑用模拟低通滤波器以得到光滑的输出模拟信号 $y_a(t)$。对模拟信号处理过程的波形图见图 0.2。

数字信号处理是利用数字系统对数字信号（包括数字化后的模拟信号）进行处理，离散时间信号处理是用离散时间系统对离散时间信号进行处理，二者的差别是，数字信号处理既要将离散时间信号加以幅度量化得到数字信号，又要将离散时间系统的系数（参数）加以量化得到数字系统。如果对"量化"这一部分专门进行分析论述，则讨论的内容主要涉及离散时间信号处理。从这一考虑出发，实际上，本书大部分内容是讨论离散时间信号处理——包括离散时间信号（序列）及离散时间系统，而"量化"问题主要是在第 9 章"数字滤波器实现中的有限字长效应"（即量化效应）中进行论述。所以我们说，已经很成熟的离散时间信号与系统的理论是数字信号处理的重要理论基础。

三、数字信号处理学科概貌

一般学术界公认，1965 年快速傅里叶变换（FFT）算法的问世是数字信号处理这一新学科发展的开端，这一算法的提出，开辟了学科发展的极其广阔的前景。

数字信号处理和许多学科紧密相关，数学的重要分支微积分、概率论与随机过程、复变函数、高等代数及数值计算等都是它的极为重要的分析工具；而网络理论、信号与系统则是其理论基础，它与很多学科领域，例如通信理论、计算机科学、大规模集成电路与微电子学、消费电子、生物医学、人工智能、最优控制及军事电子学等结合都很紧密，并对它们的发展起着主要的促进作用。

总之，数字信号处理已形成一个和国民经济紧密相关的独立的、完整的学科理论体系，这个学科体系主要包括以下的领域：

(1) 离散时间信号的时域及频域分析，时域频域的抽样理论，离散时间傅里叶变换理论。

(2) 离散时间线性时（移）不变系统时域及变换域（频域，复频域即 z 变换域）的分析。

(3) 数字滤波技术。

(4) 离散傅里叶变换及快速傅里叶变换、快速卷积、快速相关算法。

(5) 多抽样率理论及应用。

(6) 信号的采集，包括 A/D 转换器、D/A 转换器、量化噪声等。

(7) 现代谱分析理论与技术。

(8) 自适应信号处理。

(9) 信号的压缩，包括语言信号的压缩及图像信号的压缩。

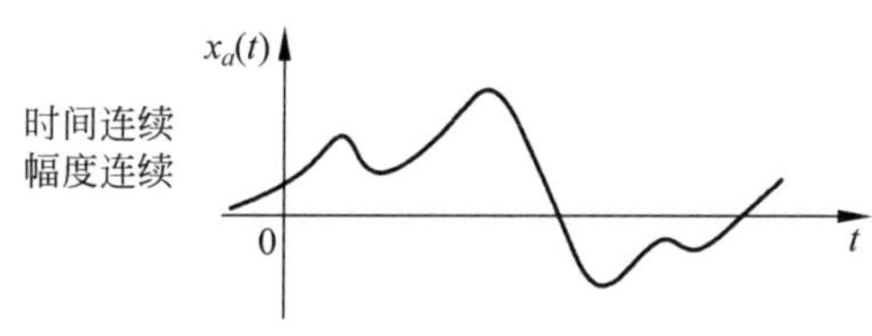

(a) 输入模拟信号波形

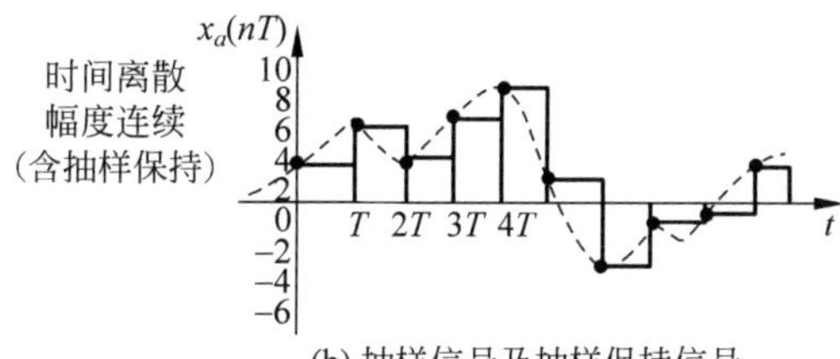

(b) 抽样信号及抽样保持信号

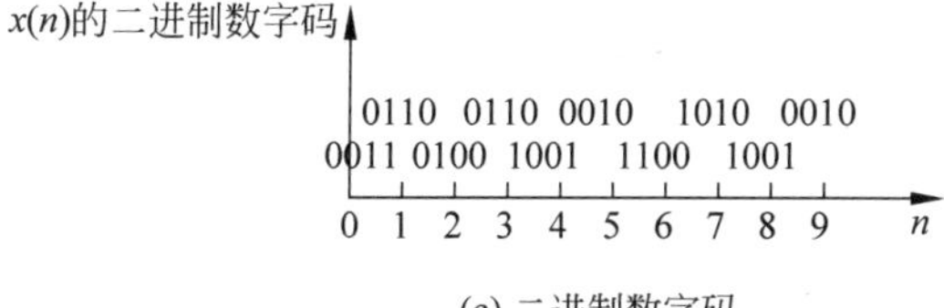

(c) 二进制数字码

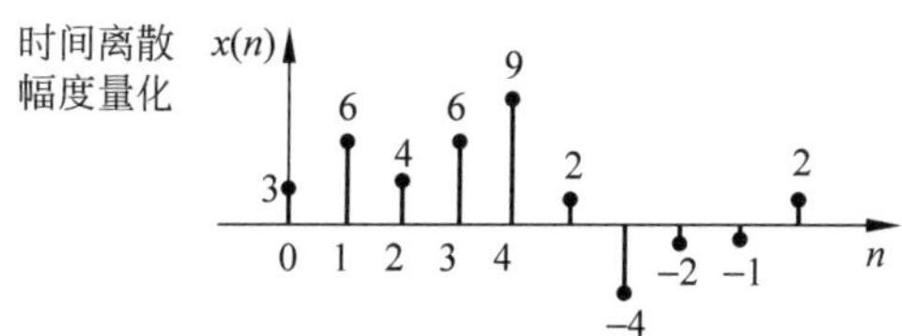

(d) 量化后的输入序列

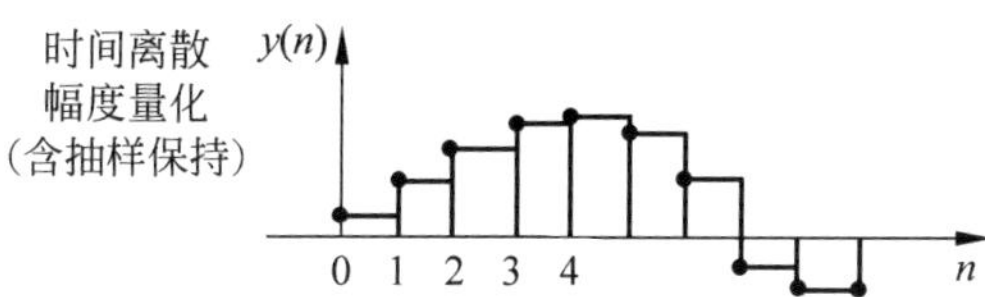

(e) 输出序列

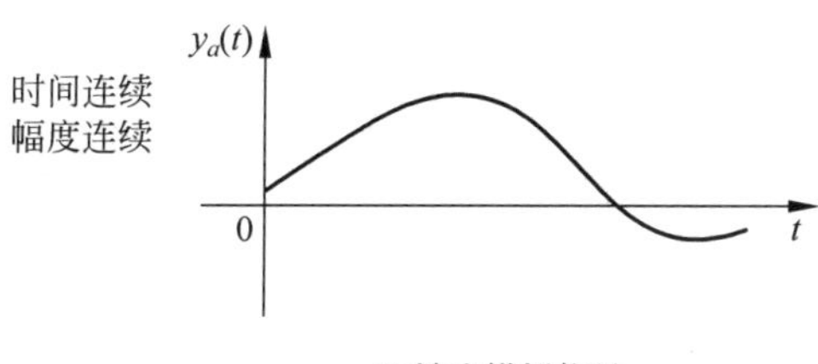

(f) 输出模拟信号

图 0.2 数字信号处理过程波形图

(10) 信号的建模，包括 AR、MA、ARMA、CAPON、PRONY 等各种模型。

(11) 其他特殊算法，包括同态处理、信号重建、反卷积等。

(12) 数字信号处理的实现。

(13) 数字信号处理的应用。

由于本书是数字信号处理的基础理论教材，不可能涉及那么多的理论内容，因而只着重讨论以上的前 5 条以及第 6 条的量化噪声等内容，即只能给出这一领域的最基本的概念、理论和分析方法以及一些基本的设计方法，以期为读者进一步学习打下较扎实的基础，能够较方便地进入到新的更广阔的学习和研究领域。

四、数字信号处理的特点

1. 数字信号处理系统具有以下这些明显的优点：

(1) 精度高：模拟网络的精度由元器件决定，模拟元器件的精度很难达到 10^{-3} 以上，而数字系统只要 14 位字长就可达到 10^{-4} 的精度。在高精度系统中，有时只能采用数字系统。

由于数字信号可无损地存储在磁盘或光盘上，因而可随时传送，可在远端脱机处理。另外，时间可倒置、压缩或扩张处理。还可以进行同态处理(模拟系统则不能)。

(2) 灵活性高：数字系统的性能主要由乘法器的系数决定，而系数是存放在系数存储器中的，因而只需通过软件设计改变存储的系数就可得到不同的系统，比改变模拟系统方便得多。

由于工艺水平的提高，集成度越来越高，而且可运用的频率也越来越高。

(3) 可靠性强：数字系统只有两个信号电平“0”和“1”，因而受周围环境温度及噪声的影响较小。而模拟系统的各元器件都有一定的温度系数，且电平是连续变化的，易受温度、噪声、电磁感应等的影响。数字系统如采用大规模集成电路，其可靠性就更高。

(4) 容易大规模集成：由于数字部件具有高度规范性，便于大规模集成、大规模生产，而且对电路参数要求不严，故产品成品率高。尤其是对于低频信号，例如，地震波分析需要过滤几赫兹到几十赫兹信号，用模拟网络处理时，电感器、电容器的数值、体积和重量都非常大，性能也不能达到要求，而数字信号处理系统在这个频率却非常优越。

(5) 时分复用：时分复用就是利用数字信号处理器同时处理几个通道的信号，其系统框图如图 0.3 所示。由于某一路信号的相邻两抽样值之间存在着很大的空隙时间，因而可在同步器的控制下，在此时间空隙中送入其他路的信号，而各路信号则利用同一个信号处理器，后者在同步器的控制下，算完一路信号后再算另一路信号。处理器的运算速度越高，能处理的信道数目也就越多。

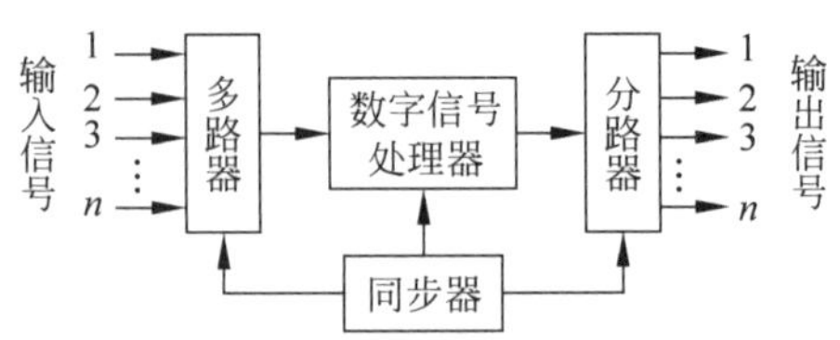

图 0.3 时分多路复用数字信号处理系统框图

(6) 可获得高性能指标：例如对信号进行频谱分析，模拟频谱仪在频率低端只能分析到 10Hz 以上的频率，且难以做到高分辨率（足够窄的带宽）；但在数字谱分析中，已能做到 10^{-3}Hz 的谱分析。又如，有限长冲激响应数字滤波器可实现准确的线性相位特性，这在模拟系统中是很难达到的。

（7）二维与多维处理：利用庞大的存储单元可以存储一帧或数帧图像信号，实现二维甚至多维信号的处理，包括二维或多维滤波、二维或多维谱分析等。

由于数字信号处理的突出优点，使得它在通信、语音、雷达、地震测报、声呐、遥感、生物医学、电视、仪器、军事等方面得到愈来愈广泛的应用。

2. 数字信号处理的局限性。

（1）系统复杂性高，成本高：由于整个系统（如图 0.1 所示）有 A/D、D/A 转换器，防混叠及平滑两种滤波器，故系统复杂性较高，成本也高，因此在处理一般模拟信号时，成本嫌高，必须全面考虑。

另外高速、高精度 A/D、D/A 转换器成本也昂贵。

（2）处理速度与精度的矛盾：影响处理速度的因素是算法的速度，A/D、D/A 转换器的速度，以及数字信号处理器芯片的速度；而 A/D、D/A 转换器的速度和精度（dB 数）是互相矛盾的，要做到高速，精度就会下降。总体来看，频率太高（速度要求就高），只能仍采用模拟信号处理办法，例如对 100MHz 量级信号。如要求精度超过 12dB 以上，则处理速度还要低一个量级以上。

但是，可以预测，数字信号处理的速度会越来越快。

五、数字信号处理的应用

（1）滤波与变换：包括数字滤波/卷积、相关、快速傅里叶变换（FFT）、希尔伯特（Hilbert）变换、自适应滤波、频谱分析、加窗法等。

（2）通信：包括自适应差分脉码调制、自适应脉码调制、脉码调制、差分脉码调制、增量调制、自适应均衡、纠错、数字公用交换、信道复用、移动电话、调制解调器、数据或数字信号的加密、破译密码、扩频技术、通信制式的转换、卫星通信、TDMA/FDMA/CDMA 等各种通信制式、回波对消、IP 电话、软件无线电等。

（3）语音、语言：包括语音邮件、语音声码器、语音压缩、数字录音系统、语音识别、语音合成、语音增强、文本语音变换、神经网络等。

（4）图像、图形：包括图像压缩、图像增强、图像复原、图像重建、图像变换、图像分割与描绘、卫星图像分析、模式识别、计算机视觉、固态处理、电子地图、电子出版、动画等。

（5）消费电子：包括数字音频、高清晰度数字电视、音乐综合器、电子玩具和游戏、耳蜗移置、条形码阅读器、CD/VCD/DVD 播放机、数字留言/应答机、汽车电子装置等。

（6）仪器：包括频谱分析仪、函数发生器、地震信号处理器、瞬态分析仪、锁相环、模式匹配等。

（7）工业控制与自动化：包括机器人控制、激光打印机控制、伺服控制、自动机、电力线监视器、计算机辅助制造、引擎控制、自适应驾驶控制等。

（8）医疗：包括健康助理、远程医疗监护、超声仪器、诊断工具、CT 扫描、核磁共振、助听器等。

（9）军事：包括雷达处理、声呐处理、导航、射频调制解调器、全球定位系统（GPS）、空中预警、导弹制导、侦察卫星、航空航天测试、自适应波束形成、阵列天线信号处理等。

在实际工程中，对各种 DSP 应用系统的需求越来越多，使得 DSP 算法开发工具不断充实与完善。无疑，C 语言是一种最有用的编程工具，多数生产数字信号处理芯片的厂商都会提供 C 编译、仿真器，这类编译器都具有 C 语言及高效的直接汇编语言，利用其可以优化一些对实时要求较高的应用的编程。此外，美国 Mathworks 公司开发的 MATLAB 是一种功能强大、用于高科技运算的软件，MATLAB 已成为数字信号处理与分析的重要工具，它有丰富的工具箱，其中与信号处理相关的有通信、滤波器设计、信号处理等工具箱，每种工具箱内有大量可调用的函数，而各类函数能以矩阵形式描述和处理所有数据。因而要熟练掌握数字信号处理的理论和技术，就既要学好有关的基础知识，又要掌握 C 语言并学会应用 DSP 及 MATLAB 软件工具。

第1章　离散时间信号与系统

1.1　离散时间信号——序列

1.1.1　序列

离散时间信号只在离散时间上给出函数值，是时间上不连续的序列。一般，离散时间的间隔是均匀的，以 T 表示，故用 $x(nT)$ 表示此离散时间信号在 nT 点上的值，n 为整数。由于可将信号放在存储器中，供随时取用，加之可以“非实时”地处理，因而可以直接用 $x(n)$ 表示第 n 个离散时间点的序列值，并将序列表示成 $\{x(n)\}$。为了方便起见，也用 $x(n)$ 表示序列。

离散时间信号(序列) $x(n)$ 可以看成是对模拟信号 $x_a(t)$ 的等间隔时间抽样，即

$$x(n) = x_a(t)\Big|_{t=nT} = x_a(nT)$$

学习要点

1. n 必须是整数。只有 n 是整数时，$x(n)$ 才有定义，$n\neq$ 整数时，$x(n)$ 没有定义，不能说它等于零，这可用对模拟信号的抽样来理解，即 $x(n)=x_a(nT)$ 表示：n 是整数，即 $t=nT$ 时，对 $x_a(t)$ 抽样；n 不是整数时，在相邻两个抽样之间的时刻并未抽样，而信号并不一定等于零。只要满足抽样定理要求(以下将要讨论)，抽样点之间的信号就可以通过低通平滑滤波器的插值作用来恢复。

例如，设 $x(n)$ 为某一序列，若 $y(n)=x(n/m)$，那么，在 $y(n)$ 中，只取 n 为整数是错误的，因为 $x(n/m)$ 只在其变量 n/m 为整数时才有定义，这里 n/m 必须为整数，$y(n)$ 才有定义。

2. 模拟信号也可采用非等间隔时间抽样，但不在本书讨论范围之内。

3. 序列可以有三种表示法。

(1) 函数表示法。例如 $x(n)=a^n u(n)$。

(2) 数列的表示法。例如 $x(n)=\{\cdots,-5,-3,\underline{-1},0,2,7,9,\cdots\}$，本书中，凡用数列表示序列时，都将 $n=0$ 时 $x(0)$ 的值用下划线(_)标注，本例中有 $x(-1)=-3$，$x(0)=-1$，$x(1)=0$，…

(3) 用图形表示，如图1.1所示。

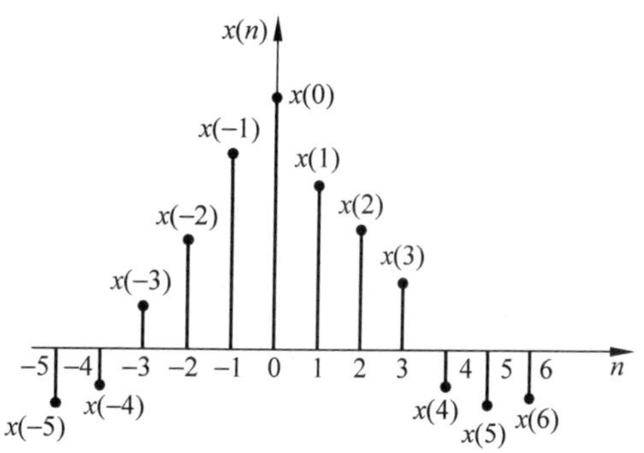

图1.1　离散时间信号的图形表示

1.1.2 序列的运算

信号处理是通过各种运算完成的，将一些运算组合起来，有可能使系统处理信号的能力得以增强。数字信号处理中，序列的运算都是通过三个基本运算单元——加法器、乘法器和延时单元实现的。

序列运算可以有三类：一是基于对序列幅度 $x(n)$ 的运算；二是基于对序列变量 n 的运算；三是基于既对幅度 $x(n)$，又对变量 n 的运算。

学习要点

1. 基于对幅度的运算。

(1) **加法**。两序列之和是指同序号 (n) 的序列值逐项对应相加而构成一个新序列

$$z(n) = x(n) + y(n) \tag{1.1.1}$$

(2) **乘法**。两序列之积是指同序号 (n) 的序列值逐项对应相乘而构成一个新序列

$$w(n) = x(n)y(n) \tag{1.1.2}$$

当 $x(n)$ 或 $y(n)$ 是常数 c 时，称为标度运算，有

$$w(n) = cx(n) \tag{1.1.3}$$

(3) **累加**。

$$y(n) = \sum_{k=-\infty}^{n} x(k) \tag{1.1.4}$$

它表示 $y(n)$ 在某一个 n 上的值等于这一个 n 上的 $x(n)$ 值以及这一个 n 以前的所有 n 上的 $x(n)$ 值之和，见图 1.2。

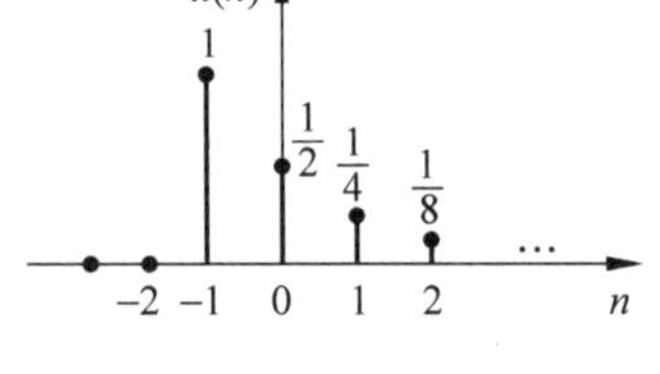

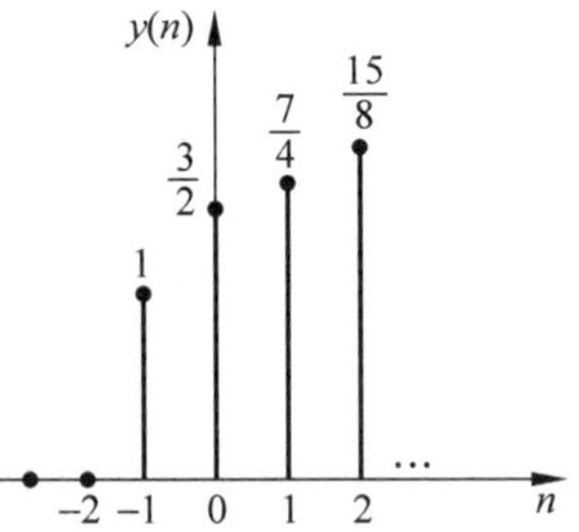

图 1.2 序列 $x(n)$ 及其累加序列 $y(n)$

(4) **序列的绝对可和**。它的定义为

$$S = \sum_{n=-\infty}^{\infty} |x(n)| \tag{1.1.5}$$

当 $S=B<\infty$ 时，称序列 $x(n)$ 为绝对可和序列，序列的绝对可和性对于判断序列的傅里叶变换是否存在以及判断系统是否稳定有极重要意义。

(5) **序列的能量**。序列的能量定义为

$$E[x(n)] = \sum_{n=-\infty}^{\infty} |x(n)|^2 \tag{1.1.6}$$

若 $E[x(n)]=A<\infty$，则称 $x(n)$ 为能量有限信号或简称能量信号，一般来说，在有限 n 上有值（不为无穷）的有限长序列以及绝对可和的无限长序列都是能量信号。

(6) **序列的平均功率**。它的定义为

$$P[x(n)] = \lim_{N\to\infty} \frac{1}{2N+1} \sum_{n=-N}^{N} |x(n)|^2 \tag{1.1.7}$$

若此极限存在，即若平均功率是有限的 $P[x(n)]=C<\infty$，则称 $x(n)$ 为功率有限信号，

或简称功率信号。

一般来说，周期信号、随机信号的存在时间是无限的，因此它们不是能量信号而是功率信号。对于周期信号，只需取一个周期 N 的平均功率即可，

$$P[x(n)] = \frac{1}{N}\sum_{n=0}^{N-1} |x(n)|^2 \tag{1.1.8}$$

2. 基于对变量的运算。

（1）**移位**。某序列为 $x(n)$，则 $x(n-m)$ 就是 $x(n)$ 的移位序列，当 m 为正数时，表示序列 $x(n)$ 逐项依次右移(延时) m 位；当 m 为负数时，表示序列 $x(n)$ 逐项依次左移(超前) $|m|$ 位。

（2）**翻褶**。若序列为 $x(n)$，则 $x(-n)$ 是以 $n=0$ 的纵轴为对称轴将 $x(n)$ 序列加以翻褶，见图 1.3。

$x(n-m)$ 对 $n=0$ 纵轴的翻褶序列为 $x[-(n+m)]=x(-n-m)$。

若序列是 $x(-n-m)$，又如何从 $x(n)$ 求得此序列呢？可以先画出翻褶序列 $x(-n)$，然后若 m 为正数，则将 $x(-n)$ 左移 m 位；若 m 为负数，则将 $x(-n)$ 右移 $|m|$ 位就得到 $x(-n-m)$，见图 1.3。

（3）**时间尺度变换**。这种运算是为了改变对模拟信号的抽样频率，将在第 9 章中详细讨论。

抽取(下抽样变换)。抽取是为了减小抽样频率

$$x_d(n) = x(Dn), \quad D\text{ 为整数} \tag{1.1.9}$$

插值(上抽样变换)。插值是为了增加抽样频率。例如插零值(它是实现插值的第一个步骤)可表示为

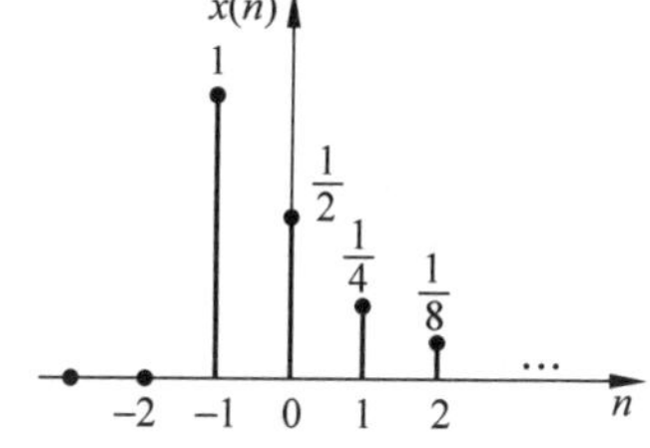

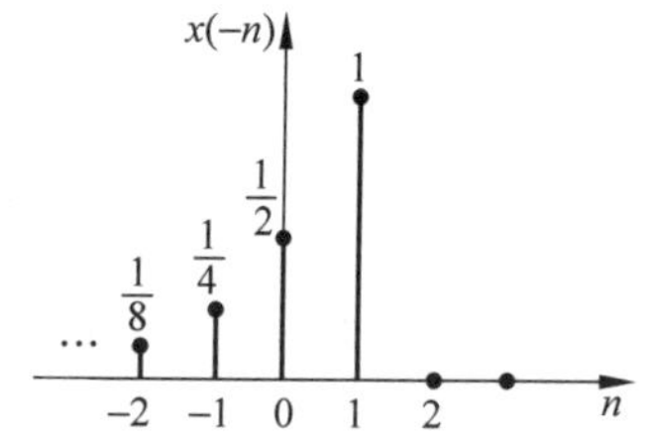

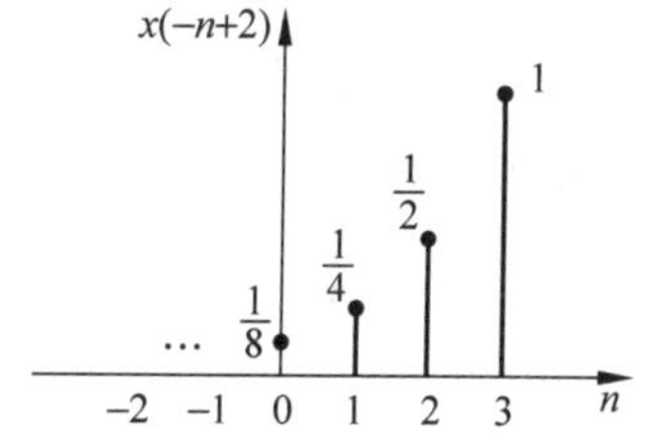

图 1.3　序列 $x(n)$、翻褶序列 $x(-n)$ 及翻褶移位序列 $x(-n+2)$

$$x_I'(n) = \begin{cases} x(n/I), & n = mI, I\text{ 为整数}, m = 0, \pm 1, \pm 2, \cdots \\ 0, & \text{其他 } n \end{cases} \tag{1.1.10}$$

见图 1.4，抽取和插值(包括插零值)运算所代表的系统[例如由 $x(n)$ 变换到 $x_d(n)$ 或 $x_I'(n)$ 的系统]是一个线性移变系统，因为它们在时间轴(n)上有压缩或扩展的作用。这将在 1.2.2 节中加以证明。

抽取和插值是多抽样率数字信号处理的基础。

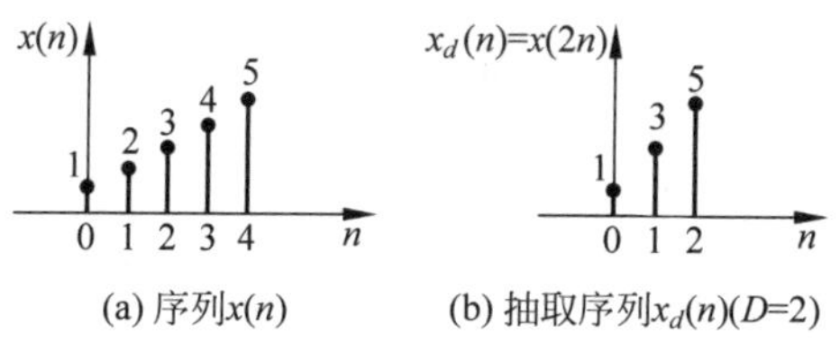

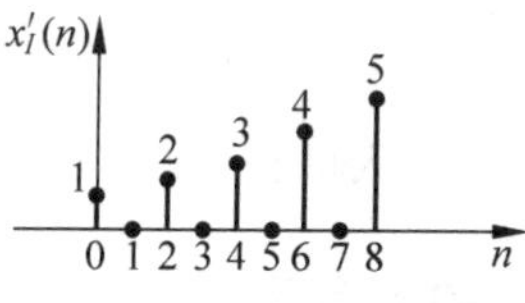

图 1.4　尺度变换

3. 既对幅度运算又对变量运算。

(1) **差分运算。**

前向差分 $$\Delta x(n)=x(n+1)-x(n) \tag{1.1.11a}$$

后向差分 $$\nabla x(n)=x(n)-x(n-1) \tag{1.1.11b}$$

由此得出 $$\nabla x(n)=\Delta x(n-1) \tag{1.1.12}$$

差分运算(见图1.5)。

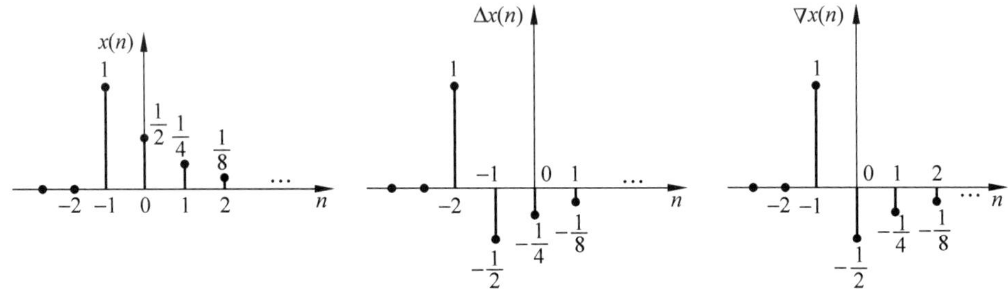

图1.5 $x(n)$、前向差分 $\Delta x(n)$ 及后向差分 $\nabla x(n)$

(2) **卷积和运算。**

$$y(n)=x(n)*h(n)=\sum_{m=-\infty}^{\infty}x(m)h(n-m)=\sum_{m=-\infty}^{\infty}x(n-m)h(m) \tag{1.1.13}$$

将在1.1.3节中讨论这一运算。

(3) **相关运算。**

$$r_{xy}(m)=\sum_{n=-\infty}^{\infty}x(n)y(n-m) \tag{1.1.14}$$

将在1.1.4节中讨论这一运算。

(4) 求复序列 $x(n)$ 的共轭对称分量 $x_e(n)$ 及共轭反对称分量 $x_o(n)$,或求实序列的偶对称分量 $x_e(n)$ 及奇对称分量 $x_o(n)$:

$$\left.\begin{aligned}x_e(n)&=\frac{1}{2}[x(n)+x^*(-n)]\\x_o(n)&=\frac{1}{2}[x(n)-x^*(-n)]\end{aligned}\right\}\text{对复序列 } x(n) \tag{1.1.15}$$

$$\left.\begin{aligned}x_e(n)&=\frac{1}{2}[x(n)+x(-n)]\\x_o(n)&=\frac{1}{2}[x(n)-x(-n)]\end{aligned}\right\}\text{对实序列 } x(n) \tag{1.1.16}$$

且有

$$x(n)=x_e(n)+x_o(n) \tag{1.1.17}$$

这将在后面有较深入的讨论。

1.1.3 序列的卷积和

在模拟信号通过线性时不变系统时,卷积积分是求系统输出响应(零状态响应)的重要方法。即输出 $y(t)$、输入 $x(t)$、系统单位冲激响应 $h(t)$ 之间有以下卷积积分关系：

$$y(t) = x(t) * h(t) = \int_{-\infty}^{\infty} x(\tau)h(t-\tau)\mathrm{d}\tau$$

类似地，在序列通过离散时间线性移不变系统时，输出 $y(n)$、输入 $x(n)$、系统单位抽样响应 $h(n)$ 之间，有以下卷积和关系：

$$y(n) = x(n) * h(n) = \sum_{m=-\infty}^{\infty} x(m)h(n-m) \tag{1.1.18}$$

“ * ”表示卷积和的运算符号，卷积和运算是离散时间线性移不变系统中，求输出响应（零状态响应）的一种重要的运算，必须熟练掌握。

学习要点

1. 卷积和运算步骤。共分为四步（见（1.1.18）式）：

（1）翻褶：选哑变量为 m，作 $x(m)$、$h(m)$，将 $h(m)$ 以 $m=0$ 的垂直轴为对称轴翻褶成 $h(-m)$。

（2）移位：将 $h(-m)$ 移位 n，得 $h(n-m)$，$n>0$ 时，右移 n 位，$n<0$ 时，左移 $|n|$ 位。

（3）相乘：将 $h(n-m)$ 与 $x(m)$ 在相同 m 处的对应值相乘。

（4）相加：将以上所有 m 处的乘积值叠加，就得到这一个 n 值下的 $y(n)$ 值。

依上法取 $n=\cdots,-2,-1,0,1,2,\cdots$ 各值，即可得到全部 $y(n)$ 值。

2. 卷积和计算。

以下讨论三种常用的卷积和的计算方法。

（1）**图解加上解析的方法**。求解时，有可能要分成几个时间区间分别计算，如例 1.1 所示。

【例 1.1】 设

$$h(n)=a^n u(n),\quad a<1$$

$$x(n)=\begin{cases}1, & -2\leqslant n\leqslant 2\\ 0, & 其他\ n\end{cases}$$

求 $y(n)=x(n)*h(n)$。

解 由

$$y(n)=\sum_{m=-\infty}^{\infty} x(m)h(n-m) = \sum_{m=-\infty}^{\infty} x(m)a^{n-m}u(n-m)$$

$$=\sum_{m=-2}^{2} a^{n-m}u(n-m)$$

由图 1.6 看出，此题可分成三段求解，由阶跃函数 $u(n)$ 的定义及求和式 m 的范围可知，一定是 $n\geqslant -2$ 时，$y(n)$ 才有值。

即有

① $n\leqslant -3$ 时，$h(n-m)x(m)=0$，故 $y(n)=0$。

② $-2\leqslant n\leqslant 2$ 时，$h(n-m)x(m)$ 有值部分应为 $m=-2$ 到 $m=n$，故有

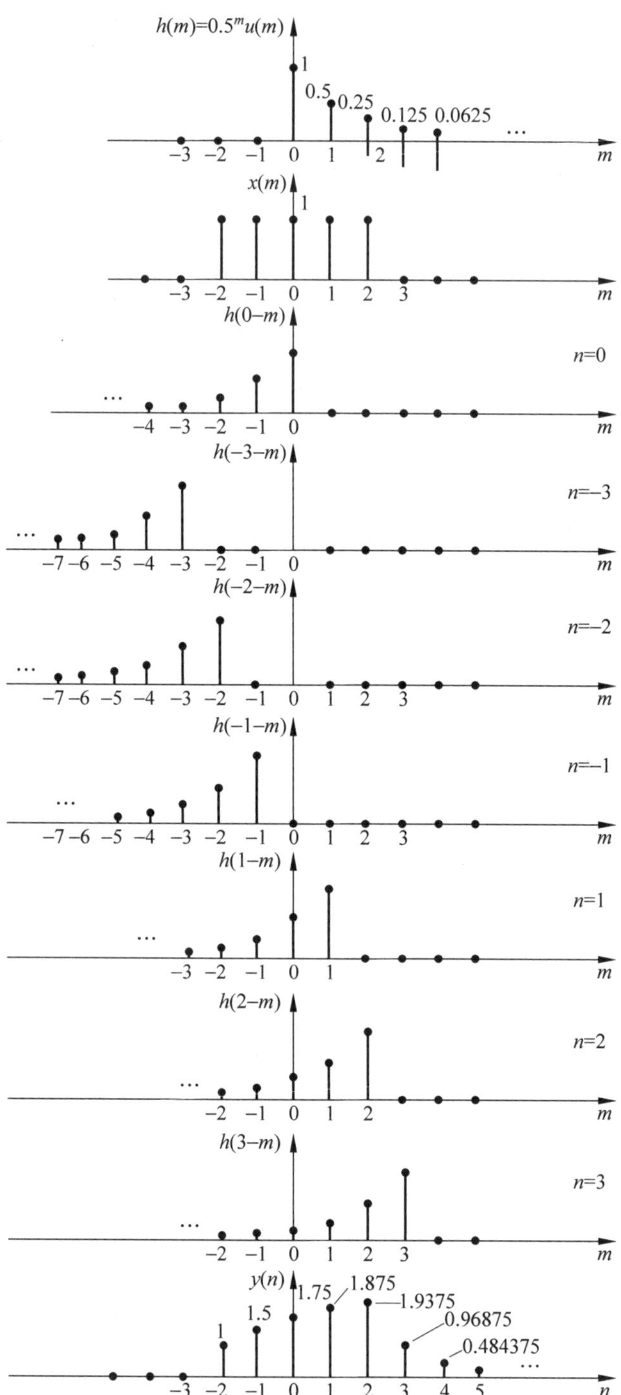

图 1.6　例 1.1 卷积和运算的图解 $y(n)=x(n)*h(n)$，$a=0.5$

$$y(n)=\sum_{m=-2}^{n}a^{n-m}=a^{n}\sum_{m=-2}^{n}(a^{-1})^{m}=a^{n}\frac{a^{2}-a^{-n}a^{-1}}{1-a^{-1}}=\frac{a^{n+3}-1}{a-1}$$

③ $3\leqslant n<\infty$ 时，$h(n-m)x(m)$ 有值区间为 $-2\leqslant m<2$，故有

$$y(n)=\sum_{m=-2}^{2}a^{n-m}=a^n\sum_{m=-2}^{2}(a^{-1})^m=a^n\frac{a^2-a^{-2}a^{-1}}{1-a^{-1}}$$

$$=a^{n-2}\frac{a^5-1}{a-1}=a^{n-2}(a^4+a^3+a^2+a^1)=a^{n-2}y(2)$$

由此归纳出

$$y(n)=\begin{cases}0, & -\infty<n\leqslant -3\\ \dfrac{a^{n+3}-1}{a-1}, & -2\leqslant n\leqslant 2\\ a^{n-2}y(2), & 3\leqslant n<\infty\end{cases}$$

此卷积过程见图1.6(取 $a=0.5$)。

注：在以上求解过程中，除了要分段考虑外，还需确定输出序列存在的时间(n)值的范围。用例1.2求解**有限长序列卷积和的输出序列有值的 n 的范围**。

【例1.2】 若 $x(n)$ 在 $N_3\leqslant n\leqslant N_4$ 范围有非零值，$h(n)$ 在 $N_1\leqslant n\leqslant N_2$ 范围有非零值。求 $y(n)=x(n)*h(n)$ 在 n 的什么范围有值。

解　可以用解析法求解

$$y(n)=x(n)*h(n)=\sum_m x(m)h(n-m)$$

显然应满足

$$N_3\leqslant m\leqslant N_4$$

$$N_1\leqslant n-m\leqslant N_2$$

因而，将两不等式相加，可得

$$N_1+N_3\leqslant n\leqslant N_2+N_4 \tag{1.1.19}$$

故 $y(n)$ 的存在范围若用 $N_5\leqslant n\leqslant N_6$ 表示，则有

$$N_5=N_1+N_3$$

$$N_6=N_2+N_4$$

用作图法亦可直观表示出这一结果，见图1.7。

这一结论在今后的讨论中将直接加以应用。

(2) **列表方法**。此法显然只适用于两个有限长序列的卷积和，举例说明如下。

【例1.3】 已知

$$x(n)=\{1,2,\underline{4},3\}$$

$$h(n)=\{\underline{2},3,5\}$$

求用表格法解出 $y(n)=x(n)*h(n)$。

解　作表格时，由例1.2知输出 $y(n)$ 的有值范围应为 $N_1+N_3\leqslant n\leqslant N_2+N_4$，$N_1=-2$，$N_2=1$，$N_3=0$，$N_4=2$，故 $y(n)$，$-2\leqslant n\leqslant 3$，而哑变量 m 的取值范围，则由卷积和的以下两种表达式确定，即

若取 $y(n)=\sum\limits_{m=-2}^{1}x(m)h(n-m)$，则 m 应为 $-2\leqslant m\leqslant 1$。

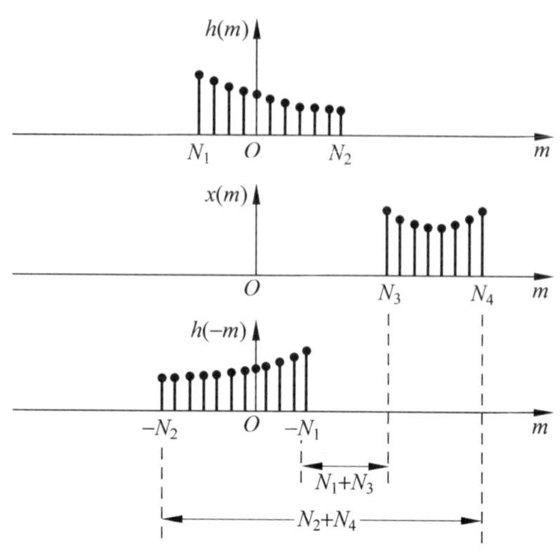

图 1.7 有限长序列卷积和范围的示意图

若取 $y(n)=\sum_{m=0}^{2}h(m)x(n-m)$，则 m 应为 $0\leqslant m\leqslant 2$。

若采用上面第二个式子，就取 $0\leqslant m\leqslant 2$ 列表。

m	0	1	2	
$h(m)$ / $x(n-m)$ / n	2	3	5	$y(n)$
−2	1	0	0	2
−1	2	1	0	7
0	4	2	1	19
1	3	4	2	28
2		3	4	29
3			3	15

表格中，是用以上讨论的办法，按 n 的正、负对 $x(-m)$ 移位。

故 $y(n)=\{2,7,\underline{19},28,29,15\}$

（3）**对位相乘相加法**。此法也是针对有限长序列的计算卷积的方法，用此法作线性卷积和运算，可见以下例子。

【例 1.4】 设 $x(n)=\{\underline{4},2,3,1\}$，$h(n)=\{2,4,\underline{1}\}$，求 $y(n)=x(n)*h(n)$。

解 采用“对位相乘相加法”可以更便捷地求得卷积结果。首先将两序列排成两行，且**将其各自 n 最大的序列值对齐（即按右端对齐），然后作乘法运算，但是不要进位**，最后将同一列的乘积值相加即得到卷积和结果。

$x(n)$		4	2	3	1
$h(n)$			2	4	1
		4	2	3	1
	16	8	12	4	
8	4	6	2		
$y(n)$ 8	20	18	16	7	1

由于 $x(n)$取值为 $n=0\sim3$ 区间，而 $h(n)$取值为 $n=-2\sim0$ 区间，按照例 1.2 的结论，$y(n)$的取值区间应为 $n=-2\sim3$ 区间，由此可确定 $y(n)|_{n=0}=y(0)$的定位，即有

$$y(n)=\{8,20,\underline{18},16,7,1\}$$

3. 卷积和序列的长度。

由例 1.2(参见图 1.7)可以看出，若 $x(n)$的有值范围为 $N_1\leqslant n\leqslant N_2$，则 $x(n)$的长度点数为 $N=N_2-N_1+1$。若 $h(n)$的有值范围为 $N_3\leqslant n\leqslant N_4$，则 $h(n)$的长度点数为 $M=N_4-N_3+1$，按例 1.2 的讨论知 $y(n)=x(n)*h(n)$的存在范围为 $N_1+N_3\leqslant n\leqslant N_2+N_4$，则$y(n)$的长度点数 L 应为

$$\begin{aligned}L&=(N_2+N_4)-(N_1+N_3)+1=(N_2-N_1+1)+(N_4-N_3+1)-1\\&=N+M-1\end{aligned}\tag{1.1.20}$$

即 $x(n)$为 N 点长序列，$h(n)$为 M 点长序列，则 $y(n)=x(n)*h(n)$为 $L=N+M-1$ 点长序列。

【例 1.5】 已知 $y(n)=x(n)*h(n)$，试用 $y(n)$表示 (1)$x(n)*h(n+m)$；(2)$x(n+m_1)*h(n+m_2)$。

解 由于 $y(n)=x(n)*h(n)=\sum\limits_{r=-\infty}^{\infty}x(r)h(n-r)$ 故有

(1) $x(n)*h(n+m)=\sum\limits_{r=-\infty}^{\infty}x(r)h(n+m-r)=y(n+m)$

(2) $x(n+m_1)*h(n+m_2)=\sum\limits_{r=-\infty}^{\infty}x(r+m_1)h(n+m_2-r)$

$$\xlongequal{\text{令 } r+m_1=k}\sum_{r=-\infty}^{\infty}x(k)h(n+m_2+m_1-k)=y(n+m_1+m_2)$$

同样有

$$\left.\begin{aligned}&x(n+m)*h(n)=y(n+m)\\&x(n)*h(n-m)=x(n-m)*h(n)=y(n-m)\\&x(n-m_1)*h(n-m_2)=y(n-m_1-m_2)\end{aligned}\right\}\tag{1.1.21}$$

4. 用向量-矩阵乘法进行卷积计算(有限长序列的卷积)。

重写卷积和的公式，即(1.1.18)式

$$y(n)=x(n)*h(n)=\sum_{m=-\infty}^{\infty}x(m)h(n-m)=\sum_{m=0}^{N_x-1}x(m)h(n-m),\quad n=0,1,2,\cdots,L-1$$

设 $x(n)$的长度为 N_x,$0\leqslant n\leqslant N_x-1$; $h(n)$的长度为 N_h,$0\leqslant n\leqslant N_h-1$; $y(n)$的长度为 $L=N_x+N_h-1$,$0\leqslant n\leqslant N_x+N_h-2$。

对每一个 n,上式可写成

$$\begin{aligned}y(n)=&x(0)h(n)+x(1)h(n-1)+\cdots\\&+x(N_x-1)h(n-N_x+1),\quad n=0,1,2,\cdots,L-1\end{aligned}$$

写成向量乘积形式为

$$\boldsymbol{y}(n)=[x(0),x(1),x(2),\cdots,x(N_x-1)]\begin{bmatrix}h(n)\\h(n-1)\\\vdots\\h(n-N_x+1)\end{bmatrix}\tag{1.1.22}$$

若将 $y(n)$为 n 逐次加 1 写成行向量 $\boldsymbol{y}(n)=[y(0),y(1),y(2),\cdots,y(L-1)]$,则应将其 h 向量顺序沿列排列,且由于 $n<0$ 时,$h(n)=0$,可得

$$[y(0),y(1),y(2),\cdots,y(L-1)]=[x(0),x(1),x(2),\cdots,x(N_x-1)]\cdot\begin{bmatrix}h(0)&h(1)&h(2)&\cdots&h(L-1)\\0&h(0)&h(1)&\cdots&h(L-2)\\0&0&h(0)&\cdots&h(L-3)\\\vdots&\vdots&\vdots&\ddots&\vdots\\0&0&0&\cdots&h(L-N_x)\end{bmatrix}\tag{1.1.23}$$

由上式可将卷积运算写成矩阵乘法的形式为

$$\boldsymbol{y}=\boldsymbol{xH}$$

其中 $\boldsymbol{x}=[x(0),x(1),x(2),\cdots,x(N_x-1)]$, $\boldsymbol{y}=[y(0),y(1),y(2),\cdots,y(L-1)]$

$$\boldsymbol{H}=\begin{bmatrix}h(0)&h(1)&\cdots&h(L-2)&h(L-1)\\0&h(0)&\cdots&h(L-3)&h(L-2)\\0&0&\cdots&h(L-4)&h(L-3)\\\vdots&\vdots&\ddots&\vdots&\vdots\\0&0&\cdots&h(L-N_x+1)&h(L-N_x)\end{bmatrix}\tag{1.1.24}$$

这一矩阵共有 N_x 行,有 $L=N_x+N_h-1$ 列,这一矩阵的特点是各对角线元素是相同的,其第一行为单位冲激响应(N_h 个数值)及补 N_x-1 个零值后的序列,即为$\{h(0),h(1),h(2),\cdots,h(N_h-1),0,0,\cdots,0\}$,补到长度为 L 点,以下各行依次等于前一行的循环右移 1 位,直到形成 N_x 行,也就是使整个 $h(n)$移到右端。这种依次循环右移一位后下移一行形成的各对角线元素相同的矩阵称为 Toeplitz 矩阵。

【例 1.6】 $x(n)=\{\underline{3},7,5,-1,2\}$,$h(n)=\{\underline{4},-1,2,3\}$,试用矩阵乘法求 $y(n)=x(n)*h(n)$。

解 $x(n)$的长度为 $N_x=5$，$h(n)$的长度为 $N_h=4$，则 $y(n)=x(n)*h(n)$的长度为 $L=N_x+N_h-1=8$。

按(1.1.24)式可得

$$
\boldsymbol{H}=\begin{bmatrix}4 & -1 & 2 & 3 & 0 & 0 & 0 & 0\\ 0 & 4 & -1 & 2 & 3 & 0 & 0 & 0\\ 0 & 0 & 4 & -1 & 2 & 3 & 0 & 0\\ 0 & 0 & 0 & 4 & -1 & 2 & 3 & 0\\ 0 & 0 & 0 & 0 & 4 & -1 & 2 & 3\end{bmatrix}
$$

由(1.1.22)式、(1.1.23)式知

$$
\boldsymbol{y}=\boldsymbol{xH}=[3,7,5,-1,2]\cdot\begin{bmatrix}4 & -1 & 2 & 3 & 0 & 0 & 0 & 0\\ 0 & 4 & -1 & 2 & 3 & 0 & 0 & 0\\ 0 & 0 & 4 & -1 & 2 & 3 & 0 & 0\\ 0 & 0 & 0 & 4 & -1 & 2 & 3 & 0\\ 0 & 0 & 0 & 0 & 4 & -1 & 2 & 3\end{bmatrix}
$$

$$
=\{\underline{12},25,19,14,40,11,1,6\}
$$

5. 卷积和运算是符合交换律、结合律、分配律的，这将在 1.2.3 节中讨论。

1.1.4 序列的相关性

在统计通信及数字信号处理中，相关（或称线性相关）的概念是一个十分重要的概念。相关函数和信号的功率谱有密切关系。通常，利用相关函数分析随机信号的功率谱密度，它对确定信号的分析也有一定的作用。所谓相关，是指两个确定信号或两个随机信号之间的相互关系，对于平衡随机信号，信号一般是不确定的，但是通过对其规律进行统计，它们的相关函数，往往是确定的，因而在随机信号的数字处理中，可以用相关函数描述一个平稳随机信号的统计特性。

这里我们只讨论确定性信号的相关性的一些基本概念和运算，相关性的深入论述，属于“随机信号处理”课程的内容。

实际工作中，常需要研究经过一段时间差后，两个信号之间的相似程度，这就要用相关函数表征。以下只讨论实信号的相关性。

学习要点

1. **互相关函数序列。**

(1) **互相关函数的定义。**设有两个实信号 $x(n)$，$y(n)$，则定义此两序列的互相关函数为

$$
r_{xy}(m)=\sum_{n=-\infty}^{\infty}x(n)y(n-m) \tag{1.1.25}
$$
[*]

可以看出，此式当 $m>0$ 时，需将 $y(n)$向右移 m 位，当 $m<0$ 时，需将 $y(n)$向左移$|m|$位。

* 互相关序列也可定义为 $r_{xy}(m)=\sum\limits_{n=-\infty}^{\infty}x(n)y(n+m)$。$m>0$ 时，$y(n)$ 序列向左移 m 位；$m<0$ 时，$y(n)$ 序列向右移 $|m|$ 位。这里采用了(1.1.25) 式的定义方法。

互相关 $r_{xy}(m)$ 的运算与卷积运算有相似之处，但有两点不同之处：

① 卷积运算有翻褶、移位、相乘、相加四个步骤，互相关运算则没有翻褶这一步骤，只有移位、相乘、相加三个步骤。

② 互相关运算不满足交换律。

$$r_{yx}(m)=\sum_{n=-\infty}^{\infty}y(n)x(n-m)\xlongequal{n-m=n',n'\to n}\sum_{n=-\infty}^{\infty}x(n)y(n+m)=r_{xy}(-m)\neq r_{xy}(m) \tag{1.1.26}$$

可以看出，互相关函数 $r_{xy}(m)$ 中的相关时间间隔 m 是由 x 序列的变量减去 y 序列的变量。

（2）**互相关函数的性质。**

① $r_{xy}(m)$ 与 $r_{yx}(m)$ 互为偶对称（对 $m=0$）的关系。将 $r_{xy}(m)$ 的（1.1.25）式与 $r_{yx}(m)$ 的（1.1.26）式相比较可得到

$$r_{xy}(m)=r_{yx}(-m) \tag{1.1.27}$$

② $r_{xy}(m)$ 不是偶对称函数，即

$$r_{xy}(m)\neq r_{xy}(-m) \tag{1.1.28}$$

③ 当 $x(n)$，$y(n)$ 是绝对可和的能量信号时，则有

$$\lim_{m\to\infty}r_{xy}(m)=0 \tag{1.1.29}$$

（3）**$r_{xy}(m)$ 中 m 的有值范围。**

设有限长序列 $x(n)$，$y(n)$ 有值的范围分别为

$$x(n):\ N_{x1}\leqslant n\leqslant N_{x2};\quad y(n):\ N_{y1}\leqslant n\leqslant N_{y2}$$

由 $r_{xy}(m)=\sum_{n}x(n)y(n-m)$ 可知，只需将 $y(n)$ 左移或右移 m 位与 $x(n)$ 相乘相加即可求得某个 m 值下的 $r_{xy}(m)$，从图 1.8 可以看出，当 $m>0$ 时 $y(n)$ 右移 m 位，其 $r_{xy}(m)$ 有值的最大 m 为 $N_{x2}-N_{y1}$，当 $m<0$ 时 $y(n)$ 左移 $|m|$ 位，其 $r_{xy}(m)$ 有值的最小 m 为 $-(N_{y2}-N_{x1})$。所以 **$r_{xy}(m)$ 的有值范围为**

$$r_{xy}(m),\quad -(N_{y2}-N_{x1})\leqslant m\leqslant(N_{x2}-N_{y1}) \tag{1.1.30}$$

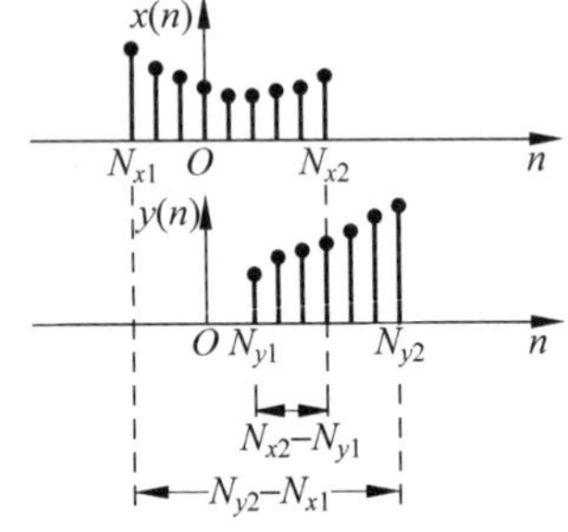

图 1.8 有限长序列互相关 $r_{xy}(m)$ 存在范围的示意图

* 因而若 $N_{y2}\leqslant N_{x1}$，则 $r_{xy}(m)$ 只在 $m\geqslant0$ 时有值。

* 若 $N_{y1}\geqslant N_{x2}$，则 $r_{xy}(m)$ 只在 $m\leqslant0$ 时有值。

* 若 $N_{x1}=N_{y1}=0$，即 $x(n)$、$y(n)$ 皆为从 $n=0$ 开始**有值的因果有限长序列，则 $-N_{y2}\leqslant m\leqslant N_{x2}$。若用 length($x$)及 length($y$)分别表示两个因果有限长序列 $x(n)$ 和 $y(n)$ 的长度点数，则 $r_{xy}(m)$ 有值范围可表示为**

$$r_{xy}(m),\quad -(\text{length}(y)-1)\leqslant m\leqslant \text{length}(x)-1 \tag{1.1.31}$$

（4）**用卷积运算表示相关运算，即**

$$\begin{aligned}r_{xy}(m)&=\sum_{n=-\infty}^{\infty}x(n)y(n-m)=\sum_{n=-\infty}^{\infty}x(n)y(-(m-n))\\&=x(m)*y(-m)\end{aligned} \tag{1.1.32}$$

2. 自相关函数序列。

（1）自相关函数的定义。当 $x(n)=y(n)$时，称 $r_{xx}(m)$为自相关函数序列，即

$$r_{xx}(m)=\sum_{n=-\infty}^{\infty}x(n)x(n-m)=x(m)*x(-m) \tag{1.1.33}$$

（2）自相关函数的性质。

① $r_{xx}(m)$满足偶对称关系，即 $r_{xx}(m)$是实偶序列

$$r_{xx}(m)=r_{xx}(-m) \tag{1.1.34}$$

② 当 $m=0$ 时自相关序列取最大值，这是很显然的，序列与自己本身的相似程度是最大的，即

$$r_{xx}(0)=\sum_{n=-\infty}^{\infty}x^2(n)>|r_{xx}(m)| \tag{1.1.35}$$

同时看出 $r_{xx}(0)$等于信号序列 $x(n)$的能量。

③ 若 $x(n)$是绝对可和的能量信号时，有

$$\lim_{m\to\infty}r_{xx}(m)=0 \tag{1.1.36}$$

（3）相关函数（包括自相关，互相关）都可用卷积运算来求出，而卷积运算必须将一个序列加以翻褶然后再移位，在相关序列的卷积表示式中 $x(-m)$已是翻褶序列，作卷积运算时再翻褶一次，两次翻褶，等于没有翻褶，其效果正好是不需翻褶的相关运算。

相关函数只表示两个信号之间的相关性（相似性），而卷积则表示信号通过系统的一种运算，两者是完全不同的物理含义。

3. 对于功率信号，互相关函数及自相关函数定义为

$$r_{xy}(m)=\lim_{M\to\infty}\frac{1}{2M+1}\sum_{n=-M}^{M}x(n)y(n-m) \tag{1.1.37a}$$

$$r_{xx}(m)=\lim_{M\to\infty}\frac{1}{2M+1}\sum_{n=-M}^{M}x(n)x(n-m) \tag{1.1.37b}$$

如果 $x(n)$、$y(n)$是周期信号（当然是一种功率信号），其周期为 N，则可用一个周期内的平均值代替以上两个公式，即

$$r_{xy}(m)=\frac{1}{N}\sum_{n=0}^{N-1}x(n)y(n-m) \tag{1.1.38a}$$

$$r_{xx}(m)=\frac{1}{N}\sum_{n=0}^{N-1}x(n)x(n-m) \tag{1.1.38b}$$

【例 1.7】 设 $x(n)=2^{n+1}R_4(n)$，$y(n)=nR_5(n)$，求互相关序列 $r_{xy}(m)$。

解 由于此两序列长度很短，可直接表示为以下实序列

$$x(n)=\{\underline{2},4,8,16\},\quad y(n)=\{\underline{1},2,3,4,5\}$$

（1）直接用 $r_{xy}(m)=\sum\limits_{n=-\infty}^{\infty}x(n)y(n-m)$ 求解[注意 m 为正时，$y(n)$右移 m 位；m 为负时，$y(n)$左移$|m|$位]，即可求得 $r_{xy}(m)$，按(1.130)式 $r_{xy}(m)$中的存在范围为 $-4\leqslant m\leqslant 3$，可

确定 $r_{xy}(0)=98$。即有

$$r_{xy}(m)=\{10,28,62,128,\underline{98},68,40,16\}$$

这种求解方法稍显费事。

(2) 也可用卷积法 $r_{xy}(m)=x(m)*y(-m)$求解,直接将 $x(n)$和 $y(-n)$作对位相乘相加法,可得 $r_{xy}(m)=\{10,28,62,128,98,68,40,16\}$,但这里没确定 $r_{xy}(0)$的位置,随后要找出 $r_{xy}(0)$的位置,由于 $x(m)$中 m 的存在范围为 $0\leqslant m\leqslant 3$,$y(-m)$中 m 的存在范围为$-4\leqslant m\leqslant 0$,故由卷积和求解的(1.1.19)式,可得 $r_{xy}(m)$中 m 的存在范围为$-4\leqslant m\leqslant 3$,于是,有 $r_{xy}(0)=98$,考虑到 $r_{xy}(0)$后,最后序列的表达式与(1)中直接计算相关函数的结果是一样的,但这种求解方法,由于采用了简单的对位相乘相加法,运算就方便多了。

【例 1.8】 已知 $x(n)=a^nR_N(n)$,求 $x(n)$的自相关序列。

解

$$r_{xx}(m)=\sum_{n=-\infty}^{\infty}x(n)x(n-m)=\sum_{n=-\infty}^{\infty}a^nR_N(n)a^{n-m}R_N(n-m)$$

由于 $x(n)$是有限长序列,需确定 n 的取值范围,见图 1.9。

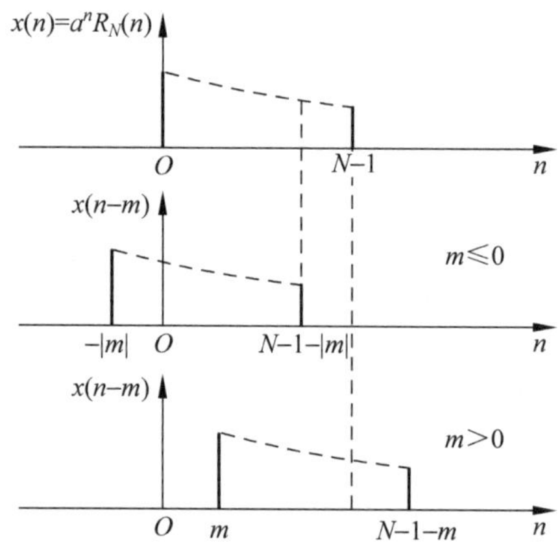

图 1.9 有限长序列的自相关序列的求和范围的示意图

由此图看出,当 $m\leqslant 0$ 时,$x(n)$与 $x(n-m)$的重叠范围为

$$0\leqslant n\leqslant N-1-|m|$$

当 $m>0$ 时,$x(n)$与 $x(n-m)$的重叠范围为

$$m\leqslant n\leqslant N-1$$

实际上,从两个不等式与图形对比看出,不论 $m>0$ 或 $m\leqslant 0$,等效的求和范围都可表示成 $0\leqslant n\leqslant N-1-|m|$。

但是,由于 $r_{xx}(m)=r_{xx}(-m)$,因而只需求出 $m\leqslant 0$ 的 $r_{xx}(m)$即可,即 $r_{xx}(m)$可表示成

$$\begin{cases}r_{xx}(m)=\displaystyle\sum_{n=0}^{N-1-|m|}x(n)x(n-m)=\sum_{n=0}^{N-1-|m|}a^na^{n-m}=a^{|m|}\sum_{n=0}^{N-1-|m|}a^{2n}\\ \quad =a^{|m|}\dfrac{1-(a^2)^{N-1-|m|}a^2}{1-a^2}=a^{|m|}\dfrac{1-(a^2)^{N-|m|}}{1-a^2}, & 0\leqslant|m|\leqslant N-1\\ r_{xx}(m)=0, & \text{其他 } m\end{cases}$$

以上表达式,已将 $m>0$,$m\leqslant 0$ 归纳在一起了。

可以看出 $m=0$ 时,$r_{xx}(0)=\dfrac{1-a^{2N}}{1-a^2}$为 $r_{xx}(m)$中的最大值。

【例 1.9】 周期性的余弦序列 $x(n)=\cos(\omega n)$，其周期为 $N=\frac{2\pi}{\omega}$，求自相关函数 $r_{xx}(m)$。

解 由于 $x(n)$是实周期序列，利用周期序列的自相关函数 $r_{xx}(m)$表达式[(1.1.38b)式]，可得

$$\begin{aligned} r_{xx}(m) &= \frac{1}{N}\sum_{n=0}^{N-1}\cos(\omega n)\cos[\omega(n-m)] \\ &= \frac{1}{N}\sum_{n=0}^{N-1}\cos(\omega n)[\cos(\omega n)\cos(\omega m)+\sin(\omega n)\sin(\omega m)] \\ &= \frac{1}{N}\cos(\omega m)\sum_{n=0}^{N-1}\cos^2(\omega n)+\frac{1}{N}\sin(\omega m)\sum_{n=0}^{N-1}\sin(\omega n)\cos(\omega n) \end{aligned}$$

由于 $\sin(\omega n)$与 $\cos(\omega n)$是正交的，故在一个周期内，最后这一等式后的第二项 $\sum_{n=0}^{N-1}\sin(\omega n)\cos(\omega n)=0$。故有

$$r_{xx}(m)=\frac{1}{2N}\cos(\omega m)\sum_{n=0}^{N-1}[1+\cos(2\omega n)]$$

其中 $\sum_{n=0}^{N-1}\cos(2\omega n)=0$，因为余弦信号在周期的整数倍中求和值为零，因而

$$r_{xx}(m)=\frac{1}{2}\cos(\omega m)$$

即余弦序列的相关函数也是余弦序列。

可用同样的方法证明 $x(n)=\sin(\omega n)$的正弦序列，其自相关函数 $r_{xx}(m)$也是同一余弦序列。

可以看出，正弦序列及余弦序列，当 $m=0$ 时，其相关序列值 $r_{xx}(0)=1/2$，且都满足

$$r_{xx}(0)>|r_{xx}(m)|,\quad |m|>0$$

1.1.5 几种常用的典型序列

1. 单位抽样(单位冲激，单位脉冲)序列

$$\delta(n)=\begin{cases}1, & n=0\\ 0, & n\neq 0\end{cases} \tag{1.1.39}$$

2. 单位阶跃序列

$$u(n)=\begin{cases}1, & n\geqslant 0\\ 0, & n<0\end{cases} \tag{1.1.40}$$

3. 矩形序列

$$R_N(n)=\begin{cases}1, & 0\leqslant n\leqslant N-1\\ 0, & \text{其他 } n\end{cases} \tag{1.1.41}$$

4. 实指数序列

$$x(n) = a^n u(n), a\text{ 为实数} \tag{1.1.42}$$

5. 复指数序列

$$x(n) = e^{(\sigma+j\omega_0)n} = e^{\sigma n}[\cos\omega_0 n + j\sin(\omega_0 n)] \tag{1.1.43}$$

当指数为纯虚数时，复指数序列为 $x(n)=e^{j\omega_0 n}$。

6. 正弦型序列

$$x(n) = A\sin(\omega_0 n + \varphi) \tag{1.1.44}$$

其中 A 为幅度，ω_0 为数字频率，φ 为起始相位。

可以利用这些典型序列作用在系统上，研究测试系统的某些时域、频域特性。例如最基本的信号是 $\delta(n)$，它作用在系统上，可以得到系统的单位抽样响应 $h(n)$，从而得到系统的频率响应 $H(e^{j\omega})$（本章及第 2 章将会讨论到）。又可利用 $\delta(n)$ 表示任意序列（见 1.1.7 节的讨论）。

学习要点

1. $\delta(n)$ 在 $n=0$ 时取值为 1，这与连续时域中的 $\delta(t)$ 是不同的。$\delta(t)$ 是幅度为无穷大，宽度为无限窄，积分面积为 1 的冲激，是一种奇异函数。

2. $\delta(n)$ 与 $u(n)$ 的关系为

$$\delta(n) = u(n) - u(n-1) \tag{1.1.45}$$

即单位抽样序列可表示成单位阶跃序列的一阶后向差分。

$$u(n) = \sum_{m=0}^{\infty}\delta(n-m) = \delta(n) + \delta(n-1) + \delta(n-2) + \cdots \tag{1.1.46}$$

即单位阶跃序列是由 $n=0$ 开始的一组延迟的单位抽样序列之和组成。

将 $n-m=k$ 代入(1.1.46)式，可得

$$u(n) = \sum_{k=-\infty}^{n}\delta(k) = \begin{cases} 1, & n \geqslant 0 \\ 0, & n < 0 \end{cases} \tag{1.1.47}$$

这里利用了累加的概念，即单位阶跃序列在 n 时刻点的值，就等于在 n 点及该点以前全部的单位抽样序列值之和[实际上单位抽样序列 $\delta(k)$ 只在 $k=0$ 处有值，为 $\delta(0)=1$，其他 k 处为零]。

3. $\delta(n)$ 与 $R_N(n)$ 的关系为

$$R_N(n) = \sum_{m=0}^{N-1}\delta(n-m) = \delta(n) + \delta(n-1) + \cdots + \delta(n-N+1) \tag{1.1.48}$$

4. $u(n)$ 与连续时间信号与系统中的 $u(t)$ 类似，但 $u(t)$ 在 $t=0$ 时常不给予定义，而 $u(n)$ 在 $n=0$ 时定义为 $u(0)=1$。

5. $u(n)$ 与 $R_N(n)$ 的关系为

$$R_N(n) = u(n) - u(n-N) \tag{1.1.49}$$

6. 任意因果序列 $x(n)$ 与单位阶跃序列 $u(n)$ 的卷积，得到的是此因果序列的累加序列

$$u(n) * x(n) = \sum_{m=0}^{n} x(m)u(n-m) = \sum_{m=0}^{n} x(m) \quad (1.1.50)$$

7. 实指数序列 $a^n u(n)$。a 为实数，$|a|<1$ 时序列收敛，$|a|>1$ 时序列发散。

8. 复指数序列 $e^{(\sigma+j\omega_0)n}$。可将它分解为实部序列与虚部序列或分解为模序列与相角序列

$$x(n) = e^{(\sigma+j\omega_0)n} = e^{\sigma n} e^{j\omega_0 n}$$

其中，$e^{\sigma n}$ 为模序列，$\omega_0 n$ 为相角序列。

当 $\sigma=0$，即指数为纯虚数的复指数序列的模为 1。同样

$$x(n) = e^{\sigma n}\cos(\omega_0 n) + je^{\sigma n}\sin(\omega_0 n)$$

其中等式右端第一项为实部序列，第二项为虚部序列乘 j。

9. 正弦型序列

$$x(n) = A\sin(\omega_0 n + \varphi)$$

其中，A 为幅度，ω_0 为数字域频率，φ 为起始相位。

10. 指数为纯虚数的复指数序列 $e^{j\omega_0 n}$，其实部及虚部都是正弦型序列，所以它们与正弦型序列的特性是相同的。ω_0 是数字域频率，由于 n 是无量纲的整数，故 ω_0 的单位为弧度(rad)，表示从 n 到 $n+1$ 两相邻样点之间正弦序列的相位差，即表示正弦序列变化的快慢。

若将正弦序列 $x(n)=A\sin(\omega_0 n+\varphi)$ 看成对模拟正弦信号 $x_a(t)=A\sin(\Omega_0 t+\varphi)$ 的抽样，则有

$$x(n) = A\sin(\omega_0 n + \varphi) = x_a(nT) = A\sin(\Omega_0 Tn + \varphi) \quad (1.1.51)$$

因而 $\omega_0=\Omega_0 T$，数字域频率 ω_0 与模拟角频率 Ω_0 呈线性关系，由于 $\Omega_0 t$ 表示弧度(rad)，故 Ω_0 的单位是弧度/秒(rad/s)，因而 ω_0 表示在一个抽样间隔 T(与上面谈到的从 n 到 $n+1$ 相对应)上正弦信号的相位差的弧度(rad)。

11. 由上面公式 $\omega=\Omega T$(将特定的 ω_0，Ω_0 换成一般意义的 ω，Ω)的关系，讨论数字域频率 ω 与模拟角频率 Ω 及模拟频率 f 之间的关系，则有

$$\omega = \Omega T = \Omega/f_s = 2\pi f/f_s \quad (\text{rad}) \quad (1.1.52)$$

其中 $f_s=\dfrac{1}{T}$表示抽样频率。

由此看出，**数字频率 ω 是模拟角频率 Ω 被抽样频率 f_s 归一化后的弧度；或说，数字频率 ω 是模拟频率 f 先被抽样频率 f_s 归一化，再乘以 2π 后的弧度。**

因而可用下表表示它们之间的对应关系：

f	0	$f_s/2$	f_s
Ω	0	$\Omega_s/2$	Ω_s
ω	0	π	2π

注意：当$f=f_s$时，$\omega=\omega_s=2\pi$；当$f=f_s/2$时，$\omega=\omega_s/2=\pi$。

$f=f_s/2$（即$\omega=\pi$）这一频率非常重要，在模拟信号的数字信号处理中，这一频率应是模拟信号的最高频率分量，不满足这一要求就会产生频率响应的混叠失真，这在时域抽样定理中将会进行讨论。

1.1.6 序列的周期性

如果对所有的n都存在一个最小的正整数N，满足

$$x(n)=x(n+Nr),\quad r=0,\pm 1,\pm 2,\cdots \tag{1.1.53}$$

则称序列$x(n)$为周期性序列。

学习要点

1. 正弦型模拟信号$x_a(t)=A\sin(\Omega_0 t+\varphi)$与正弦序列$x(n)=A\sin(\omega_0 n+\varphi)$的不同点是：正弦信号中$t$是时间变量，单位是秒(s)，取连续数值；而正弦序列中n是无量纲数，取离散整数值。因而造成Ω_0越大，则$x_a(t)$变化越快；但由于$x(n)=\sin(\omega_0 n+\varphi)=\sin[(\omega_0+2\pi m)n+\varphi]$，当$\omega_0$变化时，$x(n)$是以$2\pi$为周期的，并不是$\omega_0$越大，$x(n)$变化越快。这个性质，对数字滤波器频率特性的理解是非常重要的。

2. (1) **正弦型信号$x_a(t)=A\sin(\Omega_0 t+\varphi)$一定是周期性信号**，因为周期性要求满足$x_a(t)=x_a(t+T_0)=A\sin[\Omega_0(t+T_0)+\varphi]=A\sin(\Omega_0 t+\varphi)$

只需
$$\Omega_0 T_0=2\pi$$
即
$$T_0=2\pi/\Omega_0$$
则$x_a(t)$一定是周期信号，其周期为$T_0=2\pi/\Omega_0$。

(2) 现在讨论**正弦序列成为周期性序列的条件**。

由于
$$x(n)=A\sin(n\omega_0+\varphi)$$
则
$$x(n+N)=A\sin[(n+N)\omega_0+\varphi]=A\sin[N\omega_0+n\omega_0+\varphi]$$
若
$$N\omega_0=2\pi M$$
M为整数时，则
$$x(n)=x(n+N)$$
即
$$A\sin(n\omega_0+\varphi)=A\sin[(n+N)\omega_0+\varphi]$$

这时正弦序列就是周期性序列，其周期满足$N=\dfrac{2\pi M}{\omega_0}$（$N$，$M$必须为整数）。可分几种情况讨论如下。

① 当 $2\pi/\omega_0$ 为整数，只要 $M=1$，则有

$$\frac{2\pi}{\omega_0}=N$$

此时 N 为最小正整数，且 N 是正弦序列的周期，也就是周期为 $2\pi/\omega_0$，如图 1.10 所示。

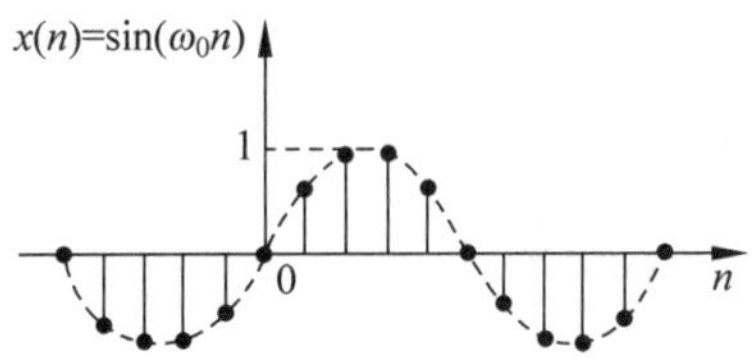

图 1.10　当 $\varphi=0,\omega_0=\frac{2\pi}{10},A=1$ 时的正弦序列（周期性序列，周期 $N=10$）

② 当 $2\pi/\omega_0$ 不是整数（即 $M\neq1$），而是一个有理数时（有理数可表示成分数），则

$$\frac{2\pi}{\omega_0}=\frac{N}{M}$$

其中，**M,N 为互素的整数，则 $\frac{2\pi}{\omega_0}M=\frac{N}{M}M=N$ 为最小正整数，它就是此正弦序列的周期**。此时其周期将大于 $\frac{2\pi}{\omega_0}=\frac{N}{M}$。

③ 当 $2\pi/\omega_0$ 是无理数时，则任何 M 皆不能使 N 为正整数，这时，正弦序列不是周期性的。这和连续信号时是不一样的。

(3) 下面进一步讨论，如果一个正弦型序列是由一个连续正弦信号抽样而得到的，那么，抽样时间间隔 T 和连续正弦信号的周期 T_0 之间应该是什么关系才能使所得到的抽样序列仍然是周期序列呢？

设模拟正弦信号的频率为 f_0，周期为 $T_0=1/f_0$，对其抽样的频率为 f_s，抽样时间间隔为 $T=\frac{1}{f_s}$，则有

$$\frac{2\pi}{\omega_0}=\frac{2\pi}{\Omega_0 T}=\frac{1}{f_0 T}=\frac{T_0}{T}=\frac{f_s}{f_0} \tag{1.1.54}$$

① **当 $2\pi/\omega_0$ 是整数时，例如 $2\pi/\omega_0=N$，则正弦序列的周期为 N**，考虑到(1.1.54)式，有

$$T_0=NT \quad 或 \quad f_s=Nf_0 \tag{1.1.55}$$

即一个正弦信号周期(T_0)中有 N 个抽样周期(T)，或说抽样频率(f_s)是正弦信号频率(f_0)的整数(N)倍。

② **当 $2\pi/\omega_0$ 是有理数时，即 $2\pi/\omega_0=N/M$，其中，N、M 是互为素数的正整数，则正弦序列的周期为 N**，考虑到(1.1.54)式，有

$$MT_0=NT \quad 或 \quad Mf_s=Nf_0 \tag{1.1.56}$$

即 M 个正弦信号周期(T_0)中应有 N 个抽样周期(T)，或说 N 倍正弦信号频率(f_0)应等于 M 倍抽样频率。

在以上(1)、(2)两种情况下,正弦序列都是周期为 N 的周期序列。

图 1.11 中,有 $2\pi/\omega_0=14/3$,即 $14T=3T_0$,此时抽样正弦序列的周期为 $N=14$,它相当于模拟正弦信号的 3 个周期。

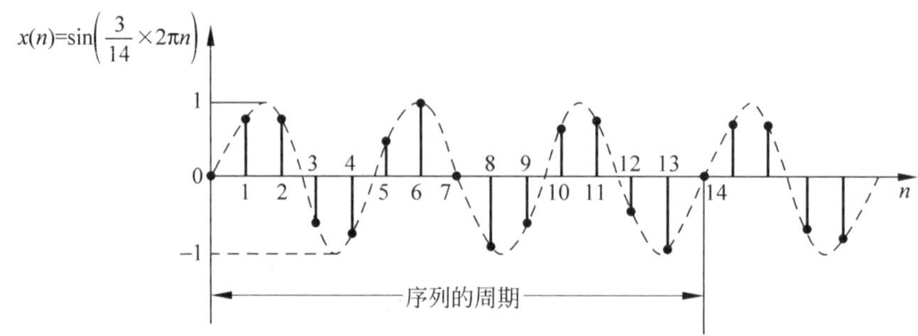

图 1.11　当 $\varphi=0,\omega_0=\frac{3}{14}\times2\pi,A=1$ 时的正弦序列$\left(\frac{2\pi}{\omega_0}=\frac{14}{3}\text{为有理数,序列周期为 }N=14\right)$

3. 不管正弦序列是否是时域周期性序列,都把 ω_0 作为它的数字域频率,由于正弦序列若作为 ω_0 的函数,是以 2π 为周期的周期函数,即 $A\sin(\omega_0 n+\varphi)=A\sin[(\omega_0+2m\pi)n+\varphi]$,因而其主值范围为 $-\pi\leqslant\omega_0\leqslant\pi$,或 $0\leqslant\omega_0\leqslant2\pi$。

4. 复指数序列 $e^{j(\omega n+\varphi)}=\cos(\omega n+\varphi)+j\sin(\omega n+\varphi)$,故对其周期的讨论与正弦型序列相同。

1.1.7　用单位抽样序列表示任意序列

单位抽样序列 $\delta(n)$ 对于分析下面将要讨论的线性移不变系统是很有用的。

学习要点

1. 由于单位抽样序列 $\delta(n)$ 满足(1.1.39)式,因而

$$x(m)\cdot\delta(n-m)=\begin{cases}x(n), & \text{当 } m=n\\ 0, & \text{其他 } m\end{cases}\tag{1.1.57}$$

这就是 $\delta(n)$ 的选择性。

2. 任意序列 $x(n)$ 可以表示成单位抽样序列 $\delta(n)$ 的移位加权和

$$x(n)=\sum_{m=-\infty}^{\infty}x(m)\delta(n-m)=x(n)*\delta(n)\tag{1.1.58}$$

实际上,也就是**任意序列 $x(n)$ 与单位抽样序列 $\delta(n)$ 的卷积和就等于该序列 $x(n)$ 本身**。

3. 任意序列 $x(n)$ 与单位抽样序列的移位序列 $\delta(n-n_0)$ 的卷积和就得到此序列作相同移位的序列 $x(n-n_0)$

$$x(n)*\delta(n-n_0)=\sum_{m=-\infty}^{\infty}x(m)\delta(n-n_0-m)=x(n-n_0)\tag{1.1.59}$$

1.2 线性移不变系统

一个离散时间系统是将输入序列按照所需要的目的变换成输出序列的一种运算，若以 $T[\cdot]$表示这种运算，则有

$$y(n) = T[x(n)]$$

可以用图 1.12 表示。

一般来说，此变换关系所对应的离散时间系统可以是线性移不变系统，也可以是线性移变系统或是非线性移不变系统，又或是非线性移变系统。本节所讨论的是线性移不变离散时间系统。

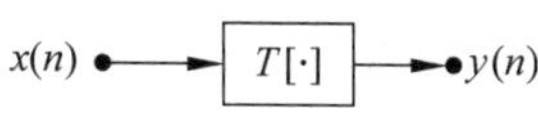

图 1.12 离散时间系统

1.2.1 离散时间线性系统

学习要点

1. 满足叠加原理的离散时间系统是线性系统，叠加原理有两层含义：

① **可加性**。

若

$$y_1(n) = T[x_1(n)],\quad y_2(n) = T[x_2(n)]$$

则

$$y_1(n) + y_2(n) = T[x_1(n)] + T[x_2(n)] = T[x_1(n) + x_2(n)] \tag{1.2.1}$$

即若输入是两个（或多个）序列之和，则输出是每一单个序列的输出之和。注意这里输入序列应是任意序列，包括是复序列。

② **比例性**（齐次性）。

若 a_1、a_2 为任意常系数，则有

$$\left.\begin{aligned} a_1 y_1(n) &= a_1 T[x_1(n)] = T[a_1 x_1(n)] \\ a_2 y_2(n) &= a_2 T[x_2(n)] = T[a_2 x_2(n)] \end{aligned}\right\} \tag{1.2.2}$$

即若输入序列乘任意常系数，则得到的输出是原输出序列乘同一常系数。注意，这里除了输入序列应是任意序列（包括复序列）外，常系数也要为任意数，当然也包括复数。

综上两个条件，线性系统应满足叠加原理，即可表示为

$$a_1 y_1(n) + a_2 y_2(n) = a_1 T[x_1(n)] + a_2 T[x_2(n)] = T[a_1 x_1(n) + a_2 x_2(n)] \tag{1.2.3}$$

若有 N 个输入，则叠加原理的一般表达式为

$$\sum_{i=1}^{N} a_i y_i(n) = T\left[\sum_{i=1}^{N} a_i x_i(n)\right] \tag{1.2.4}$$

2. 证明**一个系统是线性系统，需对所有常系数（包括复数）及所有输入（包括复数），既不能用某一特定系数，也不能用某一特定输入，而且必须满足叠加性的两个条件（可加性和比例性），缺一不可**。

证明系统不是线性系统则要简单得多，只要找一个特定输入或一组特定输入，使其不满足可加性或比例性中任何一个条件即可。

3. 线性系统满足叠加原理的一个直接结果是，**若系统是线性的，则在全部时间上，零输入一定产生零输出**。这可用比例性得到证明，若 $y(n)=T[x(n)]$，则 $0\cdot y(n)=T[0\cdot x(n)]=0$，例如 $y(n)=ax(n)+b$ 的系统就不满足这一要求，因而不是线性系统。当然，零输入产生零输出只是线性系统的必要条件，而非充分条件。

4. 增量线性系统。

系统 $y(n)=4x(n)+6$ 明明是一个线性方程，但它不代表线性系统，这是因为它的零输入响应（即输入为零时的输出响应）不为零，故不是线性系统。实际上，这个系统的输出可表示成一个线性系统 $T[x(n)]=4x(n)$ 的输出与反映该系统初始储能的零输入响应 $y_0(n)=6$ 之和，如图 1.13 所示。

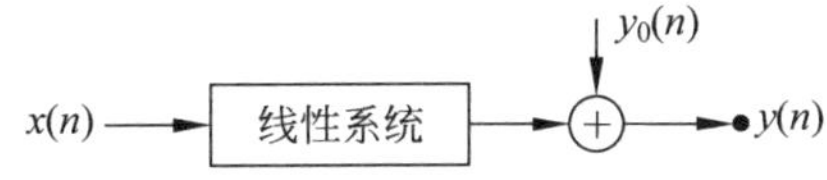

图 1.13 一种增量线性系统，其中 $y_0(n)$ 是系统的零输入响应

整个系统就是一个增量线性系统，即若

$$y_1(n)=4x_1(n)+6,\quad y_2(n)=4x_2(n)+6$$

则

$$\begin{aligned}y_1(n)-y_2(n)&=[4x_1(n)+6]-[4x_2(n)+6]\\&=4[x_1(n)-x_2(n)]\end{aligned}$$

即此系统的响应对输入中变化部分是呈线性关系的，换言之，**对增量线性系统，任意两个输入的响应之差与两个输入之差呈线性关系（满足可加性和比例性）**。

【例 1.10】 已知系统输入 $x(n)$和输出 $y(n)$满足以下关系：

$$y(n)=\mathrm{Re}[x(n)]$$

试讨论此系统是否是线性系统。

解 （1）此系统是可加的，因为若令 $x_1(n)$为复数

$$x_1(n)=p(n)+\mathrm{j}q(n)$$

则相应的输出为

$$y_1(n)=\mathrm{Re}[x_1(n)]=p(n)$$

若 $x_2(n)$为复数

$$x_2(n)=c(n)+\mathrm{j}d(n)$$

则输出为

$$y_2(n)=\mathrm{Re}[x_2(n)]=c(n)$$

所以

$$x_1(n)+x_2(n)=p(n)+c(n)+\mathrm{j}[q(n)+d(n)]$$

因而有

$$T[x_1(n)+x_2(n)]=\mathrm{Re}[x_1(n)+x_2(n)]=p(n)+c(n)$$

故不论 $p(n),c(n),q(n),d(n)$取什么实序列，都满足可加性。

(2) 但此系统不满足比例性。因为若仍设

$$x_1(n)=p(n)+\mathrm{j}q(n)$$

则

$$y_1(n)=\mathrm{Re}[x_1(n)]=p(n)$$

若令加权的系数为复数 $a=\mathrm{j}$，用 a 对输入加权，有

$$x_2(n)=ax_1(n)=\mathrm{j}x_1(n)=-q(n)+\mathrm{j}p(n)$$

则

$$y_2(n)=T[x_2(n)]=T[ax_1(n)]=\mathrm{Re}[x_2(n)]=-q(n)$$

可以看出，$y_2(n)=T[ax_1(n)]$并不等于 $ay_1(n)=ap(n)$，所以此系统不满足比例性。因而此系统不是线性系统。

1.2.2 离散时间移不变系统

学习要点

1. 离散时间系统是移不变系统的条件是：**移不变系统的参数是不随时间而变化的，即系统响应与激励加于系统的时刻无关**，也就是说，若系统的输入输出关系不随时间而变化，则称它为移(时)不变系统，即若

$$T[x(n)]=y(n)$$

则

$$T[x(n-n_0)]=y(n-n_0) \tag{1.2.5}$$

2. **移不变系统的输出序列随输入序列的移位而作相同的移位，且保持输出序列的形状是不变的。**

【例 1.11】 证明 $y(n)=ax(n)+b$ 的系统是移不变系统。

证

$$T[x(n-m)]=ax(n-m)+b$$
$$y(n-m)=ax(n-m)+b$$

二者相等，故是移不变系统，所以 $y(n)=ax(n)+b$ 的系统是增量线性移不变系统。

【例 1.12】 证明 $y(n)=\sum\limits_{m=-\infty}^{n}x(m)$ 是移不变系统。

证 输入移动 k 位，有

$$T[x(n-k)]=\sum_{m=-\infty}^{n}x(m-k)=\sum_{m=-\infty}^{n-k}x(m)$$

输出移动 k 位，有

$$y(n-k)=\sum_{m=-\infty}^{n-k}x(m)$$

两个结果相等，所以系统是移不变系统。

【例 1.13】 证明 $y(n)=nx(n)$ 系统是移变系统。

证 可以找一个特定的输入，使移不变系统的条件不成立，以此证明此系统不是移不变系统，而是一个移变系统，选特定输入为 $x_1(n)=\delta(n)$，则

$$x_1(n)=\delta(n)\rightarrow y_1(n)=n\delta(n)=0$$

$$x_2(n)=x_1(n-1)=\delta(n-1)\rightarrow y_2(n)=n\delta(n-1)=\delta(n-1)$$

可以看出 $x_2(n)$是 $x_1(n)$的右移一位序列，但 $y_2(n)$则不是 $y_1(n)$右移一位的序列，因而此系统不是移不变系统。

【例 1.14】 证明 $y(n)=x(Dn)$系统不是移不变系统，其中 D 为正整数。

证 若输入为 $x_1(n)$，则输出为 $y_1(n)=x_1(Dn)$。

① 若输入移动 n_0 位，有 $x_2(n)=x_1(n-n_0)$

则输出为 $y_2(n)=x_2(Dn)$

将以上 $x_2(n)$与 $x_1(n)$的关系式代入，可得

$$y_2(n)=x_2(Dn)=x_1(Dn-n_0)$$

② 如果将输出 $y_1(n)$移动 n_0 位后，可得到

$$y_1(n-n_0)=x_1[D(n-n_0)]=x_1[Dn-Dn_0]$$

比较这两个输出可知，对所有 D 及 n_0 皆有

$$y_2(n)\neq y_1(n-n_0)$$

因而该系统不是移不变系统。

3. 上面的几个例子表明：

① **若系统有一个移变的增益**，例如 $y(n)=nx(n)$及 $y(n)=\sin\left(\frac{2\pi n}{9}+\frac{\pi}{7}\right)x(n)$，**则系统一定是移变系统。**

② **若系统在时间轴**(n)**上有任何压缩或扩展**，例如 $y(n)=x(Mn)$，$y(n)=x(n/I)$等，(M，I 为任意正整数)使得任何输入的时移都有相应的压缩或扩展，**则所得到的系统一定不是移不变系统，而是移变系统**，因而第 8 章中讨论的抽取和插值系统都是移变系统。

4. 线性和移不变性是系统的两个独立的特性。

1.2.3 离散时间线性移不变系统(LSI 系统)

指同时具有线性和移不变性的离散时间系统，这是本书所要研究的系统。

学习要点

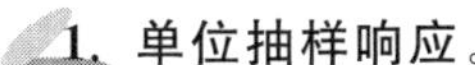

1. 单位抽样响应。

单位抽样响应是线性移不变系统(LSI 系统)的一种重要表示法(还有两种表示法：一种是线性差分方程表示法,另一种是频域表示法或系统函数表示法)。**单位抽样响应(也称单位冲激响应或单位脉冲响应)是指输入为单位抽样序列 $\boldsymbol{\delta(n)}$ 时,LSI 系统的输出序列(或称输出响应),一般用 $\boldsymbol{h(n)}$ 表示**,即

$$h(n)=T[\delta(n)] \tag{1.2.6}$$

知道 $h(n)$ 后,就可求得 LSI 系统对任意输入序列 $x(n)$ 的输出响应,这就是利用卷积和关系 $y(n)=x(n)*h(n)$,见下面的讨论。

2. LSI 系统输出序列与输入序列在时域(序列域)中的关系——卷积和关系。

设 LSI 系统的输入为 $x(n)$,输出为 $y(n)$。

前面(1.1.58)式已表明,任意序列 $x(n)$ 可表示成 $\delta(n)$ 的移位加权和,即 $x(n)$ 与 $\delta(n)$ 的卷积和关系

$$x(n)=\sum_{m=-\infty}^{\infty}x(m)\delta(n-m)$$

将此 $x(n)$ 序列作用到 LSI 系统中,可得输出序列 $y(n)$ 为

$$\begin{aligned}y(n)&=T\Big[\sum_{m=-\infty}^{\infty}x(m)\delta(n-m)\Big]\\&=T[\cdots+x(-1)\delta(n+1)+x(0)\delta(n)+x(1)\delta(n-1)+\cdots]\end{aligned}$$

研究这一关系式,首先,**按系统的线性关系(可加性和比例性)**,将 $x(m)$ 看成常系数,$\delta(n-m)$ 看成输入序列,则有

$$y(n)=\sum_{m=-\infty}^{\infty}x(m)T[\delta(n-m)]=\sum_{m=-\infty}^{\infty}x(m)h_m(n) \tag{1.2.7}$$

这种情况下,系统对任何输入的响应,取决于系统对 $\delta(n-m)$ 的响应 $h_m(n)$,但是如果系统只具有线性性质,则 $h_m(n)$ 将与 m 和 n 两个变量有关,公式的计算的有效性就受限制。

其次,如果**加上系统的移不变性**,即当 $T[\delta(n)]=h(n)$,则有

$$T[\delta(n-m)]=h(n-m) \tag{1.2.8}$$

于是,**在线性移不变条件下**,就可得到

$$y(n)=\sum_{m=-\infty}^{\infty}x(m)h(n-m)=x(n)*h(n) \tag{1.2.9}$$

即 **LSI 系统的输出序列是输入序列与系统单位抽样(单位冲激或单位脉冲)响应的卷积和**。应注意在证明过程中用了线性及移不变性两个性质,因而它只对 LSI 系统有效,对非线性系统,对移变系统都是无效的。

3. LSI 系统卷积和运算的性质。

(1) **交换律**。卷积和运算满足交换律,即

$$x(n) * h(n) = \sum_{m=-\infty}^{\infty} x(m)h(n-m) = \sum_{m=-\infty}^{\infty} x(n-m)h(m) = h(n) * x(n) \quad (1.2.10)$$

从 LSI 系统考虑，就是说可以把输入序列与 LSI 系统的单位抽样响应互换位置，其输出序列不变，见图 1.14。

图 1.14　卷积和服从交换律

（2）**结合律**。卷积和运算满足结合律

$$x(n) * h_1(n) * h_2(n) = [x(n) * h_1(n)] * h_2(n) = x(n) * [h_1(n) * h_2(n)]$$

$$\xlongequal{\text{交换律}} [x(n) * h_2(n)] * h_1(n) \quad (1.2.11)$$

可以看出，结合律是针对级联系统讨论的，对两个（或多个）LSI 系统级联后构成一个新的 LSI 系统，其单位抽样响应等于两个（或多个）LSI 系统各自的单位抽样响应的卷积和，见图 1.15。

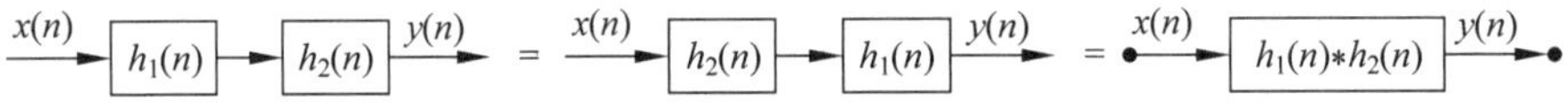

图 1.15　具有相同单位抽样响应的三个系统（结合律）

（3）**分配律**。卷积和运算又满足分配律

$$x(n) * [h_1(n) + h_2(n)] = x(n) * h_1(n) + x(n) * h_2(n) \quad (1.2.12)$$

分配律是说明并联系统的运算关系的，即两个（或多个）系统并联后，可等效于一个系统，此系统的单位抽样响应等于这两个（或多个）系统各自的单位抽样响应之和（等式左端），见图 1.16。

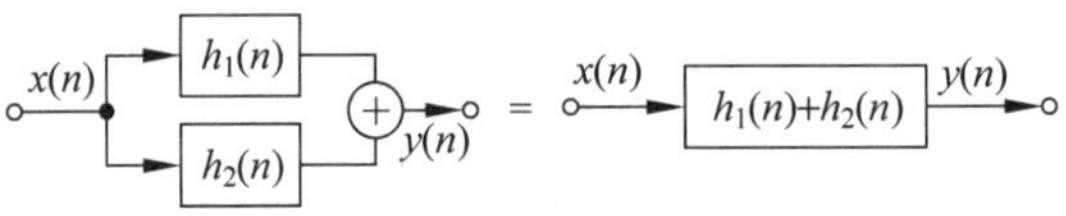

图 1.16　线性移不变系统的并联组合（分配律）

4. 卷积和的表示法和连续时间线性时不变系统的卷积积分很相像，但是不能只把卷积和看成卷积积分的近似，**卷积和除了在理论上很重要之外，还是一种明确的实现方法**，而卷积积分主要起着理论上的作用。

1.2.4　因果系统

因果系统是指系统的输出不发生在输入之前的系统（注意，这一定义对任何系统都适用，并不专指 LSI 系统），即

$$y(n_0) \text{ 只取决于 } x(n)\big|_{n \leqslant n_0} \quad (1.2.13)$$

学习要点

1. 对于任意因果性系统，若 $n<n_0$ 时输入相同，则 $n<n_0$ 时输出也一定相同。

$$\left.\begin{aligned}&\text{若}\quad x_1(n)=x_2(n),\quad \text{当}\ n<n_0\\&\text{则有}\quad y_1(n)=y_2(n),\quad \text{当}\ n<n_0\end{aligned}\right\}\tag{1.2.14}$$

2. 因果性系统是非常重要的一类系统，但是并不是所有有实际意义的系统都是因果性系统。 例如，图像处理变量不是时间，则因果性不是根本性限制；又如，非实时情况下，数据可以预先存储，例如气象、地球物理、语音等，也不局限于用因果性系统处理数据；再如，去噪声的数据平滑（取平均，去掉高频的变化）的系统

$$y(n)=\frac{1}{2N+1}\sum_{m=-N}^{N}x(n-m)$$

也不是因果性系统；此外 $y(n)=x(n-2)+ax(n+2)$，$y(n)=x(n^2)$等，也不是因果性系统。

3. 考查任意系统的因果性时，只看输入 $x(n)$ 和输出 $y(n)$ 的关系，而不讨论其他以 n 为变量的函数的影响，例如

$$y(n)=(n+2)x(n)\ \text{是因果系统}$$

$$y(n)=x(n)\sin(n+4)\ \text{也是因果系统}$$

4. LSI 系统是因果系统的必要且充分条件是其单位冲激响应 $h(n)$ 是因果序列

$$h(n)=0,\quad n<0\tag{1.2.15}$$

证 充分条件：若 $n<0$ 时 $h(n)=0$，则

$$y(n)=\sum_{m=-\infty}^{n}x(m)h(n-m)$$

因而

$$y(n_0)=\sum_{m=-\infty}^{n_0}x(m)h(n_0-m)$$

所以 $y(n_0)$ 只和 $m\leqslant n_0$ 的 $x(m)$ 有关，因而系统是因果系统。

必要条件：利用反证求法证明。已知为因果系统，如果假设 $n<0$ 时，$h(n)\neq 0$，则有

$$y(n)=\sum_{m=-\infty}^{n}x(m)h(n-m)+\sum_{m=n+1}^{\infty}x(m)h(n-m)$$

在所假设条件下，第二个求和式至少有一项不为零，$y(n)$ 将至少与 $m>n$ 时的一个 $x(m)$ 值有关，这不符合已知为因果系统的条件，所以所作假设不成立。因而 $n<0$ 时，$h(n)=0$ 是必要条件。

5. 更一般地说，对于一个线性系统，它的因果性就等效于初始松弛（initial rest）的条件，也就是输入序列作用于系统前，系统的储能（初始值）为零。

6. 一般地，将 $n<0$ 时 $x(n)=0$ 的序列 $x(n)$ 称为因果序列， 此名称源于因果性系统的 $h(n)$ 的特性。

7. 非因果系统与足够长延时单元的因果系统相级联，就可以构成一个可实现的因果系统，它可以逼近原来的非因果系统。对于 $h(n)$ 为有限长的非因果系统，所构成的因果系统与它的差别，只是有一定的延时，其他完全相同。对于 $h(n)$ 为无限长的非因果系统，则只能是“逼近”，即除了延时外，还有 $h(n)$ 的截断后的误差。

频率特性为理想矩形的理想低通滤波器、理想微分器以及理想的 90°移相器等都是非因果的不可实现的系统。但是如果不是实时处理，或虽实时但允许有很大的延时，则可把“过去”的输入值存储起来以备调用。那么可用具有很大延时的因果系统去逼近非因果系统，这是数字系统优于模拟系统的地方。

8. 举例。

① $y(n)=x(n-1)+ax(n+2)$ 是一个非因果系统，因为当 $n=n_0$ 时，$y(n)$ 不但与输入的过去值 $x(n_0-1)$ 有关，而且与输入的将来值 $x(n_0+2)$ 有关。

② $y(n)=x(Dn)$ 是一个抽取器，D 为正整数。当 $D>1$ 时，此系统是非因果系统，例如 $y(1)=x(D)$。

③ $y(n)=x(n/I)$ 是一个零值插入器，I 为正整数，当 $I>1$ 时，此系统是非因果系统，例如 $y(-I)=x(-1)$。

④ 累加器 $y(n)=\sum_{m=-\infty}^{n} x(m)$ 是因果系统，这是很明显的。

⑤ $y(n)=x(n^2)$ 是一个非因果系统，例如 $y(2)=x(4)$。

⑥ 将前向差分 $\Delta x(n)=x(n+1)-x(n)$ 这一非因果系统经一位延时后就可得到因果性的后向差分系统 $\nabla x(n)=\Delta x(n-1)=x(n)-x(n-1)$，如果用 $\delta(n)$ 代替 $x(n)$，则输出就是单位抽样响应，后向差分系统的单位抽样响应 $h(n)$ 与前向差分系统的单位抽样响应 $h_1(n)$ 间的关系可写为级联形式

$$h(n)=h_1(n)*\delta(n-1)=[\delta(n+1)-\delta(n)]*\delta(n-1)=\delta(n)-\delta(n-1)$$

1.2.5 稳定系统

稳定性是系统正常工作的先决条件。**任何系统只要满足有界输入产生有界输出(BIBO)条件，就是稳定系统**，即

$$\left.\begin{aligned}\text{若}\quad & |x(n)|\leqslant M<\infty\\ \text{则有}\quad & |y(n)|\leqslant P<\infty\end{aligned}\right\}\tag{1.2.16}$$

学习要点

1. 以上稳定性条件是对任意系统都普遍适用的，不是专对某一特定系统的。

2. 要证明系统是稳定的，不能只用某一特定的输入来证明，而是要用所有有界输入来证明。要证明系统是不稳定的，则只要找出任一个特定的有界输入，得到无界的输出即可。

3. 对于 LSI 系统，当然也可用上面的稳定性判据确定其稳定性，但是更方便的是用以

下的判别方法。

LSI 系统稳定的必要且充分条件是其单位抽样响应 $h(n)$ 绝对可和，即

$$\sum_{n=-\infty}^{\infty} |h(n)| = P < \infty \tag{1.2.17}$$

证　充分条件：若 $\sum_{n=-\infty}^{\infty} |h(n)| = P < \infty$，如果输入信号 $x(n)$ 有界，对于所有 n，皆有 $|x(n)| \leqslant M$，则

$$|y(n)| = \left|\sum_{m=-\infty}^{\infty} x(m)h(n-m)\right| \leqslant \sum_{m=-\infty}^{\infty} |x(m)| \cdot |h(n-m)|$$

$$\leqslant M\sum_{m=-\infty}^{\infty} |h(n-m)| = M\sum_{k=-\infty}^{\infty} |h(k)| = MP < \infty$$

即输出信号有界，故原条件是充分条件。

必要条件：利用反证法。已知系统稳定，假设 $\sum_{n=-\infty}^{\infty} |h(n)| = \infty$，可以找到一个有界输入为

$$x(n) = \begin{cases} 1, & h(-n) \geqslant 0 \\ -1, & h(-n) < 0 \end{cases}$$

则

$$y(0) = \sum_{m=-\infty}^{\infty} x(m)h(0-m) = \sum_{m=-\infty}^{\infty} |h(-m)| = \sum_{m=-\infty}^{\infty} |h(m)| = \infty$$

即在 $n=0$ 时，输出无界，这不符合已知系统稳定的条件，因而假设不成立。所以 $\sum_{n=-\infty}^{\infty} |h(n)| < \infty$ 是稳定的必要条件。

举例：

① $y(n)=nx(n)$ 是不稳定系统，因为若 $x(n)$ 有界，$|x(n)|<A$，即 $|y(n)|=A|n|$，它是随 n 增加而线性增长的，因而是无界的。

② $y(n)=\mathrm{e}^{x(n)}$ 是稳定系统，因为 $|x(n)|<A$，即 $-A<x(n)<A$，则有

$$\mathrm{e}^{-A} < |y(n)| < \mathrm{e}^{A}, \quad y(n) \text{ 有界}$$

4. 综上，**因果稳定的 LSI 系统在时域的充分必要条件是其单位抽样响应是因果的且是绝对可和的**。

即满足

$$\begin{cases} h(n) = h(n)u(n), & \text{因果性} \\ \sum_{n=-\infty}^{\infty} |h(n)| < \infty, & \text{稳定性} \end{cases} \tag{1.2.18}$$

第 2 章中，还将分析因果稳定系统在 z 变换域的必要充分条件。

1.3 常系数线性差分方程

连续时间系统的输入、输出关系用常系数线性微分方程表示，而离散时间系统的输入、输出关系则用常系数线性差分方程表示，即

$$\sum_{k=0}^{N} a_k y(n-k) = \sum_{m=0}^{M} b_m x(n-m) \tag{1.3.1}$$

常系数是指 $a_1, a_2, \cdots, a_N$ 及 $b_1, b_2, \cdots, b_N$ 是常数，不含变数 n，若系数中含有变数 n，则称变系数，系统的特征是由这些系数决定的。差分方程的阶数等于未知序列[$y(n)$]变量序号(k)的最高值与最低值之差值，(1.3.1)式即为 N 阶差分方程。所谓线性，是指各输出 $y(n-k)$ 项及各输入 $x(n-m)$ 项都只有一次幂且不存在它们的相乘项，否则就是非线性的。

在离散时域中求**解线性常系数差分方程有三种方法**：

(1) **经典解法**。即求齐次解与特解。将特解代入差分方程可求得它的待定系数，然后将特解与齐次解相加后代入差分方程，利用给定的边界条件求得齐次解的待定系数，从而得到完全解，即完全响应，这种解法比较烦琐，工程上很少采用。

(2) **迭代法**，又称递推法，但这种办法只能得到数值解，不易或不能得到闭合形式（公式）解答。

(3) **卷积和计算法**。这种方法用于起始状态为零的情况，即所谓松弛系统中，所得到的是零状态响应。这是在 LSI 系统中很重要的一种分析方法。当然，如果起始状态不为零，还需要用求齐次解的办法得到零输入响应。

如果在变换域中求解，则是利用 z 变换法，这种方法在使用中既简便又有效，用得很多，它与连续时间系统分析中的拉普拉斯变换法类似。z 变换法将在第 2 章中讨论。

学习要点

1. 线性常系数差分方程可有多种表示方法，可以有多种运算结构（见第 5 章数字滤波器的基本结构）。

2. 与连续时间系统的常系数线性微分方程一样，离散时间系统的 N 阶差分方程，若不给定 N 个限制性的边界条件，则对某一输入，不能得到唯一的输出，这是因为 N 阶差分方程表达式中 $y(n)$ 有 N 个待定的系数，因而需要有一组 N 个边界条件。

3. **常系数线性差分方程表示的系统，只是构成线性移不变系统的必要条件，如当边界条件不合适时，它不一定能代表线性系统。如果边界条件是使系统是起始松弛的（起始状态为零），则该系统就是线性、移不变的因果系统。所谓起始松弛状态是如果输入满足**

$$x(n)\Big|_{n<n_0} = 0$$

则边界条件必须是

$$y(n)\Big|_{n<n_0}=0$$

① 对于 N 阶差分方程，如果 $n_0=0$ 时输入信号，则边界条件为 $y(-1)=y(-2)=\cdots=y(-N)=0$，这时得到的系统一定代表线性移不变的因果系统。

② 对于 N 阶差分方程，如果 $n_0\neq 0$ 时输入信号，则不能用以上的边界条件，其边界条件应改成 $y(n_0-1)=y(n_0-2)=\cdots=y(n_0-N)=0$，这时也是起始松弛状态，所得到的系统是线性移不变的因果系统。

例如，$y(n)=ay(n-1)+x(n)$，当边界条件为 $y(-1)=0$（$n_0=0$ 时），在 $x(n)=\delta(n)$ 作用下，可在两个方向（$n\geqslant 0$ 及 $n<0$）上递推求得 $h(n)=a^n u(n)$，此系统是线性移不变的因果系统，因为它是起始松弛状态的。再举一个例子。

【例 1.15】 差分方程 $y(n)=ay(n-1)+x(n)$，如果边界条件改为 $y(-1)=A$，输入为 $x(n)=B\delta(n)$，求输出响应并讨论是否是线性系统，是否是移不变系统，是否是因果系统。

解 (1) 先用递推法求系统的单位抽样响应。

① 当 $n\geqslant 0$ 时，由所给输入及边界条件可按差分方程递推求解，当输入为 $x(n)=B\delta(n)$ 时，其输出 $y_1(n)$ 为

$$\begin{aligned}
y_1(0)&=ay_1(-1)+B=aA+B\\
y_1(1)&=ay_1(0)+0=a^2A+aB\\
y_1(2)&=ay_1(1)+0=a^3A+a^2B\\
&\vdots\\
y_1(n)&=ay_1(n-1)+0=a^{n+1}A+a^nB
\end{aligned}$$

所以有（当 $n\geqslant 0$ 时）

$$y_1(n)=(a^{n+1}A+a^nB)u(n)$$

② 当 $n<0$ 时，可将原方程变为

$$y_1(n-1)=[y_1(n)-x(n)]/a$$

或

$$y_1(n)=[y_1(n+1)-x(n+1)]/a$$

利用边界条件 $y(-1)=A$ 可递推 $n<0$ 时的 $y_1(n)$ 值

$$\begin{aligned}
y_1(-2)&=[y_1(-1)-x(-1)]/a=A/a=Aa^{-1}\\
y_1(-3)&=[y_1(-2)-x(-2)]/a=A/a^2=Aa^{-2}\\
&\vdots\\
y_1(n)&=Aa^{n+1}
\end{aligned}$$

所以有（当 $n<0$ 时）

$$y_1(n)=Aa^{n+1}u(-n-1)$$

1.3 常系数线性差分方程

③ 对全部 $n(-\infty<n<\infty)$ 可得

$$y_1(n)=Aa^{n+1}+Ba^n u(n)$$

当 $B=1$ 时，$x(n)=\delta(n)$，则 $y_1(n)$ 即为该系统的单位抽样响应。可以看出，此系统肯定不是因果系统。下面讨论此系统是否是移不变系统，是否是线性系统。

(2) 再讨论此系统是否是移不变系统，令输入为 $x_2(n)=x(n-1)=B\delta(n-1)$，利用边界条件 $y_2(-1)=A$ 可递推求解 $y_2(n)=ay_2(n-1)+x_2(n)$。

当 $n\geqslant 0$ 时，

$$y_2(0)=ay_2(-1)+0=aA$$
$$y_2(1)=ay_2(0)+B=a^2A+B$$
$$y_2(2)=ay_2(1)+0=a^3A+aB$$
$$\vdots$$
$$y_2(n)=ay_2(n-1)+0=a^{n+1}A+a^{n-1}B$$

所以有(当 $n\geqslant 0$ 时) $y_2(n)=a^{n+1}Au(n)+a^{n-1}Bu(n-1)$

当 $n<0$ 时，

$$y_2(-2)=[y_2(-1)-x_2(-1)]/a=Aa^{-1}$$
$$y_2(-3)=[y_2(-2)-x_2(-2)]/a=Aa^{-2}$$
$$\vdots$$
$$y_2(n)=Aa^{n+1}$$

所以有(当 $n<0$ 时) $y_2(n)=Aa^{n+1}u(-n-1)$

对全部 n 有 $y_2(n)=Aa^{n+1}+a^{n-1}Bu(n-1)$

由于输入为移一位关系 $x_2(n)=x(n-1)$

而输出则为 $y_2(n)\neq y_1(n-1)$，即不满足移一位的关系，因而系统不是移不变系统。

(3) 最后，讨论系统是否是线性系统。

令 $x_3(n)=Dx(n)+Ex_2(n)=DB\delta(n)+EB\delta(n-1)$，$D$、$E$ 为任意常数，边界条件 $y_3(-1)=A$，差分方程满足 $y_3(n)=ay_3(n-1)+x_3(n)$，可递推求解。

当 $n\geqslant 0$ 时，

$$y_3(0)=ay_3(-1)+x_3(0)=aA+DB$$
$$y_3(1)=ay_3(0)+x_3(1)=a^2A+aDB+EB$$
$$y_3(2)=ay_3(1)+x_3(2)=a^3A+a^2DB+aEB$$
$$\vdots$$
$$y_3(n)=ay_3(n-1)+x_3(n)=a^{n+1}A+a^nDB+a^{n-1}EB$$

因而有(当 $n\geqslant 0$ 时) $y_3(n)=(a^{n+1}A+a^nDB)u(n)+a^{n-1}EBu(n-1)$

当 $n<0$ 时，

$$y_3(-2)=[y_3(-1)-x_3(-1)]/a=Aa^{-1}$$
$$y_3(-3)=[y_3(-2)-x_3(-2)]/a=Aa^{-2}$$

$$\vdots$$

$$y_3(n) = Aa^{n+1}$$

因而有（当 $n<0$ 时）　$y_3(n)=Aa^{n+1}u(-n-1)$

所以对全部 n，有

$$\begin{aligned} y_3(n) &= (a^{n+1}A + a^n DB)u(n) + a^{n-1}EBu(n-1) + a^{n+1}Au(-n-1) \\ &= a^{n+1}A + a^n DBu(n) + a^{n-1}EBu(n-1) \end{aligned}$$

又

$$Dy_1(n) + Ey_2(n) = (AD+AE)a^{n+1} + BDa^n u(n) + BEa^{n-1}u(n-1)$$

所以

$$y_3(n) = T[Dx_1(n) + Ex_2(n)] \neq Dy_1(n) + Ey_2(n)$$

因而此系统不是线性系统。

4. 在例 1.15 的差分方程代表的系统中，如果边界条件选为 $y(0)=0$，则系统相当于线性系统，但不是移不变系统，也不是因果系统。读者可自己证明。

也就是说，不满足起始松弛状态条件的系统，不能肯定三种情况（线性系统、移不变系统及因果系统）全都不满足，要具体地进行分析。

5. 递推法求解运算，要双向递推求解，由例 1.15 看出，在递推运算中，后面的值可以将差分方程排列成前向运算的递推关系求出，即

$$y(n) = ay(n-1) + x(n)$$

前面的值可以将差分方程排列成后向运算的递推关系求出，即

$$y(n-1) = [y(n) - x(n)]/a$$

或

$$y(n) = [y(n+1) - x(n+1)]/a$$

6. 若不作特殊说明，则将常系数线性差分方程描述的系统就看成是 LSI 系统，因而系统的单位抽样响应（零状态响应）可以全面地表示系统的特性。第 2 章中系统的 z 域分析，也是基于这样的考虑。

7. 由差分方程可以画出系统的运算结构，可以是框图结构也可以是更方便的流图结构，将在第 5 章讨论到。

【例 1.16】　累加器的差分方程表示。

由(1.1.4)式定义的累加运算，也可以看成是一个累加器系统，重写如下：

$$y(n) = \sum_{k=-\infty}^{n} x(k) \tag{1.3.2}$$

若令 $x(n)=\delta(n)$，就可得到此系统的单位抽样响应，考虑到(1.1.47)式，则有

$$h(n) = \sum_{k=-\infty}^{n} \delta(k) = u(n) \tag{1.3.3}$$

为了得到形如(1.3.1)式的差分方程，在(1.3.2)式中用 $n-1$ 代替 n，则有

$$y(n-1)=\sum_{k=-\infty}^{n-1}x(k)$$

将此式代入(1.3.2)式，则有

$$y(n)=x(n)+\sum_{k=-\infty}^{n-1}x(k)$$

于是

$$y(n)=x(n)+y(n-1)$$

也就是

$$y(n)-y(n-1)=x(n) \tag{1.3.4}$$

从这个一阶差分方程可以看出对每一个 n，当前的输出 $y(n)$ 等于当前的输入 $x(n)$ 加上前一个累加和输出 $y(n-1)$。这可用图 1.17 的框图表示，此框图是累加器的递推表示法，即每一个输出值的计算都要用到前面已算出的输出值。

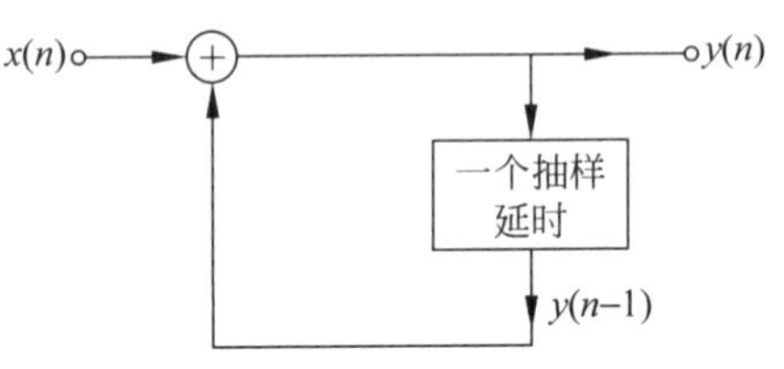

图 1.17 累加器的递推差分方程表示的框图

【例 1.17】 一般情况的**滑动平均运算由下式定义**

$$\begin{aligned}y(n)&=\frac{1}{M_1+M_2+1}\sum_{m=-M_1}^{M_2}x(n-m)=\frac{1}{M_1+M_2+1}\{x(n+M_1)\\&\quad+x(n+M_1-1)+\cdots+x(n)+x(n-1)+\cdots+x(n-M_2)\}\end{aligned} \tag{1.3.5}$$

当然，可以把此式看成从 $x(n)$ 到 $y(n)$ 的一个系统，即滑动平均系统，它是将某一个 n 时刻的输出 $y(n)$ 用此时刻的前后总共 (M_1+M_2+1) 个抽样值（当然也包括 n 这个时刻）的平均来得出，若 $x(n)$ 取为因果序列（即令 $M_1=0$），也就是使系统成为一个因果系统，并将 M_2 改为 M，则有

$$y(n)=\frac{1}{M+1}\sum_{m=0}^{M}x(n-m) \tag{1.3.6}$$

与(1.3.1)式的差分方程相比较，只需在(1.3.1)式中，令 $N=0, a_0=1, b_m=\dfrac{1}{M+1}, 0\leqslant m\leqslant M$，就可得到这里的特例情况。

这一系统的单位抽样响应 $h(n)$ 可表示为

$$\begin{aligned}h(n)&=\frac{1}{M+1}\sum_{m=0}^{M}\delta(n-m)=\frac{1}{M+1}\{u(n)-u[n-(M+1)]\}\\&=\frac{1}{M+1}[\delta(n)-\delta(n-M-1)]*u(n)\end{aligned} \tag{1.3.7}$$

考虑到在(1.3.7)式中，$u(n)$ 就是累加器的单位抽样响应，因而从(1.3.7)式可以看出，滑动平均系统可以由一个单位抽样响应为 $h_1(n)=\dfrac{1}{M+1}[\delta(n)-\delta(n-M-1)]$ 的系统与一个单位抽样响应为 $u(n)$ 的累加器的级联，见图 1.18。

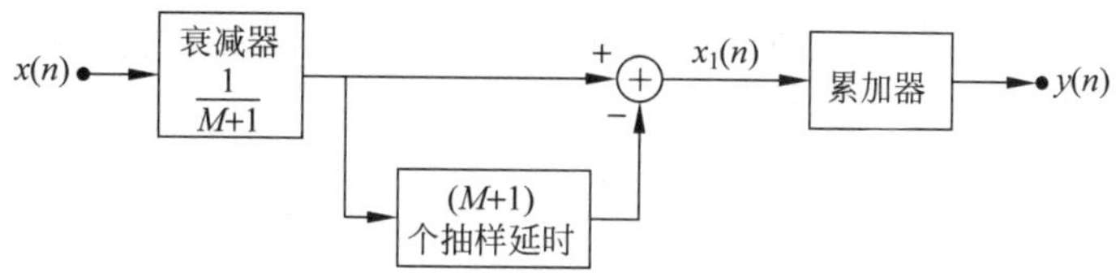

图 1.18　滑动平均系统的递推框图

也就是先利用 $h_1(n)$ 系统求 $x(n)$ 输入时的输出 $x_1(n)$，即

$$x_1(n) = \frac{1}{M+1}[x(n) - x(n-M-1)] \tag{1.3.8}$$

利用累加器的(1.3.4)式可知，图 1.17 中的累加器的输出 $y(n)$ 与输入 $x_1(n)$ 的关系式为

$$y(n) - y(n-1) = x_1(n) \tag{1.3.9}$$

将两个系统级联，利用(1.3.8)式与(1.3.9)式，即可得出滑动平均系统的差分方程为

$$y(n) - y(n-1) = \frac{1}{M+1}[x(n) - x(n-M-1)] \tag{1.3.10}$$

从此例中看到，**滑动平均系统有两种不同的差分方程表示式[见(1.3.6)式与(1.3.10)式]**，实际上，**在第 5 章中会看到，可以有多种差分方程(即系统运算结构)来表示同一个线性移(时)不变系统的输入输出关系**。

1.4　连续时间信号的抽样

将模拟信号用数字信号处理系统处理时，首先必须对模拟信号 $x_a(t)$ 进行抽样，使其变成离散时间信号，若抽样间隔是均匀的，即利用周期性抽样脉冲信号 $p(t)$，从等间隔离散时间点上抽取模拟信号值，得到抽样信号 $\hat{x}_a(t)$。

抽样方法有两种，理想抽样与实际抽样，见图 1.19，利用周期性的冲激函数的抽样是理想抽样，它是一种数学模型，利用它可以简化研究。利用有一定宽度的周期性脉冲的抽样是实际抽样。

1.4.1　模拟信号的理想抽样

学习要点

1. 理想抽样信号，设 $x_a(t)$ 为模拟信号，$\hat{x}_a(t)$ 为理想抽样信号，则有

$$\hat{x}_a(t) = x_a(t) \cdot p(t) = x_a(t) \cdot \delta_T(t) \tag{1.4.1}$$

其中，抽样信号 $p(t)$ 就是周期性的单位冲激信号 $\delta_T(t)$（见图 1.19(a)）

$$\delta_T(t) = \sum_{m=-\infty}^{\infty} \delta(t - mT) \tag{1.4.2}$$

因而有

$$\begin{aligned}\hat{x}_a(t) &= x_a(t)\sum_{m=-\infty}^{\infty}\delta(t-mT) = \sum_{m=-\infty}^{\infty}x_a(t)\delta(t-mT) \\ &= \sum_{m=-\infty}^{\infty}x_a(mT)\delta(t-mT)\end{aligned} \tag{1.4.3}$$

其中，T 为抽样周期，$f_s=1/T$ 为抽样频率，$\Omega_s=2\pi f_s=2\pi/T$ 为抽样角频率，$\hat{x}_a(t)$也表示在图 1.19(a)中。

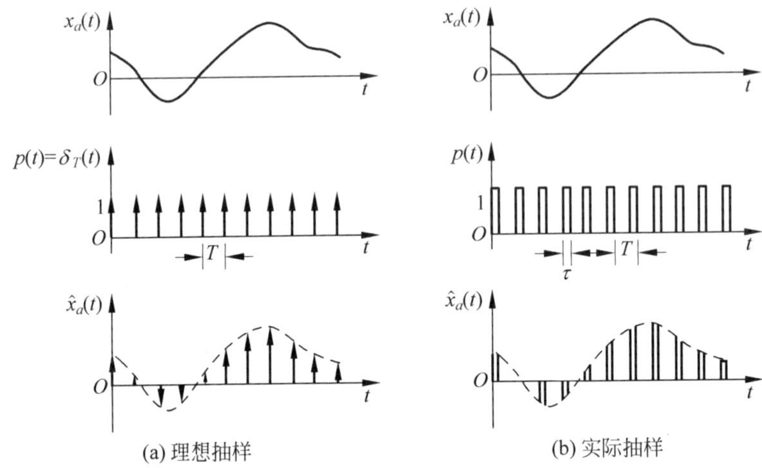

图 1.19 连续时间信号的抽样

2. 理想抽样信号的频谱。以下用 FT[·]表示连续时间信号的傅里叶变换，设

$$\left.\begin{aligned}X_a(\mathrm{j}\Omega) &= \mathrm{FT}[x_a(t)] \\ \Delta_T(\mathrm{j}\Omega) &= \mathrm{FT}[\delta_T(t)] \\ \hat{X}_a(\mathrm{j}\Omega) &= \mathrm{FT}[\hat{x}_a(t)]\end{aligned}\right\} \tag{1.4.4}$$

时域相乘，则傅里叶变换域（频域）为卷积运算，因而对(1.4.3)式两端取傅里叶变换，有

$$\hat{X}_a(\mathrm{j}\Omega) = \frac{1}{2\pi}[\Delta_T(\mathrm{j}\Omega) * X_a(\mathrm{j}\Omega)] \tag{1.4.5}$$

现在要求 $\Delta_T(\mathrm{j}\Omega)$，由于 $\delta_T(t)$是周期函数，可表示成傅里叶级数，即

$$\delta_T(t) = \sum_{k=-\infty}^{\infty}A_k\mathrm{e}^{\mathrm{j}k\Omega_s t} \tag{1.4.6}$$

其中，级数的系数 A_k 可表示成[将(1.4.2)式代入]

$$\begin{aligned}A_k &= \frac{1}{T}\int_{-T/2}^{T/2}\delta_T(t)\mathrm{e}^{-\mathrm{j}k\Omega_s t}\mathrm{d}t = \frac{1}{T}\int_{-T/2}^{T/2}\sum_{m=-\infty}^{\infty}\delta_T(t-mT)\mathrm{e}^{-\mathrm{j}k\Omega_s t}\mathrm{d}t \\ &= \frac{1}{T}\int_{-T/2}^{T/2}\delta(t)\mathrm{e}^{-\mathrm{j}k\Omega_s t}\mathrm{d}t = \frac{1}{T}\end{aligned} \tag{1.4.7}$$

这里，已考虑到在$|t|<T/2$ 区间内，只有 $m=0$ 时间一个冲激 $\delta(t)$，且利用了

$$f(0)=\int_{-\infty}^{\infty}f(t)\delta(t)\mathrm{d}t \tag{1.4.8}$$

将(1.4.7)式代入(1.4.6)式可得

$$\delta_T(t)=\frac{1}{T}\sum_{k=-\infty}^{\infty}\mathrm{e}^{\mathrm{j}k\Omega_s t} \tag{1.4.9}$$

于是有

$$\begin{aligned}\Delta_T(\mathrm{j}\Omega)&=\mathrm{FT}[\delta_T(t)]=\mathrm{FT}\left[\frac{1}{T}\sum_{k=-\infty}^{\infty}\mathrm{e}^{\mathrm{j}k\Omega_s t}\right]=\frac{1}{T}\sum_{k=-\infty}^{\infty}\mathrm{FT}[\mathrm{e}^{\mathrm{j}k\Omega_s t}]\\&=\frac{2\pi}{T}\sum_{k=-\infty}^{\infty}\delta(\Omega-k\Omega_s)=\Omega_s\sum_{k=-\infty}^{\infty}\delta(\Omega-k\Omega_s)\end{aligned} \tag{1.4.10}$$

此式推导中利用了以下关系

$$\mathrm{FT}[\mathrm{e}^{\mathrm{j}k\Omega_s t}]=2\pi\delta(\Omega-k\Omega_s) \tag{1.4.11}$$

图 1.20 表示了 $\delta_T(t)$与 $\Delta_T(\mathrm{j}\Omega)$。

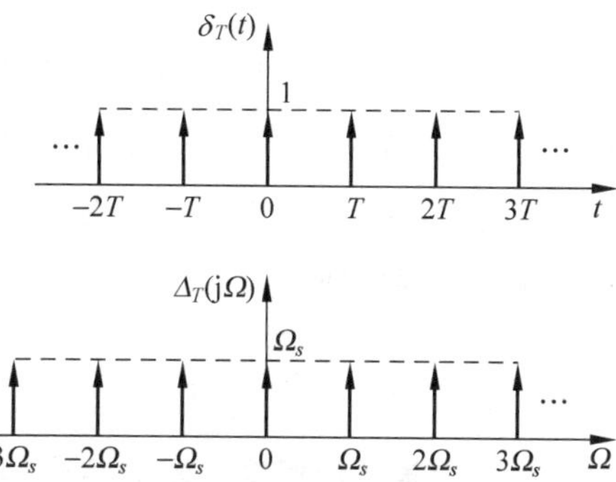

图 1.20　周期冲激序列 $\delta_T(t)$与其傅里叶变换 $\Delta_T(\mathrm{j}\Omega)$

将(1.4.10)式代入(1.4.5)式可得

$$\begin{aligned}\hat{X}_a(\mathrm{j}\Omega)&=\frac{1}{2\pi}\left[\left(\frac{2\pi}{T}\sum_{k=-\infty}^{\infty}\delta(\Omega-k\Omega_s)\right)*X_a(\mathrm{j}\Omega)\right]\\&=\frac{1}{T}\int_{-\infty}^{\infty}X_a(\mathrm{j}\theta)\cdot\sum_{k=-\infty}^{\infty}\delta(\Omega-k\Omega_s-\theta)\mathrm{d}\theta\\&=\frac{1}{T}\sum_{k=-\infty}^{\infty}\int_{-\infty}^{\infty}X_a(\mathrm{j}\theta)\delta(\Omega-k\Omega_s-\theta)\mathrm{d}\theta\\&=\frac{1}{T}\sum_{k=-\infty}^{\infty}X_a[\mathrm{j}(\Omega-k\Omega_s)]=\frac{1}{T}\sum_{k=-\infty}^{\infty}X_a\left[\mathrm{j}\left(\Omega-k\frac{2\pi}{T}\right)\right]\end{aligned} \tag{1.4.12}$$

由此看出，**理想抽样信号的频谱$\hat{X}_a(\mathrm{j}\Omega)$是被抽样的模拟信号的频谱 $X_a(\mathrm{j}\Omega)$的周期延拓，在角频率 Ω 轴上其延拓周期为**

$$\Omega_s=\frac{2\pi}{T}=2\pi f_s \tag{1.4.13}$$

即频率轴 f 上以抽样频率 f_s 为周期而周期延拓，见图 1.21。但是要注意：**①$X_a(\mathrm{j}\Omega)$是复**

数，故周期延拓时，幅度和相角（或实部与虚部）都要作周期延拓，图 1.21 只画了幅度的延拓关系。②**周期延拓后频谱函数的幅度有$\frac{1}{T}=\frac{\Omega_s}{2\pi}=f_s$的加权，即幅度随抽样频率$f_s$而改变，因而在实际应用中（信号重建中）要消除这一影响。**

在第 3 章中将会讨论到，对频域抽样，时域也会产生周期延拓。

1.4.2 时域抽样定理

学习要点

1. 从(1.4.12)式看出，如果模拟信号是带限信号（频带有限信号），信号的最高频率分量为f_h，设抽样频率为f_s，由于抽样后信号的频谱等于模拟信号频谱按抽样频率f_s作周期延拓，由图 1.21 可知，只有当

$$f_h<\frac{f_s}{2}$$

时，周期延拓的频谱分量才不会产生交叠，当信号最高频率分量f_h等于或超过$f_s/2$时，产生周期延拓频谱分量的交叠，就如同以$f_s/2$作为镜子，把频谱折叠回来，折叠后造成延拓频谱的低频分量与原信号谱的高频分量相混叠，而且是以复数方式相混叠，形成混叠失真。因而称**抽样频率之半($f_s/2$)为折叠频率**。即

$$\frac{f_s}{2}=\frac{1}{2T}\quad 或\quad \frac{\Omega_s}{2}=\frac{\pi}{T} \tag{1.4.14}$$

2. **奈奎斯特抽样定理。若$x_a(t)$是频带宽度有限的信号（称带限信号），要想抽样后的信号能够不失真地还原出原信号，则必须抽样频率f_s大于信号最高频率分量f_h的两倍，或说信号的最高频率要小于折叠频率$f_s/2$，**即

$$f_s>2f_h \tag{1.4.15}$$

讨论 (1) 若带限信号出现冲激线状频谱（例如正弦信号），当$f_h=f_s/2$时，有$\sin(2\pi f_h nT)=\sin(2\pi n f_h/f_s)=\sin(n\pi)=0$，则抽样频率$f_s$必须为$f_s>2f_h$。

(2) 在其他带限信号的情况下，抽样频率f_s只须为$f_s\geqslant 2f_h$。

$x_a(t)$也可能不是频带宽度有限的信号，因此为了避免频率响应的混叠，一般都在抽样器前加入一个保护性的前置低通预滤波器，称为**防混叠滤波器**，其截止频率为$f_s/2$，以便滤除$x_a(t)$中高于$f_s/2$的频率分量。

有时，**将满足抽样定理的抽样频率称为奈奎斯特抽样（速）率，将$f_s/2$也称为奈奎斯特频率。**

3. 抽样后，频谱幅度的变化情况可见图 1.21。

4. 数字域频率与模拟域频率的关系。

数字频率ω与模拟角频率Ω，模拟频率f的关系为

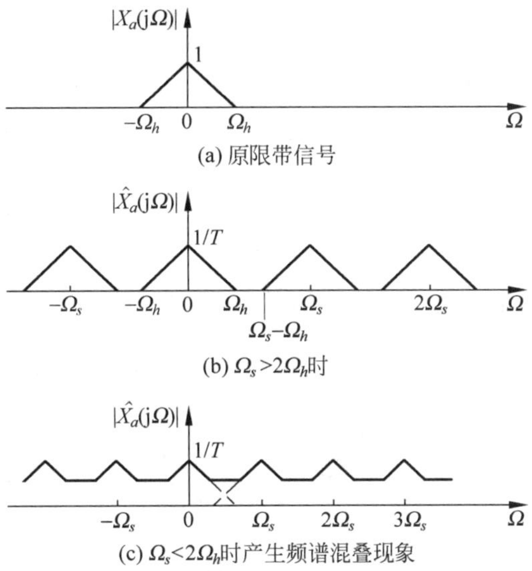

图 1.21　抽样后频谱的周期延拓

$$\omega = \Omega T = \frac{\Omega}{f_s} = \frac{2\pi f}{f_s} = 2\pi f T$$

前面已说过，数字频率 ω 是模拟角频率对抽样频率 f_s 的归一化频率，因而抽样频率 f_s 所对应的数字频率为

$$\omega_s = \Omega_s T = 2\pi f_s / f_s = 2\pi \tag{1.4.16}$$

① **数字域抽样频率 ω_s 就等于 2π**，也就是 $\hat{X}_a(j\omega/T)=\hat{X}_a(j\Omega)\Big|_{\Omega=\frac{\omega}{T}}$ 的延拓周期为 2π。

② **折叠频率 $f_s/2$ 所对应的数字域频率为**

$$\frac{\omega_s}{2} = \pi \tag{1.4.17}$$

因而按照抽样定理，信号最高频率 f_h 要满足 $f_h<f_s/2$，故**数字域最高频率 ω_h 应小于折叠频率 π**，即有

$$\omega_h = 2\pi f_h / f_s = \Omega_h / f_s < \frac{\omega_s}{2} = \pi \tag{1.4.18}$$

所以，信号的低频分量在 $\omega=0$ 附近，信号的高频率分量在 $\omega=\pi$ 附近，而信号的最高频率分量在 $\omega=\pi$ 处。

1.4.3　模拟信号的实际抽样

实际情况中，抽样脉冲串不是冲激函数串 $\delta_T(t)$，而是一定宽度 τ 的矩形周期脉冲串 $p(t)$（实际抽样过程如图 1.19(b)所示），这时奈奎斯特抽样定理是否仍然有效？我们就来分析它。

由于 $p(t)$ 是周期函数，故仍可展成傅里叶级数

$$p(t)=\sum_{k=0-\infty}^{\infty}C_k\mathrm{e}^{\mathrm{j}k\Omega_s t} \tag{1.4.19}$$

同样可求出 $p(t)$的傅里叶级数的系数 C_k（注意，$p(t)$的幅度为 1）

$$C_k=\frac{1}{T}\int_{-T/2}^{T/2}p(t)\mathrm{e}^{-\mathrm{j}k\Omega_s t}\,\mathrm{d}t=\frac{1}{T}\int_{0}^{\tau}\mathrm{e}^{-\mathrm{j}k\Omega_s t}\,\mathrm{d}t=\frac{\tau}{T}\,\frac{\sin\left(\frac{k\Omega_s\tau}{2}\right)}{\frac{k\Omega_s\tau}{2}}\mathrm{e}^{-\mathrm{j}\frac{k\Omega_s\tau}{2}} \tag{1.4.20}$$

显然，C_k 与理想抽样中的傅里叶级数的系数 A_k（见(1.4.7)式）不同，$A_k=\frac{1}{T}$是常数。

如果 τ，T 一定，则随着 k 的变化，C_k 的幅度$|C_k|$将按

$$\left|\frac{\sin\left(\frac{k\Omega_s\tau}{2}\right)}{\frac{k\Omega_s\tau}{2}}\right|=\left|\frac{\sin x}{x}\right|$$

而变化，其中 $x=\frac{k\Omega_s\tau}{2}$。作类似于(1.4.12)式的同样推导，但需注意用 C_k 代替那里的 $A_k=\frac{1}{T}$，而 C_k 是随 k 而变化的，这样可得到实际抽样时，抽样信号的频谱为

$$\hat{X}_a(\mathrm{j}\Omega)=\sum_{k=-\infty}^{\infty}C_kX_a(\mathrm{j}\Omega-\mathrm{j}k\Omega_s) \tag{1.4.21}$$

由此看出，和理想抽样一样，抽样信号的频谱是连续信号频谱的周期延拓，因此，如果满足奈奎斯特抽样定理，则不会产生频谱的混叠失真。与理想抽样的不同是，这里频谱分量的幅度有变化，其包络 C_k 是随频率增加而逐渐下降的，如图 1.22 所示。

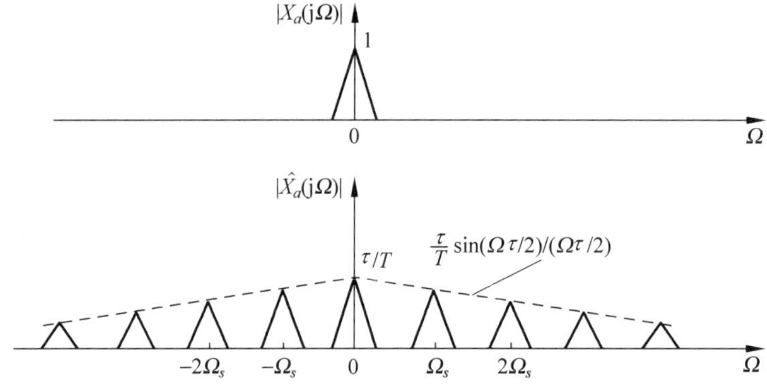

图 1.22 实际抽样时频谱包络的变化

由(1.4.20)式（见图 1.22）可知

$$C_k=\frac{\tau}{T}\left[\mathrm{e}^{-\mathrm{j}\frac{\Omega\tau}{2}}\frac{\sin\left(\frac{\Omega\tau}{2}\right)}{\frac{\Omega\tau}{2}}\right]_{\Omega=k\Omega_s}$$

由于包络的第一个零点出现在

$$\frac{\sin\left(\frac{k\Omega_s\tau}{2}\right)}{\frac{k\Omega_s\tau}{2}} = 0$$

这要求

$$\frac{k\Omega_s\tau}{2} = \frac{k}{2}\cdot\frac{2\pi}{T}\tau = \pi$$

所以

$$k = \frac{T}{\tau}$$

由于 $T \gg \tau$，因此 $\hat{X}_a(\mathrm{j}\Omega)$ 包络的第一个零出现在 k 很大的地方。

包络的变化并不影响信号的恢复，因为我们只需取系数为 $C_0\left(C_0=\frac{\tau}{T}\right)$ 的那一项[见(1.4.21)式]，它是常数(T,τ 固定时)，只是幅度有所缩减，所以只要没有频率响应的混叠，抽样的插值重构是没有失真的，因而奈奎斯特抽样定理仍然有效。

*1.4.4 带通信号的抽样

学习要点

1. 按(1.4.12)式及图 1.21 可知，抽样后信号的频谱为原信号频谱的周期延拓，其延拓周期为抽样频率 f_s 的整数倍，即 $kf_s(k=\cdots,-2,-1,0,1,2,\cdots)$，因此只要各延拓分量不互相重叠，不会产生混叠失真，就能够恢复出原信号频谱，按照这一思路来研究带通信号，也就是已调制信号的抽样定理。

带通信号的频谱存在于某一频段范围，而不是在零频周围，如图 1.23(a)所示，其最高频率为 f_h，带宽为 Δf_o，算术中心频率为 $f_o=f_h-\frac{\Delta f_o}{2}$，一般来说，有 $f_o\gg\Delta f_o$，即通带中心频率远大于通带带宽，例如中波广播信号的中心频率(载波)为几百 kHz 到 1 千 kHz，而语音信号(调制信号)则为 300Hz～20kHz，如果按照抽样定理，其抽样频率应为已调制带通信号的最高频率 f_h 的两倍以上，这样抽样频率会很高，而实际有用信息只存在 Δf_o 频带内，即很窄的频带内。以下讨论按照抽样后不产生频谱的混叠的思路，想办法使抽样频率减小到 Δf_o 的量级。

2. 当 $f_h=r\Delta f_o$，r 为整数，即 $f_o+\frac{\Delta f_o}{2}=rf_o$，即带通信号的最高频率是其通带宽度的整数倍时，则选抽样频率 f_s 为

$$f_s = 2\Delta f_o \tag{1.4.22}$$

即所取抽样频率为带通信号通带宽度的两倍，其抽样后的频谱是带通信号频谱以此 f_s 的整数倍而周期延拓后的频谱，如图 1.23(b)所示，图中 $r=5$，显然没有频谱混叠现象，因而只要通过如下的带通滤波器，就可以恢复出原带通信号，即

$$H_a(\mathrm{j}\Omega)=\begin{cases}T, & 2\pi(f_h-\Delta f_o)<|2\pi f|<2\pi f_h\\ 0, & \text{其他}\end{cases} \tag{1.4.23}$$

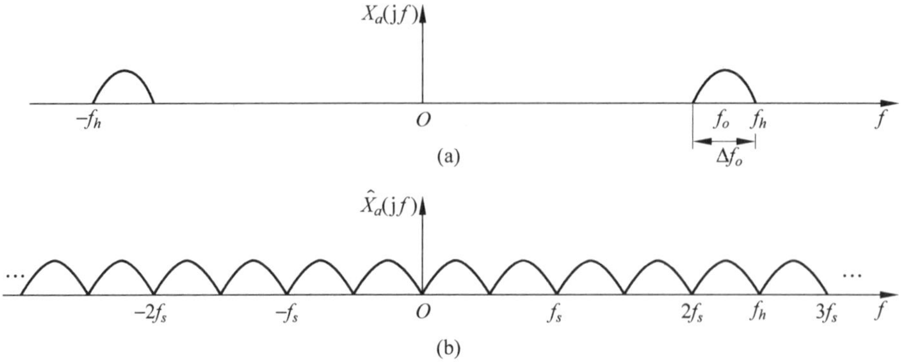

图 1.23 带通信号的抽样频谱（$f_h=5\Delta f_o$，$f_s=2\Delta f_o$，$f_h/\Delta f_o=$整数）

3. 当 $f_h=r'\Delta f_o$，$r'\neq$整数。这是最一般的情况，即带通信号最高频率不等于其带宽的整数倍时，这时，可保持 f_h 不变，将通带下端延伸到使其带宽为 $\Delta f_o'$，使得满足

$$f_h=r\Delta f_o',\quad r=\lfloor r'\rfloor\quad (\lfloor\ \rfloor\text{表示取整数部分})$$

即 r 是取 r' 的整数部分，显然此时有 $\Delta f_o'>\Delta f_o$，这时选抽样频率为

$$f_s=2\Delta f_o'=2f_h/\lfloor r'\rfloor=2f_h/\lfloor f_h/\Delta f_o\rfloor \tag{1.4.24}$$

这样，就与上面 2. 中的讨论一样，抽样后不会产生频谱的周期延拓分量的混叠现象，仍然可以恢复出原带通信号，可见图 1.24，其中 $f_h=9\text{kHz}$，$\Delta f_o=2.5\text{kHz}$，则 $r'=f_h/\Delta f_o=3.6$，$r=\lfloor r'\rfloor=3$，$\Delta f_o'=f_h/r=3\text{kHz}$，$f_s=2\Delta f_o'=6\text{kHz}$。

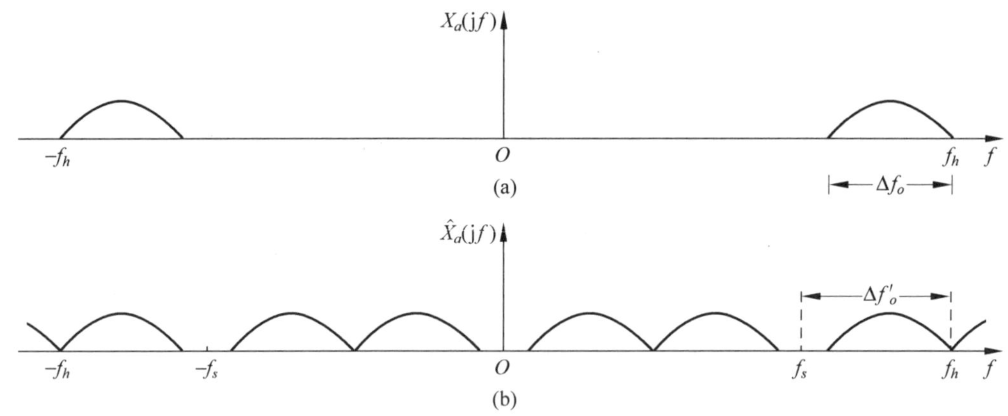

图 1.24 $f_h/\Delta f_o\neq$整数时，带通信号的抽样频谱（$f_h=3.6\Delta f_o$，$f_s=2\Delta f_o'$，$f_h/\Delta f_o\neq$整数）

4. 抽样频率可能的取值范围。

（1.4.24）式亦可写成

$$f_s=2\Delta f_o r'/\lfloor r'\rfloor \tag{1.4.25}$$

$\frac{r'}{\lfloor r' \rfloor}$的最大值为 1.999…，最小值为 1(当 $r'=r=$整数时)，考虑到这一关系，从(1.4.25)式可得到**带通信号抽样频率 f_s 的取值范围为**(其中 Δf_o 为带宽)

$$2\Delta f_o \leqslant f_s < 4\Delta f_o \tag{1.4.26}$$

f_s 的下限是$\frac{f_h}{\Delta f_o}=$整数时的情况，而其上限则对应于$\frac{f_h}{\Delta f_o}\neq$整数，且是最不利的情况，若带通信号抽样后频谱不产生混叠现象，则其抽样频率 f_s 一定会落在(1.4.26)式所示的频率范围内。

由于上面讨论的**带通信号的抽样频率 f_s 不满足 $f_s>2f_h$ 的要求，因而可称其为亚奈奎斯特抽样频率**。

*1.4.5 连续时间信号 $x_a(t)$、理想抽样信号$\hat{x}_a(t)$以及抽样序列 $x(n)$的关系

学习要点

在以上分析中，时域、频域的关系是利用$\hat{x}_a(t)$进行研究，而得出抽样定理的，这样做更简单、方便。但是理想抽样信号$\hat{x}_a(t)$在工程应用中无法实现数学模型，故工程应用中采用抽样序列 $x(n)$。

1. $\hat{x}_a(t)$和 $x(n)$的本质差别：$\hat{x}_a(t)$本质上是连续时间信号，是在 $t=nT$ 时的冲激串，在$t\neq nT$ 时，$\hat{x}_a(t)=0$，其每个冲激的幅度都是无穷大，存在时间(宽度)为无穷小，$\hat{x}_a(t)$的大小是以冲激的积分面积表示的；抽样序列 $x(n)$则是整数变量 n 的函数，这里，时间已归一化，$x(n)$本身已没有抽样率的信息，当 $n=$整数时，$x(n)=x_a(nT)$，即抽样点上抽样序列的幅值是确定数值，在 $n\neq$整数时，$x(n)$无定义，不是零值。

2. $x_a(t)$、$\hat{x}_a(t)$、$x(n)$三者的关系：

$$x(n)=x_a(t)\Big|_{t=nT}=x_a(nT),\quad -\infty<n<\infty \tag{1.4.27}$$

此(1.4.27)式的系统就是理想的连续时间到离散时间(C/D)转换器。实际的模拟到数字(A/D)转换器可以看成是对 C/D 转换器的近似，也就是要对 C/D 的输出 $x(n)$的幅度进行“量化”处理，在第 9 章中将会讨论有限字长的“量化”问题。

此 C/D 转换器可用两步表示这一抽样过程，如图 1.25(a)所示，其第一步是得到$\hat{x}_a(t)$，即将 $x_a(t)$调制(相乘)到 $\delta_T(t)=\sum_{n=-\infty}^{\infty}\delta(t-nT)$ (冲激串)上，可得到

$$\begin{aligned}\hat{x}_a(t) &= x_a(t)\cdot\sum_{n=-\infty}^{\infty}\delta(t-nT)=\sum_{n=-\infty}^{\infty}x_a(nT)\delta(t-nT)=x_a(t)\delta_T(t)\\ &=\sum_{n=-\infty}^{\infty}x(n)\delta(t-nT)\end{aligned} \tag{1.4.28}$$

图 1.25(a)中的第二步是由冲激串到离散时间序列的转换，即(1.4.28)式中$\hat{x}_a(t)$到 $x(n)$的转换。也就是说，在抽样点上抽样序列 $x(n)$的幅值是确定的数值，它和抽样信号

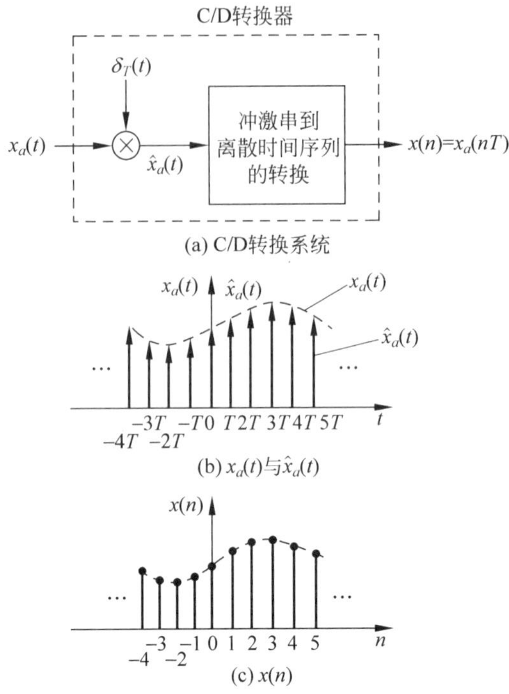

图 1.25　从 $x_a(t)$到 $x(n)$[即从连续时间到离散时间(C/D)]的转换

$\hat{x}_a(t)$在相应抽样点上的抽样值相等。

3. 图 1.25(a)只是一种数学表示，不代表实际的具体系统，这种表示的好处在于它能给出简单的推导，从而得到重要的结果，例如引出了抽样定理。但在实际应用中，是将 $x(n)$经量化后得到数字化信号，然后进行数字信号处理。图 1.25(b)、(c)分别画出了 $x_a(t)$、$\hat{x}_a(t)$及 $x(n)$的图形。

1.4.6　时域信号的插值重构

学习要点

1. 如果满足奈奎斯特抽样定理，即信号谱的最高频率小于折叠频率，则抽样后不会产生频谱混叠，可以由信号的抽样值经插值而重构原信号 $x_a(t)$。由(1.4.12)式看出，当$|\Omega|<\Omega_s/2$ 时，只存在 $k=0$ 一项，即有

$$\hat{X}_a(\mathrm{j}\Omega)=\frac{1}{T}X_a(\mathrm{j}\Omega),\quad |\Omega|<\frac{\Omega_s}{2}$$

将$\hat{X}_a(\mathrm{j}\Omega)$送入作为重构用的理想低通滤波器 $H(\mathrm{j}\Omega)$($H(\mathrm{j}\Omega)$如图 1.26 所示)，

$$H(\mathrm{j}\Omega)=\begin{cases}T, & |\Omega|<\dfrac{\Omega_s}{2}\\[2ex] 0, & |\Omega|\geqslant\dfrac{\Omega_s}{2}\end{cases}\tag{1.4.29}$$

就可得到原信号频谱，信号重构的框图如图 1.27 所示，即

$$Y_a(\mathrm{j}\Omega)=\hat{X}_a(\mathrm{j}\Omega)H(\mathrm{j}\Omega)=X_a(\mathrm{j}\Omega) \tag{1.4.30}$$

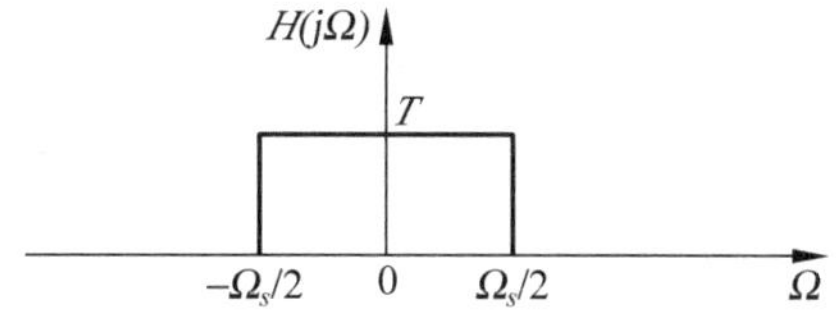

图 1.26 用做重构的理想低通滤波器特性

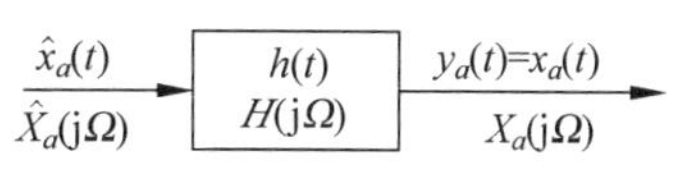

图 1.27 信号的重构

所以，输出端即为原模拟信号

$$y_a(t)=x_a(t)$$

理想低通滤波器虽不可实现，但是在一定精度范围内，可用一个可实现的滤波器逼近它。

2. 实际上，在满足 $f_s>2f_h$（f_h 为信号 $x_a(t)$ 的最高频率）只需取滤波器的截止频率 Ω_c 为 $\Omega_h<\Omega_c<\Omega_s-\Omega_h$，即可恢复出 $X_a(\mathrm{j}\Omega)$。不一定非要取 $\Omega_c=\Omega_s/2$，可参见图 1.21。

3. 下面讨论如何由抽样值重构原来的模拟信号（连续时间信号），即 $\hat{x}_a(t)$ 通过 $H(\mathrm{j}\Omega)$ 系统的响应特性。

理想低通滤波器的冲激响应为

$$h(t)=\frac{1}{2\pi}\int_{-\infty}^{\infty}H(\mathrm{j}\Omega)\mathrm{e}^{\mathrm{j}\Omega t}\mathrm{d}\Omega=\frac{T}{2\pi}\int_{-\Omega_s/2}^{\Omega_s/2}\mathrm{e}^{\mathrm{j}\Omega t}\mathrm{d}\Omega=\frac{\sin(\Omega_s t/2)}{\Omega_s t/2}=\frac{\sin(\pi t/T)}{\pi t/T} \tag{1.4.31}$$

由 $\hat{x}_a(t)$ 与 $h(t)$ 的卷积积分，**就得到理想低通滤波器的输出为**

$$\begin{aligned}y_a(t)=x_a(t)&=\int_{-\infty}^{\infty}\hat{x}_a(\tau)h(t-\tau)\mathrm{d}\tau\\&=\int_{-\infty}^{\infty}\Big[\sum_{m=-\infty}^{\infty}x_a(\tau)\delta(\tau-mT)\Big]h(t-\tau)\mathrm{d}\tau\\&=\sum_{m=-\infty}^{\infty}\int_{-\infty}^{\infty}x_a(\tau)h(t-\tau)\delta(\tau-mT)\mathrm{d}\tau\\&=\sum_{m=-\infty}^{\infty}x_a(mT)h(t-mT)\end{aligned}$$

即

$$y_a(t)=\sum_{m=-\infty}^{\infty}x_a(mT)\frac{\sin[\pi(t-mT)/T]}{\pi(t-mT)/T} \tag{1.4.32}$$

这就是信号重构的抽样内插公式，即由信号的抽样值 $x_a(mT)$ 经此公式而得到连续信号 $x_a(t)$，而 $\sin[\pi(t-mT)/T]/[\pi(t-mT)/T]$ 称为内插函数，如图 1.28 所示，在抽样点 mT 上，函数值为 1，在其余抽样点上，函数值为零，不影响其他抽样点。也就是说，$x_a(t)$ 等于各 $x_a(mT)$ 乘以对应的内插函数的总和。在每一个抽样点上，只有该点所对应的内插函数不为零，这使得各抽样点上信号值不变，而抽样点之间的信号则由各加权抽样函数波形的延伸叠加而成，如图 1.29 所示，因而内插函数 $h(t)$ 的作用是在各抽样点之间起连续插值的作用。(1.4.32)式说明了，只要抽样频率大于两倍信号最高频率，则整个连续时间信号就可完全用它的抽样值代表，而不会丢掉任何信息。这就是奈奎斯特抽样定理的意义。但是，从上面讨论可看出(1.4.32)式的抽样内插公式只限于使用在带限（频带有限）信号上。

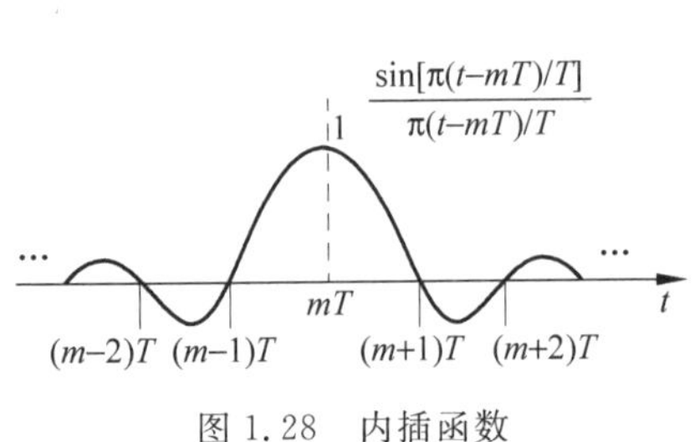

图 1.28 内插函数

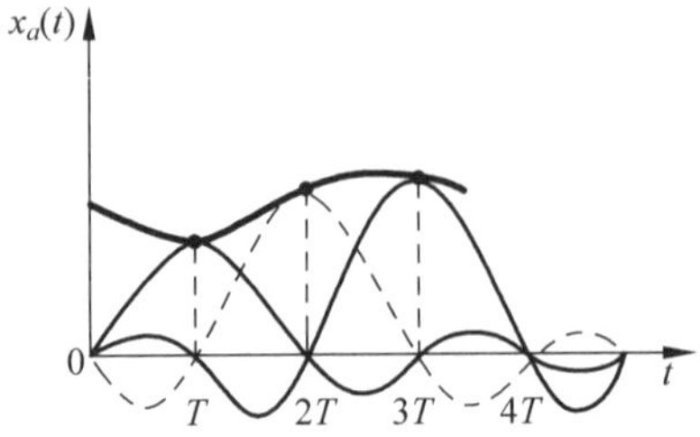

图 1.29 理想抽样的内插恢复

4. 由于理想低通滤波器的频域特性是突变的，因而其时域冲激响应是无限长、非因果的，不可实现，但是它所重构的信号没有失真。为了使此滤波器成为可实现的，一般采用逼近方法，即用频域缓变的可实现滤波器逼近 $H(\mathrm{j}\Omega)$，这时，就不能完全不失真地重构出原信号，只要按要求，将误差限制在一定范围内即可。

1.4.7 正弦型信号的抽样

正弦型信号是一种很重要的信号，例如我们常用正弦型信号加白噪声作为输入信号研究某一实际系统或某一算法的性能。正弦型信号抽样后，具有一系列特点。

学习要点

1. 正弦型信号 $x_a(t)=A\sin(\Omega_o t+\varphi)=A\sin(2\pi f_o t+\varphi)$ 的频谱在 $f=f_o$ 处为 δ 函数，故其抽样会遇到一些特殊问题。**一般来说，正弦信号的抽样频率必须满足 $f_s>2f_o$。**

因为若取 $f_s=2f_o$，则有以下几种情况发生：

(1) 当 $\varphi=0$ 时，一个周期抽取的两个点为 $x(0)=x(1)=0$，相当于 $x_a(0)$ 和 $x_a(\pi)$ 两个点，故不包含原信号的任何信息。这就是 1.4.2 节小标题 2 中第(1)点讨论的状况，即在 $f_o=f_s/2$ 上，出现冲激线状谱的情况。

(2) 当 $\varphi=\frac{\pi}{2}$ 时，则有 $x(0)=A$，$x(1)=-A$，此时从 $x(n)$ 可以恢复 $x_a(t)$。

(3) 当 φ 为已知，且 $0<\varphi<\frac{\pi}{2}$ 时，恢复的不是原信号，但经过变换后，可得到原信号。

(4) 当 φ 为未知数时，抽样后不能恢复出原信号 $x_a(t)$。

所以，至少要取 $f_s>2f_o$，避免产生不确定性。

2. 处理周期性正弦序列时，应注意以下几点：

(1) 对抽样后的离散周期性的正弦序列作截断时（第 3 章中讨论的离散傅里叶变换，是针对有限长序列的)，其截断长度必须为序列周期的整数倍，才不会产生频域的泄漏。这将在第 3 章中讨论。

(2) 离散正弦序列不宜补零后做频谱分析，否则会产生频域的泄漏，也将在第 3 章中讨论。

(3) **考虑到作 DFT**(离散傅里叶变换)时，当要求数据个数为 $N=2^P$ 时(P 为正整数)，正弦信号**一个周期中最好抽取 4 个点**。

3. 由于正弦型序列 $x(n)=\cos(\omega n)$ 对 ω 是呈周期性的，即

$$\cos(\omega_1 n) = \cos[(\omega_1 + 2\pi k)n] = \cos(\omega_2 n) \quad k \text{ 为整数}$$

即当 $\omega_2=\omega_1+2\pi k$ 时，或一般可表示成

$$|\omega_2 - \omega_1| = 2\pi k, \quad k \text{ 为整数} \tag{1.4.33}$$

满足(1.4.33)式条件下，两个正弦型序列是相同的，由此关系式，可导出以下两个结论：

(1) 两个不同频率的模拟正弦型信号，如果用同一抽样频率 f_s 对其抽样，得到的序列可能是相同的序列，我们没法从序列中区分出它们分别来源于哪一个模拟正弦型信号。以下由(1.4.33)式导出这种情况下，对应的模拟频率之间的关系，设

$$x_1(t) = \cos(2\pi f_1 t), \quad x_2(t) = \cos(2\pi f_2 t)$$

则有

$$x_1(n) = \cos(2\pi f_1 nT) = \cos(2\pi n f_1/f_s) = \cos(\omega_1 n)$$

$$x_2(n) = \cos(2\pi f_2 nT) = \cos(2\pi n f_2/f_s) = \cos(\omega_2 n)$$

将 $\omega=2\pi f/f_s$ 代入(1.4.33)式，可得 $|(f_1-f_2)/f_s|=k$，即

$$|f_1 - f_2| = kf_s, \quad k \text{ 为整数} \tag{1.4.34}$$

即只要两个模拟正弦型信号频率之差为抽样频率 f_s 的整数倍时，则所得序列都是相同的。

【例 1.18】 设两个模拟正弦型信号为

$$x_{a_1}(t) = \cos(\Omega_1 t) = \cos(2\pi \times 20t) = \cos(40\pi t), \quad f_1 = 20\text{Hz}$$

$$x_{a_2}(t) = \cos(\Omega_2 t) = \cos(2\pi \times 70t) = \cos(140\pi t), \quad f_2 = 70\text{Hz}$$

若抽样频率为 $f_s=50\text{Hz}$，对 $x_{a_1}(t)$ 满足抽样定理，其抽样序列经处理后可恢复出原信号 $x_{a_1}(t)$，但对 $x_{a_2}(t)$ 则不满足抽样定理，不能恢复出 $x_{a_2}(t)$。直接由(1.4.34)式($k=1$)，抽样后两个序列是相同的正弦型序列 $x(n)=\cos(4\pi n/5)$。

(2) 同一个模拟正弦型信号，如果用两个不同的抽样频率抽样后，所得到的序列仍可能是相同的，我们没法确定其原抽样频率。以下由(1.4.33)式导出这种情况下，模拟频率间的关系，设

$$x(t) = \cos(2\pi f_o t)$$

$$x_1(n) = \cos(2\pi f_o nT_1) = \cos(2\pi n f_o/f_{s1}) = \cos(\omega_1 n)$$

$$x_2(n) = \cos(2\pi f_o nT_2) = \cos(2\pi n f_o/f_{s2}) = \cos(\omega_2 n)$$

将 $\omega=2\pi f/f_s$ 代入(1.4.33)式,可得

$$\left|\frac{f_o}{f_{s2}}-\frac{f_o}{f_{s1}}\right|=k$$

若给定 f_{s1},则可求出使 $x_1(n)=x_2(n)$ 的 f_{s2}

$$f_{s2}=\frac{f_o f_{s1}}{kf_{s1}+f_o},\quad k\text{ 为整数} \tag{1.4.35}$$

即只要一个模拟正弦型信号的两个抽样频率满足(1.4.35)式关系,则可得到相同的抽样正弦型序列。

【例 1.19】 设模拟正弦信号为

$$x_a(t)=\cos(\Omega_0 t)=\cos(2\pi f_o t),\quad f_o=20\text{Hz}$$

若对 $x_a(t)$ 的抽样频率分别为 $f_{s1}=50\text{Hz}$,$f_{s2}=100/7\text{Hz}$,则可得到相同的 $x(n)=x_1(n)=x_2(n)=\cos(4\pi n/5)$,因为这三个频率($f_o$,$f_{s1}$,$f_{s2}$)确实满足(1.4.35)式的关系(这时 $k=1$)。

显然,由于 $f_{s2}=\frac{100}{7}<40=2f_o$,因而用 f_{s2} 频率对 $x_a(t)$ 这一正弦型信号抽样时,会产生频谱的混叠失真,也就是说,不能不失真地恢复出 $x_a(t)$,只有用 f_{s1} 频率抽样 $x_a(t)$ 时,($f_{s1}=50\text{Hz}>2f_o=40\text{Hz}$)才能不产生混叠失真地恢复出原信号 $x_a(t)$。

推而广之,只要满足(1.4.33)式,或由其导出的(1.4.34)式或(1.4.35)式,当 k 为任意整数时,例 1.18 中可以是多个信号,例 1.19 中可以是多个抽样频率,都可得到相同的序列。**因而,当给定某一正弦型序列时,必须同时给出其抽样频率,此序列才能唯一地代表某一频率的正弦型模拟信号。**

习　　题

1.1 直接计算下面两个序列的卷积和 $y(n)=x(n)*h(n)$:

$$h(n)=\begin{cases}a^n, & 0\leqslant n\leqslant N-1\\ 0, & \text{其他 } n\end{cases}$$

$$x(n)=\begin{cases}\beta^{n-n_0}, & n\geqslant n_0\\ 0, & n<n_0\end{cases}$$

试用公式表示。

1.2 已知线性移不变系统的输入为 $x(n)$,系统的单位抽样响应为 $h(n)$,试求系统的输出 $y(n)$,并画图。

(1) $x(n)=\delta(n)$　　$h(n)=R_5(n)$

(2) $x(n)=R_3(n)$　　$h(n)=R_4(n)$

(3) $x(n)=\delta(n-2)$　　$h(n)=0.5^nR_3(n)$

(4) $x(n)=2^nu(-n-1)$　　$h(n)=0.5^nu(n)$

(5) $x(n)=\delta(n)-\delta(n-3)$　$h(n)=0.8u(n-1)$

1.3　已知 $h(n)=a^{-n}u(-n-1)$，$0<a<1$，通过直接计算卷积和的办法，试确定单位抽样响应为 $h(n)$ 的线性移不变系统的阶跃响应。

1.4　判断下列每个序列是否是周期性的，若是周期性的，试确定其周期。

(1) $x(n)=A\cos\left(\frac{3\pi}{7}n-\frac{\pi}{8}\right)$　(2) $x(n)=A\sin\left(\frac{13}{3}\pi n\right)$　(3) $x(n)=e^{j\left(\frac{n}{6}-\pi\right)}$

(4) $x(n)=e^{j8\pi n/\sqrt{3}}$　(5) $x(n)=\sin(\pi n/7)/(\pi n)$　(6) $x(n)=\sin(24n-\pi)$

(7) $x(n)=\sin(3\pi n)+\cos(15n)$　(8) $x(n)=e^{j3\pi n/4}+e^{j5\pi n/7}$　(9) $x(n)=e^{j4\pi n/7}$

1.5　设系统差分方程为

$$y(n)=ay(n-1)+x(n)$$

其中 $x(n)$为输入，$y(n)$为输出。当边界条件选为

(1) $y(0)=0$　(2) $y(-1)=0$

时，试判断系统是否是(1)线性，(2)移不变的。

1.6　试判断

(1) $y(n)=\sum_{m=-\infty}^{n}x(m)$　(2) $y(n)=[x(n)]^2$　(3) $y(n)=x(n)\sin\left(\frac{2\pi}{9}n+\frac{\pi}{7}\right)$

(4) $y(n)=x(-n)$　(5) $y(n)=x(n^2)$

是否是线性系统？是否是移不变系统？

1.7　试判断以下每一系统是否是(1)线性，(2)移不变，(3)因果，(4)稳定的。

(1) $T[x(n)]=g(n)x(n)$　(2) $T[x(n)]=\sum_{k=n_0}^{n}x(k)$

(3) $T[x(n)]=x(n-n_0)$　(4) $T[x(n)]=e^{x(n)}$

(5) $T[x(n)]=nx(n)$　(6) $T[x(n)]=x(n^3)$

(7) $T[x(n)]=x(n+2)+ax(n)$

(8) $T[x(n)]=x(2n)$　(9) $T[x(n)]=\sum_{k=n-n_0}^{n+n_0}x(k)$

(10) $T[x(n)]=\frac{1}{n}u(n)$

1.8　以下序列是系统的单位抽样响应 $h(n)$，试说明系统是否是(1)因果的，(2)稳定的。

(1) $\frac{1}{n^2}u(n)$　(2) $\frac{1}{n!}u(n)$　(3) $3^n u(n)$

(4) $3^n u(-n)$　(5) $0.3^n u(n)$　(6) $0.3^n u(-n-1)$

(7) $\delta(n+4)$　(8) $u(4-n)$

1.9　设 $x_1(n)$及 $x_2(n)$都是从 $n=0$ 开始的有限长序列，$x_1(n)$长度为 N_1 点，$x_2(n)$长度为 N_2 点，设 $N_2>N_1$，求

(1) $x_1(n)+x_2(n)$的长度点数；

(2) $x_1(n)*x_2(n)$的长度点数；

(3) $x_1(n)\cdot x_2(n)$的长度点数。

1.10　试讨论以下 LSI 系统的因果性及稳定性。

(1) $h(n)=-a^n u(-n-1)$　(2) $h(n)=\delta(n-n_0)$　(3) $h(n)=4^n[u(n)-u(n-5)]$

习题

1.11 一个 LSI 系统的单位冲激响应为 $h(n)=a^n u(n)$，a 为实数，$0<a<1$，设输入为 $x(n)=b^n u(n)$，b 为实数，$0<b<1$。试求 $x(n)$ 通过 $h(n)$ 系统后的 $y(n)$。请将结果写成 $y(n)=(d_1 a^n+d_2 b^n)u(n)$ 的形式。

1.12 已知 $x(n)=\{\underline{1},2,4,3,6\}$，$h(n)=\{2,1,\underline{5},7\}$

试求 $y(n)=x(n)*h(n)$。采用对位相乘相加法及列表法及 MATLAB 方法求解。

1.13 列出如图 P1.13 系统的差分方程，并按初始条件 $y(n)=0(n<0)$，求输入为 $x(n)=u(n)$ 时的输出序列 $y(n)$，并画图。

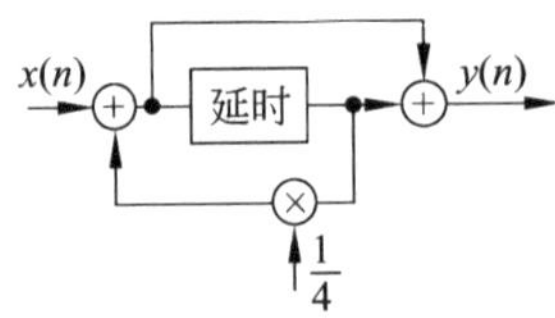

图 P1.13

1.14 设有一系统，其输入输出关系由以下差分方程确定：

$$y(n)-\frac{1}{2}y(n-1)=x(n)+\frac{1}{2}x(n-1)$$

设系统是因果性的。

(1) 求该系统的单位抽样响应；

(2) 由(1)的结果，利用卷积和求输入 $x(n)=e^{j\omega n}$ 的响应。

1.15 有一理想抽样系统，抽样频率为 $\Omega_s=6\pi$，抽样后经理想低通滤波器 $H_a(j\Omega)$ 还原，其中

$$H_a(j\Omega)=\begin{cases}\frac{1}{2}, & |\Omega|<3\pi\\ 0, & |\Omega|\geqslant 3\pi\end{cases}$$

今有两个输入 $x_{a_1}(t)=\cos 2\pi t$，$x_{a_2}(t)=\cos 5\pi t$。问输出信号 $y_{a_1}(t)$，$y_{a_2}(t)$ 有无失真？为什么？

1.16 若有两个有限长序列 $x_1(n)$，$N_1\leqslant n\leqslant N_2$；$x_2(n)$，$N_3\leqslant n\leqslant N_4$。

试求互相关函数 $r_{x_2x_1}(m)=\sum_{n=-\infty}^{\infty}x_2(n)x_1(n-m)$ 的有值区间，并与 $r_{x_1x_2}(m)$ 的有值区间相比较。

1.17 已知 $x(n)=\{\underline{5},4,3,2,1\}$，$y(n)=\{\underline{2},4,6\}$。

(1) 试用列表法及卷积法求互相关函数 $r_{xy}(m)=\sum_{n=-\infty}^{\infty}x(n)y(n-m)$；

(2) 求 $x(n)$ 的自相关函数 $r_{xx}(m)=\sum_{n=-\infty}^{\infty}x(n)x(n-m)$。

1.18 令 $x(n)=\cos(\omega_1 n)$，$y(n)=\cos(\omega_2 n)$，且有 $\omega_1=\frac{2\pi}{N_1}$，$\omega_2=\frac{2\pi}{N_2}$，$N_1$，$N_2$ 为互素的正整数。

试求此两个周期序列的互相关函数 $r_{yx}(m)$。

1.19 试将以下各连续时间信号抽样转换成离散时间信号，可自选合适的抽样频率 f_s 以适应这些信号，使其不产生混叠失真，如果是周期性信号，则 f_s 还应满足抽样后仍为周期性序列。

(1) $x(t)=A\cos(2\pi\times 125t)$　　(2) $x(t)=A\cos(100t)$

(3) $x(t)=\cos(2\pi\times 50t)+\cos(2\pi\times 80t)+\cos(2\pi\times 180t)$

(4) $x(t)=\frac{\sin(2\pi\times 200t)}{2\pi\times 20t}$

1.20 对以下信号进行理想抽样

$$x_a(t) = 5\cos(\Omega_1 t) - 3\cos(\Omega_2 t) + 2\cos(\Omega_3 t) + \cos(\Omega_4 t)$$

其中 $\Omega_1 = 2\pi, \Omega_2 = 3\pi, \Omega_3 = 6\pi, \Omega_4 = 8\pi$。

(1) 画出 $x(t)$波形(采用 MATLAB 方法)。

(2) 求此信号的奈奎斯特抽样频率。若要抽样序列仍为周期序列，抽样频率应为多少？

(3) 画出 $f_s = 12$Hz 与 $f_s = 20$Hz 的抽样序列。

1.21 已知一个连续时间正弦信号的理想抽样序列的前 5 个点(一个周期)为

n	0	1	2	3	4
$x(n)$	0	0.951	0.588	−0.588	−0.951

(1) 若此序列是用某一个抽样频率抽样后的序列，问此序列是否代表唯一的一个连续正弦信号，请加以说明；若不是，则至少写出两个连续正弦信号，并画图表示此两个正弦信号和这些抽样点值。

(2) 同一个正弦序列(例如以上所表示的序列)可否代表用两个不同的抽样频率对某同一正弦信号抽样后得到这同一个正弦序列，试举例加以说明。

由(1)、(2)两问可得到什么结论？

第 2 章　z 变换与离散时间傅里叶变换

信号与系统的分析方法，有时域分析法与变换域分析法两种。在连续时间信号与系统中，其变换域就是拉普拉斯变换域与傅里叶变换域；在离散时间信号（序列）与系统中，其变换域就是 z 变换域与傅里叶变换域。

本章主要讨论三个内容：

1. z 变换。
2. 离散时间傅里叶变换（DTFT）。
3. 离散时间系统的 z 变换域及频域（傅里叶变换域）的分析。

2.1　序列的 z 变换

2.1.1　z 变换的定义

序列 $x(n)$ 的 z 变换及 z 反变换定义为

z 变换

$$X(z)=\mathscr{Z}[x(n)]=\sum_{n=-\infty}^{\infty}x(n)z^{-n} \tag{2.1.1}$$

z 反变换

$$x(n)=\mathscr{Z}[x(z)]=\frac{1}{2\pi \mathrm{j}}\oint_c X(z)z^{n-1}\mathrm{d}z \tag{2.1.2}$$

学习要点

1. 由于(2.1.1)式的 z 变换公式是幂级数，只有幂级数收敛时，z 变换才有意义，因此必须研究 z 变换的收敛域。

2. (2.1.2)式的 z 反变换实际上是要求(2.1.1)式 z 变换式的幂级数展开的系数。(2.1.2)式中围线积分的 c 是在 $X(z)$ 收敛域中，并环绕原点（$z=0$）的一条逆时针旋转的闭合围线。因而必须知道 $X(z)$ 的收敛域，才能求解。

3. 从以上两点可以看出 z 变换的收敛域的极端重要性。

2.1.2　z 变换的收敛域

对任意给定序列 $x(n)$，能使 $X(z)$ 收敛，即 $|X(z)|<\infty$ 的所有 z 值的集合称为 $X(z)$ 的

收敛域。

对(2.1.1)式的**级数收敛的充分必要条件是满足绝对可和的条件**，即须满足

$$\sum_{n=-\infty}^{\infty} | x(n)z^{-n} | = M < \infty$$

对某一具体的 $x(n)$，$|z|$值必须在一定范围之内才能使此不等式成立，这个$|z|$的范围就是 $X(z)$的收敛域，收敛域内不能有极点。

学习要点

按级数理论，若级数绝对收敛，则级数也一定收敛。利用级数中的达朗贝尔判别法判别 z 变换的收敛性最为方便。对于任意求和式 $\sum_{n=-\infty}^{\infty} |a_n|$ (例如，这里的 $\sum_{n=-\infty}^{\infty} | x(n)z^{-n} |$)，有

$$\lim_{n\to\infty}\left|\frac{a_{n+1}}{a_n}\right| = l,\quad \begin{cases} l < 1, & \text{级数收敛} \\ l > 1, & \text{级数发散} \\ l = 1, & \text{不能确定} \end{cases} \tag{2.1.3}$$

1. 对一个确定的序列 $x(n)$，它的 z 变换 $X(z)$的表达式及 $X(z)$的收敛域二者共同才能唯一确定这一序列。

2. 不同形式的序列其收敛域是不同的，可区分为 4 种形式。

2.1.3 4 种典型序列的 z 变换的收敛域

学习要点

1. 有限长序列。**$x(n)$只在 $n_1 \leqslant n \leqslant n_2$ 时有值**，则(2.1.1)式是有限项之和，由于 $x(n)$ 是有界的，且在 $n_1 \leqslant n \leqslant n_2$ 范围内，当 $0<|z|<\infty$时，必有$|z^{-n}|<\infty$，因而 $X(z)$一定收敛，即

$$X(z) = \sum_{n=n_1}^{n_2} x(n)z^{-n},\quad 0<| z |<\infty \tag{2.1.4}$$

这表明，**有限长序列的收敛域至少是除 $z=0$ 及 $z=\infty$外的开域($0,\infty$)**，我们把它称为**有限 z 平面**，有限长序列及其收敛域如图 2.1 所示。在 n 的特殊选择下，收敛域**还可以扩大**。

$$\begin{aligned} 0 <| z |\leqslant \infty, &\quad n_1 \geqslant 0 \\ 0 \leqslant| z |< \infty, &\quad n_2 < 0 \end{aligned}$$

也就是说，**不管什么样的序列**(**包括下面将要讨论三种序列**)，**若在 $n>0$ 时序列有值**，**则在 $z=0$ 处不收敛；若在 $n<0$ 时序列有值**，**则在 $z=\infty$处不收敛**。

2. 右边序列。

(1) 这类序列是指**只在 $n \geqslant n_1$ 时**，**$x(n)$有值；在 $n<n_1$ 时**，**$x(n)=0$**。其 z 变换为

$$X(z)=\sum_{n=n_1}^{\infty}x(n)z^{-n}=\sum_{n=n_1}^{-1}x(n)z^{-n}+\sum_{n=0}^{\infty}x(n)z^{-n}$$

上式右端第一项是有限长序列的 z 变换，它的收敛域为有限 z 平面（$0<|z|<\infty$）；第二项是 z 的负幂级数，按照级数收敛的阿贝尔（N. Abel）定理可知，存在一个收敛半径 R_{x-}，级数在以原点为中心，以 R_{x-} 为半径的圆外任何点都绝对收敛。因此综合此两项，只有两项都收敛时，级数才收敛。所以，如果 R_{x-} 是收敛域的最小半径，则**右边序列 $x(n)$ 的 z 变换 $X(z)$ 的收敛域为 $R_{x-}<|z|<\infty$，于是有**

$$X(z)=\sum_{n=n_1}^{\infty}x(n)z^{-n},\quad R_{x-}<|Z|<\infty \tag{2.1.5}$$

其中 R_{x-} 是收敛域的最小半径。右边序列及其收敛域见图 2.2。

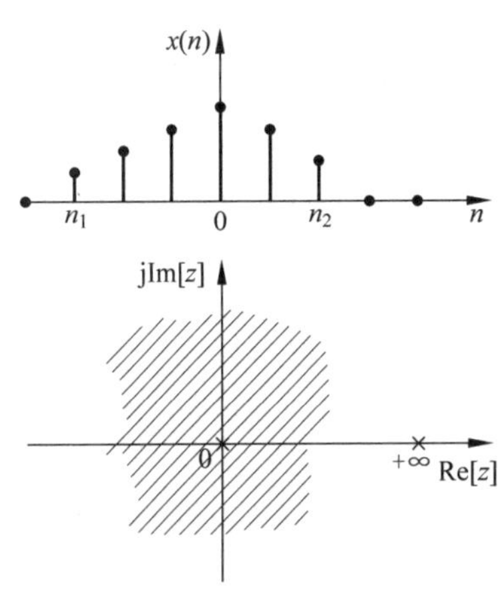

图 2.1 有限长序列及其收敛域（$n_1<0, n_2>0$；$z=0, z=\infty$ 除外）

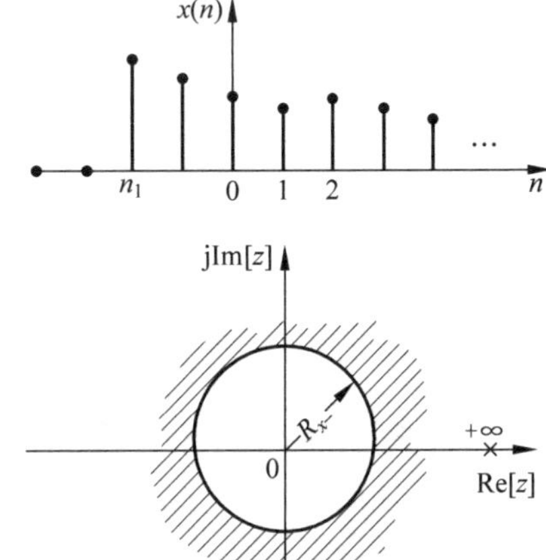

图 2.2 右边序列及其收敛域（$n_1<0$，故 $z=\infty$ 除外）

（2）**因果序列**。它是当 **$n_1=0$ 时的右边序列，在 $n\geqslant 0$ 时有值，在 $n<0$ 时 $x(n)=0$**。因为只有 z 的零幂和负幂项，故 **$X(z)$ 的收敛域是以 R_{x-} 为半径的圆的外部，并且包括 $|z|=\infty$**，即

$$X(z)=\sum_{n=0}^{\infty}x(n)z^{-n},\quad R_{x-}<|z|\leqslant\infty \tag{2.1.6}$$

收敛域包括 $|z|=\infty$ 是因果序列的重要特性。因果序列及其收敛域如图 2.3 所示。

3. 左边序列。

（1）这类序列是指**只在 $n\leqslant n_2$ 时，$x(n)$ 有值；$n>n_2$ 时，$x(n)=0$ 的序列**。其 z 变换为

$$X(z)=\sum_{n=-\infty}^{n_2}x(n)z^{-n}=\sum_{n=-\infty}^{0}x(n)z^{-n}+\sum_{n=1}^{n_2}x(n)z^{-n}$$

等式右端第二项是有限长序列的 z 变换，收敛域为有限 z 平面（$0<|z|<\infty$）；第一项是正幂级数，按阿贝尔定理，必存在收敛半径 R_{x+}，级数在以原点为中心，以 R_{x+} 为半径的圆内任何点都绝对收敛，如果 R_{x+} 为第一项的收敛域的最大半径，则综合以上两项，**左边序列的 z**

变换的收敛域应为 $0<|z|<R_{x+}$，于是有

$$X(z)=\sum_{n=-\infty}^{n_2}x(n)z^{-n},\quad 0<|z|<R_{x+} \tag{2.1.7}$$

其中 R_{x+} 为收敛域的最大半径，左边序列及其收敛域见图 2.4。

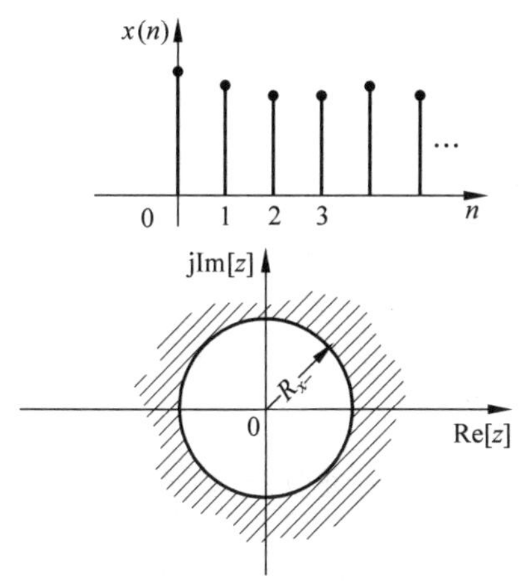

图 2.3 因果序列及其收敛域(包括 $z=\infty$)

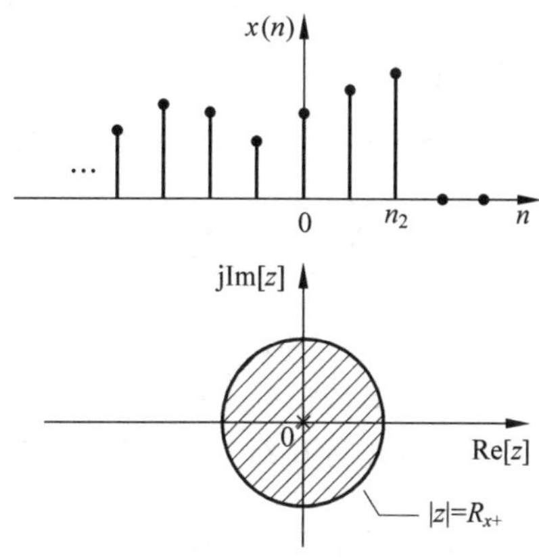

图 2.4 左边序列及其收敛域($n_2>0$，故 $z=0$ 除外)

(2) **反因果序列**。它是当 $n_2=0$ **时的左边序列**，即 $x(n)$ **存在于** $n\leqslant 0$ **的全部范围，其收敛域是以** R_{x+} **为半径的圆的内部，并且包括** $|z|=0$，即 $0\leqslant|z|<R_{x+}$。

(3) **非因果序列**。指 $n_2<0$ **时的左边序列，即** $x(n)$ **存在于** $n<0$ **的序列**，其**收敛域**与**反因果序列相同，为** $0\leqslant|z|<R_{x+}$。

4. 双边序列。这类序列是**指 n 为任意值时(正、负、零)，$x(n)$ 皆有值的序列**，其 $X(z)$ 及其收敛域为

$$X(z)=\sum_{n=-\infty}^{\infty}x(n)z^{-n},\quad R_{x-}<|z|<R_{x+} \tag{2.1.8}$$

即**收敛域是环状区域**。双边序列及其收敛域见图 2.5。

此双边序列可分解成一个 $n\geqslant 0$ 的右边序列，其收敛域为 $|z|>R_{x-}$，以及一个 $n<0$ 的左边序列，其收敛域为 $|z|<R_{x+}$，只要满足

$$R_{x-}<R_{x+} \tag{2.1.9}$$

则存在公共收敛域，如(2.1.8)式所示。如果不满足(2.1.9)式，则 $X(z)$ 不收敛。

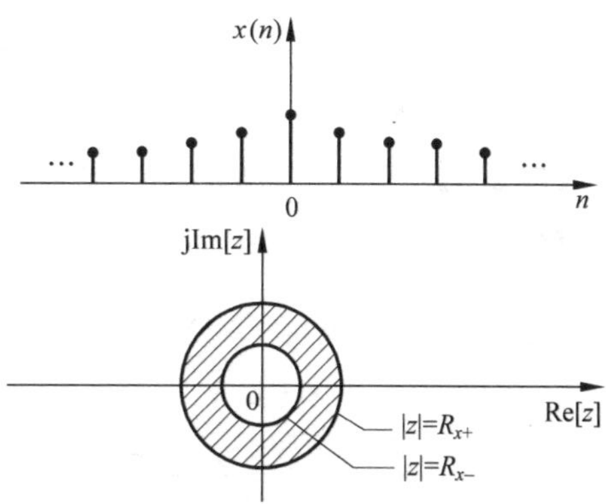

图 2.5 双边序列及其收敛域

下面举例对各种序列 z 变换的收敛域用有

限值的极点进一步讨论。

【例 2.1】 $x(n)=\delta(n)$，求此序列 z 变换及收敛域。

解 这是 $n_1=n_2=0$ 的有限长序列的特例，由于

$$\mathscr{Z}[\delta(n)]=\sum_{n=-\infty}^{\infty}\delta(n)z^{-n}=1,\quad 0\leqslant|z|\leqslant\infty$$

所以，收敛域应是整个 z 的闭平面（$0\leqslant|z|\leqslant\infty$），如图 2.6 所示。

【例 2.2】 $x(n)=a^n u(n)$，求其 z 变换及收敛域。

解 这是一个右边序列，且是因果序列，其 z 变换为

$$X(z)=\sum_{n=-\infty}^{\infty}a^n u(n)z^{-n}=\sum_{n=0}^{\infty}a^n z^{-n}$$

$$=\sum_{n=0}^{\infty}(az^{-1})^n=\frac{1}{1-az^{-1}}=\frac{z}{z-a},\quad |z|>|a|$$

这是一个无穷项的等比级数求和，只有在 $|az^{-1}|<1$ 即 $|z|>|a|$ 处收敛，如图 2.7 所示。故得到以上闭合形式表达式，由于 $\frac{1}{1-az^{-1}}=\frac{z}{z-a}$，故在 $z=a$ 处为极点，收敛域为极点所在圆 $|z|=|a|$ 的外部，在收敛域内 $X(z)$ 为解析函数，不能有极点。

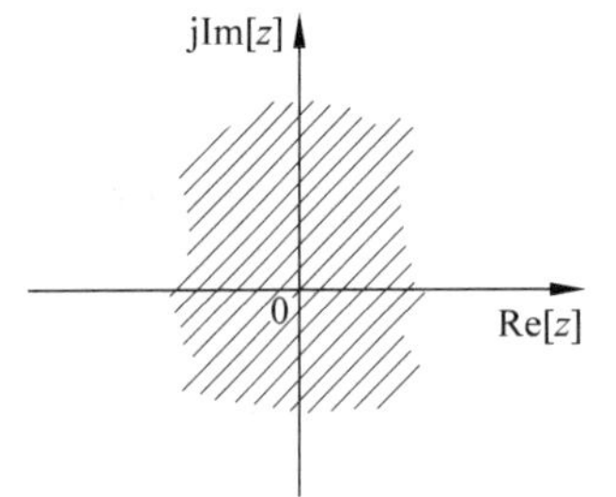

图 2.6 $\delta(n)$ 的收敛域（全部 z 平面）

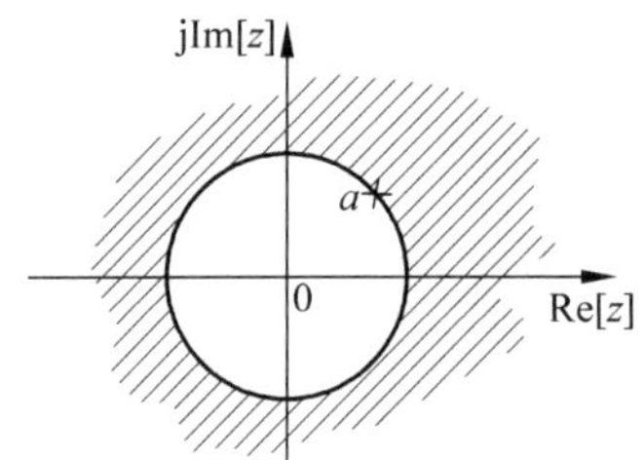

图 2.7 $x(n)=a^n u(n)$ 的收敛域

5. 一般来说，右边序列的 z 变换的收敛域一定在模值最大的有限极点所在圆之外（不包括圆周）。但在 $|z|=\infty$ 是否收敛，则需视序列存在的范围再加以讨论。由于此例中序列又是因果序列，所以 $z=\infty$ 也属收敛域，不能有极点。

【例 2.3】 $x(n)=-b^n u(-n-1)$，求其 z 变换及收敛域。

解 这是一个左边序列，其 z 变换为

$$X(z)=\sum_{n=-\infty}^{\infty}-b^n u(-n-1)z^{-n}=\sum_{n=-\infty}^{-1}-b^n z^{-n}$$

$$=\sum_{n=1}^{\infty}-b^{-n}z^{n}=\frac{-b^{-1}z}{1-b^{-1}z}$$

$$=-\frac{z}{b-z}=\frac{z}{z-b}=\frac{1}{1-bz^{-1}},\quad |z|<|b|$$

此无穷项等比级数的收敛域为$|b^{-1}z|<1$，即$|z|<|b|$，如图 2.8 所示。同样，收敛域内 $X(z)$必须解析，因此，有以下结论。

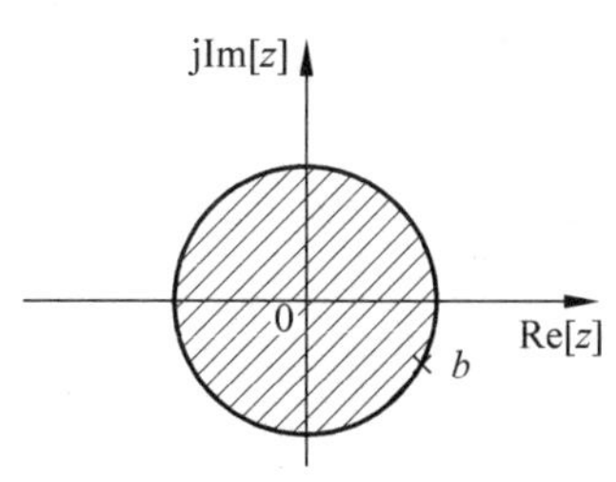

图 2.8　$x(n)=-b^n u(-n-1)$的收敛域

6. 一般来说，左边序列的 z 变换的收敛域一定在模值最小的有限极点所在圆之内（不包括圆周）。但$|z|=0$ 是否收敛，则需视序列存在的范围另加讨论。此例中的序列全在 $n<0$ 时有值，故$|z|=0$ 也收敛。

由以上两例看出，如果 $a=b$，则一个左边序列与一个右边序列的 z 变换表达式及零、极点是完全一样的。所以，**只给 z 变换的闭合表达式及零、极点是不够的，不能正确得到原序列。必须同时给出收敛域范围，才能唯一地确定一个序列。**这就说明了研究收敛域的重要性。

【例 2.4】

$$z(n)=\begin{cases}a^n, & n\geqslant 0\\ -b^n, & n\leqslant 0\end{cases}$$

求其 z 变换及收敛域。

解　这是一个双边序列，其 z 变换为

$$\begin{aligned}X(z)&=\sum_{n=-\infty}^{\infty}x(n)z^{-n}=\sum_{n=0}^{\infty}a^n z^{-n}-\sum_{n=-\infty}^{-1}b^n z^{-n}\\&=\frac{1}{1-az^{-1}}+\frac{1}{1-bz^{-1}}=\frac{z}{z-a}+\frac{z}{z-b}\\&=\frac{z(2z-a-b)}{(z-a)(z-b)},\quad |a|<|z|<|b|\end{aligned}$$

利用上两例的解法，可得以上结果。这里的 $X(z)$只在$|b|>|a|$时才有公共收敛域，收敛域为$|a|<|z|<|b|$，如图 2.9 所示。因此，有以下结论。

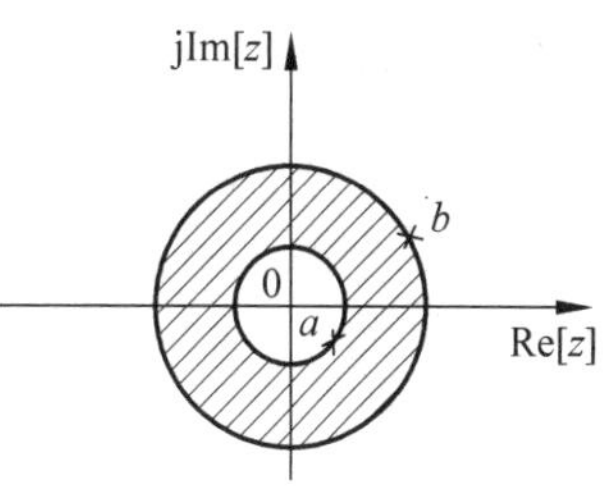

图 2.9　$x(n)=\begin{cases}a^n, & n\geqslant 0\\ -b^n, & n<0\end{cases}$的收敛域

7. 双边序列的 z 变换的收敛域是一个环状区域的内部（不包括两个圆周），此环状区域的内边界取为此序列中 $n\geqslant 0$ 的序列的模值最大的有限极点所在的圆，而环状区域的外边界取为此序列中 $n<0$ 的序列的模值最小的有限极点所在的圆。

8. 序列的 $X(z)$在其收敛域中，不包含任何极点，收敛域是以极点为边界的；且收敛域是连通的；收敛域内 $X(z)$及其各阶导数都是 z 的连续函数，即在收敛域中 $X(z)$是解析函数。

图 2.10 表示同一个 z 变换函数 $X(z)$，具有 3 个极点，由于收敛域不同，它可能代表 4 个不同的序列。图(a)对应于右边序列；图(b)对应于左边序列；图(c)、图(d)对应于两个不同的双边序列。

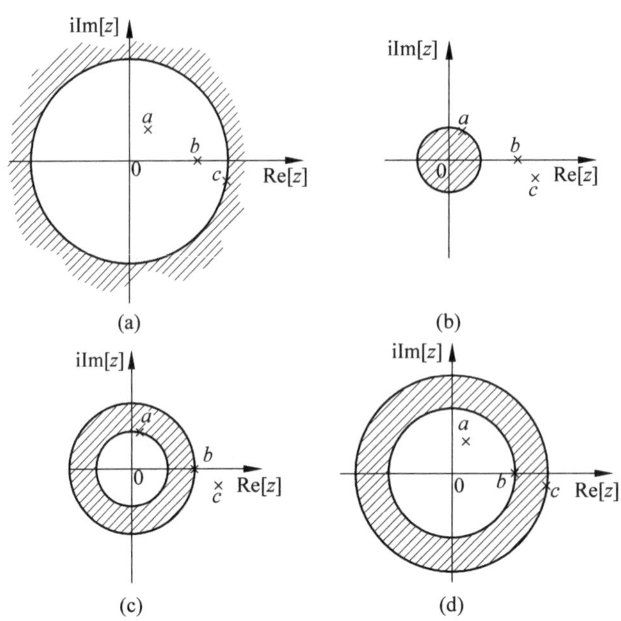

图 2.10　同一个 $X(z)$（零极点分布相同，但收敛域不同）所对应的序列是不同的

在表 2.1 中列出了几种常用序列的 z 变换及其收敛域。

表 2.1　几种常用序列的 z 变换及其收敛域

序　　列	z 变 换	收 敛 域
1. $\delta(n)$	1	全部 z
2. $u(n)$	$\frac{z}{z-1}=\frac{1}{1-z^{-1}}$	$\lvert z\rvert>1$
3. $u(-n-1)$	$-\frac{z}{z-1}=\frac{-1}{1-z^{-1}}$	$\lvert z\rvert<1$
4. $a^n u(n)$	$\frac{z}{z-a}=\frac{1}{1-az^{-1}}$	$\lvert z\rvert>\lvert a\rvert$
5. $a^n u(-n-1)$	$\frac{-z}{z-a}=\frac{-1}{1-az^{-1}}$	$\lvert z\rvert<\lvert a\rvert$
6. $R_N(n)$	$\frac{z^N-1}{z^{N-1}(z-1)}=\frac{1-z^{-N}}{1-z^{-1}}$	$\lvert z\rvert>0$
7. $nu(n)$	$\frac{z}{(z-1)^2}=\frac{z^{-1}}{(1-z^{-1})^2}$	$\lvert z\rvert>1$
8. $na^n u(n)$	$\frac{az}{(z-a)^2}=\frac{az^{-1}}{(1-az^{-1})^2}$	$\lvert z\rvert>\lvert a\rvert$
9. $na^n u(-n-1)$	$\frac{-az}{(z-a)^2}=\frac{-az^{-1}}{(1-az^{-1})^2}$	$\lvert z\rvert<\lvert a\rvert$
10. $e^{-jn\omega_0}u(n)$	$\frac{z}{z-e^{-j\omega_0}}=\frac{1}{1-e^{-j\omega_0}z^{-1}}$	$\lvert z\rvert>1$
11. $\sin(n\omega_0)u(n)$	$\frac{z\sin\omega_0}{z^2-2z\cos\omega_0+1}=\frac{z^{-1}\sin\omega_0}{1-2z^{-1}\cos\omega_0+z^{-2}}$	$\lvert z\rvert>1$

续表

序列	z 变换	收敛域
12. $\cos(n\omega_0)u(n)$	$\dfrac{z^2-z\cos\omega_0}{z^2-2z\cos\omega_0+1}=\dfrac{1-z^{-1}\cos\omega_0}{1-2z^{-1}\cos\omega_0+z^{-2}}$	$\|z\|>1$
13. $e^{-an}\sin(n\omega_0)u(n)$	$\dfrac{z^{-1}e^{-a}\sin\omega_0}{1-2z^{-1}e^{-a}\cos\omega_0+z^{-2}e^{-2a}}$	$\|z\|>e^{-a}$
14. $e^{-an}\cos(n\omega_0)u(n)$	$\dfrac{1-z^{-1}e^{-a}\cos\omega_0}{1-2z^{-1}e^{-a}\cos\omega_0+z^{-2}e^{-2a}}$	$\|z\|>e^{-a}$
15. $\sin(\omega_0 n+\theta)u(n)$	$\dfrac{z^2\sin\theta+z\sin(\omega_0-\theta)}{z^2-2z\cos\omega_0+1}=\dfrac{\sin\theta+z^{-1}\sin(\omega_0-\theta)}{1-2z^{-1}\cos\omega_0+z^{-2}}$	$\|z\|>1$
16. $\cos(\omega_0 n+\theta)u(n)$	$\dfrac{z^2\cos\theta-z\sin(\omega_0-\theta)}{z^2-2z\cos\omega_0+1}=\dfrac{\cos\theta-z^{-1}\sin(\omega_0-\theta)}{1-2z^{-1}\cos\omega_0+z^{-2}}$	$\|z\|>1$
17. $(n+1)a^n u(n)$	$\dfrac{z^2}{(z-a)^2}=\dfrac{1}{(1-az^{-1})^2}$	$\|z\|>\|a\|$
18. $\dfrac{(n+1)(n+2)}{2!}a^n u(n)$	$\dfrac{z^3}{(z-a)^3}=\dfrac{1}{(1-az^{-1})^3}$	$\|z\|>\|a\|$
19. $\dfrac{(n+1)(n+2)\cdots(n+m)}{m!}a^n u(n)$	$\dfrac{z^{m+1}}{(z-a)^{m+1}}=\dfrac{1}{(1-az^{-1})^{m+1}}$	$\|z\|>\|a\|$
20. $na^{n-1}u(n)$	$\dfrac{z}{(z-a)^2}=\dfrac{z^{-1}}{(1-az^{-1})^2}$	$\|z\|>\|a\|$
21. $\dfrac{n(n-1)\cdots(n-m+1)}{m!}a^{n-m}u(n)$	$\dfrac{z}{(z-a)^{m+1}}=\dfrac{z^{-m}}{(1-az^{-1})^{m+1}}$	$\|z\|>\|a\|$

2.1.4 z 反变换-围线积分法(留数法)、部分分式法及长除法(幂级数法)

已知序列 $x(n)$的 z 变换 $X(z)$及 $X(z)$的收敛域，求原序列，就称为求 z 反变换，表达式为

$$x(n)=\mathscr{Z}^{-1}[X(z)]$$

由(2.1.1)式看出，这实质上是求 $X(z)$的幂级数展开式的系数。

求 z 反变换的方法通常有三种：围线积分法(留数法)、部分分式展开法和长除法(幂级数法)。

设 $x(n)$的 z 变换为幂级数

$$X(z)=\sum_{n=-\infty}^{\infty}x(n)z^{-n},\quad R_{x-}<|z|<R_{x+} \tag{2.1.10}$$

则 $X(z)$的 z 反变换为围线积分

$$x(n)=\frac{1}{2\pi j}\oint_c X(z)z^{n-1}dz,\quad c\in(R_{x-},R_{x+}) \tag{2.1.11}$$

学习要点

1. 围线积分法(留数法)。

(1) **围线积分法是求 z 反变换的一种有用的分析方法**。根据复变函数理论，若函数

$X(z)$在环状区 $R_{x-}<|z|<R_{x+}(R_{x-}\geqslant 0, R_{x+}\leqslant\infty)$内是解析的,则在此区域内 $X(z)$可以展开成罗朗级数,即

$$X(z)=\sum_{n=-\infty}^{\infty} C_n z^{-n}, \quad R_{x-}<|z|<R_{x+} \tag{2.1.12}$$

而

$$C_n=\frac{1}{2\pi \mathrm{j}}\oint_c X(z) z^{n-1} \mathrm{d} z, \quad n=0, \pm 1, \pm 2, \cdots \tag{2.1.13}$$

其中围线 c 是在 $X(z)$的环状解析域(即收敛域)内环绕原点的一条反时针方向的闭合单围线,如图 2.11 所示。(2.1.12)式与(2.1.1)式的 z 变换定义相比较可知,$x(n)$就是罗朗级数的系数 C_n,故(2.1.13)式可写成

$$x(n)=\frac{1}{2\pi \mathrm{j}}\oint_c X(z) z^{n-1} \mathrm{d} z, \quad c\in(R_{x-}, R_{x+}) \tag{2.1.14}$$

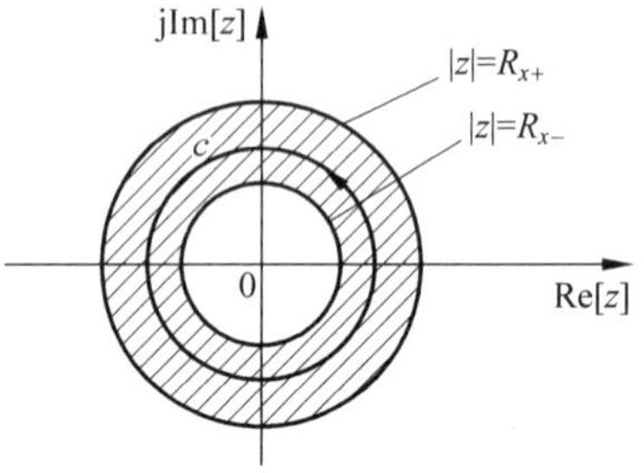

图 2.11 围线积分路径

(2.1.14)式就是用围线积分表示的 z 反变换公式。

这一公式的正确性可以用以下的柯西积分定理证明:

$$\begin{aligned}\frac{1}{2\pi \mathrm{j}}\oint_c z^{k-1} \mathrm{d} z &= \frac{1}{2\pi \mathrm{j}}\oint_c R^{k-1} \mathrm{e}^{\mathrm{j}(k-1)\theta} \mathrm{d}[R\mathrm{e}^{\mathrm{j}\theta}]=\frac{R^k}{2\pi}\int_{-\pi}^{\pi} \mathrm{e}^{\mathrm{j}k\theta} \mathrm{d}\theta \\ &=\begin{cases}1, & k=0 \\ 0, & k\neq 0, k \text{ 为整数}\end{cases}\end{aligned} \tag{2.1.15}$$

其中

$$z=R\mathrm{e}^{\mathrm{j}\theta}, \quad R_{x-}<R<R_{x+}$$

将(2.1.14)式右端写成

$$\begin{aligned}\frac{1}{2\pi \mathrm{j}}\oint_c X(z) z^{n-1} \mathrm{d} z &= \frac{1}{2\pi \mathrm{j}}\oint_c\left[\sum_{m=-\infty}^{\infty} x(m) z^{-m}\right] z^{n-1} \mathrm{d} z \\ &=\sum_{m=-\infty}^{\infty} x(m) \frac{1}{2\pi \mathrm{j}}\oint_c z^{(n-m)-1} \mathrm{d} z\end{aligned}$$

若将此式中的 $n-m$ 看成(2.1.15)式中的 k,则有

$$\sum_{m=-\infty}^{\infty} x(m) \frac{1}{2\pi \mathrm{j}}\oint_c z^{(n-m-1)} \mathrm{d} z=x(n)$$

即

$$x(n)=\frac{1}{2\pi \mathrm{j}}\oint_c X(z) z^{n-1} \mathrm{d} z, \quad c\in(R_{x-}, R_{x+})$$

(2) **用留数定理:计算围线积分**。直接计算围线积分比较麻烦,一般都采用留数定理求解。按留数定理,若函数 $F(z)=X(z)z^{n-1}$ 在围线 c 上连续,在 c 以内有 k 个极点 z_k,而在围线 c 以外有 m 个极点 z_m(m,k 为有限值),则有

$$x(n)=\frac{1}{2\pi \mathrm{j}}\oint_c X(z)z^{n-1}\mathrm{d}z=\sum_k \mathrm{Res}[X(z)z^{n-1}]_{z=z_k} \tag{2.1.16}$$

或

$$x(n)=\frac{1}{2\pi \mathrm{j}}\oint_c X(z)z^{n-1}\mathrm{d}z=\sum_m \mathrm{Res}[X(z)z^{n-1}]_{z=z_m} \tag{2.1.17}$$

(2.1.17)式应用的条件是 $X(z)z^{n-1}$ 在 $z=\infty$ 有二阶或二阶以上零点，即要分母多项式 z 的阶次比分子多项式 z 的阶次高二阶或二阶以上。其中，符号 $\mathrm{Res}[X(z)z^{n-1}]_{z=z_k}$ 表示函数 $F(z)=X(z)z^{n-1}$ 在点 $z=z_k$（c 以内极点）的留数。(2.1.16)式说明，函数 $F(z)$ 沿围线 c 反时针方向的积分等于 $F(z)$ 在围线 c 内部各极点的留数之和；(2.1.17)式说明，函数 $F(z)$ 沿围线 c 顺时针方向的积分等于 $F(z)$ 在围线 c 外部各极点的留数之和。由于

$$\oint_c F(z)\mathrm{d}z=-\oint_c F(z)\mathrm{d}z \tag{2.1.18}$$

则由(2.1.16)式及(2.1.17)式，可得

$$\sum_k \mathrm{Res}[X(z)z^{n-1}]_{z=z_k}=-\sum_m \mathrm{Res}[X(z)z^{n-1}]_{z=z_m} \tag{2.1.19}$$

将(2.1.16)式及(2.1.19)式分别代入(2.1.14)式，可得

$$x(n)=\frac{1}{2\pi \mathrm{j}}\oint_c X(z)z^{n-1}\mathrm{d}z=\sum_k \mathrm{Res}[X(z)z^{n-1}]_{z=z_k} \tag{2.1.20}$$

$$x(n)=\frac{1}{2\pi \mathrm{j}}\oint_c X(z)z^{n-1}\mathrm{d}z=-\sum_m \mathrm{Res}[X(z)z^{n-1}]_{z=z_m} \tag{2.1.21}$$

同样，应用(2.1.21)式，必须满足 $X(z)z^{n-1}$ 的分母多项式 z 的阶次比分子多项式 z 的阶次高二阶或二阶以上。

(3) **根据具体情况，计算 $x(n)$ 既可以采用(2.1.20)式，也可以采用(2.1.21)式。选择的原则是尽量避开高阶极点，以便简化运算**。例如，如果当 n 大于某一值时，函数 $X(z)z^{n-1}$ 在 $z=\infty$ 处，即在围线的外部可能有高阶极点，这时选 c 的外部极点计算留数就比较麻烦，而选 c 的内部极点求留数则较简单；如果当 n 小于某值时，$X(z)z^{n-1}$ 在 $z=0$ 处，即在围线的内部可能有高阶极点，这时选用 c 外部的极点求留数就方便得多。以下讨论如何计算留数。

(4) **留级的计算公式**。$X(z)z^{n-1}$ 在任一极点 z_r 处留数的计算公式，分两种情况

① 如果 z_r 是 $X(z)z^{n-1}$ 的单阶（一阶）极点，则有

$$\mathrm{Res}[X(z)z^{n-1}]_{z=z_r}=[(z-z_r)X(z)z^{n-1}]_{z=z_r} \tag{2.1.22}$$

② 如果 z_r 是 $X(z)z^{n-1}$ 的高阶（l 阶）极点，则有

$$\mathrm{Res}[X(z)z^{n-1}]_{z=z_r}=\frac{1}{(l-1)!}\frac{\mathrm{d}^{l-1}}{\mathrm{d}z^{l-1}}[(z-z_r)^l X(z)z^{n-1}]_{z=z_r} \tag{2.1.23}$$

(5) **围线 c 是在 $X(z)$ 的收敛域中的围线，而留数法所求的是(2.1.11)式中整个被积函数 $X(z)z^{n-1}$ 的极点的留数，因而这些极点是和 n 有关的，求解时，应将 n 划成不同区域**

求解。

如何应用(3)、(5)两条的说明，可见以下例子。

【例 2.5】 设 $X(z)=\dfrac{1-ab^{-1}}{(1-az^{-1})(1-b^{-1}z)}$，$|a|<|z|<|b|$，试求 $X(z)$的 z 反变换 $x(n)$。

解 由于 $X(z)$的收敛域是环状的，积分围线 c 为 $c\in(|a|,|b|)$，故 $x(n)$一定是双边序列，先将 $X(z)z^{n-1}$化成 z 的正幂函数

$$X(z)z^{n-1}=\frac{1-ab^{-1}}{(1-az^{-1})(1-b^{-1}z)}z^{n-1}=\frac{(a-b)z}{(z-b)(z-a)}z^{n-1}$$

$$=\frac{a-b}{(z-b)(z-a)}z^{n}$$

可以看出，应将 n 分成 $n\geqslant 0$ 及 $n<0$ 两部分求解，当 $n\geqslant 0$ 时，$X(z)z^{n-1}$在围线 c 以内只有 $z=a$ 是极点，故

$$x(n)=\mathrm{Res}[X(z)z^{n-1}]_{z=a}=(z-a)\frac{a-b}{(z-a)(z-b)}z^{n}\bigg|_{z=a}=a^{n},\quad n\geqslant 0$$

当 $n<0$ 时，$x(z)z^{n-1}$在围线 c 以内的 $z=0$ 处有高阶极点，在 $z=a$ 处有一阶极点，求解较麻烦，因而利用(2.1.21)式求 $x(z)z^{n-1}$在围线 c 以外 $z=b$ 处的一阶极点的留数，可以看出，此时 $X(z)z^{n-1}$的分子分母的阶次是满足对(2.1.21)式要求的，故有

$$x(n)=-\mathrm{Res}[X(z)z^{n-1}]_{z=b}=-(z-b)\frac{a-b}{(z-a)(z-b)}z^{n}\bigg|_{z=b}=b^{n},\quad n<0$$

由此可得

$$x(n)=a^{n}u(n)+b^{n}u(-n-1)$$

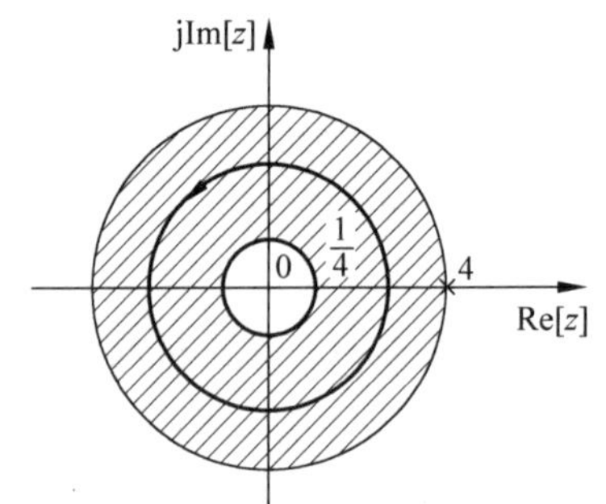

图 2.12 例 2.5 中 $X(z)$的收敛域及闭合围线

【例 2.6】 已知

$$x(z)=z^{2}/[(4-z)(z-1/4)],\quad \frac{1}{4}\leqslant|z|<4$$

求 z 反变换。

解 $$x(n)=\frac{1}{2\pi\mathrm{j}}\oint_{c}\frac{z^{2}}{(4-z)\left(z-\dfrac{1}{4}\right)}z^{n-1}\mathrm{d}z$$

c 为 $X(z)$的收敛域内的闭合围线，如图 2.12 粗线所示。

现在看极点在围线 c 内部及外部的分布情况及极点阶数，以便确定采用(2.1.20)式或(2.1.21)式。

当 $n\geqslant -1$ 时，被积函数 $z^{n+1}/[(4-z)(z-1/4)]$在围线 c 内只有 $z=1/4$ 处的一个一阶极点，因此采用围线 c 内部的极点求留数较方便，利用(2.1.20)式、(2.1.22)式可得

$$x(n)=\mathrm{Res}\left[\frac{z^{n+1}}{(4-z)\left(z-\dfrac{1}{4}\right)}\right]_{z=\frac{1}{4}}=\left[\left(z-\frac{1}{4}\right)\frac{z^{n+1}}{(4-z)\left(z-\dfrac{1}{4}\right)}\right]_{z=\frac{1}{4}}$$

$$=\frac{1}{15}\left(\frac{1}{4}\right)^n=\frac{4^{-n}}{15},\quad n\geqslant -1$$

或写成

$$x(n)=\frac{1}{15}\left(\frac{1}{4}\right)^n u(n+1)$$

当 $n\leqslant -2$ 时，函数 $\dfrac{z^{n+1}}{(4-z)\left(z-\frac{1}{4}\right)}$ 在围线 c 的外部只有一个一阶极点 $z=4$，且符合使用(2.1.21)式的条件（$X(z)z^{n-1}$ 的分母阶次减去分子阶次结果是 $\geqslant 2$ 的）。而在围线 c 的内部则有 $z=1/4$ 处一阶极点及 $z=0$ 处一 $(n+1)$ 阶极点，所以采用围线 c 的外部的极点较方便，利用(2.1.21)式及(2.1.22)式可得

$$x(n)=-\operatorname{Res}\left[\frac{z^{n+1}}{(4-z)\left(z-\frac{1}{4}\right)}\right]_{z=4}=-\left[(z-4)\frac{z^{n+1}}{(4-z)\left(z-\frac{1}{4}\right)}\right]_{z=4}$$

$$=\frac{1}{15}\times 4^{n+2},\quad n\leqslant -2$$

综合以上，可得

$$x(n)=\begin{cases}4^{-n}/15, & n\geqslant -1\\ 4^{n+2}/15, & n\leqslant -2\end{cases}$$

或写成

$$x(n)=\frac{4^{-n}}{15}u(n+1)+\frac{4^{n+2}}{15}u(-n-2)$$

【例 2.7】 $X(z)$ 同例 2.6，但收敛域不同，即

$$X(z)=z^2/[(4-z)(z-1/4)],\quad |z|>4$$

求 $X(z)$ 的 z 反变换。

解 同例 2.6，

$$x(n)=\frac{1}{2\pi j}\oint_c \frac{z^2}{(4-z)\left(z-\frac{1}{4}\right)}z^{n-1}dz$$

$$=\frac{1}{2\pi j}\oint_c \frac{z^{n+1}}{(4-z)\left(z-\frac{1}{4}\right)}dz$$

围线 c 是收敛域内的一条闭合围线，但收敛域不同于例 2.6，故围线亦不同于例 2.6，此围线可如图 2.13 粗线所示。

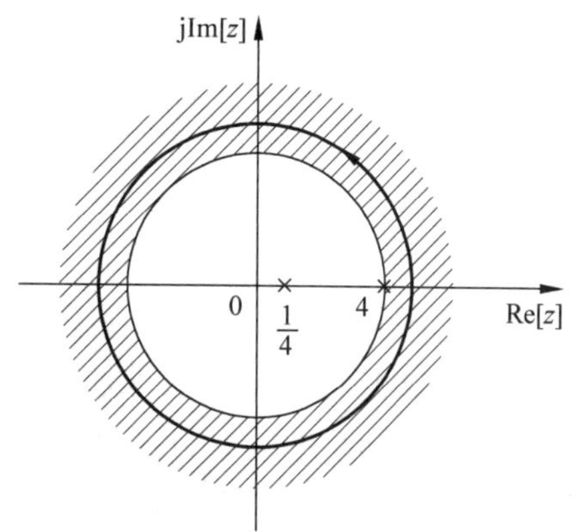

图 2.13　例 2.7 中 $X(z)$ 的收敛域及闭合围线

当 $n\geqslant 0$ 时，被积函数 $z^{n+1}/[(4-z)(z-1/4)]$ 在围线内部有 $z=1/4$，$z=4$ 两个单极点，利用(2.1.22)式可得

$$x(n)=\text{Res}\left[\frac{z^{n+1}}{(4-z)\left(z-\frac{1}{4}\right)}\right]_{z=4}$$

$$+\text{Res}\left[\frac{z^{n+1}}{(4-z)\left(z-\frac{1}{4}\right)}\right]_{z=\frac{1}{4}}$$

$$=\frac{1}{15}(4^{-n}-4^{n+2}),\quad n\geqslant 0$$

由于收敛域为圆的外部,且$\lim\limits_{z\to\infty}X(z)=-1$,即 $X(z)$在 $z=\infty$处不是极点,因而序列一定是因果序列,可以判断

$$x(n)=0,\quad n<0$$

当 $n<0$ 时,利用 $z^{n+1}/[(4-z)(z-1/4)]$在围线 c 的外部没有极点,且分母阶次比分子阶次高 2 阶或 2 阶以上,故选 c 外部的极点求留数,其留数必为零,亦可得到 $n<0$ 时 $x(n)=0$ 的同样结果。最后得到

$$x(n)=\begin{cases}\frac{1}{15}(4^{-n}-4^{n+2}), & n\geqslant 0\\ 0, & n<0\end{cases}$$

或写成

$$x(n)=\frac{1}{15}(4^{-n}-4^{n+2})u(n)$$

2. 部分分式法。

在实际应用中,一般 $X(z)$是 z(或 z^{-1})的有理分式,可表示成 $X(z)=B(z)/A(z)$,$A(z)$及 $B(z)$都是变量 z(或 z^{-1})的实数系数多项式,并且没有公因式,则可将 $X(z)$展开为部分分式的形式,然后求每一个部分分式的 z 反变换(可利用表 2.1 的基本 z 变换对的公式),将各个反变换相加起来,就得到所求的 $x(n)$,即

$$X(z)=\frac{B(z)}{A(z)}=X_1(z)+X_2(z)+\cdots+X_k(z)$$

则

$$x(n)=\mathscr{Z}^{-1}[X(z)]=\mathscr{Z}^{-1}[X_1(z)]+\mathscr{Z}^{-1}[X_2(z)]+\cdots+\mathscr{Z}^{-1}[X_k(z)]$$

在利用部分分式求 z 反变换时,必须使部分分式各项的形式能够比较容易地从已知的 z 变换表中识别出来,并且必须注意收敛域。

(1) **第一种求法**。$X(z)$可以表示成 z^{-1}的有理分式

$$X(z)=\frac{B(z)}{A(z)}=\frac{b_0+b_1z^{-1}+\cdots+b_{M-1}z^{-(M-1)}+b_Mz^{-M}}{a_0+a_1z^{-1}+\cdots+a_{N-1}z^{(-N-1)}+a_Nz^{-N}}=\frac{\sum\limits_{k=0}^{M}b_kz^{-k}}{\sum\limits_{k=0}^{N}a_kz^{-k}}=A\frac{\prod\limits_{k=1}^{M}(1-e_kz^{-1})}{\prod\limits_{k=1}^{M}(1-z_kz^{-1})}\tag{2.1.24}$$

$X(z)$可以由分母多项式的根展开成部分分式

$$X(z)=\sum_{n=0}^{M-N}B_n z^{-n}+\sum_{k=1}^{N-r}\frac{A_k}{1-z_k z^{-1}}+\sum_{j=1}^{r}\frac{c_j}{(1-z_i z^{-1})^j} \tag{2.1.25}$$

其中，各个 z_k 是 $X(z)$的单阶极点($k=1,2,\cdots,N-r$)，A_k 是这些单极点的留数，z_i 为 $X(z)$的一个 r 阶极点，B_n 是 $X(z)$整式部分的系数，当 $M\geqslant N$ 时才存在 B_n(若 $M=N$ 时则只有常数 B_0 项)，当 $M<N$ 时，各个 $B_n=0$。B_n 可用长除法求得。

根据留数定理，各单阶极点 z_k($k=1,2,\cdots,N-r$)的系数 A_k 可用下式求得

$$A_k=(1-z_k z^{-1})X(z)\Big|_{z=z_k}=(z-z_k)\frac{X(z)}{z}\Big|_{z=z_k}=\mathrm{Res}\left[\frac{X(z)}{z}\right]\Big|_{z=z_k} \tag{2.1.26}$$

当 $M=N$ 时，(2.1.25)式的常数 B_0 也可用此式求得，相当于$\frac{X(z)}{z}$的极点为 $z_0=0$。

(2.1.26)式的最后一个等号后的 $\mathrm{Res}\left[\frac{X(z)}{z}\right]$表示$\frac{X(z)}{z}$在极点 $z=z_k$ 处的留数。

各高阶极点的系数 c_j 可以用以下关系式求得

$$c_j=\frac{1}{(-z_i)^{r-j}}\cdot\frac{1}{(r-j)!}\left\{\frac{\mathrm{d}^{r-j}}{\mathrm{d}(z^{-1})^{r-j}}[(1-z_i z^{-1})^r X(z)]\right\}_{z=z_i},\quad j=1,2,\cdots,r \tag{2.1.27}$$

注意此式中是对 z^{-1}取导数可以看成 $z^{-1}=w$，求对 w 的导数后再用 z^{-1}代替 w 求解，则更加直观。

如果有多个高阶极点，例如有一个 r_1 阶极点，一个 r_2 阶极点，则余下只能有($N-r_1-r_2$)个单阶极点，这样才能使分母式子中 z^{-1}的阶数等于 N。

展开式诸项确定后，根据收敛域的情况，利用表 2.1 再分别求出(2.1.25)式各项的 z 反变换，得到各相加序列之和，就是所求的序列。

(2) **第二种求法**。当 $X(z)$表示成 z 的有理分式

$$X(z)=\frac{b_0+b_1 z+\cdots+b_{M-1}z^{M-1}+b_M z^M}{a_0+a_1 z+\cdots+a_{N-1}z^{M-1}+a_N z^N} \tag{2.1.28}$$

若 $x(n)$为因果序列，则必须有 $M\leqslant N$，才能保证 $z=\infty$时 $X(z)$也收敛，设 **$M=N$，则可将 $X(z)/z$ 展成部分分式为**

$$\frac{X(z)}{z}=\frac{A_0}{z}+\sum_{k=1}^{N-r}\frac{A_k}{z-z_k}+\sum_{j=1}^{r}\frac{D_j}{(z-z_i)^j} \tag{2.1.29}$$

根据留数定理可求得$\frac{X(z)}{z}$的各单极点 $z=z_k$ 处的留数 A_k，与(2.1.26)式相同为

$$A_k=(z-z_k)\frac{X(k)}{z}\Big|_{z=z_k}=\mathrm{Res}\left[\frac{X(z)}{z}\right]\Big|_{z=z_k},\quad k=0,1,2,\cdots,N-r \tag{2.1.30}$$

A_0 亦可用此(2.1.30)式求得$\left(相当于\frac{X(z)}{z}的极点为 z_0=0\right)$。

而一个 r 阶极点 $z=z_i$ 处的各个系数 D_j 可用以下公式求得

$$D_j=\frac{1}{(r-j)!}\left\{\frac{\mathrm{d}^{r-j}}{\mathrm{d}z^{r-j}}\left[(z-z_i)^r\frac{X(z)}{z}\right]\right\}_{z=z_i},\quad j=1,2,\cdots,r \tag{2.1.31}$$

以上两种办法都可用来求解 $x(n)$。当然利用第二种办法求解时可能更方便一些，但是必须将 $X(z)$先化成 z 的正幂有理分式，然后利用$\frac{X(z)}{z}$代入(2.1.30)式(单极点)或(2.1.31)式(r 阶极点)求各个系数 A_k 及 D_j。

【例 2.8】 设 $X(z)=\dfrac{4z^{-2}}{\left(1-\frac{1}{2}z^{-1}\right)\left(1+\frac{1}{4}z^{-1}\right)\left(1-\frac{1}{6}z^{-1}\right)^2}$，$|z|>\frac{1}{2}$

求 $x(n)=\mathscr{Z}^{-1}[X(z)]$。

解

(1) 利用部分分式的第二种求法，即用 z 的正幂表示式求解，有

$$X(z)=\frac{4z^2}{\left(z-\frac{1}{2}\right)\left(z+\frac{1}{4}\right)\left(z-\frac{1}{6}\right)^2}$$

$$\frac{X(z)}{z}=\frac{4z}{\left(z-\frac{1}{2}\right)\left(z+\frac{1}{4}\right)\left(z-\frac{1}{6}\right)^2}$$

将$\frac{X(z)}{z}$展成待定系数的部分分式

$$\frac{X(z)}{z}=\frac{A}{z-\frac{1}{2}}+\frac{B}{z+\frac{1}{4}}+\frac{D_1}{z-\frac{1}{6}}+\frac{D_2}{\left(z-\frac{1}{6}\right)^2}$$

利用(2.1.30)式及(2.1.31)式可得待定系数为

$$A=\left(z-\frac{1}{2}\right)\frac{X(z)}{z}\bigg|_{z=\frac{1}{2}}=\frac{4z}{\left(z+\frac{1}{4}\right)\left(z-\frac{1}{6}\right)^2}\bigg|_{z=\frac{1}{2}}=24$$

$$B=\left(z+\frac{1}{4}\right)\frac{x(z)}{z}\bigg|_{z=-\frac{1}{4}}=\frac{4z}{\left(z-\frac{1}{2}\right)\left(z-\frac{1}{6}\right)^2}\bigg|_{z=-\frac{1}{4}}=7.68$$

$$D_1=\frac{\mathrm{d}}{\mathrm{d}z}\left[\left(z-\frac{1}{6}\right)^2\frac{X(z)}{z}\right]\bigg|_{z=\frac{1}{6}}=\frac{\mathrm{d}}{\mathrm{d}z}\left[\frac{4z}{\left(z-\frac{1}{2}\right)\left(z+\frac{1}{4}\right)}\right]\bigg|_{z=\frac{1}{6}}$$

$$=\frac{4\left(z-\frac{1}{2}\right)\left(z+\frac{1}{4}\right)-4z\left(z-\frac{1}{2}+z+\frac{1}{4}\right)}{\left[\left(z-\frac{1}{2}\right)\left(z+\frac{1}{4}\right)\right]^2}\Bigg|_{z=\frac{1}{6}}=-\frac{792}{25}=-31.68$$

$$D_2=\left(z-\frac{1}{6}\right)^2\frac{X(z)}{z}\bigg|_{z=\frac{1}{6}}=\frac{4z}{\left(z-\frac{1}{2}\right)\left(z+\frac{1}{4}\right)}\bigg|_{z=\frac{1}{6}}=-\frac{24}{5}=-4.8$$

故有

$$X(z)=\frac{24z}{z-\frac{1}{2}}+\frac{7.68z}{z+\frac{1}{4}}-\frac{31.68z}{z-\frac{1}{6}}-\frac{4.8z}{\left(z-\frac{1}{6}\right)^2},\quad |z|>\frac{1}{2}$$

由于收敛域为模值最大的极点$\left(z=\frac{1}{2}\right)$所在圆的外部，故所得序列为因果序列，查表 2.1 第 4 项及第 17 项，加上 2.1.5 节讨论的移位性可得

$$\begin{aligned}x(n)&=24\left(\frac{1}{2}\right)^n u(n)+7.68\left(-\frac{1}{4}\right)^n u(n)-31.68\left(\frac{1}{6}\right)^n u(n)\\&\quad-4.8n\left(\frac{1}{6}\right)^{n-1}u(n-1)\\&=24\delta(n)+12\left(\frac{1}{2}\right)^{n-1}u(n-1)+7.68\delta(n)-1.92\left(-\frac{1}{4}\right)^{n-1}u(n-1)\\&\quad-31.68\delta(n)-5.28\left(\frac{1}{6}\right)^{n-1}u(n-1)-4.8n\left(\frac{1}{6}\right)^{n-1}u(n-1)\\&=\left[12\left(\frac{1}{2}\right)^{n-1}-1.92\left(-\frac{1}{4}\right)^{n-1}-(5.28+4.8n)\left(\frac{1}{6}\right)^{n-1}\right]u(n-1)\end{aligned}$$

(2) 利用部分分式的第一种求法，即用 z 的负幂表示

$$X(z)=\frac{4z^{-2}}{\left(1-\frac{1}{2}z^{-1}\right)\left(1+\frac{1}{4}z^{-1}\right)\left(1-\frac{1}{6}z^{-1}\right)^2}$$

将 $X(z)$展成待定系数的部分分式$\left(\text{直接用 }X(z)\text{，不需用}\frac{X(z)}{z}\right)$

$$X(z)=\frac{A}{1-\frac{1}{2}z^{-1}}+\frac{B}{1+\frac{1}{4}z^{-1}}+\frac{c_1}{1-\frac{1}{6}z^{-1}}+\frac{c_2}{\left(1-\frac{1}{6}z^{-1}\right)^2}$$

其中，

$$A=\left(1-\frac{1}{2}z^{-1}\right)X(z)\bigg|_{z=\frac{1}{2}}=\left(z-\frac{1}{2}\right)\frac{X(z)}{z}\bigg|_{z=\frac{1}{2}}=24$$

$$B=\left(1+\frac{1}{4}z^{-1}\right)X(z)\bigg|_{z=-\frac{1}{4}}=\left(z+\frac{1}{4}\right)\frac{X(z)}{z}\bigg|_{z=-\frac{1}{4}}=7.68$$

A,B 的求解与(1)中的解法实质上是一样的，结果当然一样。利用(2.1.27)式，可求得各个 c_j 为

$$\begin{aligned}c_1&=\frac{1}{-\frac{1}{6}}\left\{\frac{\mathrm{d}}{\mathrm{d}(z^{-1})}\left[\left(1-\frac{1}{6}z^{-1}\right)^2X(z)\right]\right\}_{z=\frac{1}{6}}\\&=-6\left\{\frac{\mathrm{d}}{\mathrm{d}(z^{-1})}\left[\frac{4z^{-2}}{\left(1-\frac{1}{2}z^{-1}\right)\left(1+\frac{1}{4}z^{-1}\right)}\right]\right\}_{z=\frac{1}{6}}\\&=-\left[\frac{8z^{-1}\left(1-\frac{1}{4}z^{-1}-\frac{1}{8}z^{-2}\right)-4z^{-2}\left(-\frac{1}{4}-\frac{1}{4}z^{-1}\right)}{\left(1-\frac{1}{4}z^{-1}-\frac{1}{8}z^{-2}\right)^2}\right]_{z=\frac{1}{6}}\end{aligned}$$

$$=-\frac{72}{25}=-2.88$$

注意,这里是对 z^{-1} 变量取导数,如果令 $z^{-1}=w$,看成对 w 取导数,最后代入 $w=\frac{1}{z_i}\left(\text{即 } z=z_i=\frac{1}{6}\right)$可能会更直观一些。

$$c_2=\left[\left(1-\frac{1}{6}z^{-1}\right)^2X(z)\right]_{z=z_i}=\left.\frac{4z^{-2}}{\left(1-\frac{1}{2}z^{-1}\right)\left(1+\frac{1}{4}z^{-1}\right)}\right|_{z=\frac{1}{6}}$$

$$=-\frac{144}{5}=-28.8$$

由此求得

$$X(z)=\frac{24}{1-\frac{1}{2}z^{-1}}+\frac{7.68}{1+\frac{1}{4}z^{-1}}-\frac{2.88}{1-\frac{1}{6}z^{-1}}-\frac{28.8}{\left(1-\frac{1}{6}z^{-1}\right)^2}$$

$$=\frac{24z}{z-\frac{1}{2}}+\frac{7.68z}{z+\frac{1}{4}}-\frac{2.88z}{z-\frac{1}{6}}-\frac{28.8z^2}{\left(z-\frac{1}{6}\right)^2},\quad |z|>\frac{1}{2}$$

利用表 2.1 可求得

$$x(n)=24\left(\frac{1}{2}\right)^n u(n)+7.68\left(-\frac{1}{4}\right)^n u(n)-2.88\left(\frac{1}{6}\right)^n u(n)$$

$$-28.8(n+1)\left(\frac{1}{6}\right)^n u(n)$$

$$=24\delta(n)+12\left(\frac{1}{2}\right)^{n-1}u(n-1)+7.68\delta(n)-1.92\left(-\frac{1}{6}\right)^{n-1}u(n-1)$$

$$-2.88\delta(n)-0.48\left(\frac{1}{6}\right)^{n-1}u(n-1)-28.8\delta(n)$$

$$-4.8n\left(\frac{1}{6}\right)^{n-1}u(n-1)-4.8\left(\frac{1}{6}\right)^{n-1}u(n-1)$$

$$=\left[12\left(\frac{1}{2}\right)^{n-1}-1.92\left(-\frac{1}{4}\right)^{n-1}-(5.28+4.8n)\left(\frac{1}{6}\right)^{n-1}\right]u(n-1)$$

结果与(1)中完全相同。

【例 2.9】 设

$$X(z)=\frac{2+\frac{1}{3}z^{-1}+z^{-2}}{1+\frac{17}{3}z^{-1}-2z^{-2}},\quad \frac{1}{3}<|z|<6$$

试求 $X(z)$的 z 反变换 $x(n)$。

解 先把 $X(z)$写成 z 的正幂次形式,并求出它的极点

$$X(z)=\frac{2z^2+\frac{1}{3}z+1}{z^2+\frac{17}{3}z-2}=\frac{2z^2+\frac{1}{3}z+1}{\left(z-\frac{1}{3}\right)(z+6)}$$

按(2.1.30)式求系数的办法，应将此等式两端同除以 z，得到

$$\frac{X(z)}{z}=\frac{2z^2+\frac{1}{3}z+1}{\left(z-\frac{1}{3}\right)(z+6)z}$$

将此式展成单极点的部分分式

$$\frac{X(z)}{z}=\frac{A_1}{z-\frac{1}{3}}+\frac{A_2}{z+6}+\frac{A_3}{z}$$

按(2.1.30)式求得各系数

$$A_1=\left(z-\frac{1}{3}\right)\frac{X(z)}{z}\bigg|_{z=\frac{1}{3}}=\frac{2z^2+\frac{1}{3}z+1}{(z+6)z}\bigg|_{z=\frac{1}{3}}=\frac{12}{19}$$

$$A_2=(z+6)\frac{X(z)}{z}\bigg|_{z=-6}=\frac{2z^2+\frac{1}{3}z+1}{\left(z-\frac{1}{3}\right)z}\bigg|_{z=-6}=\frac{71}{38}$$

$$A_3=z\cdot\frac{X(z)}{z}\bigg|_{z=0}=\frac{2z^2+\frac{1}{3}z+1}{\left(z-\frac{1}{3}\right)(z+6)}\bigg|_{z=0}=-\frac{1}{2}$$

因而得出

$$X(z)=\frac{\frac{12}{19}z}{z-\frac{1}{3}}+\frac{\frac{71}{38}z}{z+6}-\frac{1}{2}=\frac{\frac{12}{19}}{1-\frac{1}{3}z^{-1}}+\frac{\frac{71}{38}}{1+6z^{-1}}-\frac{1}{2}$$

在对此式各项求 z 反变换之前，必须先确定哪些项对应的是因果序列，哪些项对应的是反因果序列，当然这与所给定的收敛域有关。本例收敛域是环状 $\frac{1}{3}<|z|<6$，因而上式等号右边第一项极点在 $z=1/3$ 处，而收敛域为 $|z|=1/3$ 的圆的外部，故为因果序列。第二项极点在 $z=-6$ 处，而收敛域为 $|z|=6$ 的圆的内部，故为反因果序列，参考例 2.2 和例 2.3 的结果，可得

$$x(n)=\frac{12}{19}\left(\frac{1}{3}\right)^n u(n)-\frac{71}{38}(-6)^n u(-n-1)-\frac{1}{2}\delta(n)$$

3. 幂级数展开法（长除法）。

* 首先讨论 $X(z)$ 用有理分式表示的情况。

(1) 对于单边序列，可用长除法直接展开成幂级数的形式。但首先需根据收敛域的情况来确定是按 z^{-1} 的升幂（z 的降幂）排列或按 z^{-1} 的降幂（z 的升幂）排列，然后再作长除。**若 $X(z)$ 的收敛域为 $|z|>R_{x-}$，则 $x(n)$ 为右边序列，应将 $X(z)$ 展成 z 的负幂级数，为此，$X(z)$ 的分子分母应按 z 的降幂（或 z^{-1} 的升幂）排列；若 $X(z)$ 的收敛域为 $|z|<R_{x+}$，则 $X(n)$ 必然是左边序列，此时应将 $X(z)$ 展成 $X(z)$ 的正幂级数，为此，$X(z)$ 的分子分母应按 z 的升**

幂（或 z^{-1} 的降幂）排列。

【例 2.10】 已知

$$X(z)=\frac{3z^{-1}}{(1-3z^{-1})^2}, \quad |z|>3$$

求它的 z 反变换 $x(n)$。

解 收敛域 $|z|>3$，故是因果序列，因而 $X(z)$ 分子分母应按 z 的降幂或 z^{-1} 的升幂排列，但按 z 的降幂排列较方便，故将原式化成

$$X(z)=\frac{3z}{(z-3)^2}=\frac{3z}{z^2-6z+9}, \quad |z|>3$$

进行长除

$$\begin{array}{r l}
 & 3z^{-1}+18z^{-2}+81z^{-3}+324z^{-4}+\cdots \\ \hline
z^2-6z+9 \,\big) & 3z \\
 & 3z-18+27z^{-1} \\ \cline{2-2}
 & 18-27z^{-1} \\
 & 18-108z^{-1}+162z^{-2} \\ \cline{2-2}
 & 81z^{-1}-162z^{-2} \\
 & 81z^{-1}-486z^{-2}+729z^{-3} \\ \cline{2-2}
 & 324z^{-2}-729z^{-3} \\
 & 324z^{-2}-1944z^{-3}+2916z^{-4} \\ \cline{2-2}
 & 1215z^{-3}-2916z^{-4} \\
 & \vdots
\end{array}$$

所以

$$X(z)=3z^{-1}+2\times 3^2z^{-2}+3\times 3^3z^{-3}+4\times 3^4z^{-4}+\cdots=\sum_{n=1}^{\infty}n\times 3^n z^{-n}$$

由此得到

$$x(n)=n\times 3^n u(n-1)$$

（2）幂级数法除非求出 $x(n)$ 很明显外，一般不一定能给出 $x(n)$ 的显式表达。

（3）幂级数一般不适于求解双边序列。对于双边序列，应按收敛域的不同，分为两个单边序列进行求解。其 z（或 z^{-1}）的排列仍按（1）中的讨论。

* 接下来讨论 $x(n)$ 是有限长序列的情况。即 $X(z)$ 在 $0<|z|<\infty$ 的有限 z 平面只有零点，全部极点都在 $z=0$ 处，则可以用 z（或 z^{-1}）的多项式表示 $X(z)$，很显然，不能用部分分式法展开。此时直接观察即可确定 $x(n)$。

【例 2.11】 已知 $X(z)=(1-z^{-1})(1+z^{-1})\left(1-\frac{1}{2}z^{-1}\right)\left(1+\frac{1}{2}z^{-1}\right)z$，求 $x(n)$。

解 将以上各因式展开后，得到

$$X(z)=z-\frac{5}{4}z^{-1}+\frac{1}{4}z^{-3}$$

可观察求得 $x(n)$ 为

$$x(n)=\left\{1,\underline{0},-\frac{5}{4},0,\frac{1}{4}\right\}$$

即

$$x(n)=\delta(n+1)-\frac{5}{4}\delta(n-1)+\frac{1}{4}\delta(n-3)$$

*最后讨论 $X(z)$ 用超越函数表示的情况，例如用对数、正弦型、双曲正弦型等闭合形式的表达式，则可用数学手册查出其幂级数的表达式，从而求得 $x(n)$。可用以下例子说明。

【例 2.12】 已知

$$X(z)=\log(1-az^{-1}),\quad |z|>|a|$$

解 将 $\log(1-x)$ 用幂级数展开，查《数学手册》可得 $|x|<1(|az^{-1}|<1,|z|>|a|)$ 时，有

$$X(z)=\sum_{n=1}^{\infty}\frac{-(az^{-1})^n}{n}=\sum_{n=1}^{\infty}\frac{-a^nz^{-n}}{n},\quad |z|>|a|$$

于是，可得

$$x(n)=-\frac{a^n}{n}u(n-1)$$

2.1.5 z 变换的性质与定理

z 变换及离散时间傅里叶变换有很多重要的性质和定理，它们在数字信号处理中，尤其是在信号通过系统的响应的研究中，是极有用的数学工具。

在以下讨论中，假定 $X(z)=\mathscr{Z}[x(n)]$，收敛域为 $R_{x-}<|z|<R_{x+}$，这好像是针对双边序列的，实际上，当 $R_{x-}=0$ 时，就相当于左边序列；当 $R_{x+}=\infty$ 时，就相当于右边序列。

学习要点

1. 线性。

线性就是要满足比例性和可加性，z 变换的线性也是如此，若

$$\mathscr{Z}[x(n)]=X(z),\quad R_{x-}<|z|<R_{x+}$$
$$\mathscr{Z}[y(n)]=Y(z),\quad R_{y-}<|z|<R_{y+}$$

则

$$\mathscr{Z}[ax(n)+by(n)]=aX(z)+bY(z),\quad R_{-}<|z|<R_{+}\tag{2.1.32}$$

其中 a,b 为任意常数。

相加后 z 变换的收敛域一般为两个相加序列的收敛域的重叠部分，即

$$R_{-}=\max(R_{x-},R_{y-}),\quad R_{+}=\min(R_{x+},R_{y+})$$

所以相加后收敛域记为

$$R_- < |z| < R_+$$

如果这些线性组合中某些零点与极点互相抵消，则收敛域可能扩大。

【例 2.13】 已知 $x(n)=\cos(\omega_0 n)u(n)$，求它的 z 变换。

解 由表 2.1 第 4 条知

$$\mathscr{Z}[a^n u(n)] = \frac{1}{1-az^{-1}}, \quad |z|>|a|$$

所以

$$\mathscr{Z}[\mathrm{e}^{\mathrm{j}\omega_0 n}u(n)] = \frac{1}{1-\mathrm{e}^{\mathrm{j}\omega_0}z^{-1}}, \quad |z|>\left|\mathrm{e}^{\mathrm{j}\omega_0}\right|=1$$

$$\mathscr{Z}[\mathrm{e}^{-\mathrm{j}\omega_0 n}u(n)] = \frac{1}{1-\mathrm{e}^{-\mathrm{j}\omega_0}z^{-1}}, \quad |z|>\left|\mathrm{e}^{-\mathrm{j}\omega_0}\right|=1$$

利用 z 变换的线性特性可得

$$\begin{aligned}
\mathscr{Z}[\cos(\omega_0 n)u(n)] &= \mathscr{Z}\left[\frac{\mathrm{e}^{\mathrm{j}\omega_0 n}+\mathrm{e}^{-\mathrm{j}\omega_0 n}}{2}u(n)\right] \\
&= \frac{1}{2}\mathscr{Z}[\mathrm{e}^{\mathrm{j}\omega_0 n}u(n)] + \frac{1}{2}\mathscr{Z}[\mathrm{e}^{-\mathrm{j}\omega_0 n}u(n)] \\
&= \frac{1}{2(1-\mathrm{e}^{\mathrm{j}\omega_0}z^{-1})} + \frac{1}{2(1-\mathrm{e}^{\mathrm{j}\omega_0}z^{-1})} \\
&= \frac{1-z^{-1}\cos\omega_0}{1-2z^{-1}\cos\omega_0+z^{-2}}, \quad |z|>1
\end{aligned}$$

【例 2.14】 求序列 $x(n)=u(n)-u(n-3)$ 的 z 变换。

解 查表 2.1 可知

$$\mathscr{Z}[u(n)] = \frac{z}{z-1}, \quad |z|>1$$

又

$$\begin{aligned}
\mathscr{Z}[u(n-3)] &= \sum_{n=-\infty}^{\infty} u(n-3)z^{-n} = \sum_{n=3}^{\infty} z^{-n} \\
&= \frac{z^{-3}}{1-z^{-1}} = \frac{z^{-2}}{z-1}, \quad |z|>1
\end{aligned}$$

所以

$$\begin{aligned}
\mathscr{Z}[x(n)] &= X(z) = \mathscr{Z}[u(n)] - \mathscr{Z}[u(n-3)] \\
&= \frac{z}{z-1} - \frac{z^{-2}}{z-1} = \frac{z^2+z+1}{z^2}, \quad |z|>0
\end{aligned}$$

可看出收敛域扩大了。实际上，由于 $x(n)$ 是 $n\geqslant 0$ 的有限长矩形序列 $R_3(n)$，故收敛域是除了 $|z|=0$ 外的全部 z 平面。

2. 序列的移位。

为了求得差分方程的零输入响应和零状态响应（或者稳态响应和瞬态响应），必须涉及

单边 z 变换及序列移位后的单边 z 变换。

单边 z 变换定义为

$$\mathscr{Z}^{+}[x(n)] = \mathscr{Z}[x(n)u(n)] = X^{+}(z) = \sum_{n=0}^{\infty} x(n)z^{-n} \tag{2.1.33}$$

以下讨论在这两种 z 变换情况下的序列移位情况。

(1) 在双边 z 变换情况下，若

$$\mathscr{Z}[x(n)] = X(z) = \sum_{n=-\infty}^{\infty} x(n)z^{-n}, \quad R_{x-} < |z| < R_{x+}$$

将 $x(n)$ **右移** m **位后**，则有

$$\mathscr{Z}[x(n-m)] = \sum_{n=-\infty}^{\infty} x(n-m)z^{-n} \xlongequal{n-m=i} \sum_{i=-\infty}^{\infty} x(i)z^{-m-i} = z^{-m}X(z) \tag{2.1.34a}$$

同样将 $x(n)$ **左移** m **位后**，则有

$$\mathscr{Z}[x(n+m)] = \sum_{n=-\infty}^{\infty} x(n+m)z^{-n} \xlongequal{n+m=i} \sum_{i=-\infty}^{\infty} x(i)z^{m-i} = z^{m}X(z) \tag{2.1.34b}$$

其中 m 为任意正整数。由(2.1.34a)式、(2.1.34b)式看出序列移 m 位后，只在 $X(z)$上乘了一个 z^{-m}或 z^{m} 因子，因而只会使 $X(z)$在 $z=0$ 或 $z=\infty$处的零、极点发生变化。

① 对双边序列，由于收敛域为环状区域，不包括 $z=0$、$z=\infty$点，故序列移位后的收敛域不会变化。

② 对单边序列或有限长序列，移位后在 $z=0$ 或 $z=\infty$处收敛域可能会有变化。移位后序列在 $n>0$ 时有值，则在 $z=0$ 处不收敛，在 $n<0$ 有值，则在 $z=\infty$处不收敛。

(2) 在单边 z 变换情况下，即采用(2.1.33)式，同样设 m 为任意正整数。

将 $x(n)$**右移** m **位后**，有

$$\begin{aligned}\mathscr{Z}^{+}[x(n-m)] &= \sum_{n=0}^{\infty} x(n-m)z^{-n} \xlongequal{n-m=i} \sum_{i=-m}^{\infty} x(i)z^{-i}z^{-m} \\ &= z^{-m}\left[X^{+}(z) + \sum_{i=-m}^{-1} x(i)z^{-i}\right] \\ &= x(-1)z^{1-m} + x(-2)z^{2-m} + \cdots + x(-m) + z^{-m}X^{+}(z)\end{aligned} \tag{2.1.35a}$$

将 $x(n)$**左移** m **位后**，有

$$\begin{aligned}\mathscr{Z}^{+}[x(n+m)] &= \sum_{n=0}^{\infty} x(n+m)z^{-n} \xlongequal{n+m=i} \sum_{i=m}^{\infty} x(i)z^{-i}z^{m} \\ &= z^{m}\left[X^{+}(z) - \sum_{i=0}^{m-1} x(i)z^{-i}\right] \\ &= -x(0)z^{m} - x(1)z^{m-1} - \cdots - x(m-1)z + z^{m}X^{+}(z)\end{aligned} \tag{2.1.35b}$$

若序列 $x(n)$是因果序列，即 $x(n)=0, n<0$，则 $X(z)=X^{+}(z)$，在单边 z 变换情况下，有

① **因果序列 $x(n)$ 右移 m 位后**的(2.1.35a)式中,由于 $x(-m)\sim x(-1)$ 全都为零,于是

$$\mathscr{Z}^{+}[x(n-m)] = z^{-m}X^{+}(z) = z^{-m}X(z) \tag{2.1.36a}$$

可见**因果序列右移后的单边 z 变换与右移后的双边 z 变换是相同的**,见(2.1.36a)式与(2.1.34a)式。

② **因果序列 $x(n)$ 左移 m 位后**的(2.1.35b)式,有

$$\begin{aligned}\mathscr{Z}^{+}[x(n+m)] &= z^{m}\left[X^{+}(z) - \sum_{i=0}^{m-1}x(i)z^{-i}\right]\\ &= z^{m}\left[X(z) - \sum_{i=0}^{m-1}x(i)z^{-i}\right]\end{aligned} \tag{2.1.36b}$$

可见**因果序列左移后的单边 z 变换并不等于左移后的双边 z 变换**,即(2.1.36b)式不同于(2.1.34b)式。

3. 乘以指数序列(z 域尺度变换)性。

若序列乘以指数序列 a^n,a 是常数,也可以是复数,看其 z 变换将如何变化。即

若

$$X(z) = \mathscr{Z}[x(n)], \quad R_{x-} < |z| < R_{x+}$$

则

$$\mathscr{Z}[a^n x(n)] = X\left(\frac{z}{a}\right), \quad |a|R_{x-} < |z| < |a|R_{x+} \tag{2.1.37}$$

证 按定义

$$\begin{aligned}\mathscr{Z}[a^n x(n)] &= \sum_{n=-\infty}^{\infty} a^n x(n) z^{-n} = \sum_{n=-\infty}^{\infty} x(n)\left(\frac{z}{a}\right)^{-n}\\ &= X\left(\frac{z}{a}\right), \quad R_{x-} < \left|\frac{z}{a}\right| < R_{x+}\end{aligned}$$

从(2.1.37)式可以看出,非零的 a 是 z 平面的尺度变换因子或称为压缩扩张因子。

讨论:

(1) 如果 a 为非零的实数,则表示 z 平面的缩扩,如果 $z=z_1=|z_1|e^{j\arg[z_1]}$ 是 $X(z)$ 的极点(或零点),则 $X\left(\frac{z}{a}\right)$ 的极点(或零点)为 $z=az_1=a|z_1|e^{j\arg[z_1]}$,实数 a 只令极点(或零点)在 z 平面径向移动;

(2) 如果 a 为复数,且 $|a|=1$,则 $X\left(\frac{z}{a}\right)$ 表示 z 平面上的旋转,例如 $a=e^{j\omega_0}$ 则 $X\left(\frac{z}{a}\right)$ 的极点(或零点)变成 $z=|z_1|e^{j[\arg[z_1]+\omega_0]}$,即极点(或零点)在 z 平面上旋转,模是不变的;

(3) 如果 a 为一般的复数 $a=re^{j\omega_0}$,$\left(\frac{z}{a}\right)$ 表明 z 平面上既有幅度伸缩,又有角度旋转,则

$X\left(\frac{z}{a}\right)$的极点(或零点)变成 $z=r|z_1|\mathrm{e}^{\mathrm{j}[\arg[z_1]+\omega_0]}$。

【例 2.15】 求 $x(n)=\mathrm{e}^{-an}\cos(\omega_0 n)u(n)$的 z 变换。

解 在例 2.13 中已求出 $\cos(\omega_0 n)u(n)$的 z 变换为

$$\mathscr{Z}[\cos(\omega_0 n)u(n)]=\frac{1-z^{-1}\cos\omega_0}{1-2z^{-1}\cos\omega_0+z^{-2}}$$

利用(2.1.37)式的 z 域尺度变换性,可得到

$$\mathscr{Z}[x(n)]=\mathscr{Z}[\mathrm{e}^{-an}\cos(\omega_0 n)u(n)]=\frac{1-\left(\frac{z}{\mathrm{e}^{-a}}\right)^{-1}\cos\omega_0}{1-2\left(\frac{z}{\mathrm{e}^{-a}}\right)^{-1}\cos\omega_0+\left(\frac{z}{\mathrm{e}^{-a}}\right)^{-2}}$$

$$=\frac{1-z^{-1}\mathrm{e}^{-a}\cos\omega_0}{1-2z^{-1}\mathrm{e}^{-a}\cos\omega_0+\mathrm{e}^{-2a}z^{-2}}$$

4. 序列的线性加权(z 域求导数)性。

若已知

$$X(z)=\mathscr{Z}[x(n)],\quad R_{x-}<|z|<R_{x+}$$

则

$$\mathscr{Z}[nx(n)]=-z\cdot\frac{\mathrm{d}}{\mathrm{d}z}X(z),\quad R_{x-}<|z|<R_{x+} \tag{2.1.38}$$

证 由于

$$X(z)=\sum_{n=-\infty}^{\infty}x(n)z^{-n}$$

将等式两端对 z 取导数,得

$$\frac{\mathrm{d}X(z)}{\mathrm{d}z}=\frac{\mathrm{d}}{\mathrm{d}z}\sum_{n=-\infty}^{\infty}x(n)z^{-n}$$

交换求和求导的次序,则得

$$\frac{\mathrm{d}X(z)}{\mathrm{d}z}=\sum_{n=-\infty}^{\infty}x(n)\frac{\mathrm{d}}{\mathrm{d}z}(z^{-n})=-z^{-1}\sum_{n=-\infty}^{\infty}nx(n)z^{-n}=-z^{-1}\mathscr{Z}[nx(n)]$$

所以

$$\mathscr{Z}[nx(n)]=-z\cdot\frac{\mathrm{d}X(z)}{\mathrm{d}z},\quad R_{x-}<|z|<R_{x+}$$

因而序列的线性加权(乘 n)等效于其 z 变换取导数再乘以$(-z)$,同样可得

$$\mathscr{Z}[n^2x(n)]=\mathscr{Z}[n\cdot nx(n)]=-z\frac{\mathrm{d}}{\mathrm{d}z}\mathscr{Z}[nx(n)]=-z\frac{\mathrm{d}}{\mathrm{d}z}\left[-z\frac{\mathrm{d}}{\mathrm{d}z}X(z)\right]$$

$$=z^2\frac{\mathrm{d}^2}{\mathrm{d}z^2}X(z)+z\frac{\mathrm{d}}{\mathrm{d}z}X(z)$$

如此递推可得

$$\mathscr{Z}[n^mx(n)]=\left(-z\frac{\mathrm{d}}{\mathrm{d}z}\right)^mX(z)$$

其中符号$\left(-z\dfrac{\mathrm{d}}{\mathrm{d}z}\right)^m$是一个算子，表示对 z 求 m 次导数再乘以$(-z)^m$，即

$$\left(-z\frac{\mathrm{d}}{\mathrm{d}z}\right)^m=-z\frac{\mathrm{d}}{\mathrm{d}z}\left\{-z\frac{\mathrm{d}}{\mathrm{d}z}\left[-z\frac{\mathrm{d}}{\mathrm{d}z}\cdots\left(-z\frac{\mathrm{d}}{\mathrm{d}z}X(z)\right)\right]\cdots\right\}$$

共有 m 阶导数。

5. 序列共轭性。

一个复序列 $x(n)$的共轭序列为 $x^*(n)$，若

$$\mathscr{Z}[x(n)]=X(z),\quad R_{x-}<|z|<R_{x+}$$

则

$$\mathscr{Z}[x^*(n)]=X^*(z^*),\quad R_{x-}<|z|<R_{x+} \tag{2.1.39}$$

证 按定义

$$\mathscr{Z}[x^*(n)]=\sum_{n=-\infty}^{\infty}x^*(n)z^{-n}=\sum_{n=-\infty}^{\infty}[x(n)(z^*)^{-n}]^*=\left[\sum_{n=-\infty}^{\infty}x(n)(z^*)^{-n}\right]^*$$

$$=X^*(z^*),\quad R_{x-}<|z|<R_{x+}$$

由此可得出，若 $x(n)$为实序列 $x(n)=x^*(n)$，则有

$$X(z)=X^*(z^*)$$

那么若 $z=z_1$ 是 $X(z)$的极点(或零点)，则 $z^*=z_1$ 即 $z=z_1^*$ 也是 $X(z)$的极点，可见图 2.14(a)。**所以实序列的 z 变换的非零的复数极点(或零点)一定是以共轭对的形式存在的。**

6. 序列翻褶性。

若 $$\mathscr{Z}[x(n)]=X(z),\quad R_{x-}<|z|<R_{x+}$$

则

$$\mathscr{Z}[x(-n)]=X\left(\frac{1}{z}\right),\quad \frac{1}{R_{x+}}<|z|<\frac{1}{R_{x-}} \tag{2.1.40}$$

证 按定义

$$\mathscr{Z}[x(-n)]=\sum_{n=-\infty}^{\infty}x(-n)z^{-n}=\sum_{n=-\infty}^{\infty}x(n)z^{n}=\sum_{n=-\infty}^{\infty}x(n)\cdot(z^{-1})^{-n}$$

$$=X\left(\frac{1}{z}\right),\quad R_{x-}<|z^{-1}|<R_{x+}$$

由于变量成倒数关系，则极点亦成倒数关系，从而也可得到以上的收敛域关系。

利用序列翻褶性可知，若 $x(n)$为偶对称序列，即 $x(n)=x(-n)$，或 $x(n)$为奇对称序列，即 $x(n)=-x(-n)$，则分别有 $X(z)=X(1/z)$，$X(z)=-X(1/z)$。此两种情况下，若 $x(n)$不是实序列，则 $X(z)$的极点(或零点)一定是成倒数对的关系，即若 $z=z_1$ 是 $X(z)$的极点(或零点)，则 $z=1/z_1$ 也一定是 $X(z)$的极点(或零点)，见图 2.14(b)。利用序列的共轭性及翻褶性可以得出，若序列是实偶对称序列，即 $x(n)=x^*(n)=x(-n)$，或序列是实奇对称序列，即 $x(n)=x^*(n)=-x(-n)$，则分别有 $X(z)=X^*(z^*)=X(1/z)$及 $X(z)=$

$X^*(z^*)=-X(1/z)$,在此两种情况下,$X(z)$的非零的极点(或零点)一定是呈共轭倒数对而存在的,即既呈共轭又呈倒数而存在,是"4 点组"的,即若 $z=z_1$ 是 $X(z)$的极点(或零点),则$z=z_1^*$,$z=1/z_1$ 及 $z=1/z_1^*$ 都一定是 $X(z)$的极点(或零点),可见图 2.14(c)。

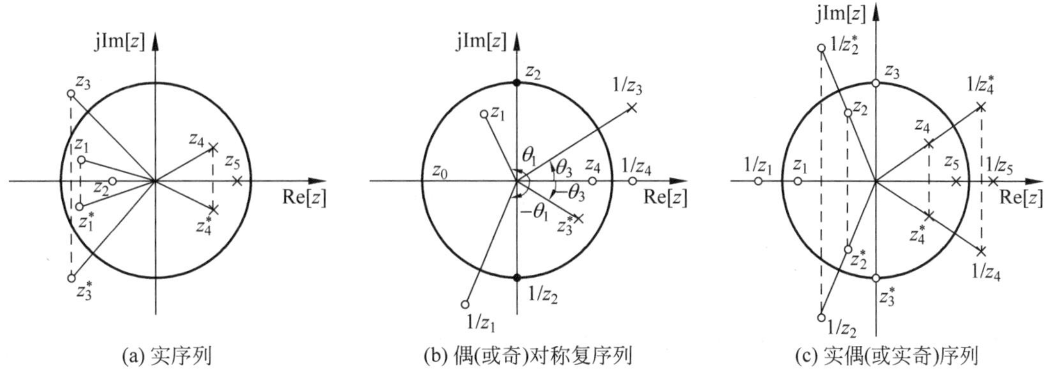

图 2.14　三种序列可能有的零点、极点分布

7. 初值定理。

对于因果序列 $x(n)$,即 $x(n)=0, n<0$,有

$$\lim_{z\to\infty} X(z) = x(0) \tag{2.1.41}$$

证　由于 $x(n)$是因果序列,则有

$$X(z) = \sum_{n=-\infty}^{\infty} x(n)u(n)z^{-n} = \sum_{n=0}^{\infty} x(n)z^{-n} = x(0) + x(1)z^{-1} + x(2)z^{-2} + \cdots$$

故

$$\lim_{z\to\infty} X(z) = x(0)$$

根据初值定理,可直接用 z 变换 $X(z)$求因果序列的初值 $x(0)$,或利用它检验所得到的 $X(z)$的正确性。

8. 终值定理。

设 $x(n)$为因果序列,且 $X(z)=\mathscr{Z}[x(n)]$的极点处于单位圆 $|z|=1$ 以内(单位圆上最多在 $z=1$ 处可有一阶极点),则

$$\lim_{n\to\infty} x(n) = \lim_{z\to 1}[(z-1)X(z)] \tag{2.1.42}$$

证　利用序列的移位性质可得

$$\mathscr{Z}[x(n+1)-x(n)] = (z-1)X(z) = \sum_{n=-\infty}^{\infty}[x(n+1)-x(n)]z^{-n}$$

再利用 $x(n)$为因果序列可得

$$(z-1)X(z) = \sum_{n=-1}^{\infty}[x(n+1)-x(n)]z^{-n} = \lim_{n\to\infty}\sum_{m=-1}^{n}[x(m+1)-x(m)]z^{-m}$$

由于已假设 $x(n)$为因果序列,且 $X(z)$极点在单位圆内最多只有 $z=1$ 处可能有一阶极点,故在$(z-1)X(z)$中乘因子$(z-1)$将抵消 $z=1$ 处可能的极点,故$(z-1)X(z)$在 $1\leqslant|z|\leqslant\infty$

上都收敛，所以可以取 $z\to1$ 的极限。

$$\begin{aligned}\lim_{z\to1}[(z-1)X(z)]&=\lim_{n\to\infty}\sum_{m=-1}^{n}[x(m+1)-x(m)]\\&=\lim_{n\to\infty}\{[x(0)-0]+[x(1)-x(0)]+[x(2)-x(1)]+\cdots\\&\quad+[x(n+1)-x(n)]\}\\&=\lim_{n\to\infty}[x(n+1)]=\lim_{n\to\infty}x(n)\end{aligned}$$

由于等式最左端即为 $X(z)$ 在 $z=1$ 处的留数，即

$$\lim_{z\to1}(z-1)X(z)=\mathrm{Res}[X(z)]_{z=1}$$

所以也可将(2.1.42)式写成

$$x(\infty)=\mathrm{Res}[X(z)]_{z=1}$$

讨论：终值定理是对因果序列适用的，且必须 $X(z)=\mathscr{Z}[x(n)]$ 的极点在单位圆内，最多在 $z=1$ 处只能有一阶极点。但是在推导过程中看出，如果只看序列，则**只有当 $\lim\limits_{n\to\infty}x(n)$ 存在时才能应用终值定理**。例如，$x(n)=u(n)+a^nu(n)$，$|a|>1$ 时，此时 $\lim\limits_{n\to\infty}x(n)$ 是不存在的，但是由于 $X(z)=\dfrac{z}{z-1}+\dfrac{z}{z-a}$，故有 $\lim\limits_{z\to1}[(z-1)X(z)]=1\neq\lim\limits_{n\to\infty}x(n)$。

故不能用终值定理，这是因为此处的 $X(z)$ 在单位圆外 $z=a(|z|=|a|>1)$ 处有极点，不符合定理的要求。

9. 因果序列的累加性。

设 $x(n)$ 为因果序列，即

$$x(n)=0,\quad n<0$$

$$X(z)=\mathscr{Z}[x(n)],\quad |z|>R_{x-}$$

则

$$\mathscr{Z}\left[\sum_{m=0}^{n}x(m)\right]=\frac{z}{z-1}X(z),\quad |z|>\max[R_{x-},1] \tag{2.1.43}$$

证 令 $y(n)=\sum\limits_{m=0}^{n}[x(m)]$，则

$$\mathscr{Z}[y(n)]=\mathscr{Z}\left[\sum_{m=0}^{n}x(m)\right]=\sum_{n=0}^{\infty}\left[\sum_{m=0}^{n}x(m)\right]z^{-n}$$

由于是因果序列的累加，故有 $n\geqslant0$，由图2.15可知此求和范围为阴影区，改变求和次序，可得

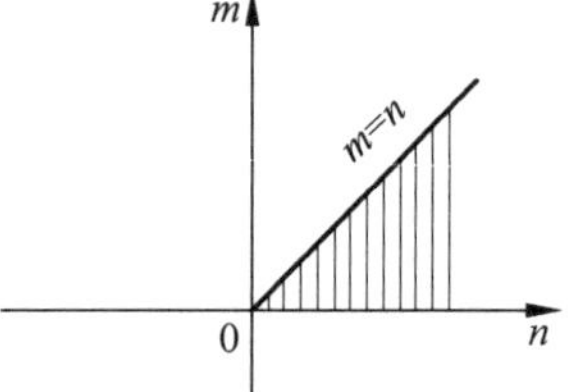

图 2.15 m,n 关系及求和范围

$$\begin{aligned}\mathscr{Z}\left[\sum_{m=0}^{n}x(m)\right]&=\sum_{m=0}^{\infty}x(m)\sum_{n=m}^{\infty}z^{-n}=\sum_{m=0}^{\infty}x(m)\frac{z^{-m}}{1-z^{-1}}\\&=\frac{1}{1-z^{-1}}\sum_{m=0}^{\infty}x(m)z^{-m}\\&=\frac{1}{1-z^{-1}}\mathscr{Z}[x(n)]=\frac{z}{z-1}X(z),\quad |z|>\max[R_{x-},1]\end{aligned}$$

由于第一次求和 $\sum_{n=m}^{\infty} z^{-n}$ 的收敛域为 $|z^{-1}|<1$，即 $|z|>1$，而 $\sum_{m=0}^{\infty} x(m)z^{-m}$ 的收敛域为 $|z|>R_{x-}$，故收敛域为 $|z|>1$ 及 $|z|>R_{x-}$ 的重叠部分 $|z|>\max[R_{x-},1]$。

[注] 例 1.16 是累加器的差分方程表示及其框图，这里是累加器的 z 变换域表示。

【例 2.16】 设给定序列为

$$x(n)=a^n u(n),\quad 0<a<1$$

试求累加序列 $y(n)=\sum_{k=-\infty}^{n} x(k)$ 的 z 变换。

解 由于

$$X(z)=\sum_{n=-\infty}^{\infty} a^n u(n) z^{-n}=\sum_{n=0}^{\infty}(az^{-1})^n=\frac{1}{1-az^{-1}}=\frac{z}{z-a},\quad |z|>a$$

按(2.1.43)式，有

$$Y(z)=\mathscr{Z}[y(n)]=\frac{z}{z-1}X(z)=\frac{z^2}{(z-1)(z-a)},\quad z>\max[a,1]=1$$

10. 序列的卷积和定理（时域卷积和定理）。

设 $y(n)$ 为 $x(n)$ 与 $h(n)$ 的卷积和

$$y(n)=x(n)*h(n)=\sum_{m=-\infty}^{\infty} x(m)h(n-m)$$

$$X(z)=\mathscr{Z}[x(n)],\quad R_{x-}<|z|<R_{x+}$$

$$H(z)=\mathscr{Z}[h(n)],\quad R_{h-}<|z|<R_{h+}$$

则

$$Y(z)=\mathscr{Z}[y(n)]=H(z)X(z),\quad \max[R_{x-},R_{h-}]<|z|<\min[R_{x+},R_{h+}] \tag{2.1.44}$$

若时域为卷积和，则 z 变换域是相乘，如上所示，乘积的收敛域是 $X(z)$ 收敛域和 $H(z)$ 收敛域的重叠部分。如果收敛域边界上一个 z 变换的零点与另一个 z 变换的极点可互相抵消，则收敛域还可扩大。

证

$$\begin{aligned}\mathscr{Z}[x(n)*h(n)] &= \sum_{n=-\infty}^{\infty}[x(n)*h(n)]z^{-n}=\sum_{n=-\infty}^{\infty}\sum_{m=-\infty}^{\infty}x(m)h(n-m)z^{-n}\\ &=\sum_{m=-\infty}^{\infty}x(m)\Big[\sum_{n=-\infty}^{\infty}h(n-m)z^{-n}\Big]\\ &=\sum_{n=-\infty}^{\infty}x(m)z^{-m}H(z)\\ &=H(z)X(z),\quad \max[R_{x-},R_{h-}]<|z|<\min[R_{x+},R_{h+}]\end{aligned}$$

在线性移不变系统中，如果输入为 $x(n)$，系统冲激响应为 $h(n)$，则输出 $y(n)$ 是 $x(n)$ 与 $h(n)$ 的卷积和，这是我们前面讨论过的，利用卷积和定理，可以通过求 $X(z)H(z)$ 的 z 反变换而求出 $y(n)$，后面会看到，尤其是对于有限长序列，这样求解会更方便些，因而这个定理是很重要的。

【例 2.17】 设 $x(n)=a^n u(n)$

$$h(n)=b^n u(n)-ab^{n-1}u(n-1)$$

求 $y(n)=x(n)*h(n)$。

解

$$X(z)=\mathscr{Z}[x(n)]=\frac{z}{z-a},\quad |z|>|a|$$

$$H(z)=\mathscr{Z}[h(n)]=\frac{z}{z-b}-\frac{a}{z-b}=\frac{z-a}{z-b},\quad |z|>|b|$$

所以

$$Y(z)=X(z)H(z)=\frac{z}{z-b},\quad |z|>b$$

其 z 反变换为

$$y(n)=x(n)*h(n)=\mathscr{Z}^{-1}[Y(z)]=b^n u(n)$$

显然，在 $z=a$ 处，$X(z)$ 的极点被 $H(z)$ 的零点所抵消，如果 $|b|<|a|$，则 $Y(z)$ 的收敛域比 $X(z)$ 与 $H(z)$ 收敛域的重叠部分要大，如图 2.16 所示。

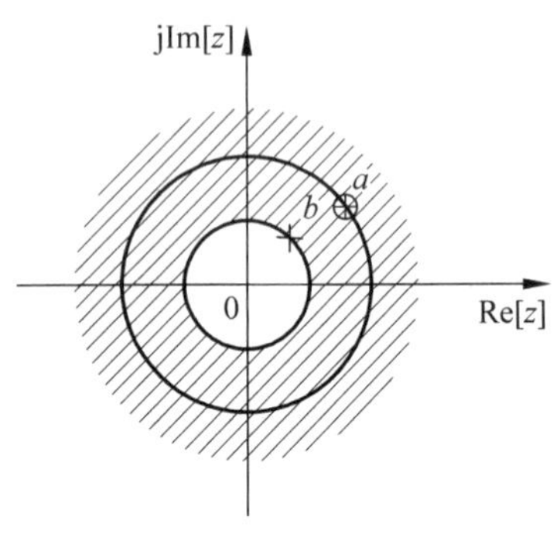

图 2.16　$a^n u(n)*[b^n u(n)-ab^{n-1}u(n-1)]$ 的 z 变换的收敛域，$|b|<|a|$，故收敛域扩大了（$z=a$ 处零点与极点相抵消）

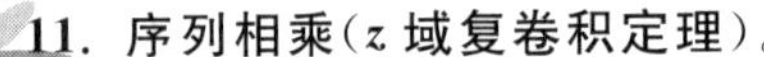

11. 序列相乘（z 域复卷积定理）。

若

$$y(n)=x(n)\cdot h(n)$$

且

$$X(z)=\mathscr{Z}[x(n)],\quad R_{x-}<|z|<R_{x+}$$
$$H(z)=\mathscr{Z}[h(n)],\quad R_{h-}<|z|<R_{h+}$$

则

$$\begin{aligned}Y(z)&=\mathscr{Z}[y(n)]=\mathscr{Z}[x(n)h(n)]\\&=\frac{1}{2\pi \mathrm{j}}\oint_c X\left(\frac{z}{v}\right)H(v)v^{-1}\mathrm{d}v,\quad R_{x-}R_{h-}<|z|<R_{x+}R_{h+}\end{aligned}\tag{2.1.45}$$

若时域相乘，则 z 变换域是复卷积关系，这里 c 是哑变量 v 平面上，$X\left(\frac{z}{v}\right)$ 与 $H(v)$ 的公共收敛域内环绕原点的一条反时针旋转的单封闭围线，即满足

$$\begin{cases}R_{h-}<|v|<R_{h+}\\ R_{x-}<\left|\frac{z}{v}\right|<R_{x+},\quad \left(\text{即}\frac{|z|}{R_{x+}}<|v|<\frac{|z|}{R_{x-}}\right)\end{cases}\tag{2.1.46}$$

将此两不等式相乘即得

$$R_{x-}\cdot R_{h-}<|z|<R_{x+}\cdot R_{h+}\tag{2.1.47}$$

v 平面收敛域为

$$\max\left[R_{h-},\frac{|z|}{R_{x+}}\right]<|v|<\min\left[R_{h+},\frac{|z|}{R_{x-}}\right]$$

证

$$\begin{aligned}Y(z) &= \mathscr{Z}[y(n)] = \mathscr{Z}[x(n)h(n)] = \sum_{n=-\infty}^{\infty} x(n)h(n)z^{-n} \\ &= \sum_{n=-\infty}^{\infty} x(n)\left[\frac{1}{2\pi \mathrm{j}}\oint_c H(v)v^{n-1}\mathrm{d}v\right]z^{-n} \\ &= \frac{1}{2\pi \mathrm{j}}\sum_{n=-\infty}^{\infty} x(n)\left[\oint_c H(v)v^n \frac{\mathrm{d}v}{v}\right]z^{-n} \\ &= \frac{1}{2\pi \mathrm{j}}\oint_c \left[H(v)\sum_{n=-\infty}^{\infty} x(n)\left(\frac{z}{v}\right)^{-n}\right]\frac{\mathrm{d}v}{v} \\ &= \frac{1}{2\pi \mathrm{j}}\oint_c H(v)X\left(\frac{z}{v}\right)v^{-1}\mathrm{d}v, \qquad R_{x-}R_{h-} < |z| < R_{x+}R_{h+}\end{aligned} \tag{2.1.48a}$$

由推导过程看出，$H(v)$的收敛域就是 $H(z)$的收敛域，$X\left(\frac{z}{v}\right)$的收敛域$\left(\frac{z}{v}\text{的区域}\right)$就是 $X(z)$的收敛域（z 的区域），即(2.1.46)式成立，从而(2.1.47)式成立。收敛域亦得到证明。

可以证明，由于乘积 $x(n)h(n)$的先后次序可以互调，故 X、H 的位置可以互换，故下式同样成立。

$$\begin{aligned}Y(z) &= \mathscr{Z}[x(n)h(n)] \\ &= \frac{1}{2\pi \mathrm{j}}\oint_c X(v)H\left(\frac{z}{v}\right)v^{-1}\mathrm{d}v, \quad R_{x-}R_{h-} < |z| < R_{x+}R_{h+}\end{aligned} \tag{2.1.48b}$$

而此时围线 c 所在收敛域为

$$\max\left[R_{x-}, \frac{|z|}{R_{h+}}\right] < |v| < \min\left[R_{x+}, \frac{|z|}{R_{h-}}\right] \tag{2.1.49}$$

复卷积公式可用留数定理求解，但关键在于正确决定围线所在收敛域。

(2.1.48)式类似于卷积积分，为了说明这一点，令围线是一个以原点为圆心的圆，即令

$$v = \rho \mathrm{e}^{\mathrm{j}\theta}, \quad z = r\mathrm{e}^{\mathrm{j}\omega}$$

则(2.1.48a)式变为

$$Y(r\mathrm{e}^{\mathrm{j}\omega}) = \frac{1}{2\pi \mathrm{j}}\oint_c H(\rho \mathrm{e}^{\mathrm{j}\theta})X\left(\frac{r}{\rho}\mathrm{e}^{\mathrm{j}(\omega-\theta)}\right)\frac{\mathrm{d}(\rho \mathrm{e}^{\mathrm{j}\theta})}{\rho \mathrm{e}^{\mathrm{j}\theta}} \tag{2.1.50}$$

由于 c 是圆，故 θ 的积分限为 $-\pi$ 到 π，上式变成

$$Y(r\mathrm{e}^{\mathrm{j}\omega}) = \frac{1}{2\pi}\int_{-\pi}^{\pi} H(\rho \mathrm{e}^{\mathrm{j}\theta})X\left(\frac{r}{\rho}\mathrm{e}^{\mathrm{j}(\omega-\theta)}\right)\mathrm{d}\theta \tag{2.1.51}$$

这可看成为卷积积分，积分在 $-\pi$ 到 π 的一个周期上进行，故称为周期卷积，在第 7 章窗函数设计法中将要用到它。

【例 2.18】 设 $x(n)=a^n u(n)$，$h(n)=b^{n-1}u(n-1)$，求 $Y(z)=\mathscr{Z}[x(n)h(n)]$。

解 $X(z)=\mathscr{Z}[x(n)]=\mathscr{Z}[a^n u(n)]=\dfrac{z}{z-a}$，$\quad |z|>|a|$

$$H(z)=\mathscr{Z}[h(n)]=\mathscr{Z}[b^{n-1}u(n-1)]=\frac{1}{z-b},\quad |z|>|b|$$

利用复卷积公式[(2.1.48b)式],

$$Y(z)=\mathscr{Z}[x(n)h(n)]$$
$$=\frac{1}{2\pi j}\oint_c \frac{v}{v-a}\cdot\frac{1}{\frac{z}{v}-b}\cdot\frac{1}{v}dv$$
$$=\frac{1}{2\pi j}\oint_c \frac{v}{(v-a)(z-bv)}dv,\quad |z|>|ab|$$

收敛域为 $|v|>|a|$ [对 $X(v)$] 与 $\left|\frac{z}{v}\right|>|b|$ [对 $H\left(\frac{z}{v}\right)$] 的重叠区,即 $|a|<|v|<\left|\frac{z}{b}\right|$,所以围线只包围一个极点 $v=a$,如图 2.17 所示。

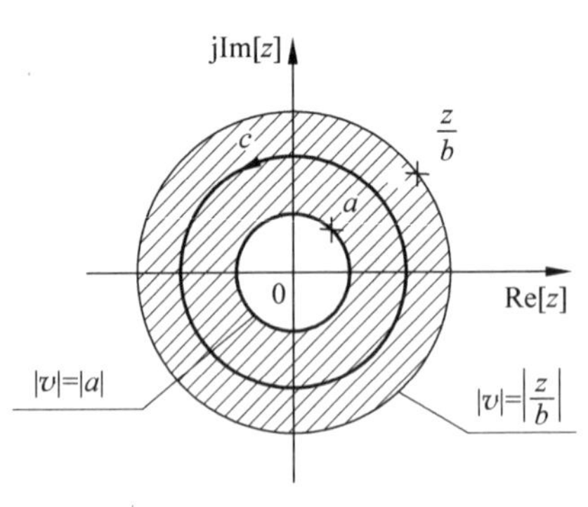

图 2.17 v 平面收敛域

利用留数定理可求得

$$Y(z)=\frac{1}{2\pi j}\oint_c \frac{v}{(v-a)(z-bv)}dv=\text{Res}\left[\frac{v}{(v-a)(z-bv)}\right]_{v=a}$$
$$=\frac{a}{z-ab},\quad |z|>|ab|$$

其中收敛域是按(2.1.47)式得出的。

12. 帕塞瓦定理。

利用复卷积定理可以得到重要的帕塞瓦(Parseval)定理。若

$$X(z)=\mathscr{Z}[x(n)],\quad R_{x-}<|z|<R_{x+}$$
$$H(z)=\mathscr{Z}[h(n)],\quad R_{h-}<|z|<R_{h+}$$

且

$$R_{x-}R_{h-}<1<R_{x+}R_{h+} \tag{2.1.52}$$

则

$$\sum_{n=-\infty}^{\infty}x(n)h^*(n)=\frac{1}{2\pi j}\oint_c X(v)H^*\left(\frac{1}{v^*}\right)v^{-1}dv \tag{2.1.53}$$

“$*$”表示取复共轭,积分闭合围线 c 应在 $X(v)$ 和 $H^*\left(\frac{1}{v^*}\right)$ 的公共收敛域内,有

$$\max\left[R_{x-},\frac{1}{R_{h+}}\right]<|v|<\min\left[R_{x+},\frac{1}{R_{h-}}\right] \tag{2.1.54}$$

证 令

$$y(n)=x(n)h^*(n)$$

由于

$$\mathscr{Z}[h^*(n)]=H^*(z^*)$$

利用复卷积公式可得

$$Y(z)=\mathscr{Z}[y(n)]=\sum_{n=-\infty}^{\infty}x(n)h^*(n)z^{-n}$$

$$=\frac{1}{2\pi\mathrm{j}}\oint_c X(v)H^*\left(\frac{z^*}{v^*}\right)v^{-1}\mathrm{d}v,\quad R_{x-}R_{h-}<|z|<R_{x+}R_{h+}$$

由于(2.1.52)式的假设成立，故$|z|=1$在$Y(z)$的收敛域内，也就是$Y(z)$在单位圆上收敛，则有

$$Y(z)\big|_{z=1}=\sum_{n=-\infty}^{\infty}x(n)h^*(n)=\frac{1}{2\pi\mathrm{j}}\oint_c X(v)H^*\left(\frac{1}{v^*}\right)v^{-1}\mathrm{d}v$$

几点说明如下：

(1) 如果将(2.1.53)式中$h^*(n)$换成$h(n)$[$h(n)$仍为任意序列，复序列或实序列]，则等式两端取共轭(∗)号可取消，即有

$$\sum_{n=-\infty}^{\infty}x(n)h(n)=\frac{1}{2\pi\mathrm{j}}\oint_c X(v)H(v^{-1})v^{-1}\mathrm{d}v \tag{2.1.55}$$

(2) 如果$X(z)$、$H(z)$的收敛域也包含单位圆，则c可取为单位圆，即$v=\mathrm{e}^{\mathrm{j}\omega}$，则(2.1.53)式及(2.1.55)式分别变成

$$\sum_{n=-\infty}^{\infty}x(n)h^*(n)=\frac{1}{2\pi}\int_{-\pi}^{\pi}X(\mathrm{e}^{\mathrm{j}\omega})H^*(\mathrm{e}^{\mathrm{j}\omega})\mathrm{d}\omega \tag{2.1.56}$$

$$\sum_{n=-\infty}^{\infty}x(n)h(n)=\frac{1}{2\pi}\int_{-\pi}^{\pi}X(\mathrm{e}^{\mathrm{j}\omega})H(\mathrm{e}^{-\mathrm{j}\omega})\mathrm{d}\omega \tag{2.1.57}$$

(3) 当$h(n)=x(n)$是复序列时，则(2.1.56)式及(2.1.57)式分别为

$$\sum_{n=-\infty}^{\infty}|x(n)|^2=\frac{1}{2\pi}\int_{-\pi}^{\pi}|X(\mathrm{e}^{\mathrm{j}\omega})|^2\mathrm{d}\omega \tag{2.1.58}$$

$$\sum_{n=-\infty}^{\infty}x^2(n)=\frac{1}{2\pi}\int_{-\pi}^{\pi}X(\mathrm{e}^{\mathrm{j}\omega})X(\mathrm{e}^{-\mathrm{j}\omega})\mathrm{d}\omega \tag{2.1.59}$$

(4) 当$h(n)=x(n)$为实序列时，$X(\mathrm{e}^{\mathrm{j}\omega})$满足以下共轭对称关系(将在下一节讨论)

$$X(\mathrm{e}^{-\mathrm{j}\omega})=X^*(\mathrm{e}^{\mathrm{j}\omega})$$

则(2.1.58)式与(2.1.59)式将是同一个关系式，即

$$\sum_{n=-\infty}^{\infty}x^2(n)=\frac{1}{2\pi}\int_{-\pi}^{\pi}|X(\mathrm{e}^{\mathrm{j}\omega})|^2\mathrm{d}\omega \tag{2.1.60}$$

(2.1.58)式及(2.1.60)式说明**序列在时域的能量等于其在频域的能量**$\left(\right.$**因为**$\dfrac{|X(\mathrm{e}^{\mathrm{j}\omega})|^2}{2\pi}$**是能量谱密度**$\left.\right)$。

(5) 注意(2.1.56)式～(2.1.60)式都必须满足$H(z)$和$X(z)$在单位圆上($z=\mathrm{e}^{\mathrm{j}\omega}$)收敛这一条件。

表2.2中列出了z变换的一些主要性质和定理。

表 2.2　z 变换的主要性质和定理

性质(或定理)	序　　列	z 变换	收敛域
	$x(n)$	$X(z)$	$R_{x-}<\|z\|<R_{x+}$
	$h(n)$	$H(z)$	$R_{h-}<\|z\|<R_{h+}$
线性	$ax(n)+bh(n)$	$aX(z)+bH(z)$	$\max[R_{x-},R_{h-}]<\|z\|<\min[R_{x+},R_{h+}]$
序列移位	$x(n-m)$	$z^{-m}X(z)$	$R_{x-}<\|z\|<R_{x+}$
乘指数序列	$a^n x(n)$	$X\left(\frac{z}{a}\right)$	$\|a\|R_{x-}<\|z\|<\|a\|R_{x+}$
z 域取导数	$n^m x(n)$	$\left(-z\frac{\mathrm{d}}{\mathrm{d}z}\right)^m X(z)$	$R_{x-}<\|z\|<R_{x+}$
序列取共轭	$x^*(n)$	$X^*(z^*)$	$R_{x-}<\|z\|<R_{x+}$
序列翻褶	$x(-n)$	$X\left(\frac{1}{z}\right)$	$\frac{1}{R_{x+}}<\|z\|<\frac{1}{R_{x-}}$
序列共轭翻褶	$x^*(-n)$	$X^*\left(\frac{1}{z^*}\right)$	$\frac{1}{R_{x+}}<\|z\|<\frac{1}{R_{x-}}$
z 域翻褶	$(-1)^n x(n)$	$X(-z)$	$R_{x-}<\|z\|<R_{x+}$
序列取实部	$\mathrm{Re}[x(n)]$	$\frac{1}{2}[X(z)+X^*(z^*)]$	$R_{x-}<\|z\|<R_{x+}$
序列取虚部再乘 j	$\mathrm{jIm}[x(n)]$	$\frac{1}{2}[X(z)-X^*(z^*)]$	$R_{x-}<\|z\|<R_{x+}$
因果序列的累加	$\sum_{m=0}^{n}x(m)$	$\frac{z}{z-1}X(z)$	$\|z\|>\max[R_{x-},1]$，$x(n)$ 因果序列
时域卷积定理	$x(n)*h(n)$	$X(z)H(z)$	$\max[R_{x-},R_{h-}]<\|z\|<\min[R_{x+},R_{h+}]$
z 域复卷积定理	$x(n)h(n)$	$\frac{1}{2\pi\mathrm{j}}\oint_c X(v)H\left(\frac{z}{v}\right)v^{-1}\mathrm{d}v$	$R_{x-}R_{h-}<\|z\|<R_{x+}R_{h+}$ $\max[R_{x-},\|z\|/R_{h+}]<\|v\|<$ $\min[R_{x+},\|z\|/R_{h-}]$
初值定理	$x(0)=\lim\limits_{z\to\infty}X(z)$		$x(n)$ 为因果序列，$\|z\|>R_{x-}$
终值定理	$x(\infty)=\lim\limits_{z\to 1}(z-1)X(z)$		$x(n)$ 为因果序列，$X(z)$ 的极点落于单位圆内部，最多在 $z=1$ 处有一阶极点
帕塞瓦定理	$\sum_{n=-\infty}^{\infty}x(n)h^*(n)=\frac{1}{2\pi\mathrm{j}}\oint_c X(v)H^*\left(\frac{1}{v^*}\right)v^{-1}\mathrm{d}v$		$R_{x-}R_{h-}<1<R_{x+}R_{h+}$ $\max[R_{x-},1/R_{h+}]<\|v\|<\min[R_{x+},$ $1/R_{h-}]$

下面用一个例子说明，利用帕塞瓦定理，可以简化问题的求解。

【例 2.19】 已知

$$H(z)=\frac{rz^{-1}\sin\omega_0}{1-2rz^{-1}\cos\omega_0+r^2z^{-2}},\quad |z|>r$$

其中设 r 为实数，$r<1$。试求

(1) $h(n)=\mathscr{Z}^{-1}[H(z)]$， (2) $\sum\limits_{n=0}^{\infty}h^2(n)$。

解

(1) $H(z)=\dfrac{rz^{-1}\sin\omega_0}{(1-re^{j\omega_0}z^{-1})(1-re^{-j\omega_0}z^{-1})}$

故 $H(z)$有两个极点 $z_1=re^{j\omega_0}$，$z_2=re^{-j\omega_0}$，又由于 $r<1$ 收敛域在$|z|>r$，故用围线积分时，其围线 c 可选为$|z|>r$ 的任一逆时针方向的闭合围线 c，见图 2.18。

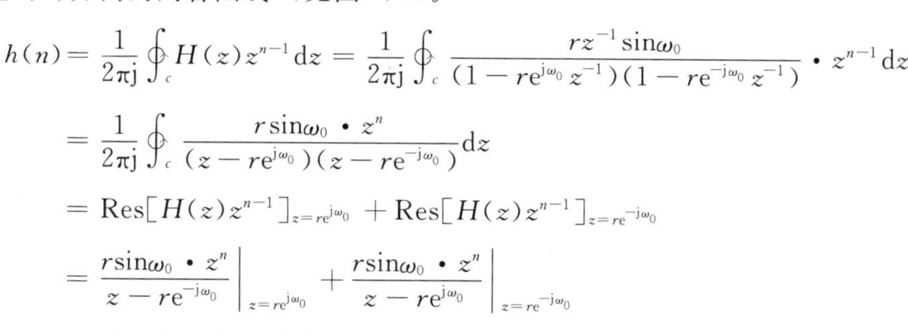

图 2.18 例 2.19 中围线 c 的示意图

$$
\begin{aligned}
h(n)&=\frac{1}{2\pi j}\oint_c H(z)z^{n-1}dz=\frac{1}{2\pi j}\oint_c\frac{rz^{-1}\sin\omega_0}{(1-re^{j\omega_0}z^{-1})(1-re^{-j\omega_0}z^{-1})}\cdot z^{n-1}dz\\
&=\frac{1}{2\pi j}\oint_c\frac{r\sin\omega_0\cdot z^n}{(z-re^{j\omega_0})(z-re^{-j\omega_0})}dz\\
&=\mathrm{Res}[H(z)z^{n-1}]_{z=re^{j\omega_0}}+\mathrm{Res}[H(z)z^{n-1}]_{z=re^{-j\omega_0}}\\
&=\left.\frac{r\sin\omega_0\cdot z^n}{z-re^{-j\omega_0}}\right|_{z=re^{j\omega_0}}+\left.\frac{r\sin\omega_0\cdot z^n}{z-re^{j\omega_0}}\right|_{z=re^{-j\omega_0}}\\
&=r^n\sin(\omega_0 n)\cdot u(n)
\end{aligned}
$$

由于围线外没有极点，故 $h(n)$是因果性序列。

(2) 用这个 $h(n)$的表达式直接求它的能量 $\sum\limits_{n=0}^{\infty}h^2(n)$是很烦琐的，用(2.1.55)式，令 $x(n)=h(n)$的帕塞瓦定理求解就方便得多。

由于 $H(z)H(z^{-1})z^{-1}$(将 v 改为 z)的收敛域为 $r<|z|<\dfrac{1}{r}$，在此环状区内选一条逆时针方向的闭合围线，在此围线内，只有 $H(z)$的极点，而没有 $H(z^{-1})$的极点。因而利用留数定理，可得

$$
\begin{aligned}
\sum_{n=0}^{\infty}h^2(n)&=\frac{1}{2\pi j}\oint_c H(z)H(z^{-1})z^{-1}dz\\
&=\frac{1}{2\pi j}\oint_c\frac{rz^{-1}\sin\omega_0}{(1-re^{j\omega_0}z^{-1})(1-re^{-j\omega_0}z^{-1})}\cdot\frac{rz\sin\omega_0}{(1-re^{j\omega_0}z)(1-re^{-j\omega_0}z)}\cdot z^{-1}dz\\
&=\frac{1}{2\pi j}\oint_c\frac{r^2z\sin^2\omega_0}{(z-re^{j\omega_0})(z-re^{-j\omega_0})(1-re^{j\omega_0}z)(1-re^{-j\omega_0}z)}dz\\
&=\mathrm{Res}[H(z)H(z^{-1})z^{-1}]_{z=re^{j\omega_0}}+\mathrm{Res}[H(z)H(z^{-1})z^{-1}]_{z=re^{-j\omega_0}}\\
&=\frac{r^3e^{j\omega_0}\sin^2\omega_0}{(re^{j\omega_0}-re^{-j\omega_0})(1-r^2e^{j2\omega_0})(1-r^2)}+\frac{r^3e^{-j\omega_0}\sin^2\omega_0}{(re^{-j\omega_0}-re^{j\omega_0})(1-r^2)(1-r^2e^{-j2\omega_0})}\\
&=\frac{(1+r^2)r^2\sin^2\omega_0}{(1-r^2)(1-2r^2\cos(2\omega_0)+r^4)}
\end{aligned}
$$

【例 2.20】 序列的后向一次差分运算为

$$y(n)=x(n)-x(n-1)$$

求这一运算所代表的系统的系统函数。

2.1 序列的z变换

解 等式两边取 z 变换得

$$Y(z) = X(z) - X(z)z^{-1}$$

故

$$H(z) = \frac{Y(z)}{X(z)} = 1 - z^{-1}$$

【例 2.21】 序列的累加运算为

$$y(n) = \sum_{k=-\infty}^{n} x(k) = \sum_{k=-\infty}^{\infty} x(k)u(n-k) = x(n) * u(n)$$

求此系统的系统函数。

解 等式两边取 z 变换，得

$$Y(z) = X(z) \cdot \frac{1}{1-z^{-1}}$$

则

$$H(z) = \frac{Y(z)}{X(z)} = \frac{1}{1-z^{-1}}$$

由例 2.20 与例 2.21 看出，**后向一次差分运算与累加运算互为逆运算。因而若将此两系统级联后，整个系统的 $h(n)=\delta(n)$，而整个系统的系统函数 $H(z)=1$，即系统的输出等于输入。**此两系统互为逆系统，**所谓逆系统，就是两个系统的系统函数 $H_1(z)H_2(z)$ 互为倒数的系统，$H_1(z)H_2(z)=1$，即 $H_1(z)=\frac{1}{H_2(z)}$，则称此两系统互为逆系统**（或两个系统的单位抽样响应 $h_1(n)$、$h_2(n)$ 满足 $h_1(n) * h_2(n)=\delta(n)$）。

2.1.6 利用 z 变换求解差分方程

在第 1 章中已经讨论过差分方程的递推解法，这里讨论利用 z 变换求解差分方程。利用 z 变换求解差分方程是利用 z 变换的移位性及线性把差分方程转换成代数方程，以便简化求解过程。

表示输入 $x(n)$ 和输出 $y(n)$ 的系统的常系数线性差分方程的一般形式为

$$\sum_{i=0}^{N} a_i y(n-i) = \sum_{m=0}^{M} b_m x(n-m) \tag{2.1.61}$$

最一般的情况是考虑起始状态 $y(r)\neq 0(-N\leqslant r\leqslant -1)$，激励（输入）为双边序列。这时需利用(2.1.33)式定义的单边 z 变换，将(2.1.61)式取单边 z 变换

$$\sum_{n=0}^{\infty}\sum_{i=0}^{N} a_i y(n-i)z^{-n} = \sum_{n=0}^{\infty}\sum_{m=0}^{M} b_m x(n-m)z^{-n}$$

利用单边 z 变换的移位公式[(2.1.35a)式]，可得到

$$\sum_{i=0}^{N} a_i z^{-i}\left[Y^+(z) + \sum_{r=-i}^{-1} y(r)z^{-r}\right] = \sum_{m=0}^{M} b_m z^{-m}\left[X^+(z) + \sum_{l=-m}^{-1} x(l)z^{-l}\right] \tag{2.1.62}$$

分两种情况讨论：

(1) **若输入 $x(n)=0$，系统只有初始状态不为零，则(2.1.62)式的右端为零，这时的输出称为零输入响应（或初始条件响应）$y_{zi}(n)$。**此时(2.1.62)式变成

$$\sum_{i=0}^{N} a_i z^{-i}\left[Y^+(z)+\sum_{r=-i}^{-1} y(r) z^{-r}\right]=0 \tag{2.1.63}$$

则有

$$Y^+(z)=\frac{-\sum_{i=0}^{N}\left[a_i z^{-i}\cdot\sum_{r=-i}^{-1} y(r) z^{-r}\right]}{\sum_{i=0}^{N} a_i z^{-i}} \tag{2.1.64}$$

于是零输入响应 $y_{zi}(n)$为(2.1.64)式的单边 z 反变换

$$y_{zi}(n)=(\mathscr{Z}^+)^{-1}[Y^+(z)] \tag{2.1.65}$$

$y_{zi}(n)$是只由初始状态决定的系统输出。

(2) **若初始状态 $y(r)=0(-N\leqslant r\leqslant -1)$，只有输入序列 $x(n)$作用下所得到的输出序列称为零状态响应 $y_{zs}(n)$，**这时(2.1.62)式可化成

$$\sum_{i=0}^{N} a_i z^{-i} Y^+(z)=\sum_{m=0}^{M} b_m z^{-m}\left[X^+(z)+\sum_{l=-m}^{-1} x(l) z^{-l}\right] \tag{2.1.66}$$

则有

$$Y^+(z)=\frac{\sum_{m=0}^{M} b_m z^{-m}\left[X^+(z)+\sum_{l=-m}^{-1} x(l) z^{-l}\right]}{\sum_{i=0}^{N} a_i z^{-i}} \tag{2.1.67}$$

取(2.1.67)式的单边 z 反变换，即可求得零状态响应 $y_{zs}(n)$为

$$y_{zs}(n)=(\mathscr{Z}^+)^{-1}[Y^+(z)] \tag{2.1.68}$$

若输入 $x(n)$又是因果序列，即 $x(n)=0, n<0$，则(2.1.67)式变成

$$Y^+(z)=\frac{X^+(z)\sum_{m=0}^{M} b_m z^{-m}}{\sum_{i=0}^{N} a_i z^{-i}}=X(z)\frac{\sum_{m=0}^{M} b_m z^{-m}}{\sum_{i=0}^{N} a_i z^{-i}}=X(z)H(z) \tag{2.1.69}$$

由于是因果序列 $x(n)$故 $X(z)=X^+(z)$，于是 $Y^+(z)=Y(z)$，而 $H(z)$是零初始状态下的单位冲激响应的 z 变换，它完全由系统特性所决定，称为系统函数，将在 2.4 节加以讨论。$H(z)$可表示为

$$H(z)=\frac{\sum_{m=0}^{M} b_m z^{-m}}{\sum_{i=0}^{N} a_i z^{-i}} \tag{2.1.70}$$

于是，当输入为因果序列时，零状态响应 $y_{zs}(n)$为(2.1.70)式的 z 反变换，即

$$y_{zs}(n)=\mathscr{Z}^{-1}[Y(z)]=\mathscr{Z}^{-1}[X(z)H(z)] \tag{2.1.71}$$

当系统初始状态不等于零时，对任意输入 $x(n)$，系统的总输出应该是由(2.1.65)式[由

(2.1.64)式得出]的零输入响应 $y_{zi}(n)$ 与(2.1.68)式[由(2.1.67)式得出]的零状态响应 $y_{zs}(n)$ 之和，即

$$y(n)=y_{zi}(n)+y_{zs}(n) \tag{2.1.72}$$

当输入为因果序列时，则(2.1.72)式中的零状态响应 $y_{zs}(n)$ 由(2.1.71)式确定[由(2.1.69)式得出]。

【例 2.22】 若离散时间系统可用以下一阶差分方程表示

$$y(n)-0.5y(n-1)=x(n)$$

设输入为 $x(n)=0.7u(n)$，初始条件为① $y(-1)=1.5$，② $y(-1)=0$，求输出响应。

解 ① 若 $y(-1)=1.5$，可直接写出差分方程的单边 z 变换表达式

$$Y(z)-0.5z^{-1}Y(z)-0.5y(-1)=X(z)$$

故

$$Y(z)=\frac{X(z)+0.5y(-1)}{1-0.5z^{-1}}$$

由于 $X(z)=\mathscr{Z}[0.7u(n)]=\dfrac{0.7}{1-z^{-1}}$， $y(-1)=1.5$， 则有

$$Y(z)=\frac{0.7}{(1-0.5z^{-1})(1-z^{-1})}+\frac{0.75}{1-0.5z^{-1}}$$

$$=\frac{0.7z^2}{(z-0.5)(z-1)}+\frac{0.75z}{z-0.5}$$

展成部分分式

$$Y(z)=\frac{-0.7z}{z-0.5}+\frac{1.4z}{z-1}+\frac{0.75z}{z-0.5}$$

取 z 反变换，可得

$$y(n)=[-0.7(0.5)^n+1.4+0.75(0.5)^n]u(n)=[0.05(0.5)^n+1.4]u(n)$$

② 若 $y(-1)=0$，则 z 变换方程为

$$Y(z)-0.5z^{-1}Y(z)=X(z)$$

故

$$Y(z)=\frac{X(z)}{1-0.5z^{-1}}=\frac{0.7}{(1-z^{-1})(1-0.5z^{-1})}=\frac{-0.7z}{z-0.5}+\frac{1.4z}{z-1}$$

则有

$$y(n)=[1.4-0.7(0.5)^n]u(n)$$

2.2 s 平面到 z 平面的映射关系

在第 1 章 1.4.1 节中已经讨论了模拟信号的理想抽样，本节中要讨论的是 s 平面与 z 平面的映射关系以及序列 $x(n)$ 和信号 $x_a(t)$ 的傅里叶变换之间的关系。

先来看序列的 z 变换与理想抽样信号的拉普拉斯变换、傅里叶变换的关系,以便引出 s 平面到 z 平面的映射关系。

设连续时间信号为 $x_a(t)$,理想抽样后的信号为$\hat{x}_a(t)$,其拉普拉斯变换分别为

$$X_a(s) = \mathscr{L}[x_a(t)] = \int_{-\infty}^{\infty} x_a(t)\mathrm{e}^{-st}\mathrm{d}t$$

$$\hat{X}_a(s) = \mathscr{L}[\hat{x}_a(t)] = \int_{-\infty}^{\infty} \hat{x}_a(t)\mathrm{e}^{-st}\mathrm{d}t$$

将(1.4.3)式的$\hat{x}_a(t)$表达式代入,可得

$$\begin{aligned}\hat{X}_a(s) &= \int_{-\infty}^{\infty}\sum_{n=-\infty}^{\infty} x_a(nT)\delta(t-nT)\mathrm{e}^{-st}\mathrm{d}t = \sum_{n=-\infty}^{\infty}\int_{-\infty}^{\infty} x_a(nT)\delta(t-nT)\mathrm{e}^{-st}\mathrm{d}t \\ &= \sum_{n=-\infty}^{\infty} x_a(nT)\mathrm{e}^{-nsT} \end{aligned} \tag{2.2.1}$$

抽样序列 $x(n)=x_a(nT)$的 z 变换为

$$X(z) = \sum_{n=-\infty}^{\infty} x(n)z^{-n}$$

由此看出,当 $z=\mathrm{e}^{sT}$时,考虑到(2.2.1)式,可知抽样序列的 z 变换就等于其理想抽样信号的拉普拉斯变换,它们是一对一的关系。

$$X(z)\Big|_{z=\mathrm{e}^{sT}} = X(\mathrm{e}^{sT}) = \hat{X}_a(s) \tag{2.2.2}$$

$X(z)$与$\hat{X}_a(s)$之间的变换关系 $z=\mathrm{e}^{sT}$,就是由复变量 s 平面到复变量 z 平面的映射关系,它是一种超越函数的映射关系,以下就来讨论这一映射关系。

即有

$$z = \mathrm{e}^{sT},\quad s = \frac{1}{T}\ln z \tag{2.2.3}$$

若令 $z=r\mathrm{e}^{\mathrm{j}\omega}$,$s=\sigma+\mathrm{j}\Omega$,则有

$$r = \mathrm{e}^{\sigma T} \tag{2.2.4}$$

$$\omega = \Omega T \tag{2.2.5}$$

也就是说,z 的模 r 只与 s 的实部 σ 相对应,z 的相角只与 s 的虚部 Ω 相对应,以下讨论可参见图 2.19。

(1) 讨论 r 与 σ 的关系。利用 $r=\mathrm{e}^{\sigma T}$:

① s 平面虚轴($\sigma=0$,$s=\mathrm{j}\Omega$)对应于 z 平面单位圆上($z=\mathrm{e}^{\mathrm{j}\omega}$,$|z|=1$)。

② s 平面左半平面($\sigma<0$)对应于 z 平面单位圆内($|z|=\mathrm{e}^{\sigma T}<1$)。

③ s 平面右半平面($\sigma>0$)对应于 z 平面单位圆外($|z|=r=\mathrm{e}^{\sigma T}>1$)。

④ s 平面平行于虚轴的直线($\sigma=\sigma_0$)对应于 z 平面$|z|=r=\mathrm{e}^{\sigma_0 T}$的圆上。当 $\sigma_0<0$ 时,$r=\mathrm{e}^{\sigma_0 T}<1$,即对应于 z 平面一个半径小于 1 的圆上;当 $\sigma_0>0$ 时,$r=\mathrm{e}^{\sigma_0 T}>1$,即对应于 z 平面一个半径大于 1 的圆上。

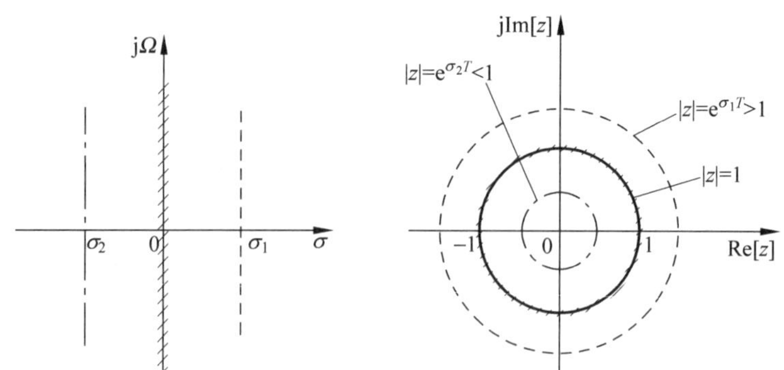

(a) $|z|=r=e^{\sigma T}$(σ=常数)，σ=常数映射成 z 平面的圆 $|z|=r=e^{\sigma T}$

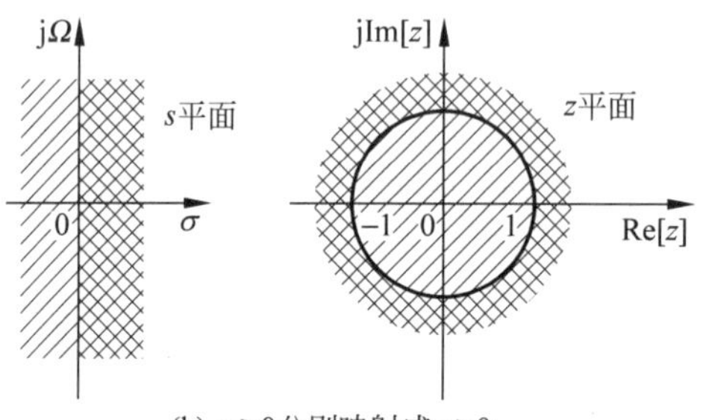

(b) $\sigma \gtreqless 0$分别映射成 $r \gtreqless 0$

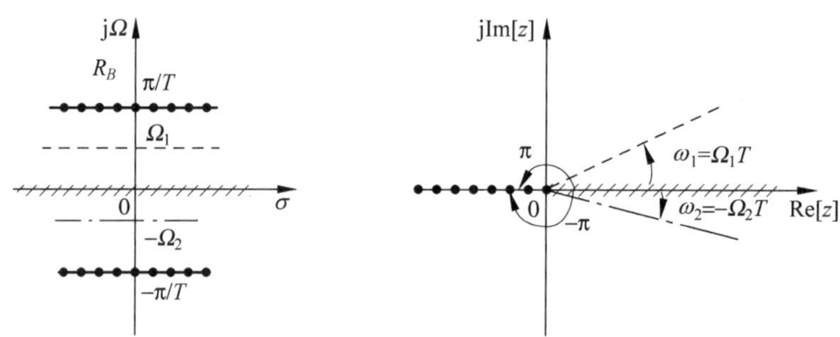

(c) $\omega=\Omega T$, Ω= 常数映射成 $\omega=\Omega T$ 的辐射线

图 2.19 s 平面到 z 平面的映射 $z=re^{j\omega}=e^{sT}=e^{(\sigma+j\Omega)T}$

（2）s 平面的原点 $s=0$ 对应于 z 平面单位圆上 $z=1$ 这一点。

（3）讨论 ω 与 Ω 的关系。利用 $\omega=\Omega T$，有

① s 平面实轴($\Omega=0$)对应于 z 平面正实轴($\omega=0$)，也就是起于原点($z=0$)辐角为零的辐射线。

② s 平面平行于实轴的直线($\Omega=\Omega_0$)对应于 z 平面始于原点($z=0$)辐角为 $\omega=\Omega_0 T$ 的辐射线。

③ 由于 $z=re^{j\omega}$是 ω 的周期函数，则当 s 平面平行于实轴的直线 $\Omega=-\frac{\pi}{T}$变化到 $\Omega=\frac{\pi}{T}$时，对应于 z 平面辐角从 $\omega=-\pi$ 变到 $\omega=\pi$，即辐角旋转了一周，包含了整个 z 平面，在此基础上，若 s 平面每增加$\frac{2\pi}{T}$的水平横带，则又一次映射成整个 z 平面。由此可见，从 s 平面到 z

平面的映射，是多值映射关系，见图 2.20。

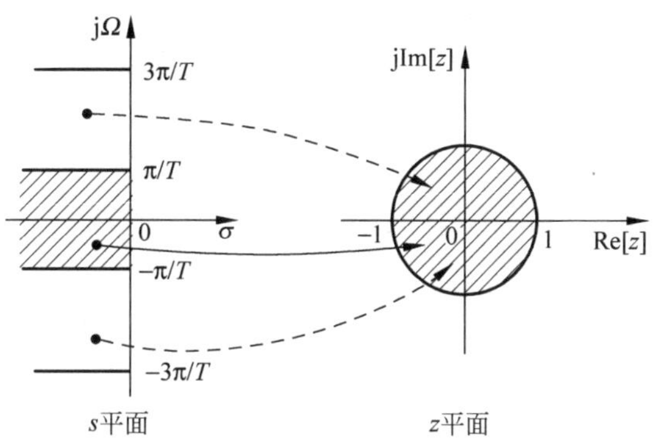

图 2.20　s 平面与 z 平面的多值映射关系

$x_a(t)$的频谱 $X_a(\mathrm{j}\Omega)$就是 $x_a(t)$的连续时间傅里叶变换，也就是 $x_a(t)$的拉普拉斯变换 $X_a(s)$在 s 平面虚轴上的值；$x(n)$的频谱 $X(\mathrm{e}^{\mathrm{j}\omega})$[或 $X(\mathrm{e}^{\mathrm{j}\Omega T})$]就是 $x(n)$的离散时间傅里叶变换，也就是 $x(n)$的 z 变换在 z 平面单位圆($z=\mathrm{e}^{\mathrm{j}\omega}$或 $z=\mathrm{e}^{\mathrm{j}\Omega T}$)上的值，这正是 2.3 节要讨论的内容。

2.3　离散时间傅里叶变换(DTFT)——序列的傅里叶变换

离散时间傅里叶变换即序列的傅里叶变换，在分析信号的频谱，研究离散时间系统的频域特性以及信号通过系统后的频域的分析时，都是主要的工具。序列傅里叶变换是以 $\mathrm{e}^{\mathrm{j}\omega}$ 的完备正交函数集对序列作正交展开。

2.3.1　序列傅里叶变换的定义

序列 $x(n)$的离散时间傅里叶变换(DTFT)定义为

$$X(\mathrm{e}^{\mathrm{j}\omega}) = \mathrm{DTFT}[x(n)] = \sum_{n=-\infty}^{\infty} x(n)\mathrm{e}^{-\mathrm{j}\omega n} \tag{2.3.1}$$

由于时域是离散的，故频域特性一定是周期的。从

$$\mathrm{e}^{\mathrm{j}\omega n} = \mathrm{e}^{\mathrm{j}(\omega+2\pi)n}$$

可以看出，$\mathrm{e}^{\mathrm{j}\omega n}$是 ω 的以 2π 为周期的正交周期性函数，所以 $X(\mathrm{e}^{\mathrm{j}\omega})$也是以 2π 为周期的周期性函数。又由于时域 $x(n)$是非周期的，则频域 $X(\mathrm{e}^{\mathrm{j}\omega})$一定是以 ω 为变量的连续函数。由于 $x(\mathrm{e}^{\mathrm{j}\omega})$的周期性，故(2.3.1)式可以看成 $X(\mathrm{e}^{\mathrm{j}\omega})$的傅里叶级数展开，其傅里叶级数的系数是 $x(n)$。

下面讨论由 $X(\mathrm{e}^{\mathrm{j}\omega})$求 $x(n)$的公式。对(2.3.1)式两边乘以 $\mathrm{e}^{\mathrm{j}\omega m}$，然后在一个周期$(-\pi,\pi)$内积分，可得

$$\frac{1}{2\pi}\int_{-\pi}^{\pi} X(e^{j\omega})e^{j\omega m}d\omega = \frac{1}{2\pi}\int_{-\pi}^{\pi}\left(\sum_{n=-\infty}^{\infty} x(n)e^{-j\omega n}\right)e^{j\omega m}d\omega$$

如果(2.3.1)式的展开式一致收敛于 $X(e^{j\omega})$，即满足一致收敛条件

$$\lim_{M\to\infty}\left|X(e^{j\omega}) - \sum_{n=-M}^{M} x(n)e^{-j\omega n}\right| = 0 \quad （对所有\ \omega）$$

那么，按级数理论，可将以上积分表达式与求和符号交换，则有

$$\frac{1}{2\pi}\int_{-\pi}^{\pi} X(e^{j\omega})e^{j\omega m}d\omega = \sum_{n=-\infty}^{\infty} x(n)\left[\frac{1}{2\pi}\int_{-\pi}^{\pi} e^{j\omega(m-n)}d\omega\right]$$

由于

$$\begin{aligned}\frac{1}{2\pi}\int_{-\pi}^{\pi} e^{j\omega(m-n)}d\omega &= \begin{cases}1, & n = m\\ 0, & n \neq m\end{cases}\\ &= \delta(m-n)\end{aligned}$$

则有

$$\frac{1}{2\pi}\int_{-\pi}^{\pi} X(e^{j\omega})e^{j\omega m}d\omega = \sum_{n=-\infty}^{\infty} x(n)\delta(m-n) = x(m)$$

将上式中的 m 换成 n，则有离散时间傅里叶反变换为

$$x(n) = \mathrm{IDTFT}[X(e^{j\omega})] = \frac{1}{2\pi}\int_{-\pi}^{\pi} X(e^{j\omega})e^{j\omega n}d\omega \tag{2.3.2}$$

(2.3.1)式与(2.3.2)式分别称为序列 $x(n)$ 的离散时间傅里叶正变换(DTFT)与 $X(e^{j\omega})$ 的离散时间傅里叶反变换(IDTFT)。

$X(e^{j\omega})$ 是 $x(n)$ 的频谱密度，简称频谱，它是 ω 的复函数，可表示为

$$\begin{aligned}X(e^{j\omega}) &= \mathrm{Re}[X(e^{j\omega})] + j\mathrm{Im}[X(e^{j\omega})]\\ &= |X(e^{j\omega})|\ e^{j\arg[X(e^{j\omega})]}\end{aligned}$$

式中，Re[·]表示实部，Im[·]表示虚部，|·|表示幅度谱，arg[·]表示相位谱，它们都是 ω 的连续、周期(周期为 2π)函数[注“·”表示 $X(e^{j\omega})$]。

学习要点

1. 时域 $x(n)$ 是离散的，则频域 $X(e^{j\omega})$ 一定是周期的，这可从

$$e^{j\omega n} = e^{j(\omega+2\pi)n}$$

看出，$e^{j\omega n}$ 是 ω 的以 2π 为周期的正交周期性函数，所以 $X(e^{j\omega})$ 也是 ω 的以 2π 为周期的周期函数，故(2.3.1)式可看成 $X(e^{j\omega})$ 的傅里叶级数展开，其傅里叶级数的系数是 $x(n)$。

2. 由于时域 $x(n)$ 是非周期的，故频域 $X(e^{j\omega})$ 是变量 ω 的连续函数。

3. $X(e^{j\omega})$ 是 $x(n)$ 的频谱密度，简称频谱，它是 ω 的复函数，可分解为模(幅度谱|·|)、相角(相位谱 arg[·])或分解为实部 Re[·]、虚部 Im[·]，它们都是 ω 的连续、周期(周期为 2π)函数，即

$$\begin{aligned}X(e^{j\omega}) &= |X(e^{j\omega})|\ e^{j\arg[X(e^{j\omega})]}\\ &= \mathrm{Re}[X(e^{j\omega})] + j\mathrm{Im}[X(e^{j\omega})]\end{aligned} \tag{2.3.3}$$

2.3.2 序列傅里叶变换的收敛性——DTFT 的存在条件

也就是讨论(2.3.1)式的收敛问题。

学习要点

1. 一致收敛。序列的傅里叶变换可以看成序列的 z 变换在单位圆上的值，即

$$X(e^{j\omega}) = X(z)\big|_{z=e^{j\omega}} = \sum_{n=-\infty}^{\infty} x(n)e^{-j\omega n} \tag{2.3.4}$$

因此，如果要求(2.3.1)式成立，即要求级数收敛，就要求 $|X(e^{j\omega})|<\infty$(对全部 ω)，也就是要求 $X(z)$的收敛域必须包含 z 平面单位圆，就是说，要求 $x(n)$的傅里叶变换存在，即

$$|X(e^{j\omega})| = \left|\sum_{n=-\infty}^{\infty} x(n)e^{j\omega}\right| \leqslant \sum_{n=-\infty}^{\infty} |x(n)||e^{j\omega n}| \leqslant \sum_{n=-\infty}^{\infty} |x(n)| < \infty \tag{2.3.5}$$

(2.3.5)式表明，若 $x(n)$绝对可和，则 $x(n)$的傅里叶变换一定存在，即**序列 $x(n)$ 绝对可和是其傅里叶变换存在的充分条件**。满足此条件下，(2.3.1)式等式右端的级数**一致收敛**于 ω 的连续函数 $X(e^{j\omega})$，也就是说，对所有 ω，级数都满足以下的一致收敛条件，即对所有 ω，有

$$\lim_{N\to\infty}\left|X(e^{j\omega}) - \sum_{n=-N}^{N} x(n)e^{-j\omega n}\right| = 0 \tag{2.3.6}$$

【例 2.23】 求矩形序列 $x(n)=R_N(n)$的 N 点 DTFT。

解

$$R_N(e^{j\omega}) = \sum_{n=0}^{N-1} R_N(n)e^{-j\omega n} = \sum_{n=0}^{N-1} e^{-j\omega n} = \frac{1-e^{-j\omega N}}{1-e^{-j\omega}} = \frac{e^{-j\omega N/2}(e^{j\omega N/2}-e^{-j\omega N/2})}{e^{-j\omega/2}(e^{j\omega/2}-e^{-j\omega/2})}$$

$$= e^{-j(N-1)\omega/2}\frac{\sin\left(\frac{\omega N}{2}\right)}{\sin\left(\frac{\omega}{2}\right)} = |X(e^{j\omega})|\, e^{j\arg[X(e^{j\omega})]} \tag{2.3.7}$$

其中

$$|X(e^{j\omega})| = \left|\frac{\sin(N\omega/2)}{\sin(\omega/2)}\right| \tag{2.3.8}$$

$$\arg[X(e^{j\omega})] = -\frac{N-1}{2}\omega + \arg\left[\frac{\sin(N\omega/2)}{\sin(\omega/2)}\right] \tag{2.3.9}$$

图 2.21 画出了当 $N=5$ 时矩形序列 $R_5(n)$及其频谱$|x(e^{j\omega})|$、$\arg[X(e^{j\omega})]$的图形。

可以看出，由于 $R_5(n)$是有限长序列，故一定满足绝对可和的条件，则其傅里叶变换一定存在，且一定是一致收敛的。

$x(n)=a^n u(n)(|a|<1)$，既是无限长序列又是绝对可和的，故其频谱也一定是一致收敛的。

2. 均方收敛。因为 $x(n)$绝对可和只是傅里叶变换存在的充分条件，如果(2.3.1)式 $X(e^{j\omega})$的展开式中表示系数 $x(n)$的(2.3.2)式存在，则 $X(e^{j\omega})$总可以用傅里叶级数表示，但不一定是一致收敛的。如果把收敛条件放宽，则有第二种收敛情况，这时序列 $x(n)$不满足绝

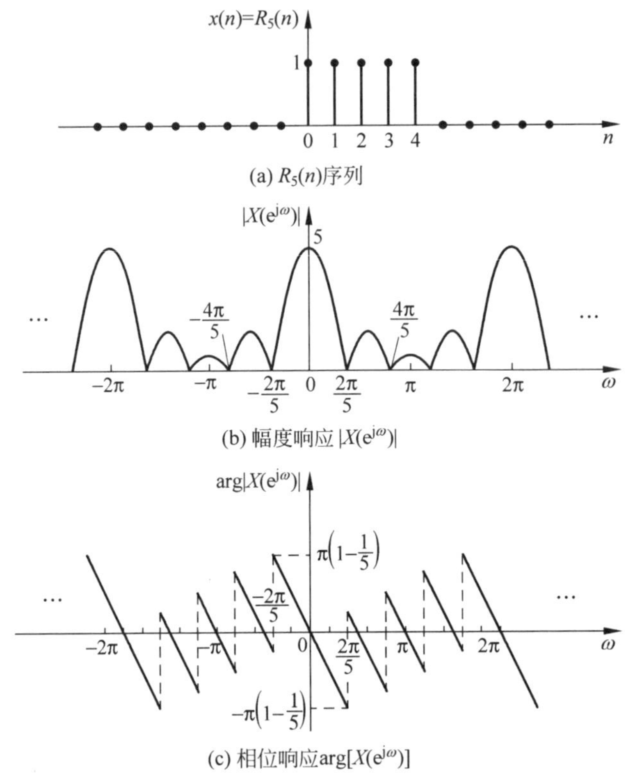

图 2.21 矩形序列及其傅里叶变换($N=5$)

对可和条件,而是满足以下的平方可和条件

$$\sum_{n=-\infty}^{\infty} |x(n)|^2 < \infty \tag{2.3.10}$$

也就是序列 $x(n)$是能量有限的,此时(2.3.1)式右端的展开式均方收敛于 $X(\mathrm{e}^{\mathrm{j}\omega})$,即满足均方收敛条件

$$\lim_{M\to\infty} \frac{1}{2\pi}\int_{-\pi}^{\pi} \left| X(\mathrm{e}^{\mathrm{j}\omega}) - \sum_{n=-M}^{M} x(n)\mathrm{e}^{-\mathrm{j}\omega n} \right|^2 \mathrm{d}\omega = 0 \tag{2.3.11}$$

序列 $x(n)$能量有限(平方可和)也是其傅里叶变换存在的充分条件。

3. 由于

$$\left[\sum_{n=-\infty}^{\infty} |x(n)|\right]^2 \geqslant \sum_{n=-\infty}^{\infty} |x(n)|^2 \tag{2.3.12}$$

即,若 $x(n)$是绝对可和的,则它一定是平方可和的,但反过来不一定成立。也就是说,**一致收敛一定满足均方收敛,而均方收敛不一定满足一致收敛。**

【例 2.24】 已知理想低通数字滤波器的频率响应 $H_{lp}(\mathrm{e}^{\mathrm{j}\omega})$如图 2.22(a)所示,试求其单位抽样响应,并讨论 $h_{lp}(n)$的傅里叶变换的收敛情况。

解 图 2.22(a)的理想数字低通滤波器的频率响应可写成

$$H_{lp}(e^{j\omega})=\begin{cases}1, & |\omega|\leqslant\omega_c\\ 0, & \omega_c<|\omega|\leqslant\pi\end{cases}\tag{2.3.13}$$

此滤波器的单位抽样响应为

$$\begin{aligned}h_{lp}(n)&=\frac{1}{2\pi}\int_{-\pi}^{\pi}H_{lp}(e^{j\omega})e^{j\omega n}d\omega=\frac{1}{2\pi}\int_{-\omega_c}^{\omega_c}e^{j\omega n}d\omega\\&=\frac{1}{2\pi jn}(e^{j\omega_c n}-e^{-j\omega_c n})=\frac{\sin(\omega_c n)}{\pi n},\quad -\infty<n<\infty\end{aligned}\tag{2.3.14}$$

$h_{lp}(n)$如图 2.22(b)所示。当 $n<0$ 时，$h_{lp}(n)\neq0$，所以理想低通滤波器是非因果的。由(2.3.14)式看出，$\sin(\omega_c n)$是有界的，当 $n\to\infty$时，$h_{lp}(n)$是以$\frac{1}{n}$趋于零。按照级数理论，$h_{lp}(n)$不是绝对可和的序列，这是因为 $H_{lp}(e^{j\omega})$在$\omega=\omega_c$ 处是不连续的。

现在看 $h_{lp}(n)$的傅里叶变换

$$\sum_{n=-\infty}^{\infty}h_{lp}(n)e^{-j\omega n}=\sum_{n=-\infty}^{\infty}\frac{\sin(\omega_c n)}{\pi n}e^{-j\omega n}\tag{2.3.15}$$

对所有 ω，此式不能一致收敛于 $H(e^{j\omega})$，在 $\omega=\omega_c$ 的不连续点处有吉布斯(Gibbs)现象存在，即在不连续点两边存在着肩峰，且有起伏(波纹)存在，如图 2.22(c)所示，故(2.3.15)式的级数不能一致收敛于 $H_{lp}(e^{j\omega})$在 $\omega=\omega_c$ 的不连续点处的值。

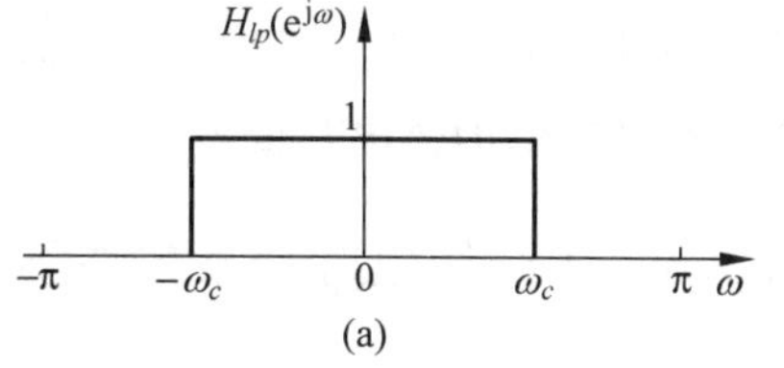

(a)

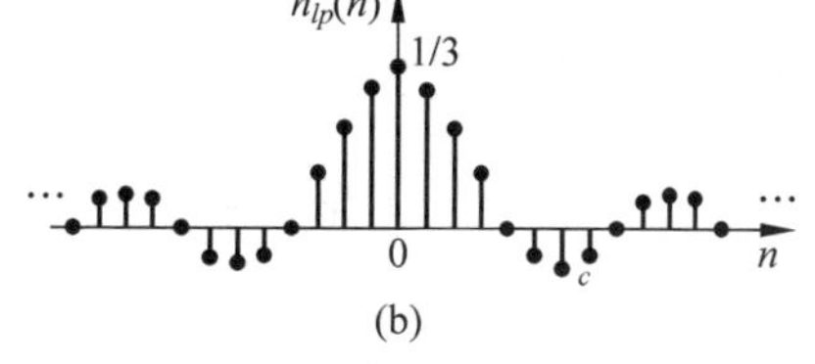

(b)

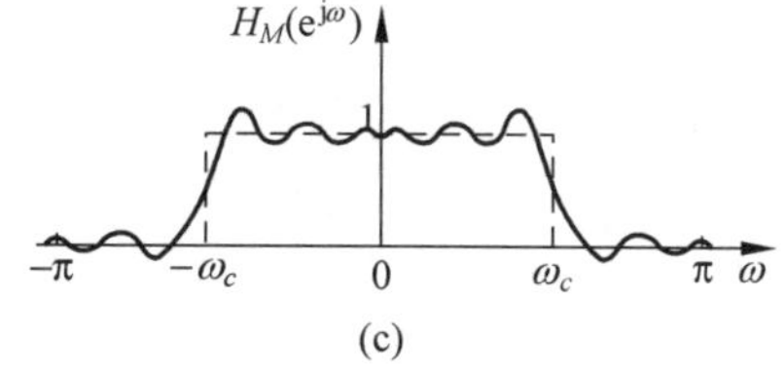

(c)

图 2.22　理想数字低通滤波器 $H_{lp}(e^{j\omega})$ 及其 $h_{lp}(n)$的傅里叶变换的收敛性($\omega_c=\pi/3, M=11$)

但是，$h_{lp}(n)$是平方可和的(能量有限的)，即

$$\begin{aligned}\sum_{n=-\infty}^{\infty}|h_{lp}(n)|^2&=\sum_{n=-\infty}^{\infty}\left|\frac{\sin(\omega_c n)}{\pi n}\right|^2\\&\xlongequal{\text{帕塞瓦公式}}\frac{1}{2\pi}\int_{-\omega_c}^{\omega_c}|H_{lp}(e^{j\omega})|^2d\omega\\&=\frac{1}{2\pi}\int_{-\omega_c}^{\omega_c}d\omega=\frac{\omega_c}{\pi}<\infty\end{aligned}\tag{2.3.16}$$

故(2.3.15)式的级数在均方误差为零的意义下收敛于 $H_{lp}(e^{j\omega})$，也就是满足(2.3.11)式的收敛条件，可代入 $H_{lp}(e^{j\omega})$重写为

$$\lim_{M\to\infty}\frac{1}{2\pi}\int_{-\pi}^{\pi}|H_{lp}(e^{j\omega})-H_M(e^{j\omega})|^2d\omega=0\tag{2.3.17}$$

其中，

$$H_M(e^{j\omega})=\sum_{n=-M}^{M}\frac{\sin(\omega_c n)}{\pi n}\tag{2.3.18}$$

表示 $h_{lp}(n)$的有限项的傅里叶变换，图 2.22(c)画出了 $M=11$ 时的 $H_M(e^{j\omega})$。M 越大，通带、阻带的波纹变得更密，其肩峰更靠近频响的不连续点 ω_c，但波纹肩峰的大小不改变，仍

不能对 $H_{lp}(e^{j\omega})$一致收敛，而只能是在均方误差为零的平均意义上收敛。

理想低通滤波器、**理想线性微分器**、**理想 90°移相器**三者的单位冲激响应都是和$\frac{1}{n}$呈比例的，因而**都不是绝对可和，而是均方可和的，它们的傅里叶变换也都是在均方误差为零的意义上均方收敛于 $H(e^{j\omega})$**。

这三者并列为有价值的理论概念，都相当于非因果系统。

4. 由于上面两个条件(绝对可和及平方可和)是傅里叶变换存在的充分条件，不满足这两个条件的某些序列(例如周期性序列、单位阶跃序列)，只要**引入冲激函数(奇异函数)δ，也可得到它们的傅里叶变换**。

2.3.3　序列傅里叶变换的主要性质

由于序列傅里叶变换是序列在单位圆上的 z 变换(当序列的 z 变换在单位圆上收敛时)，因而可表示成

$$X(e^{j\omega}) = X(z)\big|_{z=e^{j\omega}} = \sum_{n=-\infty}^{\infty} x(n)e^{-j\omega n} \tag{2.3.19}$$

$$x(n) = \frac{1}{2\pi j}\oint_{|z|=1} X(z)z^{n-1}dz = \frac{1}{2\pi}\int_{-\pi}^{\pi} X(e^{j\omega})e^{j\omega n}d\omega \tag{2.3.20}$$

故序列傅里叶变换的主要性质皆可由 z 变换的主要性质得出，可归纳如下：

设　$X(e^{j\omega})=\text{DTFT}[x(n)]$，$H(e^{j\omega})=\text{DTFT}[h(n)]$，$Y(e^{j\omega})=\text{DTFT}[y(n)]$，

$X_1(e^{j\omega})=\text{DTFT}[x_1(n)]$，$X_2(e^{j\omega})=\text{DTFT}[x_2(n)]$

则有(以下 a，b 皆为任意常数)：

学习要点

1. 线性

$$\text{DTFT}[ax_1(n)+bx_2(n)] = aX_1(e^{j\omega})+bX_2(e^{j\omega}) \tag{2.3.21}$$

2. 序列的移位

$$\text{DTFT}[x(n-m)] = e^{-j\omega m}X(e^{j\omega}) \tag{2.3.22}$$

时域的移位对应于频域有一个相位移。

3. 乘以指数序列

$$\text{DTFT}[a^n x(n)] = X\left(\frac{1}{a}e^{j\omega}\right) \tag{2.3.23}$$

时域乘以 a^n，对应于频域用$\frac{1}{a}e^{j\omega}$代替 $e^{j\omega}$。

4. 乘以复指数序列(调制性)

$$\text{DTFT}[e^{j\omega_0 n}x(n)] = X(e^{j(\omega-\omega_0)}) \tag{2.3.24}$$

时域的调制对应于频域位移。

5. 时域卷积定理

$$\text{DTFT}[x(n)*h(n)] = X(e^{j\omega})H(e^{j\omega}) \tag{2.3.25}$$

第2章　z变换与离散时间傅里叶变换

时域的线性卷积对应于频域的相乘。

6. 频域卷积定理

$$\text{DTFT}[x(n)y(n)] = \frac{1}{2\pi}[X(e^{j\omega}) * Y(e^{j\omega})] = \frac{1}{2\pi}\int_{-\pi}^{\pi} X(e^{j\theta})Y(e^{j(\omega-\theta)})d\theta \quad (2.3.26)$$

时域的加窗(即相乘)对应于频域的周期性卷积并除以 2π。

7. 序列的线性加权

$$\text{DTFT}[nx(n)] = j\frac{d}{d\omega}[X(e^{j\omega})] \quad (2.3.27)$$

时域的线性加权对应于频域的一阶导数乘以 j。

8. 帕塞瓦定理

$$\sum_{n=-\infty}^{\infty} x(n)y(n) = \frac{1}{2\pi}\int_{-\pi}^{\pi} X(e^{j\omega})Y(e^{-j\omega})d\omega \quad (2.3.28)$$

$$\sum_{n=-\infty}^{\infty} |x(n)|^2 = \frac{1}{2\pi}\int_{-\pi}^{\pi} |X(e^{j\omega})|^2 d\omega \quad (2.3.29)$$

时域的总能量等于频域的总能量($|X(e^{j\omega})|^2/2\pi$ 称为能量谱密度)。

9. 序列的翻褶

$$\text{DTFT}[x(-n)] = X(e^{-j\omega}) \quad (2.3.30)$$

时域的翻褶对应于频域的翻褶。

10. 序列的共轭

$$\text{DTFT}[x^*(n)] = X^*(e^{-j\omega}) \quad (2.3.31)$$

时域取共轭对应于频域的共轭且翻褶。

此外，还有一些与对称性有关的性质将在 2.3.4 节中讨论。利用对称性质可以简化求解运算。

将以上傅里叶变换的主要性质，以及傅里叶变换的一些对称性质(第 12 条～第 18 条)列在表 2.3 中，供参考。更好地掌握这些性质，可以在实际应用中简化运算。

表 2.3 序列傅里叶变换的主要性质

序号	序　列	傅里叶变换
	$x(n)$	$X(e^{j\omega})$
	$h(n)$	$H(e^{j\omega})$
	$y(n)$	$Y(e^{j\omega})$
1	$ax(n)+by(n)$	$aX(e^{j\omega})+bY(e^{j\omega})$
2	$x(n-m)$	$e^{-j\omega m}X(e^{j\omega})$
3	$a^n x(n)$	$X\left(\frac{1}{a}e^{j\omega}\right)$
4	$e^{jn\omega_0}x(n)$	$X(e^{j(\omega-\omega_0)})$
5	$x(n)*h(n)$	$X(e^{j\omega})H(e^{j\omega})$
6	$\sum_{n=-\infty}^{\infty} x(n)y^*(n+m)$	$X(e^{-j\omega})Y^*(e^{-j\omega})$

续表

序号	序　　列	傅里叶变换
7	$x(n)y(n)$	$\frac{1}{2\pi}\int_{-\pi}^{\pi}X(e^{j\theta})Y(e^{j(\omega-\theta)})d\theta$
8	$nx(n)$	$j\frac{dX(e^{j\omega})}{d\omega}$
9	$x^*(n)$	$X^*(e^{-j\omega})$
10	$x(-n)$	$X(e^{-j\omega})$
11	$x^*(-n)$	$X^*(e^{j\omega})$
12	$\mathrm{Re}[x(n)]$	$X_e(e^{j\omega})=\frac{X(e^{j\omega})+X^*(e^{-j\omega})}{2}$
13	$j\mathrm{Im}[x(n)]$	$X_o(e^{j\omega})=\frac{X(e^{j\omega})-X^*(e^{-j\omega})}{2}$
14	$x_e(n)=\frac{x(n)+x^*(-n)}{2}$	$\mathrm{Re}[X(e^{j\omega})]$
15	$x_o(n)=\frac{x(n)-x^*(-n)}{2}$	$j\mathrm{Im}[X(e^{j\omega})]$
16	$x(n)$ 为实序列	$\begin{cases}X(e^{j\omega})=X^*(e^{-j\omega})\\ \mathrm{Re}[X(e^{j\omega})]=\mathrm{Re}[X(e^{-j\omega})]\\ \mathrm{Im}[X(e^{j\omega})]=-\mathrm{Im}[X(e^{-j\omega})]\\ \|X(e^{j\omega})\|=\|X(e^{-j\omega})\|\\ \arg[X(e^{j\omega})]=-\arg[X(e^{-j\omega})]\end{cases}$
17	$x_e(n)=\frac{x(n)+x(-n)}{2}$　[$x(n)$ 实序列]	$\mathrm{Re}[X(e^{j\omega})]$
18	$x_o(n)=\frac{x(n)-x(-n)}{2}$　[$x(n)$ 实序列]	$j\mathrm{Im}[X(e^{j\omega})]$
19	$\sum_{n=-\infty}^{\infty}x(n)y^*(n)=\frac{1}{2\pi}\int_{-\pi}^{\pi}X(e^{j\omega})Y^*(e^{j\omega})d\omega$　（帕塞瓦公式）	
20	$\sum_{n=-\infty}^{\infty}\|x(n)\|^2=\frac{1}{2\pi}\int_{-\pi}^{\pi}\|X(e^{j\omega})\|^2d\omega$　（帕塞瓦公式）	

2.3.4 序列及其傅里叶变换的一些对称性质

离散时间傅里叶变换(DTFT)要讨论到一些对称性质，应用这些性质可以简化对信号及系统的分析，使人们深化对 DTFT 的认识和理解。

学习要点

1. 任何一个复序列 $x(n)$ 可以分解成共轭对称序列 $x_e(n)$ 与共轭反对称序列 $x_o(n)$ 之和

(1) **共轭对称序列** $x_e(n)$ 定义为

$$x_e(n)=x_e^*(-n) \tag{2.3.32}$$

共轭对称序列 $x_e(n)$ 也是复序列

$$x_e(n)=\mathrm{Re}[x_e(n)]+j\mathrm{Im}[x_e(n)] \tag{2.3.33}$$

因而有

$$x_e^*(-n)=\mathrm{Re}[x_e(-n)]-j\mathrm{Im}[x_e(-n)] \tag{2.3.34}$$

按定义上两式相等，故有

$$\mathrm{Re}[x_e(n)] = \mathrm{Re}[x_e(-n)] \tag{2.3.35}$$

$$\mathrm{Im}[x_e(n)] = -\mathrm{Im}[x_e(-n)] \tag{2.3.36}$$

故共轭对称序列 $x_e(n)$ 的实部 $\mathrm{Re}[x_e(n)]$ 是偶对称序列，虚部 $\mathrm{Im}[x_e(n)]$ 是奇对称序列。

(2) **共轭反对称序列 $x_o(n)$** 定义为

$$x_o(n) = -x_o^*(-n) \tag{2.3.37}$$

仿照上面对 $x_e(n)$ 的推导，可以证明，**共轭反对称序列 $x_o(n)$ 的实部 $\mathrm{Re}[x_o(n)]$ 是奇对称序列** $\mathrm{Re}[x_o(n)]=-\mathrm{Re}[x_o(-n)]$ **；虚部 $\mathrm{Im}[x_o(n)]$ 是偶对称序列** $\mathrm{Im}[x_o(n)]=\mathrm{Im}[x_o(-n)]$ 。

(3) 任一复序列 $x(n)$，可分解为共轭对称序列 $x_e(n)$ 与共轭反对称序列 $x_o(n)$ 之和。

$$x(n) = x_e(n) + x_o(n) \tag{2.3.38}$$

其中，

$$x_e(n) = \frac{1}{2}[x(n) + x^*(-n)] \tag{2.3.39}$$

$$x_o(n) = \frac{1}{2}[x(n) - x^*(-n)] \tag{2.3.40}$$

2. 对实序列 $x(n)$，则要将以上讨论中的所有“ * ”（共轭）符号去掉，**$x_e(n)$ 为偶对称序列，$x_o(n)$ 为奇对称序列**

$$x_e(n) = x_e(-n) \tag{2.3.41a}$$

$$x_o(n) = -x_o(-n) \tag{2.3.41b}$$

$$x_e(n) = \frac{1}{2}[x(n) + x(-n)] \tag{2.3.42}$$

$$x_o(n) = \frac{1}{2}[x(n) - x(-n)] \tag{2.3.43}$$

任何一个实序列 $x(n)$，可以分解为偶对称序列 $x_e(n)$ 与奇对称序列 $x_o(n)$ 之和

$$x(n) = x_e(n) + x_o(n) \tag{2.3.44}$$

3. 同样，序列 $x(n)$ 的傅里叶变换 $x(e^{j\omega})$ 也有类似的性质，即**序列的离散时间傅里叶变换 $X(e^{j\omega})$ 可以分解为共轭对称函数 $X_e(e^{j\omega})$ 与共轭反对称函数 $x_o(e^{j\omega})$ 之和**

$$X(e^{j\omega}) = X_e(e^{j\omega}) + X_o(e^{j\omega}) \tag{2.3.45}$$

其中

$$X_e(e^{j\omega}) = X_e^*(e^{-j\omega}) \tag{2.3.46a}$$

$$X_o(e^{j\omega}) = -X_o^*(e^{-j\omega}) \tag{2.3.46b}$$

同样可导出，**共轭对称函数 $X_e(e^{j\omega})$ 的实部 $\mathrm{Re}[X_e(e^{j\omega})]$ 是 ω 的偶函数，其虚部 $\mathrm{Im}[X_e(e^{j\omega})]$ 是 ω 的奇函数；共轭反对称函数 $X_o(e^{j\omega})$ 的实部 $\mathrm{Re}[X_o(e^{j\omega})]$ 是 ω 的奇函数，$X_o(e^{j\omega})$ 的虚部 $\mathrm{Im}[X_o(e^{j\omega})]$ 是 ω 的偶函数。**

同样,$X_e(e^{j\omega})$、$X_o(e^{j\omega})$可用 $X(e^{j\omega})$导出:

$$X_e(e^{j\omega}) = \frac{1}{2}[X(e^{j\omega}) + X^*(e^{-j\omega})] \tag{2.3.47a}$$

$$X_o(e^{j\omega}) = \frac{1}{2}[X(e^{j\omega}) - X^*(e^{-j\omega})] \tag{2.3.47b}$$

4. 序列及其傅里叶变换的共轭对称分量、共轭反对称分量及实部虚部的关系可归纳为

$$x(n) = \mathrm{Re}[x(n)] + j\mathrm{Im}[x(n)] \tag{2.3.48}$$

$$\updownarrow \qquad \updownarrow \qquad \updownarrow$$

$$X(e^{j\omega}) = X_e(e^{j\omega}) + X_o(e^{j\omega}) \tag{2.3.49}$$

注意 $j\mathrm{Im}[x(n)] \leftrightarrow X_o(e^{j\theta})$

$$x(n) = x_e(n) + x_o(n) \tag{2.3.50}$$

$$\updownarrow \qquad \updownarrow \qquad \updownarrow$$

$$X(e^{j\omega}) = \mathrm{Re}[X(e^{j\omega})] + j\mathrm{Im}[X(e^{j\omega})] \tag{2.3.51}$$

注意 $x_o(n) \leftrightarrow j\mathrm{Im}[X(e^{j\omega})]$。

以上 4 个式子表示了时域与频域间的重要对偶关系,符号“$\updownarrow$”及“$\leftrightarrow$”表示互为 DTFT、IDTFT 变换对关系。(2.3.48)式与(2.3.49)式说明,**时域 $x(n)$的实部及 j 乘虚部的傅里叶变换分别等于频域 $X(e^{j\omega})$的共轭对称分量与共轭反对称分量**;(2.3.50)式与(2.3.51)式说明,**时域$x(n)$的共轭对称分量及共轭反对称分量的傅里叶变换分别等于频域 $X(e^{j\omega})$的实部与 j 乘虚部**。

5. 最重要的是当 $x(n)$为实序列时,$X(e^{j\omega})$的一些特点。$x(n)$的离散时间傅里叶变换表示式为

$$X(e^{j\omega}) = \mathrm{DTFT}[x(n)] = \mathrm{Re}[X(e^{j\omega})] + j\mathrm{Im}[X(e^{j\omega})] = [X(e^{j\omega}) \mid e^{j\arg[X(e^{j\omega})]}] \tag{2.3.52}$$

由(2.3.48)式及(2.3.49)式的变换关系看出,**当 $x(n)$是实序列时,其 $X(e^{j\omega})$只存在共轭对称分量**[见 $\mathrm{Re}[x(n)] \leftrightarrow X_e(e^{j\omega})$关系],**即实序列 $x(n)$的离散时间傅里叶变换 $X(e^{j\omega})$满足共轭对称性 $X(e^{j\omega}) = X^*(e^{-j\omega})$**,由此可得到以下的关系:

$X(e^{j\omega})$的实部满足偶对称关系,虚部满足奇对称关系

$$\mathrm{Re}[X(e^{j\omega})] = \mathrm{Re}[X(e^{-j\omega})] \tag{2.3.53}$$

$$\mathrm{Im}[X(e^{j\omega})] = -\mathrm{Im}[X(e^{-j\omega})] \tag{2.3.54}$$

$X(e^{j\omega})$的模满足偶对称关系,相角满足奇对称关系

$$|X(e^{j\omega})| = |X(e^{-j\omega})| \tag{2.3.55}$$

$$\arg[X(e^{j\omega})] = -\arg[X(e^{-j\omega})] \tag{2.3.56}$$

这一重要关系在计算判断和应用中都非常有助益。

6. 其他特定的变换关系。

（1）若 $x(n)$是实偶序列，则 $X(e^{j\omega})$是实偶函数。即有

$$\overbrace{\overbrace{x(n)=x(-n)}^{\text{偶}}=x^*(n)}^{\text{实}}$$

$$\updownarrow \qquad\qquad \updownarrow \qquad\qquad \updownarrow$$

$$\underbrace{X(e^{j\omega})=X(e^{-j\omega})}_{\text{偶}}\underbrace{=X^*(e^{-j\omega})}_{\text{实}}$$

（2）若 $x(n)$为实奇序列，则 $X(e^{j\omega})$是虚奇函数，即有

$$\overbrace{\overbrace{x(n)=-x(-n)}^{\text{奇}}=x^*(n)}^{\text{实}}$$

$$\updownarrow \qquad\qquad \updownarrow \qquad\qquad \updownarrow$$

$$\underbrace{X(e^{j\omega})=-X(e^{-j\omega})}_{\text{奇}}\underbrace{=X^*(e^{-j\omega})}_{\text{虚}}$$

（3）若 $x(n)$为虚偶序列，则 $X(e^{j\omega})$为虚偶函数。即有

$$\overbrace{\overbrace{x(n)=x(-n)}^{\text{偶}}=-x^*(n)}^{\text{虚}}$$

$$\updownarrow \qquad\qquad \updownarrow \qquad\qquad \updownarrow$$

$$\underbrace{X(e^{j\omega})=X(e^{-j\omega})}_{\text{偶}}\underbrace{=-X^*(e^{-j\omega})}_{\text{虚}}$$

（4）若 $x(n)$为虚奇序列，则 $X(e^{j\omega})$是实奇函数。即有

$$\overbrace{\overbrace{x(n)=-x(-n)}^{\text{奇}}=-x^*(n)}^{\text{虚}}$$

$$\updownarrow \qquad\qquad \updownarrow \qquad\qquad \updownarrow$$

$$\underbrace{X(e^{j\omega})=-X(e^{-j\omega})}_{\text{奇}}\underbrace{=-X^*(e^{-j\omega})}_{\text{实}}$$

于是，可将 $x(n)$与 $X(e^{j\omega})$的实、虚、偶、奇关系列表表示为

$x(n)$	实、偶	实、奇	虚、偶	虚、奇
$X(e^{j\omega})$	实、偶	虚、奇	虚、偶	实、奇

7. 同前面讨论相似，**任何一个序列也可表示成偶序列与奇序列之和**（前面讨论是任一序列可表示成共轭对称序列与共轭反对称序列之和），即

$$x(n)=x_e(n)+x_o(n) \tag{2.3.57}$$

式中,

$$\left.\begin{aligned} x_e(n) &= \frac{1}{2}[x(n)+x(-n)] \\ x_o(n) &= \frac{1}{2}[x(n)-x(-n)] \end{aligned}\right\} \tag{2.3.58}$$

注意,(2.3.58)式与(2.3.39)式、(2.3.40)式的不同之处是其使用的是 $x(-n)$,而不是 $x^*(-n)$。

(2.3.57)式、(2.3.58)式适合于任何序列 $x(n)$,不论它是复序列或是实序列,也不论它是否是因果序列。

然而,**当 $x(n)$ 是因果序列时(可以是实序列,也可以是复序列),可以从偶序列 $x_e(n)$ 中恢复出 $x(n)$,或从奇序列 $x_o(n)$ 加上 $x(0)$ 恢复 $x(n)$。即**

$$x(n)=\begin{cases} 2x_e(n), & n>0 \\ x_e(n), & n=0 \\ 0, & n<0 \end{cases} \tag{2.3.59}$$

$$x(n)=\begin{cases} 2x_o(n), & n>0 \\ x(0), & n=0 \\ 0, & n<0 \end{cases} \tag{2.3.60}$$

以 $x(n)$ 为实因果序列为例,其奇偶分解可见图 2.23。同样复因果序列 $x(n)$ 也可得到与(2.3.59)式及(2.3.60)式同样的结果。

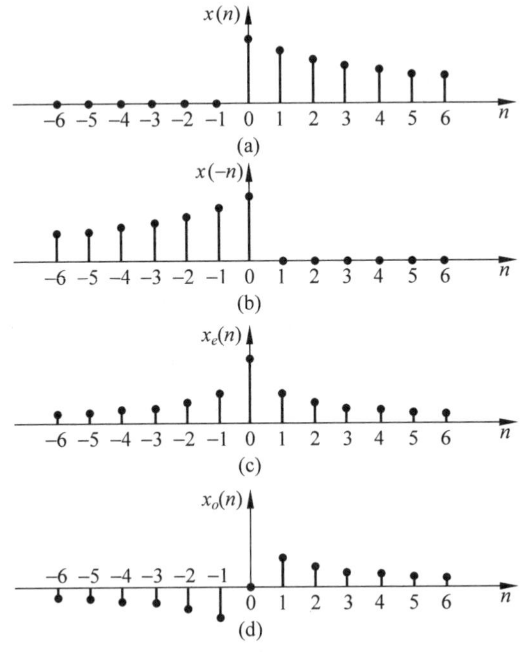

图 2.23 实因果序列的奇偶分解

* 若 $x(n)$ 是实因果序列，则又可得到以下的结果：**只要知道 $\mathrm{Re}[X(e^{j\omega})]$，就可求得 $x(n)$ 及 $X(e^{j\omega})=\mathrm{DTFT}[x(n)]$**，即

$$\mathrm{Re}[X(e^{j\omega})]\xrightarrow{\text{IDTFT}}x_e(n)\xrightarrow{(2.3.59)\text{式}}x(n)\xrightarrow{\text{DTFT}}X(e^{j\omega})$$

所以当 $x(n)$ 是实因果序列时，$\mathrm{Re}[X(e^{j\omega})]$ 包含了 $x(n)$[或 $X(e^{j\omega})$]的全部信息。

* 同样，**对实因果序列 $x(n)$，只要知道 $\mathrm{Im}[X(e^{j\omega})]$ 加上 $x(0)$，就可求得 $x(n)$[或 $X(e^{j\omega})$]**，即

$$\mathrm{jIm}[x(e^{j\omega})]\xrightarrow{\text{IDTFT}}x_o(n)\xrightarrow{+x(0),(2.3.60)\text{式}}x(n)\xrightarrow{\text{DTFT}}X(e^{j\omega})$$

因而，**对实因果序列，$X(e^{j\omega})$ 中包含冗余信息。**

2.3.5 周期性序列的傅里叶变换

由于 $n\to\infty$ 时，周期性序列不趋于零。故它既不是绝对可和的，也不是平方可和的，因而它的傅里叶变换既不是一致收敛的，也不是均方收敛的。然而，当引入冲激函数 $\delta(\omega)$ 后，就可以有它的傅里叶变换存在，这样就能很好地描述周期性序列的频谱特性了。

学习要点

1. 复指数序列的傅里叶变换对（复指数序列在一定条件下才是时域周期序列，见第 1 章 1.1.5 节的讨论）。

设复指数序列为

$$x(n)=e^{j\omega_0 n},\quad \text{任意 } n$$

则它的傅里叶变换一定为

$$\mathrm{DTFT}[e^{j\omega_0 n}]=X(e^{j\omega})=\sum_{i=-\infty}^{\infty}2\pi\delta(\omega-\omega_0-2\pi i),\quad -\pi<\omega_0<\pi$$

这是因为，可以对此 $X(e^{j\omega})$ 求傅里叶反变换，如果结果正好得到序列为 $x(n)=e^{j\omega_0 n}$，则此式一定成立。$X(e^{j\omega})$ 的傅里叶反变换为

$$x(n)=\frac{1}{2\pi}\int_{-\pi}^{\pi}X(e^{j\omega})e^{j\omega n}\,d\omega=\frac{1}{2\pi}\int_{-\pi}^{\pi}\left[\sum_{i=-\infty}^{\infty}2\pi\delta(\omega-\omega_0-2\pi i)\right]e^{j\omega n}\,d\omega$$

由于积分区间为 $-\pi\sim\pi$，所以上式积分中，只需包括 $i=0$ 这一项，因此可写成

$$x(n)=\frac{1}{2\pi}\int_{-\pi}^{\pi}2\pi\delta(\omega-\omega_0)e^{j\omega n}\,d\omega=e^{j\omega_0 n},\quad \text{任意 } n$$

由此可归纳出复指数序列的傅里叶变换对为

$$\mathrm{DTFT}[e^{j\omega_0 n}]=\sum_{i=-\infty}^{\infty}2\pi\delta(\omega-\omega_0-2\pi i),\quad -\pi<\omega_0\leqslant\pi \tag{2.3.61}$$

$$\mathrm{IDTFT}\left[\sum_{i=-\infty}^{\infty}2\pi\delta(\omega-\omega_0-2\pi i)\right]=e^{j\omega_0 n} \tag{2.3.62}$$

即复指数序列（复正弦型序列）$e^{j\omega_0 n}$ 的傅里叶变换，是以 ω_0 为中心，以 2π 的整数倍为间距的一系列冲激函数，每个冲激函数的积分面积为 2π。

由(2.3.61)式可推导出正弦型序列的傅里叶变换

$$\mathrm{DTFT}[\cos(\omega_0 n+\varphi)]=\mathrm{DTFT}\left[\frac{e^{j\varphi}e^{j\omega_0 n}+e^{-j\varphi}e^{-j\omega_0 n}}{2}\right]$$
$$=\pi\sum_{i=-\infty}^{\infty}[e^{j\varphi}\delta(\omega-\omega_0-2\pi i)+e^{-j\varphi}\delta(\omega+\omega_0-2\pi i)] \tag{2.3.63}$$

$$\mathrm{DTFT}[\sin(\omega_0 n+\varphi)]=\mathrm{DTFT}\left[\frac{e^{j\varphi}e^{j\omega_0 n}-e^{-j\varphi}e^{-j\omega_0 n}}{2j}\right]$$
$$=-j\pi\sum_{i=-\infty}^{\infty}[e^{j\varphi}\delta(\omega-\omega_0-2\pi i)-e^{-j\varphi}\delta(\omega+\omega_0-2\pi i)] \tag{2.3.64}$$

2. 常数序列的傅里叶变换对。

常数序列可表示成

$$x(n)=1,\quad -\infty<n<\infty \tag{2.3.65}$$

或表示成

$$x(n)=\sum_{i=-\infty}^{\infty}\delta(n-i) \tag{2.3.66}$$

利用(2.3.61)式，令 $\omega_0=0$，考虑到(2.3.65)式及(2.3.66)式，则有

$$\mathrm{DTFT}\left[\sum_{i=-\infty}^{\infty}\delta(n-i)\right]=\sum_{n=-\infty}^{\infty}1\cdot e^{-j\omega n}=\sum_{n=-\infty}^{\infty}e^{-j\omega n}=\sum_{i=-\infty}^{\infty}2\pi\delta(\omega-2\pi i) \tag{2.3.67}$$

$$\mathrm{IDTFT}\left[\sum_{i=-\infty}^{\infty}2\pi\delta(\omega-2\pi i)\right]=\mathrm{IDTFT}\left[\sum_{n=-\infty}^{\infty}e^{-j\omega n}\right]=\sum_{i=-\infty}^{\infty}\delta(n-i) \tag{2.3.68}$$

即常数序列的傅里叶变换是以 $\omega=0$ 为中心，以 2π 的整数倍为间隔的一系列冲激函数，每个冲激函数的积分面积为 2π。

(2.3.67)式及(2.3.68)式这两个式子在一些运算中也起很重要的作用。

(2.3.67)式及(2.3.68)式的变换，可用图 2.24 表示。

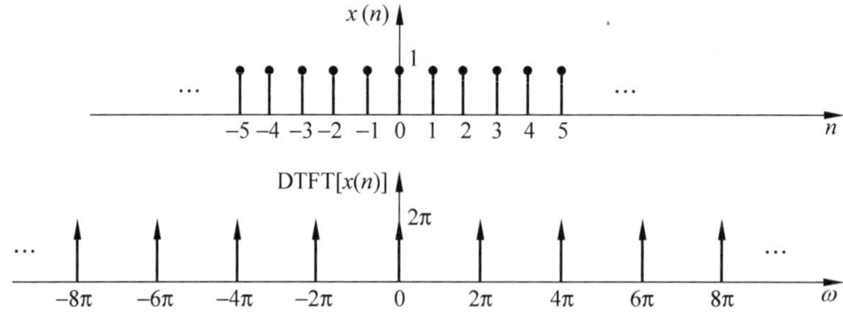

图 2.24 常数序列 $x(n)$ 及其傅里叶变换 DTFT[$x(n)$]

3. 周期为 N 的单位抽样序列串的傅里叶变换对

$$x(n)=\sum_{i=-\infty}^{\infty}\delta(n-iN)$$

则有

$$\mathrm{DTFT}\left[\sum_{i=-\infty}^{\infty}\delta(n-iN)\right]=\sum_{n=-\infty}^{\infty}\left(\sum_{i=-\infty}^{\infty}\delta(n-iN)\right)\mathrm{e}^{-\mathrm{j}\omega n}$$

$$=\sum_{i=-\infty}^{\infty}\sum_{n=-\infty}^{\infty}\delta(n-iN)\mathrm{e}^{-\mathrm{j}\omega n}=\sum_{i=-\infty}^{\infty}\mathrm{e}^{-\mathrm{j}\omega Ni}$$

利用(2.3.67)式，将其 ω 用 $N\omega$ 代替，则上式可写成

$$\mathrm{DTFT}\left[\sum_{i=-\infty}^{\infty}\delta(n-iN)\right]=\sum_{i=-\infty}^{\infty}\mathrm{e}^{-\mathrm{j}\omega Ni}=\sum_{k=-\infty}^{\infty}2\pi\delta(N\omega-2\pi k)=\sum_{k=-\infty}^{\infty}2\pi\delta[N(\omega-2\pi k/N)]$$

利用冲激函数的以下性质

$$\delta(at)=\frac{1}{|a|}\delta(t)$$

则上式可写成

$$\mathrm{DTFT}\left[\sum_{i=-\infty}^{\infty}\delta(n-iN)\right]=\frac{2\pi}{N}\sum_{k=-\infty}^{\infty}\delta\left(\omega-\frac{2\pi}{N}k\right) \tag{2.3.69}$$

$$\mathrm{IDTFT}\left[\frac{2\pi}{N}\sum_{k=-\infty}^{\infty}\delta\left(\omega-\frac{2\pi}{N}k\right)\right]=\sum_{i=-\infty}^{\infty}\delta(n-iN) \tag{2.3.70}$$

即周期为 N 的单位抽样序列，其傅里叶变换是频率在 $2\pi/N$ 的整数倍上的一系列冲激函数之和，每个冲激函数的积分面积为 $2\pi/N$。

周期为 N 的周期性序列的傅里叶变换仍是以 2π 为周期的，只不过是一个周期中有 N 个用冲激函数表示的频谱。(2.3.69)式及(2.3.70)式的变换对($N=10$ 时)分别见后面例 2.25 的图 2.25(d)、图 2.25(c)。

4. 一般性周期为 N 的周期性序列 $\tilde{x}(n)$ 的傅里叶变换

$$\tilde{x}(n)=\sum_{i=-\infty}^{\infty}x(n-iN)=x(n)*\sum_{i=-\infty}^{\infty}\delta(n-iN) \tag{2.3.71}$$

也就是把周期性序列 $\tilde{x}(n)$ 看成 $\tilde{x}(n)$ 的一个周期中的有限长序列 $x(n)$ 与周期为 N 的单位抽样序列串的卷积。时域卷积，则频域是相乘。若 $x(n)$ 的傅里叶变换为 $X(\mathrm{e}^{\mathrm{j}\omega})$，$\tilde{x}(n)$ 的傅里叶变换为 $\widetilde{X}(\mathrm{e}^{\mathrm{j}\omega})$，再利用(2.3.69)式，可得

$$\widetilde{X}(\mathrm{e}^{\mathrm{j}\omega})=\mathrm{DTFT}[\tilde{x}(n)]=\mathrm{DTFT}[x(n)]\cdot\mathrm{DTFT}\left[\sum_{i=-\infty}^{\infty}\delta(n-iN)\right]$$

$$=X(\mathrm{e}^{\mathrm{j}\omega})\left(\frac{2\pi}{N}\sum_{k=-\infty}^{\infty}\delta\left(\omega-\frac{2\pi}{N}k\right)\right)$$

$$=\frac{2\pi}{N}\sum_{k=-\infty}^{\infty}X(\mathrm{e}^{\mathrm{j}\frac{2\pi}{N}k})\delta\left(\omega-\frac{2\pi}{N}k\right)$$

$$=\frac{2\pi}{N}\sum_{k=-\infty}^{\infty}\widetilde{X}(k)\delta\left(\omega-\frac{2\pi}{N}k\right) \tag{2.3.72}$$

(2.3.72)式表明，**周期性序列 $\tilde{x}(n)$（周期为 N）的傅里叶变换 $\widetilde{X}(\mathrm{e}^{\mathrm{j}\omega})$ 是频率在 $2\pi/N$ 的**

整数倍上的一系列冲激函数,其每一冲激函数的积分面积等于$\widetilde{X}(k)$与$2\pi/N$的乘积,而$\widetilde{X}(k)$是$x(n)$[$\tilde{x}(n)$的一个周期]的傅里叶变换$X(e^{j\omega})$在频域中相应于$\omega=2\pi k/N$上的抽样值($k=0,1,2,\cdots,N-1$)。

$$\begin{aligned}\widetilde{X}(k)&=X(e^{j\omega})\big|_{\omega=2\pi k/N}=\sum_{n=0}^{N-1}\tilde{x}(n)e^{-j\omega n}\Big|_{\omega=2\pi k/N}\\&=\sum_{n=0}^{N-1}\tilde{x}(n)e^{-j\frac{2\pi}{N}nk}=\sum_{n=0}^{N-1}x(n)e^{-j\frac{2\pi}{N}nk}\end{aligned}\tag{2.3.73}$$

此式对应于在$\omega=0$到$\omega=2\pi$之间的N个等间隔点上,以$2\pi/N$为间隔,对$x(n)$的傅里叶变换进行抽样。

注意,与序号3中的讨论一样,周期性序列的傅里叶变换(2.3.72)式仍是以2π为周期,在一个周期中有N个冲激函数表示的谱线。

对(2.3.72)式求傅里叶反变换,可得$\tilde{x}(n)$的表达式

$$\tilde{x}(n)=\frac{1}{2\pi}\int_{0-\varepsilon}^{2\pi-\varepsilon}\left[\frac{2\pi}{N}\sum_{k=-\infty}^{\infty}\widetilde{X}(k)\delta\left(\omega-\frac{2\pi}{N}k\right)\right]e^{j\omega n}d\omega$$

其中ε满足$0<\varepsilon<\frac{2\pi}{N}$。因为被积函数是周期的,周期为$2\pi$,因而可以在长度为$2\pi$的任意区间积分。现在积分限取成$0-\varepsilon$到$2\pi-\varepsilon$,表示是从$\omega=0$之前开始,在$\omega=2\pi$之前结束,因而它包括了$\omega=0$处的抽样,而不包括$\omega=2\pi$处的抽样,所以,在此区间内共有$N$个抽样值,即$k$值范围应为$0\leqslant k\leqslant N-1$,因而上式可写成

$$\begin{aligned}\tilde{x}(n)&=\frac{1}{N}\int_{0-\varepsilon}^{2\pi-\varepsilon}\left[\sum_{k=0}^{N-1}\widetilde{X}(k)\delta\left(\omega-\frac{2\pi}{N}k\right)\right]e^{j\omega n}d\omega\\&=\frac{1}{N}\sum_{k=0}^{N-1}\widetilde{X}(k)\int_{0-\varepsilon}^{2\pi-\varepsilon}\delta\left(\omega-\frac{2\pi}{N}k\right)\Big]e^{j\omega n}d\omega\\&=\frac{1}{N}\sum_{k=0}^{N-1}\widetilde{X}(k)e^{j\frac{2\pi}{N}kn}\end{aligned}\tag{2.3.74}$$

(2.3.74)式即为周期性序列$\tilde{x}(n)$的傅里叶级数展开式,它表示周期性序列$\tilde{x}(n)$可由其N个谐波分量$\widetilde{X}(k)$组成,谐波分量的数字频率为$2\pi k/N(k=0,1,2,\cdots,N-1)$,幅度为$|\widetilde{X}(k)|/N$,$\widetilde{X}(k)$由(2.3.73)式决定,$\widetilde{X}(k)$是$\tilde{x}(n)$的傅里叶级数展开式(2.3.74)式中的系数。

实际上**(2.3.73)式与(2.3.74)式就构成了周期性序列的离散傅里叶级数(DTS)对**,重写如下

$$\widetilde{X}(k)=\mathrm{DFS}[\tilde{x}(n)]=\sum_{n=0}^{N-1}\tilde{x}(n)e^{-j\frac{2\pi}{N}nk}\tag{2.3.75}$$

$$\tilde{x}(n)=\mathrm{IDFS}[\widetilde{X}(k)]=\frac{1}{N}\sum_{k=0}^{N-1}\widetilde{X}(k)e^{j\frac{2\pi}{N}nk}\tag{2.3.76}$$

DFS和DFT(离散傅里叶变换)将在第3章中讨论。表2.4是一些常用的傅里叶变换对。

表 2.4 一些常用的傅里叶变换对

序　列	傅里叶变换 t
$\delta(n)$	1
$\delta(n-n_0)$	$e^{-j\omega n_0}$
$u(n)$	$\dfrac{1}{1-e^{-j\omega}}+\sum\limits_{i=-\infty}^{\infty}\pi\delta(\omega-2\pi i)$
$x(n)=1,-\infty<n<\infty$	$2\pi\sum\limits_{i=-\infty}^{\infty}\delta(\omega-2\pi i)$
$\sum\limits_{i=-\infty}^{\infty}\delta(n-iN)$	$\dfrac{2\pi}{N}\sum\limits_{k=-\infty}^{\infty}\delta\left(\omega-\dfrac{2\pi}{N}k\right)$
$a^n u(n),\ \lvert a\rvert<1$	$\dfrac{1}{1-ae^{-j\omega}}$
$(n+1)a^n u(n),\ \lvert a\rvert<1$	$\dfrac{1}{(1-ae^{-j\omega})^2}$
$e^{j\omega_0 n}$	$2\pi\sum\limits_{i=-\infty}^{\infty}\delta(\omega-\omega_0-2\pi i)$
$x(n)=\dfrac{\sin(\omega_c n)}{\pi n}$	$X(e^{j\omega})=\begin{cases}1, & \lvert\omega\rvert\leqslant\omega_c\\ 0, & \omega_c<\lvert\omega\rvert\leqslant\pi\end{cases}$
$R_N(n)$	$\dfrac{\sin(N\omega/2)}{(\omega/2)}e^{-j\left(\frac{N-1}{2}\right)\omega}$
$\cos(\omega_0 n+\varphi)$	$\pi\sum\limits_{i=-\infty}^{\infty}[e^{j\varphi}\delta(\omega-\omega_0-2\pi i)+e^{-j\varphi}\delta(\omega+\omega_0-2\pi i)]$
$\sin(\omega_0 n+\varphi)$	$-j\pi\sum\limits_{i=-\infty}^{\infty}[e^{j\varphi}\delta(\omega-\omega_0-2\pi i)-e^{-j\varphi}\delta(\omega+\omega_0-2\pi i)]$

以下通过一个例子来讨论周期序列$\tilde{x}(n)$及其傅里叶变换$\widetilde{X}(e^{j\omega})$。

【例 2.25】 设周期 $N=10$ 的周期性序列$\tilde{x}(n)$的一个周期为 $x(n)$

$$x(n)=R_5(n)$$

$$\tilde{x}(n)=x((n))_{10}$$

求$\tilde{x}(n)$的傅里叶变换$\widetilde{X}(e^{j\omega})$并用图形表示。

解 $x(n)=R_5(n)$的傅里叶变换 $X(e^{j\omega})$为

$$X(e^{j\omega})=\sum_{n=-\infty}^{\infty}R_5(n)e^{-j\omega n}=\sum_{n=0}^{4}e^{-j\omega n}=\frac{1-e^{-j5\omega}}{1-e^{-j\omega}}=e^{-j2\omega}\frac{\sin(5\omega/2)}{\sin(\omega/2)}$$

$x(n)$与 $X(e^{j\omega})$的图形分别见图 2.25(a)和图 2.25(b)。

$\tilde{x}(n)$可表示成 $x(n)$与周期性单位抽样序列的卷积，如(2.3.71)式所示

$$\tilde{x}(n)=x((n))_{10}=\sum_{n=-\infty}^{\infty}x(n-10i)=x(n)*\sum_{i=-\infty}^{\infty}\delta(n-10i)$$

则有

$$\widetilde{X}(e^{j\omega})=\text{DTFT}[\tilde{x}(n)]=\text{DTFT}[x(n)]\cdot\text{DTFT}\left[\sum_{i=-\infty}^{\infty}\delta(n-10i)\right]$$

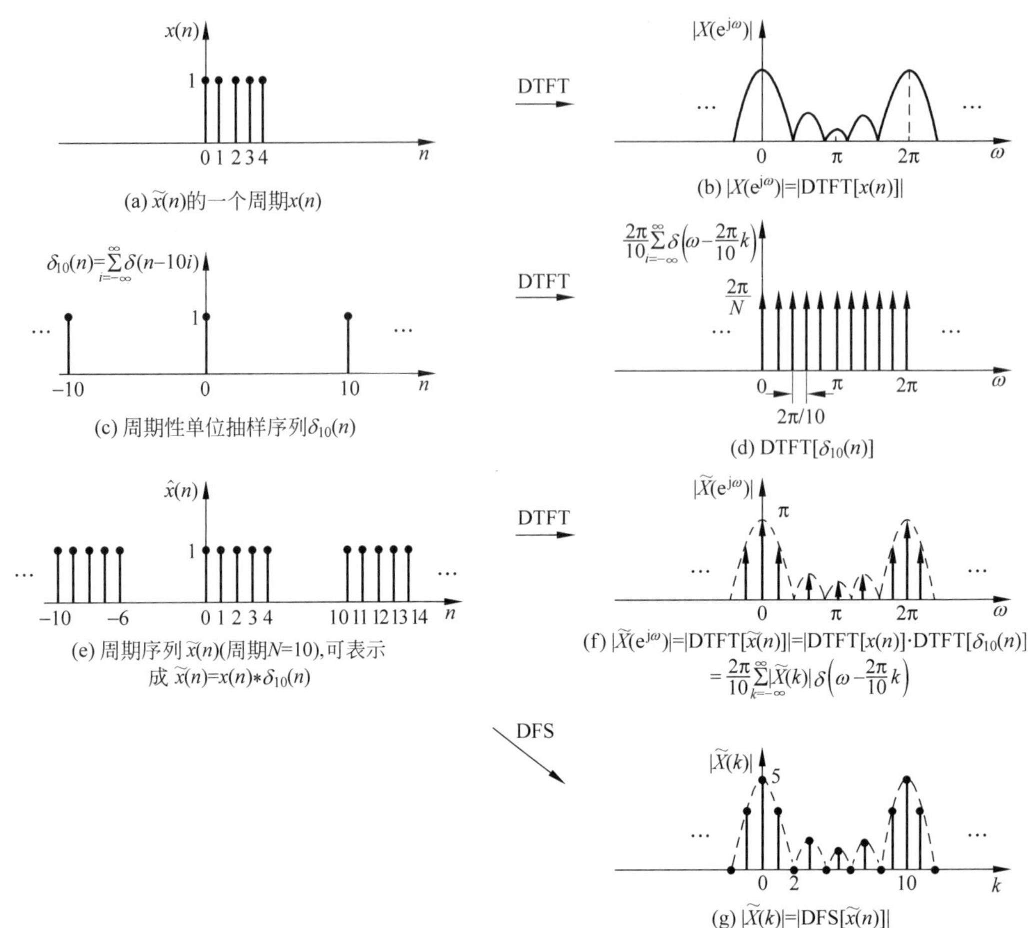

图 2.25　周期序列$\tilde{x}(n)$的傅里叶变换(DTFT)的模$|\tilde{X}(e^{j\omega})|$(周期 $N=10$)

将(2.3.69)式代入可得

$$\tilde{X}(e^{j\omega}) = \frac{2\pi}{10}\sum_{k=-\infty}^{\infty} X(e^{j\frac{2\pi}{10}k})\delta\left(\omega - \frac{2\pi}{10}k\right) = \frac{2\pi}{10}\sum_{k=-\infty}^{\infty}\tilde{X}(k)\delta\left(\omega - \frac{2\pi}{10}k\right)$$

其中，

$$\tilde{X}(k) = X(e^{j\frac{2\pi}{10}k})$$

是 $X(e^{j\omega})$在频域中的等间隔抽样点 $\omega_k=2\pi k/10$ 上的抽样值，$\sum\limits_{i=-\infty}^{\infty}\delta(n-10i)$ 及其傅里叶变换的图形分别见图 2.25(c) 及图 2.25(d)。

现在求$\tilde{X}(k)$及$\tilde{X}(e^{j\omega})$的具体表达式

$$\begin{aligned}\tilde{X}(k) &= \sum_{n=0}^{9} x(n)e^{-j\frac{2\pi}{10}nk} = \sum_{n=0}^{4} e^{-j\frac{\pi}{5}nk} = \frac{1-e^{-j\pi k}}{1-e^{-j\pi k/5}}\\ &= \frac{e^{-j\pi k/2}(e^{j\pi k/2}-e^{-j\pi k/2})}{e^{-j\pi k/10}(e^{j\pi k/10}-e^{-j\pi k/10})} = e^{-j2\pi k/5}\frac{\sin(\pi k/2)}{\sin(\pi k/10)}\end{aligned}$$

将$\widetilde{X}(k)$代入$\widetilde{X}(e^{j\omega})$的表达式，可得

$$\widetilde{X}(e^{j\omega}) = \frac{\pi}{5}\sum_{k=-\infty}^{\infty} e^{-j2\pi k/5}\frac{\sin(\pi k/2)}{\sin(\pi k/10)}\delta\left(\omega-\frac{\pi k}{5}\right)$$

故$|\widetilde{X}(e^{j\omega})| = \frac{\pi}{5}\sum_{k=-\infty}^{\infty}\left|\frac{\sin(\pi k/2)}{\sin(\pi k/10)}\right|\delta\left(\omega-\frac{\pi k}{5}\right)$。

$\tilde{x}(n)$与$|\widetilde{X}(e^{j\omega})|$的图形分别画在图 2.25(e)及图 2.25(f)上，在图 2.25(g)中，则画出了$|\widetilde{X}(k)|$的图形。可以看出，$|\widetilde{X}(e^{j\omega})|$和$\widetilde{X}(k)$的包络形状是一样的，但是$|\widetilde{X}(e^{j\omega})|$是用冲激函数（竖箭头）表示的，而$|\widetilde{X}(k)|$则是用具体数值表示的。例如，$|\widetilde{X}(e^{j0})|$（$\omega=0$ 处）的冲激的积分面积为 π，而$|\widetilde{X}(0)|$（$k=0$ 处）的幅度为 5。

【例 2.26】 设 $x(n)$是一个低频信号，试讨论如何将它的高低频互换位置而得到一个高频信号。

解 (1) 利用复卷积公式。设 $x(n)$为低频信号

$$x(e^{j\omega}) = \mathrm{DTFT}[x(n)]$$

另取一个复指数信号 $h(n)=e^{j\omega_0 n}$。

按(2.3.61)式可知

$$H(e^{j\omega}) = \mathrm{DTFT}[e^{j\omega_0 n}] = \sum_{i=-\infty}^{\infty} 2\pi\delta(\omega-\omega_0-2\pi i)$$

若有

$$y(n) = x(n)h(n)$$

利用表 2.3 第 7 条的复卷积公式可得

$$\begin{aligned} Y(e^{j\omega}) &= \frac{1}{2\pi}X(e^{j\omega}) * H(e^{j\omega}) = \frac{1}{2\pi}X(e^{j\omega}) * \left(2\pi\sum_{i=-\infty}^{\infty}\delta(\omega-\omega_0-2\pi i)\right) \\ &= \int_{-\pi}^{\pi}\left[X(e^{j\theta})\cdot\sum_{i=-\infty}^{\infty}\delta(\omega-\omega_0-2\pi i-\theta)\right]d\theta = \sum_{i=-\infty}^{\infty} X(e^{j(\omega-\omega_0-2\pi i)}) \end{aligned}$$

若取 $\omega_0=\pi$，即令 $h(n)=e^{j\pi n}$，将所得 $H(e^{j\omega})$代入 $Y(e^{j\omega})$中，有

$$Y(e^{j\omega}) = \sum_{i=-\infty}^{\infty} X(e^{j(\omega-\pi-2\pi i)})$$

$X(e^{j\omega})$见图 2.26(a)，$H(e^{j\omega})=\mathrm{DTFT}[e^{j\pi n}]$见图 2.26(b)，而 $Y(e^{j\omega})$（当 $\omega_0=\pi$ 时）见图 2.26(c)。由 $Y(e^{j\omega})$（$\omega_0=\pi$ 时）的表达式及图 2.26(c)看出，$Y(e^{j\omega})$相当于 $X(e^{j\omega})$移动了 π，即将 $x(n)$的高低频互换位置而得到一个高频信号 $y(n)$，其频谱为 $Y(e^{j\omega})$。这一过程实际上就是将低频信号 $x(n)$“调制”（相乘）到 $e^{j\pi n}$（载波）上，得到已调信号 $y(n)$，造成频谱的“搬移”。

(2) 利用调制性。即利用表 2.3 中第 4 条性质，即频移性质（调制性），代入 $\omega_0=\pi$ 即可得到与以上相同的结果

$$\mathrm{DTFT}[e^{j\pi n}x(n)] = X(e^{j(\omega-\pi)})$$

总之，**若将低频信号序列 $x(n)$ 乘以 $\mathrm{e}^{\mathrm{j}\pi n}=(-1)^n$，即将 $x(n)$ 中 $n=$奇数的序列值加以变号（乘以 -1），则频域中频谱就会平移 $\omega=\pi$，就可造成信号的低频段与高频段互换位置**，如图 2.26 所示。

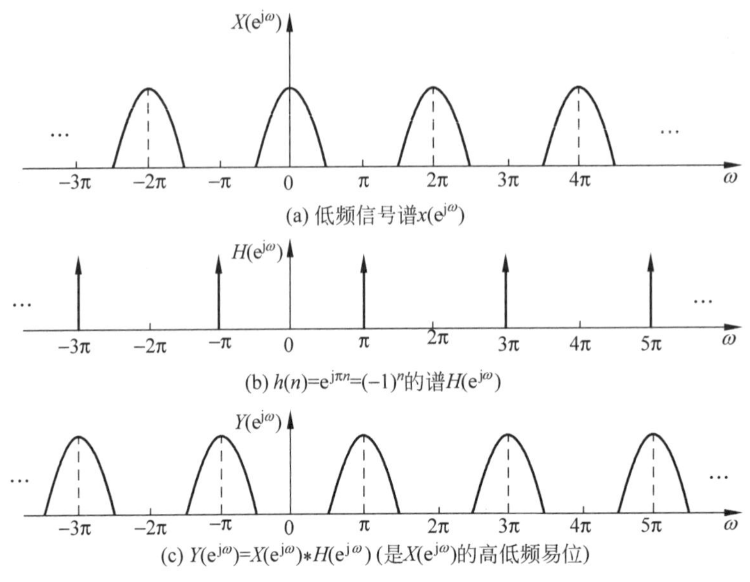

图 2.26 例 2.26 的图（高低频易位）

2.3.6 $x_a(t)$、$\hat{x}_a(t)$、$x(n)$之间及其拉普拉斯变换、z 变换、傅里叶变换之间关系的归纳

学习要点

1. 首先，以 $s\to z$ 的映射关系为纽带，寻找抽样序列 $x(n)$ 的 z 变换 $X(z)$ 和连续时间信号 $x_a(t)$ 的拉普拉斯变换 $X_a(s)$ 的关系。由(1.4.12)式，时域抽样，则在 s 域沿 $\mathrm{j}\Omega$ 轴（s 平面的虚轴）上周期延拓，重写如下

$$\hat{X}_a(s)=\frac{1}{T}\sum_{k=-\infty}^{\infty}X_a(s-\mathrm{j}k\Omega_s) \tag{2.3.77}$$

由(2.2.2)式和(2.3.77)式可得到 $X(z)$ 和 $X_a(s)$ 的关系

$$X(z)\big|_{z=e^{sT}}=\hat{X}_a(s)=\frac{1}{T}\sum_{k=-\infty}^{\infty}X_a(s-\mathrm{j}k\Omega_s)=\frac{1}{T}\sum_{k=-\infty}^{\infty}X_a\left(s-\mathrm{j}\frac{2\pi}{T}k\right) \tag{2.3.78}$$

(2.3.78)式说明**抽样序列的 z 变换 $X(z)$ 与原连续时间抽样信号的拉普拉斯变换 $\hat{X}_a(s)$ 有一对一的对应关系，而和原连续时间信号的拉普拉斯变换 $X_a(s)$ 是多值映射关系，这正好验证了从 s 平面到 z 平面的多值映射关系。**

2. 其次，讨论抽样序列（就是序列）$x(n)$ 在单位圆上的 z 变换（$z=e^{\mathrm{j}\omega}=e^{\mathrm{j}\Omega T}$）与连续时间信号 $X_a(t)$ 的傅里叶变换 $X_a(\mathrm{j}\Omega)$ 的关系。

将 $s=\mathrm{j}\Omega$ 及 $z=\mathrm{e}^{\mathrm{j}\Omega T}$ 代入(2.3.78)式中可得到

$$X(z)\big|_{z=\mathrm{e}^{\mathrm{j}\Omega T}}=X(\mathrm{e}^{\mathrm{j}\Omega T})=\frac{1}{T}\sum_{k=-\infty}^{\infty}X_a\left(\mathrm{j}\Omega-\mathrm{j}\frac{2\pi}{T}k\right) \tag{2.3.79}$$

这表明：抽样序列在单位圆上的 z 变换（即序列的傅里叶变换）等于其原连续时间信号的傅里叶变换的周期延拓，其延拓周期为 $\frac{2\pi}{T}$ 的整数倍，此外，还有 $1/T$ 的幅度加权因子。

3. 重写数字频率 ω 与模拟角频率 Ω 的关系为

$$\omega=\Omega T=\frac{\Omega}{f_s}=2\pi\frac{f}{f_s} \tag{2.3.80}$$

将(2.3.80)式代入(2.3.79)式，可得

$$X(z)\big|_{z=\mathrm{e}^{\mathrm{j}\omega}}=X(\mathrm{e}^{\mathrm{j}\omega})=\frac{1}{T}\sum_{k=-\infty}^{\infty}X_a\left(\mathrm{j}\frac{\omega-2\pi k}{T}\right) \tag{2.3.81}$$

单位圆上的 z 变换是和序列的频谱相联系的，因而称单位圆上序列的 z 变换为序列的傅里叶变换，即离散时间傅里叶变换（DTFT）。

4. 将信号、序列的时域、复频域（s 域、z 域）、频域中的关系归纳如下：

设模拟信号为 $x_a(t)$，$x_a(t)$ 的理想抽样信号为 $\hat{x}_a(t)$，$x_a(t)$ 的抽样序列为 $x(n)$，且设

$$X_a(s)=\mathscr{L}[x_a(t)],\quad X_a(\mathrm{j}\Omega)=X_a(s)\big|_{s=\mathrm{j}\Omega}$$

$$\hat{X}_a(s)=\mathscr{L}[\hat{x}_a(t)],\quad \hat{X}_a(\mathrm{j}\Omega)=\hat{X}_a(s)\big|_{s=\mathrm{j}\Omega}$$

$$X(z)=\mathscr{Z}[x(n)],\quad X(\mathrm{e}^{\mathrm{j}\omega})=X(z)\big|_{z=\mathrm{e}^{\mathrm{j}\omega}}$$

图 2.27 中用①，②，…等标注所对应的它们在时域、复频域（s 域、z 域）、频域（Ω、ω）之间的关系式，可分别见以下讨论中同一标号①，②，…中的公式。

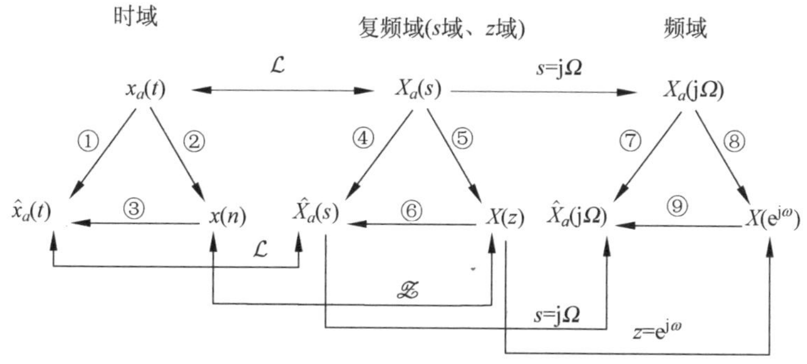

图 2.27　信号序列的时域、复频域（s 域、z 域）及频域间的关系

(1) **时域间关系**（参见图 2.27 的①、②、③）。

①

$$\hat{x}_a(t)=\sum_{n=-\infty}^{\infty}x_a(t)\delta(t-nT)=\sum_{n=-\infty}^{\infty}x_a(nT)\delta(t-nT) \tag{2.3.82}$$

这里的 $\hat{x}_a(t)$ 代表的是连续时间信号，是用周期性的冲激函数串表示（其强度则是用积分面

积表示）。其中，抽样间隔 $T=\dfrac{1}{f_s}$，f_s 为抽样频率。

②

$$x(n)=x_a(t)\big|_{t=nT}=x_a(nT) \tag{2.3.83}$$

$x(n)$是离散时间的序列，它只在离散时间点上有定义值。

③

$$\hat{x}_a(t)=\sum_{n=-\infty}^{\infty}x(n)\delta(t-nT) \tag{2.3.84}$$

在 $t=nT$ 上，$\hat{x}_a(t)$的积分面积（强度）等于抽样序列 $x(n)$在该时间点上的数值。

（2）**复频域（s 域、z 域）的关系**（参见图 2.27 的④、⑤、⑥）。

④

$$\hat{X}_a(s)=\frac{1}{T}\sum_{k=-\infty}^{\infty}X_a(s-\mathrm{j}k\Omega_s) \tag{2.3.85}$$

其中，$\Omega_s=2\pi f_s$ 为抽样角频率。此式说明，理想抽样信号的拉普拉斯变换等于原模拟信号的拉普拉斯变换沿 s 平面虚轴以 $\Omega=\Omega_s$ 为周期的周期延拓序列，且幅度上有$\dfrac{1}{T}$的加权。

⑤

$$X(z)\big|_{z=\mathrm{e}^{sT}}=\hat{X}_a(s)=\frac{1}{T}\sum_{k=-\infty}^{\infty}X_a(s-\mathrm{j}k\Omega_s)=\frac{1}{T}\sum_{k=-\infty}^{\infty}X_a\left(s-\mathrm{j}\frac{2\pi}{T}k\right) \tag{2.3.86}$$

⑥

$$X(z)\big|_{z=\mathrm{e}^{sT}}=X(\mathrm{e}^{sT})=\hat{X}_a(s) \tag{2.3.87}$$

此⑤、⑥两项的公式说明序列的 z 变换与原模拟信号的理想抽样信号的拉普拉斯变换有一对一的变换关系，而与原模拟信号的拉普拉斯变换则是多值映射关系。

（3）**频域间关系**（参见图 2.27 的⑦、⑧、⑨）。

⑦

$$\begin{aligned}\hat{X}_a(\mathrm{j}\Omega)&=\hat{X}_a(s)\big|_{s=\mathrm{j}\Omega}=\frac{1}{T}\sum_{k=-\infty}^{\infty}X_a[\mathrm{j}(\Omega-k\Omega_s)]\\&=\frac{1}{T}\sum_{k=-\infty}^{\infty}X_a\left[\mathrm{j}\left(\Omega-\frac{2\pi}{T}k\right)\right]\end{aligned} \tag{2.3.88}$$

（2.3.88）式说明，理想抽样信号的频谱等于原模拟信号的频谱的周期延拓，其延拓周期为 $\Omega=\Omega_s=2\pi/T$，且有 $1/T$ 的幅度加权因子。

⑧

$$X(\mathrm{e}^{\mathrm{j}\Omega T})=X(z)\big|_{z=\mathrm{e}^{\mathrm{j}\Omega T}}=\frac{1}{T}\sum_{k=-\infty}^{\infty}X_a\left[\mathrm{j}\left(\Omega-\frac{2\pi}{T}k\right)\right] \tag{2.3.89}$$

当 $\omega=\Omega T=\Omega/f_s$ 时，有

$$X(\mathrm{e}^{\mathrm{j}\omega})=X(z)\big|_{z=\mathrm{e}^{\mathrm{j}\omega}}=\frac{1}{T}\sum_{k=-\infty}^{\infty}X_a\left[\mathrm{j}\,\frac{\omega-2\pi k}{T}\right] \tag{2.3.90}$$

从⑧中的(2.3.90)式看出，$X(\mathrm{e}^{\mathrm{j}\omega})=\mathrm{DTFT}[x(n)]$等于其原模拟信号 $x_a(t)$的频谱 $X_a(\mathrm{j}\Omega)=\mathrm{FT}[x_a(t)]$的周期延拓序列$\left(\text{且有}\frac{1}{T}\text{的加权}\right)$，所以 $X(\mathrm{e}^{\mathrm{j}\omega})$与 $X_a(\mathrm{j}\Omega)$之间是多值映射关系。

⑨

$$X(\mathrm{e}^{\mathrm{j}\omega})\big|_{\omega=\Omega T}=X(\mathrm{e}^{\mathrm{j}\Omega T})=\hat{X}_a(\mathrm{j}\Omega) \tag{2.3.91}$$

⑨中的(2.3.91)式说明，抽样序列的频谱 $X(\mathrm{e}^{\mathrm{j}\omega})$与抽样信号的频谱$\hat{X}(\mathrm{j}\Omega)$有一对一的关系($\omega=\Omega T$)。

2.4 离散线性移不变系统的频域表征

2.4.1 LSI 系统的描述

一个线性移不变系统(LSI 系统)可以有时域及 z 变换域(包括频域)两种表示方法。

1. 时域中的描述，可以有两种方法。

(1) 用单位抽样响应 $h(n)$表征

$$h(n)=T[\delta(n)] \tag{2.4.1}$$

此时若输入为 $x(n)$，输出为 $y(n)$，则它们之间的关系为

$$y(n)=x(n)*h(n)=\sum_{n=-\infty}^{\infty}x(m)h(n-m)=\sum_{m=-\infty}^{\infty}h(m)x(n-m) \tag{2.4.2}$$

(2) 用常系数线性差分方程表征输出与输入的关系

$$y(n)=\sum_{m=0}^{M}b_m x(n-m)-\sum_{k=1}^{N}a_k y(n-k) \tag{2.4.3}$$

其中各系数 a_k，b_k 必须是常数，系统的特性由这些常数决定，同时又受起始状态的约束，这在第 1 章中已讨论到。

2. 变换域中的描述，也可有两种：z 域及频域。

(1) 用系统函数 $H(z)$表征。

$$H(z)=\mathscr{Z}[h(n)]=\sum_{n=-\infty}^{\infty}h(n)z^{-n} \tag{2.4.4}$$

此时，在 z 域的输入输出关系为

$$Y(z)=X(z)H(z) \tag{2.4.5}$$

同样，当系统起始状态为零时，将(2.4.2)式的差分方位等式两端取 z 变换，则可用差分方程的系数表征系统函数 $H(z)$，即

$$H(z)=\frac{Y(z)}{X(z)}=\frac{\sum_{m=0}^{M}b_m z^{-m}}{1+\sum_{k=1}^{N}a_k z^{-k}} \tag{2.4.6}$$

但是仍要注意，除了由各个 a_k、b_k 决定系统将性外，还必须给定收敛域范围，才能唯一地确定一个 LSI 系统。

(2) 用频率响应 $H(e^{j\omega})$ 表征。

若系统函数在 z 平面单位圆上收敛，则当 $z=e^{j\omega}$ 时 $H(z)\big|_{z=e^{j\omega}}=H(e^{j\omega})$ 存在，称之为系统的频率响应，它可以用 $h(n)$ 表征，也可用差分方程的各系数 a_k、b_k 表征。

将 $z=e^{j\omega}$ 代入(2.4.5)式，且考虑(2.4.4)式，有

$$H(e^{j\omega})=\frac{Y(e^{j\omega})}{X(e^{j\omega})}=\sum_{n=-\infty}^{\infty}h(n)e^{-j\omega n} \tag{2.4.7}$$

将 $z=e^{j\omega}$ 代入(2.4.6)式，有

$$H(e^{j\omega})=\frac{Y(e^{j\omega})}{X(e^{j\omega})}=\frac{\sum_{m=0}^{M}b_m e^{-j\omega m}}{1+\sum_{k=1}^{N}a_k e^{-j\omega k}} \tag{2.4.8}$$

由(2.4.7)式及(2.4.8)式可以看出，当起始状态为零时，LSI 系统的频率响应是由系统本身的$h(n)$或由各系数 b_m、a_k 决定的，与输入输出信号无关。

2.4.2 LSI 系统的因果、稳定条件

与 2.4.1 节一样，一个 LSI 系统的因果、稳定条件，可以有时域及 z 变换域两种表示方法。

学习要点

1. 时域条件。这在第 1 章已讨论过了，对 $h(n)$来说：

因果性

$$h(n)=0,\quad n<0,\quad h(n)\text{ 是因果序列} \tag{2.4.9}$$

稳定性

$$\sum_{n=-\infty}^{\infty}|h(n)|<\infty,\quad h(n)\text{ 是绝对可和的} \tag{2.4.10}$$

(2.4.9)式与(2.4.10)式分别是 LSI 系统满足因果性、稳定性的必要且充分条件。

2. z 域条件。对 $H(z)$来说：

因果性。$H(z)$收敛且要满足

$$R_{h-}<|z|\leqslant\infty \tag{2.4.11}$$

其中 R_{h-} 是 $H(z)$的模值最大的极点所在圆的半径。由于 **$h(n)$是因果序列，故 $H(z)$的收敛域为半径为 R_{h-} 的圆的外部，并且必须包括 $z=\infty$。**

稳定性。$H(z)$的收敛域必须包括 z 平面的单位圆，即包括$|z|=1$。这是由于 $h(n)$ 绝对可和是稳定性的必要且充分条件，即有(2.4.10)式，而 z 变换的收敛域由满足 $\sum_{n=-\infty}^{\infty}|h(n)z^{-n}|<\infty$ 的那些 z 值确定，所以如果 $H(z)$ 的收敛域包括单位圆 $|z|=1$，即满足(2.4.10)式关系，则系统一定是稳定的。

因果稳定性。一个 LSI 系统是因果稳定系统的必要与充分条件是系统函数 $H(z)$必须在从单位圆$|z|=1$ 到$|z|=\infty$的整个 z 平面内($1\leqslant|z|\leqslant\infty$)收敛。

也就是说，系统函数 $H(z)$的全部极点必须在 z 平面单位圆之内，即收敛域为

$$R_{h-}<|z|\leqslant\infty,\quad R_{h-}<1 \tag{2.4.12}$$

2.4.3 LSI 系统的频率响应 $H(e^{j\omega})$及其特点

学习要点

1. 为了研究离散线性系统对输入频谱的处理作用，有必要研究线性系统对复指数或正弦的稳态响应，这就是系统的频域表示法。

设输入序列是频率为 ω 的复指数序列，即

$$x(n)=e^{j\omega n},\quad -\infty<n<\infty$$

线性移不变系统的单位抽样响应为 $h(n)$，利用卷积和的(1.2.9)式，得到输出

$$y(n)=\sum_{m=-\infty}^{\infty}h(m)e^{j\omega(n-m)}=e^{j\omega n}\sum_{m=-\infty}^{\infty}h(m)e^{-j\omega m}=e^{j\omega n}H(e^{j\omega}) \tag{2.4.13}$$

由(2.4.13)式看出，在稳态状态下，当输入为复指数 $e^{j\omega n}$时，输出 $y(n)$也含有 $e^{j\omega n}$，只是它被一个复值函数 $H(e^{j\omega})$加权。具有这种特性的输入信号称为系统的特征函数。因而**将 $e^{j\omega n}$ 称为线性移不变系统的一个特征函数，而把 $H(e^{j\omega})$称为特征值**，它的表达式是

$$H(e^{j\omega})=\sum_{n=-\infty}^{\infty}h(n)e^{-j\omega n} \tag{2.4.14}$$

从(2.4.14)式看出，**$H(e^{j\omega})$是 $h(n)$的离散时间傅里叶变换，称为系统的频率响应。它描述复指数序列通过线性移不变系统后，复振幅(包括幅度和相位)的变化**(见(2.4.13)式)。

2. $H(e^{j\omega})$的特性。由于 $H(e^{j\omega})$是 $h(n)$的离散时间傅里叶变换，因而它具有 DTFT 的一切特性，这里要特别强调以下的一些特性：

(1) **若 $h(n)$绝对可和，则系统稳定，这也意味着系统频率响应 $H(e^{j\omega})$存在且连续。**

(2) 与连续系统时一样，**当系统输入为正弦序列时，则输出为同频的正弦序列，其幅度受频率响应幅度$|H(e^{j\omega})|$加权，而输出的相位则为输入相位与系统相位响应之和。**对这一结论，可证明如下：

设输入为

$$x(n)=A\cos(\omega_0 n+\phi)=\frac{A}{2}\left[e^{j(\omega_0 n+\phi)}+e^{-j(\omega_0 n+\phi)}\right]$$

2.4 离散线性移不变系统的频域表征

$$= \frac{A}{2}e^{j\phi}e^{j\omega_0 n} + \frac{A}{2}e^{-j\phi}e^{-j\omega_0 n}$$

根据(2.4.13)式，$\frac{A}{2}e^{j\phi}e^{j\omega_0 n}$的响应为

$$y_1(n) = H(e^{j\omega_0})\frac{A}{2}e^{j\phi}e^{j\omega_0 n}$$

同样，$\frac{A}{2}e^{-j\phi}e^{-j\omega_0 n}$的响应为

$$y_2(n) = H(e^{-j\omega_0})\frac{A}{2}e^{-j\phi}e^{-j\omega_0 n}$$

线性系统，利用叠加定理可知系统对正弦型序列 $A\cos(\omega_0 n+\phi)$的输出为

$$y(n) = \frac{A}{2}[H(e^{j\omega_0})e^{j\phi}e^{j\omega_0 n} + H(e^{-j\omega_0})e^{-j\phi}e^{-j\omega_0 n}]$$

由于 $h(n)$是实序列，故 $H(e^{j\omega})$满足共轭对称条件，即 $H(e^{j\omega})=H^*(e^{-j\omega})$，也就是$H(e^{j\omega})$的幅度为偶对称，$|H(e^{j\omega})|=|H(e^{-j\omega})|$。相角为奇对称，$\arg|H(e^{j\omega})|=-\arg|H(e^{-j\omega})|$。 所以

$$\begin{aligned} y(n) &= \frac{A}{2}[|H(e^{j\omega_0})|e^{j\arg[H(e^{j\omega_0})]}e^{j\phi}e^{j\omega_0 n} + |H(e^{-j\omega_0})|e^{j\arg[H(e^{-j\omega_0})]}e^{-j\phi}e^{-j\omega_0 n}] \\ &= \frac{A}{2}|H(e^{j\omega_0})|[e^{j\{\omega_0 n+\phi+\arg[H(e^{j\omega_0})]\}} + e^{-j\{\omega_0 n+\phi+\arg[H(e^{j\omega_0})]\}}] \end{aligned}$$

即

$$y(n) = A|H(e^{j\omega_0})|\cos\{\omega_0 n+\phi+\arg[H(e^{j\omega_0})]\} \tag{2.4.15}$$

且有

$$H(e^{j\omega_0}) = |H(e^{j\omega_0})|e^{j\arg|H(e^{j\omega_0})|} \tag{2.4.16}$$

(3) 一般情况下，**$h(n)$是实序列，则频率响应的幅度响应$|H(e^{j\omega})|$是偶函数，相位响应$\arg[H(e^{j\omega})]$是奇函数：**

$$|H(e^{j\omega})| = |H(e^{-j\omega})| \tag{2.4.17}$$

$$\arg[H(e^{j\omega})] = -\arg[H(e^{-j\omega})] \tag{2.4.18}$$

同样

$$\mathrm{Re}[H(e^{j\omega})] = |H(e^{j\omega})|\cos\{\arg[H(e^{j\omega})]\} = \mathrm{Re}[H(e^{-j\omega})] \tag{2.4.19}$$

即频率响应的实部是偶函数。

$$\mathrm{Im}[H(e^{j\omega})] = |H(e^{j\omega})|\sin\{\arg[H(e^{j\omega})]\} = -\mathrm{Im}[H(e^{-j\omega})] \tag{2.4.20}$$

即频率响应的虚部是奇函数。

(4) **$H(e^{j\omega})$是 ω 的周期函数，**周期为 2π，这是由于 $e^{j\omega n}=e^{j(\omega+2\pi)n}$代入(2.4.14)式，可知$H(e^{j\omega})=H(e^{j\omega+2\pi})$。同时，虽然 $h(n)$是离散序列，但 $H(e^{j\omega})$**是 ω 的连续函数。**

(5) 由(2.4.14)式还可看出，**系统的频率响应 $H(e^{j\omega})$正是系统函数 $H(z)$在单位圆上的值，即**

$$H(e^{j\omega}) = H(z)\big|_{z=e^{j\omega}} \tag{2.4.21}$$

（6）有了系统频率响应的概念，现在，对线性移不变系统，建立任意输入情况下输入与输出两者的傅里叶变换间的关系。这可直接由卷积和 $y(n)=x(n)*h(n)$ 式两端取傅里叶变换，且利用表 2.3 傅里叶变换性质 5 得到

$$\text{DTFT}[y(n)] = \text{DTFT}[x(n)*h(n)]$$

即

$$Y(e^{j\omega}) = X(e^{j\omega})H(e^{j\omega}) \tag{2.4.22}$$

其中

$$H(e^{j\omega})=\text{DTFT}[h(n)]$$

$H(e^{j\omega})$ 就是(2.4.21)式表示的系统的频率响应。由(2.4.22)式得知，对于**线性移不变系统，其输出序列的离散时间傅里叶变换等于输入序列的离散时间傅里叶变换与系统频率响应的乘积。**

由(2.4.22)式的离散时间傅里叶反变换，可求得输出序列 $y(n)$ 为

$$y(n) = \frac{1}{2\pi}\int_{-\pi}^{\pi} H(e^{j\omega})X(e^{j\omega})e^{j\omega n}\,d\omega \tag{2.4.23}$$

由于 $x(n) = \frac{1}{2\pi}\int_{-\pi}^{\pi} X(e^{j\omega})e^{j\omega n}d\omega$，故序列 $x(n)$ 可表示成复指数的叠加，即微分增量 $\frac{1}{2\pi}X(e^{j\omega})e^{j\omega n}d\omega$ 的叠加，利用此叠加特性，以及系统对复指数的响应是完全由 $H(e^{j\omega})$ 确定的这一性质，可以解释 $x(n)$ 作用于系统的输出响应 $y(n)$ 的(2.4.23)式。因为每个输入复指数为 $\frac{1}{2\pi}X(e^{j\omega})e^{j\omega n}d\omega$，它作用在系统上，其输出响应可表示成用它乘 $H(e^{j\omega})$，即为 $\frac{1}{2\pi}H(e^{j\omega})X(e^{j\omega})e^{j\omega n}d\omega$，而总的输出等于系统对 $x(n)$ 的每个复指数分量的响应的叠加，即(2.4.23)式的积分表达式。

2.4.4 频率响应的几何确定法

学习要点

1. 系统函数 $H(z)$ 用极点、零点的表示法。

可将(2.4.6)式的 $H(z)$ 因式分解，即用极点、零点表示为

$$H(z) = K\frac{\prod_{m=1}^{M}(1-c_m z^{-1})}{\prod_{k=1}^{N}(1-d_k z^{-1})} = Kz^{(N-M)}\frac{\prod_{m=1}^{M}(z-c_m)}{\prod_{k=1}^{N}(z-d_k)} \tag{2.4.24}$$

其中 K 为实数，$z=c_m(m=1,2,\cdots,M)$ 为 $H(z)$ 的 M 个零点，$z=d_k(k=1,2,\cdots,N)$ 为 $H(z)$ 的 N 个极点。当 $N>M$ 时，$H(z)$ 在 $z=0$ 处有 $(N-M)$ 阶零点，当 $N<M$ 时，$H(z)$ 在 $z=0$ 处有 $(M-N)$ 阶极点。

2. 系统频率响应的几何解释。可以利用 $H(z)$ 在 z 平面上的零极点的分布，通过几何方法，直观地求出系统的频率响应。将 $z=e^{j\omega}$ 代入(2.4.24)式，可得到

$$H(e^{j\omega}) = Ke^{j(N-M)\omega}\frac{\prod_{m=1}^{M}(e^{j\omega}-c_m)}{\prod_{k=1}^{N}(e^{j\omega}-d_k)} = |H(e^{j\omega})|e^{j\arg[H(e^{j\omega})]} \tag{2.4.25}$$

因而 $H(e^{j\omega})$的模（幅度响应）为

$$|H(e^{j\omega})| = |K|\frac{\prod_{m=1}^{M}|e^{j\omega}-c_m|}{\prod_{k=1}^{N}|e^{j\omega}-d_k|} \tag{2.4.26}$$

$H(e^{j\omega})$的相角（相位响应）为

$$\arg[H(e^{j\omega})] = \arg[K] + \sum_{m=1}^{M}\arg[e^{j\omega}-c_m] - \sum_{k=1}^{N}\arg[e^{j\omega}-d_k] + (N-M)\omega \tag{2.4.27}$$

由图 2.28 看出，在 z 平面上，$z=c_m(m=1,2,\cdots,M)$表示 $H(z)$的零点（图上以"○"表示），$z=d_k(k=1,2,\cdots,N)$表示 $H(z)$的极点（图上以"×"表示），而复变量 c_m（或 d_k）是由原点（$z=0$）指向 c_m 点（或 d_k 点）的矢量。$e^{j\omega}$则是由原点指向单位圆上角度为 ω 的点的矢量，因此 **$e^{j\omega}-c_m$ 表示一根由零点 c_m 指向单位圆上角度为 ω 的点的矢量，称之为零矢**。同样 **$e^{j\omega}-d_k$ 则表示一根由极点指向单位圆上角度为 ω 的点的矢量，称之为极矢。**

零矢

$$C_m = e^{j\omega} - c_m = \rho_m e^{j\theta_m} \tag{2.4.28}$$

极矢

$$D_k = e^{j\omega} - d_k = l e^{j\phi_k} \tag{2.4.29}$$

由于 $e^{j\omega}$是随数字频率 ω 的变化而沿单位圆上旋转的矢量，故各极矢与各零矢也是随 ω 变化而变化的矢量。

将这两个表达式代入(2.4.26)式及(2.4.27)式可得

$$|H(e^{j\omega})| = |K|\frac{\prod_{m=1}^{M}\rho_m}{\prod_{k=1}^{N}l_k} \tag{2.4.30}$$

$$\arg[H(e^{j\omega})] = \arg[K] + \sum_{m=1}^{M}\theta_m - \sum_{k=1}^{N}\phi_k + (N-M)\omega \tag{2.4.31}$$

也就是说，**频率响应的幅度等于各零矢长度之积除以各极矢长度之积再乘以常数$|K|$。频率响应的相角等于各零矢的相角之和减去各极矢的相角之和，加上常数 K 的相角（由于 K 是实数，故其相角是零或是π），再加上线性相移分量$\omega(N-M)$。**

利用(2.4.30)式及(2.4.31)式，结合图 2.28 可得到以下结论。

① 位于原点（$z=0$）处的极点、零点，其极矢与零矢的模（长度）永远等于 1（不管 ω 如何变化），故对$|H(e^{j\omega})|$没有影响，但对 $\arg[H(e^{j\omega})]$则贡献一个线性相移分量，$\omega(N-M)$就是

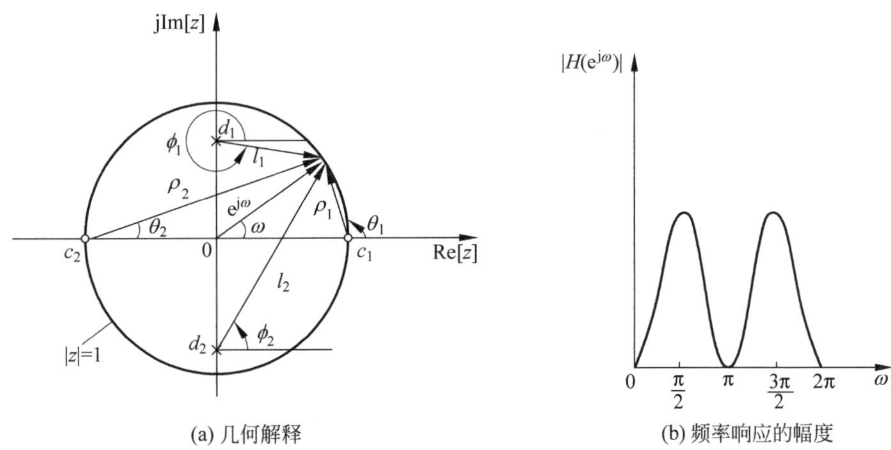

(a) 几何解释　(b) 频率响应的幅度

图 2.28　频率响应的几何解释

二者造成的线性相移分量。

② 单位圆附近的零点对幅度响应$|H(e^{j\omega})|$的凹谷的位置和它凹陷的深度有明显的影响。例如，若$c_m=|c_m|e^{j\arg(c_m)}$，当频率为$\omega_m=\arg[c_m]$(单位圆上角度为ω_m处)时，零矢$C_m=e^{j\omega_m}-c_m$的模$|\rho_m|$为最短，则由(2.4.26)式知，$|H(e^{j\omega})|$在此$\omega_m=\arg[c_m]$处，形成极小值，即形成凹陷最大的波谷。当c_m越靠近单位圆，这一波谷就越低，若零点在单位圆上，则在此频率点上$|H(e^{j\omega})|$值为零。

③ 同理，单位圆附近的极点$d_k=|d_k|e^{j\arg[d_k]}$使$H(e^{j\omega})$在频率$\omega=\arg[d_k]$处，形成$|H(e^{j\omega})|$的凸起波峰。若极点越靠近单位圆，则波峰越尖锐。但极点不能在单位圆上，否则系统处于临界稳定状态，不应采用。

根据这些讨论，对低阶$H(z)$，可通过$H(z)$的极点、零点位置，定性讨论$|H(e^{j\omega})|$的形状，也可通过设置零点、极点位置，设计简单的一、二阶数字滤波器。

2.4.5　无限长单位冲激响应(IIR)系统与有限长单位冲激响应(FIR)系统

学习要点

1. 从系统的单位抽样响应$h(n)$看，由于设计方法不同，故划分为两种系统：

(1) 无限长单位抽样响应系统；

(2) 有限长单位抽样响应系统。

2. 从系统函数$H(z)$的零点、极点看，将系统函数的表达式(2.4.6)式重写为

$$H(z)=\frac{\sum_{m=0}^{M}b_m z^{-m}}{1+\sum_{k=1}^{N}a_k z^{-k}} \tag{2.4.32}$$

由此式可以区分出：

（1）**全零点系统（滑动平均系统）**。在(2.4.32)式中，当全部 $a_k=0(k=1,2,\cdots,N)$时，系统是有限长单位冲激响应系统 $H(z)=\sum_{m=0}^{M}b_m z^{-m}=\sum_{m=0}^{M}h(m)z^{-m}$，$H(z)$在 z 平面中 $0<|z|<\infty$的有限 z 平面中是收敛的。也就是说，此时 **$H(z)$在有限 z 平面中没有极点，只有零点（全部极点在 $z=0$ 处），称为全零点系统，或称滑动平均(MA)系统**。

（2）**全极点(AR)系统与零、极点(ARMA)系统**。在(2.4.32)式中，只要有任意 $a_k\neq 0$，则在 $0<|z|<\infty$的有限 z 平面中，$H(z)$一定有极点，这时就是无限长单位冲激响应系统。

其中，又分为两种情况，一种是分子多项式中，只有常数项 b_0，此时，在有限 z 平面中，**$H(z)$只有极点（没有零点），称为全极点系统，或称自回归(AR)系统**；另一种是 **$H(z)$是有理函数，如(2.4.32)式所示，即在有限 z 平面既有极点，又有零点，称为零极点系统，或称自回归滑动平均(ARMA)系统**。

3. 从结构类型来看，其差分方程表达式如(2.4.3)式所示，为

$$y(n)=\sum_{m=0}^{M}b_m x(n-m)-\sum_{k=1}^{N}a_k y(n-k)$$

（1）**递归型结构**。对于 IIR 系统，至少有一个 $a_k\neq 0$，则求 $y(n)$时，总会有（至少一个）$y(n-k)$反馈回来，用 a_k 加权后和各 $b_m x(n-m)$之和相加，因而**有反馈环路，这种结构称为“逆归型”结构**，也就是说，IIR 系统的输出，不但和输入有关，而且和输出有关。

（2）**非递归型结构**。对于 FIR 系统，全部 $a_k=0(k=1,2,\cdots,N)$，则**没有反馈结构**。**称之为“非递归”结构**。也就是说，FIR 系统的输出只和输入有关。

但是 FIR 系统用零点极点互相抵消的办法，则也可以采用含有递归结构的系统。

由于 IIR 系统和 FIR 系统的特性和设计方法都不相同，因而成为数字滤波器的两大分支，所以分别加以讨论。

【例 2.27】 设一阶系统的差分方程为

$$y(n)=x(n)+ay(n-1),\quad |a|<1,\quad a\text{ 为实数}$$

求系统的频率响应。

解 将差分方程等式两端取 z 变换，可求得

$$H(z)=\frac{Y(z)}{X(z)}=\frac{1}{1-az^{-1}},\quad |z|>|a|$$

这是一个因果系统，可求出单位抽样响应为

$$h(n)=a^n u(n)$$

该一阶系统的频率响应为

$$H(e^{j\omega})=H(z)|_{z=e^{j\omega}}=\frac{1}{1-ae^{-j\omega}}$$

$$=\frac{1}{(1-a\cos\omega)+ja\sin\omega}$$

幅度响应为

$$|H(e^{j\omega})| = (1 + a^2 - 2a\cos\omega)^{-1/2}$$

相位响应为

$$\arg[H(e^{j\omega})] = -\arctan\left(\frac{a\sin\omega}{1 - a\cos\omega}\right)$$

零极点图、$h(n)$、$|H(e^{j\omega})|$、$\arg[H(e^{j\omega})]$及系统结构图画在图 2.29 中。若要系统稳定，则要求极点在单位圆内，即要求实数 a 满足$|a|<1$。此时，若 $0<a<1$，则系统呈低通特性；若 $-1<a<0$，则系统呈高通特性。

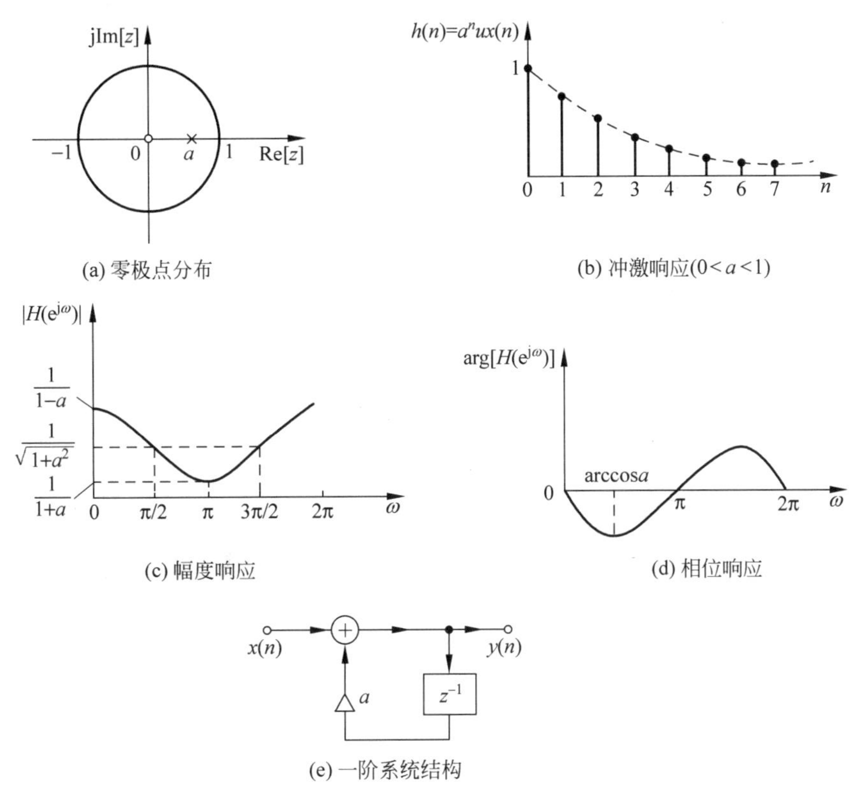

图 2.29　一阶 IIR 系统的结构与特性

由 $h(n)$可以看出，此**系统的单位冲激响应是无限长的序列，因而是无限长单位冲激响应系统**。

【例 2.28】 设系统的差分方程为

$$\begin{aligned} y(n) &= x(n) + ax(n-1) + a^2x(n-2) + \cdots + a^{M-1}x(n-M+1) \\ &= \sum_{k=0}^{M-1} a^k x(n-k) \end{aligned}$$

这就是 $M-1$ 个单元延时及 M 个抽头加权后相加所组成的电路，常称之为横向滤波器。求其频率响应。

解　令 $x(n)=\delta(n)$，将所给差分方程等式两端取 z 变换，可得系统函数为

$$H(z)=\sum_{k=0}^{M-1}a^k z^{-k}=\frac{1-a^M z^{-M}}{1-az^{-1}}=\frac{z^M-a^M}{z^{M-1}(z-a)},\quad |z|>0$$

$H(z)$的零点满足

$$z^M-a^M=0$$

即

$$z_i=a\mathrm{e}^{\mathrm{j}\frac{2\pi}{M}i},\quad i=0,1,2,\cdots,M-1$$

如果 a 为正实数，这些零点等间隔地分布在$|z|=a$ 的圆周上，其第一零点为 $z_0=a(i=0)$，它正好和单极点 $z_p=a$ 相抵消，所以整个函数有$(M-1)$个零点 $z_i=a\mathrm{e}^{\mathrm{j}\frac{2\pi}{M}i}(i=1,2,\cdots,M-1)$，而在 $z=0$ 处有$(M-1)$阶极点。

当输入为 $x(n)=\delta(n)$时，系统只延时$(M-1)$位后就不存在了，故单位抽样响应 $h(n)$只有 M 个值，即

$$h(n)=\begin{cases}a^n, & 0\leqslant n\leqslant M-1\\ 0, & \text{其他}\ n\end{cases}$$

图 2.30 示出 $M=6$ 及 $0<a<1$ 条件下的零、极点分布，单位抽样响应，频率响应以及结构图。频率响应的幅度在 $\omega=0$ 处为峰值，而在 $H(z)$的零点附近的频率处，频率响应的幅度

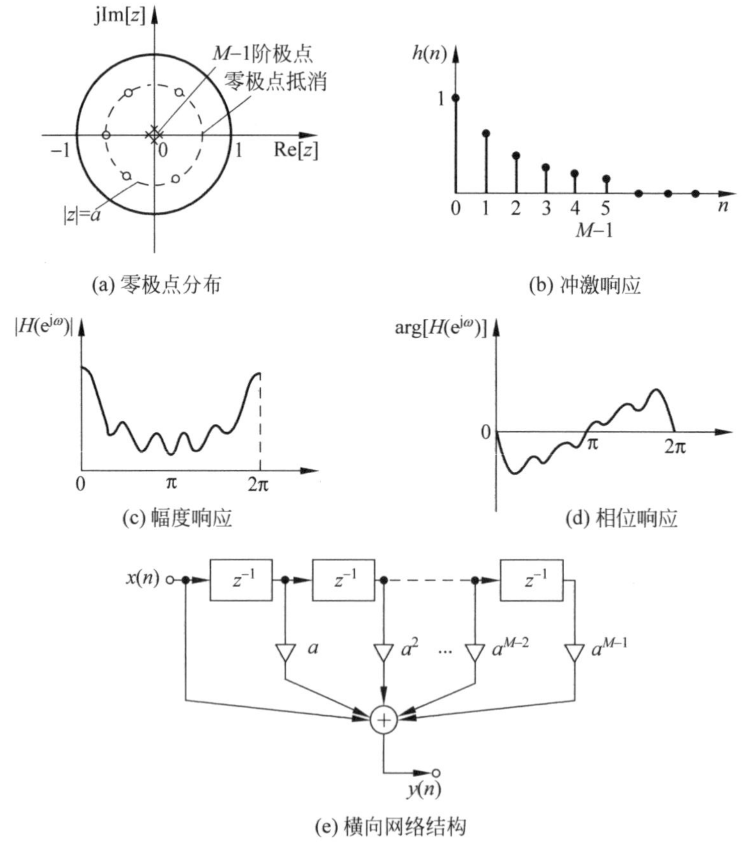

图 2.30 横向滤波器(FIR)系统的结构特性[(a)、(b)、(c)、(d)的 $M=6$]

为凹谷。可以用零、极点矢量图来解释此频率响应。从 $h(n)$ 可以看出，**其冲激响应是有限长的序列，因而是有限长单位冲激响应系统**。

习　题

2.1　试求以下序列的 z 变换并画出零极点图和收敛域：

(1) $x(n)=a^{|n|}$　　(2) $x(n)=\left(\frac{1}{2}\right)^n u(n)$

(3) $x(n)=-\left(\frac{1}{2}\right)^n u(-n-1)$　　(4) $x(n)=\frac{1}{n},\quad n\geqslant 1$

(5) $x(n)=n\sin(\omega_0 n),\quad n\geqslant 0$（$\omega_0$ 为常数）　(6) $x(n)=Ar^n\cos(\omega_0 n+\phi)u(n),\quad 0<r<1$

(7) $x(n)=(n^2+n+1)u(n)$　　(8) $x(n)=\frac{1}{n!}u(n)$

(9) $x(n)=a^n$　　(10) $x(n)=|n|\,|a|^n u(-n)$

(11) $x(n)=0.5^n[u(n)-u(n-5)]$　　(12) $x(n)=\frac{1}{2}[u(n)+(-1)^n u(n)]$

2.2　已知 $x_1(n)=a^n u(n)$，$\mathscr{Z}[a^n u(n)]=\frac{1}{1-az^{-1}}$，$|z|>a$。试求以下各序列的 z 变换及其收敛域，并将各结果加以比较得出必要的结论。

(1) $x_2(n)=x_1(-n)=a^{-n}u(-n)$

(2) $x_3(n)=x_1(-n-1)=x[-(n+1)]=a^{-n-1}u(-n-1)$

(3) $x_4(n)=x_1(-n+1)=x_1[-(n-1)]=a^{-n+1}u(-n+1)$

(4) $x_5(n)=x_1(n+1)=a^{n+1}u(n+1)$

(5) $x_6(n)=x_1(n-1)=a^{n-1}u(n-1)$

2.3　用长除法、留数定理、部分分式法试求以下 $X(z)$ 的 z 反变换。

(1) $X(z)=\dfrac{1-\frac{1}{2}z^{-1}}{1-\frac{1}{4}z^{-2}},\quad |z|>\frac{1}{2}$　　(2) $X(z)=\dfrac{1-2z^{-1}}{1-\frac{1}{4}z^{-1}},\quad |z|<\frac{1}{4}$

(3) $X(z)=\dfrac{z^{-1}-a}{1-az^{-1}},\quad |z|>a$　　(4) $X(z)=\dfrac{1-\frac{1}{4}z^{-1}}{1-\frac{8}{15}z^{-1}+\frac{1}{15}z^{-2}},\quad \frac{1}{5}<|z|<\frac{1}{3}$

2.4　试讨论以下 3 个序列 z 变换之间的关系。

(1) $x_1(n)=0.5[0.2^n-0.4^n]u(n)$

(2) $x_2(n)=0.5[-0.2^n+0.4^n]u(-n-1)$

(3) $x_3(n)=-0.5\times 0.2^n u(n)-0.5\times 0.4^n u(-n-1)$

2.5　求 $x(n)=r^n e^{j\omega_0 n}u(n)$ 的 z 变换，利用这一结果以及 z 变换的有关性质求以下 3 个序列的 z 变换。

(1) $x(n)=r^n e^{-j\omega_0 n}u(n)$

(2) $x(n)=r^n\cos(\omega_0 n)u(n)$

(3) $x(n)=r^n\sin(\omega_0 n)u(n)$

2.6 对因果序列，初值定理是 $x(0)=\lim\limits_{z\to\infty}X(z)$，如果序列为 $n>0$ 时 $x(n)=0$，问相应的定理是什么？讨论一个序列 $x(n)$，其 z 变换为

$$X(z)=\frac{\frac{7}{12}-\frac{19}{24}z^{-1}}{1-\frac{5}{2}z^{-1}+z^{-2}}$$

$X(z)$的收敛域包括单位圆，试求其 $x(0)$（序列）值。

2.7 已知因果序列 $x(n)$的 z 变换 $X(z)$如下所示，求相应序列的初值 $x(0)$和终值 $x(\infty)$。

(1) $X(z)=\dfrac{1-2z^{-1}-z^{-2}}{(1-3z^{-1})(1-2z^{-1})}$

(2) $X(z)=\dfrac{2z^{-1}}{1-1.5z^{-1}+0.56z^{-2}}$

2.8 有一信号 $y(n)$，它与另两个信号 $x_1(n)$和 $x_2(n)$的关系是

$$y(n)=x_1(n+3)*x_2(-n-1)$$

其中 $x_1(n)=\left(\frac{1}{2}\right)^n u(n)$，$x_2(n)=\left(\frac{1}{3}\right)^n u(n)$，已知 $\mathscr{Z}[a^n u(n)]=\dfrac{1}{1-az^{-1}}$，$|z|>|a|$，利用 z 变换性质求 $y(n)$的 z 变换 $Y(z)$。

2.9 求以下序列 $x(n)$的频谱 $X(e^{j\omega})$：

(1) $\delta(n-n_0)$

(2) $e^{-an}u(n)$

(3) $x(n)=a^n R_N(n)$

(4) $e^{-(a+j\omega_0)n}u(n)$

(5) $e^{-an}u(n)\cos(\omega_0 n)$

(6) $x(n)=a^n u(n-3)$，$|a|<1$

(7) $x(n)=4\delta(n+3)+\frac{1}{2}\delta(n)+4\delta(n-3)$

(8) $x(n)=R_9(n+4)$

2.10 若 $x_1(n)$，$x_2(n)$是因果稳定的实序列，求证

$$\frac{1}{2\pi}\int_{-\pi}^{\pi}X_1(e^{j\omega})X_2(e^{j\omega})d\omega=\left\{\frac{1}{2\pi}\int_{-\pi}^{\pi}X_1(e^{j\omega})d\omega\right\}\left\{\frac{1}{2\pi}\int_{-\pi}^{\pi}X_2(e^{j\omega})d\omega\right\}$$

2.11 设 $X(e^{j\omega})$是如图 P2.11 所示的 $x(n)$信号的傅里叶变换，不必求出 $X(e^{j\omega})$，试完成下列计算：

(1) $X(e^{j0})$

(2) $\int_{-\pi}^{\pi}X(e^{j\omega})d\omega$

(3) $\int_{-\pi}^{\pi}|X(e^{j\omega})|^2 d\omega$

(4) $\int_{-\pi}^{\pi}\left|\dfrac{dX(e^{j\omega})}{d\omega}\right|^2 d\omega$

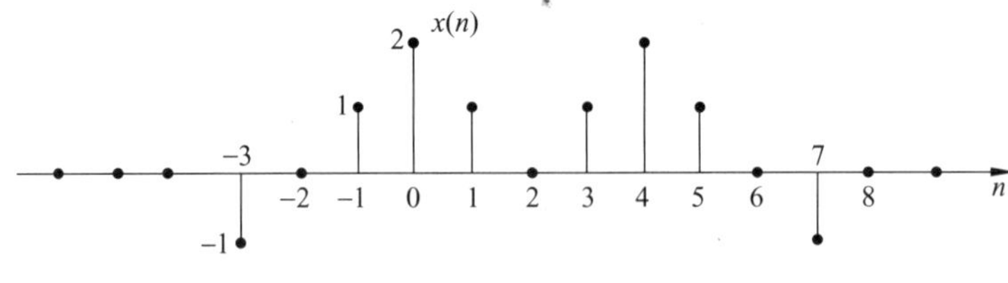

图 P2.11

2.12 已知 $x(n)$有傅里叶变换 $X(e^{j\omega})$，用 $X(e^{j\omega})$表示下列信号的傅里叶变换：

(1) $x_1(n)=x(1-n)+x(-1-n)$

(2) $x_3(n)=\dfrac{x^*(-n)+x(n)}{2}$

(3) $x_2(n)=(n-1)^2x(n)$　　(4) $y(n)=x(2n)$

(5) $y(n)=\begin{cases}x\left(\dfrac{n}{2}\right), & n\text{ 为偶数}\\ 0, & n\text{ 为奇数}\end{cases}$　　(6) $y(n)=x^2(n)$

(7) $y(n)=\cos(\omega_0 n)\cdot x(n)$　　(8) $y(n)=x(n)R_5(n)$

2.13　若序列 $h(n)$ 是实因果序列，其离散时间傅里叶变换 $H(e^{j\omega})$ 的实部为 $\mathrm{Re}[H(e^{j\omega})]=1+\cos(2\omega)$，试求序列 $h(n)$ 及 $H(e^{j\omega})$。

2.14　若序列 $h(n)$ 是实因果序列，$h(0)=1$，且 $\mathrm{Im}[H(e^{j\omega})]=-\sin(2\omega)$，求 $h(n)$ 及 $H(e^{j\omega})=\mathrm{DTFT}[h(n)]$。

2.15　已知用下列差分方程描述的一个线性移不变因果系统(用 MATLAB 方法求解)。

$$y(n)=y(n-1)+y(n-2)+x(n-1)$$

(1) 求这个系统的系统函数，画出其零极点图并指出其收敛区域；

(2) 求此系统的单位抽样响应；

(3) 此系统是一个不稳定系统，请找一个满足上述差分方程的稳定的(非因果)系统的单位抽样响应。

2.16　用 z 变换法求解以下差分方程。

(1) $y(n)=0.6y(n-1)+0.3y(n-2)+\delta(n)$，边界条件 $y(n)=0, n\leqslant -1$。

(2) $y(n)=0.3y(n-1)+0.6u(n)$，边界条件 $y(n)=0, n\leqslant -1$。

2.17　已知 $x_a(t)=3\cos(2\pi\times 1000t)$，若用抽样频率 $f_s=5000\text{Hz}$ 对其抽样，可得抽样信号 $\hat{x}_a(t)$ 和序列 $x(n)$，试求

(1) $\hat{x}_a(t)$ 和 $x(n)$ 的表达式；

(2) 求 $\mathrm{FT}[\hat{x}_a(t)]$ 及 $\mathrm{DTFT}[x(n)]$。

2.18　研究一个输入为 $x(n)$ 和输出为 $y(n)$ 的时域离散线性移不变系统，已知它满足 $y(n-1)-\dfrac{10}{3}y(n)+y(n+1)=x(n)$，并已知系统是稳定的。试求其单位抽样响应，$H(e^{j\omega})$，$|H(e^{j\omega})|$，$\arg[H(e^{j\omega})]$ 及零极点图(可利用 MATLAB 画图)。

2.19　已知 $x(n)$ 和 $y(n)$ 的 z 变换分别为

$$X(z)=\frac{1}{1-z^{-1}},\quad |z|>1$$

$$Y(z)=\frac{1-a^2}{(1-az^{-1})(1-az)},\quad |a|<|z|<|a^{-1}|$$

(1) 试用复卷积公式计算 $w(n)=x(n)y(n)$ 的 z 变换 $W(z)=\mathscr{Z}[w(n)]$ 及其收敛域；

(2) 直接求出 $x(n)$、$y(n)$、$w(n)=x(n)y(n)$，并求出 $W(z)=\mathscr{Z}[w(n)]$，将它与(1)中求得的 $W(z)$ 互相核对。

2.20　对以下各序列，试求其 DTFT，即求 $X(e^{j\omega})$，画出 $|X(e^{j\omega})|$ 及 $\arg[X(e^{j\omega})]$。

(1) $x(n)=(0.6)^n[u(n)-u(n-15)]$

(2) $x(n)=n(0.8)^n[u(n)-u(n-40)]$

(3) $x(n)=\{\underline{5},4,3,2,1,1,2,3,4,5\}$

(4) $x(n)=\{\underline{5},4,3,2,1,2,3,4,5\}$

(5) $x(n)=\{\underline{5},4,3,2,1,0,-1,-2,-3,-4,-5\}$

(6) $x(n)=\{\underline{5},4,3,2,1,-1,-2,-3,-4,-5\}$

讨论(3)～(6)各小题中的模与相角。

*2.21 一个模拟信号 $x_a(t)=\sin(1000\pi t)$，用以下的脉冲间隔进行抽样，请画出每种情况下离散时间信号的频谱。

(1) $T=0.1\text{ms}$； (2) $T=1\text{ms}$； (3) $T=0.01\text{s}$

2.22 求复指数序列 $x(u)=e^{j\omega n}$ 的共轭对称分量与共轭反对称分量。

2.23 求以下序列的共轭对称分量与共轭反对称分量。

$$x(u)=\{5,4+j,2-6j,\underline{8},7+j,6-3j,3+j,2\}$$

2.24 求以下 $X(z)$ 的所有可能的收敛域区间，并求各收敛域中的 $x(n)$ 值。

$$X(z)=\frac{1-0.3z^{-1}}{1-4.5z^{-1}+2z^{-2}}$$

2.25 已知一个因果线性移不变系统的单位抽样响应为 $h(n)=a^n u(n)$，$|a|<1$。试用 z 变换求此系统的单位阶跃响应。

*2.26 用解析法和 MATLAB 法相结合求解差分方程。设系统差分方程为

$$y(n)=\frac{1}{3}[x(n)+x(n-1)+x(n-2)]+0.95y(n-1)-0.9025y(n-2),\quad n\geqslant 0$$

输入为 $x(n)=\cos(\pi n/3)u(n)$。

边界条件为 $y(-1)=-2, y(-2)=-3, x(-1)=1, x(-2)=1$。

第3章　离散傅里叶变换(DFT)

离散傅里叶变换(DFT)是数字信号处理中非常有用的一种变换,因为它是频域也离散化的一种傅里叶变换。也就是说,时域和频域都离散化了,这样使计算机对信号的时域、频域都能进行计算;另外,DFT作为有限长序列的一种傅里叶表示法,在理论上相当重要;最后,由于DFT有多种快速算法,使得信号处理速度有非常大的提高,这些快速算法可用于快速计算信号通过系统的卷积运算中——快速卷积,也可用于快速对信号的频谱分析以及用于随机信号的功率谱估计等一系列应用中。

3.1　傅里叶变换的四种可能形式

由“时间”和“频率”两个自变量的连续或离散的组合,可以构成傅里叶变换的四种可能形式,我们先简单讨论这四种情况的时域频域表示式。

1. 连续时间、连续频率——傅里叶变换。即连续时间非周期信号 $x(t)$ 的傅里叶变换关系,所得到的是连续的非周期的频谱密度函数 $X(\mathrm{j}\Omega)$。在“信号与系统”课程的内容中,已知这一变换对为

$$X(\mathrm{j}\Omega)=\int_{-\infty}^{\infty}x(t)\mathrm{e}^{-\mathrm{j}\Omega t}\,\mathrm{d}t \tag{3.1.1}$$

$$x(t)=\frac{1}{2\pi}\int_{-\infty}^{\infty}X(\mathrm{j}\Omega)\mathrm{e}^{-\mathrm{j}\Omega t}\,\mathrm{d}\Omega \tag{3.1.2}$$

这一变换对的示意图(只说明关系,并不表示实际的变换对)见表3.1。可以看出,时域连续函数造成频域是非周期的谱,而时域的非周期性造成频域是连续的谱密度函数。

2. 连续时间、离散频率——傅里叶级数。即连续时间周期信号的傅里叶级数。

设 $x(t)$ 代表一个周期为 T_0 的周期性连续时间函数,$x(t)$ 可展成傅里叶级数,其傅里叶级数的系数为 $X(\mathrm{j}k\Omega_0)$,$X(\mathrm{j}k\Omega_0)$ 是离散频率的非周期函数,$x(t)$ 和 $X(\mathrm{j}k\Omega_0)$ 组成变换对,表示为

$$X(\mathrm{j}k\Omega_0)=\frac{1}{T_0}\int_{-T_0/2}^{T_0/2}x(t)\mathrm{e}^{-\mathrm{j}k\Omega_0 t}\,\mathrm{d}t \tag{3.1.3}$$

$$x(t)=\sum_{k=-\infty}^{\infty}X(\mathrm{j}k\Omega_0)\mathrm{e}^{\mathrm{j}k\Omega_0 t} \tag{3.1.4}$$

其中，$\Omega_0=2\pi F_0=\dfrac{2\pi}{T_0}$为离散频谱相邻两谱线之间的角频率间隔，$k$ 为谐波序号。

这一变换对的示意图见表 3.1。可以看出，时域的连续函数造成频域是非周期的频谱函数，而频域的离散频谱则与时域的周期时间函数相对应。

3. 离散时间、连续频率——序列的傅里叶变换。即第 2 章中讨论过的序列（离散时间信号）的傅里叶变换对，

$$X(e^{j\omega})=\sum_{n=-\infty}^{\infty}x(n)e^{-j\omega n} \tag{3.1.5}$$

$$x(n)=\frac{1}{2\pi}\int_{-\pi}^{\pi}X(e^{j\omega})e^{j\omega n}d\omega \tag{3.1.6}$$

这里的 ω 是数字频率，它和模拟角频率 Ω 的关系为 $\omega=\Omega T$。

如果把序列看成模拟信号的抽样，抽样时间间隔为 T，抽样频率为 $f_s=1/T$，$\Omega_s=2\pi/T$，则这一变换对也可写成（代入 $x(n)=x(nT)$，$\omega=\Omega T$）

$$X(e^{j\Omega T})=\sum_{n=-\infty}^{\infty}x(nT)e^{-jn\Omega t} \tag{3.1.7}$$

$$x(nT)=\frac{1}{\Omega_s}\int_{-\frac{\Omega_s}{2}}^{\frac{\Omega_s}{2}}X(e^{j\Omega T})e^{jn\Omega T}d\Omega \tag{3.1.8}$$

这一变换对的示意图见表 3.1，图中都注明了两种自变量坐标，在时域是 t 和 n，在频域是模拟频率 Ω 和数字频率 ω。

同样可看出，时域的离散化造成频域的周期延拓，而时域的非周期对应于频域的连续。

4. 离散时间、离散频率——离散傅里叶级数。

上面讨论的三种傅里叶变换对都不适于在计算机上运算，因为它们至少在一个域（时域或频域）中函数是连续的。因而从数字计算角度出发，我们感兴趣的是时域及频域都是离散的情况，我们这里要谈到的是周期序列的傅里叶级数，即离散傅里叶级数。

离散傅里叶级数的全面讨论将在下几节中进行，这里只是引入一些结果。首先应指出，这一变换对是针对有限长序列或周期序列才存在的；其次，它相当于把序列的连续傅里叶变换(3.1.7)式加以离散化（抽样），频域的离散化造成时间函数也呈周期性。令 $\Omega=k\Omega_0=k\cdot 2\pi F_0$，则 $d\Omega=\Omega_0$，因而从(3.1.7)式与(3.1.8)式可得离散傅里叶级数对为

$$\widetilde{X}(e^{jkF_0})=\widetilde{X}(e^{jk\Omega_0 T})=\sum_{n=0}^{N-1}\tilde{x}(nT)e^{-jnk\Omega_0 T} \tag{3.1.9}$$

$$\tilde{x}(nT)=\frac{\Omega_0}{\Omega_s}\sum_{k=0}^{N-1}X(e^{jk\Omega_0 T})e^{jnk\Omega_0 T}=\frac{1}{N}\sum_{k=0}^{N-1}\widetilde{X}(e^{jk\Omega_0 T})e^{jnk\Omega_0 T} \tag{3.1.10}$$

其中$\dfrac{f_s}{F_0}=\dfrac{\Omega_s}{\Omega_0}=N$ 表示有限长序列（时域及频域）的抽样点数，或周期序列一个周期的抽样

点数。

时间函数是离散的，其抽样间隔为 T，故频率函数的周期（即抽样频率）为 $f_s=\frac{\Omega_s}{2\pi}=\frac{1}{T}$。又因为频率函数是离散的，其抽样间隔为 F_0，故时间函数的周期 $T_0=\frac{1}{F_0}=\frac{2\pi}{\Omega_0}$，又有

$$\Omega_0 T=\frac{2\pi\Omega_0}{\Omega_s}=\frac{2\pi}{N} \tag{3.1.11}$$

将(3.1.11)式代入(3.1.9)式与(3.1.10)式中，可得到

$$\tilde{X}(k)=\tilde{X}(e^{j\frac{2\pi}{N}k})=\sum_{n=0}^{N-1}\tilde{x}(n)e^{-j\frac{2\pi}{N}kn} \tag{3.1.12}$$

$$\tilde{x}(n)=\tilde{x}(nT)=\frac{1}{N}\sum_{k=0}^{N-1}\tilde{X}(k)e^{j\frac{2\pi}{N}kn} \tag{3.1.13}$$

这一变换对的示意图可见表 3.1，图中也在时间轴及频率轴上都注明了两种自变量标识，时间轴是 n,t，频率轴是 k（Ω 与 ω）。

将以上讨论结果归纳在表 3.1 中，从表中可以看出，**任何一个域是连续的，则对应的另一个域一定是非周期的；任何一个域是离散的，则对应的另一个域一定是周期的。**本章主要讨论第四种变换——离散傅里叶级数(DFS)引申出来的离散傅里叶变换(DFT)，这二者的时域、频域都是离散的，因而它们的时域、频域又必然是周期的。但是 DFT 是针对有限长序列的，实际上，它是取周期序列的 DFS 的一个周期的对应关系来加以定义和研究的，因而它是隐含有周期性的，下面将会讨论到它。

3.2 周期序列的傅里叶级数——离散傅里叶级数

3.2.1 DFS 的定义

$\tilde{x}(n)$表示一个周期为 N 的周期序列，即

$$\tilde{x}(n)=\tilde{x}(n+rN) \tag{3.2.1}$$

其中，N 为正整数，r 为任意整数。

由于周期序列$\tilde{x}(n)$不是绝对可和的，因而其 z 变换是不存在的。也就是说，找不到任何一个衰减因子$|z|$使周期序列绝对可和。即有

$$\sum_{n=-\infty}^{\infty}|\tilde{x}(n)||z^{-n}|=\infty$$

所以周期序列不能作 z 变换。但是与连续时间周期信号一样，也可以用离散傅里叶级数来表示周期序列，即用周期为 N 的复指数序列 $e^{j\frac{2\pi}{N}nk}$ 表示周期序列。

表 3.1 四种傅里叶变换形式的时域、频域表示及图形

	连续时间非周期信号的傅里叶变换（FT）对	连续时间周期信号的傅里叶级数（FS）对	非周期序列的傅里叶变换（DTFT）对	周期序列的傅里叶级数对——离散傅里叶级数（DFS）对
傅里叶变换对	$X(\mathrm{j}\Omega)=\int_{-\infty}^{\infty}x(t)\mathrm{e}^{-\mathrm{j}\Omega t}\mathrm{d}t$ $x(t)=\frac{1}{2\pi}\int_{-\infty}^{\infty}X(\mathrm{j}\Omega)\mathrm{e}^{\mathrm{j}\Omega t}\mathrm{d}\Omega$	$X(\mathrm{j}k\Omega_0)=\frac{1}{T_0}\int_{-T_0/2}^{T_0/2}x(t)\mathrm{e}^{-\mathrm{j}k\Omega_0 t}\mathrm{d}t$ $x(t)=\sum_{k=-\infty}^{\infty}X(\mathrm{j}k\Omega_0)\mathrm{e}^{\mathrm{j}k\Omega_0 t}$	$X(\mathrm{e}^{\mathrm{j}\omega})=\sum_{n=-\infty}^{\infty}x(n)\mathrm{e}^{-\mathrm{j}\omega n}$ $x(n)=\frac{1}{2\pi}\int_{-\pi}^{\pi}X(\mathrm{e}^{\mathrm{j}\omega})\mathrm{e}^{\mathrm{j}\omega n}\mathrm{d}\omega$	$\tilde{X}(k)=\sum_{n=0}^{N-1}\tilde{x}(n)\mathrm{e}^{-\mathrm{j}\frac{2\pi}{N}nk}$ $\tilde{x}(n)=\frac{1}{N}\sum_{k=0}^{N-1}\tilde{X}(k)\mathrm{e}^{\mathrm{j}\frac{2\pi}{N}nk}$
时域波形	$x(t)$；0；t	$\tilde{x}(t)$；0；T_0；t	$x(n)=x_a(nT)$；0 1 2，n；0 T $2T$，t	$\tilde{x}(n)=\tilde{x}_a(nT)$；$T=\frac{1}{f_s}$；$T_0=\frac{1}{F_0}$；0 1 2 $N-1$ N，n；0 T $2T$ $(N-1)T$ NT，t
	连续，非周期 ↕ ↕ 非周期，连续	连续，周期（T_0） ↕ ↕ 非周期，离散$\left(\Omega_0=\frac{2\pi}{T_0}\right)$	离散（T），非周期 ↕ ↕ 周期$\left(\Omega_s=\frac{2\pi}{T}\right)$，连续	离散（T），周期（T_0） ↕ ↕ 周期$\left(\Omega_s=\frac{2\pi}{T}\right)$，离散$\left(\Omega_0=\frac{2\pi}{T_0}\right)$
频域幅度特性	$\|X(\mathrm{j}\Omega)\|$；Ω	$\|X(\mathrm{j}k\Omega_0)\|$；$\Omega_0=\frac{2\pi}{T_0}$；$\Omega$	$\|X(\mathrm{e}^{\mathrm{j}\omega})\|$；0 π 2π，ω；0 $\frac{\pi}{T}$ $\frac{2\pi}{T}$，Ω	$\|\tilde{X}(k)\|=\|\tilde{X}(\mathrm{e}^{\mathrm{j}k\Omega_0 T})\|$；$\Omega_s=\frac{2\pi}{T}$；0 1 2 $N-1$ N，k；$\Omega_0=\frac{2\pi}{T_0}$；0 Ω_0 $2\Omega_0$ $(N-1)\Omega_0$ $N\Omega_0$，Ω；$\Delta\omega=\frac{2\pi}{N}$；0 π 2π，$\omega=\Omega T$

注：（1）所有的频率响应幅度都对 $\Omega=0$（或 $\omega=0$ 或 $k=0$）呈偶对称性。

（2）任何一个域连续，则在另一个域为非周期的；任何一个域离散，则在另一个域为周期的。

（3）有限长序列的离散傅里叶变换是 DFS 取一个周期中的值，即取主值区间（$0\leqslant n\leqslant N-1,0\leqslant k\leqslant N-1$）中的值。

（4）频域只画了幅度响应。

可以将连续周期的复指数信号与离散周期的复指数序列引用以下表格加以对比。

	基频序列(信号)	周期	基频	k 次谐波序列(信号)
连续周期	$e^{j\Omega_0 t}=e^{j\left(\frac{2\pi}{T_0}\right)t}$	T_0	$\Omega_0=\frac{2\pi}{T_0}$	$e^{jk\frac{2\pi}{T_0}t}$
离散周期	$e^{j\Omega_0 n}=e^{j\left(\frac{2\pi}{N}\right)n}$	N	$\omega_0=\frac{2\pi}{N}$	$e^{jk\frac{2\pi}{N}n}$

所以，周期为 N 的复指数序列的基频序列为

$$e_0(n) = e^{j\left(\frac{2\pi}{N}\right)n}$$

其 k 次谐波序列为

$$e_k(n) = e^{j\left(\frac{2\pi}{N}\right)kn}$$

虽然表现形式上和连续周期函数是相同的，但是离散傅里叶级数的谐波成分只有 N 个是独立成分，这是和连续傅里叶级数不同之处(后者有无穷多个谐波成分)。原因是

$$e^{j\frac{2\pi}{N}(k+rN)n} = e^{j\frac{2\pi}{N}kn}, \quad r \text{ 为任意整数}$$

也就是

$$e_{k+rN}(n) = e_k(n)$$

因而对离散傅里叶级数，只能取 $k=0$ 到 $N-1$ 的 N 个独立谐波分量，不然就会产生二义性。因而$\tilde{x}(n)$可展成如下的离散傅里叶级数，即

$$\tilde{x}(n) = \frac{1}{N}\sum_{k=0}^{N-1} \widetilde{X}(k)e^{j\frac{2\pi}{N}kn} \tag{3.2.2}$$

这里的 $1/N$ 是一个常用的常数，选取它是为了下面的$\widetilde{X}(k)$表达式成立的需要，$\widetilde{X}(k)$是 k 次谐波的系数。下面求解系数$\widetilde{X}(k)$，这要利用以下性质，即

$$\begin{aligned}\frac{1}{N}\sum_{n=0}^{N-1} e^{j\frac{2\pi}{N}rn} &= \frac{1}{N}\,\frac{1-e^{j\frac{2\pi}{N}rN}}{1-e^{j\frac{2\pi}{N}r}} \\ &= \begin{cases}1, & r = mN, m \text{ 为任意整数} \\ 0, & \text{其他 } r\end{cases}\end{aligned} \tag{3.2.3}$$

将(3.2.2)式两端同乘以 $e^{-j\frac{2\pi}{N}rN}$，然后从 $n=0$ 到 $N-1$ 的一个周期内求和，考虑到(3.2.3)式，可得到

$$\begin{aligned}\sum_{n=0}^{N-1} \tilde{x}(n)e^{-j\frac{2\pi}{N}rn} &= \frac{1}{N}\sum_{n=0}^{N-1}\sum_{k=0}^{N-1} \widetilde{X}(k)e^{j\frac{2\pi}{N}(k-r)n} \\ &= \sum_{k=0}^{N-1} \widetilde{X}(k)\left(\frac{1}{N}\sum_{n=0}^{N-1} e^{j\frac{2\pi}{N}(k-r)n}\right) \\ &= \widetilde{X}(r)\end{aligned}$$

把 r 换成 k，可得

$$\tilde{X}(k)=\sum_{n=0}^{N-1}\tilde{x}(n)\mathrm{e}^{-\mathrm{j}\frac{2\pi}{N}kn} \tag{3.2.4}$$

这就是求 $k=0$ 到 $N-1$ 的 N 个谐波系数$\tilde{X}(k)$的公式。同时看出,$\tilde{X}(k)$也是一个以 N 为周期的周期序列,即

$$\tilde{X}(k+mN)=\sum_{n=0}^{N-1}\tilde{x}(n)\mathrm{e}^{-\mathrm{j}\frac{2\pi}{N}(k+mN)n}=\sum_{n=0}^{N-1}\tilde{x}(n)\mathrm{e}^{-\mathrm{j}\frac{2\pi}{N}kn}=\tilde{X}(k) \tag{3.2.5}$$

这和(3.2.2)式的复指数只在 $k=0,1,2,\cdots,N-1$ 时才各不相同[即离散傅里叶级数只有 N 个不同的系数$\tilde{X}(k)$]的说法是一致的。所以可看出,时域周期序列的离散傅里叶级数在频域(即其系数)也是一个周期序列。因而我们把(3.2.2)式与(3.2.4)式一起看作是周期序列的离散傅里叶级数对。$\tilde{x}(n)$、$\tilde{X}(k)$都是离散的且是周期的序列,因而只要研究它们的一个周期的 N 个序列值就足够了,所以和有限长序列有本质的联系。

一般书上常采用以下符号:

$$W_N=\mathrm{e}^{-\mathrm{j}\frac{2\pi}{N}}$$

则(3.2.2)式及(3.2.4)式的离散傅里叶级数(DFS)对可表示为

正变换

$$\tilde{X}(k)=\mathrm{DFS}[\tilde{x}(n)]=\sum_{n=0}^{N-1}\tilde{x}(n)\mathrm{e}^{-\mathrm{j}\frac{2\pi}{N}nk}=\sum_{n=0}^{N-1}\tilde{x}(n)W_N^{nk} \tag{3.2.6}$$

反变换

$$\tilde{x}(n)=\mathrm{IDFS}[\tilde{X}(k)]=\frac{1}{N}\sum_{k=0}^{N-1}\tilde{X}(k)\mathrm{e}^{\mathrm{j}\frac{2\pi}{N}nk}=\frac{1}{N}\sum_{k=0}^{N-1}\tilde{X}(k)W_N^{-nk} \tag{3.2.7}$$

DFS[·]表示离散傅里叶级数正变换,IDFS[·]表示离散傅里叶级数反变换。

函数 W_N 具有以下性质:

(1) **共轭对称性**

$$W_N^n=(W_N^{-n})^* \tag{3.2.8}$$

(2) **周期性**

$$W_N^n=W_N^{n+iN},\quad i\text{ 为整数} \tag{3.2.9}$$

(3) **可约性**

$$W_N^{in}=W_{N/i}^n,\quad W_{Ni}^{in}=W_N^n \tag{3.2.10}$$

(4) **正交性**

$$\frac{1}{N}\sum_{k=0}^{N-1}W_N^{nk}(W_N^{mk})^*=\frac{1}{N}\sum_{k=0}^{N-1}W_N^{(n-m)k}=\begin{cases}1, & n-m=iN\\0, & n-m\neq iN\end{cases} \tag{3.2.11}$$

其中 i 为整数。

一个周期中的$\tilde{X}(k)$与$\tilde{x}(n)$为

$$X(k)=\sum_{n=0}^{N-1}x(n)\mathrm{e}^{-\mathrm{j}\frac{2\pi}{N}nk}=\sum_{n=0}^{N-1}x(n)W_N^{nk},\quad k=0,1,2,\cdots,N-1 \tag{3.2.12}$$

$$x(n)=\sum_{k=0}^{N-1}X(k)\mathrm{e}^{\mathrm{j}\frac{2\pi}{N}nk}=\sum_{k=0}^{N-1}X(k)W_N^{-nk},\quad n=0,1,2,\cdots,N-1 \tag{3.2.13}$$

【例 3.1】 设$\tilde{x}(n)$是周期为 $N=5$ 的周期序列，其一个周期内的序列为 $x(n)=R_5(n)$，$\tilde{x}(n)=\sum_{i=-\infty}^{\infty}x(n+5i)$。求$\widetilde{X}(k)=\mathrm{DFS}[\tilde{x}(n)]$。

解

$$\widetilde{X}(k)=\sum_{n=0}^{N-1}\tilde{x}(n)W_N^{nk}=\sum_{n=0}^{4}\mathrm{e}^{-\mathrm{j}\frac{2\pi}{5}nk}=\frac{1-\mathrm{e}^{-\mathrm{j}2\pi k}}{1-\mathrm{e}^{-\mathrm{j}2\pi k/5}}$$

$$=\frac{\mathrm{e}^{-\mathrm{j}\pi k}(\mathrm{e}^{\mathrm{j}\pi k}-\mathrm{e}^{-\mathrm{j}\pi k})}{\mathrm{e}^{-\mathrm{j}\pi k/5}(\mathrm{e}^{\mathrm{j}\pi k/5}-\mathrm{e}^{-\mathrm{j}\pi k/5})}=\mathrm{e}^{-\mathrm{j}4\pi k/5}\frac{\sin(\pi k)}{\sin(\pi k/5)} \tag{3.2.14}$$

则

$$|\widetilde{X}(k)|R_5(k)=\begin{cases}5, & k=0\\ 0, & k=1,2,3,4\end{cases}$$

图 3.1 画出了$|\widetilde{X}(k)|$及$\tilde{x}(n)$的图形。

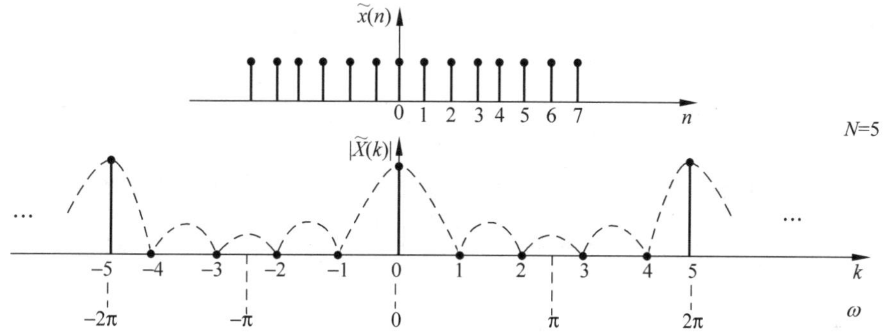

图 3.1　例 3.1 中的$\tilde{x}(n)$与$|\widetilde{X}(k)|(N=5)$（虚线表示 $X(\mathrm{e}^{\mathrm{j}\omega})$的包络线）

现在求$\tilde{x}(n)$的一个周期 $x(n)$的傅里叶变换 $X(\mathrm{e}^{\mathrm{j}\omega})$

$$X(\mathrm{e}^{\mathrm{j}\omega})=\sum_{n=0}^{4}\mathrm{e}^{-\mathrm{j}\omega n}=\frac{1-\mathrm{e}^{-\mathrm{j}5\omega}}{1-\mathrm{e}^{-\mathrm{j}\omega}}=\frac{\mathrm{e}^{-\mathrm{j}5\omega/2}(\mathrm{e}^{\mathrm{j}5\omega/2}-\mathrm{e}^{-\mathrm{j}5\omega/2})}{\mathrm{e}^{-\mathrm{j}\omega/2}(\mathrm{e}^{\mathrm{j}\omega/2}-\mathrm{e}^{-\mathrm{j}\omega/2})}$$

$$=\mathrm{e}^{-\mathrm{j}2\omega}\frac{\sin(5\omega/2)}{\sin(\omega/2)} \tag{3.2.15}$$

由此式可以得到 $X(\mathrm{e}^{\mathrm{j}\omega})$和$\widetilde{X}(k)$的关系，即

$$\widetilde{X}(k)=X(\mathrm{e}^{\mathrm{j}\omega})\big|_{\omega=\frac{2\pi}{N}k},\quad N=5 \tag{3.2.16}$$

由此式可引出结论为：**$\tilde{x}(n)$的傅里叶级数的系数，即$\widetilde{X}(k)=\mathrm{DFS}[\tilde{x}(n)]$等于$\tilde{x}(n)$的一个周期 $x(n)$的傅里叶变换 $X(\mathrm{e}^{\mathrm{j}\omega})=\mathrm{DTFT}[x(n)]$在 $\omega=2\pi k/N$（这里 $N=5$）上的抽样值。** 由于此例中$\tilde{x}(n)$实际上是抽样间隔为 1 的常数序列（幅度为 1），故$|\widetilde{X}(k)|$一定是周期为 $N=5$（相当于 $\omega=2\pi$）的周期性单位抽样序列[一个周期中只有一个抽样值不为零，其他抽样值处于 $X(\mathrm{e}^{\mathrm{j}\omega})$为零处，其值为零，即有$\widetilde{X}(0)=5$，$|\widetilde{X}(1)|=|\widetilde{X}(2)|=|\widetilde{X}(3)|=|\widetilde{X}(4)|=0$]。

3.2　周期序列的傅里叶级数——离散傅里叶级数

【**例 3.2**】 若$\tilde{x}(n)$的一个周期的表达式与例 3.1 相同为 $x(n)=R_5(n)$,求 $N=10$ 的$\widetilde{X}(k)$并与例 3.1 中的$\widetilde{X}(k)$加以比较。

解 由于是周期序列运算,在离散时域及离散频域都应有相同的周期 N,这里 $N=10$,因而$\tilde{x}(n)$的表达式中的一个周期($N=10$)应为在 $x(n)$的后面补 5 个零值点,即有

$$\tilde{x}(n)=\begin{cases}1, & 0 \leqslant n \leqslant 4 \\ 0, & 5 \leqslant n \leqslant N-1=9\end{cases}$$

由于$\tilde{x}(n)$补零值后没有变化,故 $X(e^{j\omega})$与(3.2.15)式相同。而 $N=10$ 的$\widetilde{X}(k)$则为

$$\widetilde{X}(k)=X(e^{j\omega})\big|_{\omega=2\pi k/N}=e^{-j2\pi k/5}\frac{\sin(\pi k/2)}{\sin(\pi k/10)}, \quad N=10 \tag{3.2.17}$$

与上例中 $N=5$ 的$\widetilde{X}(k)$相比,这里 $N=10$ 的$\widetilde{X}(k)$的包络函数是没有变化的,只是抽样间隔减半,也就是在一个周期内($0\leqslant\omega<2\pi$)抽样数由 5 个变成 10 个,增加了一倍,即频谱抽样更密,故可以看到 $X(e^{j\omega})$的更密的频率抽样值。

图 3.2 画出了$\tilde{x}(n)$与$|\widetilde{X}(k)|$、$|X(e^{j\omega})|$、$\arg[\widetilde{X}(k)]$以及 $\arg[X(e^{j\omega})]$的图形$X(e^{j\omega})$的表达式见例 3.1 中的(3.2.15)式,$|X(e^{j\omega})|$、$\arg[X(e^{j\omega})]$可分别见(2.3.8)式与(2.3.9)式(代入 $N=5$ 以及图 2.21)。

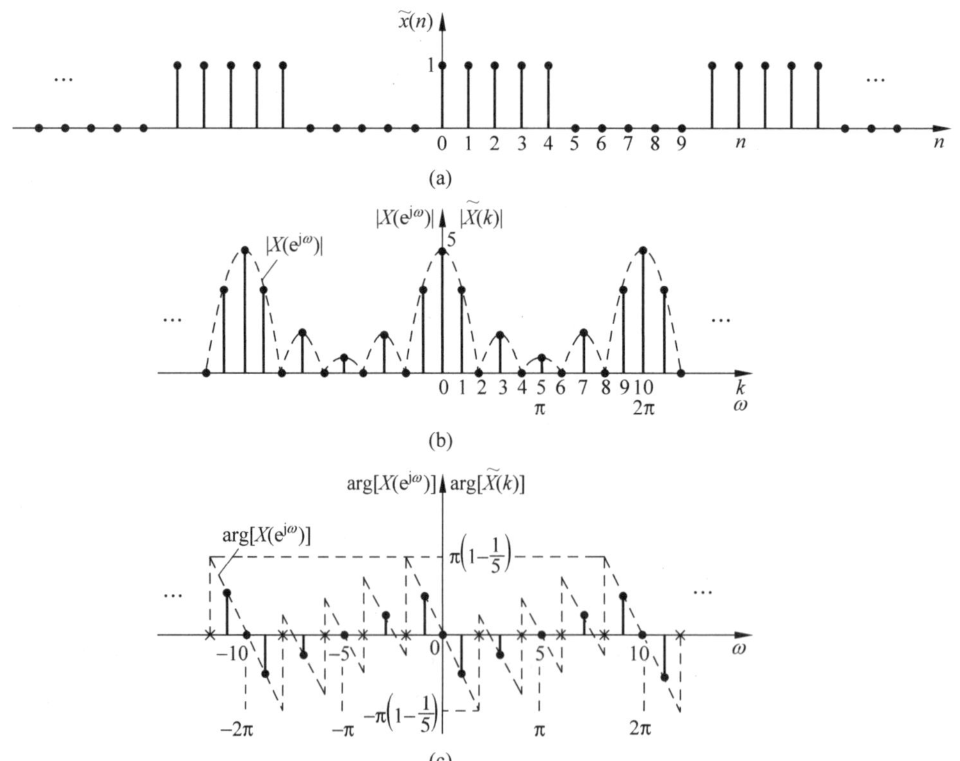

图 3.2 例 3.2 中图形,"×"表示相位是不确定的[因为此处 $X(e^{j\omega})=0$,相位有突变]

【例 3.3】 设有一个周期为 N 的周期性单位抽样序列串

$$\tilde{x}(n)=\sum_{i=-\infty}^{\infty}\delta(n-iN)=\begin{cases}1, & n=iN,\quad i\text{ 为任意整数}\\ 0, & \text{其他 } n\end{cases} \tag{3.2.18}$$

求

$$\widetilde{X}(k)=\mathrm{DFS}[\tilde{x}(n)]$$

解 因为在 $0\leqslant n\leqslant N-1$ 范围内 $\tilde{x}(n)=\delta(n)$，按照 DFS 的定义(3.2.6)式，可得

$$\widetilde{X}(k)=\mathrm{DFS}\left[\sum_{i=-\infty}^{\infty}\delta(n-iN)\right]=\sum_{n=0}^{N-1}\delta(n)W_N^{nk}=W_N^0=1 \tag{3.2.19}$$

因而，对所有 k 值（$-\infty<k<\infty$）皆有 $\widetilde{X}(k)=1$，它是一个常数序列，现在将(3.2.19)式的 $\widetilde{X}(k)$ 代入(3.2.7)式中，可得 $\tilde{x}(n)$ 的另一种表示式

$$\tilde{x}(n)=\sum_{i=-\infty}^{\infty}\delta(n-iN)=\frac{1}{N}\sum_{k=0}^{N-1}\widetilde{X}(k)W_N^{-nk}=\frac{1}{N}\sum_{k=0}^{N-1}W_N^{-nk}=\frac{1}{N}\sum_{k=0}^{N-1}\mathrm{e}^{\mathrm{j}\frac{2\pi}{N}nk}$$

即当 n 等于 N 的整数倍时，N 个复指数 $\mathrm{e}^{\mathrm{j}\frac{2\pi}{N}nk}$（$k=0,1,2,\cdots,N-1$）之和为 N；当 n 为其他整数时，这一取值之和为零，即有

$$\sum_{i=-\infty}^{\infty}\delta(n-iN)=\frac{1}{N}\sum_{k=0}^{N-1}\mathrm{e}^{\mathrm{j}\frac{2\pi}{N}nk} \tag{3.2.20}$$

在例 3.1 的讨论中已说到 $\widetilde{X}(k)$ 和 $X(\mathrm{e}^{\mathrm{j}\omega})$ 的关系，同样，可以找到 $\widetilde{X}(k)$ 和 $X(z)$ 的关系，周期序列 $\widetilde{X}(k)$ 可以看成是对 $\tilde{x}(n)$ 的一个周期 $x(n)$ 作 z 变换，然后将 z 变换在 z 平面单位圆上按等间隔角 $\frac{2\pi}{N}$ 抽样而得到的。令

$$x(n)=\begin{cases}\tilde{x}(n), & 0\leqslant n\leqslant N-1\\ 0, & \text{其他 } n\end{cases}$$

则 $x(n)$ 的 z 变换为

$$X(z)=\sum_{n=-\infty}^{\infty}x(n)z^{-n}=\sum_{n=0}^{N-1}x(n)z^{-n}$$

将此式与(3.2.6)式比较可知

$$\widetilde{X}(k)=X(z)\big|_{z=\mathrm{e}^{\mathrm{j}2\pi k/N}} \tag{3.2.21}$$

$$\widetilde{X}(k)=X(\mathrm{e}^{\mathrm{j}\omega})\big|_{\omega=2\pi k/N} \tag{3.2.22}$$

可以看出，$\widetilde{X}(k)$ 是在 z 平面单位圆上（从 $\omega=0$ 到 $\omega=2\pi$）的 N 个等间隔角点（$2\pi k/N,k=0,1,2,\cdots,N-1$）上对 z 变换 $X(z)$ 的抽样，而第一个抽样点为 $k=0$，即出现在 $z=1$ 处，图 3.3 画出了这些抽样点。

3.2.2 DFS 的性质

由于可以用抽样 z 变换解释 DFS，因此它的许多性质与 z 变换的性质非常相似，但是，由于 $\tilde{x}(n)$ 和 $\widetilde{X}(k)$ 两者都具有周期性，这就使它与 z 变换的性质还有一些重要差别。此外，

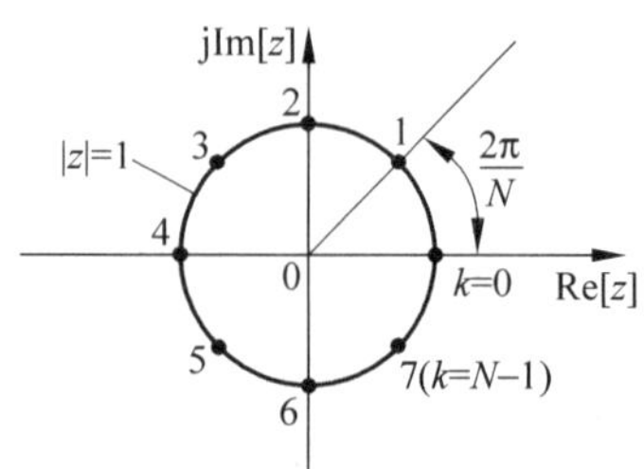

图 3.3 为了得到周期序列$\widetilde{X}(k)$，$X(z)$在 z 平面单位圆上抽样的各抽样点($N=8$)

DFS 在时域和频域之间具有严格的对偶关系，这是序列的 z 变换表示所不具有的。研究 DFS 的性质，是为了引申出有限长序列的 DFT(离散傅里叶变换)的各有关性质。

令$\tilde{x}_1(n)$和$\tilde{x}_2(n)$皆是周期为 N 的周期序列，它们各自的 DFS 为

$$\widetilde{X}_1(k)=\mathrm{DFS}[\tilde{x}_1(n)],\quad \widetilde{X}_2(k)=\mathrm{DFS}[\tilde{x}_2(n)]$$

学习要点

1. 线性。

$$\mathrm{DFS}[a\tilde{x}_1(n)+b\tilde{x}_2(n)]=a\widetilde{X}_1(k)+b\widetilde{X}_2(k) \tag{3.2.23}$$

其中 a,b 为任意常数，所得到的频域序列也是周期序列，周期为 N。这一性质可由 DFS 定义直接证明，留给读者自己去做。

2. 周期序列的移位。

$$\mathrm{DFS}[\tilde{x}(n+m)]=W_N^{-mk}\widetilde{X}(k)=\mathrm{e}^{\mathrm{j}\frac{2\pi}{N}mk}\widetilde{X}(k) \tag{3.2.24}$$

证

$$\begin{aligned}\mathrm{DFS}[\tilde{x}(n+m)]&=\sum_{n=0}^{N-1}\widetilde{X}(n+m)W_N^{nk}\\&=\sum_{i=m}^{N-1+m}\tilde{x}(i)W_N^{ki}W_N^{-mk},\quad i=n+m\end{aligned}$$

由于$\tilde{x}(i)$及 W_N^{ki} 都是以 N 为周期的周期函数，故

$$\mathrm{DFS}[\tilde{x}(n+m)]=W_N^{-mk}\sum_{i=0}^{N-1}\tilde{x}(i)W_N^{ki}=W_N^{-mk}\widetilde{X}(k)=\mathrm{e}^{\mathrm{j}\frac{2\pi}{N}mk}\widetilde{X}(k)$$

3. 调制特性。

$$\mathrm{DFS}[W_N^{ln}\tilde{x}(n)]=\widetilde{X}(k+l) \tag{3.2.25}$$

证

$$\mathrm{DFS}[W_N^{ln}\tilde{x}(n)]=\sum_{n=0}^{N-1}W_N^{ln}\tilde{x}(n)W_N^{kn}=\sum_{n=0}^{N-1}\tilde{x}(n)W_N^{(l+k)n}=\widetilde{X}(k+l)$$

4. 对偶性。

在“信号与系统”课程中，连续时间傅里叶变换在时域、频域间存在着对偶性，即若 $\mathscr{F}[f(t)]=F(\mathrm{j}\Omega)$，则有 $\mathscr{F}[F(t)]=2\pi f(-\mathrm{j}\Omega)$。但是，非周期序列和它的离散时间傅里叶变换是两类不同的函数，时域是离散的序列，频域则是连续周期的函数，因而不存在对偶

性。而从 DFS 和 IDFS 公式看出，它们只差$\frac{1}{N}$因子和 W_N 的指数的正负号，故周期序列$\tilde{x}(n)$和它的 DFS 的系数$\widetilde{X}(k)$是同一类函数，即都是离散周期的，因而也一定存在时域与频域的对偶关系。

从(3.2.7)式的关系中可得到

$$N\tilde{x}(-n)=\sum_{k=0}^{N-1}\widetilde{X}(k)W_N^{nk} \tag{3.2.26}$$

由于等式右边是与(3.2.6)式相同的正变换表达式，故将(3.2.26)式中 n 和 k 互换，可得

$$N\tilde{x}(-k)=\sum_{n=0}^{N-1}\widetilde{X}(n)W_N^{nk} \tag{3.2.27}$$

(3.2.27)式与(3.2.6)式相似，即周期序列$\widetilde{X}(n)$的 DFS 系数是 $N\tilde{x}(-k)$，因而有以下的对偶关系：

$$\text{DFS}[\tilde{x}(n)]=\widetilde{X}(k) \tag{3.2.28}$$

$$\text{DFS}[\widetilde{X}(n)]=N\tilde{x}(-k) \tag{3.2.29}$$

5. 对称性。

与 2.2.4 节中的傅里叶变换的一些对称性质一样，周期性序列的离散傅里叶级数在离散时域及离散频域间也有同样的对称关系。在这里不一一列出这些对称性质，将在离散傅里叶变换一节中着重讨论这些对称性，而把那里讨论的结果加以周期延拓，就可得到周期性序列的离散傅里叶级数的对称性。

6. 周期卷积和。

若

$$\widetilde{Y}(k)=\widetilde{X}_1(k)\cdot\widetilde{X}_2(k)$$

则

$$\begin{aligned}\tilde{y}(n)=\text{IDFS}[\widetilde{Y}(k)]&=\sum_{m=0}^{N-1}\tilde{x}_1(m)\tilde{x}_2(n-m)\\&=\sum_{m=0}^{N-1}\tilde{x}_2(m)\tilde{x}_1(n-m)\end{aligned} \tag{3.2.30}$$

即频域周期序列的乘积对应于时域周期序列的周期卷积。

证 $\tilde{y}(n)=\text{IDFS}[\widetilde{X}_1(k)\widetilde{X}_2(k)]=\frac{1}{N}\sum_{k=0}^{N-1}\widetilde{X}_1(k)\widetilde{X}_2(k)W_N^{-kn}$

代入 $\widetilde{X}_1(k)=\sum_{m=0}^{N-1}\tilde{x}_1(m)W_N^{mk}$

则

$$\begin{aligned}\tilde{y}(n)&=\frac{1}{N}\sum_{k=0}^{N-1}\sum_{m=0}^{N-1}\tilde{x}_1(m)\widetilde{X}_2(k)W_N^{-(n-m)k}=\sum_{m=0}^{N-1}\tilde{x}_1(m)\left[\frac{1}{N}\sum_{k=0}^{N-1}\widetilde{X}_2(k)W_N^{-(n-m)k}\right]\\&=\sum_{m=0}^{N-1}\tilde{x}_1(m)\tilde{x}_2(n-m)\end{aligned}$$

将变量进行简单换元，即可得等价的表示式

$$\tilde{y}(n)=\sum_{m=0}^{N-1}\tilde{x}_2(m)\tilde{x}_1(n-m)$$

(3.2.30)式是一个卷积和公式，但是它与非周期序列的线性卷积和不同。首先$\tilde{x}_1(m)$和$\tilde{x}_1(n-m)$（或$\tilde{x}_2(m)$与$\tilde{x}_1(n-m)$）都是变量 m 的周期序列，周期为 N，故乘积也是周期为 N 的周期序列；其次，求和只在一个周期上进行，即 $m=0$ 到 $N-1$，所以称为周期卷积。

图 3.4 用来说明两个周期序列（周期为 $N=6$）的周期卷积的形成过程。过程中，一个周期的某一序列值移出计算区间时，相邻的一个周期的同一位置的序列值就从另一端移入计算区间。运算在 $m=0$ 到 $N-1$ 区间内进行，先计算出 $n=0,1,2,\cdots,N-1$ 的结果，然后将所得结果周期延拓，就得到所求的整个周期序列$\tilde{y}(n)$。

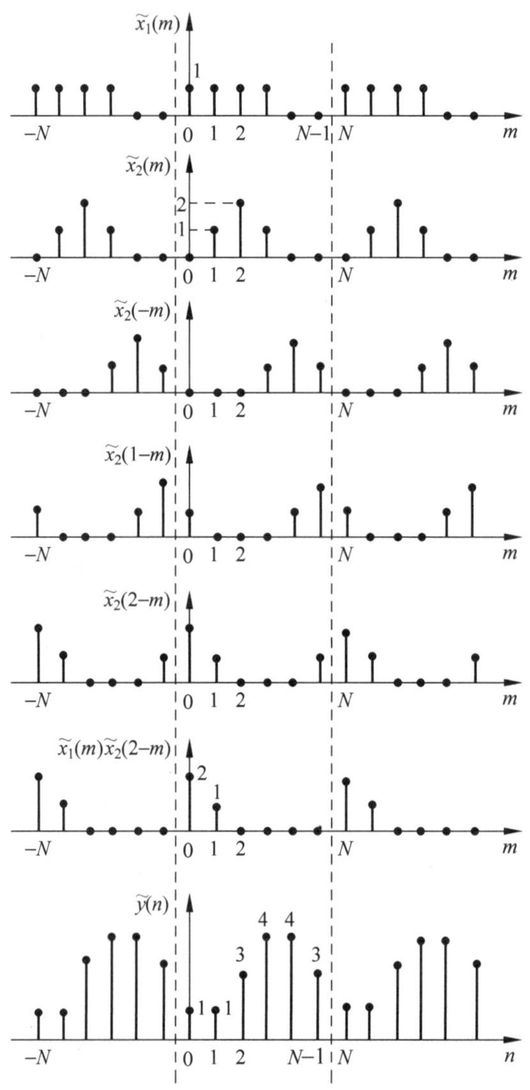

图 3.4　两个周期序列（$N=6$）的周期卷积过程

同样,由于 DFS 和 IDFS 的对称性,可以证明(请读者自己证明)时域周期序列的乘积对应着频域周期序列的周期卷积结果除以 N。即,若

$$\tilde{y}(n) = \tilde{x}_1(n)\tilde{x}_2(n)$$

则

$$\widetilde{Y}(k) = \mathrm{DFS}[\tilde{y}(n)] = \sum_{n=0}^{N-1}\tilde{y}(n)W_N^{nk} = \frac{1}{N}\sum_{l=0}^{N-1}\widetilde{X}_1(l)\widetilde{X}_2(k-l)$$

$$= \frac{1}{N}\sum_{l=0}^{N-1}\widetilde{X}_2(l)\widetilde{X}_1(k-l) \tag{3.2.31}$$

3.3 离散傅里叶变换——有限长序列的离散频域表示

3.3.1 DFT 的定义,DFT 与 DFS、DTFT 及 z 变换的关系

学习要点

1. 主值区间、主值序列。

由于周期序列是周期性的,因而只有有限个序列值有意义,所以将 DFS 表示式用于有限长序列,就可得到 DFT 关系。

设 $x(n)$ 为有限长序列,只在 $0\leqslant n\leqslant N-1$ 时有值,可以把它看成是以 N 为周期的周期性序列 $\tilde{x}(n)$ 的第一个周期($0\leqslant n\leqslant N-1$),这第一个周期$[0,N-1]$就称为主值区间,主值区间的序列 $x(n)$ 就称为主值序列,则有

$$x(n) = \tilde{x}(n)R_N(n) = x((n))_N R_N(n) \tag{3.3.1a}$$

$$\tilde{x}(n) = x((n))_N = \sum_{r=-\infty}^{\infty} x(n+rN) \tag{3.3.1b}$$

其中,$x((n))_N$ 表示模运算关系

$$x((n))_N = x(n\ \text{模}\ N) = x(n\ \text{对}\ N\ \text{取余数}) = x(n_1)$$

即

$$n = n_1 + mN,\quad 0\leqslant n_1\leqslant N-1,\quad m\ \text{为整数}$$

也就是说,余数 n_1 是主值区间中的值,若 $N=8$,则

$$n = 27 = 3\times 8+3 \quad \text{故}((27))_8 = 3 \quad \text{即}\ n_1 = 3$$

$$n = -6 = -1\times 8+2 \quad \text{故}((-6))_8 = 2 \quad \text{即}\ n_1 = 2$$

因此

$$\tilde{x}(27) = x((27))_8 = x(3)$$

同样,对频域序列也可表示为

$$X(k) = X((k))_N R_N(k) \tag{3.3.2a}$$

$$\tilde{X}(k)=X((k))_N \tag{3.3.2b}$$

2. DFT 定义。

从(3.2.6)式、(3.2.7)式的 DFS、IDFS 表达式看出，求和只限定在主值区间，故完全适用于主值序列 $x(n)$ 和 $X(k)$，因而，可以得到有限长序列的 DFT 和 IDFT 定义。

设 $x(n)$ 为 M 点有限长序列，即在 $0\leqslant n\leqslant M-1$ 内有值，则可定义 $x(n)$ 的 N 点（$N\geqslant M$。当 $N>M$ 时，补 $N-M$ 个零值点），**N 点离散傅里叶变换定义为**

$$X(k)=\mathrm{DFT}[x(n)]=\sum_{n=0}^{N-1}x(n)\mathrm{e}^{-\mathrm{j}\frac{2\pi}{N}nk}=\sum_{n=0}^{N-1}x(n)W_N^{nk},\quad k=0,1,2,\cdots,N-1 \tag{3.3.3a}$$

而 $X(k)$ 的 **N 点离散傅里叶反变换定义为**

$$x(n)=\mathrm{IDFT}[X(k)]=\frac{1}{N}\sum_{k=0}^{N-1}X(k)\mathrm{e}^{\mathrm{j}\frac{2\pi}{N}nk}=\frac{1}{N}\sum_{k=0}^{N-1}X(k)W_N^{-nk},\quad n=0,1,2,\cdots,N-1 \tag{3.3.3b}$$

或简捷地表示成

$$X(k)=\sum_{n=0}^{N-1}x(n)W_N^{nk}R_N(k)=\tilde{X}(k)R_N(k) \tag{3.3.4a}$$

$$x(n)=\frac{1}{N}\sum_{k=0}^{N-1}X(k)W_N^{-nk}R_N(n)=\tilde{x}(n)R_N(n) \tag{3.3.4b}$$

所以，$x(n)$ 和 $X(k)$ 是一个有限长序列的离散傅里叶变换对。已知其中的一个序列，就能唯一地确定另一个序列。这是因为 $x(n)$ 与 $X(k)$ 都是点数为 N 的序列，都有 N 个独立值（可以是复值），所以信息当然等量。

点数为 N 的有限长序列和周期为 N 的周期序列，都是由 N 个值定义。但是我们应该记住，**凡是说到离散傅里叶变换关系之处，有限长序列都是作为周期序列的一个周期表示的，都隐含有周期性意义。**

3. DFT 用矩阵表示。

由(3.3.3a)式定义的 DFT 也可用矩阵表示

$$\boldsymbol{X}=\boldsymbol{W}_N\boldsymbol{x} \tag{3.3.5}$$

式中 $\boldsymbol{X}$ 是 N 点 DFT 频域的列向量，即

$$\boldsymbol{X}=[X(0),X(1),X(2),\cdots,X(N-2),X(N-1)]^{\mathrm{T}} \tag{3.3.6}$$

$\boldsymbol{x}$ 是 N 点时域序列的列向量，即

$$\boldsymbol{x}=[x(0),x(1),x(2),\cdots,x(N-2),x(N-1)]^{\mathrm{T}} \tag{3.3.7}$$

$\boldsymbol{W}_N$ 称为 N 点 DFT 矩阵，定义为

$$
\boldsymbol{W}_N=\begin{bmatrix}1 & 1 & 1 & \cdots & 1\\ 1 & W_N^1 & W_N^2 & \cdots & W_N^{N-1}\\ 1 & W_N^2 & W_N^4 & \cdots & W_N^{2(N-1)}\\ \vdots & \vdots & \vdots & \ddots & \vdots\\ 1 & W_N^{N-1} & W_N^{2(N-1)} & \cdots & W_N^{(N-1)(N-1)}\end{bmatrix} \tag{3.3.8}
$$

因而，(3.3.3b)式定义的 IDFT 也可用矩阵表示

$$
\boldsymbol{x}=\boldsymbol{W}_N^{-1}\boldsymbol{X} \tag{3.3.9}
$$

其中 $\boldsymbol{W}_N^{-1}$ **称为 N 点 IDFT 矩阵**，定义为

$$
\boldsymbol{W}_N^{-1}=\frac{1}{N}\begin{bmatrix}1 & 1 & 1 & \cdots & 1\\ 1 & W_N^{-1} & W_N^{-2} & \cdots & W_N^{-(N-1)}\\ 1 & W_N^{-2} & W_N^{-4} & \cdots & W^{-2(N-1)}\\ \vdots & \vdots & \vdots & \ddots & \vdots\\ 1 & W_N^{-(N-1)} & W_N^{-2(N-1)} & \cdots & W_N^{-(N-1)(N-1)}\end{bmatrix} \tag{3.3.10}
$$

将 $\boldsymbol{W}_N$ 与 $\boldsymbol{W}_N^{-1}$ 的表示式进行比较，可得到

$$
\boldsymbol{W}_N^{-1}=\frac{1}{N}\boldsymbol{W}_N^{*} \tag{3.3.11}
$$

将(3.3.6)式、(3.3.7)式及(3.3.8)式代入(3.3.5)式，可得 DFT 具体矩阵表达式

$$
\begin{bmatrix}X(0)\\ X(1)\\ X(2)\\ \vdots\\ X(N-1)\end{bmatrix}=\begin{bmatrix}1 & 1 & 1 & \cdots & 1\\ 1 & W_N^1 & W_N^2 & \cdots & W_N^{N-1}\\ 1 & W_N^2 & W_N^4 & \cdots & W_N^{2(N-1)}\\ \vdots & \vdots & \vdots & \ddots & \vdots\\ 1 & W_N^{N-1} & W_N^{2(N-1)} & \cdots & W_N^{(N-1)(N-1)}\end{bmatrix}\begin{bmatrix}x(0)\\ x(1)\\ x(2)\\ \vdots\\ x(N-1)\end{bmatrix}=\boldsymbol{W}_N\boldsymbol{x} \tag{3.3.12}
$$

同样将(3.3.6)式、(3.3.7)式、(3.3.10)式代入(3.3.9)式可得 IDFT 具体矩阵及表达式

$$
\begin{bmatrix}x(0)\\ x(1)\\ x(2)\\ \vdots\\ x(N-1)\end{bmatrix}=\frac{1}{N}\begin{bmatrix}1 & 1 & 1 & \cdots & 1\\ 1 & W_N^{-1} & W_N^{-2} & \cdots & W_N^{-(N-1)}\\ 1 & W_N^{-2} & W_N^{-4} & \cdots & W_N^{-2(N-1)}\\ \vdots & \vdots & \vdots & \ddots & \vdots\\ 1 & W_N^{-(N-1)} & W_N^{-2(N-1)} & \cdots & W_N^{-(N-1)(N-1)}\end{bmatrix}\begin{bmatrix}X(0)\\ X(1)\\ X(2)\\ \vdots\\ X(N-1)\end{bmatrix}=\boldsymbol{W}_N^{*}\boldsymbol{X}/N \tag{3.3.13}
$$

4. DFT 与 DFS 的关系。

由于在研究 DFT 和 DFS 时，时域和频域都是离散的，因而时域和频域应都是周期的，本质上都是离散周期的序列。

定义于第一个周期($0\leqslant n\leqslant N-1$)中的 DFS 对，就得到 DFT 对。也就是说，对 DFT 来

说，人们感兴趣的定义范围，在 $x(n)$ 为 $0\leqslant n\leqslant N-1$，在 $X(k)$ 则为 $0\leqslant k\leqslant N-1$，但是，由上面提到本质上的周期性可知，它们**都隐含有周期性，即在 DFT 讨论中，有限长序列都是作为周期序列的一个周期来表示的**。也就是说，对 DFT 的任何处理，都是看成先把序列值周期延拓后，再作相应的处理，然后取主值序列后，就是处理的结果。

$$x(n)=\tilde{x}(n)R_N(n)=\frac{1}{N}\sum_{k=0}^{N-1}X(k)W_N^{-nk},\quad 0\leqslant n\leqslant N-1 \tag{3.3.14a}$$

$$\tilde{x}(n)=x((n))_N=\sum_{m=-\infty}^{\infty}x(n+mN)=\frac{1}{N}\sum_{k=0}^{N-1}\widetilde{X}(k)W_N^{-nk} \tag{3.3.14b}$$

即 $x(n)$ 是 $\tilde{x}(n)$ 的主值序列，$\tilde{x}(n)$ 是 $x(n)$ 的以 N 为周期的周期延拓序列，同样

$$X(k)=\widetilde{X}(k)R_N(k)=\sum_{n=0}^{N-1}x(n)W_N^{nk},\quad 0\leqslant n\leqslant N-1 \tag{3.3.15a}$$

$$\widetilde{X}(k)=X((k))_N=\sum_{m=-\infty}^{\infty}X(k+mN)=\sum_{n=0}^{N-1}\tilde{x}(n)W_N^{nk} \tag{3.3.15b}$$

即 $X(k)$ 是 $\widetilde{X}(k)$ 的主值序列，$\widetilde{X}(k)$ 是 $X(k)$ 的以 N 为周期的周期延拓序列。

5. DFT 和 DTFT、z 变换的关系——频域抽样。

在 3.2.1 节中已提到，$\widetilde{X}(k)$ 与 $\tilde{x}(n)$ 的一个周期 $x(n)$ 的 z 变换 $X(z)$ 的关系，$\widetilde{X}(k)$ 与 $x(n)$ 的傅里叶变换 $X(e^{j\omega})$ 的关系，分别可由（3.2.21）式与（3.2.22）式确定。取此二式中 $\widetilde{X}(k)$ 的主值区间，即可得 $X(k)$ 与 $X(z)$ 及 $X(e^{j\omega})$ 的关系为

$$X(k)=X(z)\big|_{z=e^{j2\pi k/N}},\quad k=0,1,2,\cdots,N-1 \tag{3.3.16a}$$

$$X(k)=X(e^{j\omega})\big|_{\omega=2\pi k/N},\quad k=0,1,2,\cdots,N-1 \tag{3.3.16b}$$

从（3.3.16a）式及（3.3.16b）式看出，$x(n)$ 的 N 点 DFT 的含义是 $x(n)$ 的 z 变换在单位圆上的 N 个抽样值，即 $x(n)$ 的傅里叶变换 $X(e^{j\omega})$ 在 $0\leqslant\omega<2\pi$ 上的 N 个等间隔点 $\omega_k=2\pi k/N\ (k=0,1,2,\cdots,N-1)$ 上的抽样值，其抽样间隔为 $2\pi/N$。

对某一特定 N，$X(k)$ 与 $x(n)$ 是一一对应的，当频域有效抽样点数 N 变化时，$X(k)$ 也将变化，当 N 足够大时，$X(k)$ 的幅度谱 $|X(k)|$ 的包络可更逼近 $X(e^{j\omega})$ 曲线，在用 DFT 作谱分析时，这一概念起很重要的作用。

6. 离散傅里叶变换对 $x(n)$ 与 $X(k)$ 中各参量间的关系。

表 3.1 的最后一列给出了离散傅里叶级数对的离散时域、离散频域序列的两个图形，若将两个图形中各取一个周期（主值区间）来研究，即为离散傅里叶变换时，其中各参量为

$\boldsymbol{T_0}$：时域长度；$\boldsymbol{T}$：时域两相邻抽样点的时间间距；

$\boldsymbol{f_s}$：时域抽样频率；$\boldsymbol{F_0}$：频域两相邻抽样点的频率间距 $\left(F_0=\dfrac{\Omega_0}{2\pi}\right)$；

$\boldsymbol{N}$：在 T_0 时间段中的抽样点数。

可以看出这些参量间的关系为

$$T_0 = NT = \frac{N}{f_s} = \frac{1}{F_0}$$

或写成

$$F_0 = \frac{f_s}{N} = \frac{1}{NT} = \frac{1}{T_0}$$

由此两式，可得出以下结论：

(1) 时域相邻两抽样点的时间间距 T 等于抽样频率 f_s 的倒数($T=1/f_s$)。

(2) 频域相邻两抽样点的频率间距 F_0 等于时域的时间长度 T_0 的倒数($F_0=1/T_0$)。

(3) F_0 也等于抽样频率 f_s 与抽样点数 N 之比值($F_0=f_s/N$)。

后面将会讨论到，在时域长度 T_0 不变的情况下，F_0(称为频率分辨率)是不会改变的。

【例 3.4】 设 $x(n)=R_5(n)$，求(1)$X(e^{j\omega})$；(2)$N=5$ 的 $X(k)$；(3)$N=10$ 的 $X(k)$。

解

(1)
$$X(e^{j\omega}) = \sum_{n=0}^{4} e^{-j\omega n} = \frac{1-e^{-j5\omega}}{1-e^{-j\omega}} = \frac{e^{-j5\omega/2}(e^{j5\omega/2})-e^{-j5\omega/2}}{e^{-j\omega/2}(e^{j\omega/2}-e^{-j\omega/2})}$$
$$= e^{-j2\omega}\frac{\sin(5\omega/2)}{\sin(\omega/2)}$$

(2) $N=5$，$X(k)$可直接用 DFT 的定义求解，由于已知 $X(e^{j\omega})$，故可用 $X(e^{j\omega})$的抽样值求解更为快捷。

$$X(k) = X(e^{j\omega})\big|_{\omega=\frac{2\pi}{N}k} = X(e^{j\omega})\big|_{\omega=\frac{2\pi}{5}k}$$
$$= e^{-j4\pi k/5}\frac{\sin(\pi k)}{\sin(\pi k/5)} = \begin{cases} 5, & k=0 \\ 0, & k=1,2,3,4 \end{cases}$$

此式与例 3.1 的$\tilde{X}(k)$完全一样，只不过 $X(k)$是那里$\tilde{X}(k)$的一个周期。

(3) $N=10$，则需要将 $x(n)$后面补上 5 个零值点，即

$$x(n) = \begin{cases} 1, & 0 \leqslant n \leqslant 4 \\ 0, & 5 \leqslant n \leqslant 9 \end{cases}$$

这时，由于 $x(n)$的数值没有变化，故 $X(e^{j\omega})$的表达式与上面的完全一样，可得 $N=10$ 的$X(k)$为

$$X(k) = X(e^{j\omega})\big|_{\omega=\frac{2\pi}{10}k}$$
$$= \begin{cases} 5, & k=0 \\ e^{-j2\pi k/5}\dfrac{\sin(\pi k/2)}{\sin(\pi k/10)}, & k=1,2,\cdots,9 \end{cases}$$

由以上推导看出，它与例 3.1、例 3.2 的求解过程完全一样，实际上只需将那里的$\tilde{X}(k)$用 $X(k)=\tilde{X}(k)R_N(k)$代替(分别有 $N=5$ 及 $N=10$)，即可求得所需的 DFT。

【例 3.5】 设有一个 IIR 系统(自回归滑动平均系统即 ARMA 系统)，其差分方程为

$$y(n)=\sum_{i=0}^{M}b_i x(n-i)+\sum_{i=1}^{N}a_i y(n-i)$$

若此系统代表因果稳定系统，输入为 $x(n)$，输出为 $y(n)$。试确定系统频率响应 $H(\mathrm{e}^{\mathrm{j}\omega})$ 在$[0,2\pi)$区间的 L 点等间隔抽样 $H(k)$。需要采用 L 点 DFT 进行计算。

解 由差分方程可得到系统函数 $H(z)$为

$$H(z)=\frac{\sum_{i=0}^{M}b_i z^{-i}}{1-\sum_{i=1}^{N}a_i z^{-i}}$$

由此可得系统频率响应

$$H(\mathrm{e}^{\mathrm{j}\omega})=\frac{\sum_{i=0}^{M}b_i\mathrm{e}^{-\mathrm{j}\omega i}}{1-\sum_{i=1}^{N}a_i\mathrm{e}^{-\mathrm{j}\omega i}}$$

将频率响应在 ω 的一个周期内$(0\leqslant\omega\leqslant 2\pi)$，按 L 点抽样，但需满足 $L\geqslant\max[M+1,N+1]$，则有

$$H(k)=H(\mathrm{e}^{\mathrm{j}\frac{2\pi}{L}k})=\frac{\sum_{i=0}^{M}b_i\mathrm{e}^{-\mathrm{j}2\pi ki/L}}{1-\sum_{i=1}^{N}a_i\mathrm{e}^{\mathrm{j}2\pi ki/L}},\quad 0\leqslant k\leqslant L-1$$

为了采用 DFT，需将差分方程的系数 b_i 及 a_i 看成两个 L 点序列 $a(i)$及 $b(i)$，求出它们的 L 点 DFT 后，即可求出 $H(k)$值。而 L 点的 $a(i)$及 $b(i)$序列可表示成

$$a(i)=\begin{cases}1, & i=0\\ a_i, & 1\leqslant i\leqslant N\\ 0, & N+1\leqslant i\leqslant L-1\end{cases}$$

$$b(i)=\begin{cases}b_i, & 0\leqslant i\leqslant M\\ 0, & M+1\leqslant i\leqslant L-1\end{cases}$$

由两序列的 L 点 DFT 可表示为

$$A(k)=\mathrm{DFT}[a(i)]=\sum_{i=0}^{L-1}a(i)\mathrm{e}^{-\mathrm{j}\frac{2\pi}{L}ki}=1-\sum_{i=1}^{N}a_i\mathrm{e}^{-\mathrm{j}\frac{2\pi}{L}ki}$$

$$B(k)=\mathrm{DFT}[b(i)]=\sum_{i=0}^{L-1}b(i)\mathrm{e}^{-\mathrm{j}\frac{2\pi}{L}ki}=\sum_{i=0}^{M}b_i\mathrm{e}^{-\mathrm{j}\frac{2\pi}{L}ki}$$

将此两式可与 $H(k)$相比较，可得

$$H(k)=H(\mathrm{e}^{\mathrm{j}\frac{2\pi}{L}k})=\frac{B(k)}{A(k)},\quad 0\leqslant k\leqslant L-1$$

3.3.2 时域、频域都抽样后 f_k、f_s、N 的关系

由于频域的第 k 个抽样点的数字频率 ω_k 为

$$\omega_k = \frac{2\pi}{N}k = \Omega_k T = 2\pi f_k T = 2\pi \frac{f_k}{f_s} \tag{3.3.17}$$

因而，第 k 个抽样点的频率为

$$f_k = \frac{k}{NT} = \frac{kf_s}{N} \tag{3.3.18}$$

① 可以这样理解该公式，**时域抽样频率 f_s 就是频域的一个周期，若频域抽样点数（当然是指一个周期的抽样点数）为 N，则频域相邻两个抽样点间的间隔频率为 f_s/N，因此频域第 k 个抽样点所对应的频率就是 $f_k=kf_s/N$**，这与(3.3.18)式是一样的。

② 这说明，**N 点 DFT 所对应的模拟频域抽样间隔为 $\frac{1}{NT}=\frac{f_s}{N}$，由于 NT 表示时域抽样的区间长度，即记录（观察）时间（但是要求是有效的记录时间），因此称 $\frac{1}{NT}=F_0$ 为频率分辨力**（这将在 3.5.3 节讨论）。从而看出，**增加记录时间，就能减小 F_0，即提高频率分辨力**。

3.3.3 DFT 隐含的周期性

由于 $\widetilde{X}(k)$ 是对 $\tilde{x}(n)$ 的一个周期 $x(n)$ 的频谱 $X(e^{j\omega})$ 的抽样，$X(e^{j\omega})$ 是周期性的频谱，周期为 2π。$X(k)$ 是 $\widetilde{X}(k)$ 的主值区间上的值，即是 $X(e^{j\omega})$ 在 $[0,2\pi)$ 这一主值区间上的 N 点等间隔抽样值，因而当 k 超出主值区间（$k=0,1,2,\cdots,N-1$）时，就相当于对 ω 在 $[0,2\pi)$ 以外区间对 $X(e^{j\omega})$ 的抽样，它是以 N 为周期而重复的，即有 $\widetilde{X}(k)=X((k))_N$，因而 DFT 是隐含周期性的。

其次，从 W_N^{kn} 的周期性 $W_N^{(k+mN)n}=W_N^{kn}$ 也可证明 $X(k)$ 隐含周期性，其周期为 N。即

$$X(k+mN) = \sum_{n=0}^{N-1} x(n) W_N^{(k+mN)n} = \sum_{n=0}^{N-1} x(n) W_N^{kn} = X(k) \tag{3.3.19}$$

由于 $\tilde{x}(n)$ 和 $\widetilde{X}(k)$ 是一对变换关系，$\widetilde{X}(k)$ 是 $\tilde{x}(n)$ 的频谱，取 $\tilde{x}(n)$ 及 $\widetilde{X}(k)$ 的主值序列 $x(n)=\tilde{x}(n)R_N(n)$，$X(k)=\widetilde{X}(k)R_N(k)$ 作为一对变换时，显然是合理的，因为它们符合一对一的唯一变换关系。

因而，对离散傅里叶变换而言，有限长序列都是作为周期序列的一个周期表示的，都隐含有周期性意义。

3.4 DFT 的主要性质

由于 DFT 是有限长序列定义的一种变换，其序列及其 DFT 的变换区间是 $0\leqslant n\leqslant N-1$ 及 $0\leqslant k\leqslant N-1$（即主值区间），而 $n<0$（或 $k<0$）及 $n\geqslant N$（或 $k\geqslant N$）都在 DFT 变换区间之

外，所以它的移位以及它的对称性就和任意长序列的傅里叶变换中的并不相同，这一点是非常重要的。实际上，它在本质上是和周期性序列的 DFS 有关的，是由有限长序列及其 DFT 表示式隐含的周期性得出的。

3.4.1 线性

设两个有限长序列为 $x_1(n)$ 和 $x_2(n)$，则

$$\mathrm{DFT}[ax_1(n)+bx_2(n)] = aX_1(k)+bX_2(k) \tag{3.4.1}$$

其中 a，b 为任意常数，包括复常数。该式可由 DFT 定义直接证明，留给读者自己去做。

但是要说明如下：

(1) 如果 $x_1(n)$ 和 $x_2(n)$ 皆为 N 点，即在 $0\leqslant n\leqslant N-1$ 范围有值，则 $aX_1(k)+bX_2(k)$ 也是 N 点序列。

(2) 若 $x_1(n)$ 和 $x_2(n)$ 的点数不等，设 $x_1(n)$ 为 N_1 点（$0\leqslant n\leqslant N_1-1$），而 $x_2(n)$ 为 N_2 点（$0\leqslant n\leqslant N_2-1$），则 $ax_1(n)+bx_2(n)$ 应为 $N\geqslant\max[N_1,N_2]$ 点，这是由隐含周期性决定的，即讨论的是相同周期的序列的线性才有意义。故 DFT 长度必须按 N 点计算。此时两个序列都需补零值，补到皆为 N 点序列。则有

$$X_1(k) = \sum_{n=0}^{N-1} x_1(n)W_N^{kn}R_N(k) = \sum_{n=0}^{N_1-1} x_1(n)\mathrm{e}^{-\mathrm{j}\frac{2\pi}{N}nk}R_N(k)$$

$$X_2(k) = \sum_{n=0}^{N-1} x_2(n)W_N^{kn}R_N(k) = \sum_{n=0}^{N_2-1} x_2(n)\mathrm{e}^{-\mathrm{j}\frac{2\pi}{N}nk}R_N(k)$$

3.4.2 序列的圆周移位性质

学习要点

1. 圆周移位序列。

一个有限长序列 $x(n)$ 的圆周移位是指用它的点数 N 为周期，将其延拓成周期序列 $\tilde{x}(n)$，将周期序列 $\tilde{x}(n)$ 加以移位，然后取主值区间（n 为 $0\sim N-1$）上的序列值。因而一个有限长序列 $x(n)$ 的 m 点圆周移位定义为

$$x_m(n) = x((n+m))_N R_N(n) \tag{3.4.2a}$$

式中，$x((n+m))_N$ 表示 $x(n)$ 的周期延拓序列 $\tilde{x}(n)$ 的 m 点线性移位

$$x((n+m))_N = \tilde{x}(n+m) \tag{3.4.2b}$$

(3.4.2a)式中，乘 $R_N(n)$ 表示对此延拓移位后的周期序列取主值序列，即 $x((n+m))_N R_N(n)$，因而 $x_m(n)$ 还是一个 N 点的有限长序列，但是，它和线性移位 $x(n+m)$ 是完全不同的，圆周移位过程如图 3.5 所示。

从图上可以看出，由于是周期序列的移位，当我们只观察 n 为 $0\sim N-1$ 这一区间时，当某抽样从此区间的一端移出时，与它相同值的抽样又从此区间的另一端进来了。因此，可

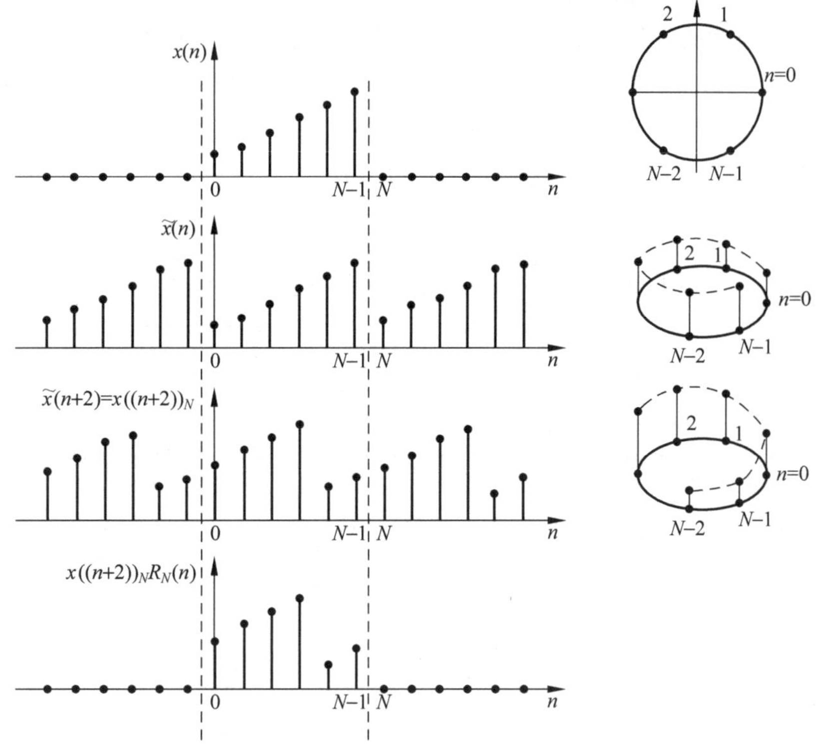

图 3.5　序列的圆周移位过程（$N=6$）

以看成 $x(n)$是排列在一个 N 等分的圆周上，序列 $x(n)$的圆周移位，就相当于 $x(n)$在此圆上旋转，如图 3.5 右图所示，因而称为圆周移位。实际上围绕圆周观察几圈时，看到的就是周期序列$\tilde{x}(n)$。

2. 圆周移位性质。

有限长序列为 $x(n)$，$0\leqslant n\leqslant N-1$，若 $x_m(n)=x((n+m))_N R_N(n)$，则

$$X_m(k)=\text{DFT}[x_m(n)]=\text{DFT}[x((n+m))_N R_N(n)]=W_N^{-mk}X(k) \tag{3.4.3}$$

证　利用周期序列的移位性质

$$\text{DFS}[x((n+m))_N]=\text{DFS}[\tilde{x}(n+m)]=W_N^{-mk}\widetilde{X}(k)$$

再利用 DFS 和 DFT 关系的性质，即利用(3.3.1a)式及(3.3.2a)式，序列取主值区间，变换也取主值区间，即得

$$\begin{aligned}\text{DFT}[x_m(n)]&=\text{DFT}[x((n+m))_N R_N(n)]=\text{DFT}[\tilde{x}(n+m)R_N(n)]\\&=W_N^{-mk}\widetilde{X}(k)R_N(k)\\&=W_N^{-mk}X(k)=\mathrm{e}^{\mathrm{j}\frac{2\pi}{N}mk}X(k)\end{aligned}$$

这表明，有限长序列的圆周移位，在离散频域中只引入一个与频率$\left(\omega_k=\dfrac{2\pi}{N}k\right)$呈正比的线性

相移 $W_N^{-km}=\mathrm{e}^{\left(\mathrm{j}\frac{2\pi}{N}k\right)m}$，对频谱的幅度是没有影响的。

同样，对于频域的有限长序列 $X(k)$，也可看成是分布在一个 N 等分的圆周上，所以对于 $X(k)$ 的圆周移位，利用频域与时域的对偶关系，可以证明以下性质（请读者自己证明）：

若
$$X(k)=\mathrm{DFT}[x(n)]$$
则
$$\mathrm{IDFT}[X((k+l))_N R_N(k)]=W_N^{nl}x(n)=\mathrm{e}^{-\mathrm{j}\frac{2\pi}{N}nl}x(n) \tag{3.4.4}$$

这就是调制特性，它说明，时域序列的调制（相乘）等效于频域的圆周移位。由此式可以得出以下两个公式，请读者自己证明：

$$\mathrm{DFT}\left[x(n)\cos\left(\frac{2\pi nl}{N}\right)\right]=\frac{1}{2}[X((k-l))_N+X((k+l))_N]R_N(k) \tag{3.4.5}$$

$$\mathrm{DFT}\left[x(n)\sin\left(\frac{2\pi nl}{N}\right)\right]=\frac{1}{2\mathrm{j}}[X((k-l))_N-X((k+l))_N]R_N(k) \tag{3.4.6}$$

3.4.3 圆周共轭对称性质

学习要点

1. 圆周对称中心。

第2章中，讨论序列的傅里叶变换时，即 DTFT 讨论中，不管序列是有限长或是无限长，讨论其对称性质时以 $n=0$（或 $\omega=0$）做对称轴，如果以此为标准，由于 $x(n)$ 和 $X(k)$ 都是定义于主值区间（$0\leqslant n\leqslant N-1$，$0\leqslant k\leqslant N-1$）的 N 点长序列，就不会有对称性了。而由于它们隐含有周期性，因而可以将序列排列在 $0\leqslant n\leqslant N-1$（或 $0\leqslant k\leqslant N-1$）的圆周上，其**圆周对称中心（或圆周反对称中心）为 $n=0$（或 $k=0$）**，如图3.6所示，从图中同样可看出，**$n=N/2$（或 $k=N/2$）也是圆周对称中心**（或圆周反对称中心），而且这一对称中心更为直观，如图3.7所示，**只要在 $n=N(k=N)$ 处，补上 $n=0$（或 $k=0$）处的序列值，再以 $n=N/2$（或 $k=N/2$）为对称中心，观察序列的对称性，就非常直观了。**

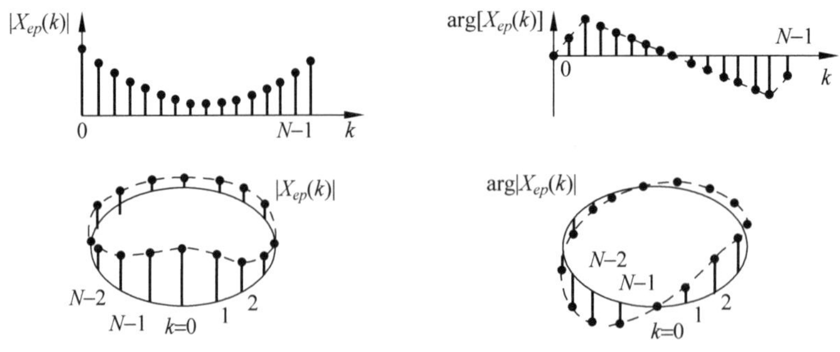

图3.6 圆周共轭对称的序列 $X_{ep}(k)$

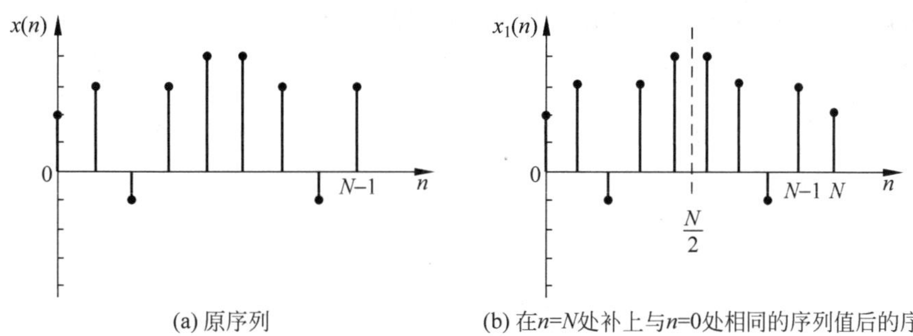

图 3.7 考查序列是否是圆周偶(奇)对称序列的方法

2. 在 DFT 应用下，有限长的圆周共轭对称序列 $x_{ep}(n)$ 及圆周共轭反对称序列 $x_{op}(n)$（离散频域 $X_{ep}(k)$，$X_{op}(k)$ 可同样定义）。 定义这两种序列，是为了减少 DFT 的运算量。

(1) 在第 2 章中讨论 DTFT 时所定义的 $x_e(n)$ 及 $x_o(n)$ 不能应用到 DFT 运算中来，因为当 $x(n)$ 为 N 点长序列时，按照第 2 章中(2.3.39)式及(2.3.40)式所得到的共轭对称序列 $x_e(n)$ 与共轭反对称序列 $x_o(n)$ 都是长度为 $2N-1$ 点的序列。而在讨论 DFT 时，序列长度必须是 N 点长序列。

(2) 同样，由于在 DFT 运算中，隐含有周期性，因而从周期性的共轭对称序列 $\tilde{x}_e(n)$ 及共轭反对称序列 $\tilde{x}_o(n)$ 出发，研究有限长序列的 $x_{ep}(n)$ 及 $x_{op}(n)$ 更为直观。

* 周期性共轭对称序列 $\tilde{x}_e(n)$ 应满足

$$\tilde{x}_e(n)=\tilde{x}_e^*(-n) \tag{3.4.7}$$

周期性共轭反对称序列 $\tilde{x}_o(n)$ 应满足

$$\tilde{x}_o(n)=-\tilde{x}_o^*(-n) \tag{3.4.8}$$

* 任一周期性序列 $\tilde{x}(n)$ 都可表示成周期性共轭对称分量 $\tilde{x}_e(n)$ 及周期性共轭反对称分量 $\tilde{x}_o(n)$ 之和，即

$$\tilde{x}(n)=\tilde{x}_e(n)+\tilde{x}_o(n) \tag{3.4.9}$$

* 由 $\tilde{x}(n)$ 导出 $\tilde{x}_e(n)$ 及 $\tilde{x}_o(n)$ 的公式与(2.3.39)式及(2.3.40)式的表达式相似，即

$$\tilde{x}_e(n)=\frac{1}{2}[\tilde{x}(n)+\tilde{x}^*(-n)] \tag{3.4.10}$$

$$\tilde{x}_o(n)=\frac{1}{2}[\tilde{x}(n)-\tilde{x}^*(-n)] \tag{3.4.11}$$

(3) 由于有限长序列被看成是周期性序列的主值序列，故有限长序列的圆周共轭对称序列 $x_{ep}(n)$，圆周共轭反对称序列 $x_{op}(n)$ 分别被看成为 $\tilde{x}_e(n)$ 及 $\tilde{x}_o(n)$ 的主值序列

$$x_{ep}(n)=\tilde{x}_e(n)R_N(n) \tag{3.4.12}$$

$$x_{op}(n)=\tilde{x}_o(n)R_N(n) \tag{3.4.13}$$

* **圆周共轭对称序列 $x_{ep}(n)$ 满足以下圆周共轭对称关系**

$$x_{ep}(n)=x_{ep}^*((-n))_N R_N(n)=x_{ep}^*(N-n),\quad n=0,1,2,\cdots,N-1 \tag{3.4.14}$$

3.4 DFT的主要性质

圆周共轭反对称序列 $x_{op}(n)$ 满足以下圆周共轭反对称关系

$$x_{op}(n)=-x_{op}^*((-n))_N R_N(n)=-x_{op}^*(N-n),\quad n=0,1,2,\cdots,N-1 \tag{3.4.15}$$

* **任一有限长序列 $x(n)$ 一定可以表示成圆周共轭对称分量 $x_{ep}(n)$ 和圆周共轭反对称分量 $x_{op}(n)$ 之和,即**

$$x(n)=x_{ep}(n)+x_{op}(n) \tag{3.4.16}$$

* 由 $x(n)$ 导出 $x_{ep}(n)$ 及 $x_{op}(n)$ 的办法,利用(3.4.12)式、(3.4.13)式并将(3.4.10)式及(3.4.11)式代入可得**以下两个重要关系式**

$$\begin{aligned}x_{ep}(n)&=\tilde{x}_e(n)R_N(n)=\frac{1}{2}[\tilde{x}(n)+\tilde{x}^*(-n)]R_N(n)\\&=\frac{1}{2}[x((n))_N+x^*((-n))_N]R_N(n)\\&=\frac{1}{2}[x(n)+x^*(N-n)],\qquad n=0,1,2,\cdots,N-1\end{aligned} \tag{3.4.17}$$

$$\begin{aligned}x_{op}(n)&=\tilde{x}_o(n)R_N(n)=\frac{1}{2}[\tilde{x}(n)-\tilde{x}^*(-n)]R_N(n)\\&=\frac{1}{2}[x((n))_N-x^*((-n))_N]R_N(n)\\&=\frac{1}{2}[x(n)-x^*(N-n)],\qquad n=0,1,2,\cdots,N-1\end{aligned} \tag{3.4.18}$$

注意,以上各式中,包括以后的表示中,表达式 $x^*(N-n)$ 当 $n=0$ 时为 $x^*(N)=x^*(0)$,同样有 $x(N)=x(0)$。显然这里的 $x_{ep}(n)$ 与 $x_{op}(n)$ 都是长度与 $x(n)$ 相同的 N 点有限长序列,与第2章中的 $x_e(n)$ 与 $x_o(n)$ 完全不同,后两个序列都是 $2N-1$ 点序列。

3.4.4 圆周翻褶序列及其 DFT

1. 圆周翻褶序列。由圆周对称中心 $n=0$ 或 $n=\frac{N}{2}$ 出发,N 点有限长序列 $x(n)$ 的翻褶序列不能写成 $x(-n)$,因为当 $n=0,1,2,\cdots,N-1$ 时,$x(-n)$ 表示成 $x(-1),x(-2),\cdots,x[-(N-1)]$,这完全不在主值范围内,因而也应从周期性序列的翻褶序列的主值序列来定义,$x(n)$ 的圆周翻褶序列为 $x((-n))_N R_N(n)=x((N-n))_N R_N(n)=x(N-n)$,仍有 $x(N)=x(0)$。在实际运算中,只要按图3.7把 $n=N$ 处补上 $x(0)$ 的值,然后将序列以 $n=N/2$ 为对称轴将序列加以翻褶即可。可用以下表格表示。

n	0	1	2	$\cdots$	$N-2$	$N-1$
$x(n)$	$x(0)$	$x(1)$	$x(2)$	$\cdots$	$x(N-2)$	$x(N-1)$
$x((-n))_N R_N(n)$ [或 $x(N-n)$]	$x(0)$	$x(N-1)$	$x(N-2)$	$\cdots$	$x(2)$	$x(1)$

所以，$x(n)$的圆周翻褶序列 $x(N-n)$ 相当于将 $x(n)$ 第一个序列值 $x(0)$ 不变，将后面的序列翻褶 180°后，放到 $x(0)$ 的后边，这样就形成了 $x((-n))_N R_N(n)=x(N-n)$ 序列。

2. 圆周翻褶序列的 DFT。

若 $$\mathrm{DFT}[x(n)]=X(k)$$

则 $$\mathrm{DFT}[x((-n))_N R_N(n)]=X((-k))_N R_N(k)，即$$

$$\mathrm{DFT}[x(N-n)]=X(N-k) \tag{3.4.19}$$

3.4.5 对偶性

序列为 $x(n)$，其离散傅里叶变换为 $X(k)$，即

$$\mathrm{DFT}[x(n)] = X(k) \tag{3.4.20}$$

若将 $X(k)$ 中的 k 换成 n，即我们来看 $X(n)$ 的离散傅里叶变换，则有

$$\mathrm{DFT}[X(n)] = Nx((-k))_N R_N(k) = Nx((N-k))_N R_N(k) = Nx(N-k) \tag{3.4.21}$$

证 可以用周期性序列的对偶性关系证明，把 $x(n)$ 看成 $\tilde{x}(n)$ 的主值序列，而把 $\tilde{x}(n)$ 看成 $x(n)$ 的以其长度 N 为周期的周期延拓序列，利用(3.2.29)式证明(3.4.21)式，可有

$$\mathrm{DFT}[\widetilde{X}(n)R_N(n)] = N\tilde{x}(-k)R_N(k) = Nx((-k))_N R_N(k)$$

即

$$\mathrm{DFT}[X(n)]=Nx((-k))_N R_N(k)=Nx((N-k))_N R_N(k)=Nx(N-k)$$

当然，也可直接利用序列的离散傅里叶级数的反变换的(3.2.7)式而得出，请读者自己证明。

可以看出，(3.4.20)式与(3.4.21)式的关系与连续时间傅里叶变换中的对偶关系 $[\mathscr{F}[f(t)]=F(\mathrm{j}\Omega), \mathscr{F}[F(t)]=2\pi f(-\mathrm{j}\Omega)]$ 是相似的。

但是要注意，非周期序列 $x(n)$ 和它的离散时间傅里叶变换 $X(\mathrm{e}^{\mathrm{j}\omega})=\mathrm{DTFT}[x(n)]$ 是两类不同的函数，$x(n)$ 的变量是离散的，序列是非周期的，$X(\mathrm{e}^{\mathrm{j}\omega})$ 的变量是连续的，函数是周期性的，因而时域 $x(n)$ 与频域函数 $X(\mathrm{e}^{\mathrm{j}\omega})$ 之间不存在对偶性。

3.4.6 DFT 运算中的圆周共轭对称性

这一小节的各个性质，对理解 DFT 的实质、简化其有关的运算都极有助益。

学习要点

设 $\mathrm{DFT}[x(n)]=\mathrm{DFT}\{\mathrm{Re}[x(n)]+\mathrm{jIm}[x(n)]\}$。

1. 共轭序列的 DFT。

$$\mathrm{DFT}[x^*(n)] = X^*((-k))_N R_N(k) = X^*((N-k))_N R_N(k) = X^*(N-k) \tag{3.4.22}$$

式中 $x^*(n)$表示 $x(n)$的共轭复序列。

证

$$\begin{aligned}\text{DFT}[x^*(n)]&=\sum_{n=0}^{N-1}x^*(n)W_N^{nk}R_N(k)=\left[\sum_{n=0}^{N-1}x(n)W_N^{-nk}\right]^*R_N(k)\\&=X^*((-k))_NR_N(k)=\left[\sum_{n=0}^{N-1}x(n)W_N^{(N-k)n}\right]^*R_N(k)\\&=X^*((N-k))_NR_N(k)=X^*(N-k)\end{aligned}$$

这里利用了

$$W_N^{nN}=\mathrm{e}^{-j\frac{2\pi}{N}nN}=\mathrm{e}^{-j2\pi n}=1$$

2. 圆周共轭翻褶序列的 DFT。

$$\text{DFT}[x^*((-n))_NR_N(n)]=\text{DFT}[x^*(N-n)]=X^*(k)\tag{3.4.23}$$

证

$$\begin{aligned}\text{DFT}[x^*((-n))_NR_N(n)]&=\sum_{n=0}^{N-1}x^*((-n))_NR_N(n)W_N^{nk}=\left[\sum_{n=0}^{N-1}x((-n))_NW_N^{-nk}\right]^*\\&=\left[\sum_{n=-(N-1)}^{0}x((n))_NW_N^{nk}\right]^*=\left[\sum_{n=0}^{N-1}x((n))_NW_N^{nk}\right]^*\quad\text{（利用周期性）}\\&=\left[\sum_{n=0}^{N-1}x(n)W_N^{nk}\right]^*=X^*(k)\end{aligned}$$

3. 如果序列 $x(n)$分成实部和虚部，将相应的 $X(k)=\text{DFT}[x(n)]$分成圆周共轭对称分量与圆周共轭反对称分量，则有以下关系

$$x(n)=\text{Re}[x(n)]+\text{jIm}[x(n)]\tag{3.4.24}$$

$$\updownarrow\qquad\qquad\updownarrow\qquad\qquad\updownarrow$$

$$X(k)=X_{ep}(k)\qquad+X_{op}(k)\tag{3.4.25}$$

其中“$\updownarrow$”表示互为 DFT(IDFT)，即有

$$X_{ep}(k)=\text{DFT}[\text{Re}[x(n)]]\tag{3.4.26}$$

$$X_{op}(k)=\text{DFT}[\text{jIm}[x(n)]]\tag{3.4.27}$$

即序列 $x(n)$的实部的 DFT 等于频域 $X(k)$的圆周共轭对称分量，$x(n)$的虚部乘 j 的 DFT 等于频域 $X(k)$的圆周共轭反对称分量。

证

由于

$$\text{Re}[x(n)]=\frac{1}{2}[x(n)+x^*(n)]$$

则有

$$\mathrm{DFT}[\mathrm{Re}[x(n)]] = \frac{1}{2}\mathrm{DFT}[x(n) + x^*(n)] = \frac{1}{2}[X(k) + x^*(N-k)] = X_{ep}(k)$$

同样，由于

$$\mathrm{jIm}[x(n)] = \frac{1}{2}[x(n) - x^*(n)]$$

则有

$$\mathrm{DFT}[\mathrm{jIm}[x(n)]] = \frac{1}{2}\mathrm{DFT}[x(n) - x^*(n)] = \frac{1}{2}[X(k) - X^*(N-k)] = X_{op}(k)$$

4. 如果将序列 $x(n)$ 分成圆周共轭对称分量与圆周共轭反对称分量，将相应的 DFT 分成实部和虚部，则有以下关系

$$x(n) = x_{ep}(n) + x_{op}(n) \tag{3.4.28}$$

$$\updownarrow \qquad \updownarrow \qquad \updownarrow$$

$$X(k) = \mathrm{Re}[X(k)] + \mathrm{jIm}[X(k)] \tag{3.4.29}$$

其中“$\updownarrow$”表示互为 DFT(IDFT)，即有

$$\mathrm{Re}[X(k)] = \mathrm{DFT}[x_{ep}(n)] \tag{3.4.30}$$

$$\mathrm{jIm}[X(k)] = \mathrm{DFT}[x_{op}(n)] \tag{3.4.31}$$

即序列 $x(n)$ 的圆周共轭对称分量的 DFT 等于频域 $X(k)$ 的实部，序列 $x(n)$ 的圆周共轭反对称分量的 DFT 等于频域 $X(k)$ 的虚部乘 j。

证

由于

$$x_{ep}(n) = \frac{1}{2}[x(n) + x^*(N-n)]$$

则有

$$\mathrm{DFT}[x_{ep}(n)] = \frac{1}{2}\mathrm{DFT}[x(n) + x^*(N-n)] = \frac{1}{2}[X(k) + X^*(k)] = \mathrm{Re}[X(k)]$$

同样，由于

$$x_{op}(n) = \frac{1}{2}[x(n) - x^*(N-n)]$$

则有

$$\mathrm{DFT}[x_{op}(n)] = \frac{1}{2}\mathrm{DFT}[x(n) - x^*(N-n)] = \frac{1}{2}[X(k) - X^*(k)] = \mathrm{jIm}[X(k)]$$

5. 若序列 $x(n)$ 是 N 点实序列，则可分解为圆周偶对称分量 $x_{ep}(n)$ 及圆周奇对称分量 $x_{op}(n)$

$$x_{ep}(n) = \frac{1}{2}[x(n) + x(N-n)] \tag{3.4.32}$$

$$x_{op}(n) = \frac{1}{2}[x(n) - x(N-n)] \tag{3.4.33}$$

其中，$x_{ep}(n)$满足圆周偶对称关系，$x_{op}(n)$满足圆周奇对称关系

$$x_{ep}(n)=x_{ep}(N-n) \tag{3.4.34}$$

$$x_{op}(n)=-x_{op}(N-n) \tag{3.4.35}$$

6. 若 $x(n)$是 N 点实序列，$X(k)=\mathrm{DFT}[x(n)]$，N 点。由于 $x(n)=x^*(n)$，则有

$$X(k)=X^*(N-k),\quad k=0,1,2,\cdots,N-1 \tag{3.4.36}$$

即若 $x(n)$是 N 点实序列，则 $X(k)$满足(3.4.36)式的圆周共轭对称关系。再进一步分析，则有

(1) (3.4.36)式的圆周共轭对称关系，从 $X(k)$的模$|X(k)|$及相角 $\arg[X(k)]$看，当

$$X(k)=|X(k)|\mathrm{e}^{\mathrm{j}\arg[X(k)]}$$

(3.4.36)式的含义是以下两个关系式成立，即 $X(k)$的模满足圆周偶对称，相角满足圆周奇对称

$$|X(k)|=|X(N-k)| \tag{3.4.37}$$

$$\arg[X(k)]=-\arg[X(N-k)] \tag{3.4.38}$$

所以，若 $x(n)$是 N 点实序列，则 $X(k)$的幅度$|X(k)|$满足圆周偶对称关系，即对于 $k=N/2$ 成镜像对称(偶对称)，而 $X(k)$的相角 $\arg[X(k)]$满足圆周奇对称关系。$k=N/2$ 相当于频率 $f=f_s/2$，即为折叠频率。

(2) (3.4.36)式的圆周共轭对称关系，若从 $X(k)$的实部 $\mathrm{Re}[X(k)]$及虚部 $\mathrm{Im}[X(k)]$看，若

$$X(k)=\mathrm{Re}[X(k)]+\mathrm{j}\mathrm{Im}[X(k)]$$

从实部、虚部看，(3.4.36)式成立，则 $X(k)$的实部满足圆周偶对称，虚部满足圆周奇对称

$$\mathrm{Re}[X(k)]=\mathrm{Re}[X(N-k)] \tag{3.4.39}$$

$$\mathrm{Im}[X(k)]=-\mathrm{Im}[X(N-k)] \tag{3.4.40}$$

即若 $x(n)$为 N 点实序列，则 $X(k)$的实部 $\mathrm{Re}[X(k)]$满足圆周偶对称关系，$X(k)$的虚部 $\mathrm{Im}[X(k)]$满足圆周奇对称关系。

所谓圆周偶对称及圆周奇对称，同样是把序列排在一个圆周上，以 $k=0$ 这一对称中心看序列的偶对称、奇对称关系；或直接将 $k=N$ 处补上 $k=0$ 处的序列值，观察序列对 $k=\frac{N}{2}$(对称中心)处的对称情况，这和上面的讨论是一样的。

7. 若 $x(n)$是 N 点纯虚序列，即 $x(n)=-x^*(n)$，则 $X(k)$只有圆周共轭反对称分量 $X_{op}(k)$，也就是 $X(k)$满足圆周共轭反对称关系，即有

$$X(k)=-X^*(N-k),\quad k=0,1,2,\cdots,N-1$$

这一表达式的含义是：$X(k)$的实部满足圆周奇对称，虚部满足圆周偶对称，即

$$\mathrm{Re}[X(k)] = -\mathrm{Re}[X(N-k)] \tag{3.4.41}$$

$$\mathrm{Im}[X(k)] = \mathrm{Im}[X(N-k)] \tag{3.4.42}$$

8. 利用 DFT 的共轭对称性，可以减少实序列的 DFT 的计算量，一般只要知道一半数目的 $X(k)$ 就可以了，另一半可用圆周共轭对称性求得；此外，利用一个复序列的 N 点 DFT，可以求得两个实序列的 N 点 DFT，或利用一个复序列的 DFT，求得一个 $2N$ 点实序列的 DFT，分别见以下的例子及习题。

【例 3.6】 利用圆周共轭对称性，可以用一次 N 点 DFT 运算计算两个 N 点实数序列的 DFT，因而可以减少计算量。

设 $x_1(n)$ 和 $x_2(n)$ 都是 N 点实数序列，试用一次 DFT 计算它们各自的 DFT：

$$\mathrm{DFT}[x_1(n)] = X_1(k), \quad \mathrm{DFT}[x_2(n)] = X_2(k)$$

解 先利用这两个实序列构成一个复序列，即

$$w(n) = x_1(n) + \mathrm{j}x_2(n)$$

则

$$\begin{aligned}\mathrm{DFT}[w(n)] = W(k) &= \mathrm{DFT}[x_1(n) + \mathrm{j}x_2(n)] \\ &= \mathrm{DFT}[x_1(n)] + \mathrm{j}\mathrm{DFT}[x_2(n)] = X_1(k) + \mathrm{j}X_2(k)\end{aligned}$$

又由于 $x_1(n)=\mathrm{Re}[w(n)]$，故由(3.4.26)式可得

$$X_1(k) = \mathrm{DFT}\{\mathrm{Re}[w(n)]\} = W_{ep}(k) = \frac{1}{2}[W(k) + W^*(N-k)]$$

同样，由于 $x_2(n)=\mathrm{Im}[w(n)]$，故由(3.4.27)式可得

$$X_2(k) = \mathrm{DFT}\{\mathrm{Im}[w(n)]\} = \frac{1}{\mathrm{j}}W_{op}(k) = \frac{1}{2\mathrm{j}}[W(k) - W^*(N-k)]$$

所以，用 DFT 求出 $W(k)$ 后，再按以上公式即可求得 $X_1(k)$ 与 $X_2(k)$。

* **表 3.2 中给出了各种特定序列及其 DFT 的实、虚、偶对称、奇对称的关系**。当然，**这里提到的偶对称、奇对称都是圆周偶对称、圆周奇对称关系**。在做题中，或实际应用中，熟练掌握表中的对应关系，常作为简化运算，检验运算结果之用，可起到事半功倍的作用。

表 3.2 序列及其 DFT 的实、虚、偶、奇关系

$x(n)$[或 $X(k)$]	$X(k)$[或 $x(n)$]	$x(n)$[或 $X(k)$]	$X(k)$[或 $x(n)$]
偶对称	偶对称	实数，偶对称	实数，偶对称
奇对称	奇对称	实数，奇对称	虚数，奇对称
实数	实部为偶对称，虚部为奇对称	虚数，偶对称	虚数，偶对称
虚数	实部为奇对称，虚部为偶对称	虚数，奇对称	实数，奇对称

3.4.7 DFT 形式下的帕塞瓦定理

若长度为 N 点的序列 $x(n)$ 的 N 点 DFT 为 $X(k)$，则有

$$\sum_{n=0}^{N-1} x(n)y^*(n) = \frac{1}{N}\sum_{k=0}^{N-1} X(k)Y^*(k) \tag{3.4.43}$$

当 $x(n)=y(n)$时，有

$$\sum_{n=0}^{N-1} |x(n)|^2 = \frac{1}{N}\sum_{k=0}^{N-1} |X(k)|^2 \tag{3.4.44}$$

若 $x(n)=y(n)$都是实序列，则有

$$\sum_{n=0}^{N-1} x^2(n) = \frac{1}{N}\sum_{k=0}^{N-1} |X(k)|^2 \tag{3.4.45}$$

(3.4.44)式表明，一个序列在时域计算的能量与在频域计算的能量是相等的。

3.4.8 圆周卷积和与圆周卷积和定理

在第 2 章讨论的时域卷积和定理中的卷积和指的是离散时域的线性卷积和，其频域是连续的。本章讨论的是与 DFT 相关联的有限长序列的圆周卷积和定理，其频域是离散的，但是其所涉及的圆周卷积和运算与线性卷积和是有区别的。

学习要点

1. 两个有限长序列的圆周卷积和

(1) 设两个有限长序列 $x_1(n)$、$x_2(n)$长度分别为 N_1 点和 N_2 点，则将以下表达式称为 $x_1(n)$、$x_2(n)$的 L 点圆周卷积和

$$\begin{aligned} y(n) &= \left[\sum_{m=0}^{L-1} x_1(m)x_2((n-m))_L\right]R_L(n) \\ &= \left[\sum_{m=0}^{L-1} x_2(m)x_1((n-m))_L\right]R_L(n), \quad L \geqslant \max[N_1,N_2] \\ &= x_1(n) \textcircled{L} x_2(n) = x_2(n) \textcircled{L} x_1(n) \end{aligned} \tag{3.4.46}$$

这里，**L 点圆周卷积和用符号Ⓛ表示。**

(2) 可以用矩阵来表示圆周卷积和关系，由于(3.4.46)式中，是以 m 为哑变量，故 $x_2((n-m))_L$ 表示对圆周翻褶序列 $x_2((-m))_L$ 的圆周移位序列，移位数为 n。即当 $n=0$ 时，以 m 为变量($m=0,1,2,\cdots,L-1$)的 $x_2((-m))_L R_L(n)$序列为$\{x_2(0),x_2(L-1),x_2(L-2),\cdots,x_2(2),x_2(1)\}$，这就是前面讨论过的圆周翻褶序列。当 $n=1,2,\cdots,L-1$ 时，就是分别将这一翻褶序列圆周右移 $1,2,\cdots,L-1$ 位。

由此可得出 $x_2((n-m))_L R_L(n)$的矩阵表示

$$\begin{bmatrix} x_2(0) & x_2(L-1) & x_2(L-2) & \cdots & x_2(1) \\ x_2(1) & x_2(0) & x_2(L-1) & \cdots & x_2(2) \\ x_2(2) & x_2(1) & x_2(0) & \cdots & x_2(3) \\ \vdots & \vdots & \vdots & \ddots & \vdots \\ x_2(L-1) & x_2(L-2) & x_2(L-3) & \cdots & x_2(0) \end{bmatrix} \tag{3.4.47}$$

此矩阵称为 **$x_2(n)$的 L 点圆周卷积矩阵**。其第一行是 $x_2(n)$的 L 点圆周翻褶序列，其他各行是第一行的圆周右移序列，每向下一行，圆周右移 1 位。这里若 $x_2(n)$长度 $N_2<L$，则需在 $x_2(n)$的尾部补零值，补到 L 点长然后再圆周翻褶、圆周移位。有了这一矩阵，则可将(3.4.46)式表示成圆周卷积的矩阵形式，即

$$\begin{bmatrix} y(0) \\ y(1) \\ y(2) \\ \vdots \\ y(L-1) \end{bmatrix} = \begin{bmatrix} x_2(0) & x_2(L-1) & x_2(L-2) & \cdots & x_2(1) \\ x_2(1) & x_2(0) & x_2(L-1) & \cdots & x_2(2) \\ x_2(2) & x_2(1) & x_2(0) & \cdots & x_2(3) \\ \vdots & \vdots & \vdots & \ddots & \vdots \\ x_2(L-1) & x_2(L-2) & x_2(L-3) & \cdots & x_2(0) \end{bmatrix} \begin{bmatrix} x_1(0) \\ x_1(1) \\ x_1(2) \\ \vdots \\ x_1(L-1) \end{bmatrix} \tag{3.4.48}$$

同样，若 $x_1(n)$长度 $N_1<L$，也要在尾部先补充零值点，补到 L 点后，再写出圆周卷积矩阵。

例如，若 $x_1(n)=\{\underline{1},2,3,4\}$，$x_2(n)=\{\underline{2},6,3\}$

即 $x_1(n)$为 $N_1=4$，$x_2(n)$为 $N_2=3$，若需作 $L=6$ 点圆周卷积，则两序列应分别表示成 $x_1(n)=\{1,2,3,4,0,0\}$，$x_2(n)=\{2,6,3,0,0,0\}$，则圆周卷积可表示成

$$\begin{bmatrix} y(0) \\ y(1) \\ y(2) \\ y(3) \\ y(4) \\ y(5) \end{bmatrix} = \begin{bmatrix} 2 & 0 & 0 & 0 & 3 & 6 \\ 6 & 2 & 0 & 0 & 0 & 3 \\ 3 & 6 & 2 & 0 & 0 & 0 \\ 0 & 3 & 6 & 2 & 0 & 0 \\ 0 & 0 & 3 & 6 & 2 & 0 \\ 0 & 0 & 0 & 3 & 6 & 2 \end{bmatrix} \begin{bmatrix} 1 \\ 2 \\ 3 \\ 4 \\ 0 \\ 0 \end{bmatrix} = \begin{bmatrix} 2 \\ 10 \\ 21 \\ 32 \\ 33 \\ 12 \end{bmatrix} \tag{3.4.49}$$

即
$$y(n)=\{\underline{2},10,21,32,33,12\}$$

(3) 可以看出，公式中 $x_2((n-m))_L$[或 $x_1((n-m))_L$]只在 $m=0$ 到 $m=L-1$ 范围内取值，因而它就是圆周移位，所以这一卷积和称为圆周卷积和。

① L 点圆周卷积和是以 L 为周期的周期卷积和的主值序列。

② L 的取值 $L\geqslant\max[N_1,N_2]$，N_1,N_2 分别为参与圆周卷积和运算的两个序列的长度点数；取值 L 不同，则周期延拓就不同，因而所得结果也不同。

2. 圆周卷积和与线性卷积和的不同：①参与圆周卷积运算的两个序列的长度必须同为 L，若长度不同，则可采用补零值点的方法，使其长度相同，线性卷积和则无此要求；②圆周卷积和得到的序列长度为 L 点，和参与卷积的两序列长度相同，线性卷积和若参与卷积运算的两序列长度分别为 N_1 及 N_2，则卷积得到的序列长度为 N_1+N_2-1，与参与卷积运算两序列的长度都不相同；③线性卷积和的运算中是做线性移位，圆周卷积和的运算中是做圆周移位。

图 3.8 就表示了 $x_1(n)$ 与 $x_2(n)$ 的 $N=7$ 点的圆周卷积和，其中

$$x_1(n)=R_3(n)=\begin{cases}1, & 0\leqslant n\leqslant 2\\0, & 3\leqslant n\leqslant 6\end{cases}$$

$$x_2(n)=\begin{cases}1, & 0\leqslant n\leqslant 2\\0, & 3\leqslant n\leqslant 5\\1, & n=6\end{cases}$$

这里，$x_1(n)$ 为 $N_1=3$ 点长序列，将它补零值补到为 $L=7$ 点长序列，$x_2(n)$ 为 $N_2=7$ 点长序列。

求得圆周卷积和为 $y(n)=x_1(n)⑥x_2(n)=[\underline{2},3,3,2,1,0,1]$（见图 3.8）

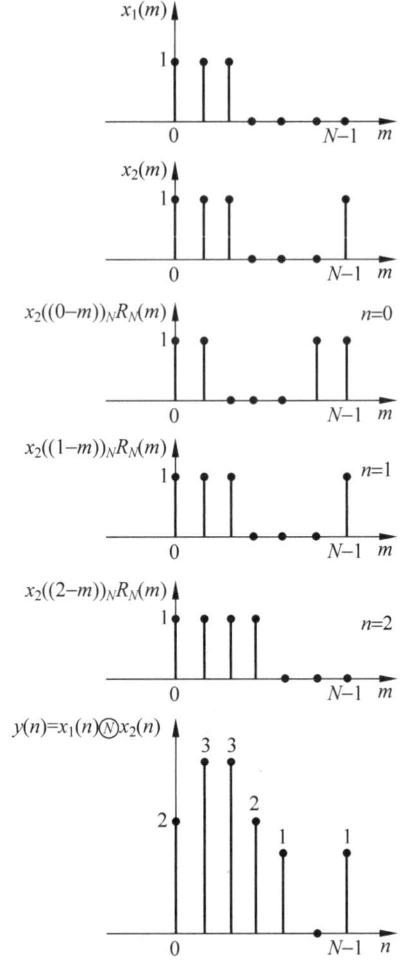

图 3.8 两个有限长序列（$N=7$）的圆周卷积和

【例 3.7】 设 $x(n)=[\underline{1},3,2,4]$，$h(n)=[\underline{2},1,3]$ 求圆周卷积和 $y(n)=x(n)④h(n)$，$L=4$。

解 用公式表示

$$y(n)=x(n)④h(n)$$
$$=\sum_{m=0}^{L-1}x(m)h((n-m))_L R_L(n),\quad L=4$$

① 首先将 $h(m)$ 补零值点，补到 $L=4$ 点序列，成为 $h(m)=[\underline{2},1,3,0]$。

② 其次将 $h(m)$ 作圆周翻褶 $h((L-m))R_L(m)=h(L-m)$，即排列成 $h((L-m))R_L(m)=h(L-m)=[\underline{h}(0),h(L-1),h(L-2),\cdots,h(1)]=[\underline{2},0,3,1]$。

③ 然后利用逐位圆周移位（n）来求 $n=0,1,2,\cdots,L-1$ 各点的 $y(n)$。移位时，$h((n-m))_L R_L(m)$ 右边 $m=L-1$ 处序列值移出 m 的主值区间，则同一序列值一定出现在左边 $m=0$ 处，这就相当于排在圆周上的圆周移位。

④ 相乘。只需将哑变量 m 在主值区间 $0\leqslant m\leqslant L-1$ 中的 $x(m)$ 与 $h((n-m))_L R_L(m)$ 相乘。

⑤ 将 m 的主值区间中各相乘结果相加，即得到某一个 n 处的 $y(n)$ 值。

⑥ 取变量为 $n+1$ 重复③到⑤的计算，直到算出 $0\leqslant n\leqslant L-1$ 中的所有 $y(n)$ 值，直接用画图法更为直观，如图 3.9 所示。

注意，运算中圆周移位（n）及相乘相加都是在 m 的主值区间内进行。

由此得出

$$y(n)=[\underline{12},19,10,19]$$

3. 圆周卷积和定理。

设有限长序列 $x_1(n)$ 为 N_1 点序列（$0\leqslant n\leqslant N_1-1$），有限长序列 $x_2(n)$ 为 N_2 点序列

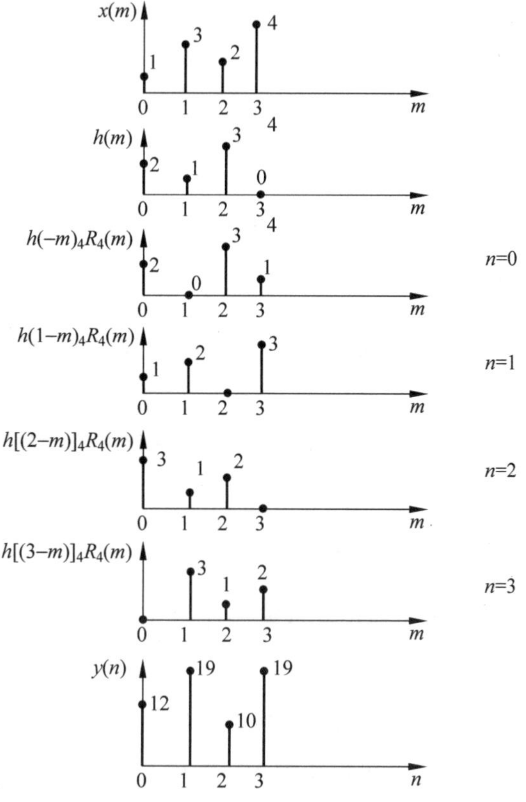

图 3.9　有限长序列的圆周卷积和

$(0 \leqslant n \leqslant N_2-1)$，取 $L \geqslant \max[N_1, N_2]$。将 $x_1(n)$ 与 $x_2(n)$ 都补零值点补到为 L 点长序列，它们的 L 点 DFT 分别为 $X_1(k)=\mathrm{DFT}[x_1(n)]$，$X_2(k)=\mathrm{DFT}[x_2(n)]$，若

$$y(n) = x_1(n) \textcircled{L} x_2(n) \tag{3.4.50}$$

则

$$Y(k) = \mathrm{DFT}[y(n)] = X_1(k)X_2(k), \quad L \text{ 点} \tag{3.4.51}$$

证

$$\begin{aligned}
Y(k) &= \mathrm{DFT}[y(n)] = \sum_{n=0}^{L-1}\left[\sum_{m=0}^{L-1} x_1(m)x_2((n-m))_L R_L(n)\right]W_L^{kn} \\
&= \sum_{m=0}^{L-1} x_1(m) \sum_{n=0}^{L-1} x_2((n-m))_L W_L^{kn} \\
&= \sum_{m=0}^{L-1} x_1(m) W_L^{km} X_2(k) \quad \text{（利用圆周移位性）} \\
&= X_1(k)X_2(k)
\end{aligned}$$

此定理说明，**时域序列作圆周卷积和，则在离散频域中是作相乘运算**。

4. 时域相乘。

设 $x_1(n)$ 为 N_1 点序列 $(0 \leqslant n \leqslant N_1-1)$，$x_2(n)$ 为 N_2 点序列 $(0 \leqslant n \leqslant N_2-1)$，取

$L \geqslant \max[N_1, N_2]$，将 $x_1(n)$、$x_2(n)$ 补零值点，补到都是 L 点长序列

$$X_1(k) = \mathrm{DFT}[x_1(n)], \quad L\text{ 点}$$

$$X_2(k) = \mathrm{DFT}[x_2(n)], \quad L\text{ 点}$$

若

$$y(n) = x_1(n)x_2(n), \quad L\text{ 点} \tag{3.4.52}$$

则

$$\begin{aligned} Y(k) = \mathrm{DFT}[y(n)] &= \frac{1}{L}X_1(k)\text{Ⓛ}X_2(k) \\ &= \frac{1}{L}\left[\sum_{l=0}^{L-1} X_1(l)X_2((k-l))_L\right]R_L(k) \\ &= \frac{1}{L}\left[\sum_{l=0}^{L-1} X_2(l)X_1((k-l))_L\right]R_L(k) \end{aligned} \tag{3.4.53}$$

此定理说明，若时域序列作 L 点长的相乘运算，则在离散频域中作 L 点圆周卷积和运算，但要将圆周卷积结果除以 L。

5. 利用 DFT 计算两个序列的圆周卷积和及线性卷积和。

采用上面的圆周卷积和定理。可以得到**计算圆周卷积的框图，如图 3.10** 所示。

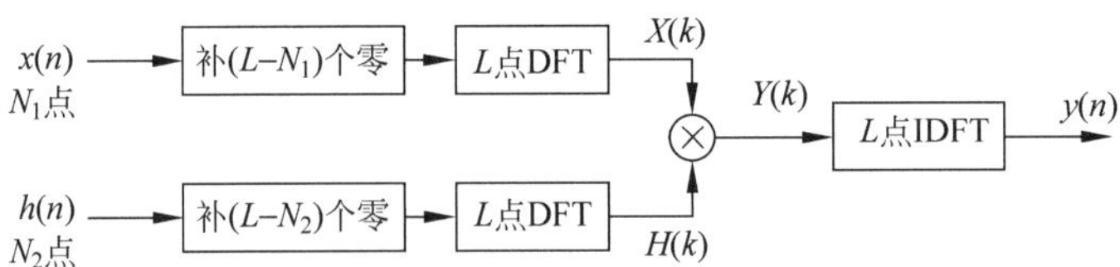

图 3.10　利用 DFT 计算两个有限长 L 点序列的圆周卷积和框图

当 $L \geqslant N_1 + N_2 - 1$ 时，此框图就代表用 DFT 计算出的 $x_1(n)$、$x_2(n)$ 的线性卷积（将在下面 3.4.9 节讨论）。

实际实现时，是采用快速傅里叶变换算法计算 DFT（见第 4 章）。

3.4.9　线性卷积和与圆周卷积和的关系

学习要点

1. 线性卷积和。若 $x_1(n)$ 为 N_1 点长序列（$0 \leqslant n \leqslant N_1 - 1$），$x_2(n)$ 为 N_2 点长序列（$0 \leqslant n \leqslant N_2 - 1$），则两序列的线性卷积和为

$$y_l(n) = x_1(n) * x_2(n) = \sum_{m=0}^{N_1-1} x_1(m)x_2(n-m) \tag{3.4.54}$$

线性卷积和 $y_l(n)$ 是 $N = N_1 + N_2 - 1$ 点长度的序列（$0 \leqslant n \leqslant N_1 + N_2 - 2$）。

2. 圆周卷积和。 设 $x_1(n)$、$x_2(n)$与线性卷积中的序列相同，作此两序列的 L 点圆周卷积和，其中 $L\geqslant\max[N_1,N_2]$，则 $x_1(n)$要补上 $L-N_1$ 个零点，$x_2(n)$要补上 $L-N_2$ 个零点，补到两个序列皆为 L 点长序列。即

$$x_1(n)=\begin{cases}x_1(n), & 0\leqslant n\leqslant N_1-1\\0, & N_1\leqslant n\leqslant L-1\end{cases}$$

$$x_2(n)=\begin{cases}x_2(n), & 0\leqslant n\leqslant N_2-1\\0, & N_2\leqslant n\leqslant L-1\end{cases}$$

则 L 点圆周卷积和 $y(n)$为

$$y(n)=\left[\sum_{m=0}^{L-1}x_1(m)x_2((n-m))_L\right]R_L(n) \tag{3.4.55}$$

3. 圆周卷积和与线性卷积和的关系。

(1) 由线性卷积和 $y_l(n)$求圆周卷积和 $y(n)$

在(3.4.55)式中，必须将 $x_2(n)$变成以 L 为周期的周期延拓序列，即

$$\tilde{x}_2(n)=x_2((n))_L=\sum_{r=-\infty}^{\infty}x_2(n+rL)$$

把此式代入(3.4.55)式中，可得

$$\begin{aligned}y(n)&=\left[\sum_{m=0}^{L-1}x_1(m)\sum_{r=-\infty}^{\infty}x_2(n+rL-m)\right]R_L(n)\\&=\left[\sum_{r=-\infty}^{\infty}\sum_{m=0}^{L-1}x_1(m)x_2(n+rL-m)\right]R_L(n)\end{aligned}$$

将此式与(3.4.54)式比较，可得(注意 $x_1(m)$有值区间为 $0\leqslant m\leqslant N_1-1$)

$$y(n)=\left[\sum_{r=-\infty}^{\infty}y_l(n+rL)\right]R_L(n) \tag{3.4.56}$$

由此看出，**由线性卷积和求圆周卷积和：两序列的线性卷积和 $y_l(n)$以 L 为周期的周期延拓后混叠相加序列的主值序列，即为此两序列的 L 点圆周卷积和 $y(n)$。**

(2) 由圆周卷积和 $y(n)$求线性卷积和 $y_l(n)$

$y_l(n)$的长度为 N_1+N_2-1 点，即有 N_1+N_2-1 个非零值点，要想用圆周卷积和 $y(n)$代替线性卷积和，必须延拓周期 L 满足

$$L\geqslant N_1+N_2-1 \tag{3.4.57}$$

这时各延拓周期才不会交叠，则(3.4.56)式代表的在主值区间的 $y(n)$才能等于 $y_l(n)$，也就是说 $y(n)$的前(N_1+N_2-1)个值就代表 $y_l(n)$，而主值区间内剩下的 $y(n)$值，即 $L-(N_1+N_2-1)$个剩下的 $y(n)$值，则是补充的零值。

因而(3.4.57)式正是 L 点圆周卷积和等于线性卷积和的先决条件，满足此条件后就有

$$y(n)=y_l(n)$$

即

$$x_1(n) \textcircled{L} x_2(n) = x_1(n) * x_2(n), \quad \begin{cases} L \geqslant N_1 + N_2 - 1 \\ 0 \leqslant n \leqslant N_1 + N_2 - 2 \end{cases} \tag{3.4.58}$$

由圆周卷积和求线性卷积和：若两序列的 L 点圆周卷积和为 $y(n)$，当 $L \geqslant N_1 + N_2 - 1$ 时，$y(n)$ 就能代表此两序列的线性卷积和 $y_l(n)$。

一般取 $L \geqslant N_1 + N_2 - 1$ 且 $L = 2^r$（r 为整数），以便利用（FFT）算法计算（FFT 见第 4 章）。

以上说明了：①由 L 点圆周卷积和求线性卷积和的条件（$L \geqslant N_1 + N_2 - 1$）及结果；②由线性卷积结果作 L 点周期延拓后混叠相加序列的主值序列即为 L 点圆周卷积和。

4. 当 $L < N_1 + N_2 - 1 = M$ 时，也就是圆周卷积和 $y(n)$ 的长度（L 点）小于线性卷积和 $y_l(n)$ 所需的长度（M 点）时，则圆周卷积和 $y(n)$ 只在部分区间中代表线性卷积和。 下面用线性卷积和 $y_l(n)$ 以 L 为周期的周期延拓序列混叠叠加序列的主值序列，即 L 点圆周卷积和序列 $y(n)$ 为依据进行讨论，见图 3.11，$y_l(n)$ 为线性卷积结果，是 M 点序列，$y_l(n+L)$ 及 $y_l(n-L)$ 分别为 $y_l(n)$ 的左、右延拓一个 L 点周期（L 为圆周卷积和的长度点数）的序列，可以看出，当 $L < M$ 时，以上三个序列，有混叠部分，在圆周卷积的主值区间（$0 \leqslant n \leqslant L-1$）内的这部分混叠后的序列显然不能代表线性卷积。

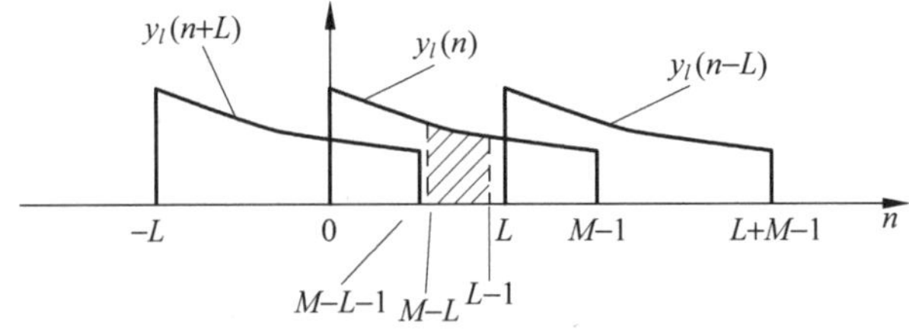

图 3.11　当 $L < M = N_1 + N_2 - 1$ 时，线性卷积与 L 点圆周卷积的示意图
（阴影区间内，圆周卷积和才能代表线性卷积和）

由此看出，在圆周卷积和的主值区间内，只有 $M - L \leqslant n \leqslant L - 1$ 范围内（阴影区）没有周期延拓序列的混叠，因而这一范围内的圆周卷积和才能代表线性卷积和。

【例 3.8】 仍采用例 3.7 中的两序列 $x(n) = [\underline{1}, 3, 2, 4]$，$h(n) = [\underline{2}, 1, 3]$

求 $y_l(n) = x(n) * h(n)$，并利用此线性卷积和导出 $L = 4$ 点的圆周卷积和 $y(n)$。

解　$x(n)$ 是 4 点序列 $N_1 = 4$，$h(n)$ 是 3 点序列 $N_2 = 3$，则线性卷积 $y_l(n) = x(n) * h(n)$ 是 $M = N_1 + N_2 - 1 = 6$ 点长序列，最方便的是利用对位相乘相加法求线性卷积。

$x(n)$			1	3	2	4
$h(n)$				2	1	3
			3	9	6	12
		1	3	2	4	
	2	6	4	8		
$y_l(n)$	$\underline{2}$	7	10	19	10	12

则有 $y_l(n)=x(n)*h(n)=[\underline{2},7,10,19,10,12]$

按上面的讨论，由线性卷积和与圆周卷积和相互的关系知，只需将 $y_l(n)$ 作 $L=4$ 点周期延拓。然后取 $0\leqslant n\leqslant 3$（主值区间）的主值序列即为 4 点圆周卷积和 $y(n)$，这里，实际上只需将 $y_l(n)$ 向左延拓 $N=4$ 位即可，即只需将 $y_l(n)$ 和 $y_l(n+L)$ 混叠相加后，取主值序列即可（因为 $y_l(n)$ 向右延拓 L 位得到的序列 $y_l(n-L)$ 已超出主值范围），因而，按此思路，可有更为简便的方法求 $y(n)$，就是**将线性卷积结果 $y_l(n)$ 的前 L 位之后加以截断，将截断处以后部分移至下一行与 $y_l(n)$ 的最前部对齐然后对位相加（不进位），其相加结果得到的序列即为两序列的 L 点圆周卷积和 $y(n)$**

$y_l(n)$	2	7	10	19 ⋮	10	12
	10	12				
$y(n)$	$\underline{12}$	19	10	19		

因而 4 点圆周卷积和 $y(n)=[\underline{12},19,10,19]$ 与例 3.7 的结果完全相同。

5. 图 3.10 所表示的框图，当 $L\geqslant N_1+N_2-1$ 时，若将 $x(n)$ 看成输入信号序列，将 $h(n)$ 看成系统的单位抽样响应，则输出 $y(n)$（圆周卷积和）就能代表 $x(n)$ 通过线性时不变系统（线性卷积）的响应 $y_l(n)$。

图 3.12 就代表了有限长序列的圆周卷积和与线性卷积和的关系。

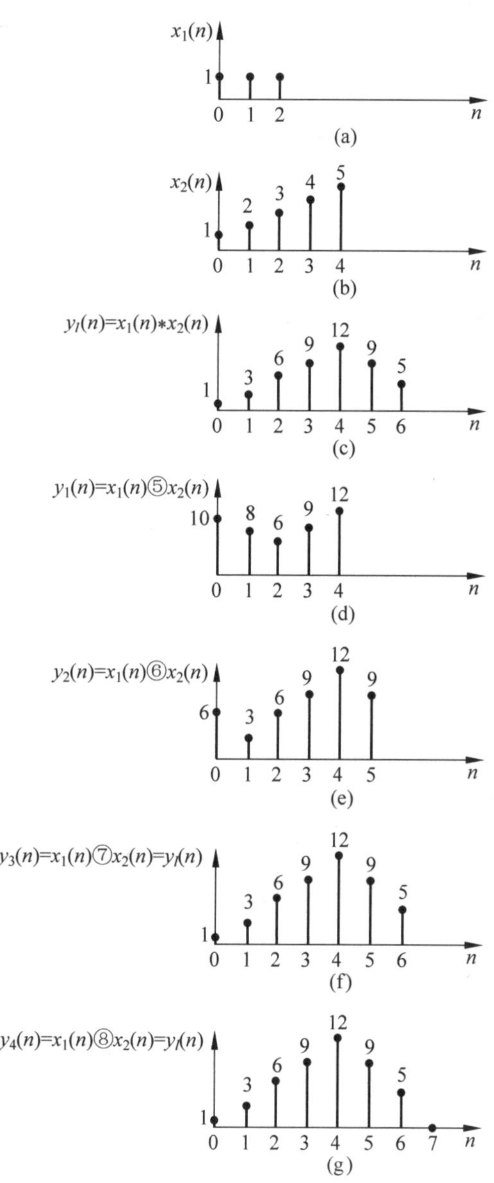

图 3.12　有限长序列的线性卷积与圆周卷积

表 3.3 中列出了 DFT 的主要性质，可供参考。

表 3.3　DFT 的性质（序列长皆为 N 点）

序号	序　　列	离散傅里叶变换
	$x(n)$	$X(k)$
1	$ax_1(n)+bx_2(n)$	$aX_1(k)+bX_2(k)$
2	$x((n+m))_N R_N(n)$	$W_N^{-mk}X(k)$
3	$X(n)$	$Nx(N-k)$

续表

序号	序　　列	离散傅里叶变换
4	$W_N^{nl}x(n)$	$X((k+l))_N R_N(k)$
5	$x_1(n) \circledN x_2(n) = \sum_{m=0}^{N-1} x_1(m)x_2((n-m))_N R_N(n)$	$X_1(k)X_2(k)$
6	$r_{x_1x_2}(m) = \sum_{n=0}^{N-1} x_1(n)x_2((n-m))_N R_N(m)$　（实序列）	$X_1(k)X_2^*(k)$
7	$x_1(n)x_2(n)$	$\frac{1}{N}\sum_{l=0}^{N-1} X_1(l)X_2((k-l))_N R_N(k)$
8	$x^*(n)$	$X^*(N-k)$
9	$x(N-n)$	$X(N-k)$
10	$x^*(N-n)$	$X^*(k)$
11	$\mathrm{Re}[x(n)]$	$X_{ep}(k) = \frac{1}{2}[X(k)+X^*(N-k)]$
12	$\mathrm{jIm}[x(n)]$	$X_{op}(k) = \frac{1}{2}[X(k)-X^*(N-k)]$
13	$x_{ep}(n) = \frac{1}{2}[x(n)+x^*(N-n)]$	$\mathrm{Re}[X(k)]$
14	$x_{op}(n) = \frac{1}{2}[x(n)-x^*(N-n)]$	$\mathrm{jIm}[X(k)]$
15	$x(n)$ 为任意实序列	$\begin{cases} X(k) = X^*(N-k) \\ \mathrm{Re}[X(k)] = \mathrm{Re}[X(N-k)] \\ \mathrm{Im}[X(k)] = -\mathrm{Im}[X(N-k)] \\ \lvert X(k)\rvert = \lvert X(N-k)\rvert \\ \arg[X(k)] = -\arg[X(N-k)] \end{cases}$
16	$x(n)$ 为任意实序列 $x_{ep}(n) = \frac{1}{2}[x(n)+x(N-n)]$，（$x(n)$ 实序列）	$\mathrm{Re}[X(k)]$
	$x_{op}(n) = \frac{1}{2}[x(n)-x(N-n)]$，（$x(n)$ 实序列）	$\mathrm{jIm}[X(k)]$
17	$\sum_{n=0}^{N-1} x(n)y^*(n) = \frac{1}{N}\sum_{k=0}^{N-1} X(k)Y^*(k)$	
18	$\sum_{n=0}^{N-1} \lvert x(n)\rvert^2 = \frac{1}{N}\sum_{k=0}^{N-1} \lvert X(k)\rvert^2$	

【例 3.9】 已知有限长序列为

$$x(n) = \delta(n-2) + 4\delta(n-4)$$

(1) 求其 8 点 DFT，即求 $X(k)=\mathrm{DFT}[x(n)]$，$N=8$。

(2) 若 $h(n)$ 的 8 点 DFT 为 $H(k)=W_8^{-3k}X(k)$，求 $h(n)$。

第3章 离散傅里叶变换（DFT）

(3) 若序列 $y(n)$ 的 8 点 DFT 为 $Y(k)=X(k)H(k)$，求 $y(n)$。

解

$$(1)\ X(k)=\sum_{n=0}^{N-1}x(n)W_N^{nk}=\sum_{n=0}^{7}[\delta(n-2)+4\delta(n-4)]W_8^{nk}$$
$$=W_8^{2k}+4W_8^{4k}=\mathrm{e}^{-\mathrm{j}\frac{2\pi}{8}2k}+4\mathrm{e}^{-\mathrm{j}\frac{2\pi}{8}4k}$$
$$=(-\mathrm{j})^k+(-1)^k\times 4,\quad 0\leqslant k\leqslant 7$$

故 $X(k)=\{\underline{5},-4-\mathrm{j},3,-4+\mathrm{j},5,-4-\mathrm{j},3,-4+\mathrm{j}\}$

(2) 由于 $H(k)=W_8^{-3k}X(k)$

按圆周移位性知，$h(n)$ 是 $x(n)$ 补零补到成为 8 点序列后，向左圆周移 3 位的序列，即

$$h(n)=x((n+3))_8R_8(n)=4\delta(n-1)+\delta(n-7)$$

(3) 由于 $Y(k)=X(k)H(k)$，故有 $y(n)=x(n)⑧h(n)$，即 $y(n)$ 是 $x(n)$ 与 $h(n)$ 的 8 点圆周卷积。

一种办法是直接在时域计算，先用对位相乘相加法（不进位）求 $x(n)$ 与 $h(n)$ 的线性卷积 $y_l(n)$，然后利用例 3.7 的办法将 $y_l(n)$ 的前 8 位之后加以截断，将截断处以后的部分移至下一行与 $y_l(n)$ 的最前部分对齐，然后对位相加（不进位），其结果即为 $x(n)$ 与 $h(n)$ 的 8 点圆周卷积 $y(n)$。将 $x(n)$、$h(n)$ 表示如下（作线性卷积时两序列长度可以不一样）

$$x(n)=\{\underline{0},0,1,0,4\}$$
$$h(n)=\{\underline{0},4,0,0,0,0,0,1\}$$

则可计算 $x(n)$ 与 $h(n)$ 的线性卷积 $y_l(n)$ 以及它们的 8 点圆周卷积 $y(n)$

$h(n)$	$\underline{0}$ 4 0 0 0 0 0 1
$x(n)$	$\underline{0}$ 0 1 0 4
	0 16 0 0 0 0 0 4
	0 0 0 4 0 0 0 0 0 1 0
$y_l(n)=x(n)*h(n)$	0 0 0 4 0 16 0 0 ⋮ 0 1 0 4
	0 1 0 4
$y(n)=x(n)⑧h(n)$	$\underline{0}$ 1 0 8 0 16 0 0

所以　$y(n)=\{\underline{0},1,0,8,0,16,0,0\}=\delta(n-1)+8\delta(n-3)+16\delta(n-5)$

另一种办法是利用圆周卷积和定理，从离散频域来着手计算，先看 $H(k)$

$$H(k)=W_8^{-3k}X(k)=W_8^{-k}+4W_8^{k}$$

则有

$$Y(k)=H(k)X(k)=(W_8^{2k}+4W_8^{4k})(W_8^{-k}+4W_8^{k})$$
$$=W_8^{k}+8W_8^{3k}+16W_8^{5k}$$

同样可求得

$$y(n)=\delta(n-1)+8\delta(n-3)+16\delta(n-5)$$

可以看出，后一种办法更为简便，对于复杂问题利用 FFT 算法则简便得多。

3.5 频域抽样理论

已经讨论过，模拟信号在时域抽样（抽样频率为 $f_s=1/T$，T 为抽样间隔），则所得离散序列的连续频谱是原模拟信号频谱的周期延拓函数，其延拓周期为 $\Omega_s=2\pi f_s$ 的整数倍，在数字频域，延拓周期为 $\omega=2\pi i(i=0,\pm1,\pm2,\cdots)$。

同样，频域抽样、时域会产生周期延拓，和上面情况是对偶的。

3.5.1 频域抽样与频域抽样定理，由 $X(k)$ 重构时间序列 $x(n)$

学习要点

1. 频域抽样。

任意一个绝对可和的非周期序列 $x(n)$，其 z 变换为

$$X(z)=\sum_{n=-\infty}^{\infty}x(n)z^{-n}$$

由于序列绝对可和，则其傅里叶变换存在且连续，故 z 变换收敛域包括单位圆（$z=e^{j\omega}$），可对 $X(z)$ 在单位圆上，从 $\omega=0$ 到 $\omega=2\pi$ 之间的 N 个均分频率点上（以 $2\pi/N$ 为间隔，但不包括 $\omega=2\pi$）作抽样，即可得到周期序列 $\widetilde{X}(k)$

$$\widetilde{X}(k)=X(z)\big|_{z=e^{j\frac{2\pi}{N}k}}=\sum_{n=-\infty}^{\infty}x(n)e^{-j\frac{2\pi}{N}kn}=\sum_{n=-\infty}^{\infty}x(n)W_N^{kn} \tag{3.5.1}$$

问题在于，这样抽样以后是否仍能恢复出原序列 $x(n)$，为此我们求 $\widetilde{X}(k)$ 的 IDFS，令其为 $\tilde{x}_N(n)$

$$\tilde{x}_N(n)=\text{IDFS}[\widetilde{X}(k)]=\frac{1}{N}\sum_{k=0}^{N-1}\widetilde{X}(k)W_N^{-kn} \tag{3.5.2}$$

将(3.5.1)式代入(3.5.2)式，可得

$$\tilde{x}_N(n)=\frac{1}{N}\sum_{k=0}^{N-1}\left[\sum_{m=-\infty}^{\infty}x(m)W_N^{km}\right]W_N^{-kn}=\sum_{m=-\infty}^{\infty}x(m)\left[\frac{1}{N}\sum_{k=0}^{N-1}W_N^{(m-n)k}\right]$$

由于

$$\frac{1}{N}\sum_{k=0}^{N-1}W_N^{(m-n)k}=\begin{cases}1, & m=n+rN,\quad r\text{ 为任意整数}\\ 0, & \text{其他 } m\end{cases}$$

故

$$\begin{aligned}\tilde{x}_N(n)&=\sum_{r=-\infty}^{\infty}x(n+rN)\\ &=\cdots+x(n+N)+x(n)+x(n-N)+\cdots\end{aligned} \tag{3.5.3}$$

根据 DFT 和 DFS 的关系，取 $\tilde{x}_N(n)$ 的主值序列及 $\widetilde{X}(k)$ 的主值序列，即得

$$X(k)=\mathrm{DFT}[\tilde{x}_N(n)R_N(n)]=\mathrm{DFT}[x_N(n)]=\widetilde{X}(k)R_N(k)$$

$$x_N(n)=\mathrm{IDFT}[\widetilde{X}(k)R_N(k)]=\mathrm{IDFT}[X(k)]=\tilde{x}_N(n)R_N(n)$$

由(3.5.3)式看出，**频域抽样后，由$\widetilde{X}(k)$得到的周期序列$\tilde{x}_N(n)$是原非周期序列$x(n)$的周期延拓序列，其延拓周期为N的整数倍，N是频域一个周期的抽样点数**。这里得到了"**频域抽样就造成时域的周期延拓**"。

(**1**) 如果时域不是有限长序列，而是无限长序列，则时域的周期延拓(周期为N)，必然造成混叠现象，如(3.5.3)式所示。如果当n增加时，序列$x(n)$的值衰减越快，或频域抽样点数N越多(或说频域抽样越密)，则时域混叠失真越小。

(**2**) 如果$x(n)$是有限长序列，长度为M点($0\leqslant n\leqslant M-1$)，当频域抽样点数$N$为$N<M$时，仍会产生时域混叠失真。利用与图3.11类似的讨论，读者可自己证明，此时，只有在$M-N\leqslant n\leqslant N-1$范围内是没有混叠失真的，即在此范围内，才有$x_N(n)=x(n)$。

(**3**) 如果$x(n)$是M点长序列($0\leqslant n\leqslant M-1$)，且满足$N\geqslant M$，则可得

$$x_N(n)=\tilde{x}_N(n)R_N(n)=\sum_{r=-\infty}^{\infty}x(n+rN)R_N(n)=x(n),\quad N\geqslant M \tag{3.5.4}$$

即可由$\tilde{x}_N(n)$不失真地恢复$x(n)$，这就是从$X(k)$到$x(n)$的重构，由此引出频域抽样定理。

2. 频域抽样定理。

如果序列的长度为M点，若对$X(e^{j\omega})$在$0\leqslant\omega\leqslant 2\pi$上作等间隔抽样，共有$N$点(抽样点不包括$\omega=2\pi$)，得到$\widetilde{X}(k)$，只有当抽样点数$N$满足$N\geqslant M$时，才能由$\widetilde{X}(k)$恢复$x(n)$，即$x(n)=\mathrm{IDFT}[\widetilde{X}(k)R_N(k)]$，否则将产生时域的混叠失真，不能由$\widetilde{X}(k)$不失真地恢复原序列$x(n)$。

【例3.10】 设$x(n)$为$M=12$点序列$x(n)=[2,4,6,8,10,12,14,16,18,20,22,24]$，若对$x(n)$的傅里叶变换$\mathrm{DTFT}[x(n)]=X(e^{j\omega})$，在$0\leqslant\omega<2\pi$的一个周期内作$N=8$点的等间隔抽样，得到$X_8(k)$，试研究$\mathrm{IDFT}[X_8(k)]=x_8(n)$和原序列$x(n)$的关系。

解 利用频域抽样定理，频域一个周期按$N=8$点抽样，则时域按$N=8$作周期延拓，混叠相加后的主值区间($0\leqslant n\leqslant 7$)内的值，即为$x_8(n)$。由于只考虑主值区间，故只需考虑向左一个周期($N=8$)延拓的序列$x(n+8)$与原序列$x(n)$混叠相加后的主值序列，即为$x_8(n)$序列，即

$$x_8(n)=[x(n)+x(x+8)]R_8(n)$$

可表示为

$x(n)$									2	4	6	8	10	12	14	16	18	20	22	24
$x(n+8)$	2	4	6	8	10	12	14	16	18	20	22	24								
$x_8(n)$									$\underline{20}$	24	28	32	10	12	14	16				

即 $x_8(n)=[\underline{20},24,28,32,10,12,14,16]$

可以看出，在 $M-N\leqslant n\leqslant N-1$ 范围，即 $4\leqslant n\leqslant 7$ 范围内，有 $x_8(n)=x(n)$，在 $0\leqslant n\leqslant 3$ 处有混叠失真，即有

$$x_8(n)=x(n),\quad 4\leqslant n\leqslant 7$$

$$x_8(n)\neq x(n),\quad 0\leqslant n\leqslant 3$$

【例 3.11】 已知序列 $x(n)=a^n u(n)$，$0<a<1$。

现在对 $x(n)$ 的傅里叶变换 $X(\mathrm{e}^{\mathrm{j}\omega})$，在 $0\leqslant\omega\leqslant 2\pi$ 的一个周期内作 N 点等间隔抽样，即 $X(k)=X(\mathrm{e}^{\mathrm{j}\omega})|_{\omega=2\pi k/N}$，$0\leqslant k\leqslant N-1$。试求 N 点 IDFT$[X(k)]$，并对结果进行讨论。

解 （1）利用频域抽样定理，频域一个周期作 N 点抽样。则时域是原序列 $x(n)$ 的以 N 为周期的各周期延拓序列混叠相加后的主值序列 $x_N(n)$，由于讨论的是主值区间 $(0\leqslant n\leqslant N-1)$ 内的序列值，故 $x(n)$ 只有所有向左周期延拓的各分量才会影响 $x_N(n)$ 值，向右延拓的各分量，已超出主值范围，对 $x_N(n)$ 没有影响，见图 3.13。因而

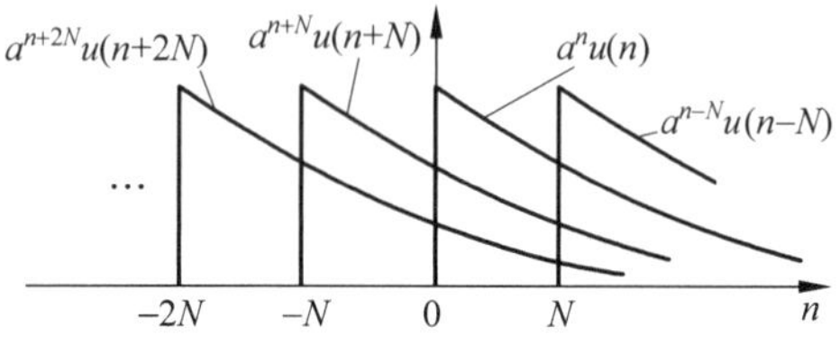

图 3.13 例 3.11 的图

$$x_N(n)=\sum_{r=0}^{\infty}x(n+rN)R_N(n)=\sum_{r=0}^{\infty}a^{n+rN}u(n+rN)R_N(n)$$

$$=a^n\sum_{r=0}^{\infty}(a^N)^r R_N(n)$$

$$=\frac{a^n}{1-a^N}R_N(n)$$

从 $x_N(n)$ 看出，当 $N\to\infty$ 时，$a^N\to 0$（因为 $0<a<1$），$R_N(n)\to u(n)$。这时，$x_N(n)$ 将等于原序列 $x(n)$，即

$$\lim_{N\to\infty}x_N(n)=a^n u(n)=x(n)$$

若 N 为有限值，$a^N\neq 0$，在 $0\leqslant n\leqslant N-1$ 范围内 $x_N(n)$ 只与 $x(n)$ 近似。N 越大，则周期延拓后混叠程度越小，近似程度越好。

（2）此题另一种解法是先求 $X(\mathrm{e}^{\mathrm{j}\omega})=\mathrm{DTFT}[x(n)]$，再求 $X(k)=X(\mathrm{e}^{\mathrm{j}\omega})|_{\omega=2\pi k/N}$，最后求 $x_N(n)=\mathrm{IDFT}[X(k)]$，但这样的求解过程要复杂得多。

有的情况下，用频域抽样定理的结果，可使计算大为方便，如以下例子所示。

【例 3.12】 已知 $x(n)=a^n R_{10}(n)$，$X(\mathrm{e}^{\mathrm{j}\omega})=\mathrm{DTFT}[x(n)]$，将 $X(\mathrm{e}^{\mathrm{j}\omega})$ 在 ω 的一个周期 $(0\leqslant\omega\leqslant 2\pi)$ 中作 7 点抽样，得到

$$X(k)=X(\mathrm{e}^{\mathrm{j}\omega})|_{\omega=2\pi k/7},\quad k=0,1,\cdots,6$$

求 $x_7(n)=\mathrm{IDFT}[X(k)]$，$n=0,1,\cdots,6$。

解 若直接求 $X(\mathrm{e}^{\mathrm{j}\omega})$，再抽样得 $X(k)$，最后求 $x_7(n)=\mathrm{IDFT}[X(k)]$，则很难计算，因为

$$X(\mathrm{e}^{\mathrm{j}\omega})=\mathrm{IDFT}[x(n)]=\sum_{n=0}^{9}\mathrm{e}^{-\mathrm{j}\omega n}=\frac{1-\mathrm{e}^{-\mathrm{j}10\omega}}{1-\mathrm{e}^{-\mathrm{j}\omega}}=\frac{\mathrm{e}^{-\mathrm{j}5\omega}(\mathrm{e}^{\mathrm{j}5\omega}-\mathrm{e}^{-\mathrm{j}5\omega})}{\mathrm{e}^{-\mathrm{j}\omega/2}(\mathrm{e}^{\mathrm{j}\omega/2}-\mathrm{e}^{-\mathrm{j}\omega/2})}$$

$$=\mathrm{e}^{-\mathrm{j}9\omega/2}\ \frac{\sin(5\omega)}{\sin(\omega/2)}$$

$$X(k)=X(\mathrm{e}^{\mathrm{j}\omega})\big|_{\omega=2\pi k/9}=\mathrm{e}^{-\mathrm{j}9\pi k/7}\ \frac{\sin(10\pi k/7)}{\sin(\pi k/7)},\quad k=0,1,\cdots,7$$

故求解 $x_7(n)=\mathrm{IDFT}[X(k)]$ 是很困难的。

实际上，只要利用频域抽样定理的结果。频域在一个周期（$0\leqslant n\leqslant 2\pi$）中抽样 N 个点，则在时域上是以 N 点为周期的各周期延拓分量混叠相加后，在主值区间（$0\leqslant n\leqslant N-1$）中的序列。

在 $0\leqslant n\leqslant N-1=6$ 的主值区间内，只需考虑原序列 $x(n)$ 及 $x(n)$ 左移一个周期（N 点）的序列的叠加结果即可。

$$\begin{aligned}x_7(n)&=\sum_{r=-\infty}^{\infty}x(n+7r)R_7(n)=[x(n+7)+x(n)]R_7(n)\\&=[a^{n+7}R_{10}(n+7)+a^nR_{10}(n)]R_7(n)=a^{n+7}R_3(n)+a^nR_7(n)\\&=\{\underline{1+a^7},a+a^8,a^2+a^9,a^3,a^4,a^5,a^6\}\end{aligned}$$

这里，左移一个周期（7 位）的序列 $x(n+7)$，在主值区间内只有 3 个序列值，即为 $a^{n+7}R_3(n)$，主值区间内的原序列 $x(n)$ 为 $a^nR_7(n)$，有 7 个序列值。

3.5.2 由 $X(k)$ 插值重构 $X(z)$、$X(\mathrm{e}^{\mathrm{j}\omega})$

所谓频域的插值重构，就是由频域抽样 $X(k)$ 经过插值来重构 $X(z)$ 或 $X(\mathrm{e}^{\mathrm{j}\omega})$。频域插值公式是 FIR 数字滤波器频率抽样结构和频率抽样设计方法的理论依据。

设 $x(n),n=0,1,\cdots,N-1$，则 $X(z)=\sum_{n=0}^{N-1}x(n)z^{-n}$， $X(k)=X(z)\big|_{z=\mathrm{e}^{-\mathrm{j}2\pi k/N}}$

学习要点

1. 由 $X(k)$ 插值重构 $X(z)$。

$$X(z)=\sum_{n=0}^{N-1}x(n)z^{-n}=\sum_{n=0}^{N-1}\left[\frac{1}{N}\sum_{k=0}^{N-1}X(k)W_N^{-nk}\right]z^{-n}=\frac{1}{N}\sum_{k=0}^{N-1}X(k)\left[\sum_{n=0}^{N-1}W_N^{-nk}z^{-n}\right]$$

$$=\frac{1}{N}\sum_{k=0}^{N-1}X(k)\ \frac{1-W_N^{-Nk}z^{-N}}{1-W_N^{-k}z^{-1}}=\frac{1-z^{-N}}{N}\sum_{k=0}^{N-1}\frac{X(k)}{1-W_N^{-k}z^{-1}}\tag{3.5.5}$$

即用 N 个频率抽样重构 $X(z)$ 的插值公式，它可以表示为

$$X(z)=\sum_{k=0}^{N-1}X(k)\Phi_k(z)\tag{3.5.6}$$

其中

$$\Phi_k(z)=\frac{1}{N}\ \frac{1-z^{-N}}{1-W_N^{-k}z^{-1}}=\frac{z^N-1}{Nz^{N-1}(z-W_N^{-k})}\tag{3.5.7}$$

称为插值函数，可以看出：

(1) $\Phi_k(z)$ 在 $z_r=W_N^{-r}=\mathrm{e}^{\mathrm{j}\frac{2\pi}{N}r}$（$r=0,1,\cdots,k,\cdots,N-1$）处为零点，有 N 个零点（在 z 平面

3.5 频域抽样理论

单位圆上）但 $\Phi_k(z)$ 在 $z=\mathrm{e}^{\mathrm{j}\frac{2\pi}{N}k}$（即 $r=k$）处有一个极点，它和 $r=k$ 处的一个零点相抵消，使得 $\Phi_k(z)$ 只在本抽样点处不为零值。而在其他 $(N-1)$ 个抽样点（$r=0,1,2,\cdots,k-1,k+1,\cdots,N-1$）上都是零点，可表示为

$$\Phi_k(z)\big|_{z=W_N^{-r}}=\Phi_k(W_N^{-r})=\delta(r-k)$$

$$=\begin{cases}1, & r=k,\\ 0, & r\neq k,\end{cases}\quad r=0,1,\cdots,N-1 \tag{3.5.8}$$

（2）$\Phi_k(z)$ 在 $z=0$ 处有 $(N-1)$ 阶极点。

图 3.14 表示了 $\Phi_k(z)$ 的零点、极点图形。

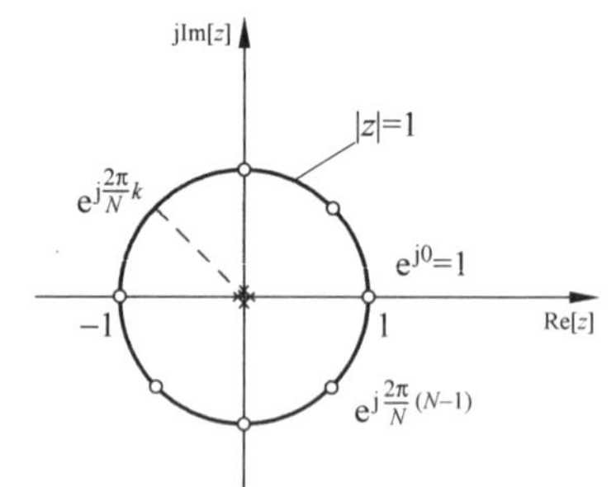

图 3.14 插值函数 $\Phi_k(z)$ 的零点、极点（$z=0$ 处为 $N-1$ 阶极点）

2. 由 $X(k)$ 插值重构 $X(\mathrm{e}^{\mathrm{j}\omega})$。

在(3.5.6)式及(3.5.7)式中，代入 $z=\mathrm{e}^{\mathrm{j}\omega}$，即可得到由 $X(k)$ 插值求得 $X(\mathrm{e}^{\mathrm{j}\omega})$ 的公式及内插函数 $\Phi_k(\mathrm{e}^{\mathrm{j}\omega})$

$$X(\mathrm{e}^{\mathrm{j}\omega})=\sum_{k=0}^{N-1}X(k)\Phi_k(\mathrm{e}^{\mathrm{j}\omega}) \tag{3.5.9}$$

$$\begin{aligned}\Phi_k(\mathrm{e}^{\mathrm{j}\omega})&=\frac{1-\mathrm{e}^{-\mathrm{j}\omega N}}{N(1-W_N^{-k}\mathrm{e}^{-\mathrm{j}\omega})}=\frac{1-\mathrm{e}^{-\mathrm{j}\omega N}}{N(1-\mathrm{e}^{-\mathrm{j}(\omega-2\pi k/N)})}\\&=\frac{1}{N}\frac{\sin(N\omega/2)}{\sin[(\omega-2\pi k/N)/2]}\mathrm{e}^{-\mathrm{j}[\omega(N-1)/2+k\pi/N]}\\&=\frac{1}{N}\frac{\sin[N(\omega/2-k\pi/N)]}{\sin(\omega/2-k\pi/N)}\mathrm{e}^{\mathrm{j}k\pi(N-1)/N}\mathrm{e}^{-\mathrm{j}(N-1)\omega/2}\end{aligned} \tag{3.5.10}$$

可以将 $\Phi_k(\mathrm{e}^{\mathrm{j}\omega})$ 写成更方便的形式

$$\Phi_k(\mathrm{e}^{\mathrm{j}\omega})=\Phi(\omega-2\pi k/N) \tag{3.5.11}$$

其中

$$\Phi(\omega)=\frac{1}{N}\frac{\sin(\omega N/2)}{\sin(\omega/2)}\mathrm{e}^{-\mathrm{j}(N-1)\omega/2} \tag{3.5.12}$$

这里的 $\boldsymbol{\Phi}(\boldsymbol{\omega})$ **就是矩形序列** $\boldsymbol{R_N(n)}$ **的傅里叶变换除以** $\boldsymbol{N}$，可参见第 2 章例 2.23 中的(2.3.7)式，那里是用 $R_N(\mathrm{e}^{\mathrm{j}\omega})$ 表示矩形序列的傅里叶变换。故有

$$\Phi(\omega)=\frac{1}{N}R_N(\mathrm{e}^{\mathrm{j}\omega}) \tag{3.5.13}$$

从而有

$$\Phi_k(\mathrm{e}^{\mathrm{j}\omega})=\Phi(\omega-2\pi k/N)=\frac{1}{N}R_N(\mathrm{e}^{\mathrm{j}(\omega-2\pi k/N)}) \tag{3.5.14}$$

因而(3.5.9)式可写成

$$X(\mathrm{e}^{\mathrm{j}\omega})=\sum_{k=0}^{N-1}X(k)\Phi(\omega-2\pi k/N) \tag{3.5.15}$$

这就是由 $X(k)$ 插值重构 $X(e^{j\omega})$ 的公式。

由(3.5.14)式来求 $\Phi_k(e^{j\omega})$ 的时域序列，即 IDTFT$[\Phi_k(e^{j\omega})]$，按照表 2.3 中第 4 条傅里叶变换的频移特性（调制特性）可知

$$\text{IDTFT}[\Phi_k(e^{j\omega})]=\frac{1}{N}R_N(n)e^{j\left(\frac{2\pi}{N}k\right)n}=\frac{1}{N}R_N(n)W_N^{-nk} \tag{3.5.16}$$

即插值函数 $\Phi_k(e^{j\omega})$ 所对应的序列是矩形序列 $R_N(n)$ 与复指数序列 $W_N^{-nk}=e^{j2\pi kn/N}$ 相乘（调制）后的序列再乘以 $1/N$。插值函数 $\Phi(\omega)$ 的模 $|\Phi(\omega)|$ 及相角 $\arg[\Phi(\omega)]$ 可见图 3.15。

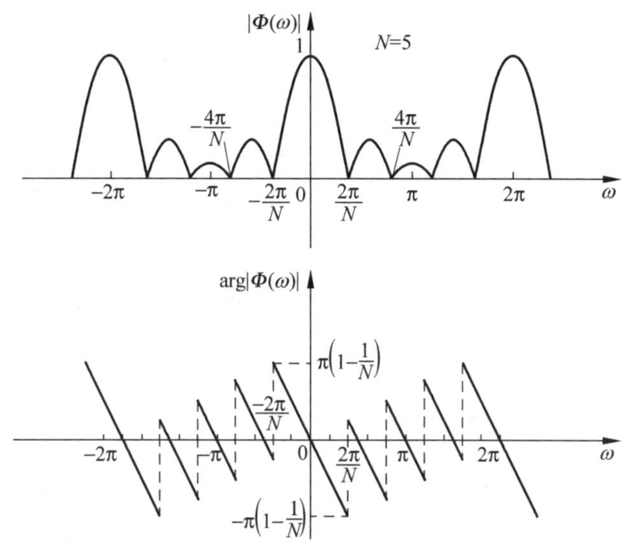

图 3.15 插值函数 $\Phi(\omega)$ 的幅度特性与相位特性（$N=5$）

从(3.5.15)式看出，$X(e^{j\omega})$ 是由 N 个加权系数为 $X(k)$ 的 $\Phi(\omega-2\pi k/N)$ 函数（$k=0,1,\cdots,N-1$）组成，在每个抽样点上，有 $X(e^{j\omega})|_{\omega=2\pi k/N}=X(k)$，而在抽样点之间的 $X(e^{j\omega})$ 则由这 N 个加权的插值函数延伸至所求 ω 点上的值的叠加而得到。

由插值函数 $\Phi(\omega)$ 求 $X(e^{j\omega})$ 的示意图见图 3.16。

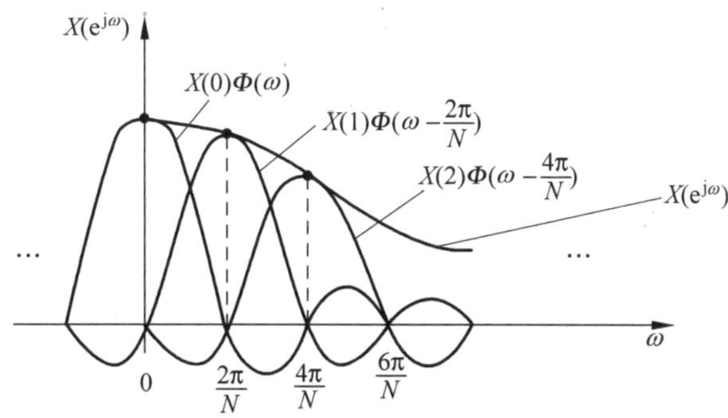

图 3.16 由插值函数求得 $X(e^{j\omega})$ 的示意图

3. 将 $X(z)$ 及 $X(e^{j\omega})$ 用 $x(n)$ 和 $X(k)$ 表达时，展开式重写如下：

$$X(z)=\sum_{n=0}^{N-1}x(n)z^{-n}=\sum_{k=0}^{N-1}X(k)\Phi_k(z) \tag{3.5.17}$$

$$X(e^{j\omega})=\sum_{n=0}^{N-1}x(n)e^{-j\omega n}=\sum_{k=0}^{N-1}X(k)\Phi\left(\omega-\frac{2\pi}{N}k\right) \tag{3.5.18}$$

* 先看 $X(z)$，由(3.5.17)式看出，对时域序列 $x(n)$，$X(z)$按 z 的负幂级数展开，$x(n)$是级数的系数；对频域序列 $X(k)$，$X(z)$按函数 $\Phi_k(z)$展开，$X(k)$是其展开的系数。

* 再看频率响应 $X(e^{j\omega})$，由(3.5.18)式看出，对时域序列 $x(n)$，$X(e^{j\omega})$被展开成傅里叶级数，$x(n)$是其傅里叶级数的谐波系数；对频域序列 $X(k)$，$X(e^{j\omega})$被展开成插值函数 $\Phi(\omega-2\pi k/N)$的级数，而 $X(k)$是其系数。

以上这些说明，一个函数可以用不同的正交完备群展开，从而得到不同的含义。

3.6 DFT 的应用

3.6.1 利用 DFT 计算线性卷积

3.4.9 节中的(3.4.58)式就是利用圆周卷积来计算线性卷积的条件，而线性卷积是信号通过线性移不变系统的基本运算过程。但是，实际上我们不是直接计算圆周卷积（当然可以用矩阵方法来计算圆周卷积），而是利用圆周卷积和定理，用 DFT 方法（采用 FFT 算法）来计算圆周卷积和，从而求得线性卷积和，如图 3.10 所示。求解过程如下：

设输入序列为 $x(n)$，$0\leqslant n\leqslant N_1-1$，系统单位抽样响应为 $h(n)$，$0\leqslant n\leqslant N_2-1$，用计算圆周卷积和的办法求系统的输出 $y_l(n)=x(n)*h(n)$的过程为

① 令 $L=2^m\geqslant N_1+N_2-1$

② 取$x(n)=\begin{cases}x(n), & 0\leqslant n\leqslant N_1-1\\ 0, & N_1\leqslant n\leqslant L-1\end{cases}$

$$h(n)=\begin{cases}h(n), & 0\leqslant n\leqslant N_2-1\\ 0, & N_2\leqslant n\leqslant L-1\end{cases}$$

③ $X(k)=\text{DFT}[x(n)]$，L 点

$H(k)=\text{DFT}[h(n)]$，L 点

④ $Y(k)=X(k)\cdot H(k)$

⑤ $y(n)=\text{IDFT}[Y(k)]$，L 点

⑥ $y_l(n)=y(n)$，$0\leqslant n\leqslant N_1+N_2-1$

3.6.2 利用 DFT 计算线性相关

与卷积讨论类似，在讨论有限长序列的离散傅里叶变换时，有圆周相关，它不同于线性相关，就好像圆周卷积不同于线性卷积一样。

线性相关的定义见(1.1.25)式，(1.1.32)式已表明可用卷积运算来表示相关运算，重写如下：

$$\begin{aligned} r_{xy}(m) &= \sum_{n=-\infty}^{\infty} x(n)y(n-m) = \sum_{n=-\infty}^{\infty} x(n)y[-(m-n)] \\ &= x(m) * y(-m) \end{aligned} \tag{3.6.1}$$

既然线性相关函数可以用(3.6.1)式的线性卷积表示，那么前面讨论的线性卷积和圆周卷积的关系，就完全可以用于相关运算，即线性相关与圆周相关有相似的关系，讨论圆周相关的目的是可以用 DFT 来计算线性相关，DFT 运算所对应的圆周相关就是一种快速相关运算。

由于要作 DFT 运算，序列必须是有限长的，设 $x(n)$，$y(n)$($0\leqslant n\leqslant N-1$)为有限长实序列。

学习要点

1. 圆周相关。与圆周卷积类似，圆周相关定义为(以下变换中，注意周期为 N)

$$\begin{aligned} \bar{r}_{xy}(m) &= \sum_{n=0}^{N-1} x(n)y((n-m))_N R_N(m) \\ &= \sum_{n=0}^{N-1} x(n)y((-(m-n)))_N R_N(m) = x(m) Ⓝ y(N-m) \end{aligned} \tag{3.6.2}$$

2. 相关函数的 z 变换、离散时间傅里叶变换 DTFT 及离散傅里叶变换 DFT。

在讨论用 DFT 计算线性相关的圆周相关定理之前，先讨论相关函数的 z 变换、DTFT 以及 DFT。

将(3.6.1)式取 z 变换可得

$$R_{xy}(z) = \mathscr{Z}[r_{xy}(m)] = X(z)\cdot Y(z^{-1}) \tag{3.6.3}$$

代入 $z=\mathrm{e}^{\mathrm{j}\omega}$，得到 $r_{xy}(m)$的 DTFT 为

$$R_{xy}(\mathrm{e}^{\mathrm{j}\omega}) = X(\mathrm{e}^{\mathrm{j}\omega})Y(\mathrm{e}^{-\mathrm{j}\omega}) \tag{3.6.4}$$

由于实序列的频谱对 $\omega=0$ 呈共轭对称性，故对任意 ω，只有当 $X(\mathrm{e}^{\mathrm{j}\omega})\neq 0$，且 $Y(\mathrm{e}^{-\mathrm{j}\omega})=Y^*(\mathrm{e}^{\mathrm{j}\omega})\neq 0$ 时，才有 $R_{xy}(\mathrm{e}^{\mathrm{j}\omega})\neq 0$，也就是说**两信号的频谱相重叠时，才有相关性**。

将频域抽样 $\omega_k=2\pi k/N$，在满足频域抽样定理要求下，可得相关函数的 DFT 为

$$R_{xy}(k) = X(k)Y(N-k) = X(k)Y^*(k) \tag{3.6.5}$$

3. 圆周相关定理。

若

$$R_{xy}(k) = X(k)Y(N-k) = X(k)Y^*(k) \tag{3.6.6}$$

则圆周相关序列$\bar{r}_{xy}(m)$为

$$\bar{r}_{xy}(m) = \mathrm{IDFT}[R_{xy}(k)] = \sum_{n=0}^{N-1} x(n)y((n-m))_N R_N(m) \tag{3.6.7}$$

证

先将$R_{xy}(k)$、$Y(N-k)$及$X(k)$以N为周期延拓成周期序列$\tilde{R}_{xy}(k)$、$Y((N-k))_N$及$X((k))_N$，即

$$\tilde{R}_{xy}(k) = X((k))_N Y((N-k))_N$$

则

$$\begin{aligned}\tilde{r}_{xy}(m) &= \mathrm{IDFS}[\tilde{R}_{xy}(k)] = \frac{1}{N}\sum_{k=0}^{N-1} X((k))_N Y((N-k))_N W_N^{-mk} \\ &= \frac{1}{N}\sum_{k=0}^{N-1} Y((N-k))_N \sum_{n=0}^{N-1} x(n) W_N^{nk} W_N^{-mk} \\ &= \sum_{n=0}^{N-1} x(n)\frac{1}{N}\left[\sum_{k=0}^{N-1} Y((N-k))_N W_N^{-(m-n)k}\right] \\ &= \sum_{n=0}^{N-1} x(n)y((-(m-n)))_N = \sum_{n=0}^{N-1} x(n)y((n-m))_N\end{aligned}$$

等式两端取主值序列，即得

$$\bar{r}_{xy}(m) = \sum_{n=0}^{N-1} x(n)y((n-m))_N R_N(m)$$

将线性相关运算转变成圆周相关运算，再利用圆周相关定理从 DFT 求解中求得线性相关，就称为快速相关计算，当然 DFT 的计算要用到第 4 章的快速傅里叶变换（FFT）算法。

计算线性相关有三种方法：

（1） 直接用线性相关的公式求解，即移位（左右移位）相乘、相加，很麻烦。

（2） 采用线性卷积办法来计算线性相关，即 $r_{xy}(m)=x(m)*y(-m)$。

可以用对位相乘相加法来作 $x(m)$与 $y(-m)$的卷积，用卷积和定位的方法来确定 $r_{xy}(0)$的位置，或直接由线性相关的定位法来确定 $r_{xy}(0)$的位置。

（3） 用圆周相关代替线性相关，再利用圆周相关定理（见（3.6.6）式），利用 DFT（采用 FFT 算法）来求线性相关，其步骤为

① 给定 $x(n)$，N_1 点；$y(n)$，N_2 点；

② 将 $x(n)$，$y(n)$补零补到 $L\geqslant N_1+N_2-1$ 点：

即

$$x(n)=\begin{cases} x(n), & 0\leqslant n\leqslant N_1-1 \\ 0, & N_1\leqslant n\leqslant L-1 \end{cases}$$

$$y(n)=\begin{cases} y(n), & 0\leqslant n\leqslant N_2-1 \\ 0, & N_2\leqslant n\leqslant L-1 \end{cases}$$

③ 求 $X(k)=\text{DFT}[x(n)]$，L 点

$Y(k)=\text{DFT}[y(n)]$，L 点

④ $R_{xy}(k)=X(k)Y^*(k)$

⑤ $\bar{r}_{xy}(m)=\text{IDFT}[R_{xy}(k)]$，$L$ 点

⑥ 确定 $r_{xy}(0)$ 的定位，由于圆周相关定理求出的 $\bar{r}_{xy}(m)$ 的 m 全部是正值，而线性相关在 m 为正数及 m 为负数时皆有值，因而有 $m=0$ 的定位问题。用以下例子来讨论 $r_{xy}(0)$ 的定位问题。

【例 3.13】 设两个实序列为 $x(n)=\{\underline{2},1,3,2,1,5,1\}$，$y(n)=\{\underline{2},1,3,4\}$，试求互相关序列 $r_{xy}(m)$。

解 （1）采用(3.6.1)式 $r_{xy}(m)=\sum_{n=-\infty}^{\infty}x(n)y(n-m)=x(m)*y(-m)$，即用卷积的办法来求互相关序列 $r_{xy}(m)$，采用对位相乘相加法，可得到 $x(m)$ 与 $y(-m)$ 的卷积结果为

$$r_{xy}(m)=x(m)*y(-m)=\{8,10,17,\underline{22},15,31,24,10,11,2\}$$

利用有限长序列卷积输出定位的例 1.2 可以得知，$y(-m)=\{4,3,1,\underline{2}\}$，$-3\leqslant m\leqslant 0$，$x(m)$，$0\leqslant m\leqslant 6$，故 $r_{xy}(m)$，$-3\leqslant m\leqslant 6$，由此可确定 $r_{xy}(0)=22$。

（2）用 DFT 法求解，即利用圆周卷积代替线性卷积来求解。

$x(n)$ 是 $N_x=7$ 点序列，$y(n)$ 是 $N_y=4$ 点序列，则 DFT（圆周卷积）长度应为 $L=N_x+N_y-1=10$ 点。

步骤：①将 $x(n)y(n)$ 补零，补到皆为 $L=10$ 点序列；②$X(k)=\text{DFT}[x(n)]$，$Y(k)=\text{DFT}[y(n)]$，$L=10$ 点；③$R_{xy}(k)=X(k)Y^*(k)$；④$\bar{r}_{xy}(m)=\text{IDFT}[R_{xy}(k)]$，$L=10$ 点；⑤确定 $r_{xy}(0)$ 的位置，并求得 $r_{xy}(m)$。

以下设 $x(n)$ 的长度点数为 N_x，$y(n)$ 的长度点数为 N_y，故有 $N_x=7$，$N_y=4$。

本题较为简单，直接作圆周相关（序列补零后）后，可得到和用 DFT 法求解相同的圆周相关序列 $\bar{r}_{xy}(m)$

$$\bar{r}_{xy}(m)=\{\underline{22},15,31,24,10,11,2,8,10,17\}$$

实际上从(1.1.31)式可知，当 $x(n)$，$y(n)$ 都是因果序列时，$r_{xy}(m)$ 的有值范围为 $-(\text{length}(y)-1)\leqslant m\leqslant \text{length}(x)-1$，由于 $\text{length}(x)=N_x=7$，$\text{length}(y)=N_y=4$，故有 $-3\leqslant m\leqslant 6$。因而只要将 $\bar{r}_{xy}(m)$ 作 $N_y-1=3$ 点圆周右移位就可得到 $r_{xy}(m)$，与求解 1 中的 $r_{xy}(m)$ 完全一样。

4. 用 DFT 计算自相关 $r_{xx}(m)$。

设 $x(n)$，$0\leqslant n\leqslant N-1$，将 $y(n)=x(n)$ 代入(3.6.1)式中，可得

$$r_{xx}(m)=x(m)*x(-m) \tag{3.6.8}$$

则由(3.6.3)式及(3.6.4)式，考虑到 $x(n)$ 为实序列，将 $x(n)$ 补零，补到长度为 $L\geqslant 2N-1$ 点，再求 $R_{xx}(z)$，$R_{xx}(e^{j\omega})$，可得

3.6 DFT的应用

$$R_{xx}(z) = X(z)X(z^{-1})$$

$$R_{xx}(e^{j\omega}) = X(e^{j\omega})X(e^{-j\omega}) = X(e^{j\omega})X^*(e^{j\omega}) = |X(e^{j\omega})|^2 \tag{3.6.9}$$

而圆周相关定理的(3.6.6)式及(3.6.7)式变成

若

$$R_{xx}(k) = X(k)X^*(k) = |X(k)|^2, \quad L\text{ 点} \tag{3.6.10}$$

则 L 点圆周自相关为

$$\begin{aligned}\bar{r}_{xx}(m) &= \sum_{n=0}^{L-1} x(n)x((n-m))_L R_L(m) \\ &= x(m) \textcircled{L} x(L-m)\end{aligned} \tag{3.6.11}$$

因而,给定实序列 $x(n)$,$0 \leqslant n \leqslant N-1$,用 DFT 计算自相关序列 $r_{xx}(m)$的步骤为

① 令 $x(n)=\begin{cases} x(n), & 0 \leqslant n \leqslant N-1 \\ 0, & N \leqslant n \leqslant L-1 \end{cases}$

其中 $L \geqslant 2N-1$。

② 求 $X(k)=\text{DFT}[x(n)]$,L 点。

③ 求 $X^*(k)$。

④ 求 $R_{xx}(k)=|X(k)|^2$。

⑤ 求$\bar{r}_{xx}(m)=\text{IDFT}[|X(k)|^2]$,$L$ 点。

⑥ 将$\bar{r}_{xx}(m)$作圆周移位定位后即得到自相关函数 $r_{xx}(m)$。

3.6.3 利用 DFT 对模拟信号的傅里叶变换(级数)对的逼近

学习要点

1. 用 DFT 对连续时间非周期信号的傅里叶变换对的逼近。这实际上,就是利用 DFT 来对模拟信号进行频谱分析。因而对时域、频域都必须要离散化,以便在计算机上用 DFT 对模拟信号的傅里叶变换对进行逼近。

连续时间非周期的绝对可积信号 $x(t)$的傅里叶变换对为

$$X(j\Omega) = \int_{-\infty}^{\infty} x(t)e^{-j\Omega t}\,dt \tag{3.6.12}$$

$$x(t) = \frac{1}{2\pi}\int_{-\infty}^{\infty} X(j\Omega)e^{j\Omega t}\,d\Omega \tag{3.6.13}$$

用 DFT 方法计算这一对变换的办法如下:

(1) 将 $x(t)$在 t 轴上等间隔(宽度为 T)分段,每一段用一个矩形脉冲代替,脉冲的幅度为其起始点的抽样值 $x(t)|_{t=nT}=x(nT)=x(n)$,然后把所有矩形脉冲的面积相加。

由于

$$t \to nT$$

$$dt \to T \quad (dt = (n+1)T - nT)$$

$$\int_{-\infty}^{\infty} \mathrm{d}t \rightarrow \sum_{n=-\infty}^{\infty} T$$

则得频谱密度 $X(\mathrm{j}\Omega)=\int_{-\infty}^{\infty} x(t)\mathrm{e}^{\mathrm{j}\Omega t}\mathrm{d}t$ 的近似值为

$$X(\mathrm{j}\Omega) \approx \sum_{n=-\infty}^{\infty} x(nT)\mathrm{e}^{-\mathrm{j}\Omega nT} \cdot T \tag{3.6.14}$$

(2) 将序列 $x(n)=x(nT)$截断成从 $t=0$ 开始长度为 T_0 的有限长序列，包含 N 个抽样（即 $n=0\sim(N-1)$，时域取 N 个样点），则(3.6.14)式成为

$$X(\mathrm{j}\Omega) \approx T\sum_{n=0}^{N-1} x(nT)\mathrm{e}^{-\mathrm{j}\Omega nT} \tag{3.6.15}$$

由于时域抽样，抽样频率为 $f_s=1/T$，则频域产生以 f_s 为周期的周期延拓（角频率为 $\Omega_s=2\pi f_s$），成为连续周期频谱序列，频域周期为 $f_s=1/T$（即时域的抽样频率）。这时，如果频域是限带信号，则有可能不产生频谱混叠。

(3) 为了数值计算，在频域上也要离散化（抽样），即在频域的一个周期(f_s)中取 N 个样点，$f_s=NF_0$ 每个样点间的间隔为 F_0。频域抽样，那么频域的积分式(3.6.13)式就变成求和式，而时域就得到原已截断的离散时间序列的周期延拓序列，其时域周期为 $T_0=1/F_0$，这时 $\Omega=k\Omega_0$。即有

$$\mathrm{d}\Omega = (k+1)\Omega_0 - k\Omega_0 = \Omega_0$$

$$\int_{-\infty}^{\infty} \mathrm{d}\Omega \rightarrow \sum_{k=0}^{N-1}\Omega_0$$

各参量关系为

$$T_0=\frac{1}{F_0}=\frac{N}{f_s}=NT$$

又

$$\Omega_0=2\pi F_0$$

则

$$\Omega_0 T = \Omega_0 \cdot \frac{1}{f_s} = \Omega_0 \cdot \frac{2\pi}{\Omega_s} = 2\pi \cdot \frac{\Omega_0}{\Omega_s} = 2\pi \cdot \frac{F_0}{f_s} = 2\pi \cdot \frac{T}{T_0} = \frac{2\pi}{N} \tag{3.6.16}$$

这样，经过上面(1)、(2)、(3)三个步骤后，时域、频域都是离散周期的序列，推导如下：

第(1)、(2)两步：时域抽样、截断

$$X(\mathrm{j}\Omega) \approx \sum_{n=0}^{N-1} x(nT)\mathrm{e}^{-\mathrm{j}\Omega nT}T$$

$$x(nT) \approx \frac{1}{2\pi}\int_0^{\Omega_s} X(\mathrm{j}\Omega)\mathrm{e}^{\mathrm{j}\Omega nT}\mathrm{d}\Omega \quad \text{（在频域的一个周期内积分）}$$

第(3)步：频域抽样，则得

$$X(\mathrm{j}k\Omega_0) \approx T\sum_{n=0}^{N-1} x(nT)\mathrm{e}^{-\mathrm{j}k\Omega_0 nT} = T\sum_{n=0}^{N-1} x(n)\mathrm{e}^{-\mathrm{j}\frac{2\pi}{N}nk} = T\cdot \mathrm{DFT}[x(n)]$$

$$\begin{aligned} x(nT) &\approx \frac{\Omega_0}{2\pi}\sum_{k=0}^{N-1} X(\mathrm{j}k\Omega_0)\mathrm{e}^{\mathrm{j}k\Omega_0 nT} = F_0\sum_{k=0}^{N-1} X(\mathrm{j}k\Omega_0)\mathrm{e}^{\mathrm{j}\frac{2\pi}{N}nk} \\ &= F_0 \cdot N \cdot \frac{1}{N}\sum_{k=0}^{N-1} X(\mathrm{j}k\Omega_0)\mathrm{e}^{\mathrm{j}\frac{2\pi}{N}nk} \\ &= f_s \cdot \frac{1}{N}\sum_{k=0}^{N-1} X(\mathrm{j}k\Omega_0)\mathrm{e}^{\mathrm{j}\frac{2\pi}{N}nk} \end{aligned}$$

$$= f_s \cdot \text{IDFT}[X(\mathrm{j}k\Omega_0)]$$

$$X(\mathrm{j}k\Omega_0) = X(\mathrm{j}\Omega)\big|_{\Omega=k\Omega_0} \approx T \cdot \text{DFT}[x(n)] \tag{3.6.17}$$

$$x(n) = x(t)\big|_{t=nT} \approx \frac{1}{T} \cdot \text{IDFT}[X(\mathrm{j}k\Omega_0)] \tag{3.6.18}$$

这就是用 DFT 来逼近连续时间非周期信号的傅里叶变换对的公式。

2. 用 DFS 对连续时间周期信号 $x(t)$ 的傅里叶级数的逼近。这实际上是用 DFS 方法将周期信号时域频域都离散化后,对模拟周期信号进行频谱分析。但是作谱分析前,特别要注意以下两点(在 1.4.7 节中已经提到过):

(1) 周期信号抽样后要变成周期序列是有条件的,即周期信号的周期 T_0 必须等于抽样间隔 $T(T=1/f_s)$的整数倍,或 T 与 T_0 为互素的整数。即 N 个抽样间隔 T 应等于 M 个连续周期信号的周期 T_0,即 $NT=MT_0$,这样,得到的才是周期为 N 的周期性序列(N、M 都须为正整数)。此外,抽样频率必须满足奈奎斯特抽样定理,即满足 $f_s>2f_{\max}$。

(2) 只能按所形成的离散周期序列的一个周期进行截断,以此作为 DFS 的一个周期,以防止频谱的泄漏。这是因为频域抽样后,时域会周期延拓,当时域的 N 点序列是周期序列的一个周期(或其整数倍),则经延拓后,仍为周期序列,其包络仍为原周期信号,则频谱分析才不会产生泄漏误差。

连续时间周期信号 $x(t)$的傅里叶级数对为

$$X(\mathrm{j}k\Omega_0) = \frac{1}{T_0}\int_0^{T_0} x(t)\mathrm{e}^{-\mathrm{j}k\Omega_0 t}\mathrm{d}t \tag{3.6.19}$$

$$x(t) = \sum_{k=-\infty}^{\infty} X(\mathrm{j}k\Omega_0)\mathrm{e}^{\mathrm{j}k\Omega_0 t} \tag{3.6.20}$$

这里 T_0 为连续时间周期信号的周期。

由于满足:时域周期↔频域离散

时域连续↔频域非周期

要将连续周期信号与 DFS 联系起来,就需要:

(1) 先对时域抽样 $x(n)=x(nT)=x(t)\big|_{t=nT}$

$$t = nT$$

$$\mathrm{d}t = (n+1)T - nT = T$$

$$\int_0^{T_0}\mathrm{d}t \to \sum_{n=0}^{N-1} T$$

设 $T_0=NT$,即一个周期 T_0 内的抽样点数为 N,则(3.6.19)式变成

$$X(\mathrm{j}k\Omega_0) \approx \frac{T}{T_0}\sum_{n=0}^{N-1} x(nT)\mathrm{e}^{-\mathrm{j}k\Omega_0 nT} = \frac{1}{N}\sum_{n=0}^{N-1} x(n)\mathrm{e}^{-\mathrm{j}\frac{2\pi}{N}nk} \tag{3.6.21}$$

(2) 将频域离散序列加以截断,使它成为有限长序列,如果这个截断长度正好等于一个周期(时域抽样造成的频域周期延拓的一个周期),则(3.6.20)式变成(既有时域抽样,又有频域截断)

$$x(nT) \approx \sum_{k=0}^{N-1} X(\mathrm{j}k\Omega_0)\mathrm{e}^{\mathrm{j}k\Omega_0 nT} = \sum_{k=0}^{N-1} X(\mathrm{j}k\Omega_0)\mathrm{e}^{\mathrm{j}\frac{2\pi}{N}nk}$$

$$= N \cdot \frac{1}{N}\sum_{k=0}^{N-1} X(\mathrm{j}k\Omega_0)\mathrm{e}^{\mathrm{j}\frac{2\pi}{N}nk} \tag{3.6.22}$$

按照 DFT(DFS)的定义，由(3.6.21)式及(3.6.22)式可得

$$X(\mathrm{j}k\Omega_0) \approx \frac{1}{N} \cdot \mathrm{DFS}[x(n)] \tag{3.6.23}$$

$$x(nT) = x(t)\big|_{t=nT} \approx N \cdot \mathrm{IDFS}[X(\mathrm{j}k\Omega_0)] \tag{3.6.24}$$

这就是用 DFS(DFT)来逼近连续时间周期信号傅里叶级数对的公式。

3. 用 DFT 对非周期连续时间信号进行频谱分析的整个处理过程可见图 3.17，一共有三个处理：**①时域抽样，②时域截断，③频域抽样**，分别讨论如下。

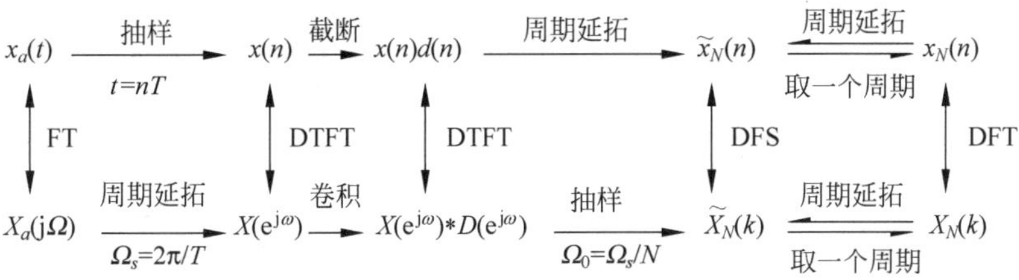

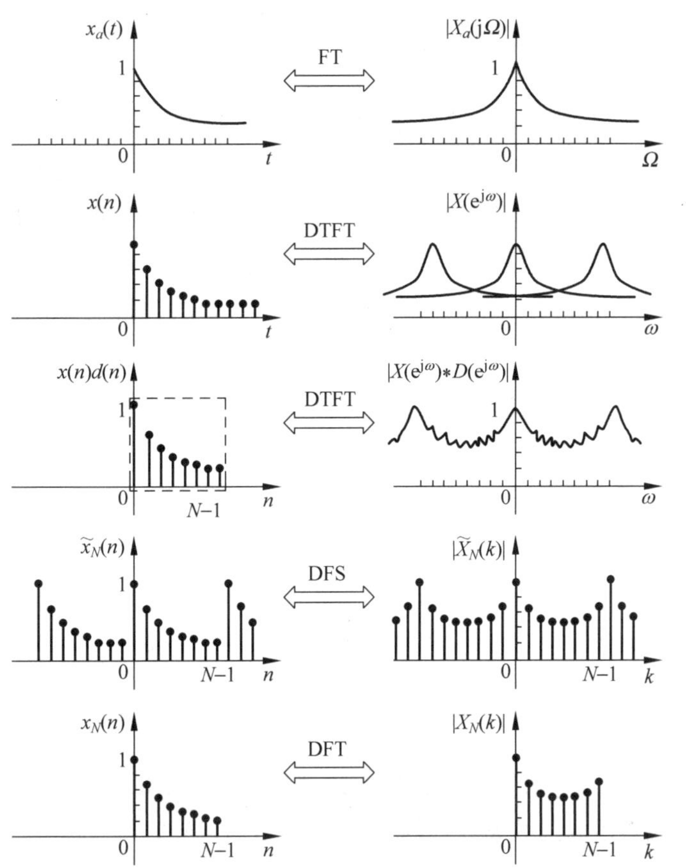

图 3.17　利用 DFT 对 DTFT(连续时间傅里叶变换)逼近的全过程(右侧各图只画了幅度)

（1）**时域抽样**。时域以 f_s 频率抽样，频域就会以抽样频率 f_s 为周期而周期延拓。若频域是限带信号，最高频率为 f_h，则只要满足 $f_s \geqslant 2f_h$ 就不会产生周期延拓后频谱的混叠失真。

（2）**时域截断**。即在时域序列上乘一个窗口函数 $d(n)$，得到 $x(n)d(n)$，$d(n)$ 是有限长的即 $d(n)$，$0 \leqslant n \leqslant N-1$。窗函数有各种类型，可见第 8 章内容，若为矩形窗，则在 $0 \leqslant n \leqslant N-1$ 范围内 $x(n)d(n)$ 与 $x(n)$ 数值相同；否则，若用其他形状窗，在此范围内数据也产生变化。

（3）**频域抽样**。由于频域仍是连续值，故必须加以离散化，将 $X(e^{j\omega}) * d(e^{j\omega})$ 离散化，则在离散时域产生周期延拓序列 $\tilde{x}_N(n)$。要求频域抽样间隔 F_0 满足 $F_0 \leqslant \frac{f_s}{N}$，即一个周期内频域抽样点数 M 满足 $M \geqslant N$。

这三种处理过程中，可能产生的失真及其解决办法可见随后的讨论。

3.6.4 用 DFT 对模拟信号作谱分析

(3.6.17)式及(3.6.18)式已求出用 DFT 对非周期模拟信号进行谱分析的逼近式，从分析过程及结果都可看出，谱分析是有近似性的，因而会有误差。还应注意，用 DFT 作谱分析是利用 DFT 离散谱的选频特性来实现的。

对模拟信号作谱分析，主要有两个技术指标：一个是要分析的最高频率 f_h，另一个是所需分析信号要求的频率分辨率 F_0，即能分辨的两个频率分量的最小间距。前者决定了所要选的抽样频率 f_s，后者决定了信号应取的时间长度 T_0 以及随之而定的抽样点数 N。

模拟信号用 DFT 作频谱分析的处理过程在 3.6.3 节已做描述，即有时域抽样、时域截断、频域抽样（DFT）等三个过程，在三个过程中，都会产生失真。

下面要从两个方面进行研究，首先是谱分析的参量的选定，包括抽样频率 f_s、数据时长 T_0、抽样点数 N（即 DFT 的长度点数），并讨论频率分辨率 F_0 以及它与 f_s、T_0、N 之间的关系；其次是谱分析过程中可能产生的失真，包括频谱混叠失真、频谱泄漏失真及栅栏效应失真，并研究减小这些失真的方法。

3.6.5 用 DFT 对模拟信号作谱分析中主要参量的选择

学习要点

1. 抽样频率 f_s 的选择。若信号最高频率分量为 f_h，则至少满足以下关系，才不会产生频谱的混叠失真：

$$f_s > 2f_h \tag{3.6.25}$$

但考虑到将信号截断成有限长序列会造成频谱泄漏使原来的频谱展宽且产生谱间的串扰，这些都可能造成频谱的混叠失真，因而可以适当增加信号的抽样频率，f_s 可选为

$$f_s = (3 \sim 6)f_h \tag{3.6.26}$$

折叠频率（$f_s/2$）是能够分析模拟信号的最高频率，在数字频率上就是 $\omega=\pi$。

2. 频率分辨率 F_0。它是指长度为 N 的信号序列所对应的连续谱 $X(e^{j\omega})$ 中能分辨的两个频率分量峰值的最小频率间距 F_0，F_0 越小，则频率分辨率越高。

由于 DFT 运算的数据必须是有限长的 N 点，因而要对时域序列 $x(n)$ 加以截断，即将时域序列乘一个窗口函数序列，截断用的窗口函数可以有多种（见第 7 章）。下面用矩形窗截断来讨论对正弦类序列频谱的影响。

设模拟信号 $x(t)$，抽样后得到序列 $x(n)=x(t)|_{t=nT}$ 如将其截断成一个 N 点长序列 $x_N(n)$，这相当于 $x(n)$ 乘上一个 N 点长的窗函数 $w_N(n)$

$$x_N(n) = x(n)w_N(n)$$

如果是**直接截断，则 $w_N(n)$ 相当于矩形窗 $R_N(n)$**；如果采用其他形式的缓变窗，例如海明窗等（见第 7 章），则除了截断以外，窗内数据还有所变化。

下面讨论**矩形窗截断的情况**，即

$$x_N(n) = x(n)R_N(n)$$

利用时域相乘，则频域是复卷积的关系（见表 2.3 中的第 7 条）

$$X_N(e^{j\omega}) = \frac{1}{2\pi}X(e^{j\omega}) * W_N(e^{j\omega})$$

式中 $X_N(e^{j\omega})=\text{DTFT}[x_N(n)]$ 表示截断后序列的频谱。

$X(e^{j\omega})=\text{DTFT}[x(n)]$ 表示原序列的频谱，而矩形窗谱为

$$W_N(e^{j\omega})=\text{DTFT}[R_N(n)] = \sum_{n=-\infty}^{\infty}R_N(n)e^{-j\omega n} = \sum_{n=0}^{N-1}e^{-j\omega n} = \frac{1-e^{-j\omega N}}{1-e^{-j\omega}}$$

$$= \frac{e^{-j\frac{\omega N}{2}}(e^{j\frac{\omega N}{2}} - e^{-j\frac{\omega N}{2}})}{e^{-j\frac{\omega}{2}}(e^{j\frac{\omega}{2}} - e^{-j\frac{\omega}{2}})} = e^{-j\frac{N-1}{2}\omega}\,\frac{\sin(\omega N/2)}{\sin(\omega/2)}$$

其幅度谱为

$$|W_N(e^{j\omega})| = \left|\frac{\sin(\omega N/2)}{\sin(\omega/2)}\right|$$

相位谱为

$$\arg[W_N(e^{j\omega})] = -\frac{N-1}{2}\omega + \arg\left[\frac{\sin(\omega N/2)}{\sin(\omega/2)}\right]$$

矩形窗的幅度谱如图 3.18 所示（只画了一个周期），它有一个主瓣宽度为 $4\pi/N$，在其旁边有许多旁瓣。

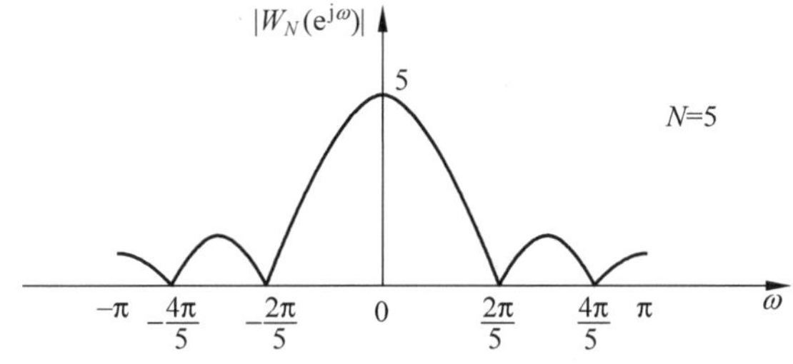

图 3.18　窗宽 $N=5$ 的矩形窗的幅度谱

旁瓣多少视 N 而定。这一窗的幅度谱 $|W_N(e^{j\omega})|$ 与幅度谱 $|X(e^{j\omega})|$ 卷积后，得到的幅度谱 $|X_N(e^{j\omega})|$ 与 $|X(e^{j\omega})|$ 是不相同的。很显然，如果窗谱是 δ 函数，则卷积结果就是 $X(e^{j\omega})$，这样的窗实际上是时域长度为无穷长的窗，就等于不加窗，因而毫无意义。

若信号是余弦信号，其抽样序列是无限时长的，$x(n)=\cos(\omega_0 n)$ 的频谱 $X(e^{j\omega})$ 是以 ω_0 为中心，以 2π 的整数倍为间隔的一系列冲激函数[见(2.3.63)式]，图 3.19(a)画出了一个周期中的 $X(e^{j\omega})$，它与图 3.18 的矩形窗的频谱幅度卷积后，可得到图 3.19(b)的 $|X_N(e^{j\omega})|$，实际上它是将窗谱平移到 $X(e^{j\omega})$ 的频谱上，其中心处于 $\omega=\omega_0$ 及 $\omega=-\omega_0$ 处。

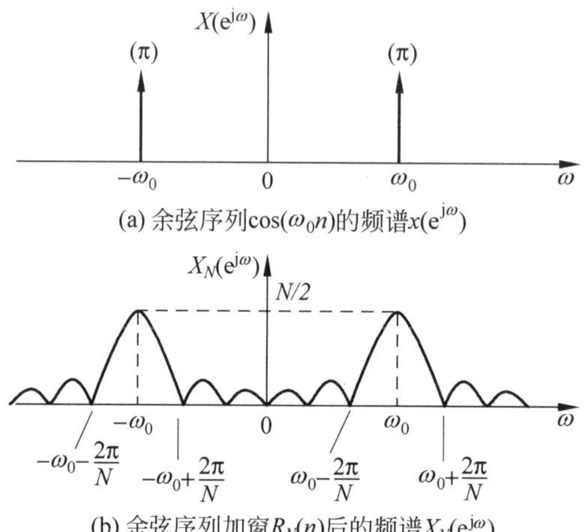

(a) 余弦序列 $\cos(\omega_0 n)$ 的频谱 $x(e^{j\omega})$

(b) 余弦序列加窗 $R_N(n)$ 后的频谱 $X_N(e^{j\omega})$

图 3.19 （即 $\cos(\omega_0 n)\cdot R_N(n)$ 的频谱）

即有[见(2.3.63)式]

$$X(e^{j\omega})=\mathrm{DTFT}[A\cos(\omega_0 n)]=\sum_{n=-\infty}^{\infty}A\cos(\omega_0 n)e^{-j\omega n}$$

$$=A\pi\sum_{i=-\infty}^{\infty}[\delta(\omega-\omega_0-2\pi i)+\delta(\omega+\omega_0-2\pi i)] \tag{3.6.27}$$

时域相乘 $x_N(n)=x(n)R_N(n)$，则频域是复卷积 $X_N(e^{j\omega})=\frac{1}{2\pi}[X(e^{j\omega})*W_N(e^{j\omega})]$。

因而有

$$X_N(e^{j\omega})=\frac{1}{2\pi}\int_{-\pi}^{\pi}W_N(e^{j\theta})X(e^{j(\omega-\theta)})d\theta=\frac{A}{2}[W_N(e^{j(\omega-\omega_0-2\pi i)})+W_N(e^{j(\omega+\omega_0-2\pi i)})] \tag{3.6.28}$$

所以，加窗截断后 $X_N(e^{j\omega})$ 形状已不是周期性理想冲激函数，而是在 $\omega=\omega_0$ 及每隔 2π 处重复的主瓣以及主瓣两边的一系列小幅度的旁瓣(见图 3.19)。

矩形窗谱的主瓣宽度为 $\Delta\omega_w=4\pi/N$，而矩形窗截断后的频率分辨率可定义为窗谱主瓣衰减到 3dB 后的宽度(约为 $0.89\times 2\pi/N$)，一般就取矩形窗谱主瓣的一半宽度 $2\pi/N$ 作为频率分辨率 $\Delta\omega$。

$$\Delta\omega = 2\pi/N(\text{rad}) \tag{3.6.29}$$

如果信号是两个或多个正弦型信号之和，则在时域矩形截断后，在每个正弦型信号的频率 $\omega_i = 2\pi f_i/f_s$ 上都产生一个主瓣和附近的旁瓣。这时窗谱是这些频率上窗谱的叠加，其中各主瓣的宽度就主要决定了相邻两频率间的分辨能力。当相邻两频率很接近时，有一定宽度的主瓣就会重叠，而旁瓣的交叠也会影响主瓣的重叠情况，这样就可能分辨不出信号的某些频率了，所以才将加窗截断后能分辨出相邻两个频率的最小间距 $\Delta\omega$（或 F_0）称为频率分辨率。

从另一角度看，若时域抽样前，连续时间信号的时长经截断后为 T_0，则频率分辨率 F_0 与数据长度 T_0 成反比，即

$$F_0 = 1/T_0 \tag{3.6.30}$$

(1) 若不做数据补零值点的特殊处理，则时域抽样点数 N 与 T_0 关系为

$$T_0 = NT = N/f_s \tag{3.6.31}$$

其中 $T=1/f_s$ 为抽样的时间间距。从上式可得频率分辨率 F_0 的一个重要表达式

$$F_0 = f_s/N(\text{Hz}) \tag{3.6.32}$$

(3.6.29)式与(3.6.32)式都是频率分辨率的表达式，前者是 ω 域中的表达式，后者是 f 域中的表达式，因为 $\Delta\omega=2\pi/N=2\pi\Delta f/f_s$，则有 $\Delta f=f_s/N$，因而有 $\boldsymbol{\Delta f=F_0}$。

显然 F_0 应根据频谱分析的要求来确定，由 F_0 就能确定所需数据长度 T_0。

(2) 提高分辨率的办法。若想提高频率分辨率，即减小 F_0，只能增加有效数据长度 T_0，此时若 f_s 不变，则抽样点数 N 一定会增加。

(3) 用时域序列补零值点的办法增加 N 值，是不能提高频率分辨率的，因为补零不能增加有效信号的长度，所以补零值点后信号的频谱 $X(e^{j\omega})$ 是不会变化的，因而不能增加任何信息，不能提高分辨率。其频率分辨率表达式中的 N 仍为原来有效数据的长度点数。

3. 时域抽样点数 N（一般情况下，若时域不做补零的特殊处理，则这个 N 值也是 DFT 运算的 N 值）。

由于抽样点数 N 与信号观测时间 T_0 有关（当 f_s 选定后），T_0 又与所要求的 F_0 有关，故由下式可确定 N 的数值

$$N = f_s T_0 = \frac{f_s}{F_0} \tag{3.6.33}$$

为了用 FFT 来计算，常要求 $N=2^r$，r 为正整数，这时可以采用以下三种方法中的一种：

① 当 T_0 不变时，可以同时增加 f_s 和 N，使 N 满足为 2 的整数幂。

② 若不改变 f_s，则只能增加有效数据长度 T_0 以增加 N 值，使其达到 $N=2^r$ 关系。

③ 用时域序列补零值点的办法来增加 N，以满足 $N=2^r$ 的要求。

①、③两种方法，只能使频域抽样更密，频域一个周期计算的点数更多，减小了 DFT 计算的频率间距，而且使栅栏效应更小，但是因为有效数据长度没有变化，故信号的频谱没有

变化，因而频率分辨率没有变化，所以并不能提高频率分辨率，只有第②种办法，才能提高频率分辨率，同时也减小了 DFT 计算的频率间距。见下面的讨论。

3.6.6 用 DFT 对模拟信号作谱分析时的几个问题

用 DFT（采用第 4 章的 FFT 算法）对模拟信号作谱分析时，其误差来源有以下几个方面。

学习要点

1. 频谱的混叠失真。

若抽样频率不满足抽样定理要求，即不满足 $f_s \geqslant 2f_h$，则频域周期延拓分量会在 $f=0.5f_s$ 附近（$\omega=\pi$ 处）产生频谱的混叠失真。由图 1.20(c)看出，这一混叠现象是由信号的高频分量与延拓信号的低频分量的交叠而形成，其影响更为严重。一般来说，由于时域的突变会造成频域的拖尾现象，因而总会有轻微的混叠产生；另外，信号中的高频噪声干扰，也可能造成频域混叠；再次，由于下面要讨论的频域泄漏也会造成频谱的混叠失真。

综合考虑各种影响后，选取 f_s 时，应使 $f \leqslant f_s/2$ 内能包含 98% 以上的信号能量，在 $f_s=(3\sim6)f_h$ 范围内选取 f_s；再有在抽样之前采用截止频率为 $f_s/2$ 的限带低通滤波器，即防混叠滤波器。

2. 频谱泄漏。

这也是由信号截断（加窗）造成的后果，见图 3.19，将 $X(e^{j\omega})$ 与 $X_N(e^{j\omega})$ 比较，即**矩形窗截断前后频谱加以比较**，还可以看出：

① 首先是**产生了频谱泄漏**，窗谱主瓣使原来的谱线展宽了。截断的时域序列长度越长，即 N 越大，则 $4\pi/N$ 越小，展宽得越窄，泄漏越小。这种展宽就称为频谱泄漏，**泄漏会使频率分辨率降低**，也就是说，两信号的频率离得很近时，由于频谱的泄漏，会使得无法分辨出这两信号。

② 其次是截断后**产生谱间串扰**，这是由于**矩形窗存在着很多相对于主瓣幅度不是太小的旁瓣**，因而在 $\boldsymbol{X_N(e^{j\omega})}$ **中也形成了很多旁瓣，这些旁瓣起到谱间串扰作用，它有可能造成原信号中强信号的旁瓣掩盖弱信号的主瓣**，使得人们以为根本不存在弱信号，从而降低了频率分辨率。

泄漏和谱间串扰使频谱展宽和拖尾，也会造成频谱的混叠失真，当这一情况严重时，就需提高抽样频率 f_s。

为了减轻截断效应，可有两种方法。①**可以采用缓变型的窗函数来截断**，例如用海明窗（各种窗可见第 7 章），可以**使窗的旁瓣幅度更小**，海明窗第一旁瓣（即幅度最大的旁瓣）幅度比矩形窗的第一旁瓣幅度小 32dB，这样泄漏和谱间串扰就会大大减小。但是其主瓣宽度则变成 $8\pi/N$，增加一倍，又会降低频率分辨率。②**为了使主瓣宽度减小**，提高频率分辨率，减小泄漏，则需**采用截断长度（$\boldsymbol{T_0}$）更长，即加大窗宽 $\boldsymbol{N}$**（截断长度 $T_0=N/f_s$）。使主瓣更窄，泄漏可以降低。

3. 栅栏效应。

* 一般非周期模拟信号的频谱是频率的连续函数，而用 **DFT** 来分析信号频谱时，DFT 计算的频率间隔，即看到的频谱间隔为 f_s/N，也就是**得到的是连续频谱的等间隔的 N 点抽样值**，而这 N 点抽样值中的**任意相邻两点之间的频率点上的频谱值是不知道的**，**就好像是通过一个栅栏的缝隙观看一个景象**一样，只能在相隔一定间距的离散点上看到真实景象，被栅栏挡住部分是看不见的，把这种现象称为栅栏效应。

* **为了减小栅栏效应**，可以**有三种办法**：①**在数据长度 T_0 不变的情况下，增加 f_s**，也就增加时域抽样点数 N（此时时域数据 $x(n)$ 发生变化），即增加 DFT 的点数；②**如果 T_0 不变，时域有效抽样点数也不变，则可在有效 N 点数据的尾部增加零值点**，使整个数据长度为 M 点（$M>N$），这就相当于使频域的抽样点数为 M，即 DFT 的点数为 M。这时，时域的 $x(n)$ 的有效数据没有变化；③增加 T_0，在 f_s 不变的情况下，N 必然增加，即 DFT 点数增加。

* **以上三种办法，都可使频域抽样密度加大，可看到更多的频率上的频谱，也就是减小了栅栏效应**。

* 将**数据补零值点**的办法，除了**可减小栅栏效应**外，**还可**在有效数据不变的情况下，**使 DFT 运算的点数变成 2 的整数幂**（$N=2^r$，r 正整数），以**便用 FFT**（快速傅里叶变换）**算法进行计算**。

4. 最后，**信号量化效应以及 FFT 运算过程的系数及运算的有限字长效应等也会造成频谱的失真**。

5. 若预先不知道信号的最高频率 f_h，则只能从观测记录下来的一段数据或波形中来确定 f_h，取数据（波形）中变化速度最快的两相邻峰谷点之间隔 t_0 作为半个周期（见图 3.20），则有

$$t_0 = T_h/2, \quad f_h = 1/T_h = 1/(2t_0) \quad (3.6.34)$$

知道了这一近似最高频率分量后，就可按前面方法选取 f_s。

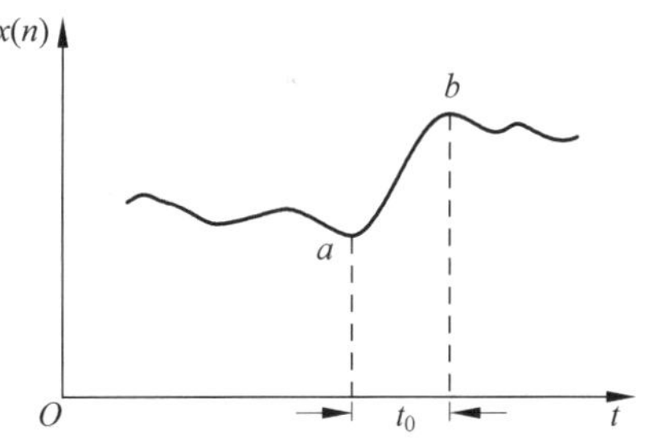

图 3.20 估算信号最高频率 f_h

6. 若信号为无限带宽，则可选占信号能量 98% 左右的频带宽度 f_h 作为最高频率分量，这在前面已讨论过。

7. 对周期信号，必须使抽样后仍为周期序列，且截断的数据长度 T_0 必须等于周期序列周期的整数倍，并且不能补零值点，否则会产生频谱泄漏。

以下的例 3.14 是讨论，对周期信号，其截断长度必须为抽样后的周期序列的一个周期或为周期的整数倍时，用 DFT 来分析频谱，才不会产生频谱的泄漏现象。

【例 3.14】 设有单频周期信号 $x_a(t)=\cos(2\pi f_0 t)$，$f_0=1\text{kHz}$，试用 DFT 分析它的频谱。

解　$x_a(t)$的信号周期 $T_0=\frac{1}{f_0}=10^{-3}\mathrm{s}$，抽样频率 f_s 取为 $f_s=6\mathrm{kHz}$，抽样间隔 $T=\frac{1}{f_s}=\frac{10^{-3}}{6}\mathrm{s}$，则有

$$x(n)=x_a(nT)=\cos(2\pi f_0 Tn)=\cos(\omega_0 n)=\cos(\pi n/3)$$

这里 $2\pi/\omega_0=2\pi/(\pi/3)=6$，故序列一定是正弦周期序列，周期为 $N=6=T_0/T$，即一个周期的数据长度 $T_0=NT=10^{-3}\mathrm{s}$。

(1) 若截取数据 $N=6$，即截取一个正弦周期的长度 $T_0=10^{-3}\mathrm{s}$，可以得到[$X(k)$]及其图形，代入 $m=1,N=6$)

$$X(k)=\sum_{n=0}^{5}\cos\left(\frac{\pi}{3}n\right)W_6^{nk}=\sum_{n=0}^{5}\cos\left(\frac{2\pi}{6}n\right)W_6^{nk}$$

$$=\begin{cases}3, & k=1,k=5\\ 0, & \text{其他 } k\end{cases},\quad 0\leqslant k\leqslant 5$$

即只在 $k=1,k=5$ 处频谱有值(其他 k 处为 0)，其相应频率为 $f_1=f_s/N=1\mathrm{kHz}$，$f_5=5f_s/N=5\mathrm{kHz}$。原信号正好是 $f_1=1\mathrm{kHz}$。$f_5=5\mathrm{kHz}$ 是镜像频率，对 $f_s/2$(即对 $k=N/2=3$)而言，信号频率 f_1 的镜像频率是 f_5，它是由于用复指数表示时，在 $-f_1=-1\mathrm{kHz}$ 处有信号频谱分量[即 $\cos\Omega_1 t=(\mathrm{e}^{\mathrm{j}\Omega_1 t}+\mathrm{e}^{-\mathrm{j}\Omega_1 t})/2$]，当时域抽样，频域周期延拓后，$-f_1$ 频率成为 $f_5=(f_s-f_1)=5\mathrm{kHz}$，在离散频域处为 $k=N-1$。如图 3.21(a)所示，这时没有频谱的泄漏。

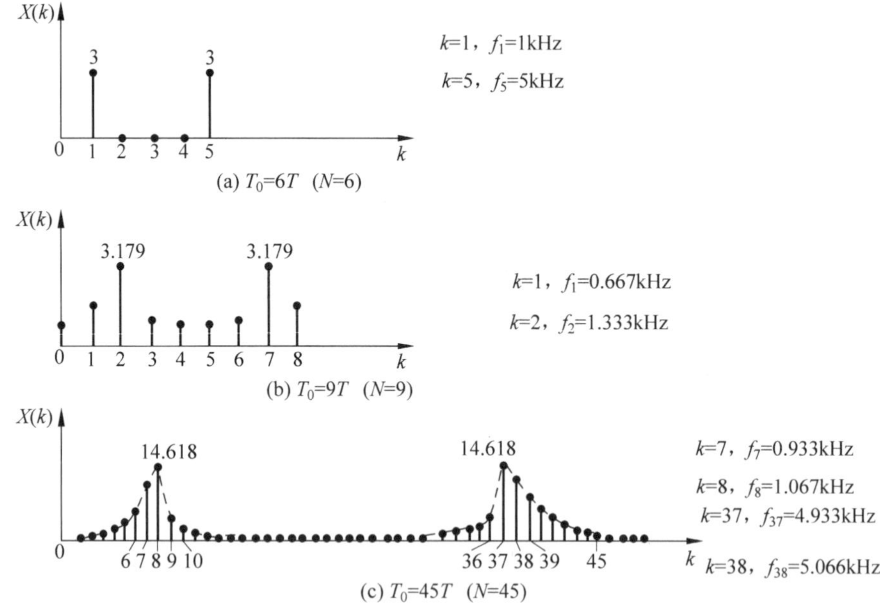

图 3.21　周期信号(余弦信号)，截断长度 $T_0(N)$的影响(正弦序列周期 $N=6$)

(2) 如果截取长度不是正弦序列的整周期的倍数，即不满足 $N=6r$(r 为正整数)，则时域周期延拓(由于频域抽样造成的)后，一定不是周期序列，频谱会产生泄漏。

取 $T_0=1.5\times10^{-3}$s，$f_s=6$kHz 不变，则抽样点数 $N=T_0/T=T_0f_s=9$，利用配套软件可计算出 $X(k)$，并直接可得到 $|X(k)|$ 的图形如图 3.21(b)所示，从图中看出在 $k=1$、$k=2$ 处有两个频谱峰值，但 $k=2$ 处频谱峰值较大，为 $|X(2)|=3.179$。与图 3.21(a)图相比，频谱不再是一条谱线（$k=0$ 到 $N/2$ 之内），即产生了截断效应的频谱泄漏，而且 $k=1$ 对应于 $f_1=f_s/N=0.667$kHz；$k=2$ 对应于 $f_2=1.333$kHz，与原频率 1kHz 有较大偏离。

(3) 一般若预先不知周期信号的周期，则只能是试探法，先选观察时间长一点，可以减小截断效应的影响，如不行再取较大跨度。例如采用长度加倍来截取信号，使分析出的频谱峰值处的频率更接近真实频率，且泄漏可更小。

在此例中，取 $N=45$，即数据长度 $T_0=NT=N/f_s=7.5\times10^{-3}$s，利用所附配套的辅助设计系统，同样可得 $|X(k)|$ 的图形如图 3.21(c)所示。

可以看出，$k=7$，即 $f_7=7f_s/45=0.933$kHz，频谱有一个大的峰值。在 $k=8$，即 $f_8=8f_s/45=1.067$kHz 处有一最大峰值 $|X(k)|=14.6182$。此两频率与原频率 $f_0=1$kHz 误差都较小，且泄漏的相对幅度都较小，因而对频率的估值可更接近所需值。如此增加数据长度，每次结果与前一次比较，在主谱峰值处的频率差别满足误差要求情况下，就可停止运算。

8. 以下是形象化的两个表格，第一个表格说明，用 f_s、Ω_s、N、π 表示的 f、Ω、ω、k 的关系；第二个表格说明在主值区间（$0\leqslant k\leqslant N-1$）频域中 k、f_k、Ω_k、ω_k 与 f_s、F_0、N、π 的关系。

f	$-f_s$	$-f_s/2$	$-f_h$	0	f_h	$f_s/2$	f_s	
Ω	$-\Omega_s$	$-\Omega_s/2$	$-\Omega_h$	0	Ω_h	$\Omega_s/2$	Ω_s	$\Omega=2\pi f$
ω	-2π	$-\pi$	$-\omega_h$	0	ω_h	π	2π	$\omega=\Omega T=\Omega/f_s=2\pi f/f_s$
k	$-N$	$-\frac{N}{2}$		0		$\frac{N}{2}$	N	

而主值区间内，即 $0\leqslant k\leqslant N-1$ 范围内可表示为（$F_0=f_s/N$，$\Omega_0=2\pi F_0=2\pi f_s/N$）：

k	0	1	2	…	k	…	$\frac{N}{2}$	…	$N-2$	$N-1$	
f_k	0	F_0	$2F_0$	…	kF_0	…	$\frac{NF_0}{2}=\frac{f_s}{2}$	…	$(N-2)F_0$	$(N-1)F_0$	$f_k=\frac{kf_s}{N}=kF_0$
Ω_k	0	Ω_0	$2\Omega_0$	…	$k\Omega_0$	…	$\frac{N\Omega_0}{2}=\frac{\Omega_s}{2}$	…	$(N-2)\Omega_0$	$(N-1)\Omega_0$	$\Omega_k=\frac{2\pi kf_s}{N}=k\Omega_0$
ω_k	0	$\frac{2\pi}{N}$	$\frac{2\pi}{N}\times2$	…	$\frac{2\pi k}{N}$	…	π	…	$\frac{2\pi}{N}(N-2)$	$\frac{2\pi}{N}(N-1)$	$\omega_k=\frac{2\pi}{N}k$

因此，**$X(k)$ 中 k 所对应的数字频率为 $\omega_k=2\pi k/N$，其所对应的模拟频率为 $f_k=kf_s/N$，模拟角频率为 $\Omega_k=2\pi kf_s/N$**。只有了解了这些关系，才能知道 $X(k)$ 的第 k 条谱线是对应于模拟频率响应 $X_a(\mathrm{j}\Omega)$ 的什么频率（或角频率）点上的抽样值。

【例 3.15】 将一数字信号处理器作谱分析之用，抽样点数必须为 2 的整数幂，假定不采用任何特殊数据处理措施，设抽样频率为 $f_s=5\text{kHz}$，要求频率分辨率为 $F_0\leqslant 5\text{Hz}$。试确定：

(1) 最小记录长度 $T_{o\min}$；

(2) 允许处理的信号最高频率 f_h；

(3) 在一个记录中的最少抽样点数 $N_{\min}$；

(4) 在抽样频率不变的情况下，如何将频率分辨率提高一倍，使 $F_0=2.5\text{Hz}$。

解 (1) 最小记录长度 $T_{o\min}$ 由频率分辨率 F_0 决定，有

$$T_{o\min}=1/F_0=1/5\text{s}=0.2\text{s}$$

(2) 由于抽样频率 f_s 是最高信号频率 f_h 的两倍以上数值

$$f_h\leqslant f_s/2=2.5\text{kHz}$$

(3) 最少记录点数为

$$N_{\min}\geqslant\frac{f_s}{F_0}=T_{o\min}\frac{5\times10^3}{5}=1000$$

取 $N=2^{10}=1024$。

(4) 将分辨率提高一倍的办法，就是将最小记录长度增加一倍，即

$$T'_{o\min}=2T_{o\min}=0.4\text{s}$$

在抽样频率不变的情况下，就必须将最少抽样点数加倍，即

$$N'_{\min}=T'_{o\min}/T=2N_{\min}\geqslant 2000$$

取 $N'=2^{11}=2048$。

【例 3.16】 设有一已调幅信号，其载波频率 $f_c=5\text{kHz}$，调制信号频率为 $f_m=120\text{Hz}$，采用 FFT 方法对它进行谱分析，试问应如何选取以下 FFT 的参量(抽样点数取为 2 的整数幂)

(1) 最低抽样频率 $f_{s\min}$；

(2) 最小记录时间长度 $T_{o\min}$；

(3) 最小抽样点数 $N_{\min}$。

解法一：(1) 已调幅信号(单频 f_m 调制时)共有三个频率 $f_c-f_m=4.88\text{kHz}$，$f_c=5\text{kHz}$，$f_c+f_m=5.12\text{kHz}$。

故最高频率分量为 $f_h=5.12\text{kHz}$，所以最小抽样频率 $f_{s\min}$ 为

$$f_{s\min}=2\times f_h=10.24\text{kHz}$$

(2) 最小记录时间长度 $T_{o\min}$ 与频率分辨率 F_0 有关。这里频率分辨率显然就是调制频率 f_m，因为已调信号的每两个相邻频率分量之差值为 f_m。所以 $T_{o\min}$ 为

$$T_{o\min}=1/F_0=1/120=8.333\text{ms}$$

(3) 最少抽样点数 $N_{\min}$ 为

$$N_{\min}=\frac{f_{s\min}}{F_0}=\frac{f_{s\min}}{f_m}=\frac{10.24\times10^3}{120}=85$$

取
$$N=2^7=128$$

解法二：若此题采用带通信号的抽样定理，即用亚奈奎斯特抽样率时，则有

(1) 亚奈奎斯特抽样频率 f_s，按 1.4.3 节的讨论

由于最高频率为 $f_h=5.12\text{kHz}$，信号带宽为 $\Delta f_0=5.12\text{kHz}-4.88\text{kHz}=240\text{Hz}$。

因而 $r'=\dfrac{f_h}{\Delta f_0}=\dfrac{5.12\times10^3}{240}=21.333\text{Hz}$，则 $r=\lfloor r'\rfloor=21$

故
$$\Delta f'_0=f_h/r=243.81\text{Hz}$$

故带通信号的抽样频率（亚奈奎斯特抽样频率）f_s 为
$$f_s=2\Delta f'_0=488\text{Hz}$$

(2) 最小记录时间长度 $T_{o\min}$ 为
$$T_{o\min}=1/F_0=1/120=8.333\text{ms}$$

(3) 最少抽样点数 $N_{\min}$ 为
$$N_{\min}=\frac{f_s}{F_0}=\frac{488}{120}=4.067$$

取 $N=2^3=8$。

由此看出 N 取值比用奈奎斯特抽样率求得的 N 要小得多，节省大量的运算量。

习　　题

3.1　如图 P3.1 所示，序列 $x(n)$ 是周期为 6 的周期性序列，试求其傅里叶级数的系数。

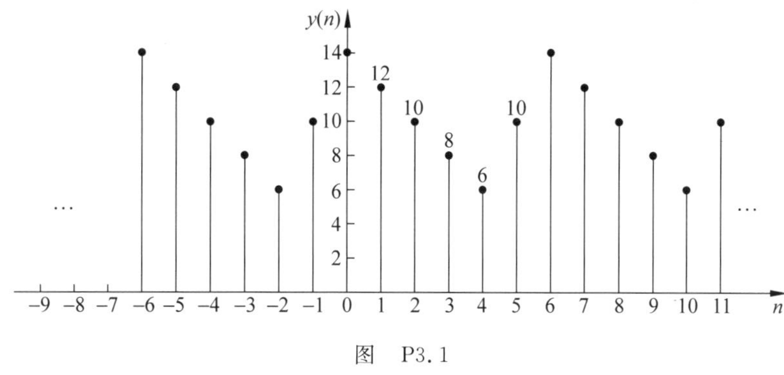

图　P3.1

3.2　设 $x(n)=R_4(n)$，$\tilde{x}(n)=x((n))_6$，试求 $\widetilde{X}(k)$，并作图表示 $\tilde{x}(n)$，$\widetilde{X}(k)$。

3.3　设
$$x(n)=\begin{cases}n+1, & 0\leqslant n\leqslant 4\\ 0, & \text{其他 } n\end{cases}$$
$$h(n)=R_4(n-2)$$

令
$$\tilde{x}(n)=x((n))_6,\qquad \tilde{h}(n)=h((n))_6$$

试求 $\tilde{x}(n)$ 与 $\tilde{h}(n)$ 的周期卷积，并作图。

习题

3.4 已知 $x(n)$ 如图 P3.4 所示为 $\{\underline{1},1,3,2\}$,试画出 $x((-n))_5$,$x((-n))_6R_6(n)$,$x((n))_3R_3(n)$,$x((n))_6$,$x((n-3))_5R_5(n)$,$x((n))_7R_7(n)$ 等各序列。

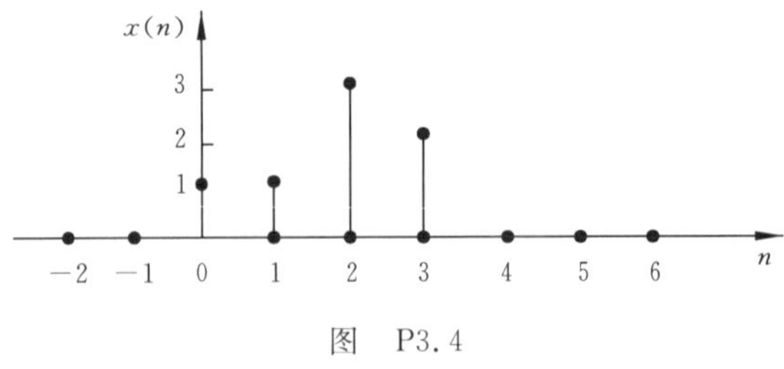

图 P3.4

3.5 试求以下有限长序列的 N 点 DFT(闭合形式表达式):

(1) $x(n)=a(\cos\omega_0 n)R_N(n)$ (2) $x(n)=a^nR_N(n)$

(3) $x(n)=\delta(n-n_0)$, $0<n_0<N$ (4) $x(n)=nR_N(n)$

(5) $x(n)=n^2R_N(n)$

3.6 已知 $x(n)=\{\underline{2},1,4,2,3\}$

(1) 计算 $X(e^{j\omega})=\text{DTFT}[x(n)]$ 及 $X(k)=\text{DFT}[x(n)]$,并说明二者的关系。

(2) 将 $x(n)$ 的尾部补零,得到 $x_0(n)=\{\underline{2},1,4,2,3,0,0,0\}$

计算 $X_0(e^{j\omega})=\text{DTFT}[x_0(n)]$,$X_0(k)=\text{DFT}[x_0(n)]$

(3) 将(1)、(2)的结果加以比较,得出相应的结论。

3.7 设 $\tilde{x}(n)$ 是周期为 N 的周期序列,则它一定也是周期为 $2N$ 的周期序列。

若 $\widetilde{X}(k)=\sum\limits_{n=0}^{N-1}\tilde{x}(n)W_N^{nk}$, $\widetilde{X}_1(k)=\sum\limits_{n=0}^{2N-1}\tilde{x}(n)W_{2N}^{nk}$

试用 $\widetilde{X}(k)$ 来表示 $\widetilde{X}_1(k)$。

3.8 图 P3.8 画出了几个周期序列 $\tilde{x}(n)$,这些序列可以表示成傅里叶级数

$$\tilde{x}(n)=\frac{1}{N}\sum_{k=0}^{N-1}\widetilde{X}(k)e^{j(2\pi/N)nk}$$

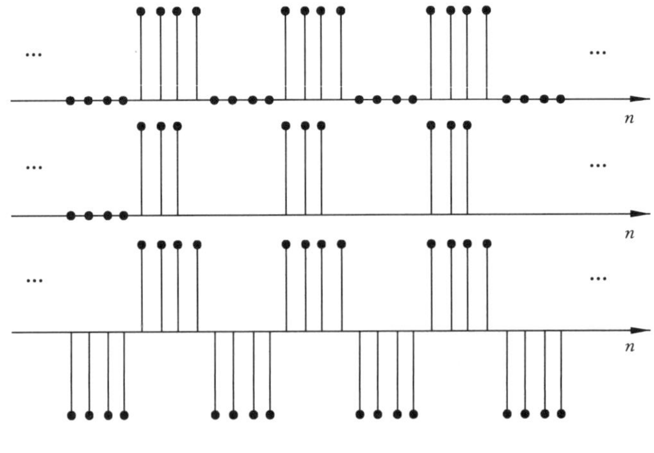

图 P3.8

问：

(1) 哪些序列能够通过选择时间原点使所有的$\widetilde{X}(k)$成为实数？

(2) 哪些序列能够通过选择时间原点使所有的$\widetilde{X}(k)$[除$\widetilde{X}(0)$外]成为虚数？

(3) 哪些序列能做到 $\widetilde{X}(k)=0,\quad k=\pm 2,\pm 4,\pm 6,\cdots$

3.9 图 P3.9 画出了两个有限长序列，试画出它们的 6 点圆周卷积。

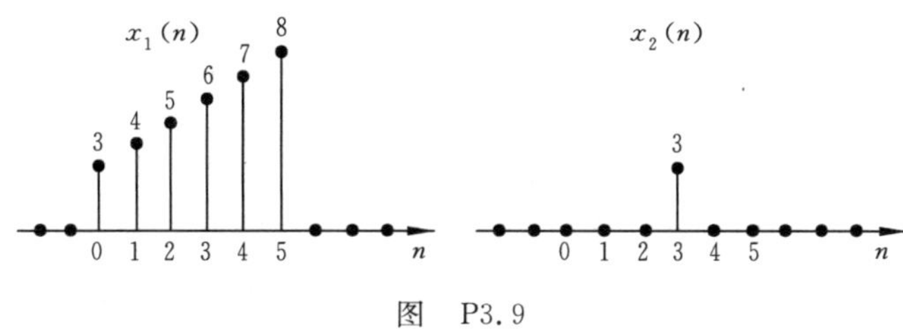

图 P3.9

3.10 图 P3.10 表示一个 5 点序列 $x(n)$，试画出：

(1) $x(n)*x(n)$ (2) $x(n)⑤x(n)$ (3) $x(n)⑩x(n)$

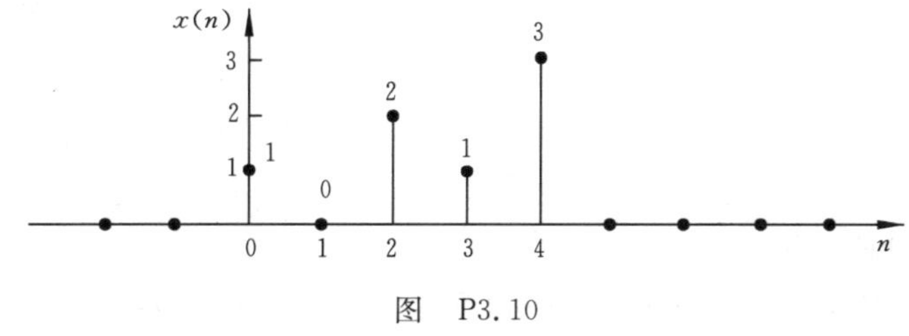

图 P3.10

3.11 设抽样频率为 720Hz 的时域抽样序列为

$$x(n)=\cos\left(\frac{\pi}{6}n\right)+5\cos\left(\frac{\pi}{3}n\right)+4\sin\left(\frac{\pi}{7}n\right)$$

对 $x(n)$作 72 点 DFT 运算。

(1) 问所选 72 点截断是否能保证得到周期序列？说明理由；

(2) 是否会产生频谱泄漏？请粗略画出信号谱线，并做说明。

3.12 设有两个序列

$$x(n)=\begin{cases}x(n), & 0\leqslant n\leqslant 5\\ 0, & \text{其他 } n\end{cases}$$

$$y(n)=\begin{cases}y(n), & 0\leqslant n\leqslant 14\\ 0, & \text{其他 } n\end{cases}$$

各作 15 点的 DFT，然后将两个 DFT 相乘，再求乘积的 IDFT，设所得结果为 $f(n)$，问 $f(n)$的哪些点(用序号 n 表示)对应于 $x(n)*y(n)$应该得到的点。

3.13 已知两个有限长序列为

$$x(n)=\begin{cases}n+1, & 0\leqslant n\leqslant 3\\ 0, & 4\leqslant n\leqslant 6\end{cases}$$

$$y(n)=\begin{cases}-1, & 0\leqslant n\leqslant 4\\ 1, & 5\leqslant n\leqslant 6\end{cases}$$

试用图表示 $x(n)$，$y(n)$以及 $f(n)=x(n)⑦y(n)$。

3.14 已知 $N=7$ 点的实序列的 DFT 在偶数点的值为 $X(0)=4.8$，$X(2)=3.1+\mathrm{j}2.5$，$X(4)=2.4+\mathrm{j}4.2$，$X(6)=5.2+\mathrm{j}3.7$。求 DFT 在奇数点的数值。

3.15 设 $x(n)$为 $N=6$ 点的实有限长序列

$$x(n)=\{\underline{1},2,4,3,0,5\}$$

试确定以下表达式的数值，并用 MATLAB 计算 DFT 进行验证。

(1) $X(0)$ (2) $X(3)$ (3) $\sum_{k=0}^{5}X(k)$ (4) $\sum_{k=0}^{5}|X(k)|^2$

3.16 已知 $X(k)$为 8 点实序列的 DFT，且已知

$X(0)=6$， $X(1)=4+\mathrm{j}3$， $X(2)=-3-\mathrm{j}2$， $X(3)=2-\mathrm{j}$， $X(4)=4$

试利用 DFT 的性质（不必求 IDFT）来确定以下各表达式的值。

(1) $x(0)$ (2) $x(4)$ (3) $\sum_{n=0}^{7}x(n)$ (4) $\sum_{n=0}^{7}|x(n)|^2$

3.17 已知 $x(n)$是 N 点的有限长序列，$X(k)=\mathrm{DFT}[x(n)]$。现将 $x(n)$的每两点之间补进 $r-1$ 个零值点，得到一个 rN 点的有限长序列

$$y(n)=\begin{cases}x(n/r), & n=ir,\quad i=0,1,\cdots,N-1\\ 0, & \text{其他 } n\end{cases}$$

试求 rN 点 $\mathrm{DFT}[y(n)]$与 $X(k)$的关系。

3.18 频谱分析的模拟信号以 8kHz 被抽样，计算了 512 个抽样的 DFT，试确定频谱抽样之间的频率间隔。

3.19 设有一谱分析用的信号处理器，抽样点数必须为 2 的整数幂，假定没有采用任何特殊数据处理措施，要求频率分辨率≤10Hz，如果采用的抽样时间间隔为 0.1ms，试确定：

(1) 最小记录长度；

(2) 所允许处理的信号的最高频率；

(3) 在一个记录中的最少点数。

3.20 试用一个 N 点 DFT 计算一个 $2N$ 点实序列的 DFT。

3.21 已知序列 $x(n)=3\delta(n)+5\delta(n-2)+4\delta(n-4)$，则可求出 8 点 DFT 为 $X(k)$。

(1) 若 $y(n)(0\leqslant n\leqslant 7)$的 8 点 DFT 为 $Y(k)=W_8^{3k}X(k)$，$0\leqslant k\leqslant 7$，求 $y(n)$；

(2) 若 $w(n)(0\leqslant n\leqslant 7)$的 8 点 DFT 为 $W(k)=\mathrm{Re}[X(k)]$，$0\leqslant k\leqslant 7$，求 $w(n)$；

(3) 若 $u(n)(0\leqslant n\leqslant 3)$的 4 点 DFT 为 $U(k)=X(2k)$，$0\leqslant n\leqslant 3$，求 $u(n)$。

3.22 (1) 设有两个周期序列，$\tilde{x}_1(n)$的周期为 N_1，$\tilde{x}_2(n)$的周期为 N_2，试求$\tilde{y}(n)=\tilde{x}_1(n)+\tilde{x}_2(n)$的周期。

(2) 若$\widetilde{X}_1(k)=\mathrm{DFS}[\tilde{x}_1(n)]$，$N_1$ 点，$\widetilde{X}_2(k)=\mathrm{DFS}[\tilde{x}_2(n)]$，$N_2$ 点，试求$\widetilde{Y}(k)=\mathrm{DFS}[\tilde{y}(n)]$。

3.23 令 $X(k)$表示 N 点序列 $x(n)$的 N 点 DFT，证明：

(1) 如果 $x(n)$满足 $x(n)=-x(N-1-n)$，则 $X(0)=0$；

(2) 当 N 为偶数时，如果 $x(n)=x(N-1-n)$，则 $X(N/2)=0$。

3.24　设 $x_1(n)=R_5(n)$，求：

(1) $X_1(e^{j\omega})=\mathrm{DTFT}[x_1(n)]$，画出它的幅频特性及相频特性(标出坐标值)；

(2) $X_1(k)=\mathrm{DFT}[x_1(n)]$，画出它的幅频特性；

(3) $X_2(k)=\mathrm{DFT}[x_1((n))_{10}R_{10}(n)]$，画出它的幅频特性；

(4) $X_3(k)=\mathrm{DFT}[(-1)^n x_1((n))_{10}R_{10}(n)]$，画出它的幅频特性；

(5) $x_4(n)=\mathrm{IDFT}[X_{2ep}(k)]$；

(6) $x_5(n)=\mathrm{IDFT}[\mathrm{Im}[X_2(k)]]$；

(7) $x_6(n)=\mathrm{IDFT}[X_2((N-1-k))_N R_N(k)]$；

(8) $x_7(n)=\mathrm{IDFT}[W_{10}^{-2k}X_2(k)X_2(k)]$。

3.25　设有限长序列 $x(n)$，$0\leqslant n\leqslant N-1$，$X(k)=\mathrm{DFT}[x(n)]$，$N$ 点

$$y(n)=\begin{cases}x(n), & 0\leqslant n\leqslant N-1\\ 0, & N\leqslant n\leqslant rN-1\end{cases},\quad Y(k)=\mathrm{DFT}[y(n)],0\leqslant k\leqslant rN-1$$

试用 $X(k)$ 表示 $Y(k)$。

3.26　已知复数有限长序列 $f(n)$ 由两个实有限长序列 $x(n)$、$y(n)$ 组成($0\leqslant n\leqslant N-1$)，即有 $f(n)=x(n)+jy(n)$，且知(1) $F(k)=\mathrm{DFT}[f(n)]=1+jN$，(2) $F(k)=\dfrac{1+a^N}{1-aW_N^k}+j\dfrac{1-b^N}{1-bW_N^k}$，试用 $F(k)$ 来求 $X(k)$、$Y(k)$ 及 $x(n)$、$y(n)$(a,b 为实数，采用 DFT 的性质来求解)。

3.27　已知 $X(k)$ 如下，求 $x(n)=\mathrm{IDFT}[X(k)]$

$$X(k)=\begin{cases}\dfrac{-jNe^{j\theta}}{2}, & k=m\\ \dfrac{jNe^{-j\theta}}{2}, & k=N-m\\ 0, & \text{其他 } k\end{cases}$$

式中的 m 满足 $0<m<N/2$。

3.28　设 $x(n)=\{2,\underline{1},3,0,4\}$，　　$y(n)=\{\underline{3},0,4,2,1\}$

(1) 求 $X(e^{j\omega})=\mathrm{DTFT}[x(n)]$；　$X(k)=\mathrm{DFT}[x(n)]$，5 点；$Y(k)=\mathrm{DFT}[y(n)]$，5 点。

(2) 讨论 $Y(k)$ 与 $X(k)$ 及 $X(e^{j\omega})$ 的关系。

3.29　计算以下序列的 N 点 DFT，在 $0\leqslant n\leqslant N-1$ 内，序列为

(1) $x(n)=1$

(2) $x(n)=\delta(n)$

(3) $x(n)=e^{j\omega_0 n}R_N(n)$

(4) $x(n)=e^{j\frac{2\pi}{N}mn}R_N(n)$

(5) $x(n)=\cos(\omega_0 n)\cdot R_N(n)$

(6) $x(n)=\cos\left(\dfrac{2\pi}{N}mn\right)\cdot R_N(n)$，$0<m<N$

(7) $x(n)=R_m(n)$，$0<m<N$

3.30　对表 3.2 中的序列及其 DFT 的实、虚、偶、奇关系加以证明。

3.31　已知 $x_1(n)$ 是 50 点有限长序列，非零值范围为 $0\leqslant n\leqslant 49$；$x_2(n)$ 是 15 点的有限长序列，非零值范围为 $5\leqslant n\leqslant 19$；两序列作 50 点圆周卷积，即

$$y(n)=x_1(n)\textcircled{50}x_2(n)=\sum_{m=0}^{49}x_1(m)x_2((n-m))_{50}R_{50}(n)$$

试问 $y(n)$ 中哪个 n 值范围对应于 $x_1(n)*x_2(n)$ 的结果。

3.32 研究取数据足够长情况下的高频率分辨率的频谱以及数据不够的情况下靠补零值而形成的高计算密度频谱，看它们的区别，研究序列

$$x(n)=\cos(0.48\pi n)+\cos(0.52\pi n)$$

求它的有限样本的频谱。

(1) 取 $0\leqslant n\leqslant 10$，确定并画出 DFT$[x(n)]$；

(2) 对(1)中序列补 90 个零值后，确定并画出 DFT$[x(n)]$；

(3) 取 $0\leqslant n\leqslant 100$，确定并画出 DFT$[x(n)]$。

试采用 MATLAB 方法来求解。

3.33 设某 LSI 因果系统的频率响应为 $H(e^{j\omega})$。

(1) 若 $\mathrm{Re}[H(e^{j\omega})]=\sum_{k=0}^{4}(0.6)^k\cos(k\omega)$，用解析方法求该系统的单位冲激响应 $h(n)$，采用 IDFT(IFFT)作为计算工具，验证所得结果，并选择合适的计算长度点数 N。

(2) 若 $\mathrm{Im}[H(e^{j\omega})]=\sum_{k=0}^{4}2k\sin(k\omega)$，且有$\int_{-\pi}^{\pi}H(e^{j\omega})d\omega=0$，用解析方法求此系统的单位冲激响应 $h(n)$，采用 IDFT(IFFT)作为计算工具，验证所得结果，并选择合适的计算长度点数 N。

3.34 在例 3.6 中，利用圆周共轭对称性，可以用一次 N 点 DFT 运算来计算两个 N 点实序列 $x_1(n)$ 与 $x_2(n)$ 的 DFT(见例 3.6 的分析)。试按例 3.6 的讨论开发一个 MATLAB 函数来实现它。

3.35 设 $x(n)$ 为有限长序列，$0\leqslant n\leqslant N-1$，$X(k)=\mathrm{DFT}[x(n)]$，$0\leqslant k\leqslant N-1$，若

$$y(n)=x((n))_N R_{rN}(n),\quad r\text{ 为正整数}$$

$$Y(k)=\mathrm{DFT}[y(n)],\quad 0\leqslant k\leqslant rN-1$$

求用 $X(k)$ 表示 $Y(k)$。

*3.36 对模拟信号 $x_a(t)=2\sin(4\pi t)+5\cos(8\pi t)$ 进行抽样，抽样点为 $t=nT$，$T=0.01$，$n=0,\cdots,N-1$ 得到 N 点序列 $x(n)$，用 $x(n)$ 的 N 点 DFT 来对 $x_a(t)$ 幅度谱作估计。

(1) 从以下 N 值中，选择一个能提供最精确的 $x_a(t)$ 的幅度谱的 N 值($N=40$，$N=50$，$N=60$)，并要求画出幅度谱$|X(k)|$及相位谱 $\arg[X(k)]$。

(2) 从以下 N 值中，选择一个能提供使 $x_a(t)$ 的幅度谱泄漏量最小的 N 值($N=90$，$N=95$，$N=99$)，画出幅度谱$|X(k)|$及相位谱 $\arg[X(k)]$。

3.37 设 $x(n)=\cos(\omega_1 n)+\cos(\omega_2 n)$，抽样频率为 $f_s=8\text{kHz}$；令 $f_1=1.4\text{kHz}$，令 f_2 有两个可能的频率，分别为 $f_{21}=1.45\text{kHz}$，$f_{22}=2.0\text{kHz}$。每次都将 f_1 与 f_{21} 的两个频率的信号作为一组 $x(n)$，将 f_1 与 f_{22} 频率的信号作为另一组 $x(n)$ 来研究，在以下三种情况下，用 MATLAB 中的程序求出这两组信号的 DFT，画出其幅度谱。

(1) 计算两组信号的 64 点 DFT；

(2) 将每组信号都取为 64 点抽样，在其尾部都补 64 个零值点，并作 128 点的 DFT；

(3) 将每组信号都取为 128 点抽样值，并作 128 点 DFT。

求以上三种情况下，频率分辨率及计算的频率间隔是多少？并请分别加以分析讨论。

3.38 设 $x(n)=\delta(n)+2\delta(n-2)+3\delta(n-3)$，$k(n)=2\delta(n)-\delta(n-1)+\delta(n-2)$

试利用矩阵法求 $y_l(n)=x(n)*h(n)$，$y(n)=x(n)④h(n)$

并讨论如何直接由线性卷积 $y_l(n)$ 求得圆周卷积 $y(n)$，如果利用圆周卷积来求线性卷积，又应该如何求解？

3.39　已知一个模拟信号为

$$x(t) = \sin(180\pi t) + 1.3\sin(260\pi t) + 1.6\sin(640\pi t)$$

用 $f_s=600\text{Hz}$ 对 $x(t)$ 抽样，取其长度为 $N=64$ 点，得到序列 $x(n)$。

(1) 作 $x(n)$ 的 64 点 DFT，并画出频谱幅度 $|X(k)|$，$k=0,1,2,\cdots,63$（采用 MATLAB 方法）

(2) 讨论 $|X(k)|$ 中与 $x(t)$ 有关的各个频谱值，并说明这些值代表的意义。

3.40　设 $x(n)=\cos(5\pi n/8)$，抽样频率为 $f_s=10\text{kHz}$，且有 $X(k)=\text{DFT}[x(n)]$，N 点。将 $x(n)$ 的数字频率用 ω_o 表示，其模拟频率用 f_o 表示，先求出 f_o 及 ω_o。

(1) 当要求 $|X(k)|$ 的峰值所对应的 f_k 相对于 f_o 的误差不大于 12Hz 时，问所需 N 的最小值是多少？要求 N 为 2 的幂。

(2) 当 N 等于(1)中所确定的值时，求 $|X(k)|$ 的峰值处的 k 值。

3.41　设有限长 N 点序列 $x(n)$，$0\leqslant n\leqslant N-1$

$$X(k) = \text{DFT}[x(n)],\quad N\text{ 点}$$

$$y(n) = \begin{cases} x(n), & 0 \leqslant n \leqslant N-1 \\ 0, & N \leqslant n \leqslant rN-1 \end{cases}$$

$$Y(k) = \text{DFT}[y(n)],\quad 0 \leqslant k \leqslant rN-1$$

求用 $X(k)$ 表示 $Y(k)$。

第4章　快速傅里叶变换(FFT)

FFT是DFT的一种快速算法而不是一种新的变换，它可以在数量级的意义上提高运算速度。

4.1　直接计算DFT的运算量，减少运算量的途径

$$X(k)=\sum_{n=0}^{N-1}x(n)W_N^{nk},\quad k=0,1,2,\cdots,N-1 \tag{4.1.1}$$

$$x(n)=\frac{1}{N}\sum_{k=0}^{N-1}X(k)W_N^{-nk},\quad n=0,1,2,\cdots,N-1 \tag{4.1.2}$$

$X(k)$和$x(n)$的计算量基本相同，只差一个因子$\frac{1}{N}$，故以$X(k)$的计算量为例讨论运算量。

学习要点

1. 复数乘法次数N^2，复数加法次数$N(N-1)$，若$N\gg 1$，则这两者都近似为N^2，随N增大而急速增大。

2. 改进途径，即减少运算量的途径。

(1) 显然DFT定义中的相乘系数W_N^{nk}的性质是影响运算量的，可以看出，W_N^{nk}有以下性质：

* W_N^{nk}的周期性　$W_N^{nk}=W_N^{(n+rN)k}=W_N^{(k+rN)n}$，$r$为整数

* W_N^{nk}的共轭对称性　$(W_N^{nk})^*=W_N^{-nk}$

* W_N^{nk}的可约性　$W_N^{nk}=W_{mN}^{mnk}$，$W_N^{nk}=W_{N/m}^{nk/m}$，m为整数，N/m为整数

* 由以上特性，得出一些特殊值

$$W_N^{N/2}=-1,\quad W_N^{\left(k+\frac{N}{2}\right)}=-W_N^k,\quad W_N^{(N-k)n}=W_N^{(N-n)k}=W_N^{-nk}$$

利用这些性质，DFT中有些项可以合并。

(2) 由于运算量和N^2成正比，因而可将N点DFT分解成小点数的DFT，以减小运算量，当然，经分解后，点数越小，计算量越小。

4.2　按时间抽选(DIT)的基-2 FFT算法（库利-图基算法）

此算法是按时间奇偶抽选的 FFT(DIT-FFT)算法

学习要点

1. 算法原理。

先设序列 $x(n)$点数为 $N=2^L$，L 为正整数。

将 $N=2^L$=偶数的序列 $x(n)(n=0,1,\cdots,N-1)$先按 n 的奇偶分成以下两组：

$$\left.\begin{aligned} x(2r) &= x_1(r) \\ x(2r+1) &= x_2(r) \end{aligned}\right\},\quad r=0,1,\cdots,\frac{N}{2}-1 \tag{4.2.1}$$

则其 N 点 DFT 为

$$\begin{aligned} X(k) = \mathrm{DFT}[x(n)] &= \sum_{n=0}^{N-1} x(n)W_N^{nk} = \sum_{\substack{n=0 \\ n\text{为偶数}}}^{N-1} x(n)W_N^{nk} + \sum_{\substack{n=0 \\ n\text{为奇数}}}^{N-1} x(n)W_N^{nk} \\ &= \sum_{r=0}^{\frac{N}{2}-1} x(2r)W_N^{2rk} + \sum_{r=0}^{\frac{N}{2}-1} x(2r+1)W_N^{(2r+1)k} \\ &= \sum_{r=0}^{\frac{N}{2}-1} x_1(r)(W_N^2)^{rk} + W_N^k \sum_{r=0}^{\frac{N}{2}-1} x_2(r)(W_N^2)^{rk} \end{aligned}$$

利用系数 W_N^{nk} 的可约性，即 $W_N^2=\mathrm{e}^{-\mathrm{j}\frac{2\pi}{N}\cdot 2}=\mathrm{e}^{-\mathrm{j}2\pi/\left(\frac{N}{2}\right)}=W_{N/2}$，上式可表示成

$$X(k) = \sum_{r=0}^{\frac{N}{2}-1} x_1(r)W_{N/2}^{rk} + W_N^k \sum_{r=0}^{\frac{N}{2}-1} x_2(r)W_{N/2}^{rk} = X_1(k) + W_N^k X_2(k) \tag{4.2.2}$$

式中 $X_1(k)$与 $X_2(k)$分别是 $x_1(r)$及 $x_2(r)$的 $N/2$ 点 DFT：

$$X_1(k) = \sum_{r=0}^{\frac{N}{2}-1} x_1(r)W_{N/2}^{rk} = \sum_{r=0}^{\frac{N}{2}-1} x(2r)W_{N/2}^{rk} \tag{4.2.3}$$

$$X_2(k) = \sum_{r=0}^{\frac{N}{2}-1} x_2(r)W_{N/2}^{rk} = \sum_{r=0}^{\frac{N}{2}-1} x(2r+1)W_{N/2}^{rk} \tag{4.2.4}$$

由(4.2.2)式可看出，一个 N 点 DFT 已分解成两个 $N/2$ 点 DFT，它们按(4.2.2)式又组合成一个 N 点 DFT。但是，$x_1(r)$、$x_2(r)$以及 $X_1(k)$、$X_2(k)$都是 $N/2$ 点序列，即 r,k 满足 $r,k=0,1,\cdots,N/2-1$。而 $X(k)$却有 N 点，用(4.2.2)式计算得到的只是 $X(k)$的前一半项数的结果，要用 $X_1(k)$、$X_2(k)$表达全部的 $X(k)$值，还必须应用系数的周期性，即

$$W_{N/2}^{rk} = W_{N/2}^{r\left(k+\frac{N}{2}\right)}$$

这样可得到

$$X_1\left(\frac{N}{2}+k\right)=\sum_{r=0}^{\frac{N}{2}-1}x_1(r)W_{N/2}^{r\left(k+\frac{N}{2}\right)}=\sum_{r=0}^{\frac{N}{2}-1}x_1(r)W_{N/2}^{rk}=X_1(k) \tag{4.2.5}$$

同理可得

$$X_2\left(\frac{N}{2}+k\right)=X_2(k) \tag{4.2.6}$$

(4.2.5)式、(4.2.6)式说明了后半部分 k 值($N/2\leqslant k\leqslant N-1$)所对应的 $X_1(k)$、$X_2(k)$，分别等于前半部分 k 值($0\leqslant k\leqslant N/2-1$)所对应的 $X_1(k)$、$X_2(k)$。

再考虑 W_N^k 的以下性质：

$$W_N^{\left(\frac{N}{2}+k\right)}=W_N^{N/2}W_N^k=-W_N^k \tag{4.2.7}$$

这样，把(4.2.5)式、(4.2.6)式、(4.2.7)式代入(4.2.2)式，就可将 $X(k)$ 表达为前后两部分：

前半部分 $X(k)\left(k=0,1,\cdots,\frac{N}{2}-1\right)$可表示为

$$X(k)=X_1(k)+W_N^kX_2(k),\quad k=0,1,\cdots,\frac{N}{2}-1 \tag{4.2.8}$$

后半部分 $X(k)\left(k=\frac{N}{2},\cdots,N-1\right)$可表示为

$$\begin{aligned}X\left(k+\frac{N}{2}\right)&=X_1\left(k+\frac{N}{2}\right)+W_N^{\left(k+\frac{N}{2}\right)}X_2\left(k+\frac{N}{2}\right)\\&=X_1(k)-W_N^kX_2(k),\quad k=0,1,\cdots,\frac{N}{2}-1\end{aligned} \tag{4.2.9}$$

这样，只要求出 $0\sim(N/2-1)$区间的所有 $X_1(k)$和 $X_2(k)$值，即可求出 $0\sim(N-1)$区间内的所有 $X(k)$值，大大节省了运算。

(4.2.8)式和(4.2.9)式的运算可以用图 4.1 所示的蝶形运算流图符号表示。

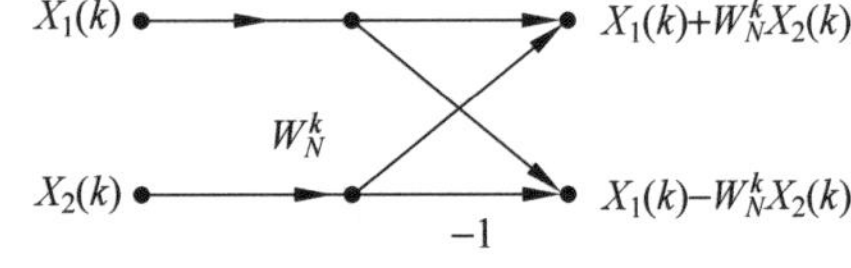

图 4.1 时间抽选法蝶形运算流图符号

当支路上没有标出系数时，则该支路的传输系数为 1。

采用这种表示法，可将上面讨论的分解过程表示于图 4.2 中。此图表示 $N=2^3=8$ 的情况，其中输出值 $X(0)\sim X(3)$是由(4.2.8)式给出的，而输出值 $X(4)\sim X(7)$是由(4.2.9)式给出的。

可以看出，每个蝶形运算需要一个复数乘法 $X_2(k)W_N^k$ 及两次复数加(减)法。

据此，一个 N 点 DFT 分解为两个 $N/2$ 点 DFT 后，如果直接计算 $N/2$ 点 DFT，则每一个 $N/2$ 点 DFT 只需要$\left(\frac{N}{2}\right)^2=\frac{N^2}{4}$次复数乘法和$\frac{N}{2}\left(\frac{N}{2}-1\right)$次复数加法，两个 $N/2$ 点 DFT 共需 $2\times\left(\frac{N}{2}\right)^2=\frac{N^2}{2}$次复数乘法和 $N\left(\frac{N}{2}-1\right)$次复数加法。此外，把两个 $N/2$ 点 DFT 合成为 N 点 DFT 时，有 $N/2$ 个蝶形运算，还需要 $N/2$ 次复数乘法及 $2\times N/2=N$ 次复数加法。

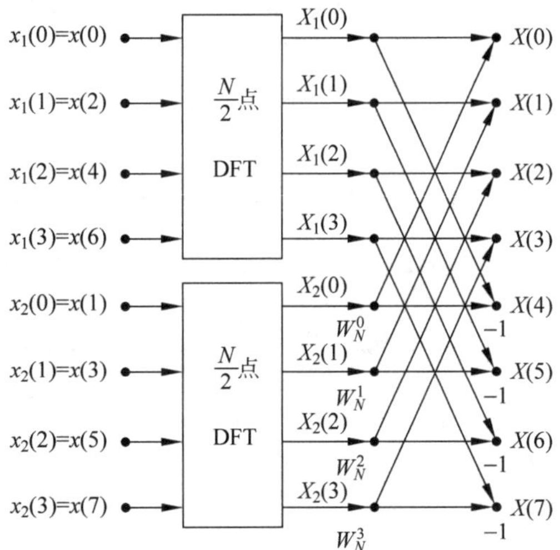

图 4.2 按时间抽选，将一个 N 点 DFT 分解为两个 $N/2$ 点 DFT($N=8$)

因此通过这第一步分解后，总共需要 $\frac{N^2}{2}+\frac{N}{2}=\frac{N(N+1)}{2}\approx\frac{N^2}{2}$ 次复数乘法和 $N\left(\frac{N}{2}-1\right)+N=\frac{N^2}{2}$ 次复数加法，因此通过这样分解后运算工作量差不多减少到一半。

既然如此，由于 $N=2^L$，故 $N/2$ 仍是偶数，可以进一步把每个 $N/2$ 点的输入子序列再按其奇偶部分分解为两个 $N/4$ 点的子序列。先将 $x_1(r)$ 进行分解：

$$\left.\begin{aligned} x_1(2l) &= x_3(l) \\ x_2(2l+1) &= x_4(l) \end{aligned}\right\},\quad l=0,1,\cdots,\frac{N}{4}-1 \tag{4.2.10}$$

同样可得出

$$\begin{aligned} X_1(k) &= \sum_{l=0}^{\frac{N}{4}-1} x_1(2l)W_{N/2}^{2lk} + \sum_{l=0}^{\frac{N}{4}-1} x_1(2l+1)W_{N/2}^{(2l+1)k} \\ &= \sum_{l=0}^{\frac{N}{4}-1} x_3(l)W_{N/4}^{lk} + W_{N/2}^{k}\sum_{l=0}^{\frac{N}{4}-1} x_4(l)W_{N/4}^{lk} \\ &= X_3(k)+W_{N/2}^{k}X_4(k),\quad k=0,1,\cdots,\frac{N}{4}-1 \end{aligned}$$

且

$$X_1\left(\frac{N}{4}+k\right)=X_3(k)-W_{N/2}^{k}X_4(k),\quad k=0,1,\cdots,\frac{N}{4}-1$$

其中

$$X_3(k)=\sum_{l=0}^{\frac{N}{4}-1} x_3(l)W_{N/4}^{lk} \tag{4.2.11}$$

$$X_4(k)=\sum_{l=0}^{\frac{N}{4}-1} x_4(l)W_{N/4}^{lk} \tag{4.2.12}$$

图 4.3 给出 $N=8$ 时，将一个 $N/2$ 点 DFT 分解成两个 $N/4$ 点 DFT，由这两个 $N/4$ 点 DFT 组成一个 $N/2$ 点 DFT 的流图。

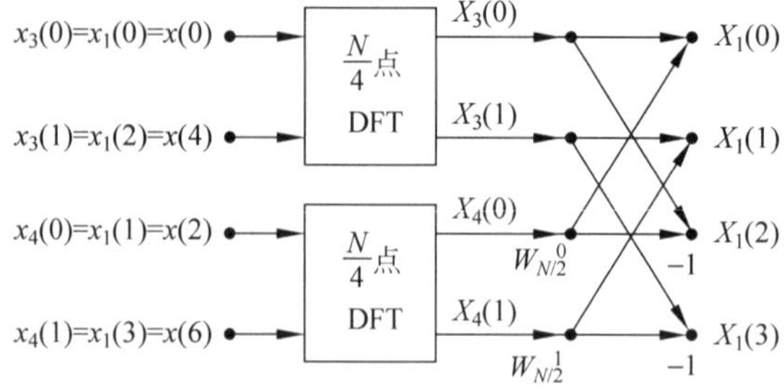

图 4.3　由两个 $N/4$ 点 DFT 组合成一个 $N/2$ 点 DFT

$x_2(r)$也可进行同样的分解，得到

$$\left.\begin{aligned} X_2(k) &= X_5(k) + W_{N/2}^k X_6(k) \\ X_2\left(\frac{N}{4}+k\right) &= X_5(k) - W_{N/2}^k X_6(k) \end{aligned}\right\} k = 0,1,\cdots,\frac{N}{4}-1$$

其中

$$X_5(k) = \sum_{l=0}^{\frac{N}{4}-1} x_2(2l) W_{N/4}^{lk} = \sum_{l=0}^{\frac{N}{4}-1} x_5(l) W_{N/4}^{lk} \tag{4.2.13}$$

$$X_6(k) = \sum_{l=0}^{\frac{N}{4}-1} x_2(2l+1) W_{N/4}^{lk} = \sum_{l=0}^{\frac{N}{4}-1} x_6(l) W_{N/4}^{lk} \tag{4.2.14}$$

将系数统一为 $W_{N/2}^k=W_N^{2k}$，则一个 $N=8$ 点 DFT 就可分解为 4 个$\frac{N}{4}=2$ 点 DFT，这样可得图 4.4 所示的流图。

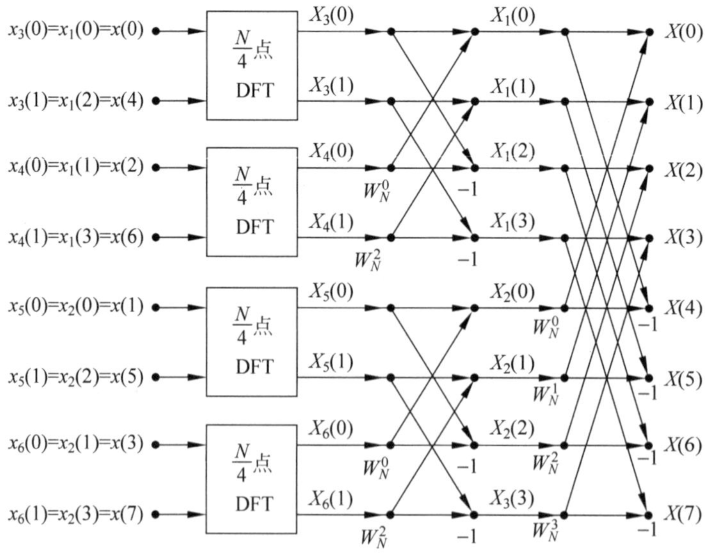

图 4.4　按时间抽选，将一个 N 点 DFT 分解为 4 个 $N/4$ 点 DFT（$N=8$）

以此类推，用 4 个 $N/4$ 点的 DFT 及两级蝶形组合运算来计算 N 点 DFT，比只用一次分解蝶形组合方式的计算量又减少了约一半。

如此不断分解最后剩下的是 2 点 DFT，对于此例 $N=8$，就是 4 个 $N/4=2$ 点 DFT，其输出为 $X_3(k)$，$X_4(k)$，$X_5(k)$，$X_6(k)$，$k=0,1$，这由(4.2.11)式～(4.2.14)式可以计算出来。例如由(4.2.12)式可得

$$X_4(k)=\sum_{l=0}^{\frac{N}{4}-1}x_4(l)W_{N/4}^{lk}=\sum_{l=0}^{1}x_4(l)W_{N/4}^{lk},\quad k=0,1$$

即

$$X_4(0)=x_4(0)+W_2^0x_4(1)=x(2)+W_2^0(6)=x(2)+W_N^0(6)=x(2)+x(6)$$

$$X_4(1)=x_4(0)+W_2^1x_4(1)=x(2)+W_2^1(6)=x(2)-W_N^0(6)=x(2)-x(6)$$

注意，式中 $W_2^1=\mathrm{e}^{-\mathrm{j}\frac{2\pi}{2}\times 1}=\mathrm{e}^{-\mathrm{j}\pi}=-1=-W_N^0$，故计算上式不需乘法。类似地可求出 $X_3(k)$，$X_5(k)$，$X_6(k)$，这些两点 DFT 都可用一个蝶形结表示。由此可得出一个按时间抽选运算的完整的 8 点 DFT 流图，如图 4.5 所示。

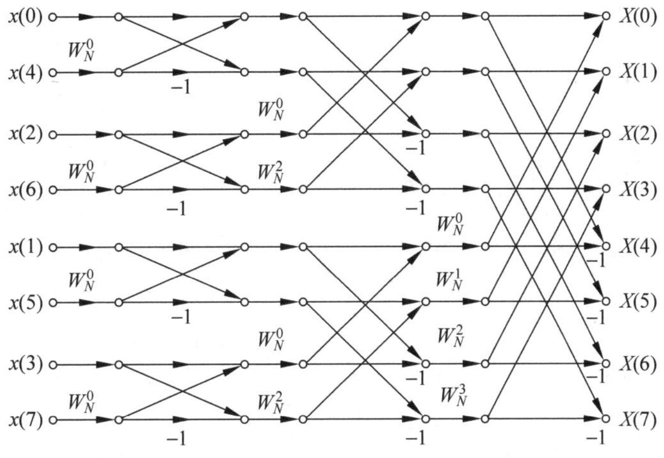

图 4.5　$N=2^3=8$ 基-2 DIT-FFT 流图($L=3$)

这种方法的每一步分解都是按输入序列在时间上的次序是属于偶数还是属于奇数来分解为两个更短的子序列，所以称为“按时间抽选法”(DIT)。

2. 若不满足 $N=2^L$，则可在序列 $x(n)$ 后补上零值点，使达到这一要求。

补零后，时域点数增加，但有效数据不变，故频谱 $X(\mathrm{e}^{\mathrm{j}\omega})$ 不变，只是频谱的抽样点增加，因而抽样点位置改变。

3. 共有 L 级蝶形运算。

蝶形结的基本表示为

$$\left.\begin{aligned}X_m(i)&=X_{m-1}(i)+X_{m-1}(j)W_N^r\\X_m(j)&=X_{m-1}(i)+X_{m-1}(j)W_N^r\end{aligned}\right\}\quad m=1,2,\cdots,L\qquad\begin{aligned}&(4.2.15\text{a})\\&(4.2.15\text{b})\end{aligned}$$

式中，当 $m=1$ 时表示第一级蝶形运算，其输入 $X_0(\cdot)=x(\cdot)$ 即为输入序列。当 $m=L$ 时表示第 L 级（即最后一级）蝶形运算，其输出 $X_L(\cdot)=X(\cdot)$ 即为输出 $\mathrm{DFT}[x(n)]=X(k)$ 序列。式中的 k,j 表示这一级蝶形结运算中的两个节点序号。蝶形的运算结构见图 4.6。

4. 同址（原位）运算。

每个蝶形结运算完成后，输出的两节点值就放到原输入两节点的存储器中。即基本蝶形结采用同址（原位）运算。

5. 输入倒位序，输出自然顺序（正序）。

先要将输入数据 $x(n)$ 的 n 倒位序变成 $\hat{n}$，用 $x(\hat{n})$ 作为输入数据，再来做 L 级的蝶形计算。

倒位序号是指将数 n 的二进制码的位序颠倒后的数 $\hat{n}$。例如，当 $N=2^3=8$，即采用 3 位二进制码时，$n=(110)_2=6$，则 $\hat{n}=(011)_2=3$。因而要将输入序列 $x(6)$ 和 $x(3)$ 互换，即要做变址运算。**倒位序的树状结构见图** 4.7，**倒位序的变址处理见图 4.8**。

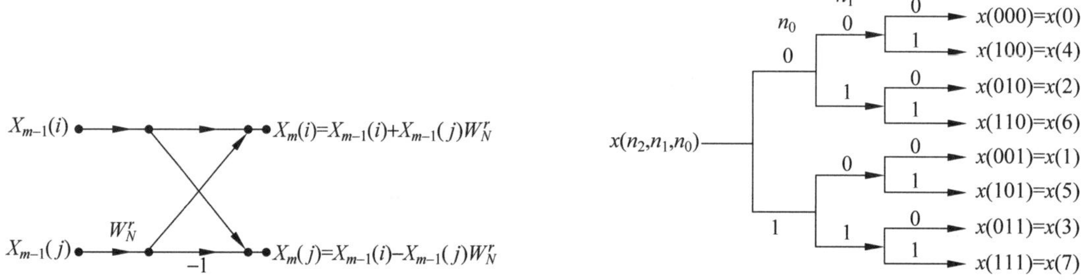

图 4.6　DIT-FFT 的基本蝶形结运算

图 4.7　描述倒位序的树状结构

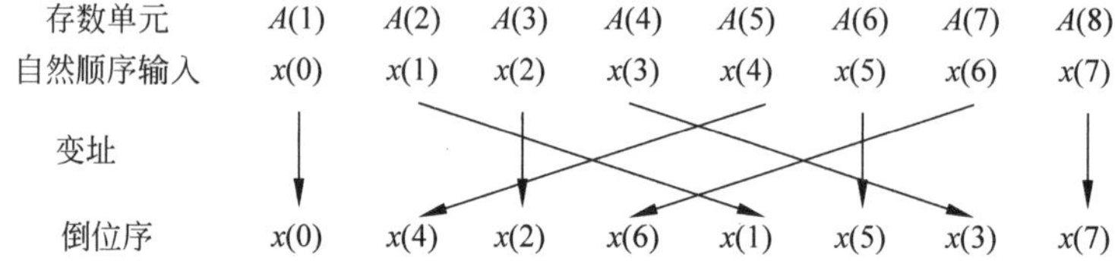

图 4.8　倒位序的变址处理

原排序为 $n=0,1,\cdots,7$，则新的排序为倒位序的 $\hat{n}=0,4,2,6,1,5,3,7$。变址方法：设输入为 $x(n)$，倒位序后为 $x(\hat{n})$，变址方法是当 $\hat{n}=n$ 时，$x(n)$ 和 $x(\hat{n})$ 不对调；当 $\hat{n}\neq n$ 时，将 $x(n)$ 和 $x(\hat{n})$ 互调，但只能调换一次，即当 $\hat{n}>n$ 时，把 $x(n)$ 和 $x(\hat{n})$ 互调，当 $\hat{n}<n$ 时就不再调换了（因为已经调换过了）。

6. DIT-FFT 与直接 DFT 相比的运算效率。

DIT-FFT 的运算量为（$N=2^L$）

$$\left.\begin{array}{ll}\text{系数的复数乘法次数} & \dfrac{N}{2}L=\dfrac{N}{2}\log_2 N \\ \text{系数的复数加法次数} & NL=N\log_2 N\end{array}\right\}\tag{4.2.16}$$

实际运算中，由于 $W_N^0=1, W_N^{N/2}=-1, W_N^{\pm N/4}=\mp j$ 等，都不需要乘法，故乘法次数还会减少。

直接 DFT 的运算量为

系数的复数乘法次数　N^2

系数的复数加法次数　$N(N-1)$

由于乘法运算更费时间，以复数乘法为例，有

$$\frac{\text{直接 DFT 复数乘法次数}}{\text{DIT-FFT 复数乘法次数}}=\frac{N^2}{\frac{N}{2}\log_2 N}=\frac{2N}{\log_2 N}$$

因而 N 越大，采用 FFT 算法运算效率更高，$N=2^8$ 时，此比值为 64，$N=2^{10}$ 时，此比值为 204.8。直接 DFT 与 DIT-FFT 的运算量随 N 的变化曲线见图 4.9，可见二者有数量级的差异。

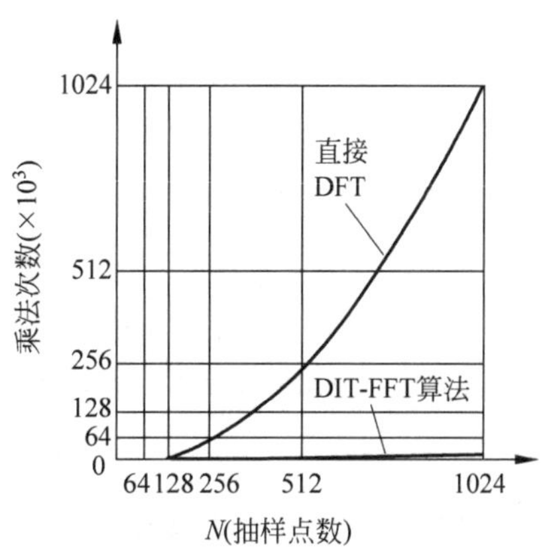

图 4.9　直接 DFT 与 DIT-FFT 算法所需乘法次数的比较

7. 蝶形结运算公式，各级一个蝶形结的两节点的间距、每级蝶形结的系数 W_N^r 的求法**都列在表 4.1 中**。

表 4.1　同址运算 FFT 的特点（$N=2^L$）

	按时间抽选（DIT）	
	输入自然数顺序、输出倒位序	输入倒位序、输出自然数顺序
蝶形结对偶节点距离	$2^{L-m}=\frac{N}{2^m}$	2^{m-1}
第 m 级计算蝶形结计算公式	$X_m(k)=X_{m-1}(k)+X_{m-1}\left(k+\frac{N}{2^m}\right)W_N^r$ $X_m\left(k+\frac{N}{2^m}\right)=X_{m-1}(k)-X_{m-1}\left(k+\frac{N}{2^m}\right)W_N^r$	$X_m(k)=X_{m-1}(k)+X_{m-1}(k+2^{m-1})W_N^r$ $X_m(k+2^{m-1})=X_{m-1}(k)-X_{m-1}(k+2^{m-1})W_N^r$
W_N^r 中 r 的求法	将地址 k 除以 2^{L-m}（即右移（$L-m$）位），然后位序颠倒。具体步骤如下： （1）把 k 写成 L 位二进制数； （2）将此二进制数右移（$L-m$）位，把左边空出的位置补零； （3）把已右移补零的二进制数位序颠倒，结果即为 r 值。	将地址 k 乘以 2^{L-m}（即左移（$L-m$）位）。具体步骤如下： （1）把 k 写成 L 位二进制数； （2）将此二进制数左移（$L-m$）位，把右边空出的位置补零，结果即为 r 值。
	按频率抽选（DIF）	
	输入自然数顺序、输出倒位序	输入倒位序、输出自然数顺序
蝶形结对偶节点距离	$2^{L-m}=\frac{N}{2^m}$	2^{m-1}
第 m 级计算蝶形结计算公式	$X_m(k)=X_{m-1}(k)+X_{m-1}\left(k+\frac{N}{2^m}\right)$ $X_m\left(k+\frac{N}{2^m}\right)=\left[X_{m-1}(k)-X_{m-1}\left(k+\frac{N}{2^m}\right)\right]W_N^r$	$X_m(k)=X_{m-1}(k)+X_{m-1}(k+2^{m-1})$ $X_m(k+2^{m-1})=[X_{m-1}(k)-X_{m-1}(k+2^{m-1})]W_N^r$

续表

	按频率抽选(DIF)	
	输入自然数顺序、输出倒位序	输入倒位序、输出自然数顺序
W_N^r 中 r 的求法	将地址 k 乘以 2^{m-1}（即左移($m-1$)位）。具体步骤如下： (1) 把 k 写成 L 位二进制数； (2) 将此二进制数左移($m-1$)位，把右边空出的位置补零，结果即为 r 值。	将地址 k 除以 2^{m-1}（即右移($m-1$)位），然后位序颠倒。具体步骤如下： (1) 把 k 写成 L 位二进制数； (2) 将此二进制数右移($m-1$)位，把左边空出的位置补零； (3) 把已右移补零的二进制数位序颠倒，结果即为 r 值。

表中 $N=2^L$，共有 L 级蝶形结，m 表示运算的级数变量($m=1,2,\cdots,L$)。

8. 存储单元。对于同址运算的 FFT 流图，只需要有输入序列 $x(n)(n=0,1,2,\cdots,N-1)$ 的 N 个存储单元，加上系数 $w_N^r(r=0,1,2,\cdots,N/2-1)$ 的 $N/2$ 个存储单元。

9. 其他 DIT-FFT 流图，只要保持各节点所连的支路及其传输系数不变，则不论节点位置在同一列中如何排列，所得流图都是等效的，因而可有图 4.10～图 4.13 的 DIT-FFT 流图。

图 4.10 也是同址运算的结构，但其输入为自然顺序，输出为倒位序。

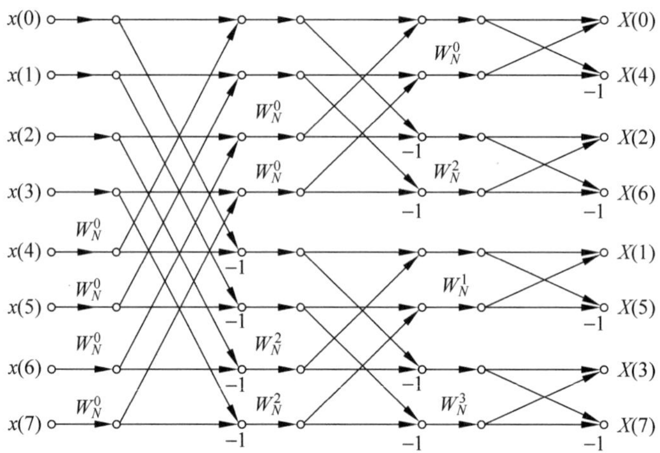

图 4.10 按时间抽选，输入自然顺序、输出倒位序的 FFT 流图

图 4.11 的输入、输出都是自然顺序的，不需要倒位序，但不能同址运算。

当没有随机存储器时，采用图 4.12 的流图特别有用。此流图输入是倒位序的，而输出是自然顺序的，各级的几何形状完全一样，只是级与级之间的支路传输比是改变的，这就有可能按顺序存取数据。当然，它也不是同址运算。

图 4.13 也是各级几何形状相同的流图，不过它的输入是自然顺序排列的，而输出是倒位序排列的。

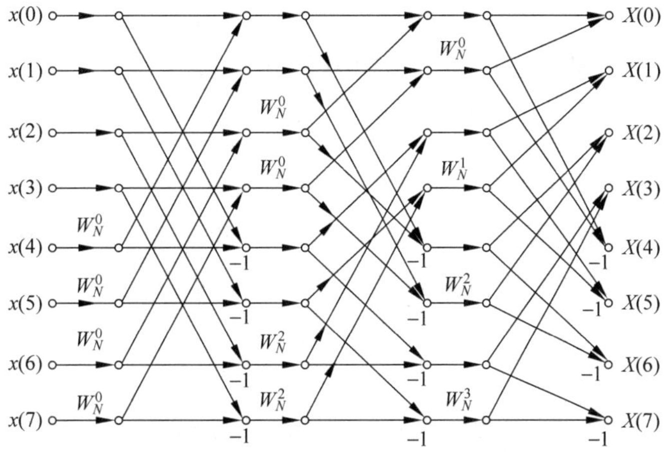

图 4.11 按时间抽选，输入输出皆为自然顺序的 FFT 流图

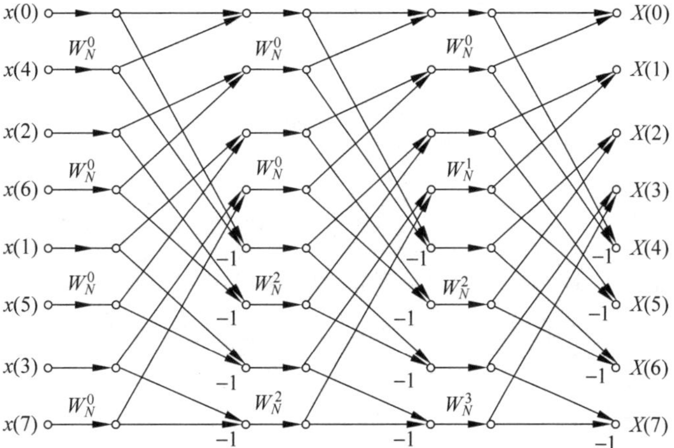

图 4.12 按时间抽选，各级具有相同几何形状，输入倒位序、输出自然顺序的 FFT 流图

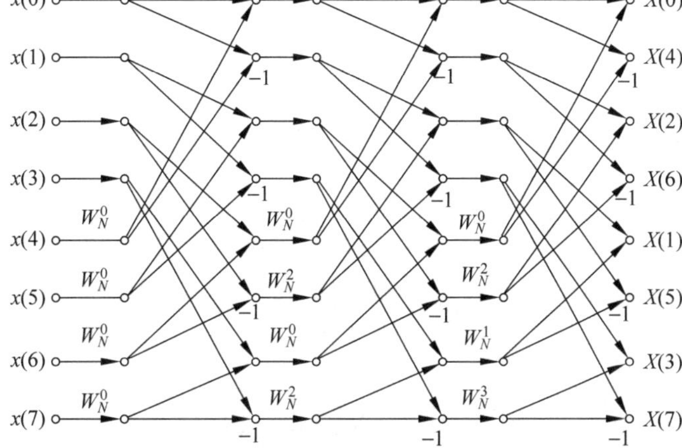

图 4.13 按时间抽选，各级具有相同几何形状，输入自然顺序、输出倒位序的 FFT 流图

4.3 按频率抽选(DIF)的基-2 FFT 算法(桑德-图基算法)

这里讨论另一种 FFT 算法,称为按频率抽选的 FFT(DIF-FFT)算法,它是把输出序列 $X(k)$(也是 N 点序列)按其顺序的奇偶分解为越来越短的序列。

学习要点

1. 算法原理。

仍设序列点数为 $N=2^L$,L 为整数,N 为偶数。在把输出 $X(k)$按 k 的奇偶分组之前,先把输入按 n 的顺序分成前后两半(注意,这不是频率抽选):

$$
\begin{aligned}
X(k) &= \sum_{n=0}^{N-1} x(n) W_N^{nk} = \sum_{n=0}^{\frac{N}{2}-1} x(n) W_N^{nk} + \sum_{n=\frac{N}{2}}^{N-1} x(n) W_N^{nk} \\
&= \sum_{n=0}^{\frac{N}{2}-1} x(n) W_N^{nk} + \sum_{n=0}^{\frac{N}{2}-1} x\left(n+\frac{N}{2}\right) W_N^{\left(n+\frac{N}{2}\right)k} \\
&= \sum_{n=0}^{\frac{N}{2}-1} \left[x(n) + x\left(n+\frac{N}{2}\right) W_N^{Nk/2}\right] \cdot W_N^{nk}, \quad k=0,1,2,\cdots,N-1
\end{aligned}
$$

式中用的是 W_N^{nk},而不是 $W_{N/2}^{nk}$,因而这并不是 $N/2$ 点 DFT。

由于 $W_N^{N/2}=-1$,故 $W_N^{Nk/2}=(-1)^k$,可得

$$
X(k) = \sum_{n=0}^{\frac{N}{2}-1} \left[x(n) + (-1)^k x\left(n+\frac{N}{2}\right)\right] W_N^{nk}, \quad k=0,1,2,\cdots,N-1 \tag{4.3.1}
$$

k 为偶数时,$(-1)^k=1$;当 k 为奇数时,$(-1)^k=-1$。按 k 的奇偶可将 $X(k)$分为两部分。令

$$
\left.\begin{aligned} k &= 2r \\ k &= 2r+1 \end{aligned}\right\}, \quad r=0,1,2,\cdots,\frac{N}{2}-1
$$

则

$$
X(2r) = \sum_{n=0}^{\frac{N}{2}-1} \left[x(n) + x\left(n+\frac{N}{2}\right)\right] W_N^{2nr} = \sum_{n=0}^{\frac{N}{2}-1} \left[x(n) + x\left(n+\frac{N}{2}\right)\right] W_{N/2}^{nr} \tag{4.3.2}
$$

$$
\begin{aligned}
X(2r+1) &= \sum_{n=0}^{\frac{N}{2}-1} \left[x(n) - x\left(n+\frac{N}{2}\right)\right] W_N^{n(2r+1)} \\
&= \left\{ \sum_{n=0}^{\frac{N}{2}-1} \left[x(n) - x\left(n+\frac{N}{2}\right)\right] W_N^{n} \right\} W_{N/2}^{nr}
\end{aligned} \tag{4.3.3}
$$

(4.3.2)式为前一半输入与后一半输入之和的 $N/2$ 点 DFT,(4.3.3)式为前一半输入与后

一半输入之差再与 W_N^n 之积的 $N/2$ 点 DFT。令

$$\left.\begin{aligned} x_1(n) &= x(n) + x\left(n+\frac{N}{2}\right) \\ x_2(n) &= \left[x(n) - x\left(n+\frac{N}{2}\right)\right]W_N^n \end{aligned}\right\}, \quad n = 0,1,2,\cdots,\frac{N}{2}-1 \tag{4.3.4}$$

则

$$\left.\begin{aligned} X(2r) &= \sum_{n=0}^{\frac{N}{2}-1} x_1(n) W_{N/2}^{nr} \\ X(2r+1) &= \sum_{n=0}^{\frac{N}{2}-1} x_2(n) W_{N/2}^{nr} \end{aligned}\right\}, \quad r = 0,1,2,\cdots,\frac{N}{2}-1 \tag{4.3.5}$$

(4.3.4)式所表示的运算关系可以用图 4.14 所示的蝶形运算来表示。

这样，我们就把一个 N 点 DFT 按 k 的奇偶分解为两个 $N/2$ 点 DFT（如(4.3.5)式所示）。$N=8$ 时，上述分解过程示于图 4.15。

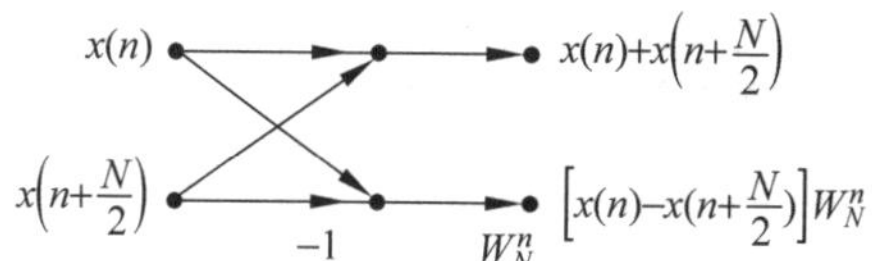

图 4.14　按频率抽选蝶形运算流图符号

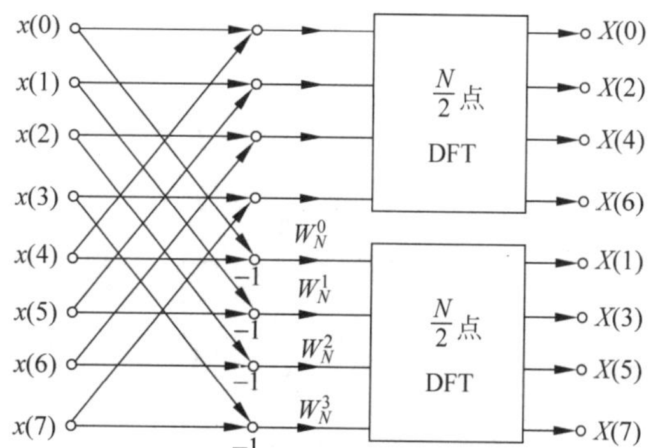

图 4.15　按频率抽选，将 N 点 DFT 分解为两个 $N/2$ 点 DFT 的组合（$N=8$）

与时间抽选法的推导过程一样，由于 $N=2^L$，$N/2$ 仍是一个偶数，因而同样可以将每个 $N/2$ 点 DFT 的输入上下对半分开形成蝶形运算后，再将输出分解为偶数组与奇数组，这就将 $N/2$ 点 DFT 进一步分解为两个 $N/4$ 点 DFT。图 4.16 示出了这一步分解的过程。

这样的分解可以一直进行到第 L 次（$N=2^L$），第 L 次实际上是做两点 DFT，它只有加减运算。但是，为了比较并统一运算结构，我们仍然采用系数为 W_N^0 的蝶形运算来表示，这 $N/2$ 个两点 DFT 的 N 个输出就是 $x(n)$的 N 点 DFT 的结果 $X(k)$。图 4.17 表示一个 $N=8$ 的完整的按频率抽选的基-2 FFT 结构。

2. 序列点数 $N=2^L$ 若不满足，则在序列后补零值，补到 $N=2^L$。

3. 输出序列 $X(k)$按 k 的奇偶分成两组。但在此之前，要先将输入 $x(n)$按 n 的顺序分成前后两半。

4. 输入自然顺序、输出倒位序，变址运算方法与 DIT 中的相同。

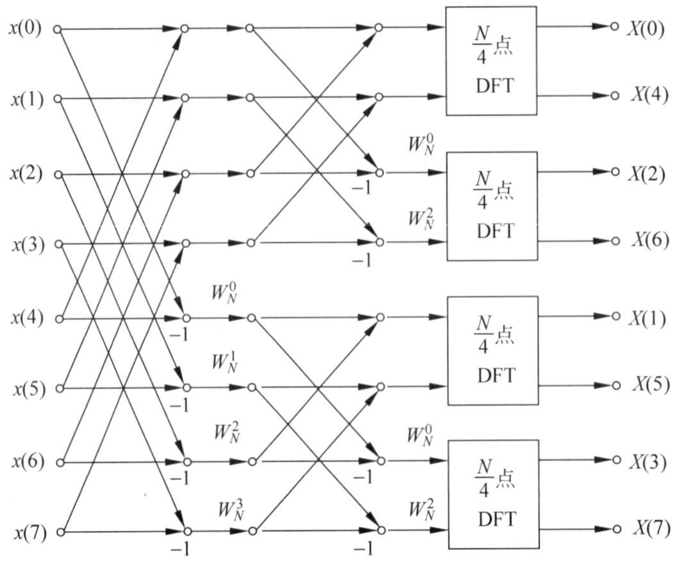

图 4.16 按频率抽选，将一个 N 点 DFT 分解为 4 个 $N/4$ 点 DFT($N=8$)

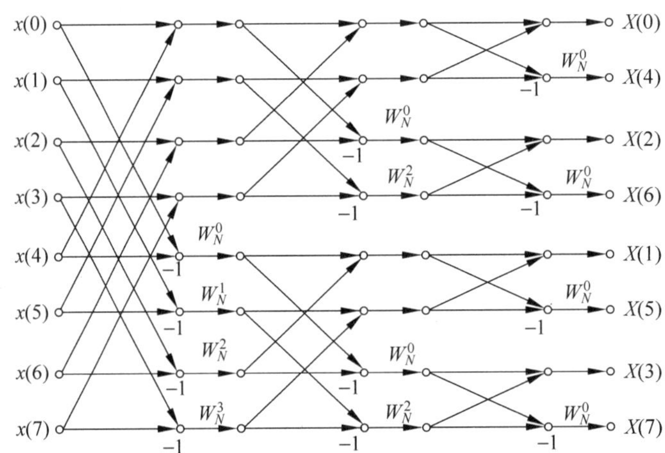

图 4.17 $N=2^3=8$，基-2 DIF-FFT 流图

5. 有 L 级蝶形运算。

蝶形结的基本表示式为(见图 4.18)

$$\left.\begin{aligned} X_m(i) &= X_{m-1}(i) + X_{m-1}(j) \\ X_m(j) &= [X_{m-1}(i) + X_{m-1}(j)]W_N^r \end{aligned}\right\} \quad m = 1,2,\cdots,L \qquad \begin{aligned}(4.3.6a)\\(4.3.6b)\end{aligned}$$

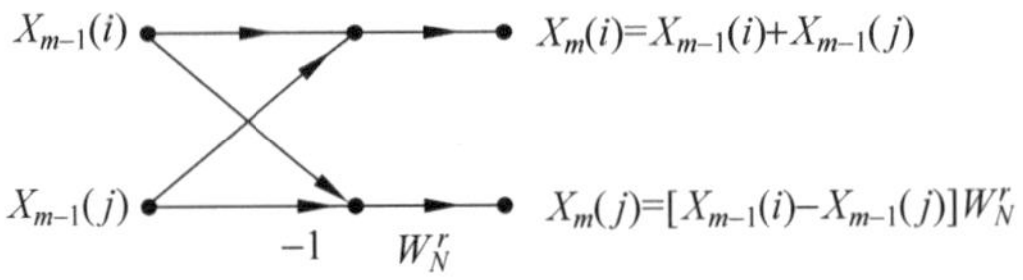

$X_{m-1}(i)$ $X_m(i)=X_{m-1}(i)+X_{m-1}(j)$

$X_{m-1}(j)$ -1 W_N^r $X_m(j)=[X_{m-1}(i)-X_{m-1}(j)]W_N^r$

图 4.18 DIF-FFT 的基本蝶形结运算

同样，$m=1$ 表示第一级蝶形运算，其输入 $X_0(\cdot)=x(\cdot)$为输入序列，$m=L$ 表示第 L 级蝶形运算，其输出 $X_L(\cdot)=X(\cdot)$表示输出序列，i、j 表示这一级蝶形结运算中两个节点的节点序号。

6. 为同址（原位）运算。

7. 蝶形结运算公式、各级的一个蝶形结的两个节点的间距、每级各蝶形结的系数 W_N^r 也列在表 4.1 中。

8. 最后需将 $X(k)$重排成按正序的输出。

9. 运算量。与 DIT 法相同的运算量，即

$$\text{复数乘法}\qquad \frac{N}{2}L=\frac{N}{2}\log_1 N$$

$$\text{复数加法}\qquad NL=N\log_1 N$$

同样，有些系数可以不需要乘法，例如 $W_N^0=1$，$W_N^{N/2}=-1$，$W_N^{\pm N/4}=\mp \mathrm{j}$ 等。

10. 与 DIT-FFT 一样，可以有多种等效的流图。

11. 与 DIT-FFT 讨论中一样，对同址运算，所需存储量为 $N+\frac{N}{2}$。

4.4 DIT-FFT 与 DIF-FFT 的异同

学习要点

1. 将图 4.6 与图 4.18 相比较，即看(4.2.15)式与(4.3.6)式的区别。**DIT-FFT 与 DIF-FFT 的基本蝶形结运算是不同的，这是最根本的区别。DIT-FFT 是先作复乘后作加、减，DIF-FFT 的复乘只出现在减法之后。**

2. 前面在 DIT 基-2 FFT 流图中已说过，可以有各种流图，如图 4.5、图 4.10～图 4.13 等。同样对 DIF 基-2 FFT 也可有多种流图，不一定只是由输入自然序、输出倒位序的图 4.17 的流图。**只需保持各节点间连线不变，且其传输系数不变，则不论节点位置在同级中怎么排列所得到流图都是等效的**，即由图 4.17 可引申出各种流图都是 DIF 基-2 FFT 的流图，读者可以自己画出。

3. 将图 4.6 与图 4.18 进一步作比较看出，**两个基本蝶形结互为转置**，即将 DIT-FFT 基本蝶形结转置后，即为 DIF-FFT 基本蝶形结，反之也一样。转置就是将原流图的所有支路方向都反向，并且交换输入与输出变量（但节点变量值不改变，即不交换），这样得到的输入输出特性是相同的。即图 4.5 的 DIT-FFT 流图转置后即得到 DIF-FFT 的图 4.17，反之亦然。

所以图 4.10～图 4.13 的 4 个 DIT-FFT 流图，经转置后，就可得到各种 DIF-FFT 流

图，即对每一种 DIT-FFT 流图都存在一个 DIF-FFT 流图。读者可自己画出这些流图。

4. DIT-FFT 与 DIF-FFT 的**运算量是相同的**，当 $N=2^L$ 时，都是 L 级（列）运算，每级都有 $\frac{N}{2}$ 个蝶形结，总共需要 $(N/2)\log_2 N$ 次复乘与 $N\log_2 N$ 次复加。

5. DIT-FFT 与 DIF-FFT 都可有原位（同址）运算的流图。

4.5 离散傅里叶反变换(IDFT)的快速算法 IFFT

学习要点

将 IDFT 的(4.1.2)式与 DFT 的(4.1.1)式相比较，可以看出它们的差别，因而可以有三种 IFFT 算法。

1. 第一种 IFFT 算法，可以看出，只要把 DFT 运算中的每一个系数 W_N^{kn} 换成 W_N^{-kn}，并且在每列（级）运算中乘以 1/2 因子（这是因为乘 $1/N=(1/2)^L$ 因子，等效为 L 级中每级乘 1/2 因子），则 FFT 算法（包括 DIT 或 DIF）都可拿来运算 IDFT，以 DIF-FFT 流图即图 4.17 为例，可得到图 4.19 所示的 IFFT 流图。

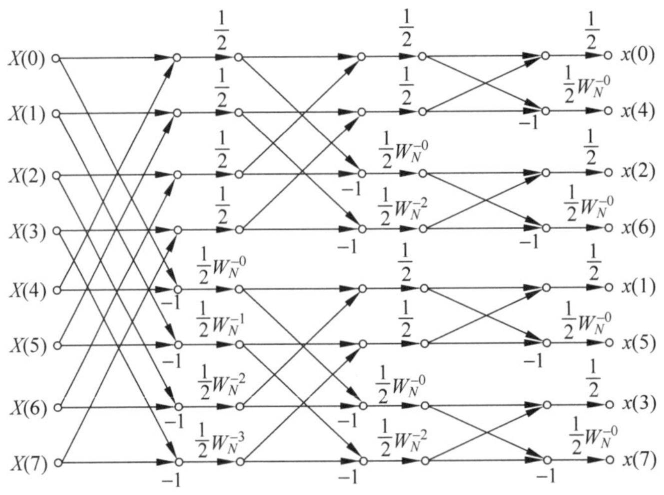

图 4.19 $N=2^3=8$，基-2 IFFT 流图

这种算法编程并不难，但需要稍微改动 FFT 的程序和参数。

2. 第二种 IFFT 算法，这种算法可直接利用 FFT 的程序。

由于 IDFT 公式为

$$x(n)=\mathrm{IDFT}[X(k)]=\frac{1}{N}\sum_{k=0}^{N-1}X(k)W_N^{-nk}$$

将此式取共轭，可得

$$x^*(n)=\frac{1}{N}\Big[\sum_{k=0}^{N-1}X(k)W_N^{-nk}\Big]^* = \frac{1}{N}\sum_{k=0}^{N-1}X^*(k)W_N^{nk}$$

$$=\frac{1}{N}\{\mathrm{DFT}[X^*(k)]\}$$

则有

$$x(n)=\frac{1}{N}\{\mathrm{DFT}[X^*(k)]\}^* \tag{4.5.1}$$

所以 IFFT 也共用 FFT 程序的步骤是:①将 $X(k)$取共轭,得到 $X^*(k)$;②利用 FFT 程序;③将所得结果取共轭;④乘以 $1/N$ 得到 $x(n)$。此法多用了两次共轭运算,还乘 $1/N$,但可共用 FFT 程序,较为方便。

3. 第三种 IFFT 算法仍然是利用 FFT 程序。

令
$$p(n)=\sum_{k=0}^{N-1}X(k)W_N^{nk}$$

则有

$$x(n)=\frac{1}{N}p(N-n)=\frac{1}{N}\sum_{k=0}^{N-1}X(k)W_N^{(N-n)k}=\frac{1}{N}\sum_{k=0}^{N-1}X(k)W_N^{-nk} \tag{4.5.2}$$

所以这种共用 FFT 程序的步骤是:①利用 FFT 程序由 $X(k)$求出 $p(n)$;②计算$\frac{1}{N}p(N-n)$即为 $x(n)$[注意 $n=0$ 时 $p(N)=p(0)$,$x(0)=p(0)/N$]。

4. 在将 DFT 与 IDFT 级联使用时,例如信号 $x(n)$通过 FIR 数字滤波器 $h(n)$(有限长单位冲激响应数字滤波器),如果利用 DFT 方式来求解输出信号 $y(n)$,则是求 $X(k)=\mathrm{DFT}[x(n)]$,$H(k)=\mathrm{DFT}[h(n)]$,$Y(k)=X(k)H(k)$,最后求得 $y(n)=\mathrm{IDFT}[y(k)]$。如果采用输入正序、输出倒位序的 FFT 程序求得倒位序的 $Y(k)$,为求 $y(n)$,则可以有两种办法,一是将 $Y(k)$变成正序的序列,再用上面第二条的办法,将正序的 $Y(k)$送入同样的 FFT 程序中,求得 $y(n)$,这时 $y(n)$是倒位序的。第二种办法,是直接将倒位序的 $Y(k)$送入另一个输入倒位序、输出正序的 FFT 程序中,得到正序的输出 $y(n)$,这样可省掉"整序"的运算。总之,FFT 与 IFFT 联接使用时,必须考虑输入序列的位序应与程序所需输入位序相一致。

4.6 基-2 FFT 流程图

学习要点

以 DIT-FFT 为例的流程图:

1. 以表 4.1 的 DIT-FFT 输入自然顺序、输出倒位序为例,其流程框图可见图 4.20。

2. 另一种 DIT-FFT 输入倒位序,输出自然顺序的倒位序流程框图及 FFT 流程框图分

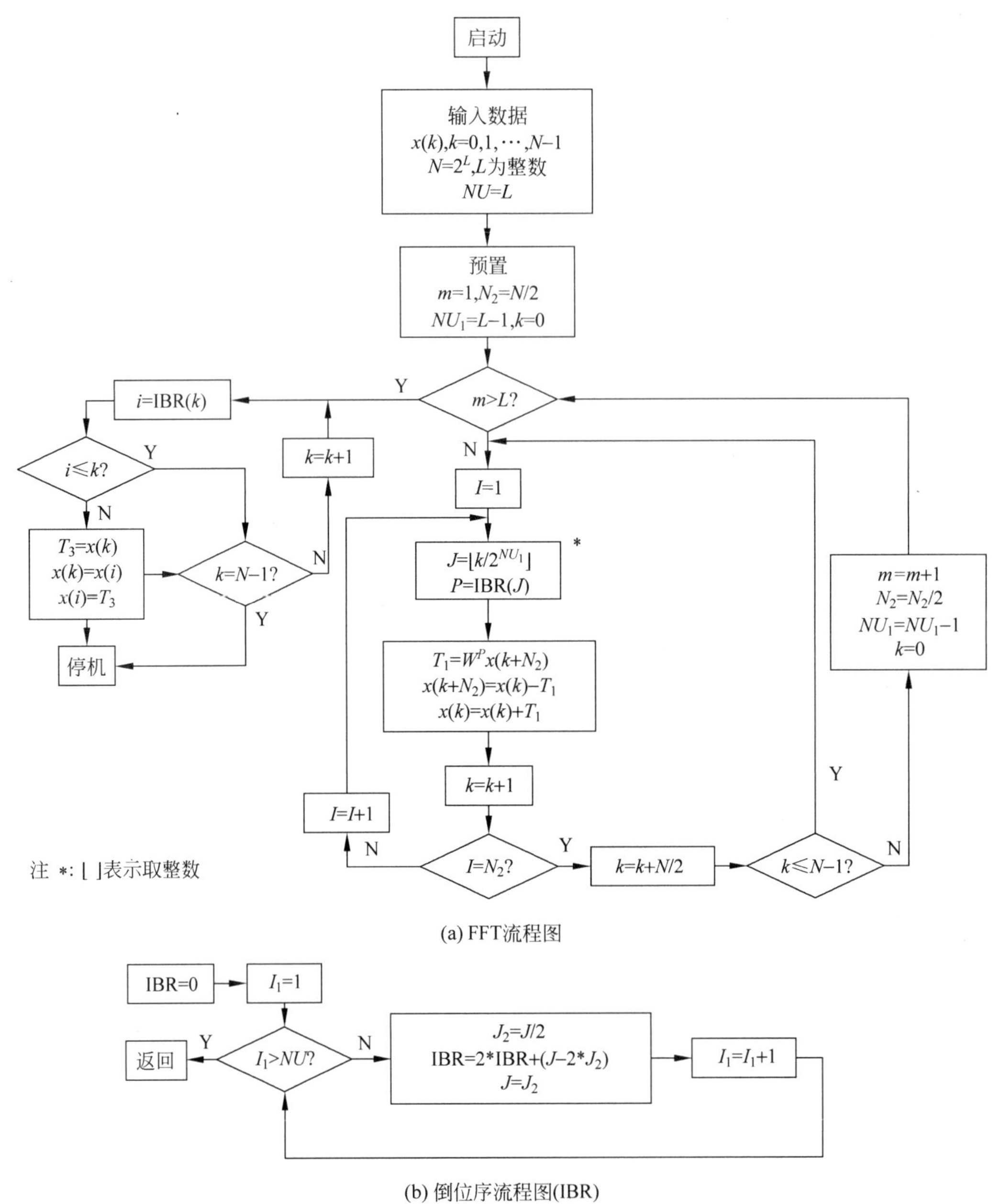

图 4.20 按时间抽选、输入自然顺序、输出倒位序 FFT 流程图(见表 4.1)

别见图 4.21 及图 4.22，其流图可参见图 4.5。

3. 图 4.22 FFT 流程图的 L 级递推计算。

在表 4.1 中已将四种原位运算 FFT 的特点作了归纳。其中蝶形结对偶节点的距离与蝶形结的计算公式是最重要的，是不管哪种实现方法都要遵循的。但是，W_N^r 的求法则可有各不相同的方法，表 4.1 给出的求 W_N^r 的方法只是其中的一种。在下面讨论的 L 级递推计算方法中，求 W_N^r 就没有采用表 4.1 给出的方法。

点。设 $N=2^L$，则有

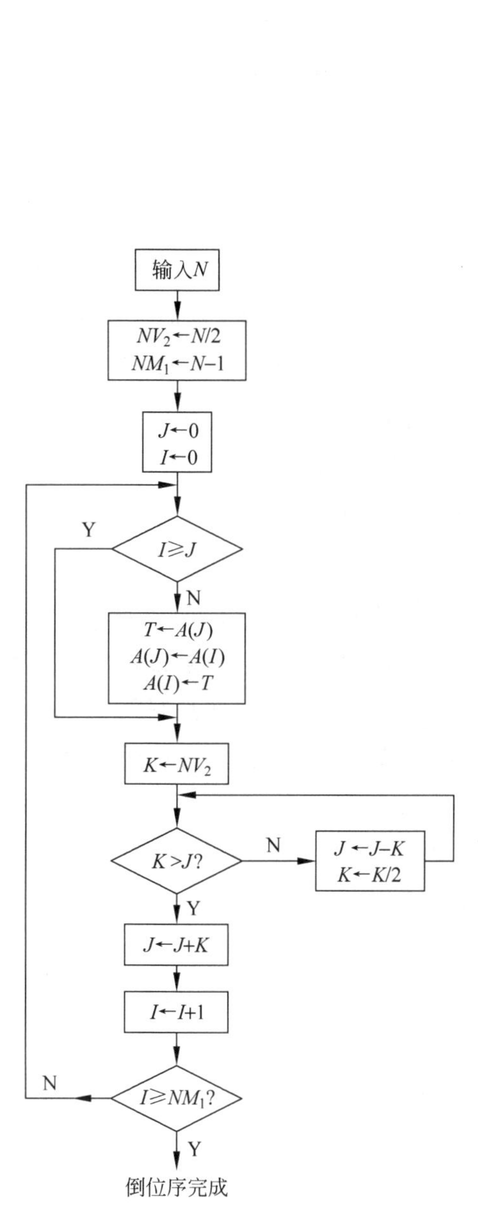

图 4.21　FFT 数据倒位序流程图

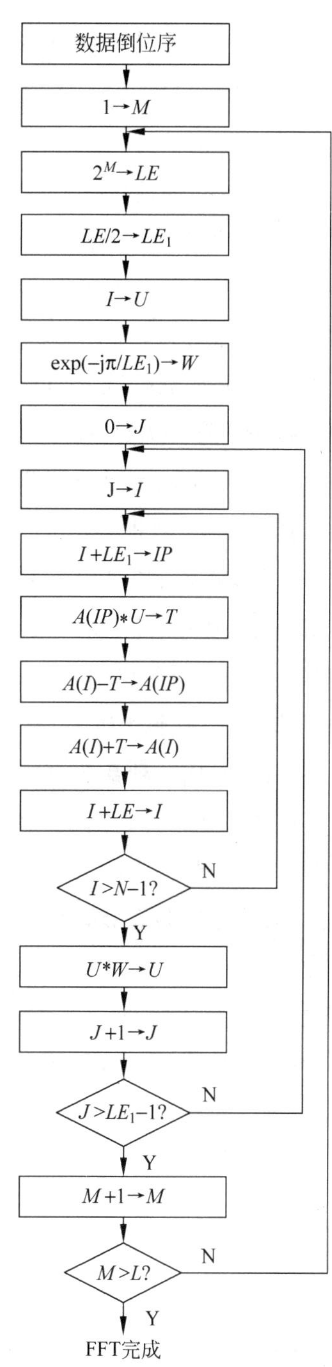

图 4.22　基-2 按时间抽选 FFT 流程图

由图 4.5 可以归纳出输入倒位序、输出自然顺序的按时间抽选的 FFT 流程图的一些特点。设 $N=2^L$，则有

① 每级有 $N/2$ 个蝶形结，第一级（列）的 $N/2$ 个蝶形结都是同一种蝶形运算，也就是说，其系数都相同，为 W_N^0。第二级的 $N/2$ 个蝶形结共有两种蝶形运算，一种系数为 W_N^0；

另一种系数为 W_N^2，每种各有 $N/4$ 个蝶形结。这样可看出，第 L 级的 $N/2$ 个蝶形结共有 $2^{L-1}=N/2$ 种蝶形运算，即有 $N/2$ 个不同的系数，分别为 $W_N^0, W_N^1, \cdots, W_N^{\frac{N}{2}-1}$，也就是说，第 M 级有 2^{M-1} 种蝶形运算（$M=1,2,\cdots,L$）。

② 由最后一级向前每推进一级，则系数取后级系数中偶数序号那一半（例如在图 4.5 中，第三级系数为 $W_N^0, W_N^1, W_N^2, W_N^3$，而第二级系数为 W_N^0, W_N^2）。

③ 蝶形结两个节点的间距为 2^{M-1}，M 为所在的级数，也就是每向右增加一级，间距就变成原间距的 2 倍。

图 4.22 为按时间抽选 FFT 流程图，其中整个 L 级递推过程由三个嵌套循环构成。外层的一个循环控制 $L(L=\log_2 N)$ 级的顺序运算；内层的两个循环控制同一级（M 相同）各蝶形结的运算，其中最内一层循环控制同一种（即 W_N^r 中的 r 相同）蝶形结的运算，而中间一层循环则控制不同种（即 W_N^r 中的 r 不同）蝶形结的运算。I 和 IP 是一个蝶形结的两个节点。

设 $N=2^L$，M 表示第 M 级，$M=1,2,\cdots,L$，共有 $L=\log_2 N$ 级，每级有 $N/2$ 个蝶形结，在第 M 级中有 2^{M-1} 个不同的系数，它们是 $W_{2^M}^k(k=0,1,\cdots,2^{M-1}-1)$，例如，在图 4.5 中，当 $M=2$（第二级）时，系数有 $2^{M-1}=2$ 个，分别是 $W_4^0=W_8^0=W_N^0$ 与 $W_4^1=W_8^2=W_N^2$。在图 4.22 的 U 中放有 $W_{2^M}^k$，其起始值为 $U=W_{2^M}^0=1$。

在每一级中，同一种系数对应的蝶形结有 2^{L-M} 个（例如，第一级 $M=1$，系数都是 W_N^0，对应的蝶形结有 $2^{3-1}=4$ 个），其各蝶形结依次相距 $LE=2^M$ 点（例如，第二级 $M=2$，蝶形结依次相距 $LE=4$ 点）。图 4.22 的最内层循环，其循环变量为 I，I 用来控制同一种蝶形结运算。显然，其步进值为蝶形结间距值 $LE=2^M$，同一种蝶形结中参加运算的两节点的间距为 $LE1=2^{M-1}$ 点。图 4.22 的第二层循环，其循环变量 J 用来控制计算不同种（系数不同）的蝶形结，J 的步进值为 1。实际上也可看出，最内层循环完成每级的蝶形结运算，第二层（中间层）循环则完成系数 W_N^k 的运算。图 4.22 的最外层循环，用循环变量 M 来控制运算的级数，M 为 $1\sim L$，进步值为 1。当 M 改变时，$LE1$、LE 和系数 U 都会改变。

图 4.22 中的 U、W、J 为存放复数单元，其乘法为复数乘法，系数采用以下递推公式计算：

$$W_N^{kl} = W_N^{(k-1)l} \cdot W_N^l$$

4. 图 4.22FFT 的流图的特点（以 M 来表示级数，即 $M=1,2,\cdots,L$，$N=2^L$）：

(1) 第 M 级有 2^{M-1} 种系数的蝶形结，即第 1 级（$M=1$）有一种系数 W_N^0 的蝶形结，第 2 级（$M=2$）有两种系数 $W_N^0, W_N^{N/4}$ 的蝶形结，等等。

(2) 最后一级（$M=L$）的系数为 $W_N^0, W_N^1, \cdots, W_N^{N/2-1}$，即有 $2^{L-1}=\dfrac{N}{2}$ 个系数。每向左减少一级，即第（$M-1$）级的系数取为 M 级的系数中偶数序号那一半，$M=L-1$ 级时，系数取为 $W_N^0, W_N^2, \cdots, W_N^{N/2-2}$，而 $M=L-2$ 级时，系数取为 $W_N^0, W_N^4, \cdots, W_N^{N/2-4}$，等等。

(3) 第 M 级蝶形结的两个节点间的间距为 2^{M-1}。即第 1 级为 $2^0=1$，第 2 级为 $2^1=2$，第 L 级为 $2^{L-1}=N/2$，即级数每增加一级，此间距就增加一倍。

(4) 在每一级中，同一种旋转因子系数对应的蝶形结有 $2^{L-M}=\frac{N}{2^M}$ 个，(第一级($M=1$) W_N^0 系数的蝶形结有 $N/2$ 个，第二级 W_N^0、$W_N^{N/4}$ 的蝶形结各有 $N/4$ 个)，其各蝶形结依次相距为 2^M 点(第1级 W_N^0 各蝶结依次间距为2点，第2级 W_N^0(或 $W_N^{N/4}$)的蝶形结依次间距为4点)。

5. 倒位序(变址)的实现。

FFT 变址(倒位序)程序图如图4.21所示。表4.2以 $N=8$ 为例，列出了自然顺序数与其倒位序数的关系，图4.8表示了倒位序的变址处理，设 $A(I)$表示存放原自然顺序输入数据的内存单元，$A(J)$表示存放倒位序数的内存单元，$I,J=0,1,\cdots,N-1$。按倒位序规律，当 $I=J$ 时，不用变址；当 $I\neq J$ 时，需要变址；但是当 $I<J$ 时，进行变址在先，故在 $I>J$ 时，就不需要再变址了，否则变址两次等于不变址。下面讨论实现倒位序的一种方法——雷德(Rader)算法。

表4.2列出了自然顺序与倒位序二进制数对照表，由表4.2可见，按自然顺序排列的二进制数，其下面一个数总是比其上面一个数大1，即下面一个数是上面一个数在最低位加1并向高位进位而得到的。而倒位序二进制数的下面一个数是上面一个数在最高位加1并由高位向低位进位而得到的。下面讨论如何实现这一"反向进位加法"，参见图4.21。

表4.2 自然顺序与倒位序二进制数对照表及相应的十进制数

自然顺序十进制数(I)	自然顺序二进制数	倒位序二进制数	倒位序后十进制数(J)
0	000	000	0
1	001	100	4
2	010	010	2
3	011	110	6
4	100	001	1
5	101	101	5
6	110	011	3
7	111	111	7

I,J 都是从0开始。若已知某个倒位序数 J，要求下一个倒位序数，则应先判断 J 的最高位是否为0，这可与 $K=N/2$ 相比较，因为 $N/2$ 总是等于100…的。如果 $K>J$，则 J 的最高位为0，只要把该位变为1(J 与 $K=N/2$ 相加即可)，就得到了下一个倒位序数；如果 $K\leqslant J$，则 J 的最高位为1，可将最高位变为0(J 减去 $N/2$ 即可)。然后还需判断次高位，这可与 $K=N/4$ 相比较。若次高位是0，则将它改成1(J 与 $N/4$ 相加即可)，其他位不变，即得到下一个倒位序数；若次高位是1，则需将它也变为0(J 减去 $N/4$ 即可)。然后还需判断再下一位，这可与 $K=N/8$ 相比较……依次进行，总会碰到某位为0(除非最后一个数 $N-1$ 的各位全是1，而这个数不需倒位序，不属于倒位序程序内的数)，这时把这个0改成1，就得到下一个倒位序数。求出新的倒位序数 J 以后，当 $I<J$ 时，进行变址交换。注意，在倒位序中，$x(0)$和 $x(N-1)$总是不需要交换的，因为0与 $N-1$ 的倒位序数与原自然顺序数是一样的。

*4.7 N为复合数的FFT算法——混合基(多基多进制)FFT算法

学习要点

1. 若序列长度不满足 $N=2^L$,可以补零值点来满足这一要求,但有可能增加的计算量太大,例如 $N=280$ 点,则需补到 $2^8=512$ 点,共须补232个零值点。

2. 若要求准确的 N 点,则只能采用直接DFT方法,或采用后面将介绍的CZT(Chirp-z变换)算法。

3. 若 N 是一个组合数,可以分解为一些因子的乘积,则可采用混合基FFT算法,或称多基多进制FFT算法。

4. 二进制、多进制(r 进制)及混合基(或称多基多进制)FFT算法。

(1) 二进制FFT。当 $N=2^L$ 时,任一个 $n<N$ 的正整数 n 可以表示成以2为基数的二进制形式

$$(n)_2=(n_{L-1}n_{L-2}\cdots n_1n_0),\quad n_i=0\text{ 或 }1,\quad i=0,1,\cdots,L-1 \tag{4.7.1}$$

此二进制数所代表的数值为

$$(n)_{10}=n_{L-1}2^{L-1}+n_{L-2}2^{L-2}+\cdots+n_1 2+n_0 \tag{4.7.2}$$

此二进制倒位序后为 $(\bar{n})_2=(n_0\cdot n_1\cdots n_{L-2}n_{L-1})$,它所代表的数值为

$$(\bar{n})_{10}=n_0 2^{L-1}+n_1 2^{L-2}+\cdots+n_{L-2}2+n_{L-1} \tag{4.7.3}$$

(2) r 进制(多进制)FFT。当 $N=r^L$ 时,r、L 皆为大于1的正整数,任一个 $n<N$ 的正整数 n 都可表示为以 r 为基数的 r 进制形式

$$(n)_r=(n_{L-1}n_{L-2}\cdots n_1n_0),\quad n_i=0,1,\cdots,r-1,\quad i=0,1,\cdots,L-1 \tag{4.7.4}$$

此 r 进制数所代表的数值为

$$(n)_{10}=n_{L-1}r^{L-1}+n_{L-2}r^{L-2}+\cdots+n_1r+n_0 \tag{4.7.5}$$

此 r 进制倒位序后为 $(\bar{n})_r=(n_0,n_1,\cdots,n_{L-2},n_{L-1})$,它们代表的数值为

$$(\bar{n})_{10}=n_0r^{L-1}+n_1r^{L-2}+\cdots+n_{L-2}r+n_{L-1} \tag{4.7.6}$$

当 $r=2$ 时,就是二进制,$r=4$ 时,就是四进制,等等。

(3) 多基多进制FFT,即混合基FFT。

当 $N=r_0r_1\cdots r_{L-1}$ 时,各 $r_i(i=0,1,\cdots,L-1)$ 为大于1的正整数,则任一个 $n<N$ 的正整数 n,可以表示为多基多进形式

$$(n)_{r_0r_1\cdots r_{L-1}}=(n_{L-1}n_{L-2}\cdots n_1n_0) \tag{4.7.7}$$

$$\begin{aligned}(n)_{10}=&(r_0r_1\cdots r_{L-2})n_{L-1}+(r_0r_1\cdots r_{L-3})n_{L-2}+\cdots\\&+(r_0r_1)n_2+r_0n_1+n_0\end{aligned} \tag{4.7.8}$$

其倒位序后为

$$(\bar{n})_{r_0 r_1 \cdots r_{L-1}} = (n_0 n_1 \cdots n_{L-2} n_{L-1}) \tag{4.7.9}$$

$$\begin{aligned}(\bar{n})_{10} &= (r_1 r_2 \cdots r_{L-1}) n_0 + (r_2 r_3 \cdots r_{L-1}) n_1 + \cdots \\ &\quad + (r_{L-2} r_{L-1}) n_{L-3} + r_{L-1} n_{L-2} + n_{L-1}\end{aligned} \tag{4.7.10}$$

在$(n)_{10}$及$(\bar{n})_{10}$的表示式中[即(4.7.8)式及(4.7.10)式]，各 n_i 的取值范围为

$$\begin{aligned} n_{L-1} &= 0,1,\cdots,r_{L-1}-1 \\ n_{L-2} &= 0,1,\cdots,r_{L-2}-1 \\ &\vdots \\ n_1 &= 0,1,\cdots,r_1-1 \\ n_0 &= 0,1,\cdots,r_0-1 \end{aligned} \tag{4.7.11}$$

可记为 $n_i=0,1,\cdots,r_i-1,\quad i=0,1,\cdots,L-1$

这种对序列进行抽取的办法，使其 FFT 算法仍能保持原位（同址）运算的特点，将这种抽取造成的“混序”组合数情况称为广义倒位序。

* **多基多进制的广义倒位序与基-2 或基-r 倒位序的区别在于，当低位与高位颠倒交换时，其相应的加权系数也产生变化，而基-2（或基-r）在某一位处，其加权系数是固定的**（例如基-2，在从左到右第二位，加权系数就是 2^{L-2}，不管是 n 或是 $\bar{n}$，处于此位的加权系数都是这一数值）。多基多进制正序排列从左到右第一位 n_{L-1} 的加权系数是 $r_0 r_1 \cdots r_{L-2}$，而倒位序排列同样的第一位 n_0 的加权系数则是 $r_1 r_2 \cdots r_{L-1}$。

* 由于以上组合数做分解时可以有多种方式，例如可有 $N=r_0 r_1 \cdots r_{L-1}$，$N=r_{L-1} r_{L-2} \cdots r_0$，等等，故混合基 FFT 算法可有多种形式流图、多种形式算法。

【例 4.1】 试用混合基 FFT 算法求 $N=30$ 的结果，并画出流图。

解 (1) 这里采用 $N=r_0 r_1 r_2=5\times2\times3$，即 $r_0=5, r_1=2, r_2=3$ 的混合基 FFT 算法，采用输入 n 按正序排列，输出 k 按倒位序排列的办法，则有

$$\left.\begin{aligned} n &= r_0 r_1 n_2 + r_0 n_1 + n_0 = 10n_2 + 5n_1 + n_0 \\ \bar{k} &= r_1 r_2 k_0 + r_2 k_1 + k_2 = 6k_0 + 3k_1 + k_2 \end{aligned}\right\} \tag{4.7.12}$$

其中各 n_i, k_i 的取值范围为

$$\left.\begin{aligned} n_0, k_0 &= 0,1,\cdots,r_0-1 = 0,1,2,3,4 \\ n_1, k_1 &= 0,1,\cdots,r_1-1 = 0,1 \\ n_2, k_2 &= 0,1,\cdots,r_2-1 = 0,1,2 \end{aligned}\right\} \tag{4.7.13}$$

(2) 列出混合基运算的表达式$[x(n)=x(10n_2+5n_1+n_0)]$

$$\begin{aligned} X(k) &= \sum_{n=0}^{29} x(n) W_{30}^{nk} = \sum_{n_0=0}^{4}\sum_{n_1=0}^{1}\sum_{n_2=0}^{2} x(n_2,n_1,n_0) W_{30}^{(10n_2+5n_1+n_0)(6k_0+3k_1+k_2)} \\ &= \sum_{n_0=0}^{4}\sum_{n_1=0}^{1}\sum_{n_2=0}^{2} x(n_2,n_1,n_0) W_{30}^{10n_2k_2} W_{30}^{15n_1k_1} W_{30}^{5n_1k_2} W_{30}^{6n_0k_0} W_{30}^{3n_0k_1} W_{30}^{n_0k_2} \end{aligned}$$

在以上推导中，已应用到 $W_{30}^{60n_2k_0}=W_{30}^{30n_1k_0}=1$，再考虑到 $W_N^{N_1n_ik_i}=W_{N/N_1}^{n_ik_i}$（$N/N_1$＝整数时），则有

$$\begin{aligned}X(k)&=\sum_{n_0=0}^{4}\sum_{n_1=0}^{1}\left[\sum_{n_2=0}^{2}x(n_2,n_1,n_0)W_3^{n_2k_2}\right]W_{30}^{(5n_1+n_0)k_2}W_2^{n_1k_1}W_{30}^{3n_0k_1}W_5^{n_0k_0}\\&=\sum_{n_0=0}^{4}\sum_{n_1=0}^{1}[X_1(k_2,n_1,n_0)W_{30}^{(5n_1+n_0)k_2}]W_2^{n_1k_1}W_{10}^{n_0k_1}W_5^{n_0k_0}\\&=\sum_{n_0=0}^{4}\left[\sum_{n_1=0}^{1}X_1'(k_2,n_1,n_0)W_2^{n_1k_1}\right]W_{10}^{n_0k_1}W_5^{n_0k_0}\\&=\sum_{n_0=0}^{4}[X_2(k_2,k_1,n_0)W_{10}^{n_0k_1}]W_5^{n_0k_0}\\&=\sum_{n_0=0}^{4}X_2'(k_2,k_1,n_0)W_5^{n_0k_0}\\&=X(k_2,k_1,k_0)\end{aligned}\tag{4.7.14}$$

其中

$$X_1(k_2,n_1,n_0)=\sum_{n_2=0}^{2}x(n_2,n_1,n_0)W_3^{n_2k_2}\tag{4.7.15}$$

$$X_1'(k_2,n_1,n_0)=X_1(k_2,n_1,n_0)W_{30}^{(5n_1+n_0)k_2}\tag{4.7.16}$$

$$X_2(k_2,k_1,n_0)=\sum_{n_1=0}^{1}X_1'(k_2,n_1,n_0)W_2^{n_1k_1}\tag{4.7.17}$$

$$X_2'(k_2,k_1,n_0)=X_2(k_2,k_1,n_0)W_{10}^{n_0k_1}\tag{4.7.18}$$

$$X(k_2,k_1,k_0)=\sum_{n_0=0}^{4}X_2'(k_2,k_1,n_0)W_5^{n_0k_0}=X(k)=X(6k_0+3k_1+k_2)\tag{4.7.19}$$

这里看出有三级 DFT 运算：一个是(4.7.15)式的(n_2,k_2)变量的 3 点 DFT，共有 10 个；一个是(4.7.17)式的(n_1,k_1)变量的 2 点 DFT，共有 15 个；一个是(4.7.19)式的(n_0,k_0)变量的 5 点 DFT，共有 6 个。此外，还有第一级 3 点 DFT 运算之后的乘 $W_{30}^{(5n_1+n_0)k}$ 运算，见(4.7.16)式，以及第二级 2 点 DFT 运算之后的乘 $W_{10}^{n_0k_1}$ 运算，见(4.7.18)式，这两个乘因子都只影响输出序列的相位，不影响幅度，故被称为旋转因子。有时，将这种算法称为旋转因子算法，由于基-2 FFT 是混合基算法的特定情况，因而也是旋转因子算法。

按以上算式可画出 $N=5\times2\times3=30$ 的混合基 FFT 流图（输入正序、输出倒位序），如图 4.23 所示，图中第一级的 10 个 3 点 DFT 只画出了$[x(0),x(10),x(20)]$及$[x(4),x(14),x(24)]$两个。

5. N 为复合数时 FFT 运算量的估计。

当 $N=r_0r_1$ 时，如果不算倒位序的工作量，其运算量为

$$\text{直接法求 } r_1 \text{ 个 } r_0 \text{ 点 DFT：}\begin{cases}\text{复数乘法} & r_1r_0^2\\\text{复数加法} & r_1r_0(r_0-1)\end{cases}$$

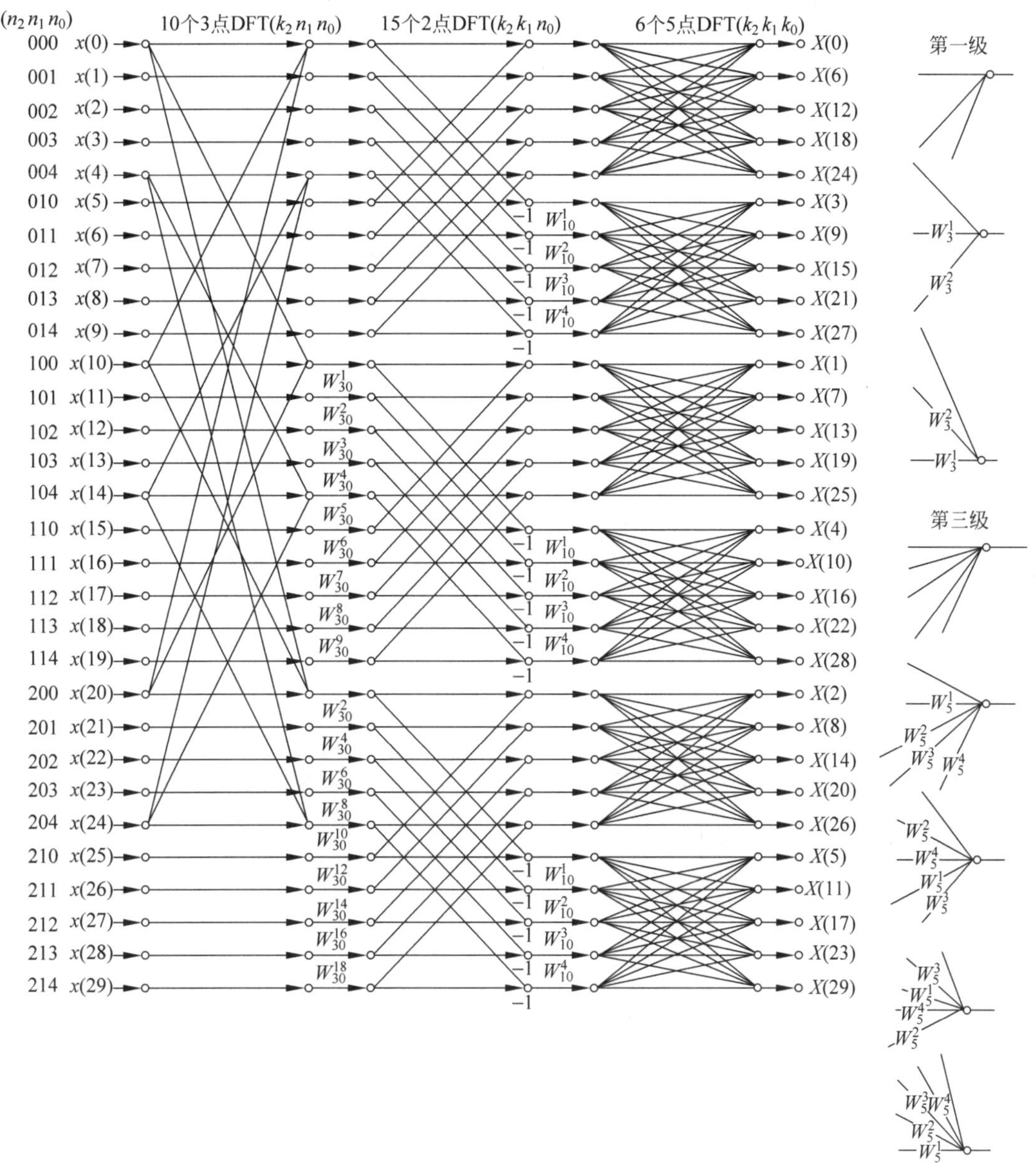

图 4.23　$N=5\times2\times3=30$ 的混合基 FFT 流图，输入正序、输出倒位序 $X(k)=X(6k_0+3k_1+k_2)$

乘 N 个旋转因子：复数乘法 N

直接法求 r_0 个 r_1 点 DFT：$\begin{cases}\text{复数乘法} & r_0 r_1^2 \\ \text{复数加法} & r_0 r_1(r_1-1)\end{cases}$

总计：

$$\left.\begin{array}{ll}\text{复数乘法} & r_1 r_0^2 + N + r_0 r_1^2 = N(r_0 + r_1 + 1) \\ \text{复数加法} & r_1 r_0(r_0-1) + r_0 r_1(r_1-1) = N(r_0 + r_1 - 2)\end{array}\right\} \tag{4.7.20}$$

而直接计算一个 N 点 DFT 的运算量为

复数乘法　　　　N^2

复数加法　　　　$N(N-1)$

因而混合基算法可节省的运算量倍数为

$$\left.\begin{aligned}&\text{乘法}\quad R_{\times}=\frac{N^2}{N(r_0+r_1+1)}=\frac{N}{r_0+r_1+1}\\&\text{加法}\quad R_{+}=\frac{N(N-1)}{N(r_0+r_1-2)}=\frac{N-1}{r_0+r_1-2}\end{aligned}\right\}\tag{4.7.21}$$

例如，当 $N=r_0r_1=5\times7=35$ 时

$$R_{\times}=\frac{35}{15}=2.6$$

直接 DFT 算法等于混合基算法的 2.6 倍工作量。

同样，当 $N=r_0r_1r_2$ 时，一定有 r_1r_2 个 r_0 点 DFT，r_0r_2 个 r_1 点 DFT，r_0r_1 个 r_2 点 DFT，加上两次乘旋转因子，因而总乘法次数为 $N(r_0+r_1+r_2+2)$。

这样可以推算出，当 $N=r_0r_1\cdots r_{L-1}$ 时，采用混合基算法所需总乘法次数为

$$N\left[\left(\sum_{i=0}^{L-1}r_i\right)+L-1\right]\tag{4.7.22}$$

则直接计算 DFT 与之相比，运算量之比为

$$R_{\times}=\frac{N^2}{N\left[\left(\sum\limits_{i=0}^{L-1}r_i\right)+L-1\right]}=\frac{N}{L-1+\sum\limits_{i=0}^{L-1}r_i}\tag{4.7.23}$$

注意(4.7.22)式用于每个 r_i 均为素数(但$\neq2$)的情况是精确的，此时将 r_i 点变换看成乘法次数为 r_i^2 是对的；但是当 r_i 不是素数或 $r_i=2$ 时，就不一定对了，例如：当 $r_i=2$ 时，是两点变换不带有乘法运算，对 $r_i=4$ 也是这样，对 $r_i=8$，则所需运算比 64 次乘法少得多，所以分解成 r_i 为 2,4,8，将使上面公式几乎失效，即当 $N=2^L$ 时，(4.7.23)式完全不适用。

4.8　线性调频 z 变换(Chirp-z 变换或 CZT)算法

DFT 运算的局限性是：①z 平面单位圆上的 N 个抽样点必须均匀等间隔地分布在$[0,2\pi)$范围中，且输入、输出序列长度都必须是相同的 N 点。若只需要计算某一频段的频谱值，例如对窄带信号，且希望提高计算的分辨率，即在窄的频带内，有更密集的抽样点，例如，在$\left[\frac{\pi}{16}\sim\frac{2\pi}{16}\right)$范围内有 32 个抽样频率点，若用 DFT 计算，必须在 z 平面单位圆上$[0,2\pi)$范围中有 1024 个频率抽样点，即 $N=1024$。但是，有用的只是 64 个抽样频率点上的 $X(k)$，效率为 64/1024=6.25%，很不经济，也就是说窄带之外的无用的计算量太大。②另外，有时也对 z 平面非单位圆上的抽样感兴趣，语言信号处理中常需要知道极点所在的复频率，如果极点距单位圆较远，只利用 DFT(即频谱)很难知道这样的极点所在处的复频率。

线性调频 z 变换算法(简称 CZT 算法)就可以克服 DFT 的上述局限性,它是在更大范围的 z 平面上(可包括但又不只是 z 平面的单位圆上)来计算 $X(z)$的抽样 z 变换。

学习要点

1. 有限长序列 $x(n)(0\leqslant n\leqslant N-1)$的 CZT 算法是使 z 沿着 z 平面的一段螺线作等分角抽样$[z_k=AW^{-k}(k=0,1,\cdots,M-1)]$后的抽样 z 变换,注意是 M 点抽样,它与序列 $x(n)$的长度 N 是不同的。

2. 令

$$z_k = AW^{-k}, \quad k = 0,1,\cdots,M-1 \tag{4.8.1}$$

其中

$$A = A_0 e^{j\theta_0}, \quad W = W_0 e^{-j\phi_0} \tag{4.8.2}$$

则 z 平面上抽样点为

$$z_k = A_0 W_0^{-k} e^{j(\theta_0 + k\phi_0)} \tag{4.8.3}$$

可以看出 $z_k=A_0 e^{j\theta_0}W_0^{-k}e^{jk\phi_0}$,抽样点在 z 平面上的周线如图 4.24(a)所示。

① A_0 表示起始抽样点 z_0 的矢量半径长度,通常 $A_0\leqslant 1$,使抽样点处于$|z|=1$ 的内部或边沿上。

② θ_0 表示起始抽样点 z_0 的相角,若

$\theta_0=0$,则起始抽样点在 z 平面实轴上;

$\theta_0>0$,则起始抽样点在 z 平面上半平面;

$\theta_0<0$,则起始抽样点在 z 平面下半平面。

③ ϕ_0 表示两相邻抽样点之间的角度差。$\phi_0>0$ 表示 z_k 的路径是逆时针旋转的;$\phi_0<0$ 表示 z_k 的路径是顺时针旋转的。

④ W_0 的大小表示螺线的伸展率。$W_0>1$,则随着 k 的增加,螺线是内缩的;$W_0<1$,则随着 k 的增加,螺线是外伸的;$W_0=1$ 表示路径是半径为 A_0 的一段圆弧,若此时又有 $A_0=1$,则这段圆弧就是单位圆的一部分,此时 $X(z_k)=X(e^{j\omega_k})$是某一频带内的频谱的抽样值。

⑤ 当 $M=N,A=A_0e^{j\theta_0}=1,W=W_0e^{j\phi_0}=e^{-j\frac{2\pi}{N}}=W_N$ 时,各 z_k 就均匀等间隔分布在整个单位圆上,这就是求序列的 DFT。

3. CZT 算法的计算公式。利用(4.8.1)式可得到 $X(z)$的抽样值为

$$X(z_k) = \sum_{n=0}^{N-1} x(n) z_k^{-n} = \sum_{n=0}^{N-1} x(n) A^{-n} W^{nk}, \quad 0 \leqslant k \leqslant M-1 \tag{4.8.4}$$

利用布鲁斯坦等式

$$nk = \frac{1}{2}[n^2 + k^2 - (k-n)^2] \tag{4.8.5}$$

可得到

$$X(z_k) = W^{k^2/2} \sum_{n=0}^{N-1} [x(n) A^{-n} W^{n^2/2}] W^{-(k-n)^2/2}$$

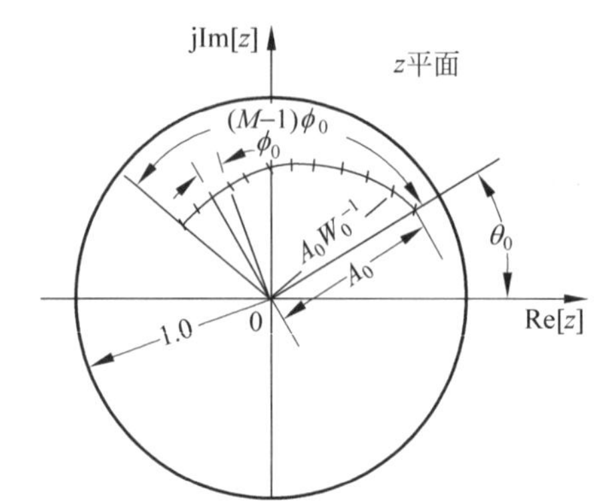

(a) CZT在z平面抽样点的螺线轨迹

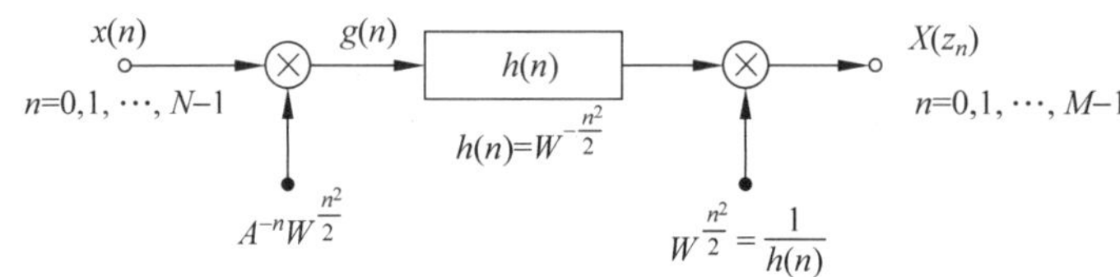

(b) Chirp-z变换运算框图

图 4.24 CZT 算法

$$= W^{k^2/2}\sum_{n=0}^{N-1} g(n)h(k-n),\quad k=0,1,2,\cdots,M-1 \tag{4.8.6}$$

即

$$X(z_k) = W^{k^2/2}[g(k)*h(k)],\quad k=0,1,2,\cdots,M-1 \tag{4.8.7}$$

其中

$$\left.\begin{aligned} g(n) &= x(n)A^{-n}W^{n^2/2},\quad n=0,1,2,\cdots,N-1 \\ h(n) &= W^{-n^2/2} \end{aligned}\right\} \tag{4.8.8}$$

图 4.24(b)表示 CZT 的运算框图。

于是 $h(n)=W^{-n^2/2}=(W_0 e^{-j\phi_0})^{-n^2/2}=W_0^{-n^2/2}e^{j\frac{\phi_0}{2}n^2}$，其相位为$\frac{\phi_0}{2}n^2$，角频率是表示相位随时间的变化率，一般是常数，而这里 $h(n)$的角频率$\left(\frac{\phi_0}{2}n\right)$随时间 n 而线性增加，这种频率类似于鸟叫声，国外称为 Chirp，国内译成“线性调频”，故算法称为线性调频 z 变换。

4. 由(4.8.7)式看出 CZT 算法是利用卷积和计算 z 平面单位圆内任意螺旋线上的抽样 z 变换(或在特定情况下，计算在 z 平面单位圆上某一频段的抽样频谱)。而在第 3 章 DFT 讨论中知，这一线性卷积和可以用圆周卷积和代替，而后者又可用 DFT 的办法求解。

5. 用 DFT 求解 CZT，即用圆周卷积代替线性卷积，然后用 DFT 求解的算法为

① 输入序列 $g(n)=x(n)A^{-n}W^{\frac{n^2}{2}}$，$0\leqslant n\leqslant N-1$，即 $g(n)$为 N 点序列。

② 等效线性系统 $h(h)$，由(4.8.6)式可知 $h(n)$是非因果序列，当

$$n\text{ 的区间}\quad 0\sim(N-1)$$

$$k\text{ 的区间}\quad 0\sim(M-1)$$

则 $h(n)$的区间为 n：$-(N-1)\sim(M-1)$，即 $h(n)$为$(N+M-1)$点的有限长非因果序列见图 4.25(a)。

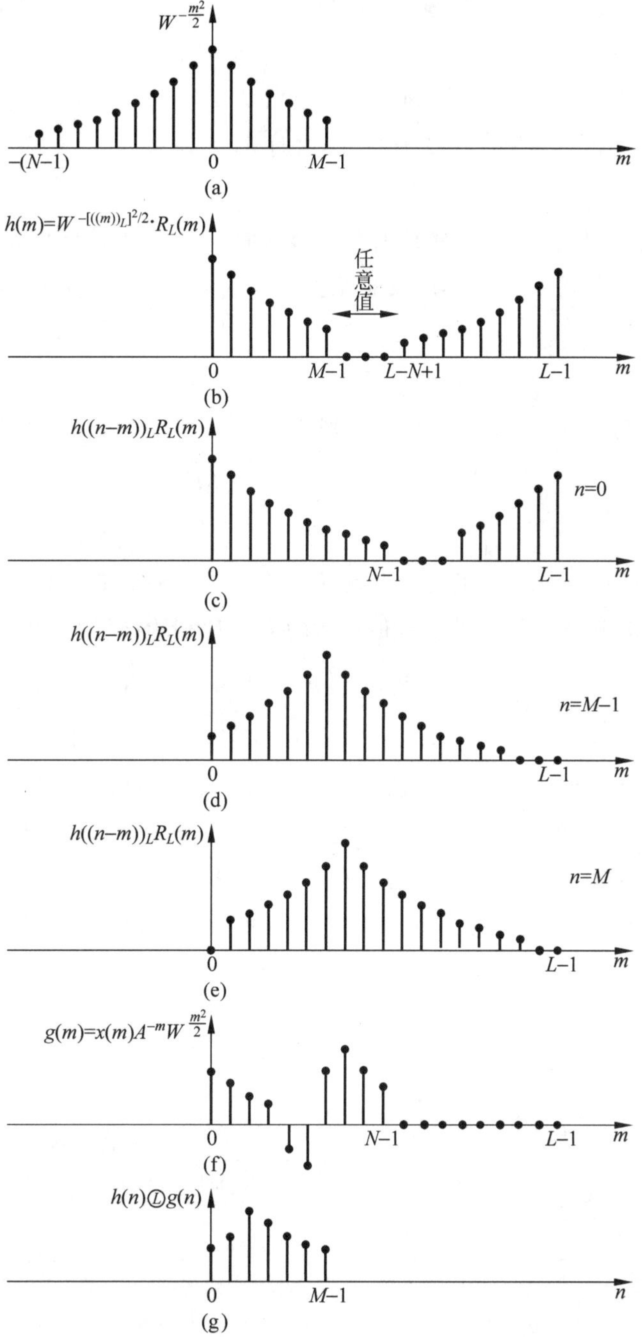

图 4.25　Chirp-z 变换的圆周卷积图

（$M\leqslant n\leqslant L-1$ 时 $h(n)$和 $g(n)$的圆周卷积不代表线性卷积）

③ 线性卷积 $h(n) * g(n)$的长度为$(2N+M-2)$点。

④ 由于 $X(z_k)$只需要前 M 个值 $X(z_k)(k=0,1,\cdots,M-1)$，对于 $k \geqslant M$ 的 $X(z_k)$值是否混叠并不感兴趣，因而圆周卷积的点数取为（最小）$N+M-1$，这样圆周卷积的前 M 个点$(0\sim M-1)$才相当于线性卷积。

⑤ 取圆周卷积的长度 $L \geqslant M+N-1$ 且满足 $L=2^m$（m 正整数）的最小 L，以便进行基-2 FFT 运算。

即 $g(n)$和 $h(n)$都补零值点，补到序列长度都为 L 点，对于 $h(n)$，是从 $n=M$ 开始补 $L-(N+M-1)$个零值点，补到 $n=L-N$ 处，这时 $h(n)$是从 $n=-(N-1)$到 $n=L-N$ 的 L 点序列，其中有 $L-(N+M-1)$个零值点。

⑥ 为了做 L 点 DFT 运算，序列必须在主值区间 $0\sim L-1$ 范围内，故必须将补零后的 $h(n)$以 L 点为周期进行周期延拓，然后取主值序列，即为 $h((n))_L R_L(n)=h(n)$[见图 4.25(b)]，则有

$$h(n) = W^{-[((n))_L]^2/2} R_L(n) \tag{4.8.9}$$

⑦ 再进一步，将(4.8.9)式中的 $h(n)$分段表示，考虑 $L \geqslant M+N-1, L=2^m$，则有

$$h(n) = \begin{cases} W^{-n^2/2}, & 0 \leqslant n \leqslant M-1 \\ 0, & M \leqslant n \leqslant L-N \\ W^{-(L-n)^2/2}, & L-N+1 \leqslant n \leqslant L-1 \end{cases} \tag{4.8.10}$$

⑧ 将 $g(n)=x(n)A^{-n}W^{n^2/2}$补上零值点后的 L 点序列为（见图 4.25(f)）

$$g(n) = \begin{cases} A^{-n}W^{n^2/2}x(n), & 0 \leqslant n \leqslant N-1 \\ 0, & N \leqslant n \leqslant L-1 \end{cases} \tag{4.8.11}$$

⑨ 将(4.8.10)式与(4.8.11)式所表示的 $h(n)$及 $g(n)$作圆周卷积 $g(n)$ Ⓛ $h(n)$，图 4.26(g)表示了 CZT 的圆周卷积结果示意图，当 $M \leqslant n \leqslant L-1$ 时，卷积结果不代表线性卷积，故图上没有画出这一段数据。

但是是用 DFT（采用 FFT）办法来实现这一卷积，可以用图 4.26 来实现(4.8.6)式，即求得 $X(z_k)(k=0,1,2,\cdots,M-1)$。将 IDFT 框图输出的以后各环节中的 n 改为 k 后，即得 $X(z_k)(k=0,1,\cdots,M-1)$。

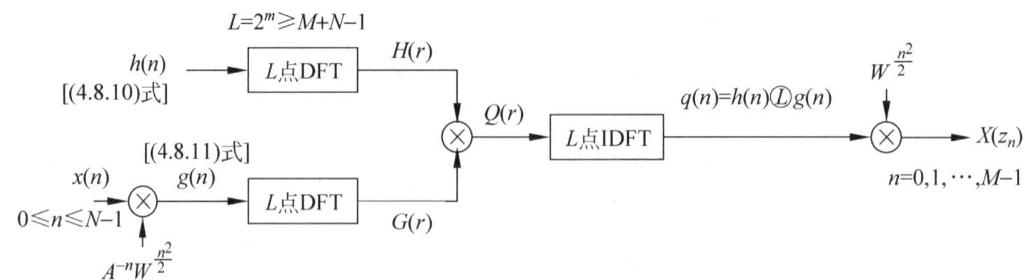

图 4.26　用 DFT（采用基-2 FFT 算法）实现 CZT

6. CZT 运算量的估算（用基-2 FFT 法计算 CZT）。

（1）把所有运算量都包括在内（包括计算系数 A^{-n}，$W^{\frac{n^2}{2}}$ 等）的复数乘法运算量的计算。

① 形成 L 点序列 $g(n)=(A^{-n}W^{\frac{n^2}{2}})x(n)$，但只有其中 N 点有序列值，需要 N 次复乘，而系数 $A^{-n}W^{\frac{n^2}{2}}$ 可以递推求得。令

$$C_n = A^{-n}W^{\frac{n^2}{2}} \tag{4.8.12}$$

$$D_n = W^n W^{\frac{1}{2}} A^{-1} = W^n D_0 = W D_{n-1} \tag{4.8.13}$$

其中

$$D_0 = W^{\frac{1}{2}} A^{-1} \tag{4.8.14}$$

则

$$C_{n+1} = A^{-(n+1)} W^{\frac{(n+1)^2}{2}} = (A^{-n} \cdot W^{\frac{n^2}{2}})(W^n W^{\frac{1}{2}} \cdot A^{-1}) = C_n D_n \tag{4.8.15}$$

初始条件为 $C_0=1, D_0=W^{\frac{1}{2}}A^{-1}=\frac{\sqrt{W_0}}{A_0}\mathrm{e}^{-\mathrm{j}\left(\frac{\phi_0}{2}+\theta_0\right)}$，所以，只要预先给定 D_0 及 $W=W_0\mathrm{e}^{-\mathrm{j}\phi_0}$，便可利用(4.8.13)式及(4.8.15)式递推求出 N 个系数 C_n。由此看出，这种递推运算只需 $2N$ 次复乘。

② 形成 L 点序列 $h(n)$，由于它是由 $W^{-\frac{n^2}{2}}$ 在 $-(N-1)\leqslant n\leqslant M-1$ 这一段内的序列值构成，而 $W^{-\frac{n^2}{2}}$ 是偶对称序列，如果设 $N>M$，则只需求得 $0\leqslant n\leqslant N-1$ 这一段 N 点序列值即可，与上面相似，$W^{-\frac{n^2}{2}}$ 的这些数值可以递推求得，因而只需 $2N$ 次复乘。

③ 计算 $G(k)$、$H(k)$、$q(n)$ 共需三次 L 点 FFT（或 IFFT），共需 $\frac{3}{2}L\log_2 L$ 次复乘。

④ 计算 $Q(k)=G(k)H(k)$ 需要 L 次复乘。

⑤ 计算 $X(z_k)=W^{\frac{k^2}{2}}q(k)(0\leqslant k\leqslant M-1)$ 需要 M 次复乘。

综上所述，CZT 算法总的复数乘法次数为

$$\frac{3}{2}L\log_2 L + 3N + 2N + L + M = \frac{3}{2}L\log_2 L + 5N + L + M \tag{4.8.16}$$

（2）若将各系数的计算以及求 $H(r)$ 的计算（见图 4.26）都不算在内（预先计算好，不必现场计算），则只需 2 次 FFT 以及在图 4.22 中的 3 个⊗处共 $N+L+M$ 次复数乘法，则复乘次数为

$$N + L + M + 2\times\frac{L}{2}\log_2 L = L\log_2 L + L + N + M \tag{4.8.17}$$

可见其运算量比直接计算时所需的 NM 次复数乘法要少得多。

7. 综上，**CZT 算法与 DFT 算法相比，有以下特点：**

① 灵活，其输入序列长度可以不等于输出序列长度。

② N、M 可以为任意数，不一定要求是组合数，甚至可以是素数。

③ 各 z_k 点间的角度间隔 ϕ_0 可以是任意的，因而计算的分辨率可以调整。

④ 计算的周线可以不是圆，也可以不是单位圆，此周线是螺线（特定条件下，也可以是圆，或是单位圆），这对于分析单位圆内极点位置的性能有利。

⑤ 周线起始点 z_0 可任意选定，不必一定在 $z=1$ 处，也就是说可在任何复频率处，如果 z_0 选在单位圆上，则可以任意频率作为分析起点（而不一定要以 $\omega=0$ 作为起点），便于作窄带高分辨率分析。

⑥ 当 $A=1, M=N, W=e^{-j\frac{2\pi}{N}}=W_N$ 时，CZT 变成 DFT，因此 DFT 也可用 CZT 算法计算，即使 N 为素数也行。

4.9 利用 FFT（用分段处理方法）计算线性卷积

1. 前面第 3 章图 3.10，当 $L=2^m \geqslant N_1+N_2-1$ 时，就代表用 DFT（采用 FFT 算法）来求线性卷积 $y(n)=x(n)*k(n)$ 的办法，这在 3.6.1 节中已有说明。

2. 在实际应用中，会遇到一个长度很长的序列 $x(n)$ 与一个短的有限长序列 $h(n)$ 的线性卷积问题，这时直接利用 FFT 计算会产生两个问题：

（1）在输入数据 $x(n)$ 没有完全收集到之前，无法作 FFT 运算，也就是说会有很大的延迟时间，很不经济。

（2）直接 FFT 运算时，若 $x(n)$ 的长度很长，则 FFT 的优点就表现不出来了，分析如下。

设 $x(n)$ 长度为 L 点，$h(n)$ 长度为 M 点，直接作线性卷积时，乘法次数为 $m_d=LM$，若 $h(n)$ 采用线性相位 FIR 滤波器系统，则相乘量可减少一半［利用 $h(n)$ 的对称性 $h(n)=\pm h(M-1-n)$］

$$m_d = LM/2 \tag{4.9.1}$$

若采用 FFT 来计算这一线性卷积，为了不产生混叠失真，必须作 N 点 FFT，$N \geqslant L+M-1$，此时，如 3.6.1 节的分析，要作三次 N 点 FFT（或 IFFT）及一次 N 点乘法，故总乘法次数为

$$m_F = \frac{3}{2}N\log_2 N + N = N\left(1+\frac{3}{2}\log_2 N\right) \tag{4.9.2}$$

于是，采用线性相位 FIR 滤波器，直接实现线性卷积运算与用 FFT 法运算实现相比，其乘法次数之比值为

$$K_m = \frac{m_d}{m_F} = \frac{ML}{2N\left(1+\frac{3}{2}\log_2 N\right)} = \frac{ML}{2(M+L-1)\left[1+\frac{3}{2}\log_2(M+L-1)\right]} \tag{4.9.3}$$

对(4.9.3)式，可分两种情况讨论：

① $x(n)$ 与 $h(n)$ 点数差不多。例如，若 $M=L$，则 $N=2M-1 \doteq 2M$，有

$$K_m = \frac{M}{4\left(\frac{5}{2}+\frac{3}{2}\log_2 M\right)} = \frac{M}{10+6\log_2 M}$$

这样可得下表：

$M=L$	8	32	64	128	256	512	1024	2048	4096
K_m	0.286	0.80	1.39	2.46	4.41	8	14.62	26.95	49.95

当 $M=8,16,32$ 时，圆周卷积的运算量大于线性卷积；当 $M=64$ 时，二者相当(圆周卷积稍好)；当 $M=512$ 时，圆周卷积运算速度可快 8 倍；当 $M=4096$ 时，圆周卷积可快约 50 倍。可以看出，当 $M=L$ 且 L 超过 64 以后，L 越长，圆周卷积的好处越明显。因而将圆周卷积称为快速卷积。

② 当 $x(n)$ 的点数很多时，即若

$$L \gg M$$

则

$$N = L + M - 1 \doteq L$$

这时，(4.9.3)式成为

$$K_m = M/(2+3\log_2 L) \tag{4.9.4}$$

于是，当 L 太大时，会使 K_m 下降，圆周卷积的优点就表现不出来了，因此需采用分段卷积或称分段过滤的办法。为此，可将待处理的长信号 $x(n)$ 加以分段，然后将每段输出以适当的方式组合起来，以得到所需的总输出。以下有两种分段处理方法。

4.9.1 重叠相加法

其基本思路是将输入长序列 $x(n)$ 分段，每段长度为 L 点，然后依次计算每段与 $h(n)$ 的卷积，再由它们求得输出 $y(n)$。当然是利用圆周卷积代替线性卷积，用 DFT 办法（采用 FFT 算法）求解。

* 设 $h(n)$ 为 M 点序列($0\leqslant n\leqslant M-1$)。

将 $x(n)$ 分段，每段长为 L 点，写成

$$x(n) = \sum_{i=0}^{\infty} x_i(n-iL) \tag{4.9.5}$$

而每个 L 点的序列 $x_i(n)$ 的原点皆取为 $n=0$，以便进行 DFT 运算

$$x_i(n) = x(n+iL)R_L(n), \quad i=0,1,\cdots \tag{4.9.6}$$

则有

$$y(n) = x(n) * h(n) = \sum_{i=0}^{\infty} x_i(n-iL) * h(n) \tag{4.9.7}$$

令

$$y_i(n) = h(n) * x_i(n) \tag{4.9.8}$$

则

$$y(n)=\sum_{i=0}^{\infty}y_i(n-iL) \tag{4.9.9}$$

* (4.9.9)式中，输出的各段间有 $M-1$ 个重叠部分，即 $y_{i-1}[n-(i-1)L]$ 与 $y_i(n-iL)$ 之间在 $n=iL \sim n=iL+M-2$ 处的 $M-1$ 个抽样点上是重叠的，应该将这个重叠部分相加。**将输出的重叠部分相加，这就是重叠相加法名称的由来**。图 4.27 是重叠相加法的示意图。

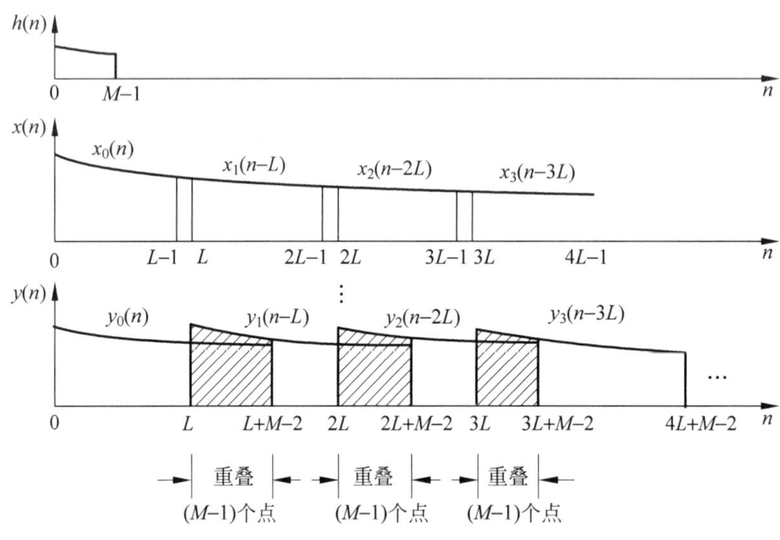

图 4.27 重叠相加法示意图

* DFT 运算中，若取 $y_i(n)$ 的点数 N 满足 $N=2^r \geqslant L+M-1$，则应将 $h(n)$ 及各段 $x_i(n)$ 皆补零值点，补到为 N 点长。

* 用 DFT 实现的步骤(取 $N=2^r \geqslant L+M-1$)：

① $$h(n)=\begin{cases}h(n), & 0\leqslant n\leqslant M-1\\ 0, & M\leqslant n\leqslant N-1\end{cases} \tag{4.9.10}$$

② $$x_i(n)=\begin{cases}x(n+iL), & 0\leqslant n\leqslant L-1\\ 0, & L\leqslant n\leqslant N-1\end{cases},\quad i=0,1,\cdots \tag{4.9.11}$$

③ $$H(k)=\mathrm{DFT}[h(n)],\quad N \text{ 点} \tag{4.9.12}$$

④ $$X_i(k)=\mathrm{DFT}[x_i(n)],\quad N \text{ 点},\quad i=0,1,\cdots \tag{4.9.13}$$

⑤ $$Y_i(k)=X_i(k)H(k),\quad i=0,1,\cdots \tag{4.9.14}$$

⑥ $$y_i(n)=\mathrm{IDFT}[Y_i(k)],\quad N \text{ 点},\quad i=0,1,\cdots \tag{4.9.15}$$

⑦ $$y(n)=\sum_{i=0}^{\infty}y_i(n-iL),\quad \text{重叠部分相加} \tag{4.9.16}$$

4.9.2 重叠保留法

* **此法与重叠相加法在数据分段方式上是不同的。其思路是**：设 $x_i(n)$ 是 $x(n)$ 的第 i

段长度为 N 点的序列（$0\leqslant n\leqslant N-1$），$h(n)$是 M 点序列（$0\leqslant n\leqslant M-1$），一般取 $M<N$，则

$y_{li}(n)=x_i(n)*h(n)$　是第 i 段的线性卷积结果，长度为 $N+M-1$

$y_i(n)=x_i(n)\,Ⓝ\,h(n)$　是第 i 段的圆周卷积结果，长度为 N

又有

$$y_i(n)=\sum_{r=-\infty}^{\infty}y_{li}(n+rN)R_N(n)$$

即 N 点圆周卷积结果 $y_i(n)$等于线性卷积结果 $y_{li}(n)$按 N 点周期延拓相加后的主值序列，由示意图的图 4.28 看出，N 点圆周卷积结果的前$(M-1)$个数值（$n=0\sim n=M-2$）有交叠，不代表线性卷积，只有在 $n=M-1\sim n=N-1$ 区间内的$(N-M+1)$个点上圆周卷积结果 $y_i(n)$才等于线性卷积结果 $y_{li}(n)$。

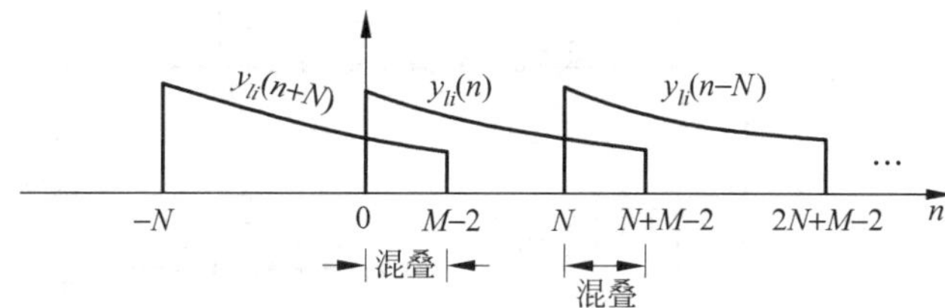

图 4.28　圆周卷积点数 N 小于线性卷积长度 $N+M-1$ 时的混叠情况

* **重叠保留法是直接采用数据重叠的办法进行分段，由上面讨论可知，作 N 点长的 DFT 时（即采用 N 点圆周卷积时），每段 N 点的前（$M-1$）个输出数据不代表线性卷积。所以，要采用每段数据重叠的点数为（$M-1$）个点，即第 i 段的前（$M-1$）个点就取成第（$i-1$）段的最后（$M-1$）个点，圆周卷积后，每段的前（$M-1$）个点应该舍掉不用。为此，在第一段数据之前应该补上（$M-1$）个零值点，以免舍去时影响数据。**

图 4.29 已表明了这种混叠现象，实际上与图 4.28 的表示法是一致的，后者更加直观。

重叠保留法输入分段及输出各段的示意图见图 4.30。

* **用 DFT 来计算重叠保留法，同样是用圆周卷积代替线性卷积，而圆周卷积则用 DFT（FFT 算法）来计算。**

设 $h(n)$为 M 点序列（$0\leqslant n\leqslant M-1$）。输入序列为无限长（或非常长）的序列 $x'(n)$，$0\leqslant n\leqslant\infty$，先将序列前补$(M-1)$个零值点，则有

$$x(n)=\begin{cases}0, & 0\leqslant n\leqslant M-2\\ x'[n-(M-1)], & M-1\leqslant n\end{cases}\tag{4.9.17}$$

参见图 4.30，将 $x(n)$分段，每段长为 N 点，为了进行 DFT 运算，将每段序列 $x_i(n)$的原点皆取为 $n=0$，有

$$x_i(n)=x[n+i(N-M+1)]R_N(n)\tag{4.9.18}$$

由于要求各段 $x_i(n)$数据间有$(M-1)$个重叠数据，故输入 $x(n)$可写成

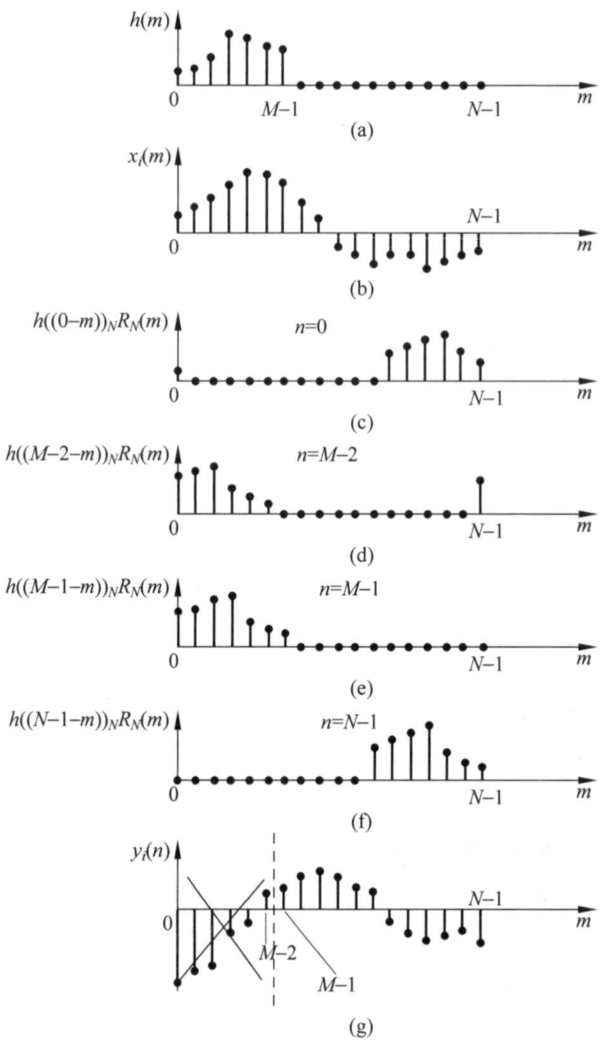

图 4.29 用保留信号代替补零后的局部混叠现象

$$x(n)=\sum_{i=0}^{\infty}x_i[n-i(N-M+1)] \tag{4.9.19}$$

则有

$$y(n)=x(n)*h(n)=\sum_{i=0}^{\infty}x_i[n-i(N-M+1)]*h(n) \tag{4.9.20}$$

令

$$y'_i(n)=x_i(n)*h(n) \tag{4.9.21}$$

由于要将每段前面$(M-1)$个输出数据抛掉,故有

$$y_i(n)=\begin{cases}y'_i(n), & M-1\leqslant n\leqslant N-1\\0, & 0\leqslant n\leqslant M-2\end{cases} \tag{4.9.22}$$

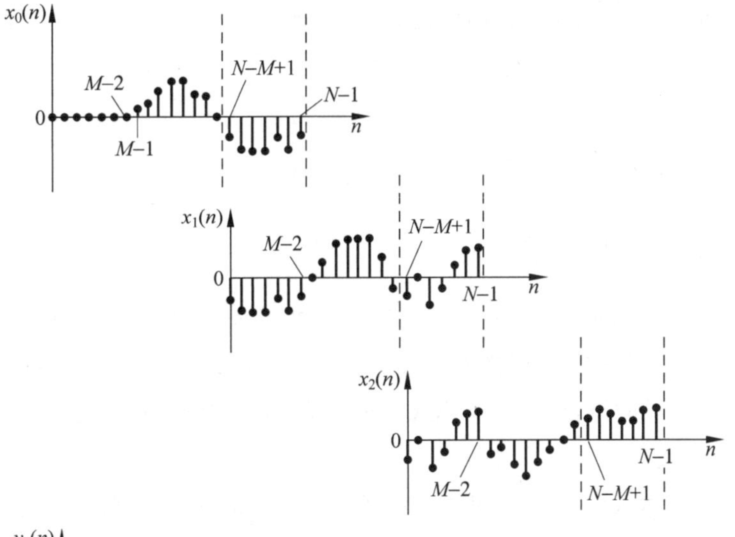

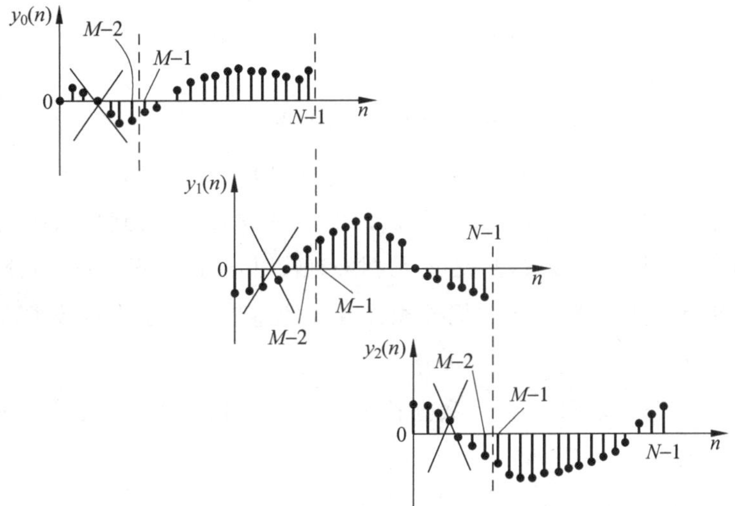

图 4.30　重叠保留法示意图

则输出应为($n \geqslant M-1$ 时有值)

$$y(n)=\sum_{i=0}^{\infty} y_i[n-i(N-M+1)] \tag{4.9.23}$$

这一输出是从 $n=M-1$ 开始有值，若需 $n=0$ 开始计算，则输出应为

$$y_l(n)=y[n+(M-1)],\quad n=0,1,\cdots \tag{4.9.24}$$

* **DFT 计算如下**(实际上，只能计算有限段数据例如 K 段，则 i 的取值为 $i=0\sim K-1$)。

① $$h(n)=\begin{cases} h(n), & 0 \leqslant n \leqslant M-1 \\ 0, & M \leqslant n \leqslant N-1 \end{cases} \tag{4.9.25}$$

② $$x_i(n)=x[n+i(N-M+1)]R_N(n),\quad i=0,1,\cdots \tag{4.9.26}$$

③ $$H(k)=\mathrm{DFT}[h(n)],\quad N\text{ 点} \tag{4.9.27}$$

④ $$X_i(k)=\mathrm{DFT}[x_i(n)],\quad N\text{ 点},\quad i=0,1,\cdots \tag{4.9.28}$$

⑤
$$Y'_i(k) = H(k)X_i(k), \quad i = 0,1,\cdots \tag{4.9.29}$$

⑥
$$y'_i(n) = \text{IDFT}[Y'_i(k)], \quad N\text{点}, \quad i = 0,1,\cdots \tag{4.9.30}$$

⑦
$$y_i(n) = \begin{cases} y'_i(n), & M-1 \leqslant n \leqslant N-1 \\ 0, & 0 \leqslant n \leqslant M-2 \end{cases} \tag{4.9.31}$$

⑧
$$y(n) = \sum_{i=0}^{K-1} y_i[n-i(N-M+1)] \tag{4.9.32}$$

⑨ 最后输出 $$y_l(n) = y[n+(M-1)], \quad n = 0,1,\cdots \tag{4.9.33}$$

若需 DFT 的长度满足 $L=2^r$（r 正整数），只需将每段 N 点长数据 $x_i(n)$、$h(n)$之后再补零值点，补到长度为 L 点，同时将以上所有 N 点 DFT 及 IDFT 都改成 L 点，即可用上面同样的步骤求解。

【例 4.2】 已知输入序列 $x(n)$及系统的单位冲激响应 $h(n)$分别为

$$x(n) = 13-n, \quad 0 \leqslant n \leqslant 12$$

$$h(n) = \{2,-1,1\}$$

试利用重叠相加法求 $x(n)$通过系统 $h(n)$的输出，即求

$$y(n) = x(n) * h(n)$$

解 一般情况下是用(4.9.10)式～(4.9.16)式的方式，变换到离散频域求解，然后再转换到时域，也就是用 FFT 求解，此题也可这样求解。由于此题很简单，而且为了掌握重叠相加法的基本概念，这里采用时域圆周卷积代替线性卷积的表达式直接求解，采用重叠相加法。

① 先将 $x(n)$分段，设每段 $x_i(n)$数据长为 $L=5$ 点，由于 $h(n)$长度为 $M=3$ 点，因此 $x_i(n)*h(n)$的长度为 $N=L+M-1=7$ 点。

卷积后各段输出将重叠 $M-1=2$ 点，即相邻两段输出的后一段的前两位与前一段的后两位会产生重叠，应将此重叠部分相加。若作圆周卷积来代替线性卷积，则圆周卷积长度必须为 $N=7$ 点，故在 $x_i(n)$和 $h(n)$之后皆需补零值，补到都是 7 点长序列。

② 由此分段后的各段 $x_i(n)$为

$$x_0(n) = \{13,12,11,10,9,0,0\}$$

$$x_1(n) = \{8,7,6,5,4,0,0\}$$

$$x_3(n) = \{3,2,1,0,0,0,0\}$$

$h(n)$则为

$$h(n) = \{2,-1,1,0,0,0,0\}$$

③ 各 $x_i(n)$与 $h(n)$作 $N=7$ 点圆周卷积，圆周卷积结果也就等于其线性卷积。

$$y_i(n) = x_i(n) \textcircled{N} h(n) = x_i(n) \textcircled{7} h(n), \quad i = 0,1,2$$

由此可得到

$$y_0(n) = \{26,11,23,21,19,1,9\}$$

$$y_1(n) = \{16,6,13,11,9,1,4\}$$

$$y_2(n) = \{6,1,3,1,1,0,0\}$$

④ 将相邻两段中后一段的前两位与前一段的后两位相加后，顺序将各段连接起来就得到线性卷积的输出 $y(n)=x(n)*h(n)$，即

$$y(n) = \{26,11,23,21,19,17,15,13,11,9,7,5,3,1,1\}$$

直接将 $x(n)$与 $h(n)$作线性卷积，也得到相同结果。

【例 4.3】 同上例设

$$x'(n) = 13-n, \quad 0\leqslant n\leqslant 12$$

$$h(n) = \{2,-1,1\}$$

试用重叠保留法求 $y(n)=x'(n)*h(n)$。

解 由于采用的是重叠保留法，故分段时，各段有重叠部分，若数据分段为 $x_i(n)$，每段长为 $N=7$ 点，单位冲激响应 $h(n)$长度为 $M=3$ 点，则 $x_i(n)*h(n)$线性卷积后，其每段前面的 $M-1=2$ 点不代表线性卷积，所以分段时，将下一段的前 $M-1=2$ 点取为与上一段的后 $M-1=2$ 点，卷积后，将下一段卷积的前 $M-1=2$ 个输出抛掉。对于第一小段，则必须在其序列前补上 $M-1=2$ 个零点（实际上，取任意值都行，但取零值更方便），因此

① 按照以上讨论，利用(4.10.17)式，可将给定的 $x'(n)$改为 $x(n)$，即

$$x(n) = \begin{cases} 0, & 0\leqslant n\leqslant M-2=1 \\ x'[n-(M-1)] = 13-(n-2) = 15-n, & M-1=2\leqslant n\leqslant 14 \end{cases}$$

② 将新的 $x(n)$按以上讨论重叠 $M-1=2$ 个点来分段，每段长取为 $N=7$

$$x_0(n) = \{0,0,13,12,11,10,9\}$$

$$x_1(n) = \{10,9,8,7,6,5,4\}$$

$$x_2(n) = \{5,4,3,2,1,0,0\}$$

$h(n)$也补零，补到 $N=7$，即

$$h(n) = \{2,-1,1,0,0,0,0\}$$

③ 作 $N=7$ 点圆周卷积 $x_i(n)ⓃH(n)=x_i(n)⑦h(n)(i=0,1,2)$，可得到输出为

$$y_0(n) = \{1,9,26,11,23,21,19\}$$

$$y_1(n) = \{21,12,17,15,13,11,9\}$$

$$y_2(n) = \{10,3,7,5,3,1,1\}$$

④ 将相邻两段重叠两位排列，即后一段的前两位与前一段的后两位对齐后，再去掉每一段的前两位，连接后构成输出序列就代表 $y(n)=x(n)*h(n)$即代表线性卷积结果，有

$$y(n) = \{26,11,23,21,19,17,15,13,11,9,7,5,3,1,1\}$$

此结果与上例是一样的。

4.10 利用 FFT 算法计算线性相关

在 3.6.2 节中已讨论,用 DFT 计算线性相关的办法、实际上是用 FFT 算法来计算相关函数。

利用 FFT 计算相关函数也就是利用圆周相关来代替线性相关,常称之为快速相关。这与利用 FFT 的快速卷积类似(即利用圆周卷积代替线性卷积),**也要利用补零值点的办法避免混叠失真**。

设 $x(n)$ 为 L 点,$y(n)$ 为 M 点的实序列,需求线性互相关

$$r_{xy}(m) = \sum_{n=0}^{M-1} x(n)y(n-m) = x(m) * y(-m) \tag{4.10.1}$$

考虑到 $x(n)$,$y(n)$ 为实序列时,第 3 章中(3.6.3)式、(3.6.4)式以及(3.6.5)式分别成为

$$R_{xy}(z) = X(z)Y(z^{-1}) \tag{4.10.2}$$

$$R_{xy}(e^{j\omega}) = X(e^{j\omega})Y(e^{-j\omega}) = X(e^{j\omega})Y^*(e^{j\omega}) \tag{4.10.3}$$

$$R_{xy}(k) = X(k)Y^*(k) \tag{4.10.4}$$

利用 FFT 法求线性相关是用圆周相关代替线性相关,选择 $N \geqslant L+M-1$,且 $N=2^\gamma$(γ 为整数),令

$$x(n) = \begin{cases} x(m), & 0 \leqslant m \leqslant L-1 \\ 0, & L \leqslant m \leqslant N-1 \end{cases}$$

$$y(n) = \begin{cases} y(m), & 0 \leqslant m \leqslant M-1 \\ 0, & M \leqslant m \leqslant N-1 \end{cases}$$

其计算步骤如下:

(1) 求 N 点 FFT,$X(k)=\text{FFT}[x(n)]$;

(2) 求 N 点 FFT,$Y(k)=\text{FFT}[y(n)]$;

(3) 求乘积,$R_{xy}(k)=X(k)Y^*(k)$;

(4) 求 N 点 IFFT,$\bar{r}_{xy}(m)=\text{IFFT}[R_{xy}(k)]$。

同样,可以只利用已有的 FFT 程序计算 IFFT,求

$$\bar{r}_{xy}(m) = \frac{1}{N}\sum_{k=0}^{N-1} R_{xy}(k)W_N^{-mk} = \frac{1}{N}\left[\sum_{k=0}^{N-1} R_{xy}^*(k)W^{mk}\right]^* \tag{4.10.5}$$

先求 $R_{xy}^*(k)$ 的 FFT,再取共轭并乘 $1/N$ 即可得到 $\bar{r}_{xy}(n)$。

(5) 将 $\bar{r}_{xy}(m)$ 经过 $r_{xy}(0)$ 定位后可转换成线性相关 $r_{xy}(m)$。

利用 FFT 法计算线性互相关的这一算法,其计算量与利用 FFT 计算线性卷积时是一样的。

当 $y(n)=x(n)$ 时，所求得结果经过 $r_{xx}(0)$ 定位及转换后即为实序列的线性自相关。

$r_{xy}(0)$ 定位及转换的方法见 3.6.2 节例 3.13 的讨论。

习　题

4.1　如果一台通用计算机的速度为平均每次复乘 40ns，每次复加 5ns，用它来计算 512 点的 DFT[$x(n)$]，问直接计算需要多少时间？用 FFT 运算需要多少时间？若做 128 点快速卷积运算，问所需最少时间是多少？

4.2　$N=16$ 时，画出基-2 按频率抽选法的 FFT 流图（采用输入自然顺序，输出倒位序），统计所需乘法次数（乘 ±1，乘 ±j 都不计在内）。根据任一种流图确定序列 $x(n)=4\cos(n\pi/2)(0\leqslant n\leqslant 15)$ 的 DFT。

4.3　用 MATLAB 或 C 语言编制以下几个子程序（图 4.6，图 4.21，图 4.22）。

(1) 蝶形结运算子程序；(2) 求二进制倒位序子程序；(3) 基-2 DIT FFT 流程图，即迭代次数计算子程序。

4.4　试用 N 为组合数时的 FFT 算法，导出 $N=30=3\times2\times5$ 的结果，画出流图，并统计所需乘法次数（乘 ±1，乘 ±j 都不计在内）。

4.5　研究一个 M 点的有限长序列 $x(n)$：

$$x(n)=\begin{cases}x(n), & 0\leqslant n\leqslant M-1\\ 0, & \text{其他 } n\end{cases}$$

我们希望计算求 z 变换 $X(z)=\sum\limits_{n=0}^{M-1}x(n)z^{-n}$ 在单位圆上 N 个等间隔点上的抽样，即在 $z=e^{j\frac{2\pi}{N}k}$，$k=0,1,\cdots,N-1$ 上的抽样。试对下列情况，找出只用一个 N 点 DFT 就能计算 $X(z)$ 的 N 个抽样的方法，并证明之：

(1) $N\leqslant M$

(2) $N>M$

4.6　参照图 4.17 的基-2 DIF-FFT 流图，若 N 为大于 8 的整数，满足 $N=2^P$（P 为正整数）。假设数组的编号为 $0\sim\log_2 N$，数组中的数据被存在 $0\sim N-1$ 的复数寄存器中，最左边的数据（输入数据）是第 0 列，第一级蝶形结的输出是第 1 列，以此类推。下列问题均与第 m 列的计算有关，$1\leqslant m\leqslant\log_2 N$，答案用 m 和 N 表示。

(1) 每个蝶形结有多少复数乘法与复数加法运算？整个流程图要计算多少个蝶形结？总共需要多少次复数乘法和复数加法运算？

(2) 由第 $m-1$ 列到第 m 列，包含的 W_N 的幂是多少？

(3) 蝶形结的两个复数输入点的地址的间距是多少？

(4) 利用幂次相同系数的各蝶形结的数据地址间距是多少？

注意：此流图中，蝶形结的相乘系数是在蝶形结输出端的。

4.7　设有以下有限长序列

$$x(n)=\begin{cases}x(n), & n_0\leqslant n\leqslant N-1+n_0\\ 0, & n<n_0, n>N-1+n_0\end{cases}$$

我们想要计算在 z 平面内以下各点上 $x(n)$ 的 z 变换的抽样:

$$z_k = re^{j(\theta+2\pi k/M)}, \quad k = 0,1,\cdots,M-1$$

式中 $M<N$。试导出一种计算这些点上 $X(z)$ 的有效算法。

4.8 已知一个 8 点序列 $x(n)$:

$$x(n) = \begin{cases} 1, & 0 \leqslant n \leqslant 7 \\ 0, & 其他\ n \end{cases}$$

试用 CZT 法求其前 10 点的复频谱 $X(z_k)$。已知 z 平面路径为 $A_0=0.8$, $\theta_0=\frac{\pi}{3}$, $W_0=1.2$, $\phi_0=\frac{2\pi}{20}$,画出 z_k 的路径及 CZT 实现过程示意图。

4.9 在下列说法中选择正确的结论。线性调频 z 变换(CZT)可以用来计算一个有限长序列 $h(n)$ 在 z 平面的实轴上各 $\{z_k\}$ 点的 z 变换 $H(z)$,使

(1) $z_k=a^k$, $k=0,1,\cdots,N-1$, a 为实数, $a\neq\pm1$;

(2) $z_k=ak$, $k=0,1,\cdots,N-1$, a 为实数, $a\neq0$;

(3) (1)和(2)两者都行;

(4) (1)和(2)两者都不行,即线性调频 z 变换不能计算 $H(z)$ 在 z 为实数时的抽样。

4.10 $X(e^{j\omega})$ 表示点数为 10 的有限长序列 $x(n)$ 的傅里叶变换。我们希望计算 $X(e^{j\omega})$ 在频率 $\omega_k=(2\pi k^2/100)(k=0,1,\cdots,9)$ 时的 10 个抽样。计算时不能采用先算出比要求数多的抽样再丢掉一些的办法。讨论采用下列各方法的可能性:

(1) 直接利用 10 点快速傅里叶变换算法;(2) 利用线性调频 z 变换算法。

4.11 我们希望利用一个单位抽样响应的点数 $N=50$ 的有限长冲激响应滤波器来过滤一串很长的数据。要求利用重叠保留法通过快速傅里叶变换实现这种滤波器,为了做到这一点,(1)输入各段必须重叠 P 个抽样点;(2)必须从每一段产生的输出中取出 Q 个抽样点,使这些从每一段得到的抽样连接在一起时,得到的序列就是所要求的滤波输出。假设输入的各段为 100 个抽样点,而离散傅里叶变换为 128 点。进一步假设,圆周卷积的输出序列标号从 $n=0$ 点到第 $n=127$ 点。

(1) 求 P;

(2) 求 Q;

(3) 求取出来的 Q 个点之起点和终点的标号(n),即确定从圆周卷积的 128 点中要取出哪些点,以便和前一段取出的点衔接起来。

4.12 用解析法计算 $x_a(t)=e^{-0.3t}, t\geqslant0$ 的频谱 $X_a(j\Omega)$。设 $T=0.5, T=0.05$,计算 $x(n)=e^{-0.3nT}$, $n\geqslant0$ 的频谱。把后两种 $x(n)$ 的频谱与 $x_a(t)$ 的频谱进行比较,是否有因抽样而引起的重大频谱混叠现象。

4.13 一个无限长序列 $x(n)=0.8^n(n\geqslant0), T=1$。若截断成 N 点有限长序列,求长度 $N=2^r$ 与无限长序列之间频谱误差小于峰值的 1% 的 r 值。

注意只在 $k=2\pi m/N(m=0,1,\cdots,N/2)$ 的点上比较其幅度值。

4.14 用 FFT 来计算下列信号的频谱。

$$x_a(t) = e^{-0.02t} \cdot \sin(3t) - 2e^{-0.01t}\cos(7t)$$

4.15 某一连续时间信号 $x_a(t)$ 由频率为 300Hz、450Hz、1.2kHz、2.5kHz 的正弦余弦信号的线性组合,此信号被 $f_s=2$kHz 的抽样频率抽样后,通过一个截止频率为 800Hz 的理想低通滤波器,输出为连续时间信号 $y_a(t)$,问重构信号 $y_a(t)$ 中所包含的频率分量。

4.16　若 $x_a(t)$为包含频率为 f_1、f_2、f_3、f_4 的四个正弦型信号的线性组合，若抽样频率为 $f_s=8\text{kHz}$，截止频率为 3.4kHz 的理想低通滤波器，生成一个重构输出信号 $y_a(t)$，$y_a(t)$中包含有 400Hz、650Hz 及 1kHz 三个频率分量，问 f_1、f_2、f_3、f_4 的可能频率是多少？答案是否是唯一的？更全面的答案是什么？

4.17　设 $x(n)=[1,\underline{2},1,2,1]$，$h(n)=[\underline{1},2,2,1]$。

(1) 在时域求 $y(n)=x(n)*h(n)$；

(2) 用 FFT 流图法来求 $y(n)$。即求出 $H(k)$，$X(k)$，$Y(k)=H(k)X(k)$，$y(n)=\text{IFFT}[Y(k)]$。

4.18　用重叠保留法来完成以下的滤波功能。$h(n)$的长度为 $M=31$，信号 $x(n)$的长度为 $N_2=19\,000$，利用 $N=512$ 点的 FFT 算法，试讨论如何完成这一滤波运算。

4.19　同上题的数据，若用重叠相加法，问需要多少个 $N=512$ 点的 FFT 运算。

第 5 章　数字滤波器的基本结构

5.1　概　　述

1. 数字滤波器结构的框图及流图表示法。

一个数字滤波器在时域用常系数线性差分方程表示

$$y(n)=\sum_{k=0}^{M}b_k x(n-k)-\sum_{k=1}^{N}a_k y(n-k) \tag{5.1.1}$$

在 z 域则是用系统函数表示，即对(5.1.1)式取 z 变换，可得系统函数 $H(z)$ 为

$$H(z)=\frac{\sum_{k=0}^{M}b_k z^{-k}}{1+\sum_{k=1}^{N}a_k z^{-k}} \tag{5.1.2}$$

数字滤波器的功能就是通过一定的运算，如(5.1.1)式所示，把输入变换成输出，这一运算就是“滤波”作用，广义而言，也是信号处理。

可以有两种办法实现数字滤波：一种是用软件编程实现，另一种是用专用硬件或通用的数字信号处理器实现。

由(5.1.1)式看出，一个数字滤波器实现时的基本运算单元为加法器、乘法器和延时器。这些基本运算单元可以有两种表示方法——方框图法及信号流图法，如图 5.1 所示。

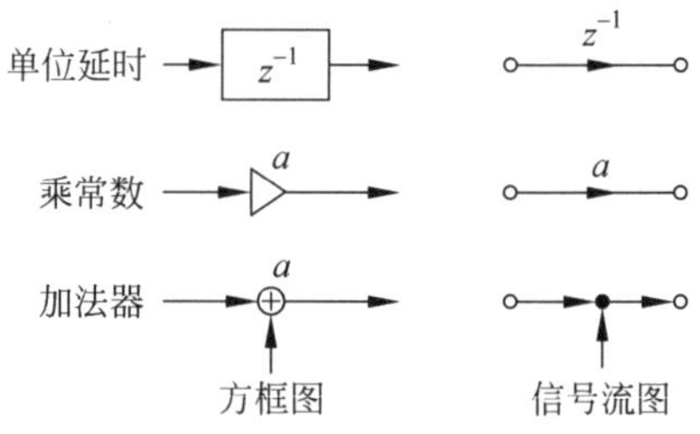

图 5.1　基本运算单元的两种表示

在本书的各章中都采用信号流图表示法，因为它简单、方便。方框图表示法较为直观，但更为烦琐。在流图表示中，①如果一个节点有两个或两个以上输入，则此节点一定是加法器；②任一节点的节点值是指此节点输出的信号值；③任一节点只有一个输入，有一个或多个输出，则此节点是分支节点。只有输出、没有输入的节点称为源节点，只有输入、没有输出的节点称为阱节点。

2. 实现(5.1.1)式或(5.1.2)式可以有很多方法，例如将(5.1.1)式的差分方程变换成各种不同的差分方程组，或等效地将(5.1.2)式的分式变换成各种分式的组合，每种都有不同的运算方式，但这些运算的基本单元仍为延迟器、加法器、乘法器。因而可以有多种网络结构，而这些网络结构都是指运算结构(而非具体的电路结构)。这些结构都对应于同一差

分方程，理论上说它们应该有相同的运算结果，即这些不同的网络结构，在同样的输入情况下，应有完全相同的输出。

但是，实际上，不同的滤波器网络结构，有不同的效果，因而，才会去研究各种不同的网络结构。从效果来看，主要是以下这几个因素会影响人们对某种网络结构的选择。

(1) 计算复杂性。指乘法次数，加法次数，取指、存储的次数，两个数的比较次数。计算复杂性会影响计算速度。

(2) 存储量。指系统参数、输入信号、中间计算结果以及输出信号的存储。

(3) 运算误差。主要是指有限字长效应，由于输入输出信号、系统参数、运算过程都受二进制编码长度限制，就会带来各种量化(有限字长)效应产生的误差。所以要研究不同网络结构对有限字长效应的敏感程度，研究需要多少位字长才能达到一定的精度。

(4) 频率响应调节的方便程度，这主要反映在零点、极点的调节方便程度。

以上四点在不同类结构中表现是不一样的。

5.2　无限长单位冲激响应滤波器的基本结构

5.2.1　IIR 滤波器的特点

(1) 系统的单位抽样响应 $h(n)$是无限长的。

(2) 从(5.1.1)式看，必须至少有某一个 $a_k\neq 0$，也就是说结构上一定存在着输出到输入的反馈，或者说一定是递归型结构。

(3) 从(5.1.2)式看，由于至少有某一个 $a_k\neq 0$，故系统函数 $H(z)$在有限 z 平面($0<|z|<\infty$)上一定有极点存在。

(4) 在(5.1.2)式中，若只有 b_0 不为零，其他 $b_k=0(k=1,2,\cdots,M)$，则称为全极点型的 IIR 滤波器或称自回归(AR)系统；只要有两个或多个 $b_k\neq 0$，则称为零-极点型的 IIR 滤波器或称自回归滑动平均(ARMA)系统。

(5) IIR 滤波器同一个 $H(z)$可以有直接Ⅰ型、直接Ⅱ型、级联型、并联型结构，还有下一节将讨论到的格型结构。

(6) 单位冲激响应 $h(n)$为实数，则(5.1.1)式、(5.1.2)式中的所有系数(a_k,b_k)都应为实数。

5.2.2　直接型结构

学习要点

1. 由于各种滤波器结构中所用的基本二阶节单元都采用直型Ⅱ型结构(典范型结构)，所以先介绍直接型结构，主要是直接Ⅱ型结构。

2. 由(5.1.1)式，先实现各 $x(n-k)$ 的加权和($k=0,1,\cdots,M$)，再实现各 $y(n-k)$ 的加权和($k=1,2,\cdots,N$)，就得到直接Ⅰ型结构，如图 5.2(a)所示。

由于系统是线性系统，故对直接Ⅰ型结构的两个延时链子系统的次序进行交换，并对有相同输出的中间两延时链进行合并，就得到直接Ⅱ型结构(典范型结构)，如图 5.2(b)所示。二阶直接Ⅱ型结构($N=2,M=2$ 或 $N=2,M=1$)是最有用的，因为它是级联型结构和并联型结构的基本网络单元。

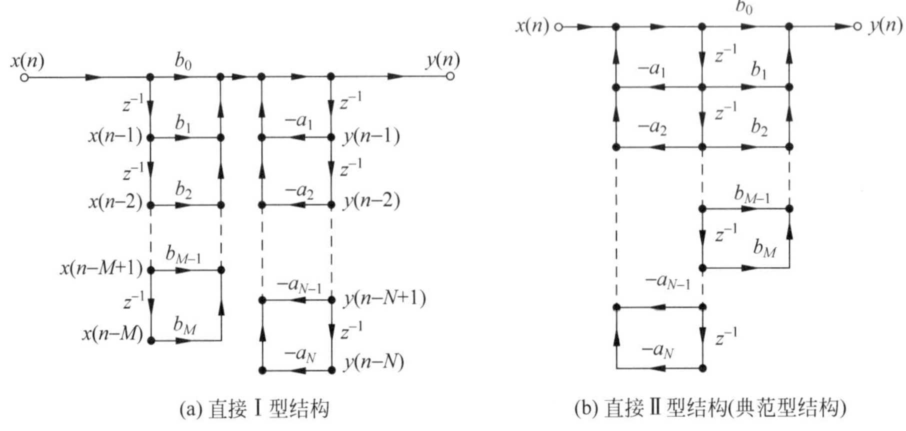

图 5.2 直接型结构

3. 直接Ⅱ型结构的特点(除以下第(1)点外，其他各点也是直接Ⅰ型的特点)。

(1) N 阶差分方程共需 N 个延时单元(当 $N\geqslant M$，一般都满足这一关系)，这是 N 阶滤波器所需最少的延迟单元，故称"典范型"。

(2) 由差分方程(5.1.1)式或系统函数 $H(z)$ 的 (5.1.2)式，很容易画出滤波器的这种结构流图。

(3) 缺点 1：对于高阶滤波器，由于各 a_k 及各 b_k 分别对于滤波器的极点与零点的控制作用不明显，即对频率响应的控制作用很不明显，因而调整频率响应较困难。

(4) 缺点 2：这种结构零点、极点对系数的量化效应较灵敏，因而频率响应会因系数量化产生比其他几种结构更大的偏差。

(5) 缺点 3：乘法运算的量化误差造成在系统输出端噪声功率比其他几种结构的都要大。

5.2.3 级联型结构

学习要点

1. 将(5.1.2)式的分子多项式、分母多项式分别进行因式分解，将实零点、实极点分别构成一阶因式，而将共轭对极点或共轭对零点组成实系数的二阶因式：

$$(1-q_kz^{-1})(1-q_k^*z^{-1})=1-(q_k+q_k^*)z^{-1}+q_kq_k^*z^{-2}$$

若 $q_k = r_k e^{j\omega_k}$ 则 $q_k^* = r_k e^{-j\omega_k}$ （r_k 为实数）

则 $(1-q_k z^{-1})(1-q_k^* z^{-1}) = 1-2r_k z^{-1}\cos\omega_k + r_k^2 z^{-2}$

最后分子、分母形成一阶实系数因式与二阶实系数因式的连乘形式，再将分子、分母的一个因式组成级联系统中的一个网络。这时，可有多种组合方式，为了充分利用延时单元，可采用分子、分母的二阶因式组合成级联系统的一个二阶网络，而分子、分母的一阶因式组合成级联系统的一个一阶网络（当然也可以分子分母一、二阶因式的交叉组合构成一个级联网络单元），这样可构成若干个二阶网络与若干个一阶网络的级联型结构。级联型结构的示意图见图 5.3(a)，其中每个框图 $H_k(z)$ 要么是一阶网络，要么是二阶网络，其中基本的二阶网络系统函数为

$$H_k(z) = \frac{1+\beta_{1k}z^{-1}+\beta_{2k}z^{-2}}{1+\alpha_{1k}z^{-1}+\alpha_{2k}z^{-2}} \tag{5.2.1}$$

此式中的全部系数都是实数，当级联的某些二阶节中 α_{2k} 和 $\beta_{2k}=0$ 时，就成为级联的一阶基本节。

级联结构的基本一阶网络节与基本二阶网络节可见图 5.3(b)。

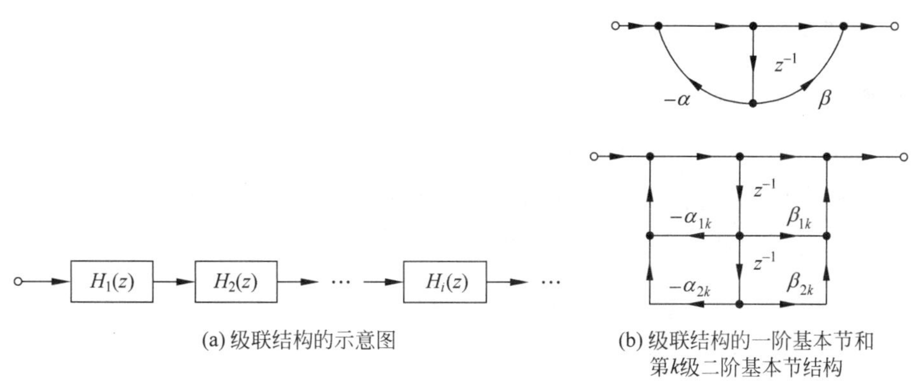

(a) 级联结构的示意图

(b) 级联结构的一阶基本节和第k级二阶基本节结构

图 5.3 级联型结构

整个级联型系统的系统函数可表示为

$$H(z) = G\prod_k \frac{1+\beta_{1k}z^{-1}+\beta_{2k}z^{-2}}{1+\alpha_{1k}z^{-1}+\alpha_{2k}z^{-2}} \tag{5.2.2}$$

式中各系数包括 G 都是实数，其中一阶、二阶网络的个数，则由具体系统函数 $H(z)$［见(5.1.2)式］中 M、N 的取值（它们决定了零点、极点数目）以及实数零、极点和共轭对零、极点的数目来确定。

2. 由于 $H(z)$ 的分子、分母多项式中，有多个一阶因式、多个二阶因式，因而组成级联的每个二阶网络（或一阶网络）可以有多种组合方式，它们之间又可有多种级联次序，在有限字长（量化）的情况下，可形成的输出量化误差可能是不一样的。

3. 实现级联结构中的每一个一阶节网络及二阶节网络都采用直接Ⅱ型结构。

4. 级联结构的特点。

(1) 有多种分子、分母的二阶节组合，以及多种级联次序，很灵活。但采用有限字长实

现时，它们的误差是不一样的，有最优化课题。

(2) 调整零、极点直观、方便，从而使频率响应调节较方便。因为每一级二阶子系统 $H_k(z)$ 可独立地确定一对共轭极点（由 α_{1k}、α_{2k} 确定）及一对共轭零点（由 β_{1k}、β_{2k} 确定）[见(5.2.1)式]，而每一级一阶子系统 $H_m(z)$ 则可独立地确定一个实极点及一个实零点[当只有一阶(z^{-1})系数 β，α 时，见图 5.3(b)]。

(3) 级联网络间要有电平的放大与缩小问题。使得变量值大小合适，因为变量值太大会在运算中产生溢出现象，而变量值太小，则会使信号与量化噪声的比值太小（当然，其他结构也有电平问题）。

(4) 对系数量化效应的敏感度比直接型结构要低。

(5) 由于网络的级联，使得有限字长造成的系数量化误差、运算误差等会逐级积累。

(6) 一般来说，输出的噪声功率比直接型低，比并联型高，但某些组合及排序的情况下，其输出噪声可以比并联型低。

5.2.4 并联型结构

学习要点

1. 将因式分解的 $H(z)$ 按极点展开部分分式形式，并将每一对共轭极点的分式合并成实系数的并联二阶基本节，就得到 IIR 滤波器的并联型结构，其一般表达式为

$$H(z)=\frac{\sum_{k=0}^{M}b_kz^{-k}}{1+\sum_{k=1}^{N}a_kz^{-k}}$$

$$=\sum_{k=1}^{N_1}\frac{A_k}{1+e_kz^{-1}}+\sum_{k=1}^{N_2}\frac{B_k(1+g_kz^{-1})}{(1+d_kz^{-1})(1+d_k^*z^{-1})}+\sum_{k=0}^{M-N}C_kz^{-k}$$

其中 $N=N_1+2N_2$，除 d_k 为复数外，其他系数皆为实数。

可将上式写成更通用的形式

$$H(z)=\frac{b_0+b_1z^{-1}+\cdots+b_Mz^{-M}}{1+a_1z^{-1}+\cdots+a_Nz^{-N}}=\sum_{k=1}^{K}\frac{B_{0k}+B_{1k}z^{-1}}{1+A_{1k}z^{-1}+A_{2k}z^{-2}}+\sum_{k=0}^{M-N}C_kz^{-k} \quad (5.2.3)$$

当某些 B_{1k}、A_{2k} 为零时，就得到一些基本的并联一阶节；当 $M=N$ 时，等式右端第二个求和式中，只存在常数 C_0；当 $M<N$ 时，则只存在第一个求和式，第二个求和式的多项式为零。

其中，K 个并联结构的二阶基本节的通用表达式为

$$H_k(z)=\frac{B_{0k}+B_{1k}z^{-1}}{1+A_{1k}z^{-1}+A_{2k}z^{-2}},\quad k=1,2,\cdots,K \quad (5.2.4)$$

当 $M=N$ 时，并联结构的示意图如图 5.4 所示。

并联型结构的一阶基本节、二阶基本节的结构图如图 5.5 所示。

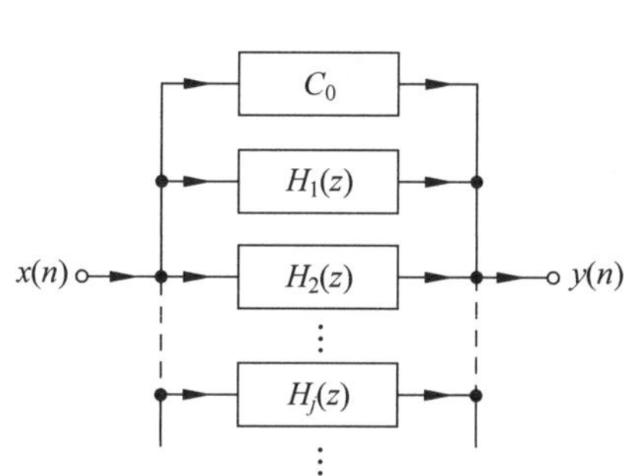

图 5.4　并联结构的示意图($M=N$)

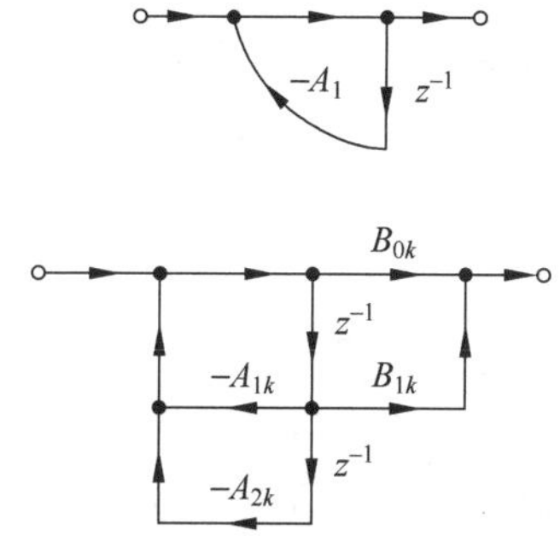

图 5.5　并联结构的一阶基本节和第 k 个二阶基本节结构

2. 并联型结构的特点。

(1) 调整极点方便。因为一阶基本网络的系数决定一个实极点，二阶基本网络的两个系数决定一对共轭极点。但不能像级联结构那样能方便地调整零点，故要求有准确传输零点的情况下，不能采用并联型结构，而应采用级联型结构。

(2) 和级联型结构一样，对系数量化误差敏感度低。

(3) 由于网络的并联，故各基本网络节产生的量化误差不会互相影响，不会像级联型那些产生逐级误差的积累。

(4) 信号同时加到各个网络上，因而运算速度比级联型快。

(5) 若有高阶极点时，部分分式展开会很麻烦。但用 MATLAB 工具，可以很容易解决这一麻烦。

5.2.5　转置型结构

利用线性时不变系统的转置定理，可以得到以上所有 IIR 滤波器结构的转置结构。

转置定理：对于线性时不变系统，将其流图的所有支路方向翻转，但支路的增益不变，将输入与输出交换位置，则所形成的新网络即为原网络的转置结构，新结构的系统函数 $H(z)$ 与原系统的是一样的。图 5.6 及图 5.7 画出了图 5.2(b)直接Ⅱ型的转置结构。

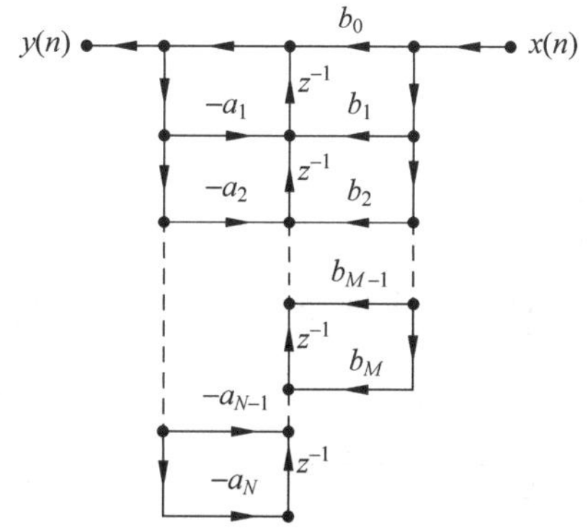

图 5.6　典范型结构的转置

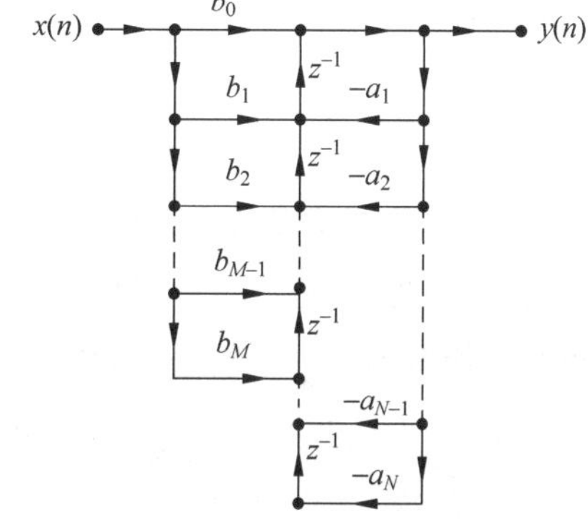

图 5.7　直接Ⅱ型的转置结构(将图 5.6 画成输入在左，输出在右的习惯形式)

【例 5.1】 已知 IIR 滤波器的系统函数 $H(z)$ 为

$$H(z)=\frac{6+1.2z^{-1}-0.72z^{-2}+1.728z^{-3}}{8-10.4z^{-1}+7.28z^{-2}-2.352z^{-3}}$$

试求：

(1) 系统的差分方程；

(2) 画出该系统的直接Ⅱ型结构；

(3) 画出该系统的级联型结构；

(4) 画出该系统的并联型结构。

解 (1) 由 $H(z)=\dfrac{Y(z)}{X(z)}$代入 $H(z)$表达式，并求 z 反变换，可得系统差分方程为

$$\begin{aligned}y(n)=&\frac{1}{8}[10.4y(n-1)-7.28y(n-2)+2.352y(n-3)]\\&+\frac{1}{8}[6x(n)+1.2x(n-1)-0.72x(n-2)+1.728x(n-3)]\\=&1.3y(n-1)-0.91y(n-2)+0.294y(n-3)+0.75x(n)\\&+0.15x(n-1)-0.09x(n-2)+0.216x(n-3)\end{aligned}$$

(2) 由差分方程可画出直接Ⅱ型结构，如图 5.8 所示。

由图看出，只要将 $H(z)$中分母中 z^0 项的系数归一化为 1，则由观察 $H(z)$即可画出直接Ⅱ型结构，但需注意，反馈延时链中的系数的符号应与 $H(z)$中分母的各相应系数的符号相反。

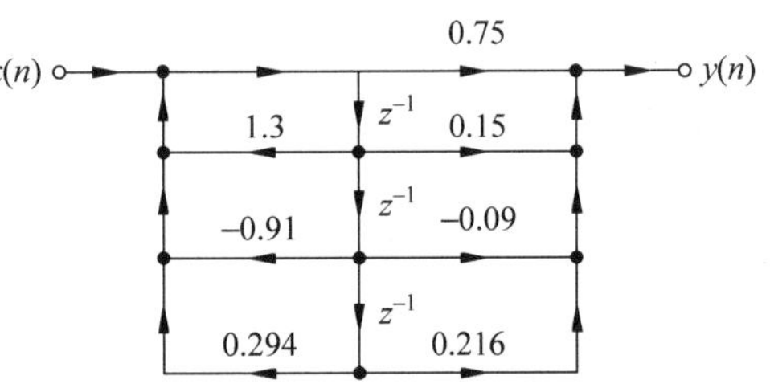

图 5.8 例 5.1 的直接Ⅱ型结构

(3) 级联型结构。

将 $H(z)$按零点极点展成因式，为了方便，将 $H(z)$的分子、分母多项式 z^0 项的系数都归一化为 1，则有

$$\begin{aligned}H(z)&=\frac{3}{4}\cdot\frac{1+0.2z^{-1}-0.12z^{-2}+0.288z^{-3}}{1-1.3z^{-1}+0.91z^{-2}-0.294z^{-3}}\\&=\frac{3}{4}\cdot\frac{(1+0.8z^{-1})(1-0.6z^{-1}+0.36z^{-2})}{(1-0.6z^{-1})(1-0.7z^{-1}+0.49z^{-2})}\end{aligned}$$

其分子、分母中的二阶多项式分别为一对共轭零点与一对共轭极点。级联的两个网络可以有两种组合，一种是将分子、分母的一阶因式组合成级联的一个网络，将分子、分母的二阶因式组合成级联的另一个网络，则有

$$H(z)=\frac{3}{4}\cdot\frac{1+0.8z^{-1}}{1-0.6z^{-1}}\cdot\frac{1-0.6z^{-1}+0.36z^{-2}}{1-0.7z^{-1}+0.49z^{-2}}$$

由此得出如图 5.9 所示的级联型结构，其中每一个级联子网络本身都用直接Ⅱ型结构实现。

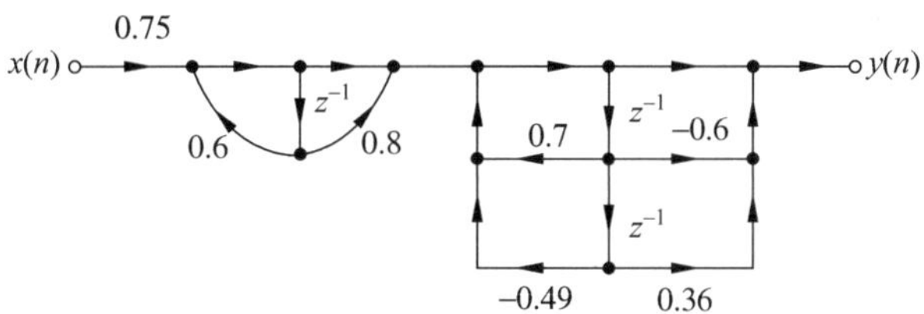

图 5.9　例 5.1 的一种级联型结构

如果将分子(分母)的一阶因式与分母(分子)的二阶因式组成级联型的一个网络，则有

$$H(z)=\frac{3}{4}\cdot\frac{1+0.8z^{-1}}{1-0.7z^{-1}+0.49z^{-2}}\cdot\frac{1-0.6z^{-1}+0.36z^{-2}}{1-0.6z^{-1}}$$

由此可得如图 5.10 所示的另一种级联型结构，但是，可以看出这种结构比如图 5.9 所示的结构要多用一个延时单元。

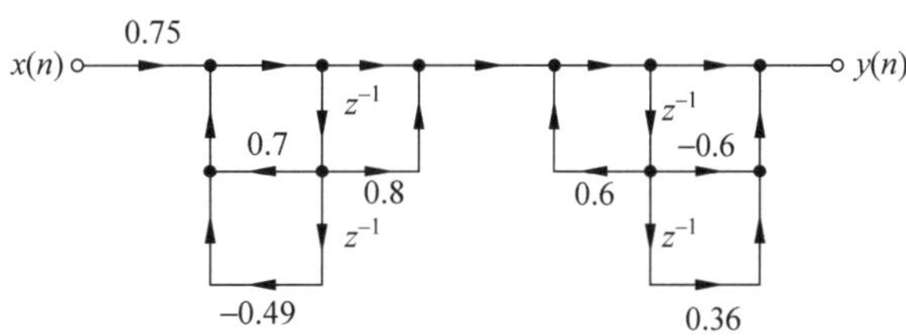

图 5.10　例 5.1 的另一种级联型结构

(4) 并联型结构。

为求并联结构，必须按系统 $H(z)$ 的极点展成部分分式。对于由共轭极点组成的二阶多项式，前面已分析，当共轭极点为 $z_i=re^{i\theta}$ 及 $z_i^*=re^{i\theta}$ 时，有

$$(1-re^{i\theta}z^{-1})(1-re^{-i\theta}z^{-1})=1-2rz^{-1}\cos\theta+r^2z^{-2}$$

因而 $H(z)$ 中分母的二阶多项式可分解为

$$1-0.7z^{-1}+0.49z^{-2}=(1-0.7e^{j\pi/3}z^{-1})(1-0.7e^{-j\pi/3}z^{-1})$$

由此，可将 $H(z)$ 展成部分分式(由于 $M=N=3$，故有常数项)

$$H(z)=A+\frac{B}{1-0.6z^{-1}}+\frac{C}{1-0.7e^{j\pi/3}z^{-1}}+\frac{C^*}{1-0.7e^{-j\pi/3}z^{-1}}$$

由于极点 $z=0.7e^{j\pi/3}$ 与 $z=0.7e^{-j\pi/3}$ 是共轭的，故展开式的系数也一定是共轭的。利用

$$\begin{aligned}\frac{H(z)}{z}&=\frac{3}{4}\frac{(1+0.8z^{-1})(1-0.6z^{-1}+0.36z^{-2})}{(1-0.6z^{-1})(1-0.7z^{-1}+0.49z^{-2})z}\\&=\frac{3}{4}\frac{(z+0.8)(z^2-0.6z+0.36)}{(z-0.6)(z^2-0.7z+0.49)z}\\&=\frac{3}{4}\cdot\frac{(z+0.8)(z^2-0.6z+0.36)}{z(z-0.6)(z-0.7e^{j\pi/3})(z-0.7e^{-j\pi/3})}\end{aligned}$$

有

$$\frac{H(z)}{z}=\frac{A}{z}+\frac{B}{z-0.6}+\frac{C}{z-0.7e^{j\pi/3}}+\frac{C^*}{z-0.7e^{-j\pi/3}}$$

按部分分式法求各系数为

$$A=\frac{H(z)}{z}(z-0)\Big|_{z=0}=-0.7347$$

$$B=\frac{H(z)}{z}(z-0.6)\Big|_{z=0.6}=1.4651$$

$$C=\frac{H(z)}{z}(z-0.7\mathrm{e}^{\mathrm{j}\pi/3})\Big|_{z=0.7\mathrm{e}^{\mathrm{j}\pi/3}}=0.133\mathrm{e}^{-\mathrm{j}0.21\pi}$$

因而

$$C^{*}=0.133\mathrm{e}^{\mathrm{j}0.21\pi}$$

故

$$\frac{C}{1-0.7\mathrm{e}^{\mathrm{j}\pi/3}z^{-1}}+\frac{C^{*}}{1-0.7\mathrm{e}^{-\mathrm{j}\pi/3}z^{-1}}=\frac{0.21+0.025z^{-1}}{1-0.7z^{-1}+0.49z^{-2}}$$

由此得到并联型结构的系统函数为

$$H(z)=-0.7347+\frac{1.4651}{1-0.6z^{-1}}+\frac{0.21+0.025z^{-1}}{1-0.7z^{-1}+0.49z^{-2}}$$

并联型结构图见图 5.11。

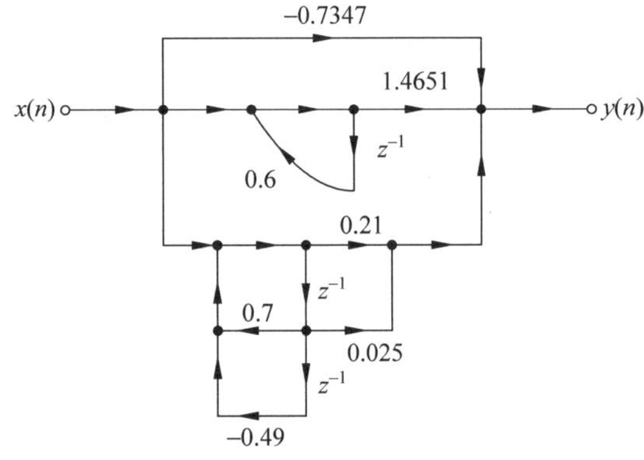

图 5.11　例 5.1 的并联型结构

5.3　有限长单位冲激响应滤波器的基本结构

5.3.1　FIR 滤波器的特点

(1) 系统的单位抽样响应 $h(n)$是有限长的，即 $h(n)$在有限个 n 值处不为零。

(2) 从(5.1.1)式看，必须全部 $a_k=0(k=1,2,\cdots,N)$，即结构上没有输出到输入的反馈，没有递归结构，只有非递归结构。但在 FIR 滤波器的频率抽样结构中，也包含有递归结构。

(3) 从(5.1.2)式看，由于全部 $a_k=0$，故系统函数 $H(z)$在 $0<|z|<\infty$的有限 z 平面中只有零点，故又称为全零点系统，或称滑动平均系统(MA 系统)，系统的全部极点都在 $z=0$ 处。

(4) 同一个 $H(z)$，可以有直接型(横截型、卷积型)结构、级联型结构、频率抽样型结构、线性相位型结构、快速卷积型(DFT 型)结构，还有下一节将讨论到的格型结构，因为有限 z 平面没有极点，故没有并联型结构。

(5) 同 IIR 滤波器一样，$h(n)$是实数时，$H(z)$中的系数亦为实数。

(6) FIR 滤波器的最大特点是可以有严格的线性相位，这对某些信号(例如图像信号、数据信号)的传输是很重要的。

5.3.2 直接型(横截型、卷积型)结构

学习要点

1. 由于在(5.1.1)式及(5.1.2)式中的全部 $a_k=0(k=1,2,\cdots,N)$

则有

$$y(n)=\sum_{k=0}^{M}b_k x(n-k)$$

一般都研究 N 点长序列，即令 $M=N-1$，将 k 换成 m

$$y(n)=\sum_{m=0}^{N-1}b_m x(n-m)$$

可以看出，$b_m(m=0,1,\cdots,N-1)$就是单位冲激响应序列 $h(m)$，则上式可写成

$$y(n)=\sum_{m=0}^{N-1}h(m)x(n-m) \tag{5.3.1}$$

这就是 LSI(线性移不变)系统的卷积和关系，由此式可画出由 $x(n)$的延时链构成的横截(横向)结构，也称卷积结构，如图 5.12 所示。

由(5.3.1)式可得，N 点长单位冲激响应 $h(n)(0\leqslant n\leqslant N-1)$系统的系统函数为 z^{-1} 的 $M=N-1$ 阶多项式

$$H(z)=\mathscr{Z}[h(n)]=\frac{Y(z)}{X(z)}=\sum_{n=0}^{N-1}h(n)z^{-n}=\sum_{n=0}^{N-1}b(n)z^{-n} \tag{5.3.2}$$

由(5.3.2)式也可直接画出图 5.12 的$(N-1)$阶横向型结构。

图 5.13 画出了图 5.12 的转置结构。

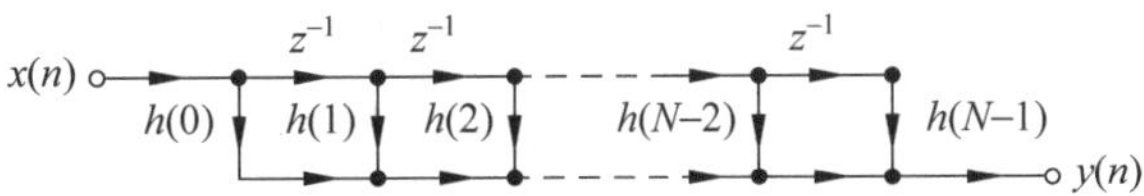

图 5.12 FIR 滤波器的横截型结构

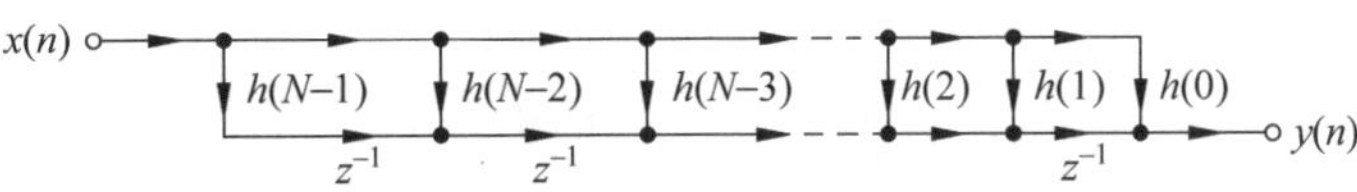

图 5.13 图 5.12 的转置结构

2. FIR 滤波器$(N-1)$阶横向结构共有 N 次乘法,$(N-1)$次加法。

5.3.3 级联型结构

学习要点

1. 将(5.3.2)式的系统函数分解为由一阶实零点子系统与一对共轭复零点组成的实系数二阶子系统的系统函数的乘积。由于一阶子系统可看成二阶子系统的特例,故可以统一用二阶级联基本节子系统的乘积表示为

$$H(z)=\prod_{k=1}^{K}(\beta_{0k}+\beta_{1k}z^{-1}+\beta_{2k}z^{-2}) \tag{5.3.3}$$

其中 $K=\lfloor N/2\rfloor$($\lfloor\ \rfloor$表示向下取整),各系数 β_{0k}、β_{1k}、β_{2k} 皆为实数,当某一个 $\beta_{2k}=0$ 时就得到一个一阶级联基本节。图 5.14 画出了 $N=6,N-1=5$ 时的 FIR 系统的级联结构图。

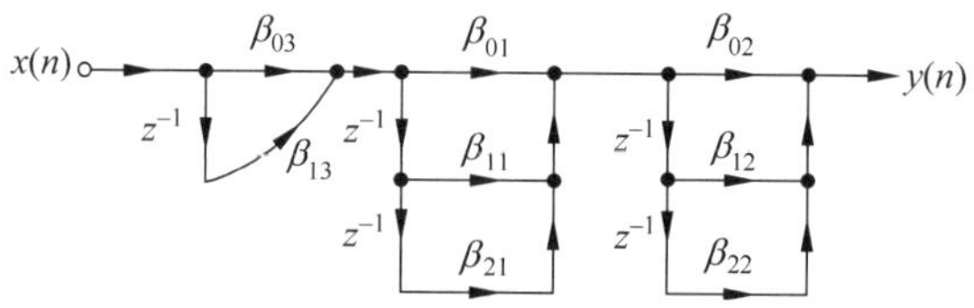

图 5.14 FIR 系统的级联型结构($N=6,K=3$)

2. 级联型结构的特点。

(1) 调整传输零点很方便。因为每个实零点可由一阶子系统的两个系数控制;每一对共轭零点则由二阶子系统的三个系数控制。直接型结构则无此优点。

(2) 级联型结构所需乘法次数比直接型多。

5.3.4 频率抽样型结构

学习要点

1. 频率抽样结构。在 3.5.2 节的频域的插值重构中已指出频域插值公式[(3.5.5)式]是 FIR 滤波器频率抽样结构的依据,即一个有限长序列,其 z 变换可以用 z 平面单位圆上的 N 个等间隔抽样值表示,在(3.5.5)式中,如果研究的是系统的 $h(n)$(N 点有限长序列),则有

$$H(z)=\frac{1-z^{-N}}{N}\sum_{k=0}^{N-1}\frac{H(k)}{1-W_N^{-k}z^{-1}} \tag{5.3.4}$$

其中

$$W_N^{-k}=\mathrm{e}^{\mathrm{j}\frac{2\pi}{N}k}$$

$$H(k)=H(z)\Big|_{z=W_N^{-k}}=|H(k)|\mathrm{e}^{\mathrm{j}\theta(k)}$$

而

$$H(z)=\sum_{n=0}^{N-1}h(n)z^{-n}$$

(5.3.4)式可看成两部分级联组成：

• 级联的第一部分

$$H(z) = 1 - z^{-N} \tag{5.3.5}$$

这是一个 FIR 子系统，它是由 N 个延时单元组成的梳状滤波器，此系统在单位圆上有 N 个等间隔的零点

$$H_c(z) = 1 - z^{-N} = 0$$

$$z_i^N = 1 = \mathrm{e}^{\mathrm{j}2\pi i}, \quad z_i = \mathrm{e}^{\mathrm{j}\frac{2\pi}{N}i}, \quad i = 0,1,\cdots,N-1$$

$H_c(z)$的频率响应为

$$H_c(\mathrm{e}^{\mathrm{j}\omega}) = 1 - \mathrm{e}^{-\mathrm{j}\omega N} = 2\mathrm{j}\mathrm{e}^{-\mathrm{j}\frac{\omega N}{2}}\sin\left(\frac{\omega N}{2}\right)$$

故频率响应的幅度为

$$|H_c(\mathrm{e}^{\mathrm{j}\omega})| = 2\left|\sin\left(\frac{\omega N}{2}\right)\right| \tag{5.3.6}$$

频率响应的相角为

$$\arg[H_c(\mathrm{e}^{\mathrm{j}\omega})] = \frac{\pi}{2} - \frac{\omega N}{2} + \arg\left[\sin\left(\frac{\omega N}{2}\right)\right] \tag{5.3.7}$$

其中

$$\arg\left[\sin\left(\frac{\omega N}{2}\right)\right] = m\pi, \quad 当\ \omega = \left(\frac{2m\pi}{N} \sim \frac{2(m+1)\pi}{N}\right), \quad m = 0,1,\cdots,N-1 \tag{5.3.8}$$

梳状滤波器子网络 $H_c(z)$的结构图、幅度响应$|H_c(\mathrm{e}^{\mathrm{j}\omega})|$以及相位响应 $\arg[H_c(\mathrm{e}^{\mathrm{j}\omega})]$见图 5.15。

由于其频率响应的幅度是梳齿形状，因而称之为梳状滤波器，梳状滤波器可用来去除交流 50Hz 频率及其各次谐波分量的干扰，在彩色电视及高清电视中可用来从复合(全)电视信号中分离出亮度信号及色度信号。

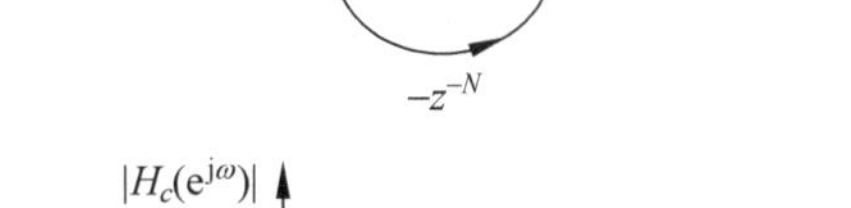

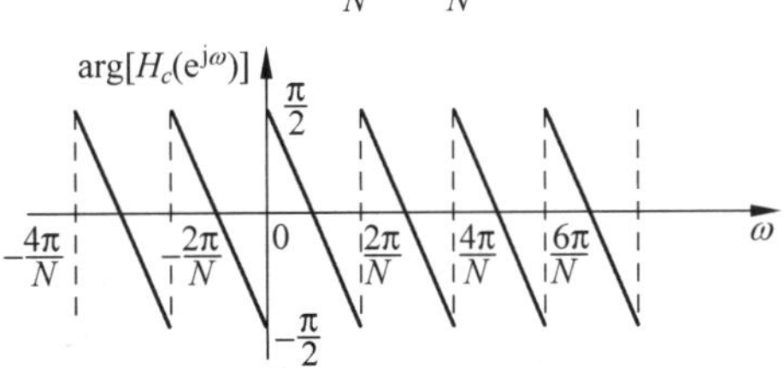

图 5.15 梳状滤波器结构、频率响应幅度及相位响应

• 级联的第二部分

$$\sum_{k=0}^{N-1} \frac{H(k)}{1 - W_N^{-k} z^{-1}} = \sum_{k=0}^{N-1} H'_k(z) \tag{5.3.9}$$

它是由 N 个一阶 IIR 子网络并联组成的 IIR 系统，每一个 IIR 一阶子网络为

$$H'_k(z) = \frac{H(k)}{1 - W_N^{-k} z^{-1}} \tag{5.3.10}$$

$H'_k(z)$的极点为 $z_k = W_N^{-k} = \mathrm{e}^{\mathrm{j}\frac{2\pi}{N}k}$。

此一阶网络在频率 $\omega_k=\dfrac{2\pi k}{N}$ 处响应幅度为无穷大，等效于谐振频率为 $\omega_k=\dfrac{2\pi k}{N}$ 的无损耗谐振器。

- 频率抽样结构的优点是对频率响应的控制方便，第二部分的每个谐振器的极点 $z_k=\mathrm{e}^{\mathrm{j}\frac{2\pi}{N}k}$ $(k=0,1,\cdots,N-1)$ 就与第一部分梳状滤波器 N 个零点中的一个零点相抵消，使得在 $\omega_k=\dfrac{2\pi k}{N}$ 处，$H(z)\Big|_{z=\mathrm{e}^{\mathrm{j}\frac{2\pi k}{N}}}=H(k)$，因此可用抽样值 $H(k)$ 直接控制级联后的 FIR 滤波器的频率响应。
- 由于零极点互相抵消后，在有限 z 平面上（$0<|z|<\infty$）系统函数没有极点，因而它就是一个 FIR 系统。FIR 滤波器的频率抽样型结构如图 5.16 所示。

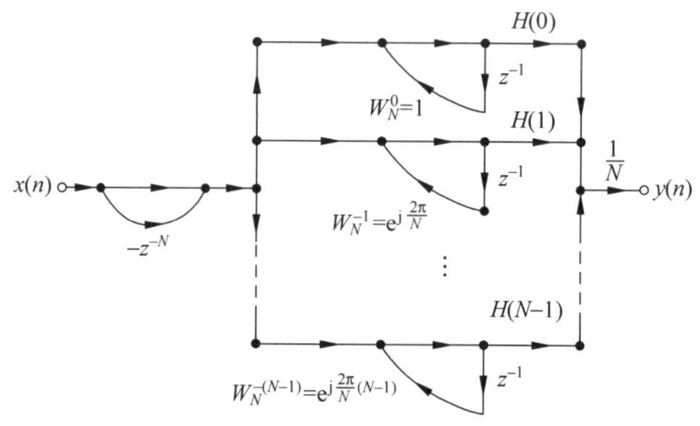

图 5.16 FIR 滤波器的频率抽样型结构

- 图 5.16 的频率抽样结构有两个缺点：

第一个缺点是稳定性问题。原来结构的 N 个零点、N 个极点都在单位圆上 N 个等间隔的相同位置上，但是由于采用有限字长后，量化效应对零点位置没有影响，因为零点只由延时单元决定，而极点由系数 $W_N^{-k}=\mathrm{e}^{\mathrm{j}\frac{2\pi k}{N}}$ 决定，系数量化后，极点位置会移动，若极点仍在单位圆上，但移到另外的位置，不能被零点所抵消，则系统就不稳定，因而必须加以改进。

第二个缺点是结构中所乘的系数 $H(k)$ 及 W_N^{-k} 都是复数，运算更加复杂，存储量更多，因而也须加以改进。

2. 修正的频率抽样结构。

(1) **针对以上第一个缺点是将梳状滤波器的零点以及各一阶谐振器的极点都移到单位圆内半径为 r 的圆上，r 是小于 1 又近似等于 1 的正实数（即 $r\lesssim 1$）**，则所得到的修正的频率抽样结构的系统函数 $H(z)$ 为

$$H(z)=\frac{1-r^Nz^{-N}}{N}\sum_{k=0}^{N-1}\frac{H_r(k)}{1-rW_N^{-k}z^{-1}}$$

由于 $r\leqslant 1$，且 $r\approx 1$，则半径为 r 的新抽样点上的值 $H_r(k)$ 可用单位圆（$r=1$）上的 $H(k)$ 代替，即

$$H_r(k)=H(z)\Big|_{z=rW_N^{-k}}\approx H(z)\Big|_{z=W_N^{-k}}=H(k)$$

故有

$$H(z)\approx\frac{1-r^Nz^{-N}}{N}\sum_{k=0}^{N-1}\frac{H(k)}{1-rW_N^{-k}z^{-1}} \tag{5.3.11}$$

(2) **以下要针对以上的第二个缺点加以改进。即将所乘的系数[$\boldsymbol{H(k)}$及$\boldsymbol{N_N^{-k}}$]都转化成实数，其依据是$\boldsymbol{h(n)}$是实序列这一特点**，当$h(n)$为实序列时，有

$$H(k)=H^*((N-k))_NR_N(k)=H^*(N-k)=|H(k)|\mathrm{e}^{\mathrm{j}\theta(k)} \tag{5.3.12a}$$

另有

$$W_N^{-k}=(W_N^{-(N-k)})^* \tag{5.3.12b}$$

- 利用(5.3.12)式这两个条件，可将(5.3.11)式的求和式中的第k项与第$N-k$项加以合并，令合并后的实系数二阶网络表示成$2|H(k)|H_k(z)$，即

$$2|H(k)|H_k(z)=\frac{H(k)}{1-rW_N^{-k}z^{-1}}+\frac{H(N-k)}{1-rW_N^{-(N-k)}z^{-1}}=\frac{H(k)}{1-rW_N^{-k}z^{-1}}+\frac{H^*(k)}{1-r(W_N^{-k})^*z^{-1}}$$

$$=2|H(k)|\frac{\cos[\theta(k)]-r\cos\left[\theta(k)-\frac{2\pi}{N}k\right]z^{-1}}{1-2r\cos\left(\frac{2\pi}{N}k\right)z^{-1}+r^2z^{-2}} \tag{5.3.13a}$$

其中

$$H(k)=|H(k)|\mathrm{e}^{\mathrm{j}\arg[H(k)]}=|H(k)|\mathrm{e}^{\mathrm{j}\theta(k)} \tag{5.3.13b}$$

(5.3.13a)式称为有限品质因数Q(即有损耗)的二阶谐振器，所谓品质因数Q是谐振器的中心频率f_o与通频带Δf_B的比值，即$Q=f_o/\Delta f_B$。若$Q=\infty$，则称为无损耗谐振器，它的$H(z)$的极点一定在z平面单位圆上。

现在来讨论(5.3.13a)式，由于它是(5.3.11)求和式中，$k=k$与$k=N-k$两项(它们的极点是互为复共轭的)合并而成。以下就N为奇数、N为偶数分别讨论(5.3.13a)式：

- **当$\boldsymbol{N}$为奇数时**，(5.3.11)式中，$k=0$处为$H(z)$的一个实极点，它必然是单独的一项，而$k=1,2,\cdots,N-1$处的各项是复极点，且两两互为复共轭，可合并为(5.3.13a)式，即有

$$H(0)H_0(z)=\frac{H(0)}{1-rz^{-1}},\quad k=0\text{代入(5.3.11)式} \tag{5.3.14a}$$

$$2|H(k)|H_k(z),\quad k=1,2,\cdots,(N-1)/2 \tag{5.3.14b}$$

- **当$\boldsymbol{N}$为偶数时**，(5.3.11)式中，$k=0$及$k=N/2$处为$H(z)$的两个实极点，它们都是单独的项，而$k=1,2,\cdots,N/2-1,N/2+1,\cdots,N-1$处的各项是复极点，且两两互为复共轭，可合并为(5.3.13a)式，即有

$$\begin{cases}H(0)H_0(z)=\dfrac{H(0)}{1-rz^{-1}}, & k=0\text{代入(5.3.11)式} \quad (5.3.15a)\\ H(N/2)H_{N/2}(z)=\dfrac{H(N/2)}{1+rz^{-1}}, & k=N/2\text{代入(5.3.11)式} \quad (5.3.15b)\\ 2|H(k)|H_k(z), & k=1,2,\cdots,N/2-1 \quad (5.3.15c)\end{cases}$$

谐振器各个根的位置如图5.17所示。

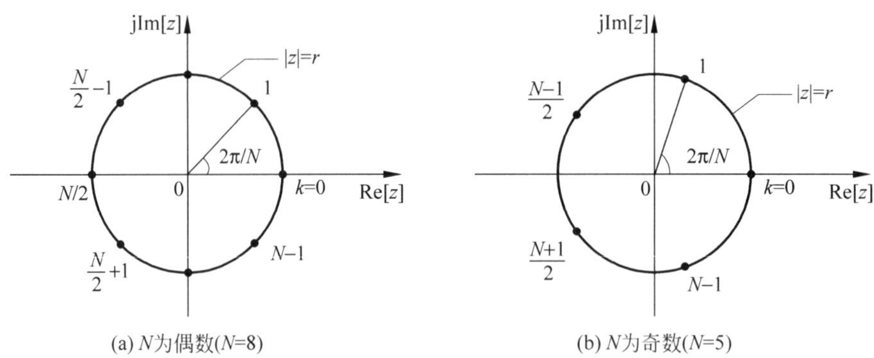

图 5.17　谐振器各个根的位置

• 实际上

$$H(0)=\sum_{n=0}^{N-1}h(n)\mathrm{e}^{-\mathrm{j}\frac{2\pi}{N}nk}\Bigg|_{k=0}=\sum_{n=0}^{N-1}h(n) \tag{5.3.16a}$$

$$H\left(\frac{N}{2}\right)=\sum_{n=0}^{N-1}h(n)\mathrm{e}^{-\mathrm{j}\frac{2\pi}{N}nk}\Bigg|_{k=N/2}=\sum_{n=0}^{N-1}h(n)\mathrm{e}^{-\mathrm{j}\pi n}=\sum_{n=0}^{N-1}(-1)^n h(n) \tag{5.3.16b}$$

因而 $H(0)$ 和 $H\left(\frac{N}{2}\right)$ 都是实数。

• 由此得出**修正的频率抽样结构的系统函数表达式为**

当 **N 为偶数时**，有

$$\begin{aligned}H(z)&=(1-r^Nz^{-N})\frac{1}{N}\left[\frac{H(0)}{1-rz^{-1}}+\frac{H\left(\frac{N}{2}\right)}{1+rz^{-1}}+\sum_{k=1}^{\frac{N}{2}-1}2\mid H(k)\mid\cdot H_k(z)\right]\\&=(1-r^Nz^{-N})\frac{1}{N}\left[H(0)\cdot H_0(z)+H\left(\frac{N}{2}\right)\cdot H_{\frac{N}{2}}(z)+\sum_{k=1}^{\frac{N}{2}-1}2\mid H(k)\mid\cdot H_k(z)\right]\end{aligned} \tag{5.3.17a}$$

其中

$$H_k(z)=\frac{\cos[\theta(k)]-r\cos\left[\theta(k)-\frac{2\pi}{N}k\right]z^{-1}}{1-2rz^{-1}\cos\left(\frac{2\pi}{N}k\right)+r^2z^{-2}},\quad k=1,2,\cdots,N/2-1 \tag{5.3.17b}$$

当 **N 为奇数时**，有

$$\begin{aligned}H(z)&=(1-r^Nz^{-N})\frac{1}{N}\left[\frac{H(0)}{1-rz^{-1}}+\sum_{k=1}^{\frac{N-1}{2}}2\mid H(k)\mid\cdot H_k(z)\right]\\&=(1-r^Nz^{-N})\frac{1}{N}\left[H(0)\cdot H_0(z)+\sum_{k=1}^{\frac{N-1}{2}}2\mid H(k)\mid\cdot H_k(z)\right]\end{aligned} \tag{5.3.18a}$$

其中

$$H_k(z)=\frac{\cos[\theta(k)]-r\cos\left[\theta(k)-\frac{2\pi}{N}k\right]z^{-1}}{1-2rz^{-1}\cos\left(\frac{2\pi}{N}k\right)+r^2z^{-2}},\quad k=1,2,\cdots,(N-1)/2$$

(5.3.18b)

图 5.18 画出了一阶结构的 $H_0(z)$、$H_{\frac{N}{2}}(z)$及二阶结构的 $2|H(k)|\cdot H_k(z)$的基本流图结构。

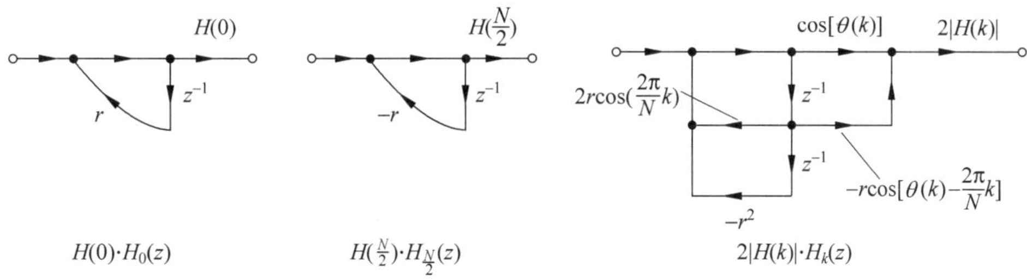

图 5.18 一阶谐振器 $H(0)\cdot H_0(z)$、$H\left(\frac{N}{2}\right)\cdot H_{\frac{N}{2}}(z)$及二阶谐振器 $2|H(k)|\cdot H_k(z)$的基本流图结构(修正的频率抽样结构的基本单元结构)

图 5.19 画出了 N 为偶数时的修正的频率抽样型结构。

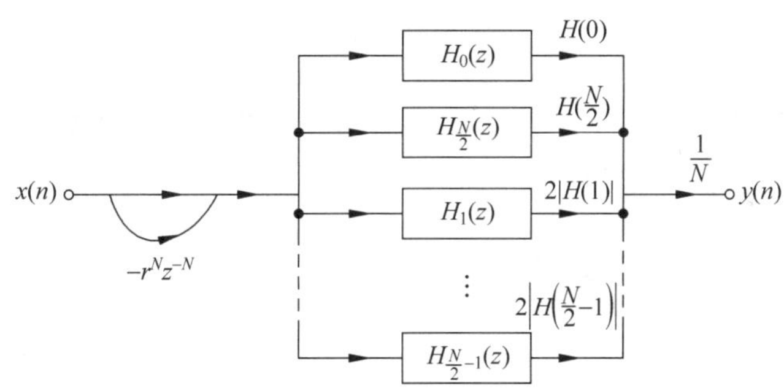

图 5.19 FIR 滤波器的修正的频率抽样结构(N 为偶数)

- **$r=1$ 时即为一般(非修正)的频率抽样结构,因而一般的频率抽样结构也可以有实系数的结构。**

3. 频率抽样结构的特点。它的**第一个优点是对窄带低通、窄带带通滤波器,所需频域抽样点比较小,**可省掉一些基本一、二阶节,因而可减少运算量;其**第二个优点是具有高度模块化结构,每个一、二阶节结构都是相同的,只是所乘的加权系数不同而已,因此可以时分复用,代替一组并列的滤波器;**它的缺点是所需乘法器及存储器都比较多。

另外,由于**量化效应,**使在**半径为 r 的圆上的某些极点可能(很大可能)移位,不能被零点抵消,造成有限 z 平面出现极点**(当然不能移至单位圆上,否则不稳定),**因此变成 IIR 系统了。**

5.3.5 快速卷积结构

在 3.6.1 节中已经讨论到用圆周卷积（采用 DFT 方法）计算 $x(n)$ 通过 FIR 系统（$h(n)$ 为有限长）的实现方法，也就是说 FIR 滤波器可以有快速（圆周）卷积结构。FIR 滤波器的时域差分方程

$$y(n)=\sum_{m=0}^{N-1}h(m)x(n-m)$$

设 $h(n)$ 长度为 N_1 点，$x(n)$ 长度为 N_2 点，则卷积结果 $y(n)$ 的长度为 N_1+N_2-1 点，若作 DFT 运算，其 DFT 的点数必须满足 $L\geqslant N_1+N_2-1$ 点，则有

$$H(k)=\mathrm{DFT}[h(n)],X(k)=\mathrm{DFT}[x(n)]\text{，皆为 }L\text{ 点}$$
$$Y(k)=H(k)X(k)$$
$$y(n)=\mathrm{IDFT}[y(k)],L\text{ 点}$$

由于 $H(k)$ 可预先算出结果，存在存储器中，因而有图 5.20 的快速卷积结构。

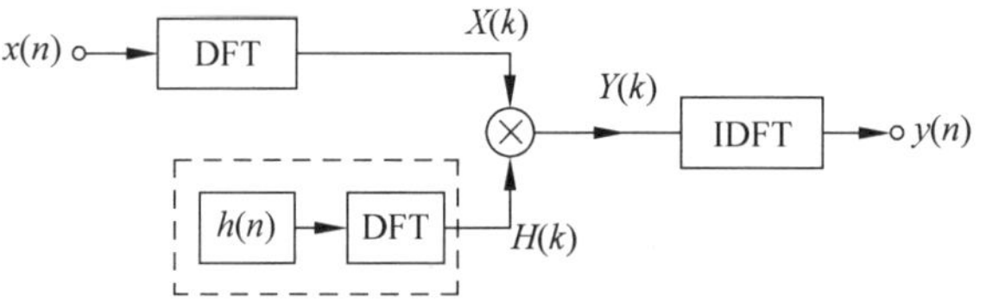

图 5.20 FIR 滤波器的快速卷积结构

- 当 $x(n)$ 是很长（或无限长）序列时，要采用 4.9 节中的分段卷积的重叠相加法或重叠保留法后，再用 DFT 求解。

5.3.6 线性相位 FIR 滤波器的结构

学习要点

1. FIR 滤波器的一大特点，是可以实现严格线性相位特性，这对于数据传输、图像处理等都是非常重要的。

2. FIR 滤波器的单位抽样响应 $h(n)$ 为实数（$0\leqslant n\leqslant N-1$），且满足以下任一条件时，系统的频率响应的相位就是严格线性的（见第 7 章的分析）。

偶对称

$$h(n)=h(N-1-n),\quad 0\leqslant n\leqslant N-1 \tag{5.3.19a}$$

奇对称

$$h(n)=-h(N-1-n),\quad 0\leqslant n\leqslant N-1 \tag{5.3.19b}$$

其对称中心为 $n=(N-1)/2$。

当 N 为奇数时，将(5.3.19a)式、(5.3.19b)式代入 $H(z)$ 表达式中

$$H(z)=\sum_{n=0}^{N-1}h(n)z^{-N}=\sum_{n=0}^{(N-1)/2-1}h(n)\left[z^{-n}\pm z^{-(N-1-n)}\right]+h\left(\frac{N-1}{2}\right)z^{-\frac{N-1}{2}} \tag{5.3.20}$$

当 **N 为偶数时**，将(5.3.19a)式、(5.3.19b)式代入 $H(z)$ 表达式中

$$H(z)=\sum_{n=0}^{N/2-1}h(n)\left[z^{-N}\pm z^{-(N-1-n)}\right] \tag{5.3.21}$$

上两式中方括号中的“+”表示 $h(n)$ 满足(5.3.19a)式的偶对称关系，“−”表示 $h(n)$ 满足(5.3.19b)式的奇对称关系。由(5.3.20)式、(5.3.21)式可分别画出两种线性相位 FIR 滤波器的直接型流图结构图 5.21 及图 5.22。但是，对图 5.21，N 为奇数且 $h(n)$ 为奇对称时，将 $n=(N-1)/2$ 代入(5.3.19b)式，有 $h((N-1)/2)=-h(N-1-(N-1)/2)=-h((N-1)/2)$，故有 $h((N-1)/2)=0$。因而当 $h(n)$ 为奇对称序列，且 N 为奇数时，图中的 $h((N-1)/2)$ 处的连线应该断开[即 $h((N-1)/2)=0$]，这时，(5.3.20)式中，等式右端最后一项 $h((N-1)/2)z^{-(N-1)/2}=0$。

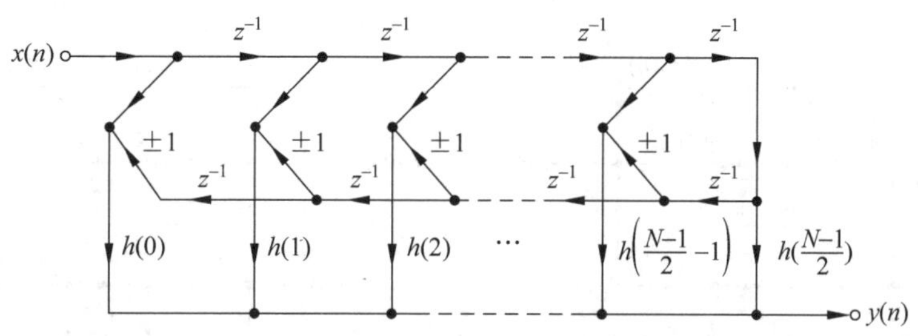

图 5.21　N 为奇数时线性相位 FIR 滤波器的直接型结构

[$h(n)$ 为偶对称时 ±1 取 +1；
$h(n)$ 为奇对称时 ±1 取 −1，且 $h\left(\frac{N-1}{2}\right)=0$，即 $h\left(\frac{N-1}{2}\right)$ 处的连线断开]

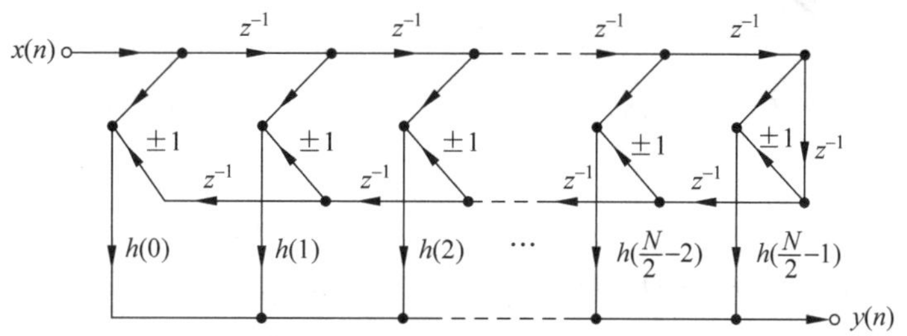

图 5.22　N 为偶数时，线性相位 FIR 滤波器的直接型结构

$h(n)$ 为偶对称时 ±1 取 +1，$h(n)$ 为奇对称时 ±1 取 −1

3. 从图 5.21 及图 5.22 两个流图看出，**线性相位情况下，FIR 滤波器的卷积型结构要比一般卷积型结构节省约一半数量的乘法次数。**

【例 5.2】 已知滤波器系统如图 5.23 所示，求系统函数 $H(z)$，并写出系统的差分方程表达式。

解　这一流图并不完全是并联型结构，三条平行支路中，上面两条支路是并联的，而最

下面一条支路是反馈支路。

首先将各节点的信号表示标注在图 5.23 上，由图可知，由上到下第一条支路有

$$g_1(n)=d_0p(n),\quad G_1(z)=d_0P(z)$$

第二条支路有

$$g_2(n)=c_0p(n-1)+c_1g_2(n-1),\quad G_2(z)=\frac{c_0z^{-1}}{1-c_1z^{-1}}P(z)$$

第三条支路，其输入为 $y(n)$，输出为 $v(n)$（是反馈支路），将图 5.23 第三条支路转置后，即得图 5.24，由此图看出它的第三条反馈支路，从输入 $y(n)$ 到输出 $v(n)$，显然是典型的直接Ⅱ型结构，其差分方程为

$$v(n)=a_1v(n-1)+a_2v(n-2)+b_0y(n)+b_1y(n-1)$$

故有

$$V(z)=\frac{b_0+b_1z^{-1}}{1-a_1z^{-1}-a_2z^{-2}}Y(z)$$

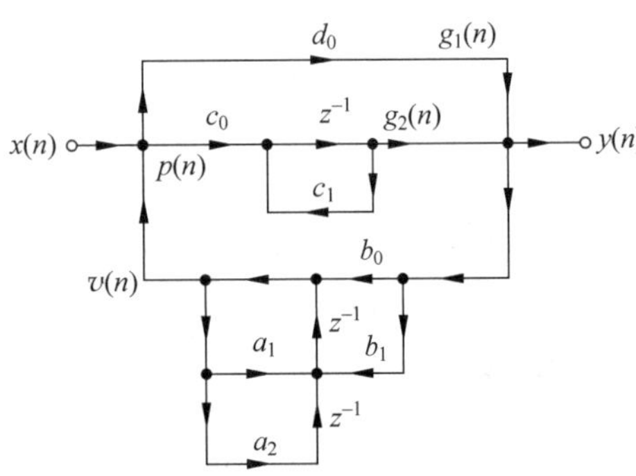

图 5.23　例 5.2 中滤波器结构

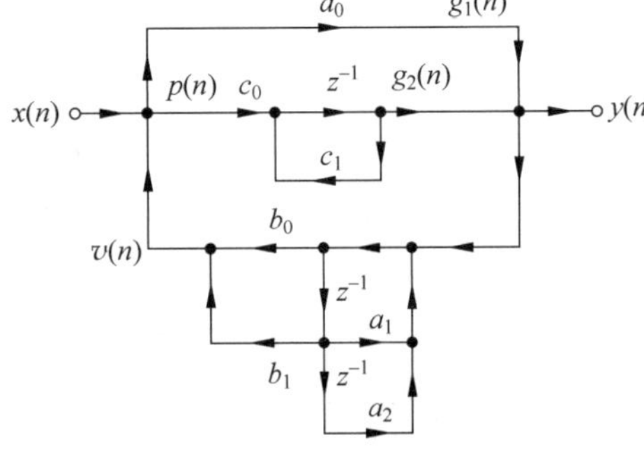

图 5.24　图 5.23 转置后的结构

在 $p(n)$ 节点处有

$$p(n)=x(n)+v(n),\quad P(z)=X(z)+V(z)$$

在 $y(n)$ 节点处有

$$y(n)=g_1(n)+g_2(n),\quad Y(z)=G_1(z)+G_2(z)$$

令三条支路的系统函数分别为 $H_1(z)$、$H_2(z)$、$H_3(z)$，则有

$$H_1(z)=\frac{G_1(z)}{P(z)}=d_0$$

$$H_2(z)=\frac{G_2(z)}{P(z)}=\frac{c_0z^{-1}}{1-c_1z^{-1}}$$

$$H_3(z)=\frac{V(z)}{Y(z)}=\frac{b_0+b_1z^{-1}}{1-a_1z^{-1}-a_2z^{-2}}$$

于是有

$$Y(z)=G_1(z)+G_2(z)=[H_1(z)+H_2(z)]P(z)$$

$$= [H_1(z) + H_2(z)][X(z) + V(z)]$$
$$= [H_1(z) + H_2(z)][X(z) + H_3(z)Y(z)]$$
$$= [H_1(z) + H_2(z)]X(z) + [H_1(z) + H_2(z)]H_3(z)Y(z)$$

由此得出

$$Y(z) = \frac{H_1(z) + H_2(z)}{1 - [H_1(z) + H_2(z)]H_3(z)} X(z)$$

故系数函数为

$$H(z) = \frac{Y(z)}{X(z)} = \frac{H_1(z) + H_2(z)}{1 - [H_1(z) + H_2(z)]H_3(z)}$$

将 $H_1(z)$、$H_2(z)$、$H_3(z)$的表达式代入后，经化简可得出

$$H(z) = \frac{B_0 + B_1 z^{-1} + B_2 z^{-2} + B_3 z^{-3}}{1 - A_1 z^{-1} - A_2 z^{-2} - A_3 z^{-3}}$$

由此得出系统的差分方程为

$$y(n) = A_1 y(n-1) + A_2 y(n-2) + A_3 y(n-3) + B_0 x(n) + B_1 x(n-1) + B_2 x(n-2) + B_3 x(n-3)$$

其中

$$A_1 = (a_1 + c_1 + c_0 b_0 + d_0 b_1 - c_1 d_0 b_0)/K$$
$$A_2 = (a_2 - a_1 c_1 + c_0 b_1 - c_1 d_0 b_1)/K$$
$$A_3 = -a_2 c_1/K$$
$$B_0 = d_0/K$$
$$B_1 = (c_0 - d_0 c_1 - a_1 d_0)/K$$
$$B_2 = (a_1 d_0 c_1 - a_2 d_0 - a_1 c_0)/K$$
$$B_3 = (a_2 d_0 c_1 - a_2 c_0)/K$$
$$K = 1 - d_0 b_0$$

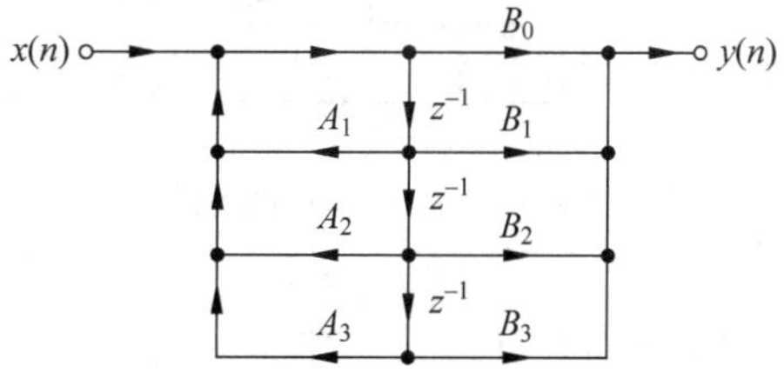

由此差分方程可得到网络的直接Ⅱ型结构如图 5.25 所示。

图 5.25　图 5.23 的直接Ⅱ型结构

【例 5.3】 滤波器的网络结构如图 5.26 所示，试求它的系统函数 $H(z)$和单位抽样响应 $h(n)$。

解　按图上标记的各节点信号值，可得如下关系式

$$V(z) = X(z) + \frac{1}{4} z^{-1} V(z), \quad V(z) = \frac{X(z)}{1 - z^{-1}/4}$$
$$P(z) = X(z)/8 + V(z)$$
$$W(z) = P(z) - 6z^{-1} V(z)$$
$$Y(z) = W(z) + z^{-1} X(z)$$

联立求解可得

$$Y(z)=\left(\frac{1}{8}+z^{-1}+\frac{1-6z^{-1}}{1-z^{-1}/4}\right)X(z)$$

$$H(z)=\frac{Y(z)}{X(z)}=\frac{1}{8}+z^{-1}+\frac{1-6z^{-1}}{1-z^{-1}/4}$$

$$=\frac{1}{8}+z^{-1}+\frac{1}{1-z^{-1}/4}-\frac{6z^{-1}}{1-z^{-1}/4}$$

由 $H(z)$ 可求得 $h(n)$ 为

$$h(n)=\delta(n)/8+\delta(n-1)+(1/4)^n u(n)-6(1/4)^{n-1}u(n-1)$$

$$=\delta(n)/8+\delta(n-1)+\delta(n)+(1/4)^n u(n-1)-24(1/4)^n u(n-1)$$

$$=9\delta(n)/8+\delta(n-1)-23(1/4)^n u(n-1)$$

上面的解法是一种烦琐的解法，实际上图 5.24 中，是三条支路共用一个输入，而输出连接到同一个节点上的，因而是并联型结构，如图 5.27 所示，因而可直接写出它的系统函数为

$$H(z)=\frac{1}{8}+z^{-1}+\frac{1-6z^{-1}}{1-z^{-1}/4}$$

再求出 $h(n)$，则 $h(n)$ 和 $H(z)$ 和前面的表达式完全一样。

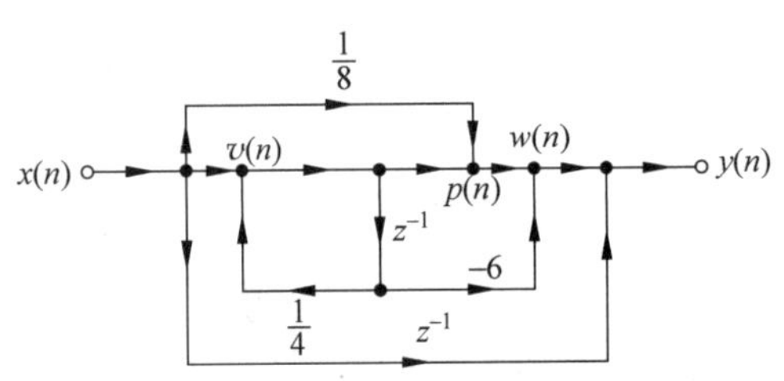

图 5.26 例 5.3 中滤波器结构

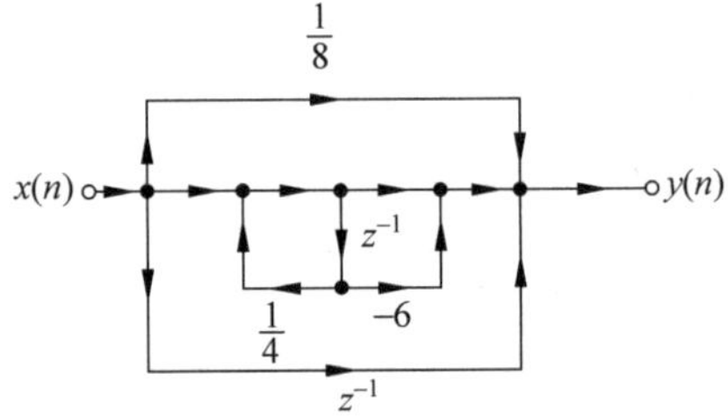

图 5.27 与图 5.26 等效的并联结构

【例 5.4】 已知滤波器结构如图 5.28 所示，试求它的系统函数。

解 此图初一看，好像是并联结构，但是并联结构必须是同一个输入，如图 5.29 所示。而图 5.28 却不是这样的，所以它并不是并联结构。

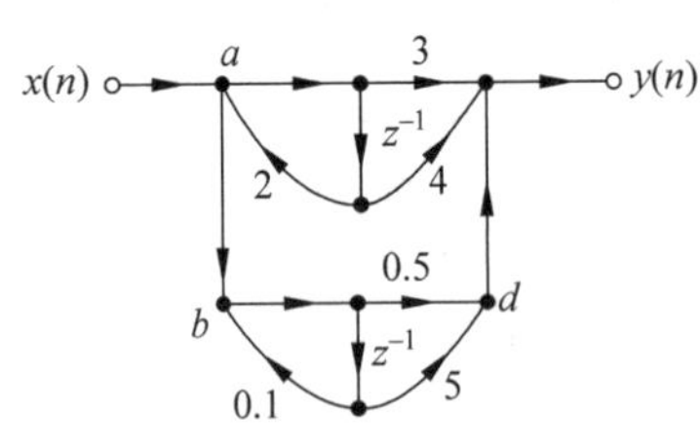

图 5.28 例 5.4 中滤波器结构

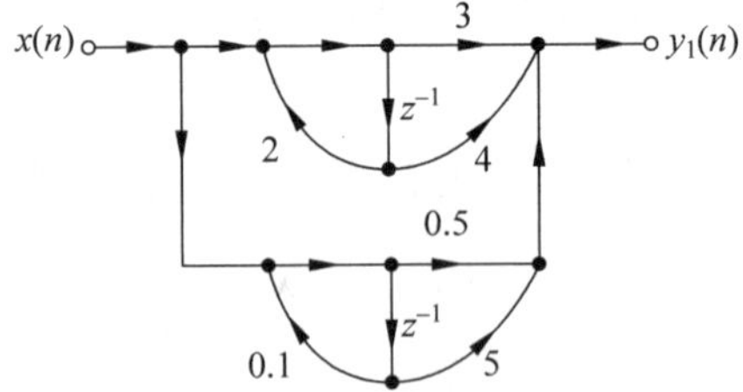

图 5.29 滤波器的并联结构

看图 5.28，令各相加节点（即节点输出处）信号为分别为 $a(n)$、$b(n)$、$d(n)$，则可列出节点信号方程为

$$a(n)=x(n)+2a(n-1)$$
$$b(n)=a(n)+0.1b(n-1)$$
$$d(n)=0.5b(n)+5b(n-1)$$
$$y(n)=d(n)+3a(n)+4a(n-1)$$

用 z 变换方程表示为

$$A(z)=X(z)+2z^{-1}A(z)$$
$$B(z)=A(z)+0.1z^{-1}B(z)$$
$$D(z)=0.5B(z)+5z^{-1}B(z)$$
$$Y(z)=D(z)+3A(z)+4z^{-1}A(z)$$

解此联立方程可得图 5.28 滤波器结构的系统函数为

$$H(z)=\frac{Y(z)}{X(z)}=\frac{0.5+5z^{-1}+(3+4z^{-1})(1-0.1z^{-1})}{(1-0.1z^{-1})(1-2z^{-1})}$$
$$=\frac{35+8.7z^{-1}-0.4z^{-2}}{1-2.1z^{-1}+0.2z^{-2}}$$

而图 5.29 的并联结构的系统函数为

$$H_1(z)=\frac{Y_1(z)}{X(z)}=\frac{3+4z^{-1}}{1-2z^{-1}}+\frac{0.5+5z^{-1}}{1-0.1z^{-1}}$$
$$=\frac{(0.5+5z^{-1})(1-2z^{-1})+(3+4z^{-1})(1-0.1z^{-1})}{(1-0.1z^{-1})(1-2z^{-1})}$$
$$=\frac{3.5+7.7z^{-1}-10.4z^{-2}}{1-2.1z^{-1}+0.2z^{-2}}$$

显然 $H_1(z)\neq H(z)$。

【例 5.5】 已知 FIR 滤波器的单位抽样响应为

$$h(n)=\frac{1}{24}\left[1-\sin\left(\frac{2\pi}{24}n\right)\right]R_{24}(n)$$

试求此滤波器的频率抽样型结构的 $H(z)$ 表达式并画出其流图。

解 $h(n)$是 $N=24$ 的有限长序列，其 DFT 为

$$H(k)=\frac{1}{24}\sum_{n=0}^{23}\left[1-\sin\left(\frac{2\pi}{24}n\right)\right]e^{-j\frac{2\pi}{N}nk}=\frac{1}{24}\sum_{n=0}^{23}\left[1-\frac{e^{j\frac{2\pi}{24}n}-e^{-j\frac{2\pi}{24}n}}{2j}\right]e^{-j\frac{2\pi}{24}nk}$$
$$=\frac{1}{24}\sum_{n=0}^{23}\left[e^{-j\frac{2\pi}{24}nk}+\frac{j}{2}e^{j\frac{2\pi}{24}n(1-k)}-\frac{j}{2}e^{-j\frac{2\pi}{24}n(1+k)}\right]$$
$$=\frac{1}{24}\left[\sum_{n=0}^{23}e^{-j\frac{2\pi}{24}nk}+\frac{j}{2}\sum_{n=0}^{23}e^{j\frac{2\pi}{24}n(1-k)}-\frac{j}{2}\sum_{n=0}^{23}e^{-j\frac{2\pi}{24}n(1+k)}\right]$$

由于

$$\frac{1}{N}\sum_{n=0}^{N-1}e^{j\frac{2\pi}{N}nm}=\frac{1}{N}\sum_{n=0}^{N-1}e^{-j\frac{2\pi}{N}nm}=\begin{cases}1, & m=0,N\\0, & 1\leqslant m\leqslant N-1\end{cases}$$

故

$$H(k)=\begin{cases}1, & k=0\\ \mathrm{j}/2, & k=1\\ -\mathrm{j}/2, & k=N-1=23\\ 0, & 2\leqslant k\leqslant 22\end{cases}$$

即

$$H(k)=|H(k)|\mathrm{e}^{\mathrm{j}\theta(k)}=\begin{cases}1, & k=0\\ \dfrac{1}{2}\mathrm{e}^{\mathrm{j}\pi/2}, & k=1\\ \dfrac{1}{2}\mathrm{e}^{-\mathrm{j}\pi/2}, & k=23\\ 0, & 2\leqslant k\leqslant 22\end{cases}$$

于是按(5.3.17)式，考虑到 $H\left(\dfrac{N}{2}\right)=H(12)=0$，并有 $r=1$，则有

$$\begin{aligned}H(z)&=(1-z^{-24})\frac{1}{24}\left[\frac{H(0)}{1-z^{-1}}+2\,|H(1)|\,\frac{\cos[\theta(1)]-\cos\left[\theta(1)-\dfrac{2\pi}{24}\right]z^{-1}}{1-2\cos\left(\dfrac{2\pi}{24}\right)z^{-1}+z^{-2}}\right]\\&=(1-z^{-24})\frac{1}{24}\left[\frac{H(0)}{1-z^{-1}}-\frac{\cos\left[\dfrac{\pi}{2}-\dfrac{\pi}{12}\right]z^{-1}}{1-1.932z^{-1}+z^{-2}}\right]\\&=(1-z^{-24})\frac{1}{24}\left[\frac{1}{1-z^{-1}}+\frac{-0.2588z^{-1}}{1-1.932z^{-1}+z^{-2}}\right]\end{aligned}$$

图 5.30 画出了这个 FIR 滤波器的频率抽样型结构。

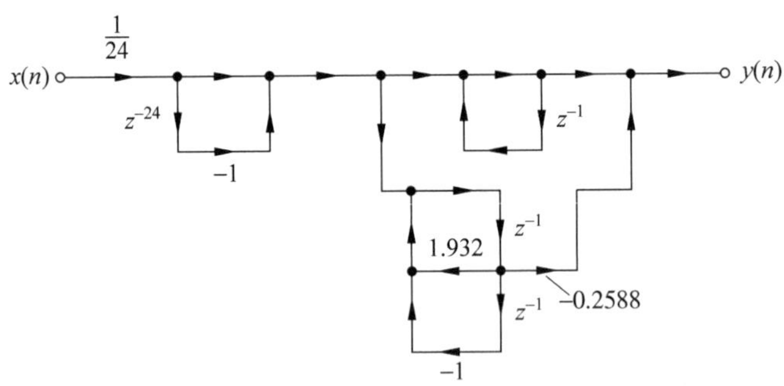

图 5.30 例 5.5 中 FIR 滤波器的频率抽样结构

本例中，频率抽样结构需延时器 27 个，计算每个输出需加法器 5 个，乘法器 3 个，若用卷积型结构，需延时器 23 个，计算每个输出需要加法器为 22 个（当 $n=N/4=6$ 时，$h(6)=0$，故少一次加法，即加法次数成为 $N-2=22$），乘法器为 $N-2=22$ 个（当 $n=N/2$ 时，若系数 1/24 单独算一次乘法，当 $n=0,N/2$ 时，有 $1-\sin(2n\pi/24)=1$，当 $n=N/4$ 时，$1-\sin(2n\pi/24)=0$，都不必相乘，故乘法次数为 $N-3+1=22$）。

由此看出,对窄带滤波器,即 $H(k)$ 的个数较少时,频率抽样型结构的运算量(乘法、加法)都比直接型结构少得多,但延时器则会稍多一些。

【例 5.6】 如图 5.31 所示,在 z 平面单位圆内有一对共轭极点 $z_p=re^{j\theta}, z_p^*=re^{-j\theta}(r<1)$,在 $z=0$ 处为二阶零点的一个 IIR 系统,试求其网络的系统函数、差分方程及网络结构。

解 由图 5.31 知,此系统的系统函数为

$$
\begin{aligned}
H(z) &= \frac{z^2}{(z-re^{j\theta})(z-re^{-j\theta})} \\
&= \frac{1}{(1-re^{j\theta}z^{-1})(1-re^{-j\theta}z^{-1})} \\
&= \frac{1}{1-2rz^{-1}\cos\theta+r^2z^{-2}}
\end{aligned}
$$

差分方程为

$$y(n)=2r\cos\theta\cdot y(n-1)+r^2y(n-2)+x(n)$$

网络的结构如图 5.32 所示,这就是有一对共轭极点($z=re^{\pm j\theta}$)及 $z=0$ 处有二阶零点的系统的典型结构图。

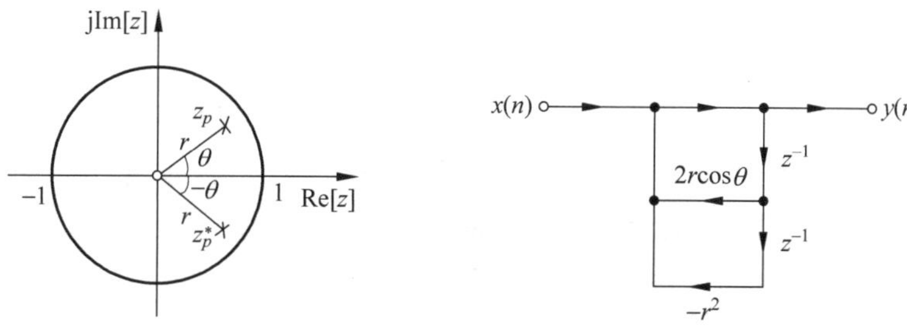

图 5.31　例 5.6 中零极点图　　　图 5.32　例 5.6 中滤波器结构

*5.4　数字滤波器的格型及格型梯形结构

格型(格型梯形)滤波器结构可实现 FIR 或 IIR 滤波器。格型(格型梯形)滤波器一般**是在研究自适应滤波器、现代谱估计、语言信号处理时,从最小均方误差逼近或最小二乘逼近的分析中引出的。**这种结构由于**以下特点**而得到广泛应用:

(1) 格型结构的模块化结构,便于实现高速并行处理;

(2) 一个 m 阶格型滤波器可以产生从 1 阶到 m 阶的 m 个横向滤波器的输出性能;

(3) 它对有限字长的舍入误差不灵敏;

(4) 一个 IIR 格型滤波器,同时也可得到一个全通滤波器(幅频响应 $|H(e^{j\omega})|=1$,或 $|H(e^{j\omega})|=$常数的滤波器)。

5.4.1 全零点系统(FIR 系统,滑动平均(MA)系统)的格型结构

学习要点

1. 一个 M 阶的 FIR 滤波器的横向结构,其系统函数 $H(z)$ 为

$$H(z)=B(z)=\sum_{i=0}^{M}h(i)z^{-i}=1+\sum_{i=1}^{M}b_i^{(M)}z^{-i} \tag{5.4.1}$$

系数 $b_i^{(M)}$ 表示 M 阶 FIR 系统的第 i 个系数($i=1,2,\cdots,M$),即 z^{-i} 项的系数,这里已假定首项系数 $h(0)=1$。

全零点 FIR 系统的格型结构可见图 5.33。

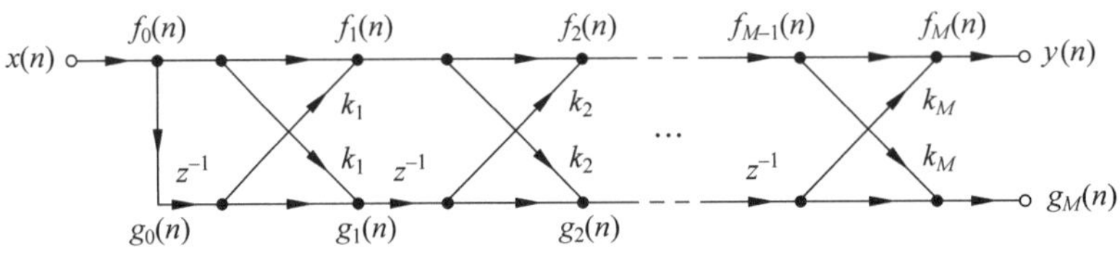

图 5.33　全零点系统(FIR 系统)的格型结构

2. **横向结构和格型结构参数间的关系。**

横向结构有 M 个参数 $b_i^{(M)}$[或 $h(i)$],$i=1,2,\cdots,M$,共需 M 次乘法,M 次延时;图 5.33 **格型滤波器只有正馈通路,没有反馈通路,故也是 FIR 滤波器,也有 M 个参数 k_i**($i=1,2,\cdots,M$),**k_i 称为反射系数,也有 M 次延时,但乘法次数是 $2M$。**

格型滤波器的基本传输单元如图 5.34 所示,其表达式为

$$\left.\begin{aligned} f_m(n)&=f_{m-1}(n)+k_m g_{m-1}(n-1) \\ g_m(n)&=k_m f_{m-1}(n)+g_{m-1}(n-1)\end{aligned}\right\}\quad m=1,2,\cdots,M \qquad \begin{aligned}&(5.4.2)\\&(5.4.3)\end{aligned}$$

且有

$$f_0(n)=g_0(n)=x(n) \tag{5.4.4}$$

$$f_M(n)=y(n) \tag{5.4.5}$$

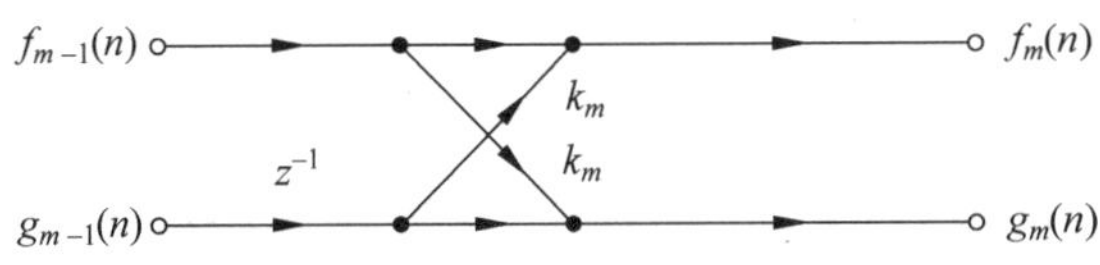

图 5.34　全零点(FIR 系统)格型结构基本传输单元

定义 $B_m(z)$、$\bar{B}_m(z)$ 分别为由输入 $x(n)[f_0(n),g_0(n)]$ 到第 m 个基本格型传输单元上、下输出 $f_m(n)$ 及 $g_m(n)$ 所对应的系统函数,即

$$B_m(z)=\frac{F_m(z)}{F_0(z)}=\frac{\mathscr{Z}[f_m(n)]}{\mathscr{Z}[f_0(n)]}=1+\sum_{i=1}^{m}b_i^{(m)}z^{-i},\quad m=1,2,\cdots,M \tag{5.4.6}$$

$$\bar{B}_m(z)=\frac{G_m(z)}{G_0(z)}=\frac{\mathscr{Z}[g_m(n)]}{\mathscr{Z}[g_0(n)]},\qquad m=1,2,\cdots,M \tag{5.4.7}$$

第5章　数字滤波器的基本结构

当 $m=M$ 时

$$B_M(z) = B(z) \tag{5.4.8}$$

将 $m-1$ 级的 $B_{m-1}(z)$ 与图 5.34 的基本格型结构单元级联，即得到 m 级的 $B_m(z)$，即格型结构有着模块化的结构形式。

(1) 首先，我们来看**从高阶 $\boldsymbol{B}_m(z)$ 到低一阶的 $\boldsymbol{B}_{m-1}(z)$ 以及反过来从 $\boldsymbol{B}_{m-1}(z)$ 到 $\boldsymbol{B}_m(z)$ 的递推关系**，这也就隐含了格型结构的 $k_i(i=1,2,\cdots,M)$ 和横向结构的各系数 $b_i^{(m)}(i=1,2,\cdots,m;\ m=1,2,\cdots,M)$ 的递推关系。对(5.4.2)式、(5.4.3)式取 z 变换，可得

$$F_m(z) = F_{m-1}(z) + k_m z^{-1} G_{m-1}(z) \tag{5.4.9}$$

$$G_m(z) = k_m F_{m-1}(z) + z^{-1} G_{m-1}(z) \tag{5.4.10}$$

将(5.4.9)式除以 $F_0(z)$，(5.4.10)式除以 $G_0(z)$，考虑到(5.4.6)式及(5.4.7)式的表示方法，可得

$$B_m(z) = B_{m-1}(z) + k_m z^{-1} \overline{B}_{m-1}(z) \tag{5.4.11}$$

$$\overline{B}_m(z) = k_m B_{m-1}(z) + z^{-1} \overline{B}_{m-1}(z) \tag{5.4.12}$$

或者反过来，得到

$$B_{m-1}(z) = \frac{1}{1-k_m^2}\left[B_m(z) - k_m \overline{B}_m(z)\right] \tag{5.4.13}$$

$$\overline{B}_{m-1}(z) = \frac{1}{1-k_m^2}\left[-z\,k_m B_m(z) + z\,\overline{B}_m(z)\right] \tag{5.4.14}$$

这四个式子给出了格型结构中从高阶到低一阶或从低阶到高一阶的系统函数的递推关系。应当注意，$B_M(z)=B(z)$，即包含有 $B(z)$ 在内。

下面再将这四个关系式加以推导，得出 $B_m(z)$ 与 $B_{m-1}(z)$ 的互相递推关系。由(5.4.6)式及(5.4.7)式知

$$B_0(z) = \overline{B}_0(z) = 1 \tag{5.4.15}$$

因而将它代入(5.4.11)式、(5.4.12)式，令 $m=1$，可得

$$B_1(z) = B_0(z) + k_1 z^{-1} \overline{B}_0(z) = 1 + k_1 z^{-1}$$

$$\overline{B}_1(z) = k_1 B_0(z) + z^{-1} \overline{B}_0(z) = k_1 + z^{-1}$$

也就是满足

$$\overline{B}_1(z) = z^{-1} B_1(z^{-1}) \tag{5.4.16}$$

同样，令 $m=2,3,\cdots,M$，代入(5.4.11)式、(5.4.12)式，就不难推出

$$\overline{B}_m(z) = z^{-m} B_m(z^{-1}) = z^{-m}\left[1 + \sum_{i=1}^{m} b_i^{(m)} z^i\right] \tag{5.4.17}$$

在(5.4.6)式及(5.4.17)式中代入 $m=M$，可得到格型滤波器整个上支路与下支路分别对应的系统函数 $B_M(z)$ 及 $\overline{B}_M(z)$ 为

$$B_M(z) = B(z) = \frac{F_M(z)}{X(z)} = 1 + \sum_{i=1}^{M} b_i^{(M)} z^{-i} \tag{5.4.18}$$

$$\bar{B}_M(z)=\frac{G_M(z)}{X(z)}=z^{-M}B(z^{-1})=z^{-M}\left(1+\sum_{i=1}^{M}b_i^{(M)}z^i\right) \tag{5.4.19}$$

其中系数 $b_i^{(M)}$ 与 $k_i(i=1,2,\cdots,M)$有关（后面将给出它们的关系），已经证明，若全部 $k_i<1$ $(i=1,2,\cdots,M)$，则上支路 $B(z)$的全部零点都在单位圆内，即 $B(z)$是一个最小相位延时的FIR 滤波器；而下支路 $\bar{B}_M(z)$的全部零点则在单位圆外［由(5.4.19)式与(5.4.18)式的关系看出］，即 $\bar{B}_M(z)$是最大相位延时的 FIR 滤波器（最小相位延时与最大相位延时滤波器的讨论，见第 6 章）。

将(5.4.17)式分别代入(5.4.11)式、(5.4.13)式，可得

$$B_m(z)=B_{m-1}(z)+k_m z^{-m}B_{m-1}(z^{-1}) \tag{5.4.20}$$

$$B_{m-1}(z)=\frac{1}{1-k_m^2}\left[B_m(z)-k_m z^{-m}B_m(z^{-1})\right] \tag{5.4.21}$$

这是两个重要的从低阶到高阶或从高阶到低阶的递推关系。注意，这里有 M 阶 FIR 系统的 $B(z)$。

（2）其次，我们来**直接给出格型结构的反射系数与横向滤波器各系数的关系**。将(5.4.6)式的 $B_m(z)=1+\sum_{i=1}^{m}b_i^{(m)}z^{-i}$ 以及 $B_{m-1}(z)=1+\sum_{i=1}^{m-1}b_i^{(m-1)}z^{-i}$ 分别代入(5.4.20)式及(5.4.21)式，利用待定系数法，可分别得两组递推关系

$$\left.\begin{aligned}b_m^{(m)}&=k_m\\ b_i^{(m)}&=b_i^{(m-1)}+k_m b_{m-i}^{(m-1)}\end{aligned}\right\} \tag{5.4.22}$$

$$\left.\begin{aligned}k_m&=b_m^{(m)}\\ b_i^{(m-1)}&=\frac{1}{1-k_m^2}\left[b_i^{(m)}-k_m b_{m-i}^{(m)}\right]\end{aligned}\right\} \tag{5.4.23}$$

以上两式中 $i=1,2,\cdots,(m-1)$；$m=2,\cdots,M$。

（3）综上，当给出 $\boldsymbol{H(z)=B(z)=B_M(z)}$ 时，可按以下步骤求出 $\boldsymbol{k_1,k_2,\cdots,k_M}$：

① 由(5.4.23)式求出 $k_M=b_M^{(M)}$。

② 从(5.4.23)式，由 k_M 及系数 $b_1^{(M)},b_2^{(M)},\cdots,b_M^{(M)}$ 求出 $B_{M-1}(z)$的系数 $b_1^{(M-1)},b_2^{(M-1)},\cdots,b_{M-1}^{(M-1)}=k_{M-1}$，或者由(5.4.21)式直接求出 $B_{(M-1)}(z)$，则 $k_{M-1}=b_{M-1}^{(M-1)}$。

③ 重复②，可全部求出 $k_M,k_{M-1},\cdots,k_1;B_{M-1}(z),\cdots,B_1(z)$。

【例 5.7】 一个 FIR 系统的系统函数为

$$H(z)=(1-0.8e^{j\frac{\pi}{4}}z^{-1})(1-0.8e^{-j\frac{\pi}{4}}z^{-1})(1-0.7z^{-1})$$

试求其格型结构。

解

$$\begin{aligned}B_3(z)=H(z)&=(1-1.131\,370\,8z^{-1}+0.64z^{-2})(1-0.7z^{-1})\\&=1-1.831\,370\,8z^{-1}+1.431\,959\,5z^{-2}-0.448z^{-3}\end{aligned}$$

这是一个三阶系统，因而

$$b_1^{(3)} = -1.8313708,\quad b_2^{(3)} = 1.4319595,\quad b_3^{(3)} = -0.448,\quad k_3 = b_3^{(3)} = -0.448$$

按照(5.4.23)式，可知

$$b_1^{(2)} = \frac{1}{1-k_3^2}[b_1^{(3)} - k_3 b_2^{(3)}] = \frac{1}{0.799296}[-1.1898529] = -1.4886262$$

$$b_2^{(2)} = \frac{1}{1-k_3^2}[b_2^{(3)} - k_3 b_1^{(3)}] = \frac{0.6115053}{0.799296} = 0.7650549$$

$$k_2 = b_2^{(2)} = 0.7650549$$

因而

$$B_2(z) = 1 - 1.4886262z^{-1} + 0.7650549z^{-2}$$

同样可得

$$b_1^{(1)} = \frac{1}{1-k_2^2}[b_1^{(2)} - k_2 b_1^{(2)}] = \frac{-0.3497454}{0.414691} = -0.8433879$$

$$k_1 = -0.8433879$$

因而

$$B_1(z) = 1 - 0.8433879z^{-1}$$

图 5.35 给出了例 5.7 的格型结构。

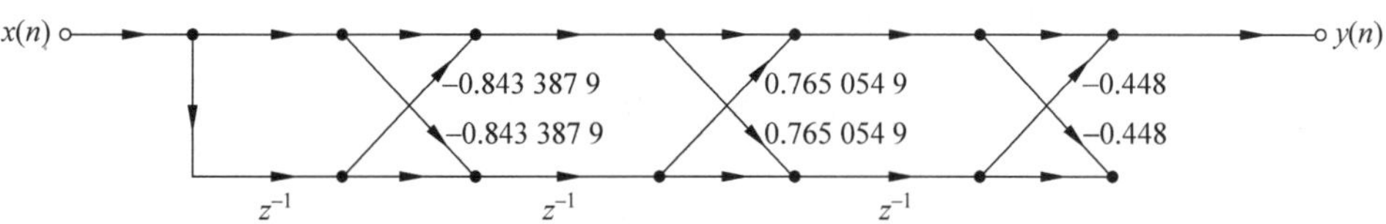

图 5.35 例 5.7 中的全零点型 FIR 滤波器的格型结构

5.4.2 全极点系统(IIR 系统，自回归(AR)系统)的格型结构

学习要点

1. 一个 M 阶的全极点的 IIR 滤波器的递归结构的系统函数 $H(z)$为

$$H(z) = \frac{1}{1+\sum_{i=1}^{M} a_i^{(M)} z^{-i}} = \frac{1}{A(z)} \tag{5.4.24}$$

其中，$a_i^{(M)}(i=1,2,\cdots,M)$表示 M 阶全极点系统的第 i 个系数(即 z^{-i}项的系数)，这里已满足 z^0 项的系数为 1。

全极点 IIR 的格型结构，可将(5.4.2)式加以变化后，重写(5.4.2)式与(5.4.3)式如下

$$f_{m-1}(n) = f_m(n) - k_m g_{m-1}(n-1) \tag{5.4.25}$$

$$g_m(n) = k_m f_{m-1}(n) + g_{m-1}(n-1) \tag{5.4.26}$$

$$m = 1,2,\cdots,M$$

这就是全极点 IIR 系统格型结构的基本单元表达式，可用图 5.36 来表示，$f_m(n)$与$g_{m-1}(n)$分别是上支路与下支路的输入信号，而 $f_{m-1}(n)$与 $g_m(n)$分别是上支路与下支路的输出

信号。

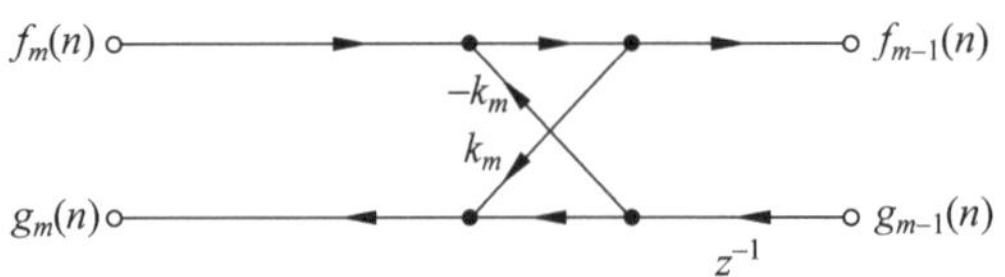

图 5.36　全极点 IIR 系统格型结构的基本单元

对 M 阶系统，令 $x(n)=f_M(n)$，$f_0(n)=g_0(n)=y(n)$，则由图 5.36 作为基本单元所构成的 M 阶全极点格型结构如图 5.37 所示。

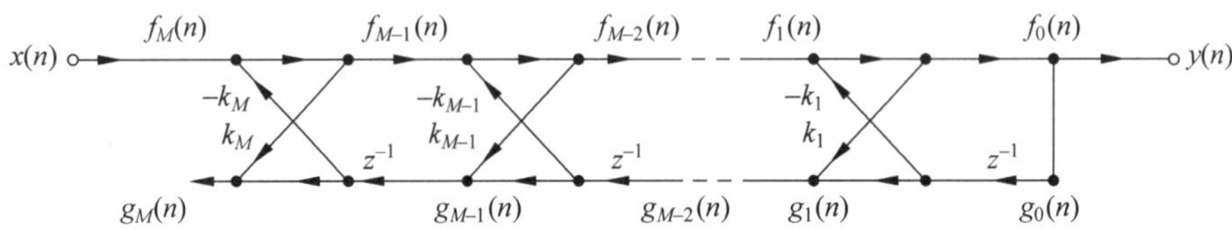

图 5.37　全极点 IIR 系统的格型结构

2. 图 5.37 结构有上、下两个支路，上支路输入为 $x(n)$，输出为 $f_0(n)=y(n)$，下支路输入为$g_0(n)=f_0(n)=y(n)$，输出为 $g_M(n)$。定义由 $f_m(n)$到 $y(n)$的正向传输的系统函数为 $\frac{1}{A_m(z)}$，定义从 $y(n)$到 $g_m(n)$处的反向传输的系统函数为 $\bar{A}_m(z)$，即

$$\frac{1}{A_m(z)}=\frac{Y(z)}{F_m(z)}=\frac{\mathscr{Z}[y(n)]}{\mathscr{Z}[f_m(n)]}=\frac{1}{1+\sum_{i=1}^{m}a_i^{(m)}z^{-i}} \tag{5.4.27}$$

$$\bar{A}_m(z)=\frac{G_m(z)}{Y(z)}=\frac{\mathscr{Z}[g_m(n)]}{\mathscr{Z}[y(n)]} \tag{5.4.28}$$

当 $m=M$ 时

$$A_M(z)=A(z) \tag{5.4.29}$$

同样，将 $m-1$ 级的 $1/A_{m-1}(z)$与图 5.36 的基本单元级联，即可得到 m 级的 $1/A_m(z)$，全极点格型结构也有着模块化的结构。

3. 下面，利用与全零点格型滤波器推导中的相同方法，来导出图 5.37 的全极点格型滤波器的系统函数，并导出利用 IIR 滤波器的递归结构的系数 $a_i^{(M)}$［见(5.4.24)式］求得参数 $k_1,k_2,\cdots,k_M$ 的方法。我们采用的是递推的方法。

(1) 令图 5.37 中 $M=1$，即对应于一阶的全极点格型结构，由(5.4.25)式及(5.4.26)式($m=M=1$)可知

$$f_0(n)=f_1(n)-k_1g_0(n-1) \tag{5.4.30}$$

$$g_1(n)=k_1f_0(n)+g_0(n-1) \tag{5.4.31}$$

由于一阶情况下(见图 5.37)$M=1$，有

$$f_0(n)=g_0(n)=y(n)$$

$$f_1(n)=x(n)$$

则(5.4.30)式及(5.4.31)式可写成

$$y(n)=f_1(n)-k_1y(n-1)=x(n)-k_1y(n-1) \tag{5.4.32}$$

$$g_1(n)=k_1y(n)+y(n-1) \tag{5.4.33}$$

可以看出，(5.4.32)式表示 $x(n)[f_1(n)]$为输入，$y(n)$为输出的一阶 IIR 系统，(5.4.33)式则表示 $y(n)[g_0(n)]$ 为输入，$g_1(n)$为输出的一阶 FIR 系统，由(5.4.32)式取 z 变换可得

$$\frac{Y(z)}{F_1(z)}=\frac{1}{1+k_1z^{-1}}$$

令

$$1+k_1z^{-1}=A_1(z)$$

则

$$\frac{Y(z)}{F_1(z)}=\frac{1}{1+k_1z^{-1}}=\frac{1}{A_1(z)}$$

同样，将(5.4.33)式取 z 变换可得

$$\frac{G_1(z)}{Y(z)}=k_1+z^{-1}=z^{-1}(1+k_1z)=z^{-1}A_1(z^{-1})$$

令

$$z^{-1}A_1(z^{-1})=\overline{A}_1(z)$$

则

$$\frac{G_1(z)}{Y(z)}=\overline{A}_1(z)=z^{-1}A_1(z^{-1})$$

(2) 上面是一阶系统的推导。下面讨论二阶全极点格型结构。在图 5.37 中令 $M=2$，则由(5.4.25)式及(5.4.26)式可得

$$f_1(n)=f_2(n)-k_2g_1(n-1) \tag{5.4.34}$$

$$g_2(n)=k_2f_1(n)+g_1(n-1) \tag{5.4.35}$$

在此二阶情况下有

$$f_0(n)=g_0(n)=y(n)$$

$$f_2(n)=x(n)$$

考虑到(5.4.30)式及(5.4.31)式，则可将(5.4.34)式及(5.4.35)式变成

$$\begin{aligned}y(n)&=-k_1(1+k_2)y(n-1)-k_2y(n-2)+f_2(n)\\&=-k_1(1+k_2)y(n-1)-k_2y(n-2)+x(n)\end{aligned} \tag{5.4.36}$$

$$g_2(n)=k_2y(n)+k_1(1+k_2)y(n-1)+y(n-2) \tag{5.4.37}$$

这里可明显看出，(5.4.36)式表示一个二阶 IIR 系统，输入是 $x(n)[f_2(n)]$，输出是 $y(n)$；而(5.4.37)式表示一个二阶 FIR 系统，输入是 $y(n)$，输出是 $g_2(n)$。

对(5.4.36)式取 z 变换，可得

$$\frac{Y(z)}{F_2(z)}=\frac{1}{1+k_1(1+k_2)z^{-1}+k_2z^{-2}}$$

令

$$1+k_1(1+k_2)z^{-1}+k_2z^{-2}=A_2(z) \tag{5.4.38}$$

则有

$$\frac{Y(z)}{F_2(z)}=\frac{1}{1+k_1(1+k_2)z^{-1}+k_2z^{-2}}=\frac{1}{A_2(z)} \tag{5.4.39}$$

同样,对(5.4.37)式取 z 变换,可得

$$\frac{G_2(z)}{Y(z)}=k_2+k_1(1+k_2)z^{-1}+z^{-2}$$

令

$$k_2+k_1(1+k_2)z^{-1}+z^{-2}=\overline{A}_2(z)$$

则有

$$z^{-2}A_2(z^{-1})=\overline{A}_2(z) \tag{5.4.40}$$

从而可得

$$\frac{G_2(z)}{Y(z)}=z^{-2}A_2(z^{-1})=\overline{A}_2(z) \tag{5.4.41}$$

(3) 以此类推,若定义

$$\frac{Y(z)}{F_m(z)}=\frac{1}{A_m(z)},\quad \frac{G_m(z)}{Y(z)}=\overline{A}_m(z) \tag{5.4.42}$$

则有

$$\overline{A}_m(z)=z^{-m}A_m(z^{-1})=z^{-m}\left(1+\sum_{i=1}^{m}a_i^{(m)}z^i\right) \tag{5.4.43}$$

若将 $m=M$ 代入(5.4.42)式及(5.4.43)式中,再考虑到(5.4.27)式及(5.4.28)式,可得到全极点格型滤波器的上支路(正向传输)与下支路(反向传输)分别对应的系统函数 $\frac{1}{A_M(z)}$ 及 $\overline{A}_M(z)$ 为

$$H(z)=\frac{1}{A_M(z)}=\frac{1}{A(z)}=\frac{Y(z)}{X(z)}=\frac{1}{1+\sum_{i=1}^{M}a_i^{(M)}z^{-i}} \tag{5.4.44}$$

$$H_b(z)=\overline{A}_M(z)=\frac{G_M(z)}{Y(z)}=z^{-M}A_M(z^{-1})=z^{-M}\left(1+\sum_{i=1}^{M}a_i^{(M)}z^i\right) \tag{5.4.45}$$

也就是说,图 5.37 的上支路,即正向(前向)通路[从 $x(n)$ 到 $y(n)$]实现了 AR 模型(全极点模型)的 IIR 滤波器,已有人证明,若全部反射系数 $k_i<1(i=1,2,\cdots,M)$,则此 IIR 滤波器是稳定的;图 5.37 的下支路,即反向(后向)通路[从 $y(n)$ 到 $g_M(n)$]是一个 FIR 滤波器的响应。

4. 现在来研究,从 $x(n)$ 输入信号,而输出是 $g_M(n)$ 时的系统函数,即从前向通道的输入送进信号,从后向通道的输出得到信号,有

$$H_{AP}(z)=\frac{G_M(z)}{X(z)}=H(z)H_b(z)=\frac{z^{-M}A_M(z^{-1})}{A_M(z)}=\frac{z^{-M}A(z^{-1})}{A(z)} \tag{5.4.46}$$

这是全通系统的系统函数[全通系统即 $|H(e^{j\omega})|=1$（或常数）的系统，将在第 6 章 6.3 节中讨论它]。所以 **AR 型的格型结构，改变其输出点就成为全通滤波器的一种网络结构形式。**

5. 全极点格型结构与全零点格型结构的基本差分方程(5.4.25)式、(5.4.26)式与(5.4.2)式、(5.4.3)式是一样的，因而**全极点系统中各 k_i 和系数 $a_i^{(m)}$ $(i=1,2,\cdots,M)$ 与全零点系统中完全一样，只不过 $a_i^{(m)}$ 代替全零点中的 $b_i^{(m)}$ 而已。但需要注意 k_i 的放置次序是互为颠倒的，且全极点的每一对系数中有一个系数是 $-k_i$（而不是 k_i）。**

【例 5.8】 一个全极点系统的系统函数为

$$H(z)=\frac{1}{1-1.831\,370\,8z^{-1}+1.431\,959\,5z^{-2}-0.488z^{-3}}$$

求出全极点系统的格型结构。

解 这个例子的分母多项式和全零点系统的多项式是完全相同的，因而求解结果完全和上一个例子相同。即

$$k_3=-0.448,\quad k_2=0.765\,054\,9,\quad k_1=-0.843\,384\,9$$

其格型结构如图 5.38 所示。

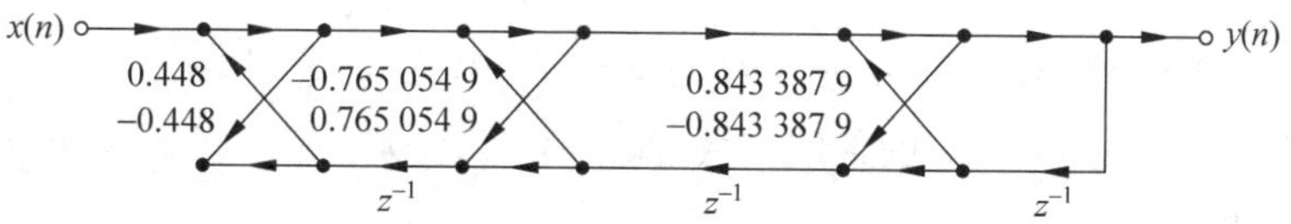

图 5.38　例 5.8 的全极点型 IIR 滤波器的格型结构

5.4.3 零-极点系统（IIR 系统，自回归滑动平均（ARMA）系统）的格型梯形结构

学习要点

1. 一个在有限 z 平面 $(0<|z|<\infty)$ 既有极点，又有零点的 IIR 系统的系统函数 $H(z)$ 可表示成

$$H(z)=\frac{B(z)}{A(z)}=\frac{\sum_{i=0}^{N}b_i^{(N)}z^{-i}}{1+\sum_{i=1}^{N}a_i^{(N)}z^{-i}} \tag{5.4.47}$$

这一零-极点系统（即 ARMA 系统）的格型梯形结构如图 5.39 所示。

这一结构的特点：

(1) 若 $k_1=k_2=\cdots=k_N=0$，即所有乘 $\pm k_i$ 处的连线全部断开，则图 5.39 就变成一个 N 阶 FIR 系统的横向结构。

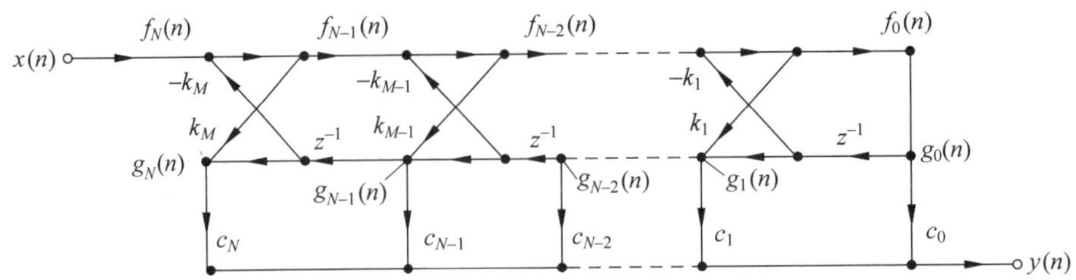

图 5.39　零-极点型 IIR 系统的格型梯形结构

（2）若 $c_1=c_2=\cdots=c_N=0$，即含 $c_1,c_2,\cdots,c_N$ 的连线都断开，但 $c_0=1$，那么图 5.39 就变成全极点 IIR 格型滤波器结构。

（3）因而，图 5.39 的上半部分对应于全极点系统 $\frac{1}{A(z)}=\frac{F_0(z)}{X(z)}$，下半部分对应于全零点系统。但是，下半部分无任何反馈，故参数 $k_1,k_2,\cdots,k_N$ 不受下半部分影响，仍可按全极点系统的方程求出。但上半部分对下半部分有影响，所以这里的 c_i 和全零点系统的 b_i 不会相同。

2. 求各个 $c_i(i=0,1,\cdots,c_N)$。

（1）分析。由(5.4.28)式可有

$$\overline{A}_m(z)=\frac{G_m(z)}{G_0(z)} \tag{5.4.48}$$

(5.4.28)式中的 $Y(z)$ 在图 5.39 中应为 $G_0(z)$。

$\overline{A}_m(z)$ 是由 $g_0(n)$ 到 $g_m(n)$ 的系统函数，如果令 $\overline{H}_m(z)$ 为由 $x(n)$ 到 $g_m(n)$ 的系统函数，并将(5.4.48)式代入，可得

$$\overline{H}_m(z)=\frac{G_m(z)}{X(z)}=\frac{G_0(z)\overline{A}_m(z)}{X(z)} \tag{5.4.49}$$

因为

$$\frac{G_0(z)}{X(z)}=\frac{F_0(z)}{X(z)}=\frac{1}{A(z)} \tag{5.4.50}$$

将(5.4.50)式代入(5.4.49)式，可得

$$\overline{H}_m(z)=\frac{\overline{A}_m(z)}{A(z)} \tag{5.4.51}$$

从图 5.39 看出，整个系统的系统函数 $H(z)=\frac{B(z)}{A(z)}$ 应该是 $\overline{H}_0(z),\overline{H}_1(z),\cdots,\overline{H}_N(z)$ 分别与 $c_0,c_1,\cdots,c_N$ 加权后相加（并联），即[下面要将(5.4.43)式代入]

$$\begin{aligned}H(z)&=\sum_{m=0}^{N}c_m\overline{H}_m(n)=\sum_{m=0}^{N}\frac{c_m\overline{A}_m(z)}{A(z)}\\&=\sum_{m=0}^{N}\frac{c_m z^{-m}A_m(z^{-1})}{A(z)}=\frac{B(z)}{A(z)}\end{aligned} \tag{5.4.52}$$

（2）求解各个 $c_i(i=0,1,\cdots,N)$。利用(5.4.52)式

① **先以 $N=2$ 为例**，有

$$B(z)=b_0^{(2)}+b_1^{(2)}z^{-1}+b_2^{(2)}z^{-2} \tag{5.4.53}$$

再考虑到(5.4.52)式，有

$$B(z)=c_0A_0(z^{-1})+c_1z^{-1}A_1(z^{-1})+c_2z^{-2}A_2(z^{-1}) \tag{5.4.54}$$

其中

$$A_0(z^{-1})=1,\quad A_1(z^{-1})=1+a_1^{(1)}z,\quad A_2(z^{-1})=1+a_1^{(2)}z+a_2^{(2)}z^2$$

将各 $A_i(z^{-1})$代入(5.4.54)式，并与(5.4.53)式比较，令其 z^{-1} 的同幂次项的系数相等，可得

$$\left.\begin{aligned}&c_0+c_1a_1^{(1)}+c_2a_2^{(2)}=b_0^{(2)}\\&c_1+c_2a_1^{(2)}=b_1^{(2)}\\&c_2=b_2^{(2)}\end{aligned}\right\} \tag{5.4.55}$$

利用(5.4.55)式，先求出 c_2，然后向上递推求出 c_1,c_0。

② **令 $N=3,4,\cdots,N$，可求得任意 N 的情况下的关系式为**

$$\left.\begin{aligned}&c_k=b_k^{(N)}-\sum_{m=k+1}^{N}c_ma_{m-k}^{(m)},\quad k=0,1,\cdots,N-1\\&c_N=b_N^{(N)}\end{aligned}\right\} \tag{5.4.56}$$

利用(5.4.56)式，**先求出 c_N，然后顺次递推求出 $c_{N-1},c_{N-2},\cdots,c_0$。**

【例 5.9】 已知

$$H(z)=\frac{1-0.5z^{-1}+0.2z^{-2}+0.7z^{-3}}{1-1.831\,370\,8z^{-1}+1.431\,959\,5z^{-2}-0.448z^{-3}}$$

试求这个零-极点 IIR 滤波器的格型梯形结构。

解 这个例子中的极点部分与全极点型的例 5.8 一样，按上面的说明，这里的 k_1，$k_2,\cdots,k_N$ 可按全极点型的方法求出，实际上就是按例 5.7 的求全零点型的方法求解，把那里的 $b_i^{(M)}$ 换成 $a_i^{(M)}$ 即可。例 5.7 求出的 k_1,k_2,k_3 及 $a_1^{(2)},a_2^{(2)},a_1^{(1)}$（在那里是 $b_1^{(2)},b_2^{(2)},b_1^{(1)}$）为

$$k_1=-0.843\,387\,9,\quad k_2=0.765\,054\,9,\quad k_3=-0.448$$

$$a_1^{(2)}=-1.488\,626\,2,\quad a_2^{(2)}=0.765\,054\,9,\quad a_1^{(1)}=-0.843\,387\,9$$

由所给出的 $H(z)$可知

$$b_0^{(3)}=1,\quad b_1^{(3)}=-0.5,\quad b_2^{(3)}=0.2,\quad b_3^{(3)}=0.7$$

$$a_1^{(3)}=-1.831\,370\,8,\quad a_2^{(3)}=1.431\,959\,5,\quad a_3^{(3)}=-0.448$$

利用(5.4.56)式可求出各 c_i 为

$$c_3=b_3^{(3)}=0.7$$

$$c_2=b_2^{(3)}-c_3a_1^{(3)}=1.481\,959\,6$$

$$c_1=b_1^{(3)}-c_2a_1^{(2)}-c_3a_2^{(3)}=0.706\,371\,22$$

$$c_0=b_0^{(3)}-c_1a_1^{(1)}-c_2a_2^{(2)}-c_3a_3^{(3)}=0.773\,321\,9$$

其格型梯形结构如图 5.40 所示。

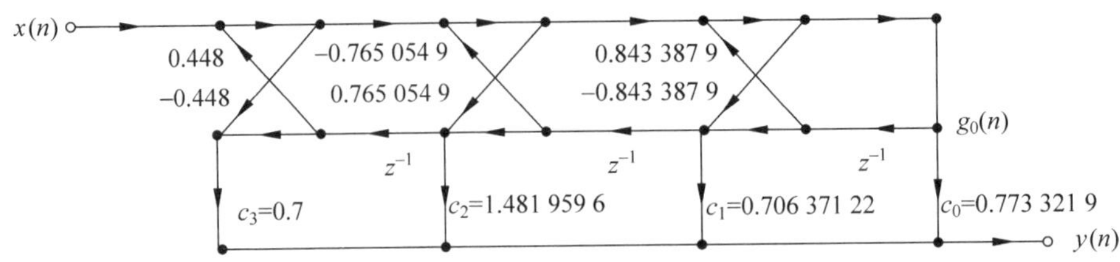

图 5.40 例 5.9 的零-极点型 IIR 滤波器的格型梯形结构

习 题

5.1 设 FIR 滤波器的单位抽样响应为

$$h(n)=a^nR_6(n),\quad 0<a<1$$

(1) 求滤波器的系统函数 $H(z)$并画出它的卷积型结构的信号流图；

(2) 画出它的级联型结构流图(一个 FIR 系统和一个 IIR 系统的级联)；

(3) 用 $H(z)$的有理分式表示法，画出直接Ⅱ型结构流图(比(2)的结构要省一个延时器)。

5.2 已知 FIR 滤波器的单位冲激响应为

$$h(n)=\delta(n)+0.3\delta(n-1)+0.72\delta(n-2)+0.11\delta(n-3)+0.12\delta(n-4)$$

写出它的系统函数 $H(z)$并画出其级联型结构实现。

5.3 对图 P5.3 的系统

(1) 求它的系统函数；

(2) 如果系统的参数为

(a) 若 $a_1=1.4, a_2=-0.64, b_0=1, b_1=1.8, b_2=-0.8$

(b) 若 $a_1=2.4, a_2=-1.44, b_0=1, b_1=1.7, b_2=2$

画出系统的零-极点分布图，并检验系统的稳定性。

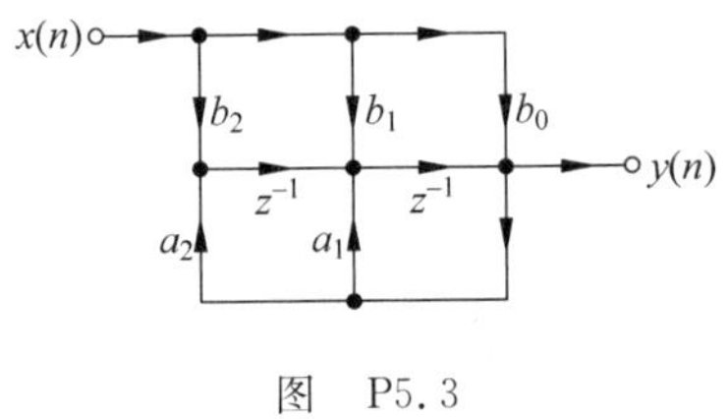

图 P5.3

5.4 用频率抽样结构实现以下系统函数：

$$H(z)=\frac{5-2z^{-3}-3z^{-6}}{1-z^{-1}}$$

抽样点数 $N=6$，修正半径 $r=0.9$。

5.5 设某 FIR 数字滤波器的系统函数为

$$H(z)=\frac{1}{5}(1+3z^{-1}+5z^{-2}+3z^{-3}+z^{-4})$$

试画出此滤波器的线性相位结构。

5.6 设滤波器差分方程为

$$y(n)=x(n)+x(n-1)+\frac{1}{3}y(n-1)+\frac{1}{4}y(n-2)$$

(1) 试用直接Ⅰ型、典范型及一阶节的级联型、一阶节的并联型结构实现此差分方程；

(2) 求系统的频率响应(幅度及相位)；

(3) 设抽样频率为 10kHz，输入正弦波幅度为 5，频率为 1kHz，试求稳态输出。

5.7　写出图 P5.7 所示结构的系统函数及差分方程。

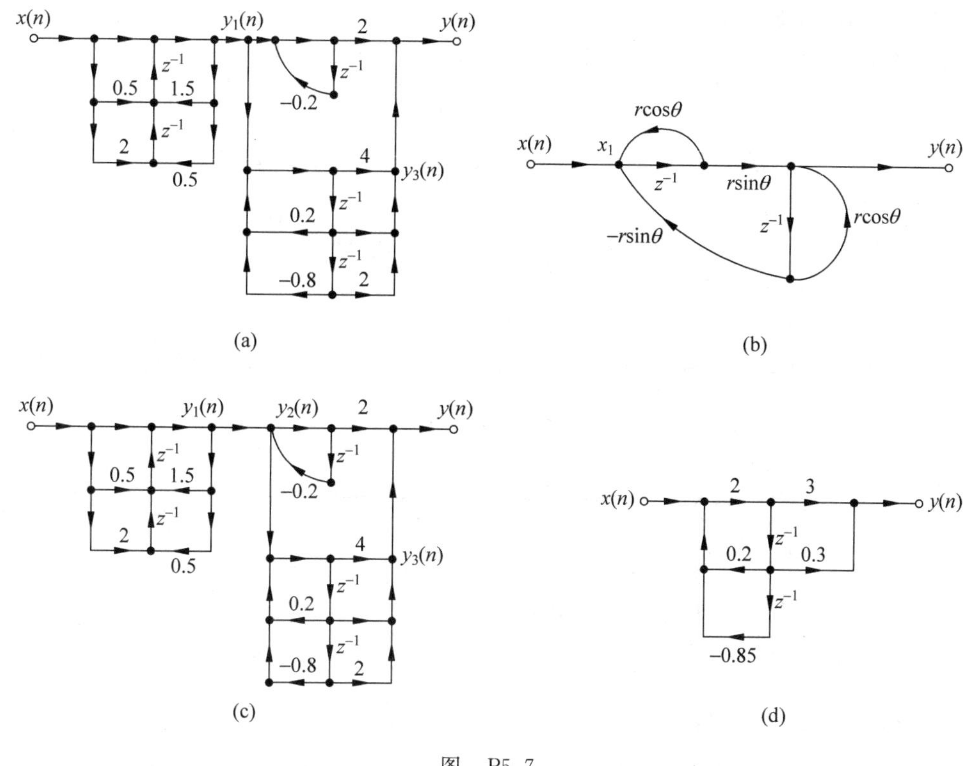

图　P5.7

5.8　已知 $h(n)$ 为实序列的 FIR 滤波器，$N=8$，其频率响应的抽样值 $H(k)(0\leqslant k\leqslant 7)$ 为

$$H(0)=19,\quad H(1)=1.5+\mathrm{j}(1.5+\sqrt{2}),\quad H(2)=0,$$

$$H(3)=1.5+\mathrm{j}(\sqrt{2}-1.5),\quad H(4)=5$$

(1) 求 $k=5,6,7$ 的 $H(k)$ 值；

(2) 求其频率抽样结构表达式，并画出相应的流图；

(3) 求相应的单位冲激响应 $h(n)$。

5.9　求图 P5.7(b)所示网络结构的转置型结构的信号流图，并求其系统函数，试将它与 5.7 题求出的(b)图的系统函数相比较。

5.10　将图 P5.10 的结构用其基本二阶节为直接Ⅱ型的级联结构实现，并用转置定理将其转换成另一种级联结构实现，画出两种结果的信号流图。

5.11　求图 P5.11 所示因果系统的系统函数，并判断该系统是否稳定。

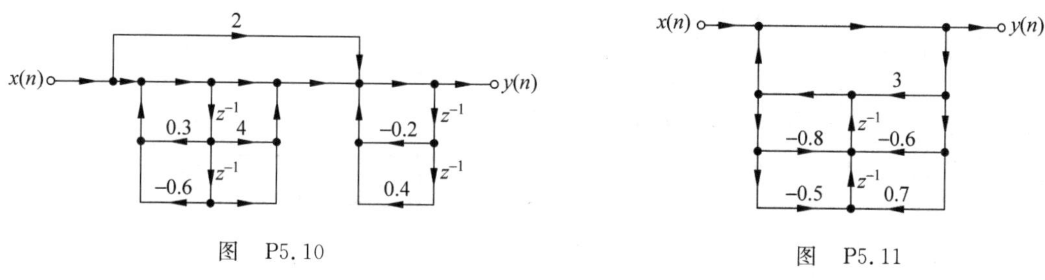

图　P5.10　　　图　P5.11

5.12 已知全零 FIR 格型滤波器各系数为 $k_1=0.6125, k_2=0.6722, k_3=-0.5822$，试求三阶 FIR 滤波器直接型结构的各系数 $b_i^{(3)}, i=1,2,3(b_0=1)$。

5.13 图 P5.13 是一个全零点格型滤波器（三阶），求以下两个系统函数

$$H_1(z)=\frac{Y(z)}{X(z)},\quad H_2(z)=\frac{G(z)}{X(z)}$$

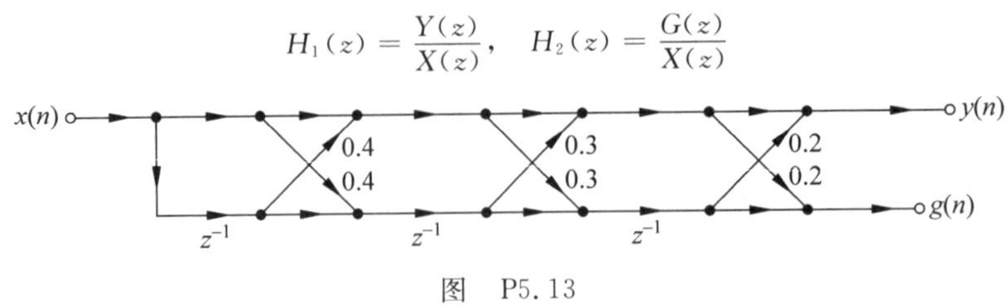

图 P5.13

5.14 图 P5.14 是一个零-极点格型梯形滤波器（三阶），求系统函数（可用各节点值的矩阵方程求解）

$$H(z)=\frac{Y(z)}{X(z)}$$

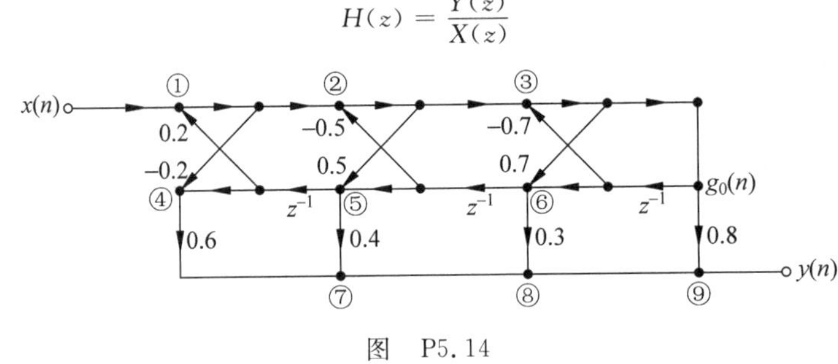

图 P5.14

5.15 已知零-极点格型滤波器各系数为 $k_1=-0.7251, k_2=0.8142, k_3=-0.6582; c_0=1.2543, c_1=-0.7284, c_2=-2.15, c_3=-0.692$。求其等效三阶 IIR 滤波器直接型结构

$$H(z)=\frac{\sum_{i=0}^{3} b_i z^{-i}}{1+\sum_{i=1}^{3} a_i z^{-i}}$$

的各系数 $a_i(i=1,2,3), b_i(i=0,1,2,3)$。

5.16 图 P5.16 所示的滤波器结构，包含有直接型、级联型及并联型的组合。试求其总的系统函数 $H(z)$，并用直接Ⅱ型、级联型和并联型结构加以表示。

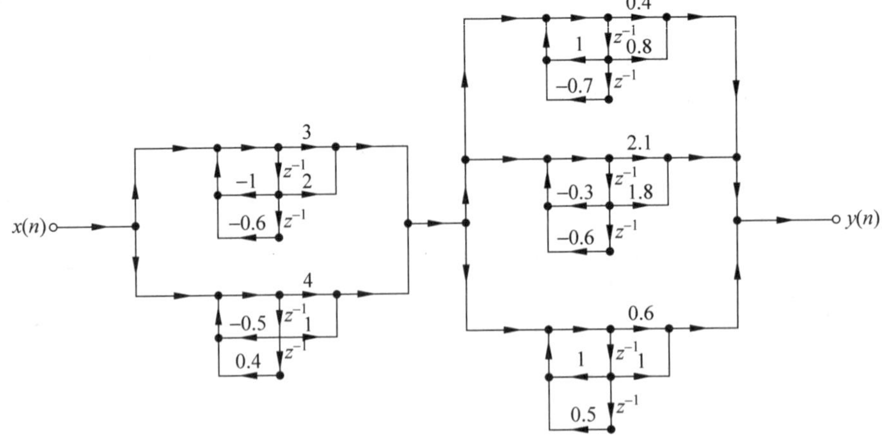

图 P5.16

第5章 数字滤波器的基本结构

5.17　图 P5.17 是一个因果线性移不变系统，参见(5.4.46)式的有关讨论。试确定并画出以下各种类型结构。

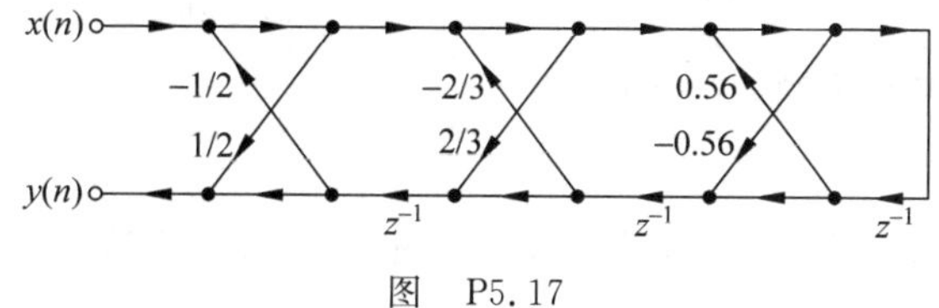

图　P5.17

(1) 直接Ⅰ型；

(2) 直接Ⅱ型；

(3) 包含二阶直接Ⅱ型基本节的级联型结构；

(4) 包含二阶直接Ⅱ型基本节的并联型结构。

5.18　一个 IIR 滤波器由以下系统函数表征

$$H(z)=2\left(\frac{1+z^{-2}}{1-0.6z^{-1}+0.36z^{-2}}\right)\left(\frac{3-z^{-1}}{1-0.65z^{-1}}\right)\left(\frac{1+2z^{-1}+z^{-2}}{1+0.49z^{-2}}\right)$$

用 MATLAB 方法确定并画出以下各结构的流图。

(1) 直接Ⅰ型；

(2) 直接Ⅱ型；

(3) 包含二阶直接Ⅱ型基本节的级联型；

(4) 包含二阶直接Ⅱ型基本节的并联型；

(5) 格型梯形结构。

注意此 $H(z)$ 中分子系数有 $(1+z^{-2})$ 项，用 MATLAB 表示时，必须看成 $1+0z^{-1}+z^{-2}$，即要填满 z^{-1} 的各阶的系数。

5.19　一个线性移不变因果系统的差分方程表示为

$$y(n)=\sum_{k=0}^{4}\left(\frac{1}{2}\right)^{k}x(n-k)+\sum_{m=1}^{4}\left(\frac{1}{3}\right)^{m}y(n-m)$$

试确定并画出以下各结构的流图，并用每种结构计算系统对以下输入 $x(n)$ 的响应。

$$x(n)=u(n),\quad 0\leqslant n\leqslant 100$$

(1) 直接Ⅰ型；

(2) 直接Ⅱ型；

(3) 包含二阶直接Ⅱ型基本节的级联型；

(4) 包含二阶直接Ⅱ型基本节的并联型；

(5) 格型梯形结构。

5.20　一个 IIR 滤波器由以下的系统函数表征

$$H(z)=\left[\frac{-12-14.9z^{-1}}{1-\frac{4}{5}z^{-1}+\frac{7}{100}z^{-2}}\right]+\left[\frac{21.5+23.6z^{-1}}{1-z^{-1}+\frac{1}{2}z^{-2}}\right]$$

试确定并画出以下各结构的流图。

(1) 直接Ⅰ型；

(2) 直接Ⅱ型；

(3) 包含二阶直接Ⅱ型基本节的级联型；

(4) 包含二阶直接Ⅱ型基本节的并联型；

(5) 格型梯形结构。

5.21　已知系统函数为

$$H(z)=\frac{1+2z^{-1}+3z^{-2}}{(1-0.4z^{-1})(1-0.7z^{-1})}$$

试求 $H(z)$的格型梯形结构并画出其流图。

5.22　已知系统函数为

$$H(z)=\frac{1}{(1-0.3z^{-1}+0.6z^{-2})(1-0.5z^{-1})}$$

试求 $H(z)$的格型结构并画出其流图

5.23　已知 FIR 系统的频率响应为

$$H(e^{j\omega})=|H(e^{j\omega})|e^{-j64\omega/2}$$

其频率响应的 64 个抽样值为

$$|H_k|=|H(e^{j2\pi k/64})|=\begin{cases}1, & k=0\\ \frac{1}{2}, & k=1,63\\ 0, & 其他\ k\end{cases}$$

求(1)系统的单位抽样响应 $h(n)$；

(2) 系统的频率抽样结构表示式及其流图。

第 6 章　无限长单位冲激响应(IIR)数字滤波器设计方法

6.1　数字滤波器的基本概念

1. 数字滤波器(DF)的基本功能。与模拟滤波器(AF)一样,都是用来“滤波”的,它将信号中某些频率(频段)的信号加以放大,而将另外一些频率(频段)的信号加以抑制。也就是通过某种运算(变换)得到或增强所需信号,滤除不需要的信号或噪声、干扰。当然还可以有其他一些作用,例如自适应信号处理、参数估计、信号压缩、信号重建等。数字滤波器可对数字信号进行处理,如果在输入端接入模-数转换器(A/D 转换器),它还可对模拟信号进行处理。数字滤波器的输出可以是数字信号,也可以是模拟信号,这只需在输出端接入数-模转换器(D/A 转换器)。

2. 数字滤波器的表示方法。

(1) 线性差分方程

$$y(n)=\sum_{i=1}^{N}a_i y(n-i)+\sum_{i=0}^{M}b_i x(n-i) \tag{6.1.1}$$

即它的滤波作用的基本构成是数值运算的部件:相加器、相乘器、延时器。而模拟滤波器的基本部件则是电感器、电容器、电阻器及有源器件。

(2) 系统函数。将 a_0 归一化为 $a_0=1$,则有

$$H(z)=\frac{Y(z)}{X(z)}=\frac{\sum_{i=0}^{M}b_i z^{-i}}{1-\sum_{i=1}^{N}a_i z^{-i}}=\frac{B(z)}{A(z)} \tag{6.1.2}$$

即用 z^{-1}(或 z)的有理分式表示系统函数。

(3) 单位抽样响应 $h(n)$

$$h(n)=\mathscr{Z}^{-1}[H(z)]=\mathscr{Z}^{-1}\left[\frac{B(z)}{A(z)}\right] \tag{6.1.3}$$

(4) 线性信号流图,如第 5 章所示。

3. 数字滤波器的类型。

(1) 按冲激响应分类有两种。

① 无限长单位冲激响应(IIR)数字滤波器。其系统函数用(6.1.2)式表示,它是一个 z^{-1} 有理分式,从(6.1.1)式看出,它包括有输出到输入的反馈网络结构。由(6.1.2)式看

出，此系统分母多项式 $A(z)$ 决定了反馈网络，同时确定了有限 z 平面的极点，而分子多项式 $B(z)$ 决定了正馈网络，同时确定了有限 z 平面的零点。

② 有限长单位冲激响应(FIR)数字滤波器。其系统函数可表示为 z^{-1} 的多项式，即(6.1.2)式中的 $a_i=0$，可写成

$$H(z)=\sum_{n=0}^{N-1}h(n)z^{-n}$$

其中 $h(n)$ 是系统的单位冲激响应，显然 $h(i)=b_i$（当 $a_i=0$ 时），$H(z)$ 在有限 z 平面只有零点，如果是因果系统，则全部极点在 $z=0$ 处。系统不存在反馈网络。

两种滤波器的运算结构是不同的，其设计方法也是不同的。

(2) 按滤波器幅度响应分类。有低通、高通、带通、带阻、全通等滤波器的理想幅度响应，如图 6.1 所示。按照奈奎斯特抽样定理，信号最高频率 f_h 只能限于 $f_h<\frac{f_s}{2}$（f_s 为抽样频率），即 $\omega_h<\pi$。与模拟滤波器不同，数字滤波器频率响应是以 2π 为周期的周期函数。

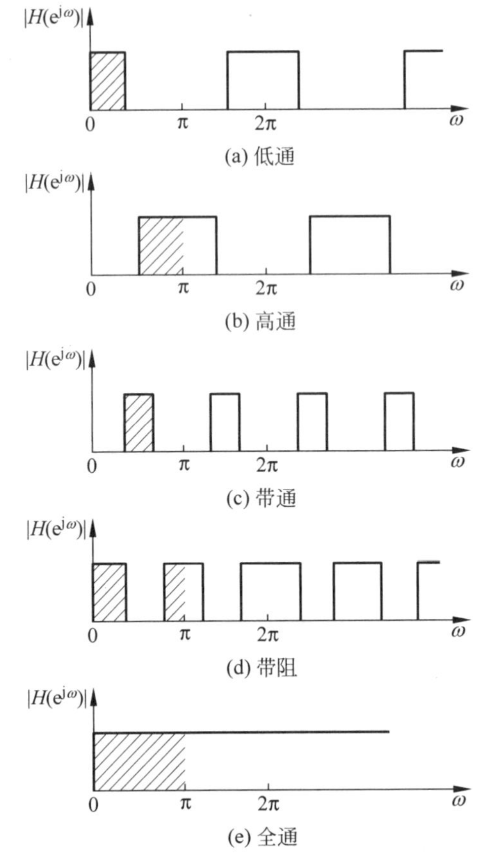

图 6.1 各种数字滤波器的理想幅度频率响应

这些理想的幅度响应特性，即“突变”型幅度响应会造成无限长的非因果的单位冲激响应，是不可实现的，只能用可实现的实际滤波来逼近它，这就是本章及第 7 章要讨论的内容。

(3) 按相位响应分类。有线性相位的、非线性相位的数字滤波器，如果要求严格的线性相位，则必须用 FIR 线性相位滤波器。

(4) 按特殊要求分类。可以有最小相位滞后滤波器、梳状滤波器、陷波器、全通滤波器、谐振器，甚至波形产生器等。采用零极点的适当配置方法，可以得到这些滤波器。本章中只讨论全通滤波器和最小相位滤波器。

4. 数字滤波器的实现步骤。

所谓实现是指给定滤波器技术要求、设计一个线性时(移)不变系统、利用有限精度算法及实际技术实现等全部过程，大体上滤波器的实现包括以下四个步骤。

(1) 按任务的需要，确定滤波器的性能指标。

(2) 用一个因果、稳定的 LSI 系统函数去逼近这一性能要求，逼近所用的系统函数有无限长单位冲激响应(IIR)系统函数及有限长单位冲激响应(FIR)系统函数两种。

(3) 用有限精度算法实现这个系统函数，包括选择运算结构(如第 5 章的各种基本结

构），选择合适的字长（包括系数量化以及输入变量、中间变量、输出变量的字长）以及有效数字的处理方法（舍入、截尾）等（这是第 9 章的内容）。

(4) 实际的技术实现，包括采用通用计算机软件、专用数字滤波器硬件、专用或通用的数字信号器实现。

本章与第 7 章讨论第(1)、(2)项内容，即满足逼近性能（技术指标）要求的系统函数的设计。

5. IIR 数字滤波器的设计方法分类。

以下讨论用一个因果稳定的离散线性移不变系统的系统函数（有理函数）去逼近给定的性能要求。IIR 滤波器的系统函数为 z^{-1}（或 z）的有理分式，即

$$H(z)=\frac{\sum_{k=0}^{M} b_k z^{-k}}{1-\sum_{k=1}^{N} a_k z^{-k}} \tag{6.1.4}$$

一般满足 $M\leqslant N$，这类系统称为 N 阶系统，当 $M>N$ 时，$H(z)$可看成是一个 N 阶 IIR 子系统与一个$(M-N)$阶的 FIR 子系统（多项式）的级联。以下讨论都假定 $M\leqslant N$。

IIR 滤波器的逼近问题就是去求出滤波器的各系数 a_k 和 b_k，使得在规定的意义上，例如通带起伏及阻带衰减满足给定的要求，或采用最优化准则（最小均方误差要求或最大误差最小要求）逼近所要求的特性。这就是数学上的逼近问题。

由于是在 z 平面上去逼近，故得到的是数字滤波器。

IIR 数字滤波器设计有间接法与直接法两大类，见图 6.2。本章只讨论间接法，而且着重于冲激响应不变法及双线性变换法。这是因为模拟滤波器（AF）有成熟的设计方法、完整的设计公式及实用表格可资利用，使得数字滤波器（DF）的设计更为简便迅速。

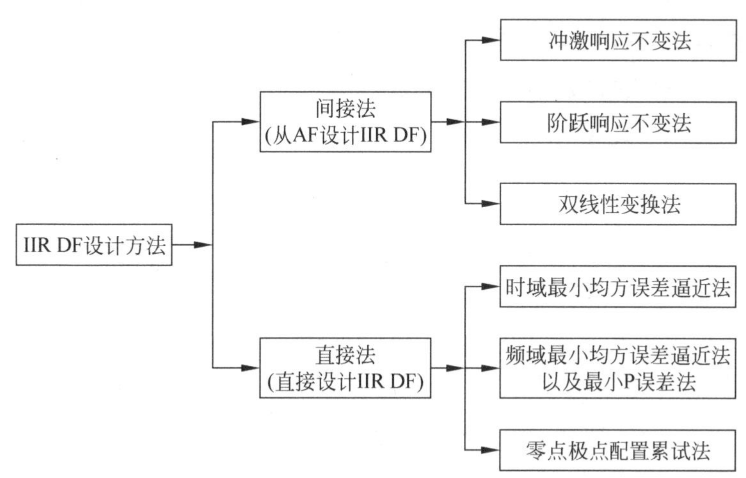

图 6.2 IIR 数字滤波器(DF)的各种设计方法

直接法要求解联立方程组,必须利用计算机辅助设计。

实际上两类设计法利用 MATLAB 工具箱都很容易实现。

虽然模拟滤波器的设计不属于本书主要讨论的内容,但是,由于本章中主要讨论间接法,即由模拟滤波器来设计数字滤波器的方法,所以,要引入模拟滤波器设计方法。

6.2 数字滤波器的技术指标

一般情况下,数字滤波器的技术指标是以其频率响应的幅度特性给出的,与图 6.1 的理想幅度特性不同,在通带和阻带上都有允许的误差范围,而且还给出通带与阻带之间的过渡带,图 6.3 所示即为对理想低通滤波器的逼近的误差容限图,而 DF 的技术指标要求可以用容限图来表征。

1. 低通滤波器幅度响应的容限图。

见图 6.3,有 ω_p,ω_{st},$\delta_1[R_p(\text{dB})]$,$\delta_2[A_s(\text{dB})]$几个指标。

(1) 有**通带、阻带和过渡带**(而不只是理想特性的通带、阻带)。

(2) **通带中,称ω_p 为通带截止频率,δ_1 为通带波纹。**

$$1-\delta_1 \leqslant |H(e^{j\omega})| \leqslant 1, \quad |\omega| \leqslant \omega_p \tag{6.2.1}$$

(3) **阻带中,称ω_{st} 为阻带截止频率,δ_2 为阻带波纹。**

$$|H(e^{j\omega})| \leqslant \delta_2, \quad \omega_{st} \leqslant |\omega| \leqslant \pi \tag{6.2.2}$$

(4) **$\omega_p \sim \omega_{st}$ 之间称为过渡带**,过渡带带宽为 $\omega_{st}-\omega_p$,在此频带内,频率响应幅度从通带边沿到阻带边沿是平滑过渡的。

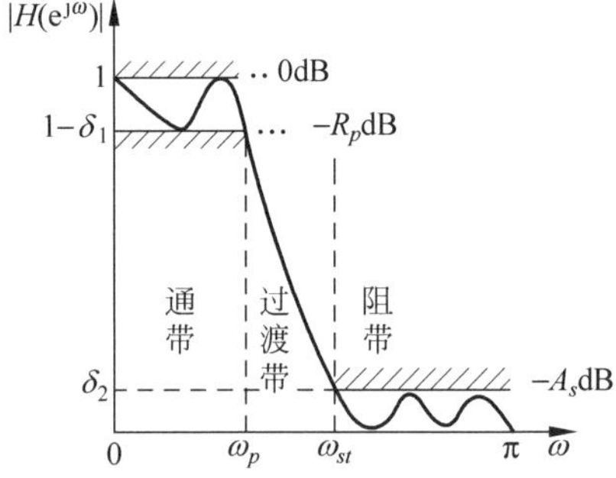

图 6.3 理想低通滤波器逼近的误差容限

(5) **一般采用分贝(dB)数表示**,即在技术指标中,给定通带允许的**最大衰减(波纹)R_p 分贝(dB)**以及阻带应达到的**最小衰减 A_s 分贝(dB)**(已归一化为$|H(e^{j\omega})|_{\max}=1$),要求

$$R_p \geqslant 20\lg\frac{|H(e^{j\omega})|_{\max}}{|H(e^{j\omega_p})|}=-20\lg|H(e^{j\omega_p})|=-20\lg(1-\delta_1)(\text{dB}) \tag{6.2.3}$$

$$A_s \leqslant 20\lg\frac{|H(e^{j\omega})|_{\max}}{|H(e^{j\omega_{st}})|}=-20\lg|H(e^{j\omega_{st}})|=-20\lg\delta_2(\text{dB}) \tag{6.2.4}$$

如果用分贝(dB)表示增益,则把$|H(e^{j\omega})|_{\max}=1$[一般是指 $\omega=0$ 处($|H(e^{j0})|=1$]的增益[$20\lg|H(e^{j\omega})|_{\max}=0$]称为 0dB。则通带边沿($\omega=\omega_p$)处增益为$-R_p$,而其衰减则称为 R_p(R_p 为正数,单位为 dB);同样阻带起始频率 ω_{st} 处的增益为$-A_s$,而其衰减则为 A_s(A_s 也为正数,单位为 dB)。

例如,当 $\omega=\omega_m$ 时(多数情况 $\omega_m=0$),$|H(e^{j\omega_m})|_{\max}=1$,即增益为 $20\lg|H(e^{j\omega_m})|_{\max}=0\text{dB}$

若要求 $\omega=\omega_p$ 时,$|H(e^{j\omega_p})|=1-\delta_1=\dfrac{1}{\sqrt{2}}=0.707$

则在 $\omega=\omega_p$ 处衰减为 $20\lg\left[\dfrac{|H(e^{j\omega_m})|_{\max}}{|H(e^{j\omega_p})|}\right]=-20\lg|H(e^{j\omega_p})|=-20\lg(1-\delta_1)=3\text{dB}$

即在 $\omega=\omega_p$ 处增益为 -3dB(衰减为 3dB)[把 $|H(e^{j\omega})|$ 的最大值的增益定为 0dB]。

在 $\omega=\omega_p$ 处的衰减，也可以要求是其他分贝数，例如 1dB、2dB 等。

当然也可给出相位的逼近容限，或给出时域冲激响应的逼近容限，但最常用的还是滤波器幅度响应的逼近容限要求。

2. 各种滤波器的幅度响应(即频率响应幅度)的容限图及技术指标(见图 6.4)。

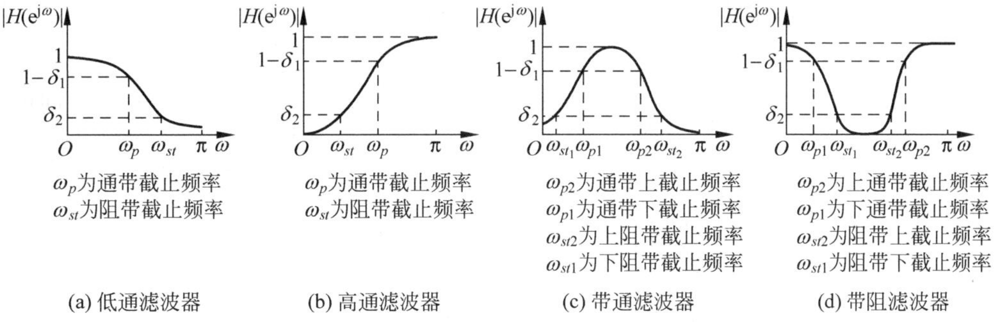

图 6.4　四种滤波器幅度响应的容限图及技术指标

3. 表征数字滤波器频率响应特性的三个参量。

(1) **幅度平方响应 $|H(e^{j\omega})|^2$**　(注意 $h(n)$ 为实序列)。

$$|H(e^{j\omega})|^2=H(e^{j\omega})H^*(e^{j\omega})=H(e^{j\omega})H(e^{-j\omega})=H(z)H(z^{-1})_{z=e^{j\omega}}\tag{6.2.5}$$

* $H(z)H(z^{-1})$ 的极点(零点)是共轭的又是以单位圆($|z|=1$)为镜像的(就是共轭倒数)。若极点是复数 $z=z_i$，则有 $z=z_i^*$，$z=\dfrac{1}{z_i}$ 以及 $z=\dfrac{1}{z_i^*}$，这四个点都是 $H(z)H(z^{-1})$ 的极点。若极点是实数 $z=r_i$，则 $z=\dfrac{1}{r_i}$，这两个点都是 $H(z)H(z^{-1})$ 的极点。零点也有同样关系。

* $H(z)H(z^{-1})$ 在 z 平面单位圆内的极点属于 $H(z)$，在单位圆外的极点属于 $H(z^{-1})$，且 $H(z)$ 在 $z=\infty$ 处不能有极点，这样 $H(z)$ 才能是因果稳定的。

* $H(z)H(z^{-1})$ 的零点，对称的一半属于 $H(z)$，视系统要求，单位圆内的零点不一定属于 $H(z)$；若 $H(z)H(z^{-1})$ 在单位圆内的一半零点属于 $H(z)$，则 $H(z)$ 是最小相位延时系统。

(2) **相位响应**。

由于 $H(e^{j\omega})$ 是复数，可表示成

$$H(e^{j\omega})=|H(e^{j\omega})|e^{j\beta(e^{j\omega})}=\text{Re}[H(e^{j\omega})]+j\text{Im}[H(e^{j\omega})]\tag{6.2.6}$$

所以

$$\beta(e^{j\omega})=\arctan\left\{\frac{\text{Im}[H(e^{j\omega})]}{\text{Re}[H(e^{j\omega})]}\right\}\tag{6.2.7}$$

由于

$$H^*(e^{j\omega})=|H(e^{j\omega})|e^{-j\beta(e^{j\omega})}$$

所以又有

$$\beta(e^{j\omega}) = \frac{1}{2j}\ln\left[\frac{H(e^{j\omega})}{H^*(e^{j\omega})}\right] = \frac{1}{2j}\ln\left[\frac{H(e^{j\omega})}{H(e^{-j\omega})}\right]$$

$$= \frac{1}{2j}\ln\left[\frac{H(z)}{H(z^{-1})}\right]_{z=e^{j\omega}} \tag{6.2.8}$$

（3）**群延迟响应。**

它是滤波器平均延迟的一个度量，定义为相位对角频率的导数的负值，即

$$\tau(e^{j\omega}) = -\frac{d\beta(e^{j\omega})}{d\omega} \tag{6.2.9}$$

可以化为

$$\tau(e^{j\omega}) = -\frac{d\beta(z)}{dz}\frac{dz}{d\omega}\bigg|_{z=e^{j\omega}} = -jz\frac{d\beta(z)}{dz}\bigg|_{z=e^{j\omega}} \tag{6.2.10}$$

由于

$$\ln[H(e^{j\omega})] = \ln|H(e^{j\omega})| + j\beta(e^{j\omega})$$

所以

$$\beta(e^{j\omega}) = \mathrm{Im}\{\ln[H(e^{j\omega})]\}$$

因而又有

$$\tau(e^{j\omega}) = -\mathrm{Im}\left[\frac{d}{d\omega}\{\ln[H(e^{j\omega})]\}\right] \tag{6.2.11}$$

同样可化为

$$\tau(e^{j\omega}) = -\mathrm{Im}\left[\frac{d\{\ln[H(z)]\}}{dz}\frac{dz}{d\omega}\right]_{z=e^{j\omega}}$$

$$= -\mathrm{Im}\left[jz\frac{d\{\ln[H(z)]\}}{dz}\right]_{z=e^{j\omega}} = -\mathrm{Re}\left[z\frac{d}{dz}\{\ln[H(z)]\}\right]_{z=e^{j\omega}}$$

$$= -\mathrm{Re}\left[z\frac{dH(z)}{dz}\frac{1}{H(z)}\right]_{z=e^{j\omega}} \tag{6.2.12}$$

当要求滤波器为线性相位响应特性时，通带内群延迟特性就应是常数。

6.3 全通滤波器

全通滤波器定义为系统频率响应的幅度在所有频率 ω 处皆为 1（或等于常数）的稳定系统，表示为

$$|H_{ap}(e^{j\omega})| = 1（或常数）$$

全通滤波器的主要特点为

1. 一阶全通滤波器的系统函数为

$$H_{ap}(z) = K\frac{z^{-1}-a}{1-az^{-1}},\quad a\text{ 为实数且 }0<|a|<1 \tag{6.3.1}$$

二阶全通系统的系统函数为

$$\begin{aligned}H_{ap}(z)&=K\frac{z^{-1}-a^*}{1-az^{-1}}\cdot\frac{z^{-1}-a}{1-a^*z^{-1}}=K\frac{z^{-2}-z^{-1}2r\cos\theta+r^2}{1-z^{-1}2r\cos\theta+r^2z^{-2}}\\&=K\frac{z^{-2}+d_1z^{-1}+d_2}{1+d_1z^{-1}+d_2z^{-2}},\quad a\text{ 为复数},0<|a|<1\end{aligned}\tag{6.3.2}$$

为了使单位冲激响应为实数,一阶全通滤波器必须极点为实数 a,二阶全通滤波器必须极点为共轭复数 a、a^*,K 为实常数。

N 阶全通函数的系统函数为

$$\begin{aligned}H_{ap}(z)&=K\prod_{i=1}^{N}\frac{z^{-1}-a_i^*}{1-a_iz^{-1}}=K\frac{d_N+d_{N-1}z^{-1}+\cdots+d_1z^{-(N-1)}+z^{-N}}{1+d_1z^{-1}+\cdots+d_{N-1}z^{-(N-1)}+d_Nz^{-N}}\\&=K\frac{\sum\limits_{i=0}^{N}d_iz^{-N+i}}{\sum\limits_{i=0}^{N}d_iz^{-i}}=Kz^{-N}\frac{\sum\limits_{i=0}^{N}d_iz^{i}}{\sum\limits_{i=0}^{N}d_iz^{-i}}=Kz^{-N}\frac{D(z^{-1})}{D(z)},\quad d_0=1\end{aligned}\tag{6.3.3}$$

式中,K 为实常数,而

$$D(z)=1+d_1z^{-1}+\cdots+d_{N-1}z^{-(N-1)}+d_Nz^{-N}\tag{6.3.4}$$

$D(z)$为实系数多项式,即全部 d_i 皆为实数,$D(z)$的根全在单位圆内,即 $H_{ap}(z)$的极点全在单位圆内,$H_{ap}(z)$的零点(即 $D(z^{-1})z^{-N}$的根)全在单位圆外,故 $H(z)$一定是因果稳定系统。

(6.3.3)式的全通系统函数有以下特点:

① 各 $d_i(i=1,2,\cdots,N)$都是实数。

② 分子、分母的系数相同,若分子、分母皆按 z^{-1} 的升幂排列,则分子、分母系数的排列是相反的。

③ 由于各 d_i 皆为实数,当 $z=e^{j\omega}$时,有以下共轭对称关系

$$D(z^{-1})\big|_{z=e^{j\omega}}=D(e^{-j\omega})=D^*(e^{j\omega})\tag{6.3.5}$$

因而

$$|H_{ap}(e^{j\omega})|=|K|\cdot\left|\frac{D(e^{-j\omega})}{D(e^{j\omega})}\right|=|K|\cdot\left|\frac{D^*(e^{j\omega})}{D(e^{j\omega})}\right|=|K|\tag{6.3.6}$$

所以 $H_{ap}(z)$是全通滤波器的系统函数表达式。

2. 全通系统的零点极点分布。极点在单位圆内,零点在单位圆外,极点与零点以单位圆成镜像分布: 若极点为实数 a,则零点为$\frac{1}{a}$;若极点为复数 a,则零点为$\frac{1}{a^*}$。

考虑到系统的 $h(n)$是实序列,则 $H(z)$分子、分母多项式的系数也一定是实数,因而极点(或零点)也必须以共轭对形式出现,一阶及二阶全通滤波器的零极点分布见图 6.5。

高阶全通系统由一系列一阶全通节与二阶全通节级联组成。

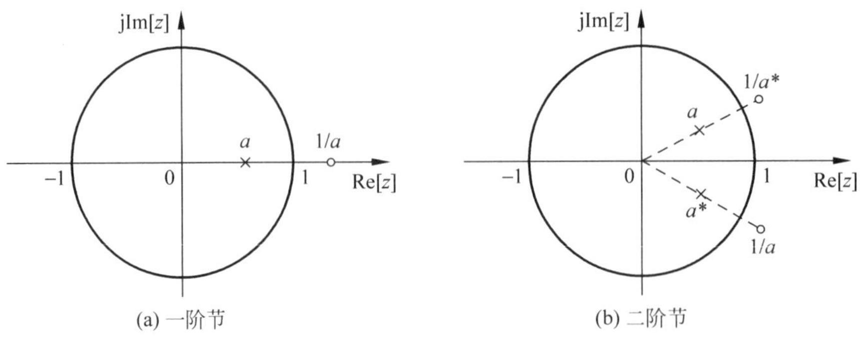

图 6.5 全通滤波器的零点极点分布

3. 全通系统的相频特性随 ω 的增加而单调下降,即

$$\frac{\mathrm{d}}{\mathrm{d}\omega}[\arg[H_{ap}(\mathrm{e}^{\mathrm{j}\omega})]]<0,\quad 即\quad \frac{\mathrm{d}\theta_{ap}(\omega)}{\mathrm{d}\omega}<0 \tag{6.3.7}$$

为了证明这一关系式,重写一阶节表达式(令 $a=r\mathrm{e}^{\mathrm{j}\theta}$,$r<1$,$r$ 为正实数)

$$\left.\frac{z^{-1}-a^*}{1-az^{-1}}\right|_{z=\mathrm{e}^{\mathrm{j}\omega}}=\frac{\mathrm{e}^{-\mathrm{j}\omega}-r\mathrm{e}^{-\mathrm{j}\theta}}{1-r\mathrm{e}^{\mathrm{j}\theta}\mathrm{e}^{-\mathrm{j}\omega}}=\mathrm{e}^{-\mathrm{j}\omega}\cdot\frac{1-r\mathrm{e}^{\mathrm{j}(\omega-\theta)}}{1-r\mathrm{e}^{-\mathrm{j}(\omega-\theta)}}=\mathrm{e}^{-\mathrm{j}\omega}\cdot\frac{1-r\cos(\omega-\theta)-\mathrm{j}r\sin(\omega-\theta)}{1-r\cos(\omega-\theta)+\mathrm{j}r\sin(\omega-\theta)}$$

$$=1\times\mathrm{e}^{-\mathrm{j}[\omega+2\arctan[r\sin(\omega-\theta)/[1-r\cos(\omega-\theta)]]]}=1\times\mathrm{e}^{\mathrm{j}\theta_{ap}(\omega)} \tag{6.3.8}$$

故此一阶节的相位函数为

$$\theta_{ap}(\omega)=-\omega-2\arctan\left[\frac{r\sin(\omega-\theta)}{1-r\cos(\omega-\theta)}\right] \tag{6.3.9}$$

对 $\theta_{ap}(\omega)$ 取导数,经化简,可得出

$$\frac{\mathrm{d}\theta_{ap}(\omega)}{\mathrm{d}\omega}=\frac{-(1-r^2)}{1+r^2-2r\cos(\omega-\theta)}=\frac{-(1-r^2)}{|1-r\mathrm{e}^{\mathrm{j}(\omega-\theta)}|^2}<0 \tag{6.3.10}$$

由于 $r<1$,故对任意 ω,皆有 $\mathrm{d}\theta_{ap}(\omega)/\mathrm{d}\omega<0$。

由于高阶全通网络的相位等于各个一阶全通节相位之和,故(6.3.7)式得到证明。

4. 由于 $h(n)$ 是实数,则当 $\omega=0$ 时,一定有 $\theta_{ap}(0)=0$,因此由相频特性随 ω 增加而单调下降的特性,可知全通函数的相频特性一定是负数。即

$$\theta_{ap}(\omega)<0,\quad 0\leqslant\omega\leqslant\pi \tag{6.3.11}$$

5. 全通系统群延时一定为正。考虑到系统的群延时为 $\tau(\omega)=-\dfrac{\mathrm{d}\theta_{ap}(\omega)}{\mathrm{d}\omega}$,故有

$$\tau_{ap}(\omega)=-\frac{\mathrm{d}\theta_{ap}(\omega)}{\mathrm{d}\omega}>0 \tag{6.3.12}$$

6. 当 ω 由 0 变到 π 时,N 阶全通系统的相角 $\theta_{ap}(\omega)$ 的变化量为 $N\pi$。

当 $N=1$ 时,为一阶全通系统,这时 $a=r$ 为实数,则有

$$\left.\frac{z^{-1}-a}{1-az^{-1}}\right|_{z=\mathrm{e}^{\mathrm{j}\omega}}=\mathrm{e}^{-\mathrm{j}\omega}\,\frac{1-r\mathrm{e}^{\mathrm{j}\omega}}{1-r\mathrm{e}^{-\mathrm{j}\omega}}$$

当 $N=2$ 时，为二阶全通系统，这时 a 为复数，令 $a=re^{j\theta}$，则有

$$\left.\frac{z^{-1}-a^*}{1-az^{-1}}\cdot\frac{z^{-1}-a}{1-a^*z^{-1}}\right|_{z=e^{j\omega}}=e^{-j2\omega}\frac{1-re^{j(\omega-\theta)}}{1-re^{-j(\omega-\theta)}}\cdot\frac{1-re^{j(\omega-\theta)}}{1-re^{-j(\omega+\theta)}}$$

由 $\omega=0$ 变化到 $\omega=\pi$，可以求出，一阶全通系统的相角 $\theta_{ap}(\omega)$ 的变化量为 π，而二阶全通系统的相角变化量为 2π，由此可推出 N 阶全通系统的相角变化量为 $N\pi$。

7. 任何一个因果稳定的非最小相位滞后系统 $H(z)$ 都可以表示成全通系统 $H_{ap}(z)$ 与最小相位滞后系统 $H_{\min}(z)$ 的级联

$$H(z)=H_{\min}(z)H_{ap}(z) \tag{6.3.13}$$

这一结论的说明见下一小节最小相位滞后系统中的论述。

8. 如果滤波器是不稳定系统，则可用级联全通网络的办法，将它变成一个稳定的滤波器。例如原滤波器有一对极点在单位圆外 $z=\frac{1}{r}e^{\pm j\theta}$，有 $H(z)=\frac{1}{(z^{-1}-re^{j\theta})(z^{-1}-re^{-j\theta})}$ $(r<1)$，则可将此滤波器级联一个以下的**全通系统**[即级联后的系统函数为 $H(z)\cdot H_{ap}(z)$]

$$H_{ap}(z)=\frac{z^{-1}-re^{j\theta}}{1-re^{-j\theta}z^{-1}}\cdot\frac{z^{-1}-re^{-j\theta}}{1-re^{-j\theta}z^{-1}}$$

这样，可将单位圆外的一对极点由全通函数的零点加以抵消，而在单位圆内的镜像点上产生一对极点 $z=re^{\pm j\theta}$，级联后，就把圆外极点"反射"到圆内了。

9. 全通网络可以作为相位均衡器（即群延时均衡器）。

由于 IIR 滤波器相位是非线性的，因而群延时不为常数，而在**视频信号、数据的传输中，对相位特性非常敏感，希望传输系统有线性相位（群延时为常数）**，这时**可采用全通滤波器作为相位校正之用，以得到线性相位**。即将 $H_{ap}(z)$ 与原传输系统 $H_d(z)$ 级联得到系统为 $H(z)$[当然 $H(z)$ 与 $H_d(z)$ 的幅度响应是相同的]

$$H(z)=H_d(z)H_{ap}(z) \tag{6.3.14}$$

即

$$H(e^{j\omega})=|H(e^{j\omega})|e^{j\theta(\omega)}=H_d(e^{j\omega})H_{ap}(e^{j\omega})=|H_d(e^{j\omega})|e^{j\theta_d(\omega)}|H_{ap}(e^{j\omega})|e^{j\theta_{ap}(\omega)} \tag{6.3.15}$$

相位关系为

$$\theta(\omega)=\theta_d(\omega)+\theta_{ap}(\omega) \tag{6.3.16}$$

选择 $\theta_{ap}(\omega)$，使得 $\theta(\omega)$ 与 ω 呈线性关系，即可满足要求。若用群延时表示，则有

$$-\frac{d\theta(\omega)}{d\omega}=-\frac{d\theta_d(\omega)}{d\omega}-\frac{d\theta_{ap}(\omega)}{d\omega}\doteq\text{常数} \tag{6.3.17}$$

或

$$\tau(\omega)=\tau_d(\omega)+\tau_{ap}(\omega)\doteq\text{常数} \tag{6.3.18}$$

当然，$\tau(\omega)$ 不可能在所有频率上都等于某一常数，且逼近有一定误差，只要误差在允许的范

围内就可以了。

10. 上面全通滤波器 $H_{ap}(z)$ 的表达式较难记忆，虽然它的 $|H_{ap}(e^{j\omega})|=1$，在一般应用中，只需 $|H_{ap}(e^{j\omega})|=$ 常数，因此可写成（便于读写记忆）

$$H_{ap}(z)=\prod_{i=1}^{N}\frac{z-\frac{1}{a_i^*}}{z-a_i}\cdot\frac{z-\frac{1}{a_i}}{z-a_i^*}=\prod_{i=1}^{N}\frac{1-\frac{1}{a_i^*}z^{-1}}{1-a_iz^{-1}}\cdot\frac{1-\frac{1}{a_i}z^{-1}}{1-a_i^*z^{-1}},\quad |a_i|<1 \tag{6.3.19}$$

总之，全通滤波器的极点要在单位圆内，零点在单位圆外极点的镜像位置上，零极点（若是复数）都应以共轭对出现。

6.4 最小相位滞后滤波器

最小相位滞后滤波器简称最小相位滤波器，它是指其系统函数全部极点在单位圆内，全部零点也在单位圆内的因果稳定滤波器，用 $h_{\min}(n)$ 及 $H_{\min}(z)$ 分别表示最小相位系统的单位冲激响应及系统函数。

6.4.1 最小相位系统、混合相位系统、最大相位系统及其与全通系统的关系

为了讨论这几种系统的相互关系，还需要引出最大相位系统与混合相位系统的定义。

1. 最大相位系统。全部极点在单位圆内，全部零点在单位圆外的因果稳定系统称为最大相位滞后系统 $H_{\max}(z)$，又称最大相位系统。 用级联全通函数的办法，可将 $H_{\min}(z)$ 的全部零点反射到单位圆外，就得到 $H_{\max}(z)$。

2. 混合相位系统，即非最大相位、非最小相位系统。**全部极点在单位圆内，在单位圆内、外皆有零点的因果稳定系统称为混合相位系统。** 将三种系统归纳在下表中。

系　　统	因果性	稳定性	零点	极点
最小相位滞后系统	因果	稳定	单位圆内	单位圆内
最大相位滞后系统	因果	稳定	单位圆外	单位圆内
混合相位系统	因果	稳定	单位圆内、外	单位圆内

3. 任意混合相位系统可表示成最小相位系统与全通系统的级联。 可以通过连接一个全通系统将最小相位系统的某些零点反射到单位圆外而构成所要求的混合相位系统。

结合图 6.6 进行讨论，其中图 6.6(a)是一个混合相位系统 $H(z)$，有一对共轭零点在单位圆外 $(1/z_o^*,1/z_o)$，图 6.6(b)则是在这一对圆外零点的圆内镜像位置处 (z_o,z_o^*)，各设置一个零点极点对，它们在 z_o 及 z_o^* 处，其零极点互相抵消，把图 6.6(b)与图 6.6(a)级联，得到的仍是图 6.6(a)系统。图 6.6(c)是将图 6.6(a)在单位圆内的零极点加上图 6.6(b)的一对零点组成一个最小相位系统 $H_{\min}(z)$，图 6.6(d)是将图 6.6(a)的单位圆外的零点与

图 6.6(b)的一对极点组成一个全通系统 $H_{ap}(z)$。则图 6.6(c)系统与图 6.6(d)系统的级联就完全等于图 6.6(a)系统，因而有

$$H(z) = H_1(z)(z^{-1} - z_o)(z^{-1} - z_o^*), \quad |z_o| < 1 \tag{6.4.1}$$

即

$$\begin{aligned} H(z) &= H_1(z)(z^{-1} - z_o)(z^{-1} - z_o^*) \cdot \frac{1 - z_o^* z^{-1}}{1 - z_o^* z^{-1}} \cdot \frac{1 - z_o z^{-1}}{1 - z_o z^{-1}} \\ &= H_1(z)(1 - z_o^* z^{-1})(1 - z_o z^{-1}) \frac{z^{-1} - z_o}{1 - z_o^* z^{-1}} \frac{z^{-1} - z_o^*}{1 - z_o z^{-1}} \\ &= H_{\min}(z) H_{ap}(z) \end{aligned} \tag{6.4.2}$$

其中 $H_1(z)$是 $H(z)$在单位圆内零极点组成的系统，故 $H(z)=H_1(z)(z^{-1}-z_o)(z^{-1}-z_o^*)$。在(6.4.2)式中，有

$$H_{\min}(z) = H_1(z)(1 - z_o^* z^{-1})(1 - z_o z^{-1}) \tag{6.4.3}$$

$$H_{ap}(z) = \frac{z^{-1} - z_o}{1 - z_o^* z^{-1}} \cdot \frac{z^{-1} - z_o^*}{1 - z_o z^{-1}}, \quad |z_o| < 1 \tag{6.4.4}$$

这里 $H(z)$和 $H_{\min}(z)$的差别在于把 $H(z)$的单位圆外的一对零点 $z=1/z_o$，$z=1/z_o^*$ 分别反射到单位圆内的“镜像”位置 $z=z_o^*$，$z=z_o$ 上就构成了 $H_{\min}(z)$。可以看出 $H(z)$和$H_{\min}(z)$的幅度响应是相同的，差别只是它们的相位响应不同，$H(z)$是混合相位系统，而 $H_{\min}(z)$是最小相位滞后系统。这种在单位圆内、外移动零点的方法，可得到若干个幅度特性相同的滤波器。

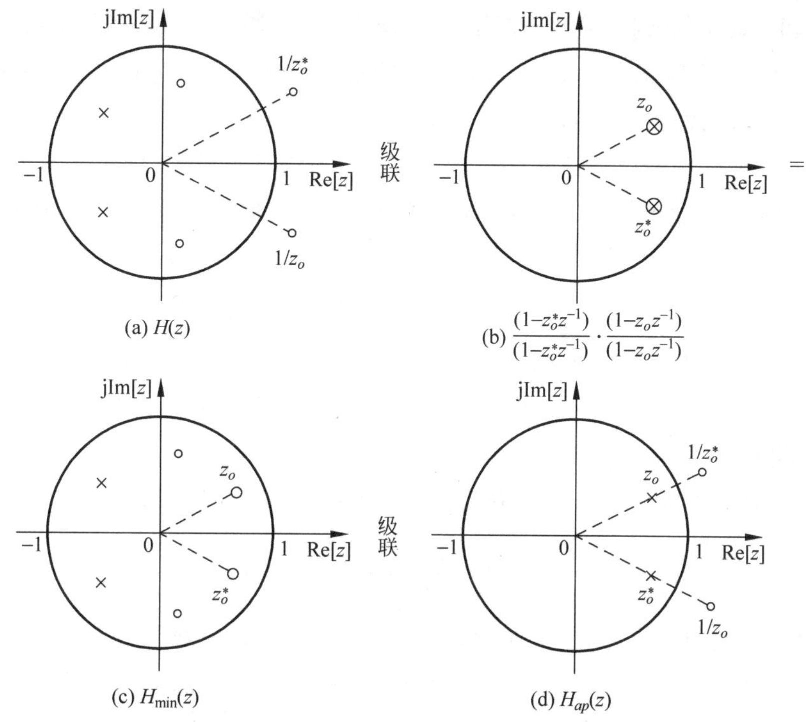

图 6.6　系统的等效变换

【例 6.1】 试将以下因果稳定的混合相位系统分解为一个最小相位系统与一个全通系统的级联

$$H(z)=\frac{(1+1.25\mathrm{e}^{\mathrm{j}\pi/3}z^{-1})(1+1.25\mathrm{e}^{-\mathrm{j}\pi/3}z^{-1})(1+0.7z^{-1})}{(1-0.6\mathrm{e}^{\mathrm{j}\pi/4}z^{-1})(1-0.6\mathrm{e}^{-\mathrm{j}\pi/4}z^{-1})}$$

此系统有一对复数零点在单位圆外，可利用(6.3.1)式，将 $H(z)$写成

$$H(z)=(1.25)^2\cdot\frac{(z^{-1}+0.8\mathrm{e}^{-\mathrm{j}\pi/3})(z^{-1}+0.8\mathrm{e}^{\mathrm{j}\pi/3})(1+0.7z^{-1})}{(1-0.6\mathrm{e}^{\mathrm{j}\pi/4}z^{-1})(1-0.6\mathrm{e}^{-\mathrm{j}\pi/4}z^{-1})}$$

再利用(6.3.2)式可得

$$H(z)=H_{\min}(z)H_{ap}(z)=\left[1.5625\frac{(1+0.8\mathrm{e}^{-\mathrm{j}\pi/3}z^{-1})(1+0.8\mathrm{e}^{\mathrm{j}\pi/3}z^{-1})(1+0.7z^{-1})}{(1-0.6\mathrm{e}^{\mathrm{j}\pi/4}z^{-1})(1-0.6\mathrm{e}^{-\mathrm{j}\pi/4}z^{-1})}\right]$$

$$\cdot\left[\frac{(z^{-1}+0.8\mathrm{e}^{-\mathrm{j}\pi/3})(z^{-1}+0.8\mathrm{e}^{\mathrm{j}\pi/3})}{(1+0.8\mathrm{e}^{\mathrm{j}\pi/3}z^{-1})(1+0.8\mathrm{e}^{-\mathrm{j}\pi/3}z^{-1})}\right]$$

其中第一个方括号内为最小相位系统，第二个方括号内为全通系统。

6.4.2 最小相位系统的性质

1. 最小相位滞后性。

① 按照(6.4.2)式，任何混合相位系统都可表示成最小相位系统与全通系统的级联，取(6.4.2)式等式两端连续相位的关系有

$$\theta(\omega)=\theta_{\min}(\omega)+\theta_{ap}(\omega) \tag{6.4.5}$$

这里表示的是连续相位，而非相位的主值。由于两系统的连续相位之和的主值不等于两系统各自连续相位的主值之和，因此不能用 $\theta_{\min}(\omega)$与 $\theta_{ap}(\omega)$各自主值之和反求出的连续相位之和代替 $\theta(\omega)$。**必须用 $\boldsymbol{\theta_{\min}(\omega)}$及 $\boldsymbol{\theta_{ap}(\omega)}$各自的主值相位分别求出各自的连续相位，此二者之和才为(6.4.5)式所求的 $\boldsymbol{\theta(\omega)}$。**

研究(6.4.5)式，由于全通系统的连续相位曲线在 $0\leqslant\omega\leqslant\pi$ 内总是负的，见(6.3.11)式。因此利用全通函数 $H_{ap}(z)$，将最小相位系统 $H_{\min}(z)$的单位圆内零点反射到单位圆外，得到混合相位系统 $H(z)$，它与 $H_{\min}(z)$有相同的幅度响应，但是 $H(z)$的连续相位比最小相位系统 $H_{\min}(z)$的连续相位更负(即相位负值增加，称之为相位滞后功能)，即 $H(z)$的连续相位相比 $H_{\min}(z)$的连续相位是减小的，或说向负的方向增加的，故幅度响应相同的系统中，$H_{\min}(z)$系统的相位滞后最小，因而将 **$\boldsymbol{H_{\min}(z)}$称为最小相位滞后系统**。约定俗成地简称**为最小相位系统**。

② **对最小相位系统，应加 $\boldsymbol{\omega=0}$，$\boldsymbol{H_{\min}(\mathrm{e}^{\mathrm{j}0})}$为正这一附加约束**，即限定

$$H_{\min}(\mathrm{e}^{\mathrm{j}0})=\sum_{n=-\infty}^{\infty}h_{\min}(n)>0 \tag{6.4.6}$$

可以看出，一般限定 $h_{\min}(n)$为实数序列，则 $H_{\min}(\mathrm{e}^{\mathrm{j}0})$一定是实数，之所以有(6.4.6)式的限定条件，是因为$-h_{\min}(n)$与 $h_{\min}(n)$有相同的零极点，$-h_{\min}(n)$系统所形成的频率响应 DTFT$[-h(n)]$与 DFFT$[h_{\min}(n)]$之关系为

$$\mathrm{DTFT}[-h_{\min}(n)]=-\mathrm{DTFT}[h_{\min}(n)]=-H_{\min}(e^{j\omega})=H_{\min}(e^{j(\omega+\pi)})$$

即$-h_{\min}(n)$的频率响应比之$h_{\min}(n)$的频率响应,在相位上需加上π弧度,这样就使得"最小相位滞后"的定义模糊不清,因而必须加上(6.4.6)式的约束。

2. 最小能量延迟性。

① **在幅度响应$|H(e^{j\omega})|$相同(即能量相同)的各系统中,$H_{\min}(e^{j\omega})$即$h_{\min}(n)$系统具有最小的能量延迟,即能量更集中在$n=0$附近。**这是由于$|H(e^{j\omega})|$相同时,按照帕塞瓦定理,其总能量是相同的,即

$$\sum_{n=-\infty}^{\infty}|h(n)|^2=\frac{1}{2\pi}\int_{-\pi}^{\pi}|H(e^{j\omega})|^2d\omega=\frac{1}{2\pi}\int_{-\pi}^{\pi}|H_{\min}(e^{j\omega})|^2d\omega=\sum_{n=-\infty}^{\infty}|h_{\min}(n)|^2 \tag{6.4.7}$$

可以证明,单位抽样响应的部分能量满足以下不等式

$$\sum_{n=0}^{m}|h_{\min}(n)|^2>\sum_{n=0}^{m}|h(n)|^2 \tag{6.4.8}$$

因此又常称最小相位滞后系统为**最小能量延迟系统**,简称**最小延迟系统**。

② **全部零点在单位圆外的最大相位系统也称为最大能量延迟系统。**

3. 在$|H(e^{j\omega})|$相同的各系统中,$|h_{\min}(0)|$最大。利用(6.4.8)式,代入$m=0$就可得到

$$|h_{\min}(0)|>h(0) \tag{6.4.9}$$

4. 最小群延时性。

由(6.4.5)式,可求得群延时的关系为

$$-\frac{d\theta(\omega)}{d\omega}=-\frac{d\theta_{\min}(\omega)}{d\omega}-\frac{d\theta_{ap}(\omega)}{d\omega} \tag{6.4.10}$$

即

$$\tau(\omega)=\tau_{\min}(\omega)+\tau_{ap}(\omega) \tag{6.4.11}$$

由于全通系统的群延时满足[见(6.3.12)式]$\tau_{ap}(\omega)>0$,所以幅度响应$|H(e^{j\omega})|$相同的各系统中,最小相位系统具有最小的群延时,因此又称最小相位系统为**最小群延时系统**。而最大相位系统具有最大的群延时,混合相位系统的群延时居中,或者说,最小相位系统的单位冲激响应的包络具有最小延时,最大相位系统的这一包络延时最大,而混合相位系统的这一包络延时居中。即

$$\tau_{\min}(\omega)<\tau(\omega)<\tau_{\max}(\omega) \tag{6.4.12}$$

5. 在$|H(e^{j\omega})|$相同的各系统中,只有唯一的一个最小相位滞后系统。

6. 最小相位系统的逆系统也是最小相位系统,这是很显然的,因为$H_c(z)=\dfrac{1}{H_{\min}(z)}$也是一个零极点在单位圆内的最小相位系统。

这一性质在信号的解卷积中(即幅度失真的校正中)以及在信号预测中起着主要作用。

7. 最小相位系统一定是因果稳定系统，它可以是 IIR 系统，也可以是 FIR 系统。

下面用一个例子来说明幅度响应相同的最小相位系统 $H_{\min}(z)$（零极点全在单位圆内）、混合相位系统 $H(z)$（极点在单位圆内，既有单位圆内的零点，也有单位圆外的零点）以及最大相位系统 $H_{\max}(z)$（极点在单位圆内，零点在单位圆外）三种系统的能量延时及群延时特性。

【例 6.2】 设最小相位系统为 $H_{\min}(z)$，混合相位系统为 $H(z)$，最大相位系统为 $H_{\max}(z)$，三个系统具有相同的幅度响应，试比较三者的能量延迟以及群延时特性。

解 以 FIR 系统为例来加以讨论

(1) 设最小相位系统为

$$\begin{aligned} H_{\min}(z) &= (1-0.8\mathrm{e}^{\mathrm{j}0.3\pi}z^{-1})(1-0.8\mathrm{e}^{-\mathrm{j}0.3\pi}z^{-1})(1-0.9z^{-1}) \\ &= [1-1.6\cos(0.3\pi)z^{-1}+0.64z^{-2}](1-0.9z^{-1}) \\ &= 1-1.840\,456\,4z^{-1}+1.486\,410\,8z^{-2}-0.576z^{-3} \end{aligned}$$

(2) 如果将一对共轭零点 $z=0.8\mathrm{e}^{\pm\mathrm{j}0.3\pi}$ 用全通函数反射到单位圆外共轭倒数位置上，即零点成为 $z=1.25\mathrm{e}^{\mp\mathrm{j}0.3\pi}$，另一个实零点则仍在单位圆内，就得到混合相位系统 $H(z)$ 为[其中，全通函数见(6.4.4)式]

$$\begin{aligned} H(z) &= H_{\min}(z)\cdot H_{ap}(z) = H_{\min}(z)\cdot\frac{z^{-1}-0.8\mathrm{e}^{\mathrm{j}0.3\pi}}{1-0.8\mathrm{e}^{-\mathrm{j}0.3\pi}}\cdot\frac{z^{-1}-0.8\mathrm{e}^{-\mathrm{j}0.3\pi}}{1-0.8\mathrm{e}^{\mathrm{j}0.3\pi}z^{-1}} \\ &= (z^{-1}-0.8\mathrm{e}^{\mathrm{j}0.3\pi})(z^{-1}-0.8\mathrm{e}^{-\mathrm{j}0.3\pi})(1-0.9z^{-1}) \\ &= (z^{-2}-1.6\cos(0.3\pi)z^{-1}+0.64)(1-0.9z^{-1}) \\ &= (0.64-1.6\cos(0.3\pi)z^{-1}+z^{-2})(1-0.9z^{-1}) \\ &= 0.64-1.516\,456\,5z^{-1}+1.846\,410\,8z^{-2}-0.9z^{-3} \end{aligned}$$

(3) 如果将 $H_{\min}(z)$ 的全部零点都用全通函数反射到单位圆外，则可得到最大相位系统 $H_{\max}(z)$ 为

$$\begin{aligned} H_{\max}(z) &= H_{\min}(z)\cdot\frac{z^{-1}-0.8\mathrm{e}^{\mathrm{j}0.3\pi}}{1-0.8\mathrm{e}^{-\mathrm{j}0.3\pi}z^{-1}}\cdot\frac{z^{-1}-0.8\mathrm{e}^{-\mathrm{j}0.3\pi}}{1-0.8\mathrm{e}^{\mathrm{j}0.3\pi}z^{-1}}\cdot\frac{z^{-1}-0.9}{1-0.9z^{-1}} \\ &= (z^{-1}-0.8\mathrm{e}^{\mathrm{j}0.3\pi})(z^{-1}-0.8\mathrm{e}^{-\mathrm{j}0.3\pi})(z^{-1}-0.9) \\ &= (z^{-2}-1.6\cos(0.3\pi)z^{-1}+0.64)(z^{-1}-0.9) \\ &= -0.576+1.486\,410\,8z^{-1}-1.840\,456\,4z^{-2}+z^{-3} \end{aligned}$$

由此得出

$$h_{\min}(n) = (\underline{1},\ -1.840\,456\,4,\ 1.486\,410\,8,\ -0.576)$$

$$h(n) = (\underline{0.64},\ -1.516\,456\,5,\ 1.846\,410\,8,\ -0.9)$$

$$h_{\max}(n) = (\underline{-0.576},\ 1.486\,410\,8,\ -1.840\,456\,4,\ 1)$$

从三个系统的单位抽样响应 $h_{\min}(n)$，$h(n)$，$h_{\max}(n)$ 可见图 6.7(c)，可以看出，$|h_{\min}(0)|$ 最大，$|h(0)|$ 其次，$|h_{\max}(0)|$ 最小，即有

$$|h_{\min}(0)|>|h(0)|>|h_{\max}(0)|$$

从能量延迟上看只要 $m<3$，则有

$$\sum_{n=0}^{m}|h_{\max}(n)|^2>\sum_{n=0}^{m}|h(n)|^2>\sum_{n=0}^{m}|h_{\max}(n)|^2,\quad m<3$$

即 $|h_{\min}(n)|$ 的能量延迟最小。

当 $m=3$ 时，即对全部能量来说，三者是相等的

$$\sum_{m=0}^{3}|h_{\min}(n)|^2=\sum_{m=0}^{3}|h(n)|^2=\sum_{m=0}^{3}|h_{\max}(n)|^2=6.9284728$$

我们可求出三个系统的幅度特性（是相同的）以及群延时特性，分别见图 6.7(a)、(b)，从群延时特性上看出 $h_{\min}(n)$ 系统具有最小群延时特性，而 $h_{\max}(n)$ 系统则具有最大群延时特性。

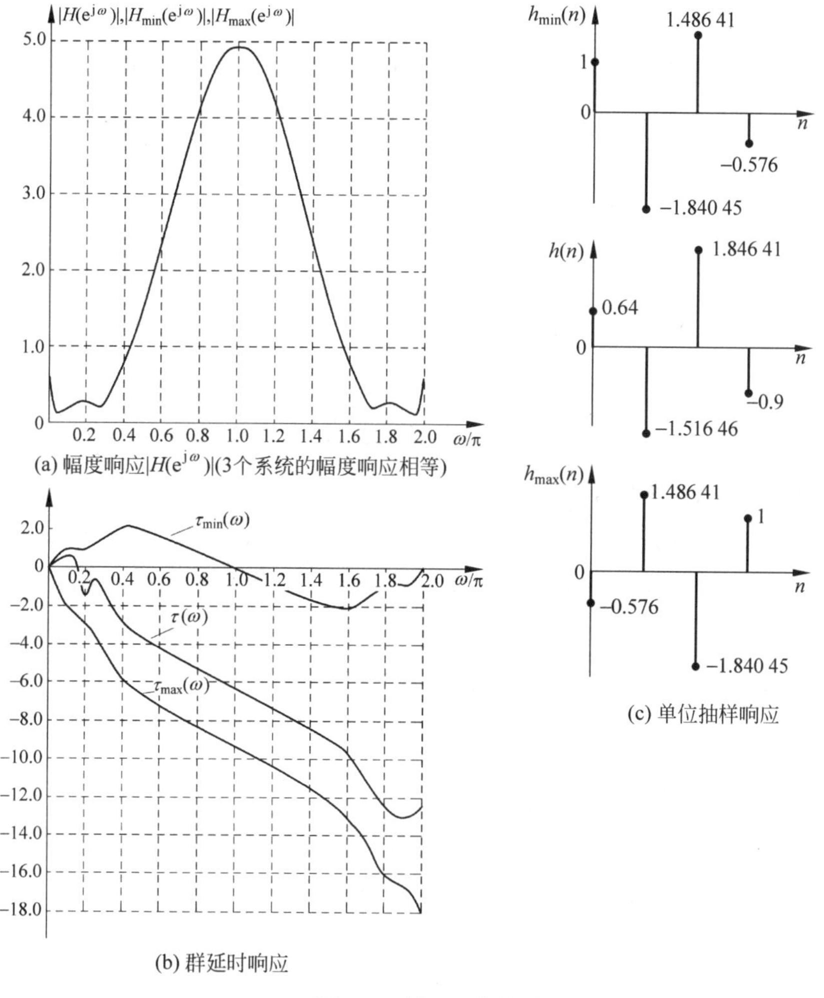

图 6.7　例 6.2 中的图形

6.4.3　利用最小相位系统的逆系统补偿幅度响应的失真

若信号在传输过程中，经由一个不合要求的 LSI 系统，产生了幅度响应的失真，则需采

用一个补偿系统来校正这一幅度失真，如图 6.8 所示。

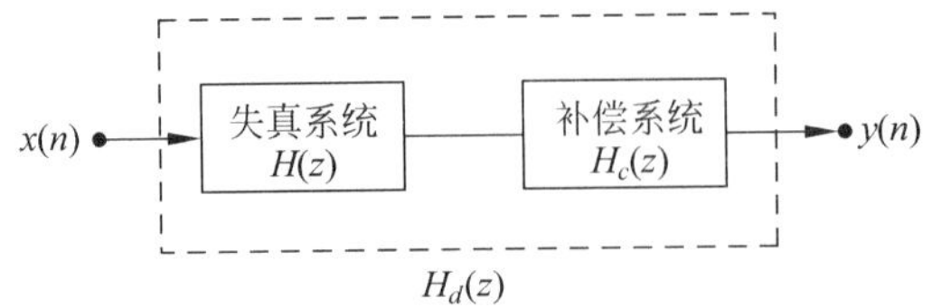

图 6.8 利用线性系统来补偿失真系统

1. 逆系统。

若补偿系统 $H_c(z)$ 能完全补偿失真系统 $H(z)$ 所造成的失真，则必须使

$$y(n) = x(n)$$

即要求补偿后整个系统的等效系统函数 $H_d(z)=1$，由于

$$H_d(z) = H(z) \cdot H_c(z)$$

故需

$$H(z)H_c(z) = 1$$

即要求

$$H_c(z) = \frac{1}{H(z)} \tag{6.4.13}$$

或

$$h(n) * h_c(n) = \delta(n) \tag{6.4.14}$$

此时 $\boldsymbol{H_c(z)}$ **称为** $\boldsymbol{H(z)}$ **的逆系统。**

但是，为了使 $H(z)$ 和 $H_c(z)$ 都是因果稳定的可实现系统，则显然必须 $H(z)$ 和 $H_c(z)$ 都是零点、极点在单位圆内的最小相位系统。若 $H(z)$ 不是最小相位系统时，又如何补偿呢？

2. 幅度响应的补偿。

若 $H(z)$ 是具有有理系统函数的因果稳定系统，但不是最小相位系统，也就是 $H(z)$ 有零点在单位圆外，则 $H_c(z)$ 不能简单地取为 $H_c(z)=\frac{1}{H(z)}$。此时利用(6.4.2)式，将 $H(z)$ 看成是由一个最小相位系统与全通系统的级联组成

$$H(z) = H_{\min}(z)H_{ap}(z)$$

此时可选取补偿系统为

$$H_c(z) = \frac{1}{H_{\min}(z)} \tag{6.4.15}$$

可以看出 $H_c(z)$ 也是一个最小相位系统。

这样图 6.8 整个系统可表示为

$$H_d(z) = H(z)H_c(z) = H_{\min}(z) \cdot H_{ap}(z) \cdot \frac{1}{H_{\min}(z)} = H_{ap}(z) \tag{6.4.16}$$

即 $H_d(z)$就相当于一个全通系统，这样就完全补偿了 $H(z)$造成的幅度响应的失真，但是相位响应又有 $\arg[H_{ap}(e^{j\omega})]=\theta_{ap}(\omega)$的变化。

下面利用一个 FIR 系统来说明这一补偿。

【例 6.3】 研究一个具有幅度响应失真的非最小相位系统（FIR 系统）

$$H(z)=(1-0.8e^{j0.7\pi}z^{-1})(1-0.8e^{-j0.7\pi}z^{-1})(1-1.35e^{j0.9\pi}z^{-1})(1-1.35e^{-j0.9\pi}z^{-1})$$

试找一个补偿系统 $H_c(z)$来补偿由于 $H(z)$造成的幅度响应的失真。

解 $H(z)$有两对共轭零点，一对在 z 平面的单位圆内，为 $z=0.8e^{\pm j0.7\pi}$；一对在 z 平面单位圆外，为 $z=1.35e^{\pm j0.9\pi}$；$H(z)$的全部极点在 $z=0$ 处，是 4 阶极点，故系统是稳定的，又由于 $H(z)$是只有 z 的负幂的多项式，故系统又是因果的。但是由于有一对零点在单位圆外，所以系统是非最小相位的。

将 $z=1.35e^{\pm j0.7\pi}$的零点反射到单位圆内的共轭倒数位置上就可得到最小相位系统与全通系统的级联。先将 $H(z)$化成 $H(z)=(1-0.8e^{j0.7\pi}z^{-1})(1-0.8e^{-j0.7\pi}z^{-1})(1.35)^2(z^{-1}-0.741e^{-j0.9\pi})(z^{-1}-0.741e^{j0.9\pi})$，将 $H(z)$分解为最小相位系统 $H_{\min}(z)$与全通系统 $H_{ap}(z)$的乘积（级联），有

$$H(z)=H_{\min}(z)\cdot H_{ap}(z)$$

其中

$$H_{\min}(z)=(1-0.8e^{j0.7\pi}z^{-1})(1-0.8e^{-j0.7\pi}z^{-1})(1-0.741e^{-j0.9\pi}z^{-1})(1-0.741e^{-j0.9\pi}z^{-1})(1.35)^2$$

$$H_{ap}(z)=\frac{(z^{-1}-0.741e^{-j0.9\pi})}{(1-0.741e^{j0.9\pi}z^{-1})}\cdot\frac{(z^{-1}-0.741e^{j0.9\pi})}{(1-0.741e^{-j0.9\pi}z^{-1})}$$

因而补偿系统 $H_c(z)$为

$$\begin{aligned}H_c(z)&=\frac{1}{H_{\min}(z)}\\&=\frac{0.5486968}{(1-0.8e^{j0.7\pi}z^{-1})(1-0.8e^{-j0.7\pi}z^{-1})(1-0.741e^{-j0.9\pi}z^{-1})(1-0.741e^{j0.9\pi}z^{-1})}\end{aligned}$$

而经补偿后整个系统的系统函数为

$$H_c(z)=H(z)H_c(z)=H_{ap}(z)=\frac{(z^{-1}-0.741e^{-j0.9\pi})(z^{-1}-0.741e^{j0.9\pi})}{(1-0.741e^{j0.9\pi}z^{-1})(1-0.741e^{-j0.9\pi}z^{-1})}$$

这样若输入为 $x(n)$，输出 $y(n)$也等于 $x(n)$，避免了幅度响应失真，即

$$y(n)=x(n)$$

6.5 模拟原型低通滤波器设计

6.5.1 概述

1. 各种模拟滤波器（AF）包括低通、带通、高通、带阻滤波器的设计都归结为先设计

一个“样本”的归一化原型低通滤波器，然后通过模拟频带变换得到所需类型的模拟滤波器。

2. 所谓归一化低通原型，就是将低通通带边沿频率归一化为 1。对巴特沃思滤波器一定是指 3dB 衰减处的频率 Ω_c（一般用 Ω_c 表示）归一化为 $\Omega_c=1$；对切贝雪夫滤波器则是指通带边沿处为某一衰减（例如 0.1dB，1dB，2dB，3dB 等）处的频率 Ω_p 归一化为 $\Omega_p=1$，这二者的区别，在具体设计中是很重要的。

3. 为什么要找到与所需类型滤波器相对应的归一化原型低通滤波器作为“样本”呢？这是因为在 AF 的各种参考书和手册中，只能给出几种典型（例如巴特沃思模拟滤波器、切贝雪夫模拟滤波器等）的归一化原型滤波器的系统函数 $H_{an}(s)$ 的系数以及根或二阶因式系数的数值。只要确定了所需滤波器在通带截止频率 Ω_p、阻带截止频率 Ω_{st} 处的衰减（以 dB 表示），就可求出滤波器的阶数 N，然后可查表求得归一化低通原型滤波器的 $H_{an}(s)$，经过频带变换关系求得各种（所需的）频带滤波器。

4. 模拟低通滤波器的设计步骤。

(1) 给定滤波器技术指标 Ω_p，Ω_{st}，$(1-\delta_1)$（或 R_pdB），δ_2（或 A_sdB）；

(2) 设定（选定）滤波器类型（例如巴特沃思滤波器或切贝雪夫滤波器等）；

(3) 计算滤波器所需阶数（或阶数与波纹参量）；

(4) 通过查表（这是主要的方法）或计算来确定归一化低通滤波器的系统函数 $H_{an}(s)$；

(5) 将 $H_{an}(s)$ 转换为所需类型的低通滤波器系统函数 $H_a(s)$。

6.5.2 模拟巴特沃思低通滤波器

巴特沃思滤波器又称最平幅度特性滤波器，N 阶巴特沃思模拟低通滤波器的有关特性为

1. 幅度平方函数 $|H_a(\mathrm{j}\Omega)|^2$、$N$ 及 Ω_c。

$$|H_a(\mathrm{j}\Omega)|^2=\frac{1}{1+\left(\frac{\Omega}{\Omega_c}\right)^{2N}} \tag{6.5.1}$$

其中，N 为正整数，代表滤波器阶数；Ω_c 称为巴特沃思低通滤波器的通带截止频率。

所以 Ω_c 又称为（一定是）巴特沃思低通滤波器频率响应幅度衰减到 3dB 时的带宽。

2. 巴特沃思低通滤波器幅度响应及其特点。

其幅度响应为

$$|H_a(\mathrm{j}\Omega)|=\frac{1}{\sqrt{1+\left(\frac{\Omega}{\Omega_c}\right)^{2N}}} \tag{6.5.2}$$

图 6.9 画出了巴特沃思滤波器在不同 N（阶数）时的幅度响应曲线。

(1) 当 $\Omega=0$ 时，$|H_a(\mathrm{j}0)|=1$，无衰减。

(2) 当 $\Omega=\Omega_c$ 时，$|H_a(\mathrm{j}\Omega)|=\frac{1}{\sqrt{2}}=0.707$，即幅度衰减到 0.707，或 $|H_a(\mathrm{j}\Omega)|^2=\frac{1}{2}$，即

功率衰减到一半，或 $R_c=-20\lg|H_a(\mathrm{j}\Omega_c)|=3\mathrm{dB}$，$R_c$ 称通带最大衰减，不管阶数 N 为多少，**所有幅度特性曲线都在 $\Omega=\Omega_c$ 处交汇于 3dB 衰减处**（或说交汇于 $-3\mathrm{dB}$ 增益处），这就是 3dB 不变性。

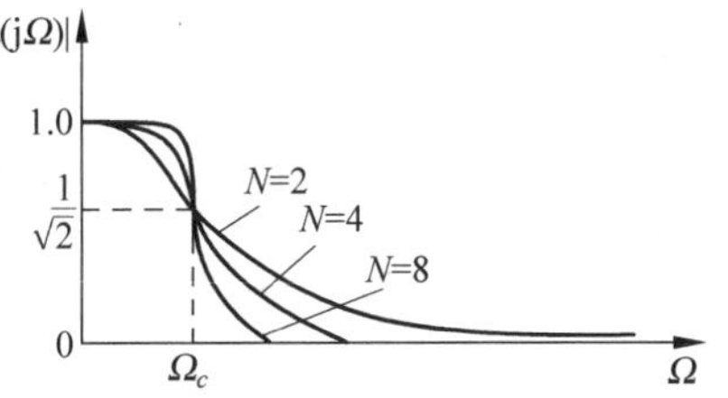

图 6.9　巴特沃思模拟滤波器幅度特性及其与 N 的关系

(3) 在 $0\leqslant\Omega\leqslant\Omega_c$ 的**通带内，$|H_a(\mathrm{j}\Omega)|$ 有最大平坦的幅度特性，即 N 阶巴特沃思滤波器 $|H_a(\mathrm{j}\Omega)|^2$ 在 $\Omega=0$ 处的前 $(2N-1)$ 阶导数为零，故称巴特沃思滤波器为最平幅度特性滤波器**。随着 Ω 由 0 增加到 Ω_c，$|H_a(\mathrm{j}\Omega)|$ 单调地减小，N 越大，减小得越慢，也就是 N 越大，通带内幅度特性越平坦。

(4) 当 $\Omega>\Omega_c$ 时，即**在过渡带及阻带中，$|H_a(\mathrm{j}\Omega)|$ 单调地减小**，而且由于 $\Omega/\Omega_c>1$，故比通带内衰减的速度要快得多，N 越大，$|H_a(\mathrm{j}\Omega)|$ 特性在这个频率范围衰减得更快。

(5) 当 $\Omega=\Omega_{st}$ 时，即在阻带截止频率处衰减为 $A_s=20\lg\left|\dfrac{H_a(\mathrm{j}0)}{H_a(\mathrm{j}\Omega_{st})}\right|=-20\lg|H_a(\mathrm{j}\Omega_{st})|$，$A_s$ 为阻带最小衰减，当 $\Omega>\Omega_{st}$ 时，幅度特性衰减值会大于 A_s(dB)。

3. 巴特沃思低通滤波器。

(1) $H_a(s)H_a(-s)$ 的极点。幅度平方函数在 s 平面的解析延拓即为 $H_a(s)H_a(-s)$，由于 $h_a(t)$ 为实数，故有

$$H_a(s)H_a(-s)=|H(\mathrm{e}^{\mathrm{j}\Omega})|^2_{\Omega=s/\mathrm{j}}=H_a(\mathrm{j}\Omega)H_a^*(\mathrm{j}\Omega)|_{\Omega=s/\mathrm{j}}=H_a(\mathrm{j}\Omega)H(-\mathrm{j}\Omega)|_{\Omega=s/\mathrm{j}}$$

$$=|H_a(s)|^2=\frac{1}{1+\left(\dfrac{s}{\mathrm{j}\Omega_c}\right)^{2N}} \tag{6.5.3}$$

可以看出**巴特沃思滤波器系统函数的全部零点都在 $s=\infty$ 处，而在有限 s 平面只有极点，因而属于“全极点型”滤波器**。

$H_a(s)H_a(-s)$ 的极点为

$$s_k=(-1)^{\frac{1}{2N}}(\mathrm{j}\Omega_c)=\Omega_c\mathrm{e}^{\mathrm{j}\left(\frac{1}{2}+\frac{2k-1}{2N}\right)\pi},\quad k=1,2,\cdots,2N \tag{6.5.4}$$

由此式可得到 $H(s)H(-s)$ 的极点分布图，见图 6.10，其分布特点为

① 极点在 s 平面是象限对称的，分布在半径为 Ω_c 的圆(称为巴特沃思圆)上，有 $2N$ 个极点。在(6.5.4)式中，当 $k=1,2,\cdots,N$ 时，s_k 即为 s 平面左半平面极点，它就是 $H_a(s)$ 的极点。

② 极点间隔的角度为 $\dfrac{\pi}{N}$ rad。

③ 极点绝不会落在虚轴上，这样滤波器 $H_a(s)$ 才可能是稳定的。

④ 当 N 为奇数时，实轴上有极点；当 N 为偶数时，实轴上没有极点。

(2) $H_a(s)$ 的极点。

$H_a(s)$ 的极点是 $H_a(s)H_a(-s)$ 在 s 平面的左半平面的极点，即有

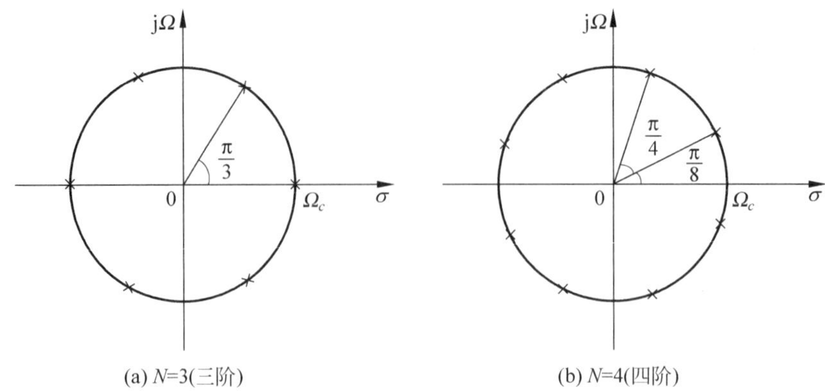

图 6.10 巴特沃思滤波器 $H_a(s)H_a(-s)$ 在 s 平面的极点位置[左半平面极点是 $H_a(s)$ 的]

$$s_k = \Omega_c e^{j\left(\frac{1}{2}+\frac{2k-1}{2N}\right)\pi}, \quad k = 1,2,\cdots,N \tag{6.5.5}$$

参见图 6.10(左半平面)，当 N 为偶数时，极点全为共轭对，即为

$$s_k, \quad s_{N+1-k} = s_k^*, \quad k = 1,2,\cdots,N/2, \quad N\text{为偶数} \tag{6.5.6}$$

当 N 为奇数时，则除了有$\dfrac{N-1}{2}$个和上面一样的共轭极点对以外，还有一个实极点，即有

$$\left.\begin{aligned}&s_k, \quad s_{N+1-k} = s_k^*, \quad k = 1,2,\cdots,(N-1)/2,\\&s_{(N+1)/2} = -\Omega_c, \quad k = (N+1)/2\end{aligned}\right\}N\text{为奇数} \tag{6.5.7}$$

4. 巴特沃思低通滤波器的系统函数 $H_a(s)$，由图 6.10 左半平面极点[见(6.5.5)式]，可得到

$$H_a(s) = \frac{1}{\sqrt{1+(s/j\Omega_c)^{2N}}} = \frac{\Omega_c^N}{\prod\limits_{k=1}^{N}(s-s_k)} \tag{6.5.8}$$

将一对共轭极点构成一个二阶实系数子系统 $H_k(s)$ 为

$$H_k(s) = \frac{\Omega_c^2}{(s-s_k)(s-s_{N+1-k})} = \frac{\Omega_c^2}{s^2 - 2\Omega_c s\cos\left(\dfrac{\pi}{2}+\dfrac{(2k-1)\pi}{2N}\right)+\Omega_c^2} \tag{6.5.9}$$

利用(6.5.9)式，通带截止频率为 Ω_c 的巴特沃思低通模拟滤波器的系统函数为

$$H_a(s) = \prod_{k=1}^{N/2} H_k(s), \quad N\text{为偶数} \tag{6.5.10}$$

$$H_a(s) = \frac{\Omega_c}{s+\Omega_c}\prod_{k=1}^{(N-1)/2} H_k(s), \quad N\text{为奇数} \tag{6.5.11}$$

5. 巴特沃思归一化原型低通滤波器的系统函数 $H_{an}(s)$。为了便于对各种类型及各种截止频率 Ω_c 滤波器进行设计，**在滤波器设计手册中，都是将低通滤波器的截止频率 Ω_c 归**

一化为 $\Omega_c=1$，也就是说将衰减 3dB 处的截止频率归一化为 1。此时巴特沃思归一化低通滤波器的极点及系统函数只需将上面所有公式中的截止频率 Ω_c 换成 $\Omega_c=1$，将系统函数用 $H_{an}(s)$ 表示即可。

表 6.2、表 6.3 和表 6.4 分别给出了归一化巴特沃思低通原型滤波器分母多项式用系数、根以及因式表示的数据。

$H_{an}(s)$ 的分母多项式用系数 $a_0=1,a_1,\cdots,a_{N-1},a_N=1$ 及根表示时为

$$H_{an}(s)=\frac{d_0}{1+a_1s+a_2s^2+\cdots+s^N}=\frac{d_0}{(s-s_1)(s-s_2)\cdots(s-s_N)} \tag{6.5.12}$$

其中 d_0 一般由 $\Omega=0$ 时 $|H_{an}(\mathrm{j}0)|=1$（增益为 1）来确定，由于 $a_0=1$，故这时 $d_0=a_0=1$。

由归一化原型低通滤波器系统函数 $H_{an}(s)$"去归一化"后得到 3dB 衰减处为 Ω_c 的一般低通滤波器 $H_a(s)$ 的方法是用 $s=\dfrac{s'}{\Omega_c}$ 替换 $H_{an}(s')$ 中的 s'

$$H_a(s)=H_{an}(s')\big|_{s'=\frac{s}{\Omega_c}}=H_{an}\left(\frac{s}{\Omega_c}\right) \tag{6.5.13}$$

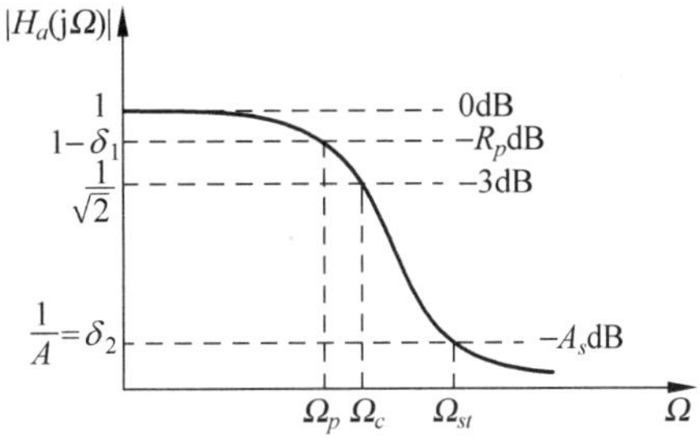

图 6.11 巴特沃思滤波器幅度特性及性能指标示意图

6. 巴特沃思低通滤波器的设计参数的确定。

(1) 设计时给定参数，参见图 6.11 巴特沃思低通滤波器性能指标示意图，Ω_p 为所需的通带截止频率；R_p(dB) 为 Ω_p 处 $|H_a(\mathrm{j}\Omega_p)|$ 的衰减的**最大值**（注意，Ω_p 不一定是 -3dB 处的截止频率，即 R_p 可能不等于 3dB）；Ω_{st} 为所需的阻带截止频率；A_s(dB) 为 Ω_{st} 处 $|H_a(\mathrm{j}\Omega_{st})|$ 的衰减的**最小值**

$$20\lg\left|\frac{H_a(\mathrm{j}0)}{H_a(\mathrm{j}\Omega_p)}\right|=-20\lg|H_a(\mathrm{j}\Omega_p)|\leqslant R_p \tag{6.5.14}$$

$$20\lg\left|\frac{H_a(\mathrm{j}0)}{H_a(\mathrm{j}\Omega_{st})}\right|=-20\lg|H_a(\mathrm{j}\Omega_{st})|\geqslant A_s \tag{6.5.15}$$

(2) 求滤波器阶次 N。

将 (6.5.14) 式及 (6.5.15) 式与巴特沃思频率响应幅度 $|H_a(\mathrm{j}\Omega)|$ 的以下公式结合起来

$$|H_a(\mathrm{j}\Omega)|=\frac{1}{\sqrt{1+\left(\dfrac{\Omega}{\Omega_c}\right)^{2N}}} \tag{6.5.16}$$

于是，通带边沿及阻带边沿的增益(dB)满足以下关系

$$20\lg|H_a(\mathrm{j}\Omega_p)|=-10\lg\left[1+\left(\frac{\Omega_p}{\Omega_c}\right)^{2N}\right]\geqslant -R_p \tag{6.5.17}$$

$$20\lg|H_a(\mathrm{j}\Omega_{st})|=-10\lg\left[1+\left(\frac{\Omega_{st}}{\Omega_c}\right)^{2N}\right]\leqslant -A_s \tag{6.5.18}$$

故有

$$(\Omega_p/\Omega_c)^{2N} \leqslant 10^{0.1R_p} - 1 \tag{6.5.19a}$$

$$(\Omega_{st}/\Omega_c)^{2N} \geqslant 10^{0.1A_s} - 1 \tag{6.5.19b}$$

因而

$$\frac{10^{0.1A_s} - 1}{10^{0.1R_p} - 1} \leqslant \left(\frac{\Omega_{st}}{\Omega_p}\right)^{2N}$$

* 由此得出**滤波器阶次 N** 为(当 $\Omega=\Omega_p$ 时，$R_p \neq 3\text{dB}$)

$$N \geqslant \lg\left(\frac{10^{0.1A_s} - 1}{10^{0.1R_p} - 1}\right)\Big/\left[2\lg\left(\frac{\Omega_{st}}{\Omega_p}\right)\right] \tag{6.5.20}$$

若令

$$\frac{\Omega_{st}}{\Omega_p} = \lambda_s \tag{6.5.21}$$

$$\sqrt{\frac{10^{0.1A_s} - 1}{10^{0.1R_p} - 1}} = g \tag{6.5.22}$$

则有

$$N \geqslant \lg g/\lg \lambda_s \tag{6.5.23}$$

取滤波器阶数为$\lfloor N+1 \rfloor$(即取$(N+1)$的整数部分)。

* 若 $R_p = 3\text{dB}$，即 $\Omega_p = \Omega_c$，则 $R_p = 10\lg\left[1+\left(\frac{\Omega_c}{\Omega_c}\right)^{2N}\right] = 10\lg 2 = 3(\text{dB})$，将其代入(6.5.20)式，可得 **$R_p$=3dB 时的阶次 N** 为

$$N \geqslant \lg(10^{0.1A_s} - 1)\Big/\left[2\lg\left(\frac{\Omega_{st}}{\Omega_p}\right)\right] = \lg(10^{0.1A_s} - 1)/[2\lg(\lambda_s)], \quad R_p = 3\text{dB} \tag{6.5.24}$$

(3) 求 Ω_c。

当 $R_p \neq 3\text{dB}$ 时，$\Omega_p \neq \Omega_c$，巴特沃思滤波器归一化低通原型的通带截止频率为 $\Omega_c = 1$，去归一化时必须用 3dB 衰减处的 Ω_c，才能进行转换[见(6.5.13)式]，为此必须求 Ω_c。从(6.5.19a)式及(6.5.19b)式可**分别求得两个 Ω_c 的表达式**

$$\Omega_c \geqslant \Omega_p/\sqrt[2N]{10^{0.1R_p} - 1} = \Omega_{cp} \tag{6.5.25a}$$

$$\Omega_c \leqslant \Omega_{st}/\sqrt[2N]{10^{0.1A_s} - 1} = \Omega_{cs} \tag{6.5.25b}$$

即

$$\Omega_{cp} \leqslant \Omega_c \leqslant \Omega_{cs}$$

由于阶次选为$\lfloor N+1 \rfloor$，比要求的 N 大，故若用(6.5.25a)式取等号求 Ω_c，则通带衰减满足要求，阻带指标则可超过要求(Ω_{st} 处衰减可大于 A_sdB)；若用(6.5.25b)式取等号求 Ω_c，则阻带衰减满足要求，通带指标则可超过要求(Ω_p 处衰减可小于 R_pdB)。

若选

$$\Omega_c = (\Omega_{cp} + \Omega_{cs})/2 \tag{6.5.26}$$

则通带、阻带衰减皆可超过要求。

6.5.3 模拟切贝雪夫Ⅰ型、Ⅱ型低通滤波器

切贝雪夫滤波器有两种：①**切贝雪夫Ⅰ型：通带内$|H_a(\mathrm{j}\Omega)|$是等波纹的，阻带内$|H_a(\mathrm{j}\Omega)|$是单调下降的；②切贝雪夫Ⅱ型：通带内$|H_a(\mathrm{j}\Omega)|$是单调的，阻带内$|H_a(\mathrm{j}\Omega)|$是等波纹的**。图6.12和图6.13各自画出了N为奇数，N为偶数时两种切贝雪夫滤波器的$|H_a(\mathrm{j}\Omega)|$。

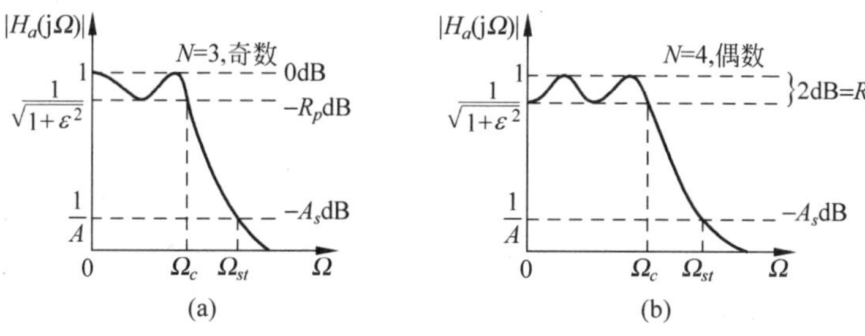

图6.12 切贝雪夫Ⅰ型模拟滤波器的幅度特性(通带波纹2dB)

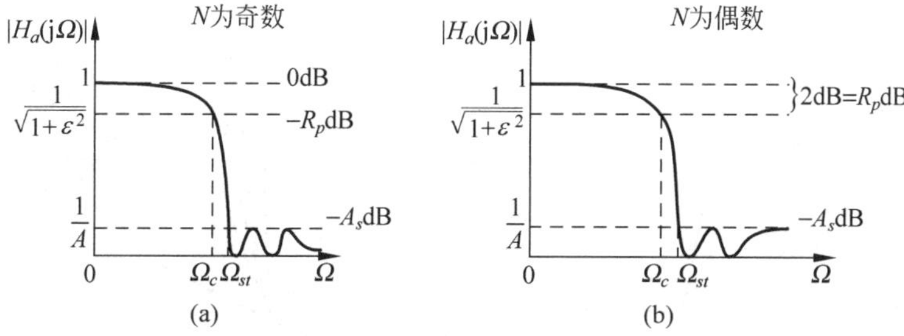

图6.13 切贝雪夫Ⅱ型模拟滤波器的幅度特性

一、切贝雪夫Ⅰ型低通滤波器

1. 幅度平方响应$|H_a(\mathrm{j}\Omega)|^2$、$N$及$\Omega_c$、$\varepsilon$。

$$|H_a(\mathrm{j}\Omega)|^2=\frac{1}{1+\varepsilon^2C_N^2\left(\dfrac{\Omega}{\Omega_c}\right)} \tag{6.5.27}$$

ε：通带波纹参数，$\varepsilon<1$正数，ε越大，波纹越大。

Ω_c：截止频率，表示幅度响应某一衰减分贝数（例为0.1dB，1dB，3dB等）处的截止频率。与巴特沃思滤波器不同，不是特指3dB衰减处的截止频率。也就是说切贝雪夫滤波器Ω_c不必是3dB衰减处的带宽。

N：滤波器阶次，正整数。

$C_N(x)$：**N阶切贝雪夫多项式，定义为**

$$C_N(x)=\begin{cases}\cos(N\cdot\arccos x), & x\leqslant 1 \quad (6.5.28\mathrm{a})\\ \mathrm{ch}(N\cdot\mathrm{arcch}x), & x>1 \quad (6.5.28\mathrm{b})\end{cases}$$

$C_N(x)$可展开成 x 的多项式，如表 6.1 所示。

表 6.1 切贝雪夫多项式

N	$C_N(x)$	N	$C_N(x)$
0	1	4	$8x^4-8x^2+1$
1	x	5	$16x^5-20x^3+5x$
2	$2x^2-1$	6	$32x^6-48x^4+18x^2-1$
3	$4x^3-3x$	7	$64x^7-112x^5+56x^3-7x$

可以看出，$C_N(x)$的首项 x^N 的系数为 2^{N-1}，由表 6.1 可导出，$N\geqslant 1$ 时切贝雪夫多项式的递推公式

$$C_{N+1}(x)=2xC_N(x)-C_{N-1}(x) \tag{6.5.29}$$

图 6.14 画出了 $N=0,1,\cdots,5$ 的切贝雪夫多项式 $C_N(x)$的曲线。由图上看出，$C_N(x)$在$|x|\leqslant 1$ 内具有等波纹特性，且满足

$$|C_N(x)|\leqslant 1,\quad |x|\leqslant 1$$
$$|C_N(x)|\ \text{单调增加},\quad |x|>1$$

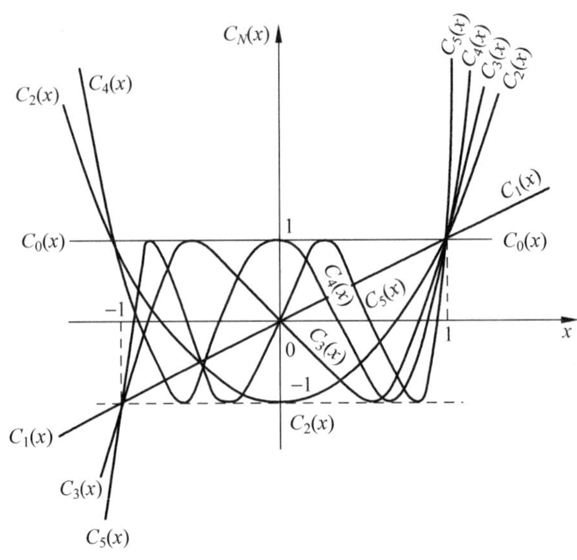

图 6.14 $N=0,1,2,3,4,5$ 等各阶切贝雪夫多项式 $C_N(x)$曲线

2. 切贝雪夫Ⅰ型低通滤波器幅度响应及其特点。

其幅度响应为

$$|H_a(j\Omega)|=\frac{1}{\sqrt{1+\varepsilon^2 C_N^2\left(\dfrac{\Omega}{\Omega_c}\right)}} \tag{6.5.30}$$

下面结合图 6.12(a)及图 6.12(b)来讨论$|H_a(j\Omega)|$的特点。

（1）当 $\Omega=0$ 时，分两种情况

$$H_a(\mathrm{j}0)=\frac{1}{\sqrt{1+\varepsilon^2}},\quad N\text{为偶数} \tag{6.5.31a}$$

$$H_a(\mathrm{j}0)=1,\quad N\text{为奇数} \tag{6.5.31b}$$

即 N 为偶数时，$|H_a(\mathrm{j}0)|$ 是通带内最小值；N 为奇数时，$|H_a(0)|$ 是通带内最大值。

（2）当 $\Omega=\Omega_c$ 时

$$|H_a(\mathrm{j}\Omega_c)|=\frac{1}{\sqrt{1+\varepsilon^2}} \tag{6.5.32}$$

即不管阶数 N 为多少，所有幅度响应曲线都在 Ω_c 频率处通过 $\frac{1}{\sqrt{1+\varepsilon^2}}$ 点，所以把 Ω_c 称为切贝雪夫滤波器的通带截止频率，但是在 Ω_c 下幅度响应衰减分贝数由 $\frac{1}{\sqrt{1+\varepsilon^2}}$ 确定，而后者又与所给的通带衰减 R_p（分贝）有关，因而这一衰减不一定是 3dB，这是与巴特沃思滤波器不同之处。

$$R_p=20\lg\frac{|H_a(\mathrm{j}\Omega)|_{\max}}{|H_a(\mathrm{j}\Omega_c)|}=-20\lg|H_a(\mathrm{j}\Omega_c)|=10\lg(1+\varepsilon^2) \tag{6.5.33}$$

（3）在 $0\leqslant\Omega\leqslant\Omega_c$ 的通带内，由于 $\Omega/\Omega_c<1$，故 $|H_a(\mathrm{j}\Omega)|$ 在 $1\sim\frac{1}{\sqrt{1+\varepsilon^2}}$ 之间等波纹地起伏，N 就等于通带内起伏波纹的极值数（极大值加上极小值）如图 6.12(a) 和图 6.12(b) 所示，在图 6.12(a) 中，$N=3$，有 3 个极值，在图 6.12(b) 中，$N=4$，则有 4 个极值。

（4）在 $\Omega>\Omega_c$ 的过渡带及阻带中，由于 $\Omega/\Omega_c>1$（参见图 6.14），随着 Ω 的增加，有

$$\varepsilon^2C_N^2\left(\frac{\Omega}{\Omega_c}\right)\gg 1$$

使得 $|H_a(\mathrm{j}\Omega)|$ 迅速单调地趋近于零。

（5）当 $\Omega=\Omega_{st}$ 时，即在阻带截止频率处，衰减为 $A_s=20\lg\frac{|H_a(\mathrm{j}\Omega)|_{\max}}{|H_a(\mathrm{j}\Omega_{st})|}=-20\lg|H_a(\mathrm{j}\Omega_{st})|$，$A_s$ 为阻带最小衰减，当 $\Omega>\Omega_{st}$ 时，幅度响应衰减值会大于 A_s(dB)。

3. 切贝雪夫Ⅰ型低通滤波器的极点。

（1）$H_a(s)H_a(-s)$ 的极点。 幅度平方函数在 s 平面的解析延拓即为 $H_a(s)H_a(-s)$，由于 $h_a(t)$ 为实数，故有

$$\begin{aligned}H_a(s)H_a(-s)&=|H_a(\mathrm{j}\Omega)|^2_{\Omega=s/\mathrm{j}}=H_a(\mathrm{j}\Omega)H_a^*(\mathrm{j}\Omega)|_{\Omega=s/\mathrm{j}}=H_a(\mathrm{j}\Omega)H_a(-\mathrm{j}\Omega)|_{\Omega=s/\mathrm{j}}\\&=|H_a(s)|^2=\frac{1}{1+\varepsilon^2C_N^2\left(\dfrac{s}{\mathrm{j}\Omega_c}\right)}\end{aligned} \tag{6.5.34}$$

可以看出 $H_a(s)H_a(-s)$ 的全部零点都在 $s=\infty$ 处，在 $0<s<\infty$ 处有极点，因而也是"全极点型"滤波器。

$H_a(s)H_a(-s)$ 的极点的推导：

令 $H_a(s)H_a(-s)$ 的分母多项式为零，即

$$1+\varepsilon^2 C_N^2\left(\frac{s}{\mathrm{j}\Omega_c}\right)=0$$

即

$$C_N\left(\frac{s}{\mathrm{j}\Omega_c}\right)=\pm\mathrm{j}\,\frac{1}{\varepsilon} \tag{6.5.35}$$

令

$$\begin{aligned}\frac{s}{\mathrm{j}\Omega_c}&=\cos(\alpha+\mathrm{j}\beta)=\cos\alpha\cdot\cos(\mathrm{j}\beta)-\sin\alpha\cdot\sin(\mathrm{j}\beta)\\&=\cos\alpha\cdot\mathrm{ch}\beta-\mathrm{j}\sin\alpha\cdot\mathrm{sh}\beta\end{aligned} \tag{6.5.36a}$$

ch(·)和 sh(·)分别为双曲余弦函数与双曲正弦函数。由(6.5.36a)式可得

$$s=\Omega_c\sin\alpha\cdot\mathrm{sh}\,\beta+\mathrm{j}\Omega_c\cos\alpha\cdot\mathrm{ch}\,\beta \tag{6.5.36b}$$

为了导出 α,β 与 N,ε 的关系，将(6.5.36a)式代入(6.5.35)式，且考虑到 $C_N(x)$ 的定义(见(6.5.28a)式)

$$\begin{aligned}C_N\left(\frac{s}{\mathrm{j}\Omega_c}\right)&\triangleq\cos\left[N\arccos\left(\frac{s}{\mathrm{j}\Omega_c}\right)\right]=\cos[N(\alpha+\mathrm{j}\beta)]\\&=\cos(N\alpha)\cdot\mathrm{ch}(N\beta)-\mathrm{j}\sin(N\alpha)\cdot\mathrm{sh}(N\beta)=\pm\mathrm{j}\,\frac{1}{\varepsilon}\end{aligned}$$

由此得出

$$\cos(N\alpha)\cdot\mathrm{ch}(N\beta)=0 \tag{6.5.37a}$$

$$\sin(N\alpha)\cdot\mathrm{sh}(N\beta)=\mp\frac{1}{\varepsilon} \tag{6.5.37b}$$

由(6.5.37a)式，且考虑 $\mathrm{ch}(N\beta)\neq 0$，可解出

$$\cos(N\alpha)=0$$

则有

$$\alpha=\frac{2k-1}{N}\cdot\frac{\pi}{2},\quad k=1,2,\cdots,2N \tag{6.5.38a}$$

将 α 代入(6.5.37b)式，可得

$$\mathrm{sh}(N\beta)=\mp\frac{1}{\varepsilon}$$

因而

$$\beta=\frac{1}{N}\mathrm{arcsh}\left(\mp\frac{1}{\varepsilon}\right)=\mp\frac{1}{N}\mathrm{arcsh}\,\frac{1}{\varepsilon} \tag{6.5.38b}$$

将(6.5.38a)式的 α 及(6.5.38b)式的 β 代入(6.5.36b)式，可得 $H_a(s)H_a(-s)$ 的极点为

$$\begin{aligned}s_k=\sigma_k+\mathrm{j}\Omega_k&=\mp\Omega_c\sin\left(\frac{2k-1}{2N}\pi\right)\cdot\mathrm{sh}\left(\frac{1}{N}\mathrm{arcsh}\,\frac{1}{\varepsilon}\right)\\&\quad+\mathrm{j}\Omega_c\cos\left(\frac{2k-1}{2N}\pi\right)\cdot\mathrm{ch}\left(\frac{1}{N}\mathrm{arcsh}\,\frac{1}{\varepsilon}\right),\quad k=1,2,\cdots,2N\end{aligned} \tag{6.5.39}$$

第6章 无限长单位冲激响应(IIR)数字滤波器设计方法

即

$$\sigma_k = \mp \Omega_c \sin\left[\frac{\pi}{2N}(2k-1)\right], \quad k=1,2,\cdots,2N \tag{6.5.40a}$$

$$\Omega_k = \Omega_c b \cos\left[\frac{\pi}{2N}(2k-1)\right], \quad k=1,2,\cdots,2N \tag{6.5.40b}$$

其中

$$a = \text{sh}\left[\frac{1}{N}\text{arcsh}\left(\frac{1}{\varepsilon}\right)\right] \tag{6.5.41a}$$

$$b = \text{ch}\left[\frac{1}{N}\text{arcsh}\left(\frac{1}{\varepsilon}\right)\right] \tag{6.5.41b}$$

将(6.5.40a)式和(6.5.40b)式分别取平方再化简，可得 $H_a(s)H_a(-s)$在 s 平面的极点分布满足的关系式

$$\frac{\sigma_k^2}{\Omega_c^2 a^2} + \frac{\Omega_k^2}{\Omega_c^2 b^2} = 1 \tag{6.5.42}$$

这是一个椭圆方程，由于双曲余弦 ch(・)大于双曲正弦 sh(・)，故长轴为 $\Omega_c b$(在 s 平面虚轴上)，短轴为 $\Omega_c a$(在 s 平面实轴上)。

图 6.15 画出了确定切贝雪夫Ⅰ型滤波器 $H_a(s)H_a(-s)$的极点在椭圆上的位置的方法。先求出大圆(半径为 $b\Omega_c$)和小圆(半径为 $a\Omega_c$)上按等间隔角 π/N 均分的各个点，这些点是虚轴对称的，且一定都不落在虚轴上。当 N 为奇数时，有落在实轴上的点；当 N 为偶数时，实轴上也没有点。幅度平方函数的极点(在椭圆上)的位置是这样确定的：其垂直坐标由落在大圆上的各等间隔点确定，其水平坐标由落在小圆上的各等间隔点确定。显然非实轴上的极点是成共轭对形式出现的。

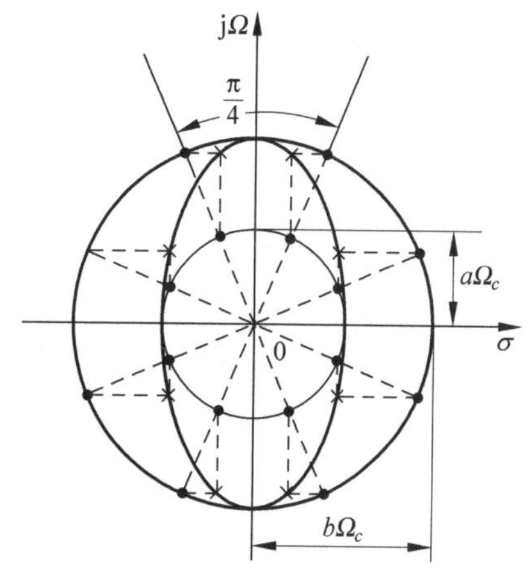

图 6.15　$N=4$ 时模拟切贝雪夫Ⅰ型滤波器 $H_a(s)H_a(-s)$的极点位置图(左半平面极点为 $H_a(s)$的)。极点以"×"表示

(2) $H_a(s)$的极点。 取 $H_a(s)H_a(-s)$在 s 左半平面的极点，即(6.5.40)式的左半平面的 s_k，就是 $H_a(s)$的极点 $s_k=\sigma_k+j\Omega_k$，其中 σ_k 及 Ω_k 为

$$\sigma_k = -\Omega_c a \sin\left[\frac{\pi}{2N}(2k-1)\right], \quad k=1,2,\cdots,N \tag{6.5.43a}$$

$$\Omega_k = \Omega_c b \cos\left[\frac{\pi}{2N}(2k-1)\right], \quad k=1,2,\cdots,N \tag{6.5.43b}$$

实际上，用(6.5.41)式求解 a,b 并不方便，还可以再加简化，考虑到

$$a = \text{sh}\left[\frac{1}{N}\text{arcsh}\left(\frac{1}{\varepsilon}\right)\right] = \frac{\exp\left[\frac{1}{N}\text{arcsh}\left(\frac{1}{\varepsilon}\right)\right] - \exp\left[-\frac{1}{N}\text{arcsh}\left(\frac{1}{\varepsilon}\right)\right]}{2}$$

$$= \frac{1}{2}(\gamma^{\frac{1}{N}} - \gamma^{-\frac{1}{N}}) \tag{6.5.44a}$$

$$b = \mathrm{ch}\left[\frac{1}{N}\mathrm{arcsh}\left(\frac{1}{\varepsilon}\right)\right] = \frac{\exp\left[\frac{1}{N}\mathrm{arcsh}\left(\frac{1}{\varepsilon}\right)\right] + \exp\left[-\frac{1}{N}\mathrm{arcsh}\left(\frac{1}{\varepsilon}\right)\right]}{2}$$

$$= \frac{1}{2}(\gamma^{\frac{1}{N}} + \gamma^{-\frac{1}{N}}) \tag{6.5.44b}$$

其中
$$\gamma = \exp\left[\mathrm{arcsh}\left(\frac{1}{\varepsilon}\right)\right]$$

查数学手册知，若

$$y = \mathrm{arcsh}\left(\frac{1}{\varepsilon}\right)$$

则有
$$y = \ln\left(\frac{1}{\varepsilon} + \sqrt{\frac{1}{\varepsilon^2} + 1}\right)$$

将此式取反变换有

$$\exp(y) = \frac{1}{\varepsilon} + \sqrt{\frac{1}{\varepsilon^2} + 1}$$

由此得出

$$\gamma = \frac{1}{\varepsilon} + \sqrt{\frac{1}{\varepsilon^2} + 1} \tag{6.5.45}$$

将 γ 代入(6.5.44a)式、(6.5.44b)式，可得

$$a = \frac{1}{2}(\gamma^{\frac{1}{N}} - \gamma^{-\frac{1}{N}}) \tag{6.5.46a}$$

$$b = \frac{1}{2}(\gamma^{\frac{1}{N}} + \gamma^{-\frac{1}{N}}) \tag{6.5.46b}$$

这样，由(6.5.45)式可求得 γ，由 γ 可求得 a，b，从而利用(6.5.43)式求得 $H_a(s)$的极点。

4. 切贝雪夫Ⅰ型低通滤波器的系统函数 $H_a(s)$。

求出幅度平方函数的极点后，就可写出切贝雪夫滤波器的系统函数为

$$H_a(s) = \frac{K}{\prod_{k=1}^{N}(s - s_k)} \tag{6.5.47a}$$

常数 K 可由 $|H_a(\mathrm{j}\Omega)|$ 和 $H_a(s)$的低频或高频特性对比求得。

也可用下面的方法直接求出(6.5.47a)式的系数 K：将(6.5.27)式开平方，并代入 $\Omega = s/\mathrm{j}$，再考虑(6.5.47a)式，则有

$$|H_a(s)| = \frac{1}{\sqrt{1 + \varepsilon^2 C_N^2\left(\frac{s}{\mathrm{j}\Omega_c}\right)}} = \frac{K}{\left|\prod_{k=1}^{N}(s - s_k)\right|} \tag{6.5.47b}$$

可以看出，第一个等号后的公式，其分母多项式的首项(s^N)的系数不为1，这是因为

$C_N\left(\frac{s}{j\Omega_c}\right)$的首项$\left[\left(\frac{S}{j\Omega_c}\right)^N\right]$系数为 2^{N-1}，因而其 s^N 项的系数为$\frac{2^{N-1}}{\Omega_c^N}$，整个分母多项式 s^N 项的系数则为$\frac{\varepsilon \cdot 2^{N-1}}{\Omega_c^N}$。而第二个等号后的分式，其分母的首项（$s^N$）的系数为 1，因而，为使第二个等号两端的函数（皆化为首项（s^N）的系数为 1）相等，必须满足

$$K = \frac{\Omega_c^N}{\varepsilon \cdot 2^{N-1}} \tag{6.5.47c}$$

将此 K 值代入(6.5.47a)式，可得

$$H_a(s) = \frac{\frac{1}{\varepsilon} \cdot \frac{1}{2^{N-1}} \cdot \Omega_c^N}{\prod_{k=1}^{N}(s - s_k)} \tag{6.5.48}$$

5. 切贝雪夫Ⅰ型归一化低通原型滤波器的系统函数 $H_{an}(s)$。

与巴特沃思归一化滤波器一样，也是将以上所有公式中的Ω_c（即通带截止频率Ω_c）归一化为$\Omega_c=1$（Ω_c 不一定为 3dB 衰减处的频率，这是和巴特沃思滤波器不同的），就得到归一化后的所有公式。

在滤波器设计手册中都是列出归一化的低通滤波器的数据。

表 6.5～表 6.7 分别给出了归一化切贝雪夫Ⅰ型低通原型滤波器分母多项式用系数、根及因式表示的数据。

$H_{an}(s)$分母多项式用系数 $a_0, a_1, \cdots, a_{N-1}, a_N=1$ 及根表示时为

$$H_{an}(s) = \frac{d_0}{s^N + a_{N-1}s^{N-1} + \cdots + a_1 s + a_0} = \frac{d_0}{(s-s_1)(s-s_2)\cdots(s-s_N)} \tag{6.5.49}$$

其中

$$d_0 = \frac{1}{\varepsilon 2^{N-1}} \tag{6.5.50}$$

与巴特沃思低通滤波器一样，将切贝雪夫Ⅰ型归一化低通滤波器的系统函数 **$H_{an}(s')$“去归一化”后，就得到在衰减为 R_p(dB)、通带截止频率为 Ω_p（即 Ω_c）时，所需非归一化低通滤波器的系统函数 $H_a(s)$**，去归一化的方法是用$\frac{s}{\Omega_c}$代替 $H_{an}(s')$中的 s'，见(6.5.13)式，重写如下（$\Omega_c=\Omega_p$）：

$$H_a(s) = H_{an}(s')\big|_{s'=\frac{s}{\Omega_c}} = H_{an}\left(\frac{s}{\Omega_c}\right)$$

6. 切贝雪夫Ⅰ型低通滤波器的设计参数的确定。

(1) **设计时给定的参数。**

Ω_p：所需通带截止频率；R_p：Ω_p 处$|H_a(j\Omega_p)|$的衰减(dB)

Ω_{st}：所需阻带截止频率；A_s：Ω_{st}处$|H_a(j\Omega_{st})|$的衰减(dB)

$$R_p = 20\lg \frac{|H_a(j\Omega)|_{\max}}{|H_a(j\Omega_p)|} = -20\lg|H_a(j\Omega_p)| \tag{6.5.51a}$$

$$A_s = 20\lg \frac{|H_a(j\Omega)|_{\max}}{|H_a(j\Omega_{st})|} = -20\lg|H_a(j\Omega_{st})| \tag{6.5.51b}$$

(2) 通带波纹参数 $\boldsymbol{\varepsilon}$ 与 $\boldsymbol{R_p}$ 的关系，由于 Ω_p 就是通带截止频率 Ω_c，以下用 Ω_p 代替 Ω_c，将 $\Omega=\Omega_c=\Omega_p$ 代入(6.5.30)式的 $|H_a(j\Omega)|$ 中，有 $[C_N^2(\Omega_p/\Omega_p)=C_N^2(1)=1]$

$$|H_a(j\Omega_p)| = \frac{1}{\sqrt{1+\varepsilon^2}} \tag{6.5.52}$$

将它代入(6.5.51a)式中，可得

$$R_p = 10\lg(1+\varepsilon^2) \tag{6.5.53}$$

即

$$\varepsilon = \sqrt{10^{0.1R_p}-1} \tag{6.5.54}$$

(3) 阻带截止频率处响应幅度 1/A[见图 6.12(a)、图 6.12(b)]**与 $\boldsymbol{A_s}$ 的关系。**

由于

$$|H_a(j\Omega_{st})| = \frac{1}{A} \tag{6.5.55}$$

将它代入(6.5.51b)式中，有

$$A_s = 20\lg A \tag{6.5.56}$$

即

$$A = 10^{0.05A_s} \tag{6.5.57}$$

(4) 阶数 N。可由阻带边界条件确定 N。

由(6.5.28b)式切贝雪夫多项式 $C_N(x)$ 当 $x>1$ 时的定义可知

当 $x=\dfrac{\Omega_{st}}{\Omega_p}>1$ 时，有

$$C_N\left(\frac{\Omega_{st}}{\Omega_p}\right) = \operatorname{ch}\left[N\cdot\operatorname{arcch}\left(\frac{\Omega_{st}}{\Omega_p}\right)\right] \tag{6.5.58}$$

在(6.5.30)式中代入 $\Omega=\Omega_{st}$，有

$$|H_a(j\Omega_{st})| = \frac{1}{A} = \frac{1}{\sqrt{1+\varepsilon^2 C_N^2\left(\dfrac{\Omega_{st}}{\Omega_p}\right)}} \tag{6.5.59}$$

考虑到(6.5.54)式及(6.5.57)式，从(6.5.59)式可得到

$$C_N\left(\frac{\Omega_{st}}{\Omega_p}\right) = \frac{1}{\varepsilon}\sqrt{A^2-1} = \frac{1}{\varepsilon}\sqrt{10^{0.1A_s}-1} = \frac{\sqrt{10^{0.1A_s}-1}}{\sqrt{10^{0.1R_p}-1}} \tag{6.5.60}$$

再利用(6.5.58)式将(6.5.60)式代入，可求得**切贝雪夫低通滤波器的阶数 N**

$$N \geqslant \frac{\operatorname{arcch}\left[\dfrac{1}{\varepsilon}\sqrt{10^{0.1A_s}-1}\right]}{\operatorname{arcch}(\Omega_{st}/\Omega_p)} = \frac{\operatorname{arcch}\left[\sqrt{10^{0.1A_s}-1}\Big/\sqrt{10^{0.1R_p}-1}\right]}{\operatorname{arcch}(\Omega_{st}/\Omega_p)} \tag{6.5.61}$$

(6.5.61)式也可化为另一更简单的表达式。查数学手册知(只取正号)

$$\mathrm{arcch}(x)=\ln(x+\sqrt{x^2-1}) \tag{6.5.62}$$

将此式代入(6.5.61)式，并考虑到 $\ln y=(\lg y)\ln 10$，**由此可得 N 为**

$$N\geqslant\frac{\lg\left[\frac{1}{\varepsilon}\sqrt{10^{0.1A_s}-1}+\sqrt{\frac{1}{\varepsilon^2}(10^{0.1A_s}-1)-1}\right]}{\lg[\Omega_{st}/\Omega_p+\sqrt{(\Omega_{st}/\Omega_p)^2-1}]}=\frac{\lg\left[\sqrt{\frac{10^{0.1A_s}-1}{10^{0.1R_p}-1}}+\sqrt{\frac{10^{0.1A_s}-1}{10^{0.1R_p}-1}-1}\right]}{\lg[\Omega_{st}/\Omega_p+\sqrt{(\Omega_{st}/\Omega_p)^2-1}]} \tag{6.5.63}$$

将(6.5.21)式、(6.5.22)式表示的 λ_s 及 g 代入上式，则有

$$N\geqslant\frac{\lg[g+\sqrt{g^2-1}]}{\lg[\lambda_s+\sqrt{\lambda_s^2-1}]} \tag{6.5.64}$$

取$\lfloor N+1\rfloor$作为阶数($\lfloor\cdot\rfloor$表示取其整数部分)，仍记为 N。注意此处的 Ω_p 就是切贝雪夫低通滤波器的通带截止频率 Ω_c，在此频率处 $|H_a(\mathrm{j}\Omega_c)|$ 衰减为 R_p(dB)，不一定要 3dB，这是和巴特沃思低通滤波器不同之处。

(5) 同样(但并不必要)，可引出切贝雪夫Ⅰ型低通滤波器的 3dB 截止频率(若 $R_p<R_{3\mathrm{dB}}$)。由于在 3dB 衰减处的频率 $\Omega_{3\mathrm{dB}}>\Omega_p$ 故有$\frac{\Omega_{3\mathrm{dB}}}{\Omega_p}>1$，仍可利用(6.5.58)式及(6.5.60)式，且考虑到(6.5.54)式，将其 Ω_{st} 用 $\Omega_{3\mathrm{dB}}$代替即可，可导出(此时 $A=\sqrt{2}$)

$$\Omega_{3\mathrm{dB}}=\Omega_p\cdot\mathrm{ch}\left[\frac{1}{N}\mathrm{arcch}\left(\frac{1}{\varepsilon}\right)\right]=\Omega_p\cdot\mathrm{ch}\left[\frac{1}{N}\cdot\mathrm{arcch}\left[\frac{1}{\sqrt{10^{0.1R_p}-1}}\right]\right] \tag{6.5.65}$$

二、切贝雪夫Ⅱ型低通滤波器

这里只作简要讨论。切贝雪夫Ⅱ型滤波器的幅度特性见前面图 6.13，有时又称为反相切贝雪夫滤波器，它的幅度特性在通带内是单调的特性，在 $\omega=0$ 附近最平坦，而在阻带内则具有等波纹特性。这种滤波器在 s 平面不再是全极点型，而是既有极点也有零点。

1. 切贝雪夫Ⅱ型低通滤波器的幅度平方响应 $|H_a(\mathrm{j}\Omega)|^2$ 的定义为

$$|H_a(\mathrm{j}\Omega)|^2=\frac{1}{1+[\varepsilon^2C_N^2(\Omega_{st}/\Omega)]^{-1}}=\frac{\varepsilon^2C_N^2(\Omega_{st}/\Omega)}{1+\varepsilon^2C_N^2(\Omega_{st}/\Omega)} \tag{6.5.66}$$

即将切贝雪夫Ⅰ型滤波器中的 $\varepsilon^2C_N^2(\Omega/\Omega_p)$用它的倒数来代替，并且把变量 $x=\Omega/\Omega_p$ 也取倒数，且将 Ω_p 换成 Ω_{st}，即变量换成 $x=\Omega_{st}/\Omega$。

由于 $C_N(x)$，在 $x\leqslant 1$ 时呈等波纹变化，故切贝雪夫Ⅱ型滤波器在 $\Omega>\Omega_{st}$(即 $\Omega_{st}/\Omega<1$)时 $|H_a(\mathrm{j}\Omega)|$ 呈等波纹变化，也就是在阻带中呈等波纹变化，而在 $\Omega<\Omega_{st}$ 的过渡带中，则呈陡变状。

2. 切贝雪夫Ⅱ型低通滤波器的幅度响应 $|H_a(\mathrm{j}\Omega)|$ 及其特性以及其所需设计参数。
$|H_a(\mathrm{j}\Omega)|$ 为

$$|H_a(\mathrm{j}\Omega)|=\frac{\varepsilon|C_N(\Omega_{st}/\Omega)|}{\sqrt{1+\varepsilon^2C_N^2(\Omega_{st}/\Omega)}} \tag{6.5.67}$$

(1) 在 $0\leqslant\Omega\leqslant\Omega_c$ 的通带内幅度响应是单调下降的，且其直流增益永远等于 1，即

$$|H_a(\mathrm{j}0)|=1$$

(2) 当 $\Omega=\Omega_p$ 时[由于 $\Omega_p<\Omega_{st}$，故 $C_N(\Omega_{st}/\Omega_p)>0$，故不必取绝对值]

$$|H_a(\mathrm{j}\Omega_p)|=\frac{\varepsilon C_N(\Omega_{st}/\Omega_p)}{\sqrt{1+\varepsilon^2C_N^2(\Omega_{st}/\Omega_p)}} \tag{6.5.68}$$

故有

$$-20\log|H_a(\mathrm{j}\Omega_p)|=-20\log\left(\frac{\varepsilon C_N(\Omega_{st}/\Omega_p)}{\sqrt{1+\varepsilon^2C_N^2(\Omega_{st}/\Omega_p)}}\right)=R_p$$

其中 R_p 为通带截止频率 Ω_p 处幅度响应的衰减(dB)。

即

$$\frac{\varepsilon^2C_N^2(\Omega_{st}/\Omega_p)}{1+\varepsilon^2C_N^2(\Omega_{st}/\Omega_p)}=\frac{1}{10^{0.1R_p}}$$

化简后可得

$$C_N\left(\frac{\Omega_{st}}{\Omega_p}\right)=\frac{1}{\varepsilon}\frac{1}{\sqrt{10^{0.1R_p}-1}} \tag{6.5.69}$$

(3) 在 $\Omega\geqslant\Omega_{st}$ 的阻带内幅度响应是等波纹变化的。

(4) 当 $\Omega=\Omega_{st}$ 时

$$|H_a(\mathrm{j}\Omega_{st})|=\frac{\varepsilon C_N(\Omega_{st}/\Omega_{st})}{\sqrt{1+\varepsilon^2C_N^2(\Omega_{st}/\Omega_{st})}}=\frac{\varepsilon}{\sqrt{1+\varepsilon^2}} \tag{6.5.70}$$

故

$$-20\log|H_a(\mathrm{j}\Omega_{st})|=-20\log\left(\frac{\varepsilon}{\sqrt{1+\varepsilon^2}}\right)=A_s$$

其中，A_s 为阻带截止频率 Ω_{st} 处幅度响应的衰减(dB)。

化简后可得

$$\varepsilon=\frac{1}{\sqrt{10^{0.1A_s}-1}} \tag{6.5.71}$$

(6.5.71)式代入(6.5.69)式可得

$$C_N\left(\frac{\Omega_{st}}{\Omega_p}\right)=\frac{\sqrt{10^{0.1A_s}-1}}{\sqrt{10^{0.1R_p}-1}} \tag{6.5.72}$$

由于 $\Omega_{st}>\Omega_p$，由切贝雪夫多项式 $C_N(x)$ 的定义中(6.5.28b)式可知

$$C_N\left(\frac{\Omega_{st}}{\Omega_p}\right)=\mathrm{ch}\left[N\cdot\mathrm{arcch}\left(\frac{\Omega_{st}}{\Omega_p}\right)\right]$$

同切贝雪夫Ⅰ型的推导一样(见(6.5.58)式～(6.5.61)式)，可得到**滤波器阶次 N 的求解公式与(6.5.61)式完全一样，同样可用(6.5.63)式、(6.5.64)式来求 N，重写如下**

$$N \geqslant \frac{\operatorname{arcch}\left[\sqrt{10^{0.1A_s}-1}/\sqrt{10^{0.1R_p}-1}\right]}{\operatorname{arcch}(\Omega_{st}/\Omega_p)}$$

$$= \frac{\lg\left[\sqrt{(10^{0.1A_s}-1)/(10^{0.1R_p}-1)}+\sqrt{(10^{0.1A_s}-1)/(10^{0.1R_p}-1)-1}\right]}{\lg\left(\Omega_{st}/\Omega_p+\sqrt{(\Omega_{st}/\Omega_p)^2-1}\right)}$$

$$= \frac{\lg\left[g+\sqrt{g^2-1}\right]}{\lg\left[\lambda_s+\sqrt{\lambda_s^2-1}\right]} \tag{6.5.73}$$

(5) 在 $\boldsymbol{\Omega_p<\Omega<\Omega_{st}}$ 的过渡带中，幅度响应由 $|H(\mathrm{j}\Omega_p)|$ 平滑地下降到 $|H(\mathrm{j}\Omega_{st})|$。

从(6.5.73)式看出，如果要求 A_s 越大，即要求阻带起始边界频率处衰减越大，或者说要求过渡带内幅度特性越陡，则所需阶数 N 越大。

3. 切贝雪夫Ⅱ型滤波器的系统函数 $\boldsymbol{H_a(s)}$ 及其零点、极点。

(1) 切贝雪夫Ⅱ型滤波器的系统函数为

$$H_a(s)=\frac{\varepsilon C_N(\mathrm{j}\Omega_{st}/s)}{\sqrt{1+\varepsilon^2 C_N^2(\mathrm{j}\Omega_{st}/s)}} \tag{6.5.74}$$

与切贝雪夫Ⅰ型推导一样，可以得到 $H_a(s)$ 的极点与零点。

(2) 切贝雪夫Ⅱ型滤波器的极点。 与Ⅰ型滤波器的极点推导相似，可以导出它的极点是 $H_a(s)H_a(-s)$ 的左半平面极点，为

$$s_{pk}=\sigma_k+\mathrm{j}\Omega_k \tag{6.5.75a}$$

$$\sigma_k=\frac{\Omega_{st}\alpha_k}{\alpha_k^2+\beta_k^2} \qquad k=1,2,\cdots,N \tag{6.5.75b}$$

$$\Omega_k=\frac{\Omega_{st}\beta_k}{\alpha_k^2+\beta_k^2} \tag{6.5.75c}$$

其中

$$\alpha_k=-a\sin\left[\frac{\pi}{2N}(2k-1)\right] \tag{6.5.76a}$$

$$\beta_k=b\cos\left[\frac{\pi}{2N}(2k-1)\right] \tag{6.5.76b}$$

a,b 与(6.5.46a)式、(6.5.46b)式相同。

(3) 切贝雪夫Ⅱ型滤波器的零点。 令系统函数分母多项式为零，可以导出切贝雪夫Ⅱ型系统函数的零点 s_{ok} 为

$$s_{ok}=\mathrm{j}\Omega_{ok}=\mathrm{j}\frac{\Omega_{st}}{\cos\left[(2k-1)\dfrac{\pi}{2N}\right]},\quad k=1,2,\cdots,N \tag{6.5.77}$$

当 N 为奇数且 $k=\dfrac{N+1}{2}$ 时，$\cos\left[\dfrac{(2k-1)\pi}{2N}\right]=0$，此时零点在 $s=\mathrm{j}\infty$ 处，故在有限值的零

点中，应去掉 $k=\frac{N+1}{2}$ 这一项零点，即这时只有 $N-1$ 个有限值零点。当 N 为偶数时，仍有 N 个有限值零点。

这些零点是 $H_a(s)H_a(-s)$ 在虚轴上的一半零点。由于 $H_a(s)H_a(-s)$ 在虚轴上零点呈共轭对形式，且一定是二阶的，所谓一半零点，是指二阶中的一半，是一对共轭零点。

*6.5.4 椭圆函数（考尔）低通滤波器简介

1. 椭圆函数滤波器的特点是其幅度响应在通带和阻带内均是等波纹的。 此类滤波器的幅度平方函数可表示成

$$|H_a(j\Omega)|^2=\frac{1}{1+\varepsilon^2 J_N^2\left(\frac{\Omega}{\Omega_c}\right)} \tag{6.5.78}$$

式中 $J_N(\cdot)$ 为 N 阶雅可比椭圆函数，ε 是与通带波纹大小有关的参数，$|H_a(j\Omega)|^2$ 是一个有理分式。椭圆函数滤波器是既有极点也有零点的零、极点型滤波器。滤波器的阶数 N 越大，则通带、阻带中的起伏次数也越多，阶数 N 等于幅度响应在通带内（或阻带内）最大值个数与最小值个数之和。椭圆函数滤波器又称为考尔（Cauer）滤波器，它的幅度平方函数以及零点、极点分布等的分析是相当复杂的，不在本书讨论范围，读者若有兴趣，可参考有关文献。

2. 图 6.16 给出了 N 为偶数（N=4）及 N 为奇数（N=5）时的典型椭圆函数滤波器的幅度响应，ε、A 的定义与切贝雪夫滤波器的定义方法是一样的。 设计中还有两个参量需要给出，一个是通带与阻带截止频率的比值 k，定义为

$$k=\frac{\Omega_p}{\Omega_{st}} \tag{6.5.79}$$

另一个参量 k_1 定义为[考虑到(6.5.54)式及(6.5.57)式]

$$k_1=\frac{\varepsilon}{\sqrt{A^2-1}}=\frac{\varepsilon}{\sqrt{10^{0.1A_s}-1}}=\sqrt{\frac{10^{0.1R_p}-1}{10^{0.1A_s}-1}} \tag{6.5.80}$$

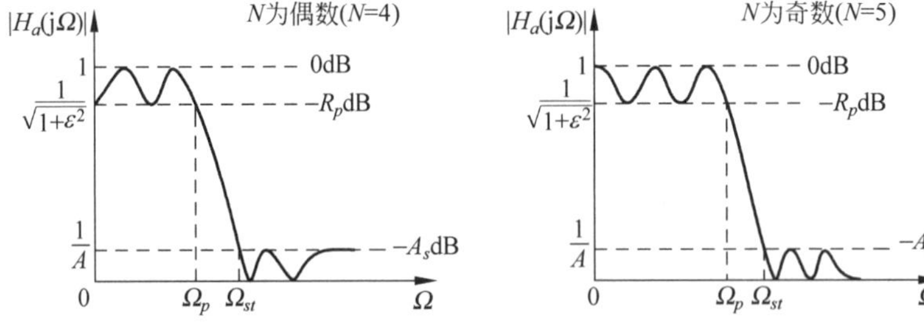

图 6.16 椭圆函数模拟滤波器的幅度响应

为了满足 ε（或 R_p），A（或 A_s），Ω_c 及 Ω_{st} 的要求，其滤波器阶次 N 可由下式决定

$$N=\frac{K(k)K(\sqrt{1-k_1^2})}{K(k_1)K(\sqrt{1-k^2})} \tag{6.5.81}$$

其中

$$K(x)=\int_0^{\frac{\pi}{2}}\frac{\mathrm{d}\theta}{\sqrt{1-x^2\sin^2\theta}} \tag{6.5.82}$$

$K(x)$称为第一类椭圆积分。

椭圆函数滤波器设计很复杂，但是有大量的设计资料、公式、图表可供使用。对于低通滤波器，一般给定Ω_p，Ω_{st}，R_p(dB)，A_s(dB)，则先找出通带边沿频率Ω_p与阻带边沿频率Ω_{st}的几何平均值Ω_c

$$\Omega_c=\sqrt{\Omega_p\Omega_{st}}$$

$\Omega_c=1$即为归一化模拟椭圆函数低通滤波器，其归一化系统函数可表示为

$$H_{an}(s)=\frac{H_0}{D_0(s)}\prod_{i=1}^{M}\frac{s^2+A_i}{s^2+B_is+C_i} \tag{6.5.83}$$

式中

$$M=\begin{cases}N/2, & N\text{ 为偶数}\\(N-1)/2, & N\text{ 为奇数}\end{cases} \tag{6.5.84}$$

$$D_0(s)=\begin{cases}1, & N\text{ 为偶数}\\s+\sigma_0, & N\text{ 为奇数}\end{cases} \tag{6.5.85}$$

可以看出归一化系统函数$H_{an}(s)$，当$N=$偶数时，是由$M=N/2$个二阶节级联组成，当N为奇数时，则还有一个级联的一阶节。

设计时，是由给定的上述4个参数[Ω_p，Ω_{st}，R_p(dB)，A_s(dB)]，找出阶数N，因子H_0，M个二阶节的分子、分母多项式系数组(A_i，B_i，C_i)以及可能有的(N为奇数时)一阶节的系数。利用已有的公式求出上述各个数值，就得到归一化的椭圆函数低通滤波器系统函数$H_{an}(s)$。

随后用"去归一化"法，可得到所需滤波器系统函数$H_a(s)$

$$H_a(s)=H_{an}\left(\frac{s}{\Omega_c}\right)$$

6.5.5 四类模拟滤波器的比较

(1) **从幅度特性比较**。巴特沃思滤波器在全频段具有单调下降的幅度特性；切贝雪夫Ⅰ型在通带中是呈等波纹形的，在阻带中则是单调下降的；切贝雪夫Ⅱ型在通带中是单调下降的，在阻带中是呈等波纹形的；椭圆函数型在通带、阻带中都呈等波纹形的。

(2) **从过渡带宽比较**。当阶次N、通带最大衰减R_p(dB)、阻带最小衰减A_s(dB)相同且通带截止频率Ω_p(或阻带截止频率Ω_{st})相同时，巴特沃思型的过渡带宽最宽，切贝雪夫Ⅰ

型、Ⅱ型的其次,而椭圆函数型的最窄。

(3) **从阶次 N 比较**。若滤波器具有相同的幅度特性指标,则所需阶次 N 依次为巴特沃思型最大,切贝雪夫Ⅰ型、Ⅱ型其次,椭圆函数型的阶次最小。因而椭圆函数型具有最好的性能价格比,当然它的设计较为复杂,好在各种类型滤波器都能利用 MATLAB 工具箱进行设计。

(4) **滤波器对参数量化(变化)的灵敏度比较**(量化是实现数字滤波器必须的步骤)。当然量化灵敏度(敏感度)越低越好,量化灵敏度巴特沃思型最低(最好),切贝雪夫Ⅰ型、Ⅱ型较高,而椭圆函数型最高(最差)。

(5) **相位响应(群延时)比较**。巴特沃思型较好,在部分通带中有线性相位,切贝雪夫Ⅰ型、Ⅱ型次之,椭圆函数型则最差,几乎在通带中是非线性相位的。

下面举例说明模拟巴特沃思低通滤波器以及模拟切贝雪夫Ⅰ型低通滤波器的设计过程。

【例 6.4】 设计一个巴特沃思低通滤波器,其通带截止频率 $f_p=3000\text{Hz}$,通带最大衰减 $R_p=2\text{dB}$,阻带截止频率 $f_{st}=6000\text{Hz}$,阻带最小衰减 $A_s=30\text{dB}$。

解 首先,按 6.5.2 节模拟巴特沃思低通滤波器中的"6. 巴特沃思低通滤波器的设计参数的确定"这一部分来求 N 和 Ω_c。已知 $\Omega_p=2\pi\times3000\text{rad/s}$,$\Omega_{st}=2\pi\times6000\text{rad/s}$,$R_p=2\text{dB}$,$A_s=30\text{dB}$。

(1) 求 N。按给定的参数,由(6.5.23)式可求得

$$N\geqslant \lg\left(\frac{10^{0.1A_s}-1}{10^{0.1R_p}-1}\right)\Big/\left[2\lg\left(\frac{\Omega_{st}}{\Omega_p}\right)\right]=\lg\left(\frac{10^3-1}{10^{0.2}-1}\right)\Big/\left[2\lg\left(\frac{6}{3}\right)\right]=5.369$$

取 $N=6$。

(2) 求 Ω_c(3dB 截止频率)。巴特沃思滤波器必须要求 3dB 衰减处的通带截止频率 Ω_c,才能从归一化低通滤波器转换成所需滤波器。按通带满足衰减要求的(6.5.25a)式来求 Ω_c

$$\Omega_c=\Omega_p\Big/\sqrt[2N]{10^{0.1R_p}-1}=2\pi\times3000\Big/\sqrt[12]{10^{0.2}-1}=2\pi\times3000/0.956\,290$$
$$=2\pi\times3137=19\,711.1$$

随后,可有两种方法求所需系统函数。

第一种方法:按求出的 Ω_c 及 N,由(6.5.5)式求 $H_a(s)$的极点 s_k,由(6.5.9)式及(6.5.10)式(N 为偶数)或(6.5.11)式(N 为奇数)求得所需 $H_a(s)$。**在手边没有可用的表格[表 6.2~表 6.4]时,必须用此法求解,见例 6.5**。

第二种方法:这是最方便、最常用的方法,是由 N 先求出归一化巴特沃思系统函数(用表 6.2 或表 6.4)$H_{an}(s)$,用 Ω_c"去归一化"后就得到所需的 $H_a(s)$,以下采用这种方法来设计。

(3) 求归一化巴特沃思低通滤波器 $H_{an}(s)$,查表 6.2 和表 6.4 可得($N=6$)

$$H_{an}(s)=\frac{1}{s^6+3.863\,703\,3s^5+7.464\,101\,6s^4+9.141\,620\,2s^3+7.464\,101\,6s^2+3.863\,703\,3s+1}$$

$$=\frac{1}{(s^2+0.517\,638s+1)(s^2+1.414\,213\,6s+1)(s^2+1.931\,851\,6s+1)}$$

(4) 去归一化,求所需 $H_a(s)$

$$H_a(s) = H_{an}\left(\frac{s}{\Omega_c}\right)$$

$$= \frac{\Omega_c^6}{s^6 + 3.8637033\Omega_c s^5 + 7.4641016\Omega_c^2 s^4 + 9.1416202\Omega_c^3 s^3 + 7.4641016\Omega_c^4 s^2 + 3.8637033\Omega_c^5 s + \Omega_c^6}$$

$$= \frac{\Omega_c^6}{(s^2 + 0.517638\Omega_c s + \Omega_c^2)(s^2 + 1.4142136\Omega_c s + \Omega_c^2)(s^2 + 1.9318516\Omega_c s + \Omega_c^2)}$$

$$= \frac{\Omega_c^6}{s^6 + a_5 s^5 + a_4 s^4 + a_3 s^3 + a_2 s^2 + a_1 s + \Omega_c^6}$$

$$= \frac{\Omega_c^6}{(s^2 + b_1 s + \Omega_c^2)(s^2 + b_2 s + \Omega_c^2)(s^2 + b_3 s + \Omega_c^2)}$$

其中

$$a_5 = 7.6157796 \times 10^4, \quad a_4 = 2.8999975 \times 10^9$$

$$a_3 = 7.000930 \times 10^{13}, \quad a_2 = 1.1267785 \times 10^{18}$$

$$a_1 = 1.1496247 \times 10^{22},$$

$$b_1 = 1.0203208 \times 10^4, \quad b_2 = 2.7875689 \times 10^4$$

$$b_3 = 3.8078897 \times 10^4$$

$$\Omega_c^2 = 3.88526 \times 10^8, \quad \Omega_c^6 = 5.86493 \times 10^{25}$$

【例 6.4a】 已知模拟巴特沃思低通滤波器的幅频特性为

$$|H_a(j\Omega)| = \frac{1}{\sqrt{1+\left(\frac{\Omega}{\Omega_c}\right)^{2N}}}$$

其中 N 是滤波器阶次,Ω_c 是衰减为 3dB 的通带截止频率,试求在 $\Omega=\Omega_c$ 处,幅频响应 $|H_a(j\Omega)|$ 的斜率与 N 之间的关系。

解 求 $|H_a(j\Omega)|$ 的斜率

$$\frac{d|H_a(j\Omega)|}{d\Omega} = \frac{d}{d\Omega}\left[\frac{1}{\sqrt{1+\left(\frac{\Omega}{\Omega_c}\right)^{2N}}}\right] = -\frac{-\frac{1}{2}\cdot 2N\cdot \Omega_c^{-2N}\Omega^{2N-1}}{\left[1+\left(\frac{\Omega}{\Omega_c}\right)^{2N}\right]\sqrt{1+\left(\frac{\Omega}{\Omega_c}\right)^{2N}}}$$

$$= \frac{-N\cdot(\Omega/\Omega_c)^{2N-1}}{\left[1+\left(\frac{\Omega}{\Omega_c}\right)^{2N}\right]^{3/2}\cdot \Omega_c}$$

当 $\Omega=\Omega_c$ 时

$$\left.\frac{d|H_a(j\Omega)|}{d\Omega}\right|_{\Omega=\Omega_c} = \frac{-N}{2\sqrt{2}\Omega_c}$$

故在 3dB 通带截止频率处,$|H_a(j\Omega)|$ 曲线随着 N 的增加而线性衰减。

【例 6.5】 试设计一个模拟巴特沃思低通滤波器。要求通带截止频率 $\Omega_p = 2\pi\times$

4000rad/s，通带最大衰减 $R_p=2\text{dB}$，阻带截止频率 $\Omega_{st}=2\pi\times 8000\text{rad/s}$，阻带最小衰减 $A_s=20\text{dB}$。

解 (1) 求阶数 N。模拟巴特沃思低通滤波器的幅度平方函数为

$$|H_a(\mathrm{j}\Omega)|^2=\frac{1}{1+(\Omega/\Omega_c)^{2N}}$$

将性能指标代入此表达式，可得

$$R_p=-20\lg|H_a(\mathrm{j}\Omega_p)|=10\lg[1+(\Omega_p/\Omega_c)^{2N}]$$

$$A_s=-20\lg|H_a(\mathrm{j}\Omega_{st})|=10\lg[1+(\Omega_{st}/\Omega_c)^{2N}]$$

由此联立求解，得出

$$\frac{10^{A_s/10}-1}{10^{R_p/10}-1}=\left(\frac{\Omega_{st}}{\Omega_p}\right)^{2N}$$

因而解出所需滤波器阶数 N 为

$$N=\lg\left(\frac{10^{A_s/10}-1}{10^{R_p/10}-1}\right)\Big/\left[2\lg\left(\frac{\Omega_{st}}{\Omega_p}\right)\right]=\lg\left(\frac{10^2-1}{10^{0.2}-1}\right)\Big/(2\lg2)=3.701\,56$$

取大于此数的整数 $N=4$。

(2) 求 Ω_c（衰减 3dB 处截止频率）按(6.5.25)式可求得

① $\Omega_{cp}=\Omega_p/\sqrt[2N]{10^{0.1R_p}-1}=\Omega_p/\sqrt[8]{10^{0.2}-1}=1.0693\Omega_p=2\pi\times 4277$

② $\Omega_{cs}=\Omega_{st}/\sqrt[2N]{10^{0.1A_s}-1}=\Omega_{st}/\sqrt[8]{10^2-1}=0.5630\Omega_{st}=2\pi\times 4504$

选 $\Omega_c=2\pi\times 4400$，满足 $\Omega_{cp}<\Omega_c<\Omega_{cs}$，则在通带、阻带边沿性能都可超过要求。

(3) 求极点。由(6.5.5)式 $s_h=\Omega_c e^{\mathrm{j}\left(\frac{1}{2}+\frac{2k-1}{2N}\right)}$ 可得系统函数的 4 个极点为 s_k（s_k 当 $k=1$，4 时是共轭对，当$k=2$，3 时是共轭对）。

$$s_1=s_4^*=\Omega_c e^{\mathrm{j}5\pi/8},\quad s_2=s_3^*=\Omega_c e^{\mathrm{j}7\pi/8}$$

(4) 用(6.5.8)式求系统函数 $H_a(s)$。将共轭极点组合起来，可得

$$H_a(s)=H_1(s)\cdot H_2(s)=\frac{\Omega_c^2}{s^2+0.7653\Omega_c s+\Omega_c^2}\cdot\frac{\Omega_c^2}{s^2+1.8478\Omega_c s+\Omega_c^2}$$

$$=\frac{5.996\,95\pi^4\times 10^{15}}{(s^2+6.7346\pi\times 10^3 s+7.744\pi^2\times 10^7)(s^2+1.6261\pi\times 10^4 s+7.744\pi^2\times 10^7)}$$

将 $H_a(s)$的分母展开即可得到

$$H_a(s)=\frac{5.84157\times 10^{17}}{s^4+7.224281\times 10^4 s^3+2.60943\times 10^9 s^2+5.52153\times 10^{13} s+5.84157\times 10^{17}}$$

【例 6.6】 设计一个低通切贝雪夫 Ⅰ 型滤波器，其指标与例 6.1 相同，即 $f_p=3000\text{Hz}$，$R_p=2\text{dB}$，$f_{st}=6000\text{Hz}$，$A_s=30\text{dB}$。

解 先按 6.5.3 节模拟切贝雪夫低通滤波器中的“一.6. 节切贝雪夫 Ⅰ 型低通滤波器的设计参数的确定”来求 ε 及 N。

(1) 求通带波纹参数 ε。按(6.5.54)式可得[实际上知道 R_p 后，由切贝雪夫归一化低通滤波器的表 6.5～表 6.7 中就可查到 ε，(P.324～329)]。

$$\varepsilon=\sqrt{10^{0.1R_p}-1}=0.764\,783\,1$$

表 6.2 巴特沃思滤波器分母多项式 $s^N+a_{N-1}s^{N-1}+\cdots+a_2s^2+a_1s+1(a_0=a_N=1)$ 的系数

N	a_1	a_2	a_3	a_4	a_5	a_6	a_7	a_8	a_9
1	1								
2	1.414 213 6								
3	2.000 000 0	2.000 000 0							
4	2.613 125 9	3.414 213 6	2.613 125 9						
5	3.236 068 0	5.236 068 0	5.236 068 0	3.236 068 0					
6	3.863 703 3	7.464 101 6	9.141 620 2	7.464 101 6	3.863 703 3				
7	4.493 959 2	10.097 834 7	14.591 793 9	14.591 793 9	10.097 834 7	4.493 959 2			
8	5.125 830 9	13.137 071 2	21.846 151 0	25.688 355 9	21.846 151 0	13.137 071 2	5.125 830 9		
9	5.758 770 5	16.581 718 7	31.163 437 5	41.986 385 7	41.986 385 7	31.163 437 5	16.581 718 7	5.758 770 5	
10	6.392 453 2	20.431 729 1	42.802 061 1	64.882 396 3	74.233 429 2	64.882 396 3	42.802 061 1	20.431 729 1	6.392 453 2

表 6.3 巴特沃思滤波器分母多项式 $E(s)$ 的根 s_i

$N=1$	$N=2$	$N=3$	$N=4$	$N=5$	$N=6$	$N=7$	$N=8$	$N=9$	$N=10$
−1.000 000 0	−0.707 106 8	−1.000 000 0	−0.382 683 4	−1.000 000 0	−0.258 819 0	−1.000 000 0	−0.195 090 3	−1.000 000 0	−0.156 434 5
	±j0.707 106 8		±j0.923 879 5		±j0.965 925 8		±j0.980 785 3		±j0.987 688 3
		−0.500 000 0	−0.923 879 5	−0.309 017 0	−0.707 106 8	−0.222 520 9	−0.555 570 2	−0.173 648 2	−0.453 990 5
		±j0.866 025 4	±j0.382 683 4	±j0.951 056 5	±j0.707 106 8	±j0.974 927 9	±j0.831 469 6	±j0.984 807 8	±j0.891 006 5
				−0.809 017 0	−0.965 925 8	−0.623 489 8	−0.831 469 6	−0.500 000 0	−0.707 106 8
				±j0.587 785 2	±j0.258 819 0	±j0.781 831 5	±j0.555 570 2	±j0.866 025 4	±j0.707 106 8
						−0.900 968 9	−0.980 785 3	−0.766 044 4	−0.891 006 5
						±j0.433 883 7	±j0.195 090 3	±j0.642 787 6	±j0.453 990 5
								−0.939 692 6	−0.987 688 3
								±j0.342 020 1	±j0.156 434 5

表 6.4 巴特沃思滤波器分母多项式的因式表示

N	巴特沃思分母多项式的因式
1	$(s+1)$
2	$(s^2+1.4142136s+1)$
3	$(s+1)(s^2+s+1)$
4	$(s^2+0.7653668s+1)(s^2+1.8477592s+1)$
5	$(s+1)(s^2+0.618034s+1)(s^2+1.618034s+1)$
6	$(s^2+0.517638s+1)(s^2+1.4142136s+1)(s^2+1.9318516s+1)$
7	$(s+1)(s^2+0.4450418s+1)(s^2+1.2469796s+1)(s^2+1.8019378s+1)$
8	$(s^2+0.3901806s+1)(s^2+1.1111404s+1)(s^2+1.6629392s+1)(s^2+1.9615706s+1)$
9	$(s+1)(s^2+0.3472964s+1)(s^2+s+1)(s^2+1.5320888s+1)(s^2+1.8793852s+1)$
10	$(s^2+0.312869s+1)(s^2+0.907981s+1)(s^2+1.4142136s+1)(s^2+1.782013s+1)(s^2+1.9753766s+1)$

表 6.5 切贝雪夫滤波器分母多项式 $s^N+a_{N-1}s^{N-1}+\cdots+a_1s+a_0(a_N=1)$ 的系数

N	a_0	a_1	a_2	a_3	a_4	a_5	a_6	a_7	a_8	a_9
a. 1/2dB 波纹（ε=0.349 311 4， ε^2=0.122 018 4）										
1	2.862 775 2									
2	1.516 202 6	1.425 624 5								
3	0.715 693 8	1.534 895 4	1.252 913 0							
4	0.379 050 6	1.025 455 3	1.716 866 2	1.197 385 6						
5	0.178 923 4	0.752 518 1	1.309 574 7	1.937 367 5	1.172 490 9					
6	0.094 762 6	0.432 366 9	1.171 861 3	1.589 763 5	2.171 844 6	1.159 176 1				
7	0.044 730 9	0.282 072 2	0.755 651 1	1.647 902 9	1.869 407 9	2.412 651 0	1.151 217 6			
8	0.023 690 7	0.152 544 4	0.573 560 4	1.148 589 4	2.184 015 4	2.149 217 3	2.656 749 8	1.146 080 1		
9	0.011 182 7	0.094 119 8	0.340 819 3	0.983 619 9	1.611 388 0	2.781 499 0	2.429 329 7	2.902 733 7	1.142 570 5	
10	0.005 922 7	0.049 285 5	0.237 268 8	0.626 968 9	1.527 430 7	2.144 237 2	3.440 926 8	2.709 741 5	3.149 875 7	1.140 066 4
b. 1dB 波纹（ε=0.508 847 1， ε^2=0.258 925 4）										
1	1.965 226 7									
2	1.102 510 3	1.097 734 3								
3	0.491 306 7	1.238 409 2	0.988 341 2							

续表

N	a_0	a_1	a_2	a_3	a_4	a_5	a_6	a_7	a_8	a_9
4	0.275 627 6	0.742 619 4	1.453 924 8	0.952 811 4						
5	0.122 826 7	0.580 534 2	0.974 396 1	1.688 816 0	0.936 820 1					
6	0.068 906 9	0.307 080 8	0.939 346 1	1.202 140 9	1.930 825 6	0.928 251 0				
7	0.030 706 6	0.213 671 2	0.548 619 2	1.357 544 0	1.428 793 0	2.176 077 8	0.923 122 8			
8	0.017 226 7	0.107 344 7	0.447 825 7	0.846 824 3	1.836 902 4	1.655 155 7	2.423 026 4	0.919 811 3		
9	0.007 676 7	0.070 604 8	0.244 186 4	0.786 310 9	1.201 607 1	2.378 118 8	1.881 479 8	2.670 946 8	0.917 547 6	
10	0.004 306 7	0.034 497 1	0.182 451 2	0.455 389 2	1.244 491 4	1.612 985 6	2.981 509 4	2.107 852 4	2.919 465 7	0.915 932 0
c. 2dB 波纹($\varepsilon=0.764\ 783\ 1$，$\varepsilon^2=0.584\ 893\ 2$)										
1	1.307 560 3									
2	0.823 060 3	0.803 816 4								
3	0.326 890 1	1.022 190 3	0.737 821 6							
4	0.205 765 1	0.516 798 1	1.256 481 9	0.716 215 0						
5	0.081 722 5	0.459 349 1	0.693 477 0	1.499 543 3	0.706 460 6					
6	0.051 441 3	0.210 270 6	0.771 461 8	0.867 014 9	1.745 858 7	0.701 225 7				
7	0.020 422 8	0.166 092 0	0.382 505 6	1.144 439 0	1.039 220 3	1.993 527 2	0.697 892 9			
8	0.012 860 3	0.072 937 3	0.358 704 3	0.598 221 4	1.579 580 7	1.211 712 1	2.242 252 9	0.696 064 6		
9	0.005 107 6	0.054 375 6	0.168 447 3	0.644 467 7	0.856 864 8	2.076 747 9	1.383 746 4	2.491 289 7	0.694 679 3	
10	0.003 215 1	0.023 334 7	0.144 005 7	0.317 756 0	1.038 910 4	1.158 252 87	2.636 250 7	1.555 742 4	2.740 603 2	0.693 690 4
d. 3dB 波纹($\varepsilon=0.997\ 628\ 3$，$\varepsilon^2=0.995\ 262\ 3$)										
1	1.002 377 3									
2	0.707 947 8	0.644 899 6								
3	0.250 594 3	0.928 348 0	0.597 240 4							
4	0.176 986 9	0.404 767 9	1.169 117 6	0.581 579 9						
5	0.062 639 1	0.407 942 1	0.548 862 6	1.414 984 7	0.574 429 6					
6	0.044 246 7	0.163 429 9	0.699 097 7	0.690 609 8	1.662 848 1	0.570 697 9				
7	0.015 662 1	0.146 153 0	0.300 016 7	1.051 844 8	0.831 441 1	1.911 550 7	0.568 420 1			
8	0.011 061 7	0.056 481 3	0.320 764 6	0.471 899 0	1.466 699 0	0.971 947 3	2.160 714 8	0.566 947 6		
9	0.003 915 4	0.047 590 0	0.131 385 1	0.583 498 4	0.678 907 5	1.943 844 3	1.112 286 3	2.410 134 6	0.565 923 4	
10	0.002 765 4	0.018 031 3	0.127 756 0	0.249 204 3	0.949 920 8	0.921 065 9	2.483 420 5	1.252 646 7	2.659 737 8	0.565 221 8

表 6.6 切贝雪夫滤波器分母多项式 $E(s)$ 的根 s_i

$N=1$	$N=2$	$N=3$	$N=4$	$N=5$	$N=6$	$N=7$	$N=8$	$N=9$	$N=10$
a. 1/2dB 波纹($\varepsilon=0.349\,311\,4$，$\varepsilon^2=0.122\,018\,4$)									
−2.862 775 2	−0.712 812 2	−0.626 456 5	−0.175 353 1	−0.362 319 6	−0.077 650 1	−0.256 170 0	−0.043 620 1	−0.198 405 3	−0.027 899 4
	±j1.004 042 5		±j1.016 252 9		±j1.008 460 8		±j1.005 002 1		±j1.003 273 2
		−0.313 228 2	−0.423 339 8	−0.111 962 9	−0.212 144 0	−0.057 003 2	−0.124 219 5	−0.034 452 7	−0.080 967 2
		±j1.021 927 5	±j0.420 945 7	±j1.011 557 4	±j0.738 244 6	±j1.006 408 5	±j0.851 999 6	±j1.004 004 0	±j0.905 065 8
				−0.293 122 7	−0.289 794 0	−0.159 719 4	−0.185 907 6	−0.099 202 6	−0.126 109 4
				±j0.625 176 8	±j0.270 216 2	±j0.807 077 0	±j0.569 287 9	±j0.882 906 3	±j0.718 264 3
						−0.230 801 2	−0.219 292 9	−0.151 987 3	−0.158 907 2
						±j0.447 893 9	±j0.199 907 3	±j0.655 317 0	±j0.461 154 1
								−0.186 440 0	−0.176 149 9
								±j0.348 686 9	±j0.158 902 9
b. 1dB 波纹($\varepsilon=0.508\,847\,1$，$\varepsilon^2=0.258\,925\,4$)									
−1.965 226 7	−0.548 867 2	−0.494 170 6	−0.139 536 0	−0.289 493 3	−0.062 181 0	−0.205 414 1	−0.035 008 2	−0.159 330 5	−0.022 414 4
	±j0.895 128 6		±j0.983 379 2		±j0.993 411 5		±j0.996 451 3		±j0.997 775 5
		−0.247 085 3	−0.336 869 7	−0.089 458 4	−0.169 881 7	−0.045 708 9	−0.099 695 0	−0.027 667 4	−0.101 316 6
		±j0.965 998 7	±j0.407 329 0	±j0.990 107 1	±j0.727 227 5	±j0.995 283 9	±j0.844 750 6	±j0.997 229 7	±j0.714 328 4
				−0.234 205 0	−0.232 062 7	−0.128 073 6	−0.149 204 1	−0.079 665 2	−0.065 049 3
				±j0.611 919 8	±j0.266 183 7	±j0.798 155 7	±j0.564 444 3	±j0.876 949 0	±j0.900 106 3
						−0.185 071 7	−0.175 998 3	−0.122 054 2	−0.127 666 4
						±j0.442 943 0	±j0.198 206 5	±j0.650 895 4	±j0.458 627 1
								−0.149 721 7	−0.141 519 3
								±j0.346 334 2	±j0.158 032 1
c. 2dB 波纹($\varepsilon=0.764\,783\,1$，$\varepsilon^2=0.584\,893\,2$)									
−1.307 560 3	−0.401 908 2	−0.368 910 8	−0.104 887 2	−0.218 308 3	−0.046 973 2	−0.155 295 8	−0.026 492 4	−0.120 629 8	−0.016 975 8
	±j0.813 345 1		±j0.957 953 0		±j0.981 705 2		±j0.989 787 0		±j0.993 486 8
		−0.184 455 4	−0.253 220 2	−0.067 461 0	−0.128 333 2	−0.034 556 6	−0.075 443 9	−0.020 947 1	−0.076 733 2
		±j0.923 077 1	±j0.396 797 1	±j0.973 455 7	±j0.718 658 1	±j0.986 613 9	±j0.839 100 9	±j0.991 947 1	±j0.711 258 0

续表

N=1	N=2	N=3	N=4	N=5	N=6	N=7	N=8	N=9	N=10
				−0.176 615 1 ±j0.601 628 7	−0.175 306 4 ±j0.263 047 1	−0.096 825 3 ±j0.791 202 9 −0.139 916 7 ±j0.439 084 5	−0.112 909 8 ±j0.560 669 3 −0.133 186 2 ±j0.196 880 9	−0.060 314 9 ±j0.872 303 6 −0.092 407 8 ±j0.647 447 5 −0.113 354 9 ±j0.344 499 6	−0.049 265 7 ±j0.896 237 4 −0.096 689 4 ±j0.456 655 8 −0.107 181 0 ±j0.157 352 8
d. 3dB 波纹(ε=0.997 628 3， ε^2=0.995 262 3)									
−1.002 377 3	−0.322 449 8 ±j0.777 157 6	−0.298 620 2 −0.149 310 1 j0.903 814 4	−0.085 170 4 ±j0.946 484 4 −0.205 619 5 ±j0.392 046 7	−0.177 508 5 −0.054 853 1 ±j0.965 923 8 −0.143 607 4 ±j0.596 973 8	−0.038 229 5 ±j0.976 406 0 −0.104 445 0 ±j0.714 778 8 −0.142 674 5 ±j0.261 627 2	−0.126 485 4 −0.028 145 6 ±j0.982 695 7 −0.078 862 3 ±j0.788 060 8 −0.113 959 4 ±j0.437 340 7	−0.021 578 2 ±j0.986 766 4 −0.061 449 4 ±j0.836 540 1 −0.091 965 5 ±j0.558 958 2 −0.108 480 7 ±j0.196 280 0	−0.098 271 6 −0.017 064 7 ±j0.989 551 6 −0.049 135 8 ±j0.870 197 1 −0.075 280 4 ±j0.645 883 9 −0.092 345 1 ±j0.343 667 7	−0.013 832 0 ±j0.991 541 8 −0.040 141 9 ±j0.894 482 7 −0.062 522 5 ±j0.709 865 5 −0.078 782 9 ±j0.455 761 7 −0.087 331 6 ±j0.157 044 8

表 6.7 切贝雪夫滤波器分母多项式的因式表示

N	切贝雪夫分母多项式的因式 （1/2dB 波纹， ε=0.349 311 4， ε^2=0.122 018 4）
1	$(s+2.8627752)$
2	$(s^2+1.4256244s+1.5162026)$
3	$(s+0.6264565)(s^2+0.6264565s+1.1424477)$
4	$(s^2+0.3507062s+1.0635187)(s^2+0.8466796s+0.3564118)$
5	$(s+0.3623196)(s^2+0.2239258s+1.0357841)(s^2+0.5862454s+0.4767669)$
6	$(s^2+0.1553002s+1.0230227)(s^2+0.4242880s+0.5900101)(s^2+0.579588s+0.1569973)$
7	$(s+0.2561700)(s^2+0.1140064s+1.0161074)(s^2+0.3194388s+0.6768835)(s^2+0.4616024s+0.2538781)$

续表

N	因式
8	$(s^2+0.087\,240\,2s+1.011\,931\,9)(s^2+0.248\,439\,0s+0.741\,333\,8)(s^2+0.371\,815\,2s+0.358\,650\,3)(s^2+0.438\,585\,8s+0.088\,052\,3)$
9	$(s+0.198\,405\,3)(s^2+0.068\,905\,4s+1.009\,211)(s^2+0.198\,405\,2s+0.189\,364\,6)(s^2+0.303\,974\,6s+0.452\,540\,5)(s^2+0.372\,880\,0s+0.156\,342\,4)$
10	$(s^2+0.055\,798\,8s+1.007\,335\,5)(s^2+0.161\,934\,4s+0.825\,699\,7)(s^2+0.252\,218\,8s+0.531\,807\,1)(s^2+0.317\,814\,4s+0.237\,914\,6)(s^2+0.352\,299\,8s+0.056\,279\,8)$
N	切贝雪夫分母多项式的因式 （1dB 波纹， $\varepsilon=0.508\,847\,1$， $\varepsilon^2=0.258\,925\,4$）
1	$(s+1.965\,226\,7)$
2	$(s^2+1.097\,734\,3s+1.102\,510\,3)$
3	$(s+0.494\,170\,6)(s^2+0.494\,170\,6s+0.994\,204\,6)$
4	$(s^2+0.279\,072\,0s+0.986\,504\,9)(s^2+0.673\,739\,4s+0.279\,398\,1)$
5	$(s+0.289\,493\,3)(s^2+0.178\,916\,7s+0.988\,314\,9)(s^2+0.468\,410\,1s+0.429\,297\,8)$
6	$(s^2+0.124\,362\,1s+0.990\,732\,3)(s^2+0.339\,763\,4s+0.557\,719\,6)(s^2+0.464\,125\,5s+0.124\,706\,9)$
7	$(s+0.205\,414\,3)(s^2+0.091\,418\,0s+0.992\,679\,5)(s^2+0.256\,147\,4s+0.653\,455\,5)(s^2+0.370\,143\,8s+0.230\,450\,1)$
8	$(s^2+0.070\,016\,5s+0.994\,140\,7)(s^2+0.199\,390\,0s+0.723\,542\,7)(s^2+0.298\,408\,3s+0.340\,859\,3)(s^2+0.351\,996\,6s+0.070\,261\,2)$
9	$(s+0.159\,330\,5)(s^2+0.055\,334\,9s+0.995\,232\,5)(s^2+0.159\,330\,5s+0.775\,386\,2)(s^2+0.244\,108\,5s+0.438\,562\,1)(s^2+0.299\,443\,3s+0.142\,364\,0)$
10	$(s^2+0.044\,828\,8s+0.996\,058\,3)(s^2+0.202\,633\,2s+0.520\,530\,1)(s^2+0.130\,098\,6s+0.814\,422\,7)(s^2+0.255\,332\,8s+0.226\,637\,5)(s^2+0.283\,038\,6s+0.045\,001\,8)$
N	切贝雪夫分母多项式的因式 （2dB 波纹， $\varepsilon=0.764\,783\,1$， $\varepsilon^2=0.584\,893\,2$）
1	$(s+1.307\,560\,3)$
2	$(s^2+0.803\,816\,4s+0.823\,060\,4)$
3	$(s+0.368\,910\,8)(s^2+0.368\,910\,8s+0.886\,095\,1)$
4	$(s^2+0.209\,774\,4s+0.928\,675\,2)(s^2+0.506\,440\,4s+0.477\,478\,86)$
5	$(s+0.218\,308\,3)(s^2+0.134\,922s+0.952\,166\,9)(s^2+0.353\,230\,2s+0.393\,149\,9)$
6	$(s^2+0.093\,946\,4s+0.965\,951\,5)(s^2+0.256\,666\,4s+0.532\,938\,8)(s^2+0.350\,612\,8s+0.099\,926\,1)$
7	$(s+0.155\,295\,8)(s^2+0.069\,113\,2s+0.974\,601\,1)(s^2+0.193\,650\,6s+0.635\,377\,1)(s^2+0.279\,833\,4s+0.212\,371\,8)$
8	$(s^2+0.052\,984\,8s+0.980\,380\,1)(s^2+0.150\,887\,8s+0.709\,782\,1)(s^2+0.225\,819\,6s+0.327\,098\,6)(s^2+0.266\,372\,4s+0.056\,500\,6)$
9	$(s+0.120\,629\,8)(s^2+0.041\,894\,2s+0.984\,397\,8)(s^2+0.120\,629\,8s+0.764\,551\,4)(s^2+0.184\,815\,6s+0.427\,727\,4)(s^2+0.226\,709\,8s+0.131\,529\,3)$
10	$(s^2+0.033\,951\,6s+0.987\,304\,2)(s^2+0.153\,466\,4s+0.511\,775\,9)(s^2+0.098\,531\,4s+0.805\,668\,5)(s^2+0.193\,378\,8s+0.217\,883\,3)(s^2+0.214\,362s+0.036\,274\,6)$

续表

N	切贝雪夫分母多项式的因式　（3dB 波纹，　$\varepsilon=0.997\,628\,3$，　$\varepsilon^2=0.995\,262\,3$）
1	$(s+1.002\,377\,3)$
2	$(s^2+0.644\,899\,7s+0.707\,947\,8)$
3	$(s+0.298\,620\,2)(s^2+0.298\,620\,2s+0.839\,174\,0)$
4	$(s^2+0.170\,340\,8s+0.903\,086\,8)(s^2+0.411\,239\,1s+0.195\,980\,0)$
5	$(s+0.177\,530\,3)(s^2+0.109\,719\,7s+0.936\,025\,5)(s^2+0.287\,250\,0s+0.377\,008\,5)$
6	$(s^2+0.076\,459\,0s+0.954\,830\,2)(s^2+0.208\,889\,9s+0.521\,817\,5)(s^2+0.285\,349\,0s+0.088\,804\,8)$
7	$(s+0.126\,485\,4)(s^2+0.056\,291\,3s+0.966\,483\,0)(s^2+0.157\,724\,7s+0.627\,259\,0)(s^2+0.227\,918\,8s+0.204\,253\,7)$
8	$(s^2+0.043\,156\,3s+0.974\,173\,5)(s^2+0.122\,898\,8s+0.703\,575\,4)(s^2+0.183\,931\,0s+0.320\,892\,0)(s^2+0.216\,961\,5s+0.050\,293\,9)$
9	$(s+0.098\,274\,6)(s^2+0.034\,130\,4s+0.979\,504\,2)(s^2+0.098\,274\,6s+0.759\,657\,9)(s^2+0.150\,565\,4s+0.422\,833\,8)(s^2+0.184\,695\,8s+0.126\,635\,7)$
10	$(s^2+0.027\,6640s+0.983\,346\,4)(s^2+0.080\,283\,8s+0.801\,710\,6)(s^2+0.125\,045\,0s+0.507\,818\,0)(s^2+0.157\,565\,8s+0.213\,925\,4)(s^2+0.174\,663\,2s+0.032\,289\,8)$

(2) 求 N。按(6.5.61)式(直接用 R_p 或用 ε 代入皆可，这里用 ε 代入)

$$N \geqslant \frac{\operatorname{arcch}\left[\frac{1}{\varepsilon}\sqrt{10^{0.1A_s}-1}\right]}{\operatorname{arcch}(\Omega_{st}/\Omega_p)} = \frac{\operatorname{arcch}\left[\frac{1}{0.7647831}\sqrt{10^3-1}\right]}{\operatorname{arcch}(2)}$$

$$= \frac{\operatorname{arcch}(41.328007)}{\operatorname{arcch}(2)} = \frac{4.41452784}{1.31693641} = 3.35$$

取 $N=4$。

随后，可用两种方法求所需系统函数 $H_a(s)$。

第一种方法，由 N、ε 利用(6.5.45)求出 r，再利用(6.5.46)求 a，b 两参数，之后用(6.5.47)式来求得 $H_a(s)$。求解极点的过程，计算较烦琐。当手边没有 $H_{an}(s)$ 的分母多项式系数的表格时，就只能用这种方法求解，见例 6.7。

第二种方法，由 ε(或 R_p)与 N 查表 6.5，即可求得归一化原型切贝雪夫 Ⅰ 型低通滤波器 $H_{an}(s)$，然后去归一化，就得到所需的 $H_a(s)$。这是最方便最常用的办法，下面用这种办法来设计 $H_a(s)$。

(3) 求归一化切贝雪夫 Ⅰ 型低通滤波器的 $H_{an}(s)$。

查表 6.5 可得 $R_p=2\text{dB}$(或 $\varepsilon=0.7647831$)及 $N=4$，可得

$$H_{an}(s) = \frac{\dfrac{1}{\varepsilon \cdot 2^{N-1}}}{s^4+0.7162150s^3+1.2564819s^2+0.5167981s+0.2057651}$$

其分子系数值由(6.5.50)式确定。

(4) 去归一化，求所需 $H_a(s)$。注意 Ω_p 就是 2dB 衰减处的通带截止频率 Ω_c。

$$H_a(s) = H_{an}\left(\frac{s}{\Omega_p}\right)$$

$$= \frac{\dfrac{\Omega_p^4}{\varepsilon \cdot 2^{N-1}}}{s^4+0.7162150\Omega_p s^3+1.2564819\Omega_p^2 s^2+0.5167981\Omega_p^3 s+0.2057651\Omega_p^4}$$

$$= \frac{2.063362\times10^{16}}{s^4+1.3500335\times10^4 s^3+4.464343\times10^8 s^2+3.4611778\times10^{12}+2.597619\times10^{16}}$$

可以检验 $N=4$(偶数)，应该有 $H_a(0)=\dfrac{1}{\sqrt{1+\varepsilon^2}}=0.7943282$

将 $s=0$ 代入 $H_a(s)$ 中也可得 $H_a(0)=\dfrac{2.063362\times10^{16}}{2.597619\times10^{16}}=0.7943282$，所以 $H_a(s)$ 分子的系数值 $[\Omega_p^4/(\varepsilon 2^{N-1})]$ 是正确的。

【例 6.7】 给定模拟低通滤波器的性能指标，在通带内，即在 $0\leqslant\Omega\leqslant2\pi\times10^4\text{rad/s}$ 内，幅度函数的波纹(起伏) $R_p\leqslant1\text{dB}$；在阻带内，即在 $\Omega\geqslant2\pi\times1.5\times10^4\text{rad/s}$ 时，幅度函数衰减 $A_s\geqslant15\text{dB}$。试求用切贝雪夫滤波器实现时，所需阶次 N 以及滤波器系统函数 $H_a(s)$ 的表达式。

解　由题意知,通带波纹 $R_p=1\text{dB}$,阻带衰减 $A_s=15\text{dB}$。$\Omega_p=2\pi\times10^4\,\text{rad/s}$,$\Omega_{st}=2\pi\times1.5\times10^4\,\text{rad/s}$。

(1) 求通带内波纹参数 ε。由(6.5.54)式,有

$$\varepsilon=\sqrt{10^{0.1R_p}-1}=\sqrt{10^{0.1}-1}=0.508\,847$$

(2) 求阶次 N。由(6.5.61)式,可得

$$N\geqslant\frac{\operatorname{arcch}\left[\dfrac{1}{\varepsilon}\sqrt{10^{0.1A_s}-1}\right]}{\operatorname{arcch}\left(\dfrac{\Omega_{st}}{\Omega_p}\right)}=3.1977$$

取 $N=4$。

(3) 求 $H_a(s)$的极点。由(6.5.45)式,可得

$$\gamma=\frac{1}{\varepsilon}+\sqrt{\frac{1}{\varepsilon^2}+1}=4.170\,247\,7$$

由(6.5.46)式,可求得

$$b=\frac{1}{2}\left(\gamma^{\frac{1}{N}}+\gamma^{-\frac{1}{N}}\right)=1.064\,402,\quad a=\frac{1}{2}\left(\gamma^{\frac{1}{N}}-\gamma^{-\frac{1}{N}}\right)=0.364\,625\,1$$

因而极点分布的椭圆的长轴(Ω_pb)及矩轴(Ω_pa)分别为

$$(\Omega_pb)=2\pi\times10^4\times1.064\,402=6.687\,834\,7\times10^4$$

$$(\Omega_pa)=2\pi\times10^4\times0.364\,625\,1=2.291\,007\,1\times10^4$$

利用(6.5.43)式,可求出极点分布为(考虑到极点成共轭对的关系,如图6.15所示)

$$\begin{aligned}s_1&=s_4^*=\sigma_1+\mathrm{j}\Omega_1=-a\Omega_p\sin\left(\frac{\pi}{2N}\right)+\mathrm{j}b\Omega_p\cos\left(\frac{\pi}{2N}\right)\\&=-0.876\,303\times10^4+\mathrm{j}6.178\,753\,4\times10^4=6.241\times10^4\mathrm{e}^{\mathrm{j}98.08^\circ}\\s_2&=s_3^*=-a\Omega_p\sin\left(\frac{3\pi}{2N}\right)+\mathrm{j}b\Omega_p\cos\left(\frac{3\pi}{2N}\right)\\&=-2.116\,614\,5\times10^4+\mathrm{j}2.559\,323\,3\times10^4=3.321\times10^4\mathrm{e}^{\mathrm{j}129.59^\circ}\end{aligned}$$

(4) 求滤波器的系统函数 $H_a(s)$为

$$\begin{aligned}H_a(s)&=\frac{K}{\prod\limits_{k=1}^{4}(s-s_k)}=\frac{K}{(s-s_1)(s-s_1^*)(s-s_2)(s-s_2^*)}\\&=\frac{K}{(s^2+1.7535\times10^4s+3.895\times10^9)(s^2+4.233\times10^4s+11.029\times10^9)}\end{aligned}$$

现在要求系数 A_0,由于 N 为偶数时,应满足[见图6.12(b)]

$$|H(\mathrm{j}0)|=\frac{1}{\sqrt{1+\varepsilon^2}}=0.891\,250\,9$$

因而有

$$H_a(s)|_{s=0}=\frac{K}{3.895\times10^9\times11.029\times10^9}=0.891\,250\,9$$

由此求出

$$K = 3.8286 \times 10^{18}$$

或用(6.5.47c)式直接求出 K,结果是一样的。由此得出

$$H_a(s) = \frac{3.8286 \times 10^{18}}{(s^2 + 1.7535 \times 10^4 s + 3.895 \times 10^9)(s^2 + 4.233 \times 10^4 s + 11.029 \times 10^9)}$$

$$= \frac{3.8286 \times 10^{18}}{s^4 + 5.897 \times 10^4 s^3 + 5.741 \times 10^9 s^2 + 1.843 \times 10^4 s + 4.296 \times 10^{18}}$$

6.6 模拟频域频带变换

这里讨论的是用归一化模拟低通滤波器转换成模拟低通、高通、带通、带阻滤波器的频带变换法。

设归一化($\bar{\Omega}_p=1$)模拟低通滤波器的系统函数为 $H_{an}(\bar{s})$,频率响应为 $H_{an}(\mathrm{j}\bar{\Omega})$,变换后的模拟各类滤波器的系统函数为 $H_a(s)$,频率响应为 $H_a(\mathrm{j}\Omega)$,从 $\bar{s}$ 平面到 s 平面间的变换函数以及从 $\bar{\Omega}$ 到 Ω 的变换函数为

$$\bar{s} = G(s), \quad \mathrm{j}\bar{\Omega} = G(\mathrm{j}\Omega) \tag{6.6.1}$$

即有

$$H_a(s) = H_{an}(\bar{s})\big|_{\bar{s}=G(s)} = H_{an}(G(s)), \quad H_a(\mathrm{j}\Omega) = H_{an}(G(\mathrm{j}\Omega))$$

对变换的要求是①**变换函数 $G(s)$ 是有理函数**,这样才能使有理函数 $H_{an}(\bar{s})$ 变换成有理函数 $H_a(s)$；②**要求变换前后滤波器都是稳定的**,即要求 $\bar{s}$ 的左半平面、虚轴、右半平面分别映射(转换)成 s 平面的左半平面、虚轴、右半平面；③从(6.6.1)式看出,**$G(\mathrm{j}\Omega)$ 对所有变量 Ω,都必须是纯虚数,即满足 $\mathrm{j}\bar{\Omega}=G(\mathrm{j}\Omega)$**。

但是由于变换后频率响应的不同,频率变换并不一定是一对一的映射关系。

6.6.1 从归一化模拟低通滤波器到模拟低通滤波器的变换

从通带截止频率为 $\bar{\Omega}=\bar{\Omega}_p=1$ 的归一化模拟低通滤波器 $H_{an}(\bar{s})$ 转换成通带截止频率为 $\Omega=\Omega_p$ 的模拟低通滤波器 $H_a(s)$,其变换关系应满足

① $\bar{\Omega}=0 \longrightarrow \Omega=0$, $\bar{\Omega}=\pm\infty \longrightarrow \Omega=\pm\infty$

② $\bar{\Omega}=\pm\bar{\Omega}_p=\pm1 \longrightarrow \Omega=\pm\Omega_p$

因而变换关系是线性关系,其变换函数可表示为

$$\bar{s} = ds, \quad \bar{\Omega} = d\Omega \tag{6.6.2}$$

从第②组变换关系可求得系数 d,将 $\bar{\Omega}=\bar{\Omega}_p=1 \longrightarrow \Omega=\Omega_p$ 代入(6.6.2)式的第二个式子中可得

$$d = \frac{1}{\Omega_p}$$

将 d 代入(6.6.2)式，于是从归一化低通到低通的变换关系为

$$\bar{s}=\frac{s}{\Omega_p},\quad \bar{\Omega}=\frac{\Omega}{\Omega_p} \tag{6.6.3}$$

图 6.17 画出了这一线性变换关系曲线及频率响应变换关系图形。

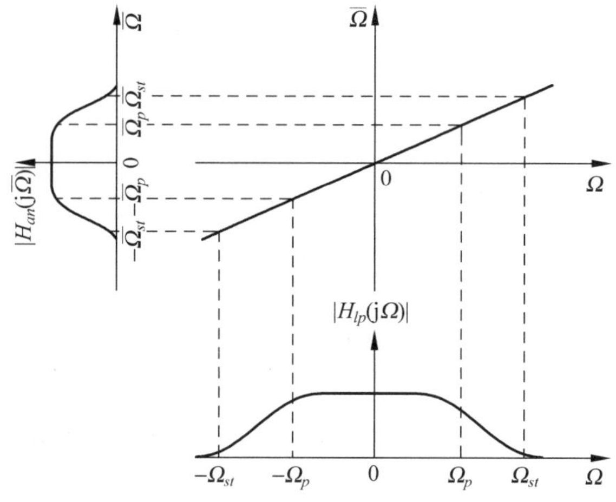

图 6.17　模拟低通到模拟低通的频率变换

6.6.2　从归一化模拟低通滤波器到模拟高通滤波器的变换

从通带截止频率为 $\bar{\Omega}=\bar{\Omega}_p=1$ 的归一化模拟低通滤波器 $H_{an}(\bar{s})$ 转换成通带截止频率为 $\Omega=\Omega_p$ 的模拟高通滤波器 $H_a(s)$ 的变换关系应满足

① $\bar{\Omega}$ 从 $-\infty$ 到 $0 \longrightarrow \Omega$ 从 0 到 ∞

$\bar{\Omega}$ 从 0 到 $\infty \longrightarrow \Omega$ 从 $-\infty$ 到 0

② $\bar{\Omega}=\bar{\Omega}_p=1 \longrightarrow \Omega=-\Omega_p$

$\bar{\Omega}=-\bar{\Omega}_p=-1 \longrightarrow \Omega=\Omega_p$

可以看出，$\bar{\Omega}$ 与 Ω 互为倒数关系，也就是 $\bar{\Omega}$ 的低(高)频段与 Ω 的高(低)频段互换。因而 $\bar{s}$ 与 s 也成倒数关系，即有

$$\bar{s}=\frac{d}{s},\quad \bar{\Omega}=-\frac{d}{\Omega} \tag{6.6.4}$$

将变换关系中的②，即 $\bar{\Omega}=\bar{\Omega}_p=1 \longrightarrow \Omega=-\Omega_p$ 的关系式代入(6.6.4)式第二式中可求得系数 d 为

$$d=\Omega_p$$

将 d 代回到(6.6.4)式，则得到从归一化低通到高通的变换关系式

$$\bar{s}=\frac{\Omega_p}{s},\quad \bar{\Omega}=-\frac{\Omega_p}{\Omega} \tag{6.6.5}$$

图 6.18 画出了这一变换关系曲线及频率响应变换关系图形。

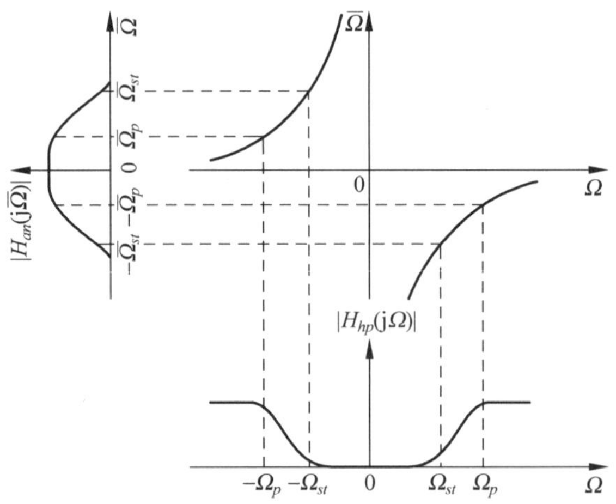

图 6.18 模拟低通到模拟高通的频率变换

6.6.3 从归一化模拟低通滤波器到模拟带通滤波器的变换

从通带截止频率为 $\bar{\Omega}=\bar{\Omega}_p=1$ 的归一化模拟低通滤波器 $H_{an}(\bar{s})$转换成通带上、下截止频率为 Ω_{p2}、Ω_{p1} 的模拟带通滤波器 $H_a(s)$的变换关系应满足(参见图 6.19)

① $\bar{\Omega}=-\infty \longrightarrow \Omega=-\infty, 0^+$

② $\bar{\Omega}=0 \longrightarrow \Omega=-\Omega_{p0}, \Omega_{p0}$ （Ω_{p0}是带通滤波器的通带几何中心频率见以下讨论）

③ $\bar{\Omega}=+\infty \longrightarrow \Omega=0^-, +\infty$

④ $\bar{\Omega}=\bar{\Omega}_p=1 \longrightarrow \Omega=\Omega_{p2}, -\Omega_{p1}$

$\bar{\Omega}=-\bar{\Omega}_p=-1 \longrightarrow \Omega=\Omega_{p1}, -\Omega_{p2}$

从上面变换关系 $\bar{\Omega}=0 \longrightarrow \Omega=\pm\Omega_{p0}$ 看出，$\bar{s}=G(s)$函数必含$(s+jb)(s-jb)=s^2+b^2$ 乘因子(b^2 为待定常数，实际上可看出它就是 Ω_{p0}^2)，另外从 $\bar{\Omega}=\pm\infty \longrightarrow \Omega=0$ 看出，$\bar{s}=G(s)$中还应含有$\dfrac{1}{s}$乘因子，综上两点即可得到变换函数为

$$\bar{s}=\frac{d(s^2+b^2)}{s}, \quad \bar{\Omega}=\frac{d(\Omega^2-b^2)}{\Omega} \tag{6.6.6}$$

将变换关系④代入(6.6.6)式的第二个式子，得到

$$1=\frac{d(\Omega_{p2}^2-b^2)}{\Omega_{p2}}, \quad -1=\frac{d(\Omega_{p1}^2-b^2)}{\Omega_{p1}}$$

联立求解此两式，可得

$$b^2=\Omega_{p1}\Omega_{p2}=\Omega_{p0}^2$$

$$d=\frac{1}{\Omega_{p2}-\Omega_{p1}}=\frac{1}{B_p}$$

其中

$$\Omega_{p0}=\sqrt{\Omega_{p1}\Omega_{p2}} \tag{6.6.7}$$

$$B_p = \Omega_{p2} - \Omega_{p1} \tag{6.6.8}$$

Ω_{p0}是带通滤波器的通带几何中心频率。

B_p 是带通滤波器的通带宽度。

将 b^2、d 的表达式代入(6.6.6)式可得到从归一化低通到带通的变换关系为

$$\bar{s} = \frac{s^2 + \Omega_{p0}^2}{B_p s} = \frac{s^2 + \Omega_{p1}\Omega_{p2}}{(\Omega_{p2} - \Omega_{p1})s} \tag{6.6.9}$$

$$\bar{\Omega} = \frac{\Omega^2 - \Omega_{p0}^2}{B_p \Omega} = \frac{\Omega^2 - \Omega_{p1}\Omega_{p2}}{(\Omega_{p2} - \Omega_{p1})\Omega} \tag{6.6.10}$$

图 6.19 画出了这一变换关系曲线及频率响应变换关系图形。

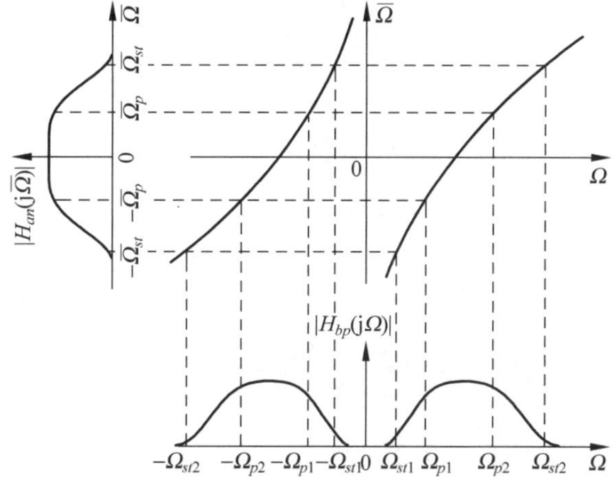

图 6.19　模拟低通到模拟带通的频率变换

6.6.4　从归一化模拟低通滤波器到模拟带阻滤波器的变换

从通带截止频率为 $\bar{\Omega}=\bar{\Omega}_p=1$ 的归一化模拟低通滤波器 $H_{an}(\bar{s})$转换为通带、阻带截止频率为 $\Omega_{p1},\Omega_{p2},\Omega_{st1},\Omega_{st2}$的模拟带阻滤波器 $H_a(s)$的变换关系应满足(参见图 6.20)：

①$\bar{\Omega}=\infty \longrightarrow \Omega=\pm\Omega_{st0}$，②$\bar{\Omega}=-\infty \longrightarrow \Omega=\pm\Omega_{st0}$($\Omega_{st0}$为阻带的几何中心频率)见以下讨论，③$\bar{\Omega}=0 \longrightarrow \Omega=0,\pm\infty$。

从关系①看出$\bar{s}=G(s)$中应包含$\dfrac{1}{(s+\mathrm{j}a)(s-\mathrm{j}a)}=\dfrac{1}{s^2+a^2}$乘因子。

从关系③看出$\bar{s}=G(s)$中还应包含 sd 乘因子，其中 a,d 为待定常数。

因而可写出变换关系为

$$\bar{s} = \frac{sd}{s^2 + a^2}, \quad \bar{\Omega} = \frac{\Omega d}{a^2 - \Omega^2} \tag{6.6.11}$$

这里为了求得系数 d 和 a，我们不采用上面低通→带通变换中所采用的通带截止频率相对应的办法来求解，而是采用阻带截止频率相对应的办法来求解，原因是用通带截止频

率求出的 Ω_{p0}（通带几何中心频率），在某些情况下，可能会落在（Ω_{st2}，Ω_{st1}）频率范围之外，显然这是不允许的（参见图 6.20）。这是因为这里阻带宽度 $\Omega_{st2}-\Omega_{st1}<\Omega_{p2}-\Omega_{p1}$，因而 Ω_{p0} 一定会落在（Ω_{p1}，Ω_{p2}）频段中，却不一定会落在（Ω_{st1}，Ω_{st2}）频段中。

以下利用 $\bar{\Omega}=\bar{\Omega}_{st}\longrightarrow\Omega=\Omega_{st1}$ 及 $\bar{\Omega}=-\bar{\Omega}_{st}\longrightarrow\Omega=\Omega_{st2}$ 这两个变换关系，将其代入（6.6.11）式的第二式，可得

$$\bar{\Omega}_{st}=\frac{\Omega_{st1}d}{a^2-\Omega_{st1}^2},\quad -\bar{\Omega}_{st}=\frac{\Omega_{st2}d}{a^2-\Omega_{st2}^2}$$

将此两式联合求解，可得到

$$a^2=\Omega_{st1}\Omega_{st2}=\Omega_{st0}^2$$

$$d=\bar{\Omega}_{st}(\Omega_{st2}-\Omega_{st1})=\bar{\Omega}_{st}B_s$$

其中

$$\Omega_{st0}=\sqrt{\Omega_{st1}\Omega_{st2}} \tag{6.6.12}$$

$$B_s=\Omega_{st2}-\Omega_{st1} \tag{6.6.13}$$

Ω_{st0} 是带阻滤波器的阻带几何中心频率。B_s 是带阻滤波器的阻带宽度。

将 a^2、d 的表达式代入（6.6.11）式可得

$$\bar{s}=\frac{\bar{\Omega}_{st}B_s s}{s^2+\Omega_{st0}^2}=\frac{\bar{\Omega}_{st}(\Omega_{st2}-\Omega_{st1})s}{s^2+\Omega_{st1}\Omega_{st2}} \tag{6.6.14}$$

$$\bar{\Omega}=\frac{\bar{\Omega}_{st}B_s\Omega}{\Omega_{st0}^2-\Omega^2}=\frac{\bar{\Omega}_{st}(\Omega_{st2}-\Omega_{st1})\Omega}{\Omega_{st1}\Omega_{st2}-\Omega^2} \tag{6.6.15}$$

其中参数 $\bar{\Omega}_{st}$ 可用 $\bar{\Omega}_p=1$ 来求解，见以下的例子。

图 6.20 中画出归一化低通滤波器到带阻滤波器的频率变换关系曲线及频率响应变换关系图形。

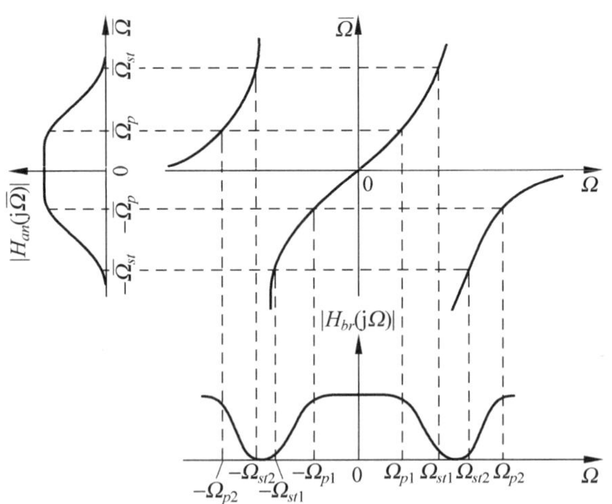

图 6.20 模拟低通到模拟带阻的频率变换

在表 6.8 中归纳总结了模拟频带变换的 4 种基本形式。

表 6.8 模拟-模拟频带变换

$H_{an}(\bar{s})$：归一化低通滤波器，$\bar{s}=j\bar{\Omega}$，$\bar{\Omega}_p=1$，$\bar{\Omega}_{st}$

$H_a(s)$：变换后的 4 种滤波器 $H_{lp}(s)$，$H_{hp}(s)$，$H_{bp}(s)$，$H_{bs}(s)$，$s=j\Omega$

$G(s)$：变换函数 $\bar{s}=G(s)$

$$H_a(s)=H_{an}(\bar{s})\Big|_{\bar{s}=G(s)}=H_{an}(G(s))$$

$H_a(s)$	$\bar{s}=G(s)$	$j\bar{\Omega}=G(j\Omega)$
低通 $H_{lp}(s)$（通带截止频率 Ω_p）	$\bar{s}=\dfrac{s}{\Omega_p}$	$\bar{\Omega}=\dfrac{\Omega}{\Omega_p}$
高通 $H_{hp}(s)$（通带截止频率 Ω_p）	$\bar{s}=\dfrac{\Omega_p}{s}$	$\bar{\Omega}=-\dfrac{\Omega_p}{\Omega}$
带通 $H_{bp}(s)$（通带截止频率 Ω_{p1},Ω_{p2}）	$\bar{s}=\dfrac{s^2+\Omega_{p0}^2}{B_p s}$	$\bar{\Omega}=\dfrac{\Omega^2-\Omega_{p0}^2}{B_p \Omega}$， $\Omega_{p0}=\sqrt{\Omega_{p1}\Omega_{p2}}$， $B_p=\Omega_{p2}-\Omega_{p1}$
带阻 $H_{bs}(s)$（阻带截止频率 $\Omega_{st1},\Omega_{st2}$）	$\bar{s}=\dfrac{\bar{\Omega}_{st}B_s s}{s^2+\Omega_{st0}^2}$	$\bar{\Omega}=\dfrac{\bar{\Omega}_{st}B_s\Omega}{\Omega_{st0}^2-\Omega^2}$， $\Omega_{st0}=\sqrt{\Omega_{st1}\Omega_{st2}}$， $B_s=\Omega_{st2}-\Omega_{st1}$

注(1) 在对应的频率点上，转换前、后两系统的频率响应的衰减值是相同的（例如低通→带通变换中 $\bar{\Omega}_p=1$（低通）与 $\Omega=\Omega_{p2}$（带通）点上衰减值，例如 2dB 是相同的）。

(2) 对巴特沃思滤波器，由于 $H_{an}(\bar{s})$ 是对 3dB 衰减处截止频率 $\bar{\Omega}_c$ 归一化的，当 $R_p\neq 3\text{dB}$ 时，则必须由 $R_p(\neq 3\text{dB})$ 衰减处 $\bar{\Omega}_p=1$ 的归一化滤波器来找出其 3dB 衰减处的 $\bar{\Omega}_c$[利用(6.5.27)式]，然后将 $H_{an}(\bar{s})$ 用 $\bar{\Omega}_c$ 去归一化为 $H_a(\bar{s})=H_{an}(\bar{s}/\bar{\Omega}_c)$，此 $H_a(\bar{s})$ 就是满足衰减为 $R_p(\neq 3\text{dB})\bar{\Omega}_p=1$ 的归一化低通滤波器；当 $R_p=3\text{dB}$ 时，则可直接利用 $H_{an}(\bar{s})$ 作为归一化低通滤波器。对切贝雪夫滤波则可直接利用求出的归一化低通滤波器 $H_{an}(\bar{s})$。

设计举例：

模拟低通滤波器的设计前面已经讨论过了，以下用带通及带阻模拟滤波器设计的例子，作为讨论表 6.8 变换关系的实例。

【例 6.8】 设计一个模拟带通滤波器，分别采用巴特沃思型及切贝雪夫Ⅰ型。给定指标为①通带：通带下截止频率 $f_{p1}=200\text{Hz}$，通带上截止频率 $f_{p2}=300\text{Hz}$，通带边沿衰减 $R_p=2\text{dB}$；②阻带：下阻带截止频率 $f_{st1}=100\text{Hz}$，上阻带截止频率 $f_{st2}=400\text{Hz}$，阻带最小衰减 $A_s=20\text{dB}$。

解 (1) 各指标为 $\Omega_{p1}=2\pi\times 200$，$\Omega_{p2}=2\pi\times 300$，$\Omega_{st1}=2\pi\times 100$，$\Omega_{st2}=2\pi\times 400$，$R_p=2\text{dB}$，$A_s=20\text{dB}$。

(2) 利用表 6.8，设归一化($\bar{\Omega}_p=1$)低通滤波器，其阻带衰减用 $\bar{\Omega}_{st}$ 表示，则有

$$B_p=\Omega_{p2}-\Omega_{p1}=2\pi\times 100,\quad \Omega_{p0}=\sqrt{\Omega_{p1}\Omega_{p2}}=2\pi\times 244.948\,97$$

$$\bar{\Omega}_{st2}=\frac{\Omega_{st2}^2-\Omega_{p0}^2}{\Omega_{st2}B_p}=\frac{4\pi^2(160\,000-60\,000)}{2\pi\times 400\times 2\pi\times 100}=2.5$$

$$\bar{\Omega}_{st1}=\frac{\Omega_{st1}^2-\Omega_{p0}^2}{\Omega_{st1}B_p}=\frac{4\pi^2(10\,000-60\,000)}{2\pi\times 100\times 2\pi\times 100}=-5$$

取归一化低通滤波器的阻带截止频率 $\bar{\Omega}_{st}=\min(|\bar{\Omega}_{st1}|,|\bar{\Omega}_{st2}|)=2.5$，即在较小的阻带

截止频率处衰减大于 20dB，则在较大的阻带截止频率处的衰减一定会更大，更满足要求。

（一）**巴特沃思型**

$\bar{\Omega}_p=1,\bar{\Omega}_{st},R_p,A_s$ 确定后，利用(6.5.20)式可求得巴特沃思低通滤波器阶次 N

$$N\geqslant \lg\left(\frac{10^{0.1A_s}-1}{10^{0.1R_p}-1}\right)\Big/\left[2\lg\left(\frac{\bar{\Omega}_{st}}{\bar{\Omega}_p}\right)\right]=\lg\left(\frac{99}{0.5848932}\right)\Big/\left[2\lg\left(\frac{2.5}{1}\right)\right]$$

$$=\frac{2.2285586}{0.79588}=2.8$$

取 $N=3$。

① 查表 6.2 可得到 $N=3$ 时的归一化原型巴特沃思低通滤波器系统函数 $H_{an}(\bar{s})$

$$H_{an}(\bar{s})=\frac{1}{\bar{s}^3+2\bar{s}^2+2\bar{s}+1}$$

由于这一公式是对衰减为 3dB 处截止频率 $\bar{\Omega}_c$ 归一化的（因为是巴特沃思滤波器），故必须由 2dB 衰减处的 $\bar{\Omega}_p=1$ 求出 $\bar{\Omega}_c$。

② 求 3dB 衰减处截止频率 $\bar{\Omega}_c$。

可按通带满足要求的(6.5.25a)式取等号求解

$$\bar{\Omega}_c=\bar{\Omega}_p/\sqrt[2N]{10^{0.1R_p}-1}=1/\sqrt[6]{10^{0.2}-1}=1/0.9145=1.0935$$

③ 将 $H_{an}(\bar{s})$ 用 $\bar{\Omega}_c$"去归一化"得 $H_a(\bar{s})$，后者在 $\bar{\Omega}_p=1$ 处衰减就等于 2dB，是归一化 $(\bar{\Omega}_p=1)$ 的系统函数

$$H_a(\bar{s})=H_{an}\left(\frac{\bar{s}}{\bar{\Omega}_c}\right)=\frac{\bar{\Omega}_c^3}{\bar{s}^3+2\bar{\Omega}_c\bar{s}^2+2\bar{\Omega}_c^2\bar{s}+\bar{\Omega}_c^3}$$

④ 按表 6.8 的相应变换关系，求所需模拟带通滤波器的系统函数 $H_{bp}(s)$

$$H_{bp}(s)=H_a(\bar{s})\Big|_{\bar{s}=\frac{s^2+\Omega_{p0}^2}{sB_p}}$$

$$=\frac{\bar{\Omega}_c^3B_p^3s^3}{s^6+2\bar{\Omega}_cB_ps^5+(3\Omega_{p0}^2+2\bar{\Omega}_c^2B_p^2)s^4+(4\bar{\Omega}_cB_p\Omega_{p0}^2+\bar{\Omega}_c^3B_p^3)s^3+(3\Omega_{p0}^4+2\bar{\Omega}_c^2B_p^2\Omega_{p0}^2)s^2+2\bar{\Omega}_cB_p\Omega_{p0}^4s+\Omega_{p0}^6}$$

$$=\frac{3.243366\times10^8s^3}{s^6+1.3741384\times10^3s^5+8.050235\times10^6s^4+6.834166\times10^9s^3+1.9068632\times10^{13}s^2+7.77099328\times10^{15}s+1.3290243\times10^{19}}$$

（二）**切贝雪夫Ⅰ型**

① 由 $\bar{\Omega}_p=1$ 且已求出的低通滤波器的参量 $\bar{\Omega}_{st}$ 及给定的 R_p、A_s，利用(6.5.61)式，可求得切贝雪夫Ⅰ型低通滤波器的阶次 N

$$N\geqslant\frac{\operatorname{arcch}\left[\sqrt{10^{0.1A_s}-1}\Big/\sqrt{10^{0.1R_p}-1}\right]}{\operatorname{arcch}(\bar{\Omega}_{st}/\bar{\Omega}_p)}=\frac{\operatorname{arcch}(13.01006)}{\operatorname{arcch}(2.5)}=\frac{3.257344}{1.566768}=2.07$$

取 $N=2$，因为它与 2.07 很接近，当然最后要验证频率响应是否满足要求，若不满足，

再改取 $N=3$。

② 查表 6.5，可得 $N=2, R_p=2\text{dB}$ 时的归一化原型切贝雪夫低通滤波器的系统函数 $H_{an}(s)$，同时可查出 $\varepsilon=0.7647831$（ε 也可用(6.5.54)式算出 $\varepsilon=\sqrt{10^{0.1R_p}-1}$）。

$$H_{an}(\bar{s})=\frac{\dfrac{1}{2^{(2-1)}\varepsilon}}{\bar{s}^2+0.8038164\bar{s}+0.8230603}$$

③ 按表 6.8 的相应变换关系，求出所需模拟带通滤波器的系统函数 $H_{bp}(s)$

$$H_{bp}(s)=H_{an}(\bar{s})\big|_{\bar{s}=\frac{s^2+\Omega_{p0}^2}{sB_p}}$$

$$=\frac{\dfrac{B_p^2}{2\varepsilon}s^2}{s^4+0.8038164B_ps^3+(2\Omega_{p0}^2+0.8230603B_p^2)s^2+0.8038164B_p\Omega_{p0}^2s+\Omega_{p0}^4}$$

$$=\frac{2.5810205\times10^5s^2}{s^4+5.0505274\times10^2s^3+5.0623413\times10^6s^2+1.19632\times10^9s+5.6107636\times10^{12}}$$

【例 6.9】 设计一个模拟巴特沃思带阻滤波器，其技术指标为

$$f_{p1}=200\text{Hz}\quad f_{st1}=500\text{Hz}\quad f_{st2}=700\text{Hz},\quad f_{p2}=900\text{Hz}$$

$$R_p=2\text{dB}\quad A_s=20\text{dB}$$

解 (1) 查表 6.8 知，从归一化低通滤波器频率变量 $\bar{s}$、$\bar{\Omega}$ 到所需带阻滤波器频率变量 s,Ω 之间的变换关系为

$$\bar{s}=\frac{\bar{\Omega}_{st}B_ss}{s^2+\Omega_{st0}^2},\quad \bar{\Omega}=\frac{\bar{\Omega}_{st}B_s\Omega}{\Omega_{st0}^2-\Omega^2}$$

其中 $B_s=\Omega_{st2}-\Omega_{st1}=2\pi\times(700-500)=2\pi\times200$

$\Omega_{st0}^2=\Omega_{st1}\Omega_{st2}=4\pi^2\times500\times700=4\pi^2\times35\times10^4$

(2) 求归一化低通滤波器的通带截止频率 $\bar{\Omega}_p$ 与其阻带截止频率 $\bar{\Omega}_{st}$ 的关系。将 Ω_{p1} 及 Ω_{p2} 分别代入频率的变换关系中，可得两个低通通带截止频率 $\bar{\Omega}_{p1}$、$\bar{\Omega}_{p2}$。

$$\bar{\Omega}_{p1}=\frac{\bar{\Omega}_{st}B_s\Omega}{\Omega_{st0}^2-\Omega^2}\bigg|_{\Omega=\Omega_{p1}}=\frac{\bar{\Omega}_{st}B_s\Omega_{p1}}{\Omega_{st0}^2-\Omega_{p1}^2}=\frac{\bar{\Omega}_{st}\times2\pi\times200\times2\pi\times200}{4\pi^2\times35\times10^4-4\pi^2\times4\times10^4}=0.1290\bar{\Omega}_{st}$$

$$\bar{\Omega}_{p2}=\frac{\bar{\Omega}_{st}B_s\Omega}{\Omega_{st0}^2-\Omega^2}\bigg|_{\Omega=\Omega_{p2}}=\frac{\bar{\Omega}_{st}B_s\Omega_{p2}}{\Omega_{st0}^2-\Omega_{p2}^2}=\frac{\bar{\Omega}_{st}\times2\pi\times200\times2\pi\times900}{4\pi^2\times35\times10^4-4\pi^2\times81\times10^4}=-0.3913\bar{\Omega}_{st}$$

取 $\bar{\Omega}_p=\max(|\bar{\Omega}_{p1}|,|\bar{\Omega}_{p2}|)=0.391\bar{\Omega}_{st}$。

由于所取的是归一化的低通滤波器 $\bar{\Omega}_p=1$，将其代入这个 $\bar{\Omega}_p$ 表达式中，可得归一化滤波器的阻带截止频率 $\bar{\Omega}_{st}$ 为

$$\bar{\Omega}_{st}=1/0.3913=2.5556$$

故归一化低通滤波器的技术指标为 $\bar{\Omega}_p=1, \bar{\Omega}_{st}=2.5556, R_p=2\text{dB}, A_s=20\text{dB}$。

(3) 利用巴特沃思滤波器的(6.5.20)式可求得其滤波器阶次 N 为

$$N=\lg\left(\frac{10^{0.1A_s}-1}{10^{0.1R_p}-1}\right)\bigg/\left[2\lg\left(\frac{\bar{\Omega}_{st}}{\bar{\Omega}_p}\right)\right]=\lg\left(\frac{10^2-1}{10^{0.2}-1}\right)\bigg/[2\lg(2.5556)]=2.7345$$

取 $N=3$。

(4) 求巴特沃思归一化原型低通滤波器的系统函数，查表 6.2 可得

$$H_{an}(\bar{s}) = \frac{1}{\bar{s}^3 + 2\bar{s}^2 + 2\bar{s} + 1}$$

(5) 由于 $H_{an}(\bar{s})$ 在 3dB 衰减处的截止频率为 $\bar{\Omega}_c=1$。而本题要求 $\bar{\Omega}_p=1$ 时，衰减为 $R_p=2\text{dB}$，因而必须求 3dB 衰减处的 $\bar{\Omega}_c$，然后将 $H_{an}(\bar{s})$ 对 $\bar{\Omega}_c$"去归一化"，得到对 $\bar{\Omega}_p=1$ 衰减为 $R_p=2\text{dB}$ 的归一化低通系统函数。

利用(6.5.25a)式取等号，求出 $\bar{\Omega}_c$ 为

$$\bar{\Omega}_c = \bar{\Omega}_p / \sqrt[2N]{10^{0.1R_p} - 1} = 1/\sqrt[6]{10^{0.2} - 1} = 1.0935$$

(6) 利用 $\bar{\Omega}_c=1.0935$ 将 $H_{an}(\bar{s})$ 去归一化得

$$H_a(\bar{s}) = H_{an}\left(\frac{\bar{s}}{\bar{\Omega}_c}\right) = \frac{\bar{\Omega}_c^3}{\bar{s}^3 + 2\bar{\Omega}_c\bar{s}^2 + 2\bar{\Omega}_c^2\bar{s} + \bar{\Omega}_c^3}$$

此滤波器就是 $\bar{\Omega}_p=1, R_p=2\text{dB}$ 的归一化低通滤波器。

(7) 利用表 6.8 的变换关系可得所需带阻滤波器的系统函数为

$$H_{Bs}(s) = H_a(\bar{s})\Big|_{\bar{s}=\frac{\bar{\Omega}_{st}B_s s}{s^2+\Omega_{st0}^2}} = \frac{\bar{\Omega}_c^3 s^6 + 3\bar{\Omega}_c^3\Omega_{st0}^2 s^4 + 3\bar{\Omega}_c^3\Omega_{st0}^4 s^2 + \bar{\Omega}_c^3\Omega_{st0}^6}{\bar{\Omega}_c^3 s^6 + Ds^5 + Es^4 + Fs^3 + Gs^2 + Ms + \bar{\Omega}_c^3\Omega_{st0}^6}$$

其中

$$D = 2\bar{\Omega}_c^2\bar{\Omega}_{st}B_s, \quad E = 2\bar{\Omega}_c\bar{\Omega}_{st}^2B_s^2 + 3\bar{\Omega}_c^3\Omega_{st0}^2$$

$$F = \bar{\Omega}_{st}^3B_s^3 + 4\bar{\Omega}_c^2\bar{\Omega}_{st}B_s\Omega_{st0}^2, \quad G = 2\bar{\Omega}_c\bar{\Omega}_{st}^2B_s^2\Omega_{st0}^2 + 3\bar{\Omega}_c^3\Omega_{st0}^4$$

$$M = 2\bar{\Omega}_c^2\bar{\Omega}_{st}B_s\Omega_{st0}^4$$

将各参数代入后，可得带阻滤波器的系统函数为

$$\begin{aligned}
H_{Bs}(s) = {} & (1.30754s^6 + 5.42008\times10^7s^4 + 7.48916\times10^{14}s^2 + 3.44937\times10^{21})/ \\
& (1.30754s^6 + 7.68004\times10^3s^5 + 7.67564\times10^7s^4 + 2.45362\times10^{11}s^3 \\
& + 1.06058\times10^{15}s^2 + 1.46631\times10^{18}s + 3.44937\times10^{21}) \\
= {} & (s^6 + 4.14523\times10^7s^4 + 5.72765\times10^{14}s^2 + 2.63805\times10^{21})/ \\
& (s^6 + 5.87364\times10^3s^5 + 5.87027\times10^7s^4 + 1.87651\times10^{11}s^3 \\
& + 0.81112\times10^{15}s^2 + 1.1214232\times10^{18}s + 2.63805\times10^{21})
\end{aligned}$$

6.7 间接法的 IIR 数字滤波器设计方案

利用模拟滤波器设计数字滤波器是数字滤波器设计的间接方法。由于模拟滤波器设计方法成熟，且有完整的表格数据可供使用，因而利用它来设计数字滤波器，是较方便的一种方法。

利用模拟滤波器来设计数字滤波器可有三种设计方案，见图 6.21。

第一种方案。分两步来实现。第一步，将设计出的归一化样本模拟低通滤波器经模

拟-模拟频带变换法转换成各种模拟(低通、高通、带通、带阻)滤波器；第二步，将各种模拟滤波器数字化(采用冲激响应不变法、或双线性变换法或阶跃响应不变法)成各相应频带的数字滤波器，图 6.21(a)就是这种设计方案。

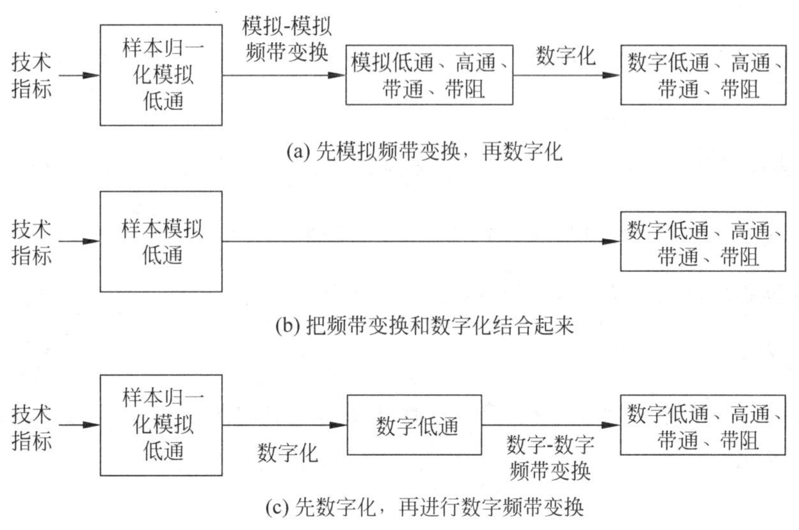

图 6.21 利用样本模拟(或归一化模拟)低通滤波器设计 IIR 数字滤波器的频率变换法

第二种方案。直接导出由设计出的样本模拟低通滤波器变换成各种通带数字滤波器的方案，既包含频带变换又包含数字化，一步变换完成设计。图 6.21(b)就描述了这种设计方案。这种设计方法最为简单实用。

第三种方案。将设计出的归一化的样本模拟低通滤波器先数字化成低通数字滤波器，然后再用数字-数字频带变换法设计出各种通带数字滤波器。图 6.21(c)就描述了这种设计方案。

由上面讨论，并参见图 6.21(a)、(b)、(c)三个框图，“模拟-模拟频带变换”这一部分在 6.6 节中已经讨论过，但是“数字化”的方法是关键的一步。数字化方法主要有三种：冲激响应不变法、双线性变换法、阶跃响应不变法，下面只讨论第一种及第二种数字化方法。只有掌握了它们，才能实现图 6.21(a)框图，完成第一种间接法设计 IIR 数字滤波器方案。随后要讨论图 6.21(b)的把频带变换与数字化结合起来一步完成的第二种设计方案。最后，要讨论图 6.21(c)图中的利用“数字-数字频带变换”的第三种间接法设计 IIR 数字滤波器方案。

6.8 模拟滤波器到数字滤波器的映射方法

上面已讨论到要将四种模拟滤波器映射成数字滤波器有三种办法：一是将模拟滤波器的单位冲激响应 $h_a(t)$映射成数字滤波器的单位冲激响应 $h(n)$的冲激响应不变法；二是将模拟滤波器的系统函数 $H_a(s)$映射成数字滤波器系统函数 $H(z)$的双线性变换法；三是将

模拟滤波器的阶跃响应 $g_a(t)$映射成数字滤波器的阶跃响应 $g(n)$的阶跃响应不变法。本书只讨论前两种映射方法。

实质上这些映射就是要把 s 平面映射到 z 平面，而从 s 平面到 z 平面的映射必须要满足两个基本条件：

(1) 映射前后的频率轴必须相对应，这就表示 s 平面的虚轴($\mathrm{j}\Omega$)必须映射到 z 平面的单位圆($\mathrm{e}^{\mathrm{j}\omega}$)上，即 $\mathrm{j}\Omega \xrightarrow{\text{映射}} \mathrm{e}^{\mathrm{j}\omega}$。

(2) 因果稳定的 $H_a(s)$必须映射成因果稳定的 $H(z)$，也就是要求 s 平面的左半平面($\mathrm{Re}[s]<0$)必须映射到 z 平面的单位圆内($|z|<1$)，即 $\mathrm{Re}[s]<0 \xrightarrow{\text{映射}} |z|<1$。

6.8.1 冲激响应不变法(脉冲响应不变法)

1. 变换思路。

从滤波器的单位冲激响应出发，使数字滤波器的单位冲激响应 $h(n)$逼近模拟滤波器的单位冲激响应 $h_a(t)$，使 $h(n)$等于 $h_a(t)$的抽样值。即满足

$$h(n) = h_a(nT) \tag{6.8.1}$$

其中，T 为抽样周期。

2. 变换过程、变换关系式。

设
$$H_a(s) = \mathscr{L}[h_a(t)]$$
$$H(z) = \mathscr{Z}[h(n)]$$

设 $H_a(s)$只有单阶极点[高阶极点的情况见《数字信号处理教程习题分析与解答》一书(以下简称《题解》)]，且假定 $H_a(s)$的分母阶次大于分子阶次 $N>M$，可将 $H_a(s)$展成部分分式形式

$$H_a(s) = \sum_{k=1}^{N} \frac{A_k}{s - s_k} \tag{6.8.2}$$

则有

$$h_a(t) = \mathscr{L}^{-1}[H_a(s)] = \sum_{k=1}^{N} A_k \mathrm{e}^{s_k t} u(t) \tag{6.8.3}$$

其中 $u(t)$是单位阶跃函数，将 $h_a(t)$抽样就得到 $h(n)$

$$h(n) = h_a(nT) = \sum_{k=1}^{N} A_k \mathrm{e}^{s_k T n} u(n) = \sum_{k=1}^{N} A_k (\mathrm{e}^{s_k T})^n u(n) \tag{6.8.4}$$

对 $h(n)$取 z 变换，得数字滤波器的系统函数

$$\begin{aligned} H(z) &= \sum_{n=-\infty}^{\infty} h(n) z^{-n} = \sum_{n=0}^{\infty} \sum_{k=1}^{N} A_k (\mathrm{e}^{s_k T} z^{-1})^n = \sum_{k=1}^{N} A_k \sum_{n=0}^{\infty} (\mathrm{e}^{s_k T} z^{-1})^n \\ &= \sum_{k=1}^{N} \frac{A_k}{1 - \mathrm{e}^{s_k T} z^{-1}} \end{aligned} \tag{6.8.5}$$

由前面第 2 章中的(2.3.89)式、(2.3.90)式知，数字滤波器频率响应 $H(\mathrm{e}^{\mathrm{j}\omega})$等于模拟滤波器频率响应 $H_a(\mathrm{j}\Omega)$的周期延拓，等式之间还有一个 $\frac{1}{T}$ 的加权因子，也就是说，随着抽

样频率 $f_s=1/T$ 的不同，变换后$H(e^{j\omega})$的增益也在改变，为了消除这一影响，实际设计中多采用以下的变换关系，即令

$$h(n)=Th_a(nT) \tag{6.8.6}$$

因而(6.8.2)式及(6.8.5)式，分别变成

$$H_a(s)=\mathscr{L}[Th_a(t)]=\sum_{k=1}^{N}\frac{A_kT}{s-s_k} \tag{6.8.7}$$

$$H(z)=\mathscr{Z}[Th_a(nT)]=\mathscr{Z}[h(n)]=\sum_{k=1}^{N}\frac{A_kT}{1-e^{s_kT}z^{-1}} \tag{6.8.8}$$

同样，第2章中的(2.3.89)式及(2.3.90)式变成 $H(e^{j\omega})$，它直接是 $H_a(j\Omega)$的周期延拓序列(已去掉 $1/T$ 因子)，即

$$H(e^{j\omega})\big|_{\omega=\Omega T}=\sum_{k=-\infty}^{\infty}H_a\left[j\left(\Omega-\frac{2\pi}{T}k\right)\right] \tag{6.8.9}$$

$$H(e^{j\omega})=\sum_{k=-\infty}^{\infty}H_a\left[j\left(\frac{\omega}{T}-\frac{2\pi}{T}k\right)\right] \tag{6.8.10}$$

3. s 平面与 z 平面的映射关系。

在2.2节中已经讨论到理想抽样时，抽样序列的 z 变换与理想抽样信号的拉普拉斯变换有一对一的变换关系[见(2.2.2)式]，这一变换关系为

$$z=e^{sT} \tag{6.8.11}$$

对 $z=e^{sT}$的变换关系在2.2节中已论述到了。

4. $H_a(s)$[(6.8.2)式]与变换后的 $H(z)$之间的关系。由(6.8.2)式与(6.8.5)式可知

(1) s 平面的单极点 $s=s_k$ 变换成 z 平面的单极点 $z=e^{s_kT}$；

(2) $H(z)$与 $H_a(s)$的部分分式的系数(即单极点的留数)是相同的 A_k；

(3) 如果模拟滤波器是因果稳定的，即其全部极点 s_k 都在 s 的左半平面，即 $\mathrm{Re}[s_k]<0$，则变换后 $H(z)$的全部极点 z_k 也都在 z 平面的单位圆内，即$|e^{s_kT}|=e^{\mathrm{Re}[s_k]T}<1$，因而数字滤波器也是稳定的；

(4) 虽然冲激响应不变法能保持 **s 平面极点 s_k 与 z 平面极点 z_k 有 $z_k=e^{s_kT}$ 的关系，但整个 s 平面与 z 平面并不存在一一对应关系**，特别是 $H(z)$的零点位置与 $H_a(s)$的零点位值就没有这种对应关系，而是随 $H_a(s)$的极点 s_k 与系数 A_k 两者而变化。

5. $z=e^{sT}$反映的是抽样信号$\hat{h}_a(t)=\sum_{n=-\infty}^{\infty}h_a(nT)\delta(t-nT)=\sum_{n=-\infty}^{\infty}h(n)\delta(t-nT)$的拉普拉斯变换$\hat{H}_a(s)$与抽样序列 $h(n)$ 的 z 变换 $H(z)$ 之间的关系[见(2.2.3)式]，而不是 $H_a(s)$与 $H(z)$之间的变换关系，即**冲激响应不变法，从 $H_a(s)$到 $H(z)$之间并没有一个从 s 平面到 z 平面的简单的代数映射关系。即没有一一对应的变换关系。**

6. 混叠失真现象。

由(6.8.9)式、(6.8.10)式可知，**数字滤波器的频率响应 $H(e^{j\omega})$是模拟滤波器频率响应**

$H_a(\mathrm{j}\Omega)$的周期延拓，其延拓周期为 $\Omega_s=\frac{2\pi}{T}=2\pi f_s$，$\omega_s=\frac{\Omega_s}{f_s}=2\pi$。也就是说 $H(\mathrm{e}^{\mathrm{j}\omega})$不是 $H_a(\mathrm{j}\Omega)$的简单的重现。因而，如果模拟滤波器的频率响应带限于折叠频率$\frac{\Omega_s}{2}=\frac{\pi}{T}$之内（如抽样定理所要求的），在数字频率上则应带限于 $\omega=\pi$ 以内，那么数字滤波器的频率响应才能不失真地重现模拟滤波器的频率响应，**否则若模拟滤波器频率响应不带限于$\frac{\Omega_s}{2}$，$H(\mathrm{e}^{\mathrm{j}\omega})$就会产生频率响应的混叠失真**。若数字滤波器的设计指标是用数字频率 ω 给出的，因而如果增加抽样频率 f_s（减小 T），则样本模拟滤波器的截止频率 Ω_c 也一定会成比例地增加（按 $\Omega=\omega/T$），故不能用 $f_s=1/T$ 来控制频率响应的混叠失真。只能靠使样本模拟滤波器的阻带衰减比指标要求更大来减小这一失真。

由于一般实际的模拟滤波器的频率响应都不可能是真正带限的，就一定有一些混叠失真现象。**若模拟滤波器频率响应在 $f>\frac{f_s}{2}\left(\Omega>\frac{\pi}{T}\right)$时衰减越大，则频率响应的混叠失真越小**。

7. 频率间关系。冲激响应不变法中，**从模拟频率 Ω 到数字频率 ω 之间是线性的变换关系**，即

$$\omega=\Omega T \tag{6.8.12}$$

因而，带限于折叠频率$\left(\frac{f_s}{2}\right)$以内的模拟滤波器的频率响应，通过变换后可不失真地重现（包括幅度和相位）。例如线性相位的滤波器，通过冲激响应不变法得到的仍然是线性相位的数字滤波器。

8. 在要求数字滤波器的单位冲激响应 $h(n)$能逼近模拟滤波器的单位冲激响应 $h_a(t)$的场合，可使用冲激响应不变法。

9. 局限性。

① 由于**冲激响应不变法**要求模拟滤波器是严格带限于$\frac{f_s}{2}$的，故**不能用于设计高通滤波器及带阻滤波器**，这是由于 $f>f_s/2$ 时，它们的幅度响应仍不衰减，一定会产生混叠失真，故不能用冲激响应不变法来设计。

② **冲激响应不变法的变换关系，只适用于并联结构的系统函数，即系统函数必须先展开成部分分式**。

6.8.2 双线性变换法

1. 基本思路。

冲激响应不变法的主要缺点是从 s 平面到 z 平面的标准 z 变换 $z=\mathrm{e}^{sT}$ 的多值映射关系，从而导致产生频率响应的混叠失真。

双线性变换是使数字滤波器的频率响应与模拟滤波器的频率响应相似的一种变换，它使得 Ω 和 ω 之间是单值映射关系，可以避免频率响应的混叠失真。

图 6.22 就表示了这种变换的思路。即将 s 平面整个变换到一个中介的 s_1 平面的一个水平窄带 Ω：$-\frac{\pi}{T} \to \frac{\pi}{T}$ 之中，然后再经过 $z=e^{s_1 T}$ 的变换，将 s_1 平面映射到 z 平面，后一变换就是单值的变换，从而使从 s 平面到 z 平面是单值的变换关系。

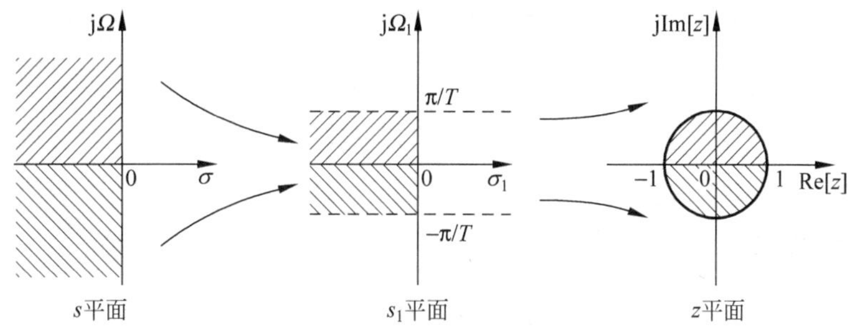

图 6.22　双线性变换法的映射关系

2. 变换过程、变换关系式。

(1) 见图 6.22，将 s 平面整个 $\mathrm{j}\Omega$ 轴压缩变换到 s_1 平面 $\mathrm{j}\Omega_1$ 轴上的 $-\frac{\pi}{T} \sim \frac{\pi}{T}$ 这一段横带内，可利用以下关系式

$$\Omega = \tan\left(\frac{\Omega_1 T}{2}\right) \tag{6.8.13}$$

则有

$$\Omega = \pm\infty \to \Omega_1 = \pm\pi$$

$$\Omega = 0 \quad \to \Omega_1 = 0$$

(6.8.13)式可以写成

$$\mathrm{j}\Omega = \frac{e^{\mathrm{j}\frac{\Omega_1 T}{2}} - e^{-\mathrm{j}\frac{\Omega_1 T}{2}}}{e^{\mathrm{j}\frac{\Omega_1 T}{2}} + e^{-\mathrm{j}\frac{\Omega_1 T}{2}}}$$

将其解析延拓到整个 s 平面和整个 s_1 平面，即令 $\mathrm{j}\Omega = s$，$\mathrm{j}\Omega_1 = s_1$

则有

$$s = \frac{e^{\frac{s_1 T}{2}} - e^{-\frac{s_1 T}{2}}}{e^{\frac{s_1 T}{2}} + e^{-\frac{s_1 T}{2}}} = \mathrm{th}\left[\frac{s_1 T}{2}\right] = \frac{1 - e^{-s_1 T}}{1 + e^{-s_1 T}} \tag{6.8.14}$$

(2) 将 s_1 平面 $-\frac{\pi}{T} \leqslant \Omega_1 \leqslant \frac{\pi}{T}$ 这一横带通过以下标准 z 变换关系映射到 z 平面

$$z = e^{s_1 T} \tag{6.8.15}$$

(3) 综合(6.8.14)式与(6.8.15)式可得到 s 平面和 z 平面的单值映射关系

$$s = \frac{1 - z^{-1}}{1 + z^{-1}} \tag{6.8.16}$$

$$z=\frac{1+s}{1-s} \tag{6.8.17}$$

（4）如果为了使 AF（模拟滤波器）与 DF（数字滤波器）的某一频率有对应关系，可引入待定常数 c，当需要在零频率附近有确切的对应关系，则应取 $c=\frac{2}{T}$，此时（6.8.16）式及（6.8.17）式变成

$$s=\frac{2}{T}\frac{1-z^{-1}}{1+z^{-1}} \tag{6.8.18}$$

$$z=\frac{1+\frac{T}{2}s}{1-\frac{T}{2}s}=\frac{\frac{T}{2}+s}{\frac{T}{2}-s} \tag{6.8.19}$$

而（6.8.13）式则变成

$$\Omega=\frac{2}{T}\tan\left(\frac{\Omega_1 T}{2}\right) \tag{6.8.20}$$

由（6.8.15）式知

$$z=re^{j\omega}=e^{(\sigma_1+j\Omega_1)T}$$

故有

$$\Omega_1 T=\omega$$

将它代入（6.8.20）式可得

$$\Omega=\frac{2}{T}\tan\left(\frac{\omega}{2}\right) \tag{6.8.21}$$

变换关系式为

$$H(z)=H_a(s)\Big|_{s=\frac{2}{T}\frac{1-z^{-1}}{1+z^{-1}}} \tag{6.8.22}$$

3. 以上的变换公式满足由 **AF 变换成 DF 映射中需满足的两个基本条件。**

（1）将 $z=e^{j\omega}$ 代入（6.8.18）式，有

$$s=\frac{2}{T}\frac{1-e^{-j\omega}}{1+e^{-j\omega}}=\frac{2}{T}\frac{e^{j\frac{\omega}{2}}-e^{-j\frac{\omega}{2}}}{e^{j\frac{\omega}{2}}+e^{-j\frac{\omega}{2}}}=j\frac{2}{T}\tan\left(\frac{\omega}{2}\right)=j\Omega \tag{6.8.23}$$

即频率轴相对应，也就是 $s=j\Omega$ 映射到 $z=e^{j\omega}$。

（2）将 $s=\sigma+j\Omega$ 代入（6.8.19）式，有

$$z=\frac{\frac{2}{T}+s}{\frac{2}{T}-s}=\frac{\left(\frac{2}{T}+\sigma\right)+j\Omega}{\left(\frac{2}{T}-\sigma\right)-j\Omega}$$

因而

$$|z|=\frac{\sqrt{\left(\frac{2}{T}+\sigma\right)^2+\Omega^2}}{\sqrt{\left(\frac{2}{T}-\sigma\right)^2+\Omega^2}} \tag{6.8.24}$$

由此式看出，当$\sigma<0\to|z|<1$　即 s 平面左半平面映射到 z 平面单位圆内

$\sigma=0\to|z|=1$　即 s 平面虚轴映射到 z 平面单位圆上

$\sigma>0\to|z|>1$　即 s 平面右半平面映射到 z 平面单位圆外

即满足因果稳定的映射要求。

4. 非线性频率变换关系。重写(6.8.21)式为

$$\Omega=\frac{2}{T}\tan\frac{\omega}{2}$$

这是一个非线性变换关系，如图 6.23 所示，在零频附近，有 $\Omega\approx\frac{2}{T}\cdot\frac{\omega}{2}$（$\omega\to0$ 时），即 ω 与 Ω 成近似线性关系；Ω 进一步增加，ω 增长很缓慢；$\Omega=\pm\infty$时，$\omega=\pm\pi$（即整个 $\mathrm{j}\Omega$ 轴单值地对应于单位圆 $\mathrm{e}^{\mathrm{j}\omega}$ 的一周），也就是 ω 终止于折叠频率处。所以说双线性变换法不会出现频率响应的混叠失真情况。

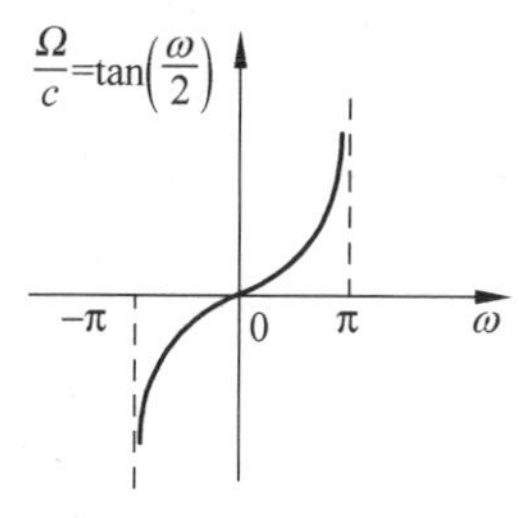

图 6.23　双线性变换的频率间非线性关系

5. 可设计各型滤波器。由于没有频率响应的混叠失真，因而无论是对低通、带通还是高通、带阻各种滤波器都可用双线性变换法设计，这是比冲激响应不变法、阶跃响应不变法优越的地方。

6. 局限性。由于频率间变换是非线性的，因而导致 **DF 的幅频响应相对于 AF 的幅频响应有畸变**，尤其是对于理想微分器及线性相位的 AF，经变换后，不再保持原有的理想微分器及线性相位特性，图 6.24 表示了理想微分器经双线性变换产生畸变的情况。

7. 变换关系适用于各种结构的系统函数表达式。双线性变换关系(6.8.18)式，由于 s 与 z 之间是简单的代数关系，所以 AF 的系统函数直接通过(6.8.18)式的代数变换就得到 DF 的系统函数，不管 AF 系统函数用什么方式表达（例如级联的相乘、并联的相加或直接的表示等），都可直接利用变换关系式来加以转换，这比冲激响应不变法必须采用部分分式（并联结构）要方便得多。

8. 利用范围。双线性变换法主要用于分段常数的频率响应滤波器中，例如低通、高通、带通、带阻等，这是大多数滤波器都具有的幅度特性。分段常数的 AF，经变换后仍为分段常数的 DF，但是各分段的临界频率点由于非线性频率变换而产生变化，这种变化可以用"频率预畸"来加以克服。

9. 频率预畸。为了克服临界频率点的频率非线性畸变，必须采用频率预畸，如图 6.25 所示，若给定数字滤波器的截止频率为 ω_i，则根据(6.8.20)式将它预畸为 $\Omega_i=\frac{2}{T}\tan\left(\frac{\omega_i}{2}\right)$，以此 Ω_i 来设计"样本"AF，将设计好的"样本"AF 经双线性变换后，就得到所需的 DF，它的截止频率正是原先要求的 ω_i。

"频率预畸"是双线变换法设计必须要求的一步。

10. 频率响应间的变换关系

$$H(\mathrm{e}^{\mathrm{j}\omega})=H_a(\mathrm{j}\Omega)\big|_{\Omega=\frac{2}{T}\tan\left(\frac{\omega}{2}\right)}=H_a\left[\mathrm{j}\frac{2}{T}\tan\left(\frac{\omega}{2}\right)\right]\tag{6.8.25}$$

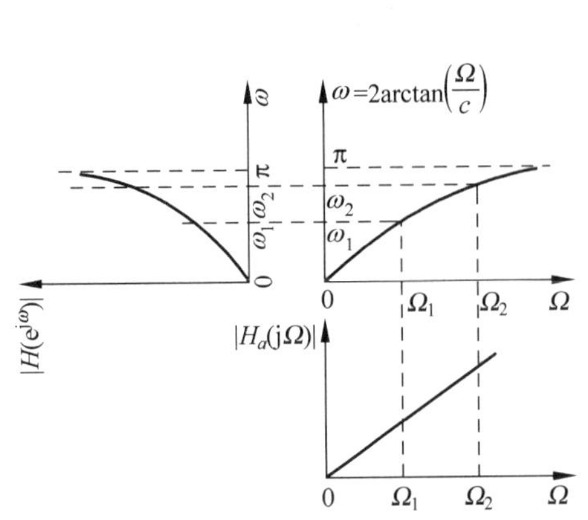

图 6.24 理想微分器经双线性变换后幅频响应产生畸变$\left(\text{用 } c \text{ 表示常数} \frac{2}{T}\right)$

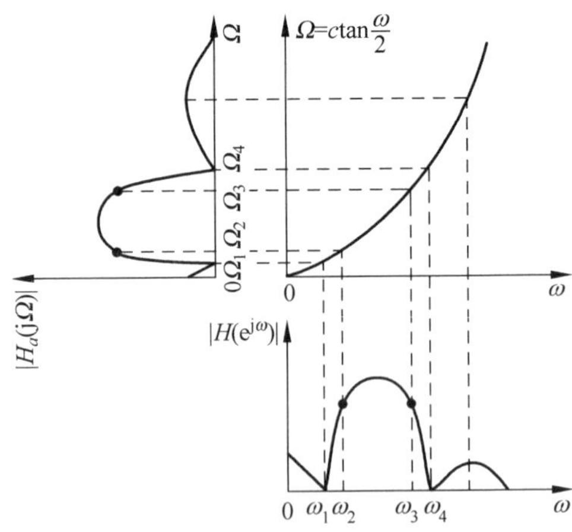

图 6.25 双线性变换的频率非线性预畸$\left(\text{用 } c \text{ 表示常数} \frac{2}{T}\right)$

第6章 无限长单位冲激响应（IIR）数字滤波器设计方法

11. 已知 $H_a(s)$也**可用查表法**求双线性变换法的 $H(z)$。

若 AF 的系统函数表示式为

$$H_a(s) = \frac{\sum_{i=0}^{N} d_i s^i}{\sum_{i=0}^{N} e_i s^i} = \frac{d_0 + d_1 s + \cdots + d_{N-1} s^{N-1} + d_N s^N}{e_0 + e_1 s + \cdots + e_{N-1} s^{N-1} + e_N s^N} \tag{6.8.26}$$

这里假定分子、分母多项式的阶次都是 N,若系统函数分式中分子多项式的阶次小于分母多项式的阶次,则令分子多项式不存在的阶次的系数为零即可。

又设 $H_a(s)$经双线性变换后得到的 DF 的系统函数的表示式为

$$H(z) = \frac{\sum_{i=0}^{N} A_i z^{-i}}{1 + \sum_{i=1}^{N} B_i z^{-i}} = \frac{A_0 + A_1 z^{-1} + \cdots + A_{N-1} z^{-(N-1)} + A_N z^{-N}}{1 + B_1 z^{-1} + \cdots + B_{N-1} z^{-(N-1)} + B_N z^{-N}} \tag{6.8.27}$$

表 6.9 给出了 $N=1,2,3$(一阶到三阶)的 $H(z)$系数用 $H_a(s)$系数以及变换常数 $c=\frac{2}{T}$表示的结果,对于更高阶的滤波器,可以用低阶滤波器的级联或并联来实现。

表 6.9 双线性变换法中,用模拟滤波器 $H_a(s)$的系数表示数字滤波器 $H(z)$的系数

(c 是变换常数,一般取为 $c=2/T$)

一阶 $N=1$	
A_0	$(d_0+d_1c)/R$
A_1	$(d_0-d_1c)/R$
B_1	$(e_0-e_1c)/R$
R	(e_0+e_1c)

续表

二阶 $N=2$	
A_0	$(d_0+d_1c+d_2c^2)/R$
A_1	$(2d_0-2d_2c^2)/R$
A_2	$(d_0-d_1c+d_2c^2)/R$
B_1	$(2e_0-2e_2c^2)/R$
B_2	$(e_0-e_1c+e_2c^2)/R$
R	$(e_0+e_1c+e_2c^2)$
三阶 $N=3$	
A_0	$(d_0+d_1c+d_2c^2+d_3c^3)/R$
A_1	$(3d_0+d_1c-d_2c^2-3d_3c^3)/R$
A_2	$(3d_0-d_1c-d_2c^2+3d_3c^3)/R$
A_3	$(d_0-d_1c+d_2c^2-d_3c^3)/R$
B_1	$(3e_0+e_1c-e_2c^2-3e_3c^3)/R$
B_2	$(3e_0-e_1c-e_2c^2+3e_3c^3)/R$
B_3	$(e_0-e_1c+e_2c^2-e_3c^3)/R$
R	$(e_0+e_1c+e_2c^2+e_3c^3)$

6.9 数字滤波器设计的第一种方案

这就是图 6.21(a)的第一种间接法设计方案，其中第一步将设计出的样本模拟归一化低通 AF 先经模拟频带变换，转换成模拟各种(高通、带通、带阻)滤波器，这时要**用到表 6.8**。其第二步数字化则会用到冲激响应不变法或双线性变换法。其整个设计步骤可归纳为

1. 将待求 DF 的各临界频率 ω_i 按数字化方法转换成相应的样本 AF 的各临界频率 Ω_i。在转换的对应频率上，衰减 R_p 与 A_s 是不变的。

① 用冲激响应不变法数字化，按 $\Omega_i=\omega_i/T=\omega_i f_s$ 转换(线性变换)。

② 用双线性变换法数字化，按 $\Omega_i=\dfrac{2}{T}\tan\left(\dfrac{\omega_i}{2}\right)$转换($T$ 可任意取，一般取 $T=1$ 或 $T=2$)(非线性变换，即频率预畸)。

2. 按表 6.8 的相应模拟频带变换关系，将各 Ω_i 映射成样本归一化低通滤波器的两个临界频率 $\bar{\Omega}_p=1$，$\bar{\Omega}_{st}$。

3. 由 $\bar{\Omega}_p=1$，$\bar{\Omega}_{st}$，R_p，A_s 求 N；另外还要求：

① 对巴特沃思滤波器，若 $R_p\neq 3\text{dB}$，则要用 $\bar{\Omega}_p$ 求出 3dB 衰减处的 $\bar{\Omega}_c(\neq 1)$；若 $R_p=3\text{dB}$，则 $\bar{\Omega}_c=\bar{\Omega}_p$；

② 对切贝雪夫滤波器，则不论 R_p 是多少 dB，皆有 $\bar{\Omega}_c=\bar{\Omega}_p$。

4. 由 N(对巴特沃思型)或 N，ε(由 R_p 求出)(对切贝雪夫型)，即可查表 6.2～表 6.7

求得归一化低通 AF 的系统函数 $H_{an}(\bar{s})$。

5. 用 $\bar{\Omega}_c$“去归一化”，求满足表 6.8 要求的样本归一化($\bar{\Omega}_p=1$)低通 AF 的系统函数 $H_a(\bar{s})$。

对巴特沃思滤波器 $H_a(\bar{s})=H_{an}\left(\dfrac{\bar{s}}{\bar{\Omega}_c}\right)$

对切贝雪夫滤波器 $H_a(\bar{s})=H_{an}(\bar{s})$

6. 利用表 6.8 的相应模拟频带变换关系，将 $H_a(\bar{s})$转换成与待求 DF 相对应的样本 AF 的系统函数 $H_d(s)$。

7. 利用冲激响应不变法或双线性变换法，由 $H_d(s)$求得待求 DF 的 $H(z)$。

注意，如果要设计的是低通 DF，则可省略以上第 2 步与第 6 步，且第 3 步中用的是所给的 Ω_p(而不是$\bar{\Omega}_p=1$)求得 Ω_c，第 5 步中得到的是样本低通的 $H_{lp}(s)=H_{an}(s/\Omega_c)$[而不是归一化($\bar{\Omega}_p=1$)低通的 $H_a(\bar{s})$]，这是因为不必进行频率变换，可直接由 Ω_p 求得 Ω_c。可见以下的例 6.10 和例 6.11。

如果要设计的是除低通 DF 外的其他三种 DF，则要利用以上 7 个步骤设计，可见以下的例 6.12。

图 6.26 画出了这种设计方案的流程框图。以下用实例来说明这一设计步骤，例 6.10 将用到表 6.8。

【例 6.10】 用冲激响应不变法及双线性变换法设计数字巴特沃思型低通滤波器。给定性能指标为：在 $f<1\text{kHz}$ 的通带内，幅度特性下降小于 1dB，在频率大于 $f_{st}=1.5\text{kHz}$ 的阻带内，衰减大于 15dB，抽样频率为 $f_s=10\text{kHz}$。

解

(一) 冲激响应不变法

(1) 技术指标为 $\Omega_p=2\pi\times1000\text{rad/s}$， $R_p=1\text{dB}$

$$\Omega_{st}=2\pi\times1500\text{rad/s},\quad A_s=15\text{dB},\quad f_s=10\text{kHz}$$

则数字滤波器的频率指标为 $\omega_p=\Omega_p/f_s=0.2\pi$， $\omega_{st}=\Omega_{st}/f_s=0.3\pi$

可用各 Ω_i 指标设计“样本”模拟低通滤波器(如果指标用数字频率 ω_i 给出，则需先按冲激响应不变法的频率变换公式 $\Omega_i=\dfrac{\omega_i}{T}=\omega_i f_s$，将数字临界频率变成样本模拟滤波器的临界频率)。

(2) 计算样本模拟滤波器的阶次 N。按(6.5.20)式可求得

$$N\geqslant \lg\left(\frac{10^{0.1A_s}-1}{10^{0.1R_p}-1}\right)\Big/\left[2\lg\left(\frac{\Omega_{st}}{\Omega_p}\right)\right]=\lg\left(\frac{10^{1.5}-1}{10^{0.1}-1}\right)\Big/[2\lg(1.5)]$$
$$=5.8857834$$

取 $N=6$。

(3) 查表 6.2 和表 6.4 可得 $N=6$ 时，归一化原型模拟低通巴特沃思滤波器的系统函数为

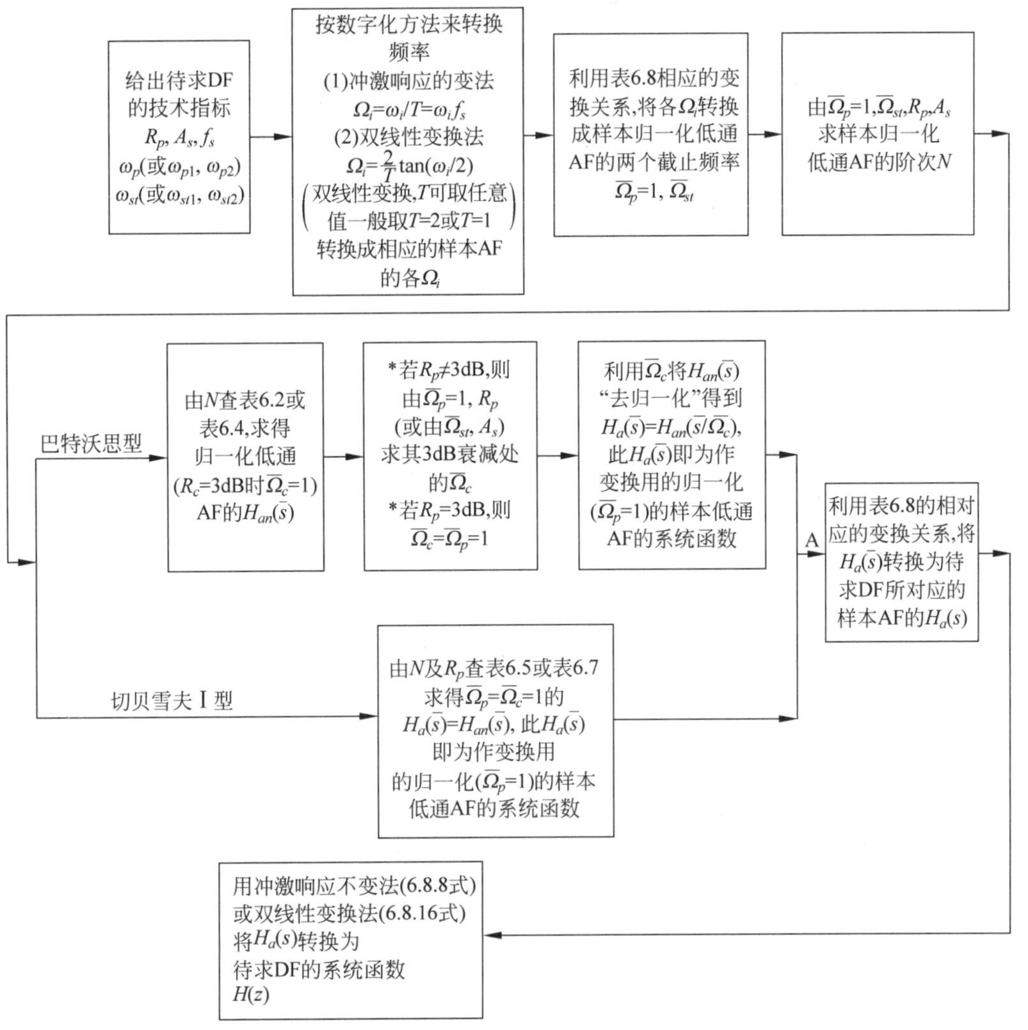

图 6.26　IIR 数字滤波器的第一种设计方案的流程框图

（先模拟频带变换再数字化的方案）

$$H_{an}(s)=\frac{1}{s^6+3.8637033s^5+7.4641016s^4+9.1416202s^3+7.4641016s^2+3.8637033s+1}$$

$$=\frac{1}{(s^2+0.517638s+1)(s^2+1.4142136s+1)(s^2+1.9318516s+1)}$$

（4）利用通带满足衰减指标的（6.5.25a）式，可得 3dB 衰减的截止频率 Ω_c 为

$$\Omega_c=\Omega_p\Big/\sqrt[2N]{10^{0.1R_p}-1}=7.0320505\times 10^3$$

（5）求样本模拟低通滤波器的系统函数 $H_{lp}(s)$。将 $H_{an}(s)$"去归一化"可得到

$$H_{lp}(s)=H_{an}\left(\frac{s}{\Omega_c}\right)$$

$$=\frac{\Omega_c^6}{(s^2+0.517638\Omega_c s+\Omega_c^2)(s^2+1.4142136\Omega_c s+\Omega_c^2)(s^2+1.9318516\Omega_c s+\Omega_c^2)}$$

$$= \frac{1.209\ 182\ 6\times10^{23}}{(s^2+3.640\ 056\ 6\times10^3 s+4.944\ 973\ 4\times10^7)(s^2+9.944\ 821\ 5\times10^3 s+4.944\ 973\ 4\times10^7)}$$

$$\cdot \frac{1}{(s^2+1.358\ 487\ 8\times10^4 s+4.944\ 973\ 4\times10^7)}$$

(6) 将 $H_{lp}(s)$展成部分分式，然后利用冲激响应不变法的修正后公式[6.8.8)式]，得到所需数字滤波器的系统函数为

$$H(z)=\frac{0.2871-0.4466z^{-1}}{1-1.297z^{-1}+0.6949z^{-2}}+\frac{-2.1428+1.1454z^{-1}}{1-1.0691z^{-1}+0.3699z^{-2}}$$
$$+\frac{1.8558-0.6304z^{-1}}{1-0.9972z^{-1}+0.2570z^{-2}}$$

代入 $z=e^{j\omega}$即可得$H(e^{j\omega})$，可见图 6.27，可以看出在 $\omega_{st}=0.3\pi$ 处 $|H(e^{j\omega})|$ 衰减大于 15dB，故混叠效应可以忽略，满足设计要求，否则要采用更高阶 N 的滤波器。

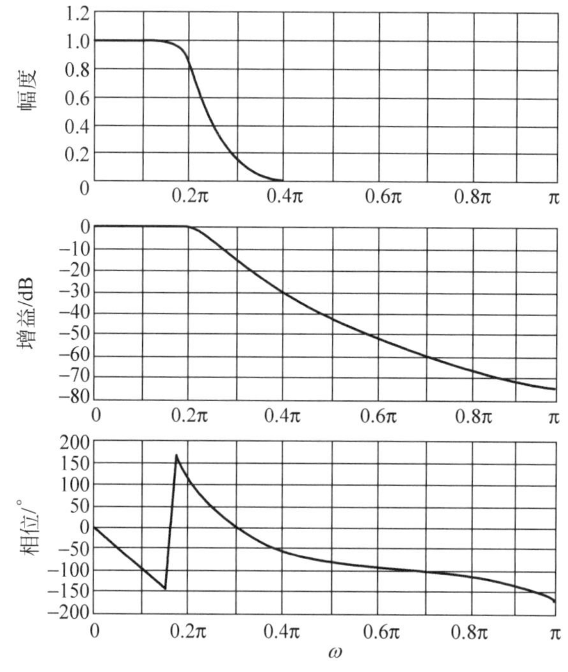

图 6.27 用冲激响应不变法设计出的六阶巴特沃思低通数字滤波器频率响应

（二）双线性变换法

(1) 数字滤波器临界频率为 $\omega_p=\Omega_p/f_s=0.2\pi$， $\omega_{st}=\Omega_{st}/f_s=0.3\pi$

衰减分别为 $R_p=1\text{dB}$， $A_s=15\text{dB}$

(2) 双线性变换法，需将数字域各临界频率 ω_i 按 $\Omega=\frac{2}{T}\tan\left(\frac{\omega}{2}\right)$预畸为各模拟域临界频率，取 $T=2$（T 取任意值，结果都是一样的，因为求 N 的公式中是 Ω_{st}/Ω_p 的比值，$\frac{2}{T}$就抵消了；在双线性变换中$\frac{2}{T}$也会抵消掉，因此，双线性变换中 T 可取任意值，一般都取 $T=2$

或 $T=1$）。

则有$\Omega'_p=\tan\dfrac{\omega_p}{2}=\tan\dfrac{0.2\pi}{2}=0.3249197$

$$\Omega'_{st}=\tan\frac{\omega_{st}}{2}=\tan\frac{0.3\pi}{2}=0.5095254$$

(3) 求 N,按(6.5.20)式,可求得(注意,双线变换法,要用预畸后的 Ω'_p,Ω'_{st})

$$N\geqslant \lg\left(\frac{10^{0.1A_s}-1}{10^{0.1R_p}-1}\right)\Big/2\lg\left(\frac{\Omega'_{st}}{\Omega'_p}\right)$$

$$=\lg\left(\frac{10^{1.5}-1}{10^{0.1}-1}\right)\Big/2\lg\left(\frac{0.5095254}{0.3249197}\right)$$

$$=\frac{2.0728699}{0.3907795}=5.3044477$$

取 $N=6$。

(4) 查表 6.4 可得到归一化原型巴特沃思低通滤波的系统函数 $H_{an}(s)$

$$H_{an}(s)=\frac{1}{s^2+0.5176385s+1}\cdot\frac{1}{s^2+1.4142136s+1}\cdot\frac{1}{s^2+1.9318516s+1}$$

(5) 由于是巴特沃思型滤波器,故要求 3dB 衰减处的 Ω'_c。用阻带满足要求的(6.5.25b)式取等号,因为双线性变换法,不会有频率响应的混叠失真,所以用阻带满足要求的办法,使通带可以超过要求。

$$\Omega'_c=\Omega'_{st}\Big/\sqrt[2N]{10^{0.1A_s}-1}=0.3831146$$

(6) 求样本低通滤波器的系统函数 $H_{lp}(s)$,即将 $H_{an}(s)$"去归一化"

$$H_{lp}(s)=H_{an}\left(\frac{s}{\Omega'_c}\right)=\frac{\Omega'^2_c}{s^2+0.5176385\Omega'_cs+\Omega'^2_c}\cdot\frac{\Omega'^2_c}{s^2+1.4142136\Omega'_cs+\Omega'^2_c}$$

$$\cdot\frac{\Omega'^2_c}{s^2+1.9318516\Omega'_cs+\Omega'^2_c}$$

$$=\frac{0.1467768}{s^2+0.1983148s+0.1467768}\cdot\frac{0.1467768}{s^2+0.4296093s+0.1467768}$$

$$\cdot\frac{0.1467768}{s^2+0.7401205s+0.1467768}$$

(7) 求所需数字低通滤波器的系统函数,利用双线性变换法($T=2$)

$$H_{lp}(z)=H_{lp}(s)\big|_{s=(1-z^{-1})/(1+z^{-1})}$$

可以直接代入化简求解,也可以利用(6.8.26)式及(6.8.27)式,即以下表达式

$$H_a(s)=\frac{d_0+d_1s+\cdots+d_{N-1}s^{N-1}+d_Ns^N}{e_0+e_1s+\cdots+e_{N-1}s^{N-1}+s^N}$$

$$H(z)=\frac{A_0+A_1z^{-1}+\cdots+A_{N-1}z^{-(N-1)}+A_Nz^{-N}}{1+B_1z^{-1}+\cdots+B_{N-1}z^{-(N-1)}+B_Nz^{-N}}$$

并采用表 6.9,$N=2$ 来对 $H_{lp}(s)$的三个相乘的分式分别进行求解,在第一个分式中 $d_0=0.1467768$,$e_2=1$,$e_1=0.1983148$,$e_0=d_0$,$d_1=d_2=0$

$$c=1,\quad R=e_0+e_1+e_2=1.3450916$$

所以 $A_0=\dfrac{d_0}{R}=0.1091203,\quad A_1=\dfrac{2d_0}{R}=0.2182406$

$$A_2=\frac{d_0}{R}=0.1091203$$

$$B_1=(2e_0-e_2)/R=-1.268647$$

$$B_2=(e_0-e_1+e_2)/R=0.7051281$$

同样求得第二个分式中的 $A_0=0.0931096,\quad A_1=0.1862193$

$$A_2=0.0931096$$

$$B_1=-1.0825054,\quad B_2=0.454944$$

最后，求得第三个分式中的 $A_0=0.0777873,\quad A_1=0.1555747$

$$A_2=0.0777873$$

$$B_1=-0.9043663,\quad B_2=0.2155158$$

由此得出每一个分式变换出的 $H_i(z)$ 为（$i=1,2,3$）

$$H_i(z)=\frac{A_0+A_1z^{-1}+A_2z^{-2}}{1+B_1z^{-1}+B_2z^{-2}}$$

则有

$$H(z)=\frac{0.1091203+0.2182406z^{-1}+0.1091203z^{-2}}{1-1.268647z^{-1}+0.7051281z^{-2}}\times\frac{0.0931096+0.1862193z^{-1}+0.0931096z^{-2}}{1-1.0825054z^{-1}+0.454944z^{-2}}\times\frac{0.0777873+0.1555747z^{-1}+0.0777873z^{-2}}{1-0.9043663z^{-1}+0.2155158z^{-2}}$$

【例 6.11】 利用双线性变换法设计数字切贝雪夫Ⅰ型低通滤波器，同例 6.10，但技术指标由数字域频率给出，即当 $\omega\leqslant0.2\pi$ 时，衰减小于 $R_p=1\text{dB}$；当 $0.3\pi\leqslant\omega\leqslant\pi$ 时，衰减大于 $A_s=15\text{dB}$。

解 技术指标为 $\omega_p=0.2\pi,\quad \omega_{st}=0.3\pi,\quad R_p=1\text{dB},\quad A_s=15\text{dB}$

(1) 首先将数字低通滤波器的指标预畸为样本模拟低通滤波器的指标，利用 $\Omega=\dfrac{2}{T}\tan\dfrac{\omega}{2}$，如例 6.10 指出的，可令 T 为任意数值，此处令 $T=2$

$$\Omega_p=\frac{2}{T}\tan\left(\frac{\omega_p}{2}\right)=\tan\left(\frac{\omega_p}{2}\right)=\tan(0.1\pi)=0.3249197$$

$$\Omega_{st}=\frac{2}{T}\tan\left(\frac{\omega_{st}}{2}\right)=\tan\left(\frac{\omega_{st}}{2}\right)=\tan(0.15\pi)=0.5095254$$

(2) 求样本模拟低通切贝雪夫滤波器的阶次 N。按(6.5.61)式可得

$$N\geqslant\frac{\operatorname{arcch}\left[\sqrt{10^{0.1A_s}-1}\Big/\sqrt{10^{0.1R_p}-1}\right]}{\operatorname{arcch}\left(\dfrac{\Omega_{st}}{\Omega_p}\right)}=\frac{\operatorname{arcch}(10.8750811)}{\operatorname{arcch}(1.5681579)}=3.0141$$

取 $N=4$（注意 Ω_p,Ω_{st} 是预畸后的）。

(3) 求归一化原型样本模拟低通滤波器的系统函数 $H_{an}(s)$，查表 6.7，由 $N=4,R_p=1\text{dB},\varepsilon=\sqrt{10^{0.1R_p}-1}=0.5088471$，可得

$$H_{an}(s)=\frac{\frac{1}{2^3\varepsilon}}{(s^2+0.2790720s+0.9865049)(s^2+0.6737394s+0.2793981)}$$

$$=\frac{0.2456533}{(s^2+0.2790720s+0.9865049)(s^2+0.6737394s+0.2793981)}$$

(4) 求样本模拟低通滤波器 $H_{lp}(s)$，即将 $H_{an}(s)$ 去归一化，由于切贝雪夫型滤波器通带截止频率 $\Omega_c=\Omega_p$（不必求 3dB 的 Ω_c）就是 1dB 衰减的通带截止频率，故有

$$H_{lp}(s)=H_{an}\left(\frac{s}{\Omega_p}\right)$$

$$=\frac{0.2456533\Omega_p^4}{(s^2+0.2790720\Omega_p s+0.9865049\Omega_p^2)(s^2+0.6737394\Omega_p s+0.2793981\Omega_p^2)}$$

(5) 求所需数字低通滤波器的系统函数 $H_{lp}(z)$。

对 $H_{lp}(s)$ 作双线性变换（令 $T=2$）

$$H_{lp}(z)=H_{lp}(s)\big|_{s=\frac{1-z^{-1}}{1+z^{-1}}}=2.73795\times10^{-3}$$

$$\times\left[\frac{1}{(s^2+0.0906759s+0.1041481)(s^2+0.2189112s+0.0294968)}\right]_{s=\frac{1-z^{-1}}{1+z^{-1}}}$$

同样，可以直接求解，也可以利用(6.8.26)式及(6.8.27)式的表达式，采用表 6.9，$N=2$来对 $H_{lp}(s)$的两个相乘的公式分别进行求解和上面一样，令 $T=2$，可求得

$$H_{lp}(z)=2.73795\times10^{-3}\times\frac{0.8369439+1.6738878z^{-1}+0.8369439z^{-2}}{1-1.4995546z^{-1}+0.8482195z^{-2}}$$

$$\times\frac{0.8010202+1.6020404z^{-1}+0.8010202z^{-2}}{1-1.5547853z^{-1}+0.6492954z^{-2}}$$

$$=\frac{0.022915089+0.045830181z^{-1}+0.022915089z^{-2}}{1-1.4995546z^{-1}+1.2109209z^{-2}}$$

$$\times\frac{0.08010202+0.016020404z^{-1}+0.08010202z^{-2}}{1-1.5547853z^{-1}+0.6492794z^{-2}}$$

注意：(1)“样本”滤波器并不是数字滤波器所要模仿的 $f_p=\omega_p f_s/2\pi$（f_s 为抽样频率）的实际滤波器，而只是一个“样本”，是变换过程中的一个中间变换阶段。

(2) **数字滤波器设计中，最后得到的 $H(z)$ 只与数字频域参数 ω_i 有关，即只与各临界频率 f_i 与抽样频率 f_s 的比值（相对值）有关（$\omega_i=\Omega_i T=2\pi f_i/f_s$），而与它们的绝对大小无关，** 例如在例 6.10 中 $f_{p1}=1\text{kHz},f_{st1}=1.5\text{kHz},f_{s1}=10\text{kHz}$ 设计出的数字低通滤波器与用 $f_{p2}=3\text{kHz},f_{st2}=4.5\text{kHz},f_{s2}=30\text{kHz}$ 所设计出的数字低通滤波器具有相同的系统函数，这是因为 $\frac{f_{p1}}{f_{s1}}=\frac{f_{p2}}{f_{s2}}=\frac{1}{10},\frac{f_{st1}}{f_{s1}}=\frac{f_{st2}}{f_{s2}}=\frac{1.5}{10}$，说明两系统的 ω_p 相同，ω_{st} 也相同，是同一数字系统。

【例 6.12】 按照图 6.21(a)的方案，采用双线性变换法，设计一个巴特沃思数字带通滤波器，技术指标为 $f_{st1}=0.6\text{kHz}$，$f_{p1}=1.2\text{kHz}$，$f_{p2}=3\text{kHz}$，$f_{st2}=4\text{kHz}$，抽样频率 $F_s=10\text{kHz}$，$R_p=2\text{dB}$，$A_s=15\text{dB}$。

解 (1) 将给定的数字滤波器指标中的各临界频率用数字域频率表示，然后转换成样本模拟归一化低通滤波器的指标(由于是双线性变换法，故需频域预畸)，各数字频率为

$$\omega_{st1}=2\pi f_{st1}/F_s=2\pi\times 600/10\,000=0.12\pi$$

$$\omega_{st2}=2\pi f_{st2}/F_s=2\pi\times 4000/10\,000=0.8\pi$$

$$\omega_{p1}=2\pi f_{p1}/F_s=2\pi\times 1200/10\,000=0.24\pi$$

$$\omega_{p2}=2\pi f_{p2}/F_s=2\pi\times 3000/10\,000=0.6\pi$$

预畸为模拟角频率(令 $T=2$)

$$\Omega_{st1}=\tan(\omega_{st1}/2)=\tan(0.06\pi)=0.190\,76$$

$$\Omega_{st2}=\tan(\omega_{st2}/2)=\tan(0.4\pi)=3.077\,68$$

$$\Omega_{p1}=\tan(\omega_{p1}/2)=\tan(0.12\pi)=0.395\,93$$

$$\Omega_{p2}=\tan(\omega_{p2}/2)=\tan(0.3\pi)-1.376\,38$$

查表 6.8，对带通滤波器有 $B_p=\Omega_{p2}-\Omega_{p1}=0.980\,45$

$$\Omega_{p0}^2=\Omega_{p1}\Omega_{p2}=0.544\,95$$

归一化低通滤波器的阻带截止频率 $\bar{\Omega}_{st}$(按表 6.8 有关公式)

$$\bar{\Omega}_{st1}=\frac{\Omega_{st1}^2-\Omega_{p0}^2}{\Omega_{st1}B_p}=-2.719\,13$$

$$\bar{\Omega}_{st2}=\frac{\Omega_{st2}^2-\Omega_{p0}^2}{\Omega_{st2}B_p}=2.958\,45$$

$$\bar{\Omega}_{st}=\min(|\bar{\Omega}_{st1}|,|\Omega_{st2}|)=2.719\,13$$

(2) 设计样本归一化模拟低通滤波器。其技术指标为

$$\bar{\Omega}_p=1,\quad \bar{\Omega}_{st}=2.719\,13,\quad R_p=2\text{dB}\quad A_s=15\text{dB}$$

求低通滤波器阶次 N[按(6.5.21)式及(6.5.22)式、(6.5.23)式号]

$$\lambda_s=\bar{\Omega}_{st}/\bar{\Omega}_p=2.719\,13,\quad g=\sqrt{\frac{10^{0.1A_s}-1}{10^{0.1R_p}-1}}=7.235\,76$$

$$N=\lg(g)/\lg(\lambda_s)=1.978\,41$$

取 $N=2$。

查表 6.2 可得 $N=2$ 时归一化原型低通巴特沃思模拟滤波器的系统函数 $H_{an}(\bar{s})$为

$$H_{an}(\bar{s})=\frac{1}{\bar{s}^2+1.414\,213\,6\,\bar{s}+1}$$

(3) 由 $\bar{\Omega}_p=1$ 求 3dB 衰减处的 $\bar{\Omega}_c$，利用(6.5.25a)式取等号

$$\bar{\Omega}_c=\bar{\Omega}_p/\sqrt[2N]{10^{0.1R_p}-1}=1/0.874\,518\,7=1.143\,49$$

(4) 去归一化(利用 $\bar{\Omega}_c$)得到对 $\bar{\Omega}_p=1$ 的归一化低通滤波器系统函数 $H_a(\bar{s})$

$$H_a(\bar{s}) = H_{an}\left(\frac{\bar{s}}{\bar{\Omega}_c}\right) = \frac{\bar{\Omega}_c^2}{\bar{s}^2 + 1.414\,213\,6\bar{\Omega}_c\,\bar{s} + \bar{\Omega}_c^2} = \frac{1.307\,56}{\bar{s}^2 + 1.617\,13\,\bar{s} + 1.307\,56}$$

（5）进行模拟频带变换得到样本模拟带通滤波器（利用表 6.8 的有关公式）系统函数 $H_{bp}(s)$

$$H_{bp}(s) = H_a(\bar{s})\Big|_{\bar{s}=\frac{s^2+\Omega_{p0}^2}{sB_p}} = \frac{1.307\,56}{\left(\dfrac{s^2+\Omega_{p0}^2}{sB_p}\right)^2 + 1.617\,13\left(\dfrac{s^2+\Omega_{p0}^2}{sB_p}\right) + 1.307\,56}$$

$$= \frac{1.256\,93s^2}{s^4 + 1.585\,52s^3 + 2.346\,83s^2 + 0.864\,03s + 0.296\,97}$$

（6）利用双线性变换将 $H_{bp}(s)$ 转换成所需数字带通滤波器的系统函数 $H(z)$，代入 $s=\dfrac{1-z^{-1}}{1+z^{-1}}$ 可得

$$H(z) = H_{bp}(s)\Big|_{s=\frac{1-z^{-1}}{1+z^{-1}}} = \frac{1.256\,93(1-2z^{-2}+z^{-4})}{6.093\,35 - 4.2551z^{-1} + 3.088\,16z^{-2} - 1.369\,14z^{-3} + 1.194\,25z^{-4}}$$

$$= \frac{0.206\,28(1-2z^{-2}+z^{-4})}{1 - 0.698\,32z^{-1} + 0.506\,81z^{-2} - 0.224\,69z^{-3} + 0.195\,99z^{-4}}$$

6.10 模拟低通滤波器直接变换成四种通带数字滤波器

在 6.7 节中用间接法设计 IIR 滤波器的图 6.21(b)第二种设计方案是将低通模拟滤波器（AF）直接数字化为各种通带数字滤波器（DF）。它是将 s 域到 z 域的变换与频带变换合为一步的直接变换，采用的是双线性变换法。低通 AF 数字化为低通 DF，前面 6.8 节已经讨论过了。以下只讨论低通 AF 直接数字化为高通、带通、带阻 DF 的变换关系。

这里采用的是一般低通原型（没有归一化）。利用 N（或 N 加 R_p）求出归一化低通 AF，然后"去归一化"，再直接变换成所需的数字滤波器。

6.10.1 模拟低通→数字带通

1. 变换关系。

如果所需设计的是带通 DF，则变换关系应是

低通 AF 通带中　$\Omega=0 \xrightarrow{\text{映射}}$ 带通 DF 通带中心 $\omega=\omega_0$

低通 AF 阻带中　$\Omega=\infty \xrightarrow{\text{映射}}$ 带通 DF 阻带 $\omega=\pi$ 处

$\Omega=-\infty \xrightarrow{\text{映射}}$ 带通 DF 阻带 $\omega=0$ 处

也就是说，s 域到 z 域的映射关系应是

$$s = 0 \xrightarrow{\text{映射}} z = e^{j\omega_0}$$

$$s = \pm j\infty \xrightarrow{\text{映射}} z = \mp 1$$

满足这一变换要求的双线性变换为

$$s=\frac{(z-e^{j\omega_0})(z-e^{-j\omega_0})}{(z-1)(z+1)}=\frac{(1-z^{-1}e^{j\omega_0})(1-z^{-1}e^{-j\omega_0})}{(1-z^{-1})(1+z^{-1})}$$
$$=\frac{z^2-2z\cos\omega_0+1}{z^2-1}=\frac{1-2z^{-1}\cos\omega_0+z^{-2}}{1-z^{-2}} \tag{6.10.1}$$

2. Ω 与 ω 的关系。

当 $z=e^{j\omega}$ 时，有

$$s=\frac{1-2e^{-j\omega}\cos\omega_0+e^{-j2\omega}}{1-e^{-j2\omega}}=\frac{e^{j\omega}+e^{-j\omega}-2\cos\omega_0}{e^{j\omega}-e^{-j\omega}}$$
$$=j\frac{\cos\omega_0-\cos\omega}{\sin\omega}$$

代入 $s=j\Omega$，则有

$$\Omega=\frac{\cos\omega_0-\cos\omega}{\sin\omega} \tag{6.10.2}$$

3. 低通 AF 直接变换到带通 DF 的频率变换关系以及幅度响应之间的变换示意图如图 6.28 所示。

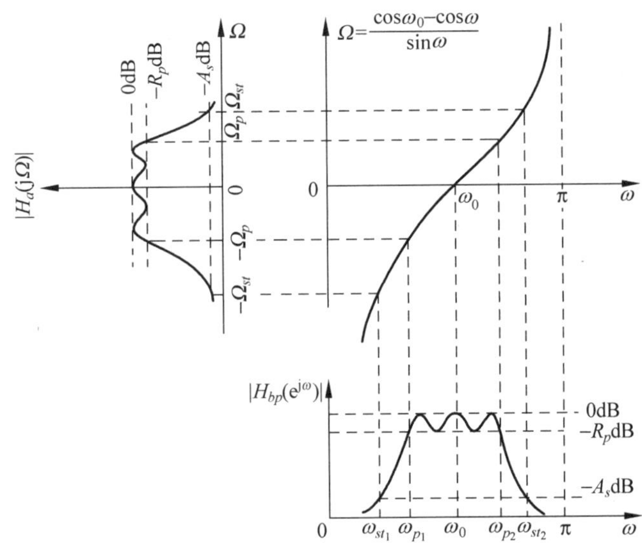

图 6.28　低通 AF $\xrightarrow{\text{直接}}$ 带通 DF 的频率变换关系及幅度响应变换的示意图

4. 设计参量的关系。

一般带通 DF 都是给定通带上、下截止频率 ω_{p2}、ω_{p1}，而不是给定中心频率 ω_0，故必须从 ω_{p2}、ω_{p1} 换算出 ω_0。另外，还要求得样本低通 AF 在所给衰减 R_p 处的截止频率 Ω_p。将 ω_{p2}、ω_{p1} 代入(6.10.2)式，并参看图 6.28 可得

$$\Omega_p=\frac{\cos\omega_0-\cos\omega_{p2}}{\sin\omega_{p2}} \tag{6.10.3}$$

$$-\Omega_p=\frac{\cos\omega_0-\cos\omega_{p1}}{\sin\omega_{p1}}$$

由此两式可解出

$$\cos\omega_0=\frac{\sin(\omega_{p2}+\omega_{p1})}{\sin\omega_{p2}+\sin\omega_{p1}} \tag{6.10.4}$$

$$=\frac{\cos\left(\dfrac{\omega_{p2}+\omega_{p1}}{2}\right)}{\cos\left(\dfrac{\omega_{p2}-\omega_{p1}}{2}\right)} \tag{6.10.5}$$

5. 由于这里采用的是直接变换，**从数字临界频率到模拟临界频率的变换中已有预畸**。具体设计过程可参见例 6.13。

6.10.2 模拟低通→数字带阻

1. **变换关系**。

将带通变换关系式倒置即得到带阻变换的关系式。它是以下具体讨论的结果：

低通 AF 通带中 $\Omega=0\xrightarrow{\text{映射}}$带阻 DF 的通带 $\omega=0,\omega=\pi$ 处

低通 AF 阻带中 $\Omega=\pm\infty\xrightarrow{\text{映射}}$带阻 DF 的阻带中心 $\omega=\omega_0$处

也就是说 s 域到 z 域的映射关系应是

$$s=0\xrightarrow{\text{映射}}z=\pm1$$

$$s=\pm\mathrm{j}\infty\xrightarrow{\text{映射}}z=\mathrm{e}^{\mathrm{j}\omega_0}$$

满足这一变换要求的双线性变换为

$$s=\frac{(z-1)(z+1)}{(z-\mathrm{e}^{\mathrm{j}\omega_0})(z-\mathrm{e}^{-\mathrm{j}\omega_0})}=\frac{(1-z^{-1})(1+z^{-1})}{(1-z^{-1}\mathrm{e}^{\mathrm{j}\omega_0})(1+z^{-1}\mathrm{e}^{-\mathrm{j}\omega_0})}$$

$$=\frac{z^2-1}{z^2-2z\cos\omega_0+1}=\frac{1-z^{-2}}{1-2z^{-1}\cos\omega_0+z^{-2}} \tag{6.10.6}$$

这一关系式与带通变换关系的(6.10.1)式正好是倒置关系。

2. Ω 与 ω 的关系。

当 $z=\mathrm{e}^{\mathrm{j}\omega}$时，有

$$s=\frac{1-\mathrm{e}^{-\mathrm{j}2\omega}}{1-2\mathrm{e}^{-\mathrm{j}\omega}\cos\omega_0+\mathrm{e}^{-\mathrm{j}2\omega}}=\frac{\mathrm{e}^{\mathrm{j}\omega}-\mathrm{e}^{-\mathrm{j}\omega}}{\mathrm{e}^{\mathrm{j}\omega}+\mathrm{e}^{-\mathrm{j}\omega}-2\cos\omega_0}$$

$$=\mathrm{j}\,\frac{\sin\omega}{\cos\omega-\cos\omega_0}$$

代入 $s=\mathrm{j}\Omega$，则有

$$\Omega=\frac{\sin\omega}{\cos\omega-\cos\omega_0} \tag{6.10.7}$$

注意此式与带通变换的(6.10.2)式的倒数是不一样的，相差一个“－”号。

3. 低通 AF 直接变换到带阻 DF 的频率变换关系以及幅度响应之间的变换示意图如图 6.29 所示。

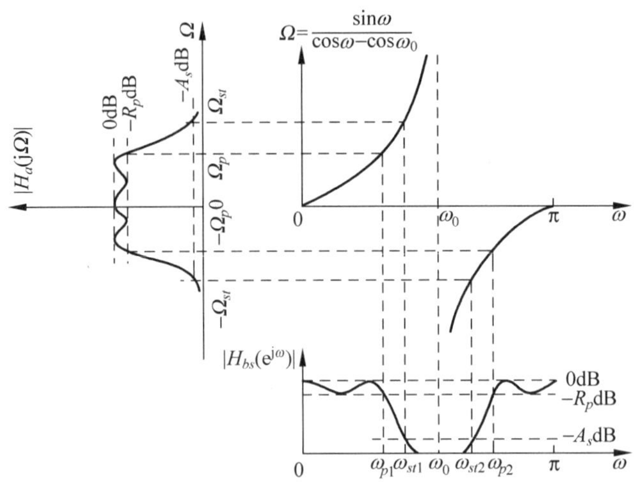

图 6.29 低通 AF $\xrightarrow{\text{直接}}$带阻 DF 的频率变换关系及幅度响应变换的示意图

4. 设计参量的关系。

一般带阻 DF 都是给定阻带上、下截止频率 ω_{st2}、ω_{st1}，而不是阻带中心频率 ω_0，必须从 ω_{p2}、ω_{p1} 换算出 ω_0，另外，还要求得样本低通 AF 在所给 A_s 处的截止频率 Ω_{st}。将 ω_{st2}、ω_{st1} 代入(6.10.7)式，并参看图 6.29 可得到

$$\begin{aligned}\Omega_{st} &= \frac{\sin\omega_{st1}}{\cos\omega_{st1} - \cos\omega_0} \\ -\Omega_{st} &= \frac{\sin\omega_{st2}}{\cos\omega_{st2} - \cos\omega_0}\end{aligned} \tag{6.10.8}$$

由此两式可解出

$$\cos\omega_0 = \frac{\sin(\omega_{st2} + \omega_{st1})}{\sin\omega_{st2} + \sin\omega_{st1}} \tag{6.10.9}$$

$$= \frac{\cos\left(\dfrac{\omega_{st2} + \omega_{st1}}{2}\right)}{\cos\left(\dfrac{\omega_{st2} - \omega_{st1}}{2}\right)} \tag{6.10.10}$$

5. 同样，从临界频率 ω_i 到临界频率 Ω_i 的变换关系中，已含有预畸。

具体设计过程，可参见例 6.14。

6.10.3 模拟低通→数字高通

1. 变换关系。

模拟滤波器低通到高通的变换是 s 变量的倒量变换，即 $s\to\dfrac{1}{s}$ 就将低通 AF 变成高通 AF，这一变换也适用于双线性变换中，所以低通 AF→高通 DF 的变换关系为

$$s=\frac{1+z^{-1}}{1-z^{-1}} \tag{6.10.11}$$

从另外的角度解积，从低通 AF 到低通 DF 的变换是 $s=(1-z^{-1})/(1+z^{-1})$ 再从低通 DF 到高通 DF，只需在 z 平面旋转一个 π 角度，也就是将 z 换成 $-z$，代入上式得 $s=\frac{1+z^{-1}}{1-z^{-1}}$ 的变换，这就是从低通 AF 到高通 DF 的变换。映射关系为

$$s=0 \xrightarrow{\text{映射}} z=-1$$

$$s=\infty \xrightarrow{\text{映射}} z=1$$

当 $z=e^{j\omega}$ 时

$$s=\frac{1+e^{-j\omega}}{1-e^{-j\omega}}=\frac{e^{-j\frac{\omega}{2}}(e^{j\frac{\omega}{2}}+e^{-j\frac{\omega}{2}})}{e^{-j\frac{\omega}{2}}(e^{j\frac{\omega}{2}}-e^{-j\frac{\omega}{2}})}=-j\cot\left(\frac{\omega}{2}\right)=j\Omega$$

因而

$$\Omega=-\cot\left(\frac{\omega}{2}\right) \tag{6.10.12}$$

2. 低通 AF 直接变换到高通 DF 的频率变换关系以及幅度响应之间的变换示意图如图 6.30 所示。

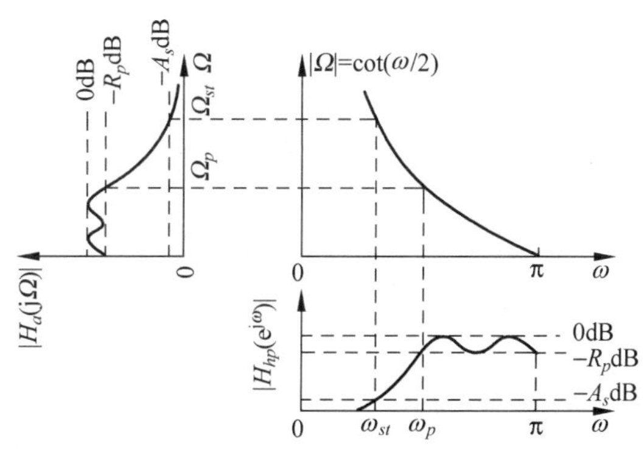

图 6.30　低通 AF $\xrightarrow{\text{直接}}$ 高通 DF 的频率变换关系及幅度响应变换的示意图

可以看出

低通 AF　$\Omega=0 \xrightarrow{\text{映射}}$ 高通 DF　$\omega=\pi$

低通 AF　$\Omega=\infty \xrightarrow{\text{映射}}$ 高通 DF　$\omega=0$

3. 设计参量的关系。

由(6.10.12)式可知(取正号)

$$\Omega_p=\cot\left(\frac{\omega_p}{2}\right) \tag{6.10.13}$$

变换式的各临界频率(包括 Ω_p)都采用正号，如(6.10.13)式所示，这是因为临界频率只有大小之分，没有正负之别。

4. 同样，从数字临界频率到模拟临界频率的变换中已有预畸。具体设计过程可参见

例 6.15。

表 6.10 给出了直接由低通 AF 设计各型 DF 时，s-z 的变换关系以及频率间的变换关系（低通变换直接利用双线性变换关系）。

表 6.10　用低通 AF 直接设计各型 DF

DF 类型	s-z 变换关系式	频率变换关系	备注
低通	$s=\frac{1-z^{-1}}{1+z^{-1}}$	$\Omega=\tan\left(\frac{\omega}{2}\right)$ $\Omega_p=\tan\left(\frac{\omega_p}{2}\right)$	
带通	$s=\frac{1-2z^{-1}\cos\omega_0+z^{-2}}{1-z^{-2}}$	$\cos\omega_0=\cos\left(\frac{\omega_{p_2}+\omega_{p_1}}{2}\right)\Big/\cos\left(\frac{\omega_{p_2}-\omega_{p_1}}{2}\right)$ $\Omega=\frac{\cos\omega_0-\cos\omega}{\sin\omega}$ $\Omega_p=\frac{\cos\omega_0-\cos\omega_{p_2}}{\sin\omega_{p_2}}$	见图 6.28
带阻	$s=\frac{1-z^{-2}}{1-2z^{-1}\cos\omega_0+z^{-2}}$	$\cos\omega_0=\cos\left(\frac{\omega_{st_2}+\omega_{st_1}}{2}\right)\Big/\cos\left(\frac{\omega_{st_2}-\omega_{st_1}}{2}\right)$ $\Omega=\frac{\sin\omega}{\cos\omega-\cos\omega_0}$ $\Omega_{st}=\frac{\sin\omega_{st_1}}{\cos\omega_{st_1}-\cos\omega_0}$	见图 6.29
高通	$s=\frac{1+z^{-1}}{1-z^{-1}}$	$\Omega=\cot\left(\frac{\omega}{2}\right)$ $\Omega_p=\cot\left(\frac{\omega_p}{2}\right)$	见图 6.30

6.11　数字滤波器设计的第二种方案

图 6.21(b)的间接法第二种设计 DF 方案，即把频带变换和数字化结合起来，一次完成设计的方案（此方案中，直接利用 $\omega_i=2\pi f_i/f_s$ 将模拟频率 f_i 转换成数字临界频率 ω_i，故**最为简单实用**），可将其设计步骤归纳为：

1. **利用表 6.10** 的相应变换关系将各 ω_i 转换为样本低通的 Ω_p，Ω_{st}。

2. 利用 Ω_p，Ω_{st} 及 R_p，A_s，求样本低通的阶次 N。

3. 利用 N(巴特沃思型)，N、ε(由 R_p 得来)(切贝雪夫型)，查表 6.2～表 6.7，可得归一化($\Omega_c=1$)原型低通 AF 的系统函数 $H_{an}(s)$。

4. 对巴特沃思滤波器，当 $R_p\neq 3\text{dB}$ 时，要用 Ω_p 求 $\Omega_c(\neq 1)$，当 $R_p=3\text{dB}$ 时，取 $\Omega_c=\Omega_p$，对切贝雪夫滤波器，$\Omega_c=\Omega_p$。

5. 将 $H_{an}(s)$用 Ω_c“去归一化”得到所需的样本低通 $H_a(s)=H_{an}\left(\frac{s}{\Omega_c}\right)$，它在 $\Omega=\Omega_p$ 时

衰减为 R_p(dB)。

6. 按表 6.10 的($s\to z$)相应变换关系，将 $H_a(s)$转换成待求的 $H(z)$。

图 6.31 画出了这种设计方案的流程框图。

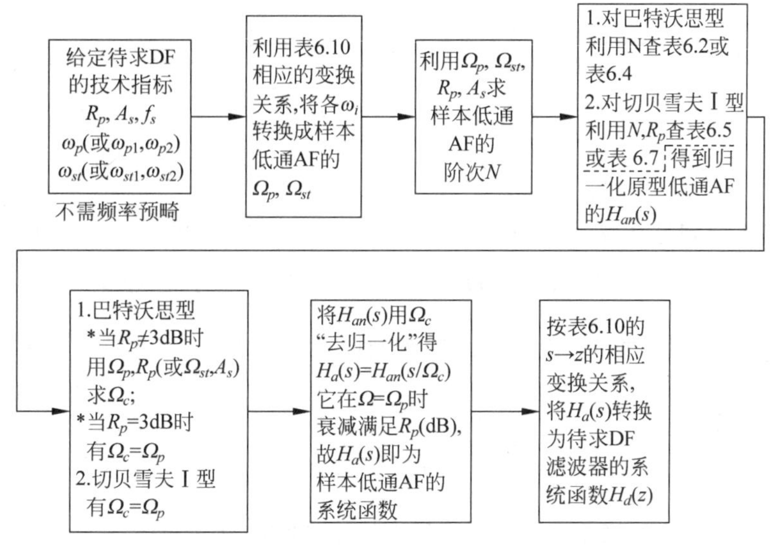

图 6.31　IIR 数字滤波器的第二种设计方案的流程框图

（把频带变换和数字化结合起来，一次完成转换的方案）

以下用三个例子，采用表 6.10 的变换关系，具体地说明这一方案的设计步骤。

【例 6.13】 设计一个巴特沃思带通 DF，抽样频率 $f_s=100\text{kHz}$，性能指标为通带为 20～30kHz，在此两频率间衰减不大于 2dB，阻带截止频率分别为 10kHz 与 45kHz，在此二频率处衰减不小于 20dB。要求采用低通 AF 直接变换到带通 DF 的办法设计。

解 (1) 技术指标为　$f_{p1}=20\text{kHz}, f_{p2}=30\text{kHz}, f_{st1}=10\text{kHz}, f_{st2}=45\text{kHz}, f_s=100\text{kHz}, R_p=2\text{dB}, A_s=20\text{dB}$。

直接转换成数字频率（不必预畸）为

$$\omega_{p1}=\frac{2\pi f_{p1}}{f_s}=\frac{2\pi\times 20\times 10^3}{100\times 10^3}=0.4\pi$$

$$\omega_{p2}=\frac{2\pi f_{p2}}{f_s}=\frac{2\pi\times 30\times 10^3}{100\times 10^3}=0.6\pi$$

$$\omega_{st1}=\frac{2\pi f_{st1}}{f_s}=\frac{2\pi\times 10\times 10^3}{100\times 10^3}=0.2\pi$$

$$\omega_{st2}=\frac{2\pi f_{st2}}{f_s}=\frac{2\pi\times 45\times 10^3}{100\times 10^3}=0.9\pi$$

(2) 利用(6.10.5)式求带通 DF 的中心频率 ω_0

$$\cos\omega_0=\frac{\cos[(\omega_{p2}+\omega_{p1})/2]}{\cos[(\omega_{p2}-\omega_{p1})/2]}=\frac{\cos(0.5\pi)}{\cos(0.1\pi)}=0$$

故　　$\omega_0=0.5\pi$

(3) 利用(6.10.3)式及(6.10.2)式，预畸变换为样本低通 AF 的 Ω_p，Ω_{st}

$$\Omega_p=\frac{\cos\omega_0-\cos\omega_{p2}}{\sin\omega_{p2}}=\frac{-\cos(0.6\pi)}{\sin(0.6\pi)}=0.3249196$$

$$\Omega_{st1}=\frac{\cos\omega_0-\cos\omega_{st1}}{\sin\omega_{st1}}=\frac{-\cos(0.2\pi)}{\sin(0.2\pi)}=-1.3761856$$

$$\Omega_{st2}=\frac{\cos\omega_0-\cos\omega_{st2}}{\sin\omega_{st2}}=\frac{-\cos(0.9\pi)}{\sin(0.9\pi)}=3.0776835$$

取 $\Omega_{st}=\min(|\Omega_{st1}|,\Omega_{st2})=1.3761856$。

在较小频率处满足衰减要求，则在较大频率处衰减一定会更大，超过要求。

(4) 求样本低通 AF 的阶次 N。利用巴特沃思滤波器的(6.5.20)式可得

$$N\geqslant \lg\left(\frac{10^{0.1A_s}-1}{10^{0.1R_p}-1}\right)\Big/\left[2\lg\left(\frac{\Omega_{st}}{\Omega_p}\right)\right]=\lg\left(\frac{99}{0.5848931}\right)\Big/[2\lg(4.235465)]$$

$$=\frac{2.2285587}{1.2538022}=1.7774407$$

取 $N=2$。

(5) 查表 6.2 得归一化原型巴特沃思样本低通 AF 的 $H_{an}(s)$

$$H_{an}(s)=\frac{1}{s^2+1.4142136s+1}$$

(6) 求样本低通 AF 的 3dB 截止频率 Ω_c，由通带满足衰减要求的(6.5.25a)式取等号，可求得

$$\Omega_c=\Omega_p\Big/\sqrt[4]{10^{0.1R_p}-1}=\frac{0.3249196}{0.8745187}=0.371541$$

(7) 将 $H_{an}(s)$“去归一化”，得到所需样本低通 $H_a(s)$

$$H_a(s)=H_{an}\left(\frac{s}{\Omega_c}\right)=\frac{\Omega_c^2}{s^2+1.4142136\Omega_c s+\Omega_c^2}$$

(8) 求所需带通 DF 的系统函数 $H_{bp}(z)$，利用(6.10.1)式

$$H_{bp}(z)=H_a(s)\Big|_{s=\frac{1-2z^{-1}\cos\omega_0+z^{-2}}{1-z^{-2}}=\frac{1+z^{-2}}{1-z^{-2}}}\quad(\cos\omega_0=0)$$

$$=\frac{\Omega_c^2(1-z^{-2})^2}{(1+z^{-2})^2+1.4142136\Omega_c(1+z^{-2})(1-z^{-2})+\Omega_c^2(1-z^{-2})^2}$$

$$=\frac{0.1380427\times(1-2z^{-2}+z^{-4})}{1.663481+1.7239145z^{-2}+0.6126044z^{-4}}$$

$$=\frac{0.0829841\times(1-2z^{-2}+z^{-4})}{1+1.0363295z^{-2}+0.3682665z^{-4}}$$

图 6.32 画出了此例中的巴特沃思带通滤波器的幅度响应(dB)。

【例 6.14】 设计一个切贝雪夫 I 型带阻 DF，抽样频率 $f_s=20\text{kHz}$，技术指标为下通带截止频率为 $f_{p1}=2\text{kHz}$，上通带截止频率为 $f_{p2}=7\text{kHz}$，$R_p=2\text{dB}$，阻带下截止频率为 $f_{st1}=3\text{kHz}$，阻带上截止频率为 $f_{st2}=4\text{kHz}$，$A_s=20\text{dB}$，(见示意图 6.33)，要求采用从低通

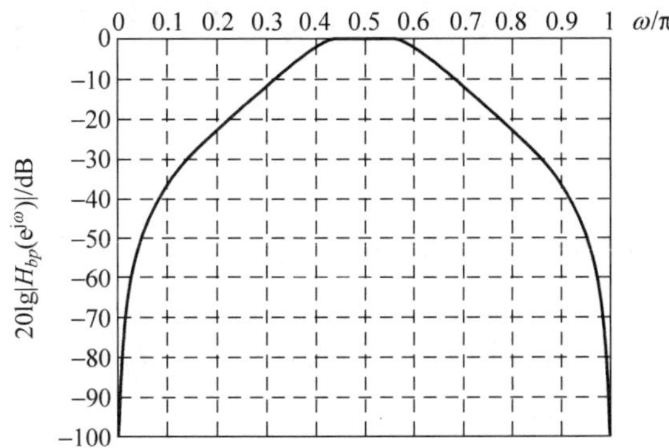

图 6.32 例 6.13 中巴特沃思带通滤波器的幅度响应

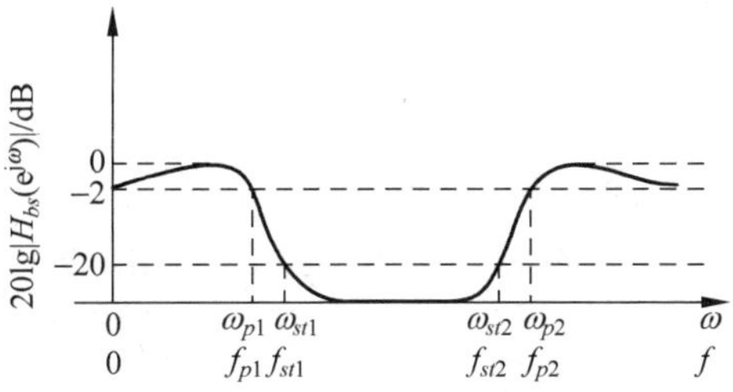

图 6.33 例 6.14 表示各项指标的带阻滤波器幅频特性示意图

AF 直接变换到带阻 DF 的办法设计。

解

(1) 各对应的数字域临界频率(不必预畸)为

$$\omega_{p1}=\frac{2\pi f_{p1}}{f_s}=\frac{2\pi\times 2\times 10^3}{20\times 10^3}=0.2\pi$$

$$\omega_{p2}=\frac{2\pi f_{p2}}{f_s}=\frac{2\pi\times 7\times 10^3}{20\times 10^3}=0.7\pi$$

$$\omega_{st1}=\frac{2\pi f_{st1}}{f_s}=\frac{2\pi\times 3\times 10^3}{20\times 10^3}=0.3\pi$$

$$\omega_{st2}=\frac{2\pi f_{st2}}{f_s}=\frac{2\pi\times 4\times 10^3}{20\times 10^3}=0.4\pi$$

(2) 求此带阻 DF 的中心频率 ω_0。利用(6.10.10)式

$$\cos\omega_0=\cos\left(\frac{\omega_{st2}+\omega_{st1}}{2}\right)\Big/\cos\left(\frac{\omega_{st2}-\omega_{st1}}{2}\right)=\frac{\cos(0.35\pi)}{\cos(0.05\pi)}=0.459\,649\,5$$

$$\omega_0=1.0\,931\,958=0.347\,975\pi$$

(3) 求样本低通 AF 的 Ω_p、Ω_{st}。利用(6.10.8)式及(6.10.7)式预畸变换式，可得

$$\Omega_{st}=\frac{\sin\omega_{st1}}{\cos\omega_{st1}-\cos\omega_0}=\frac{\sin(0.3\pi)}{\cos(0.3\pi)-0.459\,649\,5}$$

$$=6.313\,749\,1$$

$$\Omega_{p1}=\frac{\sin\omega_{p1}}{\cos\omega_{p1}-\cos\omega_0}=\frac{\sin(0.2\pi)}{\cos(0.2\pi)-0.459\,649\,5}$$

$$=1.682\,426\,8$$

$$\Omega_{p2}=\frac{\sin\omega_{p2}}{\cos\omega_{p2}-\cos\omega_0}=\frac{\sin(0.7\pi)}{\cos(0.7\pi)-0.459\,649\,5}$$

$$=-0.772\,379\,3$$

取
$$\Omega_p=\max(\Omega_{p1},|\Omega_{p2}|)=1.682\,426\,8$$

在较大频率处满足通带衰减要求，则较小频率处衰减一定会更小，超过指标要求。

(4) 求样本低通 AF 的阶次，可利用(6.5.61)式求解，也可用(6.5.64)式求解，后者更为方便。重写(6.5.64)式可得

$$N \geqslant \frac{\lg[g+\sqrt{g^2-1}]}{\lg[\lambda_s+\sqrt{\lambda_s^2-1}]}$$

由于 $g=\sqrt{(10^{0.1A_s}-1)/(10^{0.1R_p}-1)}=13.010\,06$，$\lambda_s=\Omega_{st}/\Omega_p=3.752\,763$，可求出 $N\geqslant 1.630\,818\,5$。取 $N=2$。

(5) 查表 6.5，$N=2$，$R_p=2\text{dB}$，得 ε 及归一化原型切贝雪夫Ⅰ型低通 AF 的 $H_{an}(s)$

$$\varepsilon=\sqrt{10^{0.1R_p}-1}=0.764\,783\,1$$

$$H_{an}(s)=\frac{\dfrac{1}{2\varepsilon}}{s^2+0.803\,816\,4s+0.823\,060\,3}$$

(6) 由于是切贝雪夫型滤波器，故 $\Omega_p=\Omega_c$，可直接利用 Ω_p“去归一化”得到样本低通 AF 的 $H_a(s)$

$$H_a(s)=H_{an}\left(\frac{s}{\Omega_p}\right)=\frac{\dfrac{\Omega_p^2}{2\varepsilon}}{s^2+0.803\,816\,4\Omega_p s+0.823\,060\,3\Omega_p^2}$$

$$=\frac{d}{s^2+a\Omega_p s+b\Omega_p^2}$$

其中 $d=\Omega_p^2/(2\varepsilon)$，$a=0.803\,816\,4$，$b=0.823\,060\,3$。

(7) 求所需带阻 DF 的系统函数。利用(6.10.6)式的变换关系，先设其中 $\cos\omega_0=c$，则有

$$H_{bs}(z)=H_a(s)\Big|_{s=\frac{1-z^{-2}}{1-2z^{-1}\cos\omega_0+z^{-2}}=\frac{1-z^{-2}}{1-2cz^{-1}+z^{-2}}}$$

$$=\frac{d(1-2cz^{-1}+z^{-2})^2}{(1-z^{-2})^2+a\Omega_p(1-z^{-2})(1-2cz^{-1}+z^{-2})+b\Omega_p^2(1-2cz^{-1}+z^{-2})^2}$$

$$=\frac{0.395\,243\,6(1-1.838\,598z^{-1}+2.845\,110\,6z^{-2}-1.838\,598z^{-3}+z^{-4})}{1-1.180\,381\,8z^{-1}+0.988\,516\,1z^{-2}-0.649\,325\,4z^{-3}+0.422\,324\,6z^{-4}}$$

图 6.34 画出了本例题中的带阻滤波器的幅度响应(dB)。

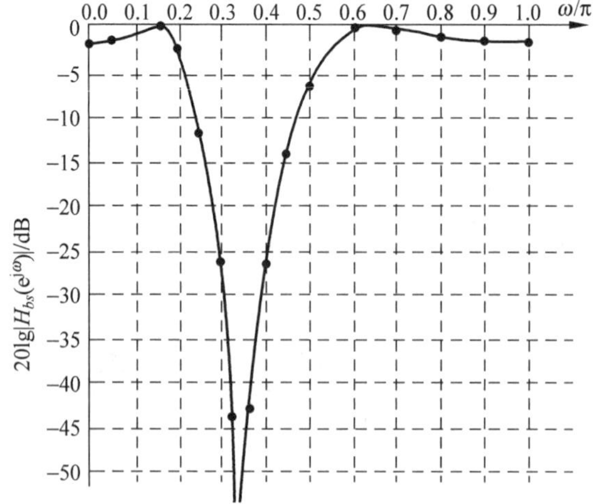

图 6.34　例 6.14 的带阻滤波器的幅度响应/dB

【例 6.15】 设计一个巴特沃思高通 DF，抽样频率 $f_s=10\text{kHz}$，其通带截止频率为 4kHz，$R_p=1\text{dB}$，阻带截止频率为 2kHz，$A_s=20\text{dB}$。要求用一次直接由低通 AF 变换到高通 DF 的方法设计。

解 （1）所需高通 DF 的临界频率（不必预畸）为

$$\omega_p=\frac{2\pi f_p}{f_s}=\frac{2\pi\times4\times10^3}{10\times10^3}=0.8\pi$$

$$\omega_{st}=\frac{2\pi f_{st}}{f_s}=\frac{2\pi\times2\times10^3}{10\times10^3}=0.4\pi$$

（2）求样本低通 AF 的 Ω_p、Ω_{st}，利用(6.10.13)式及(6.10.12)式的预畸变换式（Ω_p、Ω_{st} 皆取正数）

$$\Omega_p=\cot\left(\frac{\omega_p}{2}\right)=\cot(0.4\pi)=0.324\,919\,7$$

$$\Omega_{st}=\cot\left(\frac{\omega_{st}}{2}\right)=\cot(0.2\pi)=1.376\,381\,9$$

（3）求样本低通 AF 的阶次 N。利用巴特沃思滤波器的(6.5.20)式可得到

$$N\geqslant\lg\left(\frac{10^{0.1A_s}-1}{10^{0.1R_p}-1}\right)\Big/\left[2\lg\left(\frac{\Omega_{st}}{\Omega_p}\right)\right]=\lg\left(\frac{99}{0.258\,925\,4}\right)\Big/\left[2\lg\left(\frac{1.376\,381\,9}{0.324\,919\,7}\right)\right]$$

$$=\frac{2.582\,460\,5}{1.253\,925\,8}=2.059\,5$$

取 $N=3$。

（4）查表 6.2 得 $N=3$ 时的归一化原型巴特沃思低通 AF 的 $H_{an}(s)$

$$H_{an}(s)=\frac{1}{s^3+2s^2+2s+1}$$

（5）求样本低通在 3dB 衰减处的通带截止频率 Ω_c。利用(6.5.25a)式，取等号有

$$\Omega_c=\Omega_p\Big/\sqrt[6]{10^{0.1R_p}-1}=\frac{0.324\,919\,7}{\sqrt[6]{0.258\,925\,4}}=0.406\,986\,7$$

（6）求“去归一化”的样本低通 AF 的 $H_a(s)$

$$H_a(s)=H_{an}\left(\frac{s}{\Omega_c}\right)=\frac{\Omega_c^3}{s^3+2\Omega_c s^2+2\Omega_c^2 s+\Omega_c^3}$$

（7）求所需高通 DF 的系统函数 $H_{hp}(z)$。利用(6.10.11)式的变换关系式

$$H_{hp}(z)=H_a(s)\big|_{s=\frac{1+z^{-1}}{1-z^{-1}}}=\frac{\Omega_c^3}{\left(\frac{1+z^{-1}}{1-z^{-1}}\right)^3+2\Omega_c\left(\frac{1+z^{-1}}{1-z^{-1}}\right)^2+2\Omega_c^2\left(\frac{1+z^{-1}}{1-z^{-1}}\right)+\Omega_c^3}$$

$$=\frac{\Omega_c^3(1-z^{-1})^3}{(1+z^{-1})^3+2\Omega_c(1+z^{-1})^2(1-z^{-1})+2\Omega_c^2(1+z^{-1})(1-z^{-1})^2+\Omega_c^3(1-z^{-1})^3}$$

$$=\frac{0.067\,412\,5(1-3z^{-1}+3z^{-2}-z^{-3})}{2.212\,662\,1+3.280\,459\,7z^{-1}+2.056\,987\,9z^{-2}+0.449\,890\,3z^{-3}}$$

$$=\frac{0.030\,466\,6(1-3z^{-1}+3z^{-2}-z^{-3})}{1+1.482\,585z^{-1}+0.929\,643\,9z^{-2}+0.203\,325\,3z^{-3}}$$

图 6.35 画出了本例中得到的巴特沃思高通滤波器的幅度响应(dB)。

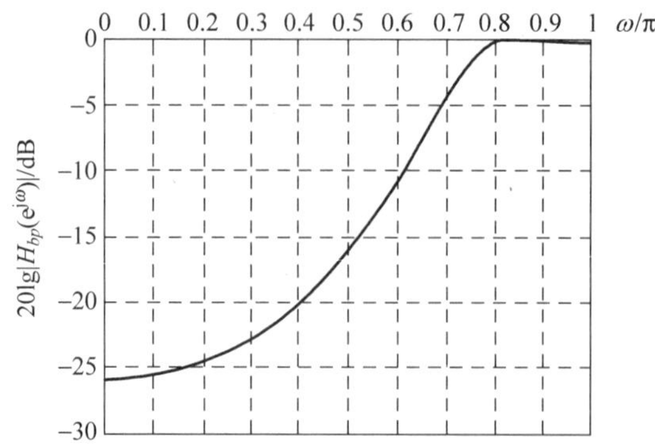

图 6.35 例 6.15 中的巴特沃思高通滤波器的幅度响应/dB

6.12 数字频域频带变换

在 6.7 节讨论间接法设计 IIR 滤波器的图 6.21(c)是先数字化，再进行数字频带变换的设计方案，现在先来讨论数字频域频带变换方法。

由数字低通滤波器变换成数字各型(低通、高通、带通、带阻、多带通、多带阻)滤波器的频带变换方法，是本节要讨论的内容。

6.12.1 数字频域频带变换的基本要求

数字-数字频带的变换，实质上就是从低通 DF 的 Z 平面到另一个所需类型 DF 的 z 平面的变换关系，即这一变换关系是将低通原型 DF 的 $H_l(Z)$的 Z 平面映射成所需 DF 的 $H_d(z)$的 z 平面，从 Z 到 z 的映射关系为

$$Z^{-1} = G(z^{-1}) \tag{6.12.1}$$

则有

$$H_d(z) = H_l(Z)\big|_{Z^{-1}=G(z^{-1})} \tag{6.12.2}$$

下面讨论对函数 $G(z^{-1})$的要求，总的要求是使因果稳定的 $H_l(Z)$变换成合乎要求的因果稳定的 $H_d(z)$。

1. $G(z^{-1})$是 z^{-1}的有理函数。

2. Z 平面的单位圆上必须映射成 z 平面的单位圆上($Z=e^{j\theta}\to z=e^{j\omega}$)，这样才能使频率响应相对应。这就导致 **$G(z^{-1})$必须是全通函数**。证明如下：

设 $Z=e^{j\theta}$，$z=e^{j\omega}$，按(6.12.1)式，有

$$e^{-j\theta} = G(e^{-j\omega}) = |G(e^{-j\omega})|\, e^{j\arg[G(e^{-j\omega})]}$$

这就要求

$$|G(\mathrm{e}^{-\mathrm{j}\omega})|=1 \tag{6.12.3a}$$

$$\theta=-\arg[G(\mathrm{e}^{-\mathrm{j}\omega})] \tag{6.12.3b}$$

(6.12.3a)式就表示函数 $G(z^{-1})$ 在其 z 平面单位圆上的幅度必须恒等于 1，注意，由于必须单位圆→单位圆，所以以下所有变换函数都必须采用 $|G(\mathrm{e}^{-\mathrm{j}\omega})|=1$ 的全通函数，而不能采用 $|G(\mathrm{e}^{-\mathrm{j}\omega})|$ 为其他常数的全通函数。因而 $G(z^{-1})$ 就是全通函数。N 阶全通函数可表示为

$$Z^{-1}=G(z^{-1})=\pm\prod_{i=1}^{N}\frac{z^{-1}-\alpha_i^*}{1-\alpha_i z^{-1}},\quad |\alpha_i|<1 \tag{6.12.4}$$

从 6.3 节对全通函数的讨论中已知 $G(z^{-1})$ 的极点必须在单位圆内，即 $|\alpha_i|<1$。高阶全通函数可由 $N=1$ 及 $N=2$ 的低阶全通函数级联组成，一阶全通节的 α_i 是实数，二阶全通节的 α_i 是共轭复数对；零点与极点成共轭倒数 $1/\alpha_i^*$（实零点是实极点的倒数 $1/\alpha_i$）。6.2 节第 6 点讨论中，已说到，当 ω 从 0 变到 π 时，相位函数 $\arg[G(\mathrm{e}^{-\mathrm{j}\omega})]$ 的变化量为 $N\pi$，选择合适的 N 和 α_i，则可得到以下的各类变换。

3. Z 平面的单位圆内，必须映射成 z 平面的单位圆内，这是因果稳定性的要求，上面所说的 $G(z^{-1})$ 的极点必须满足 $|\alpha_i|<1$，即极点在单位圆内，就能保证变换的稳定性不会改变，读者可以证明 $|Z|<1$ 时，一定可以得到 $|z|<1$。

6.12.2 数字低通→数字低通

此时 $H_l(Z)$ 和 $H_d(z)$ 都是低通，只不过截止频率不同。

1. 令 $Z=\mathrm{e}^{\mathrm{j}\theta}$，$z=\mathrm{e}^{\mathrm{j}\omega}$，若 θ 从 0→π，则 ω 也是从 0→π，则变换的全通函数的阶数为 $N=1$，因而有

$$Z^{-1}=G(z^{-1})=\frac{z^{-1}-\alpha}{1-\alpha z^{-1}},\quad \alpha\text{ 为实数，}|\alpha|<1 \tag{6.12.5}$$

此式满足

$$\left.\begin{aligned}&G(1)=1, &&\text{即 } Z=1\rightarrow z=1\\ &G(-1)=-1, &&\text{即 } Z=-1\rightarrow z=-1\end{aligned}\right\} \tag{6.12.6}$$

2. 重要边界条件是给定的通带截止频率的对应关系

$$Z=\mathrm{e}^{\mathrm{j}\theta_p}\rightarrow z=\mathrm{e}^{\mathrm{j}\omega_p} \tag{6.12.7}$$

3. 数字低通→数字低通时，Z 的单位圆上各点与 z 的单位圆上各点的对应关系为

$$\left.\begin{aligned}&Z:1\rightarrow \mathrm{e}^{\mathrm{j}\theta_p}\rightarrow -1\rightarrow \mathrm{e}^{-\mathrm{j}\theta_p}\rightarrow 1\\ &z:1\rightarrow \mathrm{e}^{\mathrm{j}\omega_p}\rightarrow -1\rightarrow \mathrm{e}^{-\mathrm{j}\omega_p}\rightarrow 1\end{aligned}\right\} \tag{6.12.8}$$

图 6.36 形象地表示了 θ-ω 之间的变换关系以及对应的频率响应幅度之间的关系。

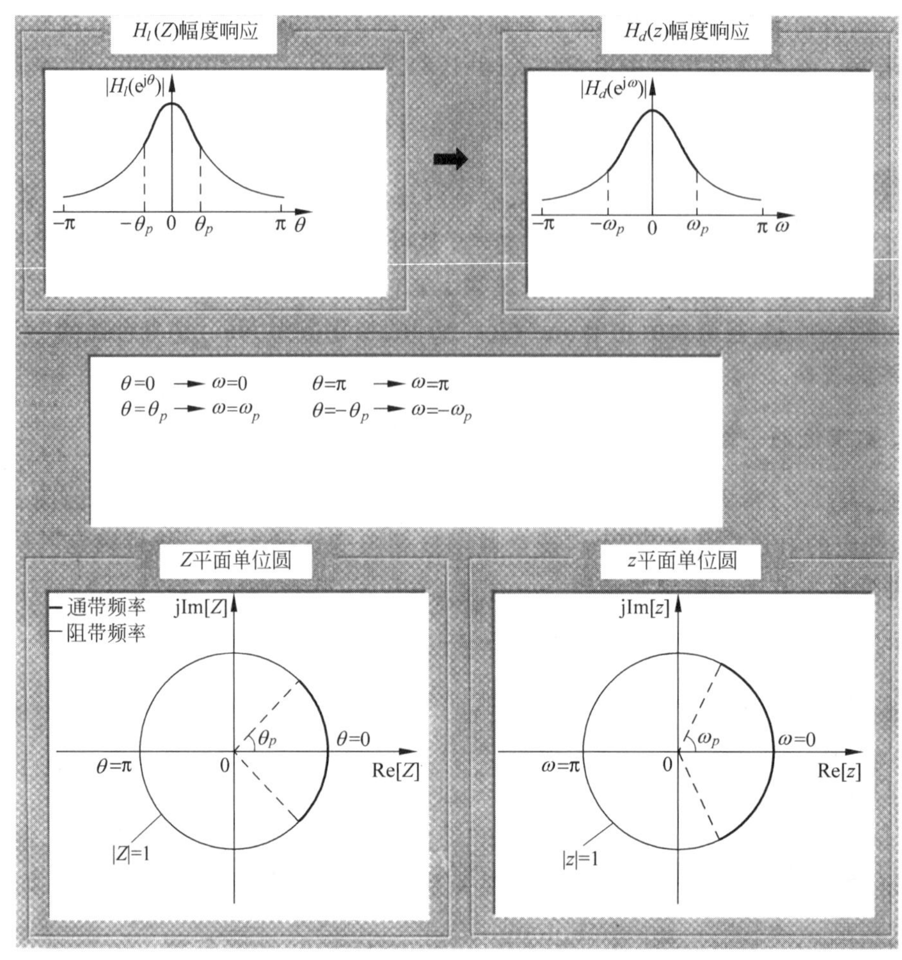

图 6.36　数字低通→数字低通的变换

4. 频率 θ 与频率 ω 之间的对应关系

将 $Z=e^{j\theta}$，$z=e^{j\omega}$ 代入(6.12.5)式中，可得

$$e^{-j\theta}=\frac{e^{-j\omega}-\alpha}{1-\alpha e^{-j\omega}} \tag{6.12.9}$$

即

$$e^{-j\omega}=\frac{e^{-j\theta}+\alpha}{1+\alpha e^{-j\theta}}=e^{-j\theta}\frac{1+\alpha e^{j\theta}}{1+\alpha e^{-j\theta}}=e^{-j\theta}\frac{1+\alpha\cos\theta+j\alpha\sin\theta}{1+\alpha\cos\theta-j\alpha\sin\theta}$$

则有

$$\omega=\theta-2\arctan\left[\frac{\alpha\sin\theta}{1+\alpha\cos\theta}\right] \tag{6.12.10}$$

ω 与 θ 的关系可见图 6.37，除 $\alpha=0$（此时 $\omega=\theta$，没有变换）外，在其他 α 值下，频率变换关系都是非线性关系，$\alpha>0$ 表示频率压缩，即变换后的截止频率 ω_c 小于变换前的截止频率 θ_c（$\omega_c<\theta_c$）；$\alpha<0$ 表示频率扩张，即 $\omega_c>\theta_c$。

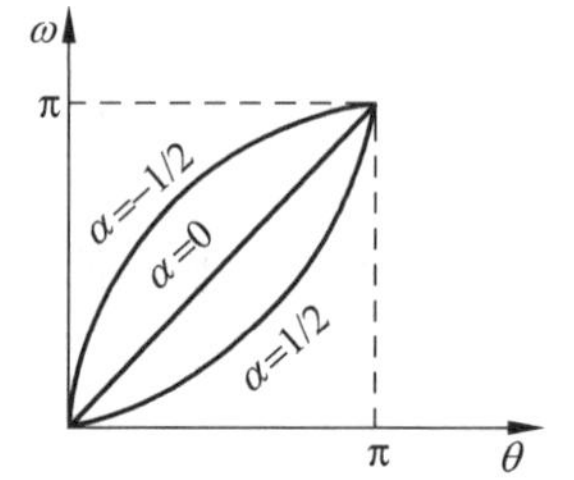

图 6.37　数字低通→数字低通变换的频率间非线性关系

但是对于幅度响应为分段常数的滤波器，除临界频率点有变化外，仍可得类似的幅度响应。

5. 在满足(6.12.7)式的边界条件时，变换中所需系数 α 值。

将 θ_p、ω_p 代入(6.12.9)式中，可得

$$\alpha=\frac{\sin\left[\frac{\theta_p-\omega_p}{2}\right]}{\sin\left[\frac{\theta_p+\omega_p}{2}\right]} \tag{6.12.11}$$

有了 α，就确定了整个变换函数。

6. 由 $H_l(Z)$到 $H_d(z)$的变换关系为

$$H_d(z)=H_l(Z)\,|_{Z^{-1}=\frac{z^{-1}-\alpha}{1-\alpha z^{-1}}} \tag{6.12.12}$$

6.12.3 数字低通→数字高通

1. 将低通变换式的(6.12.5)式中的 z 变成 $-z$，也就是将变换后的低通频率响应在单位圆上旋转 180°，这就是旋转变换，变换后就得到数字低通到数字高通的变换关系式。将 $-z^{-1}$代替(6.11.5)式中的 z^{-1}，可得到变换后的全通函数为

$$Z^{-1}=\frac{-z^{-1}-\alpha}{1+\alpha z^{-1}}=-\frac{z^{-1}+\alpha}{1+\alpha z^{-1}},\quad \alpha\text{ 为实数},\quad |\alpha|<1 \tag{6.12.13}$$

此式满足

$$\left.\begin{aligned}&G(-1)=1,\quad \text{即 } Z=1\ \rightarrow z=-1\\&G(1)=-1,\quad \text{即 } Z=-1\rightarrow z=1\end{aligned}\right\} \tag{6.12.14}$$

2. 重要边界条件是通带截止频率的关系为

$$Z=\mathrm{e}^{\mathrm{j}\theta_p}\rightarrow z=\mathrm{e}^{-\mathrm{j}\omega_p} \tag{6.12.15}$$

其中 ω_p 为高通滤波器给定的通带截止频率。

3. 数字低通→数字高通时，Z 的单位圆上各点与 z 的单位圆上各点的对应关系为

$$\left.\begin{aligned}&Z:1\rightarrow \mathrm{e}^{\mathrm{j}\theta_p}\rightarrow -1\rightarrow \mathrm{e}^{-\mathrm{j}\theta_p}\rightarrow 1\\&z:-1\rightarrow \mathrm{e}^{-\mathrm{j}\omega_p}\rightarrow 1\rightarrow \mathrm{e}^{\mathrm{j}\omega_p}\rightarrow -1\end{aligned}\right\} \tag{6.12.16}$$

图 6.38 形象地表示了 θ-ω 之间的变换关系以及对应的频率响应幅度之间的关系。

4. 在满足(6.12.15)式的边界条件时，变换中所需系数 α 值。

将 $Z=\mathrm{e}^{\mathrm{j}\theta_p}$，$z=\mathrm{e}^{-\mathrm{j}\omega_p}$ 代入(6.12.13)式中可得

$$\mathrm{e}^{-\mathrm{j}\theta_p}=-\frac{\mathrm{e}^{\mathrm{j}\omega_p}+\alpha}{1+\alpha\mathrm{e}^{\mathrm{j}\omega_p}}$$

由此得出 α 满足以下关系

$$\alpha=-\frac{\cos\left[\frac{\theta_p+\omega_p}{2}\right]}{\cos\left[\frac{\theta_p-\omega_p}{2}\right]} \tag{6.12.17}$$

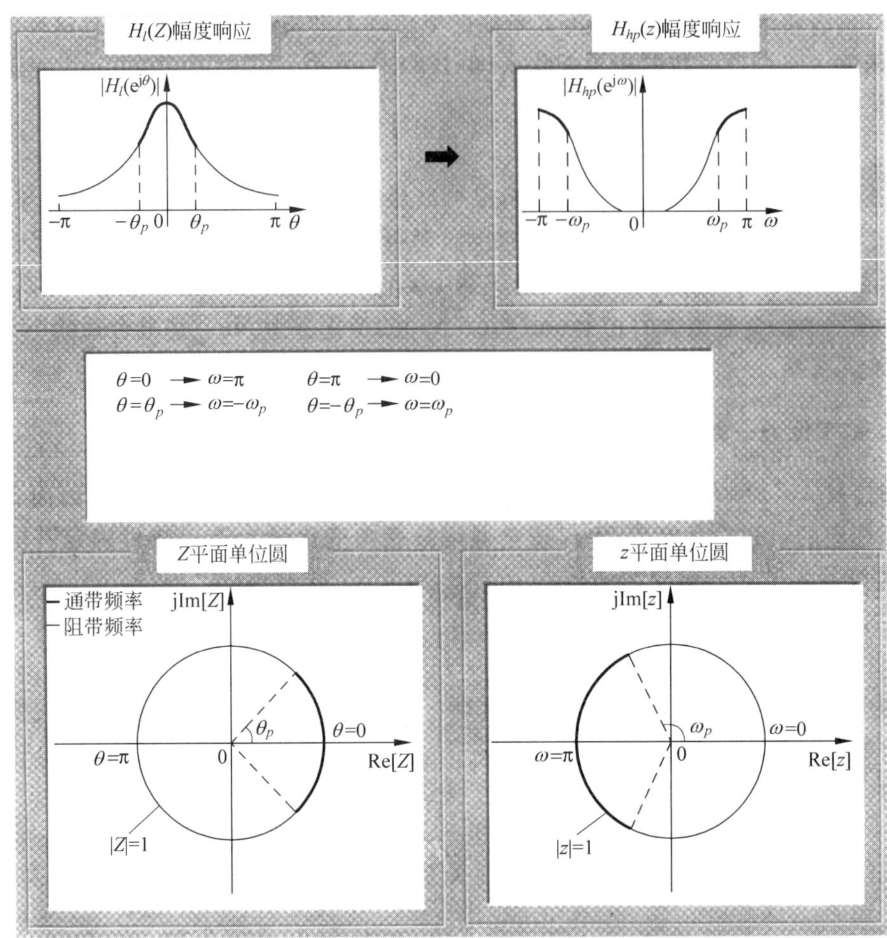

图 6.38 数字低通→数字高通的变换

5. 由数字低通 $H_l(Z)$到数字高通 $H_{hp}(z)$的变换关系为

$$H_{hp}(z)=H_l(Z)\big|_{Z^{-1}=-\frac{z^{-1}+\alpha}{1+\alpha z^{-1}}} \tag{6.12.18}$$

6.12.4 数字低通→数字带通

1. 由于变换后数字带通的 ω 在$(-\pi,\pi)$之内或$(0,2\pi)$之内形成两个通带,也就是变换函数需要数字低通的 θ 在单位圆上旋转两周,故令变换的全通函数的阶次 $N=2$,即有

$$Z^{-1}=G(z^{-1})=-\frac{z^{-1}-\alpha^*}{1-\alpha z^{-1}}\cdot\frac{z^{-1}-\alpha}{1-\alpha^* z^{-1}}$$

$$=-\frac{z^{-2}+d_1z^{-1}+d_2}{d_2z^{-2}+d_1z^{-1}+1},\quad |\alpha|<1 \tag{6.12.19}$$

(6.12.19)式前的"-"号是因为变换必须满足(注意 d_1、d_2 都是实数)

$$\left.\begin{aligned}&G(-1)=-1,\quad 即\ Z=-1\rightarrow z=-1\\&G(1)=-1,\quad 即\ Z=-1\rightarrow z=1\end{aligned}\right\} \tag{6.12.20}$$

2. 重要的变换边界条件为

$$\left.\begin{aligned} Z&=\mathrm{e}^{-\mathrm{j}\theta_p} \to z=\mathrm{e}^{\mathrm{j}\omega_{p_1}},\quad \mathrm{e}^{-\mathrm{j}\omega_{p_2}} \\ Z&=\mathrm{e}^{\mathrm{j}\theta_p} \to z=\mathrm{e}^{\mathrm{j}\omega_{p_2}},\quad \mathrm{e}^{-\mathrm{j}\omega_{p_1}} \\ Z&=1 \to z=\mathrm{e}^{\mathrm{j}\omega_0},\quad \mathrm{e}^{-\mathrm{j}\omega_0} \end{aligned}\right\} \tag{6.12.21}$$

3. 在满足(6.12.21)式的边界条件时，变换中所需系数 d_1，d_2。

把(6.12.21)式的前两个边界条件的前一半变换关系代入(6.12.19)式，经过推导(可见本书(第三版)6.11 节三的推导)可得

$$d_1=\frac{-2\alpha k}{k+1} \tag{6.12.22}$$

$$d_2=\frac{k-1}{k+1} \tag{6.12.23}$$

其中

$$k=\tan\left(\frac{\theta_p}{2}\right)\cot\left(\frac{\omega_{p_2}-\omega_{p_1}}{2}\right) \tag{6.12.24}$$

$$\alpha=\frac{\cos\left(\dfrac{\omega_{p_2}+\omega_{p_1}}{2}\right)}{\cos\left(\dfrac{\omega_{p_2}-\omega_{p_1}}{2}\right)} \tag{6.12.25}$$

若将(6.12.21)式的第三个边界条件的前一半变换关系代入(6.12.19)式则可得到

$$\cos\omega_0=\frac{-d_1}{1+d_2}=\alpha \tag{6.12.26}$$

由(6.12.26)式与(6.12.25)式可知

$$\alpha=\frac{\cos\left(\dfrac{\omega_{p_1}+\omega_{p_2}}{2}\right)}{\cos\left(\dfrac{\omega_{p_2}-\omega_{p_1}}{2}\right)}=\cos\omega_0 \tag{6.12.27}$$

ω_0称为通带中心频率。

4. 数字低通→数字带通时，Z 的单位圆上各点与 z 的单位圆上各点的对应关系为

$$\left.\begin{aligned} &Z:\ -1\to \mathrm{e}^{-\mathrm{j}\theta_p}\to 1\to \mathrm{e}^{\mathrm{j}\theta_p}\to -1\to \mathrm{e}^{-\mathrm{j}\theta_p}\to 1\to \mathrm{e}^{\mathrm{j}\theta_p}\to -1 \\ &z:\ -1\to \mathrm{e}^{-\mathrm{j}\omega_{p_2}}\to \mathrm{e}^{-\mathrm{j}\omega_0}\to \mathrm{e}^{-\mathrm{j}\omega_{p_1}}\to 1\to \mathrm{e}^{\mathrm{j}\omega_{p_1}}\to \mathrm{e}^{\mathrm{j}\omega_0}\to \mathrm{e}^{\mathrm{j}\omega_{p_2}}\to -1 \end{aligned}\right\} \tag{6.12.28}$$

图 6.39 形象地表示了 θ-ω 之间的变换关系以及对应的频率响应幅度之间的关系。

5. 由数字低通 $H_l(Z)$到数字带通 $H_{bp}(z)$的变换关系为

$$H_{bp}(z)=H_l(Z)\Big|_{Z^{-1}=-\frac{z^{-2}-\frac{2\alpha k}{k+1}z^{-1}+\frac{k-1}{k+1}}{\frac{k-1}{k+1}z^{-2}-\frac{2\alpha kz^{-1}}{k+1}+1}} \tag{6.12.29}$$

k 与 α 分别见(6.12.24)式与(6.12.27)式。

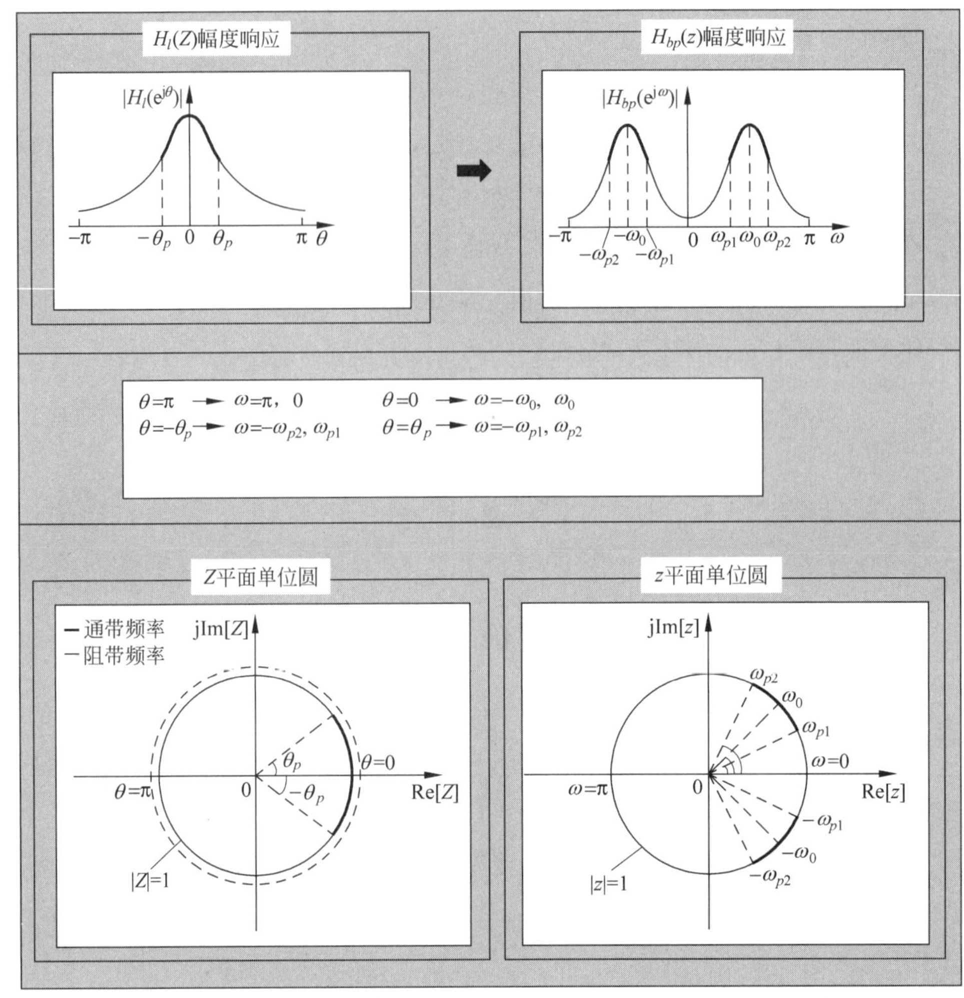

图 6.39 数字低通→数字带通的变换

6.12.5 数字低通→数字带阻

1. 由于变换后数字带阻的 ω 在 $(-\pi,\pi)$ 之内或在 $(0,2\pi)$ 之内形成两个阻带，也就是变换函数需要数字低通的 θ 在单位圆上旋转两次，故令变换的全通函数的阶次 $N=2$，即有

$$Z^{-1}=G(z^{-1})=\frac{z^{-1}-\alpha}{1-\alpha^* z^{-1}}\cdot\frac{z^{-1}-\alpha^*}{1-\alpha z^{-1}}=\frac{z^{-2}+d_1 z^{-1}+d_2}{d_2 z^{-2}+d_1 z^{-1}+1} \tag{6.12.30}$$

(6.12.30)式前取"+"号是因为变换必须满足(注意 d_1、d_2 都是实数)

$$\left.\begin{aligned}&G(1)=1, \quad 即\ Z=1\rightarrow z=1\\&G(-1)=1, \quad 即\ Z=1\rightarrow z=-1\end{aligned}\right\} \tag{6.12.31}$$

2. 重要的变换边界条件为

$$\left.\begin{aligned}&Z=e^{-j\theta_p}\rightarrow z=e^{j\omega_{p_2}},\quad e^{-j\omega_{p_1}}\\&Z=e^{j\theta_p}\rightarrow z=e^{j\omega_{p_1}},\quad e^{-j\omega_{p_2}}\\&Z=-1\rightarrow z=e^{j\omega_0},\quad e^{-j\omega_0}\end{aligned}\right\} \tag{6.12.32}$$

3. 在满足(6.12.32)式的边界条件时，变换中所需系数 d_1、d_2。

用导出数字带通滤波器同样的方法即利用(6.12.32)式的三个边界条件的前一半关系分别代入(6.12.30)式，经化简，可得

$$d_1=\frac{-2\alpha}{1+k} \tag{6.12.33}$$

$$d_2=\frac{1-k}{1+k} \tag{6.12.34}$$

其中

$$k=\tan\left(\frac{\theta_p}{2}\right)\tan\left(\frac{\omega_{p_2}-\omega_{p_1}}{2}\right) \tag{6.12.35}$$

$$\alpha=\cos\left(\frac{\omega_{p_2}+\omega_{p_1}}{2}\right)\Big/\cos\left(\frac{\omega_{p_2}-\omega_{p_1}}{2}\right)=\cos\omega_0 \tag{6.12.36}$$

ω_0 称为阻带中心频率。

4. 数字低通→数字带阻时，Z 的单位圆上各点与 z 的单位圆上各点的对应关系为

$$\begin{aligned}&Z:1\to e^{j\theta_p}\to -1\to e^{-j\theta_p}\to 1\to e^{j\theta_p}\to -1\to e^{-j\theta_p}\to 1\\&z:1\to e^{j\omega_{p_1}}\to e^{j\omega_0}\to e^{j\omega_{p_2}}\to -1\to e^{-j\omega_{p_2}}\to e^{-j\omega_0}\to e^{-j\omega_{p_1}}\to 1\end{aligned} \tag{6.12.37}$$

图 6.40 形象地表示了 θ-ω 之间的变换关系以及频率响应幅度之间的关系。

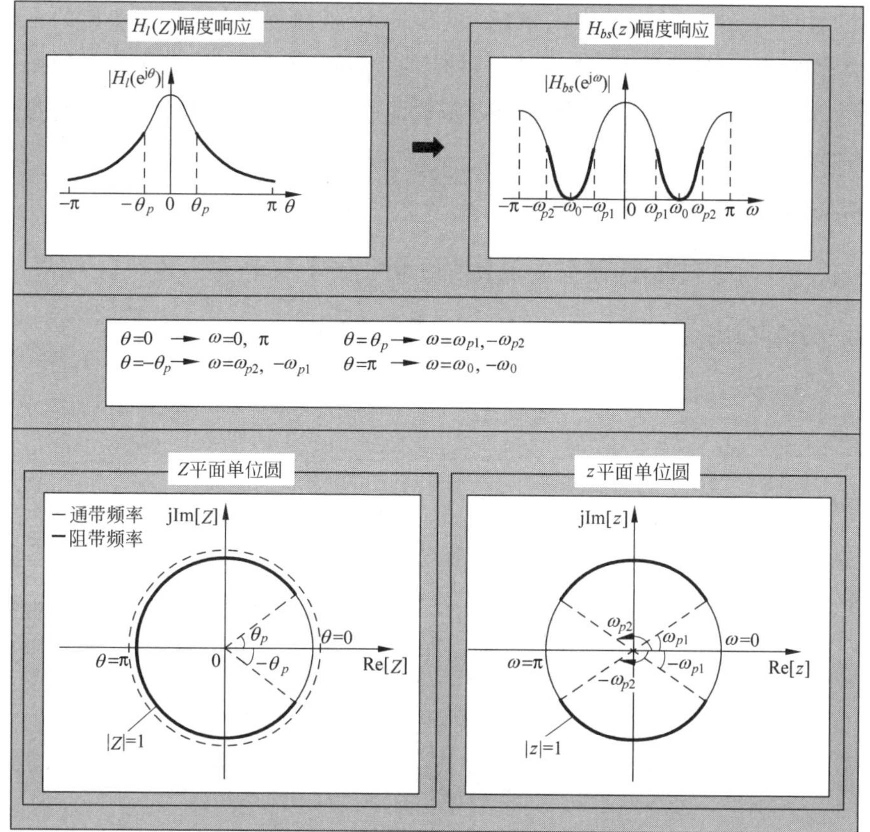

图 6.40　数字低通→数字带阻变换

5. 由数字低通 $H_l(Z)$到数字带阻 $H_{bs}(z)$的变换关系为

$$H_{bs}(z)=H_l(Z)\Big|_{Z^{-1}=\frac{z^{-2}-\frac{2\alpha}{1+k}z^{-1}+\frac{1-k}{1+k}}{\frac{1-k}{1+k}z^{-2}-\frac{2\alpha}{1+k}z^{-1}+1}} \tag{6.12.38}$$

其中 k 与 α 分别见(6.12.35)式与(6.12.36)式。

6.12.6 数字低通→数字多通带

实际应用中，也会遇到需要提取出多个分离的频带信号。因而就产生了要设计多通带(或多阻带)滤波器的问题。

显然由数字低通→数字多通带(多阻带)的变换函数也需采用全通函数；首先就要确定全通函数的阶数以及函数前的正负号。

1. 多通带(多阻带)的全通变换函数的阶数 N。

是指 ω 在$(-\pi,\pi)$范围或$(0,2\pi)$范围内的通带数目，而频率响应的幅度(即幅度响应)对 $\omega=0$(或 $\omega=\pi$)成偶对称，由于实际给出的通带(阻带)数是指 ω 在$(0,\pi)$范围内的通(阻)带数，基于所述偶对称关系，当 ω 在$(0,2\pi)$或$(-\pi,\pi)$范围内，N 就应为所需通(阻)带数的两倍。例如，如果需要 2 个通带，则应取 $N=4$。

2. 多通带(多阻带)全通变换函数前的正负号。

前面已看到当 $\omega=0$ 时为通带的情况，即低通、带阻两种滤波器，其变换的全通函数前是取“+”号；而当 $\omega=0$ 时为阻带的情况，即高通、带通滤波器，其变换的全通函数前是取“−”号的。因而多带通滤波器，变换的全通函数前取“−”号；多带阻滤波器，变换的全通函数前取“+”号。

3. 多带通滤波器设计。

由于当 $\omega=0$ 时是阻带，因而全通函数前应取“−”号，若给定 ω 在$(0,\pi)$内有$\frac{N}{2}$个通带(N 为偶数)的情况，则变换的全通函数应为 N 阶，可表示为

$$\begin{aligned}Z^{-1}=G(z^{-1})&=-\frac{z^{-N}+d_1z^{-(N-1)}+\cdots+d_{N-1}z^{-1}+d_N}{1+d_1z^{-1}+\cdots+d_{N-1}z^{-(N-1)}+d_Nz^{-N}}\\&=\frac{-z^{-N}D(z^{-1})}{D(z)}\end{aligned} \tag{6.12.39}$$

若低通原型数字滤波器给定的通带截止频率为 θ_p，而多带通数字滤波器$\left(\frac{N}{2}\text{个通带}\right)$的第 i 个通带的下截止频率为 ω_{i1}，上截止频率为 ω_{i2}，变换的对应关系应为(以 Z、z 为讨论依据)

$-\theta_p$ 对应于 ω_{i1}，即对应于 $\omega_{11},\omega_{21},\cdots,\omega_{N/2,1}$

θ_p 对应于 ω_{i2}，即对应于 $\omega_{12},\omega_{22},\cdots,\omega_{N/2,2}$

故对 Z^{-1}，z^{-1}可写成

$$\left.\begin{aligned}Z^{-1}&=\mathrm{e}^{\mathrm{j}\theta_p}\rightarrow z^{-1}=\mathrm{e}^{-\mathrm{j}\omega_{i1}}\\Z^{-1}&=\mathrm{e}^{-\mathrm{j}\theta_p}\rightarrow z^{-1}=\mathrm{e}^{-\mathrm{j}\omega_{i2}}\end{aligned}\right\} \tag{6.12.40}$$

这样，在 ω 的$(0,\pi)$范围内，有$\frac{N}{2}$个通带，则有 N 个独立的频率点 ω_{i1}，ω_{i2} $\left(i=1,2,\cdots,\frac{N}{2}\right)$，可以得到 N 个方程，从而可解出 N 个系数 $d_k(k=1,2,\cdots,N)$。将(6.12.40)式代入(6.12.39)式，经化简后可得

$$\left.\begin{aligned}\cos\left(\frac{\theta_p}{2}+\frac{N}{2}\omega_{i1}\right)+\sum_{k=1}^{N}d_k\cos\left(\frac{\theta_p}{2}+\frac{N}{2}\omega_{i1}-k\omega_{i1}\right)=0\\ \cos\left(\frac{\theta_p}{2}-\frac{N}{2}\omega_{i2}\right)+\sum_{k=1}^{N}d_k\cos\left(\frac{\theta_p}{2}-\frac{N}{2}\omega_{i2}+k\omega_{i2}\right)=0\end{aligned}\right\},\quad i=1,2,\cdots,\frac{N}{2} \tag{6.12.41}$$

(6.12.41)式的 N 个联立方程，就可解出 N 个系数 d_k，从而可得到变换后的多带通滤波器的系数函数。

4. 多带阻滤波器设计。

由于当 $\omega=0$ 时是通带，因而全通函数前应取"＋"号。

若给定 ω 在$(0,\pi)$内有$\frac{N}{2}$(N 为偶数)个阻带的情况，则变换的全通函数应为 N 阶，可表示为

$$\begin{aligned}Z^{-1}=G(z^{-1})&=\frac{z^{-N}+d_1z^{-(N-1)}+\cdots+d_{N-1}z^{-1}+d_N}{1+d_1z^{-1}+\cdots+d_{N-1}z^{-(N-1)}+d_Nz^{-N}}\\ &=\frac{z^{-N}D(z^{-1})}{D(z)}\end{aligned} \tag{6.12.42}$$

这里采用的变换条件和多带通时的(6.12.39)式一样，其中 ω_{i1} 代表第 i 个阻带的下通带截止频率，ω_{i2} 代表第 i 个阻带的上通带截止频率。

同样方法，经推导可求得

$$\left.\begin{aligned}\sin\left(\frac{\theta_p}{2}+\frac{N}{2}\omega_{i1}\right)+\sum_{k=1}^{N}d_k\sin\left(\frac{\theta_p}{2}+\frac{N}{2}\omega_{i1}-k\omega_{i1}\right)=0\\ \sin\left(\frac{\theta_p}{2}-\frac{N}{2}\omega_{i2}\right)+\sum_{k=1}^{N}d_k\sin\left(\frac{\theta_p}{2}-\frac{N}{2}\omega_{i2}-k\omega_{i2}\right)=0\end{aligned}\right\},\quad i=1,2,\cdots,\frac{N}{2} \tag{6.12.43}$$

解此 N 个联立方程，即可求得 N 个系数 d_k，从而可求得变换后的多带阻滤波器的系统函数。

表 6.11 列出了以上 6 种从数字低通→数字各型滤波器的变换公式及其变换中参数的关系式。

表 6.11　由截止频率为 θ_p 的低通数字滤波器(Z)变换成各型数字滤波器(z)

变换类型	变换公式 $Z^{-1}=G(z^{-1})$	变换参数的公式
低通 ↓ 低通	$Z^{-1}=\frac{z^{-1}-\alpha}{1-\alpha z^{-1}}$	$\alpha=\sin\left(\frac{\theta_p-\omega_p}{2}\right)\Big/\sin\left(\frac{\theta_p+\omega_p}{2}\right)$ ω_p 为待求的低通滤波器的通带截止频率

续表

变换类型	变换公式 $Z^{-1}=G(z^{-1})$	变换参数的公式
低通 ↓ 高通	$Z^{-1}=-\left(\frac{z^{-1}+\alpha}{1+\alpha z^{-1}}\right)$	$\alpha=-\cos\left(\frac{\theta_p+\omega_p}{2}\right)\Big/\cos\left(\frac{\theta_p-\omega_p}{2}\right)$ ω_p 为待求的高通滤波器的通带截止频率
低通 ↓ 带通	$Z^{-1}=-\frac{z^{-2}-\frac{2\alpha k}{k+1}z^{-1}+\frac{k-1}{k+1}}{\frac{k-1}{k+1}z^{-2}-\frac{2\alpha k}{k+1}z^{-1}+1}$	$\alpha=\cos\left(\frac{\omega_{p_2}+\omega_{p_1}}{2}\right)\Big/\cos\left(\frac{\omega_{p_2}-\omega_{p_1}}{2}\right)=\cos\omega_0$ $k=\cot\left(\frac{\omega_{p_2}-\omega_{p_1}}{2}\right)\tan\frac{\theta_p}{2}$ ω_{p_2}、ω_{p_1} 分别为待求的带通滤波器通带的上、下截止频率 ω_0 为通带中心频率
低通 ↓ 带阻	$Z^{-1}=\frac{z^{-2}-\frac{2\alpha}{1+k}z^{-1}+\frac{1-k}{1+k}}{\frac{1-k}{1+k}z^{-2}-\frac{2\alpha}{1+k}z^{-1}+1}$	$\alpha=\frac{\cos\left(\frac{\omega_{p_2}+\omega_{p_1}}{2}\right)}{\cos\left(\frac{\omega_{p_2}-\omega_{p_1}}{2}\right)}=\cos\omega_0$ $k=\tan\left(\frac{\omega_{p_2}-\omega_{p_1}}{2}\right)\tan\frac{\theta_p}{2}$ ω_{p_2}、ω_{p_1} 分别为待求的带阻滤波器的上、下通带截止频率 ω_0 为阻带中心频率
低通 ↓ 多带通	$Z^{-1}=-\frac{z^{-N}+\sum_{k=1}^{N}d_k z^{-(N-k)}}{1+\sum_{k=1}^{N}d_k z^{-k}}$	$\cos\left(\frac{\theta_p}{2}+\frac{N}{2}\omega_{i1}\right)+\sum_{k=1}^{N}d_k\cos\left(\frac{\theta_p}{2}+\frac{N}{2}\omega_{i1}-k\omega_{i1}\right)=0$ $\cos\left(\frac{\theta_p}{2}-\frac{N}{2}\omega_{i2}\right)+\sum_{k=1}^{N}d_k\cos\left(\frac{\theta_p}{2}-\frac{N}{2}\omega_{i2}-k\omega_{i2}\right)=0$ ω_{i2}、ω_{i1} 分别为第 i 个通带的上、下截止频率，$1\leqslant i\leqslant N/2$，$N/2$ 为$(0\sim\pi)$之间的通带数
低通 ↓ 多带阻	$Z^{-1}=\frac{z^{-N}+\sum_{k=1}^{N}d_k z^{-(N-k)}}{1+\sum_{k=1}^{N}d_k z^{-k}}$	$\sin\left(\frac{\theta_p}{2}+\frac{N}{2}\omega_{i1}\right)+\sum_{k=1}^{N}d_k\sin\left(\frac{\theta_p}{2}+\frac{N}{2}\omega_{i1}-k\omega_{i1}\right)=0$ $\sin\left(\frac{\theta_p}{2}-\frac{N}{2}\omega_{i2}\right)+\sum_{k=1}^{N}d_k\sin\left(\frac{\theta_p}{2}-\frac{N}{2}\omega_{i2}+k\omega_{i2}\right)=0$ ω_{i2}、ω_{i1} 分别为第 i 个阻带的上、下通带截止频率，$1\leqslant i\leqslant N/2$，$N/2$ 为$(0\sim\pi)$之间的阻带数

6.13 数字滤波器设计的第三种方案

对于图 6.21(c)的间接法第三种设计 DF 方案，即先数字化，再作数字频带变换的方案，其设计步骤可归纳为(其中数字频带变换要**用到表 6.11**)：

1～5. 显然，从滤波器性能指标的变换到设计出归一化($\Omega_p=1$)原型样本低通滤波器 $H_a(\bar{s})$与 6.9 节中数字滤波器设计的第一种方案的前 5 个步骤是完全一样的。

6. 利用双线性变换法或冲激响应不变法,将样本归一化低通原型 AF 的 $H_a(s)$ 转换成样本低通 DF 的系统函数 $H_l(Z)$,并利用同样变换法将 $\bar{\Omega}_p=1$ 转换为 $H_l(Z)$ 的通带截止频率 θ_p。

7. 利用表 6.11 的相应数字频带变换关系式,求出由 $H_l(Z)$ 变换到 $H_d(z)$(待求 DF 的系统函数)的变换函数的各个参量(如 α,k,d_1,d_2 等),从而求得变量从 $Z^{-1}\to z^{-1}$ 的变换函数 $Z^{-1}=G(z^{-1})$。

8. 利用求得的从 $Z^{-1}\to z^{-1}$ 的变换函数,从 $H_l(Z)$ 转换成待求 DF 的系统函数 $H_d(z)=H_l(Z)|_{Z^{-1}=G(z^{-1})}$

图 6.41 画出了这种设计方案的流程框图。

[注]:此图的前面部分与第一种间接设计法(见图 6.26)A 节点以前的框图完全一样,这里只给出 A 节点以后的框图。

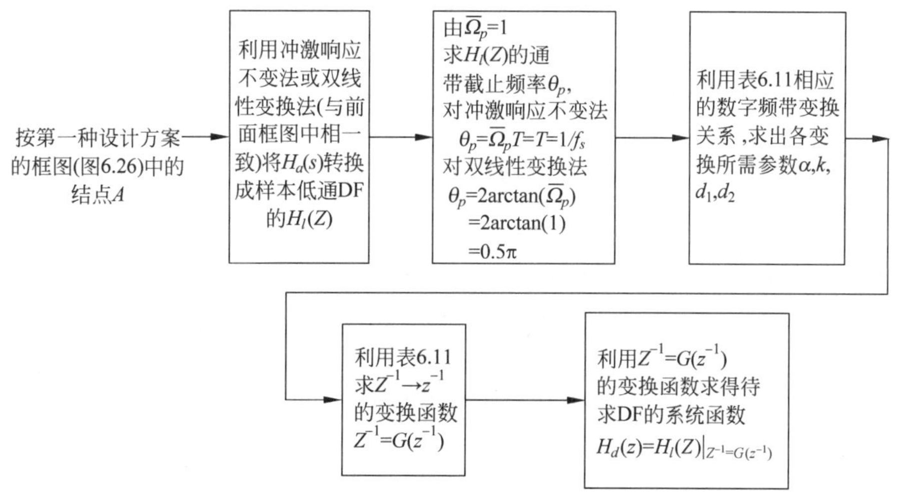

图 6.41 IIR 数字滤波器的第三种设计方案的流程框图

(先数字化,再作数字频带变换的方案)

注:A 结点以前的框图与图 6.26 中 A 结点以前的框图完全一样

以下的例 6.16 及例 6.17,就是采用这里的设计步骤来完成设计的。

【例 6.16】 试用数字→数字频带变换法设计一个巴特沃思高通 DF,高通 DF 的技术要求为 $f_p=200\text{Hz}$,$R_p=2\text{dB}$,$f_{st}=50\text{Hz}$,$A_s=25\text{dB}$,抽样频率为 $f_s=2.5\text{kHz}$。

解 (1) 将高通 DF 的各临界频率转换成数字频率

$$\omega_p=\frac{2\pi f_p}{f_s}=\frac{2\pi\times 200}{2.5\times 10^3}=0.16\pi$$

$$\omega_{st}=\frac{2\pi f_{st}}{f_s}=\frac{2\pi\times 50}{2.5\times 10^3}=0.04\pi$$

(2) 按双线性变换法,将高通 DF 的临界频率 ω_i 预畸为样本高通 AF 的临界频率 Ω_i,令 $T=2$。

$$\Omega_p = \frac{2}{T}\tan\left(\frac{\omega_p}{2}\right) = \tan\left(\frac{\omega_p}{2}\right) = \tan(0.08\pi) = 0.256\,756\,3$$

$$\Omega_{st} = \frac{2}{T}\tan\left(\frac{\omega_{st}}{2}\right) = \tan\left(\frac{\omega_{st}}{2}\right) = \tan(0.02\pi) = 0.062\,914\,6$$

(3) 按表 6.8 的关系，将样本高通 AF 的临界频率 Ω_p，Ω_{st} 映射成归一化样本低通 AF($R_p=2$dB)的相应的临界频率 $\bar{\Omega}_p=1$ 及 $\bar{\Omega}_{st}$，有

$$\bar{\Omega}_p = \Omega_p/\Omega_p = 1$$

$$\bar{\Omega}_{st} = \frac{\Omega_p}{\Omega_{st}} = \frac{0.256\,756\,3}{0.062\,914\,6} = 4.081\,028\,9$$

则 $\bar{\Omega}_{st}/\bar{\Omega}_p=4.081\,028\,9$。

(4) 求样本低通 AF 的阶次 N，按要求采用巴特沃思型滤波器，有

$$N \geqslant \lg\left(\frac{10^{0.1A_s}-1}{10^{0.1R_p}-1}\right)\Big/\left[2\lg\left(\frac{\bar{\Omega}_{st}}{\bar{\Omega}_p}\right)\right] = \frac{\lg\left(\frac{315.227\,77}{0.584\,893\,1}\right)}{2\lg(4.081\,028\,9)}$$

$$= \frac{2.731\,548}{1.221\,539\,3} = 2.236\,152\,3$$

取 $N=3$。

(5) 求样本低通 AF 的 3dB 的通带截止频率 $\bar{\Omega}_c$，按通带满足要求的(6.5.25a)式求 $\bar{\Omega}_c$，取等号($N=3$ 大于要求值，若按通带满足要求去求 $\bar{\Omega}_c$，则在阻带截止频率处幅度响应一定超过衰减的要求，即衰减会大于 25dB)。

$$\bar{\Omega}_c = \bar{\Omega}_p\Big/\sqrt[2N]{10^{0.1R_p}-1} = \frac{1}{0.914\,490\,9} = 1.093\,504\,5$$

(6) 查表 6.2 可得 $N=3$ 的巴特沃思归一化低通 AF 的 $H_{an}(s)$ 为

$$H_{an}(s) = \frac{1}{s^3+2s^2+2s+1}$$

(7) 用 $\bar{\Omega}_c$"去归一化"，求得 $\bar{\Omega}_p=1$，$R_p=2$dB 的样本模拟低通的系统函数

$$H_a(s) = H_{an}\left(\frac{s}{\bar{\Omega}_c}\right) = \frac{\bar{\Omega}_c^3}{s^3+2\bar{\Omega}_c s^2+2\bar{\Omega}_c^2 s+\bar{\Omega}_c^3}$$

$$= \frac{1.307\,560\,3}{s^3+2.187\,009s^2+2.391\,504\,2s+1.307\,560\,3}$$

(8) 求样本低通 DF 的系统函数 $H_l(Z)$。采用双线性变换公式。令 $T=2$，可得

$$H_l(Z) = H_a(s)\big|_{s=\frac{1-Z^{-1}}{1+Z^{-1}}}$$

$$= \frac{\bar{\Omega}_c^3(1+Z^{-1})^3}{(1-Z^{-1})^3+2\bar{\Omega}_c(1-Z^{-1})^2(1+Z^{-1})+2\bar{\Omega}_c^2(1-Z^{-1})(1+Z^{-1})^2+\bar{\Omega}_c^3(1+Z^{-1})^3}$$

$$= \frac{0.189\,884\,7(1+Z^{-1})^3}{1+0.163\,689\,2Z^{-1}+0.340\,421\,5Z^{-2}+0.014\,967\,1Z^{-3}} = \frac{a(1+Z^{-1})^3}{1+bZ^{-1}+cZ^{-2}+dZ^{-3}}$$

(9) 利用数字低通→数字高通的频带变换关系(见表 6.11)求变换系数 α。已求出在 2dB 衰减处的高通 DF 的通带截止频率 $\omega_p=0.16\pi$。这里要利用样本模拟低通($\bar{\Omega}_p=1$)，先

求样本低通 DF 在 2dB 衰减处的通带截止频率 θ_p，按双线性变换关系（令 $T=2$）有

$$\bar{\Omega}_p = 1 = \frac{2}{T}\tan\left(\frac{\theta_p}{2}\right)$$

则可得

$$\theta_p = 2\arctan(\bar{\Omega}_p) = 2\arctan(1) = 0.5\pi$$

于是，按表 6.11 可知变换系数 α 为

$$\alpha = -\frac{\cos[(\theta_p+\omega_p)/2]}{\cos[(\theta_p-\omega_p)/2]} = -\frac{\cos(0.33\pi)}{\cos(0.17\pi)} = -\frac{0.509\,041\,4}{0.860\,742} = -0.591\,398\,3$$

（10）用表 6.11 的相应的变换关系，求所需高通 DF 的系统函数 $H_{hp}(z)$

$$H_{hp}(z) = H_l(Z)\big|_{Z^{-1}=-\left(\frac{z^{-1}+\alpha}{1+\alpha z^{-1}}\right)}$$

$$= \frac{a(1+\alpha z^{-1}-z^{-1}-\alpha)^3}{(1+\alpha z^{-1})^3 - b(z^{-1}+\alpha)(1+\alpha z^{-1})^2 + c(z^{-1}+\alpha)^2(1+\alpha z^{-1}) - d(z^{-1}+\alpha)^3}$$

其中　$a=0.189\,884\,7, b=0.163\,689\,2, c=0.340\,421\,5, d=0.014\,967\,1$

$\alpha=-0.591\,398\,3$

由此得出

$$H_{hp}(z) = \frac{0.765\,291(1-z^{-1})^3}{1.218\,964\,3 - 2.541\,152\,6z^{-1} + 1.881\,826\,7z^{-2} - 0.480\,385\,1z^{-3}}$$

$$= \frac{0.627\,820\,6(1-z^{-1})^3}{1 - 2.084\,681\,7z^{-1} + 1.543\,791\,5z^{-2} - 0.394\,092\,8z^{-3}}$$

图 6.42 画出了 $H_{hp}(z)$ 的幅度响应 $20\lg|H_{hp}(e^{j\omega})|$(dB) 的图形，可以看出，在通带截止频率 $\omega_p=0.16\pi$ 处，衰减正好为 2dB，而在阻带截止频率 $\omega_{st}=0.04\pi$ 处，幅度衰减为 34.3dB，超过要求。

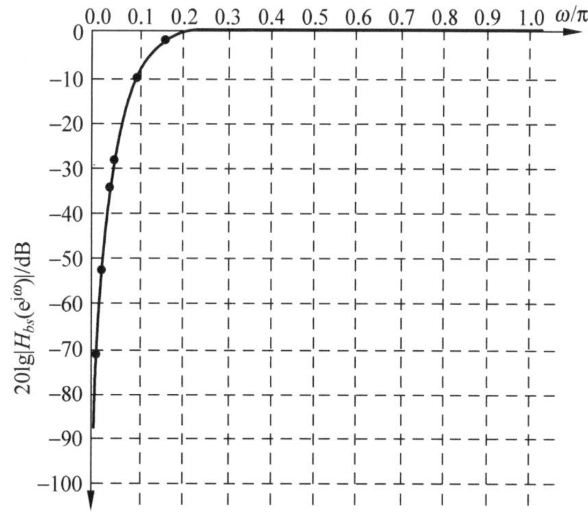

图 6.42　例 6.16 中巴特沃思数字高通滤波器的幅度响应(dB)

【例 6.17】 试利用数字低通→数字带通的频带变换方法、设计一个数字带通滤波器，数字域频率给出指标为

通带允许衰减 $R_p \leqslant 2\text{dB}$， $0.4\pi \leqslant \omega \leqslant 0.6\pi$

阻带最小衰减 $A_s \leqslant 25\text{dB}$， $0 \leqslant \omega \leqslant 0.2\pi$， $0.8\pi \leqslant \omega \leqslant \pi$

采用切贝雪夫滤波器逼近法，求此带通 DF 的系统函数 $H_{bp}(z)$。

解 设计步骤在例 6.16 中已表达出来，为了更形象起见，可用图 6.43 的具体设计框图来表示对切贝雪夫型滤波器的这一设计过程。

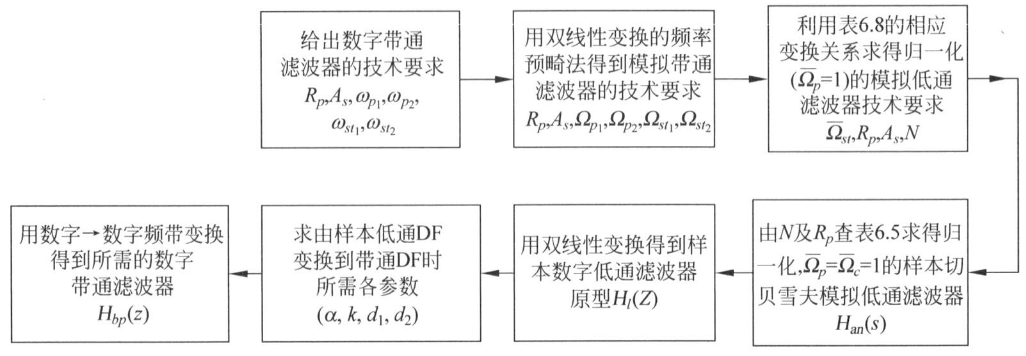

图 6.43 数字低通→数字带通的具体设计框图(对切贝雪夫型)

(1) 数字带通滤波器各项指标为

$R_p = 2\text{dB}$， $A_s = 25\text{dB}$， $\omega_{p_1} = 0.4\pi$， $\omega_{p_2} = 0.6\pi$， $\omega_{st_1} = 0.2\pi$， $\omega_{st_2} = 0.8\pi$

(2) 用双线性变换的频率预畸法，求相应的样本带通 AF 的各项技术指标(令 $T=2$)

$$\Omega_{p_1} = \tan\left(\frac{\omega_{p_1}}{2}\right) = \tan\left(\frac{0.4\pi}{2}\right) = 0.726\,542\,5$$

$$\Omega_{p_2} = \tan\left(\frac{\omega_{p_2}}{2}\right) = \tan\left(\frac{0.6\pi}{2}\right) = 1.376\,381\,9$$

$$\Omega_{st_1} = \tan\left(\frac{\omega_{st_1}}{2}\right) = \tan\left(\frac{0.2\pi}{2}\right) = 0.324\,919\,7$$

$$\Omega_{st_2} = \tan\left(\frac{\omega_{st_2}}{2}\right) = \tan\left(\frac{0.8\pi}{2}\right) = 3.077\,683\,5$$

(3) 求归一化样本低通 AF 的技术指标。采用归一化模拟低通→模拟带通的变换关系式(见表 6.8)。

① 求样本 AF 带通的 B_p 及 Ω_{p0}

$$\Omega_{p0}^2 = \Omega_{p_1}\Omega_{p_2} = 1$$

$$B_p = \Omega_{p_2} - \Omega_{p_1} = 0.649\,839\,4$$

② 求归一化样本低通 AF 的 $\bar{\Omega}_{st}$

$$\bar{\Omega}_{st_2} = \frac{\Omega_{st_2}^2 - \Omega_{p0}^2}{\Omega_{st_2} B_p} = 4.236\,067\,9$$

$$\bar{\Omega}_{st_1} = \frac{\Omega_{st_1}^2 - \Omega_{p0}^2}{\Omega_{st_1} B_p} = -4.236\,067\,9$$

取 $\bar{\Omega}_{st}=\min(|\bar{\Omega}_{st_2}|,|\bar{\Omega}_{st_1}|)=4.2360679$。

③ 求归一化样本低通 AF 的阶次 N，利用切贝雪夫Ⅰ型滤波器求 N 的关系式($\bar{\Omega}_p=1$)

$$N\geqslant\frac{\operatorname{arcch}\left[\sqrt{10^{0.1A_s}-1}/\sqrt{10^{0.1R_p}-1}\right]}{\operatorname{arcch}(\bar{\Omega}_{st}/\bar{\Omega}_p)}=\frac{\operatorname{arcch}[17.754655/0.7647831]}{\operatorname{arcch}(4.2360679)}$$

$$=1.8080$$

取 $N=2$。

(4) 查表 6.5，$N=2$，$R_p=2\text{dB}$ 时归一化($\bar{\Omega}_p=1$)原型切贝雪夫Ⅰ型低通 AF 的系统函数 $H_{an}(s)$为

$$H_{an}(s)=\frac{\frac{1}{2\varepsilon}}{s^2+0.8038164s+0.8230603}$$

其中

$$\varepsilon=\sqrt{10^{0.1R_p}-1}=0.7647831$$

由于所求的是切贝雪夫滤波器，故 $\bar{\Omega}_p=\bar{\Omega}_c$。又由于要用的是归一化的样本低通滤波器，故不必"去归一化"。

(5) 用双线性变换(仍令 $T=2$)求样本低通 DF 的系统函数 $H_l(Z)$

$$H_l(Z)=H_{an}(s)\Big|_{s=\frac{1-Z^{-1}}{1+Z^{-1}}}=\frac{0.6537801(1+Z^{-1})^2}{(1-Z^{-1})^2+0.8038164(1-Z^{-1})(1+Z^{-1})+0.8230603(1+Z^{-1})^2}$$

$$=\frac{0.2488811(1+Z^{-1})^2}{1-0.1347148Z^{-1}+0.3880059Z^{-2}}$$

(6) 求样本数字低通→待求数字带通变换所需的各参数。

① 求样本低通 DF 的截止频率 θ_p。θ_p 应满足双线性变换的关系式($T=2$)

$$\bar{\Omega}_p=\frac{2}{T}\tan\left(\frac{\theta_p}{2}\right)=\tan\left(\frac{\theta_p}{2}\right)=1$$

则有
$$\theta_p=2\arctan(\bar{\Omega}_p)=2\arctan(1)=0.5\pi$$

② 求 α 及 k，由表 6.11 可得

$$\alpha=\cos\left(\frac{\omega_{p_2}+\omega_{p_1}}{2}\right)\Big/\cos\left(\frac{\omega_{p_2}-\omega_{p_1}}{2}\right)=\cos\omega_{p0}=0\text{，故 }\omega_{p0}=\frac{\pi}{2}$$

$$k=\cot\left(\frac{\omega_{p_2}-\omega_{p_1}}{2}\right)\tan\left(\frac{\theta_p}{2}\right)=3.0776835$$

③ 求 d_1 及 d_2。由(6.12.22)式及(6.12.23)式可得到

$$d_1=-\frac{2\alpha k}{k+1}=0$$

$$d_2=-\frac{k-1}{k+1}=0.5095254$$

(7) 求 $H_{bp}(z)$。由表 6.11 的相应表达式，可求得所需带通 DF 的系统函数 $H_{bp}(z)$。先写出低通 DF→带通 DF 的变换函数

$$Z^{-1}=G(z^{-1})=-\frac{z^{-2}+d_1z^{-1}+d_2}{1+d_1z^{-1}+d_2z^{-2}}=-\frac{z^{-2}+0.5095254}{1+0.5095254z^{-2}}=-\frac{1.9626107z^{-2}+1}{z^{-2}+1.9626107}$$

为了方便推导，先将 $H_l(Z)$及变换关系式 Z^{-1}表示成

$$H_l(Z)=\frac{A(1+Z^{-1})^2}{1-aZ^{-1}+bZ^{-2}},\quad Z^{-1}=-\frac{Mz^{-2}+1}{z^{-2}+M}$$

其中 $a=0.1347148$

$b=0.3880059$

$A=0.2488811$

$M=1.9626107=\frac{1}{d_2}$

于是可得到

$$\begin{aligned}H_{bp}(z)&=H_l(Z)\Big|_{Z^{-1}=-\frac{Mz^{-2}+1}{z^{-2}+M}}\\&=\frac{A\left(1-\dfrac{Mz^{-2}+1}{z^{-2}+M}\right)^2}{1+a\left(\dfrac{Mz^{-2}+1}{z^{-2}+M}\right)+b\left(\dfrac{Mz^{-2}+1}{z^{-2}+M}\right)^2}\\&=\frac{A(M-1)^2(1-z^{-2})^2}{(z^{-2}+M)^2+a(Mz^{-2}+1)(z^{-2}+M)+b(Mz^{-2}+1)^2}\\&=\frac{A(M-1)^2(1-z^{-2})^2}{(M^2+aM+b)+(2M+aM^2+a)z^{-2}+(1+aM+bM^2)z^{-4}}\\&=\frac{0.0512002(1-z^{-2})^2}{1+1.3546894z^{-2}+0.6125184z^{-4}}\end{aligned}$$

图 6.44 画出了例 6.17 中数字带通滤波器（切贝雪夫型）的幅度响应（以 dB 形式表示）。

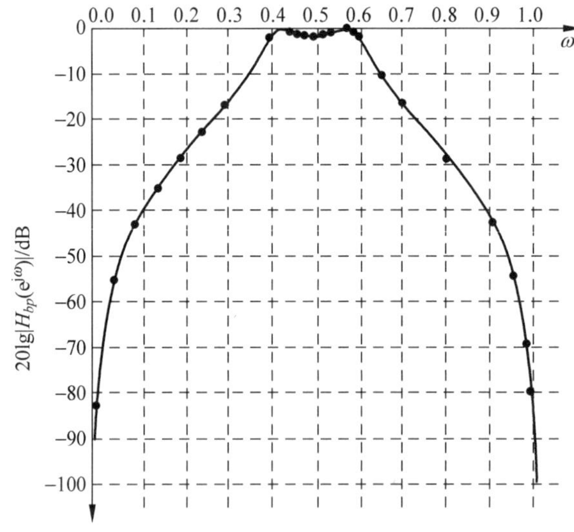

图 6.44 例 6.17 中切贝雪夫数字带通滤波器的幅度响应（dB）

可以看出幅度响应在通带截止频率 $\omega_{p_1}=0.4\pi$，$\omega_{p_2}=0.6\pi$ 处衰减 $R_p=2\text{dB}$，正好满足要求，而在阻带截止频率 $\omega_{st_1}=0.2\pi$，$\omega_{st_2}=0.8\pi$ 处，衰减为 $A_s=28.5\text{dB}$ 超过要求值。

同样可设计双带通或多带通滤波器，计算很复杂，但利用 MATLAB 程序求解就很方便。

习　题

6.1　一个因果线性移不变系统由下列方程给出

$$y(n)=ay(n-1)-x(n)-bx(n-1)$$

试确定能使该系统成为全通系统的 b 值($b\neq a$)。

6.2　给出下列三个二阶系统，问哪个是最小相位系统？哪个是最大相位系统？哪个是混合相位(既非最大相位也非最小相位)系统？画出三个系统的零-极点图。

$$H_1(z)=\frac{(z^{-1}-a)(z^{-1}-b)}{1-1.2021z^{-1}+0.7225z^{-2}}$$

$$H_2(z)=\frac{(1-az^{-1})(1-bz^{-1})}{1-1.2021z^{-1}+0.7225z^{-2}}$$

$$H_3(z)=\frac{(1-az^{-1})(z^{-1}-b)}{1-1.2021z^{-1}+0.7225z^{-2}}$$

其中 $a=-0.5$，$b=0.7$。

6.3　任何一个非最小相位系统均可表示成一个最小相位系统与一个全通系统的级联，即

$$H(z)=H_{\min}(z)H_{ap}(z)$$

其中 $H_{ap}(z)$是稳定的因果的全通滤波器，$H_{\min}(z)$是最小相位系统。令

$$\Phi(\omega)=\arg[H(e^{j\omega})]$$

$$\Phi_{\min}(\omega)=\arg[H_{\min}(e^{j\omega})]$$

试证明对于所有 ω，有

$$-\frac{d\Phi(\omega)}{d\omega}>-\frac{d\Phi_{\min}(\omega)}{d\omega}$$

此不等式说明，最小相位系统具有最小群延时，所以也是最小延时系统。

6.4　设 $h_{\min}(n)$是最小相位序列，$h(n)$是非最小相位的因果序列，且满足$|H_{\min}(e^{j\omega})|=|H(e^{j\omega})|$，试证明$|h(0)|<|h_{\min}(0)|$。提示：利用初值定理。

6.5　实因果有限长的最小相位延时序列为 $h_{\min}(n)$，$0\leqslant n\leqslant N-1$，其对应的实因果有限长最大相位延时序列为 $h_{\max}(n)$，若

$$|H_{\max}(e^{j\omega})|=|H_{\min}(e^{j\omega})|$$

试证明

$$H_{\max}(z)=z^{-(N-1)}H_{\min}(z^{-1})$$

并利用此结果，将 $h_{\max}(n)$用 $h_{\min}(n)$来表示。

6.6　已知实因果序列为 $h(n)=\left\{\underline{-\frac{1}{8}},-\frac{5}{24},\frac{13}{12},-\frac{1}{3}\right\}$。

(1) 该序列是否是最小相位延时序列，若不是，请找出具有相同幅频响应特性的因果性最小相位延时序列 $h_{\min}(n)$；

(2) 请找出与该序列具有相同幅频响应特性的因果性最大相位延时序列 $h_{\max}(n)$。

6.7 若一个离散时间系统的系统函数是

$$H(z)=(1-0.85e^{j0.9\pi}z^{-1})(1-0.85e^{-j0.9\pi}z^{-1})(1-1.5e^{j0.3\pi}z^{-1})(1-1.5e^{-j0.3\pi}z^{-1})\times(1-0.7z^{-1})(1+1.2z^{-1})$$

移动其零点可得到新的系统，但要满足下述条件：

(1) 新系统和 $H(z)$ 具有相同的幅频响应；

(2) 新系统的单位抽样响应仍为实数，且其长度和原系统的一样。

试问：

(1) 可得几个不同的系统？

(2) 哪一个是最小相位的？哪一个是最大相位的？

(3) 对最大相位系统、最小相位系统和任意一个混合相位系统求 $h(n)$，并计算 $E(m)=\sum_{n=0}^{m}h^2(n)$，$m\leqslant 6$，试比较各系统的能量累积情况。

6.8 如图 P6.8 所示，有 8 个有限长序列，$N=4$，各序列傅里叶变换的幅度都相同，试问哪些序列的 z 变换全部零点都位于单位圆内部。

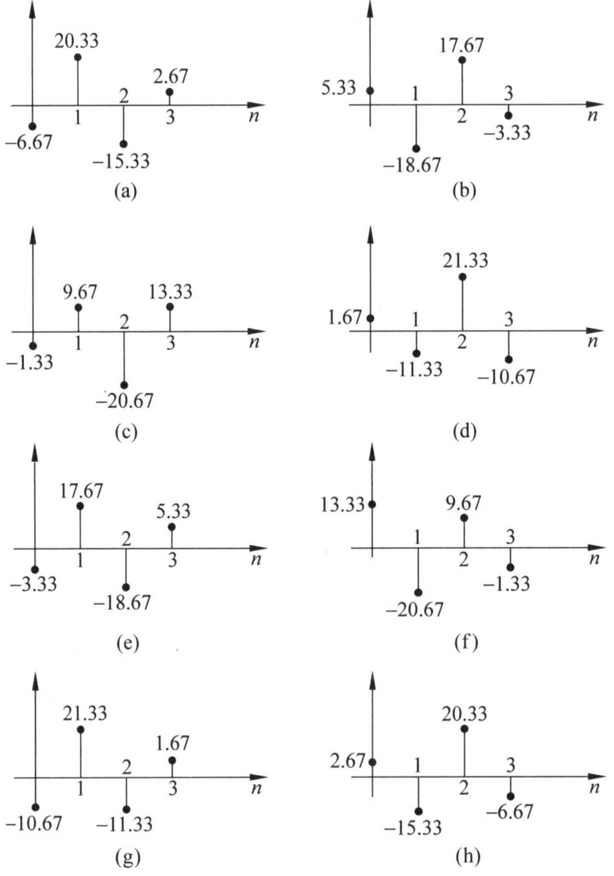

图 P6.8

6.9 已知 $h_1(n),h_2(n),\cdots,h_M(n)$ 为 M 个点数皆为 N 点（$0\leqslant n\leqslant N-1$）的有限长序列（$h_i(n)=0$，$n\geqslant N,n<0,i=1,\cdots,M$），各序列的傅里叶变换的幅度函数都相同，且各序列对实常数或复常数而言互不成正比。试讨论：

(1) 若各序列可以是实序列，也可以是复序列，则 M 的最大值是多少？

(2) 若各序列必须是实序列，则 M 的最大值是多少？

6.10 用冲激响应不变法将以下 $H_a(s)$ 变换为 $H(z)$，抽样周期为 T。

(1) $H_a(s)=(s+a)/[(s+a)^2+b^2]$；

(2) $H_a(s)=A/(s-s_0)^{n_0}$，n_0 为任意正整数。

6.11 设计一个模拟低通滤波器，要求其通带截止频率 $f_p=20\text{Hz}$，其通带最大衰减为 $R_p=2\text{dB}$，阻带截止频率为 $f_{st}=40\text{Hz}$，阻带最小衰减为 $A_s=20\text{dB}$，采用巴特沃思滤波器，画出滤波器的幅度响应。

6.12 设计一个模拟高通滤波器，要求其阻带截止频率 $f_{st}=30\text{Hz}$，阻带最小衰减为 $A_s=25\text{dB}$，通带截止频率为 $f_p=50\text{Hz}$，通带最大衰减为 $R_p=1\text{dB}$。

(1) 采用巴特沃思滤波器；

(2) 采用切贝雪夫Ⅰ型滤波器；

(3) 利用 MATLAB 工具箱函数设计椭圆函数滤波器。

画出各滤波器的频率响应（以 dB 表示）。

6.13 给定模拟滤波器的幅度平方函数为

$$|H_a(\mathrm{j}\Omega)|^2=\frac{\Omega^2+1/4}{\Omega^4+16\Omega^2+256}$$

又有 $H_a(0)=1$。

(1) 试求稳定的模拟滤波器的系统函数 $H_a(s)$；

(2) 用冲激响应不变法，将 $H_a(s)$ 映射成数字滤波器 $H(z)$。

6.14 某一数字低通滤波器的各种指标和参量要求如下：

(1) 巴特沃思频率响应，采用双线性变换法设计；

(2) 当 $0\leqslant f\leqslant 25\text{Hz}$ 时，衰减小于 3dB；

(3) 当 $f\geqslant 50\text{Hz}$ 时，衰减大于或等于 40dB；

(4) 抽样频率 $f_s=200\text{Hz}$。

试确定系统函数 $H(z)$，并求每级阶数不超过二阶的级联系统函数。

6.15 令 $h_a(t)$、$s_a(t)$ 和 $H_a(s)$ 分别表示一个时域连续的线性时不变滤波器的单位冲激响应、单位阶跃响应和系统函数。令 $h(n)$、$s(n)$ 和 $H(z)$ 分别表示时域离散线性移不变数字滤波器的单位抽样响应、单位阶跃响应和系统函数。

(1) 如果 $h(n)=h_a(nT)$，是否 $s(n)=\sum\limits_{k=-\infty}^{\infty}h_a(kT)$？

(2) 如果 $s(n)=s_a(nT)$，是否 $h(n)=h_a(nT)$？

6.16 试导出从低通数字滤波器变为带通数字滤波器的设计公式。

6.17 设计一个切贝雪夫Ⅰ型数字带通滤波器，采用 6.10 节从模拟低通原型直接设计的方法（利用表 6.10 的关系式）。要求技术指标为：抽样频率 $f_s=50\text{kHz}$，通带截止频率 $f_{p_1}=3\text{kHz}$，$f_{p_2}=6\text{kHz}$，通带衰减 $R_p=2\text{dB}$，阻带截止频率 $f_{st_1}=1\text{kHz}$，$f_{st_2}=8\text{kHz}$，阻带衰减 $A_s=25\text{dB}$。写出系统函数并画出幅频特性曲线（dB）。

6.18 利用数据中表 6.8 模拟归一化原型低通滤波器变换成模拟各类型滤波器的方法以及双线性变换关系式,试导出由模拟归一化原型低通滤波器变换成数字各种滤波器的系统函数及频率间的变换关系式,并与表 6.10 的各种变换关系式加以比较。

6.19 设计一个数字切贝雪夫Ⅰ型带通滤波器,给定指标为

(1) 波纹 $R_p \leqslant 2\text{dB}$,当 $200\text{Hz} \leqslant f \leqslant 400\text{Hz}$ 时;

(2) 衰减 $A_s \geqslant 20\text{dB}$,当 $f \leqslant 100\text{Hz}$,$f \geqslant 600\text{Hz}$ 时;

(3) 抽样频率 $f_s = 2\text{kHz}$。

试用双线性变换法进行设计,最后写出 $H(z)$ 的表达式,并画出系统的幅频响应特性(dB)。

6.20 设计一个数字巴特沃思高通滤波器,写出 $H(z)$ 表达式并画出它的幅频响应(dB)。给定指标为

(1) 衰减 $A_s \geqslant 30\text{dB}$,当 $f \leqslant 3\text{kHz}$ 时;

(2) 衰减 $R_p \leqslant 3\text{dB}$,当 $f \geqslant 5\text{kHz}$ 时;

(3) 抽样频率 $f_s = 20\text{kHz}$。

试用双线性变换法进行设计,最后写出 $H(z)$ 的表达式,并画出系统的幅频响应特性(dB)。

6.21 设计一个数字切贝雪夫Ⅱ型带阻滤波器,给定指标为

(1) 衰减 $A_s \geqslant 30\text{dB}$,当 $1\text{kHz} \leqslant f \leqslant 2\text{kHz}$ 时;

(2) 波纹 $R_p \leqslant 3\text{dB}$,当 $f \leqslant 500\text{Hz}$,$f \geqslant 3\text{kHz}$ 时;

(3) 抽样频率 $f_s = 10\text{kHz}$。

试用双线性变换法进行设计,最后写出 $H(z)$ 的表达式,并画出系统的幅频响应特性(dB)。

6.22 设计一个数字切贝雪夫Ⅰ型带阻滤波器,给定指标为

(1) 波纹 $A_s \geqslant 30\text{dB}$,当 $10\text{kHz} \leqslant f \leqslant 20\text{kHz}$ 时;

(2) 衰减 $R_p \leqslant 3\text{dB}$,当 $f \leqslant 5\text{kHz}$,$f \geqslant 30\text{kHz}$ 时;

(3) 抽样频率 $f_s = 100\text{kHz}$。

试用双线性变换法进行设计,最后写出 $H(z)$ 的表达式,并画出系统的幅频响应特性(dB)。设计时请先想一想,这一题和上一题有什么相似处,由此应该得出什么结论。

*6.23 有如图 P6.23 所示的系统。

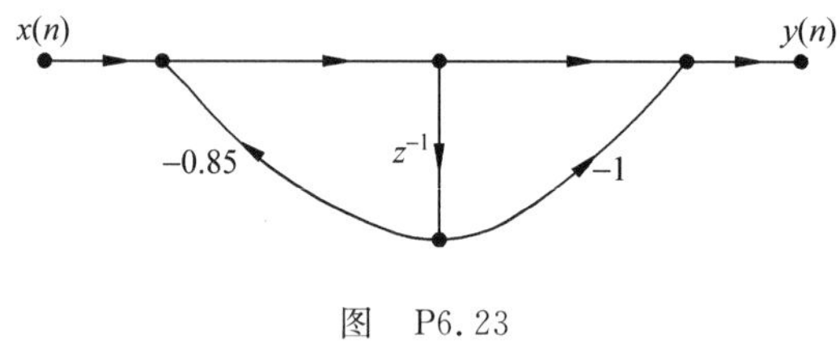

图 P6.23

(1) 写出该系统的系统函数 $H(z)$,画出系统的幅频特性,并问这一系统是哪一种通带滤波器?

(2) 在上述系统中,用下列差分方程表示的网络代替它的 z^{-1} 延时单元:

$$y(n) = x(n-2) - \alpha[x(n-1) - y(n-1)], \quad 0 < \alpha < 1$$

问变换后的数字网络是哪一种通带滤波器?

*6.24 要求设计一个数字带通滤波器,其抽样频率为 $f_s = 25\text{kHz}$,通带截止频率为 $f_{p_1} = 5\text{kHz}$,$f_{p_2} = 7\text{kHz}$,通带衰减 $R_p = 0.5\text{dB}$,阻带截止频率为 $f_{st_1} = 3.5\text{kHz}$,$f_{st_2} = 8.5\text{kHz}$,阻带衰减为 $A_s = 45\text{dB}$。

(1) 利用 MATLAB 工具箱中 ellipord 及 ellip 设计椭圆函数滤波器;

(2) 利用 MATLAB 工具箱中 cheb1ord 及 cheb1 设计切贝雪夫Ⅰ型滤波器；

(3) 利用 MATLAB 工具箱中 cheb2ord 及 cheb2 设计切贝雪夫Ⅱ型滤波器；

(4) 利用 buttord 及 butter 设计巴特沃思型滤波器。

要求每种设计都给出系统函数并画出幅频特性(dB)、相频特性以及单位冲激响应。

6.25 试证明 N 阶巴特沃思模拟低通滤波器的幅度平方响应在 $\Omega=0$ 处的前 $2N-1$ 阶导数存在且等于零。

6.26 说明用冲激响应不变法设计的数字滤波器，其设计结果与抽样周期 T 的数值无关。

6.27 设模拟滤波器的系统函数为

$$H_a(s)=\frac{s+a}{(s+a)^2+\Omega_0^2}$$

试用冲激响应不变法将它转换成数字滤波器的系统函数。

6.28 设模拟滤波器的系统函数为

$$H_a(s)=\frac{\Omega_0}{(s+a)^2+\Omega_0^2}$$

试用冲激响应不变法将它转换成数字滤波器的系统函数。

第7章　有限长单位冲激响应(FIR)数字滤波器设计方法

7.1　概　　述

FIR DF 的特点是：

(1) 可以实现严格的线性相位，这对图像处理、视频信号及数据信号的传输都是非常重要的。若用 IIR DF 则需要采用相位均衡(群延时均衡)网络来校正它的非线性相位，可以得到近似的线性相位。相位均衡器可采用全通网络，或采用时域均衡的办法。

(2) FIR DF 的 $h(n)$是有限长的，因而滤波器一定是稳定的。

(3) 任何非因果的有限长序列，经过一定的延时，都能成为因果的有限长序列，因而非因果系统可以转换成因果系统。

(4) 由于 $h(n)$是有限长的，因而可以用 FFT 算法来实现过滤信号，可极大提高运算效率。

(5) 在滤波器性能要求相同的情况下，FIR 滤波器的阶次要比 IIR 滤波器的阶次高得多，这是它的缺点。

(6) FIR 滤波器和 IIR 滤波器设计方法是不同的，这是由于它们的系统函数是不同的，FIR 滤波器 $H(z)$是 z^{-1}的多项式，IIR 滤波器 $H(z)$是 z^{-1}的有理分式。

(7) FIR 滤波器可以更加灵活地设计出正交变换器(希尔伯特变换器)、线性微分器及任意频率特性的滤波器。

(8) 本章主要讨论线性相位 FIR 滤波器，因为非线性相位的滤波器用 IIR 滤波器实现，阶数更小，更为节约成本。

7.2　线性相位 FIR 数字滤波器的特点

FIR 滤波器的单位冲激响应是有限长的，$h(n)$在 $0\leqslant n\leqslant N-1$ 范围有值，其系统函数为

$$H(z)=\sum_{n=0}^{N-1}h(n)z^{-n} \tag{7.2.1}$$

它是 z^{-1}的$(N-1)$阶多项式。$H(z)$在有限 z 平面$(0<|z|<\infty)$有 $N-1$ 个零点；在z 平面原点 $z=0$ 处有$(N-1)$阶极点。

7.2.1 线性相位条件

一般频率响应可表示成幅频响应 $|H(e^{j\omega})|$ 和相频响应 $\varphi(\omega)$，即

$$H(e^{j\omega}) = |H(e^{j\omega})| e^{j\varphi(\omega)} \tag{7.2.2}$$

但在讨论线性相位 FIR 滤波器设计时，则采用以下表达式

$$H(e^{j\omega}) = H(\omega)e^{j\theta(\omega)} \tag{7.2.3}$$

其中 $H(\omega) \neq |H(e^{j\omega})|$，$H(\omega)$不等于幅频（幅度）响应，它是一个实函数，可正可负，$\theta(\omega) \neq \varphi(\omega)$，因为相频（相位）响应 $\varphi(\omega)$中还应包括 $H(\omega)$的正、负所造成的相位有 0 或 π 弧度的变化。也就是说，可以表示成

$$H(e^{j\omega}) = |H(e^{j\omega})| e^{j\varphi(\omega)} = \pm |H(e^{j\omega})| e^{j\theta(\omega)} = H(\omega)e^{j\theta(\omega)} \tag{7.2.4}$$

所以，将 $H(\omega)$称为幅度函数，以区别于幅度响应 $|H(e^{j\omega})|$；将 $\theta(\omega)$称为相位函数，以区别于相位响应 $\varphi(\omega)$。

以下讨论中，采用(7.2.3)式的表达式，即采用幅度函数 $H(\omega)$与相位函数 $\theta(\omega)$的表达式。

利用(7.2.3)式的表达式，有**两类严格的线性相位函数**

第一类

$$\theta(\omega) = -\omega\tau \tag{7.2.5}$$

第二类

$$\theta(\omega) = -\omega\tau + \beta \tag{7.2.6}$$

其中，β、τ 都是常数，这两类线性相位函数的群延时都是常数 $-\frac{d\theta(\omega)}{d\omega} = \tau$。

满足 $H(e^{j\omega}) = H(\omega)e^{-j\omega\tau}$ 或 $H(e^{j\omega}) = H(\omega)e^{-j(\omega\tau-\beta)}$ 的系统称为广义线性相位系统。以下讨论的线性相位系统，都是利用广义线性相位系统的概念来导出的，**仍称为线性相位系统。**

7.2.2 线性相位约束对 FIR 数字滤波器（DF）的单位冲激响应 $h(n)$ 的要求

1. 第一类线性相位情况下

$$H(e^{j\omega}) = \sum_{n=0}^{N-1} h(n)e^{-j\omega n} = H(\omega)e^{j\theta(\omega)} = H(\omega)e^{-j\omega\tau}$$

则有

$$\sum_{n=0}^{N-1} h(n)[\cos(\omega n) - j\sin(\omega n)] = H(\omega)[\cos(\omega\tau) - j\sin(\omega\tau)]$$

因而

$$\sum_{n=0}^{N-1} h(n)\cos(\omega n) = H(\omega)\cos(\omega\tau)$$

$$\sum_{n=0}^{N-1} h(n)\sin(\omega n) = H(\omega)\sin(\omega\tau)$$

以上两式相除，得

$$\frac{\sin(\omega\tau)}{\cos(\omega\tau)}=\frac{\sum_{n=0}^{N-1}h(n)\sin(\omega n)}{\sum_{n=0}^{N-1}h(n)\cos(\omega n)}$$

即有

$$\sum_{n=0}^{N-1}h(n)\cos(\omega n)\sin(\omega\tau)=\sum_{n=0}^{N-1}h(n)\sin(\omega n)\cos(\omega\tau)$$

利用三角公式化简为

$$\sum_{n=0}^{N-1}h(n)\sin[(\tau-n)\omega]=0 \tag{7.2.7}$$

只有当 $h(n)\sin[(\tau-n)\omega]$ 对于以上求和区间的中心点 $n=(N-1)/2$ 呈奇对称时，整个求和式才能等于零。由于 $\sin[\omega(\tau-n)]$ 对 $n=\tau$ 呈奇对称，故要求 $\tau=(N-1)/2$，此时，就必须要求 $h(n)$ 对 $n=(N-1)/2$ 呈偶对称。所以要求 τ 和 $h(n)$ 满足以下条件，滤波器就满足第一类线性相位的要求

$$h(n)=h(N-1-n),\quad 0\leqslant n\leqslant N-1 \tag{7.2.8}$$

$$\tau=(N-1)/2 \tag{7.2.9}$$

(7.2.8)式是保证 FIR 滤波器具有第一类严格线性相位因果系统[见(7.2.5)式]的充分条件，但不是必要条件，因为也存在其他满足线性相位条件的系统，例如当 $2\tau\neq$ 整数时，$h(n)$ 不满足对称条件，但仍可得到线性相位函数，见后面的例 7.1。

2. 第二类线性相位情况下

$$H(e^{j\omega})=\sum_{n=0}^{N-1}h(n)e^{-j\omega n}=H(\omega)e^{j\theta(\omega)}=H(\omega)e^{-j(\tau\omega-\beta)}$$

则有

$$\sum_{n=0}^{N-1}h(n)[\cos(\omega n)-j\sin(\omega n)]=H(\omega)[\cos(\tau\omega-\beta)-j\sin(\tau\omega-\beta)]$$

因而

$$\sum_{n=0}^{N-1}h(n)\cos(\omega n)=H(\omega)\cos(\tau\omega-\beta)$$

$$\sum_{n=0}^{N-1}h(n)\sin(\omega n)=H(\omega)\sin(\tau\omega-\beta)$$

以上两式相除，得

$$\frac{\sin(\tau\omega-\beta)}{\cos(\tau\omega-\beta)}=\frac{\sum_{n=0}^{N-1}h(n)\sin(\omega n)}{\sum_{n=0}^{N-1}h(n)\cos(\omega n)}$$

即有

$$\sum_{n=0}^{N-1} h(n)\sin(\tau\omega-\beta)\cos(\omega n) = \sum_{n=0}^{N-1} h(n)\cos(\tau\omega-\beta)\sin(\omega n)$$

利用三角公式化简为

$$\sum_{n=0}^{N-1} h(n)\sin[(\tau-n)\omega-\beta] = 0 \tag{7.2.10}$$

只有当 $h(n)\sin[(\tau-n)\omega-\beta]$ 对于求和区间的中心点 $n=(N-1)/2$ 呈奇对称时，整个求和式才能等于零。实际应用中常要求除了线性相位外，还需要有 90°移相作用，例如在希尔伯特变换器（90°移相器）就需要这种相位特性，所以把 β（它是 $\omega=0$ 时的起始相位）选成 $\beta=\pm\frac{\pi}{2}$，则(7.2.10)式成为

$$\sum_{n=0}^{N-1} h(n)\cos[(\tau-n)\omega] = 0 \tag{7.2.11}$$

由于 $\cos[(\tau-n)\omega]$ 对 $n=\tau$ 呈偶对称，故要求 $\tau=(N-1)/2$，此时，就必须要求 $h(n)$ 对 $n=(N-1)/2$ 呈奇对称。所以要求 τ、$h(n)$ 以及 β 满足以下条件，滤波器就能满足第二类线性相位的要求

$$h(n) = -h(N-1-n),\quad 0\leqslant n\leqslant N-1 \tag{7.2.12}$$

$$\left.\begin{aligned} \beta &= \pm\frac{\pi}{2} \\ \tau &= \frac{N-1}{2} \end{aligned}\right\} \tag{7.2.13}$$

(7.2.12)式是 FIR 滤波器具有 $\beta=\pm\pi/2$ 的第二类线性相位因果系统[见(7.2.6)式]**的充分条件，但不是必要条件**。此时，FIR DF 除了**具有严格的线性相位外，还具有 90°的相移**，因而又称为线性相位正交变换器（或称线性相位 90°移相器）。

由于 $h(n)$ 以 $n=(N-1)/2$ 为奇对称中心，故当 $n=(N-1)/2$ 时有

$$h((N-1)/2) = -h(N-1-(N-1)/2) = -h((N-1)/2)$$

所以

$$h((N-1)/2) = 0,\quad N = \text{奇数} \tag{7.2.14}$$

7.2.3 两类线性相位约束下，FIR 数字滤波器幅度函数 $H(\omega)$ 的特点

将 $h(n)=\pm h(N-1-n)$ 代入 $H(z)$ 中，可得

$$\begin{aligned} H(z) &= \sum_{n=0}^{N-1} h(n)z^{-n} = \sum_{n=0}^{N-1} \pm h(N-1-n)z^{-n} \\ &= \pm\sum_{m=0}^{N-1} h(m)z^{-(N-1-m)} = \pm z^{-(N-1)}\sum_{m=0}^{N-1} h(m)z^{m} \end{aligned}$$

即有

$$H(z) = \pm z^{-(N-1)}H(z^{-1}) \tag{7.2.15}$$

可进一步写成

$$H(z)=\frac{1}{2}\left[H(z)\pm z^{-(N-1)}H(z^{-1})\right]=\frac{1}{2}\sum_{n=0}^{N-1}h(n)\left[z^{-n}\pm z^{-(N-1)}z^{n}\right]$$

$$=z^{-\frac{N-1}{2}}\sum_{n=0}^{N-1}h(n)\left[\frac{z^{\left(\frac{N-1}{2}-n\right)}\pm z^{-\left(\frac{N-1}{2}-n\right)}}{2}\right] \tag{7.2.16}$$

式中，方括号内“+”相当于 $h(n)=h(N-1-n)$ 的情况，“−”相当于 $h(n)=-h(N-1-n)$ 的情况。

1. 当 $h(n)$ 对 $n=(N-1)/2$ 呈偶对称时，即当 $h(n)=h(N-1-n)$ 时，频率响应 $H(e^{j\omega})$ 为

$$H(e^{j\omega})=H(z)\Big|_{z=e^{j\omega}}=e^{-j\left(\frac{N-1}{2}\right)\omega}\sum_{n=0}^{N-1}h(n)\cos\left[\left(\frac{N-1}{2}-n\right)\omega\right]=H(\omega)e^{j\theta(\omega)} \tag{7.2.17}$$

其幅度函数 $H(\omega)$ 为实函数（有正、有负）

$$H(\omega)=\sum_{n=0}^{N-1}h(n)\cos\left[\left(\frac{N-1}{2}-n\right)\omega\right] \tag{7.2.18}$$

其相位函数 $\theta(\omega)$ 为严格的线性相位

$$\theta(\omega)=-(N-1)\omega/2 \tag{7.2.19}$$

此式说明滤波器的群延时为 $-\mathrm{d}\theta(\omega)/\mathrm{d}\omega=(N-1)/2$，即有 $(N-1)/2$ 个抽样延时。

2. 当 $h(n)$ 对 $n=(N-1)/2$ 为奇对称时，即当 $h(n)=-h(N-1-n)$ 时，频率响应 $H(e^{j\omega})$ 为

$$H(e^{j\omega})=H(z)\Big|_{z=e^{j\omega}}=je^{-j\left(\frac{N-1}{2}\right)\omega}\sum_{n=0}^{N-1}h(n)\sin\left[\left(\frac{N-1}{2}-n\right)\omega\right]$$

$$=e^{-j\left(\frac{N-1}{2}\right)\omega+j\frac{\pi}{2}}\sum_{n=0}^{N-1}h(n)\sin\left[\left(\frac{N-1}{2}-n\right)\omega\right] \tag{7.2.20}$$

其幅度函数 $H(\omega)$ 为实函数（有正、有负）

$$H(\omega)=\sum_{n=0}^{N-1}h(n)\sin\left[\left(\frac{N-1}{2}-n\right)\omega\right] \tag{7.2.21}$$

其相位函数 $\theta(\omega)$ 既是线性相位的，又包含 90° 的相移

$$\theta(\omega)=-(N-1)\omega/2+\pi/2 \tag{7.2.22}$$

这时，滤波器的群延时仍为 $-\mathrm{d}\theta(\omega)/\mathrm{d}\omega=(N-1)/2$。

3. 由 $h(n)$ 有奇、偶对称两种情况，加上 N 为奇偶两种情况，可以得出**线性相位 FIR 滤波器幅度函数 $H(\omega)$ 的四种情况**。

（1）**第 1 种情况。$h(n)=h(N-1-n)$，即 $h(n)$ 对 $n=(N-1)/2$ 偶对称，N 为奇数。**利用(7.2.18)式，考虑到 $h(n)$ 及 $\cos[((N-1)/2-n)\omega]$ 都对 $n=(N-1)/2$ 偶对称，把两两相等的项合并，且考虑到有 $n=(N-1)/2$ 这一单独项，再经变量置换 $(N-1)/2-n=m$ 后，可得

$$H(\omega)=h\left(\frac{N-1}{2}\right)+\sum_{n=0}^{(N-3)/2}2h(n)\cos\left[\left(\frac{N-1}{2}-n\right)\omega\right]$$

$$=h\left(\frac{N-1}{2}\right)+\sum_{m=1}^{(N-1)/2}2h\left(\frac{N-1}{2}-m\right)\cos(m\omega)$$

$$=\sum_{n=0}^{(N-1)/2}a(n)\cos(\omega n) \tag{7.2.23}$$

其中

$$\begin{cases}a(0)=h((N-1)/2)\\ a(n)=2h((N-1)/2-n), \quad n=1,2,\cdots,(N-1)/2\end{cases} \tag{7.2.24}$$

可以看出，当 $h(n)$偶对称，N 为奇数时，由于 $\cos(\omega n)$对 $\omega=0,\pi,2\pi$ 皆为偶对称，所以 $\boldsymbol{H(\omega)}$ **对 $\boldsymbol{\omega=0,\pi,2\pi}$ 皆为偶对称**。这种情况，**可以作为低通、高通、带通、带阻中的任一种滤波器**。

(2) **第 2 种情况。$\boldsymbol{h(n)=h(N-1-n)}$，即 $\boldsymbol{h(n)}$ 对 $\boldsymbol{n=(N-1)/2}$ 呈偶对称，$\boldsymbol{N}$ 为偶数**。仍利用(7.2.18)式，与 N 为奇数时的讨论相同，唯一不同处是 $N=$偶数，故没有单独的项，经变量置换 $n=N/2-m$ 后，可得

$$H(\omega)=\sum_{n=0}^{N/2-1}2h(n)\cos\left[\left(\frac{N-1}{2}-n\right)\omega\right]=\sum_{m=1}^{N/2}2h(N/2-m)\cos\left[\omega\left(m-\frac{1}{2}\right)\right]$$

$$=\sum_{n=1}^{N/2}b(n)\cos\left[\omega\left(n-\frac{1}{2}\right)\right] \tag{7.2.25}$$

其中

$$b(n)=2h(N/2-n), \quad n=1,2,\cdots,N/2 \tag{7.2.26}$$

可以看出，当 $h(n)$呈偶对称，N 为偶数时，有

① 由于 $\cos[\omega(n-1/2)]$对 $\omega=\pi$ 呈奇对称，对 $\omega=0,2\pi$ 呈偶对称，故 $\boldsymbol{H(\omega)}$ **也对 $\boldsymbol{\omega=\pi}$ 呈奇对称，对 $\boldsymbol{\omega=0,2\pi}$ 呈偶对称**，从对称角度上看，$H(\omega)$与$|H(e^{j\omega})|$是不同的。

② 由于 $\cos[\omega(n-1/2)]\Big|_{\omega=\pi}=0$，故 $\boldsymbol{H(\omega)|_{\omega=\pi}=0}$，故这种情况**不能用来设计高通及带阻滤波器，只能用来设计低通和带通滤波器**。

(3) **第 3 种情况。$\boldsymbol{h(n)=-h(N-1-n)}$，即 $\boldsymbol{h(n)}$ 对 $\boldsymbol{n=(N-1)/2}$ 呈奇对称，$\boldsymbol{N}$ 为奇数**。利用(7.2.21)式，考虑到 $h(n)$及 $\sin[((N-1)/2-n)\omega]$都对 $n=(N-1)/2$ 呈奇对称，且有(见(7.2.14)式)

$$h((N-1)/2)=0$$

将两两相等的项合并后，经变量置换 $m=(N-1)/2-n$ 后，可得到

$$H(\omega)=\sum_{n=0}^{(N-3)/2}2h(n)\sin\left[\left(\frac{N-1}{2}-n\right)\omega\right]$$

$$=\sum_{m=1}^{(N-1)/2}2h\left(\frac{N-1}{2}-m\right)\sin(\omega m)=\sum_{n=1}^{(N-1)/2}c(n)\sin(\omega n) \tag{7.2.27}$$

其中

$$c(n)=2h((N-1)/2-n),\quad n=1,2,\cdots,(N-1)/2 \tag{7.2.28}$$

可以看出,当 $h(n)$ 呈奇对称,N 为奇数时,有

① 由于 $\sin(n\omega)$ 对 $\omega=0,\pi,2\pi$ 都呈奇对称,故 **$H(\omega)$ 对 $\omega=0,\pi,2\pi$ 也呈奇对称**。显然可看出 $H(\omega)$ 与 $|H(e^{j\omega})|$ 是不同的,幅度响应 $|H(e^{j\omega})|$ 在 $\omega=0,\pi,2\pi$ 处一定是偶对称的。

② 由于 $\sin(n\omega)$ 在 $\omega=0,\pi,2\pi$ 处皆为零,故 **$H(\omega)$ 在 $\omega=0,\pi,2\pi$ 处必为零值**,因而这种情况**只能用来设计带通滤波器,不能用在高通、低通及带阻滤波器设计中,由于有 90°相移,故主要可用于设计离散希尔伯特变换器及微分器**。

(4) **第 4 种情况。$h(n)=-h(N-1-n)$,即 $h(n)$ 对 $n=(N-1)/2$ 呈奇对称,N 为偶数**。仍利用(7.2.21)式,与第 3 种情况的讨论相同,将两两相等的项合并,经变量置换 $n=N/2-m$ 后,可得到

$$H(\omega)=\sum_{n=0}^{N/2-1}2h(n)\sin\left[\left(\frac{N-1}{2}-n\right)\omega\right]=\sum_{m=1}^{N/2}2h\left(\frac{N}{2}-m\right)\sin\left[\omega\left(m-\frac{1}{2}\right)\right]$$

$$=\sum_{n=1}^{N/2}d(n)\sin\left[\omega\left(n-\frac{1}{2}\right)\right] \tag{7.2.29}$$

其中

$$d(n)=2h(N/2-n),\quad n=1,2,\cdots,N/2 \tag{7.2.30}$$

可以看出,当 $h(n)$ 呈奇对称,N 为偶数时,有

① 由于 $\sin[\omega(n-1/2)]$ 在 $\omega=0,2\pi$ 处呈奇对称,在 $\omega=\pi$ 处呈偶对称,故 **$H(\omega)$ 对 $\omega=0,2\pi$ 呈奇对称,对 $\omega=\pi$ 呈偶对称**。

这里同样看出 $H(\omega)$ 与 $|H(e^{j\omega})|$ 是不同的。$|H(e^{j\omega})|$ 是以 2π 为周期的,即对 $\omega=0,\pi,2\pi$ 皆呈偶对称的。

② 由于 $\sin[\omega(n-1/2)]$ 在 $\omega=0,2\pi$ 处为零,所以 **$H(\omega)$ 在 $\omega=0,2\pi$ 处也为零**,因而这种情况**只能用来设计高通及带通滤波器,由于有 90°的移相,故主要用来设计希尔伯特变换器及微分器,不能用于设计低通和带阻滤波器**。

4. 由(7.2.19)式及(7.2.22)式,可得出**以上任一种线性相位 FIR 滤波器的群延时都为**

$$\tau(e^{j\omega})=-\frac{d\theta(\omega)}{d\omega}=\frac{N-1}{2} \tag{7.2.31}$$

可以看出,当 N 为奇数时,滤波器的群延时为整数个抽样间隔;当 N 为偶数时,滤波器的群延时为(整数+1/2)个抽样间隔。

5. 将四种线性相位 FIR 滤波器的特性归纳在表 7.1 中,以下用一个例子讨论延时 τ 取值对第一类线性相位函数[见(7.2.5)式]的单位冲激响应对称性的影响。

表 7.1 四种线性相位 FIR 滤波器特性

	偶对称单位冲激响应 $h(n)=h(N-1-n)$			使用范围
情况1	相位函数 $\theta(\omega)=-\omega\left(\frac{N-1}{2}\right)$	N 为奇数	$H(\omega)=\sum_{n=0}^{(N-1)/2}a(n)\cos n\omega$ $a(0)=h((N-1)/2)$ $a(n)=2h\left(\frac{N-1}{2}-n\right),n=1,2,\cdots,\frac{N-1}{2}$	低通、高通、带通、带阻
情况2		N 为偶数	$H(\omega)=\sum_{n=1}^{N/2}b(n)\cos\left[\left(n-\frac{1}{2}\right)\omega\right]$ $b(n)=2h\left(\frac{N}{2}-n\right),n=1,2,\cdots,\frac{N}{2}$	低通、带通
	奇对称单位冲激响应 $h(n)=-h(N-1-n)$			使用范围
情况3	相位函数 $\theta(\omega)=-\omega\left(\frac{N-1}{2}\right)+\frac{\pi}{2}$	N 为奇数	$H(\omega)=\sum_{n=0}^{(N-1)/2}c(n)\sin(n\omega)$ $c(n)=2h\left(\frac{N-1}{2}-n\right),n=1,2,\cdots,\frac{N-1}{2}$	带通、微分器、希尔伯特变换器
情况4		N 为偶数	$H(\omega)=\sum_{n=1}^{N/2}d(n)\sin\left[\omega\left(n-\frac{1}{2}\right)\right]$ $d(n)=2h\left(\frac{N}{2}-n\right),n=1,2,\cdots,\frac{N}{2}$	高通、带通、微分器、希尔伯特变换器

【例 7.1】 一个理想线性相位低通滤波器的频率响应为

$$H_l(e^{j\omega})=\begin{cases}e^{-j\omega\tau}, & |\omega|<\omega_c\\0, & \omega_c\leqslant|\omega|\leqslant\pi\end{cases}\tag{7.2.32}$$

其单位冲激响应为

$$h_l(n)=\frac{1}{2\pi}\int_{-\pi}^{\pi}H(e^{j\omega})e^{j\omega n}d\omega=\frac{\sin[(n-\tau)\omega_c]}{(n-\tau)\pi}\tag{7.2.33}$$

讨论：

(1) 可以看出，**不管 τ 是否是整数，滤波器都是线性相位的**。

(2) **当 2τ = 整数时**。分两种情况：①τ = **整数**，例如 $\tau=(N-1)/2$，N 为奇数的情况；②τ = **整数 + 1/2**，例如 $\tau=(N-1)/2$，N 为偶数的情况。这两种情况都满足以下关系

$$h_l(2\tau-n)=\frac{\sin[(2\tau-n-\tau)\omega_c]}{(2\tau-n-\tau)\pi}=\frac{\sin[(\tau-n)\omega_c]}{(\tau-n)\pi}$$

$$=h_l(n)=h_l(N-1-n),\quad \tau=(N-1)/2,\quad N\text{ 为正整数} \tag{7.2.34}$$

即 $h_l(n)$ 对于 $n=\tau$ 呈偶对称。

对 τ = 整数 + $\frac{1}{2}$ 的非整数延时的情况，则可用图 7.1 连续时域信号(虚线)的移动来解释其对称性。

(3) **当 $2\tau\neq$ 整数时**。这时**系统仍是线性相位的，但 $h_l(n)$ 对于 $n=\tau$ 没有对称性。实际上，$h_l(n)$ 没有任何对称性**。这种情况下，**"序列的移位"也可从连续时域中得到解释**。

图 7.1 画出了当 $\omega_c=0.3\pi$ 时，$\tau=7$ 及 $\tau=6.5$ 两种情况下的理想线性相位滤波器的单位冲激响应，(a)"·"号是 $\tau=7$ = 整数，故单位冲激响应对于 $\tau=7$ 呈偶对称。(b)"×"号是 $\tau=6.5=6+\frac{1}{2}$，即 $2\tau=13$ = 整数，故单位冲激响应对于 $\tau=6.5$ 呈偶对称，此时 τ 不是整数，也就是延时不是整数，可用连续时间 $h_a(t)$ 的连续时域延时变化(虚线)来解释其对称性。若 $2\tau\neq$ 整数 $\left(\text{即 }\tau\neq\text{整数，且有 }\tau\neq\text{整数}+\frac{1}{2}\right)$，可以看出，图 7.1 的包络曲线(虚线)将产生连续时间的移动，例如若 $\tau=6.2$，则包络曲线继续向左移动到中心在 $n=\tau=6.2$ 处，这时其抽样序列显然就不可能是偶对称的了，读者可以试画一下看看。

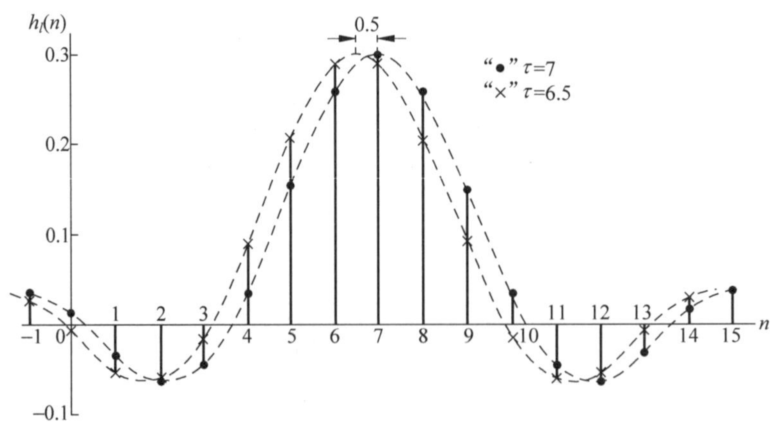

图 7.1　理想线性相位低通滤波器的单位冲激响应(例 7.1)。$\omega_c=0.3\pi$

(a)"·"表示 $\tau=7$；(b)"×"表示 $\tau=6.5$

(4) 如果令 $h(n)=h_l(n)R_N(n)$,即**用矩形序列(称为矩形窗)截断。当 2τ= 整数时,就可得偶对称的有限长的 $h(n)$,即为 FIR 线性相位滤波器的单位冲激响应。**

本例中 $H(e^{j\omega})$的幅度函数为

$$H_c(\omega)=\begin{cases}1, & |\omega|\leqslant\omega_c\\0, & \omega_c<|\omega|\leqslant\pi\end{cases}\tag{7.2.35}$$

7.2.4 线性相位 FIR 滤波器的零点位置

1. 零点的约束。

从(7.2.15)式看出

(1) 若 $z=z_i$ 是 $H(z)$的零点,则 $z=1/z_i$ 也一定是 $H(z)$的零点;

(2) 由于 $h(n)$是实数,故 $H(z)$的复数零点也一定是共轭对存在的,故 $z=z_i^*$ 及 $Z=1/z_i^*$ 也一定是 $H(z)$的零点。

即线性相位 FIR 滤波器的实数零点必互为倒数,而复数零点则是互为倒数的共轭对或说是共轭反演的或共轭镜像的。

2. 四种零点情况。

① **零点既不在实轴上,也不在单位圆上。**则零点为互为倒数两组共轭对。

$$\begin{aligned}H_i(z)&=(1-z^{-1}r_ie^{j\theta_i})(1-z^{-1}r_ie^{-j\theta_i})\left(1-z^{-1}\frac{1}{r_i}e^{j\theta_i}\right)\left(1-z^{-1}\frac{1}{r_i}e^{-j\theta_i}\right)\\&=1+az^{-1}+bz^{-2}+az^{-3}+z^{-4}\end{aligned}\tag{7.2.36}$$

其中 $$a=-2\left(\frac{r_i^2+1}{r_i}\right)\cos\theta_i,\quad b=r_i^2+\frac{1}{r_i}+4\cos\theta_i$$

此时 $N=5,\tau=(N-1)/2=2$。若化成两个实系数二阶多项式,则有

$$H_i(z)=\frac{1}{r_i^2}[1-2r_i(\cos\theta_i)z^{-1}+r_i^2z^{-2}][r_i^2-2r_i(\cos\theta_i)z^{-1}+z^{-2}]\tag{7.2.37}$$

这种情况的零点分布见图 7.2(a)。

② **零点在单位圆上,但不在实轴上。**则零点为单位圆上的一对共轭零点。

$$H_i(z)=(1-z^{-1}e^{j\theta_i})(1-z^{-1}e^{-j\theta_i})=1-2(\cos\theta_i)z^{-1}+z^{-2}\tag{7.2.38}$$

此时 $N=3,\tau=\dfrac{N-1}{2}=1$。

这种情况的零点分布见图 7.2(b)。

③ **零点在实轴上,但不在单位圆上。**则零点是实轴上互为倒数的一对零点。

$$H_i(z)=(1-r_iz^{-1})\left(1-\frac{1}{r_i}z^{-1}\right)=1-\left(r_i+\frac{1}{r_i}\right)z^{-1}+z^{-2}\tag{7.2.39}$$

当 $1>r_i>0$ 时,相当于 $\theta_i=0$,零点在正实轴上;当 $0>r_i>-1$ 时,相当于 $\theta_i=\pi$,零点在负实轴上。

此时 $N=3,\tau=\dfrac{N-1}{2}=1$。

这种情况的零点分布见图 7.2(c)。

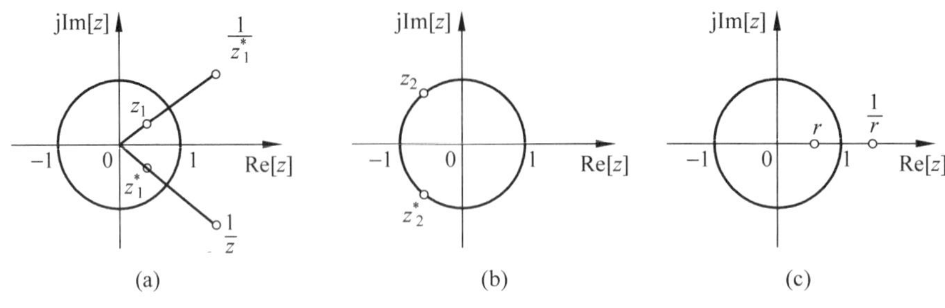

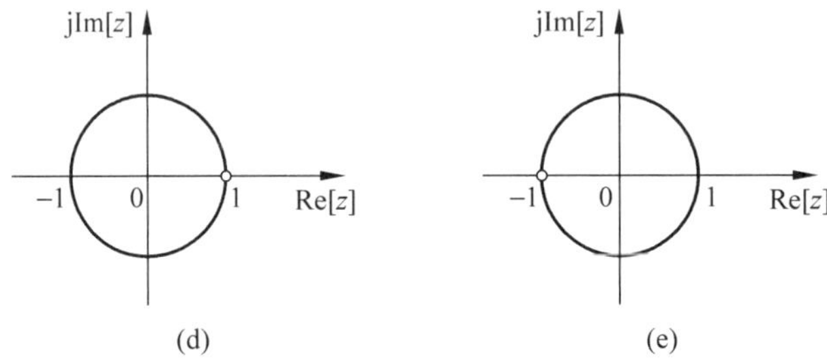

图 7.2 线性相位 FIR 滤波器的零点位置图

④ 零点既在实轴上，又在单位圆上。此时只有一个零点，要么是 $z=1$，要么是 $z=-1$。

第一种 $r_i=1,\theta_i=0$ 即 $z_i=e^{j0}=1$

或第二种 $r_i=1,\theta_i=\pi$ 即 $z_i=e^{j\pi}=-1$

即有 $H_i(z)=1-z^{-1}$

或 $H_i(z)=1+z^{-1}$ （7.2.40）

这时 $N=2,\tau=\dfrac{N-1}{2}=\dfrac{1}{2}$，即有非整数的半个抽样延时。

这种情况的零点分布见图 7.2(d)($z_i=1$)及图 7.2(e)($z_i=-1$)。

3. 线性相位 FIR 滤波器对第④种零点配置的要求。

第 2 种线性相位情况。$h(n)$呈偶对称，N 为偶数。由于 $H(\omega)|_{\omega=\pi}=H(\pi)=0$，故必须有第④种零点中 $z=-1$ 处的零点。

第 3 种线性相位情况。$h(n)$呈奇对称，N 为奇数，由于 $H(0)=H(\pi)=0$，故必须有第④种零点中的两种零点 $z=1$ 及 $z=-1$。

第 4 种线性相位情况。$h(n)$呈奇对称，N 为偶数，由于 $H(0)=0$，故必须有第④种零点中的 $z=1$ 处的零点。

在实际线性相位 FIR 滤波器设计时，必须遵循以上讨论到的各种约束条件。

7.3 窗函数设计法

FIR DF 主要指线性相位 FIR DF,其设计方法有三种:

(1) 窗函数法,是时域设计法;

(2) 频率抽样法,是频域设计法;

(3) 最优化方法,是频域等波纹设计法。

本节讨论窗函数设计法,只讨论线性相位 FIR 滤波器的窗函数设计法。

7.3.1 窗函数设计法的设计思路

(1) 给定要求的理想频率响应 $H_d(e^{j\omega})$,一般给定分段常数的理想频率特性。

(2) 由于是在时域设计故必须求出 $h_d(n)$

$$h_d(n) = \mathrm{IDTFT}[H(e^{j\omega})] = \frac{1}{2\pi}\int_{-\pi}^{\pi} H_d(e^{j\omega})e^{j\omega n}\mathrm{d}\omega \tag{7.3.1}$$

(3) 由于 $h_d(n)$是无限时长的,故要用一个有限时长的"窗函数"序列 $w(n)$将 $h_d(n)$加以截断(相乘),窗的点数是 N 点。截断后的序列为 $h(n)$

$$h(n) = h_d(n)\cdot w(n), \quad 0\leqslant n\leqslant N-1 \tag{7.3.2}$$

窗的点数 N 及窗的形状是两个极重要的参数。

(4) 求出加窗后实际的频率响应 $H(e^{j\omega})$

$$\begin{aligned} H(e^{j\omega}) &= \mathrm{DTFT}[h(n)] = \mathrm{DTFT}[h_d(n)w(n)] \\ &= \frac{1}{2\pi}[H_d(e^{j\omega}) * W(e^{j\omega})] = \frac{1}{2\pi}\int_{-\pi}^{\pi} H_d(e^{j\theta})W(e^{j(\omega-\theta)})\mathrm{d}\theta \end{aligned} \tag{7.3.3}$$

(5) 检验 $H(e^{j\omega})$是否满足 $H_d(e^{j\omega})$的要求,不满足,则需考虑改变窗形状或改变窗长的点数 N,重复(3)、(4)两步,到满足要求为止。

7.3.2 理想低通、带通、带阻和高通的线性相位数字滤波器的表达式

理想线性相位滤波器是指其幅度响应是矩形的,其相频响应是线性的,由于频域是有限带宽,故其时域中单位冲激响应 $h_d(n)$是无限长的。若将 $h_d(n)$截断成有限长序列,且截断后的 $h(n)$能满足对线性相位 FIR 滤波器单位冲激响应 $h(n)$的要求,就可用来设计 FIR 线性相位滤波器。

在 ω 的$(-\pi,\pi)$这一个周期上,对各种理想线性相位 DF 的 $H_d(e^{j\omega})$以及它的单位抽样响应 $h_d(n)$的表达式分析如下。

1. 理想线性相位低通滤波器。

频率响应

$$H_d(e^{j\omega})=\begin{cases}e^{-j\omega\tau}, & 0\leqslant|\omega|\leqslant\omega_c\\0, & \omega_c<|\omega|\leqslant\pi\end{cases}\tag{7.3.4}$$

单位抽样响应

$$h_d(n)=\frac{1}{2\pi}\int_{-\pi}^{\pi}e^{-j\omega\tau}e^{j\omega n}d\omega=\int_{-\omega_c}^{\omega_c}e^{j\omega(n-\tau)}d\omega=\begin{cases}\dfrac{\sin[\omega_c(n-\tau)]}{\pi(n-\tau)}, & n\neq\tau\\\omega_c/\pi, & n=\tau(\tau\text{ 为整数时})\end{cases}\tag{7.3.5}$$

前面讨论中已经知道，要满足线性相位，必须 $\tau=(N-1)/2$。

2. 理想线性相位带通滤波器。

频率响应

$$H_d(e^{j\omega})=\begin{cases}e^{-j\omega\tau}, & \omega_1\leqslant|\omega|\leqslant\omega_2\\0, & 0\leqslant|\omega|<\omega_1,\quad \omega_2<|\omega|\leqslant\pi\end{cases}\tag{7.3.6}$$

单位抽样响应

$$\begin{aligned}h_d(n)&=\frac{1}{2\pi}\int_{-\pi}^{\pi}H_d(e^{j\omega})e^{j\omega n}d\omega=\frac{1}{2\pi}\int_{-\omega_2}^{-\omega_1}e^{-j\omega\tau}e^{j\omega n}d\omega+\frac{1}{2\pi}\int_{\omega_1}^{\omega_2}e^{-j\omega\tau}e^{j\omega n}d\omega\\&=\begin{cases}\dfrac{1}{\pi(n-\tau)}\{\sin[\omega_2(n-\tau)]-\sin[\omega_1(n-\tau)]\}, & n\neq\tau\\(\omega_2-\omega_1)/\pi, & n=\tau(\tau\text{ 为整数时})\end{cases}\end{aligned}\tag{7.3.7}$$

同样为了满足线性相位，必须 $\tau=(N-1)/2$。

3. 理想线性相位带阻滤波器。

频率响应

$$H_d(e^{j\omega})=\begin{cases}e^{-j\omega\tau}, & 0\leqslant|\omega|\leqslant\omega_1,\quad \omega_2\leqslant|\omega|\leqslant\pi\\0, & \omega_1<|\omega|<\omega_2\end{cases}\tag{7.3.8}$$

单位抽样响应

$$\begin{aligned}h_d(n)&=\frac{1}{2\pi}\int_{-\pi}^{\pi}H_d(e^{j\omega})e^{j\omega n}d\omega=\frac{1}{2\pi}\left[\int_{-\pi}^{-\omega_2}e^{-j\omega\tau}e^{j\omega n}d\omega+\int_{-\omega_1}^{\omega_1}e^{-j\omega\tau}e^{j\omega n}d\omega+\int_{\omega_2}^{\pi}e^{-j\omega\tau}e^{j\omega n}d\omega\right]\\&=\begin{cases}\dfrac{1}{\pi(n-\tau)}\{\sin[\pi(n-\tau)]-\sin[\omega_2(n-\tau)]+\sin[\omega_1(n-\tau)]\}, & n\neq\tau\\1-\omega_2/\pi+\omega_1/\pi, & n=\tau(\tau\text{ 为整数时})\end{cases}\end{aligned}\tag{7.3.9}$$

也要求 $\tau=(N-1)/2$，以便得到线性相位。

4. 理想线性相位高通滤波器。

频率响应

$$H_d(e^{j\omega})=\begin{cases}e^{-j\omega\tau}, & \omega_c\leqslant|\omega|\leqslant\pi\\ 0, & 0\leqslant|\omega|<\omega_c\end{cases} \tag{7.3.10}$$

单位抽样响应

$$\begin{aligned}h_d(n)&=\frac{1}{2\pi}\int_{-\pi}^{\pi}H_d(e^{j\omega})e^{j\omega n}d\omega=\frac{1}{2\pi}\int_{-\pi}^{-\omega_c}e^{-j\omega\tau}e^{j\omega n}d\omega+\frac{1}{2\pi}\int_{\omega_c}^{\pi}e^{-j\omega\tau}e^{j\omega n}d\omega\\&=\frac{\sin[(n-\tau)\pi]}{\pi(n-\tau)}-\frac{\sin[(n-\tau)\omega_c]}{\pi(n-\tau)}=\delta(n-\tau)-\frac{\sin[(n-\tau)\omega_c]}{\pi(n-\tau)},\\&=\begin{cases}-\dfrac{\sin[(n-\tau)\omega_c]}{\pi(n-\tau)}, & n\neq\tau\\ 1-\omega_c/\pi, & n=\tau\quad(\tau\text{ 为整数时})\end{cases}\end{aligned} \tag{7.3.11}$$

同样有 $\tau=(N-1)/2$ 以保证有线性相位。

这些公式中，ω_c 为理想低通、理想高通滤波器的截止频率，ω_1、ω_2 分别为理想带通（理想带阻）滤波器的通带下（下通带）截止频率及通带上（上通带）截止频率。为了使 $h(n)$ 满足 $h(n)=h(N-1-n)$ 的对称条件，故必须满足 $\tau=(N-1)/2$，其中 N 是将理想滤波器的无限长 $h_d(n)$ 截断后的长度点数。截断后就得到线性相位 FIR 滤波器。

讨论：

(1) 对于高通滤波器，其 $h_d(n)$ 如(7.3.11)式所示。其中 $n\neq\tau$ 的等式右端第一项 $\frac{\sin[(n-\tau)\pi]}{\pi(n-\tau)}=\delta(n-\tau)$，可以很容易求它的 z 变换，看出它是一个全通函数的单位抽样响应（是 δ 函数），等式右端第二项与(7.3.5)式相比较，看出这一项正好是截止频率为 ω_c 的理想低通滤波器的单位抽样响应。由此看出：

一个高通滤波器可以由一个全通滤波器减去一个低通滤波器来实现。此低通滤波器的截止频率与高通滤波器的截止频率ω_c 一样，见图 7.3(c)。

(2) 对于带通滤波器，其 $h_d(n)$ 如(7.3.7)式所示。与低通滤波器 $h_d(n)$ 的(7.3.5)式相比较，可以看出：

一个带通滤波器可以由一个截止频率为ω_2（ω_2 是带通滤波器的通带上截止频率）的低通滤波器减去一个截止频率为ω_1（ω_1 是带通滤波器的通带下截止频率）的低通滤波器来实现（当然有$\omega_2>\omega_1$），见图 7.3(a)。

(3) 对于带阻滤波器，其 $h_d(n)$ 如(7.3.9)式所示。其中 $n\neq\tau$ 的表达式中的前两项 $\frac{1}{\pi(n-\tau)}\{\sin[(n-\tau)\pi]-\sin[(n-\tau)\omega_2]\}$ 合起来相当于上面已讨论过一个高通滤波器（其截止频率为 ω_2），而第三项 $\frac{1}{(n-\tau)\pi}\cdot\sin[(n-\tau)\omega_1]$ 显然是一个截止频率为 ω_1 的低通滤波器，

由此可以看出：

一个带阻滤波器可以由一个截止频率为ω_2（它是带阻滤波器的上通带截止频率）的高通滤波器加上一个截止频率为ω_1（它是带阻滤波器的下通带截止频率）的低通滤波器来实现（当然有$\omega_2>\omega_1$）。也可以看成由一个全通滤波器减去一个截止频率为ω_2 的低通滤波器再加上一个截止频率为ω_1 的低通滤波器来实现，见图 7.3(b)。

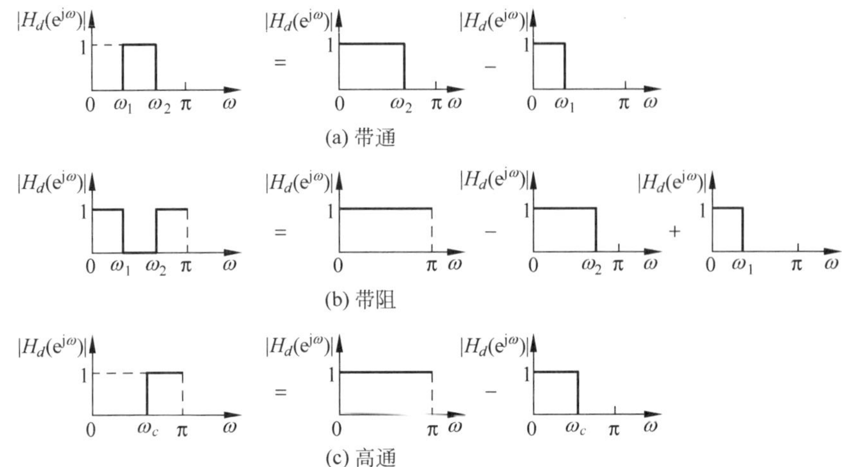

图 7.3 三种频带滤波器与低通滤波器及全通滤波器的关系

7.3.3 窗函数设计法的性能分析

1. 用 $w(n)$对理想 $h_d(n)$截断后的频域逼近。给定理想线性相位滤波器的 $H_d(e^{j\omega})$如(7.3.4)式、(7.3.6)式、(7.3.8)式、(7.3.10)式的要求[后面还会给出理想微分器及理想90°移相器的 $H_d(e^{j\omega})$]。可以看出 **$h_d(n)=\text{IDTFT}[H_d(e^{j\omega})]$是无限长偶对称序列（对 $n=\tau=(N-1)/2$ 成偶对称），必须要用偶对称的有限长（N 点长）的窗函数 $w(n)$（$0\leqslant n\leqslant N-1$ 有值），对其加以截断**，即为(7.3.2)式

$$h(n)=h_d(n)w(n),\quad 0\leqslant n\leqslant N-1$$

可以看出，截断后的实际 $h(n)$与窗函数 $w(n)$直接有关。由于滤波器设计大多是讨论频域上设计出的 $H(e^{j\omega})=\text{DTFT}[h(n)]$对理想的 $H_d(e^{j\omega})$的逼近情况，显然逼近的误差与窗函数 $w(n)$的形状以及窗长的点数 N 有关。

设

$$H_d(e^{j\omega})=H_d(\omega)e^{-j\omega\tau}=H_d(\omega)e^{-j\frac{N-1}{2}\omega}\tag{7.3.12}$$

$$W(e^{j\omega})=\text{DTFT}[w(n)]=W(\omega)e^{-j\frac{N-1}{2}\omega}\tag{7.3.13}$$

对(7.3.2)式取离散时间傅里叶变换，可得

$$H(e^{j\omega})=\frac{1}{2\pi}[H_d(e^{j\omega})*W(e^{j\omega})]=\frac{1}{2\pi}\int_{-\pi}^{\pi}H_d(e^{j\theta})W(e^{j(\omega-\theta)})d\theta\tag{7.3.14}$$

将(7.3.12)式及(7.3.13)式代入(7.3.14)式，有

$$H(e^{j\omega}) = \frac{1}{2\pi}\int_{-\pi}^{\pi} H_d(\theta)e^{-j\frac{N-1}{2}\theta}W(\omega-\theta)e^{-j\frac{N-1}{2}(\omega-\theta)}d\theta$$

$$= e^{-j\frac{N-1}{2}\omega}\cdot\frac{1}{2\pi}\int_{-\pi}^{\pi} H_d(\theta)W(\omega-\theta)d\theta = e^{-j\frac{N-1}{2}\omega}H(\omega) \tag{7.3.15}$$

其中幅度函数为

$$H(\omega) = \frac{1}{2\pi}\int_{-\pi}^{\pi} H_d(\theta)W(\omega-\theta)d\theta = \frac{1}{2\pi}[H_d(\omega) * W(\omega)] \tag{7.3.16}$$

相位函数为

$$\theta(\omega) = -(N-1)\omega/2 \tag{7.3.17}$$

可以看出，所得到的 **$H(e^{j\omega})$ 也是线性相位的，其相位函数也是 $-\frac{N-1}{2}\omega$；而其幅度函数 $H(\omega)$ 是理想频率响应的幅度函数 $H_d(\omega)$ 与窗函数频率响应的幅度函数 $W(\omega)$ 的周期卷积结果除以 2π**，如(7.3.16)式所示。所以对 $H(\omega)$ 起作用的是 $W(\omega)$ 这一实函数。

2. 以下就以理想线性相位低通滤波器用矩形窗截断为例来讨论逼近效果。

(1) 时域的逼近。设

$$H_d(e^{j\omega}) = \begin{cases} e^{-j\omega\frac{N-1}{2}}, & 0 \leqslant |\omega| \leqslant \omega_c \\ 0, & \omega_c < |\omega| \leqslant \pi \end{cases} \tag{7.3.18}$$

则有

$$h_d(n) = \text{IDTFT}[H_d(e^{j\omega})] = \frac{1}{2\pi}\int_{-\omega_c}^{\omega_c} e^{-j\omega\frac{N-1}{2}}e^{j\omega n}d\omega$$

$$= \frac{\omega_c}{\pi}\cdot\frac{\sin[\omega_c(n-(N-1)/2)]}{\omega_c(n-(N-1)/2)} \tag{7.3.19}$$

又有矩形窗

$$w(n) = w_R(n) = R_N(n) = \begin{cases} 1, & 0 \leqslant n \leqslant N-1 \\ 0, & \text{其他 } n \end{cases} \tag{7.3.20}$$

则有

$$W(e^{j\omega}) = W_R(e^{j\omega}) = \text{DTFT}[w_R(n)] = \sum_{n=0}^{N-1} e^{-j\omega n} = e^{-j\frac{N-1}{2}\omega}\frac{\sin(N\omega/2)}{\sin(\omega/2)} \tag{7.3.21}$$

由此得出时域关系

$$h(n) = h_d(n)w_R(n) = \begin{cases} \frac{\omega_c}{\pi}\frac{\sin[\omega_c(n-(N-1)/2)]}{\omega_c(n-(N-1)/2)}, & 0 \leqslant n \leqslant N-1 \\ 0, & \text{其他 } n \end{cases} \tag{7.3.22}$$

这里一定满足线性相位条件，即

$$h(n) = h(N-1-n)$$

图 7.4 画出了 $h_d(n)$、$h(n)$、$R_N(n)$ 以及 $H_d(\omega)$、$W_R(\omega)$ 的图形。

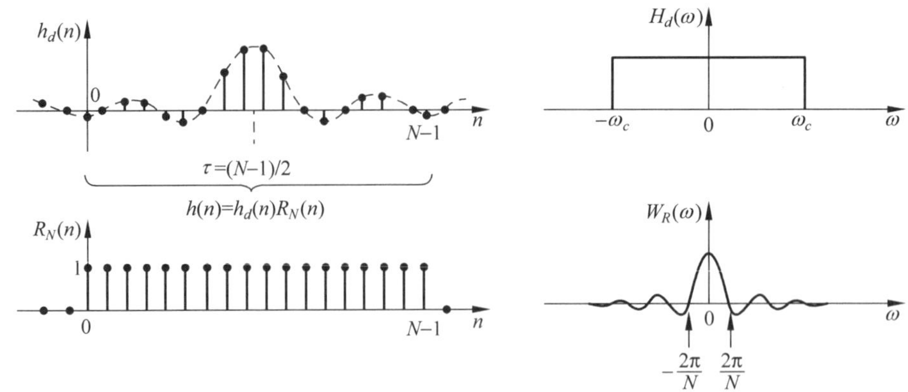

图 7.4 理想矩形幅频特性的 $h_d(n)$ 和 $H_d(\omega)$ 以及矩形窗函数序列的 $w(n)=R_N(n)$ 及 $W_R(\omega)$

（2）从频域讨论逼近效果。下面用图 7.5 来讨论(7.3.16)式的卷积过程，即加窗后频率响应的幅度函数变化情况。将窗函数的 $W_R(\omega)$ 在 $\omega=0$ 附近（左右）的两个零点之间的部分称为主瓣，矩形窗谱 $W_R(\omega)$ 的主瓣宽度为 $4\pi/N$。$W_R(\omega)$ 的其他振荡部分称为旁瓣，每一个旁瓣宽度都是 $2\pi/N$。若矩形窗窗谱主瓣最大幅度为 1（0dB 衰减），则最大旁瓣衰减为 13dB。

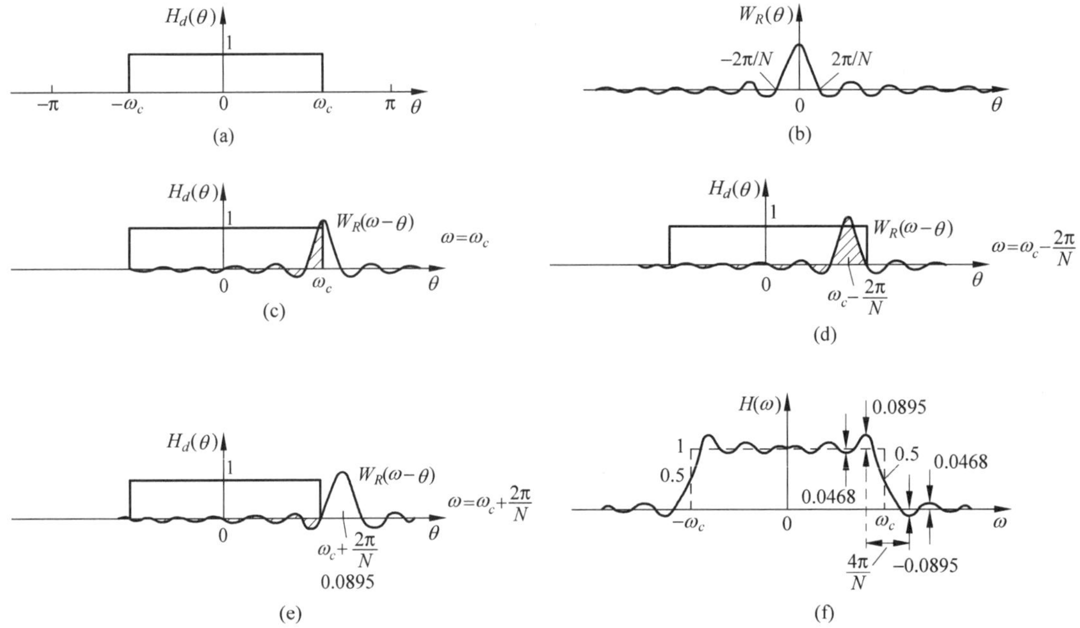

图 7.5 矩形窗的卷积过程

卷积过程的讨论可见图 7.5。卷积结果使 $H(\omega)$ 与 $H_d(\omega)$ 之间有逼近误差，讨论如下：

① 理想的低通滤波器过渡带宽为零，即通带到阻带在 $\omega=\omega_c$ 处是陡变的，但加窗后 $H(\omega)$ 在 $\omega=\omega_c$ 的两边，形成以 $\omega=\omega_c$ 为中心的一个过渡带，$H(\omega)$ 的正负肩峰之间的过渡带

宽度为 $\Delta\omega_w=4\pi/N$，当然这个值只能代表窗谱主瓣宽度，大于真正的滤波器过渡带宽 $\Delta\omega$（见后面图 7.10），后者的大小可见后面的表 7.3。

在过渡带的中点处，即 $\omega=\omega_c$ 处，$H(\omega)$ 下降到 $H(\omega)=\frac{1}{2}$，即相对于 $H(\omega)|_{\max}=1$ 而言，$H(\omega_c)$ 衰减为 $-20\lg H(\omega_c)=-20\lg\frac{1}{2}=6.02\text{dB}\approx 6\text{dB}$。

② 理想低通滤波器通带幅度为 1，阻带幅度为 0，而 $H(\omega)$ 在 $\omega=\omega_c\pm\frac{2\pi}{N}$ 处，即在过渡带边沿出现正、负肩峰，而在肩峰两侧的通带与阻带中形成波纹（起伏振荡）。这种波纹的幅度取决于窗谱旁瓣的相对幅度，而波纹的多少则取决于窗谱旁瓣的多少。

③ 增加截断长度 N，则窗谱主瓣附近（$\omega\to 0$）的频率响应的幅度函数为

$$W_N(\omega)=\frac{\sin(N\omega/2)}{\sin(\omega/2)}\approx\frac{\sin(N\omega/2)}{\omega/2}=N\frac{\sin x}{x}\tag{7.3.23}$$

其中 $x=\frac{N\omega}{2}$，可见改变 N 只能改变窗谱的主瓣宽度 $\frac{4\pi}{N}$ 以及改变 $W_N(\omega)$ 的绝对值，而 $\frac{\sin x}{x}$ 的形状是不会改变的，也不会改变主瓣与旁瓣的相对比例（当然 N 很大时，此比例是会改变的）。由于 $\frac{\sin x}{x}$ 是由矩形窗形状决定的，因而当 N 增加时，不会改变肩峰的相对值，例如矩形窗，滤波器 $H(\omega)$ 的肩峰的相对值（相对于 1 或 0）为 8.95%。N 增加时，$4\pi/N$ 减少，过渡带宽减少，起伏振荡变密，最大肩峰仍为 8.95%，这种现象称为吉布斯（Gibbs）效应，它是由矩形窗的突变的截断效应造成的。窗谱所形成的 $H(\omega)$ 的肩峰的大小，影响到 $H(\omega)$ 的通带的平稳和阻带的衰减，是很重要的指标。

由于窗形状决定了 $H(\omega)$ 的通带波纹及阻带衰减，而滤波器 $H(\omega)$ 的阻带肩峰为 $|H(\omega)|=\delta=8.95\%$，则阻带最小衰减为 $-20\lg(\delta/(1+\delta))=21.7\text{dB}$，这个衰减值在工程上是不够大的，为了加大阻带衰减，就要选择其他形状的窗函数。由于 8.95% 的肩峰是因矩形窗函数的突变造成，故采用形状缓变的窗函数，可以减小通带最大衰减，加大阻带最小衰减。另一个逼近误差是产生了过渡带，过渡带宽的大小由 N 来确定，加大窗函数长度点数 N，可以使过渡带宽度减小。**在 FIR 滤波器的窗函数的设计中，首先是由所要求的阻带最小衰减 A_s(dB) 确定窗函数形状，再由过渡带宽 $\Delta\omega$ 的要求确定窗长的点数 N。**

以下给出各种典型的窗函数，可以看出，时域波形较平滑的窗其幅度函数的主瓣包含的能量也较多，旁瓣能量较少。但同样 N 的情况下，其主瓣宽度也较宽。因而**窗函数设计中，通带、阻带波纹的改善（变小）是以加宽过渡带为代价的。**

7.3.4 各种常用窗函数

1. 矩形窗。

前面已讨论了矩形窗及其频率响应，现将其频率响应用幅度函数与相位函数表示，有

$$w(n)=w_R(n)=R_N(n)$$

$$W_R(e^{j\omega})=W_R(\omega)e^{j\theta(\omega)}=\frac{\sin(\omega N/2)}{\sin(\omega/2)}e^{-j\frac{N-1}{2}\omega} \tag{7.3.24}$$

因而有

$$W_R(\omega)=\frac{\sin(\omega N/2)}{\sin(\omega/2)} \tag{7.3.25}$$

$W_R(\omega)$的主瓣宽度为$4\pi/N$。所谓窗函数频谱的旁瓣峰值(dB)是指窗的幅度响应$|W(\omega)|$的最大旁瓣(第一个旁瓣)的峰值相对于主瓣峰值的衰减值;所谓滤波器过渡带宽是指设计出的FIR滤波器的真正过渡带宽,而非前面讨论过的等同于窗谱主瓣宽度的过渡带宽;所谓阻带衰减是指设计出的FIR滤波器的阻带的最小衰减值。这些指标在后面表7.3中都可见到。

2. 三角形窗(巴特列特窗(Bartlett))。

$$w(n)=\begin{cases}\dfrac{2n}{N-1}, & 0\leqslant n\leqslant\dfrac{N-1}{2}\\[2ex] 2-\dfrac{2n}{N-1}, & \dfrac{N-1}{2}<n\leqslant N-1\end{cases} \tag{7.3.26}$$

$$\begin{aligned}W(e^{j\omega})&=W(\omega)e^{j\theta(\omega)}=\frac{2}{N-1}\left[\frac{\sin[((N-1)\omega/4)]}{\sin(\omega/2)}\right]e^{-j\frac{N-1}{2}\omega}\\&\approx\frac{2}{N}\left[\frac{\sin(N\omega/4)}{\sin(\omega/2)}\right]e^{-j\frac{N-1}{2}\omega}\end{aligned} \tag{7.3.27}$$

其中

$$W(\omega)=\frac{2}{N-1}\left[\frac{\sin[(N-1)\omega/4]}{\sin(\omega/2)}\right]\approx\frac{2}{N}\frac{\sin(N\omega/4)}{\sin(\omega/2)} \tag{7.3.28}$$

“≈”仅当$N\gg1$时成立。$W(\omega)$的主瓣宽度为$8\pi/N$。且三角形窗谱密度函数$W(\omega)$永远是正值。其旁瓣峰值衰减可增加到25dB。

3. 汉宁(Hanning)窗(又称升余弦窗)。

$$w(n)=\frac{1}{2}\left[1-\cos\left(\frac{2\pi n}{N-1}\right)\right]R_N(n) \tag{7.3.29}$$

由于

$$\cos(\omega_0 n)=\frac{e^{j\omega_0 n}+e^{-j\omega_0 n}}{2}$$

利用调制特性

$$e^{j\omega_0 n}R_N(n)=e^{j\omega_0 n}w_R(n)\Leftrightarrow W_R(e^{j(\omega-\omega_0)})$$

再将矩形窗谱的(7.3.21)式代入可得汉宁窗谱为

$$\begin{aligned}W(e^{j\omega})&=\text{DTFT}[w(n)]\\&=\left\{0.5W_R(\omega)+0.25\left[W_R\left(\omega-\frac{2\pi}{N-1}\right)+W_R\left(\omega+\frac{2\pi}{N-1}\right)\right]\right\}e^{-j\frac{N-1}{2}\omega}\\&=W(\omega)e^{j\theta(\omega)}\end{aligned} \tag{7.3.30}$$

其中

$$W(\omega)=0.5W_R(\omega)+0.25\left[W_R\left(\omega-\frac{2\pi}{N-1}\right)+W_R\left(\omega+\frac{2\pi}{N-1}\right)\right]$$

$$\approx 0.5W_R(\omega)+0.25\left[W_R\left(\omega-\frac{2\pi}{N}\right)+W_R\left(\omega+\frac{2\pi}{N}\right)\right] \tag{7.3.31}$$

“≈”只当 $N\gg 1$ 时成立。

此式中三部分之和造成旁瓣可互相抵消一部分，使能量更集中在主瓣之中，但主瓣宽度则增加到 $8\pi/N$。其旁瓣峰值的衰减增大到 31dB。

4. 海明（Hamming）窗（改进的升余弦窗）。

$$w(n)=\left[0.54-0.46\cos\left(\frac{2\pi n}{N-1}\right)\right]R_N(n) \tag{7.3.32}$$

同上，可导出窗谱为

$$W(e^{j\omega})=\left\{0.54W_R(\omega)+0.23\left[W_R\left(\omega-\frac{2\pi}{N-1}\right)+W_R\left(\omega+\frac{2\pi}{N-1}\right)\right]\right\}e^{-j\frac{N-1}{2}\omega}$$

$$\approx\left\{0.54W_R(\omega)+0.23\left[W_R\left(\omega-\frac{2\pi}{N}\right)+W_R\left(\omega+\frac{2\pi}{N}\right)\right]\right\}e^{-j\frac{N-1}{2}\omega} \tag{7.3.33}$$

其中

$$W(\omega)=0.54W_R(\omega)+0.23\left[W_R\left(\omega-\frac{2\pi}{N-1}\right)+W_R\left(\omega+\frac{2\pi}{N-1}\right)\right]$$

$$\approx 0.54W_R(\omega)+0.23\left[W_R\left(\omega-\frac{2\pi}{N}\right)+W_R\left(\omega-\frac{2\pi}{N}\right)\right] \tag{7.3.34}$$

“≈”只当 $N\gg 1$ 时成立。

采用海明窗可使 99.963% 的能量集中在窗谱的主瓣内，主瓣宽度增加到 $8\pi/N$，但最大旁瓣峰值小于主瓣峰值的 1%，即旁瓣峰值衰减为 41dB。

5. 布莱克曼（Blackman）窗（二阶升余弦窗）。

为了进一步抑制旁瓣，可再加上升余弦的二次谐波分量，就得到布莱克曼窗为

$$w(n)=\left[0.42-0.5\cos\left(\frac{2\pi n}{N-1}\right)+0.08\cos\left(\frac{4\pi n}{N-1}\right)\right]R_N(n) \tag{7.3.35}$$

其窗谱可写为

$$W(e^{j\omega})=\left\{0.42W_R(\omega)+0.25\left[W_R\left(\omega-\frac{2\pi}{N-1}\right)+W_R\left(\omega+\frac{2\pi}{N-1}\right)\right]\right.$$

$$\left.+0.04\left[W_R\left(\omega-\frac{4\pi}{N-1}\right)+W_R\left(\omega+\frac{4\pi}{N-1}\right)\right]\right\}e^{-j\frac{N-1}{2}\omega}$$

$$\approx\left\{0.42W_R(\omega)+0.25\left[W_R\left(\omega-\frac{2\pi}{N}\right)+W_R\left(\omega+\frac{2\pi}{N}\right)\right]\right.$$

$$\left.+0.04\left[W_R\left(\omega-\frac{4\pi}{N}\right)+W_R\left(\omega+\frac{4\pi}{N}\right)\right]\right\}e^{-j\frac{N-1}{2}\omega} \tag{7.3.36}$$

其中

$$W(\omega)=0.42W_R(\omega)+0.25\left[W_R\left(\omega-\frac{2\pi}{N-1}\right)+W_R\left(\omega+\frac{2\pi}{N-1}\right)\right]$$
$$+0.04\left[W_R\left(\omega-\frac{4\pi}{N-1}\right)+W_R\left(\omega+\frac{4\pi}{N-1}\right)\right]$$
$$\approx 0.42W_R(\omega)+0.25\left[W_R\left(\omega-\frac{2\pi}{N}\right)+W_R\left(\omega-\frac{2\pi}{N}\right)\right]$$
$$+0.04\left[W_R\left(\omega-\frac{4\pi}{N}\right)+W_R\left(\omega+\frac{4\pi}{N}\right)\right] \tag{7.3.37}$$

“≈”在 $N\gg 1$ 时成立。布莱克曼窗谱的主瓣宽度为 $12\pi/N$，而旁瓣峰值衰减为 57dB。

图 7.6 是以上五种窗函数包络的形状。图 7.7 是五种窗函数的幅度谱($N=51$)，可以看出随着窗形状的变化，其旁瓣峰值衰减加大，主瓣宽度也加宽。图 7.8 是用这五种窗函数设计出的理想线性相位 FIR 滤波器的幅度响应($N=51$，$\omega_c=0.5\pi$)，与图 7.7 相对应，随着窗的变化，滤波器阻带最小衰减增加，但过渡带也加大。

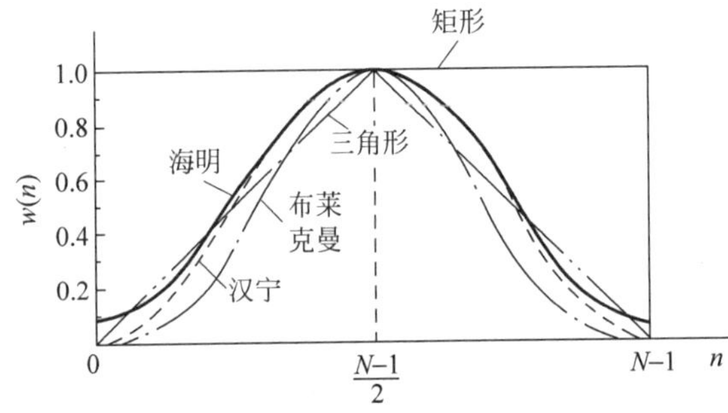

图 7.6　设计有限长单位冲激响应滤波器常用的几种窗函数的包络形状

6. 凯泽(Kaiser)窗。

它是一种适应性较强的窗，其窗函数形式为

$$w(n)=\frac{I_0\left(\beta\sqrt{1-\left(1-\frac{2n}{N-1}\right)^2}\right)}{I_0(\beta)}R_N(n) \tag{7.3.38}$$

其中 $I_0(\cdot)$ 是第一类零阶变型贝塞尔函数，β 是可自由选择的参数，它的好处就是可以同时调整主瓣宽度与旁瓣衰减，这是其他五种窗所不具备的优点。β 越大，则 $w(n)$ 窗越窄，而窗谱的旁瓣衰减越大，但主瓣宽度也相应地增加，因而调节 β 相当于调节了窗的形状。

一般选择 $4<\beta<9$，这相应于(β 越大，旁瓣衰减也越大)

$$0.047\%<\frac{\text{旁瓣幅度}}{\text{主瓣幅度}}<3.1\%$$

即

$$\underset{(\beta=9)}{67\text{dB}}>-20\lg\left[\frac{\text{旁瓣幅度}}{\text{主瓣幅度}}\right]>\underset{(\beta=4)}{30\text{dB}} \tag{7.3.39}$$

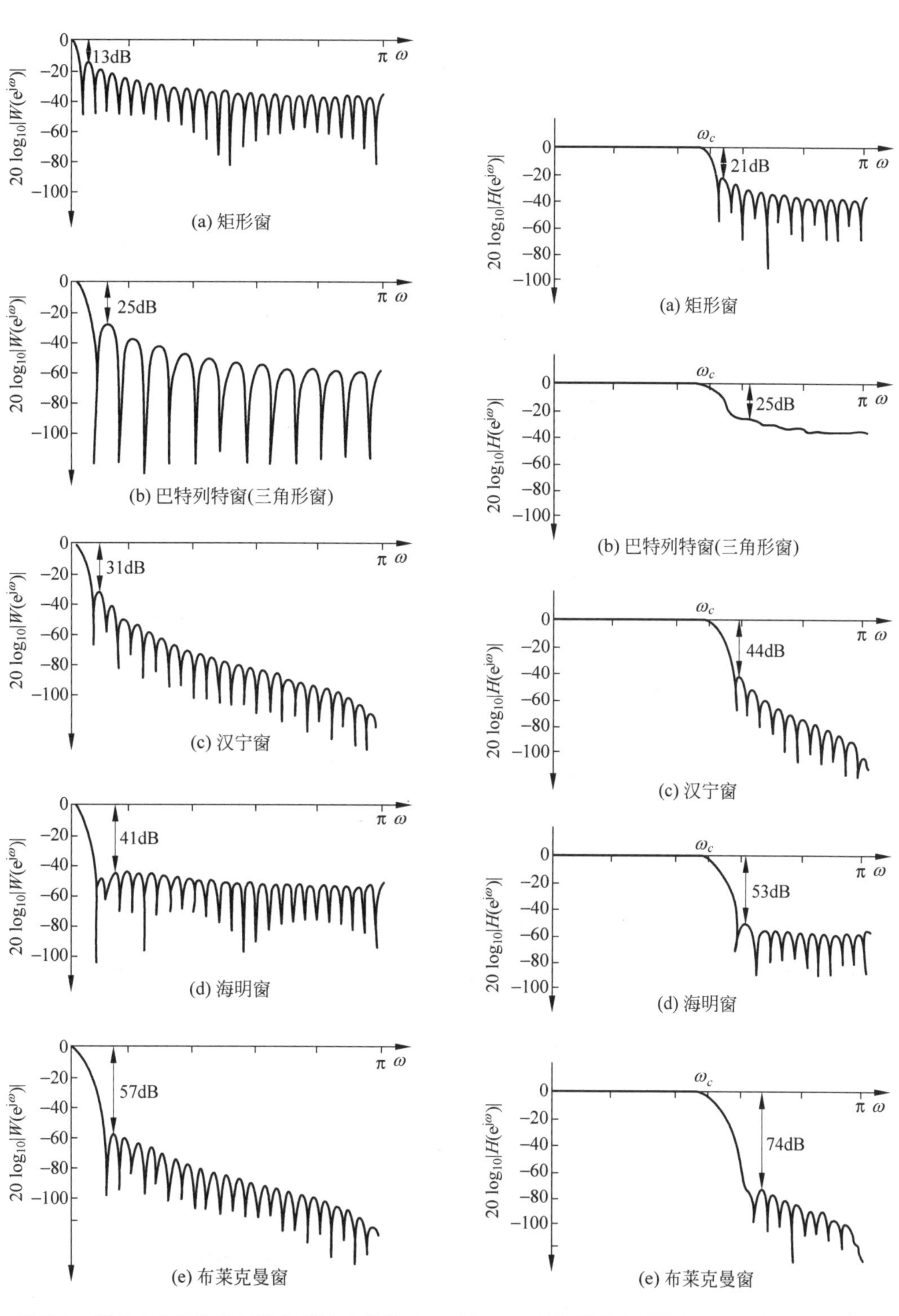

图 7.7　图 7.6 的各种窗函数的傅里叶变换的幅度（$N=51$）

图 7.8　理想低通滤波器加窗后的幅度响应（$N=51$）

有以下近似关系：

当 $\beta=0$ 时，相当于矩形窗(因为 $I_0(0)=1$)。

当 $\beta=5.44$ 时，相当于海明窗，但凯泽窗能量更多集中在主瓣中。

当 $\beta=7.8$ 时，相当于布莱克曼窗。

当 $\beta=5.44,\beta=8.5$ 时，凯泽窗形状见图 7.9，由图看出 β 越大，窗 $w(n)$ 变化越快。

凯泽窗在不同 β 值时的性能可见表 7.2。

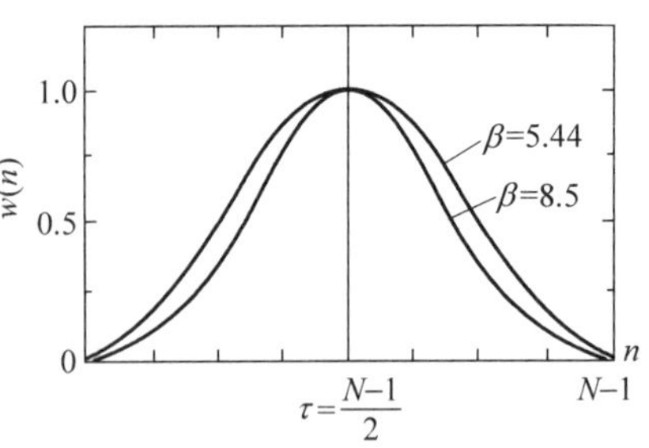

图 7.9　凯泽窗函数

表 7.2　凯泽窗参数对滤波器性能的影响

β	过　渡　带	通带波纹(dB)	阻带最小衰减(dB)
2.120	$3.00\pi/N$	±0.27	30
3.384	$4.46\pi/N$	±0.0868	40
4.538	$5.86\pi/N$	±0.0274	50
5.658	$7.24\pi/N$	±0.00868	60
6.764	$8.64\pi/N$	±0.00275	70
7.865	$10.0\pi/N$	±0.000868	80
8.960	$11.4\pi/N$	±0.000275	90
10.056	$12.8\pi/N$	±0.000087	100

显然凯泽窗也是以 $n=\dfrac{N-1}{2}$ 呈偶对称的，即

$$w(n)=W(N-1-n)$$

对称中心处 $w((N-1)/2)=\dfrac{I_0(\beta)}{I_0(\beta)}=1$，而 $w(0)=W(N-1)=\dfrac{1}{I_0(\beta)}$ 为 $w(n)$ 的最小值。

凯泽窗设计中第一类零阶变型贝塞尔函数可用无穷级数来表示，即

$$I_0(x)=\sum_{k=0}^{\infty}\left[\frac{1}{k!}\left(\frac{x}{2}\right)^k\right]^2=1+\sum_{k=1}^{\infty}\left[\frac{1}{k!}\left(\frac{x}{2}\right)^k\right]^2 \tag{7.3.40}$$

此级数可用有限项来近似，项数多少由精度决定，通常用其前 20 项或 25 项之和来近似。凯泽窗设计中有经验公式可供使用，设滤波器过渡带宽(见表 7.3)为 $\Delta\omega$(rad)，阻带衰减为 A_s，**则凯泽窗的长度 N 及形状参数 β 分别为**

$$N=\frac{A_s-7.95}{2.285\Delta\omega}+1 \tag{7.3.41}$$

$$\beta=\begin{cases}0.1102(A_s-8.7), & A_s\geqslant 50\text{dB}\\ 0.5842(A_s-21)^{0.4}+0.07886(A_s-21), & 50\text{dB}>A_s>21\text{dB}\\ 0, & A_s\leqslant 21\text{dB}\end{cases} \tag{7.3.42}$$

由于 $\Delta\omega=2\pi\Delta f/f_s$($f_s$ 为抽样频率)，故**凯泽窗的阶数 $M=N-1$ 和抽样频率 f_s 成正比，和过渡带宽 Δf 成反比**。当然，**其他窗也满足这样的关系**，只不过比例系数不同而已。实际上(7.3.41)式算出的 N 值嫌小，(7.3.42)式算出的 β 也嫌小，从下面的例子中，可以看

到这种情况。

表 7.3 归纳出了六种窗的基本参数，可供设计时参考。

表 7.3　六种窗函数基本参数的比较

窗函数	窗谱性能指标		加窗后滤波器性能指标		
	旁瓣峰值(dB)	主瓣宽度	过渡带宽 $\Delta\omega$	阻带最小衰减(dB)	通带边沿衰减(dB)
矩形窗	−13	$4\pi/N$	$1.8\pi/N$	21	0.815
三角形窗	−25	$8\pi/N$	$6.1\pi/N$	25	0.503
汉宁窗	−31	$8\pi/N$	$6.2\pi/N$	44	0.055
海明窗	−41	$8\pi/N$	$6.6\pi/N$	53	0.021
布莱克曼窗	−57	$12\pi/N$	$11\pi/N$	74	0.001 73
凯泽窗(β=7.865)	−57		$10\pi/N$	80	0.000 868

7.3.5　窗函数法偶对称单位冲激响应的线性相位 FIR DF 的设计步骤及举例

1. 设计步骤。

(1) 给定所需滤波器性能要求。即给定 ω_p,ω_{st}(或 $\omega_1,\omega_2,\omega_{st1},\omega_{st2}$)，$R_p$(dB)，$A_s$(dB)。

(2) 按 7.3.2 节中的 4 种理想线性相位 DF(低通、带通、带阻、高通)的表达式 $H_d(e^{j\omega})$，由图 7.5 的卷积过程可以看出，理想低通及高通滤波器的截止频率 ω_c，以及理想带通及带阻滤波器的上下截止频率 ω_2、ω_1 应选为所要求的滤波器的过渡带的算术中心频率(幅度响应一半处(约为衰减 6dB)处的频率)，即

对低通滤波器及高通滤波器，有

$$\omega_c=(\omega_p+\omega_{st})/2 \tag{7.3.43}$$

对带通滤波器及带阻滤波器，有

$$\omega_2=(\omega_{p2}+\omega_{st2})/2,\quad \omega_1=(\omega_{p1}+\omega_{st1})/2 \tag{7.3.44}$$

(3) 求

$$h_d(n)=\mathrm{IDTFT}[H_d(e^{j\omega})]=\frac{1}{2\pi}\int_{-\pi}^{\pi}H_d(e^{j\omega})e^{j\omega n}d\omega \tag{7.3.45}$$

(4) 选择窗函数的类型和长度点数 N。

① **窗函数的类型。由给定的滤波器阻带最小衰减 A_s(dB)确定**，可参见表 7.3，由阻带最小衰减与窗形状的关系来选定窗函数类型，若想采用凯泽窗，则可利用(7.3.42)式求出波形参量 β。由于窗函数设计法设计出的 FIR 滤波器的通带波纹幅度近似等于阻带波纹幅度。若阻带衰减超过 40dB，例如阻带衰减 44dB 的汉宁窗，其通带最大衰减只有 0.055dB 小于 0.1dB，因而一般在选择窗形状时，只要考虑阻带衰减即可。

② **窗的长度点数 N。窗形状确定后，窗的点数 N 是由滤波器过渡带宽 $\Delta\omega$ 来确定。**前

五种窗 N 和 $\Delta\omega$ 的关系见表 7.3，第六种窗，即凯泽窗 N 和 $\Delta\omega$ 的关系见(7.3.41)式，该式中，N 还和阻带衰减 A_s(dB)有关。从表 7.3 还可看出，**在同样阻带衰减及同样过渡带宽的情况下，凯泽窗可以需要更小的 N**。窗类型及 N 确定后，就得到所需窗函数 $w(n)$。

(5) 求 $h(n)$

$$h(n) = h_d(n)w(n) \tag{7.3.46}$$

(6) 检验 $H(e^{j\omega})=\text{DTFT}[h(n)]$ 是否满足所给滤波器的性能要求。

利用 MATLAB 工具设计，可很方便快捷地检验设计结果。

在举实际设计例子之前，我们以低通滤波器的窗函数法设计为例来说明设计中一些参数的关系，可见**图 7.10，图上画出了理想低通滤波器的幅度函数 $H_d(\omega)$ 以及用窗函数设计出的实际低通滤波器的幅度函数 $H(\omega)$，从图中可以得出以下几个结论**。

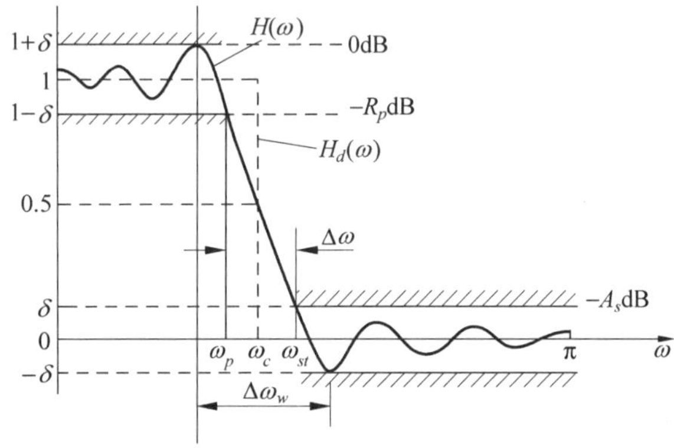

图 7.10 加窗函数后的频率响应幅度函数的误差容限以及 $H(\omega)$ 及其过渡带宽 $\Delta\omega$

（$H_d(\omega)$ 为理想频率响应的幅度函数
$\Delta\omega_w$ 是肩峰之间的过渡带，等于窗谱主瓣宽度）

① **通带最大衰减 R_p(dB) 及阻带最小衰减 A_s(dB) 与波纹 δ 的关系**。从图上看出 $H(\omega)$ 的正、负肩峰是相等的，其绝对值都是 δ，$H(\omega)$ 的最大值为 $H(\omega)_{\max}=1+\delta$，因而相对于此最大值，有

通带最大衰减为

$$R_p = -20\lg[H(\omega_p)/H(\omega)_{\max}] = -20\lg[(1-\delta)/(1+\delta)] \tag{7.3.47}$$

阻带最小衰减为

$$A_s = -20\lg[H(\omega_{st})/H(\omega)_{\max}] = -20\lg[\delta/(1+\delta)] \tag{7.3.48}$$

由此看出，给定 A_s 即可求得 R_p，反之亦然。例如给定 A_s，可得

$$\delta = 10^{-A_s/20}/(1-10^{-A_s/20}) \tag{7.3.49}$$

因而，通常只需给定阻带衰减 A_s。无论只给出 A_s 或 A_s 与 R_p 都给出，设计结果都应加以校验是否满足所给要求。

② **过渡带宽 $\Delta\omega$**。过渡带宽 $\Delta\omega$ 是指加窗后滤波器 $H(\omega)$ 的过渡带宽，即从 $H(\omega)=1-\delta$

处衰减到 $H(\omega)=\delta$ 处的频率间的差值(见图 7.10)，也就是指标中给出的阻带截止频率 ω_{st} 与通带截止频率 ω_p 之差值，即

$$\Delta\omega=\omega_{st}-\omega_p$$

这个 $\Delta\omega$ 比 $H(\omega)$ 的两个正负肩峰之间的频率差值 $\Delta\omega_w$ 要小，即 $\Delta\omega<\Delta\omega_w$，见图 7.10，过渡带宽 $\Delta\omega$ 与窗长度 N 成反比，不同形状窗的比例系数是不同的，可见表 7.3。

③ **理想 FIR 滤波器截止频率 ω_c 与实际滤波器的通带截止频率 ω_p、阻带截止频率 ω_{st} 之间的关系见**(7.3.43)式，重写如下

$$\omega_c=\frac{1}{2}(\omega_p+\omega_{st})$$

2. 设计方法举例。

【例 7.2】 用窗函数法设计一个 $h(n)$ 偶对称的线性相位 FIR 低通滤波器，给定通带截止频率 $\omega_p=0.3\pi$，阻带截止频率为 $\omega_{st}=0.5\pi$，阻带衰减为 $A_s=40\text{dB}$。

解 (1) 理想低通滤波器的 $H_d(e^{j\omega})$ 及 $h_d(n)$ 分别见(7.3.4)式及(7.3.5)式，其中 $\tau=(N-1)/2$，且由图 7.10 或(7.3.43)式可知理想的线性相位低通频率响应的截止频率 $\omega_c=0.5(\omega_p+\omega_{st})=0.4\pi$。

(2) 求窗函数。

由阻带衰减 $A_s=40\text{dB}$ 确定窗形状，查表 7.3，汉宁窗阻带最小衰减为 44dB 满足要求。

由过渡带宽 $\Delta\omega$ 确定滤波器长度点数 N，查表 7.3，汉宁窗谱过渡带为 $\Delta\omega=6.2\pi/N$，$\Delta\omega=\omega_{st}-\omega_p=0.5\pi-0.3\pi=0.2\pi$，故有

$$N=\frac{6.2\pi}{\Delta\omega}=\frac{6.2\pi}{0.2\pi}=31$$

则

$$\tau=\frac{N-1}{2}=15$$

于是，汉宁窗 $w(n)$ 为

$$w(n)=0.5\left[1-\cos\left(\frac{2\pi n}{N-1}\right)\right]R_N(n)=0.5\left[1-\cos\left(\frac{\pi n}{15}\right)\right]R_{31}(n)$$

(3) 求线性相位 FIR 低通滤波器的 $h(n)$。先将各参量 ω_c，τ 代入(7.3.5)式的 $h_d(n)$ 中，有

$$h_d(n)=\begin{cases}\dfrac{\sin[0.4\pi(n-15)]}{\pi(n-15)}, & n\neq 15\\[2ex] 0.4, & n=15\end{cases}$$

则有

$$h(n)=h_d(n)w(n)=\begin{cases}\dfrac{\sin[0.4\pi(n-15)]}{2\pi(n-15)}\left[1-\cos\left(\dfrac{\pi n}{15}\right)\right]R_{31}(n), & n\neq 15\\[2ex] 0.4, & n=15\end{cases}$$

(4) 求 $H(e^{j\omega})=\sum\limits_{n=0}^{30}h(n)e^{-j\omega n}$，检验各项指标是否得到满足，如不满足则需改变 N 或

改变窗形状，重新计算，此题过渡带宽不满足要求，$\Delta\omega=0.215\pi$ 其他满足要求，改选 $N=33$，仍用汉宁窗，可得过渡带宽 $\Delta\omega=0.199\pi$ 满足要求，故有

$$h(n)=h_d(n)w(n)=\frac{1}{2}\frac{\sin[0.4\pi(n-16)]}{2\pi(n-16)}\left[1-\cos\left(\frac{\pi n}{16}\right)\right]R_{33}(n)$$

(5) 利用配套软件的辅助设计系统可画出 $N=33$ 时的 $|H(e^{j\omega})|$，如图 7.11 所示，各项指标满足要求。

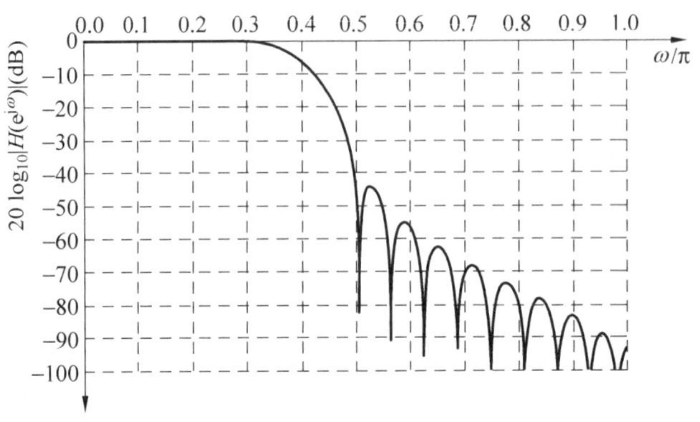

图 7.11 例 7.2 中汉宁窗线性相位 FIR 低通滤波器的幅度响应（$N=33$）

【例 7.3】 设计一个第一类[$h(n)$偶对称]线性相位 FIR 高通滤波器，其通带截止频率 $\omega_p=0.4\pi$，通带衰减 $R_p=0.1\text{dB}$ 过渡带宽 $\Delta\omega=0.2\pi$，阻带最小衰减 $A_s=50\text{dB}$，用窗函数法设计。

解 由于窗函数法的通带、阻带波纹是一样的，最大值都是 δ，由 A_s 可求出 δ(见(7.3.49)式)，$A_s=50\text{dB}$，则 $\delta=10^{-A_s/20}/(1-10^{-A_s/20})=3.1723\times10^{-3}$，将它代入(7.3.47)式，可得通带衰减为 $R_p=-20\lg[(1-\delta)/(1+\delta)]=0.055\text{dB}$，优于题目中给出的 0.1dB 的要求，故设计时直接采用所给阻带衰减的指标。否则，若由 A_s 算出的 R_p 不满足要求，则要利用通带 R_p 指标重新计算阻带所需衰减 A_s'，以此 A_s' 作为设计出发点。

(1) 理想线性相位高通滤波器的 $H_d(e^{j\omega})$ 及 $h_d(n)$ 分别见(7.3.10)式及(7.3.11)式，其中 $\tau=(N-1)/2$，对于高通 DF，与图 7.10 相似，也可直接利用(7.3.43)式得理想线性相位高通滤波器截止频率为

$$\omega_c=(\omega_p+\omega_{st})/2=(\omega_p+\omega_p-\Delta\omega)/2=\omega_p-\Delta\omega/2=0.3\pi$$

(2) 求窗函数。

由阻带衰减 $A_s=50\text{dB}$，查表 7.3 海明窗阻带衰减为 53dB，满足要求，由过渡带宽度 $\Delta\omega=0.2\pi$ 确定滤波器长度点数 N，而海明窗过渡带宽为 $\Delta\omega=6.6\pi/N$，则有

$$N=\frac{6.6\pi}{\Delta\omega}=\frac{6.6\pi}{0.2\pi}=33$$

由于是线性相位高通滤波器[$h(n)$偶对称]，只能取 N 为奇数，为了满足过渡带要求，取大一点的 N，$N=35$，则

$$\tau=(N-1)/2=17$$

于是海明窗 $w(n)$ 为

$$w(n)=\left[0.54-0.46\cos\left(\frac{2\pi n}{N-1}\right)\right]R_N(n)$$
$$=\left[0.54-0.46\cos\left(\frac{\pi n}{17}\right)\right]R_{35}(n)$$

（3）求线性相位 FIR 高通滤波器的 $h(n)$。先将参数代入(7.3.11)式的 $h_d(n)$ 中，可得

$$h_d(n)=\frac{\sin[(n-17)\pi]}{\pi(n-17)}-\frac{\sin[0.3\pi(n-17)]}{\pi(n-17)}=\delta(n-17)-\frac{\sin[0.3\pi(n-17)]}{\pi(n-17)}$$
$$=\begin{cases}\dfrac{-\sin[0.3\pi(n-17)]}{(n-17)\pi}, & n\neq 17\\ 0.7, & n=17\end{cases}$$

则有

$$h(n)=h_d(n)w(n)=\begin{cases}-\dfrac{\sin[0.3\pi(n-17)\pi]}{\pi(n-17)}\left[0.54-0.46\cos\left(\dfrac{n\pi}{17}\right)\right]R_{35}(n), & n\neq 17\\ 0.7, & n=17\end{cases}$$

（4）求 $H(e^{j\omega})=\sum_{n=0}^{34}h(n)e^{-j\omega n}$，利用配套软件的辅助设计系统可画出系统幅度响应示于图 7.12。

（5）检验 $H(e^{j\omega})$ 的各项指标，满足要求。

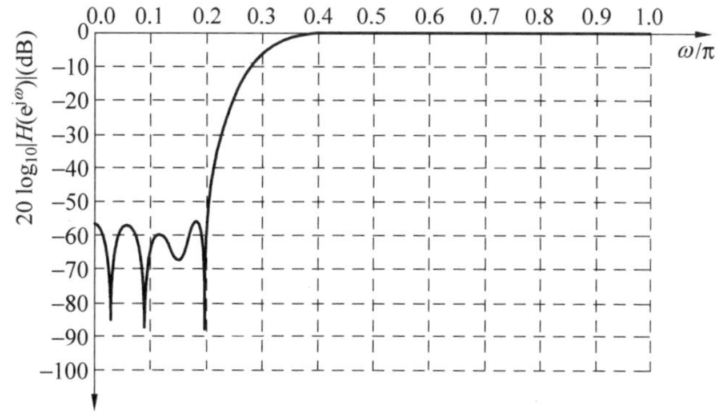

图 7.12　例 7.3 中海明窗线性相位 FIR 高通滤波器的幅度响应（$N=35$）

【例 7.4】 要设计一个线性相位 FIR 带通滤波器，其下阻带截止频率为 $f_{st_1}=2\text{kHz}$，上阻带截止频率为 $f_{st_2}=6\text{kHz}$，通带下截止为 $f_{p_1}=3\text{kHz}$，通带上截止频率为 $f_{p_2}=5\text{kHz}$，阻带最小衰减为 55dB，抽样频率为 $f_s=20\text{kHz}$。采用窗函数法设计。

解　（1）将模拟频率转换成数字频率

$$\omega_{p_1}=2\pi f_{p_1}/f_s=0.3\pi,\quad \omega_{p_2}=2\pi f_{p_2}/f_s=0.5\pi$$
$$\omega_{st_1}=2\pi f_{st_1}/f_s=0.2\pi,\quad \omega_{st_2}=2\pi f_{st_2}/f_s=0.6\pi$$

（2）理想线性相位带通滤波器的 $H_d(e^{j\omega})$ 及 $h_d(n)$ 分别见(7.3.6)式与(7.3.7)式，这里有 $\tau=(N-1)/2$，按(7.3.44)式可得理想线性相位带通滤波器的上、下截止频率 ω_2、ω_1 应分别为

$$\omega_1 = \frac{1}{2}(\omega_{p_1} + \omega_{st_1}) = 0.25\pi$$

$$\omega_2 = \frac{1}{2}(\omega_{p_2} + \omega_{st_2}) = 0.55\pi$$

（3）求窗函数。

阻带衰减 $A_s=55\text{dB}$ 由表 7.3，可选定布莱克曼窗。

由过渡带宽 $\Delta\omega=\omega_{p_1}-\omega_{st_1}=0.1\pi$ 可求得窗长点数 N，如果$(\omega_{p_1}-\omega_{st_1})$与$(\omega_{st_2}-\omega_{p_2})$这两个过渡带不相同，则应取 $\Delta\omega$ 为 $\Delta\omega=\min[(\omega_{p_1}-\omega_{st_1}),(\omega_{st_2}-\omega_{p_2})]$，因为过渡带越小，则需 N 越大，才能满足其要求。查表 7.3，布莱克曼窗过渡带为

$$\Delta\omega = 11\pi/N$$

$$N = 11\pi/\Delta\omega = 110$$

则 $\tau=(N-1)/2=54.5$。

则布莱克曼窗函数为

$$w(n) = \left[0.42 - 0.5\cos\left(\frac{\pi n}{54.5}\right) + 0.08\cos\left(\frac{\pi n}{27.25}\right)\right]R_{110}(n)$$

（4）求 $h(n)$。先将各参数代入(7.3.7)式的 $h_d(n)$中，有

$$h_d(n) = \frac{1}{\pi(n-54.5)}\{\sin[0.55\pi(n-54.5)] - \sin[0.25\pi(n-54.5)]\}$$

则有

$$h(n) = h_d(n)w(n) = \frac{1}{\pi(n-54.5)}\{\sin[0.55\pi(n-54.5)] - \sin[0.25\pi(n-54.5)]\}$$

$$\times\left[0.42 - 0.5\cos\left(\frac{\pi n}{54.5}\right) + 0.08\cos\left(\frac{\pi n}{27.25}\right)\right]R_{110}(n)$$

这里，由于 $\tau\neq$整数，则在(7.3.7)式中，即 $h_d(n)$中不存在 $n=\tau$ 的 $h_d(n)$，则 $h(n)$也不存在 $n=\tau$ 处的值（n 必须为整数）。

（5）求 $H(e^{j\omega})=\sum\limits_{n=0}^{109}h(n)e^{-j\omega n}$ 检验发现，在 $\omega_{st_1}=0.2\pi$ 及 $\omega_{st_2}=0.4\pi$ 处衰减满足要求，而过渡带也满足要求。利用配套软件的辅助设计系统可画出 $N=110$ 时设计出的布莱克曼窗滤波器的幅度响应，见图 7.13。

【例 7.5】 利用窗函数法设计一个线性相位带阻滤波器，给定指标为阻带下截止频率 $f_{st_1}=40\text{Hz}$，阻带上截止频率 $f_{st_2}=60\text{Hz}$，下通带截止频率 $f_{p_1}=15\text{Hz}$，上通带截止频率 $f_{p_2}=80\text{Hz}$，阻带最小衰减为 50dB，抽样频率 $f_s=250\text{Hz}$。

解 （1）将模拟频率转换成数字频率

$$\omega_{p_1} = \frac{2\pi f_{p_1}}{f_s} = 2\pi\times\frac{15}{250} = \frac{3\pi}{25} = 0.12\pi$$

$$\omega_{p_2} = \frac{2\pi f_{p_2}}{f_s} = 2\pi\times\frac{80}{250} = \frac{16\pi}{25} = 0.64\pi$$

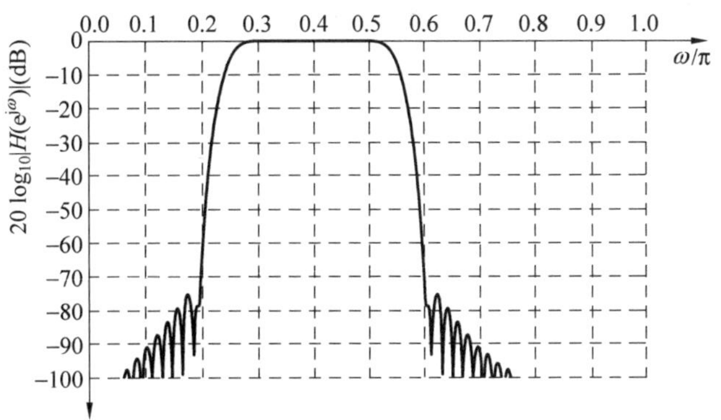

图 7.13　例 7.4 中布莱克曼窗线性相位 FIR 带通滤波器的幅度响应($N=110$)

$$\omega_{st_1}=\frac{2\pi f_{st_1}}{f_s}=2\pi\times\frac{40}{250}=\frac{8\pi}{25}=0.32\pi$$

$$\omega_{st_2}=\frac{2\pi f_{st_2}}{f_s}=2\pi\times\frac{60}{250}=\frac{12\pi}{25}=0.48\pi$$

(2) 理想线性相位带阻滤波器的 $H_d(e^{j\omega})$ 及 $h_d(n)$ 分别见(7.3.8)式与(7.3.9)式,这里 $\tau=(N-1)/2$,同样,理想线性相位带阻滤波器的上、下截止频率 ω_2、ω_1 为(见(7.3.44)式)

$$\omega_2=\frac{1}{2}(\omega_{p_2}+\omega_{st_2})=\frac{1}{2}\times\frac{16\pi+12\pi}{25}=\frac{14\pi}{25}=0.56\pi$$

$$\omega_1=\frac{1}{2}(\omega_{p_1}+\omega_{st_1})=\frac{1}{2}\times\frac{3\pi+8\pi}{25}=\frac{5.5\pi}{25}=0.22\pi$$

(3) 求窗函数。

由阻带衰减 $A_s=50\text{dB}$,为了使 N 最小,选凯泽窗,查表 7.2 可得到 $\beta=4.538$。

过渡带宽有两个数据,上阻带到上通带之间的过渡带宽为

$$\Delta\omega_2=\omega_{p_2}-\omega_{st_2}=0.64\pi-0.48\pi=0.16\pi$$

下阻带与下通带之间的过渡带为

$$\Delta\omega_1=\omega_{st_1}-\omega_{p_1}=0.32\pi-0.12\pi=0.2\pi$$

由于 N 和过渡带宽 $\Delta\omega$ 成反比,因而必须选最小的过渡带来求解 N,故选

$$\Delta\omega=\min(\Delta\omega_1,\Delta\omega_2)=0.16\pi$$

查表 7.2,当 $\beta=4.538$ 时,有 $\Delta\omega=5.86\pi/N=0.16\pi$,则有

$$N=\frac{5.86}{0.16}=36.6$$

由于是带阻滤波器,只能取 N 为奇数,故选定 $N=37$,则 $\tau=(N-1)/2=18$。

则凯泽窗为[见(7.3.38)式]

$$w(n)=\frac{I_0\left(4.538\sqrt{1-\left(1-\dfrac{n}{18}\right)^2}\right)}{I_0(4.538)}R_{37}(n)$$

(4) 求线性相位 FIR 带阻滤波器的单位抽样响应 $h(n)$。

将 ω_1、ω_2、τ 等参数代入(7.3.9)式的 $h_d(n)$ 中，且代入凯泽窗 $w(n)$

$$h(n)=h_d(n)w(n)=\begin{cases}\dfrac{1}{\pi(n-18)}\{\sin[\pi(n-18)]-\sin[0.56\pi(n-18)] \\ \qquad +\sin[0.22\pi(n-18)]\} \\ \qquad \times\dfrac{I_0\left(4.538\sqrt{1-\left(1-\dfrac{n}{18}\right)^2}\right)}{I_0(4.538)}R_{37}(n), & n\neq 18 \\ 0.66, & n=18\end{cases}$$

(5) 检验。求出 $H(e^{j\omega})$，但阻带衰减不满足要求，最后，改选 $\beta=5.4$，$N=47$ 的凯泽窗就满足要求，则有

$$h(n)=h_d(n)w(n)=\begin{cases}\dfrac{1}{\pi(n-23)}\{\sin[\pi(n-23)]-\sin[0.56\pi(n-23)] \\ \qquad +\sin[0.22\pi(n-23)]\} \\ \qquad \times I_0\left[5.4\sqrt{1-\left(1-\dfrac{n}{23}\right)^2}\right]/I_0(5.4), & n\neq 23 \\ 0.66, & n-23\end{cases}$$

$$n=0,1,\cdots,46$$

利用配套软件的辅助设计系统画出了这一凯泽窗线性相位带阻滤波器的幅度响应，见图 7.14。

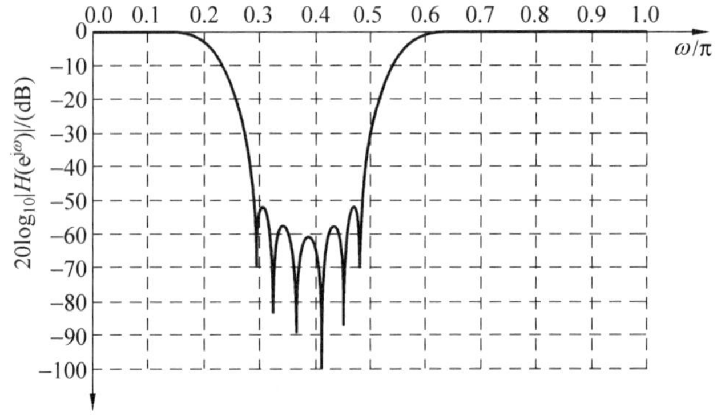

图 7.14 例 7.5 中凯泽窗线性相位 FIR 带阻滤波器的幅度响应($\beta=5.4$，$N=47$)

3. 另一种设计方法：频谱“搬移”法设计。

(1) **低通→高通**。在例 2.8 中已讨论到，一个低频信号，只需乘以 $(-1)^n=\cos(n\pi)$，就可以转换成一个高频信号。这就是“调制性”，时域的调制(相乘)对应于频域的位移。同样，若将一个低通滤波器的单位抽样响应 $h_{lp}(n)$ 乘以 $\cos(n\pi)=(-1)^n$，就可转换为一个高通滤波器的单位抽样响应 $h_{hp}(n)$，若 $h_{lp}(n)$ 是线性相位的，则 $h_{hp}(n)$ 也将是线性相位的。

$$h_{hp}(n)=\cos(n\pi)h_{lp}(n)=(-1)^n h_{lp}(n)=\frac{e^{jn\pi}+e^{-jn\pi}}{2}h_{lp}(n) \tag{7.3.50}$$

而其频率响应则为

$$H_{hp}(e^{j\omega}) = \frac{1}{2}[H_{lp}(e^{j(\omega-\pi)}) + H_{lp}(e^{j(\omega+\pi)})] \tag{7.3.51}$$

（2）**低通→带通**。粗略一看，只需将 $\cos(n\pi)$换成 $2\cos(n\omega_0)$即可，但是，为了保持线性相位，必须用一个对 $n=(N-1)/2=\tau$ 呈偶对称的余弦序列与 $h_{lp}(n)$相乘来得到线性相位带通滤波器的 $h_{bp}(n)$，即

$$h_{bp}(n) = 2h_{lp}(n)\cdot\cos[\omega_0(n-\tau)],\quad \tau=(N-1)/2 \tag{7.3.52}$$

于是有

$$H_{bp}(e^{j\omega}) = [H_{lp}(e^{j(\omega-\omega_0)})e^{-j\omega_0\tau} + H_{lp}(e^{j(\omega+\omega_0)})e^{j\omega_0\tau}] \tag{7.3.53}$$

（3）**这一方法显然不能用到带阻滤波器设计中**。以下举例说明这一设计方法。

【例 7.6】 用窗函数法，采用将低通滤波器频谱“搬移”的办法设计一个线性相位 FIR 高通滤波器，技术指标为通带截止频率 $\omega_p=0.7\pi$ 过渡带宽为 $\Delta\omega=0.2\pi$，阻带最小衰减为 $A_s=50\text{dB}$。

解 （1）将高通滤波器技术指标转变为等效低通滤波器技术指标。先求理想高通滤波器的截止频率 ω_c

$$\omega_c = \omega_p - \frac{1}{2}\Delta\omega = 0.6\pi$$

则理想高通滤波器的通带带宽为 $\pi-\omega_c$，于是，等效理想低通滤波器的通带带宽即截止频率 ω_c 就等于这一数值

$$\omega_c' = \pi - \omega_c = 0.4\pi$$

等效低通滤波器的过渡带宽应为 $\Delta\omega=0.2\pi$。阻带衰减仍为 50dB。

（2）理想线性相位低通滤波器的单位冲激响应见(7.3.5)式，将 ω_c'代替 ω_c 代入该式，有

$$h_d(n) = \begin{cases} \dfrac{\sin[\omega_c'(n-\tau)]}{\pi(n-\tau)}, & n\neq\tau \\ \dfrac{\omega_c'}{\pi}, & n=\tau\quad(\tau\text{ 为整数}) \end{cases}$$

（3）求窗函数 $w(n)$。

由阻带衰减 $A_s=50\text{dB}$ 查表 7.3，可采用海明窗。

由过渡带宽 $\Delta\omega=0.2\pi$ 来确定 N，由表 7.3 知海明窗过渡带为 $\Delta\omega=\dfrac{6.6\pi}{N}$，故有

$$N = \frac{6.6\pi}{\Delta\omega} = \frac{6.6\pi}{0.2\pi} = 33$$

则 $\tau=\dfrac{N-1}{2}=16$。

于是，海明窗为

$$w(n) = \left[0.54 - 0.46\cos\left(\frac{2\pi n}{N-1}\right)\right]R_N(n) = \left[0.54 - 0.46\cos\left(\frac{\pi n}{16}\right)\right]R_{33}(n)$$

(4) 求等效低通滤波器的单位抽样响应 $h_{lp}(n)$。

首先,将 $\omega_c'=0.4\pi$ 及 $\tau=16$ 代入 $h_d(n)$中,得

$$h_d(n)=\begin{cases}\dfrac{\sin[0.4\pi(n-16)]}{\pi(n-16)}, & n\neq 16\\ 0.4, & n=16\end{cases}$$

随后,求 $h_{lp}(n)$

$$h_{lp}(n)=h_d(n)w(n)=\begin{cases}\dfrac{\sin[0.4\pi(n-16)]}{\pi(n-16)}\left[0.54-0.46\cos\left(\dfrac{\pi n}{16}\right)\right]R_{33}(n), & n\neq 16\\ 0.4, & n=16\end{cases}$$

(5) 求所需高通滤波器的单位抽样响应 $h_{hp}(n)$。

$$\begin{aligned}h_{hp}(n)&=h_{lp}(n)\cos(n\pi)=(-1)^n h_{lp}(n)\\&=\begin{cases}(-1)^n\dfrac{\sin[0.4\pi(n-16)]}{\pi(n-16)}\cdot\left[0.54-0.46\cos\left(\dfrac{\pi n}{16}\right)\right]R_{33}(n), & n\neq 16\\ 0.4, & n=16\end{cases}\end{aligned}$$

乘$(-1)^n$就是将低通的 $h_{lp}(n)$中,$n=$奇数的响应值变号(正变负,负变正),而 n 为偶数时响应值不变,这样就得到高通的 $h_{hp}(n)$。

(6) 检验。求 $h_{hp}(e^{j\omega})$,结果 $\Delta\omega$ 太大,最后改选 $N=43$,则 $\Delta\omega$ 满足要求。将上面 $h_{hp}(n)$中的 16 改成 21,将 $R_{33}(n)$改为 $R_{43}(n)$,则最后求得的 $h_{hp}(n)$为

$$h_{hp}(n)=\begin{cases}(-1)^n\dfrac{\sin[0.4\pi(n-21)]}{\pi(n-21)}\left[0.54-0.46\cos\left(\dfrac{\pi n}{21}\right)\right]R_{43}(n), & n\neq 21\\ 0.4, & n=21\end{cases}$$

【例 7.7】 用窗函数法,采用低通滤波器频率搬移的办法,设计一个线性相位 FIR 带通滤波器。技术指标与例 7.4 相同,现改为用数字频率表示,通带上截止频率 $\omega_{p2}=0.5\pi$,通带下截止频率 $\omega_{p1}=0.3\pi$,上阻带截止频率 $\omega_{st_2}=0.6\pi$,下阻带截止频率 $\omega_{st_1}=0.2\pi$,阻带衰减为 55dB。

解 (1) 将线性相位带通滤波器的技术指标转换成等效线性相位低通滤波器的技术指标。由(7.3.44)式可得理想带通滤波器的上、下截止频率 ω_2、ω_1 为

$$\omega_2=\frac{1}{2}(\omega_{p_2}+\omega_{st_2})=0.55\pi$$

$$\omega_1=\frac{1}{2}(\omega_{p_1}+\omega_{st_1})=0.25\pi$$

带通滤波器的算术中心频率 ω_0 为

$$\omega_0=\frac{1}{2}(\omega_1+\omega_2)=0.4\pi$$

所需带通滤波器的上、下过渡带宽 $\Delta\omega_2$ 与 $\Delta\omega_1$ 是相等的,用 $\Delta\omega$ 表示

$$\Delta\omega=\Delta\omega_2=\Delta\omega_1=\omega_{st_2}-\omega_{p_2}=\omega_{p_1}-\omega_{st_1}=0.1\pi$$

故等效理想低通滤波器的截止频率 ω_c 应为理想带通滤波器的带宽的一半值,即

$$\omega_c = \frac{1}{2}(\omega_2 - \omega_1) = \frac{1}{2}(0.55\pi - 0.25\pi) = 0.15\pi$$

而等效低通滤波器的过渡带宽则与所需带通滤波器的过渡带宽相同，仍为 $\Delta\omega = 0.1\pi$。等效低通滤波器的阻带最小衰减为 $A_s = 55\text{dB}$。

（2）理想线性相位低通滤波器的单位冲激响应$h_d(n)$可见(7.3.5)式，为

$$h_d(n) = \begin{cases} \dfrac{\sin[\omega_c(n-\tau)]}{\pi(n-\tau)}, & n \neq \tau \\ \dfrac{\omega_c}{\pi}, & n = \tau \quad (\tau\text{ 为整数}) \end{cases}$$

（3）求窗函数。

由阻带衰减 $A_s = 55\text{dB}$ 可以采用布莱克曼窗或凯泽窗，这里与例 7.4 一致，选用布莱克曼窗，$\Delta\omega = 0.1\pi$，所以窗长与例 7.4 是一样的，即

$$N = 11\pi/\Delta\omega = 110$$

$$\tau = (N-1)/2 = 54.5$$

于是，布莱克曼窗函数为

$$w(n) = \left[0.42 - 0.5\cos\left(\frac{\pi n}{54.5}\right) + 0.08\cos\left(\frac{\pi n}{27.25}\right)\right]R_{110}(n)$$

（4）利用频谱搬移的办法，利用(7.4.52)式，将理想低通的 $h_d(n)$转换成理想带通的 $h_{bpd}(n)$

$$\begin{aligned} h_{bpd}(n) &= 2h_d(n) \cdot \cos[\omega_0(n-\tau)] = \frac{2\sin[\omega_c(n-\tau)]}{\pi(n-\tau)} \cdot \cos[\omega_0(n-\tau)] \\ &= \frac{2\sin[0.15\pi(n-\tau)]}{\pi(n-\tau)} \cdot \cos[0.4\pi(n-\tau)] \\ &= \frac{1}{\pi(n-\tau)}\{\sin[0.55\pi(n-\tau)] - \sin[0.25\pi(n-\tau)]\} \\ &= \frac{1}{\pi(n-54.5)}\{\sin[0.55\pi(n-54.5)] - \sin[0.25\pi(n-54.5)]\} \end{aligned}$$

（5）所需线性相位 FIR 带通滤波器单位抽样响应 $h_{bp}(n)$与例 7.4 中求出的完全一样

$$h_{bp}(n) = h_{bpd}(n) \cdot w(n)$$

这里不再重复写出它的表达式。

（6）检验。与例 7.4 一样，设计出的滤波器频率响应可见图 7.13，满足设计要求。

* 另外，对于**一个通带为$\omega_1 \sim \omega_2$ 的带通滤波器，可以用一个通带截止频率为ω_2（ω_2 为带通滤波器的理想通带上截止频率）的低通滤波器 $H_{lp2}(e^{j\omega})$减去一个通带截止频率为ω_1（ω_1 为带通滤波器的理想通带下截止频率）的低通滤波器（并联连接）来构成**，如图 7.15 所示。

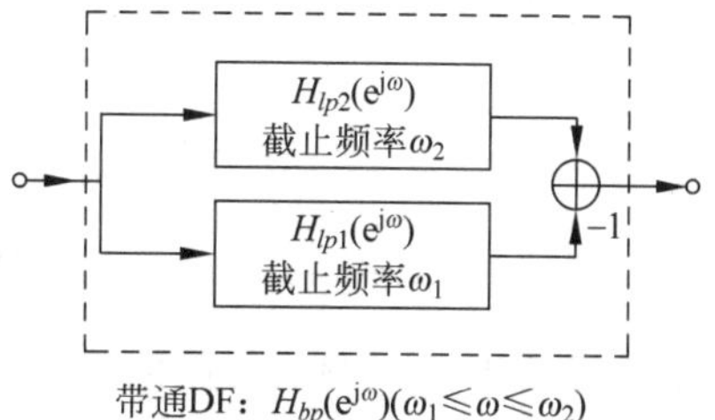

图 7.15　用低通滤波器的并联构成带通滤波器

7.3　窗函数设计法

它们之间的关系为

$$H_{bp}(e^{j\omega}) = H_{lp2}(e^{j\omega}) - H_{lp1}(e^{j\omega}) \tag{7.3.54}$$

$$h_{bp}(n) = h_{lp2}(n) - h_{lp1}(n) \tag{7.3.55}$$

即频域时域都是相减。

*7.3.6 窗函数法奇对称单位冲激响应的线性相位微分器及希尔伯特变换器的设计

第二大类线性相位 FIR 滤波器的单位抽样响应对 $n=(N-1)/2$ 呈奇对称，即有 $h(n)=-h(N-1-n)$，其频率响应除具有线性相位外，还具有 $\pi/2$ 的相移，因而可用于离散时间微分器及离散时间希尔伯特变换器(90°移相器)的设计中。

1. 离散时间线性相位 FIR 微分器的设计。

由于连续时间信号才存在微分(导数)，而离散时间信号则不存在微分。有时，我们需要得到连续时间带限信号的导数，但是要用离散时间系统来逼近一要求。即用离散时间系统处理连续时间信号来解释这一逼近，可将离散时间系统设计成其输出是对输入连续时间带限信号的导数的抽样值，此离散时间系统就被称为离散时间微分器。

(1) **理想的离散时间微分器。**

先看连续时间信号的微分器的输入输出关系，设输入为 $x(t)$，输出为 $y(t)$，则有

$$y(t) = \frac{dx(t)}{dt}$$

因为

$$x(t) = \frac{1}{2\pi}\int_{-\infty}^{\infty} X(j\Omega)e^{j\Omega t}d\Omega$$

两边取导数

$$y(t) = \frac{dx(t)}{dt} = \frac{1}{2\pi}\int_{-\infty}^{\infty}[j\Omega X(j\Omega)]e^{j\Omega t}d\Omega$$

而 $y(t)$ 与其傅里叶变换的关系为

$$y(t) = \frac{1}{2\pi}\int_{-\infty}^{\infty} Y(j\Omega)e^{j\Omega t}d\Omega$$

两式相比较，有

$$Y(j\Omega) = j\Omega X(j\Omega)$$

所以有

$$H(j\Omega) = \frac{Y(j\Omega)}{X(j\Omega)} = j\Omega$$

由于考虑的输入 $x(t)$ 是带限的信号，故有

$$H(j\Omega) = \begin{cases} j\Omega, & |\Omega| < \dfrac{\pi}{T} \\ 0, & \text{其他 } \Omega \end{cases}$$

若将 $x(n)=x(t)|_{t=nT}$、$y(n)=y(t)|_{t=nT}$ 作为离散时间微分器的输入与输出，则有

$$H(\mathrm{e}^{\mathrm{j}\omega})=\frac{Y(\mathrm{e}^{\mathrm{j}\omega})}{X(\mathrm{e}^{\mathrm{j}\omega})}=\mathrm{j}\,\frac{\omega}{T},\qquad |\omega|<\pi \tag{7.3.56}$$

这时 $H(\mathrm{e}^{\mathrm{j}\omega})$ 一定是周期的，周期为 2π；若取 $T=1$ 则有

$$H_d(\mathrm{e}^{\mathrm{j}\omega})=\mathrm{j}\omega,\qquad |\omega|<\pi \tag{7.3.57}$$

图 7.16 画出了(7.3.57)式的理想离散时间微分器的频率响应(包括幅度响应及相位响应)。

相应的单位抽样响应为(采用分部积分法)

$$\begin{aligned}h_d(n)&=\mathrm{IDTFT}[H_d(\mathrm{e}^{\mathrm{j}\omega})]=\frac{1}{2\pi}\int_{-\pi}^{\pi}\mathrm{j}\omega\,\mathrm{e}^{\mathrm{j}\omega n}\,\mathrm{d}\omega\\&=\frac{1}{2\pi n}\int_{-\pi}^{\pi}\omega\,\mathrm{d}\mathrm{e}^{\mathrm{j}\omega n}=\frac{1}{2\pi n}\left[\omega\,\mathrm{e}^{\mathrm{j}\omega n}\Big|_{\omega=-\pi}^{\omega=\pi}-\int_{-\pi}^{\pi}\mathrm{e}^{\mathrm{j}\omega n}\,\mathrm{d}\omega\right]\\&=\frac{\cos(n\pi)}{n}-\frac{\sin(n\pi)}{\pi n^2},\qquad n\neq 0\end{aligned} \tag{7.3.58}$$

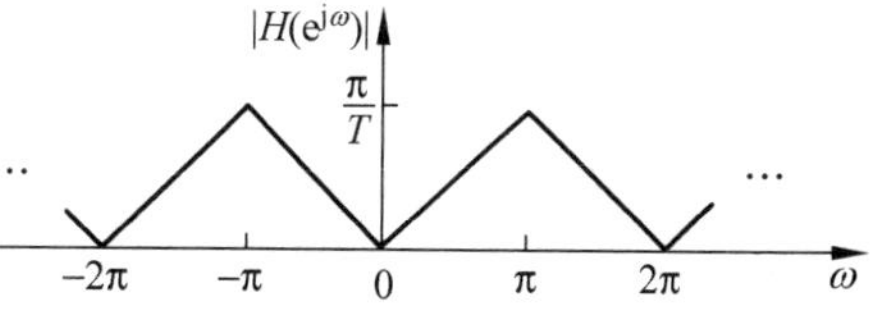

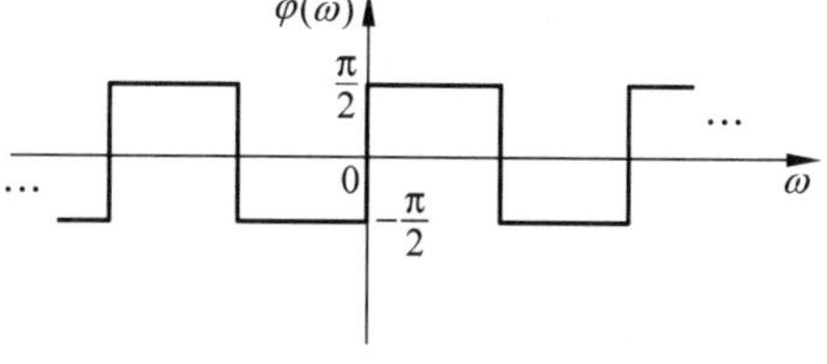

图 7.16　实现连续时间微分器的理想离散时间滤波器(微分器)的频率响应

(2) **理想的线性相位离散时间微分器**，按窗函数的要求，需将 $h_d(n)$ 延时 $\tau=(N-1)/2$，故应有

$$H_d(\mathrm{e}^{\mathrm{j}\omega})=\mathrm{j}\omega\mathrm{e}^{-\mathrm{j}\omega\tau},\qquad |\omega|<\pi \tag{7.3.59}$$

其中群延时为 $\tau=(N-1)/2$。

(7.3.59)式理想线性相位微分器的单位抽样响应 $h_d(n)$ 为(采用分部积分法)

$$\begin{aligned}h_d(n)&=\frac{1}{2\pi}\int_{-\pi}^{\pi}\mathrm{j}\omega\mathrm{e}^{-\mathrm{j}\omega\tau}\mathrm{e}^{\mathrm{j}\omega n}\,\mathrm{d}\omega=\frac{1}{2\pi(n-\tau)}\int_{-\pi}^{\pi}\omega\mathrm{d}\mathrm{e}^{\mathrm{j}\omega(n-\tau)}\\&=\frac{1}{2\pi(n-\tau)}\left\{[\omega\mathrm{e}^{\mathrm{j}\omega(n-\tau)}]\Big|_{\omega=-\pi}^{\omega=\pi}-\int_{-\pi}^{\pi}\mathrm{e}^{\mathrm{j}\omega(n-\tau)}\,\mathrm{d}\omega\right\}\\&=\begin{cases}\dfrac{\cos\pi(n-\tau)}{(n-\tau)}-\dfrac{\sin\pi(n-\tau)}{\pi(n-\tau)^2}, & n\neq\tau=\dfrac{N-1}{2}\\[2ex] 0, & n=\tau=\dfrac{N-1}{2}\quad(N\text{ 为奇数})\end{cases}\end{aligned} \tag{7.3.60}$$

得到的 $h_d(n)$ 是无限长序列。

(3) **有限长因果性线性相位离散时间微分器**。

(7.3.60)式的 $h_d(n)$ 是无限长非因果序列，**工程应用中一般都采用长度为 N 点的 FIR 微分器来逼近理想的离散时间微分器。因而要加窗函数** $w(n)$ (窗长为 N 点)将 $h_d(n)$ **截取为 N 点长序列**。此外可以看出，**无论 N 是奇数或是偶数，(7.3.60)式的** $h_d(n)$ **都满足对** $n=(N-1)/2$ **处呈奇对称**，即

$$h_d(n)=-h_d(N-1-n)$$

因而所得到的系统**加上对** $n=(N-1)/2$ **呈偶对称的窗函数** $w(n)$ **后，一定是第 3 种(N 为奇数)或第 4 种(N 为偶数)情况的线性相位 FIR 滤波器(微分器)**。

(7.3.60)式的 $h_d(n)$ 加窗后的实际 FIR 线性相位微分器的单位抽样响应 $h(n)$ 为

$$h(n)=\begin{cases}\left\{\dfrac{\cos[\pi(n-\tau)]}{(n-\tau)}-\dfrac{\sin[\pi(n-\tau)]}{\pi(n-\tau)^2}\right\}w(n)R_N(n), & n\neq\dfrac{N-1}{2}\\ 0, & n=\dfrac{N-1}{2}\end{cases}\quad (N\text{ 为奇数})\tag{7.3.61}$$

当 N 为偶数时，$h(n)$ 中只存在等式右端的第二项（第一项为零），代入 $\tau=(N-1)/2$ 后，有

$$\begin{aligned}h(n)&=-\frac{\sin[\pi(n-(N-1)/2)]}{\pi(n-(N-1)/2)^2}w(n)R_N(n)\\&=\frac{(-1)^{n+\frac{N}{2}+1}}{\pi(n-(N-1)/2)^2}w(n)R_N(n),\quad N\text{ 为偶数}\end{aligned}\tag{7.3.62}$$

当 N 为奇数时，$h(n)$ 中只存在等式右端第一项（第二项为零），代入 $\tau=(N-1)/2$ 后，有

$$h(n)=\left.\begin{cases}\dfrac{\cos[\pi(n-(N-1)/2)]}{n-(N-1)/2}w(n)R_N(n)=\dfrac{(-1)^{n-\frac{N-1}{2}}}{n-(N-1)/2}w(n)R_N(n), & n\neq\dfrac{N-1}{2}\\ 0, & n=\dfrac{N-1}{2}\end{cases}\right\}N\text{ 为奇数}\tag{7.3.63}$$

从(7.3.59)式可得出理想的线性相位离散时间微分器的相位响应 $\varphi(\omega)$。

$$H(e^{j\omega})=|H(e^{j\omega})|e^{j\varphi(\omega)}=|\omega|e^{j\varphi(\omega)}\tag{7.3.64}$$

即

$$\varphi(\omega)=\begin{cases}\pi/2-(N-1)\omega/2, & 0\leqslant\omega\leqslant\pi\\ -\pi/2-(N-1)\omega/2, & -\pi\leqslant\omega\leqslant 0\end{cases}\tag{7.3.65}$$

由于 $h(n)$ 是奇对称的，加窗截断后，可分两种情况讨论：

① **当 N 为奇数时，是情况 3 的线性相位 FIR 滤波器**，它的系统函数 $H(z)$ 在 $z=1(\omega=0)$ 及 $z=-1(\omega=\pi)$ 处均为零点，**因而频率响应幅度在 $\omega=\pi$ 处有很大误差**（相较于 $|H(e^{j\omega})|\big|_{\omega=\pi}=|\omega|\big|_{\omega=\pi}=\pi$ 来说误差很大），因而 **N 为奇数时，不能在全频段 $(0,\pi)$ 内逼近理想微分器**，只能在不靠近 $\omega=\pi$ 的一段频带上来逼近。另外在 $\omega=0$ 到 $\omega=\pi$ 的全范围，逼近误差都较 N 为偶数时逼近误差要大。

② **当 N 为偶数时，是情况 4 的线性相位 FIR 滤波器**，由于它的 $H(z)$ 在 $z=1$（即 $\omega=0$）处为零，而在 $z=-1(\omega=\pi)$ 处不是零点。故**它对理想微分器的逼近比 $N=$ 奇数要好，不但 $\omega=\pi$ 处逼近误差小，而且在全频率（$\omega=0$ 到 $\omega=\pi$）范围，逼近误差也都小于 N 为奇数时的情况**。

但是，**N 为偶数时，其延时为 $\tau=\dfrac{N-1}{2}\neq$ 整数**，就是这个非整数延时的代价，使得幅度

逼近得非常好，**但是我们不能求出原来 $t=nT$ 处连续时间信号之导数的抽样值，而是求出 $t=\left(n-\frac{N-1}{2}\right)T$ 处的连续时间信号之导数的抽样值**。这一缺陷，或者可以用复杂系统中其他线性相位滤波器的非整数延时来加以弥补。

【例 7.8】 利用汉宁窗设计线性相位离散时间微分器。

试分别采用 N 为奇数与 N 为偶数，并讨论设计结果对微分器逼近的效果。

解 (1) 取 N 为奇数。设 $N=9$，当然要采用 $h(n)$ 为奇对称的情况 3 的线性相位 FIR 系统。N 为奇数的线性相位离散时间微分器 $h(n)$ 的表达式(7.3.63)式为

$$h(n)=\begin{cases}\dfrac{\cos[\pi(n-(N-1)/2)]}{n-(N-1)/2}w(n)=\dfrac{(-1)^{n-\frac{N-1}{2}}}{n-(N-1)/2}w(n), & n\neq(N-1)/2\\ 0, & n=(N-1)/2\end{cases}$$

代入 $N=9$，并将汉宁窗函数 $w(n)$ 代入，可得

$$h(n)=\begin{cases}\dfrac{(-1)^{n-4}}{n-4}\cdot\dfrac{1}{2}\left[1-\cos\left(\dfrac{\pi n}{4}\right)\right]R_9(n), & n\neq 4\\ 0, & n=4\end{cases}$$

由此可求得 $h(n)$ 为

$$h(n)=\{\underline{0},0.048\,82,-0.25,0.853\,55,0,-0.853\,55,0.25,-0.048\,82,0\}$$

于是可求得 $H(e^{j\omega})$ 为

$$\begin{aligned}H(e^{j\omega})&=\sum_{n=0}^{8}h(n)e^{-j\omega n}\\&=je^{-j4\omega}[2h(1)\sin(3\omega)+2h(2)\sin2\omega+2h(3)\sin\omega]\\&=je^{-j4\omega}[0.097\,64\sin(3\omega)-0.5\sin(2\omega)+1.707\,11\sin\omega]\end{aligned}$$

其中

$$|H(e^{j\omega})|=[0.097\,64\sin(3\omega)-0.5\sin(2\omega)+1.707\,11\sin\omega]$$

$$\varphi(\omega)=\begin{cases}\dfrac{\pi}{2}-4\omega, & 0<\omega<\pi\\ -\dfrac{\pi}{2}-4\omega, & -\pi<\omega<0\end{cases}$$

图 7.17 画出了 $h(n)$，实际的 $|H(e^{j\omega})|$ 及理想的 $|H_d(e^{j\omega})|$ 以及它们的差值还有相位响应 $\varphi(\omega)$。由于 $N=9$ 为奇数，故在 $z=\pm1$ 处皆有系统函数 $H(z)|_{z=\pm1}=0$，即在 $\omega=0,\pi$ 处 $H(e^{j0})=H(e^{j\pi})=0$，因而在 $\omega=\pi$ 附近 $|H(e^{j\omega})|$ 根本不能对微分器逼近。实际上，从图中看出，只要 $\omega\leqslant0.6\pi$ 上对微分器的逼近较好；若增加 N（仍为奇数），则逼近微分器的 ω 范围可有一定的扩展，但 $H(e^{j\pi})=0$ 是不变的。

(2) 取 N 为偶数。设 $N=6$，仍要采用奇对称的 $h(n)$，即情况 3 的 FIR 系统，N 为偶数时，线性相位离散时间微分器 $h(n)$ 的表达式(7.3.62)式为

$$h(n)=-\frac{\sin[\pi(n-(N-1)/2)]}{\pi(n-(N-1)/2)^2}w(n)=\frac{(-1)^{n+\frac{N}{2}+1}}{\pi(n-(N-1)/2)^2}w(n)$$

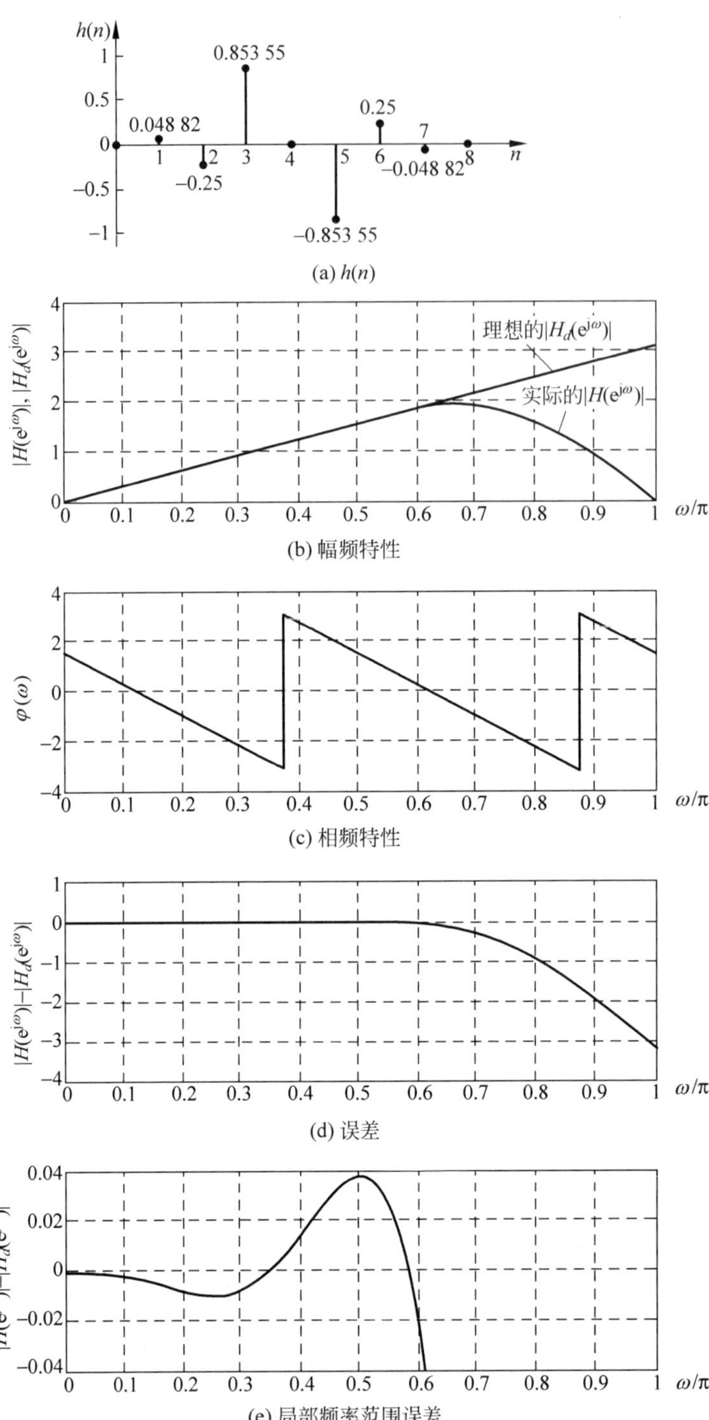

图 7.17 例 7.8 中 $N=9$ 的离散时间微分器的图形

代入 $N=6$，并将汉宁窗函数 $w(n)$ 代入，可得

$$h(n)=\frac{(-1)^{n+4}}{\pi(n-2.5)^2}\cdot\frac{1}{2}\left[1-\cos\left(\frac{2\pi n}{5}\right)\right]R_6(n)$$

由此可得

$$h(n)=\{\underline{0},-0.04888,1.15166,-1.15166,0.04888,0\}$$

于是可求得 $H(\mathrm{e}^{\mathrm{j}\omega})$ 为

$$\begin{aligned}H(\mathrm{e}^{\mathrm{j}\omega})&=\sum_{n=0}^{5}h(n)\mathrm{e}^{-\mathrm{j}\omega n}=\mathrm{j}\mathrm{e}^{-\mathrm{j}2.5\omega}[2h(1)\sin(1.5\omega)+2h(2)\sin(0.5\omega)]\\&=\mathrm{j}\mathrm{e}^{-\mathrm{j}2.5\omega}[-0.09775\sin(1.5\omega)+2.30331\sin(0.5\omega)]=|H(\mathrm{e}^{\mathrm{j}\omega})|\mathrm{e}^{\mathrm{j}\varphi(\omega)}\end{aligned}$$

其中

$$|H(\mathrm{e}^{\mathrm{j}\omega})|=|-0.09775\sin(1.5\omega)+2.30331\sin(0.5\omega)|$$

$$\varphi(\omega)=\begin{cases}\pi/2-2.5\omega, & 0<\omega<\pi\\-\pi/2-2.5\omega, & -\pi<\omega<0\end{cases}$$

图 7.18 画出了 $h(n)$，实际的 $|H(\mathrm{e}^{\mathrm{j}\omega})|$ 及理想的 $|H_d(\mathrm{e}^{\mathrm{j}\omega})|$ 以及它们的差值，还有相位响应 $\varphi(\omega)$。由于 $N=6$ 为偶数，故只有 $z=1$ 处系统函数 $H(z)|_{z=1}=0$，即只在 $\omega=0$ 处 $H(\mathrm{e}^{\mathrm{j}0})=0$，在 $\omega=\pi$ 处 $H(\mathrm{e}^{\mathrm{j}\pi})\neq0$，因而 N 为偶数时逼近微分器幅度响应的 ω 范围比 N 为奇数时要大，此例中逼近范围可扩展到 $\omega\leqslant0.8\pi$。另外，与 N 为奇数的图 7.17 相比，N 为偶数时，对理想微分器的逼近误差要小于 N 为奇数时的。

从 $\varphi(\omega)$ 的表达式看出，在 $0<\omega<\pi$ 的范围内，有 $\pi/2$ 的常数相移再加上 $(N-1)/2=2.5$ 个抽样延时的线性相位，也就是没有求出原来连续时间信号的导数在 $t=nT$ 的抽样，而是求出了在抽样时间为 $t=(n-2.5)T$ 时的导数的抽样。这也许可用与之相连接（如果有相连接的网络）的其他系统的非整数延时来加以补偿（校正）。

2. 离散时间线性相位希尔伯特（Hilbert）变换器（90°移相器）的设计。

（1）理想的离散希尔伯特变换器。

理想的离散希尔伯特变换器（90°移相器）的频率响应为

$$H_d(\mathrm{e}^{\mathrm{j}\omega})=\begin{cases}-\mathrm{j}, & 0<\omega<\pi\\\mathrm{j}, & -\pi<\omega<0\end{cases}\tag{7.3.66}$$

其单位抽样响应为

$$\begin{aligned}h_d(n)&=\frac{1}{2\pi}\int_{-\pi}^{\pi}H_d(\mathrm{e}^{\mathrm{j}\omega})\mathrm{e}^{\mathrm{j}\omega n}\mathrm{d}\omega=\frac{1}{2\pi}\int_{-\pi}^{0}\mathrm{j}\mathrm{e}^{\mathrm{j}\omega n}\mathrm{d}\omega-\frac{1}{2\pi}\int_{0}^{\pi}\mathrm{j}\mathrm{e}^{\mathrm{j}\omega n}\mathrm{d}\omega\\&=\frac{1}{n\pi}[1-\cos(n\pi)]=\frac{2}{n\pi}\sin^2\left(\frac{n\pi}{2}\right)\\&=\begin{cases}\dfrac{2}{n\pi}, & n\text{ 为奇数}\\0, & n\text{ 为偶数}\end{cases}\end{aligned}\tag{7.3.67}$$

7.3 窗函数设计法

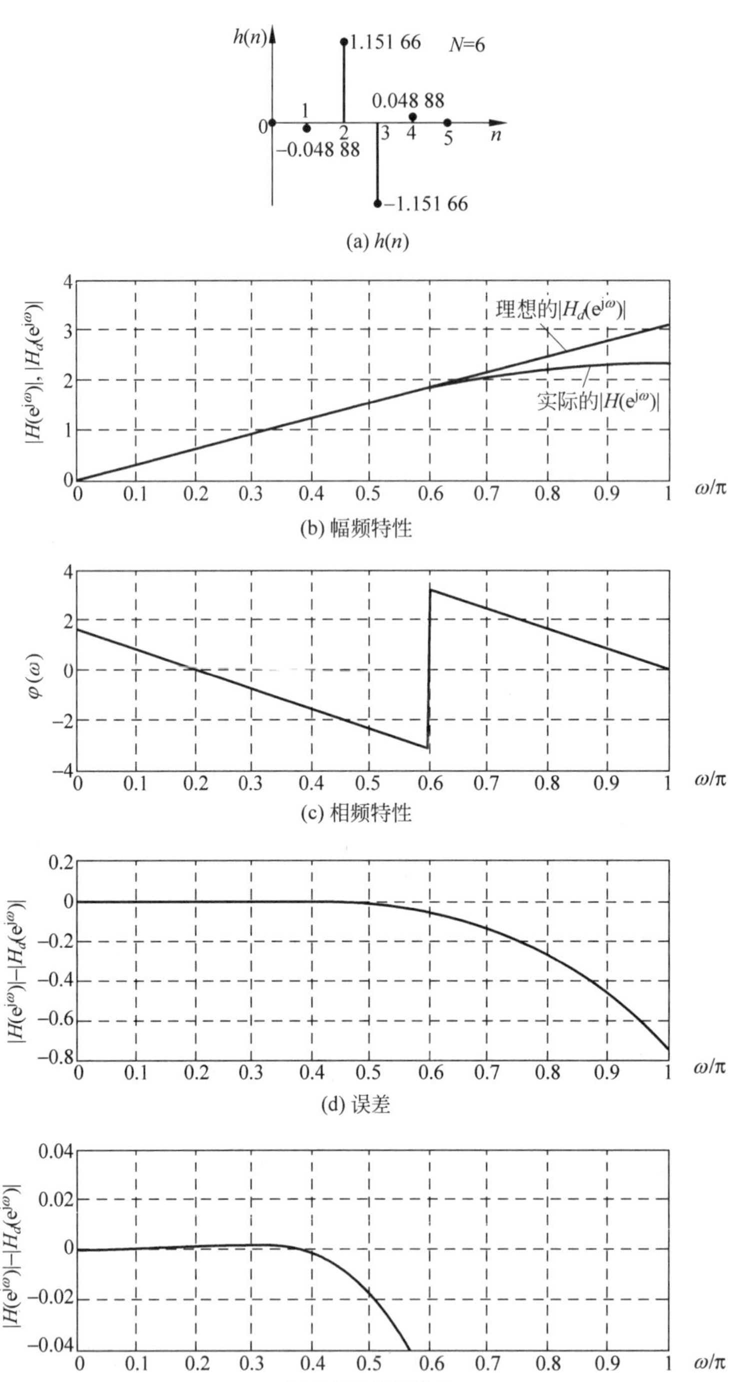

图 7.18　例 7.8 中 $N=6$ 的离散时间微分器的图形

从以下讨论中,可以看出为什么要研究希尔伯特变换器。

我们知道,一个实序列 $x_r(n)$,它的傅里叶变换(频谱)是满足共轭对称关系的,即

$$X_r(e^{j\omega}) = \text{DTFT}[x_r(n)] = X_r^*(e^{-j\omega})$$

由此可得知，一个**实序列，其频谱在正、负频率处皆存在数值**。但是负频率处(即$-\pi\leqslant\omega\leqslant 0$处)的频谱，可由正频率处(即$0\leqslant\omega\leqslant\pi$处)的频谱导出，因而**负频率处的频谱是冗余的**。另外，也可看出，**若要只保留正频率处的频谱，是不能采用实序列的，只能采用某种由$x_r(n)$导出的复序列，这种复序列要能在正频率范围保存所给实序列的频谱$X_r(e^{j\omega})$值，而在负频率范围的频谱为零，不丢失$x_r(n)$的任何信息，称这种复序列为解析信号**。显然，**利用希尔伯特变换器，可以构成满足所述要求的复序列——解析信号。只需将$x_r(n)$通过一个希尔伯特变换器，就产生了与$x_r(n)$成正交的信号$x_i(n)$，那么解析信号$x(n)$就可表示为**

$$x(n)=x_r(n)+jx_i(n) \tag{7.3.68}$$

则有

$$X(e^{j\omega})=X_r(e^{j\omega})+jX_i(e^{j\omega}) \tag{7.3.69}$$

其中$X(e^{j\omega})=\text{DTFT}[x(n)]$，$X_r(e^{j\omega})=\text{DTFT}[x_r(n)]$，$X_i(e^{j\omega})=\text{DTFT}[x_i(n)]$。

$x_i(n)$必须是$x_r(n)$经希尔伯特变换器$H_d(e^{j\omega})$[见(7.3.66)式]后的输出信号，即

$$X_i(e^{j\omega})=X_r(e^{j\omega})H_d(e^{j\omega})=\begin{cases}-jX_r(e^{j\omega}), & 0<\omega<\pi\\ jX_r(e^{j\omega}), & -\pi<\omega<0\end{cases} \tag{7.3.70a}$$

故有

$$X_r(e^{j\omega})=\frac{X_i(e^{j\omega})}{H_d(e^{j\omega})}=-H_d(e^{j\omega})X_i(e^{j\omega}) \tag{7.3.70b}$$

由(7.3.70)式可得出以下离散时间解析信号的实部与虚部之间的离散希尔伯特变换关系式

$$x_i(n)=\sum_{m=-\infty}^{\infty}x_r(m)h_d(n-m) \tag{7.3.71a}$$

$$x_r(n)=-\sum_{m=-\infty}^{\infty}x_i(m)h_d(n-m) \tag{7.3.71b}$$

将(7.3.70a)式代入(7.3.69)式，可得解析信号$x(n)$的频谱$X(e^{j\omega})$为

$$X(e^{j\omega})=X_r(e^{j\omega})+\begin{cases}X_r(e^{j\omega}), & 0<\omega<\pi\\ -X_r(e^{j\omega}), & -\pi<\omega<0\end{cases}$$

即有

$$X(e^{j\omega})=\begin{cases}2X_r(e^{j\omega}), & 0<\omega<\pi\\ 0, & -\pi<\omega<0\end{cases} \tag{7.3.72}$$

由(7.3.72)式可知，解析信号的频谱$X(e^{j\omega})$，只保留了$X_r(e^{j\omega})$在正频率$0<\omega<\pi$处的值，而在负频率$-\pi<\omega<0$处$X(e^{j\omega})=0$。所以，**由实信号产生解析信号的过程为：实信号$x_r(n)$经希尔伯特变换器产生$x_i(n)$信号，将$x_r(n)$作为实部、$x_i(n)$(也是实序列)作为虚部组成$x(n)=x_r(n)+jx_i(n)$，此$x(n)$即为解析信号，它的频谱在z平面单位圆的下半周上($-\pi<\omega<0$)的值为零(即在频谱的每个周期的后半周期处为零)**，而在z平面单位圆的上半周

期($0<\omega<\pi$)处的频谱值就是所给实信号 $x_r(n)$ 在此频率范围的频谱值的 2 倍,也就是保留了 $x_r(n)$ 的频谱的全部信息。

(2) 线性相位的理想离散希尔伯特变换器。

由于我们要求的是线性相位的 90°移相器,因而要将(7.3.66)式中加上线性相位的约束,即

$$H_d(e^{j\omega})=\begin{cases}-je^{-j\omega\tau}, & 0<\omega<\pi\\ je^{-j\omega\tau}, & -\pi<\omega<0\end{cases}\tag{7.3.73}$$

则其单位抽样响应为

$$h_d(n)=\frac{1}{2\pi}\int_{-\pi}^{\pi}H_d(e^{j\omega})e^{j\omega n}d\omega=\frac{1}{2\pi}\int_{-\pi}^{0}je^{-j\omega\tau}e^{j\omega n}d\omega-\frac{1}{2\pi}\int_{0}^{\pi}je^{-j\omega\tau}e^{j\omega n}d\omega$$

$$=\begin{cases}\dfrac{1}{\pi(n-\tau)}\{1-\cos[(n-\tau)\pi]\}=\dfrac{2}{\pi(n-\tau)}\sin^2\left[\dfrac{(n-\tau)\pi}{2}\right], & n\neq\tau\\ 0, & n=\tau\end{cases}\tag{7.3.74}$$

(3) 有限长因果性线性相位离散希尔伯特变换器。

(7.3.74)式的 $h_d(n)$ 为无限长非因果序列,应用中需要有限长 N 点的因果性的离散希尔伯特变换器,所以要**用对 $n=(N-1)/2$ 呈偶对称的窗函数 $w(n)$(窗长为 N 点)将 $h_d(n)$ 截取为 N 点长的序列($0\leqslant n\leqslant N-1$)来逼近理想希尔伯特变换器。截断后,无论 N 是奇数还是偶数,$h_d(n)$ 都满足对 $n=\tau=(N-1)/2$ 处呈奇对称**,即有

$$h_d(n)=-h_d(N-1-n),\quad n=0,1,\cdots,N-1$$

因而**加窗后的系统是第 3 种(N 为奇数)或第 4 种(N 为偶数)情况的线性相位 FIR 型的滤波器(希尔伯特变换器)。**

(7.3.74)式的 $h_d(n)$ 加窗后,实际的线性相位 FIR 希尔伯特变换器的单位抽样响应 $h(n)$ 为

$$h(n)=h_d(n)w(n)=\frac{1}{\pi(n-\tau)}\{1-\cos[(n-\tau)\pi]\}w(n)=\frac{2}{\pi(n-\tau)}\sin^2\left[\frac{(n-\tau)\pi}{2}\right]\cdot w(n),$$

$$=\begin{cases}\dfrac{1}{\pi[n-(N-1)/2]}\left\{1-\cos\left[\left(n-\dfrac{N-1}{2}\right)\pi\right]\right\}w(n)=\\ \dfrac{2}{\pi[n-(N-1)/2]}\sin^2\left[\left(n-\dfrac{N-1}{2}\right)\pi/2\right]w(n), & n\neq\dfrac{N-1}{2}\\ 0, & n=\dfrac{N-1}{2}\quad(N\text{为奇数})\\ \qquad n=0,1,\cdots,N-1\end{cases}\tag{7.3.75}$$

当输入信号为 $x_r(n)$,从 90° 移相器得到的输出是 $x_i(n-(N-1)/2)$,由于要得到 $x_r(n-(N-1)/2)$ 及 $x_i(n-(N-1)/2)$ 组成解析信号

$$x(n-(N-1)/2)=x_r(n-(N-1)/2)+jx_i(n-(N-1)/2)$$

为此要将 $x_r(n)$ 另外直接加以延时，以便得到 $x_r(n-(N-1)/2)$ 信号，此时，**最好取 N 为奇数，便于实现整数[$(N-1)/2$]延时**。而且**单纯就设计希尔伯特变换器 $h(n)$ 而言，N 为奇数时[见(7.3.74)式]，可节约近一半运算量[n 为奇数时，$h(n)=0$]**。但是 N 为奇数时，是第 3 种情况的线性相位 FIR 滤波器，其幅度响应在 $\omega=0$ 及 $\omega=\pi$ 处皆为零值。N 为偶数时，是第 4 种情况的线性相位 FIR 滤波器，其幅度响应只在 $\omega=0$ 时为零值。

从(7.3.73)式，可得出**理想线性相位离散希尔伯特变换器的相位响应 $\varphi(\omega)$**

$$H_d(e^{j\omega}) = |H_d(e^{j\omega})| e^{j\varphi(\omega)} = e^{j\varphi(\omega)}$$

即

$$\varphi(\omega) = \begin{cases} -\pi/2-(N-1)\omega/2, & 0<\omega<\pi \\ \pi/2-(N-1)\omega/2, & -\pi<\omega<0 \end{cases} \tag{7.3.76}$$

同样道理，可以利用离散希尔伯特变换器加上相乘器（调制器），将一个低通的双边带信号转换成一个带通的单边带信号，也就是可以实现通信中的单边带调制系统，单边带调制可以得到最小带宽的实带通信号，因而在多路传输中是很有用的调制方式。

【例 7.9】 利用海明窗设计一个离散希尔伯特变换器。

分别采用 N 为奇数与 N 为偶数。并讨论设计结果对离散希尔伯特变换器的逼近效果。

解 (1) 取 N 为奇数。设 $N=7$ 必须采用 $h(n)$ 奇对称情况 3 的线性相位 FIR 系统。才能产生 $\pi/2$ 弧度的相移。线性相位 FIR 离散希尔伯特变换器 $h(n)$ 的表达式(7.3.75)式为

$$h(n) = \begin{cases} \dfrac{1}{\pi(n-(N-1)/2)}\{1-\cos[(n-(N-1)/2)\pi]\}\omega(n), & n \neq (N-1)/2 \\ 0, & n=(N-1)/2 \end{cases}$$

代入 $N=7$ 及海明窗函数 $w(n)$ 的表示式，可得

$$h(n) = \begin{cases} \dfrac{1}{\pi(n-3)}\{1-\cos[(n-3)\pi]\}\cdot\left[0.54-0.46\cos\left(\dfrac{n\pi}{3}\right)\right]R_7(n), & n\neq 3 \\ 0, & n=3 \end{cases}$$

由此可得

$$h(n) = \{\underline{-0.016\,98}, 0, -0.490\,20, 0, 0.490\,20, 0, 0.016\,98\}$$

可求得 $H(e^{j\omega})$ 为

$$\begin{aligned} H(e^{j\omega}) &= \sum_{n=0}^{6} h(n)e^{-j\omega n} = h(0)+h(2)e^{-j2\omega}+h(4)e^{-j4\omega}+h(6)e^{-j6\omega} \\ &= -je^{-j3\omega}[2h(6)\sin(3\omega)+2h(4)\sin\omega] = H(\omega)\cdot e^{j\varphi(\omega)} \\ &= -je^{-j3\omega}[0.033\,95\sin(3\omega)+0.980\,39\sin\omega] \end{aligned}$$

其中

$$|H(e^{j\omega})| = |H(e^{\omega})| = |0.033\,95\sin(3\omega)+0.980\,39\sin\omega|$$

$$\varphi(\omega) = \begin{cases} -\pi/2-3\omega, & 0<\omega<\pi \\ \pi/2-3\omega, & -\pi<\omega<0 \end{cases}$$

相角中，没有考虑 $H(\omega)$ 的正、负引入的相角（0 或 π）。

图 7.19 画出了 $h(n)$、$|H(e^{j\omega})|$ 以及 $\varphi(\omega)$ 的图形。

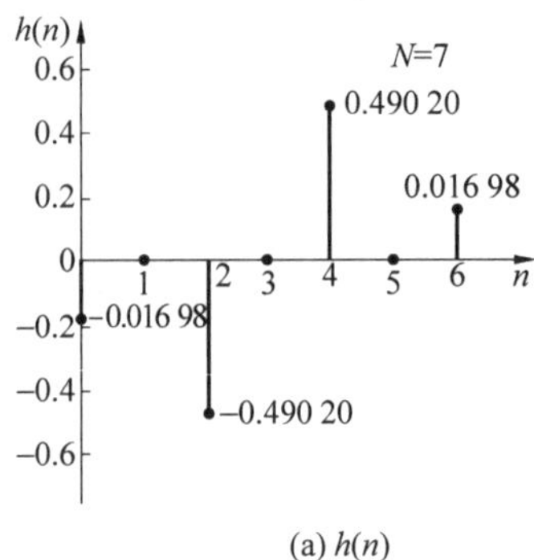

(a) $h(n)$

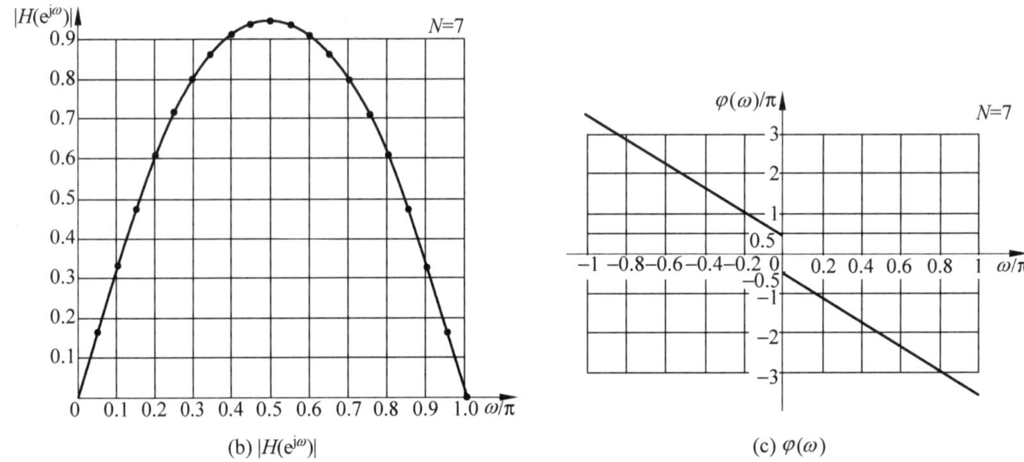

(b) $|H(e^{j\omega})|$　　(c) $\varphi(\omega)$

图 7.19　例 7.9 中 $N=7$ 离散希尔伯特变换器的图形

由于 $N=7$ 为奇数，故 $H(e^{j\omega})$ 在 $\omega=0,\omega=\pi$ 处皆有 $H(e^{j0})=H(e^{j\pi})=0$，因而只能在 $0<\omega<\pi$ 内的某个中间频率段上，幅度响应是平坦的，在此例中，由于 N 较小，故 $|H(e^{j\omega})|$ 平坦处较少，若需较宽的频带上幅度响应是平坦的，则需增加 N 值，或既增加 N 值，又改变窗函数形状（例如采用凯泽窗），显然相位关系是满足要求的。

(2) 取 N 为偶数，设 $N=6$，同样利用线性相位 FIR 离散希尔伯特变换器 $h(n)$ 的表达式(7.3.75)式，有

$$h(n)=\frac{1}{\pi(n-(N-1)/2)}\{1-\cos[(n-(N-1)/2)\pi]\}w(n)$$

代入 $N=6$ 及海明窗函数 $w(n)$ 的表示式，有

$$h(n)=\frac{1}{\pi(n-2.5)}\{1-\cos[(n-2.5)\pi]\}\cdot\left[0.54-0.46\cos\left(\frac{2\pi n}{5}\right)\right]R_6(n)$$

由此得出

$$h(n)=\{\underline{-0.02037},-0.08443,-0.58069,0.58069,0.08443,0.02037\}$$

可求得 $H(e^{j\omega})$ 为

$$H(\mathrm{e}^{\mathrm{j}\omega})=\sum_{n=0}^{5}h(n)\mathrm{e}^{-\mathrm{j}\omega n}=-\mathrm{j}\mathrm{e}^{-\mathrm{j}2.5\omega}[2h(5)\sin(2.5\omega)+2h(4)\sin(1.5\omega)+2h(3)\sin(0.5\omega)]$$

$$=-\mathrm{j}\mathrm{e}^{-\mathrm{j}2.5\omega}[0.040\,74\sin(2.5\omega)+0.168\,85\sin(1.5\omega)+1.161\,38\sin(0.5\omega)]$$

$$=H(\omega)\mathrm{e}^{\mathrm{j}\varphi(\omega)}$$

其中

$$|H(\mathrm{e}^{\mathrm{j}\omega})|=|H(\omega)|=|0.040\,74\sin(2.5\omega)+0.168\,85\sin(1.5\omega)+1.161\,38\sin(0.5\omega)|$$

$$\varphi(\omega)=\begin{cases}-\pi/2-2.5\omega, & 0<\omega<\pi\\ \pi/2-2.5\omega, & -\pi<\omega<0\end{cases}$$

同样，相角中，没有考虑 $H(\omega)$ 的正、负引入的相角（0 或 π）

图 7.20 画出了 $h(n)$、$|H(\mathrm{e}^{\mathrm{j}\omega})|$ 以及 $\varphi(\omega)$ 的图形。由于 $N=6$ 是偶数，故只有 $H(\mathrm{e}^{\mathrm{j}0})=0$，在 $\omega=\pi$ 处可以得到恒定的幅度响应，也就是有较好的幅度逼近。N 增加，则逼近恒定值的 ω 范围会扩大。

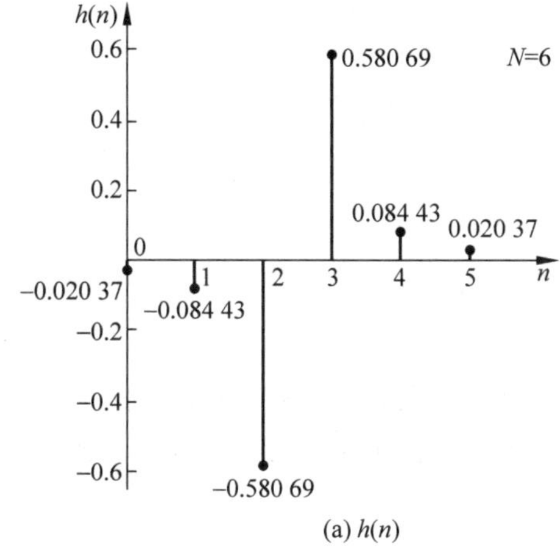

(a) $h(n)$

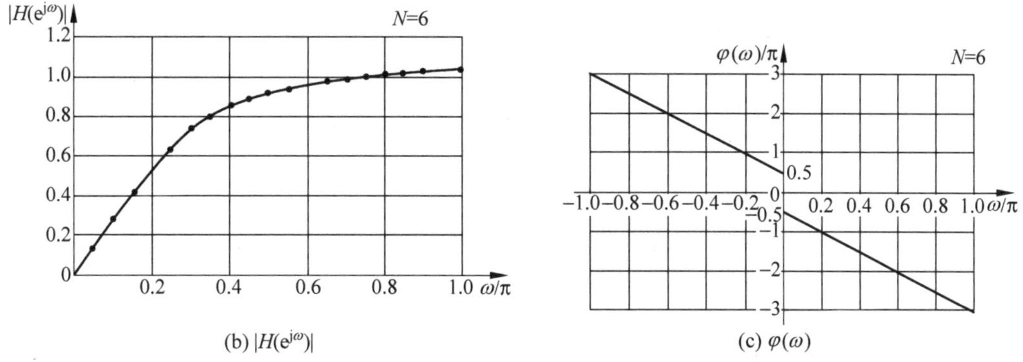

(b) $|H(\mathrm{e}^{\mathrm{j}\omega})|$ (c) $\varphi(\omega)$

图 7.20 例 7.9 中 $N=6$ 的离散希尔伯特变换器的图形

从图 7.19 与图 7.20 的比较可以看出，当 $\omega=\pi$ 处不需要逼近恒定幅度时，采用 $N=7$ 则系统的计算量较小，因为这时在 n 为奇数处 $h(n)=0$，这个例子中 $N=7$ 是 2 次乘法，$N=6$ 是 3 次乘法，但若 N 增加后，N 为奇数时乘法的节约会更多一些。此时，在某一个奇数 N

的情况下，有

① 当 $N=4k+1(k=0,1,\cdots)$ 即 $N=1,5,9,13,\cdots$ 时 $h(n)|_{n=偶数}=0$；

② 当 $N=4k+3(k=0,1,\cdots)$ 即 $N=3,7,11,15,\cdots$ 时，$h(n)|_{n=奇数}=0$。

故随着 N 的增加，N 为奇数比 N 为偶数的运算乘法次数会更少、更节省运算量。

7.3.7 窗函数设计法计算中的主要问题

从以上例子看出，窗函数法设计过程较为简单，有闭合形式公式可循，故很方便及实用。但也存在一些问题。

(1) 首先，当 $H_d(e^{j\omega})$ 很复杂或不能按(7.3.1)式的积分直接计算出 $h_d(n)$ 时，就必须用求和来代替求积分，以便在计算机上计算。也就是将 $H_d(e^{j\omega})$ 抽样后，计算离散傅里叶反变换，以便采用 FFT 算法来计算，在积分范围内，将 ω 等间隔分成 M 个点，也就是抽样点为

$$\omega_k = 2\pi k/M, \quad k = 0,1,\cdots,M-1$$

频域的抽样，造成时域的周期延拓，周期为 M，即

$$h_M(n) = \sum_{r=-\infty}^{\infty} h_d(n+rM)$$

由于 $h_d(n)$ 可能是无限长序列，故严格说，必须 $M\to\infty$。方有

$$h_d(n) = \lim_{M\to\infty} h_M(n)$$

实际上随着 n 的增加，$h_d(n)$ 衰减很快，一般只要 M 足够大，即 $M\gg N$ 就足够了。所恢复出的 $h'_d(n)$ 与 $h_d(n)$ 之间的误差很小。

(2) 其次，窗函数设计法的另一个问题是所选窗的形状和窗长的点数 N，不一定满足给定的频率响应的指标，这个困难可用计算机采用累试法来加以解决。

(3) 再次，窗函数设计法的缺点是设计中不能准确控制通带及阻带的截止频率。

(4) 最后，窗函数法的通带阻带最大波纹相等，不能分别控制，且通带中越靠近通带边沿波纹幅度越大，在阻带中越靠近阻带起始(边沿)频率处波纹越大，即衰减越小。即无论通、阻带，若在过渡带的两边频率处衰减满足要求，那么在通、阻带的其他频率处的衰减就有富裕，故一定有资源的浪费。后面讨论的等波纹逼近，就能解决这一问题。

7.4 频率抽样设计法

在 3.5 节中讨论了频域抽样理论，它就是频域抽样法设计线性相位 FIR 滤波器的理论依据。

7.4.1 频率抽样设计法的基本思路

这种设计法是从频域进行设计的一种方法，首先给定一个希望逼近的频率响应，这里

讨论的是线性相位的频率响应

$$H_d(e^{j\omega}) = |H_d(e^{j\omega})| e^{j\varphi(\omega)} \tag{7.4.1}$$

设计是将 $H_d(e^{j\omega})$ 在 ω 的一个周期 $[0,2\pi)$ 中进行 N 点抽样

$$H_d(k) = H_d(e^{j\omega})|_{w=\frac{2\pi}{N}k}, \quad k = 0,1,\cdots,N-1 \tag{7.4.2}$$

令 $H_d(k)$ 作为实际 FIR 滤波器频率响应的抽样值 $H(k)$，即令

$$H(k) = H_d(k) = H_d(e^{j\omega})|_{\omega=\frac{2\pi}{N}k} = |H_d(k)| e^{j\varphi(k)} \tag{7.4.3}$$

由 DFT 定义，由 $H(k)$ 可唯一地求得有限长序列 $h(n)$

$$h(n) = \text{IDFT}[H(k)] = \frac{1}{N}\sum_{k=0}^{N-1} H(k) e^{j\frac{2\pi}{N}kn} = \frac{1}{N}\sum_{k=0}^{N-1} H(k) W_N^{-nk} \tag{7.4.4}$$

根据频域抽样理论的内插公式(3.5.5)式及(3.5.15)式，利用以上的 $H(k)$ 同样可求得 FIR 滤波器的系统函数 $H(z)$ 以及频率响应 $H(e^{j\omega})$，这个 $H(e^{j\omega})$ 将逼近所需求的 $H_d(e^{j\omega})$，即有

$$H(z) = \frac{1-z^{-N}}{N}\sum_{k=0}^{N-1}\frac{H(k)}{1-W_N^{-k}z^{-1}} \tag{7.4.5}$$

$$H(e^{j\omega}) = \sum_{k=0}^{N-1} H(k)\Phi\left(\omega - \frac{2\pi}{N}k\right) \tag{7.4.6}$$

其中（见(3.5.12)式）

$$\Phi(\omega) = \frac{1}{N}\frac{\sin(N\omega/2)}{\sin(\omega/2)} e^{-j\left(\frac{N-1}{2}\right)\omega} \tag{7.4.7}$$

将(7.4.7)式代入(7.4.6)式可得

$$H(e^{j\omega}) = e^{-j\left(\frac{N-1}{2}\right)\omega}\sum_{k=0}^{N-1} H(k)\,\frac{1}{N} e^{j\frac{\pi k}{N}(N-1)}\,\frac{\sin\left[N\left(\frac{\omega}{2}-\frac{\pi k}{N}\right)\right]}{\sin\left(\frac{\omega}{2}-\frac{\pi k}{N}\right)} \tag{7.4.8}$$

以上就是频率抽样设计法的基本思路，**(7.4.8)式的 $H(e^{j\omega})$ 就是设计出的实际频率响应，应注意几个问题。第一**，设计必须符合线性相位 FIR 滤波器的一些约束条件（见表 7.1）；**第二**，设计出的 $H(e^{j\omega})$ 对要求的 $H_d(e^{j\omega})$ 的逼近误差与哪些因素有关，如何解决它；**第三**，由(7.4.5)式看出，频率抽样法的系统函数既有零点又有极点，好像一个 IIR 系统，但是实际上它仍是一个 FIR 系统，因为 $(1-z^{-N})$ 项有 N 个零点均分布在单位圆上，它正好抵消了求和式中每一项的一个极点 $z_k = e^{j\frac{2\pi}{N}k}$，其结果是每一项都成为 z^{-1} 的 $N-1$ 阶多项式，一共有 N 项，故仍然是一个 FIR 系统；**第四**，必须注意，这里的 $H(k)$ 是频率响应的抽样值，既有幅度响应的抽样，又有相位响应的抽样，如(7.4.3)式所示。

对 $H_d(e^{j\omega})$ 进行频率抽样，就是在 z 平面单位圆上的 N 个等间隔点上抽取出频率响应值。单位圆上第一个抽样点在 $\omega=0$ 处（或在 $z=e^{j0}=1$ 处），可分为 N 是偶数与 N 是奇数两种，如图 7.21 所示。

这种频率抽样满足

$$H(k) = H_d(k) = H_d(e^{j\omega})|_{\omega=\frac{2\pi}{N}k}, \quad 0 \leqslant k \leqslant N-1 \tag{7.4.9}$$

其内插公式仍和(7.4.5)式、(7.4.8)式相同。

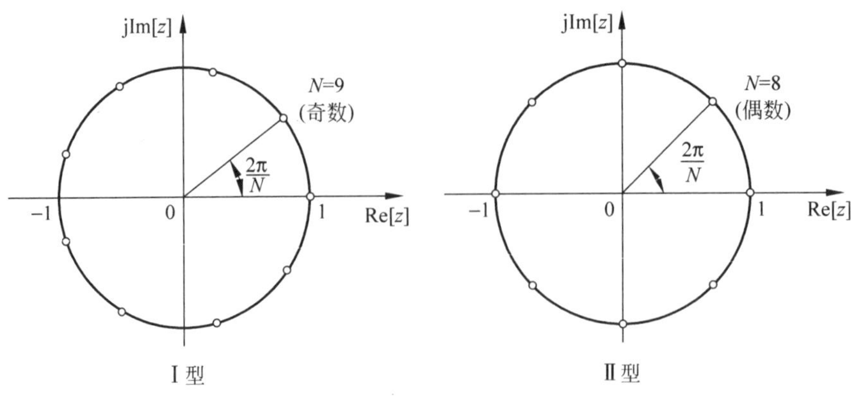

图 7.21 频率抽样点

为了设计上的方便，在讨论频率抽样法设计时，我们可将频率抽样 $H(k)$ 表示成幅度响应 $|H(k)|$（永为正实值）及相位响应 $\varphi(k)$ 的形式，即

$$H(k)=|H(k)|\mathrm{e}^{\mathrm{j}\varphi(k)},\quad k=0,1,\cdots,N-1 \tag{7.4.10}$$

7.4.2 频率抽样的设计公式

对线性相位 FIR 滤波器的频率抽样，由于

$$H(k)=\sum_{n=0}^{N-1}h(n)\mathrm{e}^{-\mathrm{j}\frac{2\pi}{N}nk}$$

当 $h(n)$ 为实数时，$H(k)$ 要满足对 $k=N/2$ 呈共轭对称性，即有

$$H(k)=H^*((N-k))_N R_N(k)=H^*(N-k) \tag{7.4.11}$$

由此得出

$$|H(k)|=|H(N-k)| \tag{7.4.12a}$$

$$\varphi(k)=-\varphi(N-k) \tag{7.4.12b}$$

也就是说，$H(k)$ 的模 $|H(k)|$ 以 $k=N/2$ 为对称中心呈偶对称；$H(k)$ 的相角 $\varphi(k)$ 以 $k=N/2$ 为对称中心呈奇对称，此外还需满足线性相位的关系。下面就两大类线性相位要求，即 $h(n)=h(N-1-n)$ 及 $h(n)=-h(N-1-n)$ 分别讨论第一种频率抽样的设计问题。

1. 第一大类 $h(n)=h(N-1-n)$。

即单位冲激响应偶对称的线性相位 FIR 滤波器，其线性相位函数条件为 $\varphi(k)=-\frac{N-1}{2}\cdot\frac{2\pi}{N}k\left[由\ \varphi(\mathrm{e}^{\mathrm{j}\omega})=-\frac{N-1}{2}\omega\ 得出\right]$，于是可得到线性相位响应 $\varphi(k)$ 的关系式为

当 N 为奇数时，$\varphi(k)$ 的表达式为

$$\varphi(k)=\begin{cases}-\frac{2\pi}{N}k\left(\frac{N-1}{2}\right), & k=0,\cdots,\frac{N-1}{2}\\ \frac{2\pi}{N}(N-k)\left(\frac{N-1}{2}\right), & k=\frac{N+1}{2},\cdots,N-1\end{cases} \tag{7.4.13}$$

当 **N** 为偶数时,**φ(k)** 的表达式为

$$\varphi(k)=\begin{cases}-\dfrac{2\pi}{N}k\left(\dfrac{N-1}{2}\right), & k=0,\cdots,\left(\dfrac{N}{2}-1\right)\\ 0, & k=\dfrac{N}{2}\\ \dfrac{2\pi}{N}(N-k)\left(\dfrac{N-1}{2}\right), & k=\left(\dfrac{N}{2}+1\right),\cdots,N-1\end{cases}\tag{7.4.14}$$

$$H\left(\frac{N}{2}\right)=0\tag{7.4.15}$$

(7.4.15)式是由表 7.1 情况 2 得来,当 N 为偶数时的线性相位 FIR 滤波器在 $\omega=\pi$(即 $k=N/2$)处,$H(e^{j\pi})=0$。

由此可知,当 **N** 为奇数时,**H(k)** 的表达式为

$$H(k)=\begin{cases}|H(k)|\,e^{-j\frac{2\pi}{N}k\left(\frac{N-1}{2}\right)}, & k=0,1,\cdots,(N-1)/2\\ |H(N-k)|\,e^{j\frac{2\pi}{N}(N-k)\left(\frac{N-1}{2}\right)}, & k=(N+1)/2,\cdots,N-1\end{cases}\tag{7.4.16}$$

同样,当 **N** 为偶数时,**H(k)** 的表达式为

$$H(k)=\begin{cases}|H(k)|\,e^{-j\frac{2\pi}{N}k\left(\frac{N-1}{2}\right)}, & k=0,1,\cdots,N/2-1\\ 0, & k=N/2\\ |H(N-k)|\,e^{j\frac{2\pi}{N}(N-k)\left(\frac{N-1}{2}\right)}, & k=N/2+1,\cdots,N-1\end{cases}\tag{7.4.17}$$

2. 第二大类 $h(n)=-h(N-1-n)$。

即单位冲激响应奇对称情况,即第 3 种及第 4 种线性相位 90°移相器同样必须满足(7.4.16)式的条件,且必须满足其线性相位函数 $\theta(k)$ 的条件,即

$$\theta(k)=\frac{\pi}{2}-\frac{N-1}{2}\frac{2\pi}{N}k$$

$\left(\text{由 } \theta(e^{j\omega})=\dfrac{\pi}{2}-\dfrac{N-1}{2}\omega \text{ 得出}\right)$,因而线性相位响应 $\varphi(k)$ 必须分别满足

当 **N** 为奇数时,**φ(k)** 的表达式应为

$$\varphi(k)=\begin{cases}\dfrac{\pi}{2}-\dfrac{2\pi}{N}k\left(\dfrac{N-1}{2}\right), & k=0,\cdots,\dfrac{N-1}{2}\\ -\dfrac{\pi}{2}+\dfrac{2\pi}{N}(N-k)\left(\dfrac{N-1}{2}\right), & k=\dfrac{N+1}{2},\cdots,N-1\end{cases}\tag{7.4.18}$$

当 **N** 为偶数时,**φ(k)** 的表达式应为

$$\varphi(k)=\begin{cases}\dfrac{\pi}{2}-\dfrac{2\pi}{N}k\left(\dfrac{N-1}{2}\right), & k=0,\cdots,\dfrac{N}{2}-1\\ 0, & k=N/2\\ -\dfrac{\pi}{2}+\dfrac{2\pi}{N}(N-k)\left(\dfrac{N-1}{2}\right), & k=\dfrac{N}{2}+1,\cdots,N-1\end{cases}\tag{7.4.19}$$

由此得出,**当 N 为奇数时,$H(k)$ 的表达式为**

$$H(k)=\begin{cases}|H(k)|\,e^{j\left(\frac{\pi}{2}-\frac{2\pi}{N}k\left(\frac{N-1}{2}\right)\right)}, & k=0,\cdots,\dfrac{N-1}{2}\\ |H(N-k)|\,e^{j\left(-\frac{\pi}{2}+\frac{2\pi}{N}(N-k)\left(\frac{N-1}{2}\right)\right)}, & k=\dfrac{N+1}{2},\cdots,N-1\end{cases}\tag{7.4.20}$$

当 N 为偶数时,$H(k)$ 的表达式为

$$H(k)=\begin{cases}|H(k)|\,e^{j\left(\frac{\pi}{2}-\frac{2\pi}{N}k\left(\frac{N-1}{2}\right)\right)}, & k=0,\cdots,\dfrac{N}{2}-1\\ |H(N/2)|, & k=N/2\\ |H(N-k)|\,e^{j\left(-\frac{\pi}{2}+\frac{2\pi}{N}(N-k)\left(\frac{N-1}{2}\right)\right)}, & k=\dfrac{N}{2}+1,\cdots,N-1\end{cases}\tag{7.4.21}$$

注意**两种情况下,皆有**$|\boldsymbol{H}(\mathbf{0})|=0$。

以下将第一大类的公式(7.4.16)式及(7.4.17)式分别代入(7.4.8)式,经化简后,可以得到用频率响应幅度抽样值及相角 $\theta(\omega)=-\dfrac{N-1}{2}\omega$ 表示的**第一大类**[**即 $h(n)=h(N-1-n)$ 条件下**]线性相位 FIR 滤波器频率响应的频率抽样表示式。

当 N 为奇数时,频率响应 $H(e^{j\omega})$ 为

$$H(e^{j\omega})=e^{-j\left(\frac{N-1}{2}\right)\omega}\left\{\frac{|H(0)|\sin\left(\frac{\omega N}{2}\right)}{N\sin\left(\frac{\omega}{2}\right)}+\sum_{k=1}^{\frac{N-1}{2}}\frac{|H(k)|}{N}\left[\frac{\sin\left[N\left(\frac{\omega}{2}-\frac{\pi}{N}k\right)\right]}{\sin\left(\frac{\omega}{2}-\frac{\pi}{N}k\right)}+\frac{\sin\left[N\left(\frac{\omega}{2}+\frac{\pi}{N}k\right)\right]}{\sin\left(\frac{\omega}{2}+\frac{\pi}{N}k\right)}\right]\right\}\tag{7.4.22}$$

当 N 为偶数时,频率响应 $H(e^{j\omega})$ 为

$$H(e^{j\omega})=e^{-j\left(\frac{N-1}{2}\right)\omega}\left\{\frac{|H(0)|\sin\left(\frac{\omega N}{2}\right)}{N\sin\left(\frac{\omega}{2}\right)}+\sum_{k=1}^{\frac{N}{2}-1}\frac{|H(k)|}{N}\times\left[\frac{\sin\left[N\left(\frac{\omega}{2}-\frac{\pi}{N}k\right)\right]}{\sin\left(\frac{\omega}{2}-\frac{\pi}{N}k\right)}+\frac{\sin\left[N\left(\frac{\omega}{2}+\frac{\pi}{N}k\right)\right]}{\sin\left(\frac{\omega}{2}+\frac{\pi}{N}k\right)}\right]\right\}\tag{7.4.23}$$

应该指出,这里的频率抽样法设计与第 5 章所讨论的频率抽样结构并不是一回事,当然二者的理论根据都是第 3 章 3.5 节的频域抽样理论。应用频域抽样理论建立的 FIR 滤波器结构,对任何 FIR 系统函数都能采用。而本节所讨论的频率抽样设计法,只涉及设计 FIR 滤波器的系统函数,并不涉及滤波器的结构,它可以用任何型的结构来实现,可以用频率抽样结构，也可用级联结构或横向结构等来实现。

7.4.3 频率抽样设计法的逼近误差及改进办法

1. 频率抽样法的逼近误差。

上面得到的(7.4.22)式或(7.4.23)式的内插公式可以看出，得到的FIR滤波器的实际频率响应在各个频率抽样点上的值是与给定的抽样值相等的，即 $H(e^{j\frac{2\pi}{N}k})=H(k)=H_d(k)=H_d(e^{j\frac{2\pi}{N}k})$，没有逼近误差，但是在非抽样点的频率上，频率响应值则是由各抽样点处的加权(用 $H(k)$加权)内插函数[参见(7.4.6)式，其中的内插函数 $\Phi(\omega)$见(7.4.7)式]在该频率上的延伸值叠加而构成，因而一定有逼近误差，逼近误差显然与所给的理想幅度响应的形状有关，所要求幅度响应$|H_d(e^{j\omega})|$越平缓，则逼近误差越小，而$|H_d(e^{j\omega})|$越陡峭，则逼近误差越大，如图7.22所示。可以看出，在通带阻带中会产生起伏波纹，在理想频率响应的不连续点(跳变点)两边(通带、阻带中)最靠近跳变点处，产生起伏的肩峰(最大值)，通带中肩峰值对应于通常最大衰减 R_p，阻带中肩峰对应于阻带最小衰减 A_s。在通带、阻带靠近跳变边沿处形成过渡带，过渡带宽度小于$\frac{2\pi}{N}$(这是指未加过渡带抽样点的情况，见后续的讨论)。

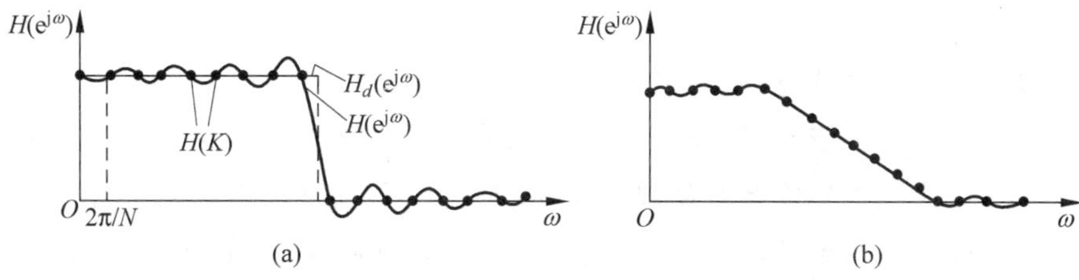

图7.22 频率抽样的响应

显然，增加频域抽样点数 N，则通带、阻带波纹变化越快，由于抽样点更密，则频率响应的平坦区域逼近误差越小，且所产生的过渡带越窄，但是通带阻带的肩峰(也就是通带最大衰减与阻带最小衰减)并没有显著的改变，这就是吉布斯效应。

2. 减少逼近误差的办法。

(1) **设置过渡带，即增加过渡抽样点。**

为了减小在通带边沿由于抽样点的陡降变化而引起的通带阻带中的起伏振荡，和窗函数法一样，这里是使理想频率响应的不连续点的边沿上加一些过渡的抽样点，使所需逼近的理想频率特性从通带到阻带有一个平滑缓变的变化，消除跳变形成的突变，从而使肩峰减小，减小逼近误差。但是这样的代价就是使过渡带加宽。

(2) **过渡带抽样值大小的选择。**可以采用优化设计(例如线性规划法)，也可以采用累试法来求得过渡带的最佳抽样值，使得阻带最小衰减 A_s(dB)值为最小。

(3) 不加过渡带抽样值时，阻带最小衰减为20dB左右，一般都不满足要求。**若以 m 表示过渡带抽样点个数，不加过渡带抽样值射 $m=0$，则 m 与阻带最小衰减 A_s 的关系如表7.4所示。**

表 7.4　频率抽样法过渡带抽样点数 m 与滤波器阻带最小衰减 A_s(dB)的经验数据

m	0	1	2	3
A_s(dB)	16～20	40～54	60～75	80～95

一般情况下，最多选到 $m=3$ 已足够满足要求。

(4) **滤波器长度(即频域抽样点数)N 的选择**。当给定带宽 $\Delta\omega$ 时，由于增加了过渡带的抽样点数，过渡带必然加宽了，设过渡带抽样点为 m，则所得到的滤波器的过渡带宽不再是近似等于$\frac{2\pi}{N}\times 1$，而是$\frac{2\pi}{N}(m+1)$，这一数值应该小于或等于所给出的过渡带宽 $\Delta\omega$，即有

$$\Delta\omega \geqslant \frac{2\pi}{N}(m+1)$$

因而滤波器长度点数(或频域抽样点数)N 为

$$N \geqslant (m+1)\frac{2\pi}{\Delta\omega} \tag{7.4.24}$$

7.4.4　频率抽样设计法的设计步骤及举例

1. 设计步骤。

(1) 根据阻带最小衰减 A_s(dB)，由表 7.4 确定过渡带抽样点数 m。

(2) 由过渡带宽 $\Delta\omega$，按(7.4.24)式确定滤波器长度点数 N(即频域抽样点数)。

(3) 对第一大类线性相位 FIR 滤波器[$h(n)$偶对称，$h(n)=h(N-1-n)$]，利用 N 为奇数的(7.4.16)式或 N 为偶数的(7.4.17)式得出理想频率响应的抽样值 $H(k)=|H(k)|e^{j\varphi(k)}$，同时必须加入 m 个过渡带抽样，过渡带抽样的相位响应视 N 的奇偶而定，也必须满足(7.4.16)式、(7.4.17)式，过渡带抽样的幅度响应$|H(k)|$则可由最优化求得，查看参考文献[16]计算出使阻带衰减最大的过渡带中插入的抽样值的优化数值，或用累试法求得。

(4) 利用(7.4.22)式(N 为奇数)或(7.4.23)式(N 为偶数)可得到实际设计出的 FIR 线性相位滤波器的频率响应 $H(e^{j\omega})$。

(5) 利用得出的 $0\leqslant\omega<2\pi$ 范围的全部 $H(k)$，求出它的 IDFT 就可得到设计出的滤波器的单位冲激响应$h(n)$

$$h(n) = \text{IDFT}[H(k)] = \frac{1}{N}\sum_{k=0}^{N-1} H(k)W_N^{-nk},\quad n=0,1,\cdots,N-1$$

(6) 利用(4)求出的频率响应，检验设计出的滤波器阻带衰减 A_s 是否满足要求，若不满足，则要调整过渡带抽样点上$|H(k)|$值的大小，或增加过渡带抽样点数 m。若边沿频率不满足要求，则要增加整个抽样点数 N 来加以调整，故整个设计检验过程很烦琐，可以利用 MATLAB 工具箱来完成。

2. 举例。

【例 7.10】　利用第一种频率抽样法设计一个第一大类[$h(n)$偶对称]的线性相位 FIR 低

通滤波器。理想频率响应为矩形，要求通带截止频率 $\omega_p=0.3\pi$，允许过渡带宽 $\Delta\omega\leqslant 0.1\pi$，阻带最小衰减 $A_s=40\text{dB}$。

解 (1) 由表 7.4 可知 $A_s=40\text{dB}$ 时，过渡带抽样点数为 $m=1$。

(2) 由 m 及给定的 $\Delta\omega$，利用(7.4.24)式可求得滤波器长度点数 N(即频域抽样点数)为

$$N=2\pi(m+1)/\Delta\omega=40$$

(3) 利用 N 为偶数时的(7.4.17)式可写出理想频率响应的抽样值 $H(k)$(包括要写出过渡带的抽样值)。先考虑以下两点说明：

① 由于抽样频率 $\omega_k=\dfrac{2\pi}{N}k(k=0,1,\cdots,N-1)$，但一般来说 ω_p 不一定正好是某一个整数 k 处的 ω_k 值，故 ω 的通带范围($0\sim\omega_p$)，相当于 k 的范围为 $0\leqslant k\leqslant\left\lfloor\dfrac{N\omega_p}{2\pi}\right\rfloor=6$，其中 $\lfloor\cdot\rfloor$ 表示取整数部分，故过渡带的一个($m=1$)抽样值应选在 $k=7$ 处。

② 又由于 $H(k)$ 对于 $k=N/2$，即对于 $\omega=\pi$ 是共轭对称的，故只需考虑 $0\leqslant\omega\leqslant\pi$，即 $0\leqslant k\leqslant N/2=20$ 范围内的 $|H(k)|$。另外在求 $H(e^{j\omega})$ 的表达式中[见(7.4.23)式]，也只需考虑 $k=0\sim(N/2-1)$ 范围的 $|H(k)|$。

考虑到以上两点说明，利用(7.4.17)式，且考虑到过渡带抽样，则有

$$H(k)=\begin{cases}e^{-j\frac{39}{40}\pi k}, & 0\leqslant k\leqslant\left\lfloor\dfrac{N\omega_p}{2\pi}\right\rfloor=6\\ re^{-j\frac{39}{40}\cdot 7\pi}, & k=7\\ 0, & 8\leqslant k\leqslant\dfrac{N}{2}=20\end{cases}$$

用累试法，可求得过渡带抽样($k=7$ 处)的近似最佳值为 $r=0.388$。

(4) 利用 N 为偶数时的(7.4.23)式，可得到设计出的 $H(e^{j\omega})$

$$H(e^{j\omega})=e^{-j\frac{39}{2}\omega}\left\{\frac{\sin(20\omega)}{40\sin(\omega/2)}+\sum_{k=1}^{6}\frac{1}{40}\left[\frac{\sin\left[40\left(\dfrac{\omega}{2}-\dfrac{\pi}{40}k\right)\right]}{\sin\left(\dfrac{\omega}{2}-\dfrac{\pi}{40}k\right)}+\frac{\sin\left[40\left(\dfrac{\omega}{2}+\dfrac{\pi}{40}k\right)\right]}{\sin\left(\dfrac{\omega}{2}+\dfrac{\pi}{40}k\right)}\right]\right.$$
$$\left.+\frac{0.388}{40}\left[\frac{\sin\left[40\left(\dfrac{\omega}{2}-\dfrac{7\pi}{40}\right)\right]}{\sin\left(\dfrac{\omega}{2}-\dfrac{7\pi}{40}\right)}+\frac{\sin\left[40\left(\dfrac{\omega}{2}+\dfrac{7\pi}{40}\right)\right]}{\sin\left[\dfrac{\omega}{2}+\dfrac{7\pi}{40}\right]}\right]\right\}$$

(5) 利用配套软件可求出 $|H(e^{j\omega})|$ 及 $20\log|H(e^{j\omega})|$(dB)的曲线及 R_p、A_s 数值，即阻带最小衰减为 $A_s=42.83\text{dB}$，通带最大衰减为 $R_p=0.4516\text{dB}$，满足要求。

(6) 同样利用 IDFT 可求得滤波器的单位抽样响应 $h(n)$

$$h(n)=\text{IDFT}[H(k)]=\frac{1}{N}\sum_{k=0}^{N-1}H(k)e^{j\frac{2\pi}{N}kn}=\frac{1}{40}\sum_{k=0}^{39}H(k)e^{j\frac{2\pi}{40}kn}$$

注意在求 $h(n)$ 时必须利用全部 N 个 $H(k)$ 来求 $h(n)$，其中 $H(k)$ 又要满足共轭对称的关

系，即要满足(7.4.17)式的关系式。所以应采用以下完整的 $H(k)$ 表达式[在 ω 的$[0,2\pi)$中的所有频率抽样值]。

$$H(k)=\begin{cases}e^{-j\frac{39}{40}\pi k}, & 0\leqslant k\leqslant 6\\ 0.388e^{-j\frac{39}{40}\pi k}, & k=7\\ 0, & 8\leqslant k\leqslant N-8=32\\ 0.388e^{j\frac{39}{40}\pi(N-k)}, & k=N-7=33\\ e^{j\frac{39}{40}\pi(N-k)}, & 34\leqslant k\leqslant N-1=39\end{cases}$$

这个 $H(k)$的表达式就是 ω 在全部$[0,2\pi)$之间的频率响应抽样值。将此 $H(k)$代入上面 $h(n)$的表达式，即可求得 $h(n)$。

(7) 此例中，求出的$|H(e^{j\omega})|$，$20\log|H(e^{j\omega})|$可见图 7.23(利用所附光盘中的“辅助设计子系统”)。

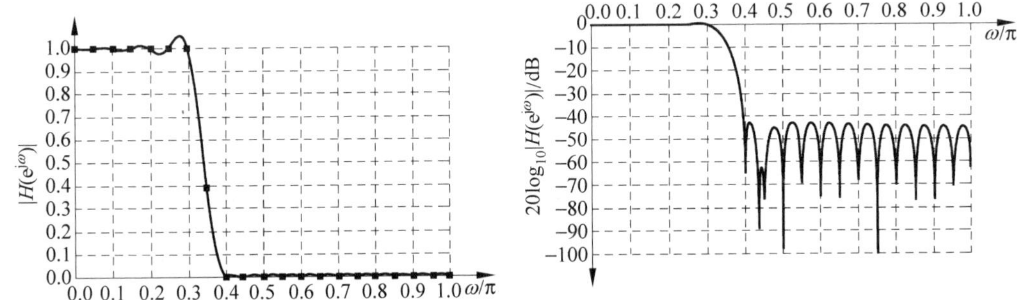

图 7.23 例 7.10 中频率抽样线性相位 FIR 低通滤波器的幅度响应

($N=40$，过渡带抽样 $H(7)=0.388$，$N=40$)

【例 7.11】 利用第一种频率抽样法设计第一大类[$h(n)$偶对称]线性相位 FIR 高通滤波器。理想频率响应为陡变矩形，要求通带截止频率为 $\omega_p=0.44\pi$，阻带衰减为 $A_s=45\text{dB}$，允许过渡带宽为 $\Delta\omega=0.09\pi$。

解 (1) 由于 $A_s=45\text{dB}$，由表 7.4 可知过渡带抽样点数 $m=1$。

(2) 由 $m=1$ 及 $\Delta\omega=0.09\pi$，利用(7.4.24)式可得 FIR 滤波器长度点数为 $N=2\pi(m+1)/\Delta\omega=4\pi/(0.09\pi)=44.45$，由于是高通滤波器 N 只能是奇数。取 $N=45$。

(3) 抽样频率为 $\omega_k=\dfrac{2\pi}{N}k$，故对 $\omega_p=0.46\pi$ 有 $\dfrac{\omega_p N}{2\pi}=9.9$，故高通滤波器幅度响应取值为 1 的第一个抽样点应为$k=10$。

用累试法求得过渡带的抽样值为$|H(9)|=0.344$，$|H(36)|=0.344$。

(4) 写出全部 $H(k)$值。按(7.4.16)式，幅度谱以 $k=\dfrac{N}{2}=22.5$ 为偶对称中心，相位谱以 $k=\dfrac{N}{2}$为奇对称中心，实际上，相位可按(7.4.16)式 k 的区间而分成两部分。因而有

$$H(k)=\begin{cases}0, & 0\leqslant k\leqslant 8,\quad 37\leqslant k\leqslant 44\\ 0.344\mathrm{e}^{-\mathrm{j}\frac{44}{45}k\pi}, & k=9\\ \mathrm{e}^{-\mathrm{j}\frac{44}{45}\pi k}, & 10\leqslant k\leqslant 22=(N-1)/2\\ \mathrm{e}^{\mathrm{j}\frac{44}{45}\pi(45-k)}, & 23\leqslant k\leqslant 35\\ 0.344\mathrm{e}^{\mathrm{j}\frac{44}{45}\pi(45-k)}, & k=36\end{cases}$$

(5) 利用 N 为奇数的(7.4.22)式，可得到设计出的 $H(\mathrm{e}^{\mathrm{j}\omega})$ 为[注意公式中只用 $H(0)\sim H((N-1)/2)$]

$$H(\mathrm{e}^{\mathrm{j}\omega})=\mathrm{e}^{-\mathrm{j}22\omega}\left\{\sum_{k=10}^{22}\frac{1}{45}\left[\frac{\sin\left[45\left(\frac{\omega}{2}-\frac{\pi k}{45}\right)\right]}{\sin\left(\frac{\omega}{2}-\frac{\pi k}{45}\right)}+\frac{\sin\left[45\left(\frac{\omega}{2}+\frac{\pi k}{45}\right)\right]}{\sin\left(\frac{\omega}{2}+\frac{\pi k}{45}\right)}\right]\right.$$

$$\left.+\frac{0.344}{45}\left[\frac{\sin\left[45\left(\frac{\omega}{2}-\frac{\pi}{5}\right)\right]}{\sin\left(\frac{\omega}{2}-\frac{\pi}{5}\right)}+\frac{\sin\left[45\left(\frac{\omega}{2}+\frac{\pi}{5}\right)\right]}{\sin\left(\frac{\omega}{2}+\frac{\pi}{5}\right)}\right]\right\}$$

(6) 利用全部 $H(k)$ 的 IDFT 可求得 $h(n)$

$$h(n)=\mathrm{IDFT}[H(k)]=\frac{1}{N}\sum_{k=0}^{N-1}H(k)\mathrm{e}^{\mathrm{j}\frac{2\pi}{N}kn}=\frac{1}{45}\sum_{n=0}^{44}H(k)\mathrm{e}^{\mathrm{j}\frac{2\pi}{45}kn}$$

此例中，利用配套软件求出 $|H(\mathrm{e}^{\mathrm{j}\omega})|$，20 $\log|H(\mathrm{e}^{\mathrm{j}\omega})|$，见图 7.24。

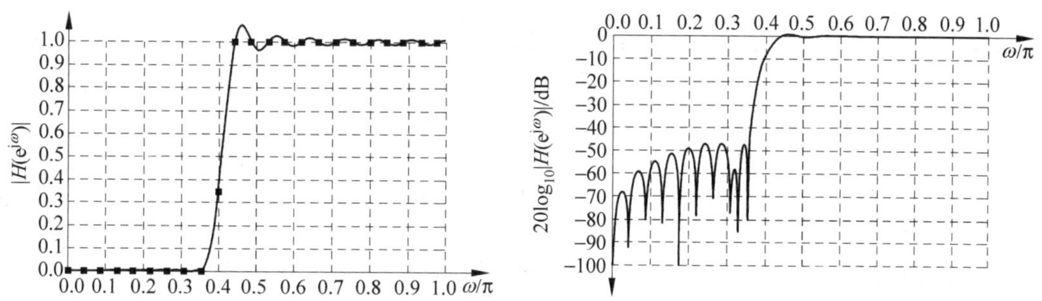

图 7.24　频率抽样线性相位 FIR 高通滤波器的幅度响应

(N=45 过滤带抽样值 $|H(9)|=|H(36)|=0.344$，图中标有频率抽样点)

7.4.5　频率抽样设计法存在的问题

频率抽样法设计简单方便，尤其适用于分段常数的滤波器设计(即我们讨论的常用滤波器)，特别是窄带滤波器的设计，但也存在一些缺点。

(1) 滤波器边界频率不易控制。

(2) 频率抽样法可以控制阻带衰减，但对通带波纹则不易控制，且不能分别控制通带、阻带波纹(衰减)。

(3) 和窗函数法一样，在通带、阻带中靠近过渡带处的肩峰波纹较大，在通带、阻带的其他频率处，离跳变边界越远，波纹越小，若跳变边沿处衰减满足要求，则在其他频率处会有富裕，造成资源浪费。增设过渡带抽样值只使肩峰减小一些，仍不能使误差在通带、阻带中有均匀的起伏波动。

所以要引出通带、阻带等波纹的最佳设计方法。

*7.5 设计线性相位 FIR 滤波器的最优化方法

在 7.4 节频率抽样设计法的讨论中，曾提到过对过渡带抽样的优化设计办法，这样得到的结果虽然很接近最优化，但不是最优化设计，因为它只是将过渡带的几个抽样点作为变量，而通带、阻带的其他抽样点的值都是预先规定的常数。最优化设计则是将所有抽样值皆作为变量，在某一优化准则下，通过计算机进行迭代运算，以得到最优的结果。

设计 FIR 滤波器可以有两种最优化准则，即均方误差最小准则和最大误差最小化准则。后面将会看到，后一准则设计出的滤波器在同样阶数时性能更优越，故我们要着重讨论这一准则的设计方法。但是为了进行比较，前一准则也加以介绍。

7.5.1 均方误差最小准则

这一准则是使误差能量最小，若用 $H_d(e^{j\omega})$表示要求的频率响应，用 $H(e^{j\omega})$表示实际得到的滤波器频率响应，以 $E(e^{j\omega})$表示频率响应误差，即

$$E(e^{j\omega}) = H_d(e^{j\omega}) - H(e^{j\omega}) \tag{7.5.1}$$

则均方误差为

$$e^2 = \frac{1}{2\pi}\int_{-\pi}^{\pi} |E(e^{j\omega})|^2 d\omega = \frac{1}{2\pi}\int_{-\pi}^{\pi} |H_d(e^{j\omega}) - H(e^{j\omega})|^2 d\omega \tag{7.5.2}$$

设计的目的就是选择一组 $h(n)=\mathscr{F}^{-1}[H(e^{j\omega})]$使得 e^2 最小。我们先将(7.5.1)式中的 $H_d(e^{j\omega})$和 $H(e^{j\omega})$分别用它们的冲激响应表示，即

$$H_d(e^{j\omega}) = \sum_{n=-\infty}^{\infty} h_d(n)e^{-j\omega n}$$

$$H(e^{j\omega}) = \sum_{n=0}^{N-1} h(n)e^{-j\omega n}$$

由于用 FIR 滤波器来逼近；故 $h(n)$长度是有限长的。将它们代入(7.5.1)式，可得

$$E(e^{j\omega}) = H_d(e^{j\omega}) - H(e^{j\omega}) = \sum_{n=0}^{N-1}[h_d(n) - h(n)]e^{-j\omega n} + \sum_{\text{其他}n} h_d(n)e^{-j\omega n} \tag{7.5.3}$$

按照帕塞瓦公式有

$$e^2 = \frac{1}{2\pi}\int_{-\pi}^{\pi} |E(e^{j\omega})|^2 d\omega = \sum_{n=0}^{N-1} |h_d(n) - h(n)|^2 + \sum_{\text{其他}n} |h_d(n)|^2 \tag{7.5.4}$$

由此式看出，等式右边第二个求和式只取决于给定的特性 $h_d(n)$，它和设计值 $h(n)$无关，故

是一个常数，要使 e^2 最小，就必须使第一项求和式最小，即希望

$$|h_d(n)-h(n)|=0,\quad 0\leqslant n\leqslant N-1$$

在这一条件下，就有

$$e^2=\min(e^2)$$

也就是说，要满足

$$h(n)=\begin{cases}h_d(n), & 0\leqslant n\leqslant N-1\\ 0, & \text{其他 } n\end{cases}\tag{7.5.5}$$

此式恰好是矩形窗的结果，所以我们说，**矩形窗设计结果一定满足最小均方误差准则**。在7.3节的讨论中已看到，矩形窗虽然过渡带最窄，但是由于吉布斯(Gibbs)效应，窗谱的肩峰过大，造成所设计出的滤波器通带起伏不均匀且过大；而阻带衰减则过小，不能满足要求；另外，窗函数法设计出的滤波器，其通带、阻带的波纹的最大值是一样的，也就是人们不能分别调整、控制通带、阻带的逼近误差。

7.5.2 最大误差最小化准则——加权切贝雪夫等波纹逼近

这一准则就是使加权的最大绝对误差最小化，也称为加权切贝雪夫等波纹逼近，同样，我们只讨论线性相位FIR滤波器的等波纹逼近问题。

这一准则的具体讨论，将在随后再引出，这里先讨论这一逼近准则的误差容限图。

1. 逼近误差的容限图。

与图7.10窗函数法的低通滤波器幅度响应的逼近误差容限图相似，图7.25表示的等波纹逼近的误差容限图与图7.8不同之处是这里的通带、阻带的误差容限是不同的。其通带误差容限为 $(1-\delta_1)\sim(1+\delta_1)$，阻带误差容限为 $-\delta_2\sim\delta_2$，即

(1) 在 $0\leqslant|\omega|\leqslant\omega_p$ 的通带中逼近1，且最大绝对误差为 δ_1。

(2) 在 $\omega_{st}\leqslant|\omega|\leqslant\pi$ 的阻带中逼近0，且最大绝对误差为 δ_2。

(3) 在通带阻带之间的过渡带上($\omega_p\sim\omega_{st}$ 之间)对频率响应不加限制。

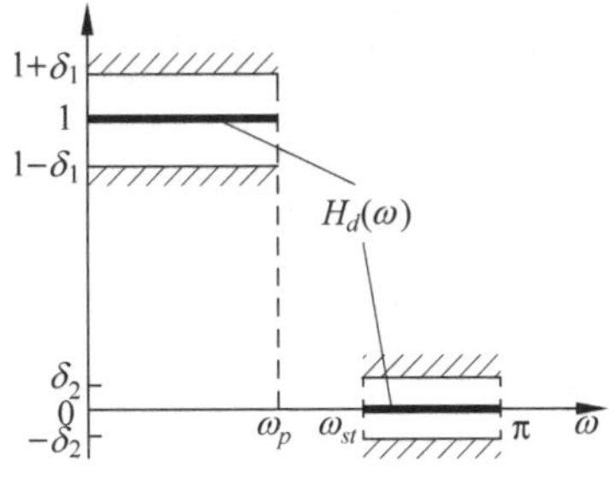

图7.25 等波纹逼近中低通滤波器的误差容限图及理想幅度响应 $|H_d(\omega)|$

2. 4种线性相位FIR滤波器的统一表示。

为了程序的通用性，使其可用到带通(包括低通、高通、带通、带阻及多带通、多带阻等)滤波器及微分器、离散希尔伯特变换器等不同情况的线性相位FIR滤波器的设计中，因此，我们首先要将表7.1中的线性相位FIR滤波器的4种情况的频率响应的幅度函数 $H(\omega)$ 的表达式统一到一种公式上，即利用三角恒等式把它们都表示成两项相乘的形式，其中一项是 ω 的固定函数，记为 $Q(\omega)$，另一项为若干个余弦函数之和，记为 $P(\omega)$，这样表达后，再用

一种算法来求各种情况的最佳逼近。

表 7.1 中的线性相位 FIR 滤波器的 4 种情况下 $H(e^{j\omega})$ 的表达式可以综合为

$$H(e^{j\omega}) = e^{-j\left(\frac{N-1}{2}\right)\omega} \cdot e^{j\left(\frac{\pi}{2}\right)L} \cdot H(\omega) \tag{7.5.6}$$

其中 $H(\omega)$是幅度函数,是标量值,可包括正、负值,若不考虑线性相位项,可将 4 种情况的 L 及 $H(\omega)$列在表 7.5 中。

表 7.5 线性相位 FIR 滤波器 4 种情况

线性相位 FIR 滤波器的 4 种情况	L	$H(\omega)$
Ⅰ. N 为奇数,$h(n)$ 呈偶对称	0	$\sum\limits_{n=0}^{(N-1)/2} a(n)\cos(\omega n)$
Ⅱ. N 为偶数,$h(n)$ 呈偶对称	0	$\sum\limits_{n=1}^{N/2} b(n)\cos\left[\omega\left(n-\frac{1}{2}\right)\right]$
Ⅲ. N 为奇数,$h(n)$ 呈奇对称	1	$\sum\limits_{n=1}^{(N-1)/2} c(n)\sin(\omega n)$
Ⅳ. N 为偶数,$h(n)$ 呈奇对称	1	$\sum\limits_{n=1}^{N/2} d(n)\sin\left[\omega\left(n-\frac{1}{2}\right)\right]$

利用三角恒等式,可以将 **$H(\omega)$表示为两项相乘的形式**,即

$$H(\omega) = Q(\omega) \cdot P(\omega) \tag{7.5.7}$$

(**1**) 对于第Ⅰ种情况,即 $h(n)$呈偶对称,N 为奇数时,有

$$H(\omega) = \sum_{n=0}^{\frac{N-1}{2}} a(n)\cos(\omega n) = \sum_{n=0}^{\frac{N-1}{2}} \tilde{a}(n)\cos(\omega n) \tag{7.5.8}$$

由此知

$$Q(\omega) = 1$$
$$P(\omega) = \sum_{n=0}^{\frac{N-1}{2}} \tilde{a}(n) \cdot \cos(\omega n)$$

其中

$$\tilde{a}(n) = a(n), \quad n = 0,1,\cdots,\frac{N-1}{2} \tag{7.5.9}$$

(**2**) 对于第Ⅱ种情况,即 $h(n)$呈偶对称,N 为偶数时,可以证明

$$H(\omega) = \sum_{n=1}^{\frac{N}{2}} b(n)\cos\left[\omega\left(n-\frac{1}{2}\right)\right] = \cos\left(\frac{\omega}{2}\right)\sum_{n=0}^{\frac{N}{2}-1} \tilde{b}(n)\cos(\omega n) \tag{7.5.10}$$

证 将恒等式 $\cos A \cdot \cos B = \frac{1}{2}[\cos(A+B)+\cos(A-B)]$代入上式的等式最右边可得

$$\sum_{n=0}^{\frac{N}{2}-1} \tilde{b}(n)\cos\left(\frac{\omega}{2}\right)\cos(\omega n) = \frac{1}{2}\sum_{n=0}^{\frac{N}{2}-1} \tilde{b}(n)\left\{\cos\left[\omega\left(n+\frac{1}{2}\right)\right] + \cos\left[\omega\left(n-\frac{1}{2}\right)\right]\right\}$$

$$=\frac{1}{2}\sum_{n=1}^{\frac{N}{2}}\tilde{b}(n-1)\cos\left[\omega\left(n-\frac{1}{2}\right)\right]+\frac{1}{2}\sum_{n=0}^{\frac{N}{2}-1}\tilde{b}(n)\cos\left[\omega\left(n-\frac{1}{2}\right)\right]$$

$$=\frac{1}{2}\tilde{b}(0)\cos\left[\omega\left(-\frac{1}{2}\right)\right]+\frac{1}{2}\sum_{n=1}^{\frac{N}{2}-1}[\tilde{b}(n)+\tilde{b}(n-1)]\cos\left[\omega\left(n-\frac{1}{2}\right)\right]$$

$$+\frac{1}{2}\tilde{b}\left(\frac{N}{2}-1\right)\cos\left[\omega\left(\frac{N}{2}-\frac{1}{2}\right)\right]$$

将上式与(7.5.10)式比较，可得出

$$\left.\begin{aligned}&b(1)=\tilde{b}(0)+\frac{1}{2}\tilde{b}(1)\\&b(n)=\frac{1}{2}[\tilde{b}(n)+\tilde{b}(n-1)],\quad n=2,3,\cdots,\frac{N}{2}-1\\&b\left(\frac{N}{2}\right)=\frac{1}{2}\tilde{b}\left(\frac{N}{2}-1\right)\end{aligned}\right\}\qquad(7.5.11)$$

于是，利用这几个公式，由下向上可由 $b(n)\left(n=\frac{N}{2},\frac{N}{2}-1,\cdots,1\right)$递推求出$\tilde{b}(n)\left(n=\frac{N}{2}-1,\frac{N}{2}-3,\cdots,0\right)$。因而有

$$Q(\omega)=\cos\left(\frac{\omega}{2}\right)$$

$$P(\omega)=\sum_{n=0}^{\frac{N}{2}-1}\tilde{b}(n)\cos(\omega n)$$

(**3**) 对于第Ⅲ种情况，即 $h(n)$呈奇对称，N 为奇数时，可证明

$$H(\omega)=\sum_{n=1}^{\frac{N-1}{2}}c(n)\sin(\omega n)=\sin\omega\sum_{n=0}^{\frac{N-3}{2}}\tilde{c}(n)\cos(\omega n)\qquad(7.5.12)$$

利用恒等式

$$\cos A\cdot\sin B=\frac{1}{2}[\sin(A+B)-\sin(A-B)]$$

同样可证明以上 $H(\omega)$的等式[(7.5.12)式]，且可得到

$$\left.\begin{aligned}&c(1)=\tilde{c}(0)-\frac{1}{2}\tilde{c}(2)\\&c(n)=\frac{1}{2}[\tilde{c}(n-1)-\tilde{c}(n+1)],\quad n=2,3,\cdots,\frac{N-5}{2}\\&c(n)=\frac{1}{2}\tilde{c}(n-1),\qquad\qquad n=\frac{N-3}{2},\frac{N-1}{2}\end{aligned}\right\}\qquad(7.5.13)$$

同样，利用这几个公式，由下向上可由 $c(n)\left(n=\frac{N-1}{2},\frac{N-3}{2},\cdots,1\right)$求得$\tilde{c}(n)\left(n=\frac{N-3}{2},\right.$

$\left.\frac{N-5}{2},\cdots,0\right)$。因而有

$$Q(\omega)=\sin\omega$$
$$P(\omega)=\sum_{n=0}^{\frac{N-3}{2}}\tilde{c}(n)\cos(\omega n)$$

(4) 对于第Ⅳ种情况，即 $h(n)$ 呈奇对称，N 为偶数时，可证明

$$H(\omega)=\sum_{n=1}^{\frac{N}{2}}d(n)\sin\left[\omega\left(n-\frac{1}{2}\right)\right]=\sin\left(\frac{\omega}{2}\right)\sum_{n=0}^{\frac{N}{2}-1}\tilde{d}(n)\cos(\omega n)\tag{7.5.14}$$

利用恒等式

$$\cos A\cdot\sin B=\frac{1}{2}[\sin(A+B)-\sin(A-B)]$$

同样可证明以上 $H(\omega)$ 的等式[(7.5.14)式]，且可得到

$$\left.\begin{aligned}&d(1)=\tilde{d}(0)-\frac{1}{2}\tilde{d}(1)\\&d(n)=\frac{1}{2}[\tilde{d}(n-1)-\tilde{d}(n)],\quad n=2,3,\cdots,\frac{N}{2}-1\\&d\left(\frac{N}{2}\right)=\frac{1}{2}\tilde{d}\left(\frac{N}{2}-1\right)\end{aligned}\right\}\tag{7.5.15}$$

利用这几个公式，由下向上可由 $d(n)\left(n=\frac{N}{2},\frac{N}{2}-1,\cdots,1\right)$ 求得 $\tilde{d}(n)\left(n=\frac{N}{2}-1,\frac{N}{2}-3,\cdots,0\right)$。

因而有

$$Q(\omega)=\sin\left(\frac{\omega}{2}\right)$$
$$P(\omega)=\sum_{n=0}^{\frac{N}{2}-1}\tilde{d}(n)\cos(\omega n)$$

我们将以上 4 种情况的 $H(\omega)=Q(\omega)\cdot P(\omega)$ 归纳在表 7.6 中。对于情况Ⅱ、Ⅲ和Ⅳ，$Q(\omega)$ 或在 $\omega=0$ 与 $\omega=\pi$ 两处皆为零，或在其中一处为零，由其具体函数确定。

表 7.6 用 $H(\omega)=Q(\omega)\cdot P(\omega)$ 表示 4 种线性相位 FIR 滤波器

线性相位 FIR 滤波器的 4 种情况	$Q(\omega)$	$P(\omega)$
Ⅰ. N 为奇数，$h(n)$ 呈偶对称	1	$\sum_{n=0}^{r-1}\tilde{a}(n)\cos(\omega n),\quad r=\frac{N+1}{2}$
Ⅱ. N 为偶数，$h(n)$ 呈偶对称	$\cos\left(\frac{\omega}{2}\right)$	$\sum_{n=0}^{r-1}\tilde{b}(n)\cos(\omega n),\quad r=\frac{N}{2}$
Ⅲ. N 为奇数，$h(n)$ 呈奇对称	$\sin\omega$	$\sum_{n=0}^{r-1}\tilde{c}(n)\cos(\omega n),\quad r=\frac{N-1}{2}$
Ⅳ. N 为偶数，$h(n)$ 呈奇对称	$\sin\left(\frac{\omega}{2}\right)$	$\sum_{n=0}^{r-1}\tilde{d}(n)\cos(\omega n),\quad r=\frac{N}{2}$

3. 加权切贝雪夫等波纹逼近。

首先，由于在滤波器设计中通带与阻带误差性能的要求是不一样的，为了统一使用最大误差最小化准则，因而采用误差函数加权的办法，使得不同频段（例如通带与阻带）的加权误差最大值是相等的。设所要求的（已给定）滤波器的频率响应的幅度函数为 $H_d(\omega)$，用线性相位四种 FIR 滤波器之一的幅度函数 $H(\omega)$ 做逼近函数，设逼近误差的加权函数为 $W(\omega)$，则加权逼近误差函数定义为

$$E(\omega) = W(\omega)[H_d(\omega) - H(\omega)] \tag{7.5.16}$$

由于不同频带中误差函数 $[H_d(\omega)-H(\omega)]$ 的最大值不一样，故不同频带中 $W(\omega)$ 值可以不同，在公差要求严的频带上可以采用较大的加权值，而公差要求低的频带上，加权值可取较小值。这样使得在各频带上的加权误差 $E(\omega)$ 要求一致（即最大绝对值一样）。

将(7.5.7)式代入(7.5.16)式，得

$$E(\omega) = W(\omega)[H_d(\omega) - P(\omega)Q(\omega)] = W(\omega)Q(\omega)\left[\frac{H_d(\omega)}{Q(\omega)} - P(\omega)\right] \tag{7.5.17}$$

最后这一等式，除了在 $\omega=0$ 和 $\omega=\pi$ 的一处或同时在二处[视 $Q(\omega)$ 的情况而定]外，对其他任何频率都是正确的。

令

$$\hat{H}_d(\omega) = \frac{H_d(\omega)}{Q(\omega)}, \quad \hat{W}(\omega) = W(\omega)Q(\omega) \tag{7.5.18}$$

则(7.5.17)式可化为

$$E(\omega) = \hat{W}(\omega)[\hat{H}_d(\omega) - P(\omega)] \tag{7.5.19}$$

这就是加权逼近误差函数的最终表达式。利用这一表达式，线性相位 FIR 滤波器的加权切贝雪夫等波纹逼近问题可看成是求一组系数 $\alpha(n)$[$\alpha(n)$ 可表示 $\tilde{a}(n)$ 或 $\tilde{b}(n)$ 或 $\tilde{c}(n)$ 或 $\tilde{d}(n)$]，使其在完成逼近的各个频带上（这里只指通带与阻带，不包括过渡带），$E(\omega)$ 的最大绝对值达到极小，如果用 $\|E(\omega)\|$（$E(\omega)$ 的 L_∞ 范数）表示这个极小值，则

$$\| E(\omega) \| = \min_{\text{各系数}}\left[\max_{\omega\in A} | E(\omega) |\right] \tag{7.5.20}$$

其中 A 表示在 $0\leqslant\omega\leqslant\pi$ 中的闭合子集，即所研究的通带和阻带（不包括过渡带）。

对于线性相位 FIR 滤波器设计的切贝雪夫等波纹逼近法，帕克斯（Parks）和麦克莱伦（McClellan）引进逼近理论的一个定理，得出下一节的交错定理。

7.5.3 交错定理

若 $P(\omega)$ 是 r 个余弦函数的线性组合（**用 $\boldsymbol{\alpha}(\boldsymbol{n})$ 表示在表 7.6 中的 $\tilde{\boldsymbol{a}}(\boldsymbol{n})$、$\tilde{\boldsymbol{b}}(\boldsymbol{n})$、$\tilde{\boldsymbol{c}}(\boldsymbol{n})$、$\tilde{\boldsymbol{d}}(\boldsymbol{n})$ 的任一个系数**），即

$$P(\omega) = \sum_{n=0}^{r-1}\alpha(n)\cos(\omega n) \tag{7.5.21}$$

A 是$[0,\pi]$内的一个闭区间（包括各通带和阻带，但不包括过渡带），$\hat{H}_d(\omega)$是 A 上的一个连续函数，那么，$P(\omega)$是$\hat{H}_d(\omega)$的唯一的和最佳的加权切贝雪夫逼近的充分必要条件是：加权逼近误差函数 $E(\omega)$在 A 中至少有$(r+1)$个极值点，即 A 中至少有$(r+1)$个点 ω_i，且 $\omega_1<\omega_2<\omega_3<\cdots<\omega_r<\omega_{r+1}$，使得

$$E(\omega_i)=-E(\omega_{i+1}),\quad i=1,2,\cdots,r \tag{7.5.22}$$

并且

$$|E(\omega_i)|=\max_{\omega\in A}[E(\omega)] \tag{7.5.23}$$

这一逼近可以用图 7.26 来说明。图中既表示了通带、阻带中的逼近误差 $H_d(\omega)-H(\omega)$的最大值是不同的；图中又画出了加权逼近误差 $E(\omega)$，在通带、阻带中，加权逼近误差的最大值是相同的；按(7.5.22)式可知，最佳加权逼近误差 $E(\omega)$在 $r+1$ 个 ω_i 点上是正负交错的，且有相同的极值，如(7.5.22)式、(7.5.23)式所示，而且必须是两个最大的正负极值相邻，此外，如果正负最大极值点间有一个小的极值，则这个极值不能算在交错定理所要求的极值中。按照这个说明，从 6 阶$(r-1=6)$的图 7.27 可知，图 7.27(a)只有标在图上的 6 个交错极值点，$\omega=\pi$ 处是负极值，但它与 $\omega=\omega_6$ 处是一样的负极值，故 $\omega=\pi$ 处不是交错极值点，同样图 7.27(b)中也只有标在图上的 6 个交错极值点，此两个图都不满足最少有 $r+1=8$ 个交错极值点的要求，因而不是最佳逼近，图 7.27(c)则有标在图上的 9 个交错极值点，满足至少有 $r+1=8$ 个交错极值点的要求，因而图 7.27(c)是最佳逼近。

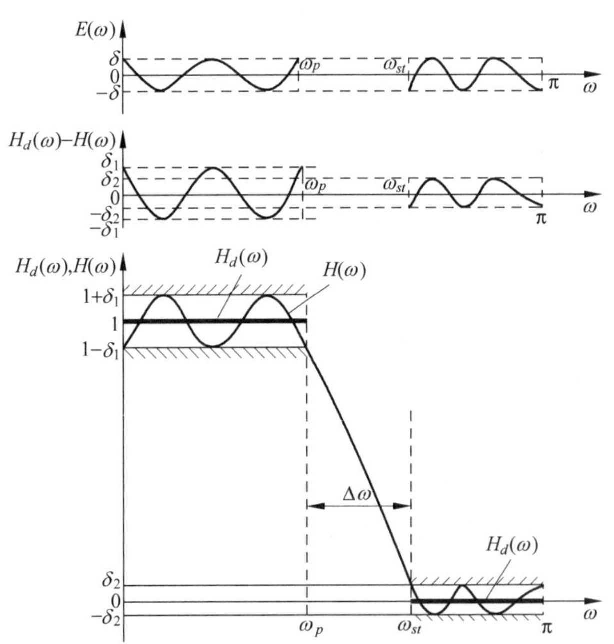

图 7.26 低通数字滤波器的一致逼近，逼近误差 $H_d(\omega)-H(\omega)$以及加权逼近误差 $E(\omega)$

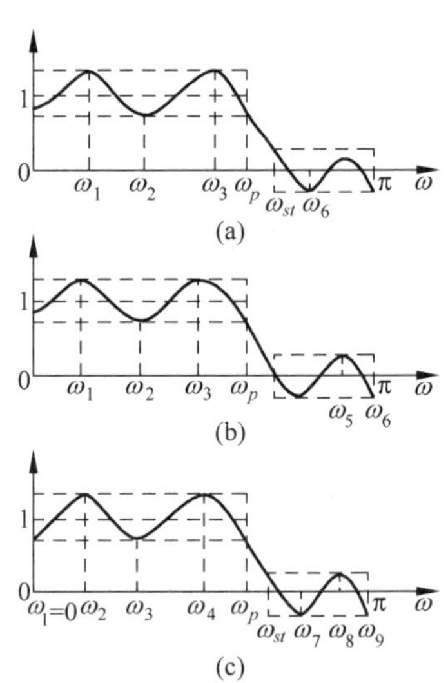

图 7.27 6 阶情况$(r-1=6)$，要求在 $0\leqslant\omega\leqslant\omega_p$ 中 $H(\omega)$取值近似为 1，在 $\omega_{st}\leqslant\omega\leqslant\pi$ 中，$H(\omega)$近似取值为 0 时，验证如何应用交错定理

设所要求的滤波器频率响应为（注意，在 ω_p 到 ω_{st} 的过渡带内，没有规定 $H_d(e^{j\omega})$ 的数值）。

$$H_d(e^{j\omega})=\begin{cases}1, & 0\leqslant\omega\leqslant\omega_p\\ 0, & \omega_{st}\leqslant\omega\leqslant\pi\end{cases}$$

式中 ω_p 为通带频率，ω_{st} 为阻带频率。现在的任务是，寻找一个 $H(e^{j\omega})$，使其在通带和阻带内最佳地一致逼近 $H_d(e^{j\omega})$。图 7.26 中，δ_1 为通带纹波峰值，δ_2 为阻带纹波峰值。这样，对设计的低通数字滤波器 $H(e^{j\omega})$，共有 5 个参数，即 ω_c，ω_{st}，δ_1，δ_2 和相应的单位抽样响应的长度 N。根据上述交错点组定理，如果 $H(e^{j\omega})$是对 $H_d(e^{j\omega})$的最佳一致逼近，那么在通带和阻带内应具有如图 7.26 的加权误差 $E(\omega)$所示的等纹波（波纹峰值为 δ）性质。所以最佳一致逼近有时又称等波纹逼近。

交错定理非常重要，因为它是很多切贝雪夫最优逼近算法的基础。在讨论最优算法前，先要引出线性相位 FIR 滤波器极值点数目的重要结果。

线性相位 FIR 滤波器的频率响应极值点数目的限制：

上面交错定理已指出，最优线性相位 FIR 滤波器的加权逼近误差函数 $E(\omega)$至少有$(r+1)$个极值，而 r 是用于逼近的余弦函数的个数。

$E(\omega)$的极值包括以下两种：

(1) $H(\omega)$的极值点［在大多数情况下，$H(\omega)$的极值也是 $E(\omega)$的极值］；

(2) $E(\omega)$单有的极值点（它不属于 $H(\omega)$）。

两种极点数目之和就是 $E(\omega)$极值点的最大数目。

先来看 $H(\omega)$的极值点数目。我们以第Ⅰ种情况 $H(\omega)$为例，推导其极值点最大数目。

将 $H(\omega)$表达式中的求和的上限用 $r-1$ 表示，即表示成 r 个余弦之和$\left(对于第Ⅰ种情况，r=\dfrac{N+1}{2}\right)$，即

$$H(\omega)=\sum_{n=0}^{r-1}\tilde{a}(n)\cos(\omega n) \tag{7.5.24}$$

为了便于求 $H(\omega)$的极值点($0\leqslant\omega\leqslant\pi$)的最大数目，我们把余弦的倍角化为余弦的多项式形式，即利用第 6 章讨论到的切贝雪夫多项式表示法，可有

$$\cos(\omega n)=\sum_{m=0}^{n}a_{mn}(\cos\omega)^m,\quad 0\leqslant\omega\leqslant\pi \tag{7.5.25}$$

将(7.5.25)式代入(7.5.24)式，可得

$$H(\omega)=\sum_{n=0}^{r-1}\tilde{a}(n)\sum_{m=0}^{n}a_{mn}(\cos\omega)^m=\sum_{n=0}^{r-1}\bar{a}(n)(\cos\omega)^n \tag{7.5.26}$$

其中$\bar{a}(n)$是合并$(\cos\omega)^n$ 的同幂次项系数而得到的。为了求各极值点，取 $H(\omega)$对 ω 的导数，可得

$$\frac{dH(\omega)}{d\omega}=\sum_{n=1}^{r-1}n\bar{a}(n)(\cos\omega)^{n-1}(-\sin\omega)=\sin\omega\sum_{m=0}^{r-2}\bar{b}(m)(\cos\omega)^m \tag{7.5.27}$$

其中$\bar{b}(m)=-(m+1)\bar{a}(m+1)$。为了求极值点的最大数目，令 $x=\cos\omega$，代入(7.5.27)式可得

$$F(x)=\left.\frac{\mathrm{d}H(\omega)}{\mathrm{d}\omega}\right|_{\omega=\arccos x}=\sqrt{1-x^2}\cdot\sum_{m=0}^{r-2}\bar{b}(m)x^m=F_1(x)F_2(x) \quad (7.5.28)$$

其中

$$F_1(x)=\sqrt{1-x^2}$$

$$F_2(x)=\sum_{m=0}^{r-2}\bar{b}(m)x^m$$

可以看出，在 $x=1$（相当于 $\omega=\arccos x=0$）和 $x=-1$（相当于 $\omega=\arccos x=\pi$）两处，$F_1(x)=0$；由于 $F_2(x)$是$(r-2)$阶多项式，故在$-1<x<1$（即 $0<\omega<\pi$ 范围内），$F_2(x)$最多有$(r-2)$个零值点。综合这两种零值点，可知在闭区间$-1\leqslant x\leqslant 1$ 上（即 $0\leqslant\omega\leqslant\pi$ 上），$F(x)$最多有 r 个零值点。所以对线性相位 FIR 滤波器第Ⅰ种情况，$H(\omega)$的极值点数目 N_c 应满足 $N_c\leqslant r=\frac{N+1}{2}$，同样可求得其他三种情况极值点数目 N_c，归纳在表 7.7 中。

表 7.7 4 种线性相位 FIR 滤波器余弦数目 r 及极值点数目 N_c 与 N 的关系

类　　型	$P(\omega)$中的余弦数目	极值点数目 $N_c\leqslant r$
Ⅰ. N 为奇数，$h(n)$呈偶对称	$r=\frac{N+1}{2}$	$N_c\leqslant\frac{N+1}{2}$
Ⅱ. N 为偶数，$h(n)$呈偶对称	$r=\frac{N}{2}$	$N_c\leqslant\frac{N}{2}$
Ⅲ. N 为奇数，$h(n)$呈奇对称	$r=\frac{N-1}{2}$	$N_c\leqslant\frac{N-1}{2}$
Ⅳ. N 为偶数，$h(n)$呈奇对称	$r=\frac{N}{2}$	$N_c\leqslant\frac{N}{2}$

其次，我们来看 $E(\omega)$单独有的极值点（不属于 $H(\omega)$的）。可以看出，如果要在几个频带上求逼近问题，很显然在每个频率的端点上，误差函数会得到一个极值，而且这些点一般不是 $H(\omega)$的极值点，但是 $\omega=0$ 和 $\omega=\pi$ 要除外，因为这两频率下，$H(\omega)$常可能有极值。例如，第Ⅰ种情况的低通滤波器，有两个频带（一个通带，一个阻带），其加权误差函数最多能有 $r+2=\frac{N+5}{2}$个极值，即 $r=\frac{N+1}{2}$个 $H(\omega)$的极点加上位于通带和阻带边界的两个 $E(\omega)$单有的极值。又如第Ⅰ种情况的带通滤波器（一个通带、两个阻带）共有 4 个频率边界点，故加权误差函数最多能有 $r+4=\frac{N+9}{2}$个极值，即 $r=\frac{N+1}{2}$个 $H(\omega)$的极值加上位于通带阻带边界的 4 个 $E(\omega)$单有的极值。

从以上分析看出，第Ⅰ种情况低通滤波器的误差函数最多能有$\frac{N+5}{2}$个极值，而交错定理指出：最优逼近时，其误差函数至少要有 $r+1=\frac{N+3}{2}$个极值。这样一来，对所要求的低

通响应的唯一最好逼近来说，误差函数要有 $r+1=\frac{N+3}{2}$个或 $r+2=\frac{N+1}{2}+2=\frac{N+5}{2}$个极值。用 $r+2=\frac{N+5}{2}$个极值来实现的滤波器比交错定理所要求的最少的 $r+1=\frac{N+3}{2}$个极值还要多一个，把这类滤波器称为最多波纹滤波器，对于低通滤波器，这种最多波纹滤波器又称为超波纹滤波器。

预先知道极值点的最大数目很重要，因为有些设计方法只能设计极值点数目有最大可能值的最多波纹滤波器，而我们所讨论的 Parks-McClellan 算法则可设计任何最优线性相位 FIR 滤波器，它是一种最为实用的最优化算法。

7.5.4　最佳线性相位 FIR 滤波器设计算法

等波纹设计中，需要确定 5 个参数：$N,\omega_p,\omega_{st},\delta_1,\delta_2$，设计中只能选定其中的几个参数，其余的就在迭代中求出，例如有人（Herrman 和 Schuessler）提出将参数 N,δ_1,δ_2 固定，允许 ω_p,ω_{st} 改变，即通过迭代求出 ω_p,ω_{st}，其缺点是通带阻带的截止频率不能精确确定。我们采用的是 **Parks-McClellan 算法，此算法是选定 $\boldsymbol{N,\omega_p,\omega_{st}}$，通过迭代最后确定 $\boldsymbol{\delta_1}$ 和 $\boldsymbol{\delta_2}$，当然迭代之前要先利用公式估算出所需初始化的 $\boldsymbol{N}$（滤波器长度）。算法由加权切贝雪夫逼近来描述，可见（7.5.19）式**。在此公式中，逼近函数 $P(\omega)$是 r 个独立的余弦函数之和，利用交错定理，可给出加权逼近误差函数 $E(\omega)$应满足的一组必要且充分条件，这样就可得到最大误差最小化的最优逼近——等波纹逼近。

基于交错定理，最优线性相位 FIR 滤波器的设计步骤的框图见图 7.28。

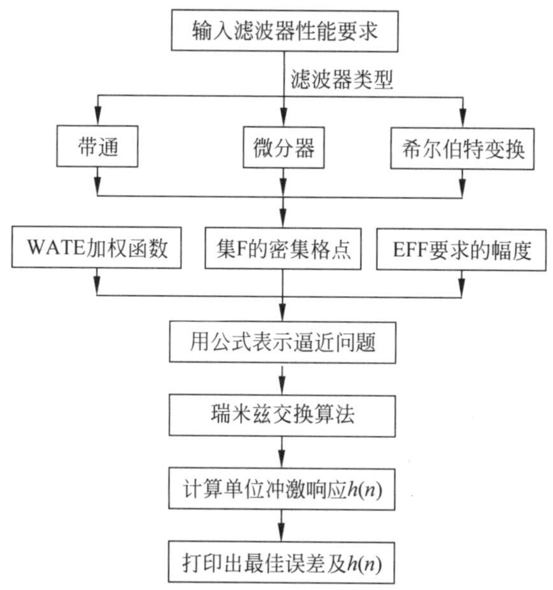

图 7.28　最佳线性相位 FIR 滤波器设计算法框图

下面分别讨论⑤、⑥两个步骤，即 Parks-McClellan 算法（又称 Remeg 交换算法）以及求滤波器单位抽样响应两个框图。

7.5.5 Parks-McClellan 算法

这一算法的流程图如图 7.29 所示。

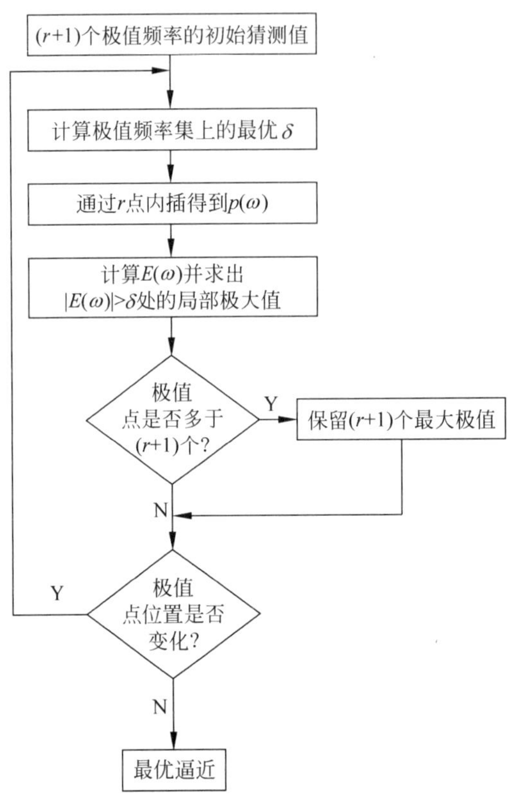

图 7.29 Parks-McClellan(Remeg)算法流程图

第一步，设定$(r+1)$个极值点频率 $\omega_k(k=0,1,\cdots,r)$的初始猜测值，它是按等间隔设定的，这些频率位于通带区间 $0\leqslant\omega\leqslant\omega_p$ 和阻带区间 $\omega_{st}\leqslant\omega\leqslant\pi$ 内，由于通带截止频率 ω_p 及阻带截止频率 ω_{st} 是固定的，每次迭代都将 ω_p 及 ω_{st} 作为交错点组中的一员，所以应满足

$$\omega_p=\omega_l,\quad \omega_{st}=\omega_{l+1},\quad (0<l<r)$$

假定这些频率点上的加权误差函数的值均为 δ，其符号正负交错。也就是说，按问题的要求，对于给定的一组极值点频率$\{\omega_k\}(k=0,1,\cdots,r)$，需要求解以下方程：

$$\hat{W}(\omega_k)[\hat{H}_d(\omega_k)-P(\omega_k)]=(-1)^k\delta,\quad k=0,1,\cdots,r \tag{7.5.29}$$

其中

$$P(\omega_k)=\sum_{n=0}^{r-1}\alpha(n)\cos(\omega_k n) \tag{7.5.30}$$

将(7.5.29)式写成

$$\hat{H}_d(\omega_k)=\frac{(-1)^k\delta}{\hat{W}(\omega_k)}+P(\omega_k),\quad k=0,1,\cdots,r \tag{7.5.31}$$

利用矩阵形式来表示(7.5.31)式(考虑到(7.5.30)式)为

$$\begin{bmatrix} 1 & \cos\omega_0 & \cos 2\omega_0 & \cdots & \cos[(r-1)\omega_0] & \dfrac{1}{\hat{W}(\omega_0)} \\ 1 & \cos\omega_1 & \cdots & \cdots & \cdots & \dfrac{-1}{\hat{W}(\omega_1)} \\ \vdots & \vdots & \vdots & \vdots & \ddots & \vdots \\ 1 & \cos\omega_r & \cdots & \cdots & \cos[(r-1)\omega_r] & \dfrac{(-1)^r}{\hat{W}(\omega_r)} \end{bmatrix}\cdot\begin{bmatrix}\alpha(0)\\ \alpha(1)\\ \vdots \\ \alpha(r-1)\\ \delta\end{bmatrix}=\begin{bmatrix}\hat{H}_d(\omega_0)\\ \hat{H}_d(\omega_1)\\ \vdots\\ \hat{H}_d(\omega_r)\end{bmatrix} \tag{7.5.32}$$

此时可对 $r+1$ 个未知数[包括 r 个 $\alpha(n)(n=0,\cdots,r-1)$ 及一个 δ]来求解。这样直接求解既难且慢，更有效的办法是用下面的解析式先计算出 δ：

$$\delta=\frac{\sum_{i=0}^{r}b_i\hat{H}_d(\omega_i)}{\sum_{i=0}^{r}(-1)^i b_i/\hat{W}(\omega_i)} \tag{7.5.33}$$

式中

$$b_i=\prod_{\substack{k=0\\k\neq i}}^{r}\frac{1}{\cos\omega_i-\cos\omega_k} \tag{7.5.34}$$

第二步，利用(7.5.31)式算出在 $\omega_0,\omega_1,\cdots,\omega_{r-1}$ 上的 $P(\omega_i)$ 值

$$p(\omega_i)=\hat{H}_d(\omega_i)-(-1)^i\frac{\delta}{\hat{W}(\omega_i)},\quad i=0,1,\cdots,r-1 \tag{7.5.35}$$

利用重心形式的拉格朗日内插公式得到 $P(\omega)$ 为

$$P(\omega)=\frac{\sum_{i=0}^{r-1}\left(\dfrac{\beta_i}{\cos\omega-\cos\omega_i}\right)p(\omega_i)}{\sum_{i=0}^{r-1}\left(\dfrac{\beta_i}{\cos\omega-\cos\omega_i}\right)} \tag{7.5.36}$$

式中

$$\beta_i=\prod_{\substack{k=0\\k\neq i}}^{r-1}\frac{1}{\cos\omega_i-\cos\omega_k}=b_i(\cos\omega_i-\cos\omega_r) \tag{7.5.37}$$

当然，当 $i=r$ 时，(7.5.35)式也成立，因为它也满足(7.5.31)式。

第三步，在求出 $P(\omega)$ 的内插值后，根据(7.5.19)式，即根据

$$E(\omega)=\hat{W}(\omega)[\hat{H}_d(\omega)-P(\omega)]$$

在密集的频率组上来计算 $E(\omega)$ 值。若在这组频率的所有频率上皆有 $|E(\omega)|\leqslant\delta$，则最佳逼近已经得到，而 δ 是波纹的极值，且 $\omega_0,\omega_1,\cdots,\omega_r$ 的初始假设值是交错点组频率，计算即可

结束。但实际上第一次不会恰好得此结果,在该频率组的某些频率处总会出现 $|E(\omega)|>\delta$,这时就找出误差曲线上的 $(r+1)$ 个极值频率点,以它们作为新的极值频率点代替原来的初始猜测值,又得到新的一组交错点组频率,然后利用(7.5.33)式重新计算 δ 值,并利用上面的有关式子计算 $P(\omega)$ 及 $E(\omega)$ 值,这就构成新一轮的迭代。

由于每次迭代得到的新交错点组频率都是 $E(\omega)$ 的局部极值点频率,因此 δ 是递增的,最后收敛的 δ 是自己的上限,即重复到 δ 与前一次迭代的 δ 值相同时,迭代即中止,此时就得到问题的求解。

为了求出峰值点,应在通带和阻带上把频率分点取得更密一些,以便在这些细分点上搜索出峰值点。如果在任一次迭代中 $E(\omega)$ 的极值点多于 $(r+1)$ 个,就保留 $|E(\omega)|$ 值最大的那 $(r+1)$ 个频率作为下次迭代的初始猜测极值点。

迭代最后的结果必然是误差曲线上每个格点频率上的误差值都满足 $|E(\omega)|\leqslant\delta$,而在 $(r+1)$ 个极值点频率处的 $|E(\omega)|=\delta$ 为最大值,并且 $E(\omega)$ 具有正负交错的符号,这就表明加权切贝雪夫等波纹逼近已经完成。

应再次指出,在**每次迭代中,都把通带截止频率 ω_p**、**阻带截止频率 ω_{st} 定为诸极值点频率中的两个频率。所以这一方法是已知 N(即 r),ω_p 和 ω_{st},求最佳的 δ 值**。

其中,N 值可以利用以下公式,由给定的 ω_p,ω_{st},δ_1,δ_2 算出

$$N=1+\frac{-20\lg\sqrt{\delta_1\delta_2}-13}{2.32(\omega_{st}-\omega_p)} \tag{7.5.38}$$

也可用以下的公式来计算 N

$$N=\frac{3}{2}\lg\left(\frac{1}{10\delta_1\delta_2}\right)\frac{2\pi}{(\omega_{st}-\omega_p)} \tag{7.5.39}$$

两个式子求出的 N 是差不多的,但(7.5.38)式算出的值一般会偏小,约小10%,(7.5.39)式算出的值又偏大,设计时应加考虑。

由于图7.26给出的波纹与第6章图6.3给出的波纹的表示是不同的,因而对以上公式中的 δ_1、δ_2 与 R_p(dB)、A_s(dB)的关系,要按图7.26来加以分析。

如果给定通带衰减为 R_p(dB),阻带衰减为 A_s(dB),对于图7.26有

$$R_p=-20\lg\left(\frac{|H(e^{j\omega_p})|}{|H(e^{j\omega})|_{\max}}\right)=-20\lg\left(\frac{1-\delta_1}{1+\delta_1}\right)=20\lg\left(\frac{1+\delta_1}{1-\delta_1}\right) \tag{7.5.40}$$

$$A_s=-20\lg\left(\frac{|H(e^{j\omega_{st}})|}{|H(e^{j\omega})|_{\max}}\right)=-20\lg\left(\frac{\delta_2}{1+\delta_1}\right)=20\lg\left(\frac{1+\delta_1}{\delta_2}\right) \tag{7.5.41}$$

于是有波纹参数为

$$\delta_1=\frac{10^{R_p/20}-1}{10^{R_p/20}+1} \tag{7.5.42}$$

$$\delta_2=\frac{1+\delta_1}{10^{A_s/20}}=10^{-A_s/20}(1+\delta_1)\doteq 10^{-A_s/20} \tag{7.5.43}$$

当 $\delta_1=\delta_2=\delta$ 时,(7.5.40)式、(7.5.41)式分别与窗函数法的(7.3.47)式、(7.3.48)式相同。

在利用 MATLAB 工具箱，用 firpmord 和 firpm 来进行等波纹 FIR 滤波器设计时，必须给定波纹参数 δ_1，δ_2。

由(7.5.16)式及对该式[$E(\omega)$]的讨论中知道，若最后得到的$|E(\omega)|=\delta=\delta_2$，即通带、阻带的加权误差是相同的，为了使通带实际误差为 δ_1，阻带实际误差为 δ_2，那么，就应规定**加权函数 $W(\omega)$ 为**

$$W(\omega)=\begin{cases}\dfrac{\delta_2}{\delta_1}, & \text{当 } \omega \text{ 在通带中}\\ 1, & \text{当 } \omega \text{ 在阻带中}\end{cases} \tag{7.5.44}$$

这样可知，[$H_d(\omega)-H(\omega)$]在通带中最大误差为 δ_1，在阻带中最大误差为 δ_2，则 Parks-McClellan 算法所求得的极值$|E(\omega)|=\delta$ 正是要求的 δ_2 的最小值。

如果要求的 δ_1 和 δ_2 值是已知的，则计算滤波器时，可固定 ω_c 值，改变 ω_{st} 值，重复进行以上迭代计算，直到使求出的 δ_1、δ_2 满足已知数值为止。

计算滤波器的单位抽样响应：

由于已求得 $P(\omega)$，而 $P(\omega)$满足

$$P(\omega)=\sum_{n=0}^{r-1}\alpha(n)\cos(\omega n)$$

因为 $\alpha(n)$是实数，故

$$P(\omega)=\mathrm{Re}\Big[\sum_{n=0}^{r-1}\alpha(n)\mathrm{e}^{-\mathrm{j}\omega n}\Big]=\mathrm{Re}\{\mathscr{F}[\alpha(n)]\} \tag{7.5.45}$$

花体字"$\mathscr{F}$"表示傅里叶变换。想求出滤波器的单位抽样响应 $h(n)$，就要求得 $\alpha(n)$，可以利用离散傅里叶反变换来求解，将 $P(\omega)$在频域抽样，设 z 平面单位圆(频域)上抽样点数为 $L=2^M$(取 2 的幂次是为了 FFT 计算方便)。频域抽样，时域就要按 L 点为周期产生周期延拓，为了防止混叠效应，应取 $L=2^M\geqslant N$，可见图 7.30(注意，这时对 4 种情况，线性相位 FIR 滤波器都可满足不混叠的要求)，由(7.5.45)式可得

$$P(k)=P(\omega)\big|_{\omega=\frac{2\pi}{L}k}=\mathrm{Re}\Big[\sum_{n=0}^{r-1}\alpha(n)\mathrm{e}^{-\mathrm{j}\frac{2\pi}{L}kn}\Big]=\mathrm{Re}[A(k)] \tag{7.5.46}$$

考虑到表 3.3(DFT 性质表)的第 13 条性质 $\alpha(n)$的 DFT[即 $A(k)$]的实部[即 $P(k)$]的 IDFT 等于$\alpha(n)$的圆周共轭对称分量，由于没有混叠，在 $0\leqslant n\leqslant r-1$ 范围内，它就等于 $\alpha(n)$。这样，由(7.5.46)式求 IDFT[$P(k)$]，即可求得 $\alpha(n)$，从而求得滤波器的单位抽样响应$h(n)$。求出$h(n)$后，即可将 $E(\omega)$和 $h(n)$打印输出。

【例 7.12】 用最优化算法，即基于最大误差最小化准则(即切贝雪夫逼近准则)利用 Parks-McClellan 算法设计线性相位 FIR 低通滤波器。给定指标为通带 $\omega=0\sim0.4\pi$，即 $\omega_p=0.4\pi$，阻带 $0.5\pi\sim\pi$，即 $\omega_{st}=0.5\pi$，通带最大衰减 $R_p=0.1\text{dB}$，阻带最小衰减为 $A_s=50\text{dB}$。

解 (1) 由(7.5.42)式及(7.5.43)式可得

$$\delta_1=\frac{10^{R_p/20}-1}{10^{R_p/20}+1}=0.005\,756$$

$$\delta_2=\frac{1+\delta_1}{10^{A_s/20}}=0.003\,18$$

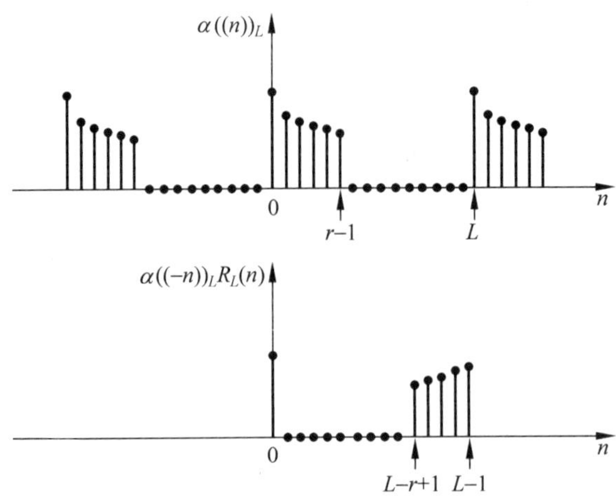

图 7.30 不产生混叠现象的 L 值的示意图

(2) 估算 N 由(7.5.38)式可得

$$N=1+\frac{-20\lg\sqrt{\delta_1\delta_2}-13}{2.32(\omega_{st}-\omega_p)}=48.2$$

考虑即这一数值可能偏小，故取

$$N=55$$

(3) 加权系数 $W(\omega)$的选取

由于$\frac{\delta_2}{\delta_1}=0.55$，故按(7.5.39)式，即误差小的频带（阻带）取较大的加权值，而在误差大的频带（通带）取较小的加权值，因而有

$$W(\omega)=\begin{cases}\frac{\delta_2}{\delta_1}=0.55, & 0\leqslant\omega\leqslant 0.4\pi(\text{通带})\\ 1, & 0.5\pi\leqslant\omega\leqslant\pi(\text{阻带})\end{cases}$$

用 MATLAB 工具箱中的 firpmord 和 firpm 就可完成此滤波器的设计，设计出的 $h(n)$及幅度响应见图 7.31。

【例 7.13】 设计一个最优化线性相位 FIR 双带通滤波器。

第一通带 $\omega=0.2\pi\sim0.35\pi$，第二通带 $\omega=0.7\pi\sim0.85\pi$

阻带 $\omega=0\sim0.1\pi$，$\omega=0.45\pi\sim0.6\pi$，$\omega=0.95\pi\sim\pi$

通带最大衰减 $R_p=0.1\text{dB}$，阻带最小衰减 $A_s=50\text{dB}$

解 (1) 与例 7.12 的 R_p、A_s 指标相同，故有 $\delta_1=0.005\,756$，$\delta_2=0.003\,18$。

(2) 估算 N。由于各频段的过渡带$(\omega_{st}-\omega_p)$都是 0.1π，与上例也相同（一般来说要由过渡带最小的值来计算 N），经累试，必须取 $N=60$ 才能满足阻带衰减要求。

(3) 加权系数，由于$\frac{\delta_2}{\delta_1}=0.55$ 与上例相同，故 $W(\omega)$为

$$W(\omega)=\begin{cases}0.55, 0.2\pi\leqslant\omega\leqslant0.35\pi, 0.7\pi\leqslant\omega\leqslant0.85\pi\\ 1, 0\leqslant\omega\leqslant0.1\pi, 0.45\pi\leqslant\omega\leqslant0.6\pi, 0.95\pi\leqslant\omega\leqslant\pi\end{cases}$$

h(0)=h(54)=	3.5317500000E−4	h(10)=h(44)=	−8.4027400000E−3	h(20)=h(34)=	−1.6861500000E−2
h(1)=h(53)=	−2.4184500000E−3	h(11)=h(43)=	−5.2209500000E−3	h(21)=h(33)=	4.0401300000E−2
h(2)=h(52)=	−1.3247100000E−3	h(12)=h(42)=	9.3411300000E−3	h(22)=h(32)=	4.1170000000E−2
h(3)=h(51)=	1.8569100000E−3	h(13)=h(41)=	1.0551800000E−2	h(23)=h(31)=	−4.6483500000E−2
h(4)=h(50)=	2.5490500900E−3	h(14)=h(40)=	−8.4870900000E−3	h(24)=h(30)=	−9.1718900000E−2
h(5)=h(49)=	−1.7689100000E−3	h(15)=h(39)=	−1.7281600000E−2	h(25)=h(29)=	5.0465600000E−2
h(6)=h(48)=	−4.4206000000E−3	h(16)=h(38)=	4.8038200000E−3	h(26)=h(28)=	3.1336000000E−1
h(7)=h(47)=	7.7921100000E−4	h(17)=h(37)=	2.4971400000E−2	h(27)=h(27)=	4.4814900000E−1
h(8)=h(46)=	6.5335500000E−3	h(18)=h(36)=	2.9934200000E−2		
h(9)=h(45)=	1.4669200000E−3	h(19)=h(35)=	−3.2950400000E−2		

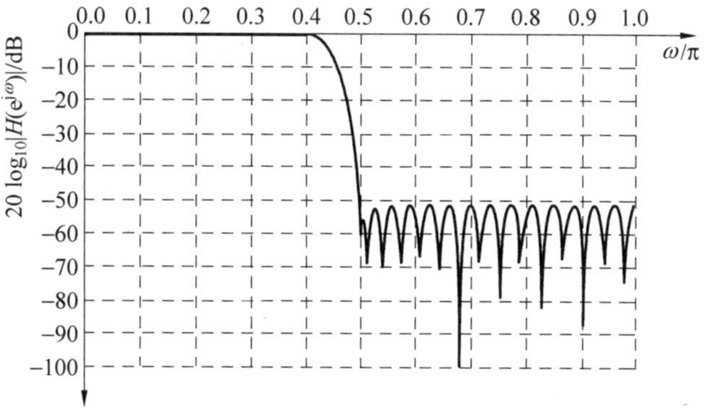

图 7.31　例 7.12，用 Parks-McClellan 算法设计出等波纹低通滤波器的幅度响应

（$N=55$，通带加权系数 $W(\omega)=0.55$，阻带加权系数 $W(\omega)=1$）

利用配套软件的“辅助设计系统”求出此双带通滤波器的 $h(n)$ 及幅度响应见图 7.32。

h(0)=h(59)=	0.0000000000E+0	h(10)=h(49)=	−1.7330500000E−2	h(20)=h(39)=	2.3607400000E−2
h(1)=h(58)=	−4.7862500000E−3	h(11)=h(48)=	−4.9687700000E−3	h(21)=h(38)=	−2.4820800000E−3
h(2)=h(57)=	1.1706900000E−3	h(12)=5(47)=	−6.4473200000E−3	h(22)=h(37)=	3.0130100000E−2
h(3)=h(56)=	1.3331300000E−3	h(13)=h(46)=	−2.2092300000E−3	h(23)=h(36)=	−1.0619500000E−2
h(4)=h(55)=	8.7785500000E−4	h(14)=h(45)=	−1.0146900000E−2	h(24)=h(35)=	6.8139900000E−2
h(5)=h(54)=	8.2739300000E−4	h(15)=h(44)=	−3.5077500000E−3	h(25)=h(34)=	−1.0410300000E−1
h(6)=h(53)=	1.9827700000E−3	h(16)=5(43)=	−2.2122200000E−2	h(26)=h(33)=	−2.7792600000E−1
h(7)=h(52)=	2.7329400000E−3	h(17)=h(42)=	−1.2717800000E−2	h(27)=h(32)=	8.6793000000E−2
h(8)=h(51)=	4.8517700000E−3	h(18)=h(41)=	7.2843800000E−2	h(28)=h(31)=	−1.4093900000E−1
h(9)=h(50)=	1.5942000000E−2	h(19)=h(40)=	1.0360200000E−3	h(29)=h(30)=	3.0867000000E−1

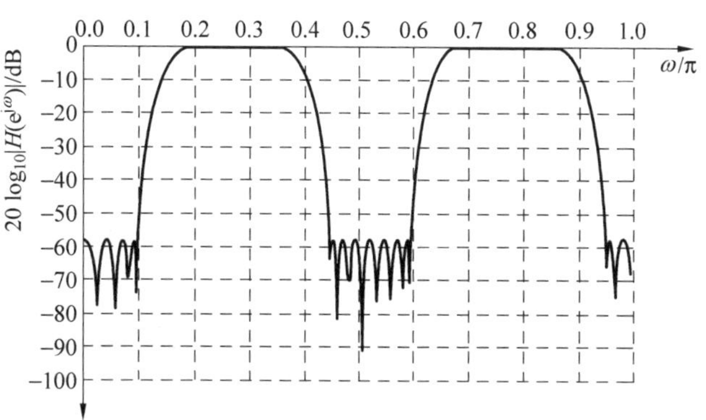

图 7.32　例 7.13 中用 Parks-McClellan 算法设计出的等波纹双带通滤波器的幅度响应

（$N=60$，通带加权系数 $W(\omega)=0.55$，阻带加权系数 $W(\omega)=1$）

若将通带加权函数增加，例如取加权函数 $W(\omega)$ 为

$$W(\omega)=\begin{cases}3, & 0.2\pi\leqslant\omega\leqslant 0.35\pi, 0.7\pi\leqslant\omega\leqslant 0.85\pi\\ 1, & 0\leqslant\omega\leqslant 0.1\pi, 0.45\pi\leqslant\omega\leqslant 0.6\pi, 0.95\pi\leqslant\omega\leqslant\pi\end{cases}$$

结果会使阻带逼近误差加大，即阻带衰减减小（波纹加大）而通带波纹变小，即通带衰减减小，同样利用配套软件，可得到 $h(n)$ 及幅度响应如图 7.33 所示（可与图 7.32 比较）。

h(0)=h(59)=	0.0000000000E+0	h(10)=h(49)=	−1.8037600000E−2	h(20)=h(39)=	2.4485500000E−2
h(1)=h(58)=	−4.1001300000E−3	h(11)=h(48)=	−7.3201700000E−3	h(21)=h(38)=	−4.1070200000E−3
h(2)=h(57)=	7.5602300000E−4	h(12)=h(47)=	−7.1555900000E−3	h(22)=h(37)=	2.0257900000E−2
h(3)=h(56)=	3.0296000000E−3	h(13)=h(46)=	−4.8321700000E−3	h(23)=h(36)=	−1.0155100000E−2
h(4)=h(55)=	1.4707300000E−3	h(14)=h(45)=	−3.5675400000E−3	h(24)=h(35)=	6.2961800000E−2
h(5)=h(54)=	3.1802900000E−3	h(15)=h(44)=	−3.0385200000E−3	h(25)=h(34)=	−1.0186300000E−1
h(6)=h(53)=	−2.5758200000E−4	h(16)=h(43)=	−1.7935700000E−2	h(26)=h(33)=	−2.8160000000E−1
h(7)=h(52)=	1.8422800000E−3	h(17)=h(42)=	−1.2678000000E−2	h(27)=h(32)=	8.9627000000E−2
h(8)=h(51)=	3.5177400000E−3	h(18)=h(41)=	7.5458500000E−2	h(28)=h(31)=	−1.4207900000E−1
h(9)=h(50)=	1.4701700000E−2	h(19)=h(40)=	2.0107100000E−3	h(29)=h(30)=	3.1639400000E−1

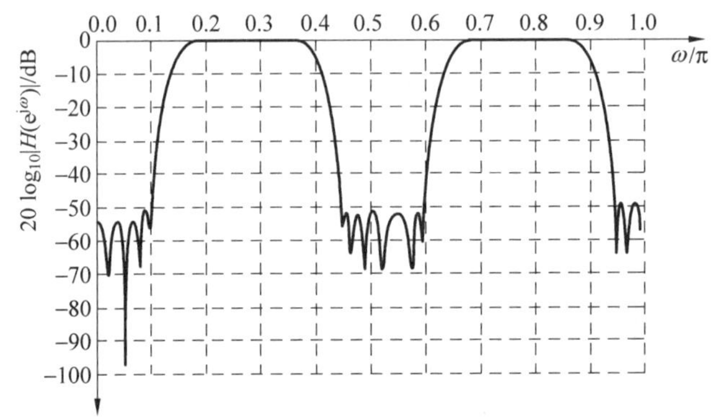

图 7.33　例 7.13 中，将通带加权系数取为 $W(\omega)=3$，阻带加权系数取为 $W(\omega)=1$ 的幅度响应，与图 7.32 相比较，通带波纹减小了，阻带衰减也变小了（阻带性能变坏）

7.6　IIR 与 FIR 数字滤波器的比较

1. 复杂度（阶数）。在相同的技术指标下，IIR 滤波器由于存在着输出对输入的反馈，所以可用比 FIR 滤波器较少的阶数来满足指标的要求，所用的存储单元少，运算次数少，较为经济。例如，用频率抽样法设计阻带衰减为 −20dB 的 FIR 滤波器，其阶数要 33 阶才能达到，而用双线性变换法设计只需 4～5 阶的切贝雪夫 IIR 滤波器即可达到指标要求，所以 FIR 滤波器的阶数要高 5～10 倍左右。

2. 线性相位。 FIR 滤波器可得到严格的线性相位，而 IIR 滤波器做不到这一点，IIR 滤波器的选择性愈好，其相位的非线性愈严重。因而，如果 IIR 滤波器要得到线性相位，又要满足幅度滤波的技术要求，必须加全通网络进行相位校正，这同样会大大增加滤波器的阶数。从这一点上看，FIR 滤波器又优于 IIR 滤波器。

3. 稳定性。FIR 滤波器主要采用非递归结构，因而无论是从理论上还是从实际的有限精度的运算来看，它都是稳定的，有限精度运算的误差也较小。IIR 滤波器必须采用递归结构，极点必须在 z 平面单位圆内才能稳定，对于这种结构，运算中的四舍五入处理有时会引起寄生振荡。

4. FFT 运算。对于 FIR 滤波器，由于冲激响应是有限长的，因而可以用快速傅里叶变换算法，这样运算速度可以快得多。IIR 滤波器则不能这样运算。

5. 设计方法。从设计上看，IIR 滤波器可以利用模拟滤波器设计的现成的闭合公式、数据和表格，因而计算工作量较小，对计算工具要求不高。FIR 滤波器则一般没有现成的设计公式，窗函数法只给出窗函数的计算公式，但计算通带、阻带衰减仍无显示表达式，且需多次迭代运算才能得到正确结果，一般 FIR 滤波器设计仅有计算机程序可资利用，因而要借助于计算机。

6. 应用面。IIR 滤波器主要是设计规格化的、频率特性为分段常数的标准低通、高通、带通、带阻、全通滤波器。FIR 滤波器则要灵活得多，例如频率抽样设计法，可适应各种幅度特性及相位特性的要求，因而 FIR 滤波器可设计出理想正交变换器、理想微分器、线性调频器等各种网络，适应性较广。而且，目前已有许多 FIR 滤波器的计算机程序可供使用。

从以上比较看出，IIR 滤波器与 FIR 滤波器各有特点，所以可以由实际应用时的要求出发，从多方面考虑来加以选择。

习　　题

7.1　设计一个线性相位 FIR 数字低通滤波器。技术指标为 $\omega_p=0.2\pi$，$\omega_{st}=0.4\pi$，$A_s=45\text{dB}$。求 $h(n)$ 并画出幅度响应（以 dB 表示）及相位响应曲线。

7.2　设计一个线性相位 FIR 数字高通滤波器。技术指标为 $\omega_p=0.7\pi$，$\omega_{st}=0.5\pi$，$A_s=55\text{dB}$。求 $h(n)$ 并画出幅度响应（以 dB 表示）及相位响应曲线。

7.3　设计一个线性相位 FIR 数字带通滤波器。技术指标为 $\omega_{p_1}=0.4\pi$，$\omega_{p_2}=0.5\pi$，$\omega_{st_1}=0.2\pi$，$\omega_{st_2}=0.7\pi$，$A_s=75\text{dB}$。求 $h(n)$ 并画出幅度响应（以 dB 表示）及相位响应。

7.4　设计一个线性相位 FIR 数字带阻滤波器。技术指标为 $\omega_{p_1}=0.35\pi$，$\omega_{p_2}=0.8\pi$，$\omega_{st_1}=0.5\pi$，$\omega_{st_2}=0.65\pi$，$A_s=80\text{dB}$。求 $h(n)$ 并画出幅度响应（以 dB 表示）及相位响应。

7.5　对下述每一种滤波器的指标，选择线性相位 FIR 滤波器设计要求的窗函数类型及窗长。

(1) 阻带衰减 23dB，过渡宽带 2kHz，抽样频率 $f_s=18\text{kHz}$；

(2) 阻带衰减 30dB，过渡宽带 4kHz，抽样频率 $f_s=16\text{kHz}$；

(3) 阻带衰减 20dB，过渡宽带 1kHz，抽样频率 $f_s=10\text{kHz}$；

(4) 阻带衰减 60dB，过渡宽带 400Hz，抽样频率 $f_s=2\text{kHz}$。

7.6　设有一个六阶（$N=7$）线性相位 FIR 滤波器，其单位冲激响应为 $h(0)=4$，$h(1)=-2$，$h(2)=3$，

$h(3)=5$，试求其频率响应 $H(e^{j\omega})$，并画出其幅度响应(以 dB 表示)及相位响应的图形。

7.7　要求设计一个线性相位 FIR 数字低通滤波器来对模拟信号进行滤波，技术要求为 $f_p=4\text{kHz}$，$f_{st}=4.5\text{kHz}$，$A_s=60\text{dB}$，抽样频率 $f_s=20\text{kHz}$。选择合适的窗函数及窗长度，求 $h(n)$ 并画出幅度响应曲线(dB)及相位响应曲线。

7.8　用频率抽样法设计一个线性相位 FIR 数字低通滤波器，其通带截止频率为 $\omega_p=0.3\pi$，过渡带宽为 $\Delta\omega=0.1\pi$，阻带最小衰减为 50dB，试确定过渡带抽样点数 m，并用累试法确定过渡带中频率响应的抽样值以及滤波器长度 N，写出其 $H(k)$ 表达式，求出其 $h(n)$ 及 $20\lg|H(e^{j\omega})|$，并画图。

7.9　用频率抽样法设计一个线性相位 FIR 数字带通滤波器，其通带截止频率为 $\omega_{p_1}=0.45\pi$，$\omega_{p_2}=0.6\pi$，要求过渡带宽为 $\Delta\omega=0.15\pi$，阻带衰减为 $A_s=45\text{dB}$，试确定过渡带抽样点数 m，并用累试法确定过渡带抽样点上的抽样值以及滤波器的长度 N，求出 $h(n)$ 及 $H(e^{j\omega})$，画出 $h(n)$ 及 $20\lg|H(e^{j\omega})|$(dB)。

*7.10　用 MATLAB 工具箱 Fir1 函数对 7.2，7.3，7.4 三题进行设计并画出 $h(n)$ 及 $20\lg|H(e^{j\omega})|$(dB)及 $\arg[H(e^{j\omega})]$ 曲线。

*7.11　用 MATLAB 工具箱函数 firpmord 及 firpm 设计线性相位 FIR 低通数字滤波器。技术指标为：抽样频率 $f_s=100\text{kHz}$，通带截止频率 $f_p=25\text{kHz}$，阻带截止频率 $f_{st}=30\text{kHz}$，通带最大衰减 $R_p=1\text{dB}$，阻带最小衰减 $A_s=70\text{dB}$，请打印出 $h(n)$ 数据并画出幅度特性(dB)及相位特性。

7.12　已知图 P7.12(a)中的 $h_1(n)$ 是偶对称序列，$N=8$，图 P7.12(b)中的 $h_2(n)$ 是 $h_1(n)$ 圆周移位 $\left(移\dfrac{N}{2}=4 位\right)$ 后的序列。设

$$H_1(k)=\text{DFT}[h_1(n)],\quad H_2(k)=\text{DFT}[h_2(n)]$$

(1) 问 $|H_1(k)|=|H_2(k)|$ 成立否？$\theta_1(k)$ 与 $\theta_2(k)$ 有什么关系？

(2) $h_1(n)$，$h_2(n)$ 各构成一个低通滤波器，试问它们是否是线性相位的？延时是多少？

(3) 这两个滤波器性能是否相同？为什么？若不同，谁优谁劣？

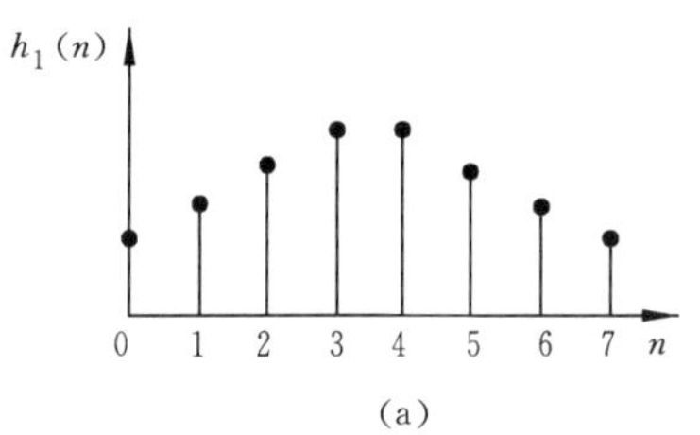

(a)

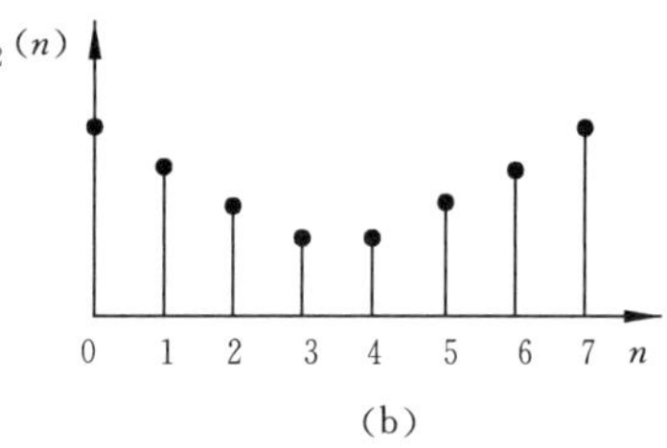

(b)

图　P7.12

7.13　请选择合适的窗函数及 N 来设计一个线性相位低通滤波器

$$H_d(e^{j\omega})=\begin{cases}e^{-j\omega a}, & 0\leqslant\omega\leqslant\omega_c\\ 0, & \omega_c\leqslant\omega\leqslant\pi\end{cases}$$

要求其最小阻带衰减为 45dB，过渡带宽为 $\dfrac{8}{51}\pi$。

(1) 求出 $h(n)$，并画出 $20\lg|H(e^{j\omega})|$ 曲线(设 $\omega_c=0.5\pi$)。

(2) 保留原有轨迹，画出用满足所给条件的其他几种窗函数设计出的 $20\lg|H(e^{j\omega})|$ 曲线。

7.14　调用 firpm 函数设计 24 阶宽带 FIR 希尔伯特变换器($N=25$)，绘制出 $h(n)$、幅度响应(dB)及相位响应。

7.15 利用海明(Hamming)窗设计 $N=24$(23 阶)的 FIR 线性相位数字微分器(MATLAB 编程实现),求出 $h(n)$并画出幅频特性及相频特性。

7.16 编程实现用汉宁(Hanning)窗的离散希尔伯特变换器,取 $N=20$,要求通带为 $0.4\pi\sim0.7\pi$,绘制出 $h(n)$及幅度响应和相位响应。

7.17 用 firpm 函数设计一个 $N=20$ 的数字微分器,求 $h(n)$并画出幅度特性及相位特性。

*7.18 用 firpm,firpmord 设计一个 FIR 线性相位双带通滤波器,技术指标为

$$H(e^{j\omega})=\begin{cases}1, & 0.2\pi\leqslant\omega\leqslant0.4\pi, \quad 0.7\pi\leqslant\omega\leqslant0.8\pi\\0, & 0\leqslant\omega\leqslant0.1\pi, \quad 0.5\pi\leqslant\omega\leqslant0.6\pi, \quad 0.9\pi\leqslant\omega\leqslant\pi\end{cases}$$

通带最大衰减为 $R_p=1\text{dB}$,阻带最小衰减为 $A_s=50\text{dB}$,绘出 $h(n)$,$20\log|H(e^{j\omega})|$,$\arg[H(e^{j\omega})]$。

*第 8 章　序列的抽取与插值——多抽样率数字信号处理基础

8.1　概　　述

在前面的讨论中，我们都是把抽样频率 f_s 看作是固定值，即系统采用一个固定的抽样频率。但是，有时会遇到抽样频率的变换问题，使系统工作在"多抽样率"情况下。例如，多种媒体（语音、视频、数据）的传输，它们的频率很不相同，抽样率自然不同，必须实行抽样率的转换；又如，为了减小由于抽样率太高造成的数据冗余，有时需要降低抽样率；再如，两个数字系统的时钟频率不同，信号要在此两系统中传输时，为了便于信号的处理、编码、传输和存储，则要求根据时钟频率对信号的抽样率加以转换；还有，一种处理算法在不同部分采用不同的抽样率（例如子带编码等），使处理更加有效；又如，数字电视的视频扫描格式转换系统中就利用抽样频率变换来改变图像显示的分辨率；32kHz 的音频广播和 44.1kHz 的 CD 音频信号要直接共享数据也必须转换抽样频率，等等。以上各种应用都要求转换抽样率，或者要求系统工作在多抽样率状态。经过人们不断的研究，"多抽样率数字信号处理"的重要性已逐渐显现出来，它已成为数字信号处理的一个重要内容。

实现抽样率转换的一种方法，是先把离散时间信号（序列）$x(n)$经过 D/A 变换器转换成模拟信号 $x_a(t)$，再经 A/D 变换器对 $x_a(t)$以另一个抽样率抽样。但是，经过 D/A 和 A/D 变换器后，会引入失真和产生量化误差，影响精度；另一种方法，是我们感兴趣的方法，也是我们将要讨论的方法，是直接在数字域对已抽样信号（序列）$x(n)$作抽样频率的变换，以得到新的抽样信号。

减小抽样率的过程称为信号的"抽取"，也称"抽样率压缩"；增加抽样率的过程称为信号的"插值"，也称"抽样率扩展"。二者就是我们在第 1 章 1.1.2 节中提到的序列的时间尺度变换。抽取和插值都是整数倍的，它们二者结合起来，可以使抽样率作有理数的变换。抽取和插值是多抽样率数字信号处理的基本环节，应该对它们有正确、清楚的理解。本章只讨论整数的抽取与插值以及二者结合的以有理数改变抽样率的基本理论和基本网络结构，并简单介绍其多级实现结构，以及多级实现中滤波器指标的分配。更深入的应用内容则不在讨论之列，读者可参看有关的文献和书籍。

8.2　用正整数 D 的抽取——降低抽样率

现在，我们来讨论用**正整数 D 对 $x(n)$ 的抽取，以使抽样率降低到 $1/D$ 倍**的情况。当连续时间信号抽样频率比奈奎斯特频率 f_{s0}（$f_{s0}=2f_h$，f_h 为信号最高频率分量）高很多时，即 $f_s \gg f_{s0}$ 时，则信号的抽样数据量太大，有冗余。此时，可以把抽样率降低到不产生频率响应的混叠失真为止。例如，将抽样率降低到 $1/D$ 倍，也就是在每连贯的 D 个抽样中取出一个，或者说每连贯地隔$(D-1)$个抽样取出一个，以减少数据量；**D 是整数，称为抽取因子**。这样的处理称为整数 D 抽取。我们主要研究直接在序列域处理的方法，为此，我们先来看从连续时域以新的抽样率重新抽样的方法，以便了解由抽取（抽样率降低）造成的频域的变化。

一、从连续时域降低抽样率的分析

设模拟信号为 $x_a(t)$，以 f_s 的抽样频率对其抽样，抽样时间间隔为 $T=1/f_s$，抽样后所得原序列为 $x(n)$，随之把抽样率降低到 $1/D$ 倍，对 $x_a(t)$ 抽样，得到新的序列 $x_d(n)$，此时抽样频率变成 $f_s'=f_s/D$，也就是以整数 D 进行抽取，其抽样时间间隔为 $T'=1/f_s'=DT$，即有

$$T' = 1/f_s' = DT, \quad f_s' = f_s/D \tag{8.2.1}$$

如果时域与频域的对应关系为

$$x_a(t) \leftrightarrow X_a(\mathrm{j}\Omega)$$
$$x(n) \leftrightarrow X(\mathrm{e}^{\mathrm{j}\omega}) = X(\mathrm{e}^{\mathrm{j}\Omega T})$$
$$x_d(n) \leftrightarrow X_d(\mathrm{e}^{\mathrm{j}\omega}) = X(\mathrm{e}^{\mathrm{j}\Omega T'})$$

利用第 2 章序列的傅里叶变换与连续时间信号（模拟信号）的傅里叶变换之间的关系式[(2.3.89)式及(2.3.90)]式，可得

$$X(\mathrm{e}^{\mathrm{j}\omega}) = X(\mathrm{e}^{\mathrm{j}\Omega T}) = \frac{1}{T}\sum_{k=-\infty}^{\infty} X_a\left(\mathrm{j}\Omega - \mathrm{j}\,\frac{2\pi}{T}k\right) = \frac{1}{T}\sum_{k=-\infty}^{\infty} X_a(\mathrm{j}\Omega - \mathrm{j}k\Omega_s)$$

$$= \frac{1}{T}\sum_{k=-\infty}^{\infty} X_a\left(\mathrm{j}\,\frac{\omega - 2\pi k}{T}\right), \quad \omega = \Omega T = \Omega/f_s \tag{8.2.2a}$$

$$X_d(\mathrm{e}^{\mathrm{j}\omega'}) = X_d(\mathrm{e}^{\mathrm{j}\Omega T'}) = \frac{1}{T'}\sum_{k=-\infty}^{\infty} X_a\left(\mathrm{j}\Omega - \mathrm{j}\,\frac{2\pi}{T'}k\right) = \frac{1}{T'}\sum_{k=-\infty}^{\infty} X_a(\mathrm{j}\Omega - \mathrm{j}k\Omega_s')$$

$$= \frac{1}{DT}\sum_{k=-\infty}^{\infty} X_a\left(\mathrm{j}\,\frac{\omega' - 2\pi k}{DT}\right), \quad \omega' = \Omega T' = D\Omega T = D\Omega/f_s = D\omega \tag{8.2.2b}$$

图 8.1 表示了 $x_a(t)$、$x(n)$和 $x_d(n)$以及它们的频谱 $X_a(\mathrm{j}\Omega)$、$X(\mathrm{e}^{\mathrm{j}\Omega T})$、$X_d(\mathrm{e}^{\mathrm{j}\Omega T'})$以及用数字频率 ω、ω'表示的 $X(\mathrm{e}^{\mathrm{j}\omega})$、$X_d(\mathrm{e}^{\mathrm{j}\omega'})$。可以看出，抽样频率愈低，则周期延拓的各频谱分量靠得愈近。因而，抽样率过低，抽取值 D 过大，大到抽样角频率 Ω_s'满足 $\Omega_s'/2=\frac{\pi}{DT}<\Omega_h$（$\Omega_s'=$

$2\pi f_s'$，Ω_h 为信号最高角频率分量，$\Omega_h=2\pi f_h$）时，即 $\omega_h'=D\omega_h>\pi$ 时，就会产生混叠失真。这时，要么减小抽取值 D，要么 D 不变，而限制模拟信号的频带，以防止混叠。

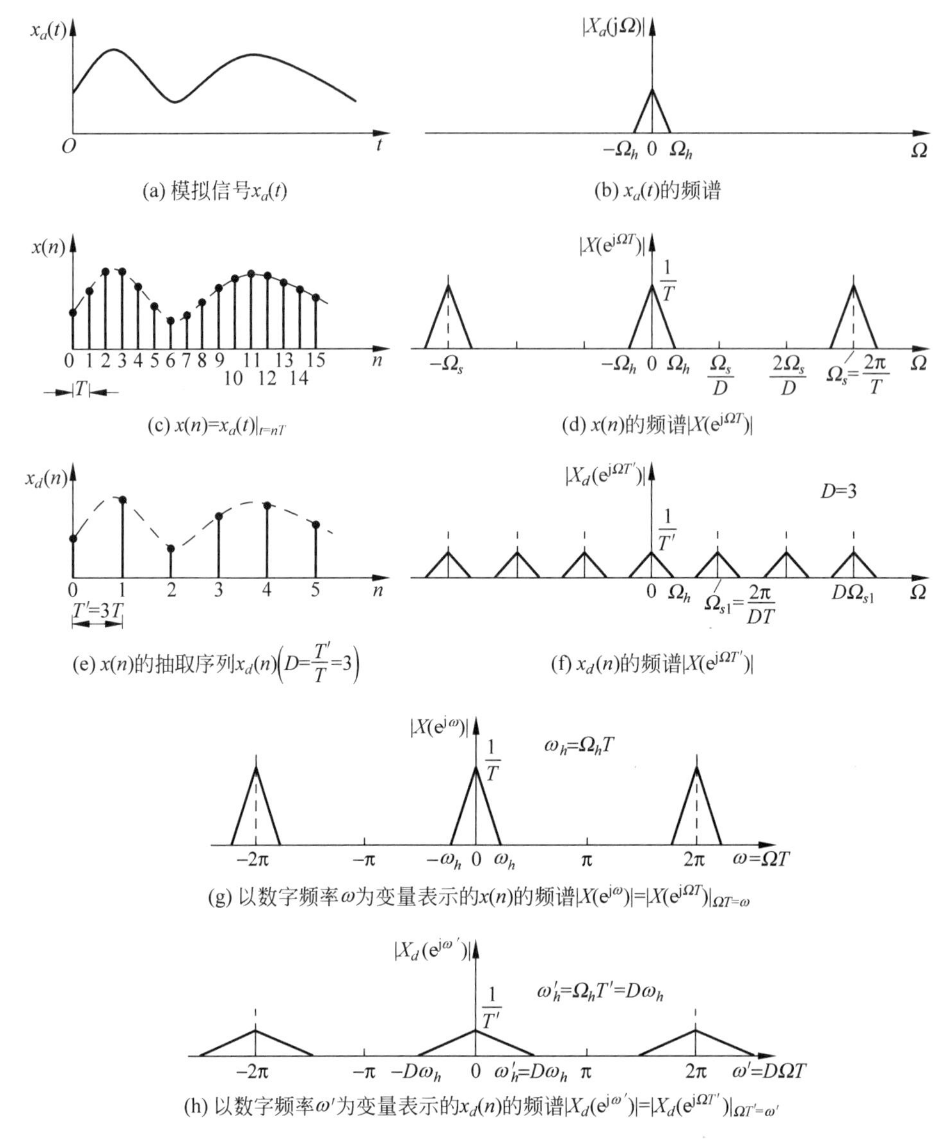

图 8.1　从模拟信号抽样的角度看序列的抽取

二、直接在序列域用正整数 D 的抽取

1. 抽取器的时域分析。

设 $x(n)$ 抽样率为 f_s，$x_d(n)$ 抽样率为 f_s/D。前面已说过，把 $x(n)$ 变成 $x_d(n)$ 的方法是**将 $x(n)$ 中每隔 $D-1$ 个抽样点取出 1 个抽样点，依次组成序列 $x_d(n)$**，即可表示成

$$x_d(n)=x(Dn) \tag{8.2.3}$$

实现这一过程的部件称为 **D-抽取器或抽样率压缩器，下抽样器**，如图 8.2 所示。

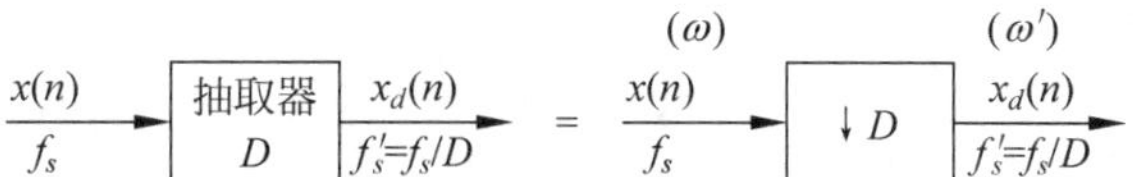

图 8.2 抽取器及其框图表示

2. 抽取器的频域分析。

我们先引入一个中间序列 $x_p(n)$，它是将 $x(n)$进行脉冲抽样得到的，即

$$x_p(n)=\begin{cases}x(n), & n=0,\pm D,\pm 2D,\cdots\\0, & 其他\ n\end{cases} \tag{8.2.4}$$

显然，$x_p(n)$去掉零值点后即为所需的抽取序列 $x_d(n)$，$x_p(n)$可表示成 $x(n)$和一个脉冲串 $p(n)$的相乘，即

$$x_p(n)=x(n)p(n)=x(n)\sum_{i=-\infty}^{\infty}\delta(n-iD) \tag{8.2.5}$$

图 8.3 表示了 $x(n)$、$p(n)$、$x_p(n)$及 $x_d(n)$之间的关系，图中 $D=3$。由图 8.3 可看出

$$x_d(n)=x_p(Dn)=x(Dn) \tag{8.2.6}$$

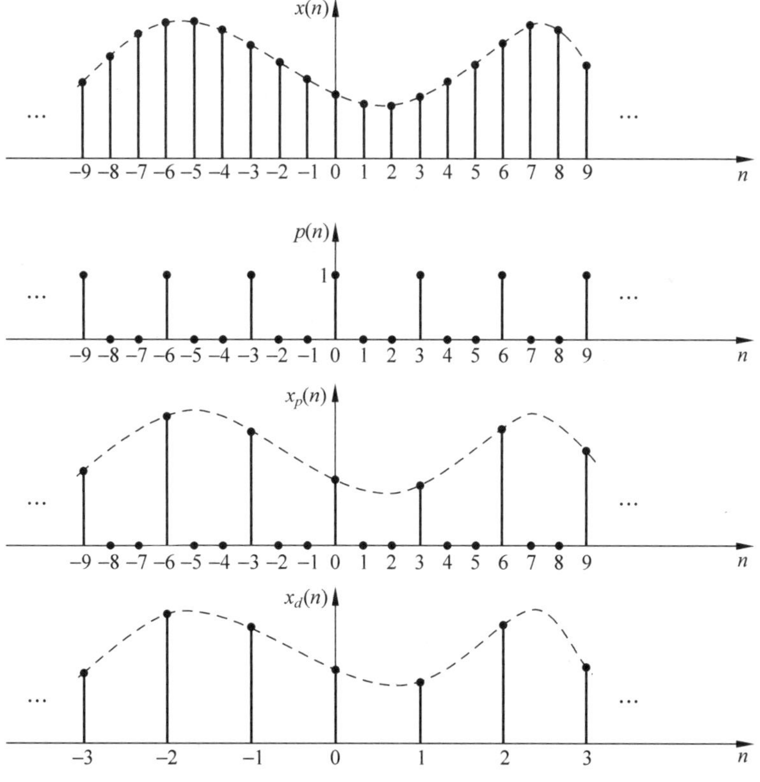

图 8.3 序列 $x(n)$、$p(n)$、$x_p(n)$以及抽取序列 $x_d(n)$($D=3$)之间的关系

现在来看频域间的关系

$$X_d(e^{j\omega'}) = \sum_{m=-\infty}^{\infty} x_d(m)e^{-j\omega' m} = \sum_{m=-\infty}^{\infty} x_p(Dm)e^{-j\omega' m}$$
$$= \sum_{n\text{为}D\text{的整数倍}} x_p(n)e^{-j\omega' n/D}$$

由于 n 不为 D 的整数倍时 $x_p(n)=0$，所以上式可表示为

$$X_d(e^{j\omega'}) = \sum_{n=-\infty}^{\infty} x_p(n)e^{-j\omega' n/D} = X_p(e^{j\omega'/D}) \tag{8.2.7}$$

而

$$X_p(e^{j\omega}) = \sum_{n=-\infty}^{\infty} x(n)p(n)e^{-j\omega n}$$

由于两序列乘积的傅里叶变换等于两序列各自的傅里叶变换的复卷积乘以 $1/(2\pi)$，且利用(2.3.69)式，则有

$$X_p(e^{j\omega}) = \frac{1}{2\pi}\mathrm{DTFT}[x(n)] * \mathrm{DTFT}[p(n)] = \frac{1}{2\pi}\mathrm{DTFT}[x(n)] * \mathrm{DTFT}\left[\sum_{i=-\infty}^{\infty}\delta(n-iD)\right]$$
$$= \frac{1}{2\pi}X(e^{j\omega}) * \frac{2\pi}{D}\sum_{k=0}^{D-1}\delta\left(\omega-\frac{2\pi}{D}k\right) = \frac{1}{D}\sum_{k=0}^{D-1}X\left(e^{j\left(\omega-\frac{2\pi}{D}k\right)}\right) \tag{8.2.8}$$

将(8.2.8)式代入(8.2.7)式，可得

$$X_d(e^{j\omega'}) = X_p(e^{j\omega'/D}) = \frac{1}{D}\sum_{k=0}^{D-1}X\left(e^{j\frac{\omega'-2\pi k}{D}}\right) \tag{8.2.9}$$

由于[见(8.2.2b)式]

$$\omega' = \Omega T' = \Omega DT = D\omega$$

若(8.2.9)式中的求和式中的 ω' 用 ω 代替，则有

$$X_d(e^{j\omega'}) = \frac{1}{D}\sum_{k=0}^{D-1}X\left(e^{j\left(\omega-\frac{2\pi}{D}k\right)}\right) \tag{8.2.10}$$

若用 $z_1=e^{j\omega}=e^{j\Omega T}=e^{j\Omega T'/D}=e^{j\omega'/D}=z_2^{1/D}$ 代入(8.2.9)式及(8.2.10)式分别为

$$X_d(z_2) = \frac{1}{D}\sum_{k=0}^{D-1}X\left(z_2^{1/D}e^{-j\frac{2\pi}{D}k}\right) \tag{8.2.11}$$

$$X_d(z_2) = \frac{1}{D}\sum_{k=0}^{D-1}X\left(z_1 e^{-j\frac{2\pi}{D}k}\right) \tag{8.2.12}$$

从(8.2.10)式、(8.2.9)式可以看出，**$X_d(e^{j\omega'})$ 是先将 $X(e^{j\omega})$ 以 $0,\frac{2\pi}{D},\frac{4\pi}{D},\cdots,\frac{2k\pi}{D}$ 移位后，再扩张 D 倍，将叠加后幅度乘以 $\frac{1}{D}$ 而得出；也可理解为先将 $X(e^{j\omega})$ 扩展 D 倍，幅度乘以 $\frac{1}{D}$，再分别以 $0,2\pi,4\pi,\cdots,2k\pi$ 移位后叠加而得出**。可见图8.4的形象表示。

要特别注意，**抽取是有可能产生混叠失真的**，若抽取后的抽样频率 f_s/D 小于信号最高频率后的两倍，就一定会产生频率响应的混叠失真。因而在**抽取器前一定要加上防混叠的低通滤波器**。

图 8.4 表示了抽取($D=2$)后不发生混叠失真的频谱关系，在此图中，抽取造成在数字频率 $\omega'=D\Omega T$ 轴上，频谱展宽了 D 倍，但没有发生混叠失真。若 D 再增加，就有可能产生混叠失真。可以看出抽取后的频谱 $X_d(e^{j\omega'})\Big|_{\omega'=D\omega}=X_d(e^{j\omega D})$，若所对应的频率也为 ω，相邻两频谱样本的频率相差为 $\omega=\frac{2\pi}{D}$，若以 ω' 观察时，相差为 $\omega'=2\pi$。因而必须满足**只在 $|\omega|\leqslant\frac{\pi}{D}$ 范围内才存在信号频率分量时，即信号最高频率 f_h 满足 $f_h\leqslant\frac{f_s}{2D}$ 时，才不会产生混叠失真。也就是说信号带宽必须满足**

$$|\omega|\leqslant\frac{\pi}{D} \tag{8.2.13}$$

即

$$f_h\leqslant\frac{f_s}{2D} \tag{8.2.14}$$

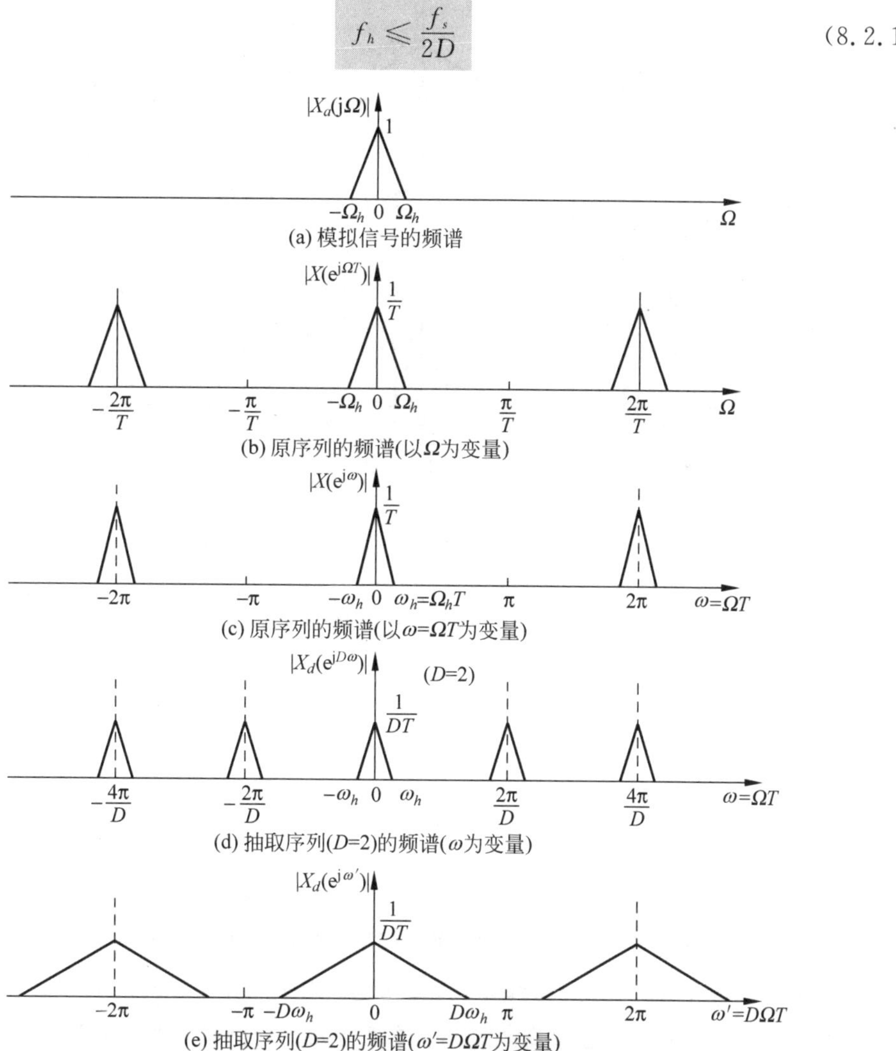

图 8.4 模拟信号、序列及抽取序列的频谱($D=2$)

3. 通用抽取器。

加防混叠滤波器后，通用抽取系统的时域，频域分析。

实际应用中，都是在抽取器之前加上防混叠滤波器，如图 8.5(f)所示的通用抽取器。按照(8.2.13)式的要求，**防混叠滤波器的理想频率响应 $H_d(\mathrm{e}^{\mathrm{j}\omega})$ 应满足**

$$H_d(\mathrm{e}^{\mathrm{j}\omega})=\begin{cases}1, & |\omega|\leqslant \dfrac{\pi}{D}\\ 0, & \text{其他 }\omega\end{cases} \tag{8.2.15}$$

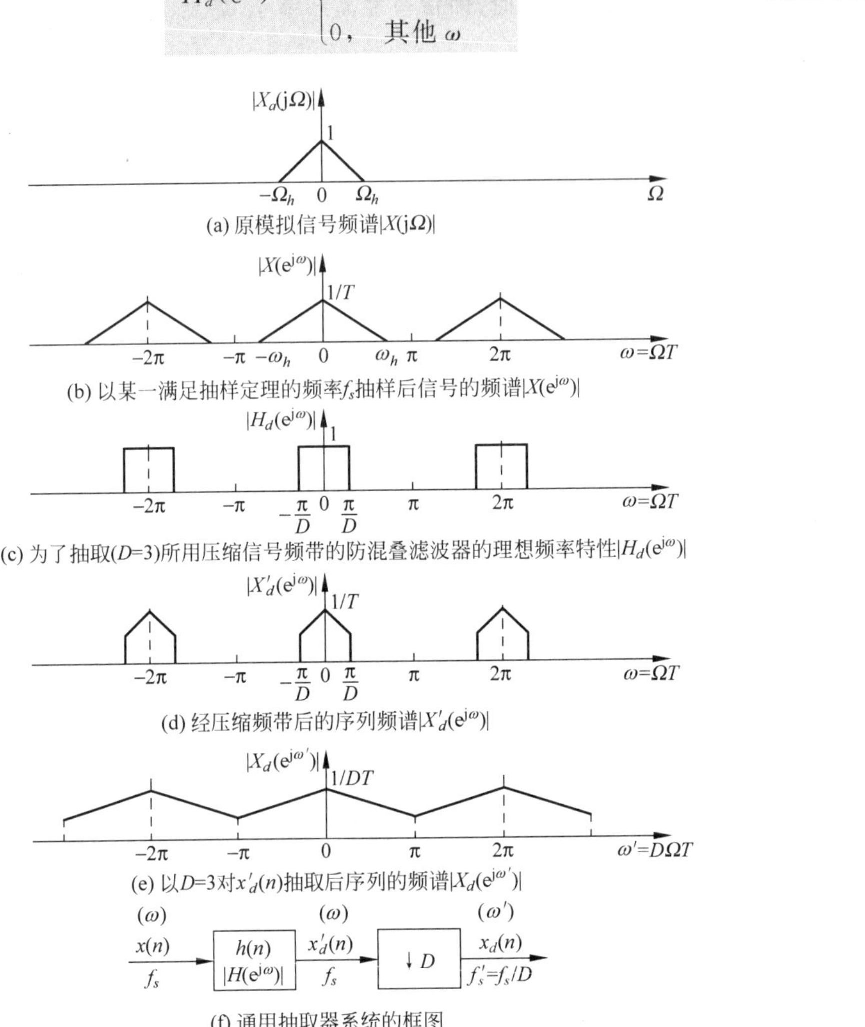

图 8.5 对序列抽取前先作防混叠低通滤波，再进行抽取，得到最一般的抽取器系统（抽取值 $D=3$）

$H_d(\mathrm{e}^{\mathrm{j}\omega})$如图 8.5(c)所示，图 8.5(a)、(b)分别表示原模拟信号频谱$|X_a(\mathrm{j}\Omega)|$以及原抽样后序列 $x(n)$的频谱$|X(\mathrm{e}^{\mathrm{j}\omega})|$，为了使抽取后($D=3$)信号不发生频率响应的混叠失真，且使信号占满整个频带($\omega'=0\sim\pi$)，如图 8.5(e)所示，则必须有防混叠滤波器，图 8.5(c)是它的理想频率响应$|H_d(\mathrm{e}^{\mathrm{j}\omega})|$，这时就会损失掉原信号的部分高频分量，得到如图 8.5(d)所示的频谱(以 ω 的自变量)$|X_d'(\mathrm{e}^{\mathrm{j}\omega})|$。由图 8.5 可知，利用 $h(n)$可得输入 $x(n)$和中间输出

$x_d'(n)$的关系为

$$x_d'(n) = \sum_{i=-\infty}^{\infty} h(i)x(n-i) = \sum_{i=-\infty}^{\infty} x(i)h(n-i) \tag{8.2.16}$$

$x_d'(n)$经抽取后的序列为 $x_d(n)$，按(8.2.6)式，参见图 8.2，这里的 $x_d'(n)$相当于那里的 $x(n)$，故有

$$x_d(n) = x_d'(Dn) = \sum_{i=-\infty}^{\infty} h(i)x(Dn-i) = \sum_{i=-\infty}^{\infty} h(Dn-i)x(i) \tag{8.2.17}$$

下面我们来导出频域间的关系。先来看 z 域的关系，(8.2.11)式已经导出了这一关系，不过要将那里的 $X()$换成这里的 $X_d'()$，且用 z 代替 z_2，则有

$$X_d(z) = \frac{1}{D}\sum_{k=0}^{D-1} X_d'(\mathrm{e}^{-\mathrm{j}2\pi k/D} \cdot z^{1/D}) \tag{8.2.18}$$

由(8.2.16)式可得

$$X_d'(z) = H(z)X(z)$$

将它代入(8.2.18)式，可得

$$X_d(z) = \frac{1}{D}\sum_{k=0}^{D-1} H(\mathrm{e}^{-\mathrm{j}2\pi k/D}z^{1/D})X(\mathrm{e}^{-\mathrm{j}2\pi k/D}z^{1/D}) \tag{8.2.19}$$

在单位圆 $z=\mathrm{e}^{\mathrm{j}\omega'}$上计算 $X_d(z)$，可得

$$X_d(\mathrm{e}^{\mathrm{j}\omega'}) = \frac{1}{D}\sum_{k=0}^{D-1} H(\mathrm{e}^{\mathrm{j}(\omega'-2\pi k)/D})X(\mathrm{e}^{\mathrm{j}(\omega'-2\pi k)/D}) \tag{8.2.20}$$

其中

$$\omega' = \Omega T' = D\Omega T = \Omega D/f_s = D\omega \tag{8.2.21}$$

注意，这里的数字频率为 ω'。

将(8.2.20)式的 D 项展开，可得

$$X_d(\mathrm{e}^{\mathrm{j}\omega'}) = \frac{1}{D}[H(\mathrm{e}^{\mathrm{j}\omega'/D})X(\mathrm{e}^{\mathrm{j}\omega'/D}) + H(\mathrm{e}^{\mathrm{j}(\omega'-2\pi)/D})X(\mathrm{e}^{\mathrm{j}(\omega'-2\pi)/D}) + \cdots]$$

可以看出，$x_d(n)$的频谱是 $x(n)$频谱的各延拓分量分别与 $h(n)$的频谱的各延拓分量相乘后的叠加。由于在一个周期内，当$|\omega|\leqslant\frac{\pi}{D}$时，$|H_d(\mathrm{e}^{\mathrm{j}\omega})|=1$，因而在$|\omega|\leqslant\pi$ 的一个周期范围内，若 $H(\mathrm{e}^{\mathrm{j}\omega})$与理想特性 $H_d(\mathrm{e}^{\mathrm{j}\omega})$相近，则(8.2.20)式只存在 $k=0$ 这一项，$D-1\geqslant k\geqslant 1$ 的各分量可以忽略，则有

$$X_d(\mathrm{e}^{\mathrm{j}\omega'}) = \frac{1}{D}H(\mathrm{e}^{\mathrm{j}\omega'/D})X(\mathrm{e}^{\mathrm{j}\omega'/D}) \approx \frac{1}{D}X(\mathrm{e}^{\mathrm{j}\omega'/D}), \quad |\omega'|\leqslant\pi \tag{8.2.22}$$

8.3 用正整数 *I* 的插值——提高抽样率

如果将 $x(n)$的抽样频率提高到 I(正整数)倍，即为对 $x(n)$的插值。从理论上说，和抽取一样，可以将序列经 D/A 变换成模拟信号后，再经 A/D 以较高的 I 倍抽样率对其进行重

新抽样,得到所需的插值序列。如前所说,这会产生失真和量化误差,因而不加采用。

我们仍然讨论在序列域直接处理的方法。最简单的方法是在原序列的两相邻样点间插入$(I-1)$个抽样值,但是由于这$(I-1)$个抽样值并不是已知的,所以这个问题看起来要比整数倍抽取复杂一些。下面我们来做分析。

设序列 $x(n)$ 的抽样频率为 $f_s=\frac{1}{T}$,抽样频率经 I 倍提升后的信号为 $x_I(n)$,其抽样频率为 $f_s'=If_s=\frac{1}{T'}$,则有

$$T'=\frac{T}{I},\quad f_s'=If_s \tag{8.3.1}$$

下面,把每两个相邻抽样间插入$(I-1)$个抽样值的过程分为两步实现。第一步是把两个相邻抽样值之间插入$(I-1)$个零值,第二步是用一个低通滤波器进行平滑插值,使这$(I-1)$个样点上经插值后出现相应的抽样值。I 倍插值器系统如图 8.6 所示,图中$\boxed{\uparrow I}$**表示在 $x(n)$ 的相邻两个抽样值之间插入$(I-1)$个零值点,称为零值插入器**;插入零值后,抽样频率就扩展了,故也称为**抽样率扩展器或上抽样器,其输出为 $x_I'(n)$;经滤波器 $h(n)$ 后,输出即为所需的 $x_I(n)$**。

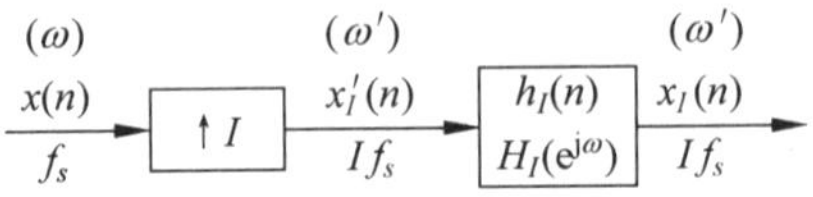

图 8.6 插值器系统的框图

1. 零值插入器。

图 8.6 中,用$\boxed{\uparrow I}$表示的框图称为零值插入器,又称扩展器。

由上所述,零值插值器的输出 $x_I'(n)$ 为

$$x_I'(n)=\begin{cases}x(n/I), & n=0,\pm I,\pm 2I,\cdots\\ 0, & \text{其他 } n\end{cases} \tag{8.3.2}$$

考虑到 n 不为 I 的整数倍时 $x_I'(n)=0$,则 $x_I'(n)$ 的 z 变换为

$$\begin{aligned}X_I'(z)&=\sum_{n=-\infty}^{\infty}x_I'(n)z^{-n}=\sum_{n=I\text{的整数倍}}x_I'(n)z^{-n}\\&=\sum_{n=I\text{的整数倍}}x(n/I)z^{-n}=\sum_{m=-\infty}^{\infty}x(m)z^{-mI}\\&=X(z^I)\end{aligned} \tag{8.3.3}$$

代入 $z=e^{j\omega'}$,可得 $x_I'(n)$ 的频谱 $X_I'(e^{j\omega'})$,即

$$X_I'(e^{j\omega'})=X(e^{j\omega'I})=X(e^{j\omega}),\quad \omega'=\Omega T'=\Omega T/I=\Omega/(If_s)=\omega/I \tag{8.3.4}$$

图 8.7 画出了插值$(I=3)$全过程中的各信号及其频谱。从图 8.7(b)插入零值点后的幅度谱$|X_I'(e^{j\omega'})|$看出,它**不仅包含基带频谱,即$|\omega'|\leqslant\pi/I$ 之内的有用频谱,而且在$|\omega'|\leqslant\pi$ 的范围内还有基带信号的镜像,它们的中心频率在$\pm2\pi/I,\pm4\pi/I\cdots$处**。在此例中,在$|\omega'|\leqslant\pi$内只有$\pm\frac{2\pi}{3}$有镜像,为此**必须滤除这些镜像频谱**。

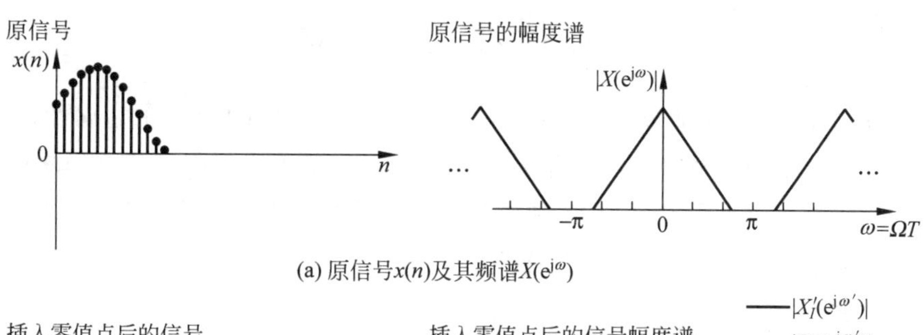

(a) 原信号$x(n)$及其频谱$X(e^{j\omega})$

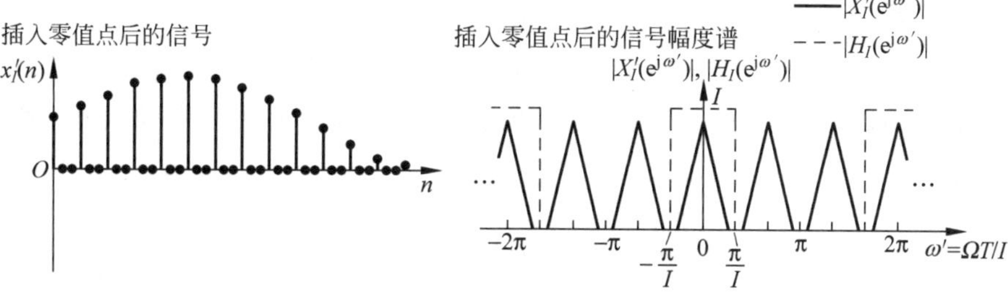

(b) 插入零值点后的信号$x_I'(n)$及其幅度谱$|X_I'(e^{j\omega'})|$和理想频率响应幅度$|H_I(e^{j\omega'})|$

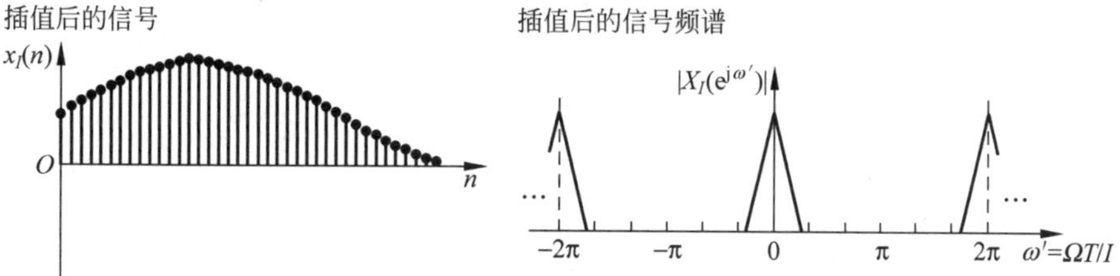

(c) 插值后的信号$x_I(n)$及其幅度谱$|X_I(e^{j\omega'})|$

图 8.7　插值过程（$I=3$）

2. 滤除镜像分量的滤波器。

即图 8.7(b)中的 $H_I(e^{j\omega})$。为了滤除上述镜像分量，从频域上看，要加一个冲激响应为 **$h(n)$的数字低通滤波器，以便消除这些不需要的镜像部分；从时域上看，则是平滑作用，对两个连贯的样值之间的($I-1$)个零值点进行插值，得到插值后的输出值。图 8.7(b)中的虚线所示为 $H_I(e^{j\omega'})$，它是实际 $h(n)$要逼近的理想低通频率特性**，可表示为

$$H_I(e^{j\omega'}) = \begin{cases} I, & |\omega'| \leqslant \dfrac{\Omega_s T'}{2} = \dfrac{\pi}{I} \\ 0, & \text{其他 } \omega' \end{cases} \tag{8.3.5}$$

以下来证明，**为了得到 $x_I(n)$的正确幅值，滤波器增益应为上式中的 I**。为此，我们先假定它的幅值为 R，求 $n=0$ 时刻的输出 $x_I(0)$，考虑到 $X_I(e^{j\omega'})=X_I'(e^{j\omega'})H_I(e^{j\omega'})$(参见图 8.6)，有

$$x_I(0) = \frac{1}{2\pi}\int_{-\pi}^{\pi} X_I(e^{j\omega'})e^{j\omega'\cdot 0}d\omega = \frac{1}{2\pi}\int_{-\pi}^{\pi} X_I'(e^{j\omega'})H_1(e^{j\omega'})d\omega'$$

代入(8.3.4)式，且考虑到已假定 $H_I(e^{j\omega'})=R$，当$|\omega'|\leqslant\frac{\pi}{I}$时，则有

$$x_I(0) = \frac{R}{2\pi}\int_{-\pi/I}^{\pi/I} X(e^{j\omega'I})d\omega' = \frac{R}{2\pi I}\int_{-\pi}^{\pi} X(e^{j\omega})d\omega$$

$$=\frac{R}{2\pi I}[2\pi x(0)]=\frac{R}{I}x(0) \tag{8.3.6}$$

如果要求 $x_I(0)=x(0)$，则必须有 $R=I$，从而证明了(8.3.5)式中 I 数值的正确性。

实际上，由于**滤波器滤除掉镜像分量后，在 $0\leqslant\omega'\leqslant\pi$ 范围内只保留 I 个样本中的一个样本，而将($I-1$)个镜像分量滤除掉了，使信号平均能量减少成原来的 $1/I^2$ 倍，因而内插滤波器的增益必须是 I，以补偿这一能量的损失。**

3. 插值器系统。

整个图 8.6 的系统称为插值器系统，或称插值器。

如果用来逼近 $H_I(e^{j\omega'})$ 的实际的 $h(n)$ 的频率特性为 $H(e^{j\omega'})$，则插值器系统的输出 $x_I(n)$ 可表示为

$$x_I(n)=\sum_{i=-\infty}^{\infty}h(n-i)x_I'(i)=\sum_{i=-\infty}^{\infty}h(n-i)x(i/I) \tag{8.3.7}$$

此式中，当 i/I 不为整数时，$x(i/I)=0$，则可将此式写为

$$x_I(n)=\sum_{k=-\infty}^{\infty}h(n-kI)x(k) \tag{8.3.8}$$

(8.3.8)式还可表示成另一种形式，为此引入变量代换

$$k=\left\lfloor\frac{n}{I}\right\rfloor-m \tag{8.3.9}$$

式中 $\left\lfloor\frac{n}{I}\right\rfloor$ 表示小于或等于 $\frac{n}{I}$ 的整数。此外，考虑到以下的模运算关系式(模运算在 3.3.1 节中已经讨论过)：

$$((n))_I=n-\left\lfloor\frac{n}{I}\right\rfloor I \tag{8.3.10}$$

$((n))_I$ 表示对 I 取模运算。将(8.3.9)式代入(8.3.8)式，并考虑到(8.3.10)式，则有

$$\begin{aligned}x_I(n)&=\sum_{m=-\infty}^{\infty}h\left(n-\left\lfloor\frac{n}{I}\right\rfloor I+mI\right)x\left(\left\lfloor\frac{n}{I}\right\rfloor-m\right)\\&=\sum_{m=-\infty}^{\infty}h(mI+((n))_I)\,x\left(\left\lfloor\frac{n}{I}\right\rfloor-m\right)\end{aligned} \tag{8.3.11}$$

此式在讨论插值的 FIR 滤波器的多相结构时要用到。

应特别注意，**插值后会在 $0\leqslant\omega'\leqslant\pi$ 之内产生($I-1$)个镜像分量，其后接的滤波器就是为了滤除这些镜像分量用的，但是镜像分量不会造成信息的损失(失真)，这是与抽取会产生混叠失真所不同之处。**

8.4 用正有理数 I/D 做抽样率转换

前两节已经讨论了抽样率降低到 $1/D$ 倍的抽取，以及抽样率提高到 I 倍的插值，其中 I、D 都是正整数。本节将要讨论将抽样率变为有理数 I/D 倍的一般情况，这可以通过把 D

取 1 的抽取和 I 倍抽样率的插值结合起来而得到。一般是**先做插值，再做抽取**，这是因为，先抽取会使 $x(n)$ 的数据点数减少，会产生数据的丢失，并且抽取使得在 ω' 域上频谱会展宽 D 倍，在有些情况下还会产生频率响应的混叠失真。例如，如果 $x(n)$ 抽样频率 $f_s=2f_h$，此时 $x(n)$ 的基带正好在允许的频带上限之内，即在折叠频率 $|\omega|\leqslant\pi$ 以内，现在要将 $x(n)$ 的抽样频率转换为 $3f_s/2$，此时 $D=2,I=3$，如果先做 2 取 1 的抽取，则会先丢掉一些数据，而且在 ω' 域上，频带要增加 2 倍，必然产生混叠失真；如果先做 3 倍插值，使数字频带（ω' 域）先缩小 3 倍，再做 2 取 1 的抽取，则数字域总频带变成原数字域（ω 域）的 2/3，因而不会产生混叠失真；不然的话，先做抽取，为了不产生混叠失真，必须将防混叠的低通滤波器频带限制在 $|\omega|\leqslant\frac{\pi}{2}$ 内，这样就会丢失很多信息。所以，对各种情况都合理的选择，**是先做 I 倍插值，再做 D 取 1 的抽取，结构上就是两者的级联**。将图 8.6 的插值系统和图 8.5(f) 的通用抽取系统级联，就得到**图 8.8 实现以有理数 I/D 来改变抽样率的系统**，也就是说，**新系统输出信号的抽样率为 $f_s'=If_s/D$**。

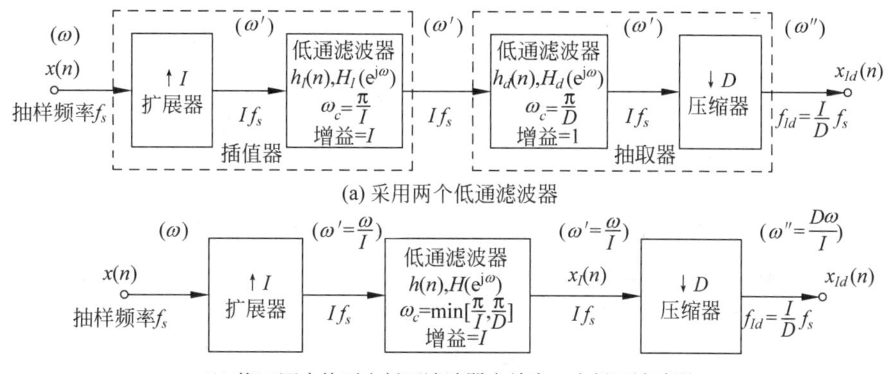

图 8.8　正有理因子 I/D 的抽样率转换器的框图

1. 去除镜像分量、防止混叠失真的滤波器 $h(n)$。

在图 8.8(a) 中，$h_I(n)$ 是插值器中去除镜像分量的数字低通滤波器，它的作用在频域是去除 $(I-1)$ 个镜像分量，在时域是平滑和插值，将零值样点变成插值样点；$h_d(n)$ 是抽取前用来作防混叠失真的数字低通滤波器，它们都是工作在同一个抽样频率 If_s 上，因而**可以将 $h_I(n)$ 与 $h_d(n)$ 合并为一个数字低通滤波器 $h(n)$**，如图 8.8(b) 所示。由于**此滤波器同时用作插值和抽取的运算，因而，它应逼近的理想低通特性应为**

$$H(e^{j\omega'})=H_I(e^{j\omega'})H_d(e^{j\omega'})=\begin{cases}I, & |\omega'|\leqslant\min\left(\frac{\pi}{I},\frac{\pi}{D}\right)\\0, & 其他\ \omega'\end{cases}\tag{8.4.1}$$

式中

$$\omega'=\Omega T'=\Omega T/I=\Omega/(If_s)=\omega/I\tag{8.4.2}$$

也就是说,此**理想低通滤波器的截止频率应是插值或抽取两系统的理想低通滤波器截止频率中的较小者,而此滤波器幅度应和插值滤波器的幅度一样,为 I**。

以下对既去掉镜像分量又防止混叠失真的低通滤波器的截止频率 f_c、ω_c'作进一步的分析。

(1) 若将整个图 8.8 **系统输出信号的抽样频率用 f_{Id} 表示**,则有

$$f_{Id} = If_s/D \tag{8.4.3}$$

利用(8.4.1)式对滤波器的数字频率 ω'存在范围的讨论,可以求得滤波器的模拟截止频率 f_c 和数字截止频率 ω_c'[注意 **$h(n)$的抽样频率为 If_s**]。由于,有

$$\omega_c' = \frac{2\pi f_c}{If_s} = \frac{\pi}{D} \quad \rightarrow \quad f_c = \frac{I}{D}\frac{f_s}{2} = \frac{f_{Id}}{2} \tag{8.4.4}$$

$$\omega_c' = \frac{2\pi f_c}{If_s} = \frac{\pi}{I} \quad \rightarrow \quad f_c = \frac{f_s}{2} = \frac{D}{I}\frac{f_{Id}}{2} \tag{8.4.5}$$

因而有

$$\omega_c' = \min\left[\frac{\pi}{I}, \frac{\pi}{D}\right] \tag{8.4.6}$$

$$f_c = \min\left[\frac{f_s}{2}, \frac{I}{D}\frac{f_s}{2}\right] = \min\left[\frac{D}{I}\frac{f_{Id}}{2}, \frac{f_{Id}}{2}\right] \tag{8.4.7}$$

(2) 若 $I > D$,也就是最后输出信号的抽样频率大于输入信号的抽样频率,即 $f_{Id} = If_s/D > f_s$,**则滤波器的截止频率应为**

$$f_c = f_s/2 \tag{8.4.8}$$

$$\omega_c' = \pi/I \tag{8.4.9}$$

这时,低通滤波器主要是作为消除插值产生的镜像分量的后置滤波器之用,同时又一定能防止混叠失真。

(3) 若 $I < D$,也就是最后输出信号的抽样频率小于输入信号的抽样频率,即 $f_{Id} = If_s/D < f_s$,**则滤波器的截止频率应为**

$$f_c = If_s/2D \tag{8.4.10}$$

$$\omega_c' = \pi/D \tag{8.4.11}$$

此时低通滤波器主要是作为防止抽取可能产生的混叠失真的前置滤波器之用,同时又一定能消除镜像分量。

2. 有理数 I/D 转换抽样率的时域分析。

参照图 8.8(b),下面我们来导出,在以有理数 I/D 转换抽样率时,时域的关系式,利用插值的(8.3.8)式,可知

$$x_I(n) = \sum_{k=-\infty}^{\infty} h(n-kI)x(k) \tag{8.4.12}$$

利用抽取的(8.2.17)式，参照图 8.5(f)，那里的 $x'_d(n)$、$x_d(n)$ 在图 8.8(b)中就分别是 $x_I(n)$、$x_{Id}(n)$，有

$$x_{Id}(n) = x_I(nD) \tag{8.4.13}$$

将(8.4.12)式代入(8.4.13)式，可得

$$x_{Id}(n) = \sum_{k=-\infty}^{\infty} h(nD - kI)x(k) \tag{8.4.14}$$

令

$$k = \left\lfloor \frac{nD}{I} \right\rfloor - m \tag{8.4.15}$$

式中 $\left\lfloor \frac{nD}{I} \right\rfloor$ 表示小于或等于 nD/I 的整数，将(8.4.15)式代入(8.4.14)式，可得

$$x_{Id}(n) = \sum_{m=-\infty}^{\infty} h\left(Dn - \left\lfloor \frac{Dn}{I} \right\rfloor I + mI\right) x\left(\left\lfloor \frac{Dn}{I} \right\rfloor - m\right) \tag{8.4.16}$$

由于

$$Dn - \left\lfloor \frac{Dn}{I} \right\rfloor I = ((Dn))_I \tag{8.4.17}$$

前面已说过，$((Dn))_I$ 表示对 I 取模运算。将(8.4.17)式代入(8.4.16)式，可得输出 $x_{Id}(n)$ 和输入 $x(n)$ 的关系式

$$x_{Id}(n) = \sum_{m=-\infty}^{\infty} h(mI + ((Dn))_I)x\left(\left\lfloor \frac{nD}{I} \right\rfloor - m\right) \tag{8.4.18}$$

3. 有理数 I/D 转换抽样率的频域分析。

由(8.4.12)式可得

$$X_I(e^{j\omega'}) = H(e^{j\omega'})X(e^{j\omega' I}) \tag{8.4.19}$$

其中

$$\omega' = \Omega T' = \Omega T/I = \Omega/(If_s) = \omega/I \tag{8.4.20}$$

利用类似(8.2.9)式的关系，由图 8.8(b)可知，$X_{Id}(e^{j\omega''})$ 和 $X_I(e^{j\omega'})$ 之间是抽取关系为

$$X_{Id}(e^{j\omega''}) = \frac{1}{D}\sum_{i=0}^{D-1} X_I(e^{j(\omega''-2\pi i)/D}) \tag{8.4.21}$$

把(8.4.19)式代入(8.4.21)式，可得输出与输入的频谱关系为

$$X_{Id}(e^{j\omega''}) = \frac{1}{D}\sum_{i=0}^{D-1} H(e^{j(\omega''-2\pi i)/D})X(e^{j(\omega''-2\pi i)I/D}) \tag{8.4.22}$$

其中

$$\omega'' = D\Omega T/I = D\Omega/(If_s) = D\omega' = \frac{D}{I}\omega \tag{8.4.23}$$

令 $z_2 = e^{j\omega''} = e^{jD\omega'} = z_1^D$，则有

$$X_{Id}(z_2) = \frac{1}{D}\sum_{i=0}^{D-1} X(z_2^{I/D} e^{-j2\pi \frac{I}{D} i})H(z_2^{1/D} e^{-j2\pi i/D}) \tag{8.4.24}$$

当实际滤波器的频率响应 $H(e^{j\omega'})$ 逼近于(8.4.1)式的理想频率特性时，则(8.4.22)式中只需取 $i=0$ 的一项即可，即有

$$X_{Id}(e^{j\omega''}) = \frac{1}{D}X(e^{j\omega'' I/D}) \cdot H(e^{j\omega''/D}) \tag{8.4.25}$$

考虑到 $H(e^{j\omega''/D})=H(e^{j\omega'})$ 的幅度为 I，则有

$$X_{Id}(e^{j\omega''}) \approx \begin{cases} \frac{I}{D}X(e^{j(\omega'' I/D)}), & |\omega''| \leqslant \min\left(\frac{D}{I}\pi, \pi\right) \\ 0, & \text{其他 } \omega'' \end{cases} \tag{8.4.26}$$

可以证明，**无论是抽取或是插值，其输入到输出的变换都相当于经过一个线性移变(时变)系统**。

下面，我们用一个例子来说明比值为有理数(I/D)的抽样率转换，也就是如何将插值与抽取结合起来，以便使序列的抽样率发生变化，而又不会带来混叠失真。当然，当抽样率减小到使序列的频谱在一个周期内的非零部分已经扩展到 ω'' 域的 $-\pi$ 到 π 的整个频带内时，就不能再减小抽样率了。

【例 8.1】 序列 $x(n)$ 的傅里叶变换为 $X(e^{j\omega})$，如图 8.9(a)所示。从频谱图看，这个序列只采用整数抽取而又不产生混叠失真的最低抽样数字频率为 $2\pi/3$，即 $2\pi f'_s/f_s=2\pi/3$，也就是说，新抽样频率 f'_s 是原抽样频率 f_s 的 1/3，即要做 3 取 1 的抽取，得到新序列 $x_d(n)$，如图 8.9(b)所示，很显然，这时在 $6\pi/7\leqslant\omega\leqslant\pi$ 这段频带内频谱还是零，仍有进一步减抽样率的余地，但再用整数抽取已无可能性。所以只能从头来做，对原序列以有理数 I/D 来改变抽样频率，以实现进一步减抽样率的目的。由图 8.9(a)所示，我们可以将频谱展宽 7/2 倍，使得频谱充满整个$[-\pi,\pi]$的频率范围。7/2 是有理数，因而，可先做 $I=2$ 的插值，即将 $x(n)$ 的抽样率加倍，得到序列 $x_I(n)$，其频谱如图 8.9(c)所示，当然，这里已滤除了 $I-1=1$ 个镜像分量；然后再做 $D=7$ 的抽取，使抽样率减到 1/7 倍，得到 $x_{Id}(n)$，其频谱如图 8.9(d)所示，它覆盖了$(-\pi,\pi)$的整个频带，这一联合作用的结果，就相当于 $x(n)$ 以一个有理数 $I/D=2/7$ 来使抽样率减小。$x_{Id}(n)$ 就是原模拟信号 $x_a(t)$ 以最低抽样率产生的序列，抽样频率再低，就会产生混叠失真。

如果还要求再减小抽样率，则必须使防混叠滤波器的频带能够滤除掉信号的部分高频分量，以免产生混叠失真，如图 8.5 所示。

【例 8.2】 设有一载波频率为 $f_0=16\text{kHz}$ 的调幅模拟信号 $x(t)$ 为

$$x_a(t) = s(t)\cos(2\pi f_0 t)$$

其中 $s(t)$ 为调制信号，其最高频率分量为 $f_h=3\text{kHz}$。

系统抽样频率为 $f_s=90\text{kHz}$，因冗余度较大，欲用有理因子 I/D 去改变抽样频率，以实现不产生混叠失真情况下，最大限度地减小抽样频率，以便减小运算量。试求

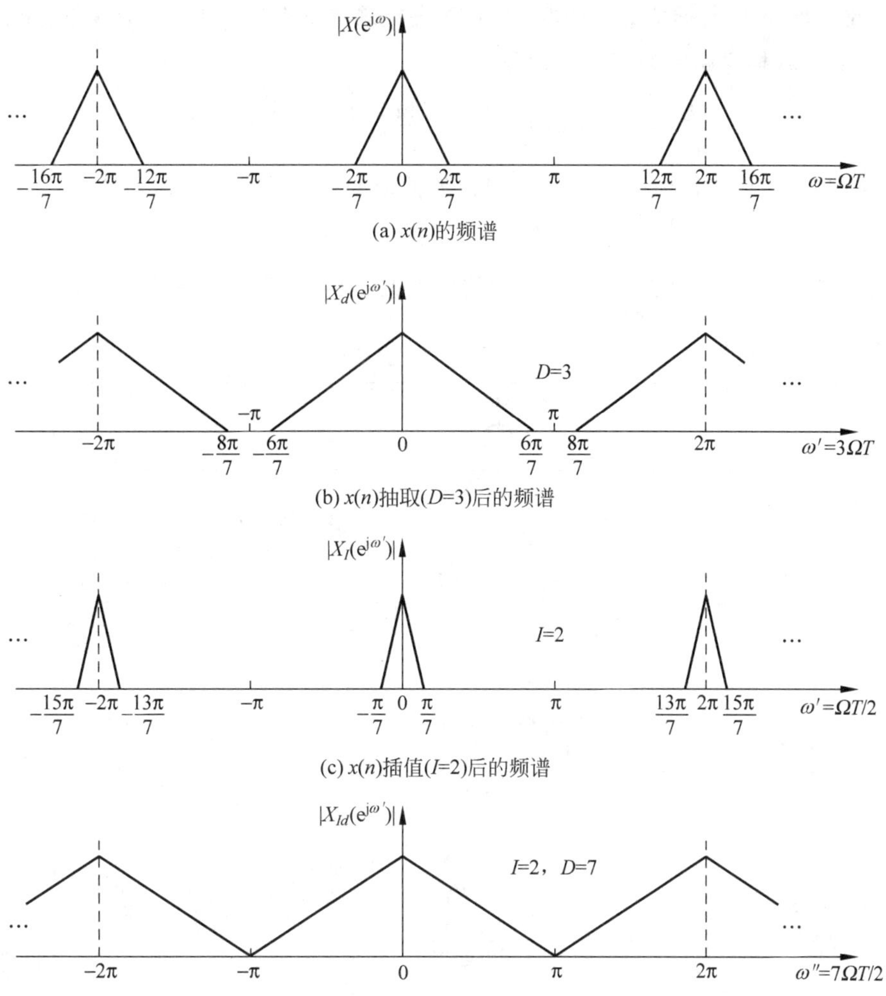

图 8.9　例 8.1 的有关频谱

(1) 插值 I 与抽取值 D；

(2) 设计所需防镜像、防混叠失真低通滤波器，采用 FIR 线性相应低通滤波器，令阻带最小衰减为 $\delta_2=40\text{dB}$，过渡带宽度为 $\Delta f_B=1\text{kHz}$。

解　(1) 信号 $x(t)$ 是一个抑制掉载波的双边带信号，只有上、下两个旁频，其最高频率为 $f_p=f_0+f_h=16+3=19(\text{kHz})$。

考虑到所要设计的 FIR 滤波器的过渡带宽为 $\Delta f_B=1\text{kHz}$，为了使最高频率分量不受损失，将实际实现的 FIR 滤波器的阻带截止频率定为

$$f_{st}=f_{p_1}=f_p+\Delta f_B=20\text{kHz}$$

则理想 FIR 滤波器(矩形幅度响应)的截止频率(见第 7 章的讨论)应取为

$$f_c=f_{st}-\frac{\Delta f_B}{2}=20\text{kHz}-0.5\text{kHz}=19.5\text{kHz}$$

现在来讨论抽取值 D 与插值 I 的选取，为了使信号频谱占据整个 $0\sim\pi$ 的频带，先看 f_{p_1} 所对应的数字频率（抽样频率为 $f_s=90\text{kHz}$）

$$\omega_{p_1}=2\pi f_{p_1}/f_s=\frac{2\pi\times 20}{90}=\frac{4}{9}\pi$$

这样（参见例 8.1）可取 $I=4, D=9$，则通过插值抽取变换后的最高频率分量为

$$\omega''_{p_1}=\omega_{p_1}D/I=\pi$$

变换后，就使抽样频率降到最大可能值，使信号占据了整个 ω'' 的 $0\sim\pi$ 频带。频带转换过程可见图 8.10。

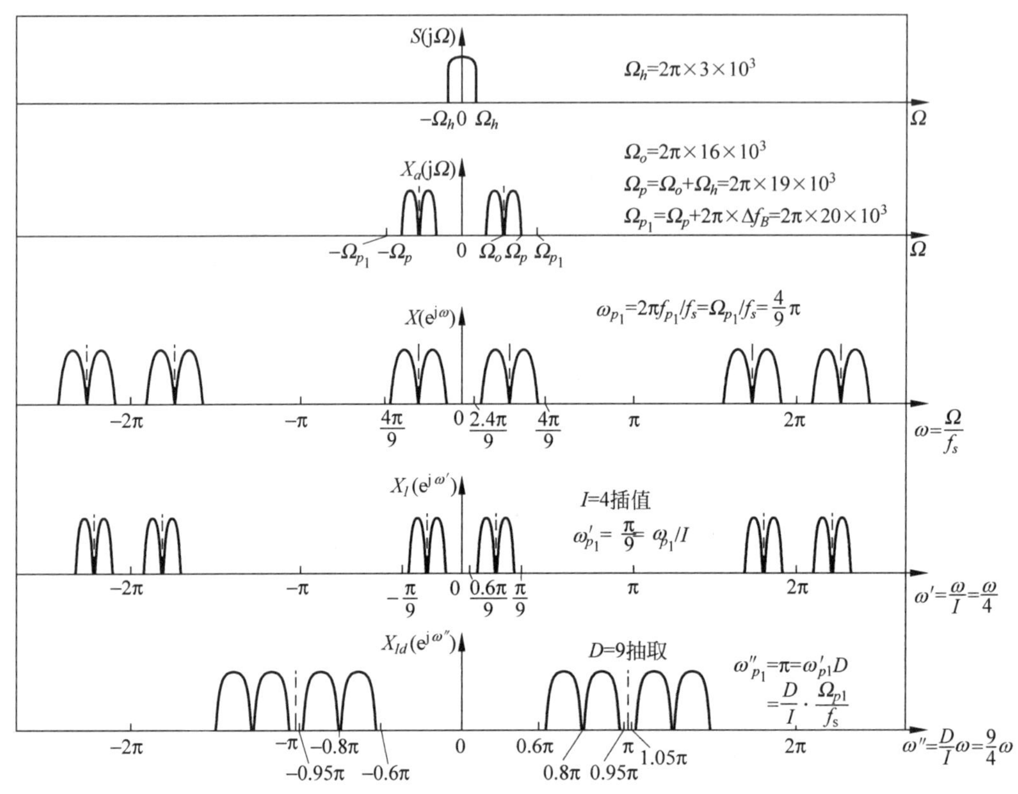

图 8.10 例 8.2 的有理因子 $\frac{I}{D}=\frac{4}{9}$ 抽样频率转换过程

（2）抑制镜像且防混叠失真的低通滤波器。

由于 $D=9>I=4$，故低通滤波器阻带截止频率为 $\omega'_{st}=\min\left[\frac{\pi}{I},\frac{\pi}{D}\right]=\frac{\pi}{D}=\frac{\pi}{9}$，滤波器工作的抽样频率为 $If_s=4f_s=360\text{kHz}$，即 $\omega'_{st}=2\pi f_{st}/If_s=\frac{\pi}{9}$，由此可得 ω'_{st} 所对应的阻带截止频率为 $f_{st}=\frac{I}{D}\frac{f_s}{2}=20\text{kHz}$，而理想 FIR 滤波器的截止频率为 $f_c=f_{st}-\Delta f_B/2=19.5\text{kHz}$。下面来设计 FIR 线性相位滤波器，由于阻带最小衰减 $A_s=40\text{dB}$，为了减少阶数 N，采用凯泽窗，此窗过渡带宽 $\Delta\omega'$ 与滤波器长度点数 N 的关系为

$$N=\frac{A_s-7.95}{2.286\Delta\omega'}+1$$

给定滤波器过渡带频宽为 $\Delta f_B=1\text{kHz}$,抽样频率为 If_s,故有

$$\Delta\omega'=2\pi\Delta f_B/If_s=\frac{2\pi\times 1}{4\times 90}=\frac{\pi}{180}$$

于是有

$$N=804.3$$

取 $N=805$,由于阻带衰减 $20\text{dB}<A_s<50\text{dB}$,故有

$$\beta=0.5842(A_s-21)^{0.4}+0.07886(A_s-21)=4.0452789$$

凯泽窗为

$$w(n)=\frac{I_0(4.0453789)\sqrt{1-\left(1-\frac{2n}{805-1}\right)^2}}{I_0(4.0453789)}$$

由于理想 FIR 滤波器的截止频率已求出为 $f_c=19.5\text{kHz}$,相应地

$$\omega_c'=2\pi f_c/If_s=\frac{2\pi\times 19.5}{4\times 90}=0.34034=0.10833\pi$$

$$\tau=\frac{N-1}{2}=402$$

于是有

$$h_d(n)=\begin{cases}\dfrac{1}{\pi(n-\tau)}\sin[\omega_c'(n-\tau)], & n\neq\tau\\ \dfrac{\omega_c'}{\pi}, & n=\tau\end{cases}$$

即

$$h_d(n)=\begin{cases}\dfrac{1}{\pi(n-402)}\sin[0.10833(n-402)\pi], & n\neq 402\\ 0.10833, & n=402\end{cases},\quad n=0,1,\cdots,804$$

故窗函数为

$$h(n)=w(n)h_d(n)=\frac{I_0\left(4.0453789\sqrt{1-\left(1-\frac{2n}{804}\right)^2}\right)}{I_0(4.0453789)}\times\frac{1}{\pi(n-402)}$$

$$\times\sin[0.10833(n-402)\pi]R_{805}(n),\quad n\neq 402$$

$$h(n)=0.10833,\quad n=402$$

由此可求得 $h(n)$,并可求得 $H(e^{j\omega})$,具体求解略去,因为在窗函数设计 FIR 滤波器(第 7 章)中有详细讨论和例子。

这里看出,**求出的 $N=805$ 很大,从而使运算量很大,因而有必要采用多级抽取(插值)的办法来减小运算量**,这将在 8.6 节进行讨论。

8.5 抽取、插值以及两者结合的流图结构

8.5.1 抽取系统的直接型 FIR 结构

我们把一般抽取系统的框图重画在 8.11(a)中，其中低通防混叠失真滤波器 $h(n)$采用 N 个样值的 FIR 滤波器实现，其系统函数为

$$H(z) = \sum_{n=0}^{N-1} h(n)z^{-n} \tag{8.5.1}$$

按整数因子 D 抽取时，若 $H(z)$采用直接型 FIR 结构，则可得图 8.11(b)的流图结构实现。但是，这种结构有缺点，因为 $h(n)$工作在高抽样率 f_s 情况下，$x(n)$的每一样值都要与滤波器所有系数相乘，但在每 D 个值中，只需要一个值，故浪费很多乘法。为提高运算效率，需要用等效变换方法。我们知道，一个线性时不变系统符合交换律，即可以将级联的两部分交换次序而系统函数不变。但是，抽取(或插值)系统是线性时变系统，需要具体分析，哪些部分符合交换律，哪些部分则不行。当抽取器(或插值器)与放大器级联时，是可以交换级联次序的。但当延时器(z^{-1})与 D 抽取器(或 I 插值器)级联时，就不能交换级联次序，这是因为，例如，处于抽取器前的单位延时为 T，抽样率为 $f_s=1/T$，而处于抽取器后的单位延时为 $T'=DT$，抽样频率为 $f'_s=\frac{1}{T'}=f_s/D$，即抽取后抽样率降低到 $1/D$ 倍，延时增加到 D 倍。由此可得图 8.11(c)的 D 抽取器的 FIR 直接型高效结构。在此图中，先对输入数据 $x(n)$作 D 取 1 抽取，然后再与各系数 $h(n)$相乘，随后相加，这些乘、加运算都是在低抽样率 f_s/D 下进行的，即运算速度是图 8.11(b)的 $1/D$ 倍，因而是高效率的。

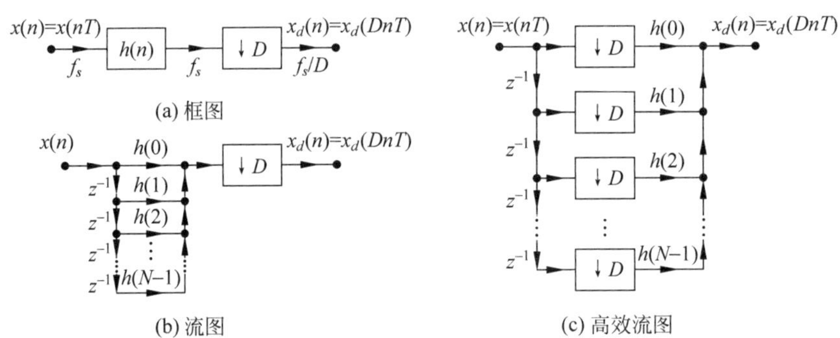

图 8.11 抽取的 FIR 直接型流图结构[$h(n)=h(nT)$，延时(z^{-1})为 T]

8.5.2 插值系统的直接型 FIR 结构

对插值器也可类似地讨论，得到图 8.12，其中图(a)是插值器的框图，图(b)是与图(a)

相对应的 FIR 流图结构，图(c)是高效 FIR 流图结构。由于图(c)中的乘、加运算都在输入端进行，其抽样频率(f_s)是输出抽样频率($f_s'=If_s$)的 $1/I$ 倍，故是高效率的。另外，利用转置定理(见 5.2.5 节)，也可由抽取器的流图结构经转置后得到与图 8.12 相同的插值器流图，可见下面的分析。转置定理是指，对一个线性时不变系统，若将流图中所有支路箭头方向翻转，并将输入和输出交换，得到转置后的新流图，由于延时和增益在转置前后相同，故转置前后的系统函数是相同的。对于抽取(或插值)，由于它们是线性时(移)变系统，虽然转置后增益仍是不变的，但是，D 取 1 的抽取就成为 1 变 D 的插零值，反之亦然。例如，对抽取器，由于输出信号的抽样率是输入信号抽样率的 $1/D$ 倍，转置后，输入、输出交换，其输出信号的抽样率就是输入信号抽样率的 D 倍，即已将抽取运算变成插值运算了。因而，图 8.11(a)、(b)、(c)分别与图 8.12(a)、(b)、(c)互为转置关系，不过我们把抽取用 $\downarrow D$ 表示，插零值用 $\uparrow I$ 表示。

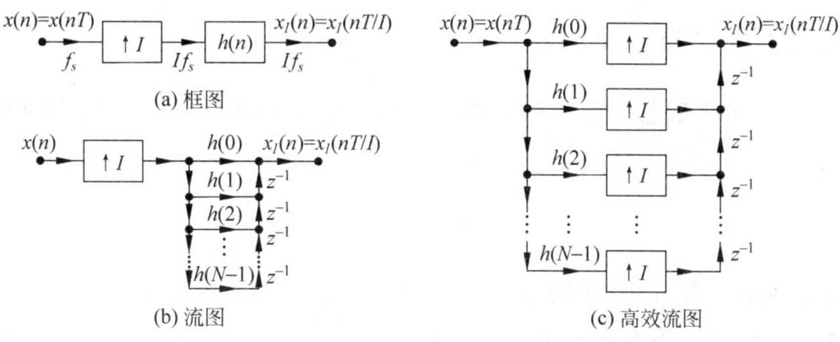

图 8.12　插值的 FIR 直接型流图结构[$h(n)=h(nT/I)$，延时(z^{-1})为 T/I]

8.5.3　抽取和插值的线性相位 FIR 结构

通常 FIR 滤波器需要实现线性相位。线性相位 FIR 滤波器的流图可见第 5 章图 5.21(N 为奇数)与图 5.22(N 为偶数)，利用这两个图，以及图 8.11(c)和图 8.12(c)，同样可求得抽取器的线性相位 FIR 滤波器的高效流图结构，见图 8.13，插值器的线性相位 FIR 滤波器的高效流图结构，见图 8.14。

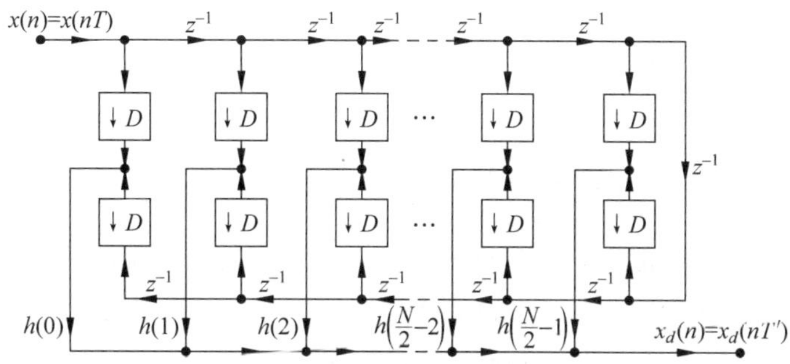

图 8.13　具有线性相位的 FIR 滤波器的高效抽取结构

[N 为偶数，$h(n)$呈偶对称，$T'=DT$，$h(n)=h(nT)$，延时(z^{-1})为 T]

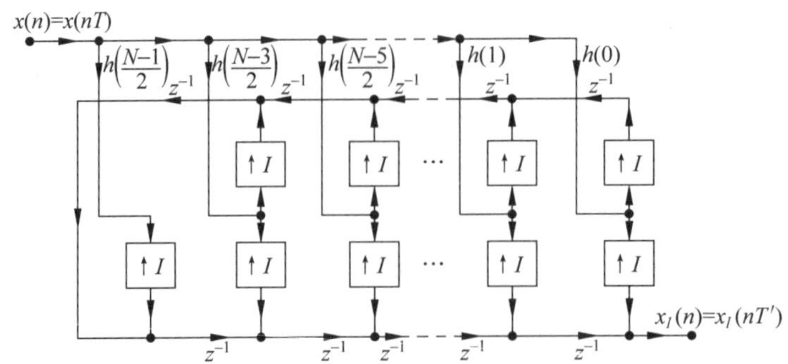

图 8.14　具有线性相位的 FIR 滤波器的高效插值结构

[N 为奇数，$h(n)$ 呈偶对称，$T'=T/I$，$h(n)=h(nT')$，延时（z^{-1}）为 T']

多相网络结构是多抽样率系统的一种重要的结构。下面我们来讨论它。

8.5.4　抽取器的多相 FIR 结构

将图 8.11(c)的抽取器的高效 FIR 结构加以转换，导出抽取器的高效多相结构。

考虑加防混叠滤波器的通用抽取系统，将(8.2.17)式重写如下

$$x_d(n)=\sum_{k=0}^{N-1}h(k)x(Dn-k) \tag{8.5.2}$$

$h(n)$是一个线性时不变的 FIR 滤波器，而从 $x(n)$到 $x_d(n)$的整个抽取系统则是线性时变系统。现在以 $N=12,D=4$ 为例来讨论。由图 8.11(c)的高效抽取系统以及(8.5.2)式可知，与系数 $h(0)$相乘的是抽取后的 $x(Dn)$，其输入端相应的信号为$\{x(n),x(n+4),x(n+8),\cdots\}$，与系数 $h(1)$相乘的是抽取后的 $x(Dn-1)$，其输入端相应的信号为$\{x(n-1),x(n+3),x(n+7),\cdots\}$……与系数 $h(4)$相乘的是抽取后的 $x(Dn-4)$，其输入端相应的信号为$\{x(n-4),x(n),x(n+4),x(n+8),\cdots\}$，它正好是送到系数 $h(0)$的输入序列的延时，延时量为 $D=4$；同样，系数 $h(5)$与 $h(1)$的输入端序列，系数 $h(6)$与 $h(2)$的输入端序列，系数 $h(7)$与 $h(3)$的输入端序列，其延时量都是 D，其他系数也有这样的关系。因而，我们看到，**可以将抽取结构分成 D 组，即可导出多相结构。**

一般都是取 **$h(n)$的点数 N 是 D 的整倍数，即 $N/D=Q$。**在(8.5.2)式中，令 $k=Dm+i$，其中 $i=0,1,\cdots,D-1$，$m=0,1,\cdots,Q-1$，这样可保证 k 在$[0,N-1]$范围内。利用此变量代换，可重写(8.5.2)式为

$$x_d(n)=\sum_{i=0}^{D-1}\sum_{m=0}^{Q-1}h(Dm+i)x[D(n-m)-i] \tag{8.5.3}$$

利用(8.5.3)式，可以把抽取结构分成 $D=4$ 组，每一组都是完全相似的 $Q=3$ 个系数的 FIR 子系统，如上所述，其中一组是$[h(0),h(4),h(8)]$，另三组分别是$[h(1),h(5),h(9)]$，$[h(2),h(6),h(10)]$，$[h(3),h(7),h(11)]$。于是，我们将图 8.11(c)转换为图 8.15 的抽取器多相结构。

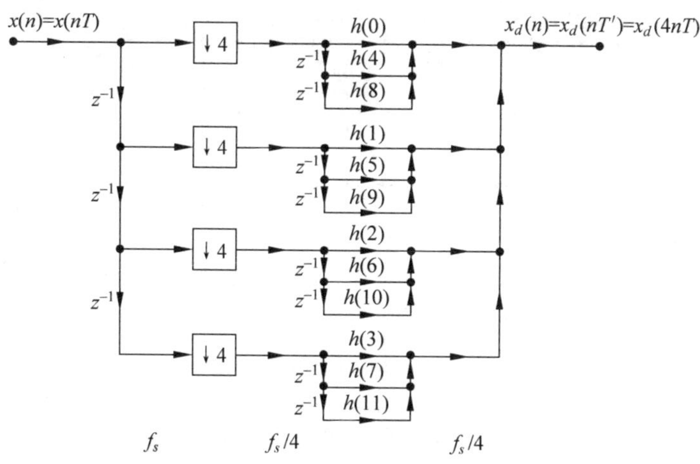

图 8.15 $N=12, D=4$ 时，抽取器的多相 FIR 高效结构

[抽取前延时(z^{-1})为 T，抽取后延时(z^{-1})为 $4T$]

由图 8.15 及(8.5.2)式看出，当采用 D 取 1 的抽取器时，**多相结构共有 D 个抽取器，也就是说有 D 组子滤波器，每组有 $Q=N/D$ 个滤波器系数**。我们可以将 D 个子滤波器表示成

$$g_i(m)=h(Dm+i),\quad i=0,1,\cdots,D-1,\quad m=0,1,\cdots,Q-1 \tag{8.5.4}$$

将(8.5.3)式与(8.5.4)式结合起来，可写成

$$\begin{aligned}x_d(n)&=\sum_{i=0}^{D-1}\sum_{m=0}^{Q-1}h(Dm+i)x[D(n-m)-i]\\&=\sum_{i=0}^{D-1}\sum_{m=0}^{Q-1}g_i(m)x[D(n-m)-i]\end{aligned} \tag{8.5.5}$$

我们把 $g_i(m)$ 称为多相滤波器，它们($i=0,1,\cdots,D-1$)都是工作在低抽样率(f_s/D)下的线性时不变滤波器。

对上面的例子，$N=12, D=4, Q=N/D=3$，可将 $g_i(m)$ 按(8.5.4)式表示如下：

$g_i(m)$	m		
	0	1	$2\cdots(Q-1)$
$g_0(m)$	$h(0)$	$h(4)$	$h(8)$
$g_1(m)$	$h(1)$	$h(5)$	$h(9)$
$g_2(m)$	$h(2)$	$h(6)$	$h(10)$
$g_3(m)[g_{D-1}(m)]$	$h(3)$	$h(7)$	$h(11)$

于是对给定 D 的情况，可由图 8.15 得到抽取器的多相 FIR 高效结构，如图 8.16 所示。

8.5.5 插值器的多相 FIR 结构

这里的插值滤波器也采用 FIR 滤波器。在(8.3.11)式中，令

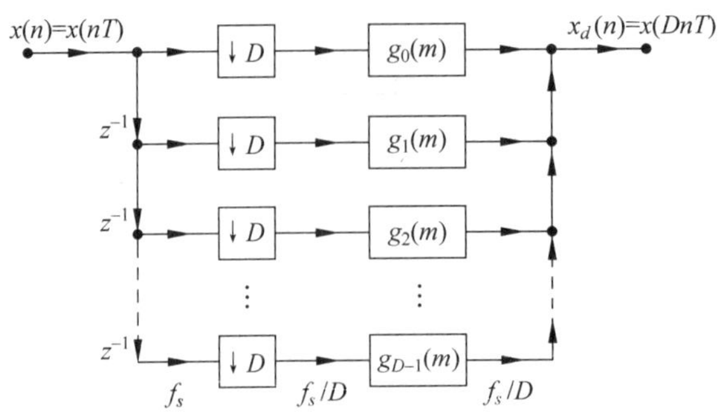

图 8.16　抽取器的多相 FIR 高效结构

$$g_n(m)=h(mI+((n))_I),\quad 对所有\ n,m \tag{8.5.6}$$

$g_n(m)$是一个时变滤波器，可以看出，它又是周期性的滤波器，周期为 I。将(8.5.6)式代入(8.3.11)式，可得

$$\begin{aligned}x_I(n)&=\sum_{m=-\infty}^{\infty}h(mI+((n))_I)x\left(\left\lfloor\frac{n}{I}\right\rfloor-m\right)\\&=\sum_{m=-\infty}^{\infty}g_n(m)x\left(\left\lfloor\frac{n}{I}\right\rfloor-m\right)\end{aligned} \tag{8.5.7}$$

由于 $g_n(m)$的下标 n 和输出 $x_I(n)$的变量 n 是一样的，因而输出 $x_I(n)$使用同一个 n 的 $g_n(m)$，即 $x_I(0)$用 $g_0(m)$，$x_I(1)$用 $g_1(m)$……但是，考虑到 $g_n(m)$对 n 是周期性的，周期为 I，因而有

$$g_{n+iI}(m)=g_n(m),\quad i=0,1,\cdots \tag{8.5.8}$$

所以，可以将 $g_n(m)$表示成 $g_{((n))_I}(m)$，且 $x_I(I)$与 $x_I(0)$用同一组系数 $g_0(m)$，而 $x_I(I+1)$与 $x_I(1)$用同一组系数 $g_1(m)$，等等。

另外，从(8.5.7)式看出，输出 $x_I(0),x_I(1),\cdots,x_I(I-1)$是分别由 $g_0(m),g_1(m),\cdots,g_{I-1}(m)$与 $x(-m)$相乘；由于$\left\lfloor\frac{n}{I}\right\rfloor$只在 n 增加到等于 I 时才增加 1，于是 $x_I(I),x_I(I+1),\cdots,x_I(2I-1)$是分别由以上同样的系数与 $x(1-m)$相乘；推而广之，输出 $x_I(kI),x_I(kI+1),\cdots,x_I(kI+I-1)$是分别由以上同样的系数与 $x(k-m)$相乘。由此看出，**$x(n)$是以抽样频率 f_s 运作，$x_I(n)$则是在 If_s 的高抽样频率下工作。**

由于 $g_n(m)$的周期性，上面说到，它只有 $g_0(m),g_1(m),\cdots,g_{I-1}(m)$这 I 个子系统集，可表示成

$$g_n(m)=h(mI+n),\quad n=0,1,\cdots,I-1,对所有\ m \tag{8.5.9}$$

由此可得 I 插值器的多相结构，如图 8.17 所示。对每一个输入样值 $x(n)$，有 I 路输出，由(8.5.7)式看出，第一路为经过 $g_0(m)=h(mI),m=0,\pm1,\pm2,\cdots$，其输出 $u_0(m)$在 $m=kI$ 时为非零值，对应于输出 $x_I(kI)$；而第二路的 $u_1(m)$在 $m=kI+1$ 时为非零值，对应于输出 $x_I(kI+1)$，这个值是插值输出；同样，$u_2(m),u_3(m),\cdots,u_{I-1}(m)$支路分别对应于 $x_I(kI+2)$，

$x_I(kI+3),\cdots,x_I(kI+I-1)$,它们都是插值输出。也就是说,**对每一个输入样本,多相网络的每一个输出提供一个输出样本,共有 I 个,其中 1 个是原抽样值,其他 $I-1$ 个是插值输出。由于图 8.17 的滤波器的乘、加运算都是在低抽样率(f_s)下完成的,因而是高效网络结构。**

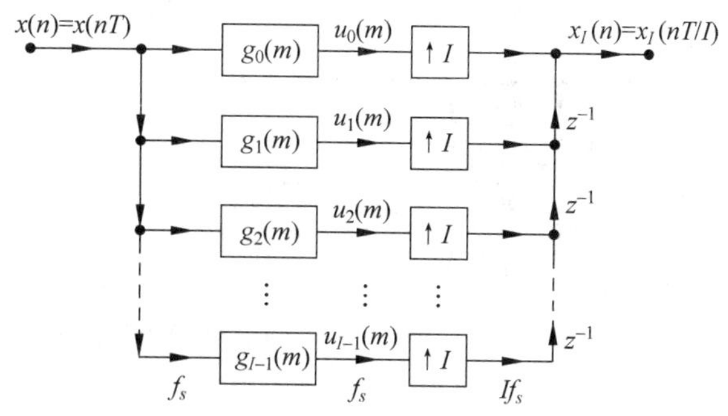

图 8.17　插值器的多相 FIR 高效结构

如果令 $N=12,I=4$,则 $Q=N/I=3$,可以导出 I 插值器的多相 FIR 的具体结构。可将(8.5.7)式写成

$$\begin{aligned}x_I(n) &= \sum_{m=0}^{Q-1} h(mI+((n))_I)x\left(\left\lfloor\frac{n}{I}\right\rfloor - m\right)\\ &= \sum_{m=0}^{Q-1} g_n(m)x\left(\left\lfloor\frac{n}{I}\right\rfloor - m\right)\end{aligned} \tag{8.5.10}$$

这时,我们可以用以下表格来表示各 $g_n(m)=h(mI+n)$的关系:

$g_n(m)$	m		
	0	1	$2\cdots(Q-1)$
$g_0(m)$	$h(0)$	$h(4)$	$h(8)$
$g_1(m)$	$h(1)$	$h(5)$	$h(9)$
$g_2(m)$	$h(2)$	$h(6)$	$h(10)$
$g_3(m)[g_{I-1}(m)]$	$h(3)$	$h(7)$	$h(11)$

由此,我们可以得到 $I=4$ 插值器的多相 FIR 高效结构,如图 8.18 所示。

显然图 8.18 的插值器的 FIR 高效结构与图 8.15 的抽取器的 FIR 高效结构互为转置[在线性移变系统意义上的转置,即抽取与插值互相转换,延时(z^{-1})表示的意义有变化]。

8.5.6　正有理数 *I/D* 抽样率转换系统的变系数 FIR 结构

前面(8.4.18)式已得出抽样率做 I/D 倍变换后的输入输出关系,现重写如下:

$$x_{Id}(n) = \sum_{m=-\infty}^{\infty} h(mI+((Dn))_I)x\left(\left\lfloor\frac{Dn}{I}\right\rfloor - m\right) \tag{8.5.11}$$

如果令

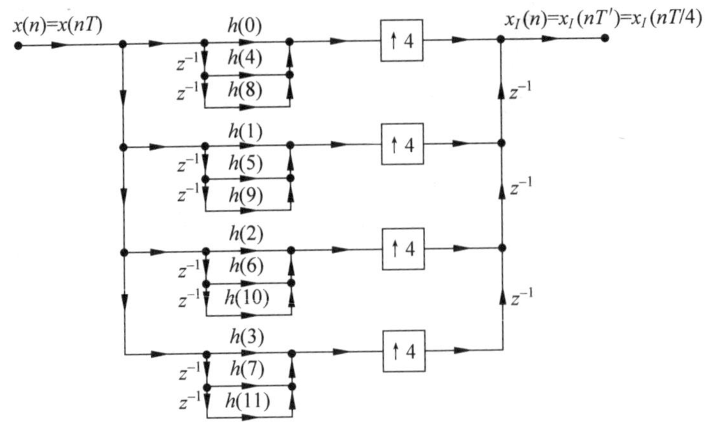

图 8.18 $N=12, I=4$ 时，插值器的多相 FIR 高效结构

[插值前延时(z^{-1})为 T，插值后延时(z^{-1})为 $T/4$]

$$g_n(m)=h(mI+((Dn))_I),\quad 对所有\ n,m \tag{8.5.12}$$

把(8.5.11)式与(8.5.12)式结合起来，可得

$$\begin{aligned} x_{Id}(n) &= \sum_{m=-\infty}^{\infty} h(mI+((Dn))_I)x\left(\left\lfloor\frac{Dn}{I}\right\rfloor-m\right) \\ &= \sum_{m=-\infty}^{\infty} g_n(m)x\left(\left\lfloor\frac{Dn}{I}\right\rfloor-m\right) \end{aligned} \tag{8.5.13}$$

这里，$h(k)$是图 8.8(b)中的滤波器，我们采用 FIR 滤波器，设其点数为 N，并假定 N 是 I 的整数倍，即

$$N=IQ \tag{8.5.14}$$

由于$((Dn))_I$是对 I 取模运算，故全部系数集有 I 个子集，即 $g_n(m)(n=0,1,\cdots,I-1)$，而每个子集[例如 $g_1(m)$]中共有 Q 个系数$(m=0,1,\cdots,Q-1)$，也就是说

$$g_n(m)=h(mI+((D_n))_I),\quad n=0,1,\cdots,I-1,\quad m=0,1,\cdots,Q-1 \tag{8.5.15}$$

由于 $g_n(m)$对 n 是周期性的，周期为 I，又可得出

$$g_n(m)=g_{n+iI}(m),\quad i=0,\pm1,\pm2,\cdots \tag{8.5.16}$$

因而(8.5.13)式可写成

$$\begin{aligned} x_{Id}(n) &= \sum_{m=0}^{Q-1} h(mI+((Dn))_I)\, x\left(\left\lfloor\frac{Dn}{I}\right\rfloor-m\right) \\ &= \sum_{m=0}^{Q-1} g_{((n))_I}(m)\, x\left(\left\lfloor\frac{Dn}{I}\right\rfloor-m\right) \end{aligned} \tag{8.5.17}$$

由此看出：

(1) 第 n 个输出 $x_{Id}(n)$ 是将 $x(m)$ 从 $x\left(\left\lfloor\frac{Dn}{I}\right\rfloor\right)$ 开始的连贯的 Q 个信号值 $x\left(\left\lfloor\frac{Dn}{I}\right\rfloor-m\right)$ $(m=0,1,\cdots,Q-1)$，分别与 $g_{((n))_I}(m)$的 Q 个系数$(m=0,1,\cdots,Q-1)$相乘

后相加而得到。

(2) 此加权系数 $g_{((n))_I}(m)$ 是周期性时变的，计算第 n 个输出时，用的是第 $((n))_I$ 个系数集，也就是说，系数集一共只有 I 个 $g_{((n))_I}(m)$，即只有 $g_0(m),g_1(m),\cdots,g_{I-1}(m)$。因此，$n$ 等于 iI 到 $(i+1)I-1(i=1,2,\cdots)$ 的输出，其所用的系数集与 $n=0,1,\cdots,I-1$ 的输出所用的系数集相同，都是 $g_n(m),n=0,1,\cdots,I-1$。

(3) 对同一个 n 的输出，加权系数集 $g_{((n))_I}(m)$ 只有 Q 个系数 $(m=0,1,\cdots,Q-1)$。

令 $D=3,I=4$，并利用(8.5.17)式，可得到图 8.19，其中导出了 $m=0$ 时，$x_{Id}(n)$、$x\left(\left\lfloor\frac{Dn}{I}\right\rfloor\right)$ 和 $g_{((n))_I}(0)$ 中与 n 有关的变量、参量的真值表，同时画出了 $x(m)$ 与 $x_{Id}(n)$ 的图形。

n	$\left\lfloor\frac{3n}{4}\right\rfloor$	$((n))_I$
0	0	0
1	0	1
2	1	2
3	2	3
4	3	0
5	3	1
6	4	2
7	5	3

(a) 与n有关的真值表　(b) 输入$x(m)=x(mT)$，抽样频率f_s；输出$x_{Id}(n)$，抽样频率If_s/D

图 8.19　当 $D=3,I=4$ 时

根据(8.5.17)式以及以上的讨论，可得到图 8.20 的流图结构，它可高效实现 I/D 倍抽样率的变换。

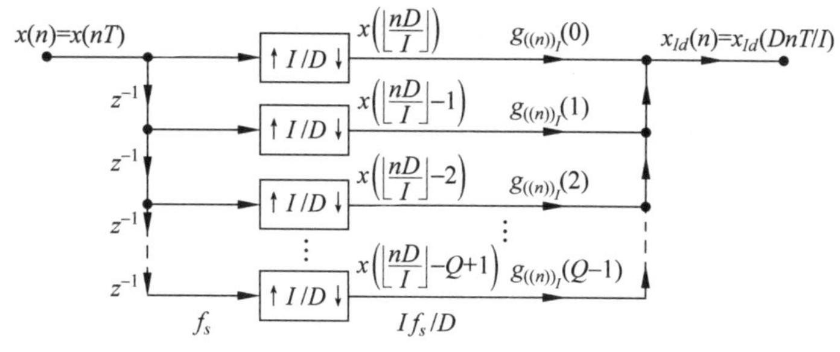

图 8.20　I/D 倍抽样率变换的高效结构

我们以 **$D=3,I=4,N=20,Q=N/I=5$ 为例来说明运算的输出公式，以及实现 I/D 倍抽样率变换的时变滤波器的计算机程序框图。**重写(8.5.17)式

$$x_{Id}(n)=\sum_{m=0}^{Q-1}g_{((n))_I}(m)\;x\left(\left\lfloor\frac{Dn}{I}\right\rfloor-m\right)$$

$$=\sum_{m=0}^{Q-1}h(mI+((Dn))_I)\;x\left(\left\lfloor\frac{Dn}{I}\right\rfloor-m\right)$$

由此可得

$$x_{Id}(0)=\sum_{m=0}^{4}g_0(m)x(-m)=\sum_{m=0}^{4}h(mI)x(-m)$$
$$=h(0)x(0)+h(4)x(-1)+h(8)x(-2)+h(12)x(-3)+h(16)x(-4)$$

$$x_{Id}(1)=\sum_{m=0}^{4}g_1(m)x(-m)=\sum_{m=0}^{4}h(mI+3)x(-m)$$
$$=h(3)x(0)+h(7)x(-1)+h(11)x(-2)+h(15)x(-3)+h(19)x(-4)$$

$$x_{Id}(2)=\sum_{m=0}^{4}g_2(m)x(1-m)=\sum_{m=0}^{4}h(mI+2)x(1-m)$$
$$=h(2)x(1)+h(6)x(0)+h(10)x(-1)+h(14)x(-2)+h(18)x(-3)$$

$$x_{Id}(3)=\sum_{m=0}^{4}g_3(m)x(2-m)=\sum_{m=0}^{4}h(mI+1)x(2-m)$$
$$=h(1)x(2)+h(5)x(1)+h(9)x(0)+h(13)x(-1)+h(17)x(-2)$$

由此看出,只有 4 个 $g_{((n))_I}(m)$,$n=0,1,2,3$,即系数是以 $I=4$ 为周期的,因此,以后每 4 个输出的系数仍为上面公式中的 4 个系数。下面我们继续写出后续 4 个输出:

$$x_{Id}(4)=\sum_{m=0}^{4}g_0(m)x(3-m)=\sum_{m=0}^{4}h(mI)x(3-m)$$
$$=h(0)x(3)+h(4)x(2)+h(8)x(1)+h(12)x(0)+h(16)x(-1)$$

$$x_{Id}(5)=\sum_{m=0}^{4}g_1(m)x(3-m)=\sum_{m=0}^{4}h(mI+3)x(3-m)$$
$$=h(3)x(3)+h(7)x(2)+h(11)x(1)+h(15)x(0)+h(19)x(-1)$$

$$x_{Id}(6)=\sum_{m=0}^{4}g_2(m)x(4-m)=\sum_{m=0}^{4}h(mI+2)x(4-m)$$
$$=h(2)x(4)+h(6)x(3)+h(10)x(2)+h(14)x(1)+h(18)x(0)$$

$$x_{Id}(7)=\sum_{m=0}^{4}g_3(m)x(5-m)=\sum_{m=0}^{4}h(mI+1)x(5-m)$$
$$=h(1)x(5)+h(5)x(4)+h(9)x(3)+h(13)x(2)+h(17)x(1)$$

从以上公式可以看出,**输出 $x_{Id}(n)$ 是以 I 个为一个单元,使用 I 个系数 $g_n(m)$,$n=0,1,2,3$,而 $x(m)$ 是以 D 个输入为一个单元与 $x_{Id}(n)$ 的一个单元相对应**,也就是说,如果我们将输入从 $x(0)$ 开始取数,则第一组数据共有 $D=3$ 个,即 $x(0)$,$x(1)$,$x(2)$,这可参看上面 $x_{Id}(0)$,$x_{Id}(1)$,$x_{Id}(2)$,$x_{Id}(3)$ 的表达式($x(-m)=0$,$m=1,2,3,4$);当求 $n=4,5,6,7$ 的 $x_{Id}(n)$ 时,送入第二组输入数据 $x(3)$,$x(4)$,$x(5)$;以此类推。实际上,当 $nD/I=$ 整数时,即 $n=4$,$8,\cdots$,**也就是当 n 是 I 的整数倍时,就要送入一组新的 D 个数据,而每一个输出所需要的数据量为 $Q=N/I=5$ 个,即 5 个输入和 5 个系数**,这样,按照上面导出的公式和讨论,我们可以得到图 8.21 所示的计算机程序框图示意图。

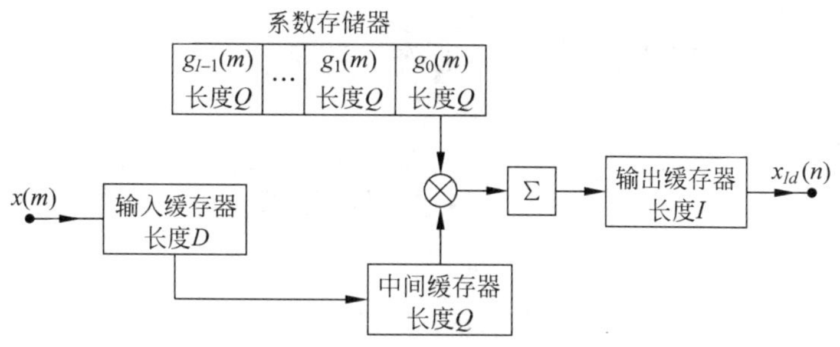

图 8.21　实现 I/D 倍抽样率变换的时变滤波器的计算机程序框图

由图 8.21 可见，首先将 D 个输入抽样值 $x(m)$ 送入输入缓存器中，此缓存器长度为 D（它对应于 I 个输出 $x_{Id}(n)$ 所需送入的数据量），然后将这 D 个输入逐个地移入长度为 Q 的中间缓存器中，Q 是计算一个输出所需的数据数，中间缓存器送出 Q 个输入数据，与时变滤波器的 Q 个系数 $g_0(m)(m=0,1,\cdots,Q-1)$ 相乘、相加，得到一个输出 $x_{Id}(0)$，如此动作，直到算出与 $g_{I-1}(m)$ 系数相对应的 $x_{Id}(I-1)$。此后又有新的 D 个输入数据同时送入缓存器（即当 $nD/I=$ 整数时，执行这一操作），又开始新的一组 $x_{Id}(n)$ 的运算，算完全部 $x(m)$ 的抽样值，就得到要求的 $x_{Id}(n)$ 值。

8.6　变换抽样率的多级实现

一、抽取器和插值器的多级实现

抽取或插值都可采用多级抽取或插值来实现。例如，一个抽取因子 D[见图 8.22(a)]如果可以分解为多个整数因子的乘积，即

$$D=\prod_{i=1}^{K} D_i \tag{8.6.1}$$

则可用抽取因子分别为 $D_1,D_2,\cdots,D_K$ 个子系统的级联实现[见图 8.22(b)]；如果只是单纯将 D 分解为各 D_i 的乘积，则结构上并没有实质变化；如果按照图 8.5(f)的通用抽取器系统结构来实现每一个 D_i，则有图 8.22(c)，即**在每一个抽取器 D_i 之前都插入一个防混叠的低通滤波器，这样就变成 K 个独立的子抽取器的级联系统，以降低抽样率**。

同样，对于插值，如图 8.23(a)所示，如果 I 可分解为多个整数因子的乘积，即

$$I=\prod_{i=1}^{J} I_i \tag{8.6.2}$$

则可得图 8.23(b)；同样，如果按照图 8.6 插值器系统结构，**在每个 I_i 之后都插入一个滤波器，以消除在该级内由过抽样所产生的频谱镜像，就得到图 8.23(c)的 J 个独立的子插值器的级联系统，以增加抽样率。**

以上两种办法都是变换抽样率的多级实现。

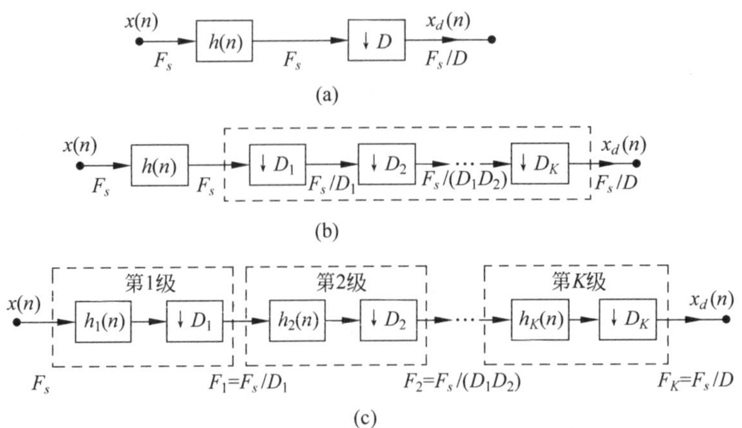

图 8.22 抽取器的多级实现

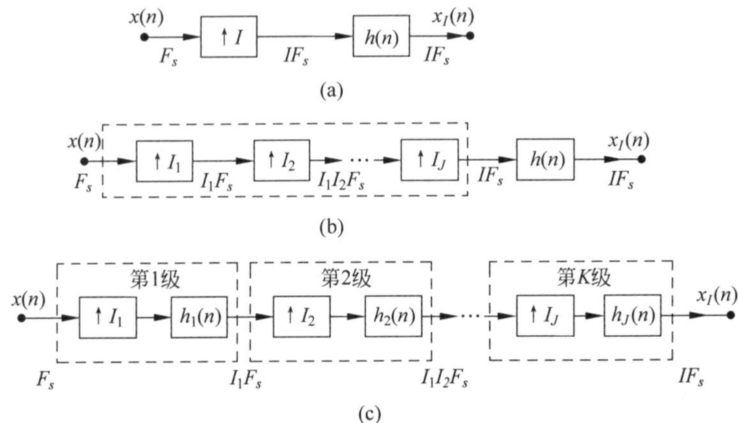

图 8.23 插值器的多级实现

二、多级实现的特点

由于级数增加，粗粗一看，多级实现好像会增加总的计算量，然而却正好相反。多级实现比单级实现有以下优点：

(1) 有可能大幅度减少运算量，并降低对存储器访问的频率；

(2) 可以减少延迟单元的数量或系数数量，从而减少系统存储器的容量；

(3) 滤波器设计得以简化；

(4) 可降低滤波器实现时的有限字长效应，即降低运算的舍入噪声和系数灵敏度；

(5) 对窄过渡带情况（即 Δf 很小），滤波器阶次高，所需抽取值变大，则从单级变多级时运算及存储量都会大大减少，效率会大为提高。

此外，**多级抽取优化设计的抽取比都满足 $D_1>D_2>\cdots>D_K$，即抽取值都满足逐级下降的。**

但是，多级实现也有缺点。由于各子系统的变换因子（D_i 或 I_i）也就是子系统的抽样率可有多种选择，使复杂程度增加；另外，由于是多级结构，会使控制更加复杂；再者，若要在多级实现方案的多种可能选择中选择最佳方案，也会增加难度。

一般多级实现运用在以下情况比单级实现更有效：①单纯抽取，且 $D\gg 1$；②单纯插值，且 $I\gg 1$；③抽取插值结合，$I\gg 1$，$D\gg 1$，且 $I/D\approx 1$。

三、多级实现中滤波器的指标

在变换抽样率的多级系统中，其各级滤波器的技术指标是不相同的。下面以抽取器为例来加以讨论，参见图 8.22。

1. 各级滤波器的通带、过渡带范围。

为讨论方便，以下都采用模拟频率。设**输入信号的抽样频率为 F_s，各级的抽样频率为 $F_i(i=1,2,\cdots,K)$，选定的抽取因子为 D，分成 K 级，每级为 $D_i(i=1,2,\cdots,K)$，则有**

$$D=\prod_{i=1}^{K}D_i$$
$$F_i=F_{i-1}/D_i,\quad i=1,2,\cdots,K \tag{8.6.3}$$

其中输入信号的抽样频率为

$$F_0=F_s \tag{8.6.4}$$

而末级输出信号的抽样频率为

$$F_K=F_s/D \tag{8.6.5}$$

整个系统以及多级抽取的最后一级对滤波器的要求可见图 8.24，即应满足

通带：　$0\leqslant f\leqslant f_c$　(8.6.6)

过渡带：　$f_c\leqslant f\leqslant f_{st}$，　且　$f_{st}\leqslant F_K/2=F_s/(2D)$　(8.6.7)

为了保证抽取后在 $0\leqslant f\leqslant f_{st}$ 频带中不产生频率响应的混叠，**第一级及中间各级滤波器频率响应要求如图 8.25 所示，即应满足**

通带：　$0\leqslant f\leqslant f_c$　(8.6.8)

过渡带：　$f_c\leqslant f\leqslant F_i-f_{st}=f_{sti}$　(8.6.9)

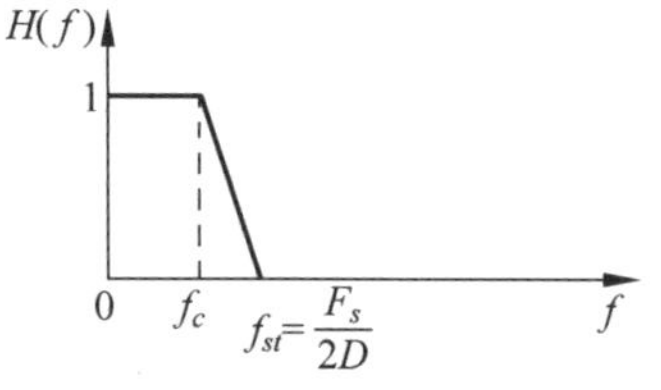

图 8.24　整个滤波器及最后一级滤波器的频率响应幅度要求

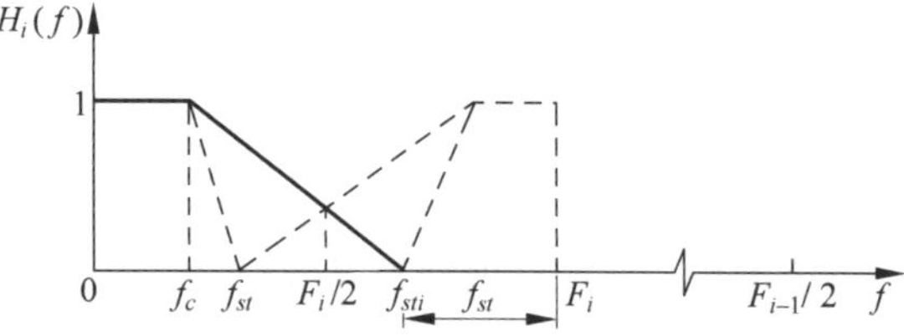

图 8.25　多级抽取时，第 i 级（第一级及各中间级）滤波器的频率响应幅度要求（$F_i-f_{st}=f_{sti}$）

从图 8.22 中对各级抽样频率的定义中以及从(8.6.3)式中看出，(8.6.9)式中的 F_i 是本级经抽取后(即下一级)的抽样频率,例如对第一级滤波器而言,其 $F_1=F_s/D_1$ 是第一级经抽取后(即第二级)的抽样频率,第二级的 $F_2=F_1/D_2=F_s/(D_1D_2)$ 是第二级经抽取后(即第三级)的抽样频率,等等。

这样选择前面各级的过渡带,显然会产生频率响应的混叠失真,即从 $f=f_{st}$ 至 $f=\dfrac{F_i}{2}$ 范围一定有混叠失真。为了消除此混叠失真的影响,最后一级抽取的防混叠滤波器的频率响应选成如图 8.24 所示,即与整个抽取器的滤波器频率响应要求相同,用它来抑制掉频率高于 f_{st} 处的各级滤波造成的混叠失真。前级及末级为什么要这样选择不同的过渡带宽呢?这是因为多级抽取的重要目的之一是减小整个的计算量,而计算量和 FIR 滤波器的阶次 N 有关,N 越小,计算量也越小。由(7.3.41)式知,**以凯泽窗 FIR 滤波器为例,其阶次为 $N-1=(A_s-7.95)/(2.286\Delta\omega)$,其中 $\Delta\omega=2\pi\Delta f/f_s$,即阶次和过渡带宽 Δf 成反比,与抽样频率 f_s 成正比**。多级抽取器连接时,前级的抽样率 F_i 高,因此要尽量令其过渡带加宽,以减小阶次,减小计算量,由此产生了混叠失真。所以在最后一级抽取中,要使其防混叠滤波器的频带选择得能将各前级的混叠失真抑制掉,故选择频带与图 8.24 一样,虽然其过渡带很窄($\Delta f=f_{st}-f_c$),但是此级的抽样频率是最低的(为 F_s/D),仍然可以降低此级滤波器的阶次,减少计算量。总体来看,以上的选择既可减少计算量,又不会产生混叠失真。

从图 8.24 及图 8.25 以及从(8.6.5)式~(8.6.9)式可知,若有 K 级抽取滤波器,其最**后一级的过渡带宽为 $\Delta f_K=f_{st}-f_c$,若用 ω 表示,则有 $\Delta\omega_K=2\pi\Delta f_K/F_K=\dfrac{2\pi\Delta f_K}{F_s/(D_1D_2\cdots D_{K-1})}$;而其他各级的过渡带宽为 $\Delta f_i=f_{sti}-f_c=F_i-f_{st}-f_c$,$(i=1,2,\cdots,K-1)$,若用 ω 表示,则有 $\Delta\omega_i=\dfrac{2\pi\Delta f_i}{F_{i-1}}$,$(i=1,2,\cdots,K-1)$**,其中 $F_0=F_s$ 为输入信号的抽样频率,须注意 **F_{i-1} 是第 i 级滤波器输入端信号的抽样频率**。

2. 各级滤波器的通带误差容限、阻带误差容限。

(1) **通带误差容限关系**。设整个系统的通带误差容限为 δ_1,级数为 K,各级滤波器的通带误差容限为 δ_{1i},根据级联关系可知

$$\begin{aligned}1\pm\delta_1&=(1\pm\delta_{11})(1\pm\delta_{12})\cdots(1\pm\delta_{1K})\\&=1\pm(\delta_{11}+\delta_{12}+\cdots+\delta_{1K})+(\delta_{11}\delta_{12}+\cdots)+\cdots\end{aligned}$$

由于 $\delta_{1i}\ll 1$,所以忽略掉高阶无穷小,可得

$$1\pm\delta_1\approx 1\pm(\delta_{11}+\delta_{12}+\cdots+\delta_{1K}) \tag{8.6.10}$$

若设**各级的通带误差容限都相等**,即 $\delta_{11}=\delta_{12}=\cdots=\delta_{1K}$,则上式变成

$$1\pm\delta_1\approx 1\pm K\delta_{1i}$$

即

$$\delta_{1i}=\delta_1/K,\quad i=1,2,\cdots,K \tag{8.6.11}$$

(2) **阻带误差容限关系**。设整个系统的阻带误差容限为 δ_2,各级滤波器的阻带误差容

限为 $\delta_{2i}, i=1,2,\cdots,K$，则有

$$\delta_2 = \delta_{21}\delta_{22}\cdots\delta_{2K} \tag{8.6.12}$$

因为 $\delta_{2i} \ll 1$，故 δ_{2i} 大于 δ_2 也可满足指标要求。**为了给设计留些裕量，通常令**

$$\delta_{2i} = \delta_2, \quad i = 1,2,\cdots,K \tag{8.6.13}$$

上面我们讨论了以整数抽取、整数插值变换抽样率和以有理数改变抽样率三种方法的时域、频域关系与实现框图，并介绍了变换抽样率的多级实现。多抽样率技术在信号处理中已得到广泛的应用，例如，利用抽取和插值设计出的窄带滤波器，可以减少滤波器阶数，减少运算量；抽取、插值用于子带编码，可大大提高传输效率，用于实现滤波器组对信号的重建，用于数据压缩的图像处理、语音处理，用于实现一个信道中的多路通信，还可用于信号的时频分析以及小波变换等应用情况。鉴于本章内容只讨论多抽样率数字信号处理的基础理论，就不再涉及这些应用领域。

【例 8.3】 设输入信号的最高频率分量为 $f_h=800\text{Hz}$，信号抽样频率为 $F_s=384\text{kHz}$，有很大冗余度，欲用抽取法将抽样率缩减为 2kHz。试对单级抽取及多级抽取在运算量及存储量上加以比较。并拟定各级防混叠滤波器的技术指标，要求通带最大衰减 $R_p=0.1\text{dB}$，阻带最小衰减为 $A_s=55\text{dB}$。

解 (1) 单级抽取的框图及技术要求见图 8.26(a)，$D=\dfrac{384\text{kHz}}{2\text{kHz}}=192$；二级抽取的框图及技术要求见图 8.26(b)，$D=D_1D_2=64\times3$；三级抽取的框图及技术要求见图 8.26(c)，$D=D_1D_2D_3=32\times3\times2$；四级抽取的框图及技术要求见图 8.26(d)，$D=D_1D_2D_3D_4=8\times4\times3\times2$。

(2) 抽取时，各级滤波器通带、阻带截止频率按(8.6.6)式、(8.6.7)式、(8.6.8)式和(8.6.9)式确定，注意(8.6.9)式下面的一段说明。

(3) 各级滤波器的通带最小增益 $(1-\delta_{1i})$ 及阻带最大增益 δ_{2i} 是按(8.6.11)式及(8.6.13)式确定的。通带最小增益 $(1-\delta_1)$ 与通带最大衰减 $R_p(\text{dB})$ 的关系为 $R_p=-20\lg(1-\delta_1)$

$$\delta_1 = 1-10^{-R_p/20} = 1-10^{-0.1/20} = 0.0114$$

阻带最大增益 δ_2 与阻带最小衰减 $A_s(\text{dB})$ 的关系为 $A_s=-20\lg\delta_2$

$$\delta_2 = 10^{-A_s/20} = 10^{-55/20} = 1.778\times10^{-3}$$

因而若有 K 级抽取，由(8.6.13)式知，无论几级抽取，皆有 $\delta_{2i}=\delta_2$，故下面图中，不再写出 δ_2 值，而 δ_{1i}[见(8.6.11)式]则与抽取的级数 K 有关，即有

$$\left.\begin{aligned}\delta_{1i} &= \delta_1/K = 0.0114/K\\ \delta_{2i} &= \delta_2 = 1.778\times10^{-3}\end{aligned}\right\}\quad i=1,2,\cdots,K$$

(4) 若滤波器采用凯泽窗线性相位 FIR 滤波器，由于 $A_s=55\text{dB}>50\text{dB}$，故滤波器阶数为

$$M = N-1 = (A_s-7.95)/(2.286\Delta\omega) \quad (A_s \text{ 以 dB 数表示})$$

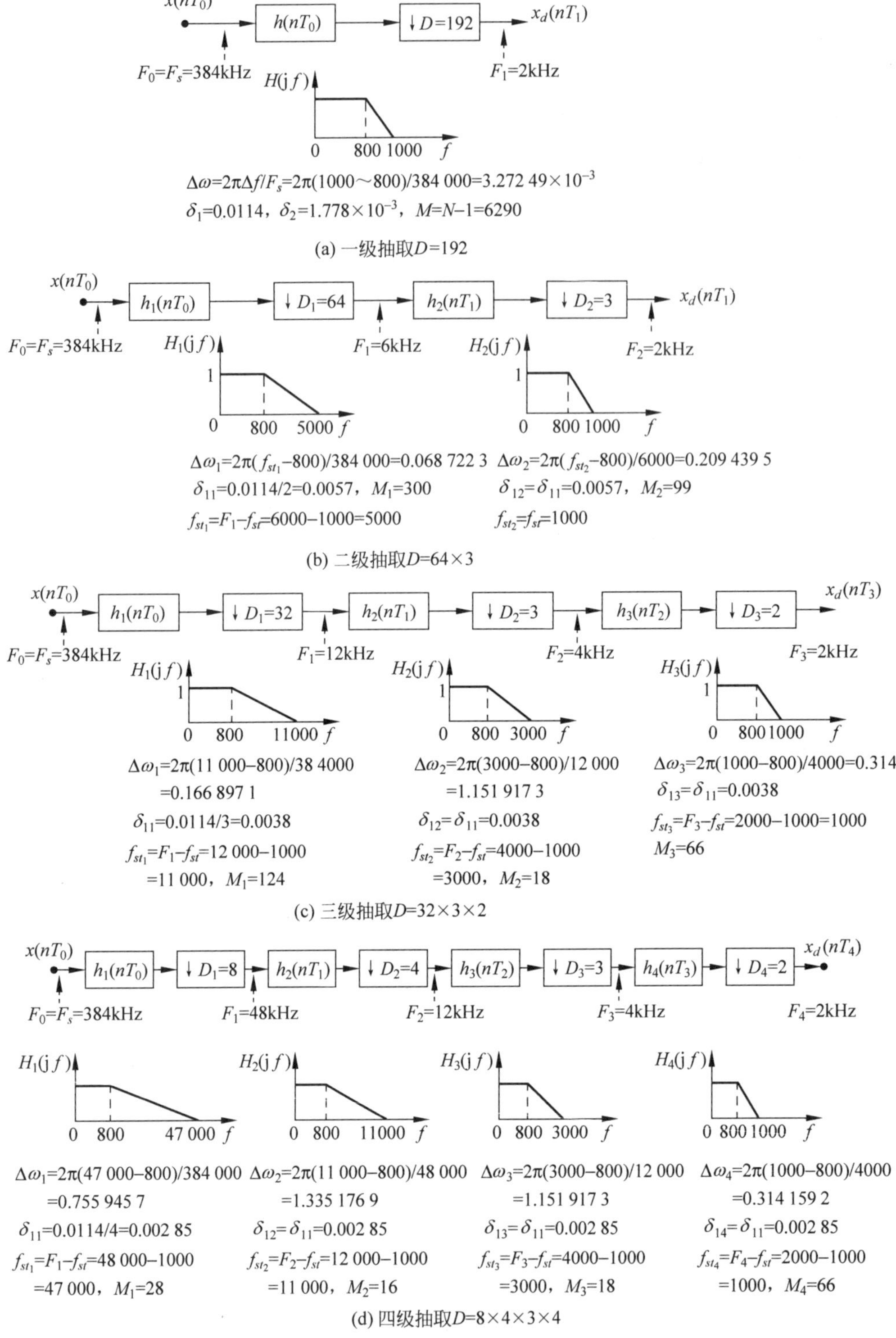

图 8.26　单级及多级抽取的框图及各级防混叠滤波器的技术要求

（各级阻带增益 $\delta_{2i}=\delta_2=0.001\ 778$）

在图 8.26 中，算出了从一级到四级抽取中，各级的相关参数，尤其是算出了从一级到四级抽取的每一种中，各级滤波器用凯泽窗 FIR 线性相位滤波器实现时所需阶次 $M=N-1$，归纳如下(用图 8.26 中算出的各 $\Delta\omega_i$，再由上面 M 的表达式，即可求得相应的 M)。

一级抽取时 $M = 6290$

二级抽取时 $M_1 = 300, M_2 = 99$

三级抽取时 $M_1 = 124, M_2 = 18, M_3 = 66$

四级抽取时 $M_1 = 28, M_2 = 16, M_3 = 18, M_4 = 66$

再考虑到采用 FIR 线性相位滤波器，系数可减少一半，即阶数可减少一半，再将乘法运算移到抽取之后的低抽样频率上运行，则每级抽取的乘法运算量 R 为

一级抽取 $R = \dfrac{MF_0}{2D} = \dfrac{NF_s}{2D} = \dfrac{6290 \times 384 \times 10^3}{2 \times 192} = 62.95 \times 10^5$

二级抽取 $R_1 = \dfrac{M_1 F_0}{2D_1} = \dfrac{300 \times 384 \times 10^3}{2 \times 64} = 9 \times 10^5$

$R_2 = \dfrac{M_2 F_1}{2D_2} = \dfrac{99 \times 6 \times 10^3}{2 \times 3} = 0.99 \times 10^5$

合计 $R = R_1 + R_2 = 9.99 \times 10^5$

三级抽取 $R_1 = \dfrac{M_1 F_0}{2D_1} = \dfrac{124 \times 384 \times 10^3}{2 \times 32} = 7.44 \times 10^5$

$R_2 = \dfrac{M_2 F_1}{2D_2} = \dfrac{18 \times 12 \times 10^3}{2 \times 3} = 0.36 \times 10^5$

$R_3 = \dfrac{M_3 F_2}{2D_3} = \dfrac{66 \times 4 \times 10^3}{2 \times 2} = 0.66 \times 10^5$

合计 $R = R_1 + R_2 + R_3 = 8.46 \times 10^5$

四级抽取 $R_1 = \dfrac{M_1 F_0}{2D_1} = \dfrac{28 \times 384 \times 10^3}{2 \times 8} = 6.27 \times 10^5$

$R_2 = \dfrac{M_2 F_1}{2D_2} = \dfrac{16 \times 48 \times 10^3}{2 \times 4} = 0.96 \times 10^5$

$R_3 = \dfrac{M_3 F_2}{2D_3} = \dfrac{18 \times 12 \times 10^3}{2 \times 3} = 0.36 \times 10^5$

$R_4 = \dfrac{M_4 F_3}{2D_4} = \dfrac{66 \times 4 \times 10^3}{2 \times 2} = 0.66 \times 10^5$

合计 $R = 8.7 \times 10^5$

可以看出，从一级抽取到二级抽取计算量(R)及存储量(M)都有显著的减少，但从二级抽取到三级抽取运算量存储量的减少都不如一级到二级那么明显，从三级到四级抽取，用以上抽取方法，其运算量反而有极小的增加，存储量减得也有限，总体来看，三级抽取实现更为高效。但是也要看到级数多，控制程序也更为复杂。

习　题

8.1　图 P8.1 所示系统输入为 $x(n)$，输出为 $y(n)$，零值插入系统在每一序列 $x(n)$ 值之间插入 2 个零值点，抽取系统定义为

$$y(n) = w(5n)$$

其中 $w(n)$ 是抽取系统的输入系列。若输入

$$x(n) = \frac{\sin(\omega_1 n)}{\pi n}$$

试确定下列 ω 值时的输出 $y(n)$：

（1）$\omega_1 \leqslant \frac{3}{5}\pi$；（2）$\omega_1 > \frac{3}{5}\pi$。

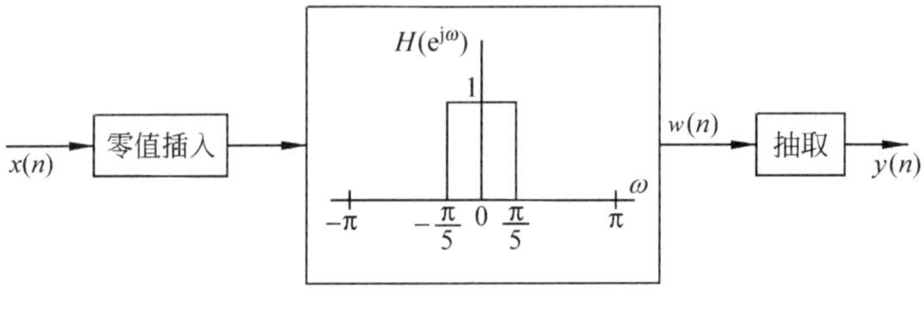

图　P8.1

8.2　用两个离散时间系统 T_1 和 T_2 来实现理想低通滤波器（截止频率为 $\pi/4$）。系统 T_1 如图 P8.2(a) 所示，系统 T_2 如图 P8.2(b) 所示。在此二图中，T_A 表示一个零值插入系统，它在每一个输入样本之后插入一个零值点；T_B 表示一个抽取系统，它在其每两个输入中取出一个。问：

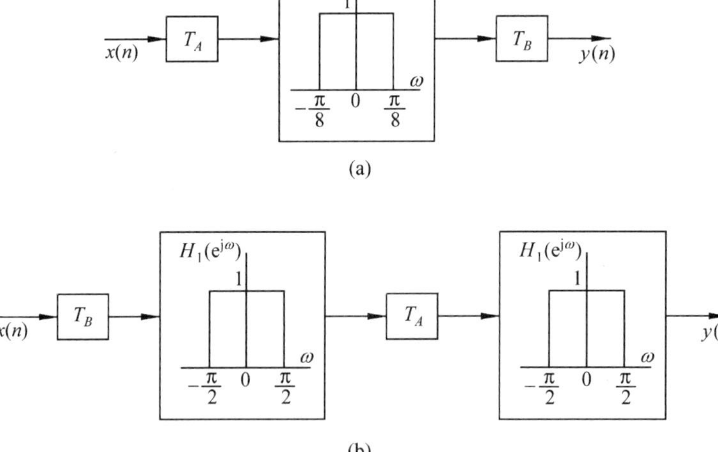

图　P8.2

（1）T_1 相当于所要求的理想低通滤波器吗？

（2）T_2 相当于所要求的理想低通滤波器吗？

8.3　对 $x(n)$进行冲激串抽样，得到

$$y(n)=\sum_{m=-\infty}^{\infty}x(n)\delta(n-mN)$$

若 $X(\mathrm{e}^{\mathrm{j}\omega})=0,\frac{3\pi}{7}\leqslant\omega\leqslant\pi$，试确定当抽样 $x(n)$时，保证不发生混叠的最大抽样间隔 N。

8.4　研究一个离散时间序列 $x(n)$，由 $x(n)$形成两个新序列 $x_p(n)$和 $x_d(n)$，其中 $x_p(n)$相当于以抽样周期为 2 对 $x(n)$抽样而得到，而 $x_d(n)$则是以 2 对 $x(n)$进行抽取而得到，即

$$x_p(n)=\begin{cases}x(n), & n=0,\pm 2,\pm 4,\cdots\\ 0, & n=\pm 1,\pm 3,\cdots\end{cases}$$

$$x_d(n)=x(2n)$$

（1）若 $x(n)$如图 P8.4(a)所示，画出 $x_p(n)$和 $x_d(n)$；

（2）$X(\mathrm{e}^{\mathrm{j}\omega})=\mathrm{DTFT}[x(n)]$如图 P8.4(b)所示，画出 $X_p(\mathrm{e}^{\mathrm{j}\omega})=\mathrm{DTFT}[x_p(n)]$及 $X_d(\mathrm{e}^{\mathrm{j}\omega})=\mathrm{DTFT}[x_d(n)]$。

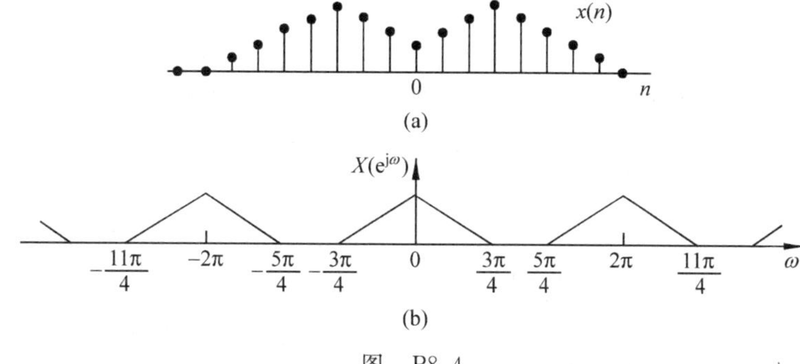

图　P8.4

8.5　已知用有理数 I/D 作抽样率转换的两个系统，如图 P8.5 所示。

（1）写出 $X_{Id1}(z),X_{Id2}(z),X_{Id1}(\mathrm{e}^{\mathrm{j}\omega}),X_{Id2}(\mathrm{e}^{\mathrm{j}\omega})$的表示式；

（2）若 $I=D$，试分析这两个系统是否有 $x_{Id1}(n)=x_{Id2}(n)$，请说明理由；

（3）若 $I\neq D$，请说明在什么条件下 $x_{Id1}(n)=x_{Id2}(n)$，并说明理由。

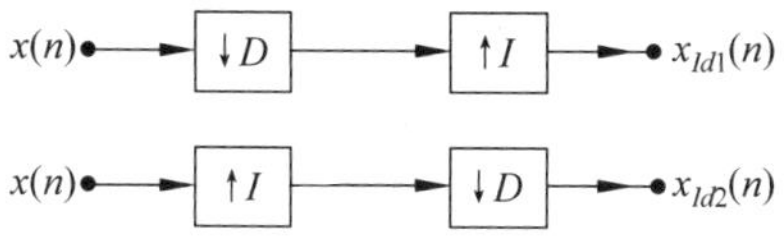

x(n) → ↓D → ↑I → $x_{Id1}(n)$

x(n) → ↑I → ↓D → $x_{Id2}(n)$

图　P8.5

8.6　已知序列 $x(n)$的频谱为

$$X(\mathrm{e}^{\mathrm{j}\omega})=\begin{cases}-\frac{3}{\pi}\omega+1, & 0\leqslant\omega\leqslant\frac{\pi}{3}\\ \frac{3}{\pi}\omega+1, & -\frac{\pi}{3}\leqslant\omega<0\\ 0, & (-\pi,\pi)\text{ 的其他 }\omega\end{cases}$$

试导出以下 3 个序列所对应的频谱，并将 4 个序列的频谱作图表示出来：

$$x_1(n)=\begin{cases}x(n), & n=4k,\quad k=0,\pm1,\pm2,\cdots\\ 0, & n\neq 4k\end{cases}$$

$$x_2(n)=x(4n)$$

$$x_3(n)=\begin{cases}x\left(\dfrac{n}{4}\right), & n=4k,\quad k=0,\pm1,\pm2,\cdots\\ 0, & n\neq 4k\end{cases}$$

8.7 如图 P8.7 所示系统，其 $H(\mathrm{e}^{\mathrm{j}\omega})$ 为

$$H(\mathrm{e}^{\mathrm{j}\omega})=\begin{cases}1, & |\omega|\leqslant \pi/I\\ 0, & \pi/I<|\omega|\leqslant\pi\end{cases}$$

$x_a(t)$ 的频谱为

$$X_a(\mathrm{j}\Omega)=\begin{cases}-\dfrac{3T}{2\pi}\Omega+1, & 0\leqslant\Omega\leqslant\dfrac{2\pi}{3T}\\ \dfrac{3T}{2\pi}\Omega+1, & -\dfrac{2\pi}{3T}\leqslant\Omega<0\\ 0, & \text{其他 }\Omega\end{cases}$$

求 $y_a(t)$ 的频谱 $Y_a(\mathrm{j}\Omega)$，并将 $X_a(\mathrm{j}\Omega)$ 与 $Y_a(\mathrm{j}\Omega)$ 作图表示。

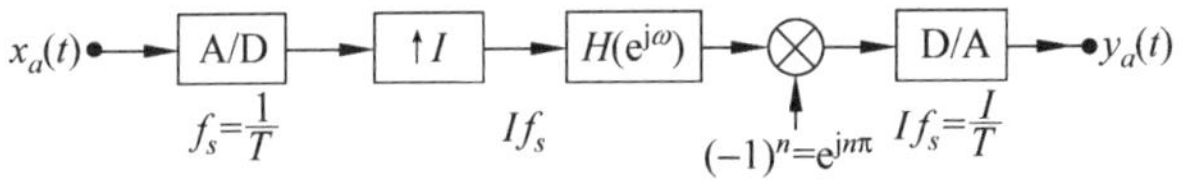

$x_a(t)$ → A/D ($f_s=\frac{1}{T}$) → ↑I (If_s) → $H(\mathrm{e}^{\mathrm{j}\omega})$ → ⊗ ($(-1)^n=\mathrm{e}^{\mathrm{j}n\pi}$) → D/A ($If_s=\frac{I}{T}$) → $y_a(t)$

图 P8.7

8.8 下面是在数字域实现抽样率转换的简单的例子。

在图 P8.8 中，图(a)得到 $x(n)$，图(b)得到 $x_1(n)$，图(c)为模拟滤波器的频率特性，希望用数字域方法直接从 $x(n)$ 得到 $x_1(n)$，给出具体实现方法的框图，并给出各框图的具体指标要求。

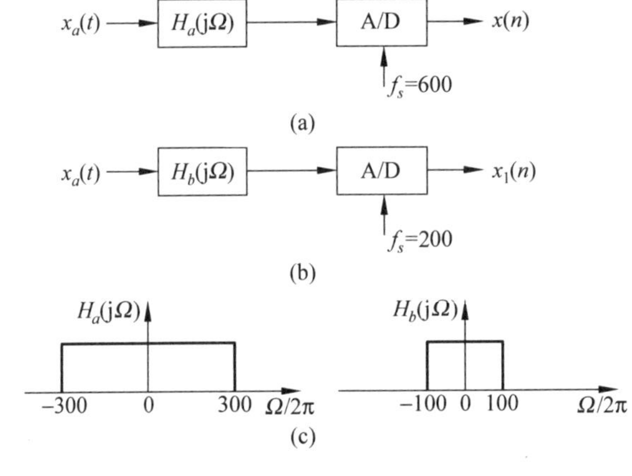

图 P8.8

8.9 已知序列 $x(n)$ 的幅频特性为

$$|X(\mathrm{e}^{\mathrm{j}\omega})|=\begin{cases}1, & 0<\omega<0.4\pi\\ 0, & 0.45\pi<\omega<\pi\end{cases}$$

现以有理因子 I/D 对 $x(n)$ 进行抽样率转换，$I=4$，$D=3$。求

(1) 抽样率转换后序列的幅频特性；

(2) 编程绘出抽样率转换前后的序列及其相应的幅频特性。

8.10 设计一个抽取器，要求抽取因子 $D=5$。利用 firpm 函数来设计抗混叠 FIR 滤波器，要求此滤波器通带最大衰减为 0.5dB，阻带最小衰减为 40dB，过渡带宽为 $\Delta\omega=0.05\pi$，试绘出滤波器的 $h(n)$ 及 $20\lg|H(e^{j\omega})|$(dB)，并按(8.5.4)式及参照图 8.15 画出抽取器的多相结构并写出相应的多相滤波器的 D 组单位抽样响应 $g_i(m)(i=0,1,\cdots,4)$。

8.11 设计一个插值器，要求插值因子 $I=3$，利用 firpm 函数设计抑制镜像分量的 FIR 滤波器，要求此滤波器的通带最大衰减为 1dB，阻带最小衰减为 45dB，过渡带宽为 $\Delta\omega=0.06\pi$，试画出滤波器的 $h(n)$ 及幅度响应(dB)，并按(8.5.9)式及参照图 8.18 画出插值器的多相结构及相应的多相滤波器的 I 组单位抽样响应。

8.12 设计一个按有理因子 3/7 的降低抽样率的抽样率转换器，画出原理方框图，要求其中的 FIR 低通滤波器的通带最大衰减为 1dB，阻带最小衰减为 40dB，过渡带宽为 $\Delta\omega=0.08\pi$，求滤波器的单位抽样响应，并画出其高效实现结构。

8.13 设计一个三级抽取器中的各级线性相位 FIR 低通滤波器，画出它们各自的幅频特性及各级滤波器的技术指标，并画出三级抽取器的高效实现结构。技术指标为输入信号的抽样频率 $f_s=15\text{kHz}$，通带截止频率为 $f_p=45\text{Hz}$，过渡带宽 $\Delta f=5\text{Hz}$，通带波纹为 $R_p=1\text{dB}$，阻带最小衰减为 $A_s=50\text{dB}$，要求总抽取因子 D 的选择要尽可能降低抽样率。

若以每秒所需乘法次数作为复杂性的度量，试计算该三级抽取器的计算复杂度。并与一级抽取的复杂度相比较。

8.14 设信号原抽样频率为 $F_s=18\text{kHz}$，若只需保留 $f<4\text{kHz}$ 以内的信息，且需要尽可能降低抽样率，使在 $0\leqslant f\leqslant 3.9\text{kHz}$ 频带中失真不大于 0.5dB，在阻带中的最大增益为 0.001，试求

(1) 满足条件的最小抽样频率及抽样频率转换因子；

(2) 画出抽样转换器的框图；

(3) 若用海明(Hamming)窗 FIR 滤波器来实现转换器中的 FIR 滤波器，写出滤波器的技术指标 f_p，f_{st}，R_p(dB)，A_s(dB)，并画出滤波器的幅度特性(dB)。

8.15 设输入信号为 $x(t)=2\sin(120\pi t)+3\sin(80\pi t)$，用 $f_s=800\text{Hz}$ 抽样，得到 $x(n)$，为了减小冗余度，需按因子 $D=5$ 来降低抽样率，所采用的抽取滤波器的通带最大衰减为 $R_p=0.5\text{dB}$，阻带最小衰减为 $A_s=50\text{dB}$，过渡带宽 $\Delta f=f_{st}-f_c=80-60=20\text{Hz}$，采用凯泽窗线性相位 FIR 滤波。

(1) 画出整个系统的框图，并将信号及各节点的抽样频率标出。

(2) 设计所需抽取用的凯泽窗线性相位 FIR 滤波器，画出它的 $h(n)$ 及 $20\log|H(e^{j\omega})|$(dB)。用 MATLAB 画出 $x(n)$、抗混叠滤波器的输出 $x_d'(n)$ 及抽取器最后输出 $x_d(n)$ 的波形图。

(3) 画出 $|X(e^{j\omega})|=|\text{DTFT}[x(n)]|$，$|X_d'(e^{j\omega})|=|\text{DTFT}[x_d'(n)]|$，$|X_d(e^{j\omega})|=|\text{DTFT}[x_d(n)]|$，并以 dB 形式画图，也用 MATLAB 画图。

(4) 问抗混叠滤波器的最大截止频率是多少？

*第9章　数字滤波器实现中的有限字长效应

9.1　概　　述

上面各章所讨论的数字信号与系统都是无限精度的。但是，实际上无论是用专用硬件还是用计算机软件来实现，其数字信号处理系统的有关参数以及运算过程中的结果都是存储在有限字长的存储单元中的。如果处理的是模拟信号，即抽样信号处理系统，输入的模拟量经过抽样及模数(A/D)变换后，也变成有限字长的数字信号。这样两种结果都是有限精度的，因而相对于原设计系统就产生了误差。在数字系统中**有三种因有限字长的影响而引起误差的因素**：

(1) A/D 变换器将模拟输入信号变为一组离散电平时产生的量化效应；

(2) 把系数用有限位二进制数表示时产生的量化效应；

(3) 在数字运算过程中，为限制位数而进行尾数处理以及为防止溢出而压缩信号电平的有限字长效应，包括低电平极限环振荡效应以及溢出振荡效应。

上述三种误差与系统结构形式、数的表示方法、所采用的运算方式、字的长短以及尾数的处理方式有关。但是，将上面三种误差因素综合起来分析是困难的，**只能分别对三种效应单独加以分析，以计算出它们的影响**。

研究有限字长效应的目的是：

(1) 如果数字信号处理是在通用计算机上实现时，字长已经固定，做误差分析是为了知道结果的可信度，否则要采取改进措施。但是一般计算机字长较长，可不考虑字长的影响。

(2) 用专用硬件实现数字信号处理时，一般是采用定点实现，涉及硬件采用的字长问题，因而必须了解为达到某一精度所必须选用的最小字长，以便在设备价格和精度之间作合适的折中。

本章讨论定点制情况下数字滤波器的有限字长效应。下面我们首先从二进制数表示法开始讨论。

9.2　二进制数的表示及其对量化的影响

9.2.1　二进制的三种算术运算法

在数字系统中所采用的最基本的二进制算法有定点制、浮点制及成组浮点制。

在二进制数表示法中，任意数 x 表示为

$$x = 2^c \cdot M \tag{9.2.1}$$

其中 c 称为阶码，2 是阶码的底，阶码表示小数点的位置；M 称为尾数，它表示 x 的全部有效位数。例如 5.8125 的二进制原码为 101.1101，可表示为 $101.1101 = 2^{011} \times 0.101\,110\,1$。

1. 定点二进制数。

定点制二进制数是指在整个运算过程中，二进制小数点在整个数码中的位置是固定不变的，即 c 为常数的表数方法。原则上说，定点制的小数点可固定在任意位上，但是为了运算方便，通常把小数点固定在有效数位的最高位前，系统用纯小数进行运算，而且把符号位用一位整数表示。

也就是说将 M 限制在以下范围

$$-1 < M < 1 \tag{9.2.2}$$

而把整数位作为“符号位”，代表数的正负号，“0”表示正数，“1”表示负数。

例如，0.375 表示成二进制数为 0.011。定点制在整个运算过程中，所有运算结果的绝对值都不能超过 1。为此，当数很大时，就乘一个比例因子，使整个运算中数的最大绝对值不超过 1；运算完以后，再除以同一比例因子，还原成真值输出。如果运算过程中出现绝对值超过 1，就进位到整数部分的符号位，出现“溢出”错误，这时就应该修正比例因子。但是，在 IIR 滤波器中，分母的系数决定着极点的位置，所以不适合用比例因子。

定点制的加法运算不会增加字长，但是，若没有选择合适的比例因子，则加法运算会出现溢出的可能性。例如，0.1001＋0.1101＝①.0110，产生溢出。

定点制的乘法运算不会产生溢出，因为绝对值小于 1 的两个数相乘后，其绝对值仍小于 1，但是相乘后尾数字长却要增加一倍，一般说($b+1$)位的定点数(其中 b 位为字长，1 位为符号位)相乘后尾数字长为 $2b$ 位，因此在定点制每次相乘运算后需要进行尾数处理，使结果仍然保持 b 位尾数字长。对超过字长的尾数有两种处理方法：一种是简单地去掉超过字长 b 的各尾数位，称为“截尾”；另一种是在舍去超过字长的各尾数位时，若舍掉部分的值大于或等于保留部分最低位的权值的一半，则给留下部分的最低位处加 1，否则就舍掉，结果字长仍为 b 位。这相当于十进制中的四舍五入近似法，故称为“舍入”。尾数处理结果会带来截尾误差或舍入误差。

2. 浮点二进制数。

定点制的缺点是动态范围小，有溢出现象。浮点制则可避免这一缺点，它的动态范围大，可以避免溢出，不需要比例因子。

浮点制的阶码 c 及尾数 M 都用定点二进制数来表示，在整个运算过程中，阶码 c 需随时进行调整。其尾数的第一位就表示浮点数的符号，一般为了充分利用尾数的有效位数，总是使尾数字长的最高位(符号位除外)为 1，称为规格化形式，这时尾数 M 是小数，且满足 $1/2 \leqslant M < 1$。例如，$x = 0.0101 \times 2^{011}$ 是非规格化形式，应调整尾数的小数点，并相应地调整

阶码，使它成为 $x=0.101\times 2^{010}$，这就是规格化的浮点数。

之所以阶码 c 也是带符号位的定点数，是因为要用负的阶码表示数值小于 0.5 的数。

浮点表示数的小数点是浮动的，一般通用计算机中往往同时使用定点、浮点两种运算方式。

在浮点制中，位数必须分成两部分。尾数为(b_m+1)位，其中的 1 位是符号位；阶码为(b_c+1)位，其中的 1 位也是符号位。浮点数的尾数字长决定了浮点制的运算精度，而阶码字长决定了浮点制的动态范围。例如 $b_m+b_c+2=16$ 位浮点数，$b_m=8$，$b_c=6$（采用规格化尾数），它所表示的动态范围（若阶码和尾数都用补码表示）为（见图 9.1）

$$2^{-2^{b_c}}\times 2^{-1}\leqslant |x|_{10}\leqslant 2^{(2^{b_c}-1)}\times(1-2^{-b_m})<2^{(2^{b_c}-1)} \tag{9.2.3}$$

其中$|x|_{10}$表示十进制数的绝对值。代入 b_c、b_m 值，则为

$$2^{-65}\leqslant |N_{10}|\leqslant 0.996\,093\,75\times 2^{63}<2^{63}$$

尾数精度为

$$2^{-8}=\frac{1}{256}=3.9‰$$

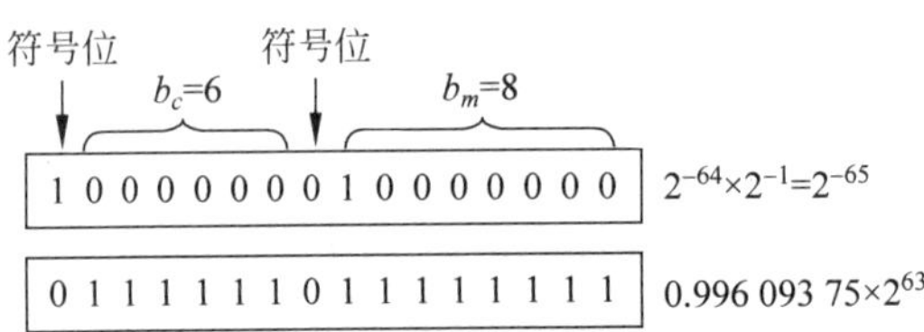

图 9.1 16 位浮点数的动态范围

浮点制的乘法是尾数相乘，阶码相加。尾数相乘的过程与定点制相同，因此也要作截尾或舍入处理，由于尾数的乘积是$\frac{1}{4}$～1 之间的数，故需要加以规格化，并同时调整阶码。

浮点制的加法，如果两个数的阶码相同，则只要两个尾数相加就得到和数的尾数，和数的阶码则为两数原来的阶码。阶码数不等的两浮点数相加则要分三步进行：第一，先进行对阶，这时需将小阶码向大阶码看齐，同时，阶小的数的尾数的小数点要左移，左移一位，阶码加 1，直至两数阶码相等；第二，将所得两尾数用定点运算相加；第三，使所得结果的尾数归一化，并相应调整阶码。例如两个二进制浮点数

$$x_1=2^{010}\times 0.1100,\quad x_2=2^{000}\times 0.1001$$

求它们的浮点相加结果。首先对阶，将阶码较小的 x_2 的阶码变成与 x_1 的阶码一样，这只需将 x_2 的尾数小数点左移两位而阶码加 2，即得

$$x_2=2^{010}\times 0.001\,001$$

然后将两数相加，得

$$x=x_1+x_2=2^{010}\times 0.111\,001$$

最后进行规格化。在这个例子中 x 的尾数正好在$\frac{1}{2}$～1 之间，已是规格化的数，否则还要规

格化。如果尾数是 $b+1=5$ 位，则所得结果还要舍入（或截尾）处理成 5 位，例如截尾处理后，得到 $x=2^{010}\times 0.1110$。

由以上讨论看出，在浮点制运算中，不论是相乘还是相加，尾数的位数都可能超过寄存器长度，都要做尾数的量化处理，因而都有量化误差。

3. 分组浮点二进制数。

定点制优点是快速简单，只有乘法才出现舍入或截尾误差，其缺点是动态范围小，可能出现溢出，为防止溢出，就要压缩输入信号电平，这样就减小了输出信号与量化噪声的比值。而浮点制的优点是数的动态范围大，缺点是运算速度慢，并且其加法和乘法运算都会产生舍入或截尾误差。

分组浮点制则兼有定点制与浮点制的某些优点，是将这两种表示法结合起来。这种制式，一组数具有一个共同的阶码，这个阶码是这一组数中最大的那个数的阶码。由于一组数中各数的大小不同，因而只是这组中最大的数具有规格化的尾数，其他数则不可能刚好都是规格化的。由于分组浮点法只用一个单一的阶码表示一组数的阶码，因而节约了存储器，简化了系统。这种制式，对于要运算的数比较多，数值相近的情况特别适用。它最适宜实现快速傅里叶变换算法，当然也可用来实现数字滤波器。

9.2.2 负数的表示法——原码、补码和反码

不论是定点制还是浮点制的尾数都是将整数位用作符号位，小数位代表尾数值。$(b+1)$位码的形式为

$$a_0\cdot a_1a_2\cdots a_b \tag{9.2.4}$$

其中整数位 a_0 表示符号位，小数位 $a_1a_2\cdots a_b$ 表示 b 位字长的尾数值，a_i 表示第 i 位二进制码（$i=0,1,\cdots,b$），取值可为 0 或 1。

对于正数，上面的表示是很清楚的。对于负数，根据需要的不同，有原码、反码、补码三种。

1. 原码。

原码也称"符号-幅度码"，它的尾数部分代表数的绝对值（即幅度大小），符号位代表数的正负号，$a_0=0$ 代表正数，$a_0=1$ 代表负数，例如 $x=0.011$ 表示的是 $+0.375$，$x=1.011$ 表示的是 -0.375。如果用(9.2.4)式表示原码，则可定义为

$$[x]_{原}=\begin{cases}|x|, & 0\leqslant x<1\\ 1+|x|\ (或\ 1-x), & -1<x\leqslant 0\end{cases} \tag{9.2.5}$$

它所代表的十进制数值为

$$x=(-1)^{a_0}\sum_{i=1}^{b}a_i2^{-i} \tag{9.2.6}$$

原码的优点是乘除运算方便，以两数符号位的逻辑加就可简单决定结果的正负号，而数值则是两数数值部分的乘除结果。但原码的加减运算则不方便，因为两数相加，先要判断两数符号是否相同，相同则做加法，不同则做减法，做减法时还要判断两数绝对值大小，以便用大者作为被减数，这样增加了运算时间。用以下的补码则可使加法和减法运算方便。

在原码表示中，"零"有两种表示方法，例如 $b=3$ 时，0.000 及 1.000 都表示零，故 $(b+1)$ 位字长，只能表示 $(2^{b+1}-1)$ 个数，即表达 $-(1-2^{-b})\sim(1-2^{-b})$ 之间的数。

2. 补码。

(1) **补码又称"2 的补码"**。补码中正数与原码正数表示一样。补码中负数是采用 2 的补数来表示的，即把负数先加上 2，以便将正数与负数的相加转化为正数与正数相加，从而克服原码表示法做加减法的困难。因此，补码定义如下：

$$[x]_{补}=\begin{cases}|x|, & 0\leqslant x<1\\ 2-|x|, & -1<x\leqslant 0\end{cases} \tag{9.2.7}$$

例如，$x=-0.625$ 在原码中表示为 1.101，在补码中为 $2-0.625=1.375$，因此补码的表示为 1.011，其整数 1 正好表示负数。对于(9.2.4)式的表示形式，补码所代表的十进制数值可表示为

$$x=-a_0+\sum_{i=1}^{b}a_i2^{-i} \tag{9.2.8}$$

例如补码 1.011，按照上式就知道其所表示的数为

$$x=-1+0.375=-0.625$$

(2) 由于负数的补码是 $2-|x|$，故求负数的补码时，实际上要做一次减法，这是不希望的。可以发现，只要**将原码正数的每位取反码(1→0，0→1)，再在所得数的末位加 1，则正好得到负数的补码，这简称为对尾数的"取反加 1"**。

例如求 -0.375 的补码表示，只需将 0.375 所代表的二进制码 0.011 的每一位数都取反码(1→0，0→1)得到 1.100，将此数的末位加 1 得到 1.101，这就是 -0.375 的补码表示。

(3) **补码表示法可把减法与加法统一起来，都采用补码加法**。例如**做减法时，若减数是正数，则将其变为负数的补码与被减数的补码相加；若减数是负数，则将其变成正数的补码与被减数的补码相加。采用补码做加法，符号位也同样参加运算，如果符号位发生进位，则把进位的 1 去掉就行了。**

例如 $0.875-0.375=0.5$，可写成 $0.875+(-0.375)=0.5$，用二进补码表示 $0.875=(0.111)_2$，$(-0.375)_2=1.101$，则有 $0.111+1.101=\boxed{1}\,0.100$，去掉符号位的进位位"1"后，可得到补码 $(0.100)_2=0.5$。

(4) 任何二进制数与其补码之和等于零(将两数之和的符号位的进位位忽略不计)。

例如 $0.875=(0.111)_2$，其补码为 1.001，则有 $0.111+1.001=\boxed{1}\,0.000$。

(5) 在补码表示中，"零"的表示是唯一的，为 0.000($b=3$)，故($b+1$)位字长可表示 2^{b+1} 个不同的数，即表示从 $-1\sim(1-2^{-b})$之间的数。

(6) 由于补码是"2 的补数"，如(9.2.7)式所示，也就是

$$[x]_{补} \equiv x(\text{mod } 2) = ((x))_2 \tag{9.2.9}$$

则可写成

$$[x_1]_{补} + [x_2]_{补} = ((x_1))_2 + ((x_2))_2 = ((x_1 + x_2))_2 \tag{9.2.10}$$

在补码运算中，当两数之和等于或大于 1，或者小于 -1 时，则产生溢出。其溢出特性见图 9.2(a)，它是周期为 2 的周期性函数，如果用 $f[x]$表示溢出前后的特性，则有

$$f[x] = \begin{cases} x, & -1 \leqslant x < 1 \\ f(x+2K), & x < -1, x \geqslant 1 \end{cases} \tag{9.2.11}$$

其中 K 为整数。例如

$$f[4.15] = f[4.15-4] = f[0.15] = 0.15$$
$$f[-2.75] = f[-2.75+2] = f[-0.75] = -0.75$$

且有

$$\underbrace{f[f[f\cdots f[f[f}_{M次}[x_1]+x_2]+x_3]+\cdots]+x_M] = f[x_1+x_2+\cdots+x_M] \tag{9.2.12}$$

由此得出**补码运算的一个主要特性——只要最后相加结果不溢出，即使中间结果有溢出也不影响运算**。

为防止溢出产生振荡，可采用图 9.2(b)的补码饱和溢出特性，即当溢出时，把输出限制在最大值($1-2^{-b}$)及最小值(-1)上。

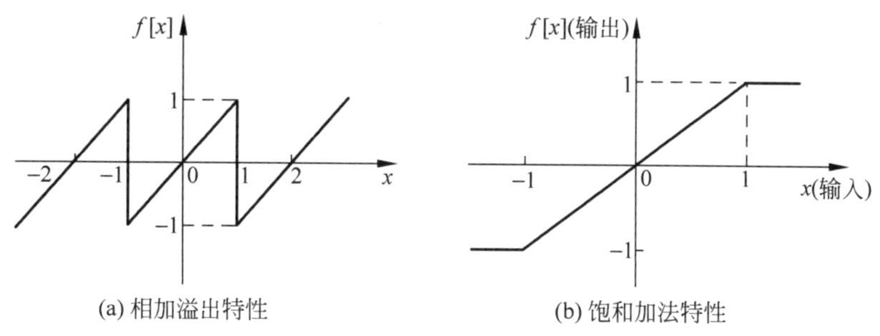

图 9.2　补码数相加特性

3. 反码。

(1) **反码又称"1 的补码"**。和补码一样，反码的正数与原码的正数表示相同。反码的负数则是将该数的正数表示形式中的所有 0 改为 1，所有 1 改为 0，即"求反"。例如 $x=-0.375$，其正数表达式为 0.011，将它的 0,1 全部颠倒，则得 1.100，这就是 $x=-0.375$ 的反码表示。

x 的反码就是 x 按位对 1 的补码，即

$$[x]_{反} = \underbrace{1.11\cdots11}_{(b+1)位} - |x| = (2-2^{-b}) - |x|$$

因而可给反码定义为

$$[x]_{反} = \begin{cases} |x|, & 0 \leqslant x < 1 \\ (2-2^{-b}) - |x|, & -1 < x \leqslant 0 \end{cases} \tag{9.2.13}$$

由此得出

$$[x]_{反} = 2 - |x| - 2^{-b} = [x]_{补} - 2^{-b}$$

$$[x]_{补} = [x]_{反} + 2^{-b} \tag{9.2.14}$$

由此看出补码负数与反码负数之间的简单关系。

由(9.2.14)式，利用求补码的十进制数值表达(9.2.8)式，求得反码的十进制数值为

$$x = -a_0(1-2^{-b}) + \sum_{i=1}^{b} a_i 2^{-i} \tag{9.2.15}$$

(2)“零”在反码中有两种表示，0.000 与 1.111，因而$(b+1)$位字长可表示$(2^{b+1}-1)$个不同的数，即表示$-(1-2^{-b})\sim(1-2^{-b})$之间的数。

(3) **反码的减法运算也可转换成加法运算，反码在做加法运算时，如果符号位相加后出现进位，则要把它送回到最低位进行相加，即做循环移位与最低位相加。**

例若 b=6，6 位字长，求 0.718 75−0.156 25=0.5625 的反码表示。先将其转换成相加运算即 0.718 75+(−0.156 25)。若用反码表示则为 0.101 11+1.110 10=10.100 01，将符号位的进位位“1”循环移位到末位且与末位码相加可得 0.100 01+0.000 01=0.100 10，而反码0.100 10表示的十进制数正好是 0.5625。

习惯上，加法器硬件多采用补码制，而串行乘法器通常用原码表示。

表 9.1 以 b=3 为例，列表表示了这三种码各自所表达的数值。

表 9.1 三种码的表示法(b=3)

二进制数	原码值	补码值	反码值
0.111	7/8	7/8	7/8
0.110	6/8	6/8	6/8
0.101	5/8	5/8	5/8
0.100	4/8	4/8	4/8
0.011	3/8	3/8	3/8
0.010	2/8	2/8	2/8
0.001	1/8	1/8	1/8
0.000	0	0	0
1.000	−0	−1	−7/8
1.001	−1/8	−7/8	−6/8
1.010	−2/8	−6/8	−5/8

续表

二进制数	原码值	补码值	反码值
1.011	−3/8	−5/8	−4/8
1.100	−4/8	−4/8	−3/8
1.101	−5/8	−3/8	−2/8
1.110	−6/8	−2/8	−1/8
1.111	−7/8	−1/8	0

9.2.3 量化方式——舍入与截尾

上面已说过，定点制的乘法以及浮点制的加法和乘法在运算结束后都会使字长增加，因而都需要对尾数进行截尾或舍入处理，由此引入的误差取决于所用二进制数的位数 b、数的运算方式（定点制或浮点制）、负数的表示法以及对尾数的处理方法（舍入或截尾）。下面分别加以分析。

一、定点制的截尾与舍入误差

设原来是 b 位字长，运算后增加到 b_1 位字长，需要对尾数进行量化处理，使 b_1 位字长减小到 b 位字长。

1. 定点制的截尾误差。

截尾是保留 b 位字长，把余下的尾数丢掉。

(1) x 为正数。三种码的表示法是相同的，因而量化影响也是相同的。一个 b_1 位正数 x 的十进制数值为

$$x=\sum_{i=1}^{b_1}a_i 2^{-i}$$

截尾处理后为 b 位字长，显然 $b<b_1$，我们用 $Q[\cdot]$表示量化处理，加下标 T 后，$Q_T[\cdot]$表示截尾量化处理，则有

$$Q_T[x]=\sum_{i=1}^{b}a_i 2^{-i}$$

若以 e_T 表示截尾误差，则有

$$e_T=Q_T[x]-x=-\sum_{i=b+1}^{b_1}a_i 2^{-i} \tag{9.2.16}$$

看出 e_T 为负值或零，当被弃位 $a_i(i=b+1$ 到 $i=b_1)$均为 1 时，有最大截尾误差为

$$e_{T\max}=-\sum_{i=b+1}^{b_1}2^{-i}=-(2^{-b}-2^{-b_1})$$

因而有

$$-(2^{-b}-2^{-b_1})\leqslant e_T\leqslant 0,\quad x>0$$

一般 $2^{-b}\gg 2^{-b_1}$，并令

$$\Delta=2^{-b} \tag{9.2.17}$$

Δ表示最小码位所表示的数值，称为“量化宽度”或“量化步阶”。因而**定点正数的截尾误差是负数**，满足

$$-\Delta < e_T \leqslant 0, \quad x > 0 \tag{9.2.18}$$

（2）***x* 为负数**，截尾误差与负数的表示法有关，分别讨论如下：

① **原码负数（$a_0 = 1$）**，则有

$$x = -\sum_{i=1}^{b_1} a_i 2^{-i}$$

$$Q_T[x] = -\sum_{i=1}^{b} a_i 2^{-i}$$

$$e_T = Q_T[x] - x = \sum_{i=b+1}^{b_1} a_i 2^{-i}$$

这时截尾误差是正数，满足

$$0 \leqslant e_T \leqslant (2^{-b} - 2^{-b_1}), \quad x < 0$$

因而**定点制原码负数的截尾误差是正数**，满足

$$0 \leqslant e_T < \Delta, \quad x < 0 \tag{9.2.19}$$

例如，$b_1 = 4$，$b = 2$，原码负数 $x = 1.1001$ 表示 $-9/16$，$Q_T[x] = 1.10$ 表示 $-1/2$

$$e_T = Q_T[x] - x = -\frac{1}{2} - \left(-\frac{9}{16}\right) = \frac{1}{16} > 0$$

② **补码负数（$a_0 = 1$）**，则有

$$x = -1 + \sum_{i=1}^{b_1} a_i 2^{-i}$$

$$Q_T[x] = -1 + \sum_{i=1}^{b} a_i 2^{-i}$$

$$e_T = Q_T[x] - x = -\sum_{i=b+1}^{b_1} a_i 2^{-i}$$

这个误差与正数时的误差是一样的，也是负的，即

$$-(2^{-b} - 2^{-b_1}) \leqslant e_T \leqslant 0$$

因而**定点制补码负数的截尾误差是负数**，满足

$$-\Delta < e_T \leqslant 0, \quad x < 0 \tag{9.2.20}$$

例如，$x = 1.1010(-0.375)$，$Q_T[x] = 1.10(-0.5)$

$$e_T = Q_T[x] - x = -0.5 - (-0.375) = -0.125 < 0$$

③ **反码负数（$a_0 = 1$）**，则有

$$x = -1 + \sum_{i=1}^{b_1} a_i 2^{-i} + 2^{-b_1}$$

$$Q_T[x]=-1+\sum_{i=1}^{b}a_i2^{-i}+2^{-b}$$

$$e_T=Q_T[x]-x=-\sum_{i=b+1}^{b_1}a_i2^{-i}+2^{-b}-2^{-b_1}$$

可以看出，当被弃位 $a_i(i=b+1$ 到 $i=b_1)$全为零时误差最大，全为 1 时误差最小，可得出

$$0\leqslant e_T\leqslant(2^{-b}-2^{-b_1})$$

则定点制反码负数的截尾误差是正数，满足

$$0\leqslant e_T<\Delta,\quad x<0 \tag{9.2.21}$$

它与原码负数的截尾误差相同，e_T 为正值或为零。

例如，$x=1.1100(-0.1875)$，$Q_T[x]=1.11(0)$

$$e_T=Q_T[x]-x=0.1875>0$$

总括起来，定点制补码的截尾误差皆为负数，其截尾量化的非线性特性如图 9.3(a)所示。原码与反码的截尾误差与数的正负有关，正数时误差为负，负数时误差为正，其截尾量化的非线性特性如图 9.3(b)所示。用式子表示为

正数及补码负数的截尾误差 $-\Delta<e_T\leqslant0$

原码负数及反码负数的截尾误差 $0\leqslant e_T<\Delta$

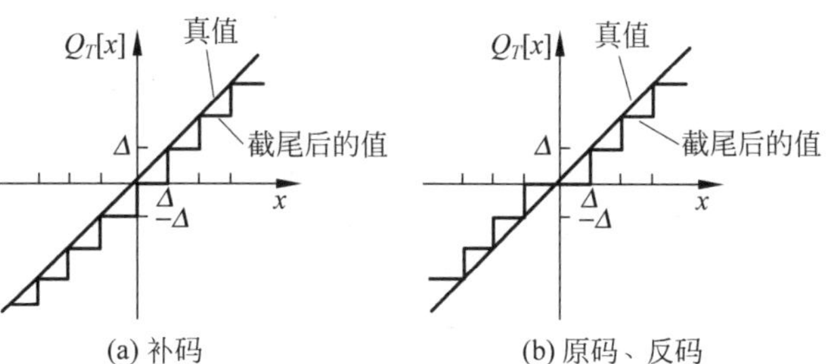

图 9.3 定点制截尾处理的量化特性($\Delta=2^{-b}$)

2. 定点制的舍入误差。

舍入是按最接近的值取 b 位码，因而舍入后各数值按 $\Delta=2^{-b}$ 的间距被量化，即两个数间最小非零差是 2^{-b}，舍入是选择靠得最近的量化层标准值为舍入后的值，因此不论是正数、负数，也不论是原码、补码、反码，其误差总是在$\pm\dfrac{\Delta}{2}=\pm\dfrac{2^{-b}}{2}$之间。我们用 $Q_R[\cdot]$表示舍入处理，e_R 表示舍入误差，则

$$e_R=Q_R[x]-x \tag{9.2.22}$$

$$-\frac{1}{2}\cdot2^{-b}<e_R\leqslant\frac{1}{2}\cdot2^{-b} \tag{9.2.23}$$

即定点制舍入误差为

$$-\frac{\Delta}{2} < e_R \leqslant \frac{\Delta}{2} \tag{9.2.24}$$

有时被舍入的数恰好在两个量化层标准值的正中间,这时可规定恒取上入,或恒取下舍,或是采用随机舍入。例如,取 $b=2$,则

$x=0.1001$, $Q_R[x]=0.10$,舍去 0.0001,误差 $e_R=-2^{-4}$;

$x=0.1011$, $Q_R[x]=0.11$,将 0.0011 上入为 0.01,误差 $e_R=+2^{-4}$;

$x=0.1010$,则 x 与 0.10 及 0.11 的距离相等,因此 $Q_R[x]$ 既可下舍为 0.10,也可上入为 0.11,一般可按十进制中四舍五入的规则,因此取 $Q_R[x]=0.11$,则 $e_R=+2^{-3}$。

例如,对于补码数,可表示为

$$x=-a_0+\sum_{i=1}^{b_1} a_i 2^{-i}$$

舍入处理可表示为

$$Q_R[x]=-a_0+\sum_{i=1}^{b} a_i 2^{-i}+a_{b+1}2^{-b}$$

最后一项表示的是"逢 5 进 1"。其他码可类似地表示。

对补码来说,考虑到它的溢出特性[见图 9.2(a)],则其舍入后的量化非线性特性如图 9.4 所示(图中尾数位 $b=2$)。

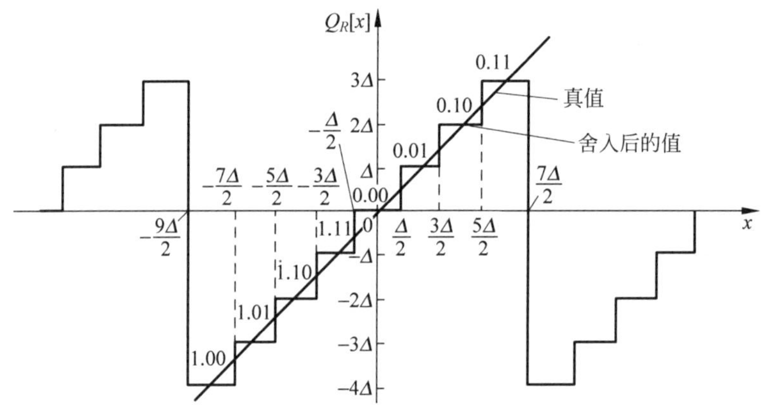

图 9.4 补码数舍入处理的量化非线性特性($b=2$)

比较图 9.4 和图 9.3(a)可看出,舍入误差是对称分布的,而补码截尾误差是单极性分布的,因而它们的统计特性是不同的。一般来说舍入误差的影响要小,所以应用得多一些。原码、反码舍入特性也是一样的,只不过当 $x<0$ 时,舍入后数值的二进制码与图 9.4不同。

二、浮点制的截尾与舍入误差

1. 相对误差。

浮点制中截尾或舍入处理只涉及尾数的字长,因而可运用定点误差分析的结果。但是所产生的绝对误差的大小却与阶码有关,两个尾数相同而阶码不同的数,在同样尾数量化

处理的情况下，绝对误差的大小是不一样的。例如，x_1 与 x_2 是尾数相同而阶码不同的两个数，即

$$x_1 = 0.0101 \times 2^{000}(0.3125), \quad x_2 = 0.0101 \times 2^{011}(2.5)$$

则

$$Q_R[x_1] = 0.01 \times 2^{000}(0.25), \quad Q_R[x_2] = 0.01 \times 2^{011}(2.0)$$

因而

$$e_{R_1} = Q_R[x_1] - x_1 = -0.0625, \quad e_{R_2} = Q_R[x_2] - x_2 = -0.5$$

从这个例子可以看出，在同样的尾数舍去情况下，由于 x_2 是 x_1 的 8 倍，相应的量化绝对误差 $|e_{R_2}|$ 是 $|e_{R_1}|$ 的 8 倍。因而，在浮点制中，用相对误差比用绝对误差更能反映它的特点，我们以 ε 来表示这个**相对误差**，即

$$\varepsilon = \frac{Q[x] - x}{x} \tag{9.2.25}$$

根据此式，绝对误差可表示成

$$e = Q[x] - x = \varepsilon x \tag{9.2.26}$$

这是相乘性误差，而不像定点制那样是相加性误差。

下面分别就浮点舍入和浮点截尾分析相对误差 ε 的误差范围。

2. 浮点舍入的相对误差。

尾数误差在 $\pm\frac{\Delta}{2}$ 之间，若 x 的阶码为 c，则

$$-2^c\frac{\Delta}{2} < Q_R[x] - x \leqslant 2^c\frac{\Delta}{2}$$

即

$$-2^c\frac{\Delta}{2} < \varepsilon_R x \leqslant 2^c\frac{\Delta}{2} \tag{9.2.27}$$

由于 $x = \pm M2^c$，其尾数部分是规格化的，即 $\frac{1}{2} \leqslant M < 1$，故有

$$2^{c-1} \leqslant |x| < 2^c \tag{9.2.28}$$

分以下两种情况讨论：

① **当 x 为正数**，由(9.2.28)式，则有

$$2^{c-1} \leqslant |x| < 2^c \tag{9.2.29}$$

x 为正，若 ε_R 为正，则有

$$\varepsilon_R 2^{c-1} \leqslant \varepsilon_R x$$

再利用(9.2.27)式右边的不等式与此式联立，可得

$$\varepsilon_R 2^{c-1} \leqslant 2^c\frac{\Delta}{2}$$

所以

$$\varepsilon_R \leqslant \Delta \tag{9.2.30}$$

x 为正，若 ε_R 为负，利用(9.2.29)式，有

$$\varepsilon_R 2^{c-1} \geqslant \varepsilon_R x$$

再利用(9.2.27)式左边的不等式与此式联式，可得

$$\varepsilon_R 2^{c-1} > -2^c \frac{\Delta}{2}$$

所以

$$\varepsilon_R > -\Delta \tag{9.2.31}$$

这样当 x 为正时，有

$$-\Delta < \varepsilon_R \leqslant \Delta, \quad x > 0 \tag{9.2.32}$$

② **当 x 为负数**，则有

$$-2^{c-1} \geqslant x > -2^c \tag{9.2.33}$$

当 x 为负，讨论 ε_R 为正、为负两种情况，则可得

$$-\Delta \leqslant \varepsilon_R < \Delta, \quad x < 0 \tag{9.2.34}$$

由(9.2.32)式与(9.2.34)式可知，**浮点制舍入的相对误差范围**为

$$-\Delta \leqslant \varepsilon_R \leqslant \Delta \tag{9.2.35}$$

3. 浮点截尾的相对误差。

要分正数与负数两种情况，同样要利用定点制的结果。

(1) x 为正数，其尾数误差为

$$-\Delta < e_T \leqslant 0$$

因此

$$-2^c\Delta < \varepsilon_T x \leqslant 0, \quad x > 0$$

考虑到

$$2^{c-1} \leqslant x < 2^c$$

由于 $x>0$，故必有 $\varepsilon_T \leqslant 0$，因而有 $\varepsilon_T x \leqslant 2^{c-1}\varepsilon_T$，从而可得出，浮点制正数的截尾相对误差 ε_T 满足

$$-2\Delta < \varepsilon_T \leqslant 0, \quad x > 0 \tag{9.2.36}$$

(2) x 为负数，分两种情况。

① **x 为原码、反码的负数**，尾数截尾误差为

$$0 \leqslant e_T < \Delta$$

因此

$$0 \leqslant \varepsilon_T x < 2^c\Delta, \quad x < 0$$

由于 $x<0$，故有

$$-2^c < x \leqslant -2^{c-1}$$

$x<0$，必有 $\varepsilon_T \leqslant 0$，因而有 $\varepsilon_T x \geqslant -\varepsilon_T 2^{c-1}$，由此得出浮点制原码、反码的负数的截尾相对误差满足

$$-2\Delta < \varepsilon_T \leqslant 0, \quad x < 0 \tag{9.2.37}$$

② **x 为补码负数**，尾数截尾误差为

$$-\Delta < e_T \leqslant 0$$

因而

$$-\Delta 2^{c} < \varepsilon_T x \leqslant 0, \quad x < 0$$

由于 $x<0$，故有

$$-2^{c} < x \leqslant -2^{c-1}$$

$x<0$，必有 $\varepsilon_T \geqslant 0$，因而有 $\varepsilon_T x \leqslant -2^{c-1}\varepsilon_T$，因此得出浮点制补码负数截尾相对误差 ε_T 满足

$$0 \leqslant \varepsilon_T < 2\Delta, \quad x < 0 \tag{9.3.38}$$

(3) 概括起来，**浮点制截尾的相对误差为**

原码、反码

$$-2\Delta < \varepsilon_T \leqslant 0 \tag{9.2.39}$$

补码

$$\begin{cases} -2\Delta < \varepsilon_T \leqslant 0, & x > 0 \\ 0 \leqslant \varepsilon_T < 2\Delta, & x < 0 \end{cases} \tag{9.2.40}$$

4. 量化误差的概率密度函数。

由以上分析看出，舍入和截尾都产生非线性关系。为了研究量化误差对数字信号处理系统精度的影响，必须了解舍入和截尾误差的特性，一般最方便的方法是把这些量化误差看成随机变量，对每种误差求出概率密度函数，现在虽然知道了量化误差的范围，但是并不知道在此范围内误差的概率。一个较为合理的假设，是设量化误差在整个可能出现的范围内是等概率的，也就是均匀分布的，在此假设下，图 9.5 示出了定点制和浮点制舍入误差及截尾误差的概率密度函数：**对于定点制，变量为绝对误差 $e=Q[x]-x$；对于浮点制，变量为相对误差 $\varepsilon=\dfrac{Q[x]-x}{x}$**。

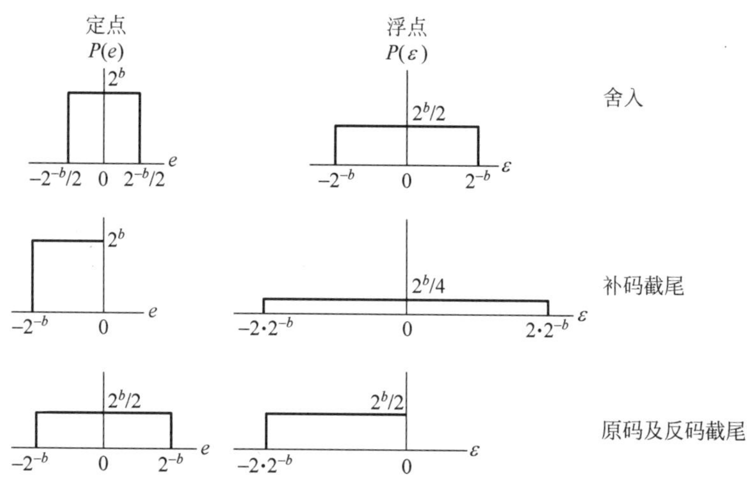

图 9.5　等概假设下，量化误差的概率密度函数

9.3 模拟/数字(A/D)变换的量化效应

9.3.1 A/D 变换的非线性模型

A/D(模数)变换是将输入模拟信号 $x_a(t)$转换为 b 位二进制数字信号。b 的数值可以是 8,12 或高至 20。一个 A/D 变换从功能上可以分为两部分:抽样与量化。A/D 变换的非线性模型如图 9.6 所示。抽样产生的序列 $x(n)=x_a(t)|_{t=nT}=x_a(nT)$,$x(n)$具有无限精度,量化对每个抽样序列$x(n)$进行截尾或舍入的量化处理,从而给出$\hat{x}(n)=Q[x(n)]$。实际上这两部分是同时完成的。

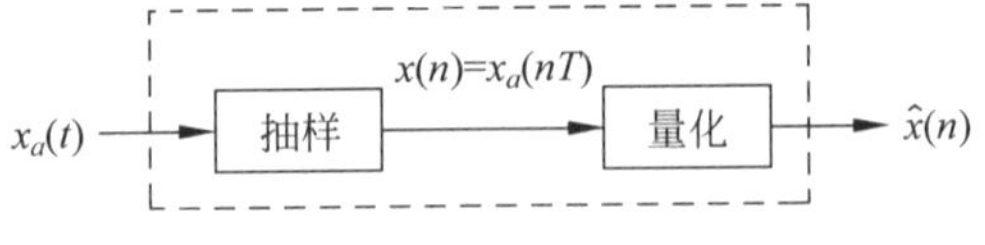

图 9.6 A/D 变换的非线性模型

9.3.2 A/D 变换对输入抽样信号幅度的要求

分析 A/D 变换的量化效应的目的在于选择合适的字长,以满足信噪比指标。

为了使抽样后不产生混叠失真,模拟信号必须是限带的,因而 A/D 变换器前一般都加一个前置模拟低通滤波器,它对大于折叠频率(抽样频率之半)的频率应有足够的衰减(例如至少大于 40dB),且要求信号基带内的波纹要足够小。此外,由于 A/D 变换总是定点制的,必须使信号不超过 A/D 变换的动态范围,为此模拟输入信号必须乘一个比例因子,使得它满足 A/D 变换动态范围的要求,即

$$x(n)=Ax_a(t)|_{t=nT}=Ax_a(nT) \tag{9.3.1}$$

设量化输出抽样值表示成$(b+1)$位的补码定点小数,二进制小数点后为 b 位。输入到量化器的精确抽样值 $x(n)$要舍入到最靠近的量化层标准值,以得到量化抽样值$\hat{x}(n)$,**对补码定点制输入信号 $x(n)$的动态范围为**(参见图 9.4)

$$\left(-1-\frac{2^{-b}}{2}\right)<x(n)<\left(1-\frac{2^{-b}}{2}\right) \tag{9.3.2}$$

量化误差为

$$e(n)=Q[x(n)]-x(n)=\hat{x}(n)-x(n) \tag{9.3.3}$$

9.3.3 A/D 变换的量化非线性特性

A/D 变换的量化特性主要取决于所采用的数的表示方式和量化方式。

(1) 对于**补码舍入处理**,由(9.2.24)式可知

$$-\frac{\Delta}{2}<e_R(n)\leqslant\frac{\Delta}{2},\quad \Delta=2^{-b} \tag{9.3.4}$$

这种 A/D 变换的量化非线性特性如图 9.4 所示(b=2)。

如果输入抽样的精确值落在(9.3.2)式规定的范围之外，将会产生错误，如图 9.4 所示，超过 0.11(3Δ)将变成 1.00(−4Δ)。此时，可采用限幅办法，即当抽样值超过 $1-\frac{2^{-b}}{2}$ 时，皆取为量化值 $1-2^{-b}$；当抽样值小于 $-1-\frac{2^{-b}}{2}$ 时，皆取成量化值 −1。一般我们不希望出现这种限幅作用，因而必须将输入幅度加权以满足(9.3.2)式。

(2) 对于**补码截尾处理**，由(9.2.18)式及(9.2.20)式知，A/D 变换的量化误差为

$$-\Delta < e_T(n) \leqslant 0 \qquad (9.3.5)$$

这种 A/D 变换的量化非线性特性如图 9.7 所示(b=2)。

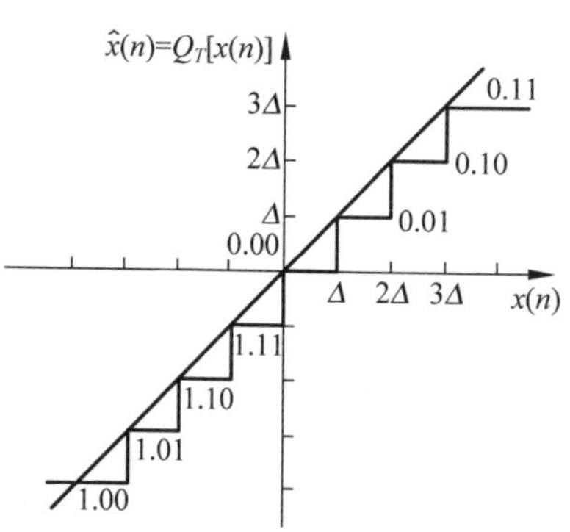

图 9.7 补码截尾处理时，A/D 变换的量化非线性特性(b=2)

9.3.4 A/D 变换量化误差的统计分析

1. A/D 变换作统计分析的条件。

上面虽然分析了 A/D 变换的量化误差范围，但要精确知道所有 n 下的量化误差 $e(n)$ 几乎是不可能的，也无此必要。一般只要知道量化误差的一些平均效应，就可用来作为确定 A/D 变换所需字长的依据，所以，对量化误差适合于采用统计分析方法。

在统计分析中，**对误差 $e(n)$ 的统计特性做了如下的一些假定**：

(1) $e(n)$是平稳随机序列；

(2) $e(n)$与抽样信号 $x(n)$是不相关的；

(3) $e(n)$序列本身的任意两个值之间是不相关的，即 $e(n)$是白噪声序列；

(4) $e(n)$在其误差范围内为均匀等概分布的。

根据这些假定，量化误差 $e(n)$就是一个与信号序列完全不相关的白色噪色序列，也称为量化噪声。它与信号的关系是相加性的。在这些假定下，实际的 A/D 变换的非线性模型(见图 9.6)就变成等效线性过程的统计模型，如图 9.8 所示，即在理想抽样器的输出端加入了一个量化白噪声序列 $e(n)$。

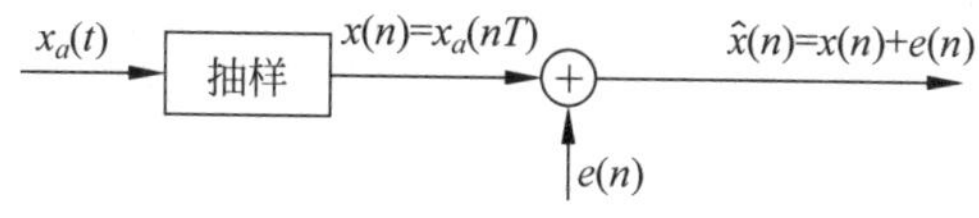

图 9.8 A/D 变换的统计模型

以上假定是为了简化量化误差的分析，实际工作中，有时并不满足这些要求，例如，如果输入 $x_a(t)$是阶跃、方波、正弦等简单信号，量化后显然不能认为误差是统计独立的和白色的。但是信号越不规则，例如语言信号及音乐信号，这种假定就越接近于实际，也就是说只要信号足够复杂且量化台阶足够小(即字长 b 足够大)，则此统计模型就更加有效。注意对于反码截尾和原码截尾来说，不能假定误差与信号互相独立，因为误差的符号与信号的

符号总是相反的。

2. A/D 变换的量化误差 $e(n)$ 的统计性能。

就是研究 $e(n)$ 的平均值 m_e、方差 σ_e^2。

(1) 对于定点舍入情况，误差序列 $e(n)$ 的概率密度函数为（见图 9.5）

$$p[e(n)]=\begin{cases}\dfrac{1}{\Delta}, & -\dfrac{\Delta}{2}<e(n)\leqslant\dfrac{\Delta}{2}, \quad \Delta=2^{-b}\\ 0, & \text{其他}\end{cases} \tag{9.3.6}$$

可求出其均值 m_e 与方差 σ_e^2 分别为

$$m_e=E[e(n)]=\int_{-\Delta/2}^{\Delta/2}ep(e)\mathrm{d}e=0 \tag{9.3.7}$$

$$\begin{aligned}\sigma_e^2&=E((e(n)-m_e)^2)=\int_{-\Delta/2}^{\Delta/2}[e-m_e]^2p(e)\mathrm{d}e\\&=\int_{-\Delta/2}^{\Delta/2}\frac{1}{\Delta}e^2\mathrm{d}e=\frac{\Delta^2}{12}=\frac{2^{-2b}}{12}\end{aligned} \tag{9.3.8}$$

其中 $E[\cdot]$ 表示求数学期望，即统计平均。由于 $e(n)$ 是平稳的，在求数学期望时与 n 无关，所以可以不标 n。

(2) 对于定点补码截尾情况，误差序列 $e(n)$ 的概率密度函数为（见图 9.5）

$$p[e(n)]=\begin{cases}\dfrac{1}{\Delta}, & -\Delta<e(n)\leqslant 0\\ 0, & \text{其他}\end{cases} \tag{9.3.9}$$

可求出其均值 m_e 与方差 σ_e^2 分别为

$$m_e=\int_{-\Delta}^{0}\frac{1}{\Delta}e\,\mathrm{d}e=-\frac{\Delta}{2}=-\frac{2^{-b}}{2} \tag{9.3.10}$$

$$\sigma_e^2=\int_{-\Delta}^{0}\left[e+\frac{\Delta}{2}\right]^2\frac{1}{\Delta}\mathrm{d}e=\frac{\Delta^2}{12}=\frac{2^{-2b}}{12} \tag{9.3.11}$$

由于假定 $e(n)$ 为白噪声序列，故舍入误差的自协方差序列为

$$r_{ee}(n)=E\{[e(m)-m_e][e(m+n)-m_e]\}=E[e(m)e(m+n)]=\sigma_e^2\delta(n) \tag{9.3.12}$$

其中 $E[\cdot]$ 表示求统计平均值。

从上面的关系式看出，量化噪声的方差和 A/D 变换的字长 b 有关，字长越长，则量化间距 $\Delta=2^{-b}$ 越小，因而量化噪声的方差 σ_e^2 就越小。同时我们也看出，采用定点制补码截尾时，A/D 变换器的量化噪声有直流分量（均值不为零），这将影响信号的频谱结构，所以很少采用它。

3. 量化后的信噪声比及其与字长 b 的关系。

由于在抽样模拟信号的数字处理中，把量化噪声看成相加性噪声序列，量化过程看成是无限精度的信号与量化噪声的叠加，因而信噪比是一个衡量量化效应的重要指标。

对于舍入处理，设信号 $x(n)$ 的功率为 σ_x^2，则**信号功率与噪声功率之比为**

$$\frac{\sigma_x^2}{\sigma_e^2}=\frac{\sigma_x^2}{2^{-2b}/12}=12\cdot 2^{2b}\cdot\sigma_x^2$$

表示成分贝数，则为

$$\frac{S}{N}=10\log_{10}\frac{\sigma_x^2}{\sigma_e^2}=6.02b+10.79+10\log_{10}\sigma_x^2\quad(\text{dB})\tag{9.3.13}$$

由此式看出，信号功率 σ_x^2 越大，信噪比当然越高；另一方面，随着字长 b 的增加，信噪比也增大。且有，**A/D 变换的字长 b 每增加一位，信噪比增加约 6dB**。

前面已说到，**当输入信号超过 A/D 变换的动态范围时，必须压缩输入信号幅度**，以避免采用限幅，也就是要**将输入信号缩小为 $Ax(n)$，$0<A<1$**，然后对其量化。由于 $Ax(n)$ 的方差是 $A^2\sigma_x^2$，故此时的**信噪比为**

$$\frac{S}{N}=10\log_{10}\left(\frac{A^2\sigma_x^2}{\sigma_e^2}\right)=6.02b+10.79+10\log_{10}\sigma_x^2+20\log_{10}A\quad(\text{dB})\tag{9.3.14}$$

上式中，$0<A<1$，则 $\log_{10}A$ 为负数，因此压缩输入信号幅度，将使信噪比减小。

许多模拟信号，例如语言和音乐，可以视为一个随机过程。因此可用概率分布来表示这些信号，在幅值为零附近，概率分布曲线出现峰值，且随幅度增加分布曲线值急剧下降，**抽样幅度超过信号均方根值 3 倍或 4 倍的概率极小**。因此，如令 $\boldsymbol{A=1/4\sigma_x}$，**则不出现限幅失真的概率是极高的，此时信噪比为**

$$\frac{S}{N}=10\log_{10}\left(\frac{A^2\sigma_x^2}{\sigma_e^2}\right)=10\log_{10}\left(\frac{1}{16\sigma_e^2}\right)=10\log_{10}\left(\frac{3}{4}\cdot 2^{2b}\right)\approx 6b-1.25\quad(\text{dB})$$

这个关系式很重要，由它可以看出，**若需得到信噪比大于 70dB，至少需要满足 $b=12$bit**。当然，字长越长，A/D 变换的信噪比越高。又如，**人耳对声音的感觉范围大约为 100dB**，因此**对高质量的音频应用，常需 A/D 的字长为 $b=16$，则信噪比为 $S/N\doteq16\times6=96$dB，这是至少应满足的字长数**。但是字长过长也无必要，因为输入信号 $x_a(t)$ 本身也有一定的信噪比，字长长到 A/D 变换的量化噪声比 $x_a(t)$ 的噪声电平更低，就没有意义了。

这样，我们看出，**提高信噪比的办法，一是增大输入信号，但这受到 A/D 变换动态范围的限制；二是增加字长 b，但它受到输入信号 $x_a(t)$ 的信噪比的限制**。

9.3.5 量化噪声的功率谱密度

由于**量化噪声是白噪声**，而白噪声的任何两个取值之间都是不相关的，也就是说白噪声的自相关函数是单位冲激序列 $\delta(n)$。另外，由于白噪声是无限能量的信号，因而它的 z 变换及傅里叶变换是不存在的，也就是说没有频谱的概念，但是白噪声的平均功率在奈奎

斯特频率范围($|\omega|<\pi$ 即$|f|<\frac{f_s}{2}$,f_s 抽样频率)中是均匀分布的,也就是其单位频率区间内的功率谱密度 $p_e(f)$是均匀的,若其总噪声功率为 σ_e^2,则应满足

$$\sigma_e^2 = \frac{1}{2\pi}\int_{-\pi}^{\pi} p_e(\omega)\mathrm{d}\omega = \int_{-f_{s/2}}^{f_{s/2}} p_e(f)\mathrm{d}f = p_e(f)\cdot f_s$$

因而在$-\frac{f_s}{2}<f<\frac{f_s}{2}$区间内的功率谱密度为

$$p_e(f) = \sigma_e^2/f_s \tag{9.3.15}$$

9.4 白噪声(A/D 变换的量化噪声)通过线性系统

下面讨论量化的序列$\hat{x}(n)=x(n)+e(n)$通过线性移不变系统,而且假定系统是完全理想的,即是无限精度的,也就是说,系统实现时带来的误差以及运算带来的误差暂都不考虑,把它们看成是独立于量化噪声而引起的误差,可单独计算,然后将结果叠加。

因为我们已认为 $x(n)$和 $e(n)$不相关,且系统是线性移不变的,根据叠加原理,系统的输出为

$$\begin{aligned}\hat{y}(n) &= \hat{x}(n) * h(n) = x(n) * h(n) + e(n) * h(n)\\ &= \sum_{m=0}^{\infty} h(m)x(n-m) + \sum_{m=0}^{\infty} h(m)e(n-m) = y(n) + f(n)\end{aligned}$$

其中 $y(n)$是系统对 $x(n)$的响应,即

$$y(n) = x(n) * h(n) = \sum_{m=0}^{\infty} h(m)x(n-m)$$

$f(n)$是系统对量化噪声 $e(n)$的响应,即

$$f(n) = \hat{y}(n) - y(n) = e(n) * h(n) = \sum_{m=0}^{\infty} h(n)e(n-m) \tag{9.4.1}$$

图 9.9 表示了量化噪声通过线性系统的框图。

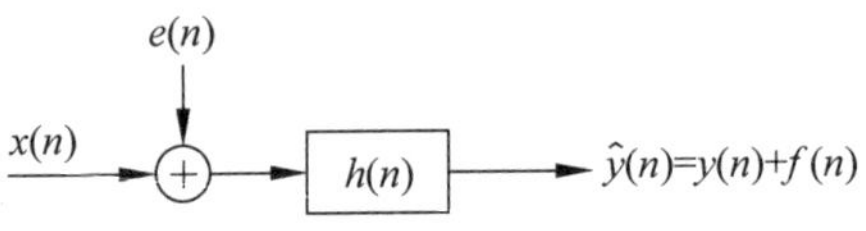

图 9.9 量化噪声通过线性系统

由于 $e(n)$与 $x(n)$互不相关,故在计算输出噪声功率时,可以不管 $x(n)$的影响。

1. 对定点补码舍入,舍入噪声 $e(n)$造成的输出噪声 $f(n)$的均值为

$$\begin{aligned}m_f &= E[f(n)] = E[e(n) * h(n)]\\ &= \sum_{m=0}^{\infty} h(m)E[e(n-m)] = m_e\sum_{m=0}^{\infty} h(m) = 0\end{aligned} \tag{9.4.2}$$

方差则为

$$\sigma_f^2 = E[f^2(n)] = E\left[\sum_{m=0}^{\infty} h(m)e(n-m)\sum_{l=0}^{\infty} h(l)e(n-l)\right]$$
$$= \sum_{m=0}^{\infty}\sum_{l=0}^{\infty} h(m)h(l)E[e(n-m)e(n-l)] = \sum_{m=0}^{\infty}\sum_{l=0}^{\infty} h(m)h(l)\sigma_e^2\delta(m-l)$$
$$= \sigma_e^2\sum_{m=0}^{\infty} h^2(m) \tag{9.4.3}$$

这里考虑了 $e(n)$ 是白色的，它的各序列值之间互不相关，因而有

$$E[e(n-m)e(n-l)] = \delta(m-l)\sigma_e^2$$

按照帕塞瓦定理，考虑到 $h(n)$ 是实序列，则有

$$\sum_{m=0}^{\infty} h^2(m) = \frac{1}{2\pi j}\oint_c H(z)H(z^{-1})\frac{dz}{z}$$

这样，**补码舍入噪声通过线性系统 $H(z)$ 后的噪声方差 σ_f^2** 的(9.4.3)式可改写成

$$\sigma_f^2 = \frac{\sigma_e^2}{2\pi j}\oint_c H(z)H(z^{-1})\frac{dz}{z} \tag{9.4.4}$$

或者在单位圆上计算，可得

$$\sigma_f^2 = \frac{\sigma_e^2}{2\pi}\int_{-\pi}^{\pi} H(e^{j\omega})H(e^{-j\omega})d\omega = \frac{\sigma_e^2}{2\pi}\int_{-\pi}^{\pi} |H(e^{j\omega})|^2 d\omega \tag{9.4.5}$$

2. 对定点补码截尾，经过分析可知，输出噪声的方差仍为(9.4.3)式或(9.4.4)式或(9.4.5)式，均值(即直流分量)的分析分式仍同于(9.4.2)式，但由于 $m_e \neq 0$，故 m_f 可表示为

$$m_f = m_e\sum_{m=0}^{\infty} h(m) = m_e H(e^{j0}) \tag{9.4.6}$$

以上这些分析对于白噪声通过线性系统都是合适的，因此这些结果在下面还将用到。

9.5 数字滤波器的系数量化效应

理想数字滤波器的系统函数为

$$H(z) = \frac{\sum_{k=0}^{M} b_k z^{-k}}{1-\sum_{k=1}^{N} a_k z^{-k}} = \frac{B(z)}{A(z)} \tag{9.5.1}$$

由理论设计出的理想数字滤波器系统函数的各系数 b_k，a_k 都是无限精度的，但实际实现时，滤波器的所有系数都必须以有限长的二进制码形式存放在存储器中，因而必须对理想的原系数值加以量化，就会与原系数值有偏差，这就造成滤波器的零点、极点位置发生偏移，使实际系统函数与原设计的有所不同，也就是系统的实际频率响应与按要求设计出的频率响

应有偏离,甚至严重时,如果 z 平面单位圆内极点偏移到单位圆外,系统就不稳定,滤波器就不能使用了。

系数量化对滤波器性能的影响当然和字长有关,但是也和滤波器的结构形式密切相关。因而选择合适的结构,对减小系数量化的影响是非常重要的。分析数字滤波器系数量化误差的目的在于选择合适的字长,以满足频率响应指标的要求。

9.5.1 系统极点(零点)位置对系数量化的灵敏度

系数量化后使滤波器的特性与所要求的频率响应不同,或说表现在极点、零点离开了它们应有的位置,所以一个网络结构对系数量化的灵敏度是用系数量化引起的极点、零点的位置误差来衡量的。不同形式的系统结构,在相同的系数"量化步距"情况下,其量化灵敏度是不同的,这是比较各种结构形式的重要标准。

极点位置灵敏度是指每个极点位置对各系数偏差的敏度程度。其分析方法,同样适用于零点,但是极点对系统的影响更大,直接影响系统的稳定性,更为人们所注意。

(9.5.1)式表示了一个无限精度的 N 阶直接型结构的 IIR 滤波器的系统函数,其中 a_k、b_k 是系统直接型结构所求出的无限精度的系数。若系数在实际实现时已被量化为 $\hat{a}_k$,$\hat{b}_k$,即

$$\hat{a}_k = a_k - \Delta a_k$$

$$\hat{b}_k = b_k - \Delta b_k \tag{9.5.2}$$

其中 Δa_k、Δb_k 是由量化造成的系数误差,则实际实现的系数函数为

$$\hat{H}(z) = \frac{\sum_{k=0}^{M} \hat{b}_k z^{-k}}{1 - \sum_{k=1}^{N} \hat{a}_k z^{-k}} \tag{9.5.3}$$

下面我们来讨论系数量化误差对极点的影响。由(9.5.1)式,原系统函数 $H(z)$ 的分母多项式为

$$A(z) = 1 - \sum_{k=1}^{N} a_k z^{-k} \tag{9.5.4}$$

也可表示成因式形式

$$A(z) = \prod_{i=1}^{N} (1 - z_i z^{-1}) \tag{9.5.5}$$

令 $A(z)=0$,就得到 $H(z)$ 的极点

$$z = z_i, \quad i = 1,2,\cdots,N$$

设系数量化后 $\hat{H}(z)$ 的极点为

$$z_i + \Delta z_i, \quad i = 1,2,\cdots,N$$

Δz_i 为极点位置的偏差量,它是由各个系数偏差 Δa_k 引起的,因此

$$\Delta z_i = \sum_{k=1}^{N} \frac{\partial z_i}{\partial a_k} \Delta a_k, \quad i = 1,2,\cdots,N \tag{9.5.6}$$

由此式看出，$\partial z_i/\partial a_k$ 值的大小决定着系数 a_k 的偏差 Δa_k 对极点位置偏差 Δz_i 的影响程度，$\partial z_i/\partial a_k$ 越大，Δa_k 对 Δz_i 的影响也越大，$\partial z_i/\partial a_k$ 越小，Δa_k 对 Δz_i 的影响就越小。所以 $\partial z_i/\partial a_k$ 就是极点 z_i 对系数 a_k 变化的灵敏度。下面根据 $A(z)$ 来求这个极点位置灵敏度 $\partial z_i/\partial a_k$ 的表达式，根据复合函数的微分法则可得

$$\left(\frac{\partial A(z)}{\partial z_i}\right)_{z=z_i}\left(\frac{\partial z_i}{\partial a_k}\right)=\left(\frac{\partial A(z)}{\partial a_k}\right)_{z=z_i}$$

由此得出

$$\frac{\partial z_i}{\partial a_k}=\left.\frac{\partial A(z)/\partial a_k}{\partial A(z)/\partial z_i}\right|_{z=z_i}\tag{9.5.7}$$

由(9.5.4)式，可以得出

$$\frac{\partial A(z)}{\partial a_k}=-z^{-k}\tag{9.5.8}$$

根据(9.5.5)式的因式表达式，可以求出(假定各 z_i 全是单根)

$$\frac{\partial A(z)}{\partial z_i}=-z^{-1}\prod_{\substack{l=1\\l\neq i}}^{N}(1-z_l z^{-1})=-z^{-N}\prod_{\substack{l=1\\l\neq i}}^{N}(z-z_l)\tag{9.5.9}$$

将(9.5.8)式及(9.5.9)式代入(9.5.7)式，就得到**极点位置灵敏度为**

$$\frac{\partial z_i}{\partial a_k}=\frac{z_i^{N-k}}{\prod\limits_{\substack{l=1\\l\neq i}}^{N}(z_i-z_l)}\tag{9.5.10}$$

这个公式非常重要。它表示由 $H(z)$ 的分母的第 k 个系数 a_k 的偏差造成第 i 个极点 z_i 的偏差的灵敏度。此式只对单阶极有效，多阶极点可进行类似的推导。对于直接型结构，由于它的零点只取决于分子多项式的系数 b_k，因而对于零点可得到完全相似的结果，即由 b_k 的偏差造成零点位置偏差的灵敏度表达式。

将(9.5.10)式代入(9.5.6)式，可以得到**各 a_k 的偏差 Δa_k 引起的第 i 个极点位置的变化量**

$$\Delta z_i=\sum_{k=1}^{N}\frac{z_i^{N-k}}{\prod\limits_{\substack{l=1\\l\neq i}}^{N}(z_i-z_l)}\Delta a_k,\quad i=1,2,\cdots,N\tag{9.5.11}$$

(9.5.10)式的分母中的**每一个因子 (z_i-z_l) 是一个由极点 z_l 指向 z_i 的矢量**，而整个分母正是所有其他极点 $z_l(l\neq i)$ 指向该极点 z_i 的矢量积。**这些矢量越长，即极点彼此间越远时，极点位置对系数量化的灵敏度就越低；这些矢量越短，即极点彼此越密集时，极点位置对系数量化的灵敏度就越高**。例如，图 9.10(a)表示共轭极点在 z 平面虚轴附近的带通滤波器，图 9.10(b)表示共轭极点在实轴附近的低通滤波器，前者极点间距离比后者长，因此前者极点位置灵敏度比后者小，也就是说，在相同程度的系数量化下所造成的极点位置误差前者比后者要小。

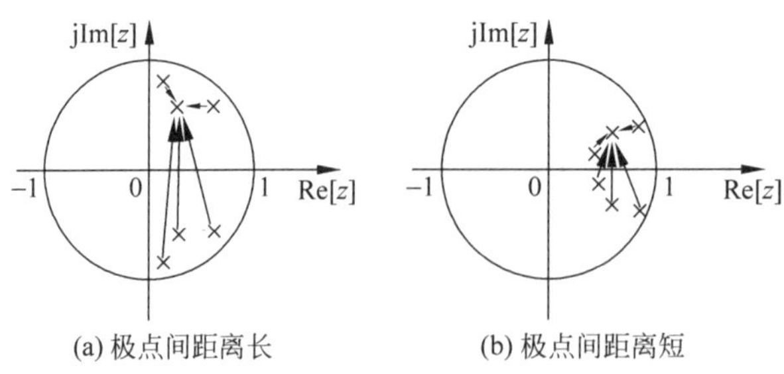

(a) 极点间距离长　(b) 极点间距离短

图 9.10　极点位置灵敏度与极点间距离成反比

高阶直接型结构滤波器的极点数目多而密集，而低阶直接型结构滤波器的极点数目少而稀疏，因而前者对系数量化误差要敏感得多，同理，并联型结构及级联型结构将比直接型结构要好得多。这是因为，在**级联型和并联型结构中，每一对共轭极点是单独用一个二阶子系统实现的，其他二阶子系统的系数变化对本节子系统的极点位置不产生任何影响**，由于每对极点只受与之有关的两个系数的影响，而且级联或并联后，**每个子系统的极点密集度就比直接型高阶网络的要稀疏得多，因而极点位置受系数量化的影响比直接型结构要小得多**，如图 9.11 所示。

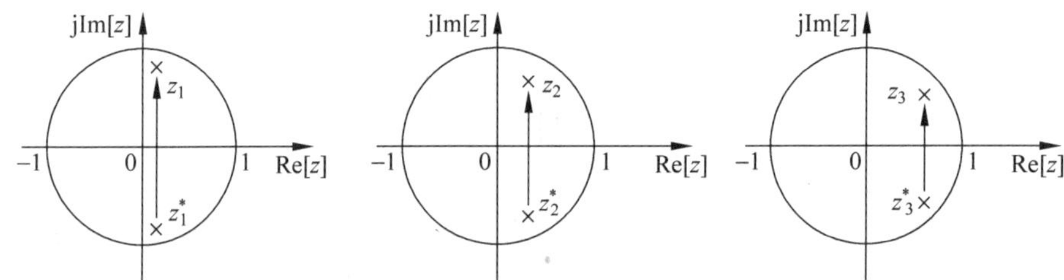

图 9.11　级联型、并联型极点密度（与图 9.10(a)相对应）

以上的讨论，同样适用于零点位置随系数量化的分析。

下面用一个例子，通过极点位置灵敏度来说明极点位置变化与系数字长的关系。

【例 9.1】　设数字滤波器的系统函数为

$$H(z)=\frac{0.0373}{1+1.7z^{-1}+0.745z^{-2}}=\frac{0.373}{1-a_1z^{-1}-a_2z^{-2}}$$

利用 a_2 变化造成的极点位置灵敏度，为保持极点在其正常值的 0.5%内变化，试确定所需要的最小字长。

解　令 $H(z)$的分母为零，即

$$1+1.7z^{-1}+0.745z^{-2}=0$$

由此得出 $H(z)$的两个极点为

$$z_1=-0.85+\mathrm{j}0.15,\quad z_2=-0.85-\mathrm{j}0.15$$

则

$$|z_1|=|z_2|=0.863$$

利用(9.5.10)式，看 a_2 变化的影响：

$$\frac{\partial z_1}{\partial a_2}=\frac{1}{z_1-z_2}=\frac{1}{\text{j}0.3}=3.3333\text{e}^{-\text{j}90^\circ}$$

$$\frac{\partial z_2}{\partial a_2}=\frac{1}{z_2-z_1}=\frac{1}{-\text{j}0.3}=3.3333\text{e}^{\text{j}90^\circ}$$

可以看出，a_2 的变化对 z_1，z_2 影响的大小是相同的。由于题意要求研究 a_2 对 z_2（或 z_1）的影响，故只需考虑绝对值即可，因而有

$$|\Delta z_2|=\left|\frac{\partial z_2}{\partial a_2}\right||\Delta a_2|$$

由题意可知
$$|\Delta z_2/z_2|=0.5\%$$

故有
$$|\Delta a_2|=\left|\frac{\Delta z_2}{\partial z_2/\partial a_2}\right|=\frac{0.5\%\times|z_2|}{3.3333}=1.295\times10^{-3}$$

这样，所需的系数"量化步距"应为 $2|\Delta a_2|=2.590\times10^{-3}$。如果采用定点二进制小数表示，设小数点后为 b 位，则分辨率为 2^{-b}，因为应满足 $2^{-b}<2.590\times10^{-3}$，$b$ 取整数，可得 $b=9$。由此可知，系数字长 $b=9$ 才能满足性能要求。

总括说来，**系数量化对极点位置的影响与极点本身状态以及滤波器的结构都有密切关系。对于高阶滤波器来说，应该避免采用直接型结构，而应采用分解为基本二阶节或一阶节的级联型结构或并联型结构。这样，在给定字长的情况下，可以使系数量化的影响最小。对于极点灵敏度很高的场合，可以采用双精度的系数，以便有效地达到精度的要求。**

9.5.2 系数量化对二阶子系统极点位置的影响

上面说过，就极点位置灵敏度来看，级联型和并联型优于直接型。但是，级联型和并联型的基本子系统是二阶节，如何实现这个基本二阶节也有着不同的情况。

设二阶 IIR 系统的差分方程为

$$y(n)=x(n)-a_1y(n-1)-a_2y(n-2)$$

其系统函数为

$$H(z)=\frac{1}{1+a_1z^{-1}+a_2z^{-2}} \tag{9.5.12}$$

设 $H(z)$ 有一对共轭复极点

$$z_{1,2}=r\text{e}^{\pm\text{j}\theta} \tag{9.5.13}$$

则有

$$\begin{aligned}1+a_1z^{-1}+a_2z^{-2}&=(1-r\text{e}^{\text{j}\theta}z^{-1})(1-r\text{e}^{\text{j}\theta}z^{-1})\\&=1-2r\cos\theta\cdot z^{-1}+r^2z^{-2}\end{aligned}$$

$H(z)$ 的直接型实现表示在图 9.12 上。由此看出

$$r^2=a_2,\quad r\cos\theta=-\frac{a_1}{2} \tag{9.5.14}$$

若**系数量化，也就是将 $a_1/2$，a_2 量化**，由于 $a_2=r^2$ 决定了极点的半径，而 $a_1=2r\cos\theta$ 则决定了极点在实轴上的坐标。

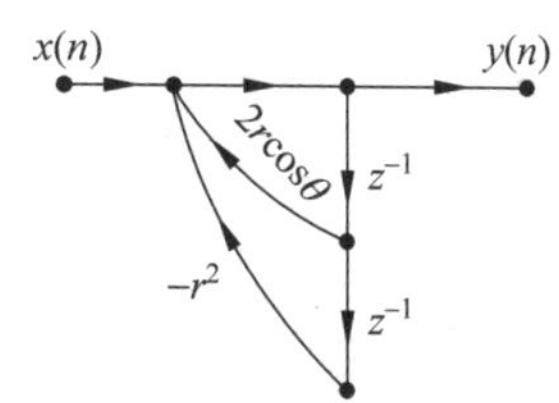

图 9.12 复共轭极点对组成的二阶基本节的直接型实现

如果 $a_1/2$，a_2 用三位字长 $b=3$ 表示（不包括符号位），表 9.2 表示了三位字长只能有 8 种不同值，因而只能表示8 种半径 r 值和 $\pm 7/8$ 之间的 15 种实轴坐标 $\gamma\cos\theta$，这样，三位字长的系数所能表达的**极点位置就是在同心圆（对应于 $a_2=r^2$ 的量化）及垂直线（对应于 $a_1/2=-r\cos\theta$ 的量化）的网格交点上**，如图 9.13 所示。可以看出极点在 z 平面的网格点子很不均匀，实轴附近分布较稀，半径大的地方分布很密，这就使得实轴附近的极点（对应于高通、低通滤波器）量化误差大，而虚轴附近的极点（对应于带通滤波器）量化误差小。当然这种分布只是二阶直接型结构的情况，不同结构的滤波器，系数量化对零、极点位置的影响是不同的，这在前面已经讨论过了。

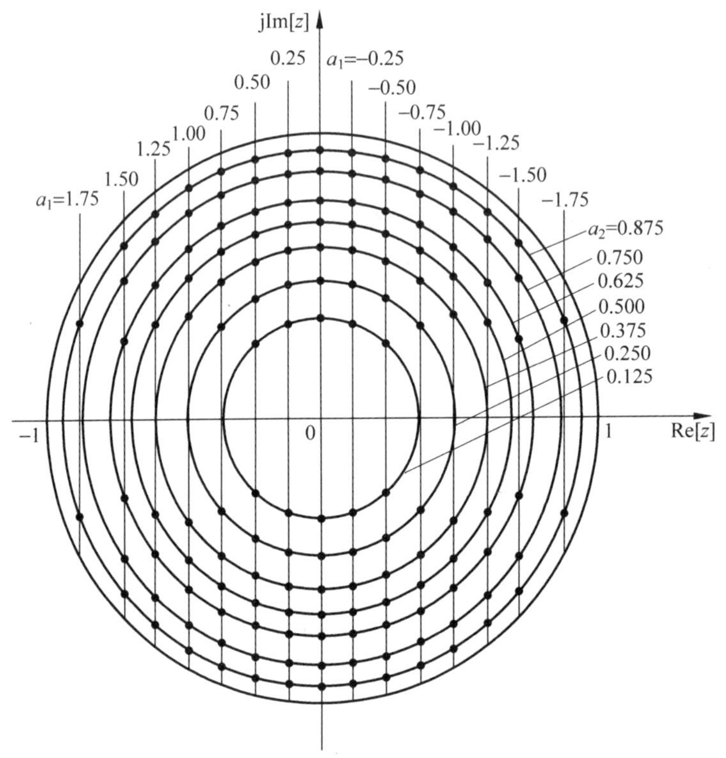

图 9.13　三位字长（$b=3$）系数所能表达的共轭极点位置

表 9.2　三位字长（$b=2$）系统所能表达的共轭极点参数

$\lvert a_1/2\rvert$ 和 a_2 的三位二进制码	0.000	0.001	0.010	0.011	0.100	0.101	0.110	0.111
所表达的数值	0.000	0.125	0.250	0.375	0.500	0.625	0.750	0.875
对应的极点横坐标 $\lvert r\cos\theta\rvert=\lvert a_1/2\rvert$	0.000	0.125	0.250	0.375	0.500	0.625	0.750	0.875
对应的极点半径 $r=\sqrt{a_2}$	0.000	0.354	0.500	0.612	0.707	0.791	0.866	0.935

如果所需要的理想极点不在这些网格节点上时，就只能以最靠近的一个节点来代替这一极点位置，这样就会引入极点位置误差，有时，可能使共轭极点变成实极点（实极点位置不在图 9.13 所示的网格点上），甚至使滤波器不稳定。

由雷德(Rader)和戈尔德(Gold)提出的二阶节对偶式结构如图 9.14 所示。其差分方程可表示为

$$\begin{cases} y_1(n) = r(\cos\theta)y_1(n-1) - r(\sin\theta)y(n-1) + x(n) \\ y(n) = r(\sin\theta)y_1(n-1) + r(\cos\theta)y(n-1) \end{cases} \tag{9.5.15}$$

对上两式取 z 变换，且利用 z 变换的移位定理，即可得出

$$H(z) = \frac{Y(z)}{X(z)} = \frac{rz^{-1}(\sin\theta)}{1-2r(\cos\theta)z^{-1}+r^2z^{-2}} \tag{9.5.16}$$

因而对于无限精度的系数，图 9.14 与图 9.12 两网络结构的系统函数的极点是相同的。但是图 9.14 中，当系数数量化时，是对 $r\cos\theta$ 及 $r\sin\theta$ 进行量化，因而所得到的网格点子在 z 平面是均匀分布的，如图 9.15 所示，这和图 9.13 是不同的。因而这里系统量化后对 z 平面的所有区域，所产生的误差是相同的。

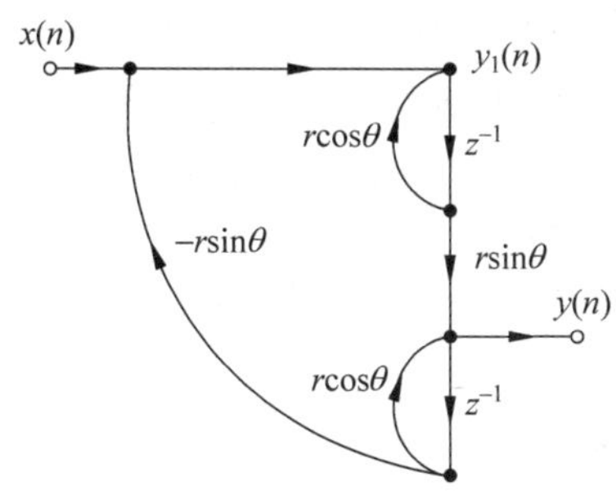

图 9.14 实现复共轭极点的对偶式结构

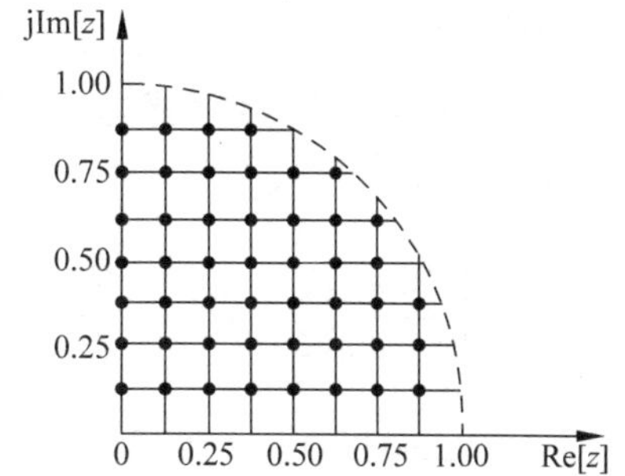

图 9.15 当系数 $r\cos\theta$ 和 $r\sin\theta$ 量化成三位码时，图 9.14 网络极点可能位置的网络点

9.5.3 系数量化效应的统计分析

当然，我们最感兴趣的是系数量化所造成的滤波器频率特性的偏差。由上面的讨论已知，因极点位置灵敏度形成的极点偏差并不能直接求得频率响应的偏差，尤其是在高阶情况下，系数多，它们的量化误差就更具有随机性，因而可采用统计方法，把系数量化误差“视为”一个随机变量，这样来估计滤波器频率响应的偏差。

1. IIR 数字滤波器系数量化的统计分析。

当系数无限精度时，N 阶 IIR 直接型结构的系统函数为

$$H(z) = \frac{\sum_{i=0}^{M} b_i z_{-i}}{1-\sum_{i=1}^{N} a_i z^{-i}} = \frac{B(z)}{A(z)} \tag{9.5.17}$$

设量化后的系数为

$$\hat{a}_i = Q[a_i] = a_i + \alpha_i \tag{9.5.18}$$

$$\hat{b}_i = Q[b_i] = b_i + \beta_i \tag{9.5.19}$$

α_i,β_i 是系数的量化误差。如果系数$\hat{a}_i,\hat{b}_i$ 采用小数点后 b 位字长，并假定采用舍入方式进行量化，则误差 α_i,β_i 的变化范围皆为$\left(-\frac{\Delta}{2},+\frac{\Delta}{2}\right]$，一般都假定在此范围内误差是均匀分布的，因而均值为零，方差为$\frac{\Delta^2}{12}$。

故系数量化后，实际的系统函数为

$$\hat{H}(z) = \frac{\sum_{i=0}^{N} \hat{b}_i z^{-i}}{1 - \sum_{i=1}^{N} \hat{a}_i z^{-i}} \tag{9.5.20}$$

为了研究系数量化造成的频率响应的偏差，我们先来研究系统函数的偏差，即$\hat{H}(z)$与无限精度的 $H(z)$之偏差。令输入为 $x(n)$，系数为无限精度的滤波器输出为 $y(n)$，系数量化后滤波器输出为$\hat{y}(n)$（当然不考虑运算的有限字长影响），则可定义输出误差序列为

$$\begin{aligned} e(n) &= \hat{y}(n) - y(n) \\ &= \left[\sum_{i=0}^{N} \hat{b}_i x(n-i) + \sum_{i=1}^{N} \hat{a}_i\, \hat{y}(n-i)\right] - \left[\sum_{i=0}^{N} b_i x(n-i) + \sum_{i=1}^{N} a_i y(n-i)\right] \\ &= \sum_{i=0}^{N} \beta_i x(n-i) + \sum_{i=1}^{N} a_i e(n-i) + \sum_{i=1}^{N} \alpha_i y(n-i) + \sum_{i=1}^{N} \alpha_i e(n-i) \end{aligned} \tag{9.5.21}$$

将等式右边最后一项（二阶无穷小）忽略，可得

$$e(n) = \sum_{i=0}^{N} \beta_i x(n-i) + \sum_{i=1}^{N} a_i e(n-i) + \sum_{i=1}^{N} \alpha_i y(n-i)$$

对此式取 z 变换，得

$$E(z) = \beta(z) X(z) + \sum_{i=1}^{N} a_i z^{-i} E(z) + \alpha(z) Y(z)$$

即

$$\beta(z) X(z) + \alpha(z) Y(z) - E(z) A(z) = 0 \tag{9.5.22}$$

其中

$$\left.\begin{aligned} \alpha(z) &= \sum_{i=1}^{N} \alpha_i z^{-i}, \quad & \beta(z) &= \sum_{i=0}^{N} \beta_i z^{-i} \\ A(z) &= 1 - \sum_{i=1}^{N} a_i z^{-i}, \quad & E(z) &= \sum_{i=0}^{\infty} e(i) z^{-i} \end{aligned}\right\} \tag{9.5.23}$$

将 $Y(z)=H(z)X(z)$代入(9.5.22)式，可得

$$E(z) = \left[\frac{\beta(z) + \alpha(z) H(z)}{A(z)}\right] X(z) \tag{9.5.24}$$

这就是系数量化造成的滤波器输出误差的 z 变换。由于$\hat{y}(n) = y(n) + e(n)$，故$\hat{Y}(z) =$

$Y(z)+E(z)$，因而有

$$\hat{Y}(z)=\left[H(z)+\frac{\beta(z)+\alpha(z)H(z)}{A(z)}\right]X(z)$$

则可得

$$\hat{H}(z)=\frac{\hat{Y}(z)}{X(z)}=H(z)+\frac{\beta(z)+\alpha(z)H(z)}{A(z)} \tag{9.5.25}$$

从而得到由系数量化造成的系统函数的偏差

$$H_E(z)=\hat{H}(z)-H(z)=\frac{\beta(z)+\alpha(z)H(z)}{A(z)} \tag{9.5.26}$$

所以，系数量化后，实际滤波器的系统函数 $\hat{H}(z)$ 可表示成无限精度滤波器的系统函数 $H(z)$ 和偏差滤波器系统函数 $H_E(z)$ 的并联，如图 9.16 所示。在(9.5.26)式中，代入 $z=e^{j\omega}$，即可得到系数量化造成的频响的偏差

$$H_E(e^{j\omega})=\hat{H}(e^{j\omega})-H(e^{j\omega}) \tag{9.5.27}$$

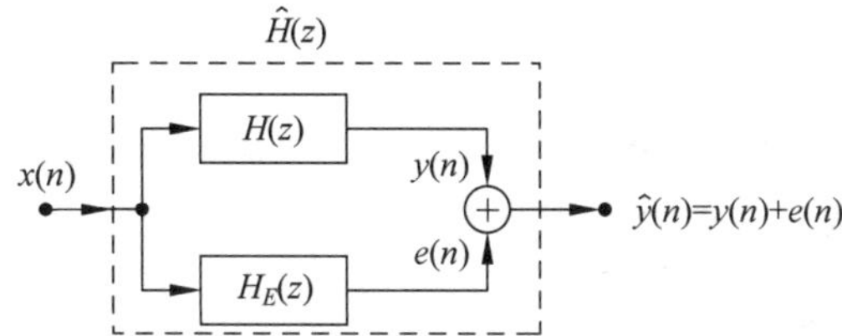

图 9.16　系数量化后滤波器的等效框图结构

一般用频响的均方偏差 ε^2 作为频响的偏差的度量，即

$$\varepsilon^2=\frac{1}{2\pi}\int_{-\pi}^{\pi}|H_E(e^{j\omega})|^2 d\omega=\frac{1}{2\pi j}\oint_c H_E(z)H_E(z^{-1})\frac{dz}{z} \tag{9.5.28}$$

将 $H_E(z)$ 的表达式(9.5.26)式代入(9.5.28)式，即可算出均方偏差 ε^2。但是 α_i，β_i 值一般并不能精确知道，因而我们用 ε^2 的统计平均，即频响的均方偏差的统计平均值 σ_ε^2 来估计 ε^2 的大小。首先，我们假定 α_i，β_i 都是独立的均匀分布的随机变量，则在舍入情况下，它们的平均值及方差分别为

$$E[\alpha_i]=E[\beta_i]=0,\quad \sigma^2=E[\alpha_i^2]=E[\beta_i^2]=\frac{\Delta^2}{12}$$

对均方偏差求统计平均，得到**频响的均方偏差的统计平均值为**

$$\begin{aligned}\sigma_\varepsilon^2&=E[\varepsilon^2]=E\left[\frac{1}{2\pi}\int_{-\pi}^{\pi}|H_E(e^{j\omega})|^2 d\omega\right]\\&=E\left[\frac{1}{2\pi j}\oint_c H_E(z)H_E(z^{-1})\frac{dz}{z}\right]\end{aligned} \tag{9.5.29}$$

将(9.5.26)式代入(9.5.29)式，并考虑到(9.5.23)式，则有

$$\sigma_\varepsilon^2=E\left\{\left[\frac{1}{2\pi j}\oint_c\frac{\sum_{i=0}^{N}\beta_i z^{-i}+H(z)\sum_{i=1}^{N}\alpha_i z^{-i}}{A(z)}\right]\cdot\left[\frac{\sum_{j=0}^{N}\beta_j z^{j}+H(z^{-1})\sum_{j=1}^{N}\alpha_j z^{j}}{A(z^{-1})}\right]\frac{dz}{z}\right\}$$

考虑到 α_i,β_i 是互不相关、各自统计独立的，$E[\alpha_i\beta_i]=0$，且当 $i\neq j$ 时，$E[\alpha_i\alpha_j]=E[\beta_i\beta_j]=0$，因而

$$\sigma_\varepsilon^2=\left(\sum_{i=0}^{N}E[\beta_i^2]\right)\frac{1}{2\pi\mathrm{j}}\oint_c\frac{1}{A(z)A(z^{-1})}\frac{\mathrm{d}z}{z}+\left(\sum_{i=1}^{N}E[\alpha_i^2]\right)\frac{1}{2\pi\mathrm{j}}\oint_c\frac{H(z)H(z^{-1})}{A(z)A(z^{-1})}\frac{\mathrm{d}z}{z}\tag{9.5.30}$$

如果 $\boldsymbol{\mu}$，$\boldsymbol{\gamma}$ 分别是分子系数 b_i 和分母系数 a_i 的非零非 1 的数目，则有

$$\sum_{i=1}^{N}E[\alpha_i^2]=\gamma\frac{\Delta^2}{12},\quad\sum_{i=0}^{N}E[\beta_i^2]=\mu\frac{\Delta^2}{12}\tag{9.5.31}$$

因此

$$\sigma_\varepsilon^2=\frac{\Delta^2}{12}\left\{\frac{\mu}{2\pi\mathrm{j}}\oint_c\frac{1}{A(z)A(z^{-1})}\frac{\mathrm{d}z}{z}+\frac{\gamma}{2\pi\mathrm{j}}\oint_c\frac{H(z)H(z^{-1})}{A(z)A(z^{-1})}\frac{\mathrm{d}z}{z}\right\}\tag{9.5.32}$$

滤波器设计好后，则可利用此式估算在一定系数字长 b 之下（$\boldsymbol{\Delta}=\mathbf{2}^{-b}$），频响均方偏差的统计平均值 $\boldsymbol{\sigma}_\varepsilon^2$，或者估算在一定的 $\boldsymbol{\sigma}_\varepsilon^2$ 下，系数所需字长。

应该注意到，对一个具体滤波器来说，系数量化误差是固定值而不是随机变量，其频响的均方偏差 $\boldsymbol{\varepsilon}^2$ 也是固定值。上面把它们都看成随机变量是为了对 $\boldsymbol{\varepsilon}^2$ 的大小作一个概率估计，即 $\boldsymbol{\sigma}_\varepsilon^2$ 是 $\boldsymbol{\varepsilon}^2$ 最有可能出现的估值，当滤波器阶数越高，系数越多时，这种估计的收敛性就越好。

2. FIR 数字滤波器系数量化的统计分析。

（1）系数量化的统计分析。

由于有 $h(n)$ 为奇对称、偶对称，加之 N 有奇、偶之分，故共有 4 种线性相位 FIR 数字滤波器情况，但它们的频率响应表达式都是相似的。我们仅以 N 为奇数、$h(n)=h(N-1-n)$ 偶对称的 FIR 线性相位数字滤波器的频响为例，来进行讨论。

$$H(\mathrm{e}^{\mathrm{j}\omega})=\left\{\sum_{n=0}^{\frac{N-3}{2}}2h(n)\cos\left[\left(\frac{N-1}{2}-n\right)\omega\right]+h\left(\frac{N-1}{2}\right)\right\}\mathrm{e}^{-\mathrm{j}\left(\frac{N-1}{2}\right)\omega}=H(\omega)\mathrm{e}^{-\mathrm{j}\left(\frac{N-1}{2}\right)\omega}\tag{9.5.33}$$

其中

$$H(\omega)=\sum_{n=0}^{\frac{N-3}{2}}2h(n)\cos\left[\left(\frac{N-1}{2}-n\right)\omega\right]+h\left(\frac{N-1}{2}\right)\tag{9.5.34}$$

是我们要研究的，而由于 $\mathrm{e}^{-\mathrm{j}\omega(N-1)/2}$ 相角部分不受系数量化的影响，故不必去考虑它。

设 $h(n)$ 序列以步阶为 $\Delta=2^{-b}$ 舍入成 $\hat{h}(n)$ 序列，则有

$$\hat{h}(n)=h(n)+e(n),\quad 0\leqslant n\leqslant\frac{N-1}{2}\tag{9.5.35}$$

且舍入后的$\hat{h}(n)$也一定满足偶对称关系

$$\hat{h}(n)=\hat{h}(N-1-n),\quad 0\leqslant n\leqslant\frac{N-1}{2} \tag{9.5.36}$$

而 $e(n)$是随机变量，假定它在$\left(-\frac{\Delta}{2},+\frac{\Delta}{2}\right]$间隔内是均匀分布的，令

$$\hat{H}(z)=\mathscr{Z}[\hat{h}(n)],\quad \hat{H}(\mathrm{e}^{\mathrm{j}\omega})=\hat{H}(\omega)\mathrm{e}^{-\mathrm{j}\omega(N-1)/2}$$

则有

$$\hat{H}(\omega)=\sum_{n=1}^{\frac{N-3}{2}}2[h(n)+e(n)]\cos\left[\left(\frac{N-1}{2}-n\right)\omega\right]+\left[h\left(\frac{N-1}{2}\right)+e\left(\frac{N-1}{2}\right)\right] \tag{9.5.37}$$

定义频响误差函数为

$$E(\omega)=\hat{H}(\omega)-H(\omega)=\sum_{n=0}^{\frac{N-3}{2}}2e(n)\cos\left[\left(\frac{N-1}{2}-n\right)\omega\right]+e\left(\frac{N-1}{2}\right) \tag{9.5.38}$$

很明显，$E(\omega)$是一个线性相位滤波器的幅度函数（有正负），此线性相位滤波器的单位冲激响应 $e(n)$是偶对称的，即

$$e(n)=e(N-1-n),\quad 0\leqslant n\leqslant\frac{N-1}{2}$$

所以，系数量化后的滤波器可以表示成无限精度的滤波器与一个频率响应为 $E(\omega)\mathrm{e}^{-\mathrm{j}(N-1)\omega/2}$ 的滤波器的并联（见(9.5.38)式）。

由于$|e(n)|\leqslant\frac{\Delta}{2}$，故从(9.5.38)式可导出 $E(\omega)$的上限

$$\begin{aligned}|E(\omega)|&\leqslant\sum_{n=0}^{\frac{N-3}{2}}2|e(n)|\cdot\left|\cos\left[\left(\frac{N-1}{2}-n\right)\omega\right]\right|+\left|e\left(\frac{N-1}{2}\right)\right|\\&\leqslant\frac{\Delta}{2}\left[1+2\sum_{n=1}^{\frac{N-1}{2}}|\cos(\omega n)|\right]\end{aligned}$$

即

$$|E(\omega)|\leqslant\frac{N\Delta}{2} \tag{9.5.39}$$

这个误差上限没有考虑到各系数量化误差的统计特性，因而过于偏大，故用处不大。

（2）系数量化的统计界限。

利用前面的假定，即假定系数量化产生的舍入误差是统计独立的，且在$\left(-\frac{\Delta}{2},+\frac{\Delta}{2}\right]$区间内是均匀分布的，其均值为零，方差 $\mathrm{E}[\mathrm{e}^2(\mathrm{n})]=\frac{\Delta^2}{12}$，则可得频响误差 $\mathrm{E}(\omega)$[见(9.5.38)式]的均方值为

$$\sigma^2(\omega)=E[E^2(\omega)]=\sum_{n=0}^{\frac{N-3}{2}}4E[e^2(n)]\cos^2\left[\left(\frac{N-1}{2}-n\right)\omega\right]+E\left[e^2\left(\frac{N-1}{2}\right)\right]$$

$$=\frac{\Delta^2}{12}\left[1+4\sum_{n=1}^{\frac{N-1}{2}}\cos^2(\omega n)\right]$$

若设

$$W_N(\omega)=\left\{\frac{1}{2N-1}\left[1+4\sum_{i=1}^{\frac{N-1}{2}}\cos^2(\omega n)\right]\right\}^{\frac{1}{2}} \tag{9.5.40}$$

则可得**频响误差的标准偏差**为

$$\sigma(\omega)=\sqrt{E[E^2(\omega)]}=\sqrt{\frac{2N-1}{3}}\cdot\frac{\Delta}{2}W_N(\omega) \tag{9.5.41}$$

很明显,对任意 N,皆有

$$0<W_N(\omega)\leqslant 1,\quad W_N(0)=W_N(\pi)=1$$

因此可得

$$\sigma(\omega)\leqslant\frac{\Delta}{2}\sqrt{\frac{2N-1}{3}} \tag{9.5.42}$$

又因

$$\lim_{N\to\infty}W_N(\omega)=\frac{1}{\sqrt{2}},\quad 0<\omega<\pi \tag{9.5.43}$$

故**(9.5.42)式是频响误差的标准偏差的估计的上限,当 N 较大时,还可降低 $1/\sqrt{2}$**。(9.5.42)式还表明,当预先不知道 FIR 滤波器系数数值而只给定所需频响误差的标准偏差 $\sigma(\omega)$及冲激响应长度 N 时,可给设计者提供一个预计所需系数字长 b 的办法($\Delta=2^{-b}$),也就是使设计者知道系数需要的精度。

由于从(9.5.38)式看出误差函数 $E(\omega)$是独立的随机变量之和,且这些随机变量的概率密度函数只在有限区间$\left(-\frac{\Delta}{2},+\frac{\Delta}{2}\right]$之内不为零,故只要相加的项数(即 N)充分大,则 $E(\omega)$趋近于正态分布,因而 $E(\omega)$的平均值和方差就构成对 $E(\omega)$的极好的统计描述。

(3) 系数量化后线性相位的保持。

FIR 滤波器一般都是应用到有广义线性相位要求的情况下,而线性相位 *FIR* 滤波器的单位冲激响应应该满足 h(n)=h(N−1−n)或 h(n)=−h(N−1−n)的对称条件,而滤波器的零点位置必须满足第 7 章图 7.2 的关系,即零点既成共轭又成倒数的关系。这些约束条件,当对 *FIR* 线性相位滤波器直接型结构的系数量化处理后,是一定能够得到保持的,也就是说,系数量化后,*FIR* 线性相位滤波器仍是线性相位的。分析如下:

① **对于零点既不在实轴上,也不在单位圆上,则零点是互为倒数的两组共轭对**,即有

$$z_{1,2}=re^{\pm j\theta},\quad z_{3,4}=\frac{1}{r}e^{\pm j\theta}$$

这四个零点组成的子系统的系统函数为[见(7.2.37)式]

$$H_i(z)=\frac{1}{r^2}[1-2r(\cos\theta)z^{-1}+r^2z^{-2}][r^2-2r(\cos\theta)z^{-1}+z^{-2}] \tag{9.5.44}$$

此系统可用图 9.17 来实现。

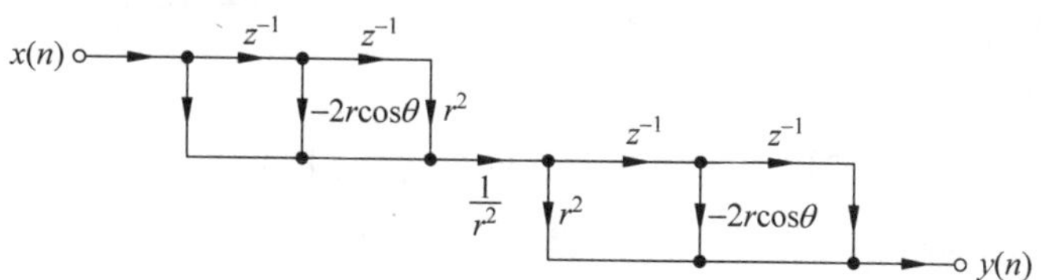

图 9.17　线性相位 FIR 滤波器的四阶因子子网络，系数量化后仍保持线性相位

图 9.17 中只有两个系数 $-2r\cos\theta$ 和 r^2 就可实现全部四个零点，显然对这两个系数量化后，仍然保持了线性相位的条件（零点仍是互为共轭倒数的"4 点组"形式）。

由于因子$[1-2r(\cos\theta)z^{-1}+r^2z^{-2}]$与 9.5.2 节中二阶 IIR 系统 $H(z)$的分母是一样的，因此它的量化后零点的集合就如图 9.13 所示。

② **零点在单位圆上，但不在实轴上，这时零点是一对共轭零点 $z=re^{\pm j\theta}$**，于是由这一对共轭零点组成的子系统的系统函数[可参见(7.2.38)式]为

$$H(z)=(1-z^{-1}e^{j\theta})(1-z^{-1}e^{-j\theta})=1-2r(\cos\theta)z^{-1}+z^{-2} \tag{9.5.45}$$

这里**只有一个非零非 1 的系数，将此系数量化后，这一表达式得以保持，也就是说零点仍在单位圆上移动，且仍保持共轭对称关系，线性相位得以保持。**

③ **零点在实轴上，但不在单位圆上，则零点是互为倒数的实数**，其子系数的系统函数[见(7.2.39)式]为

$$H(z)=(1-rz^{-1})\left(1-\frac{1}{r}z^{-1}\right)=1-\left(r+\frac{1}{r}\right)z^{-1}+z^{-2} \tag{9.5.46}$$

此子系统也只有一个实系数$\left(r+\frac{1}{r}\right)$，显然量化后仍是一个实系数。线性相位仍得以保持。

④ **零点既在实轴上，也在单位圆上。这时只有一个零点，要么是 $z=1$，要么是 $z=-1$。**其两种可能的子系统函数为

$$H(z)=1-z^{-1}\quad\text{或}\quad H(z)=1+z^{-1} \tag{9.5.47}$$

这里，**只有移位运算，没有量化问题，线性相位仍得以保持。**

9.6　数字滤波器运算中的有限字长效应

实现数字滤波器所包含的基本运算有延时、乘系数和相加三种。因为延时并不造成字长的变化，所以只需讨论乘系数和相加运算造成的影响。**在定点制运算中，相乘使尾数位**

数增加。例如，两个 b 位尾数的数相乘后尾数是 $2b$ 位，**必须被舍入或截尾成 b 位尾数；相加使尾数字长不变，不必舍入或截尾，但相加的结果有可能超出有限寄存器长度，产生溢出，故有动态范围问题。在浮点制运算中，相加及相乘都可能使尾数位数增加，故都会有舍入或截尾，但动态范围则不成问题。**

分析数字滤波器运算误差的目的，是为了选择滤波器运算位数（即寄存器长度），以便满足信号噪声比值的技术要求。

前面已分析到，舍入或截尾的处理是非线性过程，分析起来非常麻烦，精确计算不仅不大可能，也没有必要，因而可以采用前面提出的统计方法，得到舍入或截尾的平均效果即可。

在定点制中，每次相乘运算 $y(n)=ax(n)$［如图 9.18(a)所示］之后都要作一次舍入或截尾处理，因此会引入非线性，前面说过，一般多采用舍入处理，如图 9.18(b)所示。**采用统计分析方法，可以将舍入误差**

$$e(n)=Q_R[ax(n)]-ax(n)=Q_R[y(n)]-y(n) \tag{9.6.1}$$

作为独立噪声叠加到信号上（和前面一样，此处 $Q_R[\cdot]$表示舍入处理）。**这样仍可用线性流图来表示，如图 9.18(c)所示。**

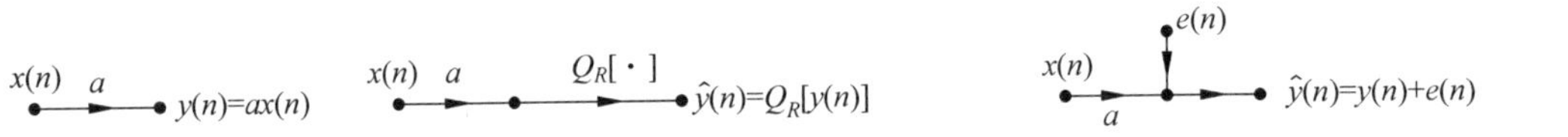

(a) 理想相乘　(b) 实际相乘舍入的非线性流图　(c) 实际相乘的定点舍入噪声统计模型的线性流图

图 9.18　定点制相乘运算的模型

采用图 9.18(c)的统计模型，在分析数字滤波器由于乘法舍入的影响时，需对实现滤波器所出现的各种噪声源做以下假定：

(1) 所有误差 $e(n)$是平稳的白噪声序列（均值为零）；

(2) 每个误差在它的量化范围内都是均匀分布的；

(3) 任何两个不同乘法器形成的噪声源互不相关；

(4) 误差 $e(n)$与输入 $x(n)$及中间计算结果不相关，从而和输出序列 $y(n)$也不相关。

当信号波形越复杂，量化步距越小时，这些假定越接近实际。根据这些假定，可认为舍入噪声是在$\left(-\frac{2^{-b}}{2},+\frac{2^{-b}}{2}\right]$范围内均匀分布的，因而均值为 $m_e=E[e(n)]=0$，方差为 $\sigma_e^2=E[e^2(n)]=\frac{\Delta^2}{12}$，$\Delta=2^{-b}$。

这样，我们可以按照统计模型，即按线性系统的原则来求各噪声 $e(n)$经过系统后所产生的总输出噪声 $f(n)$。设 $y(n)$是理想的没作尾数处理的输出，则经定点舍入处理后的实际输出为

$$\hat{y}(n)=y(n)+f(n) \tag{9.6.2}$$

而每一个噪声源 $e(n)$ 所造成的输出噪声，可以利用白噪声通过线性系统的(9.4.3)式，或利用(9.4.4)式、(9.4.5)式及(9.4.6)式分别求 $e(n)$ 所造成的输出噪声的方差及均值，重写如下：

$$\sigma_f^2=\frac{\sigma_e^2}{2\pi\mathrm{j}}\oint_c H_{ef}(z)H_{ef}(z^{-1})\frac{\mathrm{d}z}{z}=\frac{1}{2\pi}\int_{-\pi}^{\pi}|H_{ef}(\mathrm{e}^{\mathrm{j}\omega})|^2\mathrm{d}\omega=\sigma_e^2\sum_{n=-\infty}^{\infty}h_{ef}^2(n) \tag{9.6.3}$$

$$m_f=m_e\sum_{n=-\infty}^{\infty}h_{ef}(n) \tag{9.6.4}$$

其中，$h_{ef}(n)$ 是从 $e(n)$ 加入的节点到输出节点间的系统的单位抽样响应，$H_{ef}(z)$ 是 $h_{ef}(n)$ 的 z 变换。由于可以作线性系统处理，因此最后将所有的输出噪声线性叠加就得到总的输出噪声 $f(n)$。**按照上面 4 项假定，则总的输出噪声的方差也等于每个输出噪声方差之和。**

下面，以 IIR 滤波器为例，讨论滤波器运算中有限字长效应(FIR 滤波器可类似地分析)。

【例 9.2】 有一个 IIR 滤波器的系统函数为

$$H(z)=\frac{0.2}{(1-0.7z^{-1})(1-0.6z^{-1})}$$

用定点制算法，尾数舍入，分别计算直接型、级联型、并联型三种结构的舍入误差。

(1) 直接型结构

$$H(z)=\frac{0.2}{(1-0.7z^{-1})(1-0.6z^{-1})}=\frac{0.2}{1-1.3z^{-1}+0.42z^{-2}}=\frac{0.2}{A(z)}$$

其中 $\quad A(z)=1-1.3z^{-1}+0.42z^{-2}$

$\qquad\qquad=(1-0.7z^{-1})(1-0.6z^{-1})$

图 9.19 画出了直接型结构定点相乘舍入后的统计模型，三个系数相乘，有三个舍入噪声 $e_0(n)+e_1(n)+e_2(n)$，它只通过 $H_0(z)=\dfrac{1}{A(z)}$ 网络$\left(\text{而不是 } H(z)=\dfrac{0.2}{A(z)}\right.$ 网络$\left.\right)$。

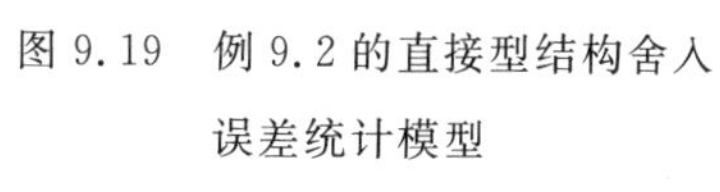

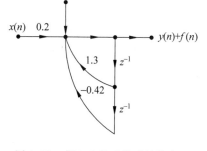

图 9.19 例 9.2 的直接型结构舍入误差统计模型

所以 $\quad f(n)=[e_0(n)+e_1(n)+e_2(n)]*h_0(n)$

而 $\qquad\quad h_0(n)=\mathscr{Z}^{-1}[H_0(z)]$

输出噪声方差为

$$\sigma_f^2=3\sigma_e^2\cdot\frac{1}{2\pi\mathrm{j}}\oint_c\frac{1}{A(z)A(z^{-1})}\frac{\mathrm{d}z}{z}$$

先计算

$$\frac{1}{2\pi\mathrm{j}}\oint_c\frac{1}{A(z)A(z^{-1})}\frac{\mathrm{d}z}{z}=\frac{1}{2\pi\mathrm{j}}\oint_c\frac{1}{(1-0.7z^{-1})(1-0.6z^{-1})(1-0.7z)(1-0.6z)}\frac{\mathrm{d}z}{z}$$

围线 c 为单位圆，围线内只有两个极点 $z=0.6$，$z=0.7$，求此两个极点的留数，即

$$\frac{1}{2\pi\mathrm{j}}\oint_c\frac{1}{A(z)A(z^{-1})}\frac{\mathrm{d}z}{z}=\frac{1}{2\pi\mathrm{j}}\oint_c\frac{z}{(z-0.7)(z-0.6)(1-0.7z)(1-0.6z)}\mathrm{d}z$$

$$= \sum_k (\text{被积函数在单位圆内极点 } z_k \text{ 上的留数})$$

$$= \frac{0.7}{0.1\times(1-0.49)(1-0.42)} + \frac{0.6}{(-0.1)\times(1-0.42)(1-0.36)}$$

$$= 23.6646 - 16.1638 = 7.5008$$

所以

$$\sigma_f^2 = 3\sigma_e^2 \times 7.5008 = 3\times\frac{\Delta^2}{12}\times 7.5008 = 1.8752\Delta^2 \quad (\Delta = 2^{-b})$$

(2) 级联型结构

$$H(z) = 0.2\times\frac{1}{(1-0.7z^{-1})(1-0.6z^{-1})} = 0.2\times\frac{1}{A_1(z)}\cdot\frac{1}{A_2(z)} = 0.2\times\frac{1}{A(z)}$$

$$= 0.2\times H_0(z)$$

其中 $A_1(z)=1-0.7z^{-1}$, $A_2(z)=1-0.6z^{-1}$

图 9.20 画出了级联型结构定点相乘舍入后的统计模型,每一次相乘在相应节点上引入一个舍入噪声。要注意,噪声经过的网络是不同的。

$$f(n) = [e_0(n)+e_1(n)] * h_0(n) + e_2(n) * h_2(n)$$

$$h_0(n) = \mathscr{Z}^{-1}\left[\frac{1}{A(z)}\right],\quad h_2(n) = \mathscr{Z}^{-1}\left[\frac{1}{A_2(z)}\right]$$

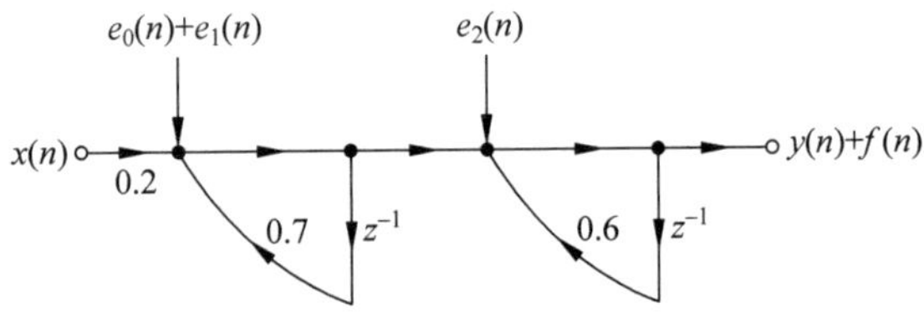

图 9.20 例 9.2 的级联结构舍入误差统计模型

所以

$$\sigma_f^2 = 2\sigma_e^2\cdot\frac{1}{2\pi j}\oint_c \frac{1}{A_1(z)A_2(z)A_1(z^{-1})A_2(z^{-1})}\frac{dz}{z} + \sigma_e^2\cdot\frac{1}{2\pi j}\oint_c \frac{1}{A_2(z)A_2(z^{-1})}\frac{dz}{z}$$

所以

$$\sigma_f^2 = 2\sigma_e^2\cdot\frac{1}{2\pi j}\oint_c \frac{dz}{(1-0.7z^{-1})(1-0.6z^{-1})(1-0.7z)(1-0.6z)z} + \sigma_e^2\cdot\frac{1}{2\pi j}\oint_c \frac{dz}{(1-0.6z^{-1})(1-0.6z)}$$

$$= 2\sigma_e^2\cdot\frac{1}{2\pi j}\oint_c \frac{z\,dz}{(z-0.7)(z-0.6)(1-0.7z)(1-0.6z)} + \sigma_e^2\cdot\frac{1}{2\pi j}\oint_c \frac{dz}{(z-0.6)(1-0.6z)}$$

$$= 2\sigma_e^2\left[\frac{0.7}{0.1\times(1-0.49)(1-0.42)}+\frac{0.6}{(-0.1)(1-0.42)(1-0.36)}\right]+\sigma_e^2\frac{1}{1-0.36}$$

$$= 16.5641\sigma_e^2 = 16.5641\times\frac{\Delta^2}{12} = 1.3803\Delta^2$$

（3）并联型结构

$$H(z) = \frac{1.4}{1-0.7z^{-1}}+\frac{-1.2}{1-0.6z^{-1}}$$

图 9.21 画出了并联型结构定点相乘舍入后的统计模型，有 4 个相乘系数，故有 4 个相乘舍入噪声。由图 9.21 看出

$$e_0(n)+e_1(n)\text{ 只通过}\frac{1}{A_1(z)} = \frac{1}{1-0.7z^{-1}}$$

$$e_2(n)+e_3(n)\text{ 只通过}\frac{1}{A_2(z)} = \frac{1}{1-0.6z^{-1}}$$

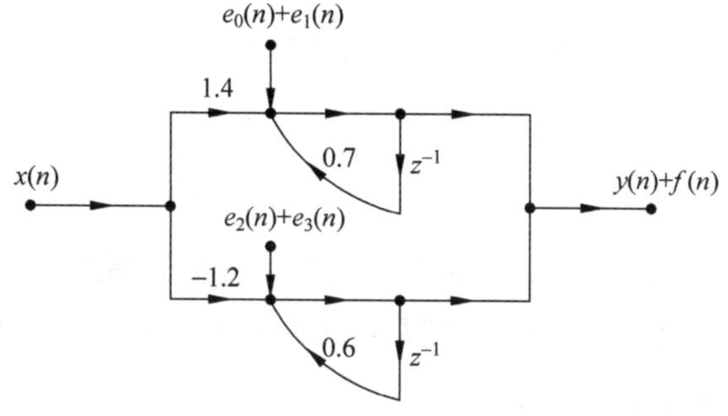

图 9.21　例 9.2 的并联结构的舍入误差统计模型

因此输出 $f(n)$ 的方差为

$$\sigma_f^2 = 2\sigma_e^2\cdot\frac{1}{2\pi j}\oint_c\frac{1}{A_1(z)A_1(z^{-1})}\frac{dz}{z}+2\sigma_e^2\cdot\frac{1}{2\pi j}\oint_c\frac{1}{A_2(z)A_2(z^{-1})}\frac{dz}{z}$$

$$=2\sigma_e^2\cdot\frac{1}{2\pi j}\oint_c\frac{dz}{(1-0.7z^{-1})(1-0.7z)z}+2\sigma_e^2\cdot\frac{1}{2\pi j}\oint_c\frac{dz}{(1-0.6z^{-1})(1-0.6z)z}$$

$$=2\sigma_e^2\cdot\left[\frac{1}{2\pi j}\oint_c\frac{dz}{(z-0.7)(1-0.7z)}+\frac{1}{2\pi j}\oint_c\frac{dz}{(z-0.6)(1-0.6z)}\right]$$

$$=2\sigma_e^2\left[\frac{1}{1-0.49}+\frac{1}{1-0.36}\right]$$

$$=7.0466\sigma_e^2 = 7.0466\times\frac{\Delta^2}{12}$$

$$=0.5872\Delta^2$$

由此看出

$$\sigma_{f\text{直接}}^2 > \sigma_{f\text{级联}}^2 > \sigma_{f\text{并联}}^2$$

直接型结构的所有舍入误差都要经过全部网络的反馈环节，误差积累起来了，所以误差最大。级联型结构的每个舍入误差只通过其后面的反馈环节（不通过前面的），故舍入误差比直接型的小（在某些排序情况下，其误差性能可接近甚至超过并联型结构）。并联型结

构的每个并联网络的舍入误差只通过本网络,与其他网络无关,误差累积作用更小,故在一般情况下,其输出误差最小。

9.7 防止溢出的幅度加权因子

实现IIR滤波器采用定点制运算时,加法运算不会使字长增加,因而不会产生尾数处理问题,但是**加法运算可能出现溢出**。以上**讨论的舍入噪声,只有在系统不溢出时,才是输出误差的主要来源**;而当**系统溢出时,输出会出现很大的误差**。为此,**要在网络中加适当的幅度加权因子,以防止溢出**。

必须将每个网络节点值限制为绝对值小于1的数值,也就是定点制规格的小数,其整数位表示符号位。

设 $y_k(n)$ 为滤波器第 k 个节点的输出,又设从输入 $x(n)$ 到第 k 个节点的单位冲激响应为 $h_k(n)$,则有

$$y_k(n) = x(n) * h_k(n) = \sum_{n=-\infty}^{\infty} h_k(m)x(n-m) \tag{9.7.1}$$

为了防止各网络节点上的溢出,**一种办法是对输入信号幅度加以限制;如果这一点做不到,则可对输入信号幅度进行加权**,也就**是将输入信号 $\boldsymbol{x(n)}$ 乘以加权因子 $\boldsymbol{\alpha}$,以压缩输入信号值**,使得对所有网络节点都满足

$$|y_k(n)| < 1, \quad k = 1,2,\cdots \tag{9.7.2}$$

以下讨论**三种幅度加权因子的防止溢出办法**。

第一种幅度加权因子。为了满足(9.7.2)式,由(9.7.1)式可得

$$|y_k(n)| = \left|\sum_{m=-\infty}^{\infty} h_k(m)x(n-m)\right| \leqslant x_{\max}\sum_{m=-\infty}^{\infty} |h_k(m)| \tag{9.7.3}$$

此式中,已考虑到输入信号有界,即 $|x(n)| \leqslant x_{\max} < 1$,若要满足(9.7.2)式,则其充分条件是

$$x_{\max} < \frac{1}{\sum_{m=-\infty}^{\infty} |h_k(m)|}, \quad k = 1,2,\cdots \tag{9.7.4}$$

若 $x_{\max}$ 不满足(9.7.4)式,则需将 $\boldsymbol{x(n)}$ **乘以幅度加权因子** $\boldsymbol{\alpha}$,可得

$$\alpha x_{\max} < \frac{1}{\sum_{m=-\infty}^{\infty} |h_k(m)|}, \quad k = 1,2,\cdots \tag{9.7.5}$$

以满足(9.7.5)式方式给输入幅度加权,能保证滤波器的任何节点都绝不会发生溢出。但是,这种办法使得系统动态范围受到很大的限制,因而这个标准是过于苛刻的。

第二种幅度加权因子。它是针对窄带信号的。窄带信号可表示成 $x(n) = x_{\max}\cos(\omega_0 n)$,则网络节点变量为

$$y_k(n)=|H_k(\mathrm{e}^{\mathrm{j}\omega_0})|\cdot x_{\max}\cos(\omega_0 n+\arg[H(\mathrm{e}^{\mathrm{j}\omega_0})]) \tag{9.7.6}$$

要想满足(9.7.2)式，则需

$$\max_{-\pi\leqslant\omega\leqslant\pi}|H_k(\mathrm{e}^{\mathrm{j}\omega_0})|\cdot x_{\max}<1,\quad k=1,2,\cdots \tag{9.7.7}$$

如果 $x_{\max}$ 不满足此式，则需将输入乘以幅度加权因子 α，此时应满足

$$\alpha x_{\max}<\frac{1}{\max\limits_{-\pi\leqslant\omega\leqslant\pi}|H_k(\mathrm{e}^{\mathrm{j}\omega_0})|},\quad k=1,2,\cdots \tag{9.7.8}$$

这种加权办法对全部正弦信号都可不发生溢出。

第三种幅度加权因子。它是从能量上考虑的。根据(9.7.1)式，将等号右端用频域相乘的傅里叶反变换来表达，则有

$$|y_k(n)|=\left|\frac{1}{2\pi}\int_{-\pi}^{\pi}H_k(\mathrm{e}^{\mathrm{j}\omega})X(\mathrm{e}^{\mathrm{j}\omega})\mathrm{e}^{\mathrm{j}\omega n}\mathrm{d}\omega\right|\leqslant\frac{1}{2\pi}\int_{-\pi}^{\pi}|H_k(\mathrm{e}^{\mathrm{j}\omega})X(\mathrm{e}^{\mathrm{j}\omega})|\mathrm{d}\omega \tag{9.7.9}$$

利用帕塞瓦公式和施瓦茨不等式，有

$$\begin{aligned}|y_k(n)|&\leqslant\frac{1}{2\pi}\int_{-\pi}^{\pi}|H_k(\mathrm{e}^{\mathrm{j}\omega})X(\mathrm{e}^{\mathrm{j}\omega})|\mathrm{d}\omega\\&\leqslant\left[\frac{1}{2\pi}\int_{-\pi}^{\pi}|H_k(\mathrm{e}^{\mathrm{j}\omega})|^2\mathrm{d}\omega\right]^{1/2}\cdot\left[\frac{1}{2\pi}\int_{-\pi}^{\pi}|X(\mathrm{e}^{\mathrm{j}\omega})|^2\mathrm{d}\omega\right]^{1/2}\\&=\left[\sum_{n=-\infty}^{\infty}|x(n)|^2\right]^{1/2}\cdot\left[\frac{1}{2\pi}\int_{-\pi}^{\pi}|H_k(\mathrm{e}^{\mathrm{j}\omega})|^2\mathrm{d}\omega\right]^{1/2}\end{aligned} \tag{9.7.10}$$

若 $\sum\limits_{n=-\infty}^{\infty}|x(n)|^2\leqslant 1$，则为了使 $y_k(n)$ 不溢出，对输入信号所施加的幅度加权因子 α 应满足

$$\alpha<\frac{1}{\left[\frac{1}{2\pi}\int_{-\pi}^{\pi}|H_k(\mathrm{e}^{\mathrm{j}\omega})|^2\mathrm{d}\omega\right]^{1/2}}=\frac{1}{\left(\sum\limits_{n=-\infty}^{\infty}|h_k(n)|^2\right)^{1/2}} \tag{9.7.11}$$

这一幅度加权办法是用得较多且容易计算的一种办法，但也是过于宽松的办法。故使用中常使 α 再除一个系数，此系数与输入信号类型有关，一般常取为 5，即 α 变成 $\alpha/5$。

以上三种幅度加权办法满足以下的不等式：

$$\left[\sum_{n=-\infty}^{\infty}|h_k(n)|^2\right]^{1/2}\leqslant\max_{-\pi\leqslant\omega\leqslant\pi}|H_k(\mathrm{e}^{\mathrm{j}\omega})|\leqslant\sum_{n=-\infty}^{\infty}|h_k(n)| \tag{9.7.12}$$

如果需要用幅度加权去压缩信号幅度，则输出端的信噪比会降低。这是因为只有信号受到小于 1 的加权，也就是信号功率减少，而噪声功率则不受影响。

在具体考察一个滤波器，以确定加权因子时，并不需要检查网络的所有节点；有些节点只是分支节点，不代表相加，只要其他节点不溢出，它是不可能溢出的；另外一些节点虽代表相加，但是在使用不饱和的补码运算时，有一些相加过程的相加节点就允许溢出，只要关键的节点，即最终相加的节点不产生溢出就行了。如图 9.22 所示，画虚线圆圈的节点就是这种关键节点，加权后必须保证它不出现溢出(补码运算时)。

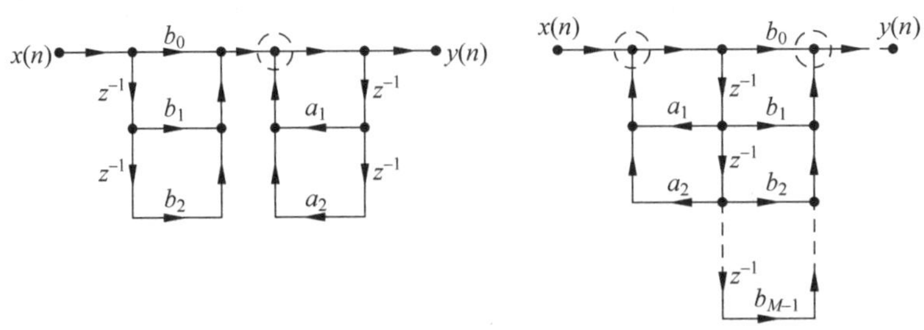

图 9.22 直接型结构幅度加权时要考虑的关键节点——虚线圆圈内的节点

*9.8 IIR 滤波器的定点运算中零输入的极限环振荡

在数字滤波器中，由于运算过程中的尾数处理产生量化的非线性作用，使系统中引入了非线性环节。而 IIR 滤波器又存在着反馈，因而在一定的条件下，也可以引起零输入时的极限环振荡。

下面讨论 IIR 滤波器定点运算中有限寄存器长度引起的零输入极限环振荡。

一个稳定的 IIR 数字滤波器，在某时刻令输入为零，则从此时刻开始输出应逐渐衰减到零。但是**同一滤波器，若用有限寄存器长度来实现，则在输入为零的时刻开始，输出并不逐渐衰减为零，而有可能衰减到某一非零的幅度范围，产生振荡特性（包括 $\omega=0$ 的等幅序列），这种效应称为零输入极限环振荡**。

IIR 数字滤波器的极限环特性很复杂，很难分析，下面仅就一阶 IIR 数字滤波器的简单情况加以讨论。

设一阶 IIR 网络的系统函数为

$$H(z)=\frac{1}{1-az^{-1}} \tag{9.8.1}$$

在无限精度运算下，其差分方程为

$$y(n)=ay(n-1)+x(n) \tag{9.8.2}$$

在定点制中，每次乘法运算后都要对尾数进行舍入处理，舍入处理是非线性的，这时的非线性方程可表示为

$$\hat{y}(n)=Q_R[a\,\hat{y}(n-1)]+x(n) \tag{9.8.3}$$

$Q_R[\cdot]$表示舍入量化处理。此式可用图 9.23 的非线性流图来表示。

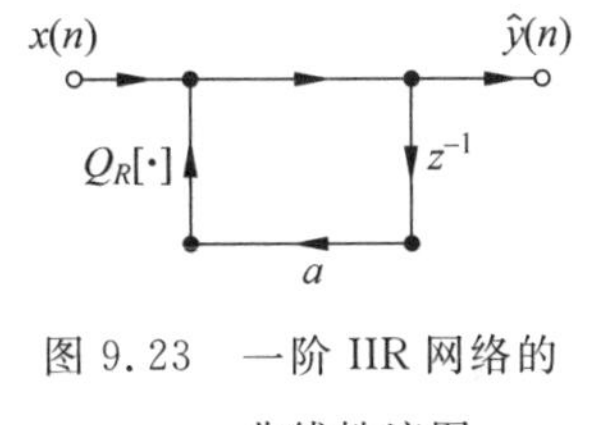

图 9.23 一阶 IIR 网络的非线性流图

下面我们来看一个实际例子。设此一阶系统中尾数字长为 $b=3$ 位（不包括符号位），系数 $a=0.5$ 用二进制表示为 $a=0.100$，系统的极点 $z=a=0.5<1$，在单位圆内，故系统稳定，系统的单位冲激响应为 $h(n)=a^nu(n)$。如果输出序列由 0.75 降到零，即（以二进制数表示）

$$x(n)=\begin{cases}0.110, & n=0\\ 0.000, & n>0\end{cases}$$

即(十进制表示)　　$x(n)=0.75\delta(n)$

在无限精度运算下,输出 $y(n)$也将逐渐衰减到零,即

$$y(n)=x(n)*h(n)=0.75a^n u(n)=0.75\times(0.5)^n u(n)\xrightarrow{n\to\infty}0$$

如果对运算结果进行尾数处理,则当 $x\to\infty$时,输出就不趋于零了。以下将(9.8.3)式的非线性方程的各步运算结果列表表示在表 9.3 中。

表 9.3　$a=0.100$(二进制)的一阶网络运算过程

n	$s(n)$	$\hat{y}(n-1)$	$a\hat{y}(n-1)$	$Q_R[a\hat{y}(n-1)]$	$\hat{y}(n)$	
					二进制	十进制
0	0.110	0.000	0.0000	0.000	0.110	0.75
1	0.000	0.110	0.0110	0.011	0.011	0.375
2	0.000	0.011	0.0011	0.010	0.010	0.25
3	0.000	0.010	0.0010	0.001	0.001	0.125
4	0.000	0.001	0.0001	0.001	0.001	0.125
⋮	⋮	⋮	⋮	⋮	⋮	⋮

可以看出,最后输出停留在 $y(n)=0.001$(二进制)上,不会衰减到零。进入 $y(n)=0.001$(二进制)后被称为"死带"区域,其结果如图 9.24(a)所示。若 a 为负数,则每乘一次 a,输出改变一次符号,则输出是正负相间的不衰减振荡。例如,若 $a=-0.5$(十进制),则每乘一次 a 就改变一次符号,就得到如图 9.24(b)所示的 $y(n)$。这两种现象就是"零输入极限环振荡"。

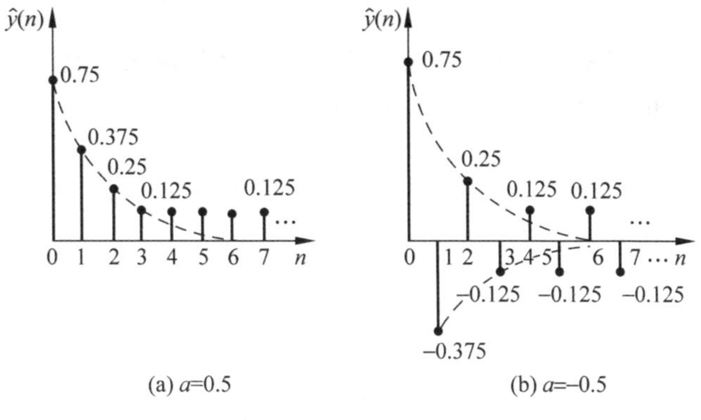

(a) $a=0.5$　　(b) $a=-0.5$

图 9.24　一阶 IIR 网络的零输入极限环振荡

这种现象产生的原因是什么呢?观察表 9.3 的最后一行可以看出,当$\hat{y}(n-1)=0.001$时,$a\hat{y}(n-1)=0.000\,10$,数值被衰减了,但经过舍入处理后,$Q_R[a\hat{y}(n-1)]=0.001$,又变成原来$\hat{y}(n-1)$的数值,因而输出就保持不变,也就是说,只要满足

$$|Q_R[a\hat{y}(n-1)]|=|\hat{y}(n-1)| \tag{9.8.4}$$

时，舍入处理就使系数 a 失效，也就是等效于使 a 换成绝对值为 1 的系数 a'，$a'=\frac{a}{|a|}$，$|a'|=1$，这时一阶滤波器的极点变成 $a'=\pm1$，代入(9.8.1)式，可得等效系统函数为

$$H'(z)=\frac{1}{1-a'z^{-1}}=\frac{1}{1\pm z^{-1}} \tag{9.8.5}$$

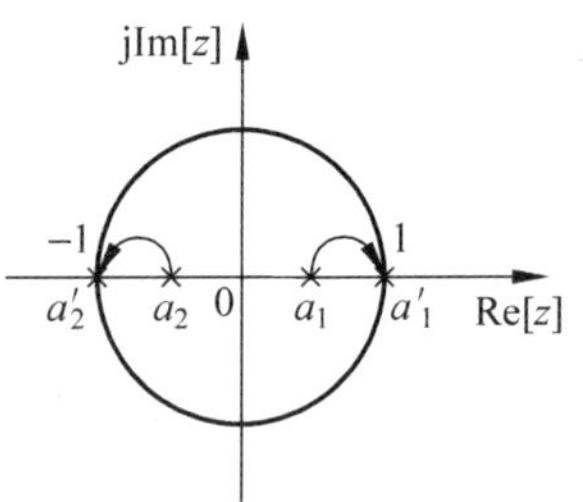

图 9.25　舍入后极点的等效迁移

如图 9.25 所示，当 $a=a_1=0.5$ 时，等效 $H'(z)$ 的极点在 $z=1$ 处，当 $a=a_2=-0.5$ 时，等效 $H'(z)$ 的极点在 $z=-1$ 处，也就是极点都迁移到单位圆上，因而系统就是临界稳定的，出现等幅振荡。$a=0.5$ 时的极点迁移到零频位置 $z=a'=1$ 处，故所产生的死带称为零频极限环振荡。

下面讨论极限环振荡幅度与字长 b 的关系。由于舍入误差的范围为 $\Delta/2$ 以内，故有

$$|Q_R[a\hat{y}(n-1)]-a\hat{y}(n-1)|\leqslant\frac{\Delta}{2} \tag{9.8.6}$$

或

$$|Q_R[a\hat{y}(n-1)]|-|a||\hat{y}(n-1)|\leqslant\frac{\Delta}{2}$$

将极限环振荡时的(9.8.4)式代入此式，可得

$$|\hat{y}(n-1)|-|a||\hat{y}(n-1)|\leqslant\frac{\Delta}{2}$$

则可得

$$|\hat{y}(n-1)|\leqslant\frac{\Delta/2}{1-|a|} \tag{9.8.7}$$

此式定义了一阶 IIR 网络的死带范围，表明极限环幅度与量化宽度成正比，因此增加字长（减小量化宽度）将使极限环振荡减弱。例如，设 $b=3$，$\Delta=2^{-b}=1/8$，$|a|=0.5$ 时，有

$$|\hat{y}(n)|=|\hat{y}(n-1)|=\frac{1/16}{1-0.5}=\frac{1}{8}=0.125$$

这与表 9.3 的结果一致。

用同样的方法可分析二阶系统的零输入极限环振荡现象。

当采用高阶 IIR 滤波器时，极限环振荡的分析更为复杂。如果采用并联形式来实现高阶系统，由于每个并联节的输出是独立的，故可分别直接应用上面的分析。用级联形式实现高阶系统，只有第一节输入为零，后续节可呈现出自己的极限环振荡且过滤前节的极限环振荡输出。

在实际问题中，要尽量克服极限环振荡现象，例如在通信中，空载线路就不允许有振荡存在，但是利用极限环振荡现象，可以设计周期性信号发生器。

习　题

9.1　将以下十进制数分别用 $b=4$ 的原码、补码、反码表示：

$$0.4375, 0.625, 0.0625, 0.9375, -0.4375, -0.625, -0.0625, -0.9375$$

9.2　当以下二进制码分别为原码、补码、反码时，写出相应的十进制数：

$$0.1001, 0.1101, 1.1000, 1.1011, 1.1111, 1.0000$$

9.3　设数字滤波器的系统函数为

$$H(z)=\frac{0.017\,221\,333z^{-1}}{1-1.723\,568\,2z^{-1}+0.740\,818\,22z^{-2}}$$

现用 8bit 字长的寄存器来存放其系数，试求此时该滤波器的实际 $\hat{H}(z)$ 表示式。

9.4　图 P9.4(a)为一阶系统的流图。

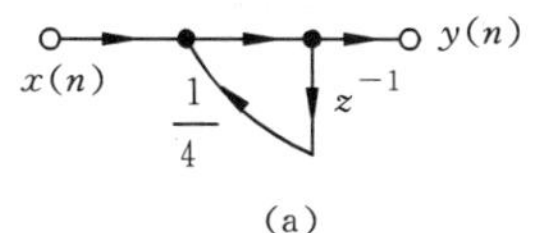

(a)

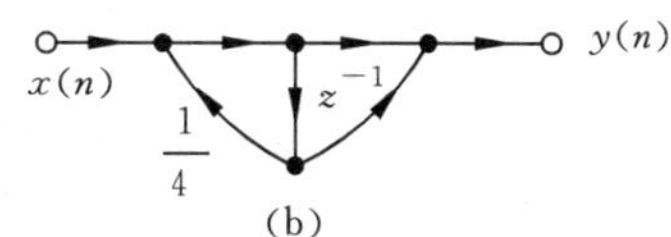

(b)

图　P9.4

(1) 求系统对以下输入的响应：

$$x(n)=\begin{cases}\frac{1}{2}, & n\geqslant 0\\ 0, & n<0\end{cases}$$

n 较大时，系统的响应是什么？

(2) 系统用定点算法实现。网络中的系数和所有变量都用 5 位寄存器表示成原码，即

s	a	b	c	d

s 为符号位，寄存器值 $=a\times 2^{-1}+b\times 2^{-2}+c\times 2^{-3}+d\times 2^{-4}$，其中 a,b,c,d 是 1 或 0。对乘法的结果作截尾处理，即只保留符号位和前四位。试计算已量化的系统对图 P9.4(a)中输入的响应，画出未量化系统在 $0\leqslant n\leqslant 5$ 时响应。问 n 比较大时如何比较这两种响应？

(3) 研究图 P9.4(b)所示系统，其输入为

$$x(n)=\begin{cases}\frac{1}{2}(-1)^n, & n\geqslant 0\\ 0, & n<0\end{cases}$$

重作(1)，(2)。

(4) 当尾数采用舍入处理时，重作(2)、(3)。

9.5　A/D 变换器的字长为 b，其输出端接一网络，网络的单位抽样响应为

$$h(n)=[a^n+(-a)^n]u(n)$$

试求网络输出的 A/D 量化噪声方差 σ_f^2。

9.6 一个二阶 IIR 滤波器，其差分方程为

$$y(n)=y(n-1)-ay(n-2)+x(n)$$

现采用 $b=3$ 位的定点制运算，舍入处理。

(1) 系数 $a=0.75$，零输入 $x(n)=0$，初始条件为 $\hat{y}(-2)=0$，$\hat{y}(-1)=0.5$，求 $0\leqslant n\leqslant 9$ 的 10 点输出 $\hat{y}(n)$ 值；

(2) 证明，当 $Q_R[a\hat{y}(n-2)]=\hat{y}(n-2)$ 时发生零输入极限环振荡，并用等效极点迁移来解释这个现象。

9.7 一个一阶 IIR 网络，差分方程为

$$y(n)=ay(n-1)+x(n)$$

采用定点制原码运算，尾数作截尾处理。

(1) 证明，只要系统稳定，即 $|a|<1$，就不会发生零输入极限环振荡；

(2) 若采用定点补码运算，尾数作截尾处理，这时以上结论仍然成立吗？

9.8 两个一阶 IIR 网络

$$H_1(z)=\frac{1}{1-0.9z^{-1}},\quad H_2(z)=\frac{1}{1-0.1z^{-1}}$$

用定点制运算，舍入处理，要求输出精度 σ_f^2/σ_y^2 为 -80dB，问各需几位尾数字长。

9.9 在定点制运算中，为了输出不发生溢出，往往必须在网络的输入端加一比例因子 A，即网络输出为

$$y(n)=A\sum_{m=0}^{\infty}h(m)x(n-m)$$

若输入 $x(n)$ 的动态范围为 $\pm x_{\max}$，则比例因子 A 可以这样来确定：

$$|y(n)|\leqslant A\sum_{m=0}^{\infty}|h(m)||x(n-m)|$$

因此

$$y_{\max}\leqslant Ax_{\max}\sum_{m=0}^{\infty}|h(m)|$$

为了保证不发生溢出，必须使 $y_{\max}\leqslant 1$，故

$$A\leqslant\frac{1}{x_{\max}\sum_{m=0}^{\infty}|h(n)|}$$

现有二阶网络

$$H(z)=\frac{1}{(1-0.9z^{-1})(1-0.8z^{-1})}$$

采用定点制运算，输入动态范围为 $x_{\max}\leqslant 1$。

(1) 采用直接型结构[见图 P9.9(a)]，为使运算过程中任何地方都不出现溢出，比例因子 A_1 应该选多大？

(2) 采用级联型结构[见图 P9.9(b)]，比例因子 A_2 应选多大？

(3) 在级联结构中，每一单元网络分别加一比例因子[见图 P9.9(c)]，以使该环节不出现溢出，这时比例因子 A_3、A_4 应选多大？

(4) 在以上三种情况下，信号的最大输出 $y_{\max}$ 各为多少？输出信号噪声比 $y_{\max}^2/\sigma_f^2$，谁最高？谁最低？

9.10 我们来研究系数量化对滤波器稳定性的影响。设某稳定系统的直接实现和级联实现分别为

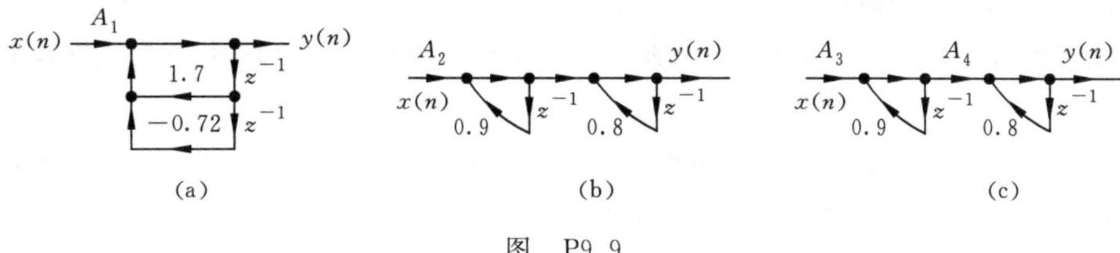

图 P9.9

$$H(z)=\frac{1}{1-1.86z^{-1}+0.8643z^{-2}}$$

$$H(z)=\frac{1}{(1-0.906z^{-1})(1-0.954z^{-1})}$$

对截尾和舍入两种量化方式，分别用字长 $b=1$ 到 $b=10$ 对两种结构形式的系数进行量化，观察极点位置的变化。

(1) 直接实现时，在两种量化方式下，其字长 b 大到多少以后，系统才能稳定；

(2) 级联实现时，在两种量化方式下，其字长 b 大到多少以后，系统才能稳定；

(3) 讨论(1)、(2)两种情况，可得出什么结论；

(4) 令 $b=7,b=10$，试画出量化后两种结构形式的幅频响应，看系数量化对系统幅频响应的影响(可分别与无限精度系数的系统幅频响应相比较)。

9.11 考虑离散傅里叶变换

$$X(k)=\sum_{n=0}^{N-1}x(n)W_N^{nk},\qquad 0\leqslant k\leqslant N-1$$

其中 $W_N=\mathrm{e}^{-\mathrm{j}2\pi/N}$，假设 $x(n)$ 是均值为零的平稳白噪声序列的 N 个相邻序列值，即

$$E[x(n)x(m)]=\sigma_x^2\delta(n-m),\qquad E[x(n)]=0$$

(1) 试确定 $|X(k)|^2$ 的方差；

(2) 试确定离散傅里叶变换诸值间的互相关，即确定 $E[X(k)X^*(r)]$，并把它表示为 k 和 r 的函数。

9.12 一个二阶网络

$$H(z)=\frac{0.2}{(1-0.4z^{-1})(1-0.9z^{-1})}$$

用 6 位字长舍入方式对其系数进行量化，试用统计方法估算在以下三种结构下，系数量化所引起的频率响应的均方偏差的统计平均值 σ_ε^2。

(1)直接型结构；(2)级联型结构；(3)并联型结构。

9.13 设数字滤波器

$$H(z)=\frac{0.06}{1-0.6z^{-1}+0.25z^{-2}}=\frac{0.06}{1+a_1z^{-1}+a_2z^{-2}}$$

a_1,a_2 分别造成极点在正常值的 0.2%，0.3%内变化，试确定所需的最小字长。

9.14 一个二阶 IIR 滤波器的系统函数为

$$H(z)=\frac{0.6-0.42z^{-1}}{(1-0.4z^{-1})(1-0.8z^{-1})}$$

现用 b 位字长的定点制运算实现它，尾数作舍入处理。

(1) 试计算直接Ⅰ型及直接Ⅱ型结构的输出舍入噪声方差；

(2) 如果用一阶网络的级联结构来实现 $H(z)$，则共有六种网络流图，试画出有运算舍入噪声时的每

种网络流图，并计算每种流图的输出舍入噪声方差；

(3) 用并联结构实现 $H(z)$，计算输出舍入噪声方差，几种结构相比较，运算精度哪种最高？哪种最低？

(4) 考虑动态范围，因为系统中任一节点的输出值（包括整个系统的输出节点）等于从输入到此节点的单位冲激响应与系统输入的卷积和，可以表示成

$$y_i(n)=\sum_{k=-\infty}^{\infty}h_i(k)x(n-k)$$

其中 $y_i(n)$ 为第 i 个节点的输出，$h_i(n)$ 为从输入到第 i 个节点的单位抽样响应。对于输出节点来说，$y_i(n)=y(n)$，$h_i(n)=h(n)$。由上式可得

$$|y_i(n)|\leqslant\sum_{k=-\infty}^{\infty}|h_i(k)||x(n-k)|$$

也就是说，一个网络的最大输出电平不一定在输出端，可能在某一中间节点，利用这一关系以及 $x_{\max}$，试求以上各种网络中每一个的最大 $y_{i\max}$，要求网络的所有节点上都不发生溢出，即要最大输出 $y_{\max}<1$，这样即可求得最大的输入 $x_{\max}$（不发生溢出时）。试求以上各个网络的 $x_{\max}$；

(5) 设输入信号是白噪声序列，它的幅度在 $-x_{\max}$ 到 $x_{\max}$ 之间均匀分布，按照已求出的每一滤波器结构的最大输入 $x_{\max}$，求每种结构在输出端的噪声信号比值（输出噪声方差与输出信号均方值之比）。问哪种结构输出噪声信号比值最低？

9.15 一个 N 阶 FIR 滤波器

$$H(z)=\sum_{i=0}^{N}a_iz^{-i}$$

采用直接型结构，用 b 位字长舍入方式对其系数做量化。

(1) 试用统计方法估算由于系数量化所引起的频率响应的均方偏差的统计平均值 σ_ε^2；

(2) 当 $N=1024$ 时，若要求 $\sigma_\varepsilon^2\leqslant10^{-8}$，则系数字长 b 需要多少位？

参考文献

1. Oppenheim A V, Schafer R W,Back J R. 离散时间信号处理(第二版). 刘树棠,黄建国译. 西安：西安交通大学出版社,2001
2. Rabiner L R, Gold B. 数字信号处理的原理与应用. 史令启,译. 北京：国防工业出版社,1982
3. Brigham E O. 快速傅里叶变换. 柳群译. 上海：上海科学技术出版社,1979
4. Stanley W D. 数字信号处理. 常迵译. 北京：科学出版社,1979.
5. 陈怀琛. 数字信号处理教程——MATLAB 释义与实现. 北京：电子工业出版社,2004
6. Oppenheim A V,Schafer R W. 数字信号处理. 董士嘉译. 北京：科学出版社,1981
7. 应启珩,冯一云,窦维蓓. 离散时间信号分析和处理. 北京：清华大学出版社,2001
8. 邹理和. 数字信号处理(上册). 北京：国防工业出版社,1985
9. Cooley J W, Tukey J W. An algorithm for the machine computation of complex fourier series. Mathematics of Computation,1965. 19(Apr)：297-301
10. McClellan J H, Parks T W. A unified approach to the design of optimum FIR linear-phase digital filters. IEEE Trans. Circuit Theory, 1973, CT-20(6)：697-701
11. Rabiner L R, Graham N Y, H D Helms. Linear programming design of FIR filters with arbitrary magnitude function. IEEE Trans. On Acoustics, Speech, and Signal Processing,1974,ASSP-22(2)：117-123
12. Parks T W, McClellan J H. Chebyshev approximation for nonrecursive digital filters with linear phase. IEEE Trans. Circuit Theory,Mar. 1972, CT-19：189-194
13. Parks T W, McClellan J H. A program for the design of linear phase finite impulse response filters. IEEE Trans. Audio Electroacoust, Aug. 1972, AU-20(3)：195-199
14. Rabiner L R,Steiglitz K. The design of wide-band recursive and nonrecursive digital differentiators. IEEE Trans. Audio Electroacoust,June. 1970,18(2)：204-209
15. Fletcher R,Powell M J D. A rapidly convergent descent method for minimization. Computer J,1963, 6(2)：163-168
16. Rabiner L R, Gold B, McGonegal C A. An approach to the approximation problem for nonrecursive digital filters. IEEE Trans. Audio and Electroacoustic,1970,AU-18：83-106
17. 吴湘淇. 信号系统与信号处理(上)(下). 北京：电子工业出版社,1999
18. 胡广书. 数字信号处理——理论、算法与实现(第二版). 北京：清华大学出版社,2003
19. Oppenheim A V, Willsky A S. 信号与系统(第二版). 刘树棠,译. 西安：西安交通大学出版社,1998
20. 宗孔德. 多抽样率信号处理. 北京：清华大学出版社,1996
21. 郑南宁,程进. 数字信号处理. 北京：清华大学出版社,2007
22. 王大伦. 数字信号处理. 北京：清华大学出版社,2014
23. Jayce Van de Vegte. 数字信号处理基础. 侯正信,王国安等译. 北京：电子工业出版社,2003
24. 郑方,徐明星. 信号处理原理. 北京：清华大学出版社,2003
25. 姚天任. 数字信号处理习题解答. 北京：清华大学出版社,2013
26. 胡学龙,吴镇扬. 数字信号处理教学指导. 北京：高等教育出版社,2007
27. 陶然,张惠去,王越. 多抽样率数字信号处理理论及其应用. 北京：清华大学出版社,2007
28. 楼顺天、李博菡. 基于 MATLAB 的系统分析与设计——信号处理. 西安：西安电子科技大学出版社,1998
29. 张小虹. 数字信号处理(第 2 版). 北京：机械工业出版社,2008
30. Vinay K. Ingle,John G. Proakis. 数字信号处理及其 MATLAB 实现. 陈怀琛等译. 北京：电子工业出版社,1998
31. 张旭东,崔晓伟,王希勤. 数字信号分析和处理. 北京：清华大学出版社,2014

本书所附“数字信号处理多媒体CAI教程”软件简介

本软件是原书第二～四版的光盘从Windows XP操作系统平台迁移到Windows 7或以上操作系统平台的网络版软件。本软件更新了DSP安装程序，修复或重新开发了原光盘在Windows 7及以上操作系统上无法运行的模块。

本软件包含五部分：一个主界面和四个子系统——概念浏览子系统、教学演示子系统、辅助设计子系统和测验子系统。这种创意的独特之处在于，从各种不同的侧面、用不同的方式对“数字信号处理”课程的难点和重点加以深入分析、表达和演示。

主界面是本软件与用户之间的直接图形接口，其上有四个子系统的菜单，因而可以方便地进入各有关子系统。

概念子系统以数字信号处理教程(第五版)为蓝本，对原概念子系统进行全面改写，它涵盖了“数字信号处理”课程的全部知识要点，并加以概括、归纳和总结。该子系统按书中章节设置二级子菜单，可以在主界面中按章节查询到需要的内容，具有方便的查询功能。概念子系统除文字内容外，还包含了书中重要的公式、图、表，以及数字信号处理相关设计的步骤和方法等内容。

教学演示子系统是本软件的一大特色。它由50个演示程序组成。此子系统用丰富而具有动感的彩色动态图形把课程的重点和难点内容生动、形象地展现出来，便于理解，便于自学，便于掌握。

辅助设计子系统是本软件的又一大特色。它由9个设计(或计算)程序组成，给用户提供实用的数字信号处理设计、计算工具，包括计算DFT、FFT(基-2、基-4、分裂基的FFT以及Chirp-z变换算法)，也包括用各种方法设计各种类型的数字滤波器(包括最优滤波器)。程序中有数据及图形结果显示，可保存或直接打印输出，便于读者使用。

测验子系统是本软件着意构思的一个子系统，由28个测验题组成。它把基本理论、基本概念以测验题的形式表现出来，以便检验使用者对这些内容的掌握情况。此子系统可以和教学演示子系统互相调用。

原光盘是以中文Windows 95/98/NT/2000/XP为平台，用MS Visual Basic for Windows 4.0及6.0开发的。本软件在继承原光盘主体架构和基本素材的基础上，采用VS2008开发工具，重新设计制作而成，能够适应Windows 7或以上操作系统的运行环境。

本软件既可做辅助教学用，也可单独使用。教师可利用其有关子系统做投影演示，以辅助授课；学生则可做自学、复习之用，变被动学习为主动学习，增强想象力及求知、钻研、创新的欲望，提高分析、解决问题的能力。

相信本软件会更好地促进“数字信号处理”课程教和学两方面水平的提高。

参与原光盘设计开发工作的先后有以下同学：魏航、彭辉、葛菁华、于振宇、郝波、戴书胜、裴洪安、罗景虎、王贤良、毛孝峰、朱刚。参与本软件迁移开发工作的有以下人员：李振松、赵景龙、邝艳梅。王贤良博士在光盘迁移开发中发挥了重要的技术指导作用。